焊接材料手册

张应立　周玉华　主编

化学工业出版社
·北京·

图书在版编目（CIP）数据

焊接材料手册/张应立，周玉华主编. —北京：化学工业出版社，2019.10（2023.8 重印）
ISBN 978-7-122-34929-3

Ⅰ.①焊… Ⅱ.①张… ②周… Ⅲ.①焊接材料-技术手册 Ⅳ.①TG42-62

中国版本图书馆 CIP 数据核字（2019）第 153333 号

责任编辑：王　烨　　　　文字编辑：陈　喆
责任校对：宋　夏　　　　装帧设计：刘丽华

出版发行：化学工业出版社（北京市东城区青年湖南街 13 号　邮政编码 100011）
印　　装：北京天宇星印刷厂
850mm×1168mm　1/32　印张 34¼　插页 1　字数 1035 千字
2023 年 8 月北京第 1 版第 6 次印刷

购书咨询：010-64518888　　　　售后服务：010-64518899
网　　址：http://www.cip.com.cn
凡购买本书，如有缺损质量问题，本社销售中心负责调换。

定　　价：138.00 元　

前言

在飞速发展的现代化工业生产中，焊接是金属加工工艺不可缺少的加工方法，在工业生产和国防建设中起着重要作用，它广泛应用于船舶、桥梁、钢架、车辆、压力容器、化工设备、工程机械、海洋设施、军工、航天、核能等领域。

在焊接结构生产中，焊接材料是保证焊接质量的必要条件，许多焊接方法如焊条电焊弧、气体保护焊、埋弧焊和电渣焊等，没有焊接材料是无法进行的。正确选用焊接材料对提高焊接质量、保证产品使用性能、提高设备使用寿命、降低生产成本、提高企业经济效益、保障国家财产和劳动者生命安全等都有着重要的意义。

随着改革开放的不断深入发展，在国民经济建设高速发展的同时，我国焊接材料行业也取得了长足的进步。目前我国焊接材料的年产量已经突破了350万吨，成为世界第一焊接材料生产和消费大国。在产量增加的同时，其产品结构也发生了很大的变化，研制开发了许多新产品。特别是中国加入世贸组织（WTO）以后，许多焊接材料的型号已逐步向相关国际标准靠拢并在逐步完善。为了帮助广大读者更好地了解和掌握各种焊接材料的分类、型（牌）号编制、性能特点、选用管理，我们在焊接专家的指导帮助下编写了《焊接材料手册》一书。本书从实用性角度出发，对焊接工程结构中常用的焊条、焊丝、焊带、焊剂、焊接用气体、热喷涂与热喷熔材料、焊堆材料等的分类、特点及应用实例作了较全面系统的阐述，指出了不同类型焊接材料的工艺特点，可用于指导焊接生产中焊接材料的选用。

本书在内容选择上以实用性为原则，书中采用了最新的国家标准和技术资料，力求概念清楚、数据可靠、便于查阅和有较强的实用性，反映当前焊接材料的应用现状，使读者对各类焊接材料有较全面的了解，并便于应用，可作为从事焊接工作的操作人员、工程技术人员、采购人员和管理人员的案头工具书，深信会受到广大读者的欢迎。

本书由张应立、周玉华主编，参加编写的还有张峥、吴兴惠、周玉良、文玉鎏、周玥、刘军、耿敏、周琳、程世明、张莉、杨再书、吴兴莉、李家祥、杨晓娅、罗全、陈蓉、杨忠英、夏继东、张宝春、黄德轩、唐猛、梁润琴、邓尔登、王威振、王丹、王正常、谢美、贾晓娟、陈洁、张军国、李新民、王登霞、连杰、车宣雨、陈明德、张举素、张应才、唐松惠、张梅、张举容、李祥云、侯勇、程力、钱璐、薛安梅、徐婷、黄月圆、李守银、王海、陈彩娟、方汪键、郭会文、王杰、王美玲、智日宝、韩世军、王仕婕、杨雪梅。本书由高级工程师张梅审定。在编写过程中得到贵州路桥工程有限公司的领导、专家和审定者的大力支持与帮助。值此本书出版之际，特向关心和支持本书编写的各位领导、专家、审定者和参考文献的编著者表示衷心感谢！

由于作者水平有限、经验不足，书中不足之处在所难免，恳请专家和使用本书的读者批评指正。

主　编

目录

第一章　焊接材料基本知识

第二章　焊　条

第三章　焊丝和焊带

第四章 焊 剂

第五章 钎料与钎剂

第六章 焊接用气体

第七章 气焊熔剂

第八章　热喷涂与热喷熔材料

第九章 堆焊材料

第十章 焊接用螺柱、焊钉及盘条

第十一章　其他焊接材料

第十二章　焊接材料的选用

第十三章　焊接材料消耗定额的制订与估算

第十四章　焊接材料的使用保管和质量管理

第十五章　合金元素及杂质元素对焊缝组织和性能的影响

第十六章　焊接材料质量评定试验

附 录

主要参考文献

第一章

焊接材料基本知识

焊接材料包括焊条电弧焊用焊条、CO_2 气体保护焊用实心焊丝及药芯焊丝、埋弧焊用焊丝及焊剂，还有氩弧焊用的焊丝、钎焊用的钎料和钎剂、气体保护焊用保护气体等。总之，在焊接过程中的各种填充金属及为了焊接提高质量而附加的保护物质统称为焊接材料。

第一节　焊接材料的定义和要求

一、焊接材料的定义

① 焊接材料：焊接时所消耗材料（包括焊条、焊丝、焊剂、气体、电极等）的通称。

② 焊条：涂有药皮的供焊条电弧焊用的熔化电极，它由药皮和焊芯两部分组成。

③ 焊丝：焊接时作为填充金属或同时作为导电的金属丝。

④ 焊剂：焊接时，能够熔化形成熔渣和气体，对熔化金属起保护和冶金处理作用的一种物质。

⑤ 保护气体：焊接过程中用于保护金属熔滴、熔池及焊缝区的气体，它使高温金属免受外界气体的侵害。

⑥ 电极：熔焊时用以传导电流，并使填充材料和母材熔化或本身也作为填充材料而熔化的金属丝（焊丝、焊条）、棒（石墨棒、钨棒）、管、板等；电阻焊时指用以传导电流和传递压力的金属极。

二、对焊接材料的基本要求

1. 对焊条的基本要求

为确保焊接质量，对焊条通常有如下要求：

① 焊缝金属应具有良好的力学性能或其他物理性能。如结构钢、不锈钢、耐热钢等焊条，均要求焊缝金属具有规定的抗拉强度等力学性能或耐蚀、耐热等物理性能。

② 焊条的熔敷金属应具有规定的化学成分，以保证其使用性能满足要求。

③ 焊条应具有良好的工艺性能，如电弧稳定、飞溅少、脱渣性好、焊缝成形好、生产效率高、低尘低毒等特性。

④ 要求焊条具有良好的抗气孔、抗裂纹能力。

⑤ 焊条应具有良好的外观（表皮）质量。药皮应均匀、光滑地包覆在焊芯周围。偏心度应满足标准的规定。药皮无开裂、脱落、气泡等缺陷；磨头、磨尾圆整，尺寸符合要求；焊芯应无锈迹；药皮与焊芯应具有一定的结合强度及一定的耐潮性。

⑥ 为保护环境、保障焊工安全健康，焊条的发尘量和有毒气体应符合有关标准的规定。

2. 对焊丝的基本要求

① 焊丝应具有规定的化学成分。

② 焊丝应具有光滑的表面，应没有对焊接特性、焊接设备的操作或焊缝金属的性能的不利影响和裂纹、凹坑、划痕、氧化皮、皱纹、折叠和外来物。

③ 焊丝的每一个连续长度应由一个炉号或一个批号的材料组成。当存在接头时应适当处理，使焊丝在自动焊和半自动焊设备上使用时，不影响均匀、不间断地送进。

④ 除特殊规定外，焊丝可以采用合适的保护涂层，如铜。

⑤ 焊丝的缠绕应无扭结、波折、锐弯、重叠和嵌入，使焊丝在无拘束的状态下能自由退绕。焊丝的外端（开始焊接的一端）应加识别标记，容易找到，并应固定牢，以防止松脱。

⑥ 非直段焊丝的弹射度和螺旋度应使得焊丝在自动焊或半自动

焊设备中能无间断地送进。气体保护焊用非直段焊丝的弹射度和螺旋度应符合有关规定。

弹射度是指从包装中截取几圈焊丝，无拘束地放在平面上，看其散开形成一个环的直径是多少。

螺旋度是指在弹射度试验时，从焊丝环上任意一点到平面上的最大距离。

⑦ 焊丝的包装应符合有关规定。包装形式有直段、卷装、盘装和筒装四种。

3. 对焊剂的基本要求

(1) 焊剂应具有良好的冶金性能　焊剂配以适宜的焊丝，选用合理的焊接参数，使焊缝金属具有适宜的化学成分和良好的力学性能，以满足产品的设计要求，同时，焊剂还应有较强的抗气孔和抗裂纹能力。

(2) 焊剂应具有良好的焊接工艺性能　在规定的参数下进行焊接，焊接过程中应保证电弧燃烧稳定，熔合良好，过渡平滑，焊缝成形好，脱渣容易。

(3) 焊剂应具有较低的含水量和良好的抗潮性　出厂焊剂中水的质量分数不得大于0.20%。焊剂在温度为25℃、相对湿度为70%的环境条件下，放置24h，吸潮率不应大于0.15%。

(4) 控制焊剂中机械夹杂物　焊剂中碳粒、铁屑、原料颗粒及其他杂物的质量分数不应大于0.30%，其中碳粒与铁合金凝珠的质量分数不应大于0.20%。

(5) 焊剂应有较低的硫、磷含量　焊剂中硫、磷的质量分数一般为：S≤0.06%，P≤0.08%。

(6) 焊剂应有一定的颗粒度　焊剂的粒度一般分为两种，一种是普通粒度为2.5～0.45mm (8～40目)；另一种是细粒度为1.18～0.28mm (14～60目)。小于规定粒度的细粉含量一般大于5%，大于规定粒度的粗粉含量一般不大于2%。

(7) 电渣焊用焊剂　为了使电渣焊过程能够稳定进行并得到良好的焊接接头，电渣焊用焊剂除具有焊剂的一般要求外，还应具有如下特殊要求：

① 熔渣的电导率应在合适的范围内。熔渣的电导率应适宜，若

电导率过低，会使焊接无法进行；若电导率过高，在焊丝和熔渣之间可能引燃电弧，破坏电渣焊过程。

② 熔渣的黏度应适宜。熔渣的黏度过小，流动性过大，会使熔渣和金属流失，使焊接过程中断；黏度过大，会形成咬边和夹渣等缺陷。

③ 控制焊剂的蒸发温度。不同用途的焊剂，其组成不同，沸点也不同。熔渣开始蒸发的温度决定于熔渣中最易蒸发的成分。氟化物的沸点低，可降低熔渣开始的温度，使产生电弧的可能性增大，从而降低电渣焊过程的稳定性，并形成飞溅。

另外，焊剂还应具有良好的脱渣性、抗热裂性和抗气孔能力。

焊剂中的 SiO_2 含量增多时，电导率降低，黏度增大。氟化物和 TiO_2 增多时，电导率增大，黏度降低。

第二节 焊接材料的作用

焊接生产中广泛使用的焊接材料主要包括焊条、焊丝、焊剂、保护气体和钎剂、钎料等。不同焊接工艺条件下采用的焊接材料见表 1-1。

表 1-1 不同焊接工艺条件下采用的焊接材料

焊接工艺	焊接材料
气焊	气焊熔剂(焊粉)
焊条电弧焊	焊条(普通焊条、专用焊条、自动盘状焊条)
气体保护焊	焊丝(实心焊丝、药芯焊丝)＋保护气体(活性气体、惰性气体、混合气体)
埋弧焊、电渣焊	焊丝、带极＋焊剂(熔炼焊剂、非熔炼焊剂)
钎焊	钎剂、钎料
堆焊	焊条、焊丝、带极、焊剂
热喷涂	丝极、带极、合金粉末(打底面粉末、工作面粉末)
其他	保护气体、衬垫、熔嘴

焊接材料的质量对保证焊接过程的稳定和获得满足使用要求的焊缝金属起着决定性的作用。归纳起来，焊接材料应具有以下作用。

① 保证电弧稳定燃烧和焊接熔滴金属容易过渡。

② 在焊接电弧的周围造成一种还原性或中性的气氛，保护液态

熔池金属，以防止空气中氧、氮等侵入熔敷金属。

③ 进行冶金反应和过渡合金元素，调整和控制焊缝金属的成分与性能。

④ 生成的熔渣均匀地覆盖在焊缝金属表面，防止气孔、裂纹等焊接缺陷的产生，并获得良好的焊缝外形。

⑤ 改善焊接工艺性能，在保证焊接质量的前提下尽可能提高焊接效率。

此外，在焊条药皮、焊剂中加入一定量的铁粉，可以改善焊接工艺性能或提高熔敷效率。

一、焊条、焊丝和焊剂的作用

焊条、焊丝是整个焊接回路中的一个组成部分。在焊接过程中，焊芯和焊丝不仅可以传导电流，而且作为与焊件产生电弧的一个电极。同时，焊芯和焊丝还起着填充金属的作用。焊接时用于加热和熔化焊条（或焊丝）的热能有电阻热、电弧热和化学反应热（一般情况下化学反应热仅占1%～3%）。在焊接热源的作用下，焊芯或焊丝受热熔化，以熔滴的形式进入熔池，并与熔化了的母材共同组成焊缝。

埋弧焊和电渣焊所使用的焊接材料是焊剂和焊丝（或板极、带极）。焊丝的作用相当于焊条中的焊芯，焊剂的作用相当于焊条中的药皮。在焊接过程中焊剂的作用是隔离空气、保护焊接区金属使其不受空气的侵害，以及进行冶金处理。因此，焊丝与焊剂配合使用是决定焊缝金属化学成分和力学性能的重要因素。

用低碳钢光焊丝在空气中无保护焊接时，焊缝金属的成分和性能与母材和焊丝比较，发生了很大的变化。由于熔化金属与周围空气的相互作用，使焊缝金属中氧、氮、氢的含量显著增加，氮含量可达0.105%～0.218%，比焊丝中氮含量高20～50倍；氧含量可达0.14%～0.72%，比焊丝中氧含量高7～35倍。同时锰、碳等合金元素因烧损和蒸发而减少。这时焊缝金属的塑性和韧性急剧下降，但是由于氮的强化作用，焊缝强度变化比较小。

用光焊丝焊接时，电弧不稳定，焊缝中产生大量气孔。因此这种光焊丝无保护焊接没有实用价值。焊条药皮、焊剂和保护气体的首要任务是对焊接区内的金属加强保护，以免受空气的有害影响。

为了提高焊缝金属的质量和性能，采用熔焊方法制造重要金属结构时，必须尽量减少焊缝金属中有害杂质的含量和合金元素的损失，使焊缝金属得到合适的化学成分。大多数熔焊方法都是基于加强保护的思路发展和完善起来的。熔化焊接方法的保护方式见表 1-2。

表 1-2　熔化焊接方法的保护方式

保护方式	焊接方法
熔渣	焊条电弧焊、埋弧焊、电渣焊、药芯焊丝气体保护焊
气体	气焊、CO_2气体保护焊、氩弧焊(TIG、MIG)、混合气体保护焊(MAG)
熔渣和气体	具有造气成分的焊条电弧焊、药芯焊丝气体保护焊
真空	真空电子束焊
自保护	用含有脱氧剂的自保护焊丝进行焊接

各种保护方式的保护效果是不同的。埋弧焊是利用焊剂及其熔化以后形成的熔渣隔离空气保护焊接区域的，焊剂的保护效果取决于焊剂的组成和粒度。气体保护焊的保护效果取决于保护气体的性质与纯度。一般说来，惰性气体（氩、氦等）的保护效果比较好，适用于焊接合金钢和化学活性金属及其合金。

焊条药皮和焊丝药芯一般由造气剂、造渣剂和铁合金等组成，这些物质在焊接过程中能形成渣-气联合保护。造渣剂熔化以后形成熔渣，覆盖在熔滴和熔池的表面上将空气隔开。熔渣凝固以后，在焊缝上面形成渣壳，可以防止处于高温的焊缝金属与空气接触。造气剂受热后分解，析出大量气体，将焊接区与空气隔离开。焊条和药芯焊丝的保护效果，取决于其中保护材料的含量、熔渣的性质和焊接工艺参数等。

自保护焊是利用特制的实心或药芯光焊丝在空气中焊接的一种方法。自保护焊不是利用机械隔离空气的办法来保护金属，而是在焊丝或药芯中加入脱氧剂和脱氮剂，使由空气进入熔化金属中的氧和氮进入熔渣中，故称自保护。因为实心自保护焊丝的保护效果欠佳，焊缝金属的塑性和韧性偏低，所以目前生产上很少应用。

二、焊接熔渣

1. 熔渣在焊接过程中的作用

焊条药皮、焊剂和药芯焊丝中的药芯，在焊接过程中受热熔化后经过一系列化学冶金变化形成覆盖于焊缝表面的非金属物质，称为焊接熔渣。焊接熔渣在焊接冶金过程中具有十分重要的作用。焊接熔渣的主要作用如下。

① 机械保护作用　焊接中药皮受热析出气体并形成熔渣，把液态金属与空气隔离开，对液态熔池起保护作用，防止氮气等有害气体侵入焊接区域。熔渣凝固后形成的渣壳覆盖在焊缝表面，可以防止处于高温的焊缝金属被氧化，并可减慢焊缝金属的冷却速度。

② 冶金处理作用　焊条药皮（或焊剂）熔化形成的熔渣与液态金属发生一系列的冶金反应，对焊接熔池的化学成分有重要的影响。熔渣与焊芯配合，通过化学冶金反应可以去除熔融焊缝中的有害杂质（如 O、N、H、S、P 等），保护或渗入有益的合金元素，使焊缝金属具有较强的抗气孔能力、抗裂性以及满足使用要求的力学性能。

③ 改善焊接工艺性能　良好的焊接工艺性能是保证焊接化学冶金反应顺利进行和获得优质焊缝的重要条件。焊条药皮中一般含有易电离物质，形成成分、性能适宜的熔渣，使电弧容易引燃，保证焊接电弧稳定燃烧，飞溅少，焊缝成形美观，易于脱渣，适于各种空间位置的焊接等。

焊接熔渣在一定条件下也可能产生不利的作用，如烧损焊缝金属中的合金元素、产生气孔、夹渣等焊接缺陷、造成脱渣困难而影响焊接生产率等。为了使焊接熔渣起到预期的良好作用，关键在于通过调整和控制熔渣的化学成分和质量分数，使其具有合适的物理、化学性质。

2. 熔渣的成分与分类及特点

(1) 熔渣的成分

常用药皮焊接熔渣的化学成分见表 1-3。

表 1-3　常用药皮焊接熔渣的化学成分（质量分数）　%

药皮类型	SiO_2	TiO_2	Al_2O_3	FeO	MnO	CaO	MgO	Na_2O	K_2O	CaF_2	碱度	熔渣类型
钛铁矿型	29.2	14.0	1.1	15.6	27.6	8.7	1.3	1.4	1.1	—	1.26	氧化物型
钛型	23.4	38.7	10.0	6.9	11.7	3.7	0.5	2.2	2.9	—	0.45	氧化物型
钛钙型	25.1	30.2	3.5	9.5	13.7	8.8	5.2	1.7	2.3	—	0.74	氧化物型
纤维素型	34.7	17.5	5.5	11.9	14.4	2.1	5.8	3.8	4.3	—	0.81	氧化物型

续表

药皮类型	SiO_2	TiO_2	Al_2O_3	FeO	MnO	CaO	MgO	Na_2O	K_2O	CaF_2	碱度	熔渣类型
氧化铁型	40.4	1.3	4.5	23.3	21.3	1.3	4.6	1.8	1.5	—	1.22	氧化物型
低氢型	24.1	7.0	1.5	4.0	3.5	37.5	—	0.8	0.8	20.8	1.44	盐-氧化物型

注：碱度计算公式为 $BL=6.05CaO+4.8MnO+4.0MgO+3.4FeO-6.31SiO_2-4.97TiO_2-0.2Al_2O_3$。

(2) 熔渣的分类及特点

① 盐型熔渣：主要由金属的氟酸盐、氯酸盐和不含氧的化合物组成，如 CaF_2-NaF、CaF_2-$BaCl_2$-NaF、KCl-NaCl-Na_3AlF_6、BaF_2-MgF_2-CaF_2-LiF 等渣系。这类熔渣的氧化性很小，主要用于焊接铝、钛和其他化学活性强的金属及合金，有时也可用于焊接含活性元素的高合金钢。

② 盐-氧化物型熔渣：主要由氟化物和强金属氧化物组成，如常用的 CaF_2-CaO-SiO_2、CaF_2-CaO-SiO_2、CaF_2-CaO-Al_2O_3-SiO_2、CaF_2-CaO-MgO-Al_2O_3 等渣系。因为这类熔渣的氧化性比较小，所以主要用于焊接高合金钢。

③ 氧化物型熔渣：主要由金属氧化物组成，如应用很广泛的 MnO-SiO_2、FeO-MnO-SiO_2、CaO-TiO_2-SiO_2 等渣系。这类熔渣主要用于焊接低碳钢和低合金钢。

焊剂和药芯焊丝所形成的熔渣，可以按碱度区分为酸性渣和碱性渣两大类。这种由于碱度不同而具有不同结构的熔渣，反映在熔渣的物理、化学性质上也有所不同，对焊接工艺性能带来明显的影响。

根据对固态熔渣断口状态的观察发现，碱度大小对熔渣固态下的断口状态有重要影响。碱性熔渣断口呈明显的结晶状或石头状；酸性熔渣断口呈明显的玻璃状；中性熔渣断口则是结晶状与玻璃状混合，以玻璃状为主。

(3) 熔渣中主要化合物的熔点和密度

焊接熔渣的熔点和密度直接影响焊条的工艺性能，对焊接冶金过程也有重要的影响。焊条药皮的熔化温度称为造渣温度，它不同于熔渣的熔点，大约比熔渣的熔点高 100～200℃。一般要求药皮的造渣温度比焊芯的熔点低 100～250℃。熔渣的熔点取决于熔渣的化学成分，焊接熔渣中几种主要化合物的熔点和密度见表 1-4。

表 1-4　焊接熔渣中几种主要化合物的熔点和密度

化合物	熔点/℃	密度/(g/cm³)	化合物	熔点/℃	密度/(g/cm³)
CaO	2924	3.32	B_2O_3	450	3.33
CaF_2	1418	2.80	ZrO_2	2700	5.56
CaS	—	2.80	BaO	1925	—
MgO	2800	3.50	KF	857	—
MgF_2	1260	—	Na_2O	920	2.27
Al_2O_3	2050	3.37	NaF	997	—
Cu_2O	2230	6.00	NbO	1935	—
CuO	1447	—	NbO_2	2083	—
FeO	1370	5.90	P_2O_5	680	2.39
Fe_2O_3	1560	5.20	V_2O_3	2000	4.87
Fe_3O_4	1597	—	V_2O_5	670	—
FeS	1193	4.60	WO_2	1573	—
MnO	1585	5.11	La_2O_3	—	6.51
MnO_2	1650	—	BeO	—	3.03
MnS	1620	—	CeO_2	—	7.13
SiO_2	1713	2.26	PbO	—	9.21
TiO_2	1825	4.24	$CaO \cdot SiO_2$	1540	—
TiO_4	1920	—	$(CaO)_2 \cdot SiO_2$	1540	—
Cr_2O_3	2297	5.21	$MnO \cdot SiO_2$	1270	3.60
NiO	1960	—	$(MnO)_2 \cdot SiO_2$	1326	4.10
MoO_3	795	—	$(FeO)_2 \cdot SiO_2$	1250	4.30
ZnO	2075	5.47			

第三节　焊接材料对焊接质量的影响

焊接材料（焊条、焊丝、焊剂）的成分对焊缝金属的化学成分、组织与性能有重要的影响。为了使焊缝金属具有所要求的成分与性能，必须保证焊接材料中有益的合金元素含量和严格控制有害杂质的含量。

一、焊缝金属的合金化

1. 焊缝金属合金化的方式

焊缝金属的合金化就是把所需的合金元素通过焊接材料过渡到焊

缝金属（或堆焊金属）中去。焊接中合金化的目的是补偿焊接过程中由于蒸发、氧化等原因造成的合金元素的损失，消除焊接缺陷（裂纹、气孔等）和改善焊缝金属的组织和力学性能，或者是获得具有特殊性能的堆焊金属。

对金属焊接性影响较大的合金元素主要有C、Mn、Si、Cr、Ni、Mo、Ti、V、Nb、Cu、B等；低合金钢焊接中提高热影响区淬硬倾向的元素有C、Mn、Cr、Mo、V、W、Si等；降低淬硬倾向的元素有Ti、Nb、Ta等。还应特别注意一些微量元素的作用，如B、N、RE等。

焊接中常用的合金化方式有以下几种。

① 应用合金焊丝或带极　把所需要的合金元素加入焊丝、带极或板极内，配合碱性药皮或低氧、无氧焊剂进行焊接或堆焊，把合金元素过渡到焊缝或堆焊层中去。这种合金化方式的优点是可靠，焊缝成分均匀、稳定，合金损失少；缺点是制造工艺复杂，成本高。对于脆性材料，如硬质合金不能轧制、拔丝，故不能采用这种方式。

② 应用合金药皮或非熔炼焊剂　把所需要的合金元素以铁合金或纯金属的形式加入药皮或非熔炼焊剂中，配合普通焊丝使用。这种合金化方式的优点是简单方便、制造容易、成本低；缺点是由于氧化损失较大，并有一部分合金元素残留在渣中，因此合金利用率较低，合金成分不够稳定、均匀。

③ 应用药芯焊丝或药芯焊条　药芯焊丝的截面形状是各式各样的，最简单的是具有圆形断面的，外皮可用低碳钢或其他合金钢卷制而成，里面填满需要的铁合金及铁粉等物质。用这种药芯焊丝可进行埋弧焊、气体保护焊和自保护焊，也可以在药芯焊丝表面涂上碱性药皮，制成药芯焊条。这种合金过渡方式的优点是药芯中合金成分的配比可以任意调整，因此可得到任意成分的堆焊金属，合金的损失较少；缺点是不易制造，成本较高。

④ 应用合金粉末　将需要的合金元素按比例配制成具有一定粒度的合金粉末，把它输送到焊接区，或直接涂敷在焊件表面或坡口内。合金粉末在热源作用下与母材熔合后就形成合金化的堆焊金属。这种合金过渡的优点是合金成分的比例调配方便，不必经过轧制、拔丝等工序，合金损失小；缺点是合金成分的均匀性较差，制粉工艺较

复杂。

此外，还可通过从金属氧化物中还原金属元素的方式来进行合金化，如硅、锰还原反应。但这种方式合金化的程度是有限的，还会造成焊缝增氧。

在实际生产中可根据具体条件和要求选择合金化方式。焊接材料中的合金成分是决定焊缝成分的主要因素。改进和研制焊条、焊丝、焊剂时，必须根据焊接接头工作条件设计焊缝金属的最佳化学成分，以保证焊缝性能满足使用要求。

2. 熔合比及合金过渡系数

(1) 熔合比

焊缝金属一般由填充金属和局部熔化的母材组成。在焊缝金属中局部熔化的母材所占的比例称为熔合比，可通过试验的方法测得。熔合比取决于焊接方法、母材性质、接头形式和板厚、工艺参数、焊接材料种类等因素。焊接工艺条件对低碳钢熔合比的影响见表 1-5。

表 1-5 焊接工艺条件对低碳钢熔合比的影响

焊接方法	接头形式	工件厚度/mm	熔合比 θ
手工电弧焊	对接，不开坡口	2～4	0.4～0.5
		10	0.5～0.6
	对接，开 V 形坡口	4	0.25～0.5
		6	0.2～0.4
		10～20	0.2～0.3
	角接及搭接	2～4	0.3～0.4
		5～20	0.2～0.3
	堆焊	—	0.1～0.4
埋弧焊	对接	10～30	0.45～0.75

当母材和填充金属的成分不同时，熔合比对焊缝金属的成分有很大的影响。焊缝金属中的合金元素浓度称为原始浓度，它与熔合比 θ 的关系为：

$$C_o=\theta C_b+(1-\theta)C_e \tag{1-1}$$

式中 C_o——元素在焊缝金属中的原始含量，%；

θ——熔合比；

C_b——元素在母材中的含量，%；

C_e——元素在焊条中的含量，%。

实际上，焊条中的合金元素在焊接过程中是有损失的，而母材中的合金元素几乎全部过渡到焊缝金属中。这样，焊缝金属中合金元素的实际浓度 C_w 为：

$$C_w=\theta C_b+(1-\theta)C_d \tag{1-2}$$

式中 C_d——熔敷金属（焊接得到的没有母材成分的金属）中元素的实际含量，%。

C_b、C_d、θ 可由技术资料中查得或用化学分析和试验的方法得到。

式（1-2）表明，通过改变熔合比可以改变焊缝金属的化学成分。因此要保证焊缝金属成分和性能的稳定性，必须严格控制焊接工艺条件，使熔合比稳定、合理。在堆焊时，可以调整焊接参数使熔合比尽可能地小，以减少母材成分对堆焊层性能的影响。

（2）合金过渡系数

焊缝中合金元素的过渡系数 η 等于熔敷金属中的实际含量与它的原始含量之比，即

$$\eta=\frac{C_d}{C_e}=\frac{C_d}{C_{cw}+K_bC_{co}} \tag{1-3}$$

式中 C_d——合金元素在熔敷金属中的含量，%；

C_e——合金元素的原始含量，%；

C_{cw}——合金元素在焊芯中的含量，%；

K_b——药皮重量系数，%；

C_{co}——合金元素在药皮中的含量，%。

若已知 η 值及有关数据，则可利用上式计算出合金元素在熔敷金属中的含量 C_d。根据熔合比可计算出合金元素在焊缝中的含量。同样，根据对熔敷金属成分的要求，可计算出焊条药皮中应具有的合金元素含量 C_{co}，然后通过试验加以校正。

式（1-3）中的合金过渡系数是总的合金过渡系数，它不能说明合金元素由焊丝和药皮分别过渡的情况。这两种情况下的合金过渡系数是不相等的，尤其是当药皮氧化性较强时更为明显。只有在药皮氧化性很小，而且残留损失不大的情况下，它们的过渡系数才接近相等。一般情况下，通过焊丝过渡时合金过渡系数大，而通过药皮过渡

时合金过渡系数较小。

不同焊接条件下通过焊丝的合金过渡系数见表 1-6。

表 1-6 不同焊接条件下通过焊丝的合金过渡系数

焊接条件	过渡系数 η					
	η_{C}	η_{Si}	η_{Mn}	η_{Cr}	η_{W}	η_{V}
无保护焊(在空气中)	0.54	0.75	0.67	0.99	0.94	0.85
氩弧焊(工业纯氩)	0.80	0.97	0.88	0.99	0.99	0.98
CO_2 气体保护焊	0.29	0.72	0.60	0.94	0.96	0.68
埋弧焊(HJ251)	0.53	—	0.59	0.83	0.83	0.78

当几种合金元素同时向焊缝中过渡时，其中对氧亲和力大的元素依靠自身的氧化可减少其他元素的氧化，提高它们的过渡系数。例如，在碱性药皮中加入 Al 和 Ti，可提高 Si 和 Mn 的过渡系数。

在 1600℃时各种合金元素对氧亲和力由小到大的顺序为：Cu、Ni、Co、Fe、W、Mo、Cr、Mn、V、Si、Ti、Zr、Al。随着药皮或焊剂中合金元素的增加，其过渡系数逐渐增加，最后趋于一个定值。药皮的氧化性和元素对氧的亲和力越大，合金元素含量对过渡系数的影响越大。合金剂粒度与过渡系数的关系见表 1-7。

表 1-7 合金剂粒度与过渡系数的关系

粒度/μm	过渡系数 η				粒度/μm	过渡系数 η			
	η_{Mn}	η_{Si}	η_{Cr}	η_{C}		η_{Mn}	η_{Si}	η_{Cr}	η_{C}
<56	0.37	0.44	0.59	0.49	250～355	0.54	0.64	0.71	0.62
56～125	0.40	0.51	0.62	0.57	355～500	0.57	0.66	0.82	0.68
125～200	0.47	0.51	0.64	0.57	500～700	0.71	0.70	—	0.74
200～250	0.53	0.58	0.67	0.61					

二、合金元素对焊接性能的影响

① 碳（C） 碳对焊接性及焊缝金属组织性能的影响主要表现在提高强度和硬度，但随着强度和硬度的提高，焊缝金属的塑、韧性下降。

② 锰（Mn） 锰来自生铁及脱氧剂。Mn 有很好的脱氧能力，能清除钢中的 FeO，还能与 S 形成 MnS，以消除 S 的有害作用。这些反应产物大部分进入炉渣而被除去，小部分残留于钢中成为非金属夹

杂物。因此，Mn 能改善钢的品质，降低钢的脆性，提高钢的热加工性能。Mn 除了形成 MnO 和 MnS 作为杂质存在于钢中以外，在室温下能溶于铁素体中，对钢有一定的强化作用。

③ 硅（Si） 硅来自生铁与脱氧剂。Si 的脱氧能力比 Mn 强，是主要的脱氧剂，能消除 FeO 夹杂对钢的不良影响。Si 能与 FeO 作用而形成 SiO_2，然后作为炉渣被排除。Si 除了形成 SiO_2 作为杂物存在于钢中以外，在室温下大部分溶于铁素体中，因此 Si 对钢有强化作用。

④ 铬（Cr） 铬是不锈钢中的主加元素。Cr 与氧生成 Cr_2O_3 保护膜，防止氧化。但 Cr 与 C 能形成 $Cr_{23}C_6$，是导致不锈钢晶间腐蚀的主要原因。在低合金钢中 Cr 含量<1.6%，提高钢的淬透性，不降低冲击韧性。

⑤ 镍（Ni） 在钢中加入镍，可以提高钢的强度和冲击韧性，Ni 与 Cr 配合加入效果更佳。一般增加低合金中的 Ni 含量会提高它的屈服强度，但钢中 Ni 含量较高时热裂纹（主要是液化裂纹）倾向明显增加。

⑥ 钛（Ti） Ti 与 O 的亲和力很强，以微小颗粒氧化物的形式弥散分布于焊缝中，可以促进焊缝金属晶粒细化。Ti 与 C 形成的 TiC 粒子对焊缝起弥散强化作用。Ti 与 B 同时加入对焊缝性能的作用最佳，低合金钢焊缝中 Ti、B 含量的最佳范围为 Ti＝0.01%～0.02%，B＝0.002%～0.006%。

⑦ 钼（Mo） 低合金钢焊缝中加入少量的 Mo，不仅可以提高强度，同时也能改善韧性。向焊缝中再加入微量 Ti，更能发挥 Mo 的有益作用，使焊缝金属的组织更加均匀，冲击韧性显著提高。对于 Mo-Ti 系焊缝金属，当 Mo 含量为 0.20%～0.35%，Ti 含量为 0.03%～0.05%时，可得到均匀的细晶粒铁素体组织，焊缝具有良好的韧性。

⑧ 铌（Nb）、钒（V） 适量的 Nb 和 V 可以提高焊缝的冲击韧性。Nb 含量为 0.03%～0.04%，V 含量为 0.05%～0.1%时，可使焊缝金属具有良好的韧性。若采用 Nb、V 来韧化焊缝，当焊后不进行正火处理时，Nb 和 V 的氮化物以微细共格沉淀相存在，焊缝的强度大幅度提高，致使焊缝的韧性下降。

合金元素在钢或焊缝中主要以固溶体和化合物两种形态存在。部分合金元素在钢中的作用和对焊接性能的影响见表1-8。该表列出的仅是一般性的作用，实际应用中还应考虑合金元素之间存在的交互作用。

各种合金元素的交互影响是十分复杂的，为了获得综合性能优良的焊缝金属，在焊接材料研制过程中应注意合金元素在焊缝金属中的存在形态、强化作用和对组织转变的影响等，通过计算、综合考察和试验来调整焊缝的合金成分。

三、有害元素及其含量控制

杂质对焊缝金属的性能和金属焊接性有十分重要的影响，其中影响较大的有害元素主要有S、P、N、H、O等。

① 硫（S）　硫是由生铁及燃料带入钢中的杂质。S在钢中几乎不能溶解，而与铁形成化合物，在钢中以FeS的形式存在，FeS与Fe形成熔点较低的共晶体（熔点为985℃）。当钢在1200℃左右进行热加工时，分布于晶界的低熔点共晶体将因熔化而导致开裂，这种现象称为热脆性。

为了消除S的有害作用，必须增加钢中的Mn含量。Mn与S可优先形成高熔点的MnS（熔点为1620℃），而且MnS呈粒状分布于晶粒内，比钢材热加工温度高，从而避免了热脆性的发生。另外，S还有改善钢材切削加工性能的作用。在易切削钢中，特意提高钢中的S含量至0.15%～0.3%，同时加入0.6%～1.55%的Mn，从而在钢中形成大量的MnS夹杂。轧钢时，MnS沿轧制方向伸长，在切削时MnS夹杂起断屑作用，大大提高了钢的切削性能。

② 磷（P）　磷是由生铁带入钢中的。P比其他元素具有更强的固溶强化能力，室温时P在α-Fe中的溶解度大约略小于0.1%。在一般情况下，钢中的P能全部溶于铁素体中，使钢的强度、硬度提高，塑性、韧性则显著降低，尤其是在低温时更为严重，这种现象称为冷脆性。

P在结晶过程中有严重的偏析倾向，从而在局部发生冷脆，并使钢材在热轧后出现带状组织。而且P在γ-Fe及α-Fe中的扩散速度很小，很难用热处理方法消除P的偏析。P也具有断屑性，在易切削钢

表 1-8 合金元素在钢中的作用及对焊接性能的影响

元素	溶解度		对焊接性能的影响	形成碳化物情况		主要作用
	γ-Fe	α-Fe		生成倾向	在回火中作用	
Mn	全部固溶	3%	C≤0.2%时，Mn=1%～2%对焊接性能影响不大	比Fe稍强，比Cr小	一般含量作用很小	强化，改善塑性，脱硫
Si	约2%（C=0.35%时，可溶9%）	18.5%	降低焊接性能	石墨化	形成固溶体可保持硬度	强化，抗氧化，脱氧
P	0.5%	2.8%（与含碳量无关）	增加裂纹敏感性	无	—	强化低碳钢，抗大气腐蚀
Cu	8.5%	700℃时可溶1%，室温时可溶0.2%	Cu≤0.5%～0.6%时，对焊接性影响不大	石墨化	弱的二次硬化	抗大气腐蚀，强化
Ti	0.75%（C=0.25%时，可溶1%）	约6%（低温时减少）	降低淬硬倾向，改善焊接性	最大	稍有二次硬化作用	细化晶粒，能固定碳、氮（TiC、TiN），强脱氧，抗腐蚀
Al	1.1%	36%	焊接性较差，在HAZ出现白带组织	石墨化	—	强脱氧，细化晶粒，强固定氮，抗氧化
Mo	3%（C=0.3%时，可溶8%）	37.5%（低温时减少）	恶化焊接性，易产生裂纹	很强，比Cr大	有二次硬化作用	细化晶粒，提高耐热性、抗回火脆性，提高淬硬性
V	8.5%（C=0.20%时，可溶4%）	全部固溶	增加淬硬性，降低焊接性	很强，比Ti、Nb小	二次硬化作用最大	提高奥氏体晶粒长大温度，淬硬性增加，能固溶氮

续表

元素	溶解度		对焊接性能的影响	形成碳化物情况		主要作用
	γ-Fe	α-Fe		生成倾向	在回火中作用	
Cr	12.8%(C=0.5%时,可溶20%)	全部固溶	增加淬硬性,降低焊接性	比Mn大,比W小	稍可防止软化	提高高温强度,抗氧化,抗腐蚀
Ni	全部固溶	10%(与含碳量无关)	改善焊接性	石墨化	无(甚微)	提高塑性、韧性、改善低温韧性、耐热性,抗腐蚀
B	1140℃可溶0.02%,室温时无溶解度	910℃时可溶0.081%,室温时极微量	恶化焊接性	很强	—	提高淬透性,强化,细化晶粒,脱氧、定氮
RE	—	—	改善焊接性	很强	—	细化晶粒,脱硫、脱氢
N	全部固溶	590℃时可溶0.1%,室温时只溶0.001%	降低焊接性	无	二次硬化作用大,有蓝脆现象	强化,细化晶粒
Nb	2.0%	1.8%	改善焊接性	仅次于Ti	当Nb/C≥20时,二次硬化作用大	强化,细化晶粒

中，把 P 含量提高到 0.08%～0.15%，使铁素体适当脆化，可以提高钢的切削加工性。

③ 氮（N） 氮是由炉气进入钢中的。N 在奥氏体中的溶解度较大，而在铁素体中的溶解度很小，且随着温度的下降而减小。在 590℃时溶解度为 0.1%，室温时则降至 0.001%以下。当钢材由高温较快冷却时，过剩的 N 由于来不及析出便过饱和地溶解在铁素体中。随后在 200～250℃时加热（或者钢材在室温下静置，随着时间的延长），将会发生氮化物 Fe_4N 的析出，使钢的强度、硬度上升，而塑性、韧性大大降低，这种现象称为蓝脆（时效脆性）。

在钢液中加入 Al、Ti 进行脱 N 处理，使 N 固定在 AlN 及 TiN 中，可以消除钢的时效倾向。钢中含 N 还易于形成气泡和疏松。不同焊接方法焊接低碳钢时焊缝中的 N 含量见表 1-9。

表 1-9 不同焊接方法焊接低碳钢时焊缝中的 N 含量 %

焊接方法	焊缝中 N 含量	焊接方法	焊缝中 N 含量
光焊丝电弧焊	0.08～0.228	埋弧自动焊	0.002～0.007
纤维素焊条电弧焊	0.013	CO_2 气体保护焊	0.008～0.015
钛型焊条电弧焊	0.015	氧-乙炔气焊	0.015～0.020
钛铁矿型焊条电弧焊	0.014	熔化极氩弧焊	0.0068
低氢型焊条电弧焊	0.010	药芯焊丝明弧焊	0.015～0.040
—	—	实心焊丝自保护焊	<0.12

④ 氢（H） 炼钢炉料和浇注系统带有水分或由于空气潮湿，都会使钢中的 H 含量增加。H 是钢中有害的元素，钢中含 H 将使钢材变脆，称为氢脆。H 还会使钢中出现白点等缺陷，这种现象在合金钢中尤为严重。

焊接时 H 主要来源于焊接材料中的水分、电弧周围空气中的水蒸气、母材坡口表面的铁锈、油污等。不同焊接方法焊接碳钢时冷至室温的气相成分见表 1-10。焊接碳钢时熔敷金属中的 H 含量见表 1-11。

⑤ 氧（O） 氧在钢中一部分溶入铁素体，另一部分以金属氧化物夹杂形式存在于钢中。O 以金属氧化物形式存在于非金属夹杂物中时，对钢的性能有不良的影响。O 含量增加会使钢的强度、塑性降低。氧化物夹杂对钢的力学性能（尤其是疲劳强度）有严重的影响，钢中的 FeO 与其他夹杂物形成低熔点的复合化合物聚集在晶界上时，会造成钢的热脆性。

表 1-10 不同焊接方法焊接碳钢时冷至室温的气相成分 %

焊接方法	焊条和焊剂类型	气相成分(体积分数)					备注
		CO	CO_2	H_2	H_2O	N_2	
焊条电弧焊	钛钙型	50.7	5.9	37.7	5.7	—	焊条在110℃时烘干2h
	钛铁矿型	48.1	4.8	36.6	10.5	—	
	纤维素型	42.3	2.9	41.2	12.6	—	
	钛型	46.7	5.3	35.5	13.5	—	
	低氢型	79.8	16.9	1.8	1.50	—	
	氧化铁型	255.6	7.3	24.0	13.1	—	
埋弧自动焊	HJ330	86.2	—	9.3	—	4.5	焊剂为玻璃状
	HJ431	89～93	—	7～9	—	<1.5	
气焊	O_2/C_2H_2=1.1～1.2(中性焰)	60～66	有	30～40	有	—	—

表 1-11 焊接碳钢时熔敷金属中的 H 含量 mL/100g

焊接方法		扩散 H 含量	残余 H 含量	总 H 含量	备注
手工电弧焊	纤维素型	35.8	6.3	42.1	—
	钛型	39.1	7.1	46.2	
	钛铁矿型	30.1	6.7	36.8	
	氧化铁型	32.3	6.5	36.8	
	低氢型	4.2	2.6	6.8	
埋弧自动焊		4.40	1～1.5	5.90	在40～50℃停留48～72h测定扩散H含量;真空加热测定残余H含量
CO_2 气体保护焊		0.04	1～1.5	1.54	
氧-乙炔气焊		5.00	1～1.5	6.50	

焊缝金属和钢中所含的 O 几乎全部以氧化物（FeO、SiO_2、MnO、Al_2O_3 等）和硅酸盐夹杂物的形式存在。焊缝 O 含量一般是指总 O 含量，它既包括溶解的 O，也包括非金属夹杂物中的 O。焊接低碳及低合金钢时，尽管母材和焊丝的 O 含量很低，但是由于金属与气相和熔渣作用的结果，焊缝金属的 O 含量总是增加的。采用不同方法焊接时焊缝中的 O 含量见表 1-12。

表 1-12 采用不同方法焊接时焊缝中的 O 含量 %

材料及焊接方法	O 含量	材料及焊接方法	O 含量
低碳镇静钢	0.003～0.008	纤维素型焊条	0.090
低碳沸腾钢	0.010～0.020	氧化铁型焊条	0.122
H08A 焊丝	0.01～0.02	铁粉型焊条	0.093
H08A 光焊丝焊接	0.15～0.30	埋弧自动焊	0.03～0.05
低氢型焊条	0.02～0.03	电渣焊	0.01～0.02
钛铁矿型焊条	0.101	气焊	0.045～0.050
钛钙型焊条	0.05～0.07	CO_2 气体保护焊	0.02～0.07
钛型焊条	0.065	氩弧焊	0.0017

N、H、O元素对焊缝金属的主要影响是导致脆化、产生气孔和裂纹，降低焊缝金属的塑性和韧性。常用焊接材料熔敷金属中O、N、扩散H的含量见表1-13。

表1-13　常用焊接材料熔敷金属中O、N、扩散H的含量

类别	O含量/%	N含量/%	扩散H含量/(mL/100g)
H08A焊丝	0.01～0.02	—	0.2～0.5
光焊丝电弧焊	0.15～0.30	0.08～0.228	—
纤维素焊条	0.090	0.013	35.8
钛型焊条	0.065	0.015	39.1
钛钙型焊条	0.05～0.07	—	—
钛铁矿型焊条	0.101	0.014	30.1
低氢型焊条	0.02～0.03	0.010	4.2
埋弧焊	0.03～0.05	0.002～0.007	4.40
CO_2气体保护焊	0.02～0.07	0.008～0.015	0.04
惰性气体保护焊	0.0017	0.0068	—
药芯焊丝CO_2焊	—	0.015～0.040	—
气焊	0.045～0.05	0.015～0.020	5.00

⑥ 对有害杂质的控制　对于有害杂质（O、N、H、S、P）的控制，主要从工艺措施（限制来源）和冶金措施（转化为不溶状态或转移至熔渣中）两方面入手。对于N和H的控制，必须清除焊件和焊接材料附着的油、锈、氧化膜及水分，烘干焊接材料（焊条、焊剂）并应加强保护，防止空气侵入焊接区域。对于O的控制，可在药皮、药芯或焊剂中添加脱O铁合金，限制环境的氧化（即减少CO_2或O_2），还应尽可能创造条件实现Mn-Si联合脱O。

S、P杂质是在焊缝中极易造成偏析的元素，可形成低熔点共晶，促使焊缝中形成热裂纹或脆化。焊缝金属中S、P含量的控制主要从限制焊接材料中的S、P杂质含量入手，一般应分别控制在0.03%以下。

第四节　焊接材料的管理

对焊接材料的采购、验收、保管、烘干、发放与回收作出要求。

一、采购前应作供方评价

① 采购前，采购部门应对供方的资质、物资来源、质量控制、

供货能力、履约情况等进行考察、评价，择优选择合格供方。填写“供方和分包方情况评定表”，并保存合格供方有关资料。

② 由材料负责人审核并编制一年一度的《合格供方和分包方名录》，交质保工程师审批。

③ 当供方提供的焊接材料出现严重问题时，采购部门应及时向供方发出《不合格品（项）报告》，并要求其整改，如发出两次《不合格品（项）报告》但质量仍无明显改进时，应报告质保工程师，采取取消其供方资格并从《合格供方和分包方名录》中除名等措施。

④ 采购部门一般应每年末对合格供方进行一次跟踪复评，如发现质量不合格等严重问题且得不到满意的改进结果时，应取消其合格供方资格。

二、焊接材料的采购

① 焊接材料的质量，应符合相关的国家标准、行业标准的规定，并应有明显的标识和质量证明文件。

② 采购部门应根据技术部门的《采购说明书》和生产部门的生产计划，在核实库存后提出采购计划，编制焊接材料采购任务单进行采购。

③ 供方提供的焊材必须标记清晰、牢固，并随货提供质量证明文件。

④ 采购部门应向合格分供商进行采购。签订订货合同必须严肃认真，各项条款要与采购任务单相符，因客观原因需要修改技术要求时，采购部门必须征得技术部门的同意才能更改。

⑤ 采购员在提运焊接材料时，应注意不得损坏包装材料，并做好防雨、防潮措施。

三、焊接材料的验收

1. 一般验收

焊接材料的验收、检验在工艺没有专门要求时，一般应核实其质量证明文件、合格证和标识，确认物、证相符，并进行外观检查。

2. 到货验收

焊接材料到货后，采购人员应将焊接材料的质量证明文件等交给库房管理人员。库房管理人员将实物堆放在待验区域，通知材料检验员验收。检验员根据相应的材料标准和进货的批、次，抽样检查。

（1）焊条的到货验收

焊条到货验收的项目包括：

① 质量证明书审核。

② 标识复核。焊条按批号抽查，包装应完好无损，标识清晰，并标有生产标准及焊条型号、牌号、规格、批号、制造日期、制造厂名、商标，标记应与质量证明书内容一致。

③ 规格、数量。材料规格、数量应与订货合同或采购单中的相关要求一致。

④ 尺寸和药皮外表质量。宏观抽查焊条是否有锈迹、受潮，焊条的偏心度是否符合标准，焊条的药皮是否均匀、紧密地包覆在焊芯周围。焊条引弧端药皮应倒角，焊芯端面应露出。如发现焊条严重受潮、药皮脱落等应禁止使用。

（2）焊丝的到货验收

焊丝到货验收的项目包括：

① 质量证明书审核。

② 标牌复核。焊丝标牌上应有型号（牌号）、生产厂名、生产标准、炉（批）号和钢丝直径、生产日期等内容，并与质量证明书一致。

③ 规格、数量。材料规格、数量应与订货合同或采购单中的相关要求一致。

④ 表面质量和尺寸偏差。钢丝表面不应有锈蚀、氧化皮和其他不利于使用的缺陷，其尺寸偏差范围应在相应标准规定范围内。

（3）焊剂的到货验收

焊剂到货验收的项目包括：

① 质量证明书审核。

② 标牌复核。焊剂标牌上应有型号、生产厂名、生产标准、炉（批）号和钢丝直径、生产日期等内容并与质量证明书一致。

③ 规格、数量。材料规格、数量应与订货合同或采购单中的相关要求一致。

3. **焊接材料验收的其他规定**

① 焊接材料的质量证明文件必须经材料责任人审核、确认、签字后，方可送检。

② 焊接材料接收检验合格后，由材料检验人员记录检验结果，签字并注明日期，方可办理入库手续。

③ 检验合格的焊接材料应粘贴合格标签进行识别，并编制本单位焊接材料代码。

④ 不合格的焊接材料应与合格的焊接材料隔离，由采购人员办理退货手续。

⑤ 焊接锅炉、压力容器、压力管道用焊接材料采购的基本要求、批量划分、检验范围、供应和复验，以及焊条、焊剂的技术要求、检验项目、试验规则、标识等应符合《承压设备用焊接材料订货技术条件》NB/T 47018.1～47018.7—2011（2017）标准的规定。

⑥ 对于在生产中出现的焊接质量问题，经分析可能是焊接材料引起的应停止使用，按标准对焊接材料进行复验。

四、焊接材料的储存

① 焊接材料验收合格入库后，必须按入库编号或牌号、规格、批号等码放整齐，标识清楚，避免错发、误发。

② 焊接材料库应建立台账，做到账、卡、物、证相符，并定期核查。

③ 焊接材料库应干燥、通风良好，库房内应有必要的除湿设备，设置温度、湿度计，一般应保持室内温度不低于10℃，相对湿度≤60%。湿度记录可采用自动记录仪，或由焊接材料库保管员每天对温度、湿度进行至少两次的记录，应保证温度、湿度符合焊接材料保存要求。

④ 焊接材料应放在货架上。焊接材料到地面和墙的距离≥300mm。

⑤ 储存期间焊接材料库保管员发现焊接材料缺陷时，应及时通知焊接责任人和材料责任人处理。

⑥ 焊接材料在搬运过程中应轻搬、轻放，防止药皮脱落和散包，防止标识损坏。

五、焊接材料的烘烤

① 除真空包装外，焊条、焊剂应按供应商提供的产品说明书的规定进行再烘干。

② 国内常用焊条烘烤参照表 1-14。

表 1-14 烘烤参数

焊材类别		烘烤温度/℃	保温时间/h
酸性	碳素钢,低合金钢焊条	150～200	1～2
	奥氏体不锈钢焊条	150～180	1～2
碱性	碳素钢,低合金钢焊条	350～420	1～2
	奥氏体不锈钢焊条	250～280	1～2

③ 烧结焊剂参考烘烤温度为 300～350℃，保温时间为 2h。

④ 焊接材料烘烤时应从 100℃以下缓慢升温，保温后随炉缓冷，禁止突然放入高温炉或快速升温，以及从高温中突然取出冷却。焊接材料经烘干后可放入保温箱内（100～150℃）待用。

⑤ 对烘干温度超过 350℃的焊条，累计烘干次数不宜超过 3 次。

⑥ 烘干箱和保温箱内的焊条应有标明其牌号、规格和批号的有效标记。

⑦ 库房管理员应加强焊接材料烘烤的控制和管理，做好焊接材料代码、烘烤温度、时间等记录，并控制堆高和码放、重复烘烤次数，防止骤冷、骤热、受热不均、混料、错发等现象。

⑧ 检验人员应审核烘烤记录、并认可烘干操作的正确性。

六、焊接材料的发放和回收

① 焊接生产车间一般应根据生产的实际，将生产所需焊接材料的品种、规格和数量等通知焊接材料库。

② 焊接材料二级库管理员向焊接材料一级库领用焊接材料，并做好焊接材料烘烤及发放准备。焊接材料二级库的焊材不允许放置在烘箱外的任何地方。

③ 焊工凭生产车间开出的焊接材料领用单，向焊接材料二级库领用；每位焊工每次的领用焊条量一般以不超过 30 根为宜，焊丝每次领用的量以一盘为宜，焊剂领用量一般每次以 10kg 为宜。

④ 焊条领用时使用保温桶，焊剂领用时使用焊剂桶。

⑤ 焊接材料发放时，管理员应进行核实，确认准确无误后方可发放。

⑥ 焊接材料发放中应先入库先发放、后入库后发放，避免焊接材料保存时间过长。

⑦ 焊接材料库管理员应做到账物相符，领用焊接材料可以追踪。

⑧ 焊工每天下班后，必须上交用剩的焊接材料和焊条头，管理员必须清点用剩的焊条和焊条头，做到收发一致，并做好记录。回收的焊条必须表面清洁，可确认牌号、材质，对于表面肮脏，不能确认牌号、材质的焊条一律作报废处理。退回的焊条头长度必须小于 50mm。

⑨ 返回的焊条应根据其牌号、规格和返回的次数分别储存、烘干和发放。回收的焊条应由保管员做好标记（每次退回时可用锯条划一条划痕），不同返回次数的焊条不许混淆。返回次数应填写在焊接材料发放记录上。返回次数超过两次的焊条一般不许再用于特种设备受压元件的焊接。

⑩ 焊条重新烘烤后原则上可再使用一次，下次使用时优先发放；回收的焊剂应去除渣壳、杂质，重新烘烤后可与新焊剂按 1∶3 混匀使用。

第二章

焊条

第一节　焊条的组成及其作用

焊条就是在金属丝（即焊芯）表面涂上适当厚度药皮的手弧焊用的熔化电极。焊条由焊芯和涂料药皮两部分组成，如图 2-1 所示。各种焊条的药皮都具有一定的厚度，通常用“药皮质量系数”来表示药皮与焊芯的相对质量比，即

$$药皮质量系数(K)=[(药皮质量)/(相同部分的焊芯质量)]\times 100\% \tag{2-1}$$

根据药皮质量系数（K），可把焊条分为厚药皮焊条（$K=30\%\sim50\%$）和薄药皮焊条（$K=1\%\sim2\%$）。目前在焊接生产中广泛使用的基本上都是厚药皮焊条。

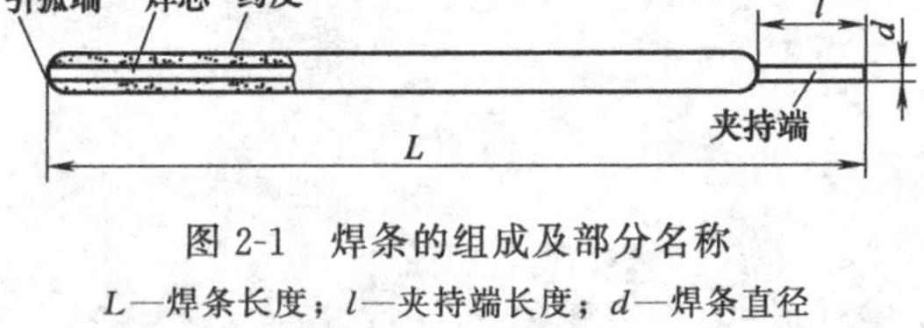

图 2-1　焊条的组成及部分名称

L—焊条长度；l—夹持端长度；d—焊条直径

一、焊芯

1. 焊芯的作用

焊芯是一根实心金属棒，焊接时作为电极，传导焊接电流，使之

与工件之间产生电弧；在电弧热作用下，自身熔化过渡到工件的熔池内，成为焊缝中的填充金属。

作为电极，焊芯必须具有良好的导电性能，否则电阻热会损害药皮的效能；作为焊缝的填充金属，焊芯的化学成分对焊缝金属的质量和性能有直接影响，必须严格控制。

2. 焊芯的种类

焊芯采用焊接专用的金属丝（即焊丝）。除了铸造焊芯外，焊芯一般是通过冶炼的方法铸成钢锭后热轧，然后拉拔到所需要的尺寸切断而成的。除了高合金钢焊条的焊芯成分应与钢的成分相近外，碳钢和低合金钢焊条的焊芯一般均采用标准的低碳焊条用钢，由相关的国家标准规定化学成分。

焊芯牌号的首位字母是“H”，后面的数字表示含碳量，其他合金元素含量的表示方法与钢材的表示方法大致相同。对高质量的焊条焊芯，尾部加“A”表示优质钢，加“E”表示特优质钢。常用各种焊条所用的焊芯种类见表 2-1。

表 2-1 常用各种焊条所用的焊芯种类

焊条种类	所用焊芯种类	焊条种类	所用焊芯种类
低碳钢焊条	低碳钢焊芯(H08A 等)	堆焊焊条	低碳钢或合金钢焊芯
低合金高强度钢焊条	低碳钢或低合金钢焊芯	铸铁焊条	低碳钢、铸铁或非铁合金焊芯
低合金耐热钢焊条	低碳钢或低合金钢焊芯	镍、铜、铝焊条	镍、铜、铝焊芯
不锈钢焊条	不锈钢或低碳钢焊芯		

3. 焊芯的规格尺寸

焊芯的长度和直径也就是焊条的长度和直径，是根据焊芯材质、药皮组成、方便使用、材料利用和生产效率等因素确定的。通常是由热轧金属盘条经冷拔到所需直径后，再切成所需长度。无法轧制或冷拔的金属材料，用铸造方法制成所需的规格尺寸。表 2-2 所示为国家标准对钢铁焊条尺寸的规定。

现行国家标准对焊条夹持端的长度也做出了规定，见表 2-3。

4. 焊芯的化学成分

常用焊芯的化学成分见表 2-4。

表 2-2 钢铁焊条的规格 mm

<table>
<tr><th rowspan="3">焊条直径</th><th colspan="7">焊条长度</th></tr>
<tr><th rowspan="2">非合金钢及细晶粒钢焊条(GB/T 5117—2012)</th><th rowspan="2">热强钢焊条(GB/T 5118—2012)</th><th rowspan="2">不锈钢焊条(GB/T 983—2012)</th><th colspan="2">堆焊焊条(GB/T 984—2001)</th><th colspan="2">铸铁焊条(GB/T 10044—2006)</th></tr>
<tr><th>冷拔焊芯</th><th>铸造焊芯①</th><th>冷拔焊芯</th><th>铸造焊芯</th></tr>
<tr><td>1.6</td><td>200～250</td><td>—</td><td rowspan="2">220～260</td><td>—</td><td>—</td><td>—</td><td>—</td></tr>
<tr><td>2.0</td><td rowspan="2">250～350</td><td rowspan="2">250～350</td><td rowspan="2">230～300</td><td>—</td><td>—</td><td>—</td></tr>
<tr><td>2.5</td><td>230～350</td><td>—</td><td>200～300</td><td>—</td></tr>
<tr><td>3.2</td><td rowspan="3">350～450</td><td rowspan="3">350～450</td><td>300～460</td><td rowspan="2">300～450</td><td rowspan="3">230～350</td><td rowspan="3">300～450</td><td>—</td></tr>
<tr><td>4.0</td><td rowspan="3">340～460</td><td>350～400</td></tr>
<tr><td>5.0</td><td rowspan="3">350～450</td><td rowspan="4">350～500</td></tr>
<tr><td>6.0</td><td rowspan="2">450～700</td><td rowspan="2">450～700</td><td rowspan="2">300～350</td><td>400～500</td></tr>
<tr><td>8.0</td><td>—</td><td>—</td></tr>
<tr><td>10</td><td>—</td><td>—</td><td>—</td><td>—</td><td>—</td><td>—</td></tr>
</table>

① 堆焊焊条中的复合焊芯焊条和碳化钨管状焊条的尺寸规定与铸造焊芯焊条相同。

表 2-3 现行国家标准规定的焊条夹持端长度 mm

<table>
<tr><th rowspan="2">焊条直径 d</th><th colspan="5">夹持端长度 l</th></tr>
<tr><th>碳钢、低合金钢焊条</th><th>不锈钢焊条</th><th>铝焊条</th><th>铜焊条</th><th>堆焊条</th></tr>
<tr><td>≤4.0</td><td>10～30</td><td>10～30</td><td>10～30</td><td>15～25</td><td rowspan="2">15～30</td></tr>
<tr><td>≥5.0</td><td>15～35</td><td>20～40</td><td>20～30</td><td>20～30</td></tr>
</table>

注：镍焊条，直径为 2.0mm、2.5mm，焊条长度为 230～300mm，夹持端为（15±5）mm；直径为 3.2mm、4.5mm、5.0mm，焊条长度为 250～350mm，夹持端为（20±5）mm。

二、药皮

药皮又称涂料，是焊条中压涂在焊芯表面上的涂覆层。药皮是焊条的重要组成部分，也是决定焊条和焊接质量的重要因素。它是由矿石、铁合金、纯金属、化工物料和有机物的粉末混合均匀后粘接到焊芯上的。

1. 药皮的作用

焊条的药皮在焊接过程中起着极为重要的作用，主要是：

① 保护作用　在焊接过程中，某些物质（如有机物、碳酸盐等）受热分解出气体（如 CO_2 等）或形成熔渣起到气保护或渣保护作用，使熔滴和熔池金属免受有害气体（如大气中的 O_2、N_2 等）的影响。

表 2-4 常用焊芯的化学成分

钢类	牌号	化学成分/%										
		C	Mn	Si	Cr	Ni	Cu	Mo	V	其他	S	P
非合金钢	H08A	≤0.10	0.30～0.60	≤0.07	≤0.20	≤0.30	≤0.20	—	—	—	≤0.030	≤0.030
	H08E	≤0.10	0.30～0.60	≤0.03	0.20	≤0.30	≤0.20	—	—	—	≤0.020	≤0.020
	H08C	≤0.10	0.30～0.60	≤0.03	≤0.10	≤0.10	≤0.10	—	—	—	≤0.015	≤0.015
	H08MnA	≤0.10	0.30～1.10	≤0.07	≤0.20	≤0.30	≤0.20	—	—	—	≤0.030	≤0.030
	H15A	0.11～0.18	0.35～0.65	≤0.03	≤0.20	0.30	0.20	—	—	—	≤0.030	≤0.030
	H15Mn	0.11～0.18	0.80～1.10	≤0.03	≤0.20	≤0.30	≤0.20	—	—	—	≤0.035	≤0.035
低合金钢	H08MnSi	≤0.11	1.20～1.50	0.40～0.70	≤0.20	≤0.30	≤0.20	—	—	—	≤0.035	≤0.035
	H10MnSi	≤0.14	0.80～1.10	0.60～0.90	≤0.20	≤0.30	≤0.20	—	—	—	≤0.035	≤0.035
	H11MnSiA	0.07～0.15	1.00～1.50	0.65～0.95	≤0.20	≤0.30	≤0.20	—	—	—	≤0.025	≤0.035
合金钢	H08Mn2Si	≤0.11	1.70～2.10	0.65～0.95	≤0.20	≤0.30	0.20	—	—	—	0.035	0.035
	H08Mn2SiA	≤0.11	1.80～2.10	0.65～0.95	≤0.20	≤0.30	≤0.20	—	—	—	0.030	0.030
	H08MnMoA	≤0.10	1.20～1.60	≤0.25	≤0.20	≤0.30	0.20	0.30～0.50	—	Ti0.15	0.030	0.030
	H08Mn2MoA	0.06～0.11	1.60～1.90	≤0.25	≤0.20	≤0.30	≤0.20	0.50～0.70	—	Ti0.15	0.030	0.030

续表

钢类	牌号	化学成分/%										
		C	Mn	Si	Cr	Ni	Cu	Mo	V	其他	S	P
合金钢	H08Mn2MoVA	0.06～0.11	1.60～1.90	≤0.25	≤0.20	≤0.30	≤0.20	0.50～0.70	0.06～0.12	Ti0.15	0.030	0.030
	H08CrMoA	≤0.10	0.40～0.70	0.15～0.35	0.80～1.10	≤0.30	≤0.20	0.40～0.60	—	—	0.030	0.030
	H08CrMoVA	≤0.10	0.40～0.70	0.15～0.35	1.00～1.30	≤0.30	≤0.20	0.50～0.70	0.15～0.35	—	0.030	0.030
	H08CrNi2MoA	0.05～0.10	0.50～0.85	0.10～0.30	0.70～1.00	1.40～1.80	≤0.20	0.20～0.40	—	—	0.025	0.030
	H10Mn2	≤0.12	1.50～1.90	≤0.07	≤0.20	≤0.30	≤0.20	—	—	—	0.035	0.035
	H10MnSiMo	≤0.14	0.90～1.20	0.70～1.10	≤0.20	≤0.30	0.20	0.15～0.25	—	—	0.035	0.035
	H10MnSiMoTiA	0.08～0.12	1.00～1.30	0.40～0.70	≤0.20	≤0.30	≤0.20	0.20～0.40	—	Ti0.05～0.15	0.025	0.030
	H10Mn2MoA	0.08～0.13	1.70～2.00	≤0.40	≤0.20	≤0.30	≤0.20	0.60～0.80	—	Ti0.15	0.030	0.030
	H10Mn2MoVA	0.08～0.13	1.70～2.00	≤0.40	≤0.20	≤0.30	≤0.20	0.60～0.80	0.06～0.12	Ti0.15	0.030	0.030
	H10MoCrA	≤0.12	0.40～0.70	0.15～0.35	0.45～0.65	≤0.30	≤0.20	0.40～0.60	—	—	0.030	0.030
	H11Mn2SiA	0.07～0.15	1.40～1.85	0.85～1.15	≤0.20	≤0.30	≤0.20	—	—	—	0.025	0.025
	H13CrMoA	0.11～0.16	0.40～0.70	0.15～0.35	0.80～1.10	≤0.30	≤0.20	0.40～0.60	—	—	0.030	0.030
	H18CrMoA	0.15～0.22	0.40～0.70	0.15～0.35	0.80～1.10	≤0.30	≤0.20	0.15～0.25	—	—	0.025	0.030
	H30CrMnSiA	0.25～0.35	0.80～1.10	0.90～1.20	0.80～1.10	≤0.30	0.20	—	—	—	0.025	0.025

② 冶金处理作用 同焊芯配合，通过冶金反应脱氧、去氢，去除硫、磷等有害杂质或添加有益的合金元素，以得到所需的化学成分，改善组织，提高性能。

③ 改善焊接工艺性能 通过焊条药皮不同物质的合理组配（即药皮配方设计），有助于提高焊条的操作工艺性能，促使电弧燃烧稳定，减少飞溅，改善脱渣、焊缝成形和提高熔敷效率等。

2. 药皮材料的分类

焊条药皮的原材料成分相当复杂，一种焊条药皮配方中，组成物通常有七八种之多，主要分为矿物类、铁合金及金属粉、有机物和化工产品四类。根据药皮原材料在焊接过程中所起的作用可将其分为如下七类：

① 稳弧剂 其主要作用是使焊条容易引弧及在焊接过程中保持电弧稳定燃烧。作为稳弧剂的原材料主要是一些含有一定数量低电离电位易电离元素的物质，如长石、水玻璃、金红石、钛白粉、大理石、云母、钛铁矿、还原钛铁矿等。

② 造渣剂 造渣剂在焊接时能形成具有一定物理、化学性能的熔渣，保护焊接熔滴和熔池金属，改善焊缝成形。作为造渣剂的原材料有大理石、萤石、白云石、菱苦土、长石、白泥、云母、石英、金红石、钛白粉、钛铁矿等。

③ 脱氧剂（又称还原剂） 其主要作用是通过焊接过程中的化学冶金反应，降低焊缝金属中的氧含量，提高焊缝金属的性能。脱氧剂主要是含有对氧亲和力大的元素的铁合金及其金属粉，常用脱氧剂有锰铁、硅铁、钛铁、铝铁、硅钙合金等。

④ 造气剂 其主要作用是在电弧高温作用下分解出气体，形成保护气氛，保护电弧及熔池金属，防止周围空气中氧和氮的侵入。常用的造气剂有碳酸盐（如大理石、白云石、菱苦土、碳酸钡等）及有机物（如木粉、淀粉、纤维素、树脂等）。

⑤ 合金剂 其主要作用是补偿焊接过程中合金元素的烧损及向焊缝中过渡合金元素，以保证焊缝金属的化学成分及性能。根据需要选用各种铁合金（如锰铁、硅铁、铬铁、钼铁、钒铁、铌铁、硼铁、稀土硅铁等）或纯金属（如金属锰、金属铬、镍粉、钨粉等）。

⑥ 增塑剂 其主要作用是改善药皮涂料在焊条压涂过程中的塑

性、弹性及流动性，提高焊条的压涂质量，使焊条药皮表面光滑而不开裂。通常选用有一定弹性、滑性或吸水后有一定膨胀性的物料，如云母、白泥、钛白粉、滑石粉、固体水玻璃、纤维素等。

⑦ 黏结剂　其主要作用是使药皮物料牢固地粘接在焊芯上，并使焊条药皮烘干后具有一定的强度。其在焊接冶金过程中不对熔池和焊缝金属产生有害作用。常用黏结剂是水玻璃（钾、钠及其混合水玻璃）及酚醛树脂、树胶等。

焊条药皮中几种常用原材料的组成与作用见表 2-5，每种物料在药皮中可同时起几种作用。在设计焊条药皮配方、选择药皮的原材料时，须注意其主要作用，兼顾附带作用。

表 2-5　常用药皮原材料的组成与作用

材料	主要成分	造气	造渣	脱氧	合金化	稳弧	粘接	成形	增氢	增硫	增磷	氧化
金红石	TiO_2	—	A	—	—	B	—	—	—	—	—	—
钛白粉	TiO_2	—	A	—	—	B	—	A	—	—	—	—
钛铁矿	TiO_2,FeO	—	A	—	—	B	—	—	—	—	—	B
赤铁矿	Fe_2O_3	—	A	—	—	B	—	—	—	B	B	B
锰矿	MnO_2	—	A	—	—	B	—	—	—	—	B	B
大理石	$CaCO_3$	A	A	—	—	B	—	—	—	—	—	B
菱苦土	$MgCO_3$	A	A	—	—	B	—	—	—	—	—	B
白云石	$CaCO_3+MgCO_3$	A	A	—	—	B	—	—	—	—	—	B
石英砂	SiO_2	—	A	—	—	—	—	—	—	—	—	—
长石	SiO_2,Al_2O_3,K_2O+Na_2O	—	A	—	—	B	—	—	—	—	—	—
白泥	SiO_2,Al_2O_3,H_2O	—	A	—	—	—	—	A	B	—	—	—
云母	SiO_2,Al_2O_3,H_2O,K_2O	—	A	—	—	B	—	A	B	—	—	—
滑石	SiO_2,Al_2O_3,MgO	—	A	—	—	—	—	B	—	—	—	—
萤石	CaF_2	—	A	—	—	—	—	—	—	—	—	—
碳酸钠	Na_2CO_3	—	B	—	—	B	—	A	—	—	—	—
碳酸钾	K_2CO_3	—	B	—	—	A	—	—	—	—	—	—
锰铁	Mn,Fe	—	B	A	A	—	—	—	—	—	B	—
硅铁	Si,Fe	—	B	A	A	—	—	—	—	—	—	—
钛铁	Ti,Fe	—	B	A	B	—	—	—	—	—	—	—
铝粉	Al	—	B	A	—	—	—	—	—	—	—	—
钼铁	Mo,Fe	—	B	B	A	—	—	—	—	—	—	—
木粉	C、O、H	A	—	B	—	B	—	B	B	—	—	—
淀粉	C、O、H	A	—	B	—	B	—	B	B	—	—	—
水玻璃	K_2O,Na_2O,SiO_2	—	B	—	—	A	A	—	—	—	—	—

注：A—主要作用；B—附带作用。

3. 药皮组成物的特点

(1) 金属矿石

最常用的金属矿石有钛铁矿和金红石，也用赤铁矿。目前已采用人造金红石和还原钛铁矿来代替天然金红石。两者都是利用钛铁矿（$TiO_2+FeO+Fe_2O_3$）还原生成 TiO_2。人造金红石是在液态下还原而成的，还原钛铁矿则是在固态粉末条件下还原而成的（$TiO_2\geqslant$ 45%），因而含有已被还原的铁粉（约 30%），其中还有未被还原的 FeO（5%～9%）。

钛铁矿分精选钛矿 $(FeTi)O_3$ 与钛磁铁矿 $(FeTi)O_4$ 两种。$(FeTi)O_4$ 能变为 $(FeTi)O_3+Fe_2O_3$，含 TiO_2 8%～11%，FeO 30%～34%，Fe_2O_3 46%～50%。精选钛矿有高品位与低品位两种，前者约含 TiO_2 60%，FeO 9%～19%，Fe_2O_3 8%～21%；后者约含 TiO_2 45%～48%，FeO 30%，Fe_2O_3 不大于 20%。我国焊条药皮配方中一般用的是低品位精选钛矿。

药皮中以 TiO_2 为主制成的焊条，操作工艺性能好，因为 TiO_2 能降低熔渣黏度和表面张力，对改善焊缝成形和脱渣性很有利。但药皮熔点偏高，配方不当时易形成较大套筒，对再引弧性不利。电弧虽稳定，但吹力小，因而熔深浅。

(2) 岩石

常用的岩石是碳酸盐、硅酸盐及氟化物，其中硅酸盐的种类最多、最复杂。最纯的是石英，为单纯的 SiO_2。长石、白泥、云母、滑石均为硅铝酸盐，不但同时含有 SiO_2 及 Al_2O_3，而且还有其他氧化物，如长石中含有 K_2O+Na_2O，云母中含有 K_2O，滑石中含有 MgO。特别是硅铝酸盐中多含结晶水或化合水，易使焊缝增氢。凡含有 K_2O 的物料均有稳弧作用。

碳酸盐既可造渣又可造气，同时还有稳弧作用。因 $CaCO_3$ 与 $MgCO_3$ 分解温度不同，故焊条烘干时须注意。碱性焊条常用大理石，因而烘干温度提高到 400～450℃；酸性焊条则可应用各种类型的碳酸盐。

氟化物多用于碳酸盐为主的碱性焊条中，主要作用是降低熔点、稀释熔渣，但在高碱度时降低黏度的作用并不明显。氟还可除氢。但氟易形成粗大的负离子，不利于电弧稳定燃烧，不得不采用直流电源进行焊接。此外，含氟粉尘易成为可溶于水的物质，对人体健康有害。

(3) 铁合金

铁合金中均含有一定的碳和硫、磷等杂质。例如，常用锰铁按碳含量分为低碳锰铁（C≤0.5%，Mn≥80%）、中碳锰铁（C≤1.0%，Mn≥78%以及C≤1.5%，Mn≥75%）和高碳锰铁（C≥7%）。高碳锰铁在焊条中很少采用。对于对碳限制严格的焊条，以采用低碳铁合金或纯金属为宜，但应考虑成本及粉碎加工的困难。

低碳铁合金难于粉碎（如低碳 Fe-Cr、Fe-W 等）。粉碎铁合金时，为防止粉尘发火而爆炸，常同时拌和一定比例（5%～10%）的配方中需要的长石或石英粉。

合金元素含量高的铁合金，如锰铁和 75 硅铁（Si＝72%～80%），在气温较高时很容易与水玻璃起作用，结果是析出氢气并放出热量，在药粉与水玻璃湿混过程中或压涂过程中，涂料会逐渐硬化而失去塑性，并有发泡（“发酵”）现象。一般都设法使铁合金“钝化”；即使铁合金颗粒表面形成极薄一层氧化膜，以防止与水玻璃起作用。常用的方法是在水玻璃中加入 0.5%左右的高锰酸钾水溶液使锰铁钝化；也可加热铁合金使之钝化，锰铁加热到 300～350℃，硅铁加热到 700～800℃；还有雾化法，但因 Si 高时过于活泼，钝化效果不理想，因而多用低 Si 的 45 硅铁（Si＝40%～47%）来代替 75 硅铁。

(4) 化工制品

化工制品有钛白粉、纯碱、氟金云母、羧甲基纤维素等。钛白粉中 TiO_2≥97%，其化学结构不同于金红石。对改善压涂性能有利，但价格昂贵，不易采用。

纯碱有利于稳弧性，但易使药皮吸潮。氟金云母的分子式为 $KMg_3(AlSi_3)O_{10}F_2$。因为天然云母虽对压涂性能有利，但含结晶水，所以用化学方法处理，用 F^- 置换 OH^-，从而成为不含结晶水的合成“氟金云母”。氟金云母主要用于配制超低氢焊条。

羧甲基纤维素是将纤维素用碱处理后又与氯乙酸作用而成，属于无味的白色粉末，易溶于水，生成黏性溶液，可起粘接作用，也可用于改善压涂性能。

(5) 水玻璃

水玻璃是碱金属硅酸盐（俗称泡花碱），化学式为 $R_2O \cdot nSiO_2$，R_2O 代表 K_2O+Na_2O，n 值变化范围较大。反映水玻璃特性的有模数、浓度和黏度。

模数为 SiO_2 与 R_2O 的摩尔数之比，以 m 表示。模数表示水玻璃的分子组成。

$$m=\frac{SiO_2\%}{R_2O\%}\times a \tag{2-2}$$

式中 a——R_2O 与 SiO_2 相对分子质量的比值。

对于钠水玻璃：

$$m=\frac{SiO_2\%}{Na_2O\%}\times 1.032 \tag{2-3}$$

对于钾水玻璃：

$$m=\frac{SiO_2\%}{K_2O\%}\times 1.562 \tag{2-4}$$

浓度有两种表示法，即密度 ρ 与波美度 Be′，两者关系为：

$$Be'=\frac{145(\rho-1)}{\rho} \tag{2-5}$$

$$\rho=\frac{145}{145-Be'} \tag{2-6}$$

水玻璃用作黏结剂，黏度是主要性能要求，并与模数和浓度有密切关系，但非线性关系。黏度也受温度的影响，温度上升，黏度下降。模数增大时，黏度增大。但必须与密度配合适当，密度过大或过小也不能得到好的粘接性能，并应视涂料药粉情况而定。

一般 ρ 在 1.4 左右或 Be′在 40 左右。水玻璃通常按模数可分为高模数（$m=2.8\sim2.9$）与低模数（$m=2.4\sim2.5$）。普通酸性结构钢焊条常用低模数水玻璃；在碱性焊条，特别是合金含量较多的压涂性能差的焊条药皮中，常用高模数水玻璃。

第二节 对焊条的基本要求

对焊条的基本要求可以归纳成以下四个方面。

① 满足接头的使用性能要求。使焊缝金属具有满足使用条件下的力学性能和其他物理与化学性能。对于结构钢用的焊条，必须使焊缝具有足够的强度和韧性；对于不锈钢和耐热钢用的焊条，除了要求焊缝金属能有必要的强度和韧性外，还必须具有足够的耐蚀性和耐热

性，确保焊缝金属在工作期内安全可靠。

② 满足焊接工艺性能要求。焊条应具有良好的抗气孔、抗裂纹的能力：焊接过程不容易发生夹渣或焊缝成形不良等工艺缺陷；飞溅少，电弧稳定；能适应各种位置焊接的需要；脱渣性好，生产效率高；低烟尘和低毒等。

各种焊条使用性能的比较见表 2-6，几种焊条的标准焊接电流见表 2-7。

表 2-6 各种焊条使用性能的比较

使用性能的因素				J423	J422	J425	J421	J426,J427	J422Fe	J427Fe	J424Fe
焊接性	抗裂性			C	D	C	E	A	D	A	C
焊接性	抗气孔能力			B	C	E	D	A①	D	A①	D
焊接性	抗凹坑性			B	B	E	C	A	C	A	C
焊接性	塑性			C	B	C	D	A	D	C	B
焊接性	韧性			C	B	B	D	A	D	A	C
焊接工艺性能	操作的难易程度	平焊	薄板(t＜6mm)	D	B	E	A	E	C	E	—
焊接工艺性能	操作的难易程度	平焊	中板(t＝6～25mm)	A	B	E	A④	C	A④	C	B
焊接工艺性能	操作的难易程度	平焊	厚板(t＞25mm)	A	B	E	A	C	B	C	B
焊接工艺性能	操作的难易程度	横角焊	单层	C	A	F	C	E	B	C	A
焊接工艺性能	操作的难易程度	横角焊	多层	A	A	E	A	B	C	B	C
焊接工艺性能	操作的难易程度	立焊	向上立焊	B	A	C	D	C	—	—	—
焊接工艺性能	操作的难易程度	立焊	向下立焊	—	—	B	A	—	—	—	—
焊接工艺性能	操作的难易程度	仰焊		C	A	C	C	B	—	—	—
焊接工艺性能	焊缝外观	平焊		B	A	E	A	C	A	C	B
焊接工艺性能	焊缝外观	横角焊(单层)		C	A	E	C	E	A	C	A
焊接工艺性能	焊缝外观	立焊		B	A	C	A②	A	—	—	—
焊接工艺性能	焊缝外观	仰焊		C	A	C	C	B	—	—	—
焊接工艺性能	电弧稳定性			B	B	C	A	D	A	C	A
焊接工艺性能	熔深			C	C	C	F	C	D	C	C
焊接工艺性能	飞溅			C	B	F	B	B	A	B	B
焊接工艺性能	脱渣性			C	B	C	A	A③	B	B③	A
焊接工艺性能	咬边			C	A	D	A	B	B	B	B
生产效率	熔化速度			C	D	C	E	E	B	E	A
生产效率	运条比			C	B	E	B	E	A	E	A

① 引弧端气孔除外。
② 在向下立焊时。
③ 坡口中第一层除外。
④ 最上层施焊时。

注：A—优良；B—良好；C—较好；D—一般；E—稍差；F—差；—表示不适用。

表 2-7 几种焊条的标准焊接电流 A

焊条牌号	焊接位置	焊条直径/mm					
		2.0	2.5	3.2	4.0	5.0	6.0
J421	平焊	40～70	55～85	80～130	150～190	180～230	230～300
	立、横、仰焊	35～65	50～85	70～100	110～160	140～200	—
J422	平焊	40～70	65～90	100～140	150～210	200～260	260～320
	立、横、仰焊	35～65	50～85	80～130	120～170	150～210	—
J423	平焊	—	50～85	80～130	150～200	180～250	250～310
	立、横、仰焊	—	40～70	60～110	130～170	150～200	—
J424	立、横、仰焊	—	50～85	80～120	150～200	190～250	250～310
J425	平焊	30～50	40～70	70～110	110～155	155～200	190～240
	立、横、仰焊	25～45	30～65	55～105	90～140	150～195	—
J426 J427	平焊	—	55～85	90～130	130～180	180～240	250～300
	立、横、仰焊	—	50～80	80～115	110～170	150～210	—
J422Fe	平焊	—	—	110～150	150～230	220～320	270～340
J427Fe	平焊	—	—	—	150～200	190～250	250～320

③ 自身具有好的内外质量。药粉混合均匀，药皮粘接牢靠，表面光洁，无裂纹、脱落和起泡等缺陷；磨头磨尾圆整干净，尺寸符合要求，焊芯无锈迹；具有一定的耐湿性；有识别焊条的标志等。

④ 低的制造成本。

第三节 焊条的分类

焊条可以按各种方法进行分类，如表 2-8 所示。

表 2-8 手工电弧焊焊条分类方法

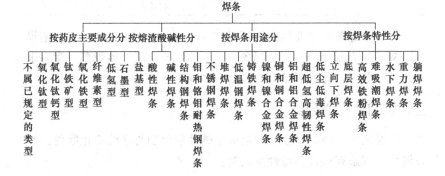

焊条
- 按药皮主要成分分
  - 不属已规定的类型
  - 氧化钛型
  - 氧化钛钙型
  - 钛铁矿型
  - 氧化铁型
  - 纤维素型
  - 低氢型
  - 石墨型
  - 盐基型
- 按熔渣酸碱性分
  - 酸性焊条
  - 碱性焊条
- 按焊条用途分
  - 结构钢焊条
  - 钼和铬钼耐热钢焊条
  - 不锈钢焊条
  - 堆焊焊条
  - 低温钢焊条
  - 铸铁焊条
  - 镍和镍合金焊条
  - 铜和铜合金焊条
  - 铝和铝合金焊条
- 按焊条特性分
  - 超低氢高韧性焊条
  - 低尘低毒焊条
  - 立向下焊条
  - 底层焊条
  - 高效铁粉焊条
  - 难吸潮焊条
  - 水下焊条
  - 重力焊条
  - 躺焊焊条

一、按用途分类

我国现行的焊条分类方法有两种，一种由国家标准规定，另一种是由原机械工业部编制的《焊接材料产品样本》确定的。两者没有本质区别，不同的是表达形式，前者用型号表示，后者用商业牌号表示。后者分得稍细，而且采用已久，在许多技术资料和文献上经常出现。

焊条型号按国家标准分为 7 类，焊条牌号按用途分为 10 类，如表 2-9 所示。

表 2-9 焊条型号和牌号的分类及其代号

<table>
<tr><th colspan="3">焊条型号</th><th colspan="4">焊条牌号</th></tr>
<tr><th colspan="3">焊条大类(按化学成分分类)</th><th colspan="4">焊条大类(按用途分类)</th></tr>
<tr><th rowspan="2">国家标准编号</th><th rowspan="2">名称</th><th rowspan="2">代号</th><th rowspan="2">类别</th><th rowspan="2">名称</th><th colspan="2">代号</th></tr>
<tr><th>字母</th><th>汉字</th></tr>
<tr><td>GB/T 5117—2012</td><td>非合金钢及细晶粒钢焊条</td><td>E</td><td>一</td><td>结构钢焊条</td><td>J</td><td>结</td></tr>
<tr><td rowspan="3">GB/T 5118—2012</td><td rowspan="3">热强钢焊条</td><td rowspan="3">E</td><td>一</td><td>结构钢焊条</td><td>J</td><td>结</td></tr>
<tr><td>二</td><td>钼和铬钼耐热钢焊条</td><td>R</td><td>热</td></tr>
<tr><td>三</td><td>低温钢焊条</td><td>W</td><td>温</td></tr>
<tr><td rowspan="2">GB/T 983—2012</td><td rowspan="2">不锈钢焊条</td><td rowspan="2">E</td><td rowspan="2">四</td><td rowspan="2">不锈钢焊条</td><td>G</td><td>铬</td></tr>
<tr><td>A</td><td>奥</td></tr>
<tr><td>GB/T 984—2001</td><td>堆焊焊条</td><td>ED</td><td>五</td><td>堆焊焊条</td><td>D</td><td>堆</td></tr>
<tr><td>GB/T 10044—2006</td><td>铸铁焊条</td><td>EZ</td><td>六</td><td>铸铁焊条</td><td>Z</td><td>铸</td></tr>
<tr><td>—</td><td>—</td><td>—</td><td>七</td><td>镍及镍合金焊条</td><td>Ni</td><td>镍</td></tr>
<tr><td>GB/T 3670—1995</td><td>铜及铜合金焊条</td><td>TCu</td><td>八</td><td>铜及铜合金焊条</td><td>T</td><td>铜</td></tr>
<tr><td>GB/T 3669—2001</td><td>铝及铝合金焊条</td><td>E</td><td>九</td><td>铝及铝合金焊条</td><td>L</td><td>铝</td></tr>
<tr><td>—</td><td>—</td><td>—</td><td>十</td><td>特殊用途焊条</td><td>TS</td><td>特</td></tr>
</table>

各大类焊条按主要性能的不同还可分为若干小类，如低合金钢焊条，又可分为低合金高强钢焊条、低温钢焊条、耐热钢焊条、耐海水腐蚀用焊条等，有些焊条同时可以有多种用途。

二、按熔渣性质分类

主要是按熔渣的碱度，即熔渣中碱性氧化物与酸性氧化物的比例来划分，焊条有酸性和碱性两大类。

(1) 酸性焊条

药皮中含有大量 SiO_2、TiO_2 等酸性氧化物及一定数量的碳酸盐等，其熔渣碱度 B 小于 1。酸性焊条焊接工艺性能好，可以采用交流或直流电源进行焊接，简称交、直两用。电弧柔和、飞溅少、熔渣流动性好、易于脱渣、焊缝外表美观；因药皮中含有较多硅酸盐、氧化铁和氧化钛等，氧化性较强，焊接时合金元素烧损较多，因而熔敷金属的塑性和韧性较低；由于焊接时碳的剧烈氧化，造成熔池的沸腾，有利于熔池中气体逸出，所以不容易产生由铁锈、油脂及水造成的气孔。钛型焊条、钛钙型焊条、钛铁矿型焊条和氧化铁型焊条均属酸性焊条。

(2) 碱性焊条

药皮中含有大量如大理石、萤石等的碱性造渣物，并含有一定数量的脱氧剂和合金剂。焊条主要靠碳酸盐（如大理石中的 $CaCO_3$ 等）分解出 CO_2 作为保护气体，在弧柱气氛中氢的分压较低，而且萤石中的 CaF_2 在高温时与氢结合成氟化氢（HF），从而降低了焊缝中的含氢量，故碱性焊条又称为低氢型焊条。碱性熔渣中 CaO 数量多，熔渣脱硫能力强，熔敷金属抗热裂性能较好；由于焊缝金属中氧和氢含量低，非金属夹杂物较少，因此具有较高的塑性和韧性以及较好的抗冷裂性能；但是由于药皮中含有较多的 CaF_2，影响气体电离，所以碱性焊条一般要求采用直流电源，用反接法焊接。只有当药皮中加入稳弧剂后才可以用交流电源焊接。

碱性（低氢）焊条一般用于重要的焊接结构，如承受动载或刚性较大的结构，这是因为焊缝金属的力学性能好，尤其冲击韧度高。其缺点是焊接时产生气孔的倾向较大，对油、水、锈等很敏感，用前须高温（300～450℃）烘干，脱渣性能较差。

表 2-10 对这两类焊条的工艺性能做了比较，应用中应加以注意。

三、按药皮的主要成分分类

焊条按药皮的主要成分可以分成表 2-11 所列的几种类型。由于药皮配方不同，各种药皮类型的熔渣特性、焊接工艺性能和焊缝金属性能有很大的差别。即使同一类型的药皮，由于不同的生产厂家，采用不同的药皮成分和配比，在焊接工艺性能等方面也会出现明显区别。例如低氢型药皮因采用不同的稳弧剂和黏结剂，就有低氢钾型和低氢钠型之分。在焊接电源方面前者可以交、直两用，而后者则要求直流反接。

表 2-12 列出了焊条药皮类型及主要特点。

表 2-10　酸性焊条与碱性焊条的性能对比

酸性焊条	碱性焊条
①药皮组分氧化性强	①药皮组分还原性强
②对水、锈产生气孔的敏感性不大，焊条在使用前经 150～200℃烘焙 1h，若不受潮，也可不烘	②对水、锈产生气孔的敏感性较大，要求焊条使用前在 300～400℃条件下 1～2h 再烘干
③电弧稳定，可用交流或直流施焊	③由于药皮中含有氟化物，恶化电弧稳定性，须用直流施焊，只有当药皮中加稳弧剂后才可交直流两用
④焊接电流较大	④焊接电流较小，较同规格的酸性焊条小 10%左右
⑤可长弧操作	⑤须短弧操作，否则易引起气孔
⑥合金元素过渡效果差	⑥合金元素过渡效果好
⑦焊缝成形较好，除氧化铁型外，熔深较浅	⑦焊缝成形尚好，容易堆高，熔深较深
⑧熔渣结构呈玻璃状	⑧焊渣结构呈结晶状
⑨脱渣较容易	⑨坡口内第一层脱渣较困难，以后各层脱渣较容易
⑩焊缝常、低温冲击性能一般	⑩焊缝常、低温冲击韧度较高
⑪除氧化铁型外，抗裂性能较差	⑪抗裂性能好
⑫焊缝中的含氢量高，易产生白点，影响塑性	⑫焊缝中含氢量低
⑬焊接时烟尘较少	⑬焊接时烟尘较多

表 2-11　焊条按药皮类型分类表

药皮类型	药皮的主要成分(质量分数)	电流种类
钛型	氧化钛≥35%	直流或交流
钛钙型	氧化钛在 30%以上，钙、镁的碳酸盐在 20%以下	直流或交流
钛铁矿型	钛铁矿≥30%	直流或交流
氧化铁型	多量氧化铁及较多的锰铁脱氧剂	直流或交流
纤维素型	有机物在 15%以上，氧化钛在 30%左右	直流或交流
低氢钠型	钠、钙、镁的碳酸盐和氟石	直流反接
低氢钾型	钾、钙、镁的碳酸盐和氟石	交流或直流
石墨型	多量石墨	直流或交流
盐基型	氯化物和氟化物	直流

表 2-12 焊条药皮类型及主要特点

序号	药皮类型	电源种类	主要特点
0	不属已规定的类型	不规定	在某些焊条中采用氧化锆、金红石等组成的新渣系目前尚未形成系列
1	氧化钛型	DC(直流)，AC(交流)	含多量氧化钛，焊条工艺性能良好，电弧稳定，再引弧方便，飞溅很少，熔深较浅，熔渣覆盖性良好，脱渣容易，焊缝波纹特别美观，可全位置焊接，尤宜于薄板焊接。但焊缝塑性和抗裂性稍差。随药皮中钾、钠及铁粉等用量的变化，分为高钛钾型、高钛钠型及铁粉钛型等
2	钛钙型	DC，AC	药皮中含氧化钛 30%以上，含钙、镁的碳酸盐 20%以下，焊条工艺性能良好，熔渣流动性好，熔深一般，电弧稳定，焊缝美观，脱渣方便，适用于全位置焊接，如 J422 即属此类型。它是目前碳钢焊条中使用最广泛的一种焊条
3	钛铁矿型	DC，AC	药皮中含钛铁矿≥30%，焊条熔化速度快，熔渣流动性好，熔深较深，脱渣容易，焊波整齐，电弧稳定，平焊、横角焊工艺性能较好，立焊稍次，焊缝有较好的抗裂性
4	氧化铁型	DC，AC	药皮中含多量氧化铁和较多的锰铁脱氧剂，熔深大，熔化速度快，焊接生产率较高，电弧稳定，再引弧方便，立焊、仰焊较困难，飞溅稍多，焊缝抗热裂性能较好，适用于中厚板焊接。由于电弧吹力大，适于野外操作。若药皮中加入一定量的铁粉，则为铁粉氧化铁型
5	纤维素型	DC，AC	药皮中含 15%以上的有机物、30%左右的氧化钛，焊接工艺性能良好，电弧稳定，电弧吹力大，熔深大，熔渣少，脱渣容易。可作立向下焊、深熔焊或单面焊双面成形焊接。立、仰焊工艺性好。适用于薄板结构、油箱管道、车辆壳体等焊接。随药皮中稳弧剂、黏结剂含量变化，分为高纤维素钠型(采用直流反接)、高纤维素钾型两类
6	低氢钾型	DC，AC	药皮组分以碳酸盐和萤石为主。焊条使用前须经 300～400℃烘焙。短弧操作，焊接工艺性一般，可全位置焊接。焊缝有良好的抗裂性和综合力学性能。适宜于焊接重要的焊接结构。按照药皮中稳弧剂量、铁粉量和黏结剂不同，分为低氢钠型、低氢钾型和铁粉低氢型等
7	低氢钠型	DC	
8	石墨型	DC，AC	药皮中含有多量石墨，通常用于铸铁或堆焊焊条。采用低碳钢焊芯时，焊接工艺性较差，飞溅较多，烟雾较大，熔渣少，适用于平焊。采用非钢铁金属焊芯时，就能改善其工艺性能。但电流不宜过大
9	盐基型	DC	药皮中含多量氯化物和氟化物，主要用于铝及铝合金焊条。吸潮性强，焊前要烘干。药皮熔点低，熔化速度快。采用直流电源，焊接工艺性较差，短弧操作，熔渣有腐蚀性，焊后需用热水清洗

四、按焊条的性能特征分类

按焊条的性能特征可将焊条分为低尘低毒焊条、铁粉高效焊条、超低氢焊条、立向下焊条、打底层焊条、盖面焊条、防潮焊条、水下焊条、重力焊条及躺焊焊条等。

第四节 焊条型号与牌号

焊条型号是指国家标准规定的各类标准焊条，焊条牌号是指有关工业部门或生产厂家实际生产的焊条产品。

一、焊条的型号

1. 非合金钢及细晶粒钢焊条

(1) 非合金钢及细晶粒钢焊条型号编制方法

① 第一部分用字母“E”表示焊条。

② 第二部分为字母“E”后面的紧邻两位数字，表示熔敷金属抗拉强度的最小值代号，见表 2-13。

表 2-13 非合金钢及细晶粒钢焊条熔敷金属抗拉强度的最小值代号（GB/T 5117—2012）

抗拉强度代号	最小抗拉强度值/MPa	抗拉强度代号	最小抗拉强度值/MPa
43	430	55	550
50	490	57	570

③ 第三部分为字母“E”后面的第三位和第四位两位数字，表示药皮类型、焊接位置和电流类型，见表 2-14。

表 2-14 非合金钢及细晶粒钢焊条药皮类型代号（GB/T 5117—2012）

代号	药皮类型	焊接位置①	电流类型
03	钛型	全位置②	交流和直流正、反接
10	纤维素	全位置	直流反接
11	纤维素	全位置	交流和直流反接
12	金红石	全位置②	交流和直流正接
13	金红石	全位置②	交流和直流正、反接
14	金红石＋铁粉	全位置②	交流和直流正、反接

续表

代号	药皮类型	焊接位置①	电流类型
15	碱性	全位置②	直流反接
16	碱性	全位置②	交流和直流反接
18	碱性＋铁粉	全位置②	交流和直流反接
19	钛铁矿	全位置②	交流和直流正、反接
20	氧化铁	PA、PB	交流和直流正接
24	金红石＋铁粉	PA、PB	交流和直流正、反接
27	氧化铁＋铁粉	PA、PB	交流和直流正、反接
28	碱性＋铁粉	PA、PB、PC	交流和直流反接
40	不做规定	由制造商确定	
45	碱性	全位置	直流反接
48	碱性	全位置	交流和直流反接

① 焊接位置见 GB/T 16672—1996，其中 PA 为平焊、PB 为平角焊、PC 为横焊。

② 此处“全位置”并不一定包含向下立焊，具体由制造商确定。

焊条药皮类型的解释如下：

a. 药皮类型 03。此药皮类型包含二氧化钛和碳酸钙的混合物，所以同时具有金红石焊条和碱性焊条的某些性能。

b. 药皮类型 10。此药皮类型内含有大量的可燃有机物，尤其是纤维素，由于其强电弧特性特别适用于向下立焊，由于钠影响电弧的稳定性，因而焊条主要适用于直流焊接，通常使用直流反接。

c. 药皮类型 11。此药皮类型内含有大量的可燃有机物，尤其是纤维素，其强电弧特性特别适用于向下立焊，由于钾增强电弧的稳定性，因而适用于交、直流两用焊接，直流焊接时使用直流反接。

d. 药皮类型 12。此药皮类型内含有大量的二氧化钛（金红石），其柔软电弧特性适用于在简单装配条件下对大的根部间隙进行焊接。

e. 药皮类型 13。此药皮类型内含有大量的二氧化钛（金红石）和增强电弧稳定性的钾。与药皮类型 12 相比，此药皮类型能在低电流条件下产生稳定电弧，特别适于金属薄板的焊接。

f. 药皮类型 14。此药皮类型与药皮类型 12 和 13 类似，但是添加了少量铁粉。加入铁粉可以提高电流承载能力和熔敷效率，适于全位置焊接。

g. 药皮类型 15。此药皮类型碱度较高，含有大量的氧化钙和萤石，由于钠影响电弧的稳定性，只适用于直流反接。此药皮类型的焊条可以得到低氢含量、高冶金性能的焊缝。

h. 药皮类型 16。此药皮类型碱度较高，含有大量的氧化钙和萤石，由于钾增强电弧的稳定性，因此适用于交流焊接。此药皮类型的焊条可以得到低氢含量、高冶金性能的焊缝。

i. 药皮类型 18。此药皮类型除了药皮略厚和含有大量铁粉外，其他与药皮类型 16 类似。与药皮类型 16 相比，药皮类型 18 中的铁粉可以提高电流承载能力和熔敷效率。

j. 药皮类型 19。此药皮类型包含钛和铁的氧化物，通常在钛铁矿中获取，虽然它们不属于碱性药皮类型焊条，但是可以制造出高韧性的焊缝金属。

k. 药皮类型 20。此药皮类型包含大量的铁氧化物，熔渣流动性好，所以通常只在平焊和横焊中使用，主要用于角焊缝和搭接焊缝的焊接。

l. 药皮类型 24。此药皮类型除了药皮略厚和含有大量铁粉外，其他与药皮类型 14 类似，通常只在平焊和横焊中使用，主要用于角焊缝和搭接焊缝的焊接。

m. 药皮类型 27。此药皮类型除了药皮略厚和含有大量铁粉外，其他与药皮类型 20 类似，增加了药皮类型 20 中的铁氧化物，主要用于高速角焊缝和搭接焊缝的焊接。

n. 药皮类型 28。此药皮类型除了药皮略厚和含有大量铁粉外，其他与药皮类型 18 类似，通常只在平焊和横焊中使用，能得到低氢含量、高冶金性能的焊缝。

o. 药皮类型 40。此药皮类型不属于上述任何焊条类型，其制造是为了达到购买商的特定使用要求，焊接位置由供应商和购买商之间协议确定，如要求在圆孔内部焊接（塞焊）或者在槽内进行的特殊焊接。由于药皮类型 40 并无具体规定，此药皮类型可按照具体要求有所不同。

p. 药皮类型 45。除了主要用于向下立焊外，此药皮类型与药皮类型 15 类似。

q. 药皮类型 48。除了主要用于向下立焊外，此药皮类型与药皮类型 18 类似。

④ 第四部分为熔敷金属的化学成分分类代号，可为“无标记”或半字线“-”后的字母、数字或字母和数字的组合，见表 2-15。

表 2-15 非合金钢及细晶粒钢焊条熔敷金属化学成分分类代号（GB/T 5117—2012）

分类代号	主要化学成分的名义含量(质量分数)/%				
	Mn	Ni	Cr	Mo	Cu
无标记、-1、-P1、-P2	1.0	—	—	—	—
-1M3	—	—	—	0.5	—
-3M2	1.5	—	—	0.4	—
-3M3	1.5	—	—	0.5	—
-N1	—	0.5	—	—	—
-N2	—	1.0	—	—	—
-N3	—	1.5	—	—	—
-3N3	1.5	1.5	—	—	—
-N5	—	2.5	—	—	—
-N7	—	3.5	—	—	—
-N13	—	6.5	—	—	—
-N2M3	—	1.0	—	0.5	—
-NC	—	0.5	—	—	0.4
-CC	—	—	0.6	—	0.4
-NCC	—	0.2	0.6	—	0.5
-NCC1	—	0.6	0.6	—	0.5
-NCC2	—	0.3	0.2	—	0.5
-G	其他成分				

⑤ 第五部分为熔敷金属的化学成分代号之后的焊后状态代号，其中“无标记”表示焊态，“P”表示热处理状态，“AP”表示焊态和焊后热处理两种状态均可。

除以上强制分类代号外，根据供需双方协商，可在型号后依次附加可选代号：

a. 字母“U”，表示在规定试验温度下，冲击吸收能量可以达到47J以上。

b. 扩散氢代号“Hx”，其中x代表15、10或5，分别表示每100g熔敷金属中扩散氢含量的最大值（单位为mL)，具体指标见表2-16。

表 2-16 非合金钢及细晶粒钢焊条熔敷金属扩散氢含量（GB/T 5117—2012）

扩散氢代号	H15	H10	H5
扩散氢含量/(mL/100g)	≤15	≤10	≤5

非合金钢及细晶粒钢焊条型号示例 1：

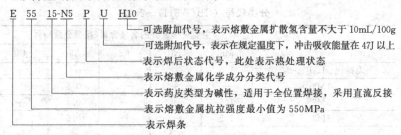

E 55 15-N5 P U H10

- H10——可选附加代号，表示熔敷金属扩散氢含量不大于 10mL/100g
- U——可选附加代号，表示在规定温度下，冲击吸收能量在 47J 以上
- P——表示焊后状态代号，此处表示热处理状态
- N5——表示熔敷金属化学成分分类代号
- 15——表示药皮类型为碱性，适用于全位置焊接，采用直流反接
- 55——表示熔敷金属抗拉强度最小值为 550MPa
- E——表示焊条

非合金钢及细晶粒钢焊条型号示例 2：

E 43 03

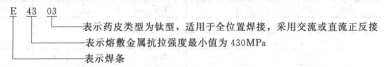

- 03——表示药皮类型为钛型，适用于全位置焊接，采用交流或直流正反接
- 43——表示熔敷金属抗拉强度最小值为 430MPa
- E——表示焊条

（2）非合金钢及细晶粒钢焊条型号与牌号对照

非合金钢及细晶粒钢焊条型号与牌号对照如表 2-17 所示。

表 2-17　非合金钢及细晶粒钢焊条型号与牌号对照

型号	牌号	型号	牌号
E4300	J420G	E5003	J502、J502Fe
E4301	J423	E5011	J505、J505MoD
E4303	J422	E5015	J507、J507H、J507XG、J507X、J507DF
E4311	J425		
E4313	J421、J421X、J421Fe	E5016	J506、J506X、J506D、J506DF、J506GM、J506LMA
E4315	J427、J427Ni		
E4316	J426	E5018	J506Fe、J507Fe
E4320	J424	E5023	J502Fe16、J502Fe18
E4323	J422Fe13、J422Fe16、J422Z13	E5024	J501Fe15、J501Fe18、J501Z18、J501Z1
E4324	J421Fe13		
E4327	J424Fe14	E5027	J504Fe、J504Fe14
E5001	J503、J503Z	E5028	J506Fe16、J506Fe18、J507Fe16

（3）不同标准非合金钢及细晶粒钢焊条型号对照

不同标准非合金钢及细晶粒钢焊条型号对照见表 2-18。

2. 热强钢焊条

（1）热强钢焊条型号编制方法

① 第一部分用字母“E”表示焊条。

表 2-18 不同标准非合金钢及细晶粒钢焊条型号对照

GB/T 5117—2012	AWS A5.1M—2004	AWS A5.5M—2006	ISO 2560：2009	GB/T 5117—1995	GB/T 5118—1995
碳钢					
E4303	—	—	E4303	E4303	—
E4310	E4310	—	E4310	E4310	—
E4311	E4311	—	E4311	E4311	—
E4312	E4312	—	E4312	E4312	—
E4313	E4313	—	E4313	E4313	—
E4315	—	—	—	E4315	—
E4316	—	—	E4316	E4316	—
E4318	E4318	—	E4318	—	—
E4319	E4319	—	E4319	E4301	—
E4320	E4320	—	E4320	E4320	—
E4324	—	—	E4324	E4324	—
E4327	E4327	—	E4327	E4327	—
E4328	—	—	—	E4328	—
E4340	—	—	E4340	E4300	—
E5003	—	—	E4903	E5003	—
E5010	—	—	E4910	E5010	—
E5011	—	—	E4911	E5011	—
E5012	—	—	E4912	—	—
E5013	—	—	E4913	—	—
E5014	E4914	—	E4914	E5014	—
E5015	E4915	—	E4915	E5015	—
E5016	E4916	—	E4916	E5016	—
E5016-1	—	—	E4916-1	—	—
E5018	E4918	—	E4918	E5018	—
E5018-1	—	—	E4918-1	—	—
E5019	—	—	E4919	E5001	—
E5024	E4924	—	E4924	E5024	—
E5024-1	—	—	E4924-1	—	—
E5027	E4927	—	E4927	E5027	—
E5028	E4928	—	E4928	E5028	—
E5048	E4948	—	E4948	E5048	—
E5716	—	—	E5716	—	—
E5728	—	—	E5728	—	—
管线钢					
E5010-P1	—	E4910-P1	E4910-P1	—	—
E5510-P1	—	E5510-P1	E5510-P1	—	—
E5518-P2	—	E5518-P2	E5518-P2	—	—
E5545-P2	—	E5545-P2	E5545-P2	—	—
碳钼钢					
E5003-1M3	—	—	—	—	E5003-A1

续表

GB/T 5117—2012	AWS A5. 1M—2004	AWS A5. 5M—2006	ISO 2560：2009	GB/T 5117—1995	GB/T 5118—1995
碳钼钢					
E5010-1M3	—	E4910-A1	E4910-1M3	—	E5010-A1
E5011-1M3	—	E4911-A1	E4911-1M3	—	E5011-A1
E5015-1M3	—	E4915-A1	E4915-1M3	—	E5015-A1
E5016-1M3	—	E4916-A1	E4916-1M3	—	E5016-A1
E5018-1M3	—	E4918-A1	E4918-1M3	—	E5018-A1
E5019-1M3	—	—	E4919-1M3	—	—
E5020-1M3	—	E4920-A1	E4920-1M3	—	E5020-A1
E5027-1M3	—	E4927-A1	E4927-1M3	—	E5027-A1
锰钼钢					
E5518-3M2	—	E5518-D1	E5518-3M2	—	—
E5515-3M3	—	—	—	—	E5515-D3
E5516-3M3	—	E5516-D3	E5516-3M3	—	E5516-D3
E5518-3M3	—	E5518-D3	E5518-3M3	—	E5518-D3
镍 钢					
E5015-N1	—	—	—	—	—
E5016-N1	—	—	E4916-N1	—	—
E5028-N1	—	—	E4928-N1	—	—
E5515-N1	—	—	—	—	—
E5516-N1	—	—	E5516-N1	—	—
E5528-N1	—	—	E5528-N1	—	—
E5015-N2	—	—	—	—	—
E5016-N2	—	—	E4916-N2	—	—
E5018-N2	—	E4918-C3L	E4918-N2	—	—
E5515-N2	—	—	—	—	E5515-C3
E5516-N2	—	E5516-C3	E5516-N2	—	E5516-C3
E5518-N2	—	E5518-C3	E5518-N2	—	E5518-C3
E5015-N3	—	—	—	—	—
E5016-N3	—	—	E4916-N3	—	—
E5515-N3	—	—	—	—	—
E5516-N3	—	E5516-C4	E5516-N3	—	—
E5516-3N3	—	—	E5516-3N3	—	—
E5518-N3	—	E5518-C4	E5518-N3	—	—
E5015-N5	—	E4915-C1L	E4915-N5	—	E5015-C1L
E5016-N5	—	E4916-C1L	E4916-N5	—	E5016-C1L
E5018-N5	—	E4918-C1L	E4918-N5	—	E5018-C1L
E5028-N5	—	—	E4928-N5	—	—
E5515-N5	—	—	—	—	E5515-C1
E5516-N5	—	E5516-C1	E5516-N5	—	E5516-C1
E5518-N5	—	E5518-C1	E5518-N5	—	E5518-C1
E5015-N7	—	E4915-C2L	E4915-N7	—	E5015-C2L

续表

GB/T 5117—2012	AWS A5.1M—2004	AWS A5.5M—2006	ISO 2560：2009	GB/T 5117—1995	GB/T 5118—1995
镍钢					
E5016-N7	—	E4916-C2L	E4916-N7	—	E5016-C2L
E5018-N7	—	E4918-C2L	E4918-N7	—	E5018-C2L
E5515-N7	—	—	—	—	—
E5516-N7	—	E5516-C2	E5516-N7	—	E5516-C2
E5518-N7	—	E5518-C2	E5518-N7	—	E5518-C2
E5515-N13	—	—	—	—	—
E5516-N13	—	—	E5516-N13	—	—
镍钼钢					
E5518-N2M3	—	E5518-NM1	E5518-N2M3	—	E5518-NM
耐候钢					
E5003-NC	—	—	E4903-NC	—	—
E5016-NC	—	—	E4916-NC	—	—
E5028-NC	—	—	E4928-NC	—	—
E5716-NC	—	—	E5716-NC	—	—
E5728-NC	—	—	E5728-NC	—	—
E5003-CC	—	—	E4903-CC	—	—
E5016-CC	—	—	E4916-CC	—	—
E5028-CC	—	—	E4928-CC	—	—
E5716-CC	—	—	E5716-CC	—	—
E5728-CC	—	—	E5728-CC	—	—
E5003-NCC	—	—	E4903-NCC	—	—
E5016-NCC	—	—	E4916-NCC	—	—
E5028-NCC	—	—	E4928-NCC	—	—
E5716-NCC	—	—	E5716-NCC	—	—
E5728-NCC	—	—	E5728-NCC	—	—
E5003-NCC1	—	—	E4903-NCC1	—	—
E5016-NCC1	—	—	E4916-NCC1	—	—
E5028-NCC1	—	—	E4928-NCC1	—	—
E5516-NCC1	—	—	E5516-NCC1	—	—
E5518-NCC1	—	E5518-W2	E5518-NCC1	—	E5518-W
E5716-NCC1	—	—	E5716-NCC1	—	—
E5728-NCC1	—	—	E5728-NCC1	—	—
E5016-NCC2	—	—	E4916-NCC2	—	—
E5018-NCC2	—	E4918-W1	E4918-NCC2	—	E5018-W
其他					
E50XX-G	—	—	E49XX-G	—	E50XX-G
E55XX-G	—	—	E55XX-G	—	E55XX-G
E57XX-G	—	—	E57XX-G	—	—

② 第二部分为字母“E”后面的紧邻两位数字，表示熔敷金属抗拉强度的最小值代号，见表 2-19。

表 2-19 热强钢焊条熔敷金属抗拉强度的最小值代号 (GB/T 5118—2012)

抗拉强度代号	最小抗拉强度值/MPa	抗拉强度代号	最小抗拉强度值/MPa
50	490	55	550
52	520	62	620

③ 第三部分为字母“E”后面的第三位和第四位两位数字，表示药皮类型、焊接位置和电流类型，具体见表 2-20。

表 2-20 热强钢焊条药皮类型代号 (GB/T 5118—2012)

代号	药皮类型	焊接位置①	电流类型
03	钛型	全位置③	交流和直流正、反接
10②	纤维素	全位置	直流反接
11②	纤维素	全位置	交流和直流反接
13	金红石	全位置③	交流和直流正、反接
15	碱性	全位置③	直流反接
16	碱性	全位置③	交流和直流反接
18	碱性＋铁粉	全位置(PG 除外)	交流和直流反接
19②	钛铁矿	全位置③	交流和直流正、反接
20②	氧化铁	PA、PB	交流和直流正、反接
40	不做规定	由制造商确定	

① 焊接位置见 GB/T 16672—1996，其中 PA 为平焊，PB 为平角焊，PG 为向下立焊。
② 仅限于熔敷金属化学成分代号 1M3。
③ 此处“全位置”并不一定包含向下立焊，具体由制造商确定。

④ 第四部分为熔敷金属的化学成分分类代号，可为“无标记”或半字线“-”后的字母、数字或字母和数字的组合，具体见表 2-21。

表 2-21 热强钢焊条熔敷金属化学成分分类代号 (GB/T 5118—2012)

分类代号	主要化学成分的名义含量(质量分数)
-1M3	此类焊条中含有 Mo。Mo 是在非合金钢焊条基础上的唯一添加的合金元素。数字 1 约等于名义上 Mn 含量两倍的整数，字母“M”表示 Mo，数字 3 表示 Mo 的名义含量约为 0.5%
-×C×M×	对于含铬-钼的热强钢，标识“C”前的整数表示 Cr 的名义含量，“M”前的整数表示 Mo 的名义含量。对于 Cr 或者 Mo，如果名义含量少于 1%，则字母前不标记数字。如果在 Cr 和 Mo 之外还加入了 W、V、B、Nb 等合金成分，则按照此顺序加于铬和钼标记之后。标识末尾的“L”表示含碳量较低。最后一个字母后的数字表示成分有所改变
-G	其他成分

除了以上强制分类代号外，根据供需双方协商，可在型号后附加可选代号——扩散氢代号“H×”，其中×代表 15、10 或 5，分别表示每 100g 熔敷金属中扩散氢含量的最大值（单位为 mL）。

热强钢焊条型号示例：

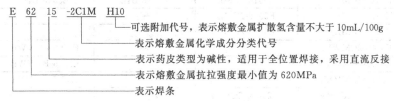

E 62 15 -2C1M H10

- H10——可选附加代号，表示熔敷金属扩散氢含量不大于 10mL/100g
- -2C1M——表示熔敷金属化学成分分类代号
- 15——表示药皮类型为碱性，适用于全位置焊接，采用直流反接
- 62——表示熔敷金属抗拉强度最小值为 620MPa
- E——表示焊条

（2）热强钢焊条型号对照

热强钢焊条型号对照见表 2-22。

表 2-22 热强钢焊条型号对照

GB/T 5118—2012[①]	ISO 3580:2010	AWS A5.5M—2006	GB/T 5118—1995
E50××-1M3	E49××-1M3	—	E50××-A1
E50YY-1M3	E49YY-1M3	—	E50YY-A1
E5515-CM	E5515-CM	—	E5515-B1
E5516-CM	E5516-CM	E5516-B1	E5516-B1
E5518-CM	E5518-CM	E5518-B1	E5518-B1
E5540-CM	—	—	E5500-B1
E5503-CM	—	—	E5503-B1
E5515-1CM	E5515-1CM	—	E5515-B2
E5516-1CM	E5516-1CM	E5516-B2	E5516-B2
E5518-1CM	E5518-1CM	E5518-B2	E5518-B2
E5513-1CM	E5513-1CM	—	—
E5215-1CML	E5215-1CML	E4915-B2L	E5515-B2L
E5216-1CML	E5216-1CML	E4916-B2L	—
E5218-1CML	E5218-1CML	E4918-B2L	E5518-B2L
E5540-1CMV	—	—	E5500-B2-V
E5515-1CMV	—	—	E5515-B2-V
E5515-1CMVNb	—	—	E5515-B2-VNb
E5515-1CMWV	—	—	E5515-B2-VW
E6215-2C1M	E6215-2C1M	E6215-B3	E6015-B3
E6216-2C1M	E6216-2C1M	E6216-B3	E6016-B3
E6218-2C1M	E6218-2C1M	E6218-B3	E6018-B3
E6213-2C1M	E6213-2C1M	—	—
E6240-2C1M	—	—	E6000-B3
E5515-2C1ML	E5515-2C1ML	E5515-B3L	E6015-B3L

续表

GB/T 5118—2012[①]	ISO 3580:2010	AWS A5.5M—2006	GB/T 5118—1995
E5516-2C1ML	E5516-2C1ML	—	—
E5518-2C1ML	E5518-2C1ML	E5518-B3L	E6018-B3L
E5515-2CML	E5515-2CML	E5515-B4L	E5515-B4L
E5516-2CML	E5516-2CML	—	—
E5518-2CML	E5518-2CML	—	—
E5540-2CMWVB	—	—	E5500-B3-VWB
E5515-2CMWVB	—	—	E5515-B3-VWB
E5515-2CMVNb	—	—	E5515-B3-VNb
E62××-2C1MV	E62××-2C1MV	—	—
E62××-3C1MV	E62××-3C1MV	—	—
E5515-C1M	E5515-C1M	—	—
E5516-C1M	E5516-C1M	E5516-B5	E5516-B5
E5518-C1M	E5518-C1M	—	—
E5515-5CM	E5515-5CM	E5515-B6	—
E5516-5CM	E5516-5CM	E5516-B6	—
E5518-5CM	E5518-5CM	E5518-B6	—
E5515-5CML	E5515-5CML	E5515-B6L	—
E5516-5CML	E5516-5CML	E5516-B6L	—
E5518-5CML	E5518-5CML	E5518-B6L	—
E5515-5CMV	—	—	—
E5516-5CMV	—	—	—
E5518-5CMV	—	—	—
E5515-7CM	—	E5515-B7	—
E5516-7CM	—	E5516-B7	—
E5518-7CM	—	E5518-B7	—
E5515-7CML	—	E5515-B7L	—
E5516-7CML	—	E5516-B7L	—
E5518-7CML	—	E5518-B7L	—
E6215-9C1M	E6215-9C1M	E5515-B8	—
E6216-9C1M	E6216-9C1M	E5516-B8	—
E6218-9C1M	E6218-9C1M	E5518-B8	—
E6215-9C1ML	E6215-9C1ML	E5515-B8L	—
E6216-9C1ML	E6216-9C1ML	E5516-B8L	—
E6218-9C1ML	E6218-9C1ML	E5518-B8L	—
E6215-9C1MV	E6215-9C1MV	E6215-B9	—
E6216-9C1MV	E6216-9C1MV	E6216-B9	—
E6218-9C1MV	E6218-9C1MV	E6218-B9	—
E62××-9C1MV1	E62××-9C1MV1	—	—

① 焊条型号中××代表药皮类型 15、16 或 18，YY 代表药皮类型 10、11、19、20 或 27。

3. 不锈钢焊条

(1) 不锈钢焊条型号编制方法

① 第一部分用字母“E”表示焊条。

② 第二部分为字母“E”后面的数字，表示熔敷金属的化学成分分类，数字后面的“L”表示碳含量较低，“H”表示碳含量较高，如有其他特殊要求的化学成分，该化学成分用元素符号表示放在后面，见表 2-23。

表 2-23 不锈钢焊条熔敷金属化学成分（GB/T 983—2012） %

焊条型号[①]	化学成分(质量分数)[②]									
	C	Mn	Si	P	S	Cr	Ni	Mo	Cu	其他
E209-××	0.06	4.0～7.0	1.00	0.04	0.03	20.5～24.0	9.5～12.0	1.5～3.0	0.75	N:0.10～0.30、V:0.10～0.30
E219-××	0.06	8.0～10.0	1.00	0.04	0.03	19.0～21.5	5.5～7.0	0.75	0.75	N:0.10～0.30
E240-××	0.06	10.5～13.5	1.00	0.04	0.03	17.0～19.0	4.0～6.0	0.75	0.75	N:0.10～0.30
E307-××	0.04～0.14	3.30～4.75	1.00	0.04	0.03	18.0～21.5	9.0～10.7	0.5～1.5	0.75	—
E308-××	0.08	0.5～2.5	1.00	0.04	0.03	18.0～21.0	9.0～11.0	0.75	0.75	—
E308H-××	0.04～0.08	0.5～2.5	1.00	0.04	0.03	18.0～21.0	9.0～11.0	0.75	0.75	—
E308L-××	0.04	0.5～2.5	1.00	0.04	0.03	18.0～21.0	9.0～12.0	0.75	0.75	—
E308Mo-××	0.08	0.5～2.5	1.00	0.04	0.03	18.0～21.0	9.0～12.0	2.0～3.0	0.75	—
E308LMo-××	0.04	0.5～2.5	1.00	0.04	0.03	18.0～21.0	9.0～12.0	2.0～3.0	0.75	—
E309L-××	0.04	0.5～2.5	1.00	0.04	0.03	22.0～25.0	12.0～14.0	0.75	0.75	—
E309-××	0.15	0.5～2.5	1.00	0.04	0.03	22.0～25.0	12.0～14.0	0.75	0.75	—
E309H-××	0.04～0.15	0.5～2.5	1.00	0.04	0.03	22.0～25.0	12.0～14.0	0.75	0.75	—
E309LNb-××	0.04	0.5～2.5	1.00	0.040	0.030	22.0～25.0	12.0～14.0	0.75	0.75	Nb＋Ta:0.70～1.00

续表

焊条型号①	化学成分(质量分数)②								
	C	Mn	Si	P	S	Cr	Ni	Mo	Cu	其他
E309Nb-××	0.12	0.5～2.5	1.00	0.04	0.03	22.0～25.0	12.0～14.0	0.75	0.75	Nb＋Ta：0.70～1.00
E309Mo-××	0.12	0.5～2.5	1.00	0.04	0.03	22.0～25.0	12.0～14.0	2.0～3.0	0.75	—
E309LMo-××	0.04	0.5～2.5	1.00	0.04	0.03	22.0～25.0	12.0～14.0	2.0～3.0	0.75	—
E310-××	0.08～0.20	1.0～2.5	0.75	0.03	0.03	25.0～28.0	20.0～22.5	0.75	0.75	—
E310H-××	0.35～0.45	1.0～2.5	0.75	0.03	0.03	25.0～28.0	20.0～22.5	0.75	0.75	—
E310Nb-××	0.12	1.0～2.5	0.75	0.03	0.03	25.0～28.0	20.0～22.0	0.75	0.75	Nb＋Ta：0.70～1.00
E310Mo-××	0.12	1.0～2.5	0.75	0.03	0.03	25.0～28.0	20.0～22.0	2.0～3.0	0.75	—
E312-××	0.15	0.5～2.5	1.00	0.04	0.03	28.0～32.0	8.0～10.5	0.75	0.75	—
E316-××	0.08	0.5～2.5	1.00	0.04	0.03	17.0～20.0	11.0～14.0	2.0～3.0	0.75	—
E316H-××	0.04～0.08	0.5～2.5	1.00	0.04	0.03	17.0～20.0	11.0～14.0	2.0～3.0	0.75	—
E316L-××	0.04	0.5～2.5	1.00	0.04	0.03	17.0～20.0	11.0～14.0	2.0～3.0	0.75	—
E316LCu-××	0.04	0.5～2.5	1.00	0.040	0.030	17.0～20.0	11.0～16.0	1.20～2.75	1.00～2.50	—
E316LMn-××	0.04	5.0～8.0	0.90	0.04	0.03	18.0～21.0	15.0～18.0	2.5～3.5	0.75	N:0.10～0.25
E317-××	0.08	0.5～2.5	1.00	0.04	0.03	18.0～21.0	12.0～14.0	3.0～4.0	0.75	—
E317L-××	0.04	0.5～2.5	1.00	0.04	0.03	18.0～21.0	12.0～14.0	3.0～4.0	0.75	—
E317MoCu-××	0.08	0.5～2.5	0.90	0.035	0.030	18.0～21.0	12.0～14.0	2.0～2.5	2	—
E317LMoCu-××	0.04	0.5～2.5	0.90	0.035	0.030	18.0～21.0	12.0～14.0	2.0～4.0	2	—
E318-××	0.08	0.5～2.5	1.00	0.04	0.03	17.0～20.0	11.0～14.0	2.0～3.0	0.75	Nb＋Ta：6×C～1.00

续表

焊条型号①	化学成分(质量分数)②								
	C	Mn	Si	P	S	Cr	Ni	Mo	Cu	其他
E318V-××	0.08	0.5～2.5	1.00	0.035	0.03	17.0～20.0	11.0～14.0	2.0～2.5	0.75	V:0.30～0.70
E320-××	0.07	0.5～2.5	0.60	0.04	0.03	19.0～21.0	32.0～36.0	2.0～3.0	3.0～4.0	Nb+Ta:8×C～1.00
E320LR-××	0.03	1.5～2.5	0.30	0.020	0.015	19.0～21.0	32.0～36.0	2.0～3.0	3.0～4.0	Nb+Ta:8×C～0.40
E330-××	0.18～0.25	1.0～2.5	1.00	0.04	0.03	14.0～17.0	33.0～37.0	0.75	0.75	—
E330H-××	0.35～0.45	1.0～2.5	1.00	0.04	0.03	14.0～17.0	33.0～37.0	0.75	0.75	—
E330MoMnWNb-××	0.20	3.5	0.70	0.035	0.030	15.0～17.0	33.0～37.0	2.0～3.0	0.75	Nb:1.0～2.0、W:2.0～3.0
E347-××	0.08	0.5～2.5	1.00	0.04	0.03	18.0～21.0	9.0～11.0	0.75	0.75	Nb+Ta:8×C～1.00
E347L-××	0.04	0.5～2.5	1.00	0.040	0.030	18.0～21.0	9.0～11.0	0.75	0.75	Nb+Ta:8×C～1.00
E349-××	0.13	0.5～2.5	1.00	0.04	0.03	18.0～21.0	8.0～10.0	0.35～0.65	0.75	Nb+Ta:0.75～1.20、V:0.10～0.30、Ti≤0.15、W:1.25～1.75
E383-××	0.03	0.5～2.5	0.90	0.02	0.02	26.5～29.0	30.0～33.0	3.2～4.2	0.6～1.5	—
E385-××	0.03	1.0～2.5	0.90	0.03	0.02	19.5～21.5	24.0～26.0	4.2～5.2	1.2～2.0	—
E409Nb-××	0.12	1.00	1.00	0.040	0.030	11.0～14.0	0.60	0.75	0.75	Nb+Ta:0.50～1.50
E410-××	0.12	1.0	0.90	0.04	0.03	11.0～14.0	0.70	0.75	0.75	—
E410NiMo-××	0.06	1.0	0.90	0.04	0.03	11.0～12.5	4.0～5.0	0.40～0.70	0.75	—
E430-××	0.10	1.0	0.90	0.04	0.03	15.0～18.0	0.6	0.75	0.75	—
E430Nb-××	0.10	1.00	1.00	0.040	0.030	15.0～18.0	0.60	0.75	0.75	Nb+Ta:0.50～1.50
E630-××	0.05	0.25～0.75	0.75	0.04	0.03	16.00～16.75	4.5～5.0	0.75	3.25～4.00	Nb+Ta:0.15～0.30

续表

焊条型号①	化学成分(质量分数)②								
	C	Mn	Si	P	S	Cr	Ni	Mo	Cu	其他
E16-8-2-××	0.10	0.5～2.5	0.60	0.03	0.03	14.5～16.5	7.5～9.5	1.0～2.0	0.75	—
E16-25MoN-××	0.12	0.5～2.5	0.90	0.035	0.030	14.0～18.0	22.0～27.0	5.0～7.0	0.75	N:≥0.1
E2209-××	0.04	0.5～2.0	1.00	0.04	0.03	21.5～23.5	7.5～10.5	2.5～3.5	0.75	N:0.08～0.20
E2553-××	0.06	0.5～1.5	1.0	0.04	0.03	24.0～27.0	6.5～8.5	2.9～3.9	1.5～2.5	N:0.10～0.25
E2593-××	0.04	0.5～1.5	1.0	0.04	0.03	24.0～27.0	8.5～10.5	2.9～3.9	1.5～3.0	N:0.08～0.25
E2594-××	0.04	0.5～2.0	1.00	0.04	0.03	24.0～27.0	8.0～10.5	3.5～4.5	0.75	N:0.20～0.30
E2595-××	0.04	2.5	1.2	0.03	0.025	24.0～27.0	8.0～10.5	2.5～4.5	0.4～1.5	N:0.20～0.30、W:0.4～1.0
E3155-××	0.10	1.0～2.5	1.00	0.04	0.03	20.0～22.5	19.0～21.0	2.5～3.5	0.75	Nb+Ta:0.75～1.25,Co:18.5～21.0、W:2.0～3.0
E33-31-××	0.03	2.5～4.0	0.9	0.02	0.01	31.0～35.0	30.0～32.0	1.0～2.0	0.4～0.8	N:0.3～0.5

① 焊条型号中-××表示焊接位置和药皮类型。

② 化学分析应按本表中规定的元素进行分析。如果在分析过程中发现其他化学成分，则应进一步分析这些元素的含量，除铁外，不应超过0.5%（质量分数）。

注：表中单值均为最大值。

③ 第三部分为半字线“-”后的第一位数字，表示焊接位置，见表2-24。

表2-24 不锈钢焊条焊接位置代号（GB/T 983—2012）

代号	-1	-2	-4
焊接位置①	PA、PB、PD、PF	PA、PB	PA、PB、PD、PF、PG

① 焊接位置见GB/T 16672—1996，其中PA为平焊、PB为平角焊、PD为仰角焊、PF为向上立焊、PG为向下立焊。

④ 第四部分为最后一位数字，表示药皮类型和电流类型，见表2-25。

表 2-25 不锈钢焊条药皮类型代号（GB/T 983—2012）

代号	药皮类型	电流类型
5	碱性	直流
6	金红石	交流和直流①
7	钛酸型	交流和直流②

① 46 型采用直流焊接。

② 47 型采用直流焊接。

不锈钢焊条型号示例：

E 308 -1 6

- 6——表示药皮类型为金红石型，适用于交、直流两用焊接
- 1——表示焊接位置
- 308——表示熔敷金属化学成分分类代号
- E——表示焊条

（2）不锈钢焊条型号对照

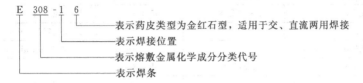

不锈钢焊条型号对照见表 2-26。

表 2-26 不锈钢焊条型号对照

GB/T 983—2012	ISO 3581:2003	AWS A5.4M—2006	GB/T 983—1995
E209-××	ES209-××	E209-××	E209-××
E219-××	ES219-××	E219-××	E219-××
E240-××	ES240-××	E240-××	E240-××
E307-××	ES307-××	E307-××	E307-××
E308-××	ES308-××	E308-××	E308-××
E308H-××	ES308H-××	E308H-××	E308H-××
E308L-××	ES308L-××	E308L-××	E308L-××
E308Mo-××	ES308Mo-××	E308Mo-××	E308Mo-××
E308LMo-××	ES308LMo-××	E308LMo-××	E308MoL-××
E309L-××	ES309L-××	E309L-××	E309L-××
E309-××	ES309-××	E309-××	E309-××
E309H-××	—	E309H-××	—
E309LNb-××	ES309LNb-××	—	—
E309Nb-××	ES309Nb-××	E309Nb-××	E309Nb-××
E309Mo-××	ES309Mo-××	E309Mo-××	E309Mo-××
E309LMo-××	ES309LMo-××	E309LMo-××	E309MoL-××
E310-××	ES310-××	E310-××	E310-××
E310H-××	ES310H-××	E310H-××	E310H-××
E310Nb-××	ES310Nb-××	E310Nb-××	E310Nb-××
E310Mo-××	ES310Mo-××	E310Mo-××	E310Mo-××

续表

GB/T 983—2012	ISO 3581:2003	AWS A5.4M—2006	GB/T 983—1995
E312-××	ES312-××	E312-××	E312-××
E316-××	ES316-××	E316-××	E316-××
E316H-××	ES316H-××	E316H-××	E316H-××
E316L-××	ES316L-××	E316L-××	E316L-××
E316LCu-××	ES316LCu-××	—	—
E316LMn-××	—	E316LMn-××	—
E317-××	ES317-××	E317-××	E317-××
E317L-××	ES317L-××	E317L-××	E317L-××
E317MoCu-××	—	—	E317MoCu-××
E317LMoCu-××	—	—	E317MoCuL-××
E318-××	ES318-××	E318-××	E318-××
E318V-××	—	—	E318V-××
E320-××	ES320-××	E320-××	E320-××
E320LR-××	ES320LR-××	E320LR-××	E320LR-××
E330-××	ES330-××	E330-××	E330-××
E330H-××	ES330H-××	E330H-××	E330H-××
E330MoMnWNb-××	—	—	E330MoMnWNb-××
E347-××	ES347-××	E347-××	E347-××
E347L-××	ES347L-××	—	—
E349-××	ES349-××	E349-××	E349-××
E383-××	ES383-××	E383-××	E383-××
E385-××	ES385-××	E385-××	E385-××
E409Nb-××	ES409Nb-××	E409Nb-××	—
E410-××	ES410-××	E410-××	E410-××
E410NiMo-××	ES410NiMo-××	E410NiMo-××	E410NiMo-××
E430-××	ES430-××	E430-××	E430-××
E430Nb-××	ES430Nb-××	E430Nb-××	—
E630-××	ES630-××	E630-××	E630-××
E16-8-2-××	ES16-8-2-××	E16-8-2-××	E16-8-2-××
E16-25MoN-××	—	—	E16-25MoN-××
E2209-××	ES2209-××	E2209-××	E2209-××
E2553-××	ES2553-××	E2553-××	E2553-××
E2593-××	ES2593-××	E2593-××	—
E2594-××	—	E2594-××	—
E2595-××	—	E2595-××	—
E3155-××	—	E3155-××	—
E33-31-××	—	E33-31-××	—

4. 堆焊焊条

(1) 型号编制方法

根据 GB/T 984—2001《堆焊焊条》的规定，堆焊焊条型号按熔敷金属化学成分和药皮类型编制。编制方法是：型号中第一字母“E”表示焊条；第二字母“D”表示用于表面耐磨堆焊；后面用一或两位字母、元素符号表示焊条熔敷金属化学成分分类代号，见表 2-27。还可附加一些主要成分的元素符号；在基本型号内可用数字、字母进行细分类，细分类代号也可用短划“-”与前面符号分开；型号中最后两位数字表示药皮类型和焊接电流种类，且短划“-”与前面符号分开，见表 2-28。

药皮类型和焊接电流种类不要求限定时，型号可以简化，如 EDPCrMo-Al-03 可简化成 ED-PCrMo-Al，见图 2-2。

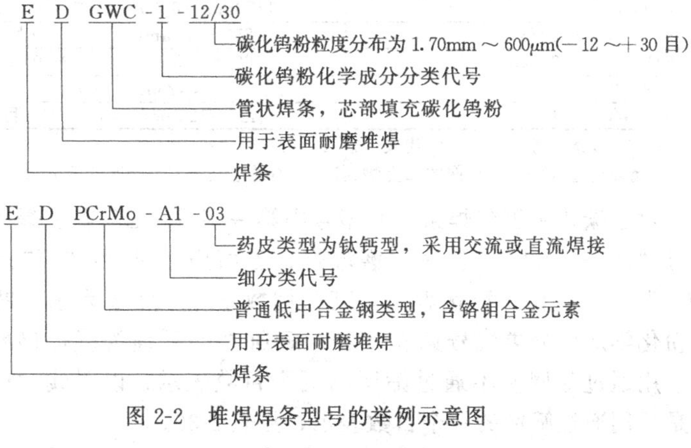

图 2-2　堆焊焊条型号的举例示意图

表 2-27　熔敷金属化学成分分类

型　号	熔敷金属化学成分分类	型　号	熔敷金属化学成分分类
EDP××-××	普通低中合金钢	EDZ××-××	合金铸铁
EDR××-××	热强合金钢	EDZCr××-××	高铬铸铁
EDCr××-××	高铬钢	EDCoCr××-××	钴基合金
EDMn××-××	高锰钢	EDW××-××	碳化钨
EDCrMn××-××	高铬锰钢	EDT××-××	特殊型
EDCrNi××-××	高铬镍钢	EDNi××-××	镍基合金
EDD××-××	高速钢		

表 2-28 药皮类型和焊接电流种类

型号	药皮类型	焊接电流种类
ED××-00	特殊型	交流或直流
ED××-03	钛钙型	
ED××-15	低氢钠型	直流
ED××-16	低氢钾型	交流或直流
ED××-08	石墨型	

表 2-29 碳化钨粉的化学成分 %

型号	C	Si	Ni	Mo	Co	W	Fe	Th
EDGWC1-××	3.6～4.2	≤0.3	≤0.3	≤0.6	≤0.3	≥94.0	≤1.0	≤0.01
EDGWC2-××	6.0～6.2					≥91.5	≤0.5	
EDGWC3-××	由供需双方商定							

表 2-30 碳化钨粉的粒度

型号	粒度分布
EDGWC×－12/30	1.70mm～600μm(－12～＋30 目)
EDGWC×－20/30	850～600μm(－12～＋30 目)
EDGWC×－30/40	600～425μm(－30～＋40 目)
EDGWC×－40	＜425μm(－40 目)
EDGWC×－40/120	425～125μm(－40～＋120 目)

注：1. 焊条型号中的“×”代表“1”或“2”或“3”。
2. 允许通过（“－”）筛网的筛上物≤5%，不通过（“＋”）筛网的筛下物≤20%。

对于碳化钨管状焊条，其型号中第一字母“E”表示焊条；第二字母“D”表示用于表面耐磨堆焊；后面用字母“G”和元素符号“WC”表示碳化钨管状焊条，其后用数字 1、2、3 表示。芯部碳化钨粉化学成分分类代号见表 2-29；短划“-”后面为碳化钨粉粒度代号，用通过筛网和不通过筛网的两个目数表示，以斜线“/”相隔，或是只用通过筛网的一个目数表示，见表 2-30。

（2）型号分类

堆焊焊条型号根据熔敷金属的化学成分、药皮类型和焊接电流种类划分，仅有碳化钨管状焊条型号根据芯部碳化钨粉的化学成分和粒度划分。

5. 铸铁焊条

（1）型号编制方法

根据 GB/T 10044—2006《铸铁焊条及焊丝》的规定，铸铁焊条型号按熔敷金属的化学成分及用途编制。其型号的编制方法是：首字母“E”表示焊条，后接字母“Z”表示用于铸铁焊接；在“EZ”之后用熔敷金属主要化学元素符号或金属类型代号表示，见表 2-31；若再细分时，则用数字表示，见表 16-36。

铸铁焊条型号标记如图 2-3 所示。

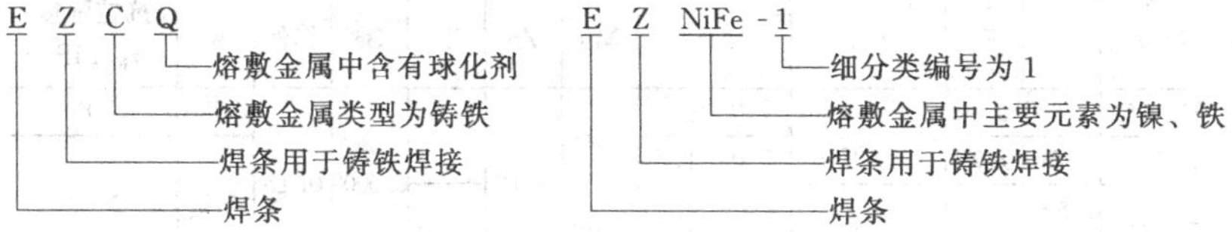

(a)　　(b)

图 2-3　铸铁焊条型号标记示意图

（2）型号分类

铸铁焊接用纯铁及碳钢焊条根据焊芯化学成分分类，其他型号的铸铁焊条根据熔敷金属化学成分及用途划分，型号见表 2-31。

表 2-31　铸铁焊接用焊条类别与型号

类别	型号	名称
铁基焊条	EZC	灰口铸铁焊条
	EZCQ	球墨铸铁焊条
镍基焊条	EZNi	纯镍铸铁焊条
	EZNiFe	镍铁铸铁焊条
	EZNiCu	镍铜铸铁焊条
	EZNiFeCu	镍铁铜铸铁焊条
其他焊条	EZFe	纯铁及碳钢焊条
	EZV	高钒焊条

6. 铝及铝合金焊条

（1）型号编制方法

根据国家标准 GB/T 3669—2001《铝及铝合金焊条》的规定，前面用“E”表示焊条，后面接一组数字，该组数字就是此焊条的铝或铝合金的牌号。铝及铝合金焊条型号举例见图 2-4。

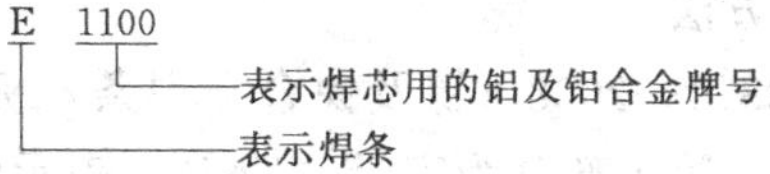

图 2-4　铝及铝合金焊条型号举例示意图

（2）型号分类

铝及铝合金焊条型号根据焊芯的化学成分和焊接接头力学性能划分，见表 2-32。

表 2-32 铝及铝合金焊条焊芯化学成分及焊接接头力学性能

<table>
<tr><th rowspan="2">焊条型号</th><th colspan="10">焊芯化学成分(质量分数)/%</th><th rowspan="2">焊接接头抗拉强度 σ_b/MPa</th></tr>
<tr><th>Si</th><th>Fe</th><th>Cu</th><th>Mn</th><th>Mg</th><th>Zn</th><th>Ti</th><th>Be</th><th>其他</th><th>Al</th></tr>
<tr><td>E1100</td><td colspan="2">Si+Fe0.95</td><td rowspan="2">0.05~0.20</td><td>0.05</td><td rowspan="2">—</td><td rowspan="3">0.10</td><td rowspan="2">—</td><td rowspan="3">0.0008</td><td rowspan="3">0.15</td><td>≥99.0</td><td>≥80</td></tr>
<tr><td>E3003</td><td>0.60</td><td>0.70</td><td>1.0~1.5</td><td rowspan="2">余量</td><td rowspan="2">≥95</td></tr>
<tr><td>E4043</td><td>4.5~6.0</td><td>0.80</td><td>0.30</td><td>0.05</td><td>0.20</td><td>0.20</td></tr>
</table>

7. 铜及铜合金焊条

(1) 型号编制方法

根据 GB/T 3670—1995《铜及铜合金焊条》的规定，铜及铜合金焊条的型号按熔敷金属化学成分来编制。其型号首位用“E”表示焊条，“E”后面的字母直接用元素符号表示型号分类，见表 16-24。同一分类中有不同化学成分要求时，用字母或数字表示，并以短划“-”与前面元素符号分开。

铜及铜合金焊条型号举例见图 2-5。

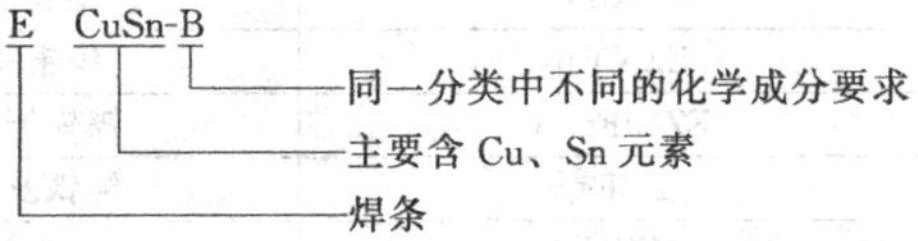

图 2-5 铜及铜合金焊条型号举例示意图

(2) 型号分类

铜及铜合金焊条型号根据熔敷金属的化学成分分类，见表 16-24。

8. 镍及镍合金焊条

(1) 型号编制方法

根据 GB/T 13814—2008《镍及镍合金焊条》标准的规定，焊条型号由三部分组成。第 1 部分为字母“ENi”，表示镍及镍合金焊条；第 2 部分为四位数字，表示焊条型号；第 3 部分为可选部分，表示化学成分代号。镍及镍合金举例见图 2-6。

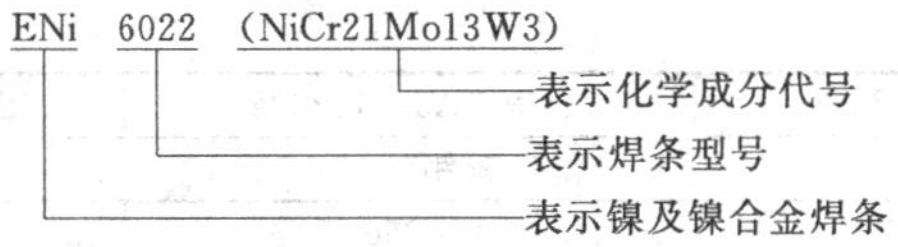

图 2-6 镍及镍合金举例示意图

(2) 型号分类

① 镍及镍合金焊条按熔敷金属合金体系分为镍、镍铜、镍铬、镍铬铁、镍钼、镍铬钼和镍铬钴钼等 7 类。

② 镍及镍合金焊条按照熔敷金属化学成分进行型号划分，见表 16-28。

③ 镍及镍合金焊条的主要标准型号的对应关系可参考表 2-33。

表 2-33 镍及镍合金焊条型号对照表

GB/T 13814—2008	AWS A5.11:2005	ISO 14172:2003
	镍	
ENi2061	ENi-1	ENi2061
ENi2061A		
	镍铜	
ENi4060	ENiCu-7	ENi4060
ENi4061		ENi4061
	镍铬	
ENi6082		ENi6082
ENi6231	ENiCrWMo-1	ENi6231
	镍铬铁	
ENi6025	ENiCrFe-12	ENi6025
ENi6062	ENiCrFe-1	ENi6062
ENi6093	ENiCrFe-4	ENi6093
ENi6094	ENiCrFe-9	ENi6094
ENi6095	ENiCrFe-1	ENi6095
ENi6133	ENiCrFe-2	ENi6133
ENi6152	ENiCrFe-7	ENi6152
ENi6182	ENiCrFe-3	ENi6182
ENi6333		ENi6333
ENi6701		ENi6701
ENi6702		ENi6702
ENi6704		ENi6704
ENi8025		ENi8025
ENi8165		ENi8165

续表

GB/T 13814—2008	AWS A5.11:2005	ISO 14172:2003
镍钼		
ENi1001	ENiMo-1	ENi1001
ENi1004	ENiMo-3	ENi1004
ENi1008	ENiMo-8	ENi1008
ENi1009	ENiMo-9	ENi1009
ENi1062		ENi1062
ENi1066	ENiMo-7	ENi1066
ENi1067	ENiMo-10	ENi1067
ENi1069	ENiMo-11	ENi1069
镍铬钼		
ENi6002	ENiCrMo-2	ENi6002
ENi6012		ENi6012
ENi6022	ENiCrMo-10	ENi6022
ENi6024		ENi6024
ENi6030	ENiCrMo-11	ENi6030
ENi6059	ENiCrMo-13	ENi6059
ENi6200	ENiCrMo-17	ENi6200
ENi6205		ENi6205
ENi6275	ENiCrMo-5	ENi6275
ENi6276	ENiCrMo-4	ENi6276
ENi6452		ENi6452
ENi6455	ENiCrMo-7	ENi6455
ENi6620	ENiCrMo-6	ENi6620
ENi6625	ENiCrMo-3	ENi6625
ENi6627	ENiCrMo-12	ENi6627
ENi6650	ENiCrMo-18	ENi6650
ENi6686	ENiCrMo-14	ENi6686
ENi6985	ENiCrMo-9	ENi6985
镍铬钴钼		
ENi6117	ENiCrCoMo-1	ENi6117

二、焊条的牌号

焊条牌号通常由一个汉语拼音字母（或汉字）与三位数字及外文字母符号组成。其中，拼音字母（或汉字）表示焊条各大类；后面的三位数字中，前面两位数字表示各大类中的若干小类，第三位数字表示各种焊条牌号的药皮类型及焊接电源。

焊条牌号中第三位数字的含义见表2-34，其中盐基型主要用于有色金属焊条，石墨型主要用于铸铁焊条和个别堆焊焊条。数字后面的字母符号表示焊条的特殊性能和用途，见表2-35。对于任一给定的焊条，只要从该表中查出字母所表示的含义，就可以掌握这种焊条的主要特征。

表2-34 焊条牌号中第三位数字的含义

焊条牌号	药皮类型	焊接电源种类	焊条牌号	药皮类型	焊接电源种类
□××0	不属已规定的类型	不规定	□××5	纤维素型	直流或交流
□××1	氧化钛型	直流或交流	□××6	低氢钾型	直流或交流
□××2	钛钙型	直流或交流	□××7	低氢钠型	直流
□××3	钛铁矿型	直流或交流	□××8	石墨型	直流或交流
□××4	氧化铁型	直流或交流	□××9	盐基型	直流

注：□表示焊条牌号中的拼音字母或汉字，××表示牌号中的前两位数字。

表2-35 牌号后面加注字母符号的含义

字母符号	表示的意义	字母符号	表示的意义
D	底层焊条	RH	高韧性超低氢焊条
DF	低尘焊条	LMA	低吸潮焊条
Fe	高效铁粉焊条	SL	渗铝钢焊条
Fe15	高效铁粉焊条，焊条名义熔敷效率为150%	X	向下立焊用焊条
G	高韧性焊条	XG	管子用向下立焊焊条
GM	盖面焊条	Z	重力焊条
R	压力容器用焊条	Z16	重力焊条，焊条名义熔敷效率为160%
GR	高韧性压力容器用焊条	CuP	含Cu和P的耐大气腐蚀焊条
H	超低氢焊条	CrNi	含Cr和Ni的耐海水腐蚀焊条

1. 结构钢（含低合金高强钢）焊条牌号编制方法

① 牌号中"J"表示结构钢焊条。

② 牌号中前两位数字表示焊缝金属抗拉强度等级，见表2-36。

表2-36 焊缝金属抗拉强度等级

焊条牌号	焊缝金属抗拉强度等级		焊条牌号	焊缝金属抗拉强度等级	
	/MPa	/(kgf/mm^2)		/MPa	/(kgf/mm^2)
J42×	420	43	J70×	690	70
J50×	490	50	J75×	740	75
J55×	540	55	J85×	830	85
J60×	590	60	J10×	980	100

③ 牌号中第三位数字表示药皮类型和焊接电源种类。

④ 当药皮中铁粉含量约为30%（质量分数）或熔敷金属效率在105%以上时，在牌号末尾加注“Fe”；当熔敷效率不小于130%时，在“Fe”后再加注两位数字（以熔敷效率的1/10表示）。

⑤ 有特殊性能和用途的，则在牌号后面加注起主要作用的元素或主要用途的拼音字母（一般不超过两个）。

结构钢焊条牌号示例：

J 50 7 CuP
- CuP——用于焊接铜磷钢，有耐大气和海水腐蚀的特殊用途
- 7——低氢钠型药皮，直流电源
- 50——熔敷金属抗拉强度不低于490MPa(50kgf/mm²)
- J——结构钢焊条

J 42 1 X
- X——向下立焊专用焊条
- 1——氧化钛型药皮，交、直流电源
- 42——熔敷金属抗拉强度不低于412MPa(42kgf/mm²)
- J——结构钢焊条

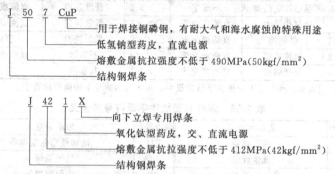

2. 钼和铬钼耐热钢焊条牌号编制方法

① 牌号中“R”表示钼和铬钼耐热钢焊条。

② 牌号中第一位数字表示熔敷金属主要化学成分组成等级，见表2-37。

表2-37 耐热钢焊条熔敷金属主要化学成分组成等级

焊条牌号	熔敷金属主要化学成分组成等级	焊条牌号	熔敷金属主要化学成分组成等级
R1××	Mo含量≈0.5%	R5××	Cr含量≈5%,Mo含量≈0.5%
R2××	Cr含量≈0.5%,Mo含量≈0.5%	R6××	Cr含量≈7%,Mo含量≈1%
R3××	Cr含量≈1%～2%,Mo含量≈0.5%～1%	R7××	Cr含量≈9%,Mo含量≈1%
R4××	Cr含量≈2.5%,Mo含量≈1%	R8××	Cr含量≈11%,Mo含量≈1%

注：表中百分数均为质量分数。

③ 牌号中第二位数字表示同一熔敷金属主要化学成分组成等级中的不同牌号。同一组成等级的焊条可有10个牌号，按0、1、2、3、4、5、6、7、8、9顺序编排，以区别铬钼之外的其他成分。

④ 牌号中第三位数字表示药皮类型和焊接电源种类。

钼和铬钼耐热钢焊条牌号示例：

R　3　4　7

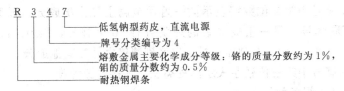

- 7——低氢钠型药皮，直流电源
- 4——牌号分类编号为 4
- 3——熔敷金属主要化学成分等级：铬的质量分数约为 1%，钼的质量分数约为 0.5%
- R——耐热钢焊条

3. 低温钢焊条牌号编制方法

① 牌号中“W”表示低温钢焊条。

② 牌号中前两位数字表示低温钢焊条工作温度等级，见表 2-38。

表 2-38　低温钢焊条工作温度等级

焊条牌号	工作温度等级/℃	焊条牌号	工作温度等级/℃
W60×	−60	W10×	−100
W70×	−70	W19×	−196
W80×	−80	W25×	−253
W90×	−90		

③ 牌号中第三位数字表示药皮类型和焊接电源种类。

低温钢焊条牌号示例：

W　70　7

- 7——低氢钢型药皮，直流电源
- 70——工作温度等级为 −70℃
- W——低温钢焊条

4. 不锈钢焊条牌号编制方法

① 牌号中“G”和“A”分别表示铬不锈钢焊条和奥氏体铬镍不锈钢焊条。

② 牌号中第一位数字表示熔敷金属主要化学成分组成等级，见表 2-39。

表 2-39　不锈钢焊条熔敷金属主要化学成分组成等级

焊条牌号	熔敷金属主要化学成分组成等级	焊条牌号	熔敷金属主要化学成分组成等级
G2××	Cr 含量≈13%	A4××	Cr 含量≈26%,Ni 含量≈21%
G3××	Cr 含量≈17%	A5××	Cr 含量≈16%、Ni 含量≈25%
A0××	C 含量≤0.04%(超低碳)	A6××	Cr 含量≈16%、Ni 含量≈35%
A1××	Cr 含量≈19%、Ni 含量≈10%	A7××	铬锰氮不锈钢
A2××	Cr 含量≈18%、Ni 含量≈12%	A8××	Cr 含量≈18%、Ni 含量≈18%
A3××	Cr 含量≈23%、Ni 含量≈13%	A9××	待发展

注：表中百分数均为质量分数。

③ 牌号中第二位数字表示同一熔敷金属主要化学成分组成等级中的不同牌号。同一组成等级的焊条可有10个牌号，按0、1、2、3、4、5、6、7、8、9顺序编排，以区别镍铬之外的其他成分。

④ 牌号中第三位数字表示药皮类型和焊接电源种类。

不锈钢焊条牌号示例：

G 3 0 2
- 2——钛钙型药皮，交、直流两用
- 0——牌号分类编号为0
- 3——熔敷金属主要化学成分组成等级：铬质量分数约为13%
- G——铬不锈钢焊条

A 0 2 2
- 2——钛钙型药皮，交、直流两用
- 2——牌号分类编号为2
- 0——熔敷金属主要化学成分组成等级：碳含量(质量分数)≤0.04%
- A——奥氏体不锈钢焊条

5. 堆焊焊条牌号编制方法

① 牌号中“D”表示堆焊钢焊条。

② 牌号中前两位数字表示堆焊焊条的用途或熔敷金属的主要成分类型等，见表2-40。

表2-40 堆焊焊条牌号的前两位数字含义

焊条牌号	主要用途或主要成分类型	焊条牌号	主要用途或主要成分类型
D00×～D09×	不规定	D60×～D69×	合金铸铁堆焊焊条
D10×～D24×	不同硬度的常温堆焊焊条	D70×～D79×	碳化钨堆焊焊条
D25×～D29×	常温高锰钢堆焊焊条	D80×～D89×	钴基合金堆焊焊条
D30×～D49×	刀具工具用堆焊焊条	D90×～D99×	待发展的堆焊焊条
D50×～D59×	阀门堆焊焊条		

③ 牌号中第三位数字表示药皮类型和焊接电源种类。

堆焊焊条牌号示例：

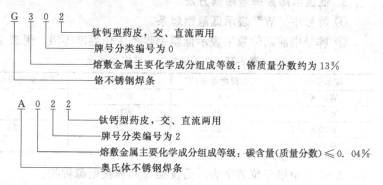

D 25 6
- 6——低氢钾型药皮，交、直流两用
- 25——常温高锰钢堆焊焊条
- D——堆焊焊条

6. 铸铁焊条牌号编制方法

① 牌号中“Z”表示铸铁焊条。

② 牌号中第一位数字表示熔敷金属主要化学成分组成等级，见表2-41。

表2-41 铸铁焊条牌号第一位数字的含义

焊条牌号	熔敷金属主要化学成分组成类型	焊条牌号	熔敷金属主要化学成分组成类型
Z1××	碳钢或高钒钢	Z5××	镍铜合金
Z2××	铸铁(包括球墨铸铁)	Z6××	铜铁合金
Z3××	纯镍	Z7××	待发展
Z4××	镍铁合金		

③ 牌号中第二位数字表示同一熔敷金属主要化学成分组成等级中的不同牌号。同一组成等级的焊条可有10个牌号。按0、1、2、3、4、5、6、7、8、9顺序排列。

④ 牌号中第三位数字表示药皮类型和焊接电源种类。

铸铁焊条牌号示例：

Z 3 0 8

- 8——石墨型药皮，交、直流两用
- 0——牌号分类编号为0
- 3——熔敷金属主要化学组成类型：纯镍
- Z——铸铁焊条

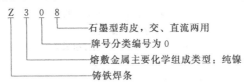

7. 有色金属焊条牌号编制方法

① 牌号中“Ni”“T”“L”分别表示镍及镍合金焊条、铜及铜合金焊条、铝及铝合金焊条。

② 牌号中第一位数字表示熔敷金属主要化学成分组成类型，见表2-42。

表2-42 有色金属焊条牌号第一位数字的含义

焊条牌号		熔敷金属化学成分组成类型	焊条牌号		熔敷金属化学成分组成类型
镍及镍合金焊条	Ni1××	纯镍	铜及铜合金焊条	T3××	白铜合金
	Ni2××	镍铜合金		T4××	待发展
	Ni3××	因康镍合金	铝及铝合金焊条	L1××	纯铝
	Ni4××	待发展		L2××	铝硅合金
铜及铜合金焊条	T1××	纯铜		L3××	铝锰合金
	T2××	青铜合金		L4××	待发展

③ 牌号中第二位数字表示同一熔敷金属主要化学成分组成等级中的不同牌号。同一成分组成类型的焊条可有 10 个牌号，按 0、1、2、3、4、5、6、7、8、9 顺序排列。

④ 牌号中第三位数字表示药皮类型和焊接电源种类。

有色金属焊条牌号示例：

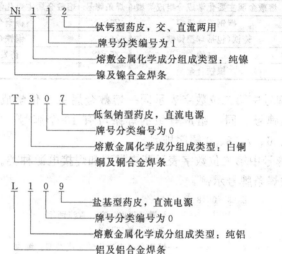

Ni 1 1 2
- 2——钛钙型药皮，交、直流两用
- 1——牌号分类编号为 1
- 1——熔敷金属化学成分组成类型：纯镍
- Ni——镍及镍合金焊条

T 3 0 7
- 7——低氢钠型药皮，直流电源
- 0——牌号分类编号为 0
- 3——熔敷金属化学成分组成类型：白铜
- T——铜及铜合金焊条

L 1 0 9
- 9——盐基型药皮，直流电源
- 0——牌号分类编号为 0
- 1——熔敷金属化学成分组成类型：纯铝
- L——铝及铝合金焊条

8. 特殊用途焊条牌号编制方法

① 牌号中“TS”表示特殊用途焊条。

② 牌号中第一位数字表示焊条的用途，第一位数字的含义见表 2-43。

表 2-43 特殊用途焊条牌号第一位数字的含义

焊条牌号	熔敷金属主要成分及焊条用途	焊条牌号	熔敷金属主要成分及焊条用途
TS2××	水下焊接用	TS5××	电渣焊用管状焊条
TS3××	水下切割用	TS6××	铁锰铝焊条
TS4××	铸铁件补焊前开坡口用	TS7××	高硫堆焊焊条

③ 牌号中第二位数字表示同一熔敷金属主要化学成分组成等级中的不同牌号。同一成分组成类型的焊条可有 10 个牌号，按 0、1、2、3、4、5、6、7、8、9 顺序排列。

④ 牌号中第三位数字表示药皮类型和焊接电源种类。

特殊用途焊条牌号示例：

TS 3 0 4
- 4——氧化铁型药皮，交、直流两用
- 0——牌号分类编号为0
- 3——用途：水下切割用
- TS——特殊用途焊条

三、焊条的型号与牌号对照

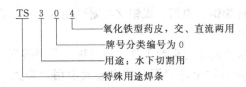

国家标准将焊条用型号表示，并划分为若干类。原国家机械委则在《焊接材料产品样本》中，将焊条牌号按用途划分为10大类，这两种分类的代号对照关系见表2-44。

表2-44　焊条型号与牌号的对照关系

型号			牌号			
国家标准	名称	代号	类型	名称	代号	
					字母	汉字
GB/T 5117—2012	非合金钢及细晶粒钢焊条	E	一	结构钢焊条	J	结
GB/T 5118—2012	热强钢焊条	E	一	结构钢焊条	J	结
			二	钼和铬钼耐热钢焊条	R	热
			三	低温钢焊条	W	温
GB/T 983—2012	不锈钢焊条	E	四	不锈钢焊条	G	铬
					A	奥
GB/T 984—2001	堆焊焊条	ED	五	堆焊焊条	D	堆
GB/T 10044—2006	铸铁焊条及焊丝	EZ	六	铸铁焊条	Z	铸
GB/T 13814—2008	镍及镍合金焊条	E	七	镍及镍合金焊条	Ni	镍
GB/T 3670—1995	铜及铜合金焊条	E	八	铜及铜合金焊条	T	铜
GB/T 3669—2001	铝及铝合金焊条	T	九	铝及铝合金焊条	L	铝
—	—	—	十	特殊用途焊条	TS	特

第五节　焊条的性能、用途及其选用

一、各类焊条的成分、性能和用途

1. 碳钢焊条

非合金钢及细晶粒钢焊条（GB/T 5117—2012）包含碳钢、管线钢、碳钼钢、锰钼钢、镍钢、镍钼钢与耐候钼等焊条，现仅将广泛使用的碳钢焊条介绍于下。

碳钢是碳素结构钢与碳素工具钢的总称。我国碳钢产量约占全部钢材总产量的80%以上，碳钢是被焊金属中用量最大、覆盖面最广的一种。用于焊接的碳钢，含碳量不超过0.9%。碳钢的焊接性与钢中含碳量多少密切相关，含碳量越高，钢的焊接性越差。几乎所有的焊接方法都可以用于碳钢结构的焊接，其中以手弧焊、埋弧焊和CO_2气体保护焊应用最为广泛。

各类常用碳钢焊条的成分、性能、特征和用途见表2-45，供选用时参考。

2. 低合金耐热钢焊条

低合金耐热钢焊条又称热强钢焊条（GB/T 5118—2012）。

低合金耐热钢要在高温下长期工作，为了保证耐热钢的高温性能，须向钢中加入较多的合金元素（如Cr、Mo、V、Nb等）。在选择焊接材料时，首先要保证焊缝性能与母材匹配，具有必要的热强性，因此要求焊缝金属的化学成分应尽量与母材一致。如果焊缝与母材化学成分相差太大，高温长期使用后，接头区域某些元素发生扩散现象（如碳元素在熔合线附近的扩散），使接头高温性能下降。

耐热钢焊条一般可按钢种和构件的工作温度来选用。选配耐热钢焊接材料的原则是焊缝金属的合金成分和性能与母材相应指标一致，或应达到产品技术条件提出的最低性能指标。为了提高焊缝金属的抗热裂能力，焊缝中的碳含量应略低于母材的碳含量，一般应控制在0.07%～0.15%。由于钢中碳和合金元素的共同作用，耐热钢焊接时极易形成淬硬组织，焊接性较差。为此耐热钢一般焊前预热，焊后进行回火处理。

近年来，在薄壁管焊接中普遍采用了氩弧焊打底、酸性焊条手弧焊盖面的工艺，大大提高了焊接质量。但这类焊条抗裂性次于低氢型焊条，在单独使用或用于厚壁管焊接时，应选择低氢型耐热钢焊条。

常用低合金耐热钢焊条的成分、性能、特征和用途见表2-46。

3. 低温钢焊条

低温钢是在－40～－253℃的温度范围内工作的合金钢。按化学成分来分，低温钢主要有含镍钢和无镍钢两类，我国多使用无镍钢。

焊接低温钢时是按接头使用温度选用与之相应温度等级的焊条，其焊缝金属主要是满足低温韧性的要求，故这类焊条采用低氢型药皮。常用低温钢焊条的成分、性能、特征和用途见表 2-47。

4. 不锈钢焊条

不锈钢是以铬或铬镍为主加元素的铁基石金钢，一般其 w(Cr)＞12%。按化学成分来分，不锈钢有以铬为主的高铬型不锈钢和以铬、镍为主的高铬镍型不锈钢两类。与之相应，焊接不锈钢的焊条也有以铬为主的不锈钢焊条（G×××系列）和以铬镍为主的铬镍不锈钢焊条（A×××系列）两类。这两类焊条的主要化学成分、力学性能、特征和用途见表 2-48。

一般是根据不锈钢的材质、工作条件（如工作温度、接触介质等）来选用焊条。基本上都是选用与母材成分相同或相近的焊条。对于 Cr13 系列及以 Cr12 为基础的多元合金化的钢属马氏体不锈钢，淬硬倾向大，焊接性较差。通常焊前需预热，焊后需热处理。如果无法预热或焊后热处理，为防止裂纹，改善接头塑、韧性而采用奥氏体型不锈钢焊条。高铬［w(Cr)≥16%］铁素体不锈钢常温下韧性较低，当接头刚性大时，也容易产生裂纹，也常选用高塑、韧性的奥氏体型不锈钢焊条。

5. 堆焊焊条

堆焊是用焊接方法在零件表面堆敷一层具有一定性能的材料的工艺过程，目的是使零件表面获得具有耐磨性、耐热性、耐蚀性等特殊性能的熔敷金属。例如，在普通碳素钢工件的磨损面上堆焊一层耐磨合金，不但可以降低成本而且可以获得优异的综合性能。堆焊工艺在我国应用越来越广，堆焊合金达数十种。堆焊焊条已制定了较完整的产品系列，堆焊时必须根据堆焊工件及工作条件的不同要求选用合适的焊条。

堆焊金属类型很多，反映出堆焊金属化学成分、显微组织及性能的差异很大。堆焊工件及工作条件十分复杂，堆焊时必须根据不同要求选用合适的焊条。不同的堆焊工件和堆焊焊条要采用不同的堆焊工艺，才能获得满意的堆焊效果。堆焊中最常碰到的问题是裂纹，防止开裂的方法主要是焊前预热、焊后缓冷，焊接过程中还可采用锤击等消除焊接应力。堆焊金属的硬度和化学成分，一般是指堆焊三层以上的堆焊金属。

堆焊焊条的药皮类型一般有钛钙型、低氢型和石墨型三种。为了使堆

表 2-45 各类常用碳钢焊条的成分、性能、特征和用途

牌号	型号	特征和用途	熔敷金属化学成分/%			力学性能			
			C	Mn	Si	σ_b /MPa	$\sigma_{0.2}$ /MPa	δ_5 /%	A_{kV} /J
J420G	E4340	管道用全位置焊条，交、直流两用，抗气孔性好；用于工作温度小于450℃、工作压力为3.9～18MPa的高温、高压电站碳钢管道的焊接	≤0.12	0.35～0.70	≤0.30	≥420	≥330	≥22	≥27 (0℃)
J421	E4313	交、直流两用，可全位置焊，工艺性能好，再引弧容易；用于焊接低碳钢结构，尤适于薄板小件及短焊缝的间断焊和要求表面光洁的盖面焊	≤0.12	0.3～0.6	≤0.35	≥420	≥330	≥17	≥47 (0℃)
J421X	E4313	立向下专用焊条，交、直流两用，工艺性能好，成形美观，易脱渣，引弧和再引弧容易；用于一般船用碳钢及镀锌钢板焊接，尤适于薄板及间断焊	≈0.08	≈0.5	≈0.25	≥420	≥330	≥17	70 (0℃)
J421Fe	E4313	高效铁粉焊条，交、直流两用，可全位置焊，工艺性能好，飞溅少，成形美观，再引弧容易；用于焊接一般船用碳钢结构，尤适于薄板及短焊缝的间断焊和要求表面光洁的盖面焊	≤0.12	0.3～0.6	≤0.35	≥420	≥330	≥17	50～75 (常温)
J421Fe13	E4324	熔敷效率为125%～135%的铁粉焊条，交、直流两用，适于平焊、平角焊，再引弧容易，工艺性能好，飞溅少，成形美观；用于焊接一般低碳钢结构，尤适于薄板及短焊缝的间断焊和要求表面光洁的盖面焊	≤0.12	0.30～0.60	≤0.35	≥420	≥330	≥17	50～75 (常温)
J421Fe16	E4324	熔敷效率为155%～165%的钛型药皮铁粉焊条，交、直流两用，适于平焊、平角焊，再引弧容易，飞溅少，成形美观；用于一般低碳钢结构和要求表面光洁的盖面焊	≤0.12	0.30～0.60	≤0.35	≥420	≥330	≥17	50～75 (常温)
J421Fe18	E4324	熔敷效率为180%的钛型药皮高效铁粉焊条，工艺性能好，电弧稳定，飞溅少，脱渣容易，焊道美观，引弧性能好，焊接速度快，烟尘小；适于船体结构低碳钢和相应等级的普通低碳钢的平焊、平角焊	≤0.12	0.3～0.60	≤0.35	≥420	≥330	≥17	50～75 (常温)

续表

牌号	型号	特征和用途	熔敷金属化学成分/%			力学性能			
			C	Mn	Si	σ_b/MPa	$\sigma_{0.2}$/MPa	δ_5/%	A_{kV}/J
J421Z	E4324	钛型铁粉药皮的重力焊碳钢焊条，交、直流两用，焊道厚度可通过选择焊条的直径和改变焊缝的长度来控制	≤0.12	0.3～0.6	≤0.35	≥420	≥330	≥17	50～75（常温）
J422	E4303	钛钙型药皮的碳钢焊条，焊接工艺性能好，电弧稳定，焊道美观，飞溅少，交、直流两用，可全位置焊；用于焊接较重要的低碳钢结构和强度等级低的低合金钢	≤0.12	0.3～0.6	≤0.25	≥420	≥330	≥22	≥27（0℃）
J422Y	E4303	钛钙型药皮的碳钢焊条，主要用于空载电压 36V 电源，交、直流两用，焊接工艺性好；在低电压下焊接薄板低碳钢和强度等级低的低合金钢	≤0.12	0.30～0.6	≤0.25	≥420	≥330	≥22	≥27（0℃）
J422GM	E4303	钛钙型药皮的盖面焊专用焊条，具有良好的焊接工艺性能和力学性能，再引弧、脱渣容易，焊缝表面光洁，交、直流两用，可全位置焊；适用于海上平台、船舶、车辆、工程机械等盖面焊缝的焊接	≤0.12	0.3～0.55	≤0.25	≥420	≥330	≥22	≥27（0℃）
J422Fe	E4303	钛钙型药皮的铁粉焊条，交、直流两用，可全位置焊；适用于较重要的低碳钢结构的焊接	≤0.12	0.30～0.60	≤0.25	≥420	≥330	≥22	≥27（0℃）
J423	E4319	钛铁矿型药皮的碳钢焊条，交、直流两用，成本低廉，平焊、平角焊工艺性能较好，立焊性能稍次于 J422 焊条；可焊接较重要的低碳钢结构	≤0.12	0.35～0.60	≤0.20	≥420	≥330	≥22	≥27（0℃）
J424	E4320	氧化铁型药皮的碳钢焊条，交、直流两用，熔深大，熔化速度快，由于焊条中含锰量较高，抗热裂性能较好；适于平焊和平角焊，可焊接较重要的碳钢结构	≤0.12	0.50～0.90	≤0.25	≥420	≥330	≥22	60～100（常温）

续表

牌号	型号	特征和用途	熔敷金属化学成分/%			力学性能			
			C	Mn	Si	σ_b /MPa	$\sigma_{0.2}$ /MPa	δ_5 /%	A_{kV} /J
J424Fe14	E4327	铁粉氧化铁型药皮的低碳钢高效焊条，熔敷效率在140%左右，交、直流两用，电弧稳定，熔深大，熔化速度快，由于焊条中含锰量较高，抗热裂性能较好，适于平焊和平角焊；可焊接较重要的碳钢结构	≤0.12	0.50～0.90	≤0.20	≥420	≥330	≥22	≥27 (−30℃)
J424Fe16	E4327	铁粉氧化铁型药皮高效焊条，熔敷效率为155%～165%，交、直流两用，电弧吹力大，熔深大，熔化速度快，由于焊条中含锰量较高，抗热裂性能较好，适于平焊和平角焊；可焊接较重要的碳钢结构	≤0.12	0.50～0.90	≤0.25	≥420	≥330	≥22	≥27 (−30℃)
J424Fe18	E4327	铁粉氧化铁型药皮高效焊条，熔敷效率达180%，交、直流两用，电弧稳定。熔深大，熔化速度快，由于焊条中含锰量较高，抗热裂性能较好，适于平焊和平角焊；可焊接较重要的碳钢结构	≤0.12	0.50～0.90	≤0.25	≥420	≥330	≥22	≥27 (−30℃)
J425	E4311	纤维素钾型药皮的立向下焊专用碳钢焊条，交、直流两用，立向下焊时成形美观，焊接效率高，焊条摆动不宜过宽，电弧长度要适宜；适用于薄板结构的对接、角接及搭接焊，如电站烟遭、风道、变压器的油箱、船体和车辆外板的低碳钢结构	≤0.20	0.30～0.60	≤0.30	≥420	≥330	≥22	≥27 (−30℃)
J425G	E4310	高纤维素钠型药皮的立向下焊条，适用于管线现场环焊缝全位置立向下焊接，采用直流反极性，底层焊时可单面焊双面成形，焊接速度快；用于各种碳钢钢管的环缝对接	≤0.20	0.30～0.60	≤0.20	≥420	≥330	≥22	≥27 (−30℃)

续表

牌号	型号	特征和用途	熔敷金属化学成分/%			力学性能			
			C	Mn	Si	σ_b/MPa	$\sigma_{0.2}$/MPa	δ_5/%	A_{kV}/J
J426	E4316	低氢钾型碱性药皮的碳钢焊条，具有良好的力学性能和抗裂性能，交、直流两用，可全位置焊，交流施焊时，在性能稳定性方面稍次于直流焊接；用于焊接重要的低碳钢和低合金钢的结构，如09Mn2等	≤0.12	≤1.25	≤0.90	≥420	≥330	≥22	≥27（−30℃）
J426X	E4316	低氢钾型碱性药皮交、直流两用立向下角焊缝专用焊条，具有良好的焊接工艺性能，在施焊过程中从上向下进行焊接，波纹均匀，成形美观；用于碳钢和低合金钢结构的立向下角焊缝的焊接	≤0.12	≤1.25	≤0.90	≥420	≥330	≥22	≥27（−30℃）
J426H	E4316	低氢钾型碱性药皮的碳钢焊条，扩散氢含量极低，塑性、低温韧性、抗裂性良好，交、直流两用，可全位置焊；用于重要的碳钢和低合金钢结构的焊接	≤0.12	≤1.25	≤0.90	≥420	≥330	≥22	≥27（−30℃）
J426DF	E4316	低氢钾型碱性药皮的低尘碳钢焊条，具有良好的力学性能和抗裂性能，交、直流两用，可全位置焊，焊接时的烟尘发生量及烟尘中可溶性氟化物含量较低，用于密闭容器及通风不良工作场地的焊接；用于焊接重要的低碳钢和低合金钢，如09Mn2等	≤0.12	≤1.25	≤0.90	≥420	≥330	≥22	≥27（−30℃）
J426Fe13	E4328	铁粉低氢钾型药皮的碳钢焊条，熔敷效率在130%左右，交、直流两用，可全位置焊，药皮含有铁粉；焊接重要的低碳钢和低合金钢，如09Mn2等	≤0.12	≤1.25	≤0.90	≥420	≥330	≥22	≥27（−30℃）
J427	E4315	低氢钠型碱性药皮的碳钢焊条，采用直流反接，可全位置焊，具有优良的塑性、韧性及抗裂性能；焊接重要的低碳钢和低合金钢，如09Mn2等	≤0.12	≤1.25	≤0.90	≥420	≥330	≥22	≥27（−30℃）

续表

牌号	型号	特征和用途	熔敷金属化学成分/%			力学性能			
			C	Mn	Si	σ_b /MPa	$\sigma_{0.2}$ /MPa	δ_5 /%	A_{kV} /J
J427X	E4315	低氢钠型碱性药皮立向下角焊缝专用焊条，具有良好的焊接工艺性能，在施焊过程中从上向下进行焊接，焊缝波纹均匀，成形美观；适用于碳钢和低合金钢结构的立向下角焊缝的焊接	≤0.12	≤1.25	≤0.90	≥420	≥330	≥22	≥27 (−30℃)
J427Ni	E4315	低氢钠型碱性药皮的碳钢焊条，采用直流反接，可全位置焊，焊缝金属具有优良的低温冲击韧性；适用于低碳钢的焊接，如船舶用钢、锅炉、桥梁、压力容器及其他低温下承受动载荷的结构等	≤0.12	0.5～0.85	≤0.50	≥420	≥330	≥22	≥27 (−40℃)
J501Fe	E5014	铁粉氧化钛型药皮焊条，交、直流两用，熔敷效率为110%，可进行全位置焊；用于碳钢和低合金钢，如16Mn等船舶、车辆及机械结构的焊接	≤0.12	≤1.25	≤0.90	≥490	≥400	≥17	≥27 (0℃)
J501Fe15	E5024	铁粉钛型药皮的高效焊条，熔敷效率在150%左右，交、直流两用，电弧稳定，飞溅少，焊缝成形美观，适于平焊、平角焊；用于机车车辆、船舶、锅炉等结构的焊接	≤0.12	0.8～1.4	≤0.90	≥490	≥400	≥17	≥27 (0℃)
J501Fe18	E5024	氧化钛型高效率铁粉碳钢焊条，熔敷效率达180%，适于平焊、平角焊位置的焊接；适用于低碳钢以及普通船用A级、D级钢的焊接	≈0.10	≈0.8	≈0.5	≥490	≥400	≥23	≥47 (0℃)
J501Z	E5024	钛型药皮铁粉重力焊碳钢焊条，性能与J501Fe一样，熔敷效率达150%以上；施焊时焊缝厚度可通过选择焊条直径和改变焊缝的长度来控制；适用于碳钢和某些低合金钢的平角焊位置焊接	≤0.12	≤1.25	≤0.90	≥490	≥400	≥17	≥27 (0℃)

续表

牌号	型号	特征和用途	熔敷金属化学成分/%			力学性能			
			C	Mn	Si	σ_b /MPa	$\sigma_{0.2}$ /MPa	δ_5 /%	A_{kV} /J
J502	E5003	钛钙型药皮的碳钢焊条，交、直流两用，可全位置焊；主要用于16Mn等低合金钢结构的焊接	≤0.12	≤1.60	≤0.30	≥490	≥400	≥20	≥27 (0℃)
J502Fe	E5003	钛钙型药皮的铁粉碳钢焊条，交、直流两用，可全位置焊；适用于碳钢及相应强度等级钢结构的焊条	≤0.12	≤1.25	≤0.90	≥490	≥400	≥20	≥27 (0℃)
J503	E5019	钛铁矿型碳钢焊条，交、直流两用，平焊和平角焊工艺性能较好，立焊工艺性能稍次于J502焊条；适用于低合金钢结构的焊接，如16Mn等	≤0.12	0.50～0.90	≤0.30	≥490	≥400	≥20	≥27 (0℃)
J504Fe	E5027	氧化铁型药皮铁粉碳钢焊条，交、直流两用，电弧稳定，飞溅少，成形美观，适用于平焊和平角焊；适用于低碳钢及低合金钢，如船用钢ZCⅠ、ZCⅡ及16Mn等	≤0.12	≤1.25	≤0.75	≥490	≥400	≥22	≥27 (−30℃)
J504Fe14	E5027	氧化铁型药皮高效铁粉碳钢焊条，交、直流两用，熔敷效率在140%左右，电弧稳定，熔深大，熔化速度快，由于焊缝中含锰量较高，抗热裂性较好，是平焊和平角焊专用焊条；可焊接重要的碳钢及低合金钢结构	≤0.12	0.50～1.10	≤0.50	≥490	≥400	≥22	≥27 (−30℃)
J505	E5011	高纤维素钾型药皮立向下焊专用焊条，交、直流两用，下行焊时，铁水及熔渣不下淌，电弧吹力大，熔深大，底层焊可双面成形，焊接效率高；用于碳钢及低合金钢(如16Mn、15MnVN等)管道的焊接	≤0.20	0.40～0.60	≤0.20	≥490	≥400	≥20	≥27 (−30℃)
J505MoD	E5011	纤维素钾型药皮底层焊焊条，交、直流两用，电弧穿透力大，不易产生气孔、夹渣等焊接缺陷，不宜用于多层焊和封面焊；用于底层焊时，应挑弧焊以免铁水下淌；专用于厚壁容器及管道的底层打底焊接，提高工效和改善焊工工作条件	≤0.20	0.40～0.70	≤0.20	≥490	≥400	≥20	≥27 (−30℃)

续表

牌号	型号	特征和用途	熔敷金属化学成分/%			力学性能			
			C	Mn	Si	σ_b /MPa	$\sigma_{0.2}$ /MPa	δ_5 /%	A_{kV} /J
J506	E5016	低氢钾型碱性药皮焊条，具有良好的力学性能和抗裂性能，交、直流两用，可全位置焊；交流施焊时，在工艺性能方面次于直流焊接；用于中碳钢和低合金钢的焊接，如16Mn、09Mn2Si等	≤0.12	≤1.6	≤0.75	≥490	≥400	≥22	≥27 (−30℃)
J506X	E5016	低氢钾型碱性药皮交、直流两用立向下角焊缝专用焊条，具有良好的焊接工艺性能，在施焊过程中从上向下进行焊接，焊缝波纹均匀，成形美观；适用于船体结构的立向下角焊缝的焊接	≤0.12	≤1.6	≤0.75	≥490	≥400	≥22	≥27 (−30℃)
J506H	E5016-1	低氢钾型碱性药皮的超低氢焊条，扩散氢含量极低，塑性、低温韧性、抗裂性良好，交、直流两用，可全位置焊；用于重要的碳钢和低合金钢结构的焊接	≤0.12	≤1.60	≤0.70	≥490	≥400	≥22	≥27 (−46℃)
J506D	E5016	低氢钾型碱性药皮底层焊条，交、直流两用，可全位置焊，打底焊时单面焊双面成形，电弧稳定，焊缝成形美观；专用于底层打底焊接，提高工效和改善焊工工作条件，但不宜用于多层焊	≤0.12	≤1.60	≤0.65	≥490	≥400	≥22	≥27 (−30℃)
J506DF	E5016	低氢钾型碱性药皮的低尘焊条，交、直流两用，可全位置焊，具有良好的力学性能和抗裂性能，焊接时的烟尘发生量及烟尘中可溶性氟化物含量较低；适用于密闭容器及通风不良工作场所的焊接，适用于中碳钢和低合金钢的焊接	≤0.12	≤1.60	≤0.75	≥490	≥400	≥22	≥27 (−30℃)
J506GM	E5016	低氢钾型碱性药皮的盖面焊条，交、直流两用，具有良好的焊接工艺和力学性能，脱渣容易，成形美观；用于碳钢、低合金钢的压力容器、石油管道、造船等盖面焊缝的焊接	≤0.09	≤1.60	≤0.60	≥490	≥400	≥22	≥47 (−40℃)

续表

牌号	型号	特征和用途	熔敷金属化学成分/%			力学性能			
			C	Mn	Si	σ_b /MPa	$\sigma_{0.2}$ /MPa	δ_5 /%	A_{kV} /J
J506LMA	E5018	低氢钾型碱性药皮低吸潮焊条，交、直流两用，可全位置焊，飞溅少，脱渣容易，成形美观，工艺性能良好；药皮具有耐吸潮性能，焊条使用前经 350℃×2h 烘干后，在相对湿度(80%)较高的环境中使用，8h 内药皮含水量仍满足使用要求，焊缝的抗裂性能较好，熔敷效率在 120%左右；用于焊接较重要的碳钢、低合金钢及刚性较大的船舶结构	≤0.12	≤1.60	≤0.75	≥490	≥400	≥22	≥27 (−30℃)
J506Fe	E5018	低氢钾型碱性药皮铁粉焊条，交、直流两用，可全位置焊，药皮含有铁粉；用于碳钢及低合金钢的焊接，如 16Mn 等	≤0.12	≤1.6	≤0.75	≥490	≥400	≥22	≥27 (−30℃)
J506Fe-1	E5018-1	低氢钾型碱性药皮铁粉焊条，交、直流两用，可全位置焊，药皮含有铁粉，工艺性能良好，具有良好的塑性和韧性；用于碳钢及低合金钢的焊接，如 16Mn、16MnR 等	≤0.12	≤1.60	≤0.70	≥490	≥400	≥23	≥27 (−46℃)
J506Fe16	E5028	低氢钾型碱性药皮铁粉焊条，交、直流两用，适用于平焊和平角焊，熔敷效率可达 160%左右；用于碳钢及低合金钢的平焊和平角焊接，如 16Mn 等	≤0.12	≤1.60	≤0.75	≥490	≥400	≥22	≥27 (−20℃)
J506Fe18	E5028	低氢钾型高效铁粉焊条，交、直流两用，熔敷效率达 180%左右；用于碳钢及低合金钢的平焊和平角焊接	≤0.10	≤1.60	≤0.75	≥490	≥400	≥22	≥27 (−20℃)
J507	E5015	低氢钠型碱性药皮焊条，采用直流反接，可全位置焊，具有良好的塑性、韧性及抗裂性能；可焊接中碳钢和某些低合金钢，如 09Mn2Si、16Mn、09Mn2V 等	≤0.12	≤1.60	≤0.75	≥490	≥400	≥22	≥47 (−20℃)
J507H	E5015	低氢钠型碱性药皮的超低氢焊条，具有良好的塑性、韧性及抗裂性能，扩散氢含量很低，电弧稳定，脱渣容易，飞溅少，成形良好，采用直流反接，可全位置焊；用于重要的低合金钢焊接结构	≤0.12	≤1.6	≤0.75	≥490	≥400	≥22	≥27 (−30℃)

续表

牌号	型号	特征和用途	熔敷金属化学成分/%			力学性能			
			C	Mn	Si	σ_b /MPa	$\sigma_{0.2}$ /MPa	δ_5 /%	A_{kV} /J
J507X	E5015	低氢钠型碱性药皮的立向下焊专用焊条，采用直流反接，由上向下立焊时熔渣不下淌，成形美观，脱渣好，可提高焊接效率，焊条直拖而下，一般不要摆动；用于造船、建筑、车辆、电站、机械结构等的角接和搭接焊缝	≤0.12	≤1.60	≤0.75	≥490	≥400	≥22	≥27 (−30℃)
J507D	E5015	低氢钠型碱性药皮的底层焊专用焊条，采用直流反接，可全位置焊，单面焊双面成形，采用适当工艺操作，可避免产生气孔和夹渣等缺陷；专用于管道及厚壁容器的打底焊	≤0.12	≤1.60	≤0.75	≥490	≥400	≥22	≥27 (−30℃)
J507DF	E5015	低氢钠型碱性药皮的低尘焊条，采用直流反接，可全位置焊，具有良好的力学性能和抗裂性能，焊接时烟尘量≤10g/kg，烟尘中可熔性氟化物含量≤10%，比一般低氢焊条低，适于密闭容器及通风不良场所的焊接；可焊接中碳钢和低合金钢，如09Mn2Si、16Mn、09Mn2V等	≤0.12	≤1.60	≤0.75	≥490	≥400	≥22	≥27 (−30℃)
J507XG	E5015	低氢钠型碱性药皮管道立向下焊条，采用直流反接，具有良好的力学性能和抗裂性能，焊接效率高，适于壁厚≤9mm管道立向下焊及立向下角焊，也可用于厚度>9mm管道立向下打底焊；可焊接中碳钢和相应强度等级的低合金钢等	≤0.12	0.80～1.30	≤0.75	≥490	≥400	≥22	≥27 (−30℃)
J507Fe	E5018	低氢钠型碱性药皮铁粉焊条，采用直流反接，可全位置焊，焊缝成形美观，飞溅少，熔深适中；用于焊接重要的低碳钢和相应强度等级的低合金结构钢，如16Mn等	≤0.12	≤1.60	≤0.75	≥490	≥400	≥22	≥27 (−30℃)
J507Fe16	E5028	低氢钠型碱性药皮铁粉焊条，采用直流反接，当空载电压大于70V时，也可采用交流电源施焊，熔敷效率达160%，具有良好的塑性，适于平焊和平角焊；适用于碳钢及低合金结构钢的焊接，如16Mn等	≤0.12	≤1.60	≤0.75	≥490	≥400	≥22	≥27 (−30℃)

表 2-46 常用低合金耐热钢焊条的成分、性能、特征和用途

牌号	型号	特征和用途	熔敷金属化学成分/%					力学性能			
			C	Mn	Si	Mo	其他	σ_b /MPa	$\sigma_{0.2}$ /MPa	δ_5 /%	A_{kV} /J
R106Fe	E5018-1M3	低氢型含钼0.5%的珠光体耐热钢铁粉焊条,交、直流两用,全位置焊,焊前预热至90～110℃;用于工作温度在510℃以下的锅炉管道(如15Mo),也用于一般的低合金钢	≤0.12	0.50～0.90	≤0.50	0.40～0.65	—	≥490	≥390	≥22	≥47(常温)
R107	E5015-1M3	低氢型含钼0.5%的珠光体耐热钢焊条,直流反接,全位置焊,焊前预热至90～110℃;用于工作温度在510℃以下的锅炉管道(如15Mo),也用于一般的低合金钢高强度钢	≤0.12	0.50～0.90	≤0.50	0.40～0.65	—	≥490	≥390	≥22	≥47(常温)
R200	E5540-CM	特殊型含铬、钼分别为0.5%的珠光体耐热钢焊条,交、直流两用,全位置焊,具有良好的抗气孔及冷弯塑性,可满足高压管道焊接的各种技术要求,焊前预热至160～200℃;用于工作温度在510℃以下的珠光体耐热钢(如12CrMo)和蒸汽及过热器管道等	≤0.12	0.50～0.90	≤0.50	0.40～0.65	Cr 0.40～0.65	≥540	≥440	≥16	—
R202	E5503-CM	钛钙型含铬、钼分别为0.5%的珠光体耐热钢焊条,交、直流两用,全位置焊,焊前预热至160～200℃;用于工作温度在510℃以下的珠光体耐热钢(如12CrMo)和蒸汽及过热器管道等	≤0.12	0.50～0.90	≤0.50	0.40～0.65	Cr 0.40～0.65	≥540	≥440	≥16	—
R207	E5515-1CM	低氢型含铬、钼分别为0.5%的珠光体耐热钢焊条,直流反接,全位置焊,焊前预热至90～110℃;用于工作温度在510℃以下的铬钼珠光体耐热钢(如12CrMo)和高温、高压管道,化工容器等相应的钢种	≤0.12	0.50～0.90	≤0.50	0.40～0.65	Cr 0.40～0.65	≥540	≥440	≥17	≥27

续表

牌号	型号	特征和用途	熔敷金属化学成分/%					力学性能			
			C	Mn	Si	Mo	其他	σ_b /MPa	$\sigma_{0.2}$ /MPa	δ_5 /%	A_{kV} /J
R302	E5503-CM	钛钙型含铬 1.0%、钼 0.5%的珠光体耐热钢焊条，交、直流两用，全位置焊，焊缝成形美观，焊前预热至 150～250℃；用于工作温度在 520℃以下的含铬 1.0%、钼 0.5%的珠光体耐热钢(如 15CrMo)的锅炉受热面管子氩弧焊打底焊后的盖面焊	≤0.12	≤0.90	≤0.50	0.40～0.60	Cr 1.00～1.50	≥540	≥440	≥16	—
R306Fe	E5518-1CM	低氢钾型含铬 1.2%、钼 0.5%的珠光体耐热钢铁粉焊条，交、直流两用，短弧操作，全位置焊，焊接时预热和层间温度为 160～250℃；用于含铬 1%、钼 0.5%的珠光体耐热钢(如 15CrMo)，如工作温度在 550℃以下的锅炉受热面管子和工作温度在 520℃以下的蒸汽管道、高压容器等，也用于 30CrMnSi 铸钢件的焊接	≤0.12	0.50～0.90	≤0.50	0.40～0.65	Cr 1.00～1.50	≥540	≥440	≥17	≥47 (常温)
R307	E5515-1CM	低氢钾型含铬 1.2%、钼 0.5%的珠光体耐热钢焊条，直流反接，全位置焊，焊前预热温度为 160～250℃；用于工作温度在 520℃以下的含铬 1%、钼 0.5%的珠光体耐热钢(如 15CrMo)，如锅炉管道、高压容器、石化设备等，也用于 30CrMnSi 铸钢件的焊接	≤0.12	0.50～0.90	≤0.50	0.40～0.65	Cr 0.80～1.50	≥540	≥440	≥17	≥47 (常温)
R307H	E5515-1CM	超低氢低合金耐热钢焊条，熔敷金属具有高韧性、优异抗裂性等特点，直流反接，短弧操作，全位置焊，工艺性好；用于工作温度在 520℃以下的低合金耐热钢(如 1Cr0.5Mo、15CrMo、1.25Cr0.5Mo 等)，如加氢反应器、换热器等高压容器及锅炉管道的焊接	≤0.12	0.50～1.05	≤0.50	0.40～0.65	Cr 1.00～1.50 Ni≤0.20 Cu≤0.20	450～685	≥275	≥22	≥54 (10℃)

续表

牌号	型号	特征和用途	熔敷金属化学成分/%					力学性能			
			C	Mn	Si	Mo	其他	σ_b /MPa	$\sigma_{0.2}$ /MPa	δ_5 /%	A_{kV} /J
R310	E5540-1CMV	特殊型含铬1%、钼0.5%、钒的珠光体耐热钢焊条，交、直流两用，全位置焊，具有良好的抗气孔及冷弯塑性，焊前预热至250～300℃；用于工作温度在540℃以下的珠光体耐热钢(如12CrMoV)，如高温高压锅炉管道、石油裂化设备、高温合成化工机械设备等	≤0.12	≤0.90	≤0.50	0.40～0.65	Cr 1.00～1.50 V 0.10～0.35	≥540	≥440	≥16	—
R317	E5515-1CMV	低氢钠型含铬1%、钼0.5%、钒的珠光体耐热钢焊条，直流反接，全位置焊，焊前预热至250～300℃；用于工作温度在540℃以下的珠光体耐热钢(如12CrMoV)，如高温高压锅炉管道、石油裂化设备、高温合成化工机械等	≤0.12	0.50～0.90	≤0.50	0.40～0.65	Cr 1.00～1.50 V 0.10～0.35	≥540	≥440	≥17	≥47(常温)
R327	E5515-1CMWV	低氢钠型含铬、钼、钒的珠光体耐热钢焊条，直流反接，全位置焊，焊前预热至250～300℃；用于工作温度在570℃以下的珠光体耐热钢(如15CrMoV等)	≤0.12	0.70～1.10	≤0.50	0.70～1.00	Cr 1.00～1.50 V 0.20～0.35 W 0.25～0.50	≥540	≥440	≥17	≥47(常温)
R337	R5515-1CMVNb	低氢钠型含铬、钼、钒、铌的珠光体耐热钢焊条，直流反接，全位置焊，焊前预热至250～300℃；用于工作温度在570℃以下的珠光体耐热钢(如15CrMoV等)	≤0.12	0.50～1.00	≤0.50	0.70～1.00	Cr 1.00～1.50 V 0.15～0.40 Nb 0.10～0.25	≥540	≥440	≥17	≥47(常温)

续表

牌号	型号	特征和用途	熔敷金属化学成分/%					力学性能			
			C	Mn	Si	Mo	其他	σ_b /MPa	$\sigma_{0.2}$ /MPa	δ_5 /%	A_{kV} /J
R340	E5540-2CMWVB	特殊型含铬、钼、钒、钨、硼的珠光体耐热钢焊条，直流反接，全位置焊，焊前预热至250～300℃；用于工作温度在570℃以下的珠光体耐热钢(如15CrMoV等)	≤0.12	0.50～0.90	≤0.50	0.30～0.80	Cr 1.00～2.50 V 0.20～0.60 W 0.20～0.60 B 0.001～0.003	≥540	≥440	≥17	—
R347	E5515-2CMWVB	低氢钠型含铬、钼、钒、钨、硼的珠光体耐热钢焊条，直流反接，全位置焊，焊前预热至320～360℃；用于工作温度在620℃以下的珠光体耐热钢结构，如高温高压汽轮发电机组、锅炉管道等	≤0.12	0.50～0.90	≤0.50	0.30～0.80	Cr 1.00～2.50 V 0.20～0.60 W 0.20～0.60 B 0.001～0.003	≥540	≥440	≥17	≥47 (常温)
R400	E6240-2C1M	特殊型含铬2.5%、钼1%的珠光体耐热钢焊条，交、直流两用，全位置焊，焊前预热至160～200℃；用于Cr2.5Mo类珠光体耐热钢结构，如在550℃以下工作的高温高压管道、石油裂化设备、合成化工机械设备等	≤0.12	0.50～0.90	≤0.50	0.90～1.20	Cr 2.00～2.50	≥590	≥490	≥14	≥27 (常温)
R402	E6240-2C1M	钛钙型含铬2.5%、钼1%的珠光体耐热钢焊条，交、直流两用，全位置焊，焊前预热至160～200℃；用于工作温度在550℃以下的高温高压管道氩弧焊打底后的盖面焊	≤0.12	≤0.90	≤0.50	0.90～1.20	Cr 2.00～2.50	≥590	≥490	≥14	≥27 (常温)

续表

牌号	型号	特征和用途	熔敷金属化学成分/%					力学性能			
			C	Mn	Si	Mo	其他	σ_b /MPa	$\sigma_{0.2}$ /MPa	δ_5 /%	A_{kV} /J
R406Fe	E6218-2C1M	低氢钾型含铬 2.5%、钼 1%的珠光体耐热钢铁粉焊条，交、直流两用，全位置焊，焊前预热至 160～200℃；用于 Cr2.5Mo 类珠光体耐热钢结构，如在 550℃以下工作的高温高压管道、石油裂化设备、合成化工机械设备等	≤0.12	0.50～0.90	≤0.50	0.90～1.20	Cr 2.00～2.50	≥590	≥490	≥15	≥47（常温）
R407	E6215-2C1M	低氢钠型含铬 2.5%、钼 1%的珠光体耐热钢焊条，直流反接，全位置焊，焊前预热至 200～300℃；用于 Cr2.5Mo 类珠光体耐热钢结构，如在 550℃以下工作的高温高压管道、石油裂化设备、合成化工机械设备等	≤0.12	0.50～0.90	≤0.50	0.90～1.20	Cr 2.00～2.50	≥590	≥490	≥15	≥47（常温）
R417	E5515-2CMVNb	低氢钾型含铬 2.5%、钼 1%的珠光体耐热钢铁粉焊条，交、直流两用，全位置焊，焊前预热至 160～200℃；用于 Cr2.5Mo 类珠光体耐热钢结构，如在 550℃以下工作的高温高压管道、石油裂化设备、合成化工机械设备等	≤0.12	0.50～0.90	≤0.50	0.70～1.00	Cr 2.40～3.00 V 2.00～2.50 Nb 0.35～0.65	≥590	≥490	≥15	≥47（常温）
R427	E5515-2CMVNb	低氢钠型含铬、钼、钨、铌的耐热钢焊条，直流反接，短弧操作，全位置焊，焊前预热和层间温度为 300～400℃；用于工作温度在 620℃以下的 12Cr2MoWVB 和 12Cr3MoVSiTiB 耐热钢结构，如高温高压锅炉中的蒸汽管道、过热汽管等	≤0.12	0.50～0.90	≤0.50	0.80～1.10	Cr 2.40～3.00 V 0.20～0.40 W 0.30～0.55 Nb 0.10～0.25	≥540	≥440	≥17	≥27（常温）

表 2-47 常用低温钢焊条的成分、性能、特征和用途

牌号	型号	特征和用途	熔敷金属化学成分/%							力学性能			
			C	Mn	Si	Ni	S	P	其他	σ_b /MPa	$\sigma_{0.2}$ /MPa	δ_5 /%	A_{kV} /J
W607	E5015-G	低氢钠型含镍的低温钢焊条，直流反接，可全位置焊，在－60℃时焊缝金属仍具有良好的冲击韧性；焊接－60℃低温钢结构，如 13MnSi63、09MnNiNb、E36 等	≤0.07	1.20～1.70	≤0.50	0.20～1.00	≤0.035	≤0.035	B≤0.003 Ti≤0.03	≥490	≥390	≥22	≥27 (－60℃)
W607H	E5515-C1	超低氢钠型低温钢焊条，可全位置焊，焊接工艺性优良，在－60℃时焊缝金属仍具有良好的冲击韧性；焊接铝镇静低温钢和含镍 2.5%低温钢压力容器和焊接结构	≤0.12	≤1.25	≤0.60	2.00～2.75	≤0.035	≤0.035	—	≥540	≥440	≥17	≥27 (－60℃)
W707	—	低氢钠型低温钢焊条，直流反接，可全位置焊，在－70℃时焊缝金属仍具有良好的冲击韧性；焊接在－70℃下工作的低温钢结构，如 09Mn2V,09MnTiCuRE 等	≤0.10	2.0	2.0	—	≤0.035	≤0.040	Cu0.7	≥490	—	≥18	≥27 (－70℃)
W707Ni	E5515-C1	低氢钠型含镍低温钢焊条，直流反接，可全位置焊，在－70℃时焊缝金属仍具有良好的冲击韧性；焊接在－70℃下工作的低温钢结构，如 09Mn2V、06MnVAI 和 3.5Ni 钢等	≤0.12	≤1.25	≤0.60	2.00～2.75	≤0.035	≤0.035	—	≥540	≥440	≥17	≥27 (－70℃)

续表

牌号	型号	特征和用途	熔敷金属化学成分/%							力学性能			
			C	Mn	Si	Ni	S	P	其他	σ_b /MPa	$\sigma_{0.2}$ /MPa	δ_5 /%	A_{kV} /J
W807	E5515-G	低氢钠型含镍低温钢焊条，直流反接，可全位置焊，在－80℃时焊缝金属仍具有良好的冲击韧性；焊接在－80℃下工作的1.5Ni钢结构	≤0.07	1.10～1.40	≤0.50	1.20～1.60	≤0.035	≤0.035	—	≥490	≥390	≥22	≥27(－80℃)
W907Ni	E5515-C2	低氢钠型含镍低温钢焊条，直流反接，可全位置焊，在－90℃时焊缝金属仍具有良好的冲击韧性；焊接在－90℃下工作的3.5Ni低温用的低合金钢结构	≤0.12	≤1.25	≤0.60	3.00～3.75	≤0.035	≤0.035	—	≥540	≥440	≥17	≥27(－90℃)
W107	E5015-C2L	低氢钠型含镍低温钢焊条，直流反接，可全位置焊，在－100℃时焊缝金属仍具有良好的冲击韧性；焊接在－100℃下工作的3.5Ni等低合金钢结构	≤0.05	0.50～1.00	≤0.50	3.10～3.70	≤0.035	≤0.035	Mo ≤0.20	≥490	≥390	≥22	≥27(－100℃)
W107Ni	—	低氢钠型含镍低温钢焊条，直流反接，可全位置焊，由于焊缝含5%左右的镍，焊缝金属具有良好的回火稳定性；焊接06AlNbCuN、06MnNb及3.5Ni低温钢结构	≤0.08	0.50	≤0.30	4.00～5.50	≤0.020	≤0.020	Mo 0.30 Cu 0.50	≥490	≥340	≥16	≥27(－100℃)

表 2-48　不锈钢焊条的成分、性能、特征和用途

牌号	型号	特征和用途	熔敷金属化学成分/%							力学性能	
			C	Mn	Si	Cr	Ni	Mo	其他	σ_b /MPa	δ_5 /%
G202	E410-16	钛钙型药皮的 Cr13 不锈钢焊条，交、直流两用；用于 0Cr13 及 1Cr13 不锈钢，也用于耐蚀、耐磨的表面堆焊	≤0.12	≤0.1	≤0.90	11.0～13.5	≤0.7	≤0.75	Cu≤0.75	≥450	≥20
G207	E410-15	低氢型的 Cr13 不锈钢焊条，采用直流反接，可全位置焊；用于 0Cr13 及 1Cr13 不锈钢，也用于耐蚀、耐磨的表面堆焊	≤0.12	≤0.1	≤0.90	11.0～13.5	≤0.7	≤0.75	Cu≤0.75	≥450	≥20
G217	E410-15	低氢型的 Cr13 不锈钢焊条，采用直流反接，短弧操作，可全位置焊，焊前焊件需预热至 300～350℃，焊后经 680～760℃回火处理，焊缝金属回火温度即使在相变温度以下也能得到良好的力学性能；用于焊接 0Cr13、1Cr13、2Cr13 不锈钢，如汽轮机叶片的补焊及对接，也用于耐蚀、耐磨的表面堆焊	≤0.12	≤0.1	≤0.90	11.0～13.5	≤0.7	≤0.75	Cu≤0.75	≥450	≥20
G302	E430-16	钛钙型的 Cr17 不锈钢焊条，交、直流两用；用于耐硝酸腐蚀、耐热的 Cr17 不锈钢结构	≤0.10	≤0.1	≤0.90	15.0～18.0	≤0.6	≤0.75	Cu≤0.75	≥450	≥20
G307	E430-16	低氢型的 Cr17 不锈钢焊条，交、直流两用；用于耐硝酸腐蚀、耐热的 Cr17 不锈钢结构	≤0.10	≤0.1	≤0.90	15.0～18.0	≤0.60	≤0.75	Cu≤0.75	≥450	≥20
A001G15	E308L-15	氧化钛耐发红高效率不锈钢焊条，熔敷效率为 150%，具有飞溅少、脱渣容易、焊缝美观、高效节能等特点，直流反接；用于同类型不锈钢平焊或平角焊	≤0.04	0.5～2.5	≤0.50	18.0～21.0	9.0～11.0	≤0.75	Cu≤0.75	≥520	≥35

续表

牌号	型号	特征和用途	熔敷金属化学成分/%							力学性能	
			C	Mn	Si	Cr	Ni	Mo	其他	σ_b /MPa	δ_5 /%
A002	E308L-16	钛钙型的超低碳 Cr19Ni10 不锈钢焊条，熔敷金属含碳量不大于 0.04%，有很好的抗晶间腐蚀性能，可交、直流两用，工艺性能好；用于超低碳 Cr19Ni10 不锈钢和工作温度低于 300℃耐腐蚀的不锈钢（如 0Cr19Ni11Ti），主要用于合成纤维、化肥、石油等设备的制造	≤0.04	0.5～2.5	≤0.05	18.0～21.0	9.0～11.0	≤0.75	Cu≤0.75	≥520	≥35
A002A	E308L-17	氧化钛酸性超低碳耐发红高效率不锈钢焊条，具有耐发红、飞溅少、引弧及再引弧性好、脱渣容易、焊缝美观等特点，交、直流两用；用于含钛稳定性奥氏体不锈钢和同类型不锈钢，焊条直径不大于 3.2mm 时可全位置焊，其他规格仅用于平焊	≤0.04	0.5～2.5	≤0.90	18.0～21.0	9.0～11.0	≤0.75	Cu≤0.75	≥520	≥35
A012Si	—	钛钙型超低碳 Cr20Ni13Si4 不锈钢焊条，有很好的抗浓硝酸腐蚀性能，可交、直流两用，工艺性能好；用于抗浓硝酸腐蚀的超低碳 00Cr17Ni15Si4Nb 不锈钢	≤0.04	≤1.0	3.5～4.3	18.0～22.0	12.0～15.0	0.2～0.5	—	≥540	≥25
A002Mo	E308Mo-16	钛钙型超低碳不锈钢焊条，具有良好的耐蚀性及抗裂性，可交、直流两用，工艺性能好；用于焊接超低碳不锈钢，也用于 0Cr18Ni9Ti 与碳素钢，如合成纤维、化肥、石油化工等设备	≤0.04	0.5～2.5	≤0.90	18.0～22.0	9.0～12.0	2.0～3.0	Cu≤0.75	≥520	≥35

续表

牌号	型号	特征和用途	熔敷金属化学成分/%							力学性能	
			C	Mn	Si	Cr	Ni	Mo	其他	σ_b /MPa	δ_5 /%
A022	E316L-16	钛钙型超低碳 Cr18Ni12Mo2 不锈钢焊条，具有良好的耐热性、耐蚀性及抗裂性，可交、直流两用，工艺性能好；用于尿素、合成纤维等设备及相同类型的不锈钢，也用于焊后不热处理的铬不锈钢及复合钢和异种钢等	≤0.04	0.5～2.5	≤0.90	17.0～20.0	11.0～14.0	2.0～3.0	Cu≤0.75	≥490	≥30
A022Si	E316L-16	钛钙型超低碳 00Cr19Ni11Mo2Si 不锈钢焊条，具有良好的抗应力腐蚀和抗点腐蚀性能，可交、直流两用，工艺性能极佳；焊接冶金设备中的衬板或管材	≤0.04	0.5～0.8	0.7～1.1	18.5～20.5	10.5～12.0	2.5～3.0	—	≥540	≥25
A022L	E316L-16	钛钙型超低碳不锈钢焊条，具有良好的耐热性、耐蚀性、抗裂性，工艺性能好，可交、直流两用；用于核安全一级铬镍奥氏体不锈钢管道和容器构件及尿素、合成纤维等设备和焊后不热处理的铬不锈钢、异种钢等	≤0.03	0.50～2.50	≤0.90	17.0～20.0	11.0～14.0	2.0～3.0	Cu≤0.25 Co≤0.08	≥520	≥30
A032	E317MoCuL-16	钛钙型超低碳 Cr19Ni13Mo2Cu 不锈钢焊条，交、直流两用；焊缝中含有钼和铜，在硫酸介质中具有较高的抗腐蚀性，用于在稀、中浓度硫酸介质中工作的同类型超低碳不锈钢，如合成纤维设备等，也可焊接 Cr13Si3 耐酸钢	≤0.04	0.50～2.50	≤0.90	18.0～21.0	12.0～14.0	2.0～2.5	Cu≤2.0	≥540	≥25

续表

牌号	型号	特征和用途	熔敷金属化学成分/%							力学性能	
			C	Mn	Si	Cr	Ni	Mo	其他	σ_b /MPa	δ_5 /%
A042	E309 LMo-16	钛钙型超低碳 Cr23Ni13Mo2 不锈钢焊条，交、直流两用，焊缝中加入适量的钼，提高了焊缝金属的抗裂性及耐蚀性；用于相同类型的超低碳不锈钢及异种钢等	≤0.04	0.50～2.50	≤0.90	22.0～25.0	12.0～14.0	2.0～3.0	Cu ≤0.75	≥540	≥25
A042Si	—	相当于瑞典 AVESTAP5 超低碳不锈钢焊条，交、直流两用，具有良好的焊接工艺性能，加入适量的钼，提高了焊缝金属的抗裂性及耐蚀性；用于相同类型的超低碳不锈钢及异种钢等	≤0.4	≈1.3	0.7～1.1	≈22.5	≈13.5	≈2.7	—	≥550	≥30
A042Mn	—	相当于荷兰 Philips BM310MoL 超低碳不锈钢焊条，交、直流两用，具有良好的抗腐蚀性；用于尿素设备，如 Cr25Ni22Mo2 型不锈钢	≤0.04	3.0～5.5	≤0.50	24.0～26.0	19.0～23.0	1.90～2.40	—	≥550	≥30
A052	—	钛钙型超低碳 Cr18Ni24Mo5 不锈钢焊条，焊缝金属具有耐含甲酸、醋酸介质点蚀及抗氯离子腐蚀性能，比 A017、A022 等焊条抗腐蚀性好，交、直流两用，工艺性能良好；用于化学耐硫酸、醋酸、磷酸腐蚀的反应器、分离器，也用于抗海水腐蚀的不锈钢及异种钢	≤0.04	≤2.0	≤1.00	17.0～22.0	22.0～27.0	4.0～5.0	Cu≤2.0	≥490	≥22

续表

牌号	型号	特征和用途	熔敷金属化学成分/%							力学性能	
			C	Mn	Si	Cr	Ni	Mo	其他	σ_b /MPa	δ_5 /%
A062	E309L-16	钛钙型超低碳 Cr23Ni13 不锈钢焊条，可交、直流两用，在不含铌、钛等稳定化元素时也能抵抗因碳化物析出而产生的晶间腐蚀；用于不锈钢、复合钢和异种钢等，如合成纤维、石油化工等设备，也用于核反应堆压力容器内壁过渡层堆焊和塔内构件	≤0.04	0.5～2.5	≤0.90	22.0～25.0	12.0～14.0	≤0.75	Cu ≤0.75	≥520	≥25
A072	—	钛钙型超低碳不锈钢焊条，可交、直流两用，焊缝在65%硝酸沸腾介质中有良好的耐蚀性；用于 00Cr25Ni20Nb 不锈钢的焊接，如核燃料设备等	≤0.04	1.0～2.0	≤0.80	27.0～29.0	14.0～16.0	—	—	≥540	≥25
A082	—	钛酸型耐浓硝酸腐蚀用超低碳不锈钢焊条，焊接工艺性好，焊条药皮具有良好的抗发红开裂性能，交、直流两用；用于 00Cr17Ni15Si4Nb、00Cr14Ni14Si4 等耐浓硝酸腐蚀的不锈钢焊接和补焊	≤0.035	≤2.0	3.5～4.5	17.0～21.0	13.0～15.0	≤0.5	—	≥540	≥25
A101	E308-16	钛型 Cr19Ni10 不锈钢焊条，施焊时药皮具有不发红、不开裂的特点，具有良好的力学性能及抗晶间腐蚀性，特别适于薄板平焊；用于工作温度低于300℃耐蚀的 Cr19Ni9、0Cr19Ni11Ti 不锈钢结构	≤0.08	0.5～2.5	≤0.90	18.0～21.0	9.0～11.0	≤0.75	Cu≤0.75	≥550	≥35

续表

牌号	型号	特征和用途	熔敷金属化学成分/%							力学性能	
			C	Mn	Si	Cr	Ni	Mo	其他	σ_b /MPa	δ_5 /%
A102	E308-16	钛钙型 Cr19Ni10 不锈钢焊条，具有良好的力学性能及抗晶间腐蚀性，交、直流两用，工艺性能极好；用于工作温度低于 300℃ 耐蚀的 0Cr19Ni9、0Cr19Ni1Ti 不锈钢结构	≤0.08	0.5～2.5	≤0.90	18.0～21.0	9.0～11.0	≤0.75	Cu ≤0.75	≥550	≥35
A102A	E308-17	钛钙型超低碳不锈钢焊条，具有良好的力学性能及抗晶间腐蚀性，具有耐发红、熔化速度快等特点，工艺性能好，交、直流两用；用于工作温度低于 300℃ 耐蚀的 0Cr19Ni9、0Cr19Ni1Ti 不锈钢结构	≤0.08	0.5～2.5	≤0.90	18.0～21.0	9.0～11.0	≤0.75	Cu ≤0.75	≥550	≥35
A102T	E307-16	用低碳钢焊芯、药皮过渡铬镍等合金元素而获得高效率的 Cr19Ni10 不锈钢焊条，熔敷效率可达 130%～150%，具有良好的力学性能和抗晶间腐蚀性，工艺性能优异，交、直流两用，交流稳弧性好，药皮无发红开裂现象，适于平焊和平角焊；用于工作温度低于 300℃ 耐腐蚀的 0Cr19Ni9、0Cr19Ni11Ti 不锈钢焊接及表面层堆焊	≤0.08	0.50～2.5	≤0.90	18.0～21.0	9.0～11.0	≤0.75	Cu≤0.75	≥550	≥35
A107	E308-15	低氢型 Cr19Ni10 不锈钢焊条，具有良好的力学性能及抗晶间腐蚀性，采用直流反接，可全位置焊；用于工作温度低于 300℃耐腐蚀的 0Cr19Ni9 不锈钢焊接及表面层堆焊	≤0.08	0.50～2.5	≤0.90	18.0～21.0	9.0～11.0	≤0.75	Cu ≤0.75	≥550	≥35

续表

牌号	型号	特征和用途	熔敷金属化学成分/%							力学性能	
			C	Mn	Si	Cr	Ni	Mo	其他	σ_b /MPa	δ_5 /%
A112	—	钛钙型 Cr19Ni9 不锈钢焊条，由于焊缝含碳量较高，晶间腐蚀敏感性大，焊后经 1050～1100℃水淬处理可获得较好的抗晶间腐蚀性，交、直流两用，工艺性能优异，特别适于薄板平焊；用于焊接一般腐蚀性要求不高的 Cr19Ni9 不锈钢	≤0.12	≤2.50	≤1.50	17.0～22.0	7.0～11.0	—	—	≥540	≥25
A117	—	低氢型 Cr18Ni9 不锈钢焊条，由于焊缝含碳量较高，晶间腐蚀敏感性大，焊后经 1050～1100℃水淬处理，可获得较好的抗晶间腐蚀性，采用直流正接，可全位置焊；用于焊接一般腐蚀性要求不高的 Cr18Ni9 不锈钢	≤0.12	≤2.50	≤1.50	17.0～22.0	7.0～11.0	—	—	≥540	≥25
A122	—	钛钙型 Cr22Ni9 双相不锈钢焊条，交、直流两用，由于焊缝中含有较多的铁素体，因此具有优良的抗裂性及抗晶间腐蚀性；用于工作温度低于 300℃要求抗裂性及耐蚀性较高的 Cr19Ni9 不锈钢	≤0.08	≤2.50	≤1.50	20.0～24.0	7.0～10.0	—	—	≥540	≥25
A132	E347-16	钛钙型含铌 Cr19Ni10Nb 不锈钢焊条，具有优良的抗晶间腐蚀性，交、直流两用，工艺性能优异；用于重要的耐腐蚀含钛稳定化元素的 0Cr19Ni11Ti 不锈钢	≤0.08	0.50～2.5	≤0.90	18.0～21.0	9.0～11.0	≤0.75	Cu ≤0.75 Nb 8×C～1.0	≥520	≥25

续表

牌号	型号	特征和用途	熔敷金属化学成分/%							力学性能	
			C	Mn	Si	Cr	Ni	Mo	其他	σ_b /MPa	δ_5 /%
A132A	E347-17	钛钙型含铌 Cr19Ni10Nb 不锈钢焊条，具有优良的抗晶间腐蚀性，药皮耐发红，熔化速度快，交、直流两用，工艺性能优异；用于重要的耐腐蚀含钛稳定化元素的 0Cr19Ni11Ti 不锈钢	≤0.08	0.50～2.5	≤0.90	18.0～21.0	9.0～11.0	≤0.75	Cu≤0.75 Nb 8×C～1.0	≥520	≥25
A137	E347-15	低氢型含铌 Cr19Ni10Nb 不锈钢焊条，具有优良的抗晶间腐蚀性，采用直流反接，可全位置焊；用于重要的耐腐蚀含钛稳定化元素的 0Cr19Ni11Ti 不锈钢	≤0.08	0.50～2.5	≤0.90	18.0～21.0	9.0～11.0	≤0.75	Cu≤0.75 Nb 8×C～1.0	≥520	≥25
A146	—	低氢型 Cr20Ni10Mn 不锈钢焊条，交、直流两用，可全位置焊，熔敷金属具有良好的力学性能；用于重要的 0Cr20Ni10Mn 不锈钢	≤0.12	4.0～7.0	—	19.0～22.0	8.0～11.0	—	—	≥540	≥20
A172	E307-16	钛钙型不锈钢焊条，交、直流两用，具有优良的抗裂性；用于 ASTM307 钢及其他异种钢的焊接，也用于耐冲击腐蚀钢和过渡层的堆焊，如高锰钢、淬硬钢	0.04～0.14	3.30～4.75	≤0.90	18.0～21.5	9.0～10.7	0.5～1.5	Cu ≤0.75	≥590	≥30
A201	E316-16	钛型 Cr18Ni12Mo2 不锈钢焊条，施焊时药皮不发红、不开裂，由于焊缝金属添加钼，具有良好的耐蚀、耐热及抗裂性，特别对抗氯离子点蚀有好处，可交、直流两用，工艺性能优异，适宜薄板的平焊和角焊；用于在有机酸和无机酸介质中工作的 0Cr18Ni12Mo2 不锈钢，也用于焊后不能热处理的高铬钢或异种钢焊接	≤0.08	0.50～2.5	≤0.90	17.0～20.0	11.0～14.0	2.0～3.0	Cu≤0.75	≥520	≥30

续表

牌号	型号	特征和用途	熔敷金属化学成分/%							力学性能	
			C	Mn	Si	Cr	Ni	Mo	其他	σ_b /MPa	δ_5 /%
A202	E316-16	钛钙型 Cr18Ni12Mo2 不锈钢焊条，由于焊缝金属添加钼，具有良好的耐蚀、耐热及抗裂性，特别对抗氯离子点蚀有好处，可交、直流两用，工艺性能优异；用于在有机酸和无机酸介质中工作的 0Cr18Ni12Mo2 不锈钢	≤0.08	0.50～2.5	≤0.90	17.0～20.0	11.0～14.0	2.0～3.0	Cu≤0.75	≥520	≥30
A202NE	E316-16	钛钙型耐发红核电用不锈钢焊条，具有良好的耐蚀、耐热及抗裂性，特别对抗氯离子点蚀有好处，可交、直流两用，工艺性能优异；焊接核安全二级铬镍奥氏体不锈钢管道和容器，用于在有机酸和无机酸介质中工作的 0Cr18Ni12Mo2 不锈钢或异种钢	≤0.06	0.50～2.5	≤0.90	17.0～20.0	11.0～14.0	2.0～3.0	Cu≤0.75	≥520	≥30
A207	E316-15	低氢型 Cr18Ni12Mo2 不锈钢焊条，由于焊缝金属添加钼，具有良好的耐蚀、耐热及抗裂性，特别对抗氯离子点蚀有好处，采用直流反接，能进行全位置焊；用于焊接 0Cr18Ni12Mo2 不锈钢，也用于焊后不要求进行热处理的高铬钢（如 Cr13、Cr17 等）或异种钢焊接	≤0.08	0.50～2.5	≤0.90	17.0～20.0	11.0～14.0	2.0～3.0	Cu≤0.75	≥520	≥30
A212	E318-16	钛钙型含铌 Cr18Ni12MoNb 不锈钢焊条，熔敷金属比 A202、A207 具有更好的抗晶间腐蚀性，交、直流两用，工艺性能优异；用于重要的 0Cr18Ni12Mo、0Cr17Ni14Mo2 等不锈钢，如尿素合成塔、维纶设备等接触强腐蚀介质的部件	≤0.08	0.50～2.5	≤0.90	17.0～20.0	11.0～14.0	2.0～3.0	Cu≤0.75 Nb 6×C～1.0	≥550	≥25

续表

牌号	型号	特征和用途	熔敷金属化学成分/%							力学性能	
			C	Mn	Si	Cr	Ni	Mo	其他	σ_b /MPa	δ_5 /%
A222	E317 MoCu-16	钛钙型 Cr19Ni13Mo2Cu 不锈钢焊条，由于熔敷金属中含有铜，在酸性介质中具有比其他不锈钢焊条更好的耐蚀性，交、直流两用，工艺性能优异；用于相同类型的含铜不锈钢设备	≤0.08	0.50～2.5	≤0.90	18.0～21.0	12.0～14.0	2.0～2.5	Cu≤2.0	≥540	≥25
A232	E318V-16	钛钙型 Cr18Ni12Mo2V 不锈钢焊条，交、直流两用；可焊接一般耐热及要求耐蚀的 Cr19Ni10 及 0Cr18Ni12Mo2 不锈钢	≤0.08	0.50～2.5	≤0.90	17.0～20.0	11.0～14.0	2.0～2.5	V 0.30～0.70 Cu≤0.5	≥540	≥25
A237	E318V-15	低氢型 Cr18Ni12Mo2V 不锈钢焊条，熔敷金属含有钒，具有良好的耐热及抗裂性，采用直流反接，可全位置焊；用于焊接一般耐热及要求耐蚀的 Cr19Ni10，以及 0Cr18Ni12Mo2 不锈钢结构的多层焊	≤0.08	0.50～2.5	≤0.90	17.0～20.0	11.0～14.0	2.0～2.5	V 0.30～0.70 Cu≤0.5	≥540	≥25
A242	E317-16	钛钙型含钼 Cr19Ni13Mo3 不锈钢焊条，熔敷金属比 A202 具有更高的含钼量，对非氧化性酸如硫酸、亚硫酸、磷酸及有机酸具有较好的耐蚀性，抗点状腐蚀性好，交、直流两用，工艺性能优异；用于相同类型的不锈钢以及复合钢、异种钢的焊接	≤0.08	0.50～2.5	≤0.90	18.0～21.0	12.0～14.0	3.0～4.0	Cu ≤0.75	≥550	≥25
A301	E309-16	钛型药皮的不锈钢焊条，熔敷金属具有良好的抗裂和抗氧化性，可交、直流两用，工艺性能好；用于焊接同类型不锈钢、不锈钢衬里、异种钢以及高铬钢、高锰钢等	≤0.15	0.50～2.5	≤0.90	22.0～25.0	12.0～14.0	≤0.75	Cu ≤0.75	≥550	≥25

续表

牌号	型号	特征和用途	熔敷金属化学成分/%							力学性能	
			C	Mn	Si	Cr	Ni	Mo	其他	σ_b /MPa	δ_5 /%
A302	E309-16	钛钙型药皮的 Cr23Ni13 不锈钢焊条，熔敷金属具有良好的抗裂和抗氧化性，可交、直流两用，焊接工艺性能优异；用于焊接同类型不锈钢、不锈钢衬里、异种钢(Cr19Ni9-低碳钢)以及高铬钢、高锰钢等	≤0.15	0.50～2.5	≤0.90	22.0～25.0	12.0～14.0	≤0.75	Cu ≤0.75	≥550	≥25
A307	E309-15	低氢型 Cr23Ni13 不锈钢焊条，熔敷金属具有良好的抗裂和抗氧化性，采用直流反接，可全位置焊；用于焊接同类型不锈钢、异种钢以及高铬钢、高锰钢等	≤0.15	0.50～2.5	≤0.90	22.0～25.0	12.0～14.0	≤0.75	Cu ≤0.75	≥550	≥25
A312	E309 Mo-16	钛钙型 Cr23Ni13Mo2 不锈钢焊条，焊缝金属中含有钼，比 A302 具有更高的耐蚀性、抗氧化性及抗裂性，交、直流两用，焊接工艺性好；用于焊接耐硫酸介质腐蚀的同类型不锈钢容器，也用作不锈钢衬里以及复合钢、异种钢的焊接	≤0.12	0.50～2.5	≤0.90	22.0～25.0	12.0～14.0	2.0～3.0	Cu ≤0.75	≥550	≥25
A312SL	E309 Mo-16	钛钙型不锈钢型的渗铝钢焊条，熔敷金属与母材过渡平整，能有效地保护渗铝层，交、直流两用，全位置焊，熔敷金属具有与渗铝钢相匹配的耐蚀性和抗高温氧化性；用于焊接 Q235、20g 和 Cr5Mo 等表面渗铝钢部件，也用于焊接异种钢	≤0.12	0.50～2.5	≤0.90	22.0～25.0	12.0～14.0	2.0～3.0	Cu ≤0.75	≥550	≥25

续表

牌号	型号	特征和用途	熔敷金属化学成分/%							力学性能	
			C	Mn	Si	Cr	Ni	Mo	其他	σ_b /MPa	δ_5 /%
A317	E309 Mo-15	低氢型不锈钢焊条，熔敷金属中含有钼，比 A302 有更好的耐蚀、抗裂从抗氧化性；用于焊接耐硫酸介质腐蚀的同类不锈钢、复合板、异种钢等	≤0.12	0.50～2.5	≤0.90	22.0～25.0	12.0～14.0	2.0～3.0	Cu ≤0.75	≥550	≥25
A402	E310-16	钛钙型 Cr26Ni21 奥氏体不锈钢焊条，熔敷金属在 900～1100℃高温条件下具有优良的抗氧化性，交、直流两用，焊接工艺性好；用于在高温条件下工作的同类型耐热不锈钢，也用于淬硬性大的铬钢(如 Cr5Mo、Cr9Mo、Cr13、Cr28 等)以及异种钢焊接	0.08～0.20	1.0～2.5	≤0.75	25.0～28.0	20.0～22.5	≤0.75	Cu ≤0.75	≥550	≥25
A407	E310-15	低氢型 Cr26Ni21 奥氏体不锈钢焊条，熔敷金属在 900～1100℃高温条件下具有优良的抗氧化性，采用直流反接，可全位置焊，由于焊缝为纯奥氏体，抗热裂性不及双相组织的好；用于同类型的耐热不锈钢、不锈钢衬里以及异种钢焊接，也用于淬硬性大的 Cr5Mo、Cr9Mo、Cr13、Cr28 等	0.08～0.20	1.0～2.5	≤0.75	25.0～28.0	20.0～22.5	≤0.75	Cu ≤0.75	≥550	≥25
A412	E310 Mo-16	钛钙型 Cr26Ni21 奥氏体不锈钢焊条，熔敷金属添加了钼，耐蚀、耐热及抗裂性比 A402、A407 有所改善，可交、直流两用，焊接工艺性好；用于在高温条件下工作的耐热不锈钢、不锈钢衬里以及异种钢等，焊接淬硬性大的碳钢、低合金钢时焊缝韧性好	≤0.12	1.0～2.5	≤0.75	25.0～28.0	20.0～22.5	2.0～3.0	Cu≤0.75	≥550	≥25

续表

牌号	型号	特征和用途	熔敷金属化学成分/%							力学性能	
			C	Mn	Si	Cr	Ni	Mo	其他	σ_b /MPa	δ_5 /%
A422	—	钛钙型 Cr25Ni18Mn8 不锈钢焊条，焊缝中加入了较多锰，提高了焊缝的抗裂性，交、直流两用，用于焊接加热炉卷轨机上的 Cr25Ni20Si2 奥氏体耐热钢卷筒，也用于焊接异种钢等	≤0.20	5.0～10.0	≤1.20	23.0～27.0	16.0～20.0	—	—	≥540	≥30
A427	—	低氢型 Cr25Ni18Mn8 不锈钢焊条，采用直流施焊，具有良好的塑性和抗热裂性；用于 Cr25Ni20Si2 不锈钢的焊接，如加热炉卷轨机卷筒、异种钢等	≈0.20	5.0～10.0	≤1.20	23.0～27.0	16.0～20.0	—	—	≥540	≥30
A432	E310H-16	钛钙型 3Cr26Ni21 耐热钢焊条，熔敷金属具有较高的蠕变强度，接头力学性能好，热裂敏感性低，交、直流两用，焊接工艺性好；专用于焊接 HK40 耐热钢	0.35～0.45	1.0～2.5	≤0.75	25.0～28.0	20.0～22.5	≤0.75	Cu ≤0.75	≥620	≥10
A462	—	钛钙型铬镍奥氏体高温炉管不锈钢焊条，交、直流两用，全位置焊，相当于日本 HM-40 耐热不锈钢焊条，熔敷金属在 800～1200℃高温条件下具有耐蚀、耐高温性；用于高温条件下工作的炉管(如 HK-40、HP-40、RC-1、RS-1、IN-80)等焊接	0.15～0.30	1.5～3.0	0.90～1.30	25～28	30～35	0.40～0.60	—	≥630	≥15

续表

牌号	型号	特征和用途	熔敷金属化学成分/%							力学性能	
			C	Mn	Si	Cr	Ni	Mo	其他	σ_b /MPa	δ_5 /%
A502	E16-25MoN-16	钛钙型 Cr16Ni25Mo6 纯奥氏体不锈钢焊条，交、直流两用；用于淬火状态下的低合金、中合金钢、异种钢和刚性较大的结构以及相应的热强钢，如淬火状态下的 30CrMnSi、不锈钢、碳钢和铬钢等	≤0.12	0.50～2.5	≤0.90	14.0～18.0	22.0～27.0	5.0～7.0	N≥0.1	≥610	≥30
A507	E16-25MoN-15	低氢型 Cr16Ni25Mo6 纯奥氏体不锈钢焊条，采用直流反接，可全位置焊；用于淬火状态下的低合金、中合金钢、异种钢和刚性较大的结构以及相应的热强钢，如淬火状态下的 30CrMnSi、不锈钢和铬钢等	≤0.12	0.50～2.5	≤0.90	14.0～18.0	22.0～27.0	5.0～7.0	N≥0.1 Cu≤0.5	≥610	≥30
A512	E16-8-2-16	钛钙型药皮的不锈钢焊条，熔敷金属铁素体含量一般在 5FN（铁素体数量）以下，焊缝具有较高的高温韧性，即使在较大约束条件下仍具有较强的抗裂能力，交、直流两用，焊接工艺性好；用于高温高压不锈钢管路的焊接	≤0.10	0.50～2.5	≤0.60	14.5～16.5	7.5～9.5	1.0～2.0	Cu≤0.75	≥550	≥35
A607	E330MoMnWNb-15	低氢型 Cr16Ni35 纯奥氏体不锈钢焊条，焊条药皮中加入多种合金元素，具有良好的高温性能，采用直流反接，可全位置焊；用于焊接在 850～900℃高温条件下工作的不锈钢及制氢转化炉集合管和膨胀管（如 Cr20Ni32、Cr18Ni37 等）	≤0.20	≤3.5	≤0.70	15.0～17.0	33.0～37.0	2.0～3.0	Cu≤0.5 W 2.0～3.0 Nb 2.0～3.0	≥590	≥25

续表

牌号	型号	特征和用途	熔敷金属化学成分/%							力学性能	
			C	Mn	Si	Cr	Ni	Mo	其他	σ_b /MPa	δ_5 /%
A707	—	低氢型 Cr17Mn13MoN 不锈钢焊条，采用直流反接，可全位置焊；用于醋酸、尿素等生产设备（Cr17Mn13MoN）的焊接	≤0.15	11.0～14.0	≤1.00	16.0～18.0	—	1.0～2.0	N 0.17～0.30	≥690	≥30
A717	—	低氢型 2Cr15Mn15Ni2N 低磁性不锈钢焊条，电弧稳定，脱渣性好、成形美观，焊缝导磁率稳定；用于 2Cr15Mn15Ni2N 低磁性不锈钢电物理装置构件或 1Cr18Ni9Ti 异种钢焊接	0.15～0.25	14.0～16.0	≤1.0	14.0～16.0	1.5～3.0	—	N 0.1～0.3 P≤0.06	≥690	≥25
A802	—	钛钙型 Cr18Ni18Mo4Cu2 不锈钢焊条，交、直流两用，焊缝中含有钼和铜，在硫酸介质中具有较高的抗蚀性；用于焊接硫酸浓度为 50%、一定工作温度及大气压力的制造合成橡胶的管道和 Cr18Ni18Mo2Cu2Ti 等钢	≤0.10	≤2.50	≤1.00	18～21	17～19	3～5	Cu 1.5～2.5	≥540	≥25
A902	E320-16	钛钙型不锈钢焊条，交、直流两用，具有优异的耐蚀性和较强的抗高温氧化能力，在石油、化工和制氢设备等制造中广泛应用，还可用作异种钢焊接材料；用于硫酸、硝酸、磷酸和氧化性酸腐蚀介质中 Carpenter 20Cb 镍合金的焊接等	≤0.07	0.5～2.5	≤0.60	19.0～21.0	32.0～36.0	2.0～3.0	Cu 3.0～4.0 Nb 8×C～1.0	≥550	≥30

表 2-49 常用堆焊焊条的成分、特征和用途

牌号	型号	特征和用途	熔敷金属化学成分/%					堆焊层硬度(HRC)
			C	Si	Mn	Cr	其他	
D102	EDPMn2-03	钛钙型普通低中合金锰钢堆焊焊条，交、直流两用，电弧稳定，脱渣容易；用于堆焊或修复低碳钢、中碳钢及低合金钢磨损件，如车轴、齿轮和搅拌机叶片等	≤0.20	—	≤3.50	—	—	≥22
D106	EDPMn2-16	低氢钾型普通低中合金锰钢堆焊焊条，交、直流两用(交流时空载电压大于70V)；用于堆焊或修复低碳钢、中碳钢及低合金钢磨损件，如车轴、齿轮和搅拌机叶片等	≤0.20	—	≤3.50	—	—	≥22
D107	EDPMn2-15	低氢钠型普通低中合金锰钢堆焊焊条，采用直流反接；用于堆焊或修复低碳钢、中碳钢及低合金钢磨损件，如车轴、齿轮和搅拌机叶片等	≤0.20	—	≤3.50	—	—	≥22
D112	EDPCrMo-Al-03	钛钙型铬钼钢堆焊焊条，交、直流两用，电弧稳定，脱渣容易；用于受磨损的低碳钢、中碳钢及低合金钢，特别用于矿山机械与农业机械的堆焊与修复	≤0.25	—	≤1.50	≤0.20	≤0.20	≥22
D126	EDPMn3-16	低氢钾型普通低中合金锰钢堆焊焊条，交、直流两用(交流时空载电压大于70V)；用于堆焊受磨损的低、中碳钢及低合金钢，如车轴、齿轮、搅拌机叶片和行走主动轮等	≤0.20	—	≤4.20	—	—	≥28
D127	EDPMn3-15	低氢钠型普通低中合金锰钢堆焊焊条，采用直流反接；用于堆焊受磨损的低、中碳钢及低合金钢，如车轴、齿轮、搅拌机叶片和行走主动轮等	≤0.20	—	≤4.20	—	—	≥28

续表

牌号	型号	特征和用途	熔敷金属化学成分/%					堆焊层硬度(HRC)
			C	Si	Mn	Cr	其他	
D132	EDPCrMo-A2-03	钛钙型铬钼钢堆焊焊条，交、直流两用，电弧稳定，脱渣容易；用于受磨损的低碳钢、中碳钢及低合金钢，特别用于矿山机械与农业机械的堆焊与修复	≤0.50	—	≤1.50	≤3.00	Mo≤1.50	≥30
D146	EDPMn4-16	低氢钾型普通低中合金锰钢堆焊焊条，交、直流两用，电弧稳定；用于堆焊各种受磨损的碳钢件及碳钢道岔	≤0.20	—	≤4.50	—	≤2.00	≥30
D156	—	低氢钾型铬锰钢堆焊焊条，具有抗高冲击载荷和金属间摩擦磨损的性能，交、直流两用(交流时空载电压大于70V)，电弧稳定，焊接工艺性好，脱渣容易，飞溅少，焊道成形美观；用于轧钢机零部件堆焊，如槽轮轧机、铸钢大齿轮、拖拉机驱动轮、支重轮和链轮节等	≈0.10	≈0.50	≈0.70	≈3.20	—	≈31
D167	EDPMn6-15	低氢钠型普通低中合金锰钢堆焊焊条，采用直流反接；用于农业机械、建筑机械等磨损部件的堆焊，如大型推土机、动力铲的滚轮、汽车环链等	≤0.45	≤1.00	≤6.50	—	—	≥50
D172	EDPCrMo-A3-03	钛钙型铬钼钢堆焊焊条，交、直流两用，电弧稳定，脱渣容易；用于堆焊齿轮、挖掘斗、拖拉机刮板、深耕铧犁、矿山机械等的磨损件	≤0.50	—	—	≤2.50	Mo≤2.50	≥40
D177SL	—	渗铝钢系列堆焊焊条中的一种，专用于焊接磨损条件下使用的渗铝钢或非渗铝钢结构，低氢型药皮，采用直流正接，短弧操作；用于焊接单层或多层各种渗铝钢受磨损件．如电站渗铝钢锅炉省煤器管等	≤0.50	—	—	≤2.50	Mo≤2.50	≥40

续表

牌号	型号	特征和用途	熔敷金属化学成分/%					堆焊层硬度（HRC）
			C	Si	Mn	Cr	其他	
D202A	—	钛钙型铁基堆焊焊条，交、直流两用，焊接工艺性能好，堆焊层硬度适中，具有良好的塑性和耐冲击性；用于碳钢和低合金钢轧钢机零部件的堆焊，如槽轮轧机、铸钢大齿轮等	≤0.15	0.2～0.4	0.5～0.9	1.8～2.3	—	26～30
D202B	—	钛钙型铁基堆焊焊条，交、直流两用，焊接工艺性能好，堆焊金属为马氏体组织，有较好的耐金属间磨损、耐冲击、耐磨料磨损和耐冷热疲劳性能；用于单层或多层堆焊各种受磨损的零部件，如齿轮、挖斗、矿山机械等	0.5～0.7	0.3～0.5	0.6～1.0	4.4～5.0	—	54～58
D207	EDPCrMnSi-15	低氢钠型铬锰硅钢堆焊焊条，采用直流反接；用于堆焊推土机刀刃板、螺旋桨等磨损零件	0.5～1.00	≤1.00	≤2.50	≤3.50	≤1.00	≥50
D212	EDPCrMo-A4-03	钛钙型铬钼钢堆焊焊条，交、直流两用，电弧稳定，脱渣容易；用于单层或多层堆焊各种受磨损的零部件，如齿轮、挖斗、矿山机械等	0.3～0.60	—	—	≤5.00	Mo≤4.00	≥50
D217A	EDPCrMo-A3-15	低氢钠型铬钼钢堆焊焊条，直流反接；用于堆焊高强度耐磨零部件，如30CrMnSi和35CrMnSi冶金轧辊的堆焊与修复、矿石破碎机部件、矿山用4m³电铲斗齿及其他挖掘机斗齿等	≤5.00	—	—	≤2.50	Mo≤2.50	≥40
D227	EDPCrMoV-A2-15	低氢钠型铬钼钒钢堆焊焊条，采用直流反接，堆焊层为马氏体基体加一定数量的高硬度碳化物，抗磨粒磨损性能较高，堆焊金属具有良好的抗裂性，但切削加工比较困难，必要时可经约860℃等温退火软化；用于承受一定冲击载荷的耐磨件表面堆焊，如掘进机盘形滚刀的受磨表面	0.45～0.65	—	—	4.00～5.00	Mo 2.00～3.00 V 4.00～5.00	≥55

续表

牌号	型号	特征和用途	熔敷金属化学成分/%					堆焊层硬度(HRC)
			C	Si	Mn	Cr	其他	
D237	EDPCrMoV-A1-15	低氢钠型铬钼钒钢堆焊焊条，采用直流反接；用于堆焊受泥沙磨损和气蚀破坏的水利机械、挖掘斗、矿山机械零部件等	0.30～0.60	—	—	8.00～10.00	Mo≤3.00 V 0.50～1.00	≥50
D246	EDPCrSi-B	低氢钾型堆焊焊条，交、直流两用；用于堆焊常温及非腐蚀时带有磨粒磨损和冲击载荷条件下工作的零部件，如矿山、工程、农业、制砖、水泥、水利等机械的易磨损件	≤1.00	1.5～3.00	≤0.80	6.5～8.50	B 0.50～0.90	≥60
D256	EDMn-A-16	低氢钾型高锰钢堆焊焊条，交、直流两用(交流焊时空载电压不低于70V)，堆焊时宜采用小电流，窄道焊，趁红热时立即锤击或水淬，以减小裂纹倾向；堆焊金属为奥氏体高锰钢，具有加工硬化、高韧性和耐磨的特点；用于各种破碎机、高锰钢轨、铲斗、推土机等易磨损部件的堆焊	≤1.10	≤1.30	11.00～16.00	—	≤5.00	≥170
D266	EDMn-B-16	低氢钾型高锰钢堆焊焊条，交、直流两用(交流焊时空载电压不低于70V)，与D256的区别是焊缝金属中添加了钼，提高了抗裂性及耐磨性；堆焊时宜采用小电流，窄道焊，趁红热时立即锤击或水淬，以减小裂纹倾向，堆焊金属为奥氏体高锰钢，具有加工硬化、高韧性和耐磨的特点；用于各种破碎机、高锰钢轨、铲斗、铁路道岔、推土机等易磨损部件的堆焊	≤1.10	0.30～1.30	11.00～18.00	—	Mo≤2.50 其他≤1.00	≥170

续表

牌号	型号	特征和用途	熔敷金属化学成分/%					堆焊层硬度(HRC)
			C	Si	Mn	Cr	其他	
D276 D277	EDCrMn-B-16 EDCrMn-B-15	低氢型高铬锰钢耐气蚀堆焊焊条，采用直流反接，D276可交、直流两用(交流焊时空载电压不低于70V)，焊缝能加工硬化，韧性好、耐气蚀，具有良好的抗裂性；用于堆焊水轮机受气蚀破坏的零件，如水轮机的导水叶片等，也可用于要求耐磨性及高韧性的高锰钢件的堆焊，如铁路道岔、螺旋输送机、推土机刀刃板、抓斗、破碎刃等	≤0.80	≤0.80	11.00～16.00	13.00～17.00	≤4.00	≥20
D287	—	低氢型抗气蚀耐泥沙磨损专用焊条，具有良好的抗气蚀、抗泥沙磨损性能，焊接工艺性好，采用直流反接，可全位置焊，堆焊金属具有良好的机加工性；用于水泵、水轮机过流部件的制造及堆焊修复，还可用于同等材质转轮的焊接	≤0.15	—	—	12.0～16.0	Ni 4.0～6.0	HV400(焊态)
D307	EDD-D-15	低氢钠型高速刀具钢堆焊焊条，采用直流反接；可在中碳钢(如45、45Mn)制成的刀具毛坯上堆焊刃口以达到代用整体高速钢的目的，也可用于堆焊修复受磨损的刀具及其他工具	0.70～1.00	—	—	3.80～4.50	W 17.0～19.50 V 1.00～1.50 其他≤1.50	≥55(焊后经540℃三次回火)
D317	EDRCrMoWV-A3-15	低氢钠型铬钼钨钒堆焊焊条，直流反接；可用于冲模堆焊，也可用于一般切削刀具的堆焊	0.70～1.00	—	—	3.00～4.00	W 3.0～5.00 Mo 3.0～5.00 V 1.00～1.50 其他≤1.50	≥50(焊后空冷)
D317A	—	低氢钠型高合金焊芯与药皮过渡合金相结合的铬钼钨钒堆焊焊条，直流反接，具有良好的工艺性、耐磨性、红硬性和高温冲击韧性，特别是具有良好的冷焊抗裂性，适合大型工件大面积不预热表面堆焊；用于堆焊需要耐强烈冲击磨损、耐腐蚀和耐气蚀的场合，如高炉料钟、单齿辊、双齿辊破碎机、螺旋输送机叶片、抽风机叶片和中高压阀门密封面等	0.3～0.8	0.3～0.6	0.5～1.0	3～4	W 6～8 Mo 2.0～3.5 V 1.5～2.5	58～62(焊后空冷)

续表

牌号	型号	特征和用途	熔敷金属化学成分/%					堆焊层硬度(HRC)
			C	Si	Mn	Cr	其他	
D322	EDRCrMoWV-A1-03	钛钙型铬钼钨钒冷冲模堆焊焊条，交、直流两用，电弧稳定，脱渣容易；用于堆焊各种冲模及切削刃具，也可用于修复要求耐磨性较高的机械零部件	≤0.50	—	—	≤5.00	W 7.0～10.00 Mo≤2.50 V≤1.00	≥55(焊后空冷)
D327	EDRCrMoWV-A1-15	低氢钠型铬钼钨钒冷冲模堆焊焊条，直流反接；用于堆焊各种冲模及切削刃具，也可用于修复要求耐磨性较高的机械零部件	≤0.50	—	—	≤5.00	W 7.0～10.00 Mo≤2.50 V≤1.00	≥55(焊后空冷)
D327A	EDRCrMoWV-A2-15	低氢钠型铬钼钨钒冷冲模堆焊焊条，直流反接；用于堆焊各种冲模及切削刃具，也可用于修复要求耐磨性较高的机械零部件	0.30～0.50	—	—	5.00～6.50	W 2.00～3.50 Mo 2.00～3.00 V 1.00～3.00	≥50(焊后空冷)
D337	EDRCrW-15	低氢钠型铬钨热锻模堆焊焊条，直流反接；用于铸钢或锻钢堆焊锻模，也可用于受磨损锻模的修复	0.25～0.55	—	—	2.00～3.50	W 7.00～10.0 其他≤1.00	≥48(焊后空冷)
D386	—	低氢钾型堆焊焊条，焊接工艺性好，全位置焊；用于冷冲模的修复或在低碳钢上堆焊以代替整体模具钢制造各种模具、冲头等，用于热加工模具、轧辊等	≤0.6	—	—	≤3.0	W≤5.0 其他≤3.0	≥50
D392 D397	EDRCrMnMo-03 EDRCrMnMo-15	D392为钛钙型堆焊焊条，交、直流两用，堆焊层组织为马氏体和残余奥氏体；D397为低氢钠型铬锰钼热锻模堆焊焊条，直流反接；具有耐金属间摩擦磨损及磨粒磨损的性能；用于堆焊铸钢或锻钢作坯体的热锻模，也用于修复5CrMnMo、5CrNiMo、5CrNiSiW钢制旧锻模或堆焊高强度耐磨零部件	≤0.60	≤1.00	≤1.00	≤2.00	Mo≤1.00	≥40(焊后空冷)

续表

牌号	型号	特征和用途	熔敷金属化学成分/%					堆焊层硬度(HRC)
			C	Si	Mn	Cr	其他	
D406	EDRCrMoWCo-A	低氢型铬钼钨钴热强钢耐磨堆焊焊条，堆焊金属组织为 α 固溶体＋奥氏体＋马氏体＋共晶组织，具有较高的红硬性、抗裂性和耐热疲劳性；用于耐高温刃具、模具，如热剪切刀刃口的堆焊	≤0.5	≤2.0	≤2.0	≤6	Mo≤5 W≤10 V≤2 Co≤12 其他≤2.0	≈50(焊后空冷)
D417	EDD-B-15	低氢钠型高速刀具钢堆焊焊条，直流反接，良好的工艺性、耐磨性和抗裂性；用于堆焊耐强烈冲击磨损、耐腐蚀、耐气蚀的场合，如单双齿滚破碎机、叶片、高炉料钟等，也用于各种冲压模具的堆焊	0.5～0.9	≤0.80	≤0.60	3.0～5.0	Mo 5.0～9.5 W 1.0～2.5 V 0.8～1.3 其他≤1.00	≥55(焊后空冷)
D427	—	低氢型高温耐磨堆焊焊条，用于高温条件下具有高硬度和耐磨损部件的堆焊，如轧钢、炼钢装料机吊牙及钢坯剪切用双金属热剪切刃的堆焊	≈0.8	—	≈13	≈11	Ni≈2 V≈2	≥40(焊后空冷)
D437	—	低氢型堆焊焊条，用于高温条件下具有高硬度和高耐磨性的工件堆焊，主要用于冶金系统，如炼钢厂装料机吊牙及轧钢厂双金属热剪切刃的堆焊	≈0.8	—	—	≈15	Ni≈4 V≈3	40～42(焊后空冷)
D502	EDCr-A1-03	钛钙型高铬钢堆焊焊条，堆焊金属为 1Cr13 高铬马氏体钢，堆焊层具有空淬性，一般不需进行热处理，硬度均匀，也可在 750～800℃时退火软化，当加热至 900～1000℃空冷或油淬后，可重新硬化，交、直流两用，焊接工艺性好；属通用表面堆焊焊条，用于堆焊工作温度在 450℃以下的碳钢或合金钢的轴及阀门等	≤0.15	—	—	10.0～16.0	其他≤2.50	≥40(焊后空冷)

续表

牌号	型号	特征和用途	熔敷金属化学成分/%					堆焊层硬度(HRC)
			C	Si	Mn	Cr	其他	
D507	EDCr-A1-15	低氢钠型高铬钢堆焊焊条，堆焊金属为1Cr13高铬马氏体钢，堆焊层具有空淬性，一般不需进行热处理，硬度均匀，也可在750～800℃时退火软化，当加热至900～1000℃空冷或油淬后，可重新硬化，采用直流反接；属通用表面堆焊焊条，用于堆焊工作温度在450℃以下的碳钢或合金钢的轴及阀门等	≤0.15	—	—	10.0～16.0	其他≤2.50	≥40 （焊后空冷）
D507Mo	EDCr-A2-15	低氢钠型高铬钢阀门堆焊焊条，堆焊金属为1Cr13高铬马氏体钢，堆焊层具有空淬性，堆焊金属具有较高的中温硬度、良好的热稳定性和抗冲蚀性，与D577焊条配合使用能获得很好的抗擦伤性，焊前不预热，焊后不热处理，采用直流反接；用于堆焊工作温度在510℃以下的中温高压截止阀密封面、闸阀密封面等，应与D577配合使用	≤0.20	—	—	10.0～16.0	Ni≤6.00 Mo≤2.50 W≤2.00 其他≤2.50	（焊后空冷） ≥37 （耐软化至510℃）
D507MoNb	EDCr-A1-15	低氢型1Cr13高铬钢阀门堆焊焊条，采用直流反接，药皮中加入适量的钼、铌等强化元素，故堆焊金属具有较好的抗高温氧化和抗裂性；用于工作温度在450℃以下的中低压阀门密封面的堆焊	≤0.15	—	—	10.0～16.0	Nb≤0.50 Mo≤2.50 其他≤2.50	（焊后空冷） ≥37

续表

牌号	型号	特征和用途	熔敷金属化学成分/%					堆焊层硬度（HRC）
			C	Si	Mn	Cr	其他	
D512	EDCr-B-03	钛钙型高铬钢堆焊焊条，堆焊金属为 2Cr13 高铬马氏体钢，堆焊层具有空淬性，一般不需进行热处理，硬度均匀，也可在 750～800℃时退火软化，当加热至 950～1000℃空冷或油淬后，可重新硬化，交、直流两用，焊接工艺性好；属通用表面堆焊焊条，堆焊层比 D502 更硬、更耐磨，但较难加工，用于碳钢和低合金钢的轴、过热蒸汽阀件、搅拌机、螺旋输送机叶片等	≤0.25	—	—	10.0～16.0	其他≤2.50	（焊后空冷）≥45（耐软化至500℃）
D516M D156MA	— EDCrMn-A-16	低氢钾型高铬锰钢堆焊焊条，具有良好的耐磨、耐热、耐蚀以及抗热裂性，焊前不预热，焊后不热处理，堆焊层可切削加工，D516M 为 H08 焊芯，D516MA 为 1Cr13 焊芯；用于工作温度在450℃以下受水、蒸汽、石油介质作用的部件，如25 号铸钢、高中压阀门密封面等	≤0.25	≤1.00	6.00～8.00	12.0～14.0	—	38～48
D516F	—	低氢钾型高铬锰钢堆焊焊条，具有良好的耐磨、耐热、耐蚀以及抗热裂性，焊前不预热，焊后不热处理，堆焊层可切削加工；用于工作温度在450℃以下受水、蒸汽、石油介质作用的部件，如25 号铸钢、高中压阀门密封面等	≤0.25	≤1.00	8.00～10.00	12.0～14.0	—	35～45（堆焊两层，焊层高不小于 4mm）

续表

牌号	型号	特征和用途	熔敷金属化学成分/%					堆焊层硬度（HRC）
			C	Si	Mn	Cr	其他	
D517	EDCr-B-15	低氢钠型高铬钢阀门堆焊焊条，堆焊金属为2Cr13高铬马氏体钢，堆焊层具有空淬性，一般不需进行热处理，硬度均匀，可在750～800℃时退火软化，加热到950～100℃空冷或油淬可重新硬化，采用直流反接；属通用的表面堆焊焊条，堆焊层比D507更硬、更耐磨，但较难加工，用于堆焊碳钢或低合金钢的轴、过热蒸汽阀件、搅拌机、螺旋输送机叶片等	≤0.25	—	—	10.0～16.0	其他≤5.00	（焊后空冷）≥45（耐软化至500℃）
D547	EDCrNi-A-15	低氢钠型铬镍合金钢阀门堆焊焊条，采用直流反接，堆焊金属依靠硅进行强化，得到具有一定量铁素体的奥氏体组织，具有良好的抗擦伤、耐蚀及抗氧化性；用于堆焊570℃以下工作的电站高压锅炉装置的阀门及其他密封零件	≤0.18	4.80～6.40	0.60～2.00	15.0～18.0	Ni7.0～9.0	270～320HB
D547Mo	EDCrNi-B-15	低氢钠型铬镍合金钢阀门堆焊焊条，采用直流反接，具有良好的高温抗擦伤、抗冲蚀等性能，有较高的高温硬度、良好的热稳定性和抗热疲劳性，堆焊金属时效强化效果显著，时效时间增加，硬度和抗擦伤性能进一步提高；用于600℃以下工作的高压阀门密封面堆焊	≤0.18	3.80～6.50	0.60～5.00	14.0～21.0	Ni6.50～12.0 Mo3.50～7.00 Nb0.50～1.20 其他≤0.25	≥37

续表

牌号	型号	特征和用途	熔敷金属化学成分/%					堆焊层硬度(HRC)
			C	Si	Mn	Cr	其他	
D557	EDCrNi-C-15	低氢钠型铬镍合金钢阀门堆焊焊条，采用直流反接，堆焊金属依靠硅进行强化，得到铁素体加奥氏体组织，时效时间增加，硬度和抗擦伤性能进一步提高，具有良好的抗侵蚀、耐蚀及抗氧化性；用于600℃以下工作的高压阀门密封面堆焊	≤0.20	5.00～7.00	2.00～3.00	18.0～20.0	Ni7.0～10.0	≥37
D567	EDCrMn-D-15	低氢钠型高铬锰钢球墨铸铁阀门堆焊焊条，采用直流反接，堆焊金属为高铬锰型奥氏体，冷作硬化效果明显，有优良的抗擦伤性，堆焊层有一定的硬度，可机械加工，抗裂性较好，焊接工艺性好，不需预热和缓冷；用于350℃以下中温中压球墨铸铁阀门密封面	0.50～0.80	≤1.30	24.00～27.00	9.50～12.50	—	HB≥210
D577	EDCrMn-C-15	低氢钠型高铬锰钢阀门堆焊焊条，采用直流反接，堆焊金属为高铬锰型奥氏体，冷作硬化效果明显，有良好的抗擦伤性，有一定的中温硬度，有较好的热稳定性，与D507Mo配合使用可获得很好的抗擦伤性，抗裂性好，焊前不预热，焊后不热处理，有良好的机械加工性；用于510℃以下中温高压阀门密封面，在闸阀中与D507Mo配合使用耐磨性能更好	≤1.10	≤2.00	12.00～18.00	12.0～18.0	Ni≤6.0 Mo≤4.0 其他≤3.0	≥28

续表

牌号	型号	特征和用途	熔敷金属化学成分/%					堆焊层硬度（HRC）
			C	Si	Mn	Cr	其他	
D582	—	钛钙型高效阀门密封面不锈钢堆焊焊条，效率高达120%，焊接工艺性好，耐大电流（比普通不锈钢焊条高15%～20%），无药皮发红开裂现象，良好的抗晶间腐蚀性，交、直流两用，适于平焊、平角焊；用于阀门密封面堆焊	≤0.10	≤1.00	≤2.50	≥18.0	Ni≥8.0	HB≈170
D608	EDZ-A1-08	石墨型铸铁堆焊焊条，交、直流两用，采用直流电源更为适宜，由于堆焊金属为铸铁组织＋铬、锰的碳化物，具有较高的硬度和耐磨性，对泥砂及矿石的磨耗有良好的抵抗能力；用于农业机械、矿山设备等承受砂粒磨损与轻微冲击的零部件	2.50～4.50	—	—	3.0～5.0	Mo3.0～5.0	≥55
D618	—	石墨型抗磨粒磨损铸铁堆焊焊条，堆焊层为高碳高铬铸铁型基体＋弥散碳化物相，堆焊层硬度高，但较脆，承受压力和冲击载荷的能力较低，为了不影响抗磨粒磨损性能，应尽可能采用较小电流，以利于堆焊层硬质相结晶；用于堆焊承受较轻微冲击载荷但要求具有良好的抗磨粒磨损性的耐磨件，如锤击式磨煤机锤头等	≤3.00	—	—	15.0～20.0	Mo 1.0～2.0 V≤1.00 W10.0～20.00	≥58

续表

牌号	型号	特征和用途	熔敷金属化学成分/%					堆焊层硬度（HRC）
			C	Si	Mn	Cr	其他	
D628	—	石墨型抗磨粒磨损铸铁堆焊焊条，堆焊层为高碳高铬铸铁型基体＋弥散碳化物相，堆焊层硬度较高，耐热强性较高，但堆焊层硬而脆，承受压力和冲击载荷的能力较低，为了不影响抗磨粒磨损性能，应尽可能采用较小电流，以利于堆焊层硬质相结晶；用于堆焊承受较轻微冲击载荷但要求具有良好的抗磨粒磨损性的耐磨件，如锤击式磨煤机锤头、风扇式磨煤机冲击板等	3.00～5.00	—	—	20.0～35.0	Mo4.0～6.0 V≤1.0	≥60
D632A	—	钛钙型高铬铸铁堆焊焊条，交、直流两用，堆焊层具有良好的耐腐蚀性、耐磨粒磨损性及高温耐磨性；用于堆焊要求具有良好的抗磨粒磨损性或常温、高温耐磨耐腐蚀性的零部件，如喷粉机、掘沟机、碾路机等	2.50～5.00	—	—	25.0～40.0	—	≥56
D638	—	石墨型高铬铸铁堆焊焊条，堆焊层具有抗磨粒磨损性，交、直流两用，电弧稳定，飞溅少，基本无渣，有较高的熔敷效率；用于堆焊要求具有良好的抗磨粒磨损性能的耐磨件，如料斗、铲刀刃、泥浆泵、粉碎机、锤头等	3.00～6.50	—	—	25.0～40.0	—	≥56

续表

牌号	型号	特征和用途	熔敷金属化学成分/%					堆焊层硬度(HRC)
			C	Si	Mn	Cr	其他	
D638Nb	—	石墨型高铬铸铁堆焊焊条，具有良好的抗磨粒磨损性；主要用于受磨粒磨损严重部位及高温磨损部件的修复	3.00～6.50	—	—	20.0～35.0	Nb4.0～8.5	≥60
D642	EDZCr-B-03	钛钙型高铬铸铁堆焊焊条，交、直流两用，堆焊层具有良好的抗气蚀能力；用于常温和高温耐磨耐腐蚀工作条件的零部件，如水轮机叶片、高压泵零件、高炉料钟等	1.50～3.50	—	≤1.00	22.0～32.0	其他≤7.0	≥45
D646	EDCr-B-16	低氢钾型高铬铸铁堆焊焊条，交、直流两用(交流焊时空载电压不低于70V)，堆焊层具有良好的抗气蚀能力；用于常温和高温耐磨耐腐蚀工作条件的零部件，如水轮机叶片、高压泵零件、高炉料钟等	1.50～3.50	—	1.00	22.0～32.0	其他≤7.0	≥45
D656	EDZ-A2-16	低氢钾型铸铁堆焊焊条，堆焊层硬度高，耐强磨粒磨损，具有良好的抗冲击、抗氧化及耐气蚀性，交、直流两用，焊前需经(300～350)℃×1h烘焙；用于中等冲击情况下主要受磨粒磨损的耐磨耐蚀件，如混凝土搅拌机、高速混砂机、螺旋送料机以及工作温度不超过500℃的高炉料钟、矿石破碎机、煤孔挖掘机等	3.00～4.00	≤2.50	≤1.50	26.0～34.0	Mo2.00～3.00 其他≤3.00	≥60

续表

牌号	型号	特征和用途	熔敷金属化学成分/%					堆焊层硬度（HRC）
			C	Si	Mn	Cr	其他	
D658	—	石墨型高铬铸铁堆焊焊条，具有优良的耐磨粒磨损性，工作温度可达650℃，交、直流两用，电弧稳定，基本无渣；用于磨损严重的零部件及高温磨损部件	3.00～6.50	—	—	20.0～35.0	Mo4.00～9.50 Nb4.00～8.50 V0.50～2.50 W2.50～7.50	≥60
D667	EDZCr-C-15	低氢钠型索尔马依特高铬铸铁堆焊焊条，采用直流反接，堆焊层在500℃以下具有耐磨损、耐腐蚀和耐气蚀能力，超过此温度则堆焊层硬度明显下降；用于堆焊要求耐强烈磨损、耐腐蚀和耐气蚀的场合，如石油工业中离心裂化泵轴套、矿山破碎机零部件及柴油机引擎上的气门盖等	2.50～5.00	1.00～4.80	≤8.00	25.0～32.0	Ni3.00～5.00 其他≤2.00	≥48
D678	EDZ-131-08	石墨型含钨铸铁堆焊焊条，交、直流两用；用于矿山机械和破碎机零部件等受磨粒磨损部件的堆焊	1.50～2.20	—	—	—	W8.00～10.00 其他≤1.00	≥50
D680 D687	EDZCr-D-15	低氢钠型含硼高铬铸铁堆焊焊条，采用直流反接，电弧较稳定，飞溅一般，渣少，脱渣容易，堆焊层即使用硬质合金刀具也难以进行切削加工，只能研磨，金相组织为马氏体＋粗大复合碳化物；用于强烈磨损的场合，如牙轮钻头小轴、煤孔挖掘机、提升戽斗、破碎机辊、泵框筒、混合器叶片等	3.00～4.00	≤3.00	1.50～3.50	22.0～32.0	B0.50～1.50 其他≤6.00	≥58

续表

牌号	型号	特征和用途	熔敷金属化学成分/%					堆焊层硬度（HRC）
			C	Si	Mn	Cr	其他	
D707	EDW-A-15	低氢钠型碳钢焊芯的碳化钨堆焊焊条，依靠药皮中碳化钨过渡合金，堆焊金属含钨40%～50%，由于药皮较厚，因而套筒较长，在焊条发红后药皮易小块脱落，采用直流反接，较小电流；用于堆焊耐岩石强烈磨损的机械零部件，如混凝土搅拌机叶片、推土机、挖泥机叶片、高速混砂箱等	1.50～3.00	≤4.00	≤2.00	—	W40.0～50.0	≥60
D707Ni	—	低氢型纯镍堆焊焊条，依靠药皮中碳化钨过渡合金，堆焊金属具有较好的抗裂性及抗氧化性，采用直流反接；用于抗高温氧化、耐磨粒磨损件的堆焊，如高炉钟斗、烧结耙齿等	—	—	—	—	WC≈55 其他5.00～10.00 余量为Ni	≥45
D717 D717A	EDW-B-15	低氢型碳化钨堆焊焊条，采用H08A钢带扎制成“O”形，直径为3.2mm，内装粒度为60～80目、含量为焊芯质量60%以上的铸造碳化钨，外涂碱性低氢型涂料，依靠焊芯中过渡碳化钨，焊接工艺性好，脱渣容易，电弧稳定，采用直流施焊，较小电流，D717A为无缝管状焊条；用于堆焊耐岩石强烈磨损的机械零部件，如三牙轮钻头的牙爪背部、鼓风机叶片、强力采煤滚筒、轧糖机轧辊、混凝土搅拌机叶片等	1.50～4.00	≤4.00	≤3.00	≤3.00	W50.0～70.00 Mo≤7.00 Ni≤3.00 其他≤3.00	≥60

续表

牌号	型号	特征和用途	熔敷金属化学成分/%					堆焊层硬度(HRC)
			C	Si	Mn	Cr	其他	
D802	EDCoCr-A-03	钛钙型钴铬钨合金焊芯的钴基堆焊焊条，采用直流反接，堆焊金属在650℃仍能保持良好的耐磨性和耐蚀性；用于要求在650℃左右工作仍能保持良好的耐磨性和耐蚀性的场合，或承受冲击和冷热交错的部位，如堆焊高温高压阀门及热剪切刀刃等	0.70～1.40	≤2.00	≤2.00	25.0～32.0	Fe≤4.00 W3.0～6.00 其他≤4.00 余量为Co	≥40
D812	EDCoCr-B-03	钛钙型钴铬钨合金焊芯的钴基堆焊焊条，采用直流反接，堆焊金属在650℃时仍能保持良好的耐磨性和耐蚀性；用于高温高压阀门、高压泵的轴套筒和内衬套筒以及化纤设备的斩刀刃口等	1.00～1.70	≤2.00	≤2.00	25.0～32.0	Fe≤5.00 W7.0～10.0 其他≤4.00 余量为Co	≥44
D822	EDCoCr-C-03	钛钙型高碳钴铬钨合金焊芯的钴基堆焊焊条，采用直流反接，渣覆盖性好，成形美观，具有优良的耐磨、耐热和耐腐蚀性，在650℃高温下也能保持这些特性；用于牙轮钻头轴承、锅炉的旋转叶轮、粉碎机刃口、螺旋送料机等磨损部件的堆焊	1.75～3.00	≤2.00	≤2.00	25.0～33.0	Fe≤5.00 W11.0～19.00 其他≤4.00 余量为Co	≥53

续表

牌号	型号	特征和用途	熔敷金属化学成分/%					堆焊层硬度(HRC)
			C	Si	Mn	Cr	其他	
D842	EDCoCr-D-03	钛钙型钴基4号低碳钴铬钨合金焊芯的堆焊焊条，采用直流反接，堆焊金属在800℃时仍能保持良好的抗热疲劳性和耐蚀性；用于高温条件下承受冲击和冷热交错的工件堆焊，如热锻模、阀门密封面等，具有良好的性能	0.20～0.50	≤2.00	≤2.00	23.0～32.0	Fe≤5.00 W≤9.50 其他≤7.00 余量为Co	28～35
D916	—	含碳化硼的耐磨粒磨损堆焊焊条，交、直流两用，具有良好的抗磨粒磨损性；用于受剧烈磨粒磨损部件的堆焊修复，如排风机叶轮、泥浆泵、煤矿溜槽等	2.00～3.00	—	—	≤5.00	B1.50～2.50 其他≤5.00	≥64
D007	EDTV-15	低氢型铸铁模具用堆焊焊条，电弧稳定，焊接工艺性优良，焊缝金属为铁素体基体+弥散分布的碳化钨，具有优良的抗裂性，焊前不预热；用于灰口铸铁、球墨铸铁和合金铸铁件的堆焊及焊补，如大型铸铁压延模、铸铁成形模等	≤0.25	≤1.00	2.00～3.00	—	Mo2.0～3.00 V5.00～8.00 B≤0.15	HB≥180
D017	—	低氢钠型铸铁刃口模堆焊焊条，焊接工艺性好，电弧稳定，飞溅较小，易脱渣，成形光洁，焊缝金属为马氏体+弥散分布的碳化钨，具有良好的抗裂性，焊前不预热；用于铸铁和合金铸铁切边模具刃口的堆焊及焊补	0.28～0.35	1.00～2.00	0.60～1.50	5.50～7.50	—	≥53

续表

牌号	型号	特征和用途	熔敷金属化学成分/%					堆焊层硬度（HRC）
			C	Si	Mn	Cr	其他	
D022	—	钛钙型钨铬钼钒合金的高硬度耐磨堆焊焊条，交、直流两用，焊接工艺性好，工件焊前不预热，焊后无需缓冷；用于建筑行业的碱泵、磨损机件和制糖、矿山、制砖、水泥、公路等机械中要求耐磨的零部件堆焊	≤1.00	—	—	≤5.00	W12.00～16.00 Mo+V≤4.00 其他≤1.00	≥58 （焊后空冷）
D027	—	低氢钠型冲裁模刃口堆焊焊条，焊接工艺性好，一般焊接条件下不易产生裂纹、气孔、夹渣，焊前工件不预热，焊后不需热处理，表面硬度为58HRC；用于各种大中型冲裁修边模的剪切刃口的模具堆焊和修复	≈0.45	≈2.80	—	≈5.50	Mo≈0.50 V≈0.50	≥55
D036	—	低氧钾型冲裁模刃口堆焊焊条，交、直流两用，焊接工艺性好，堆焊层组织及硬度稳定性好，焊前不预热，焊后不热处理；用于堆焊制造和修复冲模（在碳钢基体上堆焊形成刃口），也可用于修复要求耐磨性较高的机械零部件	0.50～0.70	0.60～0.80	0.60～0.90	5.00～6.00	Mo1.50～2.00 V≈0.50	≥55 （焊后空冷）
D047	—	低氢钠型辊压机硬面堆焊焊条，采用直流反接，焊接工艺性好，抗裂性优良，冷焊不开裂，具有良好的抗挤压能力和抗磨粒磨损性；用于滚压机挤压辊的堆焊制造及不拆卸修复，也可用于其他要求耐挤压磨损的机械零部件	≤1.70	≤3.00	—	4.00～7.00	Mo1.50～3.00 其他≤10.00	≥55

放焊金属具有良好的抗裂性及减少焊条中合金元素的烧损，大多数堆焊焊条采用低氢型药皮。常用堆焊焊条的成分、特征和用途见表2-49。

6. 铸铁焊条

铸铁焊条一般用于铸铁件的补焊修复。铸铁按其碳的存在形态可分为白口铸铁、灰铸铁、可锻铸铁、球墨铸铁和蠕墨铸铁。它们的共同特点是碳、硫、磷杂质含量高，组织不均匀，塑性低。焊接时易出现白口及淬硬组织，极易产生裂纹，属焊接性不良的材料。铸铁焊补不仅要合理选用焊条，还必须有正确的工艺措施配合才能取得成功。

表 2-50 列出了铸铁焊条的主要性能及其用途，通常虽按铸铁材料、切削加工要求及修补件的重要性来选择。例如焊接灰铸铁，若焊后要求是灰铸铁焊缝（即同质焊缝），可选用 Z208、Z248 焊条；若焊缝表面需切削加工，可选 Z308、Z408 等焊条（异质焊缝），不需加工的焊缝可选 Z100、Z116、Z607 等焊条。

7. 有色金属焊条

(1) 镍及镍合金焊条

镍及镍合金焊条主要用于镍及高镍合金的焊接。目前我国镍及镍合金焊条品种较少，表 2-51 列出了其主要性能和用途。一般是根据母材的合金类别来选用相应合金成分的焊条。当抗裂性能要求高时宜选用含有较多 Mo、W 的镍铬钼焊条。

(2) 铜及铜合金焊条

铜及铜合金焊条主要用于铜及铜合金的焊接。由于铜及铜合金焊条具有良好耐磨性的耐蚀性，因此也常用来堆焊轴承等受金属间摩擦零件和耐海水腐蚀零件以及铸铁件的焊补。表 2-52 所示为铜及铜合金焊条的主要性能及用途。

(3) 铝及铝合金焊条

铝及铝合金焊条主要用于纯铝、铸铝、铝锰合金和部分铝镁合金结构的焊接和焊补。表 2-53 列出了这类焊条的主要性能及用途。

表 2-50　铸铁焊条的性能及主要用途（GB/T 10044—2006）

牌号	型号	药皮类型	电源种类	焊缝金属的类型	熔敷金属主要化学成分的质量分数/%	主要用途
Z100	EZFe-2	氧化型	交直流	碳钢	C≈0.10　Si≤0.03　Mn≤0.60	一般用于灰铸铁非加工面的焊补
Z116	EZV	低氢钾型	交直流	高钒钢	C≤0.25　Si≤0.70 V=8～13　Mn≤1.5	高强度灰铸铁件及球墨铸铁的焊补
Z117	EZV	低氢钠型	直流			
Z122Fe	EZFe-2	铁粉钛钙型	交直流	碳钢	C≤2.0　Si≤4.0 Mn≤2.5	多用于一般灰铸铁件非加工面的焊补
Z208 Z248	EZC	石墨型		铸铁	C=2.0～4.0　Si=2.5～6.5	一般灰铸铁件焊补
Z238	EZCQ			球墨铸铁	C=3.2～4.2　Si=3.2～4.0　Mn≤0.80 球化剂 0.04～0.15	球墨铸铁件焊补
Z238SnCu	—				C=3.5～4.0　Si≈3.5　Mn≤0.8 Sn、Cu、Re、Mg 适量	用于球墨铸铁、蠕墨铸铁、合金铸铁、可锻铸铁、灰铸铁的焊补
Z258	EZCQ				C=3.2～4.2　Si=3.2～4.0 球化剂 0.04～0.15	球墨铸铁件焊补 Z268 也可用于高强度灰铸铁的焊补
Z268	EZCQ				C≈3.2　Si≈4.0 球化剂适量	
Z308	EZNi-1			纯镍	C≤2.0　Si≤2.5　Mn≤1.0	重要灰铸铁薄壁件和加工面的焊补
Z408	EZNiFe-1	石墨型	交直流	镍铁合金	C≤2.0　Si≤4.0　Ni=45～60 Fe 余量　Mn≤2.5	重要高强度灰铸铁件及球墨铸铁件的焊补
Z408A	EZNiFeCu			镍铁铜合金	C≤2.0　Si≤2.0　Fe 余量 Cu=4～10　Ni=45～60　Mn≤1.5	重要灰铸铁及球墨铸铁的焊补

续表

牌号	型号	药皮类型	电源种类	焊缝金属的类型	熔敷金属主要化学成分的质量分数/%	主要用途
Z438	EZNiFe-2	石墨型	交直流	镍铁合金	C≤2.0 Si≤4.0 Ni=45～60 Fe余量 Mn≤2.5	重要灰铸铁及球墨铸铁的焊补
Z508	EZNiCu-1	石墨型	交直流	镍铜合金	C≤0.25～0.55 Si≤0.75 Fe≤2.0～6.0 Ni=60～70 Cu=25～35	强度要求不高的灰铸铁件焊补
Z607	—	低氢钠型	直流	铜铁混合	Fe≤30 Cu余量	一般灰铸铁件非加工面的焊补
Z612	—	钛钙型	交直流	铜铁混合	Fe≤30 Cu余量	一般灰铸铁件非加工面的焊补

表 2-51 镍及镍合金焊条的主要性能及用途

牌号	型号	药皮类型	电源种类	熔敷金属主要化学成分的质量分数/%	σ_b /MPa≥	δ_5 /%≥	主要用途
Ni102	ENi-0	钛钙型	交、直流	C≤0.06 Ti≤1.5 Nb≤2.5 Ni≥92,Si≤1.5,S、P各≤0.015	410	20	用于化工、食品、医疗器材制造用的镍基合金和双金属的焊接,也可作为异种金属焊接的过渡层焊条
Ni112	ENi-0	钛钙型	交、直流	C≈0.04 Ti≈0.5 Nb≈1.0 Ni≥92 Mn≈1.5 S、P各≤0.005	410	—	用于化工、食品、医疗器材制造用的镍基合金和双金属的焊接,也可作为异种金属焊接的过渡层焊条
Ni202	ENiCu-7	钛钙型	交、直流	C≤0.15 Ti≤1.0 Nb≤2.5 Ni=62～69 Mn≤4.0 Cu余量 Fe≤2.5 S≤0.015 P≤0.02	480	30	用于镍铜合金与异种钢的焊接,也可用作过渡层堆焊材料
Ni207	ENiCu-7	低氢型	直流	C≤0.15 Ti≤1.0 Nb≤2.5 Ni=62～69 Mn≤4.0 Cu余量 Fe≤2.5 S≤0.015 P≤0.02	480	30	用于镍铜合金与异种钢的焊接,也可用作过渡层堆焊材料
Ni307	ENiCrMo-0	低氢型	直流	C≤0.05 Ni≈70 Cr≈15 Mo=3～7.5 Fe≤7	620	20	用于有耐热、耐蚀要求的镍基合金焊接,也可用于一些难焊合金、异种钢的焊接及堆焊
Ni307A	ENiCrFe-3	低氢型	直流	C≤0.10 Mn5～9.5 Fe≤10 Ni≥59 Cr=13.0～17.0 Ti≤1.0 Nb=1.0～2.5 Si≤1.0 Cu≤0.5	550	30	用于有耐热、耐蚀要求的镍基合金焊接,也可用于一些难焊合金、异种钢的焊接及堆焊
Ni307B	ENiCrFe-3	低氢型	直流	C≤0.10 Mn5～9.5 Fe≤10 Ni≥59 Cr=13.0～17.0 Ti≤1.0 Nb=1.0～2.5 Si≤1.0 Cu≤0.5	550	30	用于有耐热、耐蚀要求的镍基合金焊接,也可用于一些难焊合金、异种钢的焊接及堆焊

续表

牌号	型号	药皮类型	电源种类	熔敷金属主要化学成分的质量分数/%	σ_b /MPa≥	δ_5 /%≥	主要用途
Ni317	—	低氢型	直流	C≤0.07 Si≤0.5 Mo=8.5～11 Cr=13.5～16.5 Ni=68～78 Nb=0.2～0.8	600	28	用于镍基合金、镍铬奥氏体钢或异种钢的焊接
Ni327	ENiCrMo-0			C≤0.05 Cr=13～17 Mo=3～7.5 Nb+Ta=1.5～5.5 Ni 余量	620	20	用于耐热、耐蚀镍基合金，难焊合金，异种钢的焊接
Ni337	—			C≤0.035 Cr=15.76 Mo=4.8 Nb=3.72 Mn=2.35 Ni 余量(例值)	$\sigma_{0.2}$ 495	—	用于核反应堆压力容器密封面堆焊及异种钢等的焊接
Ni347	ENiCrFe-0			C=0.06 Mn=6.0 Cr=18.55 Nb=2.58 Fe=5.92 Ni 余量	550	30	用于核电站稳压器、蒸发器管板接头的焊接等
Ni357	ENiCrFe-2			C≤0.10 Mn=1.0～3.5 Ni≥62 Cr=13～17 Nb+Ta=0.5～3.0 Mo=0.5～2.5	550	30	用于有耐热、耐蚀要求的镍基合金焊接

表 2-52 铜及铜合金焊条的主要性能及用途（GB/T 3670—1995）

牌号	型号	药皮类型	电源种类	熔敷金属主要化学成分的质量分数/%	σ_b /MPa≥	δ_5 /%≥	主要用途
T107	ECu	低氢型	直流	Cu≥95 Si≤0.5 Mn≤3.0 Pb≤0.02 Fe+Al+Ni+Zn≤0.5	170	20	用于焊接导电铜排、铜制热交换器、船用海水导管等铜结构件，也可用于堆焊
T207	ECuSi-B			Cu≥92 Si=2.5～4.0 Mn≤3.0 Pb≤0.02 Al+Ni+Zn≤0.50	270	20	适用于铜、硅青铜及黄铜的焊接，化工机械管道内衬的堆焊
T227	ECuSn-B			Sn=7.0～9.0 P≤0.3 Pb≤0.02 Cu 余量 Si+Mn+Fe+Al+Ni+Zn≤0.5	270	12	适用于焊接纯铜、黄铜、磷青铜等同种及异种金属，也可用于堆焊

续表

牌号	型号	药皮类型	电源种类	熔敷金属主要化学成分的质量分数/%	σ_b /MPa≥	δ_5 /%≥	主要用途
T237	ECuAl-C	低氢型	直流	Al=6.5～10.0 Mn≤2.0 Si≤1.0 Fe≤1.5 Cu余量 Ni≤0.50 Zn+Pb≤0.5 Pb≤0.02	390	15	用于铝青铜及其他铜合金、铜合金以及钢的焊接以及铸铁的补焊等
T307	ECuNi-B			Ni=29.0～33.0 Cu余量 Si≤0.5 Mn≤2.5 Fe≤2.5 Ti≤0.5 P≤0.02	350	20	主要用于焊接70-30铜镍合金或70-30铜镍合金及645-Ⅲ钢做覆层等

表 2-53 铝及铝合金焊条的主要性能及用途（GB/T 3669—2001）

牌号	型号	药皮类型	电源种类	熔敷金属主要化学成分的质量分数/%	熔敷金属主要力学性能/MPa	主要用途
L109	E1100	盐基型	直流	Cu≤0.2 Zn≤0.1 Mn≤0.05 Si≤0.5 Fe≤0.5 Al≥99.5	σ_b≥80	主要用来焊接纯铝制品
L209	E4043			Mn≤0.05 Zn≤0.1 Si=4.5～6.0 Fe≤0.8 Cu≤0.3 Al余量	σ_b≥95	常用于铝板、铝硅铸件、一般铝合金及锻铝、硬铝的焊接
L309	E3003			Cu≤0.2 Zn≤0.1 Mn=1.0～1.5 Si≤0.5 Fe≤0.5 Al余量	σ_b≥95	用于铝锰合金、纯铝及其他铝合金的焊接，如1100和3003铝合金等

纯铝焊条用于焊接对接头性能要求不高的铝及铝合金；铝硅焊条（E4043）的焊缝有较高的抗热裂性能；铝锰焊条（E3003）具有较好的耐蚀性。铝及铝合金焊条熔化速度快，操作较困难，一般须采用短弧快速焊。

8. 特殊用途焊条及专用焊条

（1）特殊用途焊条

特殊用途焊条是指具有特殊功能、可在特殊工作条件下使用的焊条。如能在水下焊接或切割用的焊条等，表 2-54 所示是几种国产特殊用途焊条的主要性能及用途。

（2）专用焊条

专用焊条是相对于通用焊条而说的。专用焊条在某些工作条件下具有更好的适应性、更高的生产效率或更特殊的性能等，一般都是在通用焊条的基础上根据生产实际需要而发展起来的。这里简要介绍常用的几种专用焊条。

① 铁粉焊条是在焊条药皮中加入 30%以上的铁粉，可以改善焊接工艺性能，提高熔敷效率 130%～200%，最高达 250%，故又称铁粉高效焊条，一般只适用于平焊和船形焊。

② 向下立焊焊条。通用焊条立焊时，一般是由下向上进行施焊，对焊工的操作技能要求较高，焊接速度慢，焊缝成形不良。采用这种向下立焊焊条施焊时，可自上直拖而下，不摆动，焊接速度快，成形美观，可用较大的焊接电流，因而比通用焊条由下向上立焊可提高生产效率达 30%以上，并能节省材料和电能。

常用的立向下焊条有 J505、J425、J421X、J426X、J427X、J506X、J507X 等。

③ 管道专用焊条。管线接头大多处于水平对接接口，管道专用焊条要求全位置焊接工艺性能优良，不同焊位（平、立、仰等）使用同一焊接工艺参数，立焊时不得由上向下施焊，打底焊应具有良好的抗裂性能和抗气孔能力，并可单面焊双面成形，常用焊条（包括底层焊条）有 J420G、J425G、J506D、J507XG 等。

④ 底层焊条。底层焊条又称打底焊条，主要用于单面坡口多层焊的第一道焊缝焊接。这种焊条具有良好的抗裂性能和抗气孔能力，在狭窄的坡口中仍具有优良的脱渣性和单面焊双面成形的性能。

表 2-54　特殊用途焊条的主要性能及用途

牌号	焊条名称	药皮类型	电源种类	熔敷金属主要化学成分的质量分数/%	熔敷金属主要力学性能	主要用途
TS202 TS203	水下焊点	钛钙型	直流	C≤0.12 Mn 0.30～0.60 Si≤0.25	σ_b≥410MPa σ_b≥420MPa	适用于低碳钢结构的水下焊补或焊接
TS304	水下割条	氧化铁型	直流	—	—	适用于水下切割
TS404	开槽割条	氧化铁型	交、直流	—	—	主要用于铸铁件补焊前开坡口，也可用于挖出合金钢、w(C)>0.45%的中碳钢及铜合金中缺陷部分和去掉耐磨堆焊中的疲劳层
TS500	管状焊条	锰型	交、直流	C≈0.12　Mn≈1.2 Si≤0.3 Mo≈0.3	σ_b≥490MPa δ_5≥20% A_{kV}≥37J(常温)	电渣焊用管状焊条，适合焊接中厚板、低碳钢及相应强度等级的低合金钢如 Q390(15MnV)、Q345(16Mn)等
TS607	铁锰铝焊条	低氢型	直流	C 0.25～0.4　Si≤2.1 Mn 22～25　Al 2～3 Mo 0.4～0.7	σ_b≥590MPa δ_5≥14% A_{kV}≥371(常温)	可用于焊接高温耐热腐蚀含铝钢，如 15Al3MoWTi 炉管等
TSJ421 TSJ422	碳钢焊条	钛型 钛钙型	交、直流	S≤0.04 P≤0.04	σ_b≥420MPa	用于碳钢薄板焊接，最薄可焊 0.35mm 的板材
TSA102	不锈钢焊条	钛钙型	交、直流	C≤0.10　Si≤0.9 Mn 0.5～2.5 Cr 18～21　Ni 9～11	—	用于 0Cr19Ni9、0Cr19Ni11Ti 薄板焊接，最薄可焊 0.35mm 的板材

⑤ 盖面焊条。在坡口中进行多层焊时，用此焊条施焊最后一道表面焊缝，以改善焊缝外观成形和接头性能。常用的焊条有 J422GM、J506GM 等。

⑥ 重力焊条。重力焊条是指在重力焊中使用的焊条，其长度比通用焊条长，一般为 550～900mm，常用的为 700mm，直径为 ϕ4.5～8mm。

重力焊是船舶制造中发展起来的一种半机械化电弧焊接方法。图 2-7 所示为这种方法的焊接装置。焊接时随着焊条的熔化消耗，依靠焊条和焊钳的重力沿滑轨向下移动，自动维持电弧。当焊条将耗尽时，滑轨下端的一个弯头使焊钳翻转，自动熄弧结束焊接过程。这种焊接方法设备简单、操作方便，一名焊工可同时操作 3 台以上焊接装置，主要用于船体结构中的 T 形部件、加强肋及分段构架中的横角焊缝的焊接，焊缝等角性强，成形平滑美观，生产效率高。为了进一步提高效率，把焊条做成铁粉高效重力焊条，如 J501Fe15、J501Fe18（E5024）等，其熔敷效率达 150%以上。

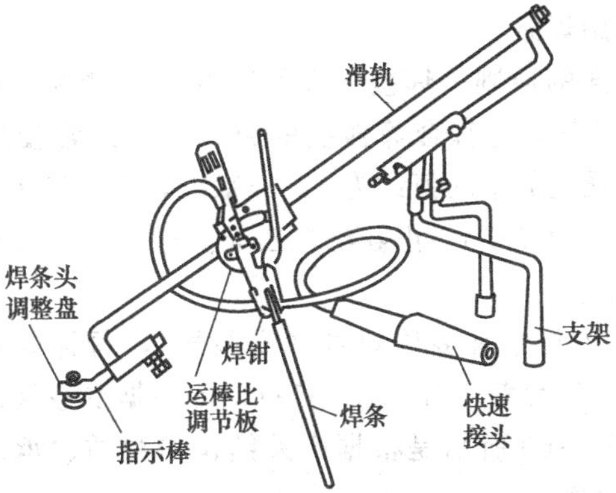

图 2-7 重力焊装置示意图

⑦ 高韧性焊条。高韧性焊条是指用该种焊条焊接，其焊缝金属的韧性比强度级别相同的普通焊条高。其主要用于工作条件复杂的重要或大型焊接结构，如海洋工程、压力容器、矿山机械、低温设备等，由于这类结构的安全运行要求很高，所以对焊接接头的性能提出更高的要求。为了防止发生低应力的脆性破坏，其冲击韧度和 COD 值比同类普通焊条要高得多。这类焊条一般都具有净化焊缝金属、细化晶粒和减少扩散氢的性能，如 J506GR、J507RH 等。

二、焊条的选择和使用

1. 碳钢、低合金钢的焊条选择和使用

(1) 基本选择要点

选用焊条的基本原则是在确保焊接结构安全使用的前提下，尽量选用工艺性能好和生产效率高的焊条。

确保焊接结构安全使用是选择焊条首先考虑的因素。根据被焊构件的结构特点、母材性质和工作条件（如承载性质、工作温度、接触介质等）对焊缝金属提出安全使用的各项要求，所选焊条都应使之满足，必要时通过焊接性试验来选定。

在生产中有同种金属材料焊接和异种金属材料焊接的两种情况，选用焊条时考虑的因素应有所区别。表 2-55 和表 2-56 分别列出了同种钢材和异种钢材焊接时选用焊条的要点。

(2) 各种碳钢与低合金钢焊条选择要点

① 低碳钢用焊条

a. 根据等强的原则。焊接低碳钢时在一般情况下选用 E43××(J42×) 系列焊条，可符合等强度的原则。如通常使用的为低碳钢 Q235，其抗拉强度的平均值约为 417.5MPa，而 E43××系列焊条的抗拉强度不小于 420MPa，正好与之匹配。这也是低碳钢焊接时焊条选用的主要依据。

E43××系列焊条有多种牌号（或型号），每种焊条的特点、性能也不尽相同（参看表 2-57～表 2-59），可根据受载情况、结构特点等加以选用。表 2-60 所示是根据产品结构的材质、承载特点和重要性选用焊条的实例。

表 2-55 同种钢材焊接时焊条选用要点

选用依据	选用要点
力学性能和化学成分要求	①对于普通结构钢，通常要求焊缝金属与母材等强度，应选用熔敷金属抗拉强度等于或稍高于母材的焊条 ②对于合金结构钢，主要要求焊缝金属力学性能与母材匹配，有时还要求合金成分与母材相同或接近 ③在被焊结构刚性大、接头应力高、焊缝容易产生裂纹的不利情况下，可考虑选用比母材强度低一级的焊条 ④当母材中碳及硫、磷等元素的含量偏高时，焊缝容易产生裂纹，应选用抗裂性能好的低氢焊条

续表

选用依据	选用要点
焊件的使用性能和工作条件要求	①对承受动载荷和冲击载荷的工件，除满足强度要求外，主要应保证焊缝金属具有较高的冲击韧度和塑性，可选用塑性和韧性指标较高的低氢焊条 ②接触腐蚀介质的工件，应根据介质的性质及腐蚀特征选用不锈钢类焊条或其他耐腐蚀焊条 ③在高温或低温条件下工作的工件，应选用相应的耐热钢或低温钢焊条
焊件的结构特点和受力状态	①对结构形状复杂、刚性大及厚度大的工件，由于焊接过程中产生很大的应力，容易使焊缝产生裂纹，应选用抗裂性能好的低氢焊条 ②对焊接部位难以清理干净的工件，应选用氧化性强，对铁锈、氧化皮、油污不敏感的酸性焊条 ③对受条件限制不能翻转的工件，有些焊缝处于非平焊位置，应选用全位置焊接的焊条
施工条件及设备	①在没有直流电源而焊接结构又要求必须使用低氢焊条的场合，应选用交、直流两用低氢焊条 ②在狭小或通风条件差的场合，选用酸性焊条或低尘低毒焊条
操作工艺性能	在满足产品性能要求的条件下，尽量选用工艺性能好的酸性焊条
经济效益	在满足使用性能和操作工艺性的条件下，尽量选用成本低、效率高的焊条

表 2-56　异种钢材焊接时焊条选用要点

异种金属	选用要点
强度级别不同的碳钢和低合金钢、低合金钢和低合金钢	①一般要求焊缝金属及接头的强度不低于两种被焊金属的最低强度，因此选用的焊条应能保证焊缝及接头的强度不低于强度较低的钢材的强度，同时焊缝的塑性和冲击韧度应不低于强度较高而塑性较差的钢材的性能 ②为了防止裂纹，应按焊接性较差的钢种确定焊接工艺，包括焊接参数、预热温度及焊后处理等
低合金钢和奥氏体不锈钢	①通常按照对熔敷金属化学成分限定的数值来选用焊条，建议使用铬镍含量高于母材的，塑性、抗裂性较好的不锈钢焊条 ②对于非重要结构的焊接，可选用与不锈钢成分相应的焊条
不锈钢复合钢板	为了防止基体碳素钢对不锈钢熔敷金属产生稀释作用，建议对基层、过渡层、覆层的焊接选用三种不同性能的焊条： ①对基层(碳钢或低合金钢)的焊接，选用相应强度等级的结构钢焊条 ②对过渡层(即覆层和基体交界面)的焊接，选用铬、镍含量比不锈钢板高的塑性、抗裂性较好的奥氏体不锈钢焊条 ③覆层直接与腐蚀介质接触，应选用相应成分的奥氏体不锈钢焊条

表 2-57　各类低碳钢焊条工艺性能的比较

牌号	型号	药皮类型	熔渣特性	焊条工艺性能							
				电弧稳定性	焊缝成形	脱渣性	焊接位置	熔敷系数	飞溅	熔深	发尘量/(g/kg)
J421	E4313	高钛钾型	酸性短渣	好	美观	好	全位置	一般	少	较浅	5～8
J422	E4303	钛钙型	酸性短渣	较好	美观	好	全位置	一般	少	较浅	5～8
J423	E4301	钛铁矿型	酸性(介于长短渣之间)	较好	整齐	一般	全位置	较高	一般	一般	6～9
J424	E4320	氧化铁型	酸性长渣	一般	整齐	一般	平焊	高	较多	较深	8～12
J425	E4310	纤维素型	酸性短渣	一般	波纹粗	好	全位置	高	较多	较深	—
J426	E4316	低氢钾型	碱性短渣	较差	波纹粗	较差	全位置	一般	一般	稍深	14～20
J427	E4315	低氢钠型	碱性短渣	一般	波纹粗	较差	全位置	一般	一般	稍深	11～17

表 2-58　各类低碳钢焊条冶金性能的综合比较

牌号	型号	药皮类型	熔敷金属力学性能			抗裂性	抗气孔性	氧化物-硫化物夹杂总量/%
			抗拉强度 σ_b/MPa	伸长率 δ/%	冲击功 A_{kV}/J			
J421	E4313	钛型	440～490	20～28	98～147	较差	大电流或焊接 Si、S 含量较高的钢材时，气孔敏感性强，对铁锈、水分不太敏感	0.109～0.131
J422	E4303	钛钙型	440～490	20～30	123～196	尚好		
J423	E4301	钛铁矿型	420～480	20～30	123～196	尚好		
J424	E4320	氧化铁型	430～470	25～30	110～160	较好	较好，对铁锈、水分不敏感	0.134～0.203
J425	E4310	纤维素型	430～490	20～28	98～147	较好	氢白点敏感性强，对铁锈、水分不太敏感	0.10
J426	E4316	低氢钾型	460～510	22～32	245～368	良好	对铁锈、水分很敏感，引弧处及长弧焊时易出气孔，直流正接焊时也易出气孔	0.028～0.090
J427	E4315	低氢钠型	460～510	24～35	270～390	良好		

表 2-59 结构钢焊条的主要性能

牌号	型号	药皮类型	电源种类	主要力学性能(≥)			
				σ_b/MPa	$\sigma_{0.2}$/MPa	δ_5/%	A_{kV}/J
J350	—	—	直流	340	—	22	80
J420G	E4300	特殊型	交、直流	330	330	22	27(0℃)
J421	E4313	高钛钾型				17	—
J421X							
J421Fe		铁粉钛型					
J421Fe13	E4324						
J422	E4303	钛钙型				22	27
J422GM							
J422Fe		铁粉钛钙型				22	27(0℃)
J422Fe13	E4323						
J422Fe16							
J422Z13	E4303	钛钙型					
J422CrCu	E4301	钛铁矿型					
J423	E4320	氧化铁型					
J424	E4327	铁粉氧化铁型					—
J424Fe14	E4311	高纤维素钾型					27(−30℃)
J425	E4316	低氢钾型					
J426	E4315	低氢钠型					
J427			直流				
J427Ni							27(−40℃)
J501Fe15	E5024	铁粉钛型	交、直流	490	400	17	27(0℃)
J501Fe18						23	47(0℃)

续表

牌号	型号	药皮类型	电源种类	主要力学性能(≥)			
				σ_b/MPa	$\sigma_{0.2}$/MPa	δ_5/%	A_{kV}/J
J501Z1	E5024	铁粉钛型	交、直流	490	400	17	27(0℃)
J502	E5003	钛钙型				20	
J502Fe		铁粉钛钙型					
J502Fe16	E5023					22	
J502Fe18							
J502CuP	—	钛钙型			345	16	35
J502NiCu	E5003-G				390	20	27(0℃)
J502WCu							
J502CrNiCu						22	
J503	E5001	钛铁矿型			400	20	
J503Z							
J504Fe	E5027	铁粉氧化铁型	交、直流	490	400	22	27(−30℃)
J504Fe14							
J505J505G	E5010-G	高纤维素钾型				20、22	
J505MoD	E5011						
J506	E5016	低氢钠型				22	47(−20℃)
J506H	E5016-1						27(−46℃)
J506X	E5016						27(−30℃)
J506DF							
J506D							
J506GM							47(−40℃)
J506Fe	E5018	铁粉低氢钠型					27(−30℃)

续表

牌号	型号	药皮类型	电源种类	主要力学性能(≥)			
				σ_b/MPa	$\sigma_{0.2}$/MPa	δ_5/%	A_{kV}/J
J506Fe-1	E5018	铁粉低氢钾型	交、直流	490	400	23	27(−46℃)
J506Fe16	E5028					22	27(−20℃)
J506Fe18				490	400	22	27(−20℃)
J506LMA	E5018	低氢钾型					
J506WCu	E5016-G				390		30(−20℃)
J506R							53(−40℃)
J506RH					410		34(−40℃)
J506NiCu					390		27(−30℃)
J507NiCu	E5015-G	低氢钠型	直流				
J507	E5015				400		27(−30℃)
J507H							
J507R	E5015-G				390		47(−30℃)
J507GR					410	24	47(−40℃)
J507RH						22	34(−40℃)
J507X	E5015			490	400	22	27(−30℃)
J507DF							
J507XG							
J507D							
J507Fe	E5018	铁粉低氢型	直流				
—	E5018M	铁粉低氢型	交、直流		365～500	24	67(−30℃)
J507Fe-16	E5028		直流		400	22	27(−20℃)
J507Mo	E5015-G	低氢钠型	直流	490	390	22	27(−30℃)
J507MoNb							

续表

牌号	型号	药皮类型	电源种类	主要力学性能(≥)			
				σ_b/MPa	$\sigma_{0.2}$/MPa	δ_5/%	A_{kV}/J
J507MoW	E5015-G	低氢钠型	直流	490	390	22	—
J507CrNi							
J507CuP							
J507FeNi	E5018-G	铁粉低氢型					53(−40℃)
J507MoWNbB	E5015-G	低氢钠型	直流	490	390	22	27(常温)
J507NiCuP							30(−20℃)
J507SLA					345	20	—
J507SLB							
J553	E5501-G	钛铁矿型	交、直流	540	440	16	27(常温)
J556	E5516-G	低氢钾型				17	27(−30℃)
J557	E5515-G	低氢钠型	直流				
J557Mo							
J557MoV							—
J556RH	E5516-G	低氢钾型	交、直流				34(−40℃)
J606	E6016-D1			590	490	15	27(−30℃)
J607	E6015-D1	低氢钠型	直流				34(−40℃)
J607Ni	E6015-G						
J607RH				610	490	17	47(−40℃)
J707	E7015-D2			690	590	15	27(−30℃)
J707Ni	E7015-G						27(−58℃)
J707RH						20	34(−50℃)
J707NiW		低氢钠型	直流	690	590	16	27(−50℃)
J757	E7515-G			740	640	13	—

续表

牌号	型号	药皮类型	电源种类	主要力学性能(≥)			
				σ_b/MPa	$\sigma_{0.2}$/MPa	δ_5/%	A_{kV}/J
J757Ni	E7515-G	低氢钠型	直流	740	640	13	27(−40℃)
J807	E8015-G			780	690	11	27(常温)
J857	E8515-G			830	780	12	—
J857Cr							
J907	E9015-G			980	880	12	
J107Cr	E1000015-G						

表 2-60 低碳钢焊条选用举例

钢号	一般结构（包括壁厚不大的中、低压容器）		动载荷、复杂和厚板结构，重要的受压容器，低温下焊接		施焊条件
	型号	牌号	型号	牌号	
Q235	E4313 E4303 E4301 E4320 E4311	J421 J422 J423 J424 J425	E4303 E4301 E4320 E4311 E4316 E4315	J422 J423 J424 J425 J426 J427	一般不预热
Q255					厚板结构预热150℃以上
08,10,10,20	E4303 E4301 E4320 E4311	J422 J423 J424 J425	E4316 E4315 E5016 E5015	J426 J427 J506 J507	一般不预热
25	E4316 E4315	E426 E427	E5016 E5015	E506 E507	厚板结构预热150℃以上
20g,22g,20R	E4303 E4301	J422 J423	E4316 E4315	J426 J427	一般不预热

b. 当焊接厚板、大刚性结构或返修焊接时，应采用抗裂性能好的低氢型或超低氢焊条。一般可参照表 2-61 进行选用。

表 2-61　根据低碳钢板厚来选用焊条

焊条牌号	板厚/mm			
	10	20	30	40
J421				
J422				
J423 J425				
J424				
J426 J427				
J422Fe J426Fe J427Fe				

同样板厚的对接接头与 T 形接头的散热条件各不相同，后者的角焊缝冷却快，需考虑抗裂问题；随着焊脚尺寸的加大，填充金属量是以平方数增加，也需相应选用较大的焊条直径。表 2-62 提供了按低碳钢角焊缝焊脚尺寸来选用焊条的参考资料。

表 2-62　按焊脚尺寸来选用低碳钢焊条（单层焊时）

焊条	焊条直径/mm	焊脚尺寸 K/mm											
		2	3	4	5	6	7	8	9	10	11	12	13
J421	2												
	2.5												
	3.2												
	4.0												
J422 J423 J426 J427	2.5												
	3.2												
	4.0												
	5												
	6												
J422Fe J426Fe J427Fe	4												
	5												
	6												

c. 向下立焊或要求单面焊双面成形时，应采用专用的底层焊条。

② 中碳钢用焊条

a. 中碳钢焊接时应尽量选用低氢型焊条。低氢型焊条具有较好的脱硫能力，熔敷金属的塑性和韧度良好，含氢量低，所以对热裂纹或氢致冷裂纹来说，抗裂性较高。

b. 当不要求焊缝与母材等强时，可选用强度等级稍低的低氢型焊条。焊接过程需配合预热（200～350℃）和缓冷措施。

c. 在个别情况下，也采用钛铁矿型或钛钙型碳钢焊条（如 J503、J502 等），但应有严格的工艺措施（如严格控制预热温度、减小熔合比等），才能取得满意的效果。

d. 在特殊情况下，也可采用铬镍奥氏体不锈钢焊条，焊接时可不预热。由于焊缝金属塑性好，可减小焊接接头应力，避免热影响区冷裂纹的产生。焊接碳钢时焊条的选用见表 2-63。

③ 高碳钢用焊条　高碳钢焊接时必须采用低氢型焊条，当强度要求高时，可选用 J607、J707 或 J607Ni、J707Ni 等；当强度要求不高时，可选用 E5018M 或 J506、J507、J557、J507Ni 等。在不能预热的条件下，也可选用塑性好的铬镍奥氏体不锈钢焊条，如 A102、A107、A302、A307 或 A402、A407 等。

表 2-63　焊接碳钢时焊条的选用

<table>
<tr><th rowspan="2">钢号</th><th rowspan="2">母材中碳的质量分数/%</th><th colspan="3">选用焊条牌号</th></tr>
<tr><th>要求等强度的构件</th><th>不要求强度或不要求等强度的构件</th><th>塑性好的焊条</th></tr>
<tr><td>35</td><td>0.32～0.40</td><td rowspan="2">J506 J507
J556 J557</td><td rowspan="2">J422 J423
J426 J427</td><td rowspan="6">A102 A107
A302 A307
A402 A407</td></tr>
<tr><td>ZG270-500</td><td>0.31～0.40</td></tr>
<tr><td>45</td><td>0.42～0.50</td><td rowspan="2">J556 J557
J606 J607</td><td rowspan="2">J422 J423
J426 J427
J506 J507</td></tr>
<tr><td>ZG310-570</td><td>0.41～0.50</td></tr>
<tr><td>55</td><td>0.52～0.60</td><td rowspan="2">J606 J607</td><td rowspan="2">J422 J423
J426 J427
J506 J507</td></tr>
<tr><td>ZG340-640</td><td>0.50～0.61</td></tr>
</table>

④ 低合金高强度钢焊条的选择要点

a. 一般应选用与母材强度等级相当的焊条。当要求韧性较高时，应选择高韧性的等强度焊条品种。

b. 焊接超高强度钢或对韧性有特殊要求的钢种时，从等韧性角度考虑，可选用强度等级稍低而韧性更高些的焊条，即采取低强匹配。

c. 对于厚度大、拘束度大或冷裂倾向大的结构，应选用低氢型或超低氢型焊条。

d. 不同强度等级的钢种焊接时，可按其中强度等级较低的钢种选配焊条。

⑤ 低合金耐蚀钢焊条的选择要点

a. 主要根据焊缝的耐蚀性能来选择焊条，即焊缝的成分尽可能与母材相接近。

b. 在焊缝成分与母材相接近的前提下，再根据母材的强度等级来选择相近等级的焊条。

(3) 焊条的使用注意事项

① 焊条的再烘干

a. 低氢型焊条焊前必须烘干，并放在100～150℃的保温箱中保存，随用随取。普通焊条烘干温度在350℃左右，高强度焊条的烘干温度为400～430℃。

b. 为改善焊接工艺性能，非低氢型焊条严重吸潮后也要再进行烘干。

② 坡口的清理

a. 焊前应清除坡口内的锈、油、水分等污物。

b. 定位焊接时的焊渣和烟尘能够吸潮，焊完定位焊缝后应及时清除。

③ 控制焊接热输入　焊接高度钢时，线能量过大将引起焊缝强度和韧性降低，应严格控制，立焊时应采用多层多道焊技术。

④ 预热、道间温度及后热处理　焊接高强度钢时，为防止产生冷裂纹，根据钢种的不同应选择合适的预热及道间温度，必要时采用相应的后热处理，也称去氢处理。

⑤ 焊接操作注意事项

a. 在坡口内引弧时要采用返回式操作方法，也可在引弧板上起弧后再移入坡口内。

b. 尽可能采用短弧焊接。

c. 每一层焊缝的厚度尽可能薄，可有效提高焊缝的冲击韧性。

d. 当焊接现场风速超过3m/s时，要采用防风措施。

e. 在密闭环境中施焊时应采取通气换气措施。

f. 焊接高磷耐大气腐蚀钢时，为防止裂纹，应采用较小的焊接电流和较慢的焊速。

(4) 焊条与钢种的配套

① 低碳钢和高强度钢与焊条的配套　碳钢和低合金高强度钢焊接时可选用的焊条列于表 2-64，表中所列为代表性的牌号，有些专用性焊条可根据需要相应选择。

表 2-64　与碳钢和低合金高强度钢、合金结构钢配套的焊条

屈服强度等级/MPa	钢号	钢号(原称)	焊条牌号
≤275	20g　20Q　Q275　22g　10　15　25　30	—	J421　J421X　J422　J422Fe　J423　J425　J425G　J426　J427　J427X　J427Ni
295	Q295	09MnV　09MnNb　09Mn2　12Mn	J422　J426　J423H　J426Fe　J427　J427X　J427Ni
345	Q345	16Mn　09MnCuPTi　16MnRE　14MnNb　12MnV　18Nb	J502　J507R　J503　J507　J506　J507H　J507　J507RH　J507FeNi　J507X
390	Q390	15MnV　15MnTi　15MnVRE　16MnNb　10MnPNbRE	J502　J506R　J503　J507D　J506　J507H　J507　J507RH　J507Fe　J507X
420	Q420	15MnVN　14MnVTiRE　14MnMoNb　CF60　HQ60	J556　J606R　J557　J606RH　J557Mo　J607Ni　J557MoV　J607RH
490	Q490	14MnMoV　15MnMoVCu　CF-62　18MnMoNb	J606　J607　J607Ni　J607RH
590	20Mn2	—	J707　J707Ni　J707NiCr　J707NiW　J707RH
685	35Mn2　HQ80　30Cr　HQ80C　CF80	—	J807　J757Ni　J807RH
785	10Ni5CrMoV　50Mn2　40Cr	—	J857NiCr
835	HQ100　27SiMn　35CrMo　38CrMoAl	—	J956

续表

屈服强度等级/MPa	钢号	钢号(原称)	焊条牌号
885	30CrMnSi 18CrMnNiMoA 20CrMnMo	—	J857Cr　J107Cr

② 低合金耐蚀钢配套用焊条　与低合金耐蚀钢配套的焊条列于表2-65。

表2-65　与低合金耐蚀钢配套的焊条

腐蚀介质	钢　号	焊条牌号
大气	16CuCr　12MnCuCr　09CuPCrNi	J422CrCu　J422CuCrNi
	09Mn2Cu　09MnCuPTi 10MnPNbRE　16MnCu　08MnPRE 12MnPRE　12CuPCrNi　15MnCuCr	J502CuP　J502NiCu　J507NiCrCu 507NiCu　J507CuP　J507NiCrCu J506NiCu　J506WCu
海水	10NiCuP	J507NiCuP
	10CrAl　10CrMoAl	J507CrNi
硫化氢	12MoVAl	J507Mo
	12SiMoVNb　15MoV	507MoNb
	10MoWVNb	J507MoW
	12SiMoVNb	J507MoWNbB
	15MoVAl	J507MoNb
氢、氮、氨	20Al2VRE	J507CrNi　A302　A307
	08WVSn	J507WV
	09CuWSn	J507WCu
	渗铝钢	J507SL　J557SL
氧化腐蚀	15Al3MoWTi	TS607
	10MoWVNb	J507MoW

2. 铬钼耐热焊条的选择和使用

(1) 焊条的选择要点

① 通常根据钢种的化学成分来选择相近成分的焊条，这样可使熔敷金属的化学成分和力学性能与母材相接近。如果两者成分相差很大，焊接接头长期在高温下工作，会使接头的持久强度明显下降。

② 焊缝金属的强度不宜选择得过高，否则塑性变差，接头冷弯性能达不到要求。

③ 为提高焊缝的韧性和抗裂性能，可选择含碳量低的铬钼钢焊条。

④ 焊接马氏体耐热钢时，若焊后不进行热处理，可选用塑性好的铬镍奥氏体不锈钢焊条，如 A302、A402 等。

⑤ 异种铬钼耐热钢焊接时，一般选用与中间成分相近的焊接材料，并应根据其中焊接性差的母材来确定预热、道间温度及焊后热处理条件。

(2) 焊条使用注意事项

① 预热和焊后热处理　铬钼耐热钢淬硬倾向大，容易产生冷裂纹。因此，必须进行预热，并保持一定的道间温度。焊后热处理有利于消除残余应力、加速扩散氢氧的逸出、降低焊缝硬度和改善焊缝的力学性能。注意加热温度不应超过母材的回火温度。另外，加热和冷却速度也应严格控制，以防止出现回火脆化和再热裂纹。铬钼耐热钢的预热及焊后热处理规范参见表 2-66，加热和冷却速度按 200×25/t（℃/h）计算，t 为板厚（mm），但最大速度不能超过 200℃/h。

表 2-66　预热和道间温度及焊后热处理温度

钢　　种	预热和道间温度/℃	焊后热处理温度/℃
Mn-MO-Ni 钢	150～250	590～650
0.5Mo　0.5Cr-0.5Mo	100～250	620～680
1Cr-0.5Mo　1.25Cr-0.5Mo	150～300	650～700
2.25Cr-1Mo　3Cr-1Mo	200～350	680～730
5Cr-0.5Mo　9Cr-1Mo	250～350	710～780

② 焊接热输入　焊接热输入对抗裂性能和焊缝金属力学性能都有明显影响，应控制在适当范围之内，既不能太大也不能过小。

③ 焊接操作注意事项　可参见结构钢焊接中的相关内容。但是，马氏体耐热钢的焊接弧坑裂纹尤应引起重视，可采用快速多次点弧法来填满弧坑。

(3) 焊条与钢种的配套

珠光体耐热钢和马氏体耐热钢配套用焊条列于表 2-67。

表 2-67　珠光体耐热钢和马氏体耐热钢配套用焊条

类别	钢　号	焊条牌号
珠光体耐热钢	15Mo	R102　R107
	12CrMo	R200　R202　R207

续表

类别	钢　　号	焊条牌号
珠光体耐热钢	15CrMo	R302　R307　R307H
	12CrMo	R207　R307　R307H
	12CrMoV	R310　R312　R317　R316Fe
	15CrMoV　20Cr1MoV	R327　R337　R317
	Cr2Mo	R400　R407　R406Fe
	12Cr3MoVTiB	R417　R427
	12MoWSiBRE	R317　R327
	12Cr2MoWVTiB	R340　R347
马氏体耐热钢	Cr5Mo	R507
	Cr5MoWVTiB	R517A
	Cr9Mo	R707
	Cr9MoNiV	R717
	Cr9Mo1	R717A
	1Cr11MoV	R802　R807
	Cr11MoNiVW	R817
	Cr11MoNiV	R827

3. 低温钢焊条的选择和使用

(1) 焊条选择要点

① 焊条的选择主要是根据焊件的工作温度要求来确定的。−45℃以上使用的焊件，可选择高韧性的结构钢焊条或Ti-B系的低合金钢焊条；−60～−70℃下使用的低温钢，一般选用含镍约2.5%的低温钢焊条；−90～−100℃下使用的低温钢，可选用含镍3.5%～4.5%的低温钢焊条；极低温下使用的结构，应选用奥氏体焊条或镍基合金焊条。

② 不同使用温度的低温钢种相互焊接时，选择的焊条应与低温韧性较高的钢材相匹配。

(2) 焊条使用注意事项

① 焊件的工作温度不同，设计时所用的材料也不相同（参见图2-8）。

② 采用小的焊接线能量　为提高焊缝韧性，焊接电流尽可能小些，尽量不摆动，在熔合良好的前提下焊速尽量快些，以减小每层焊道的厚度，配以多层多道焊，通过后续焊道的热作用，增大晶粒细化

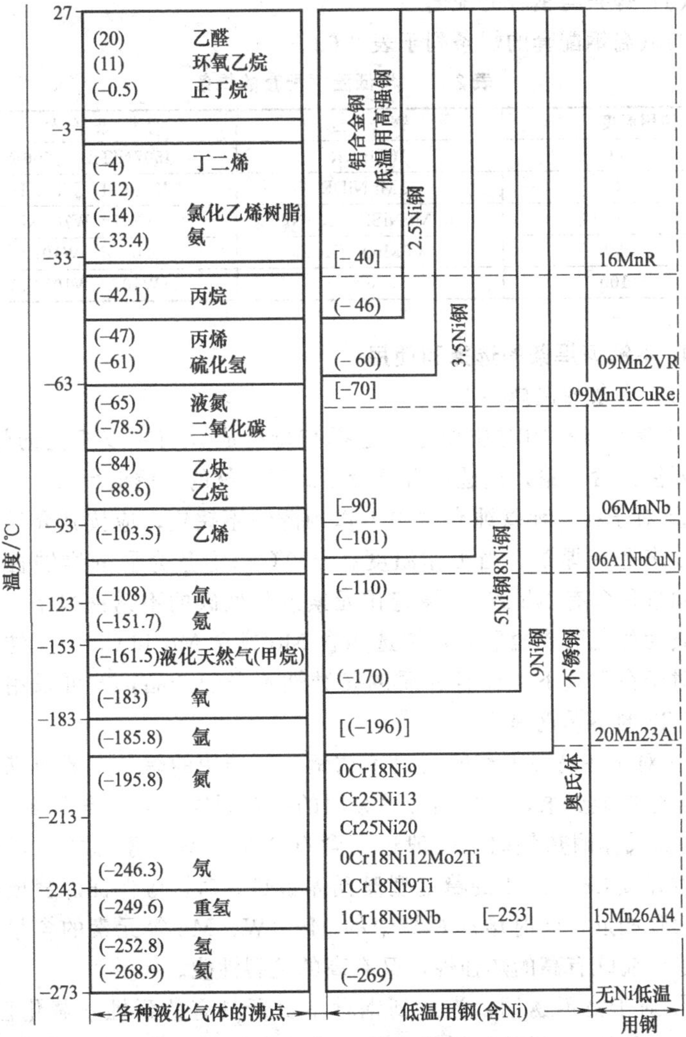

图 2-8 各种液化气体的沸点与低温用钢

的区域。

③ 预热和道间温度 在不产生冷裂纹的前提下尽可能降低预热和道间温度，以改善韧性。

④ 焊后热处理 应选择最佳热处理规范，防止出现焊缝脆化。

(3) 焊条与钢种的配套

与低温钢配套的焊条列于表2-68。

表2-68 与低温钢配套的焊条

使用温度/℃	钢 号	焊条牌号
−40	16MnDR	J507NiTiB J506R
−45	15MnNiDR	J506RH J507RH
−70	09MnNiSR 2.5Ni	W707 W707Ni
−90	06MnNbDR	W907Ni W107Ni
−100	3.5Ni	W107 W107Ni

4. 不锈钢焊条的选择和使用

(1) 焊条的选择要点

① 参照母材的材质型号，选择与母材成分相同或相近的焊条。特别要注意含碳量，应选用含碳量不高于母材的不锈钢焊条。

② 对于在各种腐蚀介质中工作的耐蚀不锈钢，应按其介质和工作温度来选择焊条。当工作温度在300℃以上且介质的腐蚀性较强时，须选用含有Nb或Ti稳定化元素或超低碳的不锈钢焊条。当工作介质为稀硫酸或盐酸时，常选用含Mo或含Mo和Cu的不锈钢焊条。对于在常温下工作且介质的腐蚀性不强的产品，方可采用不含Nb或Ti的不锈钢焊条。

③ 对于在高温工作的耐热不锈钢，所选用的焊条主要应满足接头的高温性能要求，并提高焊缝金属的抗热裂纹性能。当焊接Cr/Ni≥1的奥氏体耐热钢时，一般选用含有2%～5%铁素体的不锈钢焊条。当焊接Cr/Ni<1的稳定型奥氏体耐热钢时，应保证焊缝成分和母材大致相近，同时增加焊缝中的Mo、W、Mn等元素的含量，使得焊缝金属既有高的热强性，又有高的抗裂性能。

④ 对于铬不锈钢，为达到钢种本身所具有的耐蚀（氧化性酸、有机酸、气蚀）、耐热和耐磨性能，应选择与母材成分相近的铬不锈钢焊条，同时采用相应的预热和后热处理措施，有时为了改善焊接接头的塑性和简化焊接施工措施，也可采用铬镍不锈钢焊条（如A107、A207等），焊后不进行热处理。

⑤ 关于焊条药皮类型的选择，不锈钢焊条与结构钢焊条有所不同，较好的韧性、冷裂纹已不是不锈钢焊接的主要问题。所以，只有

在焊接马氏体不锈钢或焊接很大的结构时，才采用碱性不锈钢焊条。优良的焊接工艺性能使得钛酸性药皮（-17 型）近年来在国内外被大量采用。钛钙型药皮（-16 型）也具有良好的焊接工艺性能，且更适于全位置焊接，仍是常用的药皮类型之一。

（2）焊条的使用注意事项

① 焊条的再烘干　吸潮的焊条应再进行烘干，特别是钛酸性焊条，气孔敏感性大，更应严格烘干。钛钙型焊条可在 150℃条件下烘干 1h，钛酸性焊条应在 250～350℃条件下烘干 1h。

② 焊接电流　为防止焊条药皮发红开裂，降低因加热而产生的晶间腐蚀倾向，焊接不锈钢时电流不宜过大，通常比碳钢焊条降低约 20%。

③ 焊接操作要点　应尽可能采用短弧施焊，不宜进行横向摆动。引弧时应采用弧板，熄弧时注意把弧坑填满，以免产生弧坑裂纹。

④ 预热　为避免产生冷裂纹，焊接马氏体不锈钢时应预热到 200～400℃。铁素体不锈钢的预热温度不宜太高，以 100～200℃为宜。焊接奥氏体不锈钢时不必进行预热，道间温度也应尽量低些，一般在 250℃以下。

⑤ 焊后热处理　对于马氏体不锈钢，焊后热处理可以恢复焊缝及热影响区的塑性和韧性；对于铁素体不锈钢，也可恢复其塑性，但韧性变化不大。应严格按规范进行。

（3）与不锈钢钢种配套的焊条

与各种不锈钢钢号所配套的焊条牌号列于表 2-69。

表 2-69　不锈钢钢号及其配套焊条牌号

类别	钢　号	焊条牌号
奥氏体不锈钢	00Cr18Ni10　0Cr18Ni9Ti	A002　A002Mo
	00Cr17Ni15Si4Nb	A012Si
	00Cr18Ni12Mo2　00Cr17Ni14Mo2 00Cr17Ni14Mo3	A022 A212
	00Cr18Ni12Mo2Cu	A032
	00Cr22Ni13Mo2	A042
	0Cr18Ni9　1Cr18Ni9	A102　A102A　A107
	0Cr18Ni9Ti　1Cr18Ni9Ti	A132　A132A　A137
	0Cr18Ni12Mo2(Ti) 1Cr18Ni12Mo2(Ti)	A201　A202　A207　A212

续表

类别	钢　号	焊条牌号
奥氏体不锈钢	0Cr18Ni12Mo3Ti　1Cr18Ni12Mo3Ti	A242
	1Cr25Ni13　0Cr23Ni13 1Cr25Ni18　0Cr25Ni20 3Cr18Mn11Si2N　2Cr20Mn9Ni2Si2N	A302　A302A　A307 A402　A407
	4Cr25Ni20(HK-40)	A432
	Cr16Ni25Mo6　Cr15Ni25WTi2B	A502　A507
	Cr20Ni32　Cr18Ni37	A607
	0Cr17Mn13Mo2N(A4)	A707
	0Cr18Ni18MoCu2Ti	A802
马氏体不锈钢	1Cr13　2Cr13	G202　G207　G217　A302 A307　A402　A407
	1Cr17Ni2	G302　G307　A102　A107 A302　A307　A402　A407
	Cr11MoV	R802　R807
	Cr12WMoV	R817
铁素体不锈钢	0Cr13	G202　G207　G217　A102A 102A　A102　A107　A302 A307　A402　A407
	0Cr17　0Cr17Ti　1Cr17Ti	G302　G307　A102　A102A A107　A302　A307
	Cr25Ti	A302　A307
	Cr28　Cr28Ti	A402　A407　A412

5. 堆焊焊条的选择和使用

(1) 堆焊焊条的选择

堆焊焊条不像其他焊条那样要求与被堆焊的钢种成分或性能相符合，而是根据被堆焊件的工作条件、加工要求和堆焊金属类型来选择焊条。选择堆焊合金时，一般按下列步骤进行：

① 分析工作条件，确定可能的破坏类型及对堆焊金属的要求。

② 按一般规律列出几种可供选择的焊条。

③ 分析待选焊条和母材的相容性，包括产生热应力和裂纹倾向等。

④ 进行堆焊工件的现场试验。

⑤ 综合考虑使用寿命和成本，最后选定堆焊焊条。堆焊焊条选用举例列于表 2-70。

表 2-70 堆焊焊条选用举例

工作状态	典型产品	堆焊金属类型	可选用堆焊焊条
常温金属间磨损	轴类及车轮磨损面	低合金珠光体钢	D102 D107 D112 D126 D127 D132
	齿轮	合金马氏体钢	D156 D172 D237
	冲模、剪刀	合金马氏体钢	D322 D327
中温金属间磨损	阀门密封面	高铬不锈钢、铬锰钢	D502 D507 D512 D516M D517 D507Mo D577 D582
高温金属间磨损	热锻模	热作模具钢	D397
	热拔伸模等		D337
	阀门密封面	铬镍奥氏体不锈钢	D547 D547Mo D557
		钴基合金	D802 D812
	刀具	高速钢	D307
金属间磨损＋磨料磨损	压路机链轮	低合金珠光体钢	D102 D107 D112 D126 D127 D132
	排污阀	合金马氏体钢	D207 D212 D217
常温高应力磨料磨损	推土机刃板、矿山料车、铲斗齿	合金马氏体钢	D207 D212 D217 D227 D237
		合金铸铁	D608 D618 D628 D642 D646 D667 D678 D687 D698
常温低应力磨料磨损	泥浆泵、混凝土搅拌机叶片、螺旋输送机、水轮机叶片	合金马氏体钢	D207 D212 D217 D227 D237
		合金铸铁	D608 D618 D628 D632 D638 D642 D646 D667 D678 D687 D698
		碳化钨	D707 D717
	石油牙轮钻头、钻杆接头	碳化钨	D707 D717
高温磨料磨损	高温料炉、推焦机	合金铸铁	D642 D646 D667 D656
磨料与冲击磨损	颚式破碎机牙板、挖掘机斗齿	合金马氏体	D207 D212 D217 D237
		高锰钢	D256 D266
常温冲击磨损	铁道道岔、履带板	高锰钢	D256 D266
高温冲击磨损	热剪板机、热锯	铬锰奥氏体不锈钢	D276 D277
中温耐蚀	锅炉、压力容器	铬镍奥氏体不锈钢	A042

续表

工作状态	典型产品	堆焊金属类型	可选用堆焊焊条
高温耐蚀	内燃机排气阀	钴基合金	D802 D812 D822 D842
高温气蚀磨损	水轮机叶片	铬锰奥氏体不锈钢	D276 D277
高温耐磨耐蚀	高炉料钟	合金铸铁	D642 D646

（2）堆焊焊条的使用注意事项

耐磨堆焊的关键是得到足够的硬度和使裂纹减至最少，为此，应采取如下施工措施：

① 母材的清理　清除母材上的锈、油和返修部位存在的原始裂纹等。

② 预热和焊道间温度　为了使裂纹减至最少，应严格控制预热和道间温度，钢种碳当量和预热温度的关系列于表 2-71，由表可见，随着碳当量的增加，预热温度也相应升高。

表 2-71　钢种碳当量和预热温度的关系

钢种	碳当量①	预热和道间温度/℃
碳钢和低合金钢	≤0.3	≤100
	0.3～0.4	≥100
	0.4～0.5	≥150
	0.5～0.6	≥200
	0.6～0.7	≥250
	0.7～0.8	≥300
	0.8～0.9	≥350
高锰钢		不预热，焊道间须水冷
铬镍奥氏体不锈钢		不预热，焊道间温度≤150
高合金钢		≥400

① 碳当量＝C＋Mn/6＋Si/24＋Cr/15＋Mo/4＋Ni/15。

③ 后热　焊完后立即将工件在 300～350℃条件下保温 10～30min，对防止冷裂纹很有效果。

④ 减小熔合比　采用多层多道焊，控制焊接电流，减小熔深，以降低母材熔入量。

⑤ 堆焊隔离层　在高淬硬性低合金钢上进行耐磨堆焊或在碳钢上堆焊高硬度熔敷金属时，为防止裂纹应采用堆焊隔离层的方法。

6. **铸铁焊条的选择和使用**

(1) 铸铁的冷热焊接方法

熔敷金属为铸铁型的铸铁焊条的焊接工艺分电弧热焊、气焊及电弧冷焊。熔敷金属为非铸铁型的铸铁焊条的焊接工艺为电弧冷焊。

① 铸铁型铸铁焊条的电弧热焊　将工件整体预热或将缺陷及周边位置局部预热达500～700℃，此时预热部位大约呈暗红色，之后开始焊接。焊接采用焊后进行缓冷的铸铁焊补工艺。

② 气焊　采用氧-乙炔火焰，适合焊补薄壁铸铁，先用氧-乙炔火焰将待焊补处预热到500～700℃，再采用适当成分的铸铁焊芯对缺陷进行气焊焊补，焊补火焰为中性焰或弱碳化焰。焊补过程应加入碱性氧化物，以保证被火焰氧化的硅被及时清除。焊补后保持焊补件缓冷，可采用炉中保温或氧-乙炔火焰后热保温等方式。

③ 铸铁型铸铁焊条的电弧冷焊　此方法的特点在于焊前对焊补件不预热。这种方法劳动条件好，但焊接接头易产生白口及淬硬组织。有两种解决途径：通过焊条大量过渡石墨化元素；采用大直径焊条、大焊接电流以提高焊接热输入，起到使工件缓冷的效果，促进石墨化。上述解决办法对熔敷金属有一定的效果，但热影响区的白口倾向难以完全消除。因此，此方法可焊补刚度不大的大、中型灰口铸铁缺陷。

④ 非铸铁型的铸铁焊条的电弧冷焊　此方法又称异质焊缝的电弧冷焊，即采用不出现白口和淬硬组织的焊芯制作的焊条，如镍基焊条、镍铁焊条等，配合不预热、小热输入量的焊补工艺，可以较好地解决熔敷金属和热影响区白口和淬硬的现象。

(2) 铸铁焊条的选择要点

① 灰口铸铁用焊条　可选用的同质焊条即铸铁型焊条，如Z208和Z248，采用热焊法；异质焊条Z308（用于焊补后加工性要求高的工件）和Z408（用于高强度灰口铸铁），采用冷焊法；Z508焊条的强度较低，抗裂性差些，只用于对强度要求不高的加工工件的焊接。其他钢基和铜基焊条的焊缝表面颜色与母材差别太大，一般很少用。

② 球墨铸铁用焊条　可选用的同质焊条有Z238和Z258；异质焊条有Z408（用于加工面的焊接）和Z116、Z117（用于非加工面的焊接）。

③ 可锻铸铁用焊条　非加工面的焊接可采用 Z116 和 Z117 焊条；加工面的焊接宜采用 Z408 焊条。

④ 蠕墨铸铁用焊条　电弧冷焊时宜采用 Z408 焊条。

各类与铸铁配套的焊条及适用范围汇总于表 2-72，供选择焊条时参考。

表 2-72　各类与铸铁配套的焊条及适用范围

母材	适用范围	焊条种类				
		Z308	Z408	Z508	Z208 Z248	Z116 Z117
灰口铸铁	缩孔焊补	A	A	A	A	A
	连接	A	A	C	E	B
	裂纹焊补	A	A	B	B	B
球墨铸铁	缩孔焊补	A	A	C	D	B
	连接	B	A	E	E	C
	裂纹焊补	C	A	E	E	C
可锻铸铁	缩孔焊补	A	A	B	B	C
	连接	B	A	E	E	D
	裂纹焊补	B	A	E	E	D

注：A—优；B—良好；C——一般；D—稍差；E—不好。

(3) 铸铁焊条使用注意事项

① 母材的准备：若铸铁渗进了油，焊前应将母材加热到 400℃，将油烧掉；其他污物也应在焊前清除掉；修补缺陷时，焊前应采用机械加工或砂轮将缺陷全部清除，如裂纹缺陷在清除过程中有扩展的危险时，应先在裂纹的两端钻上止裂孔。

② 对于热焊工件，先预热至 500～700℃，然后连续施焊，保持焊接过程中始终接近这一温度，焊后趁红热状态覆盖保温材料，使之缓冷，以利于石墨化。

③ 对于冷焊工件，为避免母材熔化过多，减小白口层，尽量采用小电流、短弧、窄焊道，每段焊道长度一般不超过 50mm。每一道焊完之后立即进行锤击，至焊波消除为止。道间温度应不超过 60℃。

④ 为防止裂纹，焊接长焊道时推荐采用后退焊法、对称焊法和间隔焊法。对于深坡口工件，推荐进行预堆边焊，使坡口表面第一层为过渡层。

⑤ 收弧时注意填满弧坑，以免产生弧坑裂纹。

7. 镍及镍合金焊条的选择和使用

(1) 镍及镍合金焊条的选择原则

镍及镍合金焊条主要根据被焊母材的合金牌号、化学成分和使用环境等条件选用。焊条熔敷金属的主要化学成分应与母材的主要成分相接近，以保证焊接接头的各项性能与母材相当。但考虑到焊条在电弧中的合金损失，在焊条中还应含有一些其他元素，以改善焊缝性能或焊接工艺性能。

若采用相同成分的焊条达不到设计要求或者没有合适的类似合金成分的焊条时，则推荐选用性能高一级别的焊条，以保证焊缝的使用性能不低于母材。

镍及镍合金焊条的选用见表 2-73。

表 2-73 镍及镍合金焊条的选用

镍合金	焊条型号	焊条牌号
镍 200 镍 201	ENi-1 ENi-2	Ni102 Ni112
蒙乃尔 400 蒙乃尔 R405 蒙乃尔 502	ENiCu-7 ENiCu-1	Ni202
因康镍 600	ENiCrFe-1 ENiCrFe-3	Ni132 Ni182
因康镍 601	ENiCrFe-3 ENiCrMo-3	Ni182 Ni625
因康镍 625	ENiCrMo-3	Ni625
因康镍 718	ENiCrMo-3	Ni625
因康洛依 800 因康洛依 800A 因康洛依 801 因康洛依 802 因康洛依 825	ENiCrFe-2 ENiCrMo-3	Ni152 Ni625
哈斯特洛依 B	ENiMo-1 ENiMo-7	Ni154
哈斯特洛依 C	ENiCrMo-5	Ni818
哈斯特洛依 C-4	ENiCrMo-4 ENiCrMo-7	Ni818 Ni817
哈斯特洛依 C-276	ENiCrMo-4	Ni818
因康镍 690		Ni690

(2) 镍及镍合金焊条的使用注意事项

① 母材的准备：焊前应认真清除母材表面的油污、油漆、灰尘等脏物。

② 为防止气孔，采用短弧焊接。

③ 采用较小焊接电流，焊前不预热，保持较低的道间温度(<150℃)，以避免母材过热。

④ 焊接时焊条摆动幅度要小，焊道两侧停留稍长时间，以利于气孔和焊渣的浮出。

⑤ 收弧时注意填满弧坑，以免产生弧坑裂纹。

⑥ 镍及镍合金的显微组织为奥氏体，有强的热裂纹倾向，在焊接角焊缝时，要求焊道呈凸起状，这样可以较好地防止裂纹的产生。

8. 铜及铜合金焊条的选择和使用

(1) 铜及铜合金焊条的选择原则

铜及铜合金焊条主要依据补焊材料的合金系列选用，原则上选择同系列的焊接材料。

(2) 铜及铜合金焊条的使用注意事项

① 焊前进行工件预热，预热温度参见表 2-74。

表 2-74 焊条电弧焊时的预热温度

<table>
<tr><th colspan="2">材料种类</th><th>预热及层间温度/℃</th><th colspan="2">预热方法</th></tr>
<tr><td colspan="2">纯铜</td><td>300～600</td><td rowspan="7">炉中或火焰整体加热</td><td rowspan="7">火焰局部加热、远红外线加热</td></tr>
<tr><td colspan="2">黄铜</td><td>200～400</td></tr>
<tr><td rowspan="4">青铜</td><td>锡青铜</td><td><200</td></tr>
<tr><td>硅青铜</td><td><200</td></tr>
<tr><td>磷青铜</td><td>≥250</td></tr>
<tr><td>铝青铜</td><td>约 650</td></tr>
<tr><td colspan="2">白铜</td><td>偏低</td></tr>
</table>

② 焊接工艺采用小电流、高焊速、短电弧，以减小焊接应力。

③ 可采用焊缝轻锤击、焊后热处理等方法减小焊接应力。

第六节 新型焊条简介

现将近年来新研发的焊条简介如下：

一、承压设备用钢焊条

焊条性能除了必须执行国家标准的各项规定外，各行业还可根据本行业的工作条件、特点及安全考虑，在国家标准的基础上，对焊条产品性能提出更高的要求。如各船级社以入级规范对船用焊条的产品认可提出要求，只有符合船级社规范的产品才能用于船舶建造。压力容器行业曾制定了《压力容器用钢焊条订货技术条件》（JB/T 4747—2002），后又修订为 JB/T 4747.1—2007《承压设备用钢焊条技术条件》，对用于承压设备的碳钢焊条、低合金钢焊条、不锈钢焊条熔敷金属性能提出了更为严格的要求，简介如下。为方便读者，表 2-75、表 2-76 中同时列出了国家标准中相应规定值作为比较。

① 熔敷金属的硫、磷含量控制更严，其规定值见表 2-75。表中未列出的承压设备用钢焊条熔敷金属的硫、磷含量，原则上应不高于相应母材标准的规定值下限。

表 2-75 承压设备用钢焊条熔敷金属的硫、磷含量规定①

<table>
<tr><th rowspan="2">类别</th><th rowspan="2">焊条型号/牌号示例</th><th colspan="2">S/%</th><th colspan="2">P/%</th></tr>
<tr><th>JB/T②</th><th>GB/T②</th><th>JB/T②</th><th>GB/T②</th></tr>
<tr><td rowspan="4">碳钢、低合金钢、低温钢</td><td>E4303/J422</td><td>0.020</td><td>0.035</td><td>0.030</td><td>0.040</td></tr>
<tr><td>E4316/J426,E4315/J427,E5016/J506,E5015/J507</td><td>0.015</td><td>0.035</td><td>0.025</td><td>0.040</td></tr>
<tr><td>E5016-G/J506RH,E5015-G/W607,E5015-G/J507RH，E5516-G/J557RH，E5515-G/J557③，E5515-G/J557R，E5515-G/J557RH③，E6015-G/J607RH③</td><td>0.010</td><td>0.035</td><td>0.020</td><td>0.040</td></tr>
<tr><td>E6016-D1/J606,E6015-D1/J607</td><td>0.010</td><td>0.035</td><td>0.020</td><td>0.035</td></tr>
<tr><td rowspan="3">耐热钢</td><td>E5515-B1/R207</td><td>0.015</td><td rowspan="3">0.035</td><td>0.025</td><td rowspan="3">0.035</td></tr>
<tr><td>E5515-B2/R307,E5515-B2V/R317,E5MoV/R507</td><td>0.010</td><td>0.025</td></tr>
<tr><td>E5515-B2/R307H,E6015-B3/R407</td><td>0.010</td><td>0.020</td></tr>
<tr><td>不锈钢</td><td>E308L-16/A002，E309L-16/A062，E309MoL-16/A042，E316L-16/A022，E317L-16/-，E308-16/A102，E308-15/A107，E309-16/A302，E309-15/A307，E316-16/A202，E316-15/A207，E317-16/A242，E318-16/A212，E347-16/A132，E347-15/A137，E410-16/G202，E410-15/G207</td><td>0.020</td><td>0.030</td><td>0.030</td><td>0.040</td></tr>
</table>

① 表中单个值均为最大值。

② JB/T 为 JB/T 4747—2007，GB/T 为 GB/T 5117—2012、GB/T 5118—2012，下同。

③ 对 J557 焊条 P 含量≤0.025%；对 J557RH、J607RH 焊条，订货方与焊条生产厂协商，可按 P 含量≤0.015%供货。

② 熔敷金属的最高抗拉强度与 GB/T 5117—2012、GB/T 5118—2012 规定下限值之差不应超过 120MPa。

③ 熔敷金属的冲击试样取 3 个，其试验结果平均值不低于表 2-76 所列的规定值，允许其中 1 个试样的冲击试验结果低于表列规定值，但不得低于规定值的 75%。而国家标准规定，取 5 个试样，去掉最高值及最低值，余下 3 个试验结果的平均值不得低于 27J，其中至少有 1 个试验结果不低于 20J。

表 2-76　对熔敷金属冲击功的规定

类别	焊条型号/牌号示例	冲击吸收功 A_{kV}/J	
		JB/T	GB/T
碳钢、低合金钢、低温钢	E4303/J422	54(0℃)	27(0℃)
	E4316/J426,E4315/J427,E5016/J506,E5015/J507，E5515-G/J557，E6016-D1/J606,E6015-D1/J607	54(−30℃)	27(−20℃)
	E5016-G/J506RH,E5015-G/J507RH,E5516-G/J556RH,E5515-G/J557R	54(−40℃)	27(−30℃)
	E5515-G/J557RH,E6015-G/J607RH	54(−50℃)	27(−30℃)
	E5015-G/W607	54(−60℃)	27(−60℃)
耐热钢	E5515-B1/R207,E5515-B2/R307,E5515-B2V/R317，E5515-B2/R307H,E6015-B3/R407,E5MoV-15/R507	54(20℃)	27(常温)

注：表中值均为最小值。

④ 低氢型焊条药皮含水量或熔敷金属扩散氢含量规定见表 2-77。

表 2-77　低氢型焊条药皮含水量或熔敷金属扩散氢含量规定

焊条型号	熔敷金属扩散氢含量/(mL/100g)				药皮含水量(正常状态)/%	
	甘油法		水银法或气相色谱法			
	JB/T	GB/T	JB/T	GB/T	JB/T	GB/T
E43×× E50××	4.0	8.0	—	12.0	0.25	0.60
E50××-×	4.0	6.0	—	10.0	0.25	0.30
E55××-×	3.0	6.0	—	10.0	0.20	0.30
E60××-× E70××-×	2.0	4.0	4.0	7.0	0.15	0.15

注：表中值均为最大值。

⑤ 在焊条药皮及内外包装上均要印有“JB/T 4747”标识，以与普通焊条区别。

四川大西洋、天津金桥、天津大桥等公司均已按照上述技术条件开发了压力容器用焊条系列，四川大西洋公司生产的压力容器用碳钢及高强钢焊条典型化学成分列于表 2-78，典型力学性能见表 2-79。

表 2-78 压力容器用碳钢及高强钢焊条典型化学成分

焊条牌号	GB/T	熔敷金属化学成分/%								
		C	Mn	Si	S	P	Cr	Ni	Mo	V
CHE422R	E4303	0.077	0.42	0.18	—	—	—	—	—	—
CHE426R	E4316	0.067	1.03	0.58	0.010	0.018	0.035	0.013	0.002	0.010
CHE427R	E4315	0.071	0.87	0.38	0.011	0.020	0.04	0.02	0.032	0.01
CHE506R	E5016	0.069	1.11	0.53	0.010	0.020	0.032	0.013	0.011	0.008
CHE507R	E5015	0.082	1.05	0.54	0.010	0.020	0.05	0.02	0.032	0.01
CHE507-1R	E5015	0.075	1.28	0.46	0.010	0.020	0.031	0.010	0.001	0.002
CHE506NiLHR	E5016-G	0.070	1.15	0.50	0.008	0.018	—	0.45	—	—
CHE507NiLHR	E5015-G	0.079	1.38	0.42	0.010	0.020	—	0.51	—	—
CHE507RH	E5015-G	0.080	1.36	0.47	0.010	0.010	—	—	—	—
CHE557R	E5515-G	0.073	1.64	0.41	0.010	0.010	—	—	—	—
CHE606R	E6016-G	0.069	1.56	0.45	0.007	0.015	—	—	0.34	—
CHE607R	E6015-G	0.078	1.58	0.49	0.010	0.020	—	—	0.32	—
CHE607RH	E6015-G	0.072	1.51	0.35	0.008	0.014	—	1.00	0.24	—
CHE62CFLHR	E6015-G	0.056	1.46	0.30	0.010	0.020	—	0.91	0.32	—
CHE607NiR	E6015-G	0.073	1.58	0.43	0.010	0.010	—	0.94	0.32	—
CHE707RH	E7015-G	0.072	1.50	0.40	0.010	0.012	—	1.50	0.40	—
CHL607R	E5015-G	—	1.0	0.40	0.010	0.015	—	1.80	—	—
CHL707R	E5015-G	0.055	0.93	0.44	0.014	0.007	—	2.41	—	—

表 2-79 压力容器用碳钢及高强钢焊条典型力学性能

焊条牌号	焊后热处理	R_m /MPa	$R_{p0.2}$ /MPa	A_5 /%	A_{kV}/J			
					−30℃	−40℃	−46℃	−50℃
CHE422R	焊态	465	375	32	97	—	—	—
CHE426R	焊态	515	410	30	150	—	—	—
CHE427R	焊态	500	405	33	170	—	—	—
CHE506R	焊态	540	430	30	150	—	—	—
CHE507R	焊态	530	435	31	138	—	—	—
CHE507-1R	焊态	540	440	30	150	—	100	—
CHE506NiLHR	620℃×1h 回火	540	440	30	130	—	—	—
CHE507NiLHR	620℃×1h 回火	530	430	29	150	—	140	—
CHE507RH	620℃×1h 回火	530	430	32	—	130	120	—
CHE557R	620℃×1h 回火	600	500	26	135	—	120	—
CHE606R	620℃×1h 回火	670	580	25	95	—	—	—

续表

焊条牌号	焊后热处理	R_m /MPa	$R_{p0.2}$ /MPa	A_5 /%	A_{kV}/J			
					-30℃	-40℃	-46℃	-50℃
CHE607R	620℃×1h 回火	645	545	25	105	—	—	—
CHE607RH	620℃×1h 回火	650	550	25	—	—	—	80
CHE62CFLHR	620℃×1h 回火	650	560	25	—	—	—	90
CHE607NiR	620℃×1h 回火	660	560	25	—	—	—	76
CHE707RH	620℃×1h 回火	740	650	22	—	—	—	70
CHL607R	620℃×1h 回火	560	440	28	90(-60℃)			
CHL707R	620℃×1h 回火	570	470	31	83(-70℃)			

二、耐火钢焊条

随着工业技术的发展和城市人口的快速增长，推动了城市建筑趋向高层化、大型化发展。高层和超高层建筑采用钢结构代替钢筋混凝土结构，可以提高建筑物的安全性和耐久性，但也带来不容忽视的防火问题。20 世纪 80 年代末期，日本、巴西等国研制了耐火钢。我国于 20 世纪 90 年代末也开始从事耐火钢的研究。

耐火钢的主要性能指标为钢的耐火性能，要求在 600℃高温时，其屈服强度不低于室温屈服强度的 67%。

用于焊接耐火钢的焊材，通常含有一定量的 Mo，常采用 Ni-Mo、Ni-Cr-Mo 或 Mn-Mo 系合金。Mo 在钢中大部分固溶于基体，强化铁素体在晶界偏聚，可起强化晶界作用；也有的 Mo 元素与 C、N 结合形成 $M_{23}C_6$ 型碳化物，可提高高温强度。

锦州天鹅焊材股份有限公司、四川大西洋焊接材料股份有限公司及武汉铁锚焊接材料股份有限公司分别研制出 E5015NiMo、CHE556H 及 CJ556N 焊条，用于焊接耐火钢。CJ556N 焊条由于含有一定量的 Cu，因此具有较好的耐大气腐蚀性能。上述焊条的典型性能列于表 2-80。

表 2-80 耐火钢焊条典型的成分和性能

牌号	母材	熔敷金属主要成分/%					
		C	Si	Mn	Ni	Cu	Mo
CJ556N	WGJ510C2	0.074	0.28	1.24	0.54	0.50	0.36
CHE556H		≤0.12	≤0.80	≤1.20	—	—	≥0.20
E5015NiMo	Q235BFr	0.046	0.19	1.07	0.39	—	0.42

续表

牌号	母材	熔敷金属力学性能				
		试验温度	$R_{p0.2}$ /MPa	R_m /MPa	A /%	A_{kV} /J
CJ556N	WGJ510C2	室温	500	595	24	113 (−20℃)
CHE556H		600℃	365	455	25	≥27 (−20℃)
E5015NiMo	Q235BFr	室温	455	560		110 (−30℃)
		600℃	305	330		

三、耐发红不锈钢焊条

该类焊条主要包括 A101、A102（E308-17）、A002（E308L-16）、A132A（E347-17）、A202（E3-16-16）、A022（E316L-16）、A302（E309-16）、A312（E309Mo-17）、A402（E310-16）等系列不锈钢焊条。这类焊条是我国近几年来开发研制或引进国外的先进技术生产的，使我国不锈钢焊条的质量有了突破性的进展。其与原国产不锈钢焊条在焊条配方设计、制造工艺、操作工艺性能等方面均有很大差异，较好地解决了原国产不锈钢焊条易发红、药皮易开裂、综合工艺水平差等重大质量问题。新型高效不锈钢焊条一般均具有熔滴颗粒度小、套筒深直、呈渣壁过渡、易于引弧、电弧燃烧稳定、易于操作、手感舒服、飞溅少、易脱渣、成形美观等优点，还具有良好的抗发红及抗气孔能力，并有较高的熔化系数（比普通钛钙型不锈钢焊条高 20%～35%），故也称高效不锈钢焊条，是一种性能优良，值得推广应用的新型不锈钢焊条。

该类焊条焊前应进行充分烘干，以防产生氢气孔，一般比普通酸性不锈钢焊条烘干温度高，通常为 300℃左右烘干 1～1.5h。

四、高韧性焊条

随着焊接结构日趋大型化及工作条件的复杂化，焊接结构的安全运行为人们所重视，对焊接接头的性能也提出了更高的要求。在低温下工作的结构，对低温韧性有更严格的要求，不仅要求考核冲击韧度的平均值，而且还要求考核其最低值和COD性能。为此，近年来各国都在研制扩散氢含量低、低温韧性高、COD值高的新型高韧性焊条。实现焊缝金属高韧性的主要技术途径是净化焊缝金属，严格控制S、P及含氧量，以减少有害杂质和氧化物夹杂；控制氢源、增强去氢能力，以降低焊缝金属扩散氢含量；利用Ti、B元素的复合作用，使焊缝金属形成针状铁素体；利用稀土等微量元素，净化金属、细化晶粒、减少偏析等，以达到提高冲击韧度和COD值的目的。Ti-B系焊条中Ti、B虽含量极低（Ti的质量分数约为0.4%，B的质量分数约为$30\times10^{-6}\sim50\times10^{-6}$），但作用明显，有着较高的冲击韧度和COD值。除Ti-B系外，还有1Ni-Ti-B及Ti-B-RE等，如国产J506RH、J507RH、J506R、J556RH，日本的NB-1S、LB-52NS，荷兰的Philips-76S等焊条均为高韧度焊条。

为了满足焊接工程不断发展的需要，提高生产效率，改善劳动条件等，国内外近年来还开发了其他新品种焊条，如超低氢焊条，耐吸潮焊条，高效铁粉焊条，低尘、低毒、低氢焊条等。这些焊条的开发和推广应用，将会对提高焊接接头质量、改善劳动卫生条件、提高焊接生产效率等起到积极的作用。

第七节　焊条的正确使用与管理

一、焊前再烘干

焊条在出厂前经过高温烘干，并用防潮材料以袋、筒、罐等形式包装，起到一定的防止药皮吸潮的作用，一般应在使用前拆封。考虑到焊条长期储运过程中难免受潮，为确保焊接质量，用前仍须按产品说明书的规定进行再烘干。

再烘干温度由药皮类型确定，一般酸性焊条取70～150℃范围，最高不超过250℃，烘焙1～1.5h；碱性焊条取300～400℃范围，保温1～2h。表14-2所示为各类焊条再烘干的工艺参数，供参考。

近年来出现了新的焊条包装形式，即抗吸潮的真空包装。这种包装物只要不被戳破就能放置很长时间不吸潮，用时拆封即可直接施焊，不必再烘干。通常真空包装的焊条吸潮的速度都很慢，打开包装后，只要仍在包装物内，4～8h 内不需要再烘干。为了避免开封后焊条长时间与大气接触吸潮，每个真空包装中的焊条容量都较小，每包只有 20～30 根，而普通包装每包高达 100～200 根。

二、焊条的保管

焊条一怕受潮变质，二怕误用乱用。这关系到焊接质量和结构安全使用的问题，必须十分重视。重要产品，如锅炉压力容器的制造，一般都把焊接材料的管理列为质量保证体系中的重要一环，建立严格的分级管理制度，一级库主要负责验收、储存与保管，二级库主要负责焊材的预处理（如再烘干等），向焊工发放和回收等。

1. 仓库中的管理

① 进厂的焊条必须包装完好，产品说明书、合格证和质量保证书等应齐全。必要时按有关国家标准进行复验，合格后才许入库。

② 焊条应存放在专用仓库内，库中应干燥（室温宜为 10～25℃，相对湿度＜50％）、整洁和通风良好；不许露天存放或放在有害气体和腐蚀环境内。

③ 焊条堆放时不许直接放在地面上；一般应放在离地面和墙壁各不小于 300mm 的架子或垫板上，以保证空气流通。

④ 焊条应按类别、型号、规格、批次、产地、入库时间等分类存放，并有明显标记，避免混乱。

⑤ 焊条是一种陶质产品，不像钢焊芯那样耐冲击，所以装、卸货时应轻拿轻放；用袋盒包装的焊条，不能用挂钩搬运，以防止焊条及其包装受损伤。

⑥ 要定期检查，发现有受潮、污损、错存、错发等应及时处理。库存不宜过多，应先进先用，避免储存时间过长。

⑦ 要有严格发放制度，作好记录。焊条的来龙去脉应清楚可查，防止错发误领。

2. 施工中的管理

① 在领用或再烘干焊条时，必须核查其牌号、型号、规格等，防止出错。

② 不同类型焊条一般不能在同一炉中烘干。烘干时，每层焊条

堆放不能太厚（以 1～3 层为好），以免焊条受热不均，潮气不易排除。

③ 焊接重要产品时，尤其是野外露天作业，最好每个焊工配备一个小型焊条保温筒，施工时将烘干后的焊条放入保温筒内，保持 50～60℃，随用随取。

④ 用剩的焊条，不能露天存放，最好送回烘箱内，低氢型焊条次日使用前还要再烘干（在低温烘箱中恒温保管者除外）。

3. 对存期长的焊条的处理

焊条没有规定储存年限，如果保管条件好，受潮不严重，没导致药皮变质，则经烘干仍可使用。存放时间长的焊条，有时在焊条表面上发现白色结晶（发毛），这是由水玻璃引起的，结晶虽无害，但说明焊条存放时间长而受潮。所以对存放多年的焊条应进行工艺试验，焊前按规定烘干。焊接时如果其工艺性能没有异常变化（如药皮无成块脱落，无大量飞溅），无气孔、裂纹等缺陷，则焊条的力学性能一般尚可保证，仍可用于一般构件焊接；而对于重要构件，最好按国家标准试验其力学性能，然后再决定其取舍。

如果焊芯严重锈蚀，铁粉焊条的药皮也严重锈蚀，这样的焊条虽经再次烘干，焊接时仍会产生气孔，且扩散氢含量很高，应法报废。药皮严重受损或严重脱落的焊条也应报废。

报废的焊条清出的焊芯可以重复利用。

第三章

焊丝和焊带

第一节　焊丝的作用、分类及特点

一、焊丝的作用

焊丝是埋弧焊、气体保护焊、电渣焊、气焊等用的主要焊接材料，其主要是用作填充金属或同时用来传导焊接电流。此外，有时通过焊丝向焊缝过渡合金元素；对于自保护药芯焊丝，在焊接过程中还起到保护、脱氧和去氮等作用。

二、焊丝的分类及特点[1]

焊丝的分类方法有很多，按其结构形状可分为实心焊丝和药芯焊丝两大类；按焊接工艺方法可分为埋弧焊焊丝、气体保护焊焊丝、电渣焊焊丝、堆焊焊丝和气电立焊焊丝等；按被焊母材的材质又可分为碳素钢焊丝、低合金钢焊丝、不锈钢焊丝、铸铁焊丝和有色金属焊丝等。

目前较常用的是按结构形状和按焊接工艺方法进行分类，焊丝分类的简明示意见图 3-1。

1. 实心焊丝的分类及特点

实心焊丝是目前最常用的焊丝，由热轧线材经拉拔加工而成。为

[1] 各种实心焊丝、药芯焊丝的化学成分与技术要求详见本书第十六章所述。

- 焊丝
  - 实心焊丝
    - 埋弧焊,电渣焊
    - 气体保护焊
      - 惰性气体保护焊(TIG焊,MIG焊)
      - 活性气体保护焊(MAG焊)
    - 自保护焊
  - 药芯焊丝
    - 埋弧焊
    - 气体保护焊(CO_2焊,Ar+CO_2焊)
    - 自保护焊

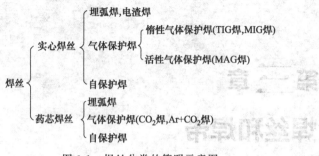

图 3-1　焊丝分类的简明示意图

了防止焊丝生锈，须对焊丝（除不锈钢焊丝外）表面进行特殊处理。目前主要是镀铜处理，包括电镀、浸铜及化学镀铜处理等方法。

实心焊丝包括埋弧焊、电渣焊、CO_2 气体保护焊、氩弧焊、气焊以及堆焊用的焊丝。实心焊丝的分类及应用特点见表 3-1。

表 3-1　实心焊丝的分类及应用特点

分　类	第二层次分类	特　点
埋弧焊、电渣焊焊丝	低碳钢用焊丝	埋弧焊、电渣焊时电流大,要采用粗焊丝,焊丝直径为 3.2～6.4mm
	低合金高强钢用焊丝	
	Cr-Mo 耐热钢用焊丝	
	低温钢用焊丝	
	不锈钢用焊丝	
	表面堆焊用焊丝	焊丝因含碳或合金元素较多,难于加工制造,目前主要采用液态连铸拉丝方法进行小批量生产
气体保护焊焊丝	TIG 焊用焊丝	一般不加填充焊丝。手工填丝为切成一定长度的焊丝,自动填丝时采用盘式焊丝
	MIG、MAG 焊用焊丝	主要用于焊接低合金钢、不锈钢等
	CO_2 焊用焊丝	焊丝成分中应有足够数量的脱氧剂,如 Si、Mn、Ti 等。如果合金含量不足,脱氧不充分,将导致焊缝中产生气孔,焊缝力学性能(特别是韧性)将明显下降
	自保护焊用焊丝	除了提高焊丝中的 C、Si、Mn 的含量外,还要加入强脱氧元素 Ti、Zr、Al、Ce 等

(1) 气体保护焊用焊丝

气体保护焊的焊接方法有：惰性气体保护非熔化极焊接，简称 TIG 焊接；惰性气体保护熔化极焊接，简称 MIG 焊接；活性气体保护熔化极焊接，简称 MAG 焊接。惰性气体主要采用 Ar，活性气体主要采用 CO_2；TIG 焊接时采用纯 Ar；MIG 焊一般采用 Ar+2%O_2 或 Ar+5%CO_2；MAG 焊接时采用 CO_2、Ar+CO_2 或 Ar+O_2。采用纯 CO_2 焊接时，飞溅较多，焊道外观及成形不良，焊接薄板时难以操作。为了改善 CO_2 焊接的工艺性能，一般采用 Ar+CO_2 混合气体。

（2）埋弧焊用焊丝

埋弧焊用焊丝主要作为填充金属，根据焊丝化学成分的不同，可大致分为低碳钢焊丝、高强度钢焊丝、Cr-Mo 耐热钢焊丝、低温钢焊丝、不锈钢焊丝和表面堆焊用焊丝等。

（3）电渣焊用焊丝

电渣焊主要用于低碳钢、490MPa 和 590MPa 级高强度钢及铬钼耐热钢的焊接。所以，相配套的电渣焊用焊丝也仅有低碳钢焊丝、高强度钢焊丝和铬钼耐热钢焊丝等。电渣焊用焊丝的成分主要为填充金属。

（4）表面堆焊用焊丝

表面堆焊用焊丝包括耐蚀堆焊用焊丝和耐磨堆焊用焊丝，如低合金钢焊丝、不锈钢焊丝、硬质合金焊丝等。

（5）自保护焊接用实心焊丝

利用焊丝中所含有的合金元素在焊接过程中进行脱氧、脱氮，以消除从空气中进入焊接熔池的氧和氮的不良影响。为此，除提高焊丝中的 C、Si、Mn 含量外，还要加入强脱氧元素 Ti、Zr、Al、Ce 等。

2. 药芯焊丝的分类及特点

药芯焊丝是将药粉包在薄钢带内卷成不同的截面形状经轧拔加工制成的焊丝。药芯焊丝也称为粉芯焊丝、管状焊丝或折叠焊丝，用于气体保护焊、埋弧焊和自保护焊，是一种很有发展前途的焊接材料。药芯焊丝粉剂的作用与焊条药皮相似，区别在于焊条的药皮涂敷在焊芯的外层，而药芯焊丝的粉剂被钢带包裹在芯部。药芯焊丝可以制成盘状供应，易于实现机械化焊接。

药芯焊丝可作为熔化极（MIG、MAG）或非熔化极（TIG）气体保护焊的焊接材料。

药芯焊丝的分类较复杂，根据焊丝结构，药芯焊丝可分为有缝焊丝和无缝焊丝两种。无缝焊丝可以镀铜，性能好、成本低，已成为今后发展的方向。

① 按是否使用外加保护气体分类，可将药芯焊丝分为自保护（无外加保护气体）药芯焊丝和气体保护（有外加保护气体）药芯焊丝两种。气体保护药芯焊丝的工艺性能和焊缝金属的抗冲击性能要优于自保护药芯焊丝，但自保护药芯焊丝具有一定的抗风性能，更适于室外或高层结构现场使用。

② 按药芯焊丝的横截面结构分类。药芯焊丝的截面形状对焊接工艺性能与冶金性能有很大影响。根据截面形状的不同，药芯焊丝可分为有缝药芯焊丝和无缝药芯焊丝两种。有缝药芯焊丝可分为简单断面的O形和复杂断面的折叠形两类，折叠形又可分为梅花形、T形、E形和中间填丝形等。药芯焊丝的截面形状见图3-2。

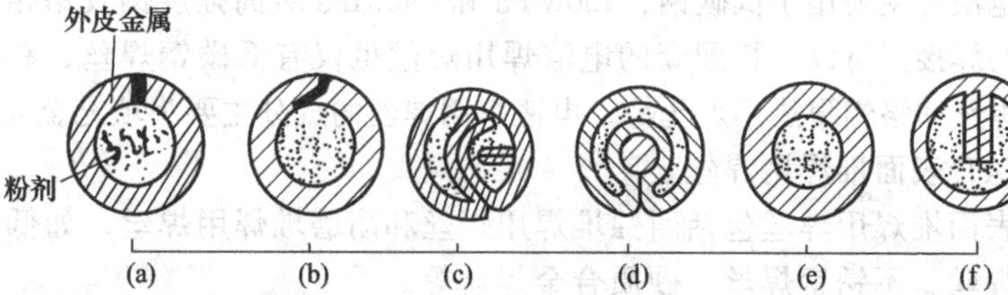

图 3-2　药芯焊丝的截面形状示意图

一般地说，药芯焊丝的截面形状越复杂越对称，电弧越稳定，药芯的冶金反应和保护作用越充分。但是随着焊丝直径的减小，这种差别逐渐缩小，当焊丝直径小于2mm时，截面形状的影响已不明显了。目前，小直径（不大于2.0mm）药芯焊丝一般采用O形截面，大直径（≥2.4mm）药芯焊丝多采用E形、T形等折叠形复杂截面。

无缝药芯焊丝均为O形，它可进行表面镀铜，抗锈性能优良，可以防止药粉吸潮，也适于长距离送丝，使用范围更大。

③ 按芯部填充粉剂的成分分类，可分为药粉型药芯焊丝和金属粉型药芯焊丝两类。药粉型药芯焊丝中加入的粉剂，有造渣剂、脱氧剂、稳弧剂、合金剂及铁粉等，焊接过程中这些粉剂形成熔渣，可改善焊接工艺性能和焊缝金属的力学性能，所以也称为熔渣型药芯焊丝。按照造渣剂的种类和熔渣的碱度又有钛型（又称金红石型）、钛钙型（又称金红石碱型）和钙型（碱型）之分。自保护药芯焊丝也属于药粉型。金属粉型药芯焊丝几乎不含造渣剂，主要是金属粉（铁粉

等）和少量稳弧剂，它的焊接特性类似于实心焊丝，但电流密度更大。焊接时生成的熔渣很少，飞溅量少，熔敷速度明显提高。与药粉型药芯焊丝相比，其熔渣量减少60%以上，多层焊时可以连续焊接多道而不清渣，其抗裂性能和熔敷效率也有提高；另外，焊接烟尘减少，可降低到实心焊丝的水平，约为药粉型药芯焊丝的1/2；在焊缝表面成形上也明显优于实心焊丝。

目前我国药芯焊丝的产品品种主要有钛型气体保护、碱性气体保护和耐磨堆焊（主要是埋弧堆焊类）三大系列，适用于碳钢、低合金高强钢、不锈钢等，大体可满足一般工程结构焊接需求。在产品质量方面，用于结构钢焊接的E71T-1钛型气体保护药芯焊丝产品质量已经有了突破性的提高，而碱性药芯焊丝的产品质量有待进一步提高。

在气体保护电弧焊中，以药芯焊丝代替实心焊丝进行焊接，这在技术上是一大进步。药芯焊丝与实心焊丝的相同之处在于：

① 与手工电弧焊焊条相比，可能实现高效焊接；

② 容易实现自动化、机械化焊接；

③ 能直接观察到电弧，容易控制焊接状态；

④ 抗风能力较弱，存在保护不良的危险。

与实心焊丝相比，药芯焊丝具有下列特点：

① 药芯焊丝具有比实心焊丝更高的熔敷速度，特别是在全位置焊接场合，可使用大电流，提高了焊接效率。

② 对各种钢材的焊接适应性强。调整焊剂的成分和比例极为方便和容易，可以提供所要求的焊缝化学成分。

③ 电弧柔软，飞溅很少。

④ 工艺性能好，焊道外观平坦、美观。

⑤ 烟尘发生量较多。

⑥ 当产生焊渣时，必须清除。

与实心焊丝相比，药芯焊丝由于具有工艺性好、飞溅少、焊缝成形美观、可采用大电流进行全位置焊接和熔敷效率高等优点而备受关注。近几年来全位置焊接用细直径药芯焊丝的用量急剧增加，这类焊丝多为钛型渣系，具有十分优异的焊接工艺性能。过去实心焊丝难以解决的诸多问题，如飞溅大、成形差、电弧硬等，采用细直径药芯焊丝焊接时这些问题都不复存在了。由于药芯焊丝具有高效率和良好的焊接工艺性能等特点，已得到各行业部门的高度评价，成为最具有发展前途的焊接材料。

药芯焊丝可焊接低碳钢、低合金高强度钢、耐大气腐蚀钢、Cr-Mo耐热钢、低温钢、不锈钢和表面堆焊。另外，还有专门用于气电立焊的药芯焊丝，主要用于低碳钢、490MPa和590MPa级高强度钢的焊接。

各种药芯焊丝的焊接性能比较见表3-2。

表3-2 各种药芯焊丝的焊接性能比较

项目		填充粉类型			
		钛型	钙钛型	氧化钙-氟化钙型	金属粉型
工艺性能	焊道外观	美观	一般	稍差	一般
	焊道形状	平滑	稍凸	稍凸	稍凸
	电弧稳定性	良好	良好	良好	良好
	熔滴过渡	细小滴过渡	滴状过渡	滴状过渡	滴状过渡（低电流时短路过渡）
	飞溅	细小、极少	细小、少	粒大、多	细小、极少
	熔渣覆盖	良好	稍差	差	渣极少
	脱渣性	良好	稍差	稍差	稍差
	烟尘量	一般	稍多	多	少
焊缝性能	缺口韧度	一般	良好	优	良好
	扩散氢含量/[mL/(100g)]	2～10	2～6	1～4	1～3
	氧质量分数/10^{-6}	600～900	500～700	450～650	600～700
	抗裂性能	一般	良好	优	优
	X射线检查	良好	良好	良好	良好
	抗气孔性能	稍差	良好	良好	良好
熔敷效率/%		70～85	70～85	70～85	90～95

第二节 焊丝的型号和牌号

一、实心焊丝的型号和牌号

（一）实心焊丝的型号

1. 气体保护电弧焊用碳钢、低合金钢焊丝（GB/T 8100—2008）

（1）型号编制方法

根据 GB/T 8110—2008《气体保护电弧焊用碳钢、低合金钢焊丝》的规定，焊丝型号由三部分组成。第一部分用字母“ER”表示焊丝；第二部分用两位数字表示焊丝熔敷金属的最低抗拉强度；第三部分为短划“-”后的字母或数字，表示焊丝化学成分代号。

根据供需双方协商，可在型号后附加扩散氢代号 HX，其中 X 代表 15、10 或 5。气体保护电弧焊用碳钢、低合金钢焊丝型号如图 3-3 所示。

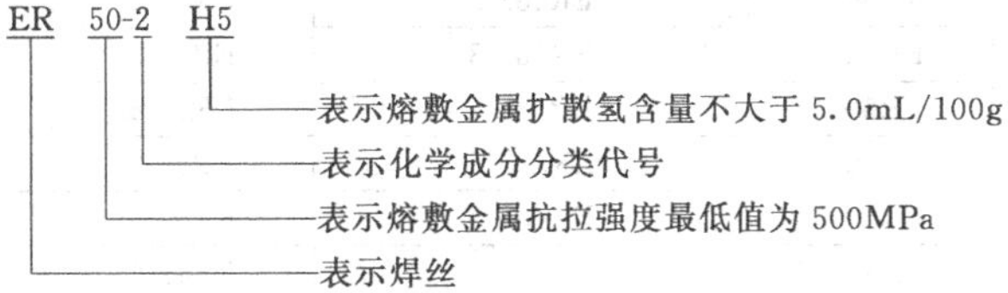

图 3-3 气体保护电弧焊用碳钢、低合金钢焊丝型号示意图

（2）型号分类

焊丝按化学成分分为碳钢、碳钼钢、铬钼钢、镍钢、锰钼钢和其他低合金钢等 6 类。焊丝型号按化学成分和采用熔化极气体保护电弧焊时熔敷金属的力学性能进行划分，见表 16-57。

（3）焊丝型号对照表

气体保护电弧焊用碳钢、低合金钢焊丝型号对照可参考表 3-3。

2. 埋弧焊用不锈钢焊丝（GB/T 17854—2018）

（1）型号编制方法

根据 GB/T 17854—2018《埋弧焊用不锈钢焊丝-焊剂组合分类要求》的规定，字母“F”表示焊剂；“F”后面的数字表示熔敷金属种类代号，如有特殊要求的化学成分，该化学成分用元素符号表示，放在数字的后面；“-”后面表示焊丝的牌号，焊丝的牌号按《焊接用不锈钢丝》（YB/T 5092—2016）。埋弧焊用不锈钢焊丝的型号举例如图 3-4 所示。

（2）型号与牌号分类

型号分类根据焊丝-焊剂组合的熔敷金属化学成分、力学性能进行划分。牌号分类按化学成分进行划分。见表 16-59。

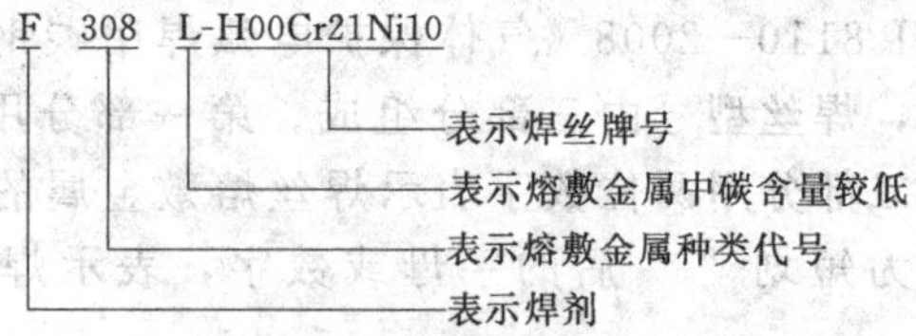

图 3-4 焊丝的型号举例示意图

表 3-3 焊丝型号对照表

序号	类别	焊丝型号	AWS A5. 18/A5. 18M:2005 AWS A5. 28/A5. 28M:2005	GB/T 8110—2008	ISO 14341-B:2002
1	碳钢	ER50-2	ER48S-2	ER50-2	G2
2		ER50-3	ER48S-3	ER50-3	G3
3		ER50-4	ER48S-4	ER50-4	G4
4		ER50-6	ER48S-6	ER50-6	G6
5		ER50-7	ER48S-7	ER50-7	G7
6		ER49-1	—	ER49-1	—
7		—	—	ER50-5	—
8	碳钼钢	ER49-A1	ER49S-A1	—	C1M3
9	铬钼钢	ER55-B2	ER55S-B2	ER55-B2	—
10		ER49-B2L	ER49S-B2L	ER55-B2L	—
11		ER55-B2-MnV	—	ER55-B2-MnV	—
12		ER55-B2-Mn	—	ER55-B2-Mn	—
13		ER62-B3	ER62S-B3	ER62-B3	—
14		ER55-B3L	ER55S-B3L	ER62-B3L	—
15		ER55-B6	ER55S-B6	—	—
16		ER55-B8	ER55S-B8	—	—
17		ER62-B9	ER62S-B9	—	—
18	镍钢	ER55-Ni1	ER55S-Ni1	ER55-C1	GN2
19		ER55-Ni2	ER55S-Ni2	ER55-C2	GN5
20		ER55-Ni3	ER55S-Ni3	ER55-C3	GN71
21	锰钼钢	ER55-D2	ER55S-D2	ER55-D2	—
22		ER62-D2	ER62S-D2	—	—
23		ER55-D2-Ti	—	ER55-D2-Ti	—
24	其他低合金钢	ER55-1	—	—	—
25		ER69-1	ER69S-1	ER69-1	—
26		ER76-1	ER76S-1	ER76-1	—
27		ER83-1	ER83S-1	ER83-1	—
28		ER××-G	ER48S-G	ER××-G	—
29		—	—	ER69-2	—
30		—		ER69-3	

3. 埋弧焊用碳钢焊丝（GB/T 5293—2018）

（1）型号编制方法

根据 GB/T 5293—2018 的规定，第一位数字表示焊丝-焊剂组合的熔敷金属抗拉强度的最小值；第二位字母表示试件的热处理状态，“A”表示焊态，“P”表示焊后热处理状态；第三位数字表示熔敷金属冲击吸收功不小于 27J 时的最低试验温度；“-”后面表示焊丝的牌号，焊丝牌号按《熔化焊用钢丝》（GB/T 14957—1994）。焊丝型号如图 3-5 所示。

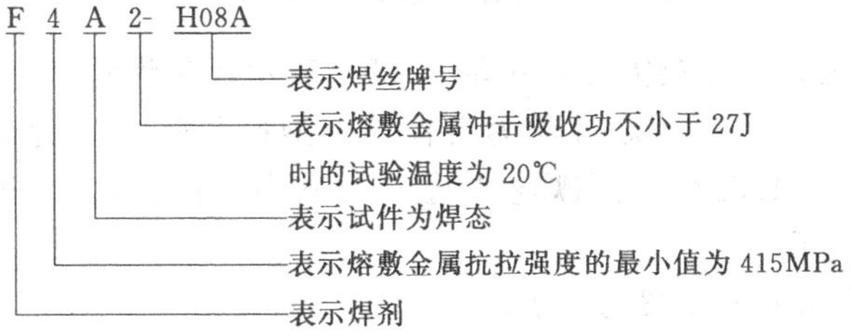

图 3-5　焊丝型号示意图

（2）型号与牌号分类

型号分类根据焊丝-焊剂组合的熔敷金属力学性能、热处理状态进行划分。牌号分类按化学成分进行划分，见表 16-58。

4. 铸铁焊丝（GB/T 10044—2006）

（1）型号编制方法

根据 GB/T 10044—2006《铸铁焊条及焊丝》的规定：

① 填充焊丝的编制方法：字母“R”表示填充焊丝；字母“Z”表示用于铸铁焊接；在“RZ”字母后用焊丝主要化学元素符号或金属类型代号表示，再细分时用数字表示，见表 16-60。

填充焊丝标记如图 3-6 所示。

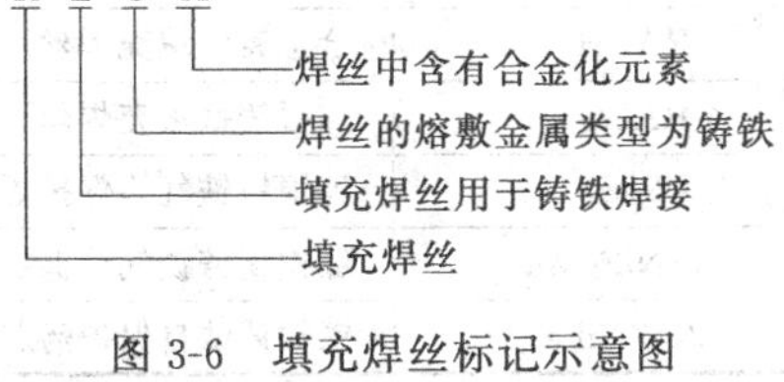

图 3-6　填充焊丝标记示意图

② 气体保护焊焊丝编制方法：字母“ER”表示气体保护焊焊丝；字母“Z”表示用于铸铁焊接；在“ERZ”字母后用焊丝主要化学元素符号或金属类型代号表示，见表16-61。

气体保护焊焊丝标记如图3-7所示。

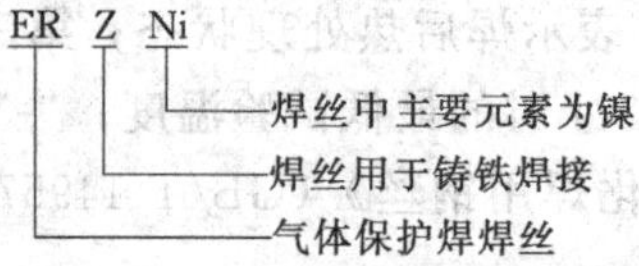

图3-7 气体保护焊焊丝标记示意图

③ 药芯焊丝编制方法：字母“ET”表示药芯焊丝；字母“ET”后的数字“3”表示药芯焊丝为自保护类型；字母“Z”表示用于铸铁焊接；在“ET3Z”后用焊丝熔敷金属的主要化学元素符号或金属类型代号表示。

药芯焊丝标记如图3-8所示。

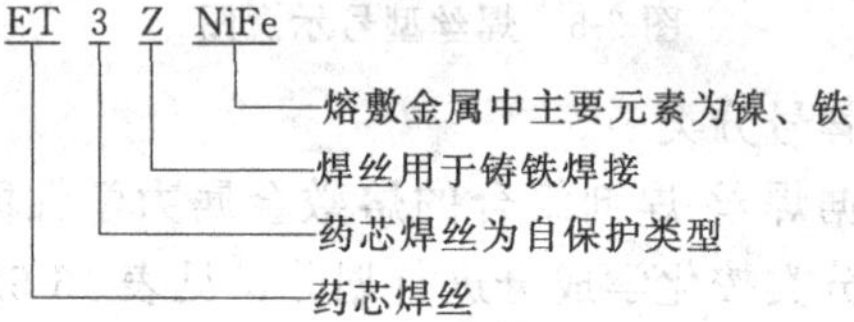

图3-8 药芯焊丝标记示意图

(2) 型号分类

铸铁药芯焊丝根据熔敷金属的化学成分及用途划分型号，填充焊丝和气体保护焊丝根据本身的化学成分及用途划分型号，见表3-4。

表3-4 铸铁焊接用填充焊丝、气体保护焊丝及药芯焊丝的类别与型号

类别	型号	名称
铁基填充焊丝	RZC	灰口铸铁填充焊丝
	RACH	合金铸铁填充焊丝
	RACQ	球墨铸铁填充焊丝
镍基气体保护焊丝	ERZNi	纯镍铸铁气体保护焊丝
	ERZNiFeMn	镍铁锰铸铁气体保护焊丝
镍基药芯焊丝	ER3ZNiFe	镍铁铸铁自保护药芯焊丝

5. **铝及铝合金焊丝**（GB/T 10858—2008）

（1）型号编制方法

根据 GB/T 10858—2008《铝及铝合焊丝》的规定，焊丝型号由三部分组成。第一部分为字母“SA1”，表示铝及铝合金焊丝；第二部分为四位数字，表示焊丝型号；第三部分为可选部分，表示化学成分代号。

铝及铝合金焊丝型号标记如图 3-9 所示。

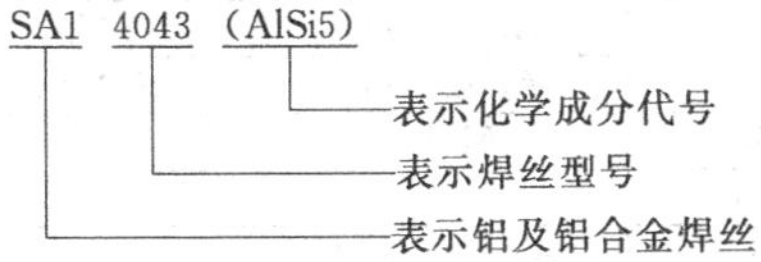

图 3-9　铝及铝合金焊丝型号标记示意图

（2）型号分类

焊丝按化学成分分为铝、铝铜、铝锰、铝硅、铝镁等 5 类，具体分类见表 16-63。

（3）铝及铝合金焊丝型号的对照

铝及铝合金焊丝型号的对照可参考表 3-5。

表 3-5　焊丝型号对照表

序号	类别	焊丝型号	化学成分代号	GB/T 10858—2008	AWS A5.10:1999
1	铝	SAl 1070	Al99.7	SAl-2	
2		SAl 1080A	Al99.8(A)		
3		SAl 1188	Al99.88		ER1188
4		SAl 1100	Al99.0Cu		ER1100
5		SAl 1200	Al99.0	SAl-1	
6		SAl 1450	Al99.5Ti	SAl-3	
7	铝铜	SAl 2319	AlCu6MnZrTi	SAlCu	ER2319
8	铝锰	SAl 3103	AlMn1	SAlMn	
9	铝硅	SAl 4009	AlSi5Cu1Mg		ER4009
10		SAl 4010	AlSi7Mg		ER4010
11		SAl 4011	AlSi7Mg0.5Ti		ER4011
12		SAl 4018	AlSi7Mg		
13		SAl 4043	AlSi5	SAlSi-1	ER4043

续表

序号	类别	焊丝型号	化学成分代号	GB/T 10858—2008	AWS A5.10:1999
14	铝硅	SAl 4043A	AlSi5(A)		
15		SAl 4046	AlSi10Mg		
16		SAl 4047	AlSi12	SAlSi-2	ER4047
17		SAl 4047A	AlSi12(A)		
18		SAl 4145	AlSi10Cu4		ER4145
19		SAl 4643	AlSi4Mg		ER4643
20	铝镁	SAl 5249	AlMg2Mn0.8Zr		
21		SAl 5554	AlMg2.7Mn	SAlMg-1	ER5554
22		SAl 5654	AlMg3.5Ti	SAlMg-2	ER5654
23		SAl 5654A	AlMg3.5Ti	SAlMg-2	
24		SAl 5754	AlMg3		
25		SAl 5356	AlMg5Cr(A)		ER5356
26		SAl 5356A	AlMg5Cr(A)		
27		SAl 5556	AlMg5Mn1Ti	SAlMg-5	ER5556
28		SAl 5556C	AlMg5MnTi	SAlMg-5	
29		SAl 5556A	AlMg5Mn		
30		SAl 5556B	AlMg5Mn		
31		SAl 5183	AlMg 4.5Mn0.7(A)	SAlMg-3	ER5183
32		SAl 5183A	AlMg4.5Mn0.7(A)	SAlMg-3	
33		SAl 5087	AlMg4.5MnZr		
34		SAl 5187	AlMg4.5MnZr		

6. 铜及铜合金焊丝（GB/T 9460—2008）

(1) 型号编制方法

根据 GB/T 9460—2008《铜及铜合金焊丝》的规定，焊丝型号由三部分组成。第一部分为字母“SCu”，表示铜及铜合金焊丝；第二部分为四位数字，表示焊丝型号；第三部分为可选部分，表示化学成分代号。铜及铜合金焊丝型号的标记如图 3-10 所示。

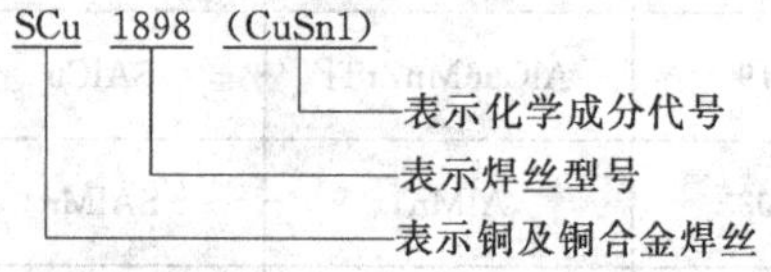

图 3-10 铜及铜合金焊丝型号的标记示意图

(2) 型号分类

焊丝按化学成分分为铜、黄铜、青铜、白铜等 4 类，具体见表

16-62。

(3) 铜及铜合金焊丝型号的对照

铜及铜合金焊丝型号的对照可参考表 3-6。

表 3-6 焊丝型号对照表

序号	类别	焊丝型号	化学成分代号	GB/T 9460—2008	AWS A5.7:2004
1	铜	SCu1897	CuAg1		
2		SCu1898	CuSn1	HSCu	ERCu
3		SCu1898A	CuSn1MnSi		
4	黄铜	SCu4700	CuZn40Sn	HSCuZn-1	
5		SCu4701	CuZn40SnSiMn		
6		SCu6800	CuZn40Ni	HSCuZn-2	
7		SCu6810	CuZn40Fe1Sn1		
8		SCu6810A	CuZn40SnSi	HSCuZn-3	
9		SCu7730	CuZn40Ni10	HSCuZnNi	
10	青铜	SCu6511	CuSi2Mn1		
11		SCu6560	CuSi3Mn	HSCuSi	ERCuSi-A
12		SCu6560A	CuSi3Mn1		ERCuSi-A
13		SCu6561	CuSi2Mn1Sn1Zn1		
14		SCu5180	CuSn5P		ERCuSn-A
15		SCu5180A	CuSn6P		ERCuSn-A
16		SCu5210	CuSn8P	HSCuSn	
17		SCu5211	CuSn10MnSi		
18		SCu5410	CuSn12P		
19		SCu6061	CuAl5Ni2Mn		
20		SCu6100	CuAl7		ERCuAl-A1
21		SCu6100A	CuAl8	HSCuAl	
22		SCu6180	CuAl10Fe		ERCuAl-A2
23		SCu6240	CuAl11Fe3		ERCuAl-A3
24		SCu6325	CuAl8Fe4Mn2Ni2	HSCuAlNi	
25		SCu6327	CuAl8Ni2Fe2Mn2		
26		SCu6328	CuAl9Ni5Fe3Mn2	ERCuNiAl	
27		SCu6338	CuMn13Al8Fe3Ni2		ERCuMnNiAl
28	白铜	SCu7158	CuNi30Mn1FeTi	HSCuNi	ERCuNi
29		SCu7061	CuNi10		

7. 镍及镍合金焊丝(GB/T 15620—2008)

(1) 型号编制方法

根据 GB/T 15620—2008《镍及镍合金焊丝》的规定，焊丝型号由三部分组成。第一部分用字母“SNi”表示镍焊丝；第二部分四位数字表示焊丝型号；第三部分为可选部分，表示化学成分代号。

焊丝型号标记如图 3-11 所示。

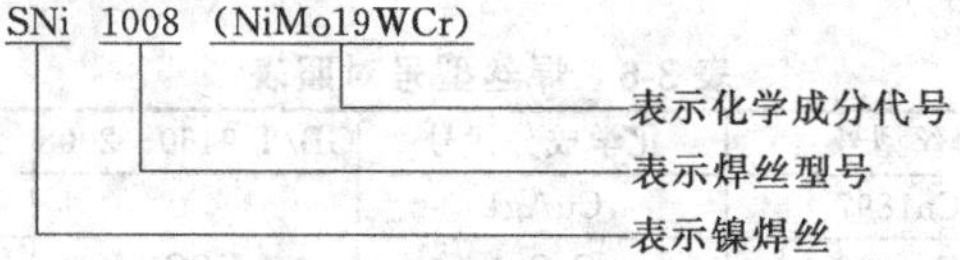

图 3-11 焊丝型号标记示意图

(2) 型号分类

焊丝按化学成分分为镍、镍铜、镍铬、镍铬铁、镍钼、镍铬钼、镍铬钴、镍铬钨等 8 类，具体分类见表 16-64。

(二) 实心焊丝的牌号

1. 钢焊丝

(1) 牌号编制方法

除 GB/T 8110—2008《气体保护电弧焊用碳钢、低合金钢焊丝》的规定外，其余钢焊丝的牌号的编制方法如下。

① 凡在钢牌号前加“H”者，均表示焊接用钢。在合金钢前加“H”者表示焊接用合金。故钢焊丝牌号前第一位符号为“H”。

② 在“H”之后的一位（千分数）或两位（万分数）数字表示碳的质量分数的平均数。

③ 在碳的质量分数后面的化学元素符号及其后面的数字，表示该元素的大约质量分数，当主要合金元素的质量分数≤1%时，可省略数字只记该元素的符号。

④ 在牌号尾部标有“A”或“E”，分别表示“高级优质”和“特高级优质”，后者比前者含 S、P 杂质更少。

焊丝牌号的标记如图 3-12 所示。

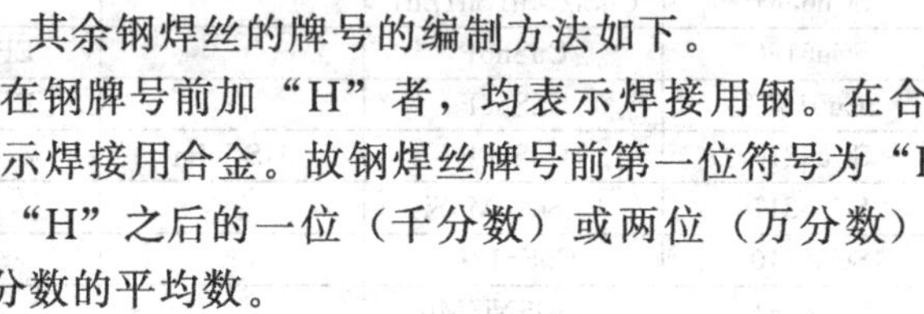

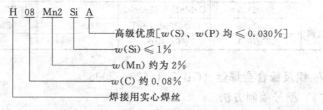

图 3-12 焊丝牌号的标记示意图

(2) 牌号分类

焊丝牌号按钢种和化学成分的划分见表 3-7。

2. 铜及铜合金焊丝

(1) 牌号编制方法

根据 GB/T 9460—2008《铜及铜合金焊丝》规定，焊丝是以“焊”和“丝”的汉语拼音第一个字母“H”和“S”作为牌号的标记。在“HS”之后的化学元素符号，表示焊丝的主要组成元素。元素后面的数字表示顺序号，并用短划“-”与前面分开。

焊丝牌号标记如图 3-13 所示。

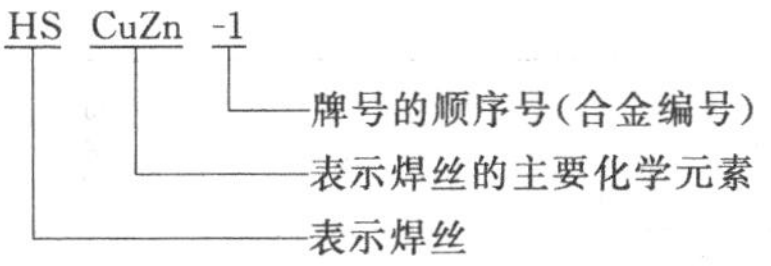

图 3-13 铜及铜合金焊丝牌号标记示意图

(2) 牌号分类

铜及铜合金焊丝牌号按铜的类别及化学成分划分见表 3-8。

3. 高温合金焊丝

(1) 牌号编制方法

高温合金焊丝牌号的编制方法是在变形高温合金牌号的前面加字母“H”表示焊接用的高温合金焊丝。焊丝牌号标记如图 3-14 所示。

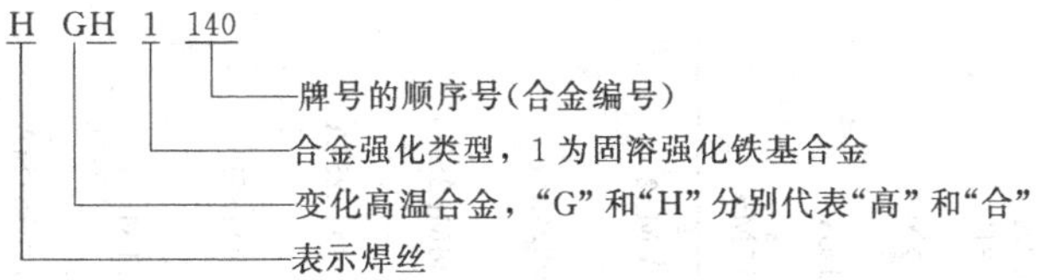

图 3-14 焊丝牌号标记示意图

(2) 牌号分类

焊丝牌号按化学成分进行划分见表 3-9。

4. 硬质合金堆焊焊丝

(1) 牌号编制方法

表 3-7　焊接用钢丝的牌号及化学成分（标准焊丝）

钢种	牌号	化学成分(质量分数)/%								
		C	Mn	Si	Cr	Ni	Mo	其他	S≤	P≤
碳素结构钢	H08A	≤0.10	0.30～0.55	≤0.03	≤0.20	≤0.30	—	—	0.03	0.03
	H08E								0.02	0.02
	H08MnA		0.80～1.10	≤0.07					0.03	0.03
	H15A	0.11～0.18	0.35～0.65	≤0.03					0.03	0.03
	H15Mn		0.80～1.10						0.035	0.035
合金结构钢	H10Mn2	≤0.12	1.50～1.90	≤0.07	≤0.20	≤0.30	—	Cu≤0.20	0.035	0.035
	H08MnSi	≤0.11	1.20～1.50	0.40～0.70					0.035	0.035
	H08Mn2Si		1.70～2.10	0.65～0.95					0.035	0.035
	H08Mn2SiA		1.80～2.10	0.65～0.95					0.03	0.03
	H10MnSi	≤0.14	0.80～1.10	0.60～0.90					0.035	0.035
	H11MnSi	0.07～0.15	1.00～1.50	0.65～0.95		≤0.15	≤0.15	V≤0.05	0.025	0.035
	H11Mn2SiA		1.40～1.85	0.85～1.15						0.025
	H10MnSiMo	≤0.14	0.90～1.20	0.70～1.10		≤0.30	0.15～0.25	Cu≤0.20	0.035	0.035

续表

钢种	牌号	化学成分(质量分数)/%								
		C	Mn	Si	Cr	Ni	Mo	其他	S≤	P≤
合金结构钢	H10MnSiMoTiA	0.08~0.12	1.00~1.30	0.40~0.70	≤0.20	≤0.30	0.20~0.40	Ti=0.05~0.15	0.025	0.03
	H08MnMoA	≤0.10	1.20~1.60	≤0.25			0.30~0.50	Ti=0.15(加入量)	0.03	
	H08Mn2MoA	0.06~0.11	1.60~1.90	≤0.25			0.50~0.70			
	H10Mn2MoA	0.08~0.13	1.70~2.00	≤0.40			0.60~0.80			
	H08Mn2MoVA	0.06~0.11	1.60~1.90	≤0.25			0.50~0.70	V=0.06~0.12		
	H10Mn2MoVA	0.08~0.13	1.70~2.00	≤0.40			0.60~0.80			
	H08CrNi2MoA	0.05~0.10	0.50~0.85	0.10~0.30	0.70~1.00	1.40~1.80	0.20~0.40	Cu≤0.20	0.025	0.030
	H30CrMnSiA	0.25~0.35	0.80~1.10	0.90~1.20	0.80~1.10	≤0.30	—			0.025
铬钼耐热钢	H08CrMoA	≤0.10	0.40~0.70	0.15~0.35	0.8~1.1	≤0.30	0.40~0.60	—	0.03	0.03
	H13CrMoA	0.11~0.16					0.40~0.60	—	0.03	
	H18CrMoA	0.15~0.22					0.15~0.25	—	0.025	
	H08CrMoVA	≤0.10			1.00~1.30		0.50~0.70	V=0.15~0.35	0.03	

续表

钢种	牌号	化学成分(质量分数)/%								
		C	Mn	Si	Cr	Ni	Mo	其他	S≤	P≤
铬钼耐热钢	H10CrMoA	≤0.12	0.40～0.70	0.15～0.35	0.45～0.65	≤0.30	0.40～0.60	—	0.03	0.03
	H08CrMnSiMoVA	≤0.10	1.20～1.60	0.60～0.90	0.95～1.25	≤0.25	0.50～0.70	V=0.20～0.40	0.03	
	H08Cr2MoA	≤0.10	0.40～0.70	0.15～0.35	2.00～2.50		0.90～1.20	—	0.03	
	H1Cr5Mo	≤0.12	0.40～0.70		4.0～6.0	≤0.30	0.40～0.60	—	0.03	
不锈钢	H0Cr14	≤0.06	0.30～0.70	0.30～0.70	13.0～15.0	≤0.60	—	—	0.03	0.03
	H1Cr13	≤0.12	≤0.60	≤0.50	11.5～13.5	—				
	H1Cr17	≤0.10	≤0.60	≤0.50	15.5～17.0	—				
	H0Cr21Ni10	≤0.06	1.0～2.5	≤0.60	19.5～22.0	9.0～11.0				
	H00Cr21Ni10	≤0.03			19.5～22.0	9.0～11.0			0.02	
	H1Cr24Ni13	≤0.12			23.0～25.0	12.0～14.0				
	H1Cr24Ni13Mo2	≤0.12			23.0～25.0	12.0～14.0	2.0～3.0			

续表

钢种	牌　号	化学成分(质量分数)/%								
		C	Mn	Si	Cr	Ni	Mo	其他	S≤	P≤
不锈钢	H0Cr26Ni21	≤0.08	1.0~2.5	≤0.60	25.0~28.0	20.0~22.5	—		0.02	0.03
	H1Cr26Ni21	≤0.15		0.20~0.59	25.0~28.0	20.0~22.5		—		
	H0Cr19Ni12Mo2	≤0.08		≤0.60	18.0~20.0	11.0~14.0	2.0~3.0			
	H00Cr19Ni12Mo2	≤0.03			18.0~20.0	11.0~14.0	2.0~3.0	—		
	H00Cr19Ni12Mo2Cu2	≤0.03			18.0~20.0	11.0~14.0	2.0~3.0	Cu=1.0~2.5		
	H0Cr20Ni14Mo3	≤0.06			18.5~20.5	13.0~15.0	3.0~4.0	—		
	H0Cr20Ni10Ti	≤0.06			18.5~20.5	9.0~10.5	—	Ti=9×C~1.0		
	H0Cr20Ni10Nb	≤0.08			19.0~21.5	9.0~11.0	—	Nb=10×C~1.0		
	H1Cr21Ni10Mn6	≤0.10	5.0~7.0	0.2~0.6	20.0~22.0	9.0~11.0	—	—		
	H00Cr18Ni14Mo2	≤0.03	1.0~2.0	≤1.0	17.0~18.0	11.0~14.0	2.0~3.0	—		

注：本表摘录了标准 GB/T 14957—1994 的一部分。

表 3-8 铜及铜合金焊丝的牌号、化学成分和主要用途（GB/T 9460—2008）

类别	牌号	代号	识别颜色	化学成分(质量分数)/%													相当统一牌号③	主要用途
				Cu	Zn	Sn	Si	Mn	Ni	Fe	P	Pb	Al	Ti	S	杂质元素总和①		
铜	HSCu	201	浅灰	≥98.0	*	≤1.0	≤0.5	≤0.5	*	*	≤0.15	≤0.02	≤0.01 *	—	—	≤0.50	HS201	用于耐海水腐蚀等钢件上的堆焊
黄铜	HSCuZn-1	221	大红	57.0～61.0	余量	0.5～1.5	—	—	—	—	—	≤0.05	—	—	—	≤0.50	HS220	用于轴承和耐腐蚀表面的堆焊
	HSCuZn-2	222	苹果绿	56.0～60.0		0.8～1.1	0.04～0.15	0.01～0.5	—	0.25～1.20				—	—		HS222	
	HSCuZn-3	223	紫蓝	56.0～62.0		0.5～1.5	0.1～0.5	≤1.0②	≤1.5②	≤0.5②			≤0.01	—	—		HS221	
	HSCuZn-4	224	黑色	61.0～63.0		—	0.3～0.7	—	—	—			—	—	—		HS224	
白铜	HSCuZnNi	231	棕色	46.0～50.0	余量	—	≤0.25	—	9.0～11.0	—	≤0.25	≤0.05*	≤0.02*	—	—	≤0.50	—	用于钢件上的堆焊
	HSCuNi	234	中黄	余量	*	*	≤0.15	≤1.0	29.0～32.0	0.40～0.75	≤0.02	≤0.02*	—	0.20～0.50	≤0.01	≤0.50	—	
青铜	HSCuSi	211	紫红	余量	≤1.5	≤1.0	2.8～4.0	≤1.5	*	≤0.5	*	*	*≤0.01	—	—	≤0.50	—	用于耐腐蚀表面的堆焊，不能用于轴承的堆焊
	HSCuSn	212	粉红		*	6.0～9.0	*	*	*	*	0.10～0.35							用于轴承及耐腐蚀表面的堆焊
	HSCuAl	213	中蓝		≤0.10	—	≤0.10	≤2.0	—	—	*	≤0.02	7.0～9.0					用于耐腐蚀表面的堆焊
	HSCuAlNi	214	中绿		≤0.10	—	≤0.10	0.5～3.0	0.5～3.0	≤2.0	*		7.0～9.0					用于耐磨、耐腐蚀表面的堆焊

① 杂质元素总和包括带 * 号的元素。微量元素可以不分析。

② 在规定的范围内允许制造厂选择加入。

③ 统一牌号系指“焊接材料产品样本”（1997 年）中规定的牌号“HS”亦代表“焊丝”，“HS”后的首位数字“2”表示铜及铜合金焊丝。

表 3-9 焊接用高温合金焊丝的牌号及其化学成分（YB/T 5247—2012）

合金牌号	化学成分(质量分数)/%																	
	C	Cr	Ni	W	Mo	Al	Ti	Fe	Nb	V	B①	Zr①	Ce①	Mn	Si	P	S	Cu	其他
HGH1035	0.06~0.12	20.0~23.0	35.0~40.0	2.5~3.5	—	≤0.50	0.70~1.20	余	—	—	—	—	≤0.05	≤0.70	≤0.80	≤0.020	≤0.02	≤0.20	—
HGH1040	≤0.10	15.0~17.5	24.0~27.0	—	5.50~7.00	—	—	余	—	—	—	—	—	1.00~2.00	0.50~1.00	≤0.030	≤0.02	≤0.20	N 0.10~0.20
HGH1068	≤0.10	14.0~16.0	21.0~23.0	7.0~8.0	2.00~3.00	—	—	余	—	—	—	—	≤0.02	5.00~6.00	≤0.20	≤0.010	≤0.01	—	—
HGH1131	≤0.10	19.0~22.0	25.0~30.0	4.8~6.0	2.80~3.50	—	—	余	0.7~1.2	—	≤0.005	—	—	≤1.20	≤0.80	≤0.020	≤0.02	—	N 0.15~0.30
HGH1139	≤0.12	23.0~26.0	14.0~18.0	—	—	—	—	余	—	—	≤0.01	—	—	5.00~7.00	≤1.00	≤0.030	≤0.02	≤0.20	N 0.25~0.45
HGH1140	0.06~0.12	20.0~23.0	35.0~40.0	1.40~1.80	2.00~2.50	0.20~0.60	0.70~1.20	余	—	—	—	—	—	≤0.70	≤0.80	≤0.020	≤0.015	—	—
HGH2036	0.34~0.40	11.5~13.5	7.0~9.0	—	1.10~1.40	—	≤0.12	余	0.25~0.50	1.25~1.55	—	—	—	7.50~9.50	0.30~0.80	≤0.035	≤0.03	—	—
HGH2038	≤0.10	10.0~12.5	18.0~21.0	—	—	≤0.50	2.30~2.80	余	—	—	≤0.008	—	—	≤1.00	≤1.00	≤0.030	≤0.02	≤0.20	—
HGH2042	≤0.05	11.5~13.0	34.5~36.5	—	—	0.90~1.20	2.70~3.20	余	—	—	—	—	—	0.80~1.30	≤0.60	≤0.020	≤0.02	≤0.20	—
HGH2132	≤0.08	13.5~16.0	24.0~27.0	—	1.00~1.50	≤0.35	1.75~2.35	余	—	0.10~0.50	0.001~0.010	—	—	1.00~2.00	0.40~1.00	≤0.020	≤0.015	—	—

续表

合金牌号	化学成分(质量分数)/%																	
	C	Cr	Ni	W	Mo	Al	Ti	Fe	Nb	V	B①	Zr①	Ce①	Mn	Si	P	S	Cu	其他
HGH2135	≤0.06	14.0~16.0	33.0~36.0	1.70~2.20	1.70~2.20	2.40~2.80	2.10~2.50	余	—	—	≤0.015	—	≤0.03	≤0.40	≤0.50	≤0.02	≤0.02	—	—
HGH3030	≤0.12	19.0~22.0	余	—	—	≤0.15	0.15~0.35	≤1.0	—	—	—	—	—	≤0.70	≤0.80	≤0.015	≤0.01	≤0.20	—
HGH3039	≤0.08	19.0~22.0	余	—	18.0~2.30	0.35~0.75	0.35~0.75	≤3.0	0.90~1.30	—	—	—	—	≤0.40	≤0.80	≤0.02	≤0.015	≤0.20	—
HGH3041	≤0.25	20.0~23.0	72.0~78.0	—	—	≤0.06	—	≤1.7	—	—	—	—	—	0.20~1.50	≤0.60	≤0.035	≤0.030	≤0.20	—
HGH3044	≤0.10	23.5~26.5	余	13.0~16.0		≤0.50	0.30~0.70	≤4.0	—	—	—	—	—	≤0.50	≤0.80	≤0.013	≤0.013	≤0.20	—
HGH3113	≤0.08	14.5~16.5	余	3.0~4.5	15.0~17.0	—	—	4.0~7.0	—	≤0.35	—	—	—	≤1.00	≤1.00	≤0.015	≤0.015	≤0.20	—
HGH3128	≤0.05	19.0~22.0	余	7.5~9.0	7.5~9.0	0.40~0.80	0.40~0.80	≤2.0	—	—	≤0.005	≤0.06	≤0.05	≤0.50	≤0.80	≤0.013	≤0.013	—	—
HGH4033	≤0.06	19.0~22.0	余	—	—	0.60~1.00	2.40~2.80	≤1.0	—	—	≤0.01	—	≤0.01	≤0.35	≤0.65	≤0.015	≤0.007	≤0.007	—
HGH4145	≤0.08	14.0~17.0	余	—		0.40~1.00	2.25~2.75	5.0~9.0	0.70~1.20	—	—	—	—	≤1.00	≤0.50	≤0.020	≤0.010	≤0.20	—
HGH4169	≤0.08	17.0~21.0	50.0~55.0	—	2.80~3.30	0.20~0.60	0.65~1.15	余	4.75~5.50	—	≤0.006	—	—	≤0.35	≤0.30	≤0.015	≤0.015	—	—

① B、Zr、Ce 系计算加入量，不分析。

表 3-10 常用硬质合金堆焊焊丝的成分、特点及用途

牌号	名称	化学成分/%	堆焊层常温硬度(HRC)	主要特点及用途
HS101	高铬铸铁堆焊焊丝	C 2.5～3.3，Cr 25～31，Ni 3～5，Si 2.8～4.2，Fe 余量	48～54	堆焊层具有优良的抗氧化和耐气蚀性能，硬度高，耐磨性好，但工作温度不宜超过 500℃，否则硬度降低。用于堆焊要求耐磨损、抗氧化或耐气蚀的场合，如铲斗齿、泵套、柴油机气门、排气叶片等
HS103	高铬铸铁堆焊焊丝	C 3～4，Cr 25～32，Co 4～6，B 0.5～1.0，Fe 余量	58～64	堆焊层具有优良的抗氧化性，硬度高，耐磨性好，但抗冲击性能差，难以进行切削加工，只能研磨。用于要求强烈耐磨损的场合，如牙轮钻头小轴、煤孔挖掘机、破碎机辊、泵框筒、混合叶片等堆焊
HS111	钴基堆焊焊丝（相当于 AWSRCoCr-A）	C 0.9～1.4，Cr 26～32，W 3.5～6.0，Fe≤2.0，Co 余量	40～45	Co-Cr-W 合金中 C 和 W 含量最低、韧性最好的一种，能承受冷热条件下的冲击，裂纹倾向小，有良好的耐蚀、耐热和耐磨性。用于要求在高温工作时能保持良好的耐磨性及耐蚀性的场合，如高温高压阀门、热剪切刀刃、热锻模等的堆焊
HS112	钴基堆焊焊丝（相当于 AWSRCoCr-B）	C 1.2～1.7，Cr 26～32，W 7～9.5，Fe≤2.0，Co 余量	45～50	在 Co-Cr-W 合金中具有中等硬度，耐磨性比 HS111 好，但塑性稍差。具有良好的耐蚀、耐热及耐磨损性能，在 650℃ 高温下仍能保持这些性能。用于高温高压阀门、内燃机阀、化纤剪刀刃口、高压泵轴套和内衬筒套、热轧辊等的堆焊

续表

牌号	名称	化学成分/%	堆焊层常温硬度(HRC)	主要特点及用途
HS113	钴基堆焊焊丝	C 2.5～3.3,Cr 27～33,W 15～19,Fe≤2.0,Co余量	55～60	堆焊层硬度高、耐磨性非常好,但抗冲击性较差,堆焊时产生裂纹倾向大。具有良好的耐蚀、耐热及耐磨性能,在650℃高温下仍能保持这些性能。主要用于牙轮钻头轴承、锅炉的旋转叶片、粉碎机刃口、螺旋送料机等磨损部件的堆焊
HS114	钴基堆焊焊丝	C 2.4～3.0,Cr 27～33,W 11～14,Fe≤2.0,Co余量	≥52	高碳Co-Cr-W合金堆焊焊丝,耐磨性、耐蚀性好,但抗冲击韧性差。主要用于高温工作的燃气轮机、飞机发动机涡轮叶片、牙轮钻头轴承、锅炉旋转叶片等磨损部件的堆焊
HS115	钴基堆焊焊丝(相当于AWSS-RCoCr-E)	C 0.15～0.35,Cr 25.5～29,Mo 5～6,Ni 1.75～3.25,Co余量	≥27	用Mo强化的低碳Cr-Mo焊丝,耐高温腐蚀性、耐冲击性及高温强度好。用于各种阀门、阀座、水轮机叶片、铸模及挤压模的堆焊
HS116	钴基堆焊焊丝(相当于AWSR-CoCr-C)	C 0.70～1.20,Cr 30～34,W 12.5～15.5,Co余量	46～50	堆焊层有较高的耐磨性和高温强度,但韧性较差。在硫酸、磷酸、硝酸条件下有较好的耐蚀性。用于铜基及铝基合金的热压模等堆焊
HS117	钴基堆焊焊丝	C 2.30～2.60,Cr 31～34,W 16～18,Co余量	≥53	堆焊层有较强的耐磨料磨损性能及耐蚀性,在800℃高温下也能保持这些特性。用于泵的套筒和旋转密封环、磨损面板等

硬质合金堆焊焊丝的牌号按《焊接材料产品样本》统一规定以“HS”表示焊丝，后面第一位数字“1”表示为硬质合金堆焊用焊丝，末两位数字为牌号的编号。

表 3-10 列出了硬质合金堆焊焊丝的牌号、主要化学成分、堆焊层硬度及主要用途。

（2）牌号分类

硬质合金堆焊焊丝牌号按主要化学成分进行划分，见表 3-10。

（三）实心焊丝的型号及牌号对照

实心焊丝的型号与牌号对照见表 3-11。

二、药芯焊丝的型号和牌号

（一）药芯焊丝的型号

1. 碳钢药芯焊丝（GB/T 10045—2018）

（1）型号编制方法

表 3-11 实心焊丝的型号与牌号对照

焊丝类型	牌号	相应标准的焊丝型号		
		中国 GB	美国 AWS	日本 JIS
CO_2 气体保护焊丝	MG49-1	ER49-1	—	—
	MG49-Ni	—	—	—
	MG49-G	ER49-G	ER70S-G	YGW-11
	MG50-3	ER50-3	ER70S-3	—
	MG50-4	ER50-4	ER70S-4	—
	MG50-6	ER50-6	ER70S-6	—
	MG50-G	ER50-G	ER70S-G	YGW-16
	MG59-G	—	—	—
氩弧焊填充焊丝	TG50RE	ER50-4	ER70S-4	—
	TG50	—	—	—
	TGR50M	—	—	—
	TGR50ML	—	—	—
	TGR55CM	ER55-B2	—	—
	TGR55CML	ER55-B2L	—	—
	TGR55V	ER55B2MnV	—	—
	TGR55VL	—	—	—
	TGR55WB	—	—	—

续表

焊丝类型	牌号	相应标准的焊丝型号		
		中国 GB	美国 AWS	日本 JIS
氩弧焊填充焊丝	TGR55WBL	—	—	—
	TGR59C2M	ER62-B3	—	—
	TGR59C2ML	ER62-B3L	—	—
埋弧焊丝	H08A、H08E	—	EL8	W11
	H08MnA	—	EM12	W21
	H10Mn2	—	EH14	W41
	H10MnSi	—	EM13K	—

根据 GB/T 10045—2018《碳钢药芯焊丝》的规定：

① 焊丝型号的表示方法为：E×××T- ×ML。字母“E”表示焊丝，字母“T”表示药芯焊丝。型号中的符号按排列顺序分别说明，见表 3-12。

表 3-12 焊丝符号排列顺序

序号	焊丝符号	内容及说明
1	熔敷金属力学性能	字母“E”后面的前 2 个符号“××”表示熔敷金属的力学性能，见表 16-77
2	焊接位置	字母“E”后面的第 3 个符号“×”表示推荐的焊接位置，其中，“0”表示平焊和横焊位置，“1”表示全位置
3	焊丝类别特点	短划后面的符号“×”表示焊丝的类别特点，具体要求与说明见表 16-74
4	字母“M”	字母“M”表示保护气体为 75%～80%$Ar+CO_2$。当无字母“M”时，表示保护气体为 CO_2 或为自保护类型
5	字母“L”	字母“L”表示焊丝熔敷金属的冲击性能为在－40℃时，其 V 型缺口冲击功不小于 27J。当无字母“L”时，表示焊丝熔敷金属的冲击性能符合一般要求，见表 16-77

② 碳钢药芯焊丝型号标记如图 3-15 所示。

(2) 型号分类

型号分类依据如下：

① 熔敷金属的力学性能。

② 焊接位置。

③ 焊丝类别特点，包括保护类型、电流类型、渣系特点等。

碳钢药芯焊丝的型号划分见表 16-74 与表 16-77。

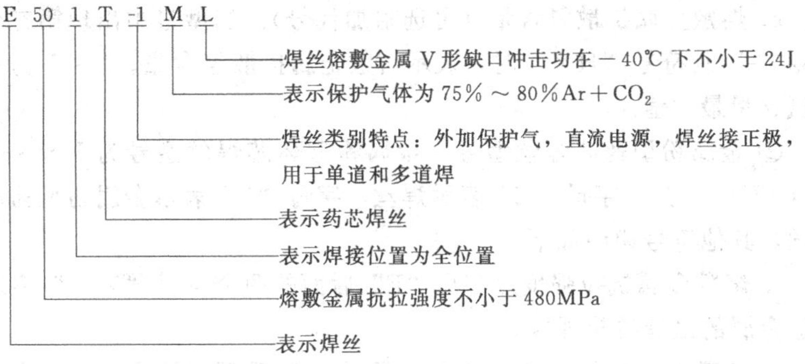

图 3-15 碳钢药芯焊丝型号标记示意图

2. 低合金钢药芯焊丝（GB/T 17493—2018）

（1）型号编制方法

根据 GB/T 17493—2018《热强钢药芯焊丝》的规定：

① 非金属粉型药芯焊丝型号 非金属粉型药芯焊丝型号为 E×××T×-××（-J H×），其中字母“E”表示焊丝，字母“T”表示非金属粉型药芯焊丝，其他符号说明如下：

a. 熔敷金属抗拉强度以字母“E”后面的前两个符号“××”表示熔敷金属的最低抗拉强度。

b. 焊接位置以字母“E”后面的第三个符号“×”表示推荐的焊接位置，见表 16-83。

c. 药芯类型以字母“T”后面的符号“×”表示药芯类型及电流种类，见表 16-83。

d. 熔敷金属化学分以第一个短划“-”后面的符号“×”表示熔敷金属化学成分代号。

e. 保护气体以化学成分代号后面的符号“×”表示保护气体类型：“C”表示 CO_2 气体；“M”表示 Ar＋(20%～25%) CO_2 混合气体；当该位置没有符号出现时，表示不采用保护气体，为自保护型，见表 16-83。

f. 更低温度的冲击性能（可选附加代号）。当型号中出现第二个短划“-”及字母“J”时，表示焊丝具有更低温度的冲击性能。

g. 熔敷金属扩散氢含量（可选附加代号）。当型号中出现第二个短划“-”及符号“H×”时，表示熔敷金属扩散氢含量，“×”为扩散氢含量最大值。

② 金属粉型药芯焊丝型号　金属粉型药芯焊丝型号为 E××C-×（-H×），其中字母“E”表示焊丝，字母“C”表示金属粉型药芯焊丝，其他符号说明如下：

a. 熔敷金属抗拉强度以字母“E”后面的两个符号“××”表示熔敷金属的最低抗拉强度。

b. 熔敷金属化学成分以第一个短划“-”后面的符号“×”表示熔敷金属化学成分代号。

c. 熔敷金属扩散氢含量（可选附加代号）。当型号中出现第二个短划“-”及字母“H×”时，表示熔敷金属扩散氢含量，“×”为扩散氢含量最大值。

低合金钢药芯焊丝型号标记如图 3-16 所示。

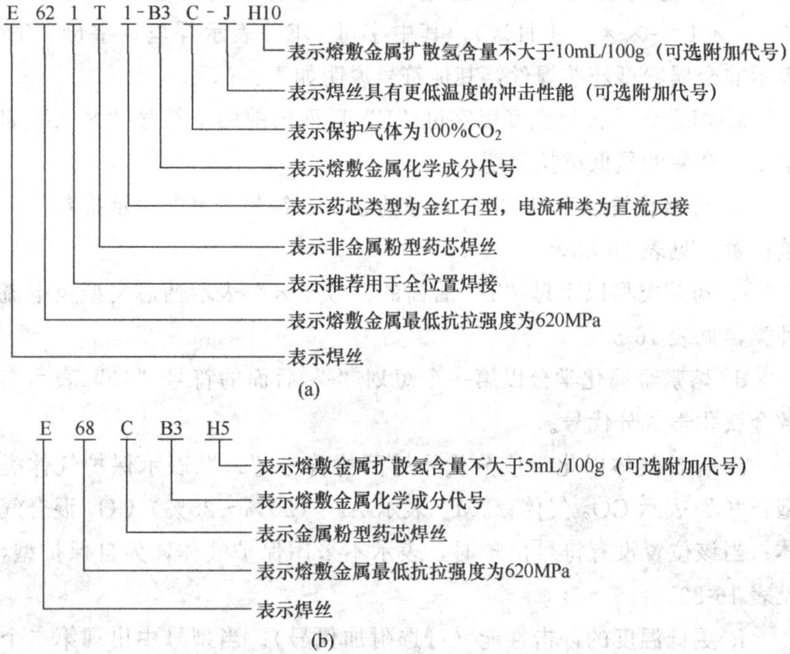

图 3-16　低合金钢药芯焊丝型号标记示意图

（2）焊丝分类

① 焊丝按药芯类型分为非金属粉型药芯焊丝和金属粉型药芯焊丝。

② 非金属粉型药芯焊丝按化学成分分为钼钢、铬钼钢、镍钢、锰钼钢和其他低合金钢等五类；金属粉型药芯焊丝按化学成分分为铬钼钢、镍钢、锰钼钢和其他低合金钢等四类。

（3）型号划分

非金属粉型药芯焊丝型号按熔敷金属的抗拉强度和化学成分、焊接位置、药芯类型和保护气体进行划分；金属粉型药芯焊丝型号按熔敷金属的抗拉强度和化学成分进行划分。

焊丝型号的分类及划分见表 16-83、表 16-85 和表 16-87。

3. 不锈钢药芯焊丝

（1）型号编制方法

根据 GB/T 17853—2018《不锈钢药芯焊丝》的规定，字母“E”表示焊丝，“R”表示填充焊丝；后面用三位或四位数字表示焊丝熔敷金属化学成分分类代号；如有特殊要求的化学成分，将其元素符号附加在数字后面，或者用“L”表示碳含量较低、“H”表示碳含量较高、“K”表示焊丝应用于低温环境；最后用“T”表示药芯焊丝，之后用一位数字表示焊接位置，“0”表示焊丝适用于平焊位置或横焊位置焊接，“1”表示焊丝适用于全位置焊接；“-”后面的数字表示保护气体及焊接电流类型，见表 3-13。

表 3-13 保护气体、电流类型及焊接方法

型号	保护气体	电流类型	焊接方法
E×××T×-1	CO_2	直流反接	FCAW
E×××T×-3	无(自保护)		
E×××T×-4	75%～80%Ar+CO_2		
E×××T1-5	100%Ar	直流正接	GTAW
E×××T×-G	不规定	不规定	FCAW
			GTAW

注：FCAW 为药芯焊丝电弧焊，GTAW 为钨极惰性气体保护焊。

（2）焊丝型号标记

焊丝型号标记如图 3-17 所示。

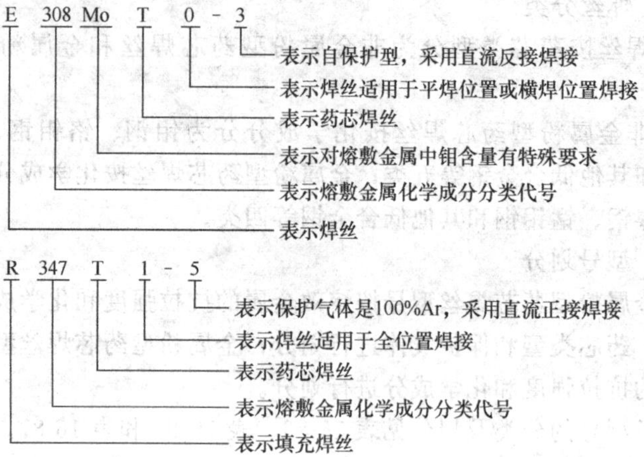

图 3-17　不锈钢药芯焊丝型号标记示意图

（3）型号分类

焊丝根据熔敷金属化学成分、焊接位置、保护气体及焊接电流类型划分型号，见表 16-92、表 16-93。

（二）药芯焊丝的牌号

1. 牌号编制方法

按《焊接材料产品样本》，药芯焊丝牌号的编制是：第一个字母“Y”表示药芯焊丝；第二个字母表示焊丝类别，字母含义与焊条相同，“J”为结构钢用，“R”为耐热钢用，“G”为铬不锈钢用，“A”为铬镍不锈钢用，“D”为堆焊用；其后三位数字符合同类用途的焊条牌号编制方法；短划“-”后的数字，表示焊接时的保护方法，“1”为气体保护，“2”为自保护，“3”为气体保护和自保护两用。

药芯焊丝有特殊性能和用途时，则在牌号后面加注起主要作用的元素或主要用途的字母（一般不超过两个）。

焊丝牌号标记如图 3-18 所示。

2. 牌号分类

埋弧焊用低合金钢药芯焊丝牌号按化学成分的划分见表 3-14。

表 3-14 低合金钢药芯焊丝化学成分（质量分数） %

序号	焊丝牌号	C	Mn	Si	Cr	Ni	Cu	Mo	V、Ti、Zr、Al	S≤	P≤
1	H08MnA	≤0.10	0.80～1.10	≤0.07	≤0.20	≤0.30	≤0.20	—	—	0.030	0.030
2	H15Mn	0.11～0.18	0.80～1.10	≤0.03	≤0.20	≤0.30	≤0.20	—	—	0.035	0.035
3	H05SiCrMoA①	≤0.05	0.40～0.70	0.40～0.70	1.20～1.50	≤0.20	≤2.0	0.40～0.65	—	0.025	0.025
4	H05SiCr2MoA①	≤0.05	0.40～0.70	0.40～0.70	2.30～2.70	≤0.20	≤0.20	0.90～1.20	—	0.025	0.025
5	H05Mn2NiMoA①	≤0.08	1.25～1.80	0.20～0.50	≤0.30	1.40～2.10	≤0.20	0.25～0.55	V≤0.05 Ti≤0.10 Zr≤0.10 Al≤0.10	0.010	0.010
6	H08Mn2Ni2MoA①	≤0.09	1.40～1.80	0.20～0.55	≤0.50	1.90～2.60	≤0.20	0.25～0.55	V≤0.04 Ti≤0.10 Zr≤0.10 Al≤0.10	0.010	0.010
7	H08CrMoA	≤0.10	0.40～0.70	0.15～0.35	0.80～1.10	≤0.30	≤0.20	0.40～0.60	—	0.030	0.030
8	H08MnMoA	≤0.10	1.20～1.60	≤0.25	≤0.20	≤0.30	≤0.20	0.30～0.50	Ti:0.15 （加入量）	0.030	0.030
9	H08CrMoVA	≤0.10	0.40～0.70	0.15～0.35	1.00～1.30	≤0.30	≤0.20	0.50～0.70	V:0.15～0.35	0.030	0.030
10	H08Mn2Ni3MoA	≤0.10	1.40～1.80	0.25～0.60	≤0.60	2.00～2.80	≤0.20	0.30～0.65	V≤0.03 Ti≤0.10 Zr≤0.10 Al≤0.10	0.010	0.010
11	H08CrNi2MoA	0.05～0.10	0.50～0.85	0.10～0.30	0.70～1.00	1.40～1.80	≤0.20	0.20～0.40	—	0.025	0.030

续表

序号	焊丝牌号	C	Mn	Si	Cr	Ni	Cu	Mo	V、Ti、Zr、Al	S≤	P≤
12	H08Mn2MoA	0.06～0.11	1.60～1.90	≤0.25	≤0.20	≤0.30	≤0.20	0.50～0.70	Ti：0.15 （加入量）	0.030	0.030
13	H08Mn2MoVA	0.06～0.11	1.60～1.90	≤0.25	≤0.20	≤0.30	≤0.20	0.50～0.70	V：0.06～0.12 Ti：0.15 （加入量）	0.030	0.030
14	H10MoCrA	≤0.12	0.40～0.70	0.15～0.35	0.45～0.65	≤0.30	0.20	0.40～0.60	—	0.030	0.030
15	H10Mn2	≤0.12	1.50～1.90	≤0.07	≤0.20	≤0.30	≤0.20	—	—	0.035	0.035
16	H10Mn2NiMoCuA①	≤0.12	1.25～1.80	0.20～0.60	≤0.30	0.80～1.25	0.35～0.65	0.20～0.55	V≤0.05 Ti≤0.10 Zr≤0.10 Al≤0.10	0.010	0.010
17	H10Mn2MoA	0.08～0.13	1.70～2.00	≤0.40	≤0.20	≤0.30	≤0.20	0.60～0.80	Ti：0.15 （加入量）	0.030	0.030
18	H10Mn2MoVA	0.08～0.13	1.70～2.00	≤0.40	≤0.20	≤0.30	≤0.20	0.60～0.80	V：0.06～0.12 Ti：0.15 （加入量）	0.030	0.030
19	H10Mn2A	≤0.17	1.80～2.20	≤0.05	≤0.20	≤0.30	—	—	—	0.030	0.030
20	H13CrMoA	0.11～0.16	0.40～0.70	0.15～0.35	0.80～1.10	≤0.30	≤0.20	0.40～0.60	—	0.030	0.030
21	H18CrMoA	0.15～0.22	0.40～0.70	0.15～0.35	0.80～1.10	≤0.30	≤0.20	0.15～0.25	—	0.025	0.030

① 这些焊丝中残余元素 Cr、Ni、Mo、V 总量应不大于 0.50%。

注：1. 当焊丝镀铜时，除 H10Mn2NiMoCuA 外，其余牌号铜含量应不大于 0.35%。

2. 根据供需双方协议，也可生产使用其他牌号的焊丝。

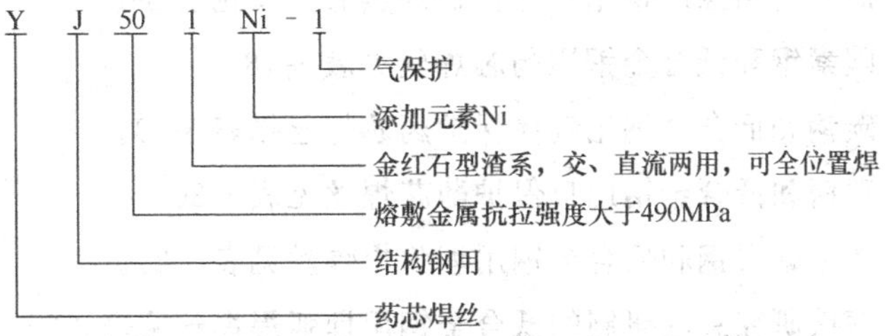

图 3-18　焊丝牌号标记示意图

（三）药芯焊丝的型号与牌号对照

药芯焊丝的型号与牌号对照见表 3-15。

表 3-15　药芯焊丝的型号与牌号对照

牌　　号	相应标准的药芯焊丝型号		
	中国 GB	美国 AWS	日本 JIS
YJ501-1	E501T1	E71T-1	YFW-24
YJ501Ni-1	E501T1	E71T-5	YFW-24
YJ502-1	E501T5	E70T-1	—
YJ502R-1	E501T1	—	—
YJ502R-2	E501T4	—	—
YJ507-1	E500T5	E70T-5	—
YJ507Ni-1	E500T5	—	—
YJ507TiB-1	E500T5	E70T-5	—
YJ507-2	E500T4	E70T-4	YFW-13
YJ507G-2	E500T8	E70T-8	—
YJ507R-2	E501T5	E71T-8	YFW-14
YJ507R-2	E500T4	E70T-GS	—
YJ707-1	E700T5	E80T5-Ni1	—

第三节　焊丝的成分、性能和用途

一、碳素钢和低合金钢焊丝

① 碳素钢和低合金钢气体保护焊用实心焊丝见表 3-16。

② 低合金高强度钢用气体保护焊实心焊丝见表 3-17。

③ 碳素钢和低合金钢用药芯焊丝见表 3-18。

④ 碳钢和低合金钢用气体保护药芯焊丝见表 3-19。

⑤ 碳钢和低合金钢用自保护药芯焊丝见表 3-20。

⑥ 常用碳素钢和低合金钢用埋弧焊焊丝见表 3-21。

⑦ 钢铁研究总院研制的低合金钢用埋弧焊焊丝见表 3-22。

⑧ 合金结构钢用药芯焊丝见表 3-23。

二、铬钼耐热钢焊丝

常用铬钼耐热钢气体保护焊用实心焊丝见表 3-24。

三、不锈钢焊丝

① 不锈钢用药芯焊丝见表 3-25 和表 3-26。

② 不锈钢焊接及堆焊用焊丝及焊带见表 3-27。

四、有色金属焊丝

① 铜及铜合金焊丝见表 3-8。

② 常用铝及铝合金焊丝见表 3-28。

③ 镍基合金焊丝见表 3-29、表 3-30。

五、铸铁焊丝

常用铸铁气焊焊丝见表 3-31。

六、堆焊焊丝

① 气体保护和自保护堆焊用药芯焊丝见表 3-32。

② 埋弧堆焊用药芯焊丝见表 3-33。

③ 常用硬质合金堆焊焊丝见表 3-10。

④ 耐磨堆焊用药芯焊丝见表 3-34。

表 3-16 碳素钢和低合金钢气体保护焊用实心焊丝

序号	牌号	型号 GB/T (AWS)	特征和用途	焊丝化学成分/%						熔敷金属力学性能			
				C	Si	Mn	S	P	其他	R_m /MPa	$R_{p0.2}$ /MPa	A /%	A_{kV} /J
1	MG49-1	ER49-1 (—)	CO_2 气保焊（气体保护焊）焊丝，具有良好的抗气孔性能，飞溅较少，用于焊接低碳钢和某些低合金钢	≤0.11	0.65～0.95	1.80～2.10	≤0.030	≤0.030	Cu≤0.50	≥490	≥372	≥20	≥27 (室温)
2	MG49-Ni	—	CO_2 气保焊焊丝，电弧稳定，可全位置施焊，焊缝具有良好的低温韧性和耐大气腐蚀性能，用于焊接 500MPa 级高强度钢和耐候钢等	≤0.10	0.50～0.80	1.30～1.60	≤0.030	≤0.030	Cr 0.20～0.55 Ni 0.30～0.60 Cu 0.20～0.50	≥490	≥372	≥20	≥27 (−20℃)
3	MG49-G	ER49-G (ER70S-G)	CO_2 气保焊焊丝，含有适量的 Ti，具有细化熔滴和稳弧作用。焊缝晶粒细小，低温韧性优良，用于船舶、桥梁等结构，可使用大电流，适于厚板焊接	≤0.15	0.55～1.10	1.40～1.90	≤0.030	≤0.030	—	≥490	≥390	≥22	≥27 (0℃)
4	MG50-3	ER50-3 (ER70S-3)	CO_2 气保焊焊丝，具有优良的焊接工艺性能，用于焊接碳素钢及低合金钢	0.06～0.15	0.45～0.75	0.90～1.40	≤0.035	≤0.025	Cu≤0.50	≥500	≥420	≥22	≥27 (−18℃)

续表

序号	牌号	型号 GB/T (AWS)	特征和用途	焊丝化学成分/%						熔敷金属力学性能			
				C	Si	Mn	S	P	其他	R_m /MPa	$R_{p0.2}$ /MPa	A /%	A_{kV} /J
5	MG50-4	ER50-4 (ER70S-4)	采用 CO_2 或 Ar＋(5%～20%) CO_2 作为保护气体，具有优良的焊接工艺性，电弧稳定，飞溅小。适于薄板的高速焊接，可用于管子的向下立焊。用于碳素钢焊接	0.07～0.15	0.65～0.85	1.00～1.50	≤0.035	≤0.025	Cu≤0.50	≥500	≥420	≥22	—
6	MG50-6	ER50-6 (ER70S-6)	保护气体和焊接工艺同 MG50-4，焊丝熔化速度快，抗铁锈能力强，气孔敏感性小，可全位置施焊。用于碳素钢及 500MPa 级高强钢结构焊接	0.06～0.15	0.80～1.15	1.40～1.85	≤0.035	≤0.025	Cu≤0.50	≥500	≥420	≥22	≥27 (−30℃)
7	MG50-G	ER50-G (ER70S-G)	Ar＋CO_2 气保焊焊丝，熔池流动性好，抗裂性优良，飞溅少，熔渣少且易清除。适于高速焊接，尤其是薄板焊接	≤0.15	0.40～1.00	0.85～1.60	≤0.030	≤0.030	—	≥490	≥345	≥22	≥27 (−30℃)

续表

序号	牌号	型号 GB/T (AWS)	特征和用途	焊丝化学成分/%						熔敷金属力学性能			
				C	Si	Mn	S	P	其他	R_m /MPa	$R_{p0.2}$ /MPa	A /%	A_{kV} /J
8	MG59-G	—	CO_2 气保焊焊丝，飞溅少，成形良好，用于 590MPa 级高强度钢，如 HQ60 等。适于焊接起重机、推土机零部件、工程机械和桥梁等	0.04～0.07	0.60～0.80	1.3～1.6	≤0.03	≤0.03	Ni 0.6～0.9 Mo 0.3～0.6 Ti 0.10～0.14	≥590	≥450	≥16	≥47 (−20℃)
9	TG50	ER50-4 (ER70S-4)	钨极氩弧焊丝，具有良好的塑性、韧性和抗裂性能。适于各种位置的管子打底焊及填充焊。可用于焊接低碳钢及低合金钢，如 09Mn2V、16Mn 等	≤0.07	0.60～0.85	1.20～1.50	≤0.025	≤0.025	—	≥490	≥390	≥22	≥27 (−30℃)
	TG50RE			0.6～0.12					RE 微量		≥410		
10	TGR50M	—	钨极氩弧焊丝，适于打底焊接。用于工作温度在 510℃ 以下的锅炉受热面管子及 450℃ 以下的蒸汽管道，也可用于焊接低合金高强度钢结构	0.06～0.12	0.45～0.70	0.75～1.05	≤0.025	≤0.025	Mo 0.45～0.65	≥490	≥390	≥22	≥47 (常温)
	TGR50ML			≤0.07							≥370		

续表

序号	牌号	型号 GB/T（AWS）	特征和用途	焊丝化学成分/%						熔敷金属力学性能			
				C	Si	Mn	S	P	其他	R_m /MPa	$R_{p0.2}$ /MPa	A /%	A_{kV} /J
11	TGR55CM	ER55-B2（—）	钨极氩弧焊丝，可全位置焊接，适于打底焊。用于工作温度在 520℃以下的管道、高压容器、石油炼制设备等。主要焊接 1.25% Cr-0.5% Mo 珠光体耐热钢，也可用于 30CrMnSi 铸钢件的修补及打底焊	0.06～0.12	0.45～0.70	0.75～1.05	≤0.025	≤0.025	Cr 1.10～1.40 Mo 0.45～0.65	≥540	≥440	≥17	≥47（常温）
	TGR55CML	ER55-B2L（—）		≤0.07							≥410		
12	TGR55V	ER55B2MnV（—）	钨极氩弧焊丝，适于焊接 1.25% Cr-0.5% Mo-V 珠光体耐热钢。用于工作温度在 580℃以下的锅炉受热面管子和 540℃以下的蒸汽管道、石化设备等的打底焊接	0.06～0.12	0.45～0.70	0.75～1.05	≤0.025	≤0.025	Cr 1.10～1.40 Mo 0.45～0.65 V 0.20～0.35	≥540	≥440	≥17	≥47（常温）
	TGR55VL			≤0.07							≥410		
13	TGR55WB	—	钨极氩弧焊丝，适于焊接 CrMoWVB 珠光体耐热钢，可全位置焊接，适于打底焊。用于工作温度在 620℃以下的 12Cr2MoWVB 钢制蒸汽管道、过热器等的打底焊接	0.06～0.12	0.40～0.70	0.75～1.00	≤0.025	≤0.025	Cr 1.80～2.20 Mo 0.50～0.70 V 0.25～0.45 W 0.30～0.50 B 0.003～0.005	≥540	≥440	≥17	≥47（常温）
	TGR55WBL			≤0.07							≥410		

续表

序号	牌号	型号 GB/T (AWS)	特征和用途	焊丝化学成分/% C	Si	Mn	S	P	其他	熔敷金属力学性能 R_m /MPa	$R_{p0.2}$ /MPa	A /%	A_{kV} /J
14	TGR59C2M	ER62-B3 (—)	2.25%Cr-1%Mo 珠光体耐热钢用钨极氩弧焊丝，全位置操作性能良好，适于打底焊接。用于工作温度在580℃以下的锅炉受热面管子和工作温度在550℃以下的高温高压蒸汽管道、合成化工机械、石油裂化设备等	0.06～0.12	0.45～0.70	0.75～1.05	≤0.025	≤0.025	Cr 2.20～2.50 Mo 0.95～1.25	≥590	≥490	≥15	≥47（常温）
	TGR59C2ML	ER62-B3L (—)		≤0.07							≥440		

表 3-17 低合金高强度钢用气体保护焊实心焊丝

序号	牌号	相当于 AWS	保护气体	特征和用途	熔敷金属化学成分/% C	Si	Mn	其他	熔敷金属力学性能 R_m /MPa	$R_{p0.2}$ /MPa	A /%	A_{kV} /J
1	GHS50CuA	—	Ar+20% CO_2	适于 500MPa 级结构钢及耐候钢的焊接，如车辆、船舶、工程机械、集装箱等	0.04	0.40	1.50	Ni 0.60 Cu 0.30	560	465	28	110（−30℃）
2	GHS50CuC	—	CO_2		0.05	0.38	1.46	Ni 0.60 Cu 0.30	525	420	26	70（−30℃）
3	GHS60N	—	Ar+20% CO_2	适于焊接 600MPa 级低合金高强度钢结构，如工程机械、船舶、桥梁、管道、压力容器等	0.07	0.52	1.35	Mo 0.46 Ni 0.83	700	620	24	80（−40℃）
			CO_2		0.08	0.51	1.10	Mo 0.42 Ni 0.81	690	565	24	56（−40℃）

续表

序号	牌号	相当于AWS	保护气体	特征和用途	熔敷金属化学成分/%				熔敷金属力学性能			
					C	Si	Mn	其他	R_m /MPa	$R_{p0.2}$ /MPa	A /%	A_{kV} /J
4	GHS70	ER100S-G	Ar+20% CO_2	适于焊接700MPa级低合金高强度钢结构，如工程机械、船舶、压力容器等	0.07	0.45	1.24	Mo 0.42 Ni 1.51	750	700	21	100 (−40℃)
5	GHS80	ER110S-G	Ar+20% CO_2	适于焊接800MPa级低、中合金高强度钢结构，如工程机械、船舶、压力容器等	0.08	0.41	1.12	Mo 0.52 Ni 2.40 Cr 0.48	840	775	16	85 (−40℃)
6	GHS90	—	Ar+5% CO_2	适于焊接900MPa级低、中合金高强度钢结构，如工程机械、船舶、压力容器等	0.08	0.42	1.31	Mo 0.52 Ni 2.42 Cr 0.60 Cu 0.32	920	795	16	67 (−40℃)
7	GHS100	—	Ar+5% CO_2	适于焊接900MPa级低、中合金高强度钢结构，还可以用于大型齿轮修补(TIG焊)	0.047	0.53	1.65	Mo 0.60 Ni 2.30 Cr 0.65	975	880	17	40 (−40℃)
8	GHS-F1	—	Ar+(5%～10%)CO_2	适于焊接焊后需热处理的中碳高强度钢，如30CrMnSi、30CrMnSiNi2、20CrMoV、35CrMo等	0.10	0.82	1.66	Mo 0.52 Cr 0.98	1300	1150	10	80 (20℃)

续表

序号	牌号	相当于AWS	保护气体	特征和用途	熔敷金属化学成分/%				熔敷金属力学性能			
					C	Si	Mn	其他	R_m /MPa	$R_{p0.2}$ /MPa	A /%	A_{kV} /J
9	GHS-F2	—	TIG 焊	适于焊接焊后需热处理的中碳超高强度钢，如 40CrNiMo、38CrMoAl 等	0.11	1.25	1.04	Mo 0.45 Ni 1.82 Cr 1.45	1400	1200	8	70 (20℃)

注：GHS-F1、GHS-F2 焊丝焊后需要调质热处理。

表 3-18　碳素钢和低合金钢用药芯焊丝

序号	牌号	型号 GB/T (AWS)	保护气体	特征和用途	熔敷金属化学成分/%					熔敷金属力学性能			
					C	Si	Mn	Ni	其他	R_m /MPa	$R_{p0.2}$ /MPa	A /%	A_{kV} /J
1	YJ501-1	E501T-1 (E71T-1)	CO_2	钛型渣系，用于碳素钢及 500MPa 级高强钢（高强度钢）焊接，工艺性能优良	≤0.10	≤0.90	≤1.75	—	—	≥500	≥410	≥22	≥47 (0℃)
2	YJ501Ni-1	E501T-1 (E71T-1)	CO_2	用于结构的对接及角接，如造船、海上石油船、桥梁和机械制造	≤0.10	≤0.90	≤1.75	≤0.50	—	≥500	≥410	≥22	≥47 (−40℃)
3	YJ502-1	E500T-1 (E70T-1)	CO_2	钛钙型渣系，用于重要的低碳钢及相应强度的低合金钢，如机械制造、压力容器、船舶、石油化工重要结构的焊接	≤0.10	≤0.90	≤1.75	—	—	≥500	≥410	≥22	≥27 (0℃)

续表

序号	牌号	型号 GB/T (AWS)	保护气体	特征和用途	熔敷金属化学成分/%					熔敷金属力学性能			
					C	Si	Mn	Ni	其他	R_m /MPa	$R_{p0.2}$ /MPa	A /%	A_{kV} /J
4	YJ502R-1	—	CO_2	钛钙型渣系，用于重要的低碳钢及低合金高强钢的焊接，如船舶、压力容器、起重机械等	≤0.10	≤0.90	≤1.75	—	—	≥500	≥410	≥22	≥47 (0℃)
5	YJ502R-2	—	—	钛钙型渣系自保护焊丝，用于低碳钢及低合金高强钢的各类焊接结构	≤0.10	≤0.3	≤0.9	—	Ti≤0.3	≥500	≥410	≥22	≥47 (0℃)
6	YJ507-1	E500T-5 (E70T-5)	CO_2	碱性渣系，用于重要的低碳钢及低合金高强钢的焊接，如机械制造、压力容器、船舶等结构	≤0.10	≤0.90	≤1.75	—	—	≥500	≥410	≥22	≥27 (−30℃)
7	YJ507TiB-1	E500T-5 (E70T-5)	CO_2	碱性渣系，熔敷金属含 Ni-Ti-B 元素，低温下具有优良的冲击及断裂韧性，用于重要低合金钢结构的焊接	≤0.12	≤0.75	≤1.60	0.35～1.0	Ti≤0.04 B≤0.005	≥500	≥410	≥22	≥47 (−40℃)
8	YJ507Ni-1	—	CO_2	碱性渣系，用于重要的低碳钢及相应的低合金钢焊接，如船舶、压力容器、起重机械、石油化工等重要结构	≤0.12	≤0.90	≤1.75	≤0.50	—	≥500	≥410	≥22	≥47 (−30℃)

续表

序号	牌号	型号 GB/T (AWS)	保护气体	特征和用途	熔敷金属化学成分/%					熔敷金属力学性能			
					C	Si	Mn	Ni	其他	R_m /MPa	$R_{p0.2}$ /MPa	A /%	A_{kV} /J
9	YJ507-2	E500T-4 (E70T-4)	—	自保护焊丝，用于冶金高炉、船舶、桥梁等钢结构的焊接	—	≤0.9	≤1.75	≤0.50	Al≤1.8	≥500	≥410	≥22	≥27 (0℃)
10	YJ507G-2	E500T-8 (E70T-8)	—	自保护焊丝，用于较重要的低碳钢中、厚板结构	—	≤0.9	≤1.75	≤0.50	Cr≤0.20 Mo≤0.30 Al≤1.80	≥500	≥410	≥22	≥27 (−30℃)
11	YJ507D-2	E500T-GS (E70T-GS)	—	自保护焊丝，用于焊接低碳钢输油、气管道及普通中、薄板结构的单道焊缝	—	≤0.9	≤1.75	≤0.50	Al≤1.80	≥500	—	—	—
12	YJ507R-2	E501T-8 (E71T-8)	—	自保护焊丝，碱性渣系，用于焊接对冲击韧性要求较高的钢结构，亦可用于船舶、压力容器、起重机械等重要结构	—	≤0.9	≤1.75	—	Al≤1.80	≥500	≥410	≥22	≥27 (−30℃)
13	YJ602G-1	E601T-1 (E91T-1)	CO_2	钛钙型渣系，用于重要的低合金高强钢焊接，如船舶、压力容器、起重机械等重要结构	≤0.12	≤0.60	1.25～1.75	—		≥590	≥470	≥22	≥27 (−40℃)
14	YJ607-1	E601T-5 (E91T-5)	CO_2	碱性渣系，用于焊接相应强度等级的低合金高强钢，如15MnV、15MnVN等，也可焊接中碳钢结构	≤0.12	≤0.60	1.25～1.75	—	Mo 0.25～0.45	≥590	≥450	≥15	≥27 (−30℃)

续表

序号	牌号	型号 GB/T (AWS)	保护气体	特征和用途	熔敷金属化学成分/%					熔敷金属力学性能			
					C	Si	Mn	Ni	其他	R_m /MPa	$R_{p0.2}$ /MPa	A /%	A_{kV} /J
15	YJ707-1	E700T5-Ni1 (E80T5-Ni1)	CO_2	碱性渣系，用于焊接 15MnMoVN、14MnMoNb 等低合金高强钢结构，如重型矿山运输车、大吨位汽车起重机、大型推土机等	≤0.15	0.30～0.60	1.20～1.70	1.0～1.20	Mo 0.10～0.50	≥680	≥590	≥15	≥27 (−30℃)
16	YR307-1	E550T5-B2 (E80T5-B2)	CO_2	碱性渣系，焊接工作温度在 520℃ 以下的 1% Cr-0.5% Mo 低合金耐热钢，如锅炉管道、石油精炼设备等结构	0.5～0.12	≤0.60	≤0.90	—	Cr 1.0～1.50 Mo 0.40～0.65	≥540	≥440	≥17	—

表 3-19 碳钢和低合金钢用气体保护药芯焊丝产品成分、熔敷金属力学性能和用途

序号	牌号	相当型号 (GB)	特征和用途	熔敷金属化学成分/%					熔敷金属力学性能			
				C	Si	Mn	Ni	其他	R_m /MPa	$R_{p0.2}$ /MPa	A /%	A_{kV} /J
1	AT-YJ502Q	E501T-1	氧化钛型渣系的 CO_2 气保护药芯焊丝，能进行包括向下立焊在内的全位置焊接。电弧柔和、飞溅少、焊道成形美观、易脱渣、烟尘量少。适用于低碳钢及 490MPa 级高强钢（高强度钢）的焊接，用于船舶、桥梁、建筑等结构	0.07	0.36	1.25	—	—	570	490	28	90 (−20℃)

续表

序号	牌号	相当型号(GB)	特征和用途	熔敷金属化学成分/%					熔敷金属力学性能			
				C	Si	Mn	Ni	其他	R_m/MPa	$R_{p0.2}$/MPa	A/%	A_{kV}/J
2	AT-YJ502P	E500T-1	氧化钛型渣系的 CO_2 气保护药芯焊丝，熔敷速度高、飞溅少、电弧稳定、焊道成形美观、易脱渣。适用于低碳钢及490MPa级高强钢中、厚板的焊接，用于建筑机械、钢架和桥梁等工程的平焊和横角焊	0.07	0.35	1.31	—	—	565	490	27	75(−20℃)
3	AT-YJ507	E500T-5	碱性渣系的 CO_2 气保护药芯焊丝，电弧稳定、易脱渣、焊道成形美观。焊缝金属具有良好的抗裂性能和力学性能。适用于低碳钢及490MPa级高强钢重要结构件的焊接，如锅炉、压力容器、桥梁、管道等	0.04	0.33	1.28	0.40	—	550	450	28	80(−30℃)
4	AT-YJ552Q	E551T1-K2C	氧化钛型 CO_2 气保护药芯焊丝，焊道成形美观、飞溅少、易脱渣，焊接工艺性能良好。用于550MPa级高强钢的建筑机械、钢架、桥梁、储罐等的全位置焊接	0.08	0.39	1.30	0.86	—	595	505	25	60(−30℃)

续表

序号	牌号	相当型号(GB)	特征和用途	熔敷金属化学成分/%					熔敷金属力学性能			
				C	Si	Mn	Ni	其他	R_m/MPa	$R_{p0.2}$/MPa	A/%	A_{kV}/J
5	AT-YJ602Q	E621T1-K2C	氧化钛型 CO_2 气保护药芯焊丝，焊道成形美观、飞溅少、易脱渣，焊接工艺性能良好。用于590MPa级高强钢的建筑机械、钢架、桥梁、储罐等的全位置焊接	0.08	0.39	1.30	0.86	Mo 0.16	635	560	25	76 (−20℃)
6	AT-YR302Q	E551T1-B2C	氧化钛型 CO_2 气保护药芯焊丝，焊接工艺性能优良，飞溅少、电弧稳定、易脱渣、焊道成形美观，可全位置焊接。适用于1%Cr-0.5%Mo耐热钢的焊接	0.08	0.32	0.80	—	Cr 1.20 Mo 0.47	620	540	25	—
7	AT-YR402Q	E621T1-B3C	氧化钛型 CO_2 气保护药芯焊丝，焊接工艺性能优良，飞溅少、电弧稳定，易脱渣、焊道成形美观，可全位置焊接。适用于2.25%Cr-1%Mo耐热钢的焊接	0.10	0.30	0.85	—	Cr 2.21 Mo 0.98	660	570	22	—

续表

序号	牌号	相当型号(GB)	特征和用途	熔敷金属化学成分/%					熔敷金属力学性能			
				C	Si	Mn	Ni	其他	R_m/MPa	$R_{p0.2}$/MPa	A/%	A_{kV}/J
8	AT-YJ502Ni	E551T1-Ni1C	氧化钛型 CO_2 气保护药芯焊丝，熔敷金属含有一定量的 Ni，在 −30℃以上的低温韧性良好。全位置焊接工艺性能良好。用于船舶、海洋结构、桥梁、储罐等结构	0.07	0.37	1.23	0.88	—	570	510	27	58 (−30℃)
9	AT-YJ502R	E501T-9L	氧化钛型 CO_2 气保护药芯焊丝，熔敷金属含有一定量的 Ni，在 −40℃以上的低温韧性良好。全位置焊接工艺性能良好。用于船舶、海洋结构、桥梁、储罐等结构的对接和角接焊缝	0.07	0.37	1.23	0.41	—	565	490	27	68 (−40℃)
10	AT-YJ502D	E551T1-W2C	氧化钛型 CO_2 气保护药芯焊丝，焊道成形美观、飞溅少、易脱渣，焊接工艺性能优良，可全位置焊接。用于低碳钢及 490MPa 级耐大气腐蚀钢的对接和角接焊缝	0.07	0.34	1.11	0.42	Cr 0.44 Cu 0.39	580	510	27	114 (0℃)

续表

序号	牌号	相当型号(GB)	特征和用途	熔敷金属化学成分/%					熔敷金属力学性能			
				C	Si	Mn	Ni	其他	R_m /MPa	$R_{p0.2}$ /MPa	A /%	A_{kV} /J
11	AT-YJ602D	E551T1-W2C	氧化钛型 CO_2 气保护药芯焊丝，焊道成形美观、飞溅少、易脱渣，焊接工艺性能优良，可全位置焊接。用于 590MPa 级耐大气腐蚀钢或 ASTM A588 钢的对接和角接焊缝	0.08	0.38	1.21	0.48	Cr 0.51 Cu 0.39	610	530	26	45 (−30℃)
12	AT-YJEG50A	—	气保护型气电立焊用药芯焊丝，焊接工艺性能好，飞溅少，电弧燃烧稳定，焊道成形美观，适于高效率立焊。用于船舶的外壳板及各种内部构件、储罐侧板和桥梁的筒式梁复板等的对接焊缝	0.08	0.32	1.31	0.20	Mo 0.21	580	480	26	60 (−20℃)
13	AT-YJEG60A	—		0.08	0.35	1.40	0.25	Mo 0.32	650	520	26	60 (−20℃)

注：表中所列为安泰科技股份有限公司的产品。

表 3-20 碳钢和低合金钢用自保护药芯焊丝产品成分、熔敷金属力学性能和用途

序号	牌号	相当型号(GB)	特征和用途	熔敷金属化学成分/%					熔敷金属力学性能			
				C	Si	Mn	Ni	Al	R_m /MPa	$R_{p0.2}$ /MPa	A /%	A_{kV} /J
1	JC-28	E501T-8	碳钢自保护药芯焊丝，电弧穿透力大，呈喷射状，焊道成形美观，易脱渣。采用直流正接，适宜全位置焊接。焊缝低温韧性优良。用于桥梁、采油平台、船体及其加强筋的焊接	≤0.15	≤0.60	≤1.75	≤0.50	≤1.8	500～530	≥410	26	130～170 (−30℃)

续表

序号	牌号	相当型号(GB)	特征和用途	熔敷金属化学成分/%					熔敷金属力学性能			
				C	Si	Mn	Ni	Al	R_m /MPa	$R_{p0.2}$ /MPa	A /%	A_{kV} /J
2	JC-29	E501T8-K6	低合金钢自保护药芯焊丝，电弧穿透力大，呈喷射状，焊道成形美观，易脱渣。采用直流正接，适宜全位置焊接，特别适合立向下焊接。焊缝低温韧性优良	≤0.15	≤0.80	0.50～1.50	0.40～1.00	≤1.8	520～540	≥410	26	130～170(－30℃)
3	JC-29X	E501T8-K6	JC-29特别适合对低温韧性要求高的API X52～X62油气管道的现场焊接。JC-29X用于普通钢及高强度钢的现场焊接，如高层建筑、高炉等	≤0.15	≤0.80	0.50～1.50	0.40～1.00	≤1.8	510～530	≥410	25	100～140(－30℃)
4	JC-29Ni1	E501T8-Ni1	低合金钢自保护药芯焊丝，全位置焊接工艺性能优良，特别适合立向下焊接。含有0.8%～1.1%Ni，具有优良的低温韧性，抗裂性能好。可用于焊接厚板及刚性大的重要结构。特别适合对低温韧性要求高的API X52～X70油气管道的现场焊接。也可用于普通钢、耐大气腐蚀钢及高强度钢的焊接，如海洋平台、储罐等	≤0.12	≤0.80	≤1.50	0.80～1.10	≤1.8	510～540	410～440	26	120～160(－40℃)
5	JC-29Ni2	E501T8-Ni2	低合金钢自保护药芯焊丝，全位置焊接工艺性能优良，特别适合立向下焊接。含有1.75%～2.75%Ni，具有优良的低温韧性，抗裂性能好。可用于焊接厚板及刚性大的重要结构。特别适合对低温韧性要求高的API X52～X70油气管道的现场焊接。也可用于耐大气腐蚀钢及高强度钢的焊接，如海洋平台、储罐等	≤0.12	≤0.80	≤1.50	1.75～2.75	≤1.8	570～610	470～510	24	110～150(－30℃)

注：表中所列为天津市金桥焊材集团有限公司的产品。

表 3-21 常用碳素钢和低合金钢用埋弧焊焊丝

序号	牌号	型号 GB/T (AWS)	特征和用途	焊丝化学成分/%						熔敷金属力学性能			
				C	Si	Mn	S	P	其他	R_m /MPa	$R_{p0.2}$ /MPa	A /%	A_{kV} /J
1	H08A	H08A (EL8)	配合焊剂 HJ430、HJ431、HJ433 等，焊接低碳钢及某些低合金钢（如 16Mn 等）	≤0.10	≤0.03	0.30～0.55	≤0.03	≤0.03	—	410～550	≥330	≥22	≥27 (0℃)
2	H08E	H08E (EL8)	特征和用途同 H08A 焊丝，不同之处在于焊丝中的杂质元素 S 和 P 控制更严格，焊缝性能更好	≤0.10	≤0.03	0.30～0.55	≤0.025	≤0.025	—	410～550	≥330	≥22	≥27 (0℃)
3	H08MnA	H08MnA (EM12)	配合焊剂 HJ431 焊接碳素钢和相应强度级别的低合金钢，焊缝性能优良。适于锅炉、压力容器等的焊接	≤0.10	≤0.07	0.80～1.10	≤0.03	≤0.03	—	410～550	≥330	≥22	≥27 (0℃)
4	H10Mn2	H10Mn2 (EH14)	配合焊剂 HJ130、HJ330、HJ350 焊接低碳钢、低合金钢（如 16Mn、14MnNb），焊缝性能优良	≤0.12	≤0.07	1.5～1.9	≤0.040	≤0.040	—	410～550	≥330	≥22	—
5	H10MnSi	H10MnSi (EM13K)	配合相应焊剂可获得力学性能良好的焊缝，用于焊接重要的低碳钢和低合金钢结构，如锅炉、化工容器、核电站容器、桥梁、船舶等	≤0.14	0.60～0.90	0.80～1.10	≤0.030	≤0.040	—	410～550	≥330	≥22	≥27 (0℃)

表 3-22　钢铁研究总院研制的低合金钢用埋弧焊焊丝

序号	牌号	配用焊剂	特征和用途	熔敷金属化学成分/%						熔敷金属力学性能			
				C	Si	Mn	Cr	Ni	其他	R_m /MPa	$R_{p0.2}$ /MPa	A /%	A_{kV} /J
1	H08MnMoTiA	SJ101	焊接 590MPa 级结构钢，用于工程机械等，主要焊接 HQ60 钢	0.08	0.3	1.2	—	—	Mo 0.3	630	550	24	≥84 (−40℃)
2	H06MnNi2CrMoA	HJ350	焊接 660MPa 级高强度钢，如 12MnNiCrMoVCu，用于船舶结构等	0.09	0.42	1.02	0.6	1.3	Mo 0.5	720	610	18	≥40 (−40℃)
3	H08Mn2Ni2CrMoA	HJ350	焊接 750MPa 级高强度钢，如 14MnMoNbB，用于压力容器及壳体等	0.08	0.36	1.5	0.5	1.6	Mo 0.6	780	660	20	≥27 (−40℃)
4	H08Mn2Ni3CrMoA	HJ350	焊接 12Ni3CrMoV 钢制压力容器，焊后经调质处理，R_m≥785MPa，韧性良好	0.09	0.27	0.9	0.9	2.5	Mo 0.6	815	760	18	≥34 (−40℃)
5	H08CrMoA	SJ104 HJ250	焊接 12CrMo 及 ASTM A387Gr. 2 等耐热钢压力容器及管理	≤0.10	0.2～0.4	0.8～1.2	0.5～1.0	—	Mo 0.4～0.65	450～585	—	≥22	—
6	H13CrMoA	SJ104	焊接 15CrMo 及 ASTM A387Gr. 11、A387Gr. 12 等耐热钢压力容器及管道	0.08～0.12	0.2～0.4	0.5～1.2	1.0～1.5	—	Mo 0.4～0.65	550～580	470～510	22～24	130 (10℃)
7	H13Cr2Mo1A	SJ104	焊接 ASTM A387Gr. 22 等耐热钢，焊缝具有优良的低温韧性和抗回火脆性	0.07～0.12	≤0.20	0.7～1.0	2.0～2.7	—	Mo 0.9～1.1 P≤0.012	610	510	23	160 (10℃)

续表

序号	牌号	配用焊剂	特征和用途	熔敷金属化学成分/%						熔敷金属力学性能			
				C	Si	Mn	Cr	Ni	其他	R_m /MPa	$R_{p0.2}$ /MPa	A /%	A_{kV} /J
8	H06MnNiMoA	SJ101 SH104	用于焊接16MnDR等在−40℃下使用的压力容器和其他结构	0.05～0.07	0.15～0.35	1.2～1.6	—	0.4～0.7	Mo 0.1～0.2	≥490	≥340	≥22	≥27 (−40℃)
9	H10Mn2NiMoA	SJ104	焊接高强度低温钢DG50等，用于制造在−46℃下对韧性有要求的压力容器	0.06～0.08	0.10～0.25	1.3～1.8	—	1.0～1.8	Mo 0.4～0.65	700～740	630～680	19～22	50～100 (−46℃)
10	H05Ni3A	SJ104	焊接在−100℃下使用的3.5%Ni钢结构，焊缝低温韧性优良	0.04	0.2	0.5	—	3.5	—	530	430	26	60 (−100℃)

表 3-23　合金结构钢用药芯焊丝的化学成分、力学性能、特点和用途

牌号	直径/mm	特点和用途	熔敷金属化学成分/%							力学性能			
			C	Si	Mn	Ni	Cr	Mo	其他	σ_b /MPa	σ_s /MPa	δ /%	A_{kV} /J
YJ502	1.6～3.8	CO_2气体保护焊用，钛钙型渣系，可焊接较重要的低碳钢和普低钢结构，如船舶、压力容器等	≤0.1	0.5	1.2	—	—	—	—	≥490	—	≥22	80(0℃) 47(−20℃)
YJ507	1.6～3.8	CO_2气体保护焊用，低氢型渣系，可焊接较重要的低碳钢和普低钢结构，如船舶、压力容器等	≤0.1	0.5	1.2	—	—	—	—	≥490	—	≥22	80(−30℃) 47(−40℃)

续表

牌号	直径/mm	特点和用途	熔敷金属化学成分/%							力学性能			
			C	Si	Mn	Ni	Cr	Mo	其他	σ_b/MPa	σ_s/MPa	δ/%	A_{kV}/J
YJ607	1.6 2.0	CO_2气体保护焊用，低氢型渣系，可焊接低合金钢、中碳钢等，如15MnV、15MnVN钢结构	≤0.12	≤0.6	1.2～1.75	—	—	0.25～0.45	—	≥590	≥530	≥15	≥27(−50℃)
YJ707	1.6 2.0	CO_2气体保护焊用，低氢型渣系，可焊接低合金高强钢结构，如大型起重机、推土机等	≤0.15	0.6	1.5	1.0	—	0.3	—	≥690	≥590	≥15	≥27(−30℃)
YJ502CuCr	1.6 2.0	CO_2气体保护焊用，钛钙型渣系，用于焊接耐大气腐蚀的低合金结构钢，如铁道、车辆、集装箱等	≤0.12	≤0.6	0.5～0.12	—	0.25～0.60	—	Cu 0.2～0.5	≥490	≥350	≥20	≥47(0℃)
YR307	1.6 2.0	CO_2气体保护焊用，低氢型渣系，用于焊接1%Cr-0.5%Mo耐热钢，如锅炉管道、石油精炼设备等	0.05～0.12	≤0.12	≤0.9	—	1.0～1.5	0.4～0.65	—	≥540	≥440	≥17	—
YZ-J502	1.6 2.0	CO_2气体保护焊用，低氢型渣系，用于焊接低碳钢及普低钢结构，如油罐、冶金炉等	—	—	—	—	—	—	—	428	—	—	—
YZ-J506	1.6 2.0 2.8	自保护焊用，低氢型渣系，用于自动焊或半自动焊的野外施工，焊接低碳钢、普低钢等	0.2	≤0.9	≤1.75	—	—	—	—	≥490	—	≥16	27(0℃)
YZ-J507	1.6 2.0	自保护焊用，低氢型渣系，用于焊接低碳钢及普低钢结构，特别适于多道焊及盖面焊	0.2	≤0.9	≤1.75	0.5	—	0.3	—	≥490	≥390	≥20	27(−30℃)

续表

牌号	直径/mm	特点和用途	熔敷金属化学成分/%							力学性能			
			C	Si	Mn	Ni	Cr	Mo	其他	σ_b/MPa	σ_s/MPa	δ/%	A_{kV}/J
YZ-G207	1.6 2.0	自保护焊用，低氢型渣系，用于自动焊接0Cr13、1Cr13不锈钢结构，也可用于耐磨堆焊	≤0.12	≤0.9	≤1.0	≤0.6	11.0～13.5	—	—	≥450	—	≥20	—
YB102	1.6 2.0	焊接工作温度低于300℃的0Cr19Ni9、0Cr19Ni11Ti不锈钢结构，也可堆焊不锈钢表面	≤0.08	≤1.0	1.0～2.5	9～11	18.0～21	—	—	≥550	—	≥35	—
YB107	1.6 2.0	CO_2气体保护焊用，低氢型渣系，其用途和特征同YB102	≤0.08	≤1.0	1.0～2.5	9～11	18.0～21	—	—	≥550	—	≥35	—
YB132	1.6 2.0	CO_2气体保护焊用，钛钙型渣系，用于焊接重要的耐腐蚀含钛不锈钢结构	≤0.08	≤1.0	1.0～2.5	9～11	18.0～21	—	Nb≤1.0	≥550	—	≥30	—
YM-B102	1.6 2.0	埋弧焊接用不锈钢焊丝，钛钙型渣系，配合相应焊剂使用，用途同YB102	≤0.08	≤1.0	1.0～2.5	9～11	18.0～21	—	—	≥550	—	≥35	—
YM-B132	1.6 2.0	埋弧焊接用不锈钢焊丝，钛钙型渣系，配合相应焊剂使用，用途同YB132	≤0.08	≤1.0	1.0～2.5	9～11	18.0～21	—	Nb≤1.0	≥550	—	≥30	—
YD212	1.6～3.8	CO_2气体焊接用堆焊焊丝，钛钙型渣系，用于堆焊磨损的机件表面，如齿轮、铲斗等	0.48	0.9	1.7	—	3.6	1.5	—	—	—	—	HRC≥50
YDCr2W8	1.6～3.8	堆焊焊丝，用于在铸钢或锻钢上堆焊锻模，也可用于修复锻模	0.25～0.35	—	—	—	2.0～3.5	—	7～10	—	—	—	HRC≥48

续表

牌号	直径/mm	特点和用途	熔敷金属化学成分/%							力学性能			
			C	Si	Mn	Ni	Cr	Mo	其他	σ_b/MPa	σ_s/MPa	δ/%	A_{kV}/J
YD5Cr8Si3	1.6～3.8	堆焊焊丝，用于单层或多层堆焊磨损的机件表面	0.5	2.0～3.0	—	—	7.0～9.0	—	—	—	—	—	HRC≥55
YD5Cr6MnMo	1.6～3.8	堆焊焊丝，用于制造或修复冷轧辊、冷锻模等高硬度高耐磨部件	≤0.6	—	1.5～2.5	—	5.0～7.0	1.5～2.5	—	—	—	—	HRC≥55
YL-J507	1.6 2.0	CO_2 气体保护焊，气电立焊用药芯焊丝，低氢型渣系，用于船舶及油罐的垂直立焊焊缝等	0.1	0.35	1.35～1.80	0.15	—	0.15	—	550	—	25	80(0℃)
YL-J607	1.6 2.0	特征和用途同 YL-J507，但焊缝强度更高	0.1	0.4～0.5	1.5～1.6	0.5～0.6	—	0.3～0.4	—	650	—	24	75(−10℃)
YJ420-1 强	2.4	CO_2 或 CO_2 + Ar 气体保护焊，交、直流两用，强迫成形自动立焊，熔敷效率高	≤0.1	≤0.5	≤1.2	—	—	≤0.1	—	≥420	—	≥22	≥47 (−20℃)
YJ502-1 符合 GBEF11-5003	1.6 2.0	钛钙型渣系，CO_2 保护自动、半自动焊接船舶、石油设备、压力容器、化工设备等的重要结构	≤0.1	≤0.5	≤1.2	—	—	—	—	≥490	—	≥22	≥47 (−20℃)
YJ507-1 符合 GBEF13-5003	1.6 2.0	低氢型渣系，直流，CO_2 保护自动、半自动焊接船舶、石油设备、压力容器、起重机械、化工设备等的重要结构	≤0.1	≤0.5	≤1.2	—	—	—	—	≥490	—	≥22	≥47 (−20℃)

表 3-24 常用铬钼耐热钢气体保护焊用实心焊丝

序号	牌号	相当型号(GB)	特征和用途	熔敷金属化学成分/%(例值)						熔敷金属力学性能(例值)				
				C	Mn	Si	Cr	Mo	其他	热处理	R_m/MPa	$R_{p0.2}$/MPa	A/%	A_{kV}(常温)/J
1	JM-1CM JGS-1CM	—	适于工作温度在520℃以下的1.25Cr0.5Mo珠光体耐热钢及相应钢种的焊接	0.06	0.99	0.50	1.02	—	—	690℃×1h	680	580	28	270
2	JM-1CMG JSG-1CMG	H08CrMn2SiMoA	适于工作温度在520℃以下的1.25Cr0.5Mo珠光体耐热钢及相应钢种的焊接	0.07	1.61	0.63	0.96	—	—	690℃×1h	571	493	26	110
3	JM-1CMV JSG-1CMV	H08CrMnSiMoVA	适于工作温度在540℃以下珠光体耐热钢及相应钢种的焊接，如CrMoV	0.06	1.42	0.65	1.12	0.51	V 0.28	690℃×1h	580	585	22	98
4	JM-2CM JSG-2CM	ER62-B3	适于工作温度在550℃以下的2.25Cr1.0Mo珠光体耐热钢及相应钢种的焊接	0.09	0.71	0.32	2.26	1.04	—	690℃×1h	720	610	28	250
5	JM-502 JSG-502	ER55-BG	适于5Cr1Mo珠光体耐热钢及相应钢种的焊接	0.08	0.49	0.28	5.13	0.06	—	750℃×2h	600	480	26	280
6	JM-90B9 JSG-90B9	ER62-B9	适于ASTM A387 Gr-91、P91、T91及其相应钢种的焊接	0.10	0.82	0.20	8.69	0.91	V 0.20 Ni 0.71	750℃×2h	740	605	25	91

续表

序号	牌号	相当型号(GB)	特征和用途	熔敷金属化学成分/%(例值)						熔敷金属力学性能(例值)				
				C	Mn	Si	Cr	Mo	其他	热处理	R_m/MPa	$R_{p0.2}$/MPa	A/%	A_{kV}(常温)/J
7	JM-2CMW JSG-2CMW	H08Cr2MoWVTiB	适于焊接工作温度在620℃以下的12Cr2MoWVB和12Cr3MoVSiTiB耐热钢	0.08	0.85	0.51	2.05	0.64	V 0.31 W 0.38	760℃×2h	650	540	25	87
8	JM-B2A JSG-B2A	H08CrMoA	适于焊接工作温度在510℃以下的锅炉受热面管子及450℃以下的蒸气管道等	0.09	0.52	0.20	1.06	0.44	Ti 0.01	690℃×1h	590	495	24	185
9	JM-B2V JSG-B2V	H08CrMoVA	适于焊接工作温度在550℃以下的锅炉受热面管子及520℃以下的蒸气管道等	0.09	0.58	0.26	1.16	0.57	V 0.27	690℃×1h	600	515	22	62

注：表中所列为锦州锦泰金属工业有限公司产品，焊丝牌号中M代表熔化极气体保护焊；G代表钨极氩弧焊。

表 3-25 不锈钢用药芯焊丝（一）

序号	牌号	型号GB/T	特性和用途	熔敷金属化学成分/%						熔敷金属力学性能	
				C	Mn	Si	Cr	Ni	其他	R_m/MPa	A/%
1	YG207-2	—	用于自保护焊接08Cr13、15Cr13铬不锈钢的低氢药芯焊丝，也可用于耐蚀、耐磨件的堆焊	≤0.12	≤1.0	≤0.9	11～13.5	≤0.6	—	≥450	≥20

续表

序号	牌号	型号 GB/T	特性和用途	熔敷金属化学成分/%						熔敷金属力学性能	
				C	Mn	Si	Cr	Ni	其他	R_m /MPa	A /%
2	YG317-1	—	低氢渣系,有良好的抗裂性及高强度特性,用于焊接同类型不锈钢结构或耐蚀、耐磨件的表面堆焊	≤0.08	≤1.5	≤0.9	15.5~17.5	5.0~6.5	Mo 0.3~1.5	≥785	≥15
3	YA002-2	E308LT-3	自保护药芯焊丝,有良好的耐晶间腐蚀性能,用于03Cr19Ni10(304L)、08Cr18Ni10Ti(321)等不锈钢的焊接	≤0.04	1.0~2.5	≤1.0	18.0~21.0	9.0~11.0	—	≥515	≥35
4	YA002-1	E308LT-1	超低碳18-8型不锈钢焊丝,用于焊接03Cr19Ni10、08Cr18Ni10Ti等不锈钢	≤0.04	1.0~2.5	≤1.0	18.0~21.0	9.0~11.0	—	≥515	≥35
5	YA102-1 YA107-1	E308T-1	用于焊接工作温度低于300℃的08Cr18Ni9(304)、08Cr18Ni10Ti(321)等不锈钢	≤0.08	1.0~2.5	≤1.0	18.0~21.0	9.0~11.0	—	≥550	≥35
6	YA022-1	E316LT-1	用于焊接超低碳03Cr17Ni14Mo2(316L)等不锈钢,耐晶间腐蚀性能优良	≤0.04	0.5~2.5	≤1.0	17.0~20.0	11.0~14.0	Mo 2.0~3.0	≥485	≥30
7	YA202-1	E316T-1	用于焊接08Cr17Ni12Mo2(316)等不锈钢	≤0.08	0.5~2.5	≤1.0	17.0~20.0	11.0~14.0	Mo 2.0~3.0	≥515	≥30
8	YA132-1	E347T-1	用于焊接08Cr18Ni10Ti(321)、08Cr18Ni11Nb(347)不锈钢	≤0.08	0.5~2.5	≤1.0	18.0~21.0	9.0~11.0	Nb 8×C~1.0	≥515	≥30
9	YA062-1	E309LT-1	异种钢焊接、复合板覆层焊接及堆焊不锈钢时作过渡层用,也可焊接同类型不锈钢如309L、309S等	≤0.04	0.5~2.5	≤1.0	22.0~25.0	12.0~14.0	—	≥515	≥30

续表

序号	牌号	型号 GB/T	特性和用途	熔敷金属化学成分/%						熔敷金属力学性能	
				C	Mn	Si	Cr	Ni	其他	R_m /MPa	A /%
10	YA302-1	E309T-1	用于不锈钢和低碳钢或低合金钢之间的异种钢焊接，不锈钢复合板覆层的打底焊接，也可用于焊接同类型不锈钢，如08Cr23Ni13(309、309S)钢等	≤0.08	0.5～2.5	≤1.0	22.0～25.0	12.0～14.0	—	≥515	≥30

表 3-26 不锈钢用药芯焊丝（二）

序号	牌号	相当型号 (GB)	特性和用途	熔敷金属化学成分/%						熔敷金属力学性能	
				C	Mn	Si	Cr	Ni	其他	R_m /MPa	A /%
1	AT-Y308L	E308LT1-1	熔敷金属为超低碳型，耐晶间腐蚀性能优良。焊态下具有良好的耐蚀性和力学性能。用于石油化工设备和压力容器耐蚀不锈钢的焊接，如 03Cr18Ni9、03Cr18Ni9Ti。也可用于压力容器内壁耐蚀层的堆焊	0.020	1.31	0.40	19.30	10.50	—	530	45
2	AT-Y308	E308T1-1	熔敷金属中含有适量的铁素体，裂纹敏感性低。焊态下具有优良的耐蚀性和力学性能。用于焊接石油化工设备及压力容器用18-8型不锈钢	0.058	1.31	0.58	19.80	9.80	—	580	40

续表

序号	牌号	相当型号(GB)	特性和用途	熔敷金属化学成分/%						熔敷金属力学性能	
				C	Mn	Si	Cr	Ni	其他	R_m/MPa	A/%
3	AT-Y316L	E316LT1-1	超低碳型，具有良好的耐晶间腐蚀性能、良好的耐热性能。在稀硫酸中具有优良的耐蚀性。用于18%Cr-12%Ni-2%Mo型不锈钢的焊接	0.020	1.60	0.38	18.60	12.30	Mo 2.40	550	40
4	AT-Y316	E316T1-1	熔敷金属中含有适量铁素体，裂纹敏感性低。在稀硫酸中具有优良的耐蚀性。用于18%Cr-12%Ni-2%Mo型不锈钢的焊接	0.049	1.58	0.58	18.50	12.40	Mo 2.40	560	40
5	AT-Y347	E347T1-1	含稳定化元素Nb，具有良好的耐晶间腐蚀性能。用于18%Cr-8%Ni-Nb、18%Cr-8%Ni-Ti型不锈钢的焊接	0.040	1.34	0.40	19.60	10.20	Nb 0.52	570	40
6	AT-Y309L	E309LT1-1	超低碳型，能耐因碳化物析出而产生的晶间腐蚀。用于同类型的不锈钢焊接以及复合钢和异种钢的焊接，也可用于核反应堆压力容器内壁过渡层堆焊和内构件的焊接	0.020	1.32	0.40	23.30	13.40	—	550	33
7	AT-Y309	E309T1-1	焊态下熔敷金属具有良好的耐蚀性和耐热性。用于同类型的不锈钢焊接以及与碳钢或低合金钢的异种钢焊接，也用于不锈钢复合板复层的打底焊，或在碳钢或低合金钢上堆焊不锈钢时的打底焊	0.05	1.31	0.54	24.00	12.61	—	600	33

注：牌号中“AT”表示为安泰科技股份有限公司的产品。

表 3-27 不锈钢焊接及堆焊用焊丝及焊带

牌号	相当于AWS	气体或焊剂	特征和用途	熔敷金属化学成分(质量分数)/%						力学性能			
				C≤	Si≤	Mn	Cr	Ni	其他	σ_b/MPa	δ_5/%	A_{kV}/J	φ(铁素体)/%
H0Cr20Ni10	ER308	Ar	用于焊接304钢，以制造石油、化工等设备	0.08	0.90	1.0~2.5	18~21	8~10	—	580	42	140	3~10
H00Cr20Ni10	ER308L	Ar	焊接304L钢，用于核电压力容器内壁耐蚀层(第二层)的堆焊	0.025	0.60	1.0~2.5	19.5~20.5	9.5~10.5	—	575	44	150	5~10
H0Cr24Ni13	ER309	Ar	焊接309钢，用于不锈钢与碳素钢或低合金钢的异种钢焊接	0.08	0.90	1.0~2.5	22~25	12~14	—	590	37	130	10~14
H00Cr24Ni13	ER309L	Ar	焊接复合钢的第一层及异种钢，用于核电压力容器，加氢反应器、尿素塔等容器内衬	0.03	0.60	1.0~2.5	23~25	12~14	—	580	38	130	10~14
H00Cr24Ni13Nb	—	Ar	焊接核电压力容器内壁过渡层(第一层)	0.03	0.60	1.0~2.5	23~25	12~14	Nb8×C~1.0	640	36	110	10~14
H0Cr20Ni10Nb	ER347	Ar	焊接0Cr18Ni8Nb或Ti钢(345钢或321钢)	0.08	0.90	1.0~2.5	19~21	9~11	Nb8×C~1.0	640	38	85	3~10
H00Cr20Ni10Nb	ER347L	Ar	焊接核电压力容器、热壁加氢反应器等的耐蚀层(第二层)	0.03	0.60	1.0~2.5	18.5~20.5	9~11	Nb8×C~1.0	620	40	90	3~10

续表

牌号	相当于AWS	气体或焊剂	特征和用途	熔敷金属化学成分(质量分数)/%						力学性能			
				C≤	Si≤	Mn	Cr	Ni	其他	σ_b/MPa	δ_5/%	A_{kV}/J	φ(铁素体)/%
H0Cr22Ni2Ti	—	Ar	焊接1Cr18Ni12Ti耐热钢，用于耐热钢与碳素钢、异种钢焊接及不锈铸钢的焊接	0.08	0.60	2～3	21～23	11～13	Ti 0.5～0.7	590	42	110	5～10
H0Cr18Ni12Mo2	ER316	Ar	焊接304、316钢	0.08	0.60	1.0～2.5	17～20	11～14	Mo 2～2.5	570	42	110	3～10
H00Cr18Ni12Mo2	ER316L	Ar	焊接化肥尿素、合金纤维等设备用不锈钢结构及铬不锈钢、异种钢等	0.03	0.60	1.0～2.5	17～20	11～14	Mo 2～2.5	—	—	—	3～10
H00Cr18Ni12Mo2N	—	Ar	焊接化肥尿素用钢316L、316LN及尿素塔内316L钢的焊补	0.03	0.6	1.0～2.5	17～20	11～14	Mo 2～2.5 N 0.08～0.13	620	44	140	3～10
HCr25Ni20	ER310	Ar	焊接高温下工作的耐热不锈钢及异种钢	0.15	0.5	1.0～2.5	24～27	19～22	—	610	40	100	0
H00Cr20Ni25Mo5Cu	—	Ar	焊接耐海水、醋酸等腐蚀介质的同类钢容器	0.02	0.6	1.0～2.5	19～21	24～26	Mo 4～6 Cu 1～2	570	36	100	0
H00Cr25Ni22Mn4Mo2N	—	Ar	焊接尿素用钢及补焊尿素塔内衬	0.02	0.2	4～6	24～26	21～23	Mo 2.2～2.8 N 0.1～0.15	590	40	85	0

续表

牌号	相当于AWS	气体或焊剂	特征和用途	熔敷金属化学成分(质量分数)/%						力学性能			
				C≤	Si≤	Mn	Cr	Ni	其他	σ_b/MPa	δ_5/%	A_{kV}/J	φ(铁素体)/%
D00Cr20Ni10	—	HJ107	堆焊核电压力容器内衬耐腐蚀层(第二层)	0.02	0.6	1.0～2.5	18.5～20.5	9～11	—	550	45	100	5～10
D00Cr24Ni13	—	HJ107	堆焊核电压力容器、加氢反应器、尿素塔等容器的内衬过渡层(第一层)	0.02	0.6	1.0～2.5	23～25	12～14	—	560	40	90	不规定
D00Cr24Ni13Nb	—	HJ107Nb	堆焊核电压力容器的过渡层,单层堆焊热壁加氢反应器内壁	0.02	0.6	1.0～2.5	23～25	12～14	Nb8×C～1.0	580	35	80	不规定
D00Cr20Ni10Nb	—	HJ107Nb	用于核电压力容器、热壁加氢反应器耐蚀层(第二层)的堆焊	0.02	0.6	1.0～2.5	18.5～20.5	9～11	Nb8×C～1.0	550	42	90	5～10
D00Cr18Ni2Mo2	—	HJ107	用于化肥设备和压力容器耐蚀层(第二层)的堆焊	0.02	0.5	1.0～2.5	17～19.5	11～14	Mo 2～3	530	45	80	5～10
D00Cr25Ni22Mn4Mo2N	—	HJ107	堆焊尿素塔内衬里的耐蚀层	0.02	0.2	4～6	24～26	21～23	Mo 2～2.5 N 0.1～0.15	620	44	80	0

注：本表所列焊丝均为冶金部钢铁研究总院所研制。

表 3-28 常用铝及铝合金焊丝的成分及用途

牌号	化学成分/%	熔点/℃	用途
HS301(丝 301)	Al≥99.5,Si≤0.3,Fe≤0.3	660	焊接纯铝及对焊接性要求不高的铝合金
HS311(丝 311)	Si=4.5~6.0,Fe≤0.6,Al 余量	580~610	焊接除铝镁合金以外的铝合金,特别是易产生热裂纹的热处理强化铝合金
HS321(丝 321)	Mn=1.0~1.6,Si≤0.6,Fe≤0.7,Al 余量	643~654	焊接铝锰及其他铝合金
HS331(丝 331)	Mg=4.7~5.7,Mn=0.2~0.6,Si≤0.4,Fe≤0.4,Ti=0.05~0.2,Al 余量	638~660	焊接铝镁合金和铝锌镁合金,补焊铝镁合金铸件

表 3-29 镍基合金焊丝产品成分性能一览表

序号	牌号	相当型号(GB)	特点和用途	焊丝主要化学成分(质量分数)/%								熔敷金属力学性能		
				C	Si	Mn	Cr	Ni	Mo	Fe	其他	R_m/MPa	$R_{p0.2}$/MPa	A/%
镍														
1	AT-ERNi1	SNi2061	是含有适量钛的特殊纯镍焊丝,用于工业纯镍的氩弧焊,也适用于镍复合钢板的焊接以及铜合金、不锈钢、高镍合金等与纯镍的异种金属焊接	0.030	0.3	0.6	—	余量	—	—	Ti 2.2	421	235	38
镍铜														
2	AT-ERNiCu-7	SNi4060	用于焊接镍铜合金,具有很好的耐蚀性能	0.08	—	2.0	—	65	—	1.0	Ti 2.0 Cu 余量	550	310	40

续表

序号	牌号	相当型号(GB)	特点和用途	焊丝主要化学成分(质量分数)/%								熔敷金属力学性能		
				C	Si	Mn	Cr	Ni	Mo	Fe	其他	R_m/MPa	$R_{p0.2}$/MPa	A/%
镍铬														
3	AT-ERNi82	SNi6082	可用于 Inconel 600、Incoloy 800 及相类似的镍基、铁镍基合金的焊接,也可用于异种钢之间的焊接,具有良好的综合力学性能。当配以专用焊剂时,可进行埋弧堆焊	0.03	0.25	3.0	20.0	余量	—	2.4	Nb 2.4	560	280	30
镍铬铁														
4	MIG-62 JGS-62	SNi6002	适于 Hastelloy X 焊接	0.10	0.39	0.57	21.65	余量	8.90	18.6	W 0.73 Co 0.93	753	—	40
5	AT-ERNi62	SNi6062	可用于 Inconel 600 及相类似的镍基、铁镍基合金的焊接,也可用在低合金钢上堆焊。当配以专用焊剂时,可进行埋弧堆焊	0.04	0.2	0.15	15.5	余量	—	7.2	Nb 12.2	560	280	30
6	MIG-76 JGS-76	SNi7092	适于 Inconel Alloy 600 焊接与异种钢焊接	0.04	0.08	2.24	—	71.96	—	6.64	—	662	—	42
7	MIG-65 JGS-65	SNi8065	适于 Incoloy 825 焊接	0.02	0.11	0.50	22.61	42.91	2.67	28.24	Ti 0.81 Cu 2.18	600	—	33

续表

序号	牌号	相当型号(GB)	特点和用途	焊丝主要化学成分(质量分数)/%								熔敷金属力学性能		
				C	Si	Mn	Cr	Ni	Mo	Fe	其他	R_m/MPa	$R_{p0.2}$/MPa	A/%
镍钼														
8	MIG-70 JGS-70	SNi1066	适于 Hastelloy B、Hastelloy B-2 焊接	0.01	0.01	0.2	0.4	余量	26.8	1.4	W 0.1 Co 0.1	816	—	48
镍铬钼														
9	MIG-17 JGS-17	SNi6276	适于 Hastelloy C-276 焊接	0.012	0.01	0.50	15.9	余量	16.0	5.4	W 3.4 V 0.23	729	—	45
10	AT-ERNi2 (新 2 号)	SNi6452 (NiCr19Mo15)	具有良好的抗裂性能,且能在 HF、HCl、H_2SO_4 以及其他含 F^-、Cl^-、SO_4^{2-}、No_3^- 等氧化还原强烈的腐蚀介质中有好的耐蚀性能,用于镍基、铁镍基合金及不锈钢等的焊接,也可用于镍基与铁镍基或不锈钢、镍基或不锈钢与低合金钢异种材料的焊接与堆焊	0.022	0.1	0.64	19.54	余量	15.2	—	—	740	520	38
11	AT-ERNi4	SNi6455		0.01	0.10	—	16.0	余量	15.0	—	Ti 0.31	730	510	40
12	AT-ERNi625	SNi6625	用于焊接各种镍基耐蚀合金,具有很好的耐高温、耐蚀性能,也可用于 9Ni 钢和各类双相不锈钢的焊接	0.03	—	0.3	21.4	余量	8.8	2.5	Nb 3.4	770	510	40

续表

序号	牌号	相当型号(GB)	特点和用途	焊丝主要化学成分(质量分数)/%								熔敷金属力学性能		
				C	Si	Mn	Cr	Ni	Mo	Fe	其他	R_m/MPa	$R_{p0.2}$/MPa	A/%
镍铬钴														
13	AT-ERNi617	SNi6617	具有优良的耐高温、耐蚀性能，用于 Inconel 617、Incoloy 825、Incoloy 800H 等镍基、铁镍基合金的焊接	0.068	—	1.1	21.6	余量	8.6	1.0	Co 12.47	780	540	34
其他														
14	AT-ERNi3（新 3 号）	（NiCr15Mo15W4）	具有良好的抗裂性能及耐热、耐蚀性能和高温强度，适用于 HF 介质的物料反应炉及附件、阀门、泵件等的焊接	0.022	0.1	0.8	16.0	余量	15.1	—	W 3.8	780	530	38
15	AT-ERNi533	（ЭИ533）	具有很好的高温性能和抗裂性能，用于焊接高温条件下使用的镍基、铁镍基高温时效合金板材	0.05	—	—	18.5	余量	7.8	2.5	W 7.4 Ti 2.4	750	530	28

注：牌号中“AT”表示为安泰科技股份有限公司的产品；“MIG”“JGS”表示为锦州锦泰金属工业有限公司的产品。

表 3-30　美国 INCO 公司的镍基合金焊丝的堆焊层的成分和用途

序号	牌号	AWS 型号	用　　途	堆焊层主要成分/%				
				Ni	Cr	Mo	Nb	其他
1	Nickel 61	ERNi-1	用于镍 200、镍 201、镍复合钢的焊接，镍与钢之间的连接	≥93				Ti 3，Al 1

续表

序号	牌号	AWS型号	用途	堆焊层主要成分/%				
				Ni	Cr	Mo	Nb	其他
2	Monel 60	ERNiCu-7	用于蒙乃尔400的焊接及其与钢之间的连接	65				Ti 2,Cu余量
3	Monel 67	ERCuNi	用于白铜、青铜与蒙乃尔400或镍200异种金属的焊接	30				Cu余量
4	Inconel 82	ERNiCr-3	用于因康镍600、601和因康洛依800的焊接及其与碳钢、不锈钢之间的异种材质焊接	≥37	20		2.5	Mn 3.0,Fe 2
5	Inconel 52	ERNiCrFe-7	用于因康镍690及钢的盖面焊接,适用于原子能工业	余量	30			Fe9
6	Inconel 92	ERNiCrFe-6	用于因康镍、因康洛依与不锈钢、碳钢、蒙乃尔之间的焊接,蒙乃尔、镍200与不锈钢之间的焊接	≥67	16			Ti 3,Fe 4,Mn 2.5
7	Inconel 625	ERNiCrMo-3	用于因康镍625、因康洛依825及蒙乃尔400的焊接,镍合金与不锈钢之间的异种金属焊接	≥58	21	9	3.5	Fe≤1.0
8	INCO-WELD725NDVR	ERNiCrMo-15	用于因康镍725、因康洛依925及高强度低合金钢的焊接,可热处理	58	21	8	3.5	Ti 1.5
9	INCO C-276	ERNiCrMo-4	用于哈斯特洛依C-276及其他Ni-Cr-Mo耐蚀合金、合金复合钢的焊接	余量	16	16		W 3.7
10	INCO-WELD686CPT	ERNiCrMo-14	用于因康镍686及其他Ni-Cr-Mo合金的焊接、双相、超级双相及奥氏体不锈钢的焊接	余量	21	16		W 3.7
11	Inconel 617	ERNiCrMo-1	用于因康镍617、因康洛依800、500H、800HT、803、HP45及其他铸造耐热合金的焊接,以及1150℃高温下工作的异种金属的焊接	余量	22	9		Co 12

表 3-31 常用铸铁气焊焊丝的成分及用途

牌号	型号	化学成分/%	用途
HS401	RZC-2	C 3.0～4.2，Si 2.8～3.6，Mn 0.3～0.8	焊补灰口铸铁铸件，如某些灰口铸铁机件的修复和农机具的焊补、堆焊，价格低廉
HS402	RZCQ-2	C 3.8～4.2，Si 3.0～3.6，Mn 0.5～0.8，RE 0.08～0.15	用于球墨铸铁件焊补及堆焊

表 3-32 气体保护和自保护堆焊用药芯焊丝的堆焊层成分和用途

序号	牌号	保护气体	用途	堆焊层主要成分/%						堆焊层硬度(HRC)
				C	Mn	Si	Cr	Mo	其他	
1	YD176Mn2	无	用于堆焊齿轮、矿山车轮及轴、链轮等	0.12～0.18	1.7～2.1	0.9～1.2	0.55～0.85	0.3～0.5		32～36
2	YD212-1	CO_2	用于堆焊受磨料磨损和黏着磨损的机件，如齿轮、挖斗、矿山机械等	0.3～0.6			≤5.0	≤4.0		≥50
3	YD247-1	CO_2	用于堆焊受泥砂磨损和气蚀破坏的水力机械	≤0.7		2～3	7～9			55～60
4	YD256Ni-2	无	用于堆焊各种破碎机、高锰钢轨、道岔、推土机等受冲击的磨损件	0.5～0.8	15～17	0.3～0.6	2.7～3.3		Ni 1.5～1.9	≥170HB
5	YD337-1	CO_2	用于堆焊各种热锻模，包括制造和修复	0.25～0.55			2.0～3.5		W 7.0～10.0	≥48
6	YD386-2	无	用于堆焊受金属间磨损的零件，如挖掘机辊子、链轮等	0.06～0.14	1.2～1.6	0.15～0.45	2.0～2.6	≤0.5		42～46
7	YD397-1	CO_2	用于堆焊各种冷锻模、冷轧辊等高硬度部件	≤0.6	1.5～2.5	≤1.0	5～7	≤1.0		55～60
8	YD502-2	无	用于堆焊工作温度低于450℃的碳钢或合金钢阀门及轴等	≤0.15			10.0～16.0			≥40

续表

序号	牌号	保护气体	用途	堆焊层主要成分/%						堆焊层硬度(HRC)
				C	Mn	Si	Cr	Mo	其他	
9	YD517-2	无	2Cr13型阀门堆焊焊丝，用于堆焊轴、过热蒸汽用阀件、输送机叶片等	≤0.25			10.0～16.0			≥45
10	YD616-2	无	用于堆焊耙路机的齿、破碎机锤头和挖土机的铲齿等	3.0～3.5	0.9～1.2	0.7～1.0	13.5～15.5	0.3～0.6		46～53
11	YD646Mo-2	无	用于堆焊筑路机和采石设备零件、搅拌机叶片等	2.9～3.4	0.6～1.0	0.5～1.9	23.0～26.0	2.5～3.1		54～60
12	SQD276	CO_2或$Ar+CO_2$	用于堆焊水轮机叶片等受气蚀破坏的零件，也适用于高锰钢工件的堆焊	≤0.8	11.0～16.0	≤0.8	13.0～17.0			≥20
13	SQD608	$Ar+CO_2$	用于农业及矿山机械等受磨料磨损的零件	2.5～4.5			3.0～5.0			≥55
14	SQD698	$Ar+CO_2$	用于矿山机械和泥浆泵的堆焊	≤3.0			4.0～5.0		W 8.5～14.0	≥60
15	SZD55	无	用于挖土机铲齿、粉碎机辊、料斗等零件的堆焊	0.86	1.23	0.5	6.0			≥50

表 3-33 埋弧堆焊用药芯焊丝的堆焊层成分和用途

序号	公司牌号	焊剂	用途	堆焊层主要成分/%								堆焊层硬度(HRC)
				C	Mn	Si	Cr	Mo	W	V	其他	
1	HYD047	HJ107	用于辊压机的挤压辊表面堆焊	≤1.7	1.5～3.0		4.0～7.0	1.5～3.0			Ni≤3.0	≥55
2	HYD057	HJ260	用于热轧辊、开坯辊、支持辊的制造和修复	0.2～0.5			4.0～6.0	0.5～1.5		≤1.0		44～46

续表

序号	公司牌号	焊剂	用途	堆焊层主要成分/%								堆焊层硬度(HRC)
				C	Mn	Si	Cr	Mo	W	V	其他	
3	HYD117Mn	HJ431	用于HYD616Nb焊丝堆焊时的打底焊	≥0.1	1.2～1.6		Cr+Mo 1.5～2.5					约30
4	HYD616Nb	HJ151	用于特制严重磨料磨损和轻冲击载荷工况下的水泥磨辊、电厂磨煤机磨辊的堆焊	1.0～2.0	0.3～0.5		10～15				Si+Nb 5.5～7.0	≥55
5	HYD707	HJ260	碳化钨药芯焊丝，用于矿山设备、推土机零件的堆焊	2～3	约2	约1					W40～50	约60
6	SMD281	SJ107	CrMn型阀门堆焊焊丝，适用于堆焊工作温度低于510℃的中温高压阀门密封面	≤1.1	12.0～18.0	≤2.0	12.0～18.0	≤4.0			Ni≤6.0	≥28
7	SMD331	HJ260	用于堆焊挖土机部件、泥浆泵、齿轮、传动轴等	0.16	≤2.5	≤1.5	<1.5				≤2.0	≥33
8	SMD451	SJ107	2Cr13型阀门堆焊焊丝，用于堆焊碳钢或低合金钢轴、过热蒸汽用阀件、螺旋输送机叶片等	≤0.25			10.0～16.0				≤5.0	≥45
9	SMD481	SJ107	3Cr3W8型热锻模堆焊焊丝	0.25～0.55			2.0～3.5		7.0～10.0		≤3.0	≥48
10	SMD501	SJ107或J260	高Cr型连铸辊堆焊焊丝	≤0.5	1.0	约0.50	10.0～16.0	≤2.0			≤3.0	≥50
11	SMD503	SJ107或J260	用于型钢轧辊或其他热轧辊的修复	≤0.6	1.2	≤3.0	≤8.0	1.0～3.0		≤1.0	≤3.0	≥50
12	SMD551	SJ107	CrMo铸铁型堆焊焊丝，用于磨粒磨损件的修复，如矿山机械等	2.5～4.5			3.0～5.0	3.0～5.0			≤5.0	≥55

续表

序号	公司牌号	焊剂	用途	堆焊层主要成分/%								堆焊层硬度(HRC)
				C	Mn	Si	Cr	Mo	W	V	其他	
13	SMD581	SJ107	高 Cr 铸铁型堆焊焊丝，用于受强烈磨损件的制造与修复，如磨煤辊、水轮机叶片等	2.5～5.0	≤2.0		22～32				≤8.0	58～63
14	SMD582	SJ107	高 Cr 铸铁型堆焊焊丝，用于受强烈磨粒磨损件，如磨煤辊、水泥磨辊等的修复	2.5～5.0		≤2.0	15～25	≤5.0			≤4.0	58～63
15	SMD583	SJ107	CrW 铸铁型焊丝，用于堆焊受磨料磨损的矿山机械	≤4.0			4.0～6.0		8.0～14.0		≤3.0	58～63
16	SMD601	SJ107 或 HJ260	用于中、高温下强磨粒磨损工作部件的表面堆焊，如高炉料钟、布料溜槽等	4.0～6.0			18.0～26.0	4.0～9.0		≤1.0	Nb 7.0～10.0 其他≤3.0	≥60

表 3-34 耐磨堆焊用药芯焊丝的化学成分和用途

焊丝牌号	焊剂	化学成分/%								堆焊层硬度(HRC)	用途
		C	Mn	Si	Cr	Mo	W	V	其他		
HYD047	HJ107	≤1.7	1.5～3.0		4.0～7.0	1.5～3.0			Ni≤3.0	≥55	用于滚压机的挤压辊表面堆焊
HYD057	HJ260	0.2～0.5			4.0～6.0	0.5～1.5		≤1.0		44～46	用于热轧辊、开坯辊、支持辊的制造和修复
HYD117Mn	HJ431	≥0.1	1.2～1.6		Cr+Mo 1.5～2.5					约 30	用于 HYD616Nb 焊丝堆焊时的打底焊

续表

焊丝牌号	焊剂	化学成分/%								堆焊层硬度(HRC)	用途
		C	Mn	Si	Cr	Mo	W	V	其他		
HYD616Nb	HJ151	1.0～2.0	0.3～0.5		10～15				Si+Nb 5.5～7.0	≥55	用于特别严重磨料磨损和轻度冲击载荷工况下的水泥磨辊、发电厂磨煤机磨辊的堆焊
HYD707	HJ260	2～3	约2	约1					W40～50	约60	碳化钨药芯焊丝，用于矿山设备、推土机零件的堆焊
SMD281	SJ107	≤1.1	12.0～18.0	≤2.0	12.0～18.0	≤4.0			Ni≤6.0	≥28	CrMn型阀门堆焊焊丝，适于堆焊工作温度低于510℃的中温高压阀门密封面
SMD331	HJ260	0.16	≤2.5	≤1.5	<1.5				≤2.0	≥33	用于堆焊挖土机部件、泥浆泵、齿轮、传动轴等
SMD451	SJ107	≤0.25			10.0～16.0				≤5.0	≥45	2Cr13型阀门堆焊焊丝，用于堆焊碳钢或合金钢轴、过热蒸汽用阀件、螺旋输送机叶片等
SMD481	SJ107	0.25～0.55			2.0～3.5		7.0～10.0		≤3.0	≥48	3Cr2W8型热锻模堆焊焊丝
SMD501	SJ107或HJ260	≤0.5	1.0	约0.50	10.0～16.0	≤2.0			≤3.0	≥50	高Cr型连铸辊堆焊焊丝

续表

焊丝牌号	焊剂	化学成分/%								堆焊层硬度(HRC)	用途
		C	Mn	Si	Cr	Mo	W	V	其他		
SMD503	SJ107或HJ260	≤0.6	1.2	≤3.0	≤8.0	1.0~3.0		≤1.0	≤3.0	≥50	用于型钢轧辊或其他热轧辊的修复
SMD551	SJ107	2.5~4.5			3.0~5.0	3.0~5.0			≤5.0	≥55	CrMo铸铁堆焊焊丝，用于磨粒磨损件修复，如矿山机械等
SMD581	SJ107	2.5~5.0	≤2.0		22~32				≤8.0	58~63	高Cr铸铁型堆焊焊丝，用于受强烈磨损件的制造与修复，如磨煤辊、水轮机叶片等
SMD582	SJ107	2.5~5.0		≤2.0	15~25	≤5.0			≤4.0	58~63	高Cr铸铁型堆焊焊丝，用于受强烈磨粒磨损件，如磨煤辊、水泥磨辊等的修复
SMD583	SJ107	≤4.0			4.0~6.0		8.0~14.0		≤3.0	58~63	CrW铸铁型焊丝，用于堆焊受磨粒磨损的矿山机械
SMD601	SJ107或HJ260	4.0~6.0			18.0~26.0	4.0~9.0		≤1.0	Nb7.0~10.0 其他≤3.0	≥60	用于中、高温下强磨粒磨损工作部件的表面堆焊，如高炉料钟、布料溜槽等

第四节 焊丝的选用

一、焊丝选用的要点

焊丝的选择要根据被焊钢材种类、焊接部件的质量要求、焊接施工条件（板厚、坡口形状、焊接位置、焊接条件、焊后热处理及焊接操作等）、成本等综合考虑。

焊丝选用要考虑的顺序如下。

① 根据被焊结构的钢种选择焊丝　对于碳钢及低合金高强钢，主要是按“等强匹配”的原则，选择满足力学性能要求的焊丝。对于耐热钢和耐候钢，主要是侧重考虑焊缝金属与母材化学成分的一致或相似，以满足对耐热性和耐蚀性等方面的要求。

② 根据被焊部件的质量要求（特别是冲击韧性）选择焊丝　与焊接条件、坡口形状、保护气体混合比等工艺条件有关，要在确保焊接接头性能的前提下，选择达到最大焊接效率及降低焊接成本的焊接材料。

③ 根据现场焊接位置选择焊丝　对应于被焊工件的板厚选择所使用的焊丝直径，确定所使用的电流值，参考各生产厂的产品介绍资料及使用经验，选择适于焊接位置及使用电流的焊丝牌号。

焊接工艺性能包括电弧稳定性、飞溅颗粒大小及数量、脱渣性、焊缝外观与形状等。对于碳钢及低合金钢的焊接（特别是半自动焊），主要是根据焊接工艺性能来选择焊接方法及焊接材料。采用实心焊丝和药芯焊丝进行气体保护焊的焊接工艺性能的对比见表 3-35。

二、实心焊丝的选用

1. 埋弧焊用焊丝

埋弧焊用的焊接材料是焊丝和焊剂，选择焊丝时，必须同时考虑到它与焊剂的正确组合。

(1) 低碳钢和低合金钢用焊丝。有如下三类焊丝可供选用（表 3-7）。

① 低锰焊丝，如 H08A，常配合高锰焊剂用于低碳钢及强度较低的低合金钢的焊接。

表 3-35 实心焊丝和药芯焊丝气体保护焊的焊接工艺性能的对比

焊接工艺性能			实心焊丝		CO_2 焊接，药芯焊丝	
			CO_2 焊接	$Ar+CO_2$ 焊接	熔渣型	金属焊丝
操作难易程度	平焊	超薄板($\delta\leqslant$2mm)	稍差	优	稍差	稍差
		薄板($\delta<$6mm)	一般	优	优	优
		中板($\delta>$6mm)	良好	良好	良好	良好
		厚板($\delta>$25mm)	良好	良好	良好	良好
	横角焊	单层	一般	良好	优	良好
		多层	一般	良好	优	良好
	立焊	向下	良好	优	优	稍差
		向上	良好	良好	优	稍差
焊缝外观		平焊	一般	优	优	良好
		横角焊	稍差	优	优	良好
		立焊	一般	优	优	一般
		仰焊	稍差	良好	优	稍差
其他		电弧稳定性	一般	优	优	优
		熔深	优	优	优	优
		飞溅	稍差	优	优	优
		脱渣性	—	—	优	稍差
		咬边	优	优	优	优

② 中锰焊丝，如 H08MnA、H10MnSi 等，主要用于低合金钢的焊接；若与低锰焊剂配合可用于焊接低碳钢。

③ 高锰焊丝，如 H10Mn2、H08Mn2Si 等，主要用于低合金钢的焊接。

(2) 低合金高强度钢焊丝

埋弧焊主要用于热轧正火钢的焊接，选用焊丝和焊剂时应保证焊缝金属的力学性能。因此一般应选用与母材强度级别相当的焊接材料，并综合考虑焊缝金属的韧性、塑性和抗裂性能。

通常 590MPa 级的焊缝金属多采用 Mn-Mo 系焊丝，如 H08MnMoA、H08Mn2MoA、H10Mn2Mo 等；690～780MPa 级的焊缝金属多用 Mn-Cr-Mo 系，Mn-Ni-Mo 系或 Mn-Ni-Cr-Mo 系焊丝；当对焊缝韧性要求较高时，可采用含 Ni 的焊丝，如 H08CrNi2MoA 等。与之相配合，焊接 690MPa 以下钢种可采用熔炼焊剂和烧结焊剂；焊接 780MPa 的高强钢，宜用能获得高韧性的焊剂，最好是烧结焊剂。

埋弧焊实心焊丝的力学性能、特点和用途见表 3-36。

表 3-36 埋弧焊实心焊丝的力学性能、特点和用途

焊丝牌号	直径/mm	特点和用途	熔敷金属力学性能			
			抗拉强度 σ_b/MPa	屈服强度 σ_s/MPa	伸长率 δ_5/%	冲击功 A_{kV}/J
H08A	2.0～5.0	低碳结构钢焊丝，在埋弧焊中用量最大，配合焊剂 HJ430、HJ431、HJ433 等焊接。用于低碳钢及某些低合金钢(如 16Mn)结构	410～550	≥330	≥22	≥27(0℃)
H08MnA	2.0～5.8	碳素钢焊丝，配合焊剂进行埋弧焊，焊缝金属具有优良的力学性能。用于碳钢和相应强度级别的低合金钢(如 16Mn 等)锅炉、压力容器的埋弧焊	410～550	≥330	≥22	≥27(0℃)
H10Mn2	2.0～5.8	镀铜的埋弧焊焊丝，配合焊剂 HJ130、HJ330、HJ350 焊接，焊缝金属具有优良的力学性能。用于碳钢及低合金钢(如 16Mn、14MnNb 等)焊接结构的埋弧焊	410～550	≥330	≥22	—
H10MnSi	2.0～5.0	镀铜焊丝，配用相应的焊剂可获得力学性能良好的焊缝金属，焊接效率高，焊接质量稳定可靠。用于焊接重要的低碳钢和低合金钢结构	410～550	≥330	≥22	≥27(0℃)
HYD047	3.0～5.0	配用焊剂 HJ107 的堆焊焊丝，熔敷金属具有良好的抗挤压磨粒磨损能力，抗裂性能优良，冷焊无裂纹。焊丝表面无缝，可镀铜处理，焊接操作简单，电弧稳定，抗网压波动能力强、工艺性能良好。常用于辊压机挤压辊表面的堆焊	—	—	—	—

(3) 不锈钢焊丝

不锈钢种类较多，焊接性各异。对于焊接性较好的不锈钢（如铬-镍不锈钢）和焊接性虽不很好但焊接时可以预热或焊后热处理的不锈钢（如铬不锈钢），一般都采用同质焊缝，即选用与母材化学成分基本一致的焊丝进行埋弧焊，如铬不锈钢可选用 H0Cr14、H1Cr13、H1Cr17 等焊丝；铬-镍不锈钢可选用 H0Cr19Ni9、

H0Cr19Ni9Ti 等焊丝；焊接超低碳不锈钢时也相应采用超低碳的焊丝，如 H00Cr19Ni9 等。焊接性能较差又没有预热和焊后热处理条件的不锈钢焊件，一般采用异质焊缝，选用含铬、镍量都较高的奥氏体钢焊丝，如 H0Cr24Ni13、H1Cr26Ni21 等。

与之配合的焊剂，无论是熔炼型还是烧结型，都要求焊剂的氧化性要小，以减少合金元素的烧损。

(4) Cr-Mo 耐热钢用焊丝

为保证焊缝成分与母材相接近，焊接 Cr-Mo 钢时多采用 Cr-Mo 系的焊丝。如焊接 Cr-Mo 和 2Cr-1Mo 钢时，可分别采用 H08CrMoA 和 H10SiCr2MoA 焊丝，所用的焊剂通常为熔炼型焊剂，为了降低焊缝金属的回火脆性，应严格限制焊丝中 P、S、Sn、Sb、As 等有害杂质的含量。

(5) 低温钢用焊丝

埋弧焊焊接低温钢的主要困难是如何保证低温韧性。为此，焊丝成分要控制得当，C、Si 的含量要低些，P、S 的含量要尽可能降低。根据使用温度的不同，焊丝中可加入不同数量的 Ni。使用温度越低，加入的 Ni 要越多。Ni 含量低时，Mn 的含量可适当高些；Ni 含量高时，Mn 的含量要适当降低。为消除回火脆性，还应加入 0.3%左右的钼。

(6) 焊丝与钢种的配套

① 碳钢和低合金高强度钢用焊丝　碳钢和低合金高强度钢用埋弧焊焊丝和焊剂见表 3-37。表中有的焊丝牌号为企业标准，未纳入国标。

② 铬钼耐热钢、低温钢和耐大气腐蚀钢用焊丝　铬钼耐热钢、低温钢和耐大气腐蚀钢用埋弧焊焊丝和焊剂见表 3-38。

2. 气焊、气体保护焊用焊丝

① 气焊、氩弧焊和等离子弧焊用的填充金属，一般为铝棒和光铝焊丝。目前常用的焊丝有与母材成分相近的标准型号（牌号）焊丝，见表 16-63。在缺乏标准型号焊丝时，可以从母材上切下狭条代用，其长度为 500～700mm，厚度与母材相同。

在一般情况下，焊丝选用可参考表3-39。焊丝的性能表现及其适用性应与其预定用途联系起来，以便针对不同材料和主要的（或特殊的）性能要求来选择焊丝，如表3-40。

② 气体保护焊用焊丝。气体保护焊用碳钢、低合金钢焊丝型号和化学成分见表16-57。

选用气体保护焊焊丝时，要注意保护气体的性质。

a. TIG焊焊丝。非熔化极惰性气体（Ar）保护焊焊接薄板时常不用填充焊丝。使用填充焊丝时，由于纯Ar气体无氧化性，焊丝熔化后成分基本上不发生变化，所以对焊缝金属无特殊要求时，可以采用与母材成分一致的焊丝。

b. MIG焊和MAG焊焊丝。MIG焊方法是熔化极惰性气体（Ar）保护焊，主要用于焊接不锈钢等高合金钢。MAG焊方法是为了改善电弧特性而在Ar气中加入适量O_2或CO_2。结果成为具有一定氧化性的熔化极气体保护焊。焊接低合金钢时，采用Ar+5%（体积分数）CO_2混合气体；焊接低碳不锈钢时应采用Ar+2%（体积分数）O_2混合气体。MIG和MAG焊接时，原则上都采用与母材成分相一致的焊丝，但MAG焊时宜选用含Si、Mn等脱氧元素较多的焊丝。

c. CO_2焊焊丝。CO_2是活性气体，具有较强的氧化性，因此CO_2焊所用焊丝必须含有较多Mn、Si等脱氧元素。CO_2焊通常采用C-Mn-Si系焊丝，如H08MnSiA、H08Mn2SiA、H04Mn2SiTiA等。CO_2焊焊丝直径一般是：0.8mm、1.0mm、1.2mm、1.6mm、2.0mm等。焊丝直径≤1.2mm属于细丝CO_2焊，焊丝直径≥1.6mm属于粗丝CO_2焊。

H08Mn2SiA焊丝是一种广泛应用的CO_2焊焊丝，它有较好的工艺性能，适于焊接屈服强度500MPa（50kgf/mm^2）级以下的低合金钢。对于强度级别要求更高的钢种，应采用焊丝成分中含有Mo元素的H10MnSiMo等牌号的焊丝。

表3-16、表3-17、表3-21、表3-22、表3-24、表3-41～表3-43分别列出部分埋弧焊、气体保护焊用焊丝的资料，供选用时参考。

表 3-37 碳钢和低合金高强度钢用埋弧焊焊丝和焊剂

类别	屈服强度/MPa	钢号	焊接材料	
			焊丝	焊剂
碳素结构钢	≤275	Q235 Q255	H08A H08E	HJ431 HJ430 SJ401 SJ403
		Q275	H08MnA	
		15,20	H08A,H08MnA	HJ431 HJ430 HJ330 SJ301,SJ302 SJ501,SJ502 SJ503
		25,30	H08Mn,H10Mn2	
		20g 22g	H08MnA H08MnSi H10Mn2	
		20R	H08MnA	
热轧及正火钢	295	09Mn2 09Mn2Si 09Mn2V 09Mn2VCu	H08A H08E H08MnA	HJ430 HJ431 SJ301
	345	16Mn 16MnCu 14MnNb 16MnR	不开坡口对接 H08A,H08E 中板开坡口对接 H08MnA,H10Mn2,H10MnSi	HJ430 HJ431 SJ501 SJ502 SJ301
			厚板深坡口 H10Mn2	HJ350
	390	15MnV 15MnVCu 16MnNb 15MnVRE	不开坡口对接 H08MnA 中板开坡口对接 H10Mn2,H10MnSi,H08Mn2Si	HJ430 HJ431 SJ101
			厚板深坡口 H08MnMoA	HJ250 HJ350 SJ101
	440	15MnVN 15MnVTiRE 15MnVNCu 15MnVNR	H10Mn2 H08MnMoA H04MnVTiA H08Mn2MoA	HJ431 HJ350 HJ250 HJ252 SJ101
	490	14MnMoV 18MnMoNb 14MnMoVCu 18MnMoNbg 18MnMoNbR	H08Mn2MoA H08Mn2MoVA H08Mn2NiMo	HJ250 HJ252 HJ350 SJ101

续表

类别	屈服强度/MPa	钢号	焊接材料	
			焊丝	焊剂
管线钢	415	X60	H08Mn2MoA	HJ431
			H08MnMoA	SJ101
			H10Mn2	SJ102
	450	X65	H08Mn2MoA	SJ101
			H08MnMoA	SJ102 SJ301
低碳调质钢	490	HQ60	H08MnMoTiA	SJ101
	590	HQ70	H08Mn2NiMoA	HJ350
		14MnMoVN	H08Mn2MoA H08Mn2NiMoA	HJ350
			H08Mn2NiMoA	HJ250
		12MnNiCrMoCu	H08Mn2NiMoA H08MnNi2CrMoA	HJ350
	590	12Ni3CrMoV	H08Mn2NiMoA H10MnSiMoTiA H08Mn2NiCrMoA	HJ350
	685	HQ80 HQ80C	H08Mn2CrMoA H08Mn2MoA H08MnNi2MoA	HJ350
		14MnMoNbB	H08Mn2MoA H08Mn2Ni2CrMoA	HJ350
中碳调质钢	—	30CrMnSiA	H20CrMoA H18CrMoA	HJ431 HJ260
		30CrMnSiNi2A	H18CrMoA	HJ350 HJ260
		35CrMoA	H20CrMoA	HJ260

表 3-38 铬钼耐热钢、低温钢和耐大气腐蚀钢用埋弧焊焊丝和焊剂

类别	钢种	钢号	焊接材料	
			焊丝	焊剂
铬钼耐热钢	0.5Mo	15Mo	H08MnMoA	HJ350
	0.5Cr-0.5Mo	12CrMo	H08CrMoA H10CrMoA	HJ260 HJ350 SJ103
	1Cr-0.5No 1.25Cr-0.5Mo	ZG20CrMo 15CrMo 20CrMo	H08CrMoA H13CrMoA	HJ250 HJ350 SJ103

续表

类别	钢种	钢号	焊接材料	
			焊 丝	焊 剂
铬钼耐热钢	1Cr-0.5MoV	12CrMoV 12Cr1MoV ZG20CrMoV	H08CrMoVA	HJ250 HJ350 SJ103
	2.25Cr-1Mo	12Cr2Mo	H10SiCr2MoA H13Cr2Mo1A H08Cr2MoA	HJ250 HJ350 SJ103 SJ104
	2CrMoWVTiB	12Cr2MoWVTiB	H08Cr2MoWVNbB	HJ250
	5Cr-0.5Mo	12Cr5Mo	H10Cr5Mo	HJ260 HJ350
低温钢	（工作温度） －40℃	16MnDR	H10MnNiMoA H06MnNiMoA	SJ101 SJ603
	－46℃	DG50	H10Mn2Ni2MoA	SJ603
	－60℃	09MnTiCuREDR	H08MnNiMoA H08Mn2MoA	SJ102 SJ603
	－70℃	09Mn2VDR	H08Mn2MoVA	HJ250
		2.5Ni	H08MnSiNi2A	SJ603
	－90℃	06MnNb 3.5Ni	H08Ni3A	HJ250 SJ603
耐大气腐蚀钢	—	16CuCr 12MnCuCr 15MnCuCr 10MnSiCu 09MnCuPTi 12MnPRE	H08MnA H10Mn2 H08MnCuCr	HJ431 HJ430

③ 焊丝与钢种的配套。

a. 碳钢和低合金高强度钢用气体保护焊焊丝见表 3-41。

b. 铬钼耐热钢、低温钢和耐大气腐蚀钢用气体保护焊焊丝见表 3-42。

c. 焊接各种类型不锈钢用的气体保护焊焊丝和埋弧焊丝见表 3-43。

d. 异种钢焊接时焊丝的选用见表 3-44～表 3-47。

e. 耐热钢气体保护焊焊丝的选用见表 3-48。

f. 异种耐热钢焊接时焊丝的选用及工艺条件见表 3-49。

表 3-39 一般用途焊接时焊丝选用指南

母材之二 \ 母材之一	7005	6A02 6061 6063	5083 5086	5A05 5A06	5A03	5A02	3A21 3003	2A16 2B16	2A12 2A14	1070 1060 1050
	与母材配用的焊丝①②③									
1070 1060 1050	SAlMg-5④	SAlSi-1④	ER5356	SAlMg-5 LF14	SAlMg-5④	SAlMg-5④	SAlMn⑤	—	—	SAl-1 SAl-2 SAl-3
2A12 2A14	—	—	—	—	—	—	—	—	SAlSi-1⑨ BJ-380A	
2A16 2B16	—	—	—	—	—	—	—	SAlCu		
3A21 3003	SAlMg-5⑧	SAlSi-1	SAlMg-5⑥	SAlMg-5⑥	SAlMg-5⑥	SAlSi-1⑥	SAlMn SAlMg-3			
5A02	SAlMg-5⑧	SAlMg-5⑦	SAlMg-5⑥	SAlMg-5 LF14	SAlMg-5⑥	SAlMg-5⑧				
5A03	SAlMg-5⑥	SAlMg-5⑥	SAlMg-5⑥	SAlMg-5 LF14	SAlMg-5⑥					
5A05 5A06	SAlMg-5⑥ LF14	SAlMg-5⑥	SAlMg-5 LF14	SAlMg-5 LF14						
5083 5086	SAlMg-5⑥	SAlMg-5⑥	SAlMg-5⑥							
6A02 6061 6063	SAlMg-5 SAlSi-1⑧	SAlSi-1⑧								
7005	X5180⑨									

① 不推荐 SAlMg-3、SAlMg-5、ER5356、SAlMg2 在淡水或盐水中，接触特殊化学物质或持续高温（超过 65℃）的环境下使用。
② 本表中的推荐意见适用于惰性气体保护焊接方法。氧-燃气火焰气焊时，通常只采用 SAl-1、SAl-2、SAl-3、SAlSi-1。
③ 本表内未填写焊丝的母材组合不推荐用于焊接设计或需通过试验选用焊丝。
④ 某些场合可用 SAlMg-3。
⑤ 某些场合可用 SAl-1 或 SAl-2、SAl-3。
⑥ 某些场合可用 SAlMg-3。
⑦ 某些场合可用 SAlSi-1。
⑧ 某些场合也可采用 SAlMg-1、SAlMg-2、SAlMg-3，它们或者可在阳极化处理后改善颜色匹配，或者可提供较高的焊缝延性，或者可提供较高的焊缝强度。SAlMg-1 适于在持续的较高温度下使用。
⑨ X5180 焊丝的成分（质量分数）见表 3-40。

表 3-40 针对不同的材料和性能要求选择焊丝合金

材料	按不同性能要求推荐的焊丝				
	要求高强度	要求高延性	要求焊后阳极化后颜色匹配	要求抗海水腐蚀	要求焊接时裂纹倾向低
1100	SAlSi-1	SAl-1	SAl-1	SAl-1	SAlSi-1
2A16	SAlCu	SAlCu	SAlCu	SAlCu	SAlCu
3A21	SAlMn	SAl-1	SAl-1	SAl-1	SAlSi-1
5A02	SAlMg-5	SAlMg-5	SAlMg-5	SAlMg-5	SAlMg-5
5A05	LF14	LF14	SAlMg-5	SAlMg-5	LF14
5083	ER5183①	ER5356	ER5356	ER5356	ER5183
5086	ER5356	ER5356	ER5356	ER5356	ER5356
6A02	SAlMg-5	SAlMg-5	SAlMg-5	SAlSi-1	SAlSi-1
6063	ER5356	ER5356	ER5356	SAlSi-1	SAlSi-1
7005	ER5356	ER5356	ER5356	ER5356	X5180②
7039	ER5356	ER5356	ER5356	ER5356	X5180

① ER5183 为美国铝合金焊丝型号，其主要化学成分（质量分数）：Si=0.4%，Fe=0.4%，Cu=0.1%，Mn=0.1%～0.5%，Mg=4.3%～5.2%，Cr=0.05%～0.25%，Zn=0.25%，Ti=0.15%，其他=0.15%，Al=余量。ER5356 为美国铝合金焊丝型号，其主要成分（质量分数）：Si=0.25%，Fe=0.40%，Cu=0.10%，Mn=0.20%～0.5%，Mg=4.5%～5.5%，Cr=0.05%～0.20%，Zn=0.10%，Ti=0.06%～0.20%，其他=0.15%，Al=余量。

② X5180 焊丝的成分（质量分数）：Mg=3.5%～4.5%，Mn=0.2%～0.7%，Cu≤0.1%，Zn=1.7%～2.8%，Ti=0.06%～0.20%，Zr=0.08%～0.25%，其余为 Al。

3. 电渣焊用焊丝

电渣焊多用于焊接碳钢和低合金高强度钢的厚壁结构。在选用焊丝时，需要考虑与焊剂的配合问题。但是电渣焊熔池温度低，焊剂更新少，所以焊接时焊剂的 Si、Mn 还原作用弱，焊缝金属得不到足够的 Si、Mn，其性能难以保证。因此，宜选用含 Mn、Si 较高的焊丝。如焊接 Q235 钢可用 H08MnA 焊丝与 HJ431 配合；焊接 Q345（16nM）钢用 H10MnSi 焊丝与 HJ360 配合。

碳钢和低合金钢电渣焊常用焊丝见表 3-50。

表 3-41 碳钢和低合金高强度钢用气保焊焊丝

<table>
<tr><th colspan="2" rowspan="2">类别或屈服强度等级
/MPa</th><th rowspan="2">钢号</th><th colspan="2">焊 接 材 料</th></tr>
<tr><th>保护气体</th><th>焊丝</th></tr>
<tr><td colspan="2" rowspan="2">低碳钢</td><td rowspan="2">Q235
Q255
Q275
15,20,25
20g,22g
20R</td><td>CO_2</td><td>ER49-1
ER50-1
ER50-4
ER50-6
YJ502-1
YJ502R-1
YJ507-1</td></tr>
<tr><td>自保护</td><td>YJ502R-2
YJ507-2
YJ507D-2
YJ507R-2</td></tr>
<tr><td colspan="2" rowspan="2">中碳钢</td><td rowspan="2">35
45</td><td>CO_2</td><td>ER49-1
ER50-2,3,6,7
YJ502-1
YJ507Ni-1</td></tr>
<tr><td>CO_2 或 Ar+20%CO_2</td><td>ER55-D2</td></tr>
<tr><td rowspan="6">热轧及正火钢</td><td>295</td><td>09Mn2
09Mn2Si
09MnV</td><td>CO_2</td><td>ER49-1
ER50-2</td></tr>
<tr><td>345</td><td>16Mn
16MnR
14MnNb</td><td rowspan="2">CO_2</td><td rowspan="2">ER49-1
ER50-2,6,7
GHS-50
YJ502-1
YJ502R-1
YJ507-1
YJ507Ni-1
YJ507TiB-1</td></tr>
<tr><td rowspan="2">390</td><td rowspan="2">15MnV
15MnVCu
16MnNb</td></tr>
<tr><td>自保护</td><td>YJ502R-2
YJ507-2
YJ507R-2
YJ507G-2</td></tr>
<tr><td>440</td><td>15MnVN
15MnVTiRE
15MnVNCu</td><td>CO_2 或 Ar+20%CO_2</td><td>ER49-1
ER50-2
ER55-D2
ER55-D2-Ti
YJ602G-1
YJ607G-1</td></tr>
<tr><td>490</td><td>18MnMoNb
14MnMoV
14MnMoVCu</td><td>CO_2 或 Ar+20%CO_2</td><td>ER55-D2
ER55-D2-Ti
YJ607-1
YJ602G-1
YJ707-1</td></tr>
</table>

续表

类别或屈服强度等级/MPa		钢号	焊接材料	
			保护气体	焊丝
热轧及正火钢	490	WCF60 WCF62	CO_2 或 Ar+20%CO_2	ER55-D2 ER55-D2-Ti GHS-60 YJ602G-1 YJ607-1
	590	HQ70A HQ70B 15MnMoVN 15MnMoNRE QJ60		ER69-1 ER69-3 ER76-1 GHS-70 YJ707-1
	685	12Ni3CrMoV 15MnMoVNRE QJ70 14MnMoNbB HQ80 HQ80C	Ar+20%CO_2 Ar+(1%~2%)O_2 Ar+5%CO_2	H08Mn2Ni2CrMoA H08MnNi2MoA ER76-1 ER83-1 GHS-80B GHS-80C
	785	10Ni5CrMoV		JS80
	880	HQ100		GHS-100
中碳调质钢		D6AC	Ar	H10CrMoVA H08MnCrNiMoA
		30CrSiNiMoVA		H10Cr3MnNiMoVA
		34CrNi3MoA		H20CrNi3MoA
		35CrMoA		H20CrMnA
		40Cr		H08Mn2SiA

表 3-42 铬钼耐热钢、低温钢和耐大气腐蚀钢用气体保护焊焊丝

类别	钢号	焊接材料	
		保护气体	焊丝
铬钼耐热钢	15Mo (0.5Mo)	CO_2 Ar+20%CO_2 Ar+(1~5)%O_2 Ar+5%CO_2	TGR50ML H08MnSiMo YR102-1
	12CrMo (0.5Cr-0.5Mo) 15Cr-Mo (1Cr-0.5Mo) ZG-20CrMo		H08CrMnSiMo TGR55CM TGR55CML TGR50ML YR302-1 YR307-1
	12Cr1MoV ZG20CrMoV		TGR55V,TGR55VL H08CrMnSiMoVA

续表

类别	钢　　号	焊接材料	
		保护气体	焊丝
铬钼耐热钢	12Cr2MoV (2Cr-1Mo)	CO_2 Ar+20%CO_2 Ar+(1～5)%O_2 Ar+5%CO_2	YR402-1 YR407-1 TGR59C2M H10SiCr2MoVA
	12Cr2MoWVTiB		TGR55WB TGR55WBL H08Cr2MoWVNbB
	12Cr5Mo	Ar	H0Cr5MoA TGS-5CM(日)
	12Cr9Mo1		ER80S-B8, E8XT5-B8/-B8M E8XT5-B8L/-B8LM TGS-9CM(日)
	12Cr9Mo1V		ER90S-B9 TGS-9Cb(日)
低温钢	16MnDR 09MnTiCuREDR	CO_2 Ar+20%CO_2	ER55-C1 ER55-C2 YJ502Ni-1 YJ507Ni-1
	3.5Ni	Ar+2%O_2 Ar+5%CO_2	ER55-C3
耐大气腐蚀钢	16MnCu 12MnCrCu 15MnCrCu 10MnSiCu 09MnCuPTi 12MnPRE	CO_2 Ar+20%CO_2	YJ502Cu-1 YJ502CrCu-1 MGW-50B(日) MGW-50TB(日)

表 3-43 不锈钢焊接用焊丝的选配

类别	钢号	气体保护焊用焊丝		埋弧焊用焊材	
		实心焊丝	药芯焊丝	焊丝	焊剂
奥氏体不锈钢	00Cr18Ni10	H00Cr21Ni10	YA002-1	H00Cr21Ni10	SJ601 SJ608 SJ701 HJ107 HJ151 HJ172 HJ260
	00Cr18Ni12Mo2	H00Cr19Ni12Mo2	YA022-1	H00Cr19Ni12Mo2	
	00Cr22Ni13Mo2	H00Cr24Ni13Mo2	—		
	0Cr17Ni14Mo2	H0Cr19Ni12Mo2 H0Cr19Ni14Mo3	—	H0Cr19Ni12Mo2	
	0Cr19Ni9 1Cr18Ni9	H0Cr21Ni10	YA102-1 YA107-1	H0Cr21Ni10	
	0Cr18Ni9Ti 1Cr18Ni9Ti	H0Cr20Ni10Nb H0Cr20Ni10Ti	YA132-1 YA002-1 YA002-2	H0Cr20Ni10Nb H00Cr21Ni10 H0Cr20Ni10Ti	
	0Cr18Ni12Mo2Ti 1Cr18Ni12Mo2Ti	H00Cr19Ni12Mo2 H0Cr19Ni12Mo2	YA202-1	H00Cr19Ni12Mo2 H0Cr19Ni12Mo2	
	0Cr18Ni14Mo2Cu2			H00Cr19Ni12Mo2Cu2	
	0Cr18Ni12Mo3Ti 1Cr18Ni12Mo3Ti	H0Cr19Ni14Mo3	E317LT×-×	H0Cr19Ni14Mo3	GZ-1 （烧结焊剂）
	1Cr25Ni13	H1Cr24Ni13	YA302-1	—	
	1Cr25Ni20 3Cr18Mn11Si2N 2Cr20Mn9Ni2Si2N	H1Cr26Ni21 H1Cr21Ni10Mn6	E310T-×	—	
马氏体不锈钢	1Cr13 2Cr13	H1Cr13 H2Cr13 H1Cr24Ni13 H1Cr26Ni21	YA102 YA107 YG207 YA302	H1Cr13 H0Cr14 H1Cr19Ni9 H1Cr24Ni13 H1Cr26Ni21	HJ151 HJ260 SJ601

续表

类别	钢号	气体保护焊用焊丝		埋弧焊用焊材	
		实心焊丝	药芯焊丝	焊丝	焊剂
马氏体不锈钢	1Cr17Ni2	H1Cr13 H1Cr24Ni13	E410T-× E309T-×	H0Cr26Ni21 H1Cr26Ni21 H1Cr24Ni13	HJ151 HJ260 SJ601
	0Cr13Ni5Mo	ER410NiMo	E410NiMoT-×	—	—
铁素体不锈钢	0Cr13	H0Cr14 H0Cr24Ni13	YA302 YA102	H0Cr14 H1Cr24Ni13	HJ151 HJ250 SJ601
	1Cr17 1Cr17Ni 1Cr17Mo	H1Cr17 H1Cr24Ni13 H0Cr21Ni10	YA102 YA107	H1Cr17 H1Cr24Ni13 H0Cr21Ni10	HJ172 HJ151 SJ601 SJ701 SJ608
	00Cr17Ti	H0Cr17Ti	YA062	H00Cr24Ni13	
	1Cr25Ti 1Cr28	H0Cr26Ni21 H1Cr26Ni21 H1Cr24Ni13	YA302	H0Cr26Ni21 H1Cr26Ni21 H1Cr24Ni13	
	00Cr18MoTi	H00Cr18MoTi H00Cr19Ni12Mo2	YA022	H00Cr19Ni12Mo2	
双相不锈钢	00Cr18Ni5Mo3Si2 00Cr18Ni5Mo3Si2Nb	H00Cr24Ni13 H00Cr19Ni12Mo2	—	—	—
	00Cr22Ni5Mo3N	H00Cr22Ni8Mo3N	E2209T	—	—
	00Cr25Ni6Mo2N	H00Cr25Ni8Mo2N	Supercore 2507(英)	—	—
	00Cr25Ni6Mo3CuN 00Cr25Ni7Mo3WCuN	H00Cr25Ni8Mo3N			

表 3-44 碳钢、低合金钢与铬不锈钢焊接时焊丝的选用

母材组合	实心焊丝	药芯焊丝
低碳钢+Cr13 不锈钢 低合金钢+Cr13 不锈钢	H12Cr13 H03Cr24Ni13 H12Cr24Ni13	E410T×-× E308T×-× E309T×-×
低碳钢+Cr17 不锈钢 低合金钢+Cr17 不锈钢	H10Cr17 H03Cr24Ni13 H12Cr24Ni13	E430T×-× E309T×-×

表 3-45 碳钢、低合金钢与奥氏体不锈钢焊接时焊丝的选用

母材组合	实心焊丝	药芯焊丝
低碳钢+奥氏体耐酸钢	H12Cr24Ni13 H12Cr24Ni13Mo2	E309T×-× E309LT×-× E309MoT×-×
低碳钢+奥氏体耐热钢	H12Cr24Ni13Mo2	E309MoT×-×
中碳钢、低合金钢+奥氏体不锈钢	H12Cr24Ni13Mo2 H12Cr26Ni21 H12Cr24Ni13Mo2	E310T×-× E309MoT×-×
碳钢、低合金钢+普通双相不锈钢	H03Cr22Ni8Mo3N	—

表 3-46 铬不锈钢与铬镍不锈钢焊接时焊丝的选用

母材组合	实心焊丝	药芯焊丝
Cr13 不锈钢+奥氏体耐蚀钢	H12Cr24Ni13 H03Cr24Ni13	E309T×-× E309LT×-×
Cr13 不锈钢+奥氏体耐热钢	H08Cr19Ni12Mo2 H08Cr19Ni14Mo3 H08Cr20Ni10Nb	E316T×-× E317LT×-× E347T×-×
Cr13 不锈钢+普通双相不锈钢	H03Cr22Ni8Mo3N H12Cr24Ni13Mo2	E309MoT×-×
Cr17 不锈钢+奥氏体耐蚀钢	H03Cr24Ni13 H12Cr24Ni13Mo2	E309T×-× E309MoT×-×
Cr17 不锈钢+奥氏体耐热钢	H08Cr21Ni10 H08Cr19Ni12Mo2 H08Cr19Ni14Mo3 H12Cr24Ni13Mo2 H08Cr20Ni10Nb	E308T×-× E316T×-× E317LT×-× E309MoT×-× E347T-X×-×
Cr17 不锈钢+普通双相不锈钢	H03Cr22Ni8Mo3N H12Cr24Ni13Mo2	E309MoT×-×
Cr11 热强钢+奥氏体耐热钢	H08Cr19Ni12Mo2 H12Cr24Ni13 H12Cr24Ni13Mo2 H08Cr20Ni10Nb	E316T×-× E309T×-× E309MoT×-× E347T×-×

表 3-47 不锈钢复合钢板焊接时焊丝的选用

复合钢板的组合	基层	交界处	复层
08Cr13＋Q235	ER48-6 ER48-G E501T×-×	H12Cr24Ni13 E309T×-×	H06Cr21Ni10 E308T×-×
08Cr13＋16Mn 08Cr13＋15MnV			
08Cr13＋12CrMo	ER55-B2 E551T1-B2C		
15Cr18Ni9＋Q235	ER48-6 ER48-G E501T×-×		H08Cr20Ni10Nb E347T×-×
15Cr18Ni9＋16Mn 15Cr18Ni9＋15MnV			
08Cr17Ni12Mo2Ti＋Q235	ER48-6 ER48-G E501T×-×	H12Cr24Ni13Mo2 E309MoT×-× E309LNbT×-×	H03Cr19Ni12Mo2 E316LT×-×
08Cr17Ni12Mo2Ti＋16Mn 08Cr17Ni12Mo2Ti＋15MnV			

表 3-48 耐热钢气体保护焊焊丝的选用

钢号	保护气体	焊丝	简要说明
16Mo (0.5Mo)	CO_2 或 Ar＋CO_2 或 Ar＋(1%～5%)O_2	ER49-A1,H10MnSiMo E551T1-A1C	大都采用 CO_2 或 Ar＋CO_2 的熔化极气体保护焊，这种焊接方法具有较大的工艺适应性。可采用细丝(直径为 0.8mm、1.0mm)实现短路过渡，完成薄板结构和根部焊道；也可采用较粗直径焊丝(直径为 1.2mm)实现高熔敷效率的喷射过渡，完成厚板焊接。利用喷射过渡深熔的特点，可改进坡口设计，减小坡口角度，增大钝边量，提高生产率。药芯焊丝气体保护焊的应用正在逐步推广 耐热钢焊接及焊丝使用的注意事项基本上可参照低合金高强钢焊接施工注意要点，采用预热和焊后热处理
12CrMo (0.5Cr-0.5Mo) 15Cr-Mo (1Cr-0.5Mo) ZG-20CrMo		H08MnSiCrMoA ER55-B2,ER49-B2L ER49-A1 E551T1-B1C E550T5-B2C	
12Cr1MoV ZG20CrMoV		ER55-B2,ER49-B2L H08MnSiCrMoVA	
Cr2MoV (2Cr-1Mo)		ER62-B3,ER55-B3L E621T1-B3LM, E690T1-B3M	
12Cr2MoWVTiB		ER62-B3,ER55-B3L	
12Cr5Mo	Ar	ER55-B6	
12Cr9Mo1		ER55-B8	
12Cr9Mo1V		ER62-B9	

表 3-49　异种耐热钢焊接时焊丝的选用及工艺条件

钢种	碳素钢	0. 5Mo	1Cr-0. 5Mo	2. 25Cr-1Mo	5Cr-0. 5Mo
5Cr-0. 5Mo	ER49-1、ER48-6 E500T-1 E501T-1 b　③	ER49-A1 H10MnSiMo E551T1-A1C b　③	ER55-B2 ER49-B2L H08MnSiCrMoA E551T1-B1C E550T5-B2C b　③	ER62-B3 ER55-B3L E621T1-B3LM E690T1-B3M b　③	ER55-B6 a　①
2. 25Cr-1Mo	ER49-1、ER48-6 E500T-1 E501T-1 E500T-5 c　③	ER49-A1 H10MnSiMo E551T1-A1C c　③	ER55-B2 ER49-B2L H08MnSiCrMoA E551T1-B1C E550T5-B2C c　②	ER62-B3 ER55-B3L E621T1-B3LM E690T1-B3M c　②	
1Cr-0. 5Mo	ER49-1、ER48-6 E500T-1 E501T-1 E500T-5 d　③	ER49-A1 H10MnSiMo E551T1-AlC d　③	ER55-B2 ER49-B2L H08MnSiCrMoA E551T1-B1C E550T5-B2C d　②		
0. 5Mo	ER49-1、ER48-6 E500T-1 E501T-1 E500T-5 f　③	ER49-A1 H10MnSiMo E551T1-A1C e　③			

注：1. 预热温度：a—250～350℃；b—200～300℃；c—150～250℃；d—150～225℃；e—100～200℃；f—100℃。

2. 回火温度：①—750℃；②—690℃；③—620℃。

表 3-50 碳钢和低合金钢电渣焊常用焊丝

母材		焊接材料	
类别	钢号	焊接	配用焊剂
碳钢	Q235、Q235R、Q255	H08MnA	HJ360 HJ252 HJ431
	10、15、20、25	H08MnA、H10Mn2	
	30、35、ZG25、ZG35	H08Mn2SiA、H10Mn2、H10MnSi	
低合金高强度钢（热轧正火）	Q295(09Mn2)、Q345(16Mn)	H08Mn2SiA、H10MnSi、H10Mn2、H08MnMoA	HJ360 HJ250 HJ170
	Q390(15MnV)、Q390(15MnVCu、16MnNb)	H08MnMoA、H08M2MoVA	
	Q420(15MnVN)、14MnMoV、18MnMoNb	H10M2MoVA、H10Mn2Mo、H10Mn2NiMo	

三、药芯焊丝的选用

药芯焊丝在工艺性能、焊缝质量和对各种金属材料适应性等方面均优于实心焊丝，因而得到广泛应用，而且发展迅速，有取代实心焊丝的趋势。但是必须正确地选择和合理地使用才能发挥其优越性。

药芯焊丝的选用原则与焊条和实心焊丝两种焊接材料的选用原则基本相同。如对承载结构应按等强度原则选用，以保证焊接接头强度与母材相一致；对大型刚性结构按等韧性原则选用，以防止可能产生的低应力脆性破坏；某些高强度合金钢宜按低强匹配原则选用，以改善焊接工艺性能；要求焊缝金属与母材同质时，则注意熔敷金属化学成分与母材基本相近；重要的焊接结构，应选用抗裂性和韧性好的碱性药芯焊丝等等。

此外，选用药芯焊丝时，要注意其保护方式。通常自保护焊丝在焊接过程中焊缝金属受大气污染较大，其焊接质量比外加气体保护焊要低一些。而外加气体保护焊中用 $Ar+CO_2$ 混合气体因改善了工艺性能，其焊接质量又比只用 CO_2 气体保护的好一些，所以重要焊接结构宜用 $Ar+CO_2$ 混合气体保护。

药芯焊丝适于自动或半自动焊接，直流或交流电源均可。

1. 低碳钢及高强钢用药芯焊丝

低碳钢及高强钢用药芯焊丝的品种多、用量大，大多数为钛型渣系，焊接工艺性好，焊接生产率高，主要用于造船、桥梁、建筑、车辆制造等部门。低碳钢及低合金高强钢用药芯焊丝品种多（见表 3-23），从焊缝强度级别上看，490MPa 级和 590MPa 级的药芯焊丝已普遍使用；从性能上看，有的侧重于工艺性能，有的侧重于焊缝力学性能和抗裂性能，有的适用于包括向下立焊在内的全位置焊，也有专用于角焊缝的。

2. 不锈钢用药芯焊丝

不锈钢用药芯焊丝具有工艺性能好、力学性能稳定、生产效率高等特点，国外近年来应用于石化、压力容器、造船和工程机构等行业。目前不锈钢用药芯焊丝的品种已有 20 余种，除铬镍系不锈钢药芯焊丝外，还有铬系不锈钢药芯焊丝。焊丝直径有 0.8mm、1.2mm、1.6mm 等，可满足不锈钢薄板、中板及厚板的焊接需要。所采用的保护气体多数为 CO_2，也可采用 Ar＋(20％～50％) CO_2 的混合气体。

3. 耐磨堆焊用药芯焊丝

为了增加耐磨性或使金属表面获得某些特殊性能，需要从焊丝中过渡一定量的合金元系，但是焊丝因含量和合金元系较多，难于加工制造。随着药芯焊丝的问世，这些合金元系可加入药芯中，且加工制造方便，故采用药芯焊丝进行埋弧堆焊耐磨表面是一种常用的方法，并已得到广泛应用。此外，在烧结焊剂中加入合金元素，堆焊后也能得到相应成分的堆焊层，它与实心或药芯焊丝相配合，可满足不同的堆焊要求。

常用的药芯焊丝 CO_2 堆焊和药芯焊丝埋弧堆焊方法如下。

① 细丝 CO_2 药芯焊丝堆焊：焊接效率高，生产效率为手工电弧焊的 3～4 倍；焊接工艺性能优良，弧稳定，飞溅少，脱渣容易，焊道成形美观。这种方法只能通过药芯焊丝过渡合金元素，多用于合金成分不太高的堆焊层。

② 药芯焊丝埋弧堆焊：采用大直径（ϕ3.2mm、ϕ4.0mm）的药芯焊丝，焊接电流大，焊接生产率明显提高。当采用烧结焊剂时，还可通过焊剂过渡合金元素，使堆焊层得到更高的合金成分，其合金含量可在 14％～20％之间变化，以便得到不同的使用要求。该法主要用于堆焊轧制辊、送进辊、连铸辊等耐磨耐蚀部件。

4. 自保护药芯焊丝

自保护焊丝是指不需要外加保护气体或焊剂，就可进行电弧焊，从而获得合格焊缝的焊丝。自保护药芯焊丝是把起造渣、造气、脱氧作用的粉剂和金属粉置于钢皮之内，焊接时粉剂在电弧作用下变成熔渣和气体，起到造渣和造气保护作用，不用另加气体保护。

自保护药芯焊丝的熔敷效率明显比焊条高，野外施焊的灵活性和抗风能力优于其他气体保护焊，通常可在四级风力下施焊。因为不需要保护气体，适于野外或高空作业，故多用于安装现场和建筑工地。

自保护焊丝的焊缝金属塑、韧性一般低于带辅助保护气体的药芯焊丝。自保护焊丝目前主要用于低碳钢焊接结构，不宜用于焊接重要结构。此外，自保护焊丝施焊时烟尘较大，在狭窄空间作业时要注意加强通风换气。

表 3-18～表 3-20、表 3-23、表 3-25、表 3-26 分别列出药芯焊丝的资料，供选用时参考。

第五节　焊　　带

使用焊带进行自动堆焊是一种效率很高的堆焊方法。它具有一系列优点，如熔敷速度快，最高可达丝极堆焊的 6 倍；溶深浅，母材的稀释率很低，一般堆焊两层即达到设计要求的堆焊层成分；焊道边缘整齐，搭接处不易产生未熔合、夹渣、咬边等缺陷；焊道宽而表面平滑。

焊带也和焊丝一样，分实心焊带和药芯焊带两类。焊带中合金元素含量和含碳量越高，加工制造就越困难。药芯焊带则解决了这个困难，因为这些合金元素可以通过药芯过渡到熔敷金属中去。

带极堆焊有两种方法，即带极埋弧堆焊和带极电渣堆焊。带极电渣堆焊时，第一层的稀释率更低，即使堆焊一层也能获得含碳量很低的堆焊金属。埋弧堆焊依靠电弧热熔化带极，而电渣堆焊依靠熔渣的电阻热熔化带极。这两种热过程主要是由焊剂成分决定的。电渣堆焊用焊剂不能含有造气成分，否则将有碍于熔渣和带极的接触而产生电弧。熔渣的电导率要高，这样可以得到稳定的电渣焊接过程，并降低稀释率。耐蚀堆焊材料对稀释率的要求更严格，越低越有利，故应尽量采用电渣堆焊工艺。但是宽带极（宽度为 75mm、150mm）电渣堆焊时，焊接热输入大，在堆焊层与母材交界区生成粗大的晶粒，增加了产生剥离裂纹的敏感性。因此，对于炼油用脱硫反应器等在高温、高压、氢介质条件下使用的压力容器，为防止氢脆化引起的剥离裂纹，焊接第一层时，建议采用宽度小于75mm的带极进行电渣堆焊。

带极堆焊方法广泛用于化工、核电等压力容器的内表面耐蚀层堆焊，也用于轧辊、连铸辊和高炉料钟等产品的外表面耐磨层大面积堆焊。

一、焊带的成分和用途

① 耐蚀堆焊用焊带。耐蚀堆焊用焊带包括铬镍不锈钢焊带和镍基合金焊带两大类，其堆焊层的主要成分和主要用途见表3-51。

② 耐磨堆焊用焊带。耐磨堆焊用焊带有实心焊带和药芯焊带两种，堆焊层的主要成分和主要用途列于表3-52。

二、焊带尺寸和焊剂的选配

① 焊带尺寸。实心焊带为半冷轧状态，对焊带的表面质量和尺寸公差有较高的要求。国产焊带的厚度为0.4～0.5mm，宽度为30～60mm。日本各厂家的焊带，厚度为0.4mm，宽度有25mm、37.5mm、50mm、75mm、150mm共五种。药芯焊带的厚度为1～4mm不等，宽度为10～45mm。因焊带尺寸、焊剂类型和堆焊方法的不同，堆焊规范参数会有明显变化。

② 焊剂的选配。熔炼型焊剂主要用于耐蚀钢带极堆焊，产品有HJ107、HJ107Nb和HJ151。HJ107Nb可解决Nb元素的烧损，与含Nb系钢带相配套更合适，也适于不含Nb系列的钢带。烧结型或黏结型焊剂既适于耐蚀钢带极堆焊（包括埋弧堆焊和电渣堆焊），也适于耐磨钢带极堆焊，特别是焊带成分不变而依靠焊剂调整堆焊层成分的场合，必须采用专用的配套烧结焊剂。当堆焊层成分依靠焊带合金化时，宜采用通用型烧结焊剂。如SJ203可配合H1Cr13焊带用于堆焊连铸辊等；SJ303可配合H03Cr21Ni10、H03Cr25Ni12等焊带，用于堆焊耐蚀不锈钢；SJ524和SJ606用于超低碳不锈钢带极埋弧堆焊；SJ602则用于不锈钢带极电渣堆焊。镍基合金带极堆焊用烧结型焊剂有SMJ-11和SDJ-22，分别用于带极埋弧堆焊和带极电渣堆焊。另外，焊剂堆高对稀释率和电弧的产生有明显影响，在带极电渣堆焊时，如采用烧结型焊剂，其堆高应为15～30mm；如采用熔炼型焊剂，其堆高宜控制在15～25mm。焊带增宽时，焊剂堆高也应增加。

表 3-51 耐蚀堆焊用焊带的堆焊层成分和用途

序号	焊带牌号	主要用途	堆焊层主要成分/%				
			C	Cr	Ni	Mo	其他
1	D03Cr20Ni10	堆焊核电容器内衬耐蚀层(第2层)	≤0.025	19.5~20.5	9.5~10.5	—	—
2	D03Cr20Ni10Nb	堆焊核电容器内衬耐蚀层(第2层)	≤0.020	18.5~20.5	9.0~11.0	—	Nb 8×C~1.0
3	D03Cr18Ni12Mo2	堆焊化肥设备用压力容器耐蚀层(第2层)	≤0.020	17.0~19.5	11.0~14.0	2.0~3.0	—
4	D03Cr24Ni13	堆焊核电压力容器、加氢反应器和尿素塔等容器的内衬过渡层(第1层)	≤0.020	23~25	12~14	—	—
5	D03Cr24Ni13Nb	堆焊核电压力容器的过渡层,堆焊热壁加氢反应器内壁单层	≤0.020	23~25	12~14	—	Nb 8×C~1.0
6	D03Cr25Ni22Mn4Mo2N	堆焊尿素塔内衬耐蚀层	≤0.020	24~26	21~23	2~2.5	Mn 4~6 N 0.1~0.15
7	镍基合金 DNiCr-3	在碳钢或低合金钢上堆焊因康镍耐蚀层	≤0.10	18~22	≥67	—	Mn 2.5~3.5 Nb 2~3

表 3-52 耐磨堆焊用焊带的堆焊层成分和用途

序号	焊带牌号	主要用途	堆焊层主要成分/%				硬度(HRC)
			C	Cr	Mo	其他	
1	HYD117	作为耐磨料磨损层修复时打底用	≥0.1	1.5~2.5	1.5~2.5	Mn 1.2~1.6	30
2	HYD616Nb	耐严重磨料磨损和轻度冲击,配用 HJ151 可堆焊磨煤机碾辊等	1~2	10~15	—	Si+Nb 5.5~7	≥55
3	BH-200/SH-10①	采用低碳钢带(0.4mm×50mm),配合烧结焊剂,用于各种辊轮及打底层堆焊	0.08	0.5	0.2	Si 0.57 Mn 1.61	190~220 HV
4	BH-260/SH-10	堆焊各种辊子、离心铸造模具等(烧结焊剂)	0.08	0.8	0.3	Si 0.65 Mn 1.61	240~260 HV

续表

序号	焊带牌号	主要用途	堆焊层主要成分/%				硬度（HRC）
			C	Cr	Mo	其他	
5	BH-360/SH-10	连铸机传送辊、台式送料轮等的堆焊（烧结焊剂）	0.12	2.22	1.2	V 0.12	310～360 HV
6	BH-450/SH-10	堆焊各种辊轮及金属间磨损的部件（烧结焊剂）	0.16	5.45	0.95	V 0.13	430～480 HV
7	08Cr14NiMo	药芯焊带，堆焊连铸机辊、轧辊、送进辊及在450℃工作的阀门等	0.08	14	1.0	Ni 1.5	约30
8	15Cr14Ni3Mo		0.13	14.4	0.6	Ni 3.3	约39
9	1Cr13Ni4Mo	药芯焊带，堆焊活塞件、液压缸、连铸辊等	0.08	13.5	1.2	Ni 3.6 Mn 1.2	约41
10	4Cr17	堆焊热轧辊、冲头和芯棒等	0.38	16.5	1.1	—	48
11	BS-1/SH410②	堆焊13Cr-1Mo耐蚀耐磨用辊轮（烧结焊剂）	0.28	13.6	1.1	Mn 1.07	HV 420～460
12	BS-6/SH410	堆焊13Cr-6Ni-1Mo耐蚀耐磨用辊轮（烧结焊剂）	0.05	13.05	1.0	Ni 6.02	HV 380～410

① SH-10 为低碳钢带（日本住友金属牌号）。

② SH410 为 Cr13 型钢带（日本住友金属牌号）。

第四章

焊剂

焊剂是具有一定粒度的颗粒状物质，焊接时能够熔化形成熔渣和气体，是埋弧焊和电渣焊不可缺少的焊接材料。在焊接过程中，焊剂的作用相当于焊条药皮，熔化形成熔渣，对焊接熔池起保护、冶金处理和改善焊接工艺性能的作用，烧结焊剂还具有渗合金作用。焊剂与焊丝相组合，即为埋弧焊和电渣焊所需的焊接材料。目前我国焊丝和焊剂的产量占焊接材料总量的15%左右。

第一节　焊剂的分类

焊接的分类方法有许多种，可分别按用途、制造方法、化学成分、焊接冶金性能等进行分类；也可以按焊剂的酸碱性、焊剂的颗粒结构来分类。但每一种分类方法都只从某一方面反映了焊剂的特性，不能概括焊剂的所有特点。了解焊剂的分类是为了更好地掌握焊剂的特点，以便正确地选择和使用焊剂。焊剂的分类见图4-1。

一、按制造方法分类

根据焊剂的制造方法，可以把焊剂分成熔炼焊剂和非熔炼焊剂（黏结焊剂、烧结焊剂）两大类。

1. 熔炼焊剂

把各种矿物性原料按配方比例混合配成炉料，然后在电炉或火焰炉中加热到1300℃以上熔化，均匀后出炉经过水冷粒化、烘干、筛

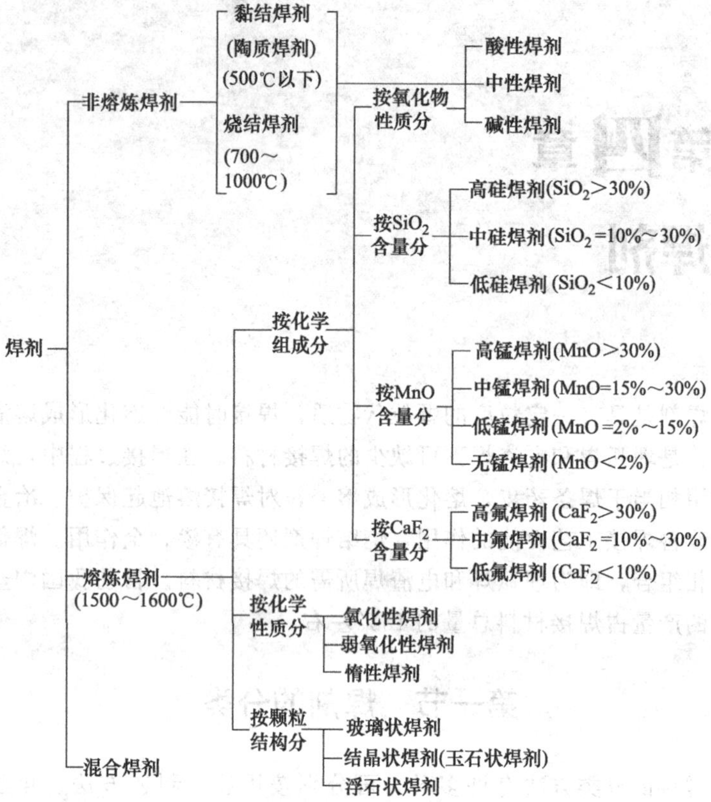

图 4-1 焊剂分类示意图

选得到的焊剂称为熔炼焊剂。熔炼焊剂采用的原料主要有锰矿、硅砂、铝矾土、镁砂、萤石、生石灰、钛铁矿等矿物性原料，另外还加入冰晶石、硼砂等化工产品。熔炼前所用的原料应进行 150～200℃ 的烘干，以清除原料中的水分。由于熔炼焊剂制造中要熔化原料，所以焊剂中不能加碳酸盐、脱氧剂和合金剂，制造高碱度焊剂也很困难。而且，熔炼焊剂经熔炼后不可能保持原料的原组分不变，所以，熔炼焊剂实质上是各种化合物的组合体。

熔炼焊剂按其颗粒结构又可分为玻璃状焊剂、结晶状焊剂和浮石状焊剂三种。玻璃状焊剂呈透明状颗粒，结晶状焊剂的颗粒具有结晶体特点，浮石状焊剂是泡沫状颗粒。玻璃状焊剂和结晶状焊剂的结构都较致密，松装密度为1.1～1.8g/cm^3；浮石状焊剂的结构比较疏松，松装密度为0.7～1.0g/cm^3。

2. 非熔炼焊剂

把各种粉料按配方混合后加入黏结剂，制成一定粒度的小颗粒，经烘焙或烧结后得到的焊剂，称为非熔炼焊剂。

制造非熔炼焊剂所采用的原材料与制造焊条的原材料基本相同，对成分和颗粒大小有严格要求。按照给定配比配料，混合均匀后加入黏结剂（水玻璃）制成湿料，然后把湿料进行造粒，制成一定尺寸的颗粒（粒径一般为0.5～2mm），造粒之后将颗粒状的焊剂送入干燥炉内固化、烘干、去除水分，加热温度为150～200℃，最后送入烧结炉内烧结。根据烘焙温度的不同，非熔炼焊剂又分类如下。

① 黏结焊剂（亦称陶质焊剂或低温烧结焊剂）：通常以水玻璃作为黏结剂，经350～500℃低温烘焙或烧结得到的焊剂。由于烧结温度低，黏结焊剂具有吸潮倾向大、颗粒强度低等缺点，目前在我国作为产品供应量还不多。

② 烧结焊剂：通常在较高的温度（700～1000℃）烧结，烧结后粉碎成一定尺寸的颗粒即可使用。经高温烧结后，焊剂的颗粒强度明显提高，吸潮性大大降低。

与熔炼焊剂相比，烧结焊剂熔点较高，松装密度较小，故这类焊剂适于大线能量焊接。烧结焊剂的碱度可以在较大范围内调节而仍能保持良好的工艺性能，可以根据施焊钢种的需要通过焊剂向焊缝过渡合金元素；而且，烧结焊剂适用性强、制造简便，故近年来发展很快。表4-1列出了熔炼焊剂与烧结焊剂的特点比较。

根据不同的使用要求，还可以把熔炼焊剂和烧结焊剂混合起来使用，称为混合焊剂。

焊剂的粒度越大，其松装密度（单位体积内焊剂的质量）越小，透气性越大，焊缝金属中含氮量越多，保护效果越差。但是，不应认为焊剂的松装密度越大越好，因为当熔池中有大量气体析出时，如果松装密度过大，则透气性过小，将阻碍气体外逸，促使焊缝中形成气孔，使焊缝表面出现压坑等缺陷。所以焊剂应具有适当的透气性。埋弧焊时焊缝中的含氮量一般为0.002%～0.007%，比手工电弧焊的保护效果好。

表 4-1 熔炼焊剂与烧结焊剂的特点比较

比较项目		熔炼焊剂	烧结焊剂
一般特点		熔点较低，松装密度较大，颗粒不规则，但强度较高。焊剂的生产中耗电量大，成本较高	熔点较高，松装密度较小，颗粒圆滑较规则，但强度低，可连续生产，成本较低
焊接工艺性能	高速焊接性能	焊道均匀，不易产生气孔和夹渣	焊道无光泽，易产生气孔、夹渣
	大规范焊接性能	焊道凸凹显著，易粘渣	焊道均匀，容易脱渣
	吸潮性能	比较小，可不必再烘干	比较大，必须烘干
	抗锈性能	比较敏感	不敏感
焊缝性能	韧性	受焊丝成分和焊剂碱度影响大	比较容易得到高韧性
	成分波动	焊接规范变化时成分波动较小	成分波动较大
	多层焊性能	焊缝金属的成分变动小	焊缝成分变动较大
	脱氧性能	较差	较好
	合金剂的添加	十分困难	可以添加

二、按化学成分分类

按照焊剂的主要成分进行分类，焊剂可分为以下几种类型。

① 按 SiO_2 含量分类：可分为高硅焊剂（$SiO_2>30\%$）、中硅焊剂（$SiO_2=10\%\sim30\%$）、低硅焊剂（$SiO_2<10\%$）、无硅焊剂。

② 按 MnO 含量分类：可分为高锰焊剂（$MnO>30\%$）、中锰焊剂（$MnO=15\%\sim30\%$）、低锰焊剂（$MnO=2\%\sim15\%$）、无锰焊剂（$MnO<2\%$）。

③ 按 CaF_2 含量分类：可分为高氟焊剂（$CaF_2>30\%$）、中氟焊剂（$CaF_2=10\%\sim30\%$）、低氟焊剂（$CaF_2<10\%$）。

④ 按 MnO、SiO_2、CaF_2 含量进行组合分类：HJ431 可称为高锰高硅低氟焊剂，HJ350 可称为中锰中硅中氟焊剂，HJ250 可称为低锰中硅中氟焊剂。高锰高硅低氟焊剂属于酸性焊剂，焊接工艺性能良好，适于交、直流电源，主要用于焊接低碳钢及对韧性要求不高的低合金钢。中锰中硅中氟焊剂属中性焊剂，焊接工艺性能和焊缝韧性均可，多用于低合金钢焊接结构。低锰中硅中氟焊剂属碱性焊剂，焊接工艺性能较差，仅适用于直流电源，焊剂氧化性小，焊缝韧性高，可

焊接不锈钢等高合金钢。

⑤ 按焊剂的主要成分与特性分类：该分类方法直观性强，易于分辨焊剂的主要成分与特性。我国的烧结焊剂采用这种分类方法。

表 4-2 列出了按主要成分与特点对焊剂的分类，是国际焊接学会推荐的焊剂分类方法。

表 4-2 按主要成分与特点对焊剂的分类

焊剂类型代号	焊剂类型	主要成分	焊剂特点
MS	锰-硅型	$MnO+SiO_2>50\%$	与含锰量少的焊丝配合，可以向焊缝过渡适量的锰与硅
CS	钙-硅型	$CaO+MgO+SiO_2>60\%$	由于焊剂中含有较多的SiO_2，即使采用含硅量低的焊丝仍可得到含硅量较高的焊缝金属，适于大电流焊接
AR	铝-钛型	$Al_2O_3+TiO_2>45\%$	适于多丝焊接和高速焊接
FB	氟-碱型	$CaO+MgO+MnO+CaF_2>50\%$，$SiO_2\leqslant20\%$，$CaF_2\geqslant15\%$	SiO_2含量低，减少了硅的过渡，可得到高冲击韧性的焊缝金属
AB	铝-碱型	$Al_2O_3+CaO+MgO>45\%$，($Al_2O_3\approx20\%$)	性能介于铝-钛型和氟-碱型焊剂之间
ST	特殊型	不规定	—

三、按化学性质分类

焊剂中添加脱氧剂、合金剂后，焊剂本身对焊缝金属中锰、硅含量有一定的影响。所以按照添加脱氧剂、合金剂的不同，可将焊剂分为以下三种类型。

1. 活性焊剂

活性焊剂中加入少量的锰、硅脱氧剂，用以提高抗气孔能力和抗裂性能。活性焊剂主要用于单道焊，特别是适用于被氧化的母材的焊接。

① 氧化性焊剂。氧化性强的焊剂对焊缝金属有较高的氧化作用，在多道焊时容易产生较多的质量问题。氧化性焊剂有两种类型，一种是含有大量 SiO_2、MgO 的焊剂，另一种是含 FeO 较多的焊剂。

② 弱氧化性焊剂。焊剂含 SiO_2、MgO、FeO 等活性氧化物较

少。焊剂对焊缝金属有较弱的氧化作用，焊缝金属含氧量较低。这种焊剂含有较多的脱氧剂，熔敷金属中的锰、硅将随电弧电压的变化而变化，熔敷金属中锰、硅含量增加将提高熔敷金属的强度，降低冲击韧性。

2. 中性焊剂（或称惰性焊剂）

中性焊剂是指焊接后熔敷金属化学成分与焊丝化学成分相比，不发生明显变化的焊剂。

中性焊剂多用于多道焊，特别适用于厚度大于 25mm 的母材的焊接。中性焊剂基本不含或含有少量的脱氧剂，所以在焊接过程中只能依赖于焊丝提供脱氧剂。如果用中性焊剂单道焊或焊接氧化严重的母材，容易产生气孔和焊道裂纹。

3. 合金焊剂

合金焊剂是在焊剂中添加较多的合金成分，用于过渡合金，达到使用碳钢焊丝获得合金钢熔敷金属的目的，多用于堆焊。

四、按熔渣的碱度分类

碱度是熔渣最重要的冶金特征之一，对熔渣-金属相界面的冶金反应、焊接工艺性能和焊缝金属的力学性能有很大影响。目前，有关焊剂碱度的计算表达式不统一，应用较广泛的是国际焊接学会（ⅡW）推荐的公式：

$$B_{\mathrm{IIW}}=\frac{CaO+MgO+CaF_2+BaO+Na_2O+K_2O+0.5(MnO+FeO)}{SiO_2+0.5(Al_2O_3+TiO_2+ZrO_2)} \tag{4-1}$$

式中各组分的含量按质量分数计算。

根据计算结果做如下分类：

① 酸性焊剂（$B_{\mathrm{IIW}}<1.0$） 酸性焊剂具有良好的焊接工艺性能，焊缝成形美观，但焊缝金属含氧量高，冲击韧性较低。

② 中性焊剂（$B_{\mathrm{IIW}}=1.0\sim1.5$） 采用中性焊剂得到的熔敷金属的化学成分与焊丝的化学成分相近，焊缝含氧量较低。焊接工艺性能介于酸性和碱性焊剂之间。

③ 碱性焊剂（$B_{\mathrm{IIW}}>1.5$） 采用碱性焊剂得到的熔敷金属含氧

量低，可以获得较高的焊缝冲击韧性；对熔炼焊剂而言，焊接工艺性能较差，随着碱度的提高，焊道形状变得窄而高，并容易产生咬边、夹渣等缺陷。

按照国际焊接学会推荐公式计算出的部分国产熔炼焊剂碱度值见表 4-3。

表 4-3 部分国产熔炼焊剂的碱度值

焊剂牌号	HJ130	HJ131	HJ150	HJ172	HJ230	HJ250	HJ251
碱度值 B_{IIW}	0.78	1.46	1.30	2.68	0.80	1.75	1.68
焊剂牌号	HJ260	HJ330	HJ350	HJ360	HJ430	HJ430	HJ433
碱度值 B_{IIW}	1.11	0.81	1.0	0.94	0.78	0.79	0.67

五、按用途分类

1. 按焊剂的使用用途分

按焊剂的使用用途分可分为埋弧焊焊剂、堆焊焊剂、电渣焊焊剂。

2. 按所焊材料的种类分

按所焊材料的种类分可分为低碳钢用焊剂、低合金钢用焊剂、不锈钢用焊剂、镍及镍合金用焊剂、钛及钛合金用焊剂等。

3. 按焊接工艺特点分

① 单道焊或多道焊焊剂，仅适用于单面单道焊、双面单道焊。

② 高速焊焊剂，用于焊接速度大于 60m/h 的焊接场合。

③ 超低氢焊剂，熔敷金属中的扩散氢含量小于或等于 2mL/100g，有利于消除焊接延迟裂纹。

④ 抗锈焊剂，对铁锈不敏感，有良好的抗气孔性能。

⑤ 高韧性焊剂，焊缝金属的韧性高，适用于焊接低温下工作的压力容器。

⑥ 单面焊双面成形焊剂，使焊缝背面根部成形满足需要，主要在造船业中使用。

第二节 焊剂的型号与牌号

焊剂的型号是依据国家标准的规定进行划分的，焊剂的牌号是由生产部门依据一定的规则来编排的，同一型号中可以包括多种焊剂牌号。

一、焊剂的型号

目前我国焊剂的国家标准有 GB/T 5293—2018《埋弧焊用非合金钢及细晶粒钢实心焊丝、药芯焊丝和焊丝-焊剂组合分类要求》、GB/T 12470—2018《埋弧焊用热强钢实心焊丝、药芯焊丝和焊丝-焊剂组合分类要求》和 GB/T 17854—2018《埋弧焊用不锈钢焊丝-焊剂组合分类要求》。国家标准中对焊剂的型号划分基本上等效于美国焊接学会（AWS）的标准，三个标准均第一次将焊剂和焊丝放在同一个标准中进行组合编制。

1. 型号编制方法

（1）碳素钢埋弧焊用焊剂的型号

GB/T 5293—2018 将焊剂与焊丝组合在同一个标准中编写，从而可以更加全面地反映焊丝、焊剂组合与熔敷金属力学性能的关系。标准中的型号是根据焊丝-焊剂组合的熔敷金属力学性能、热处理状态进行划分的。

完整的焊丝-焊剂组合型号示例如下：

F 4 A 0-H08A

- H08A——焊丝牌号
- 0——熔敷金属冲击吸收功不小于 27J 时的试验温度为 0℃
- A——试件为焊态
- 4——熔敷金属抗拉强度的最小值为 415MPa
- F——焊剂

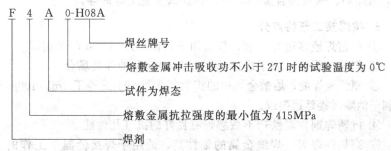

焊丝-焊剂组合的型号编制方法规定如下。

① 字母“F”表示焊剂，“F”是英文 Flux 的第一个字母。

② 第一位数字表示焊丝-焊剂组合的熔敷金属抗拉强度的最小值，见表 4-4。

③ 第二位字母表示试件的热处理状态，“A”表示焊态，“P”表示焊后热处理状态。

④ 第二位数字表示熔敷金属冲击吸收功不小于 27J 时的最低试

验温度，见表 4-5。

⑤“-”后面的部分表示焊丝的牌号。焊丝的牌号见 GB/T 5293—2018、GB/T 14957—1994 和 GB/T 3429—2015，其中“H”表示焊丝，字母后面的两位数字表示焊丝中平均含碳量，如有其他化学成分，在字母后面用元素符号表示，牌号最后的 A、E、C 分别表示 S、P 杂质含量的等级。

表 4-4　熔敷金属拉伸试验结果的规定

焊剂型号	抗拉强度 R_m/MPa	屈服强度 $R_{p0.2}$/MPa	伸长率 A_5/%
F4××-H×××	415～550	≥330	≥22
F5××-H×××	480～650	≥400	≥22

表 4-5　熔敷金属冲击试验结果的规定

焊剂型号	冲击吸收功/J	试验温度/℃	焊剂型号	冲击吸收功/J	试验温度/℃
F××0-H×××		0	F××4-H×××		−40
F××2-H×××	≥27	−20	F××5-H×××	≥27	−50
F××3-H×××		−30	F××6-H×××		−60

这种焊剂型号的表示方法有以下特点：

① 每种型号的焊剂不特别规定其制造方法，可以是熔炼型，也可以是非熔炼型。

② 每种型号的焊剂是按照熔敷金属力学性能划分的，不是根据焊剂的化学成分或熔敷金属的化学成分来划分的，但对焊剂的 S、P 含量有所控制（S≤0.06%，P≤0.08%）。

（2）低合金钢埋弧焊用焊剂的型号

根据 GB/T 12470—2018 的规定，低合金钢埋弧焊用焊剂型号是根据焊丝-焊剂组合的熔敷金属力学性能、热处理状态进行划分的。完整的焊丝-焊剂组合型号示例如下：

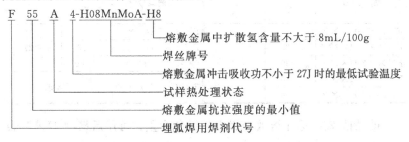

F　55　A　4-H08MnMoA-H8

- H8——熔敷金属中扩散氢含量不大于 8mL/100g
- H08MnMoA——焊丝牌号
- 4——熔敷金属冲击吸收功不小于 27J 时的最低试验温度
- A——试样热处理状态
- 55——熔敷金属抗拉强度的最小值
- F——埋弧焊用焊剂代号

① 字母“F”表示埋弧焊用焊剂。

② 字母“F”后面的两位数字表示焊丝-焊剂组合的熔敷金属抗拉强度的最小值，同时规定了抗拉强度、屈服强度及伸长率三项指标，见表 4-6。

表 4-6 拉伸性能要求

焊剂型号	抗拉强度 R_m/MPa	屈服强度 $R_{p0.2}$/MPa	伸长率 A_5/%
F48××-H×××	480～660	≥400	≥22
F55××-H×××	550～700	≥470	≥20
F62××-H×××	620～760	≥540	≥17
F69××-H×××	690～830	≥610	≥16
F76××-H×××	760～900	≥680	≥15
F83××-H×××	830～970	≥740	≥14

③ 第二位字母表示试样状态，“A”表示焊态，“P”表示焊后热处理状态，见表 4-7。

④ 第三位数字表示熔敷金属中冲击吸收功不小于 27J 时的最低试验温度，见表 4-8。

⑤“-”后面的“H×××”表示焊丝牌号，焊丝的牌号应符合 GB/T 12470—2018、GB/T 14957—1994 和 GB/T 3429—2015 标准。

表 4-7 试样状态代号

试样状态代号	试样状态
A	焊态
P	焊后热处理状态

注：试样或样坯按以下参数进行焊后热处理，装炉温不得高于 300℃，升温速度不得大于 200℃/h，在 620℃±15℃保温 1h，炉冷至 300℃，炉冷速度不得大于 175℃/h；300℃以下时，炉冷或空冷均可。

表 4-8 熔敷金属 V 形缺口冲击吸收功的要求

焊剂型号	试验温度/℃	冲击吸收功/J	焊剂型号	试验温度/℃	冲击吸收功/J
F×××0-H×××	0	≥27	F×××6-H×××	−60	≥27
F×××2-H×××	−20		F×××7-H×××	−70	
F×××3-H×××	−30		F××10-H×××	−100	
F×××4-H×××	−40		F×××Z-H×××	不要求	
F×××5-H×××	−50				

⑥ 如果需要标注熔敷金属中扩散氢含量，可用后缀“-H×”表

示。熔敷金属扩散氢含量见表 4-9。

表 4-9 熔敷金属扩散氢含量 mL/100g

焊剂型号	扩散氢含量	焊剂型号	扩散氢含量
F××××-H×××-H16	16.0	F××××-H×××-H4	4.0
F××××-H×××-H8	8.0	F××××-H×××-H2	2.0

注：1. 表中值为最大值。

2. 该分类代号为可选择的附加代号。

3. 如标注熔敷金属扩散氢含量代号时，应注明采用的测定方法。

(3) 不锈钢埋弧焊用焊剂的型号

根据 GB/T 17854—2018 的规定，埋弧焊用不锈钢焊丝和焊剂的熔敷金属中铬含量不小于 11%，镍含量应小于 38%；焊丝和焊剂的型号分类是根据焊丝-焊剂组合的熔敷金属化学成分、力学性能进行划分的。

完整的焊丝-焊剂型号举例如下：

F 308 L-H00Cr21Ni10

- H00Cr21Ni10——焊丝牌号
- L——熔敷金属中碳含量较低(≤0.04%)
- 308——熔敷金属种类代号
- F——焊剂

其焊丝-焊剂组合的型号编制方法如下：

① 字母“F”表示焊剂；

② “F”后面的数字表示熔敷金属种类代号，如有特殊要求的化学成分，则该化学成分用元素符号表示，放在数字的后面；

③ “-”后面的内容表示焊丝的牌号，焊丝的牌号应符合 GB/T 4241—2017 或 YB/T 5092—2016 标准。

表 4-10 规定了各种埋弧焊用不锈钢焊剂的熔敷金属化学成分和力学性能。

2. 型号分类

焊剂型号是根据使用各种焊丝与焊剂组合而形成的熔敷金属的力学性能而划分的。

表 4-10 埋弧焊用不锈钢焊剂的熔敷金属化学成分和力学性能

焊剂型号	熔敷金属化学成分/%									熔敷金属力学性能	
	C	Si	Mn	P	S	Cr	Ni	Mo	其他	抗拉强度 R_m/MPa	伸长率 A/%
F308-H×××	≤0.08	≤1.00	0.50~2.50	≤0.040	≤0.030	18.0~21.0	9.0~11.0			≥520	30
F308L-H×××	≤0.04									≥480	25
F309-H×××	≤0.15					22.0~25.0	12.0~14.0			≥520	
F309Mo-H×××	≤0.12							2.00~3.00		≥550	
F310-H×××	≤0.20			≤0.030		25.0~28.0	20.0~22.0			≥520	
F316-H×××	≤0.08			≤0.040		17.0~20.0	11.0~14.0	2.00~3.00			
F316L-H×××	≤0.04									≥480	30
F316CuL-H×××								1.25~2.75	Cu 1.00~2.50		
F317-H×××	≤0.08					18.0~21.0	12.0~14.0	3.00~4.00		≥520	25
F347-H×××							9.0~11.0		Nb 8×C~1.00		
F410-H×××	≤0.12		≤1.2			11.0~13.5	≤0.60			≥440	20
F430-H×××	≤0.10					15.0~18.0				≥450	17

注：1. 焊剂型号中的字母 L 表示碳含量较低。

2. F410-H×××的熔敷金属的力学性能试样加工前经 840~870℃保温 2h 后，以小于 55℃/h 的冷却速度炉冷至 590℃，随后空冷。

3. F430-H×××的熔敷金属的力学性能试样加工前经 760~785℃保温 2h 后，以小于 55℃/h 的冷却速度炉冷至 590℃，随后空冷。

焊剂根据生产工艺的不同分为熔炼焊剂、黏结焊剂和烧结焊剂。按照焊剂中添加的脱氧剂、合金剂分类，又可分为中性焊剂、活性焊剂和合金焊剂。不同类型的焊剂可以通过相应的牌号及制造厂的产品说明书予以识别。

(1) 中性焊剂

中性焊剂是指在焊接后，熔敷金属化学成分与焊丝化学成分不产生明显变化的焊剂。中性焊剂用于多道焊，特别适用于厚度大于25mm的母材的焊接。中性焊剂的焊接注意事项如下。

① 由于中性焊剂不含或含有少量的脱氧剂，所以在焊接过程中只能依赖于焊丝提供脱氧剂。如果用中性焊剂单道焊或焊接氧化严重的母材，会产生气孔和焊道裂纹。

② 电弧电压变化时，中性焊剂能维持熔敷金属的化学成分的稳定。某些中性焊剂在电弧区还原，释放出的氧气与焊丝中的碳化合，降低熔敷金属中的含碳量。某些中性焊剂含有硅酸盐，在电弧高温区还原成锰、硅，即使电弧电压变化很大，熔敷金属的化学成分也是相当稳定的。

③ 熔深、热输入量和焊道数量等参数变化时，抗拉强度和冲击韧性等力学性能会发生变化。

④ 尽管焊剂在锰和硅方面可以是中性的，但在活泼的合金元素方面可能就不是中性的了，最显著的是铬。某些中性焊剂（不是全部中性焊剂）会减少焊缝金属的铬含量（与焊丝中的相比）。此时，焊丝中的铬含量应该比熔敷金属中的铬含量稍高。

(2) 活性焊剂

活性焊剂指加入少量锰、硅脱氧剂的焊剂，可提高抗气孔能力和抗裂性能。活性焊剂主要用于单道焊，特别是对被氧化的母材。活性焊剂的焊接注意事项如下。

① 由于含有脱氧剂，因此熔敷金属中的锰、硅将随电弧电压的变化而变化。由于锰、硅增加将提高熔敷金属的强度，降低冲击韧性，因此，在使用活性焊剂进行多道焊时，应严格控制电弧电压。

② 活性焊剂中，较活泼的焊剂具有较强的抗氧化性能，但在多道焊时会产生较多的问题。

(3) 合金焊剂

合金焊剂指使用碳钢焊丝，其熔敷金属为合金钢的焊剂。焊剂中添加较多的合金成分，用于过渡合金，多数合金焊剂为黏结焊剂和烧结焊剂。

二、焊剂的牌号

根据原机械工业部《焊接材料产品样本》中规定的焊剂牌号编制方法，熔炼焊剂的牌号用“HJ×××”表示，烧结焊剂的牌号用“SJ×××”表示。

1. 焊剂牌号编制方法

(1) 熔炼焊剂牌号的编制方法

① 焊剂牌号中“HJ”为“焊剂”汉语拼音第一个字母，表示埋弧焊和电渣焊用熔炼焊剂。

② 焊剂牌号中第一位数字表示焊剂中 MnO 的含量，其含义见表 4-11。

表 4-11 熔炼焊剂牌号中第一位数字的含义

牌号	焊剂类型	氧化锰含量/%	牌号	焊剂类型	氧化锰含量/%
HJ1××	无锰	<2	HJ3××	中锰	16～30
HJ2××	低锰	2～15	HJ4××	高锰	>30

③ 牌号中第二位数字表示焊剂中 SiO_2、CaF_2 的含量，其含义见表 4-12。

表 4-12 熔炼焊剂牌号中第二位数字的含义

牌号	焊剂类型	焊剂中二氧化硅及氟化钙含量/%		牌号	焊剂类型	焊剂中二氧化硅及氟化钙含量/%	
		SiO_2	CaF_2			SiO_2	CaF_2
HJ×1×	低硅低氟	<10	<10	HJ×6×	高硅中氟	>30	10～30
HJ×2×	中硅低氟	10～30	<10	HJ×7×	低硅高氟	<10	>30
HJ×3×	高硅低氟	>30	<10	HJ×8×	中硅高氟	10～30	>30
HJ×4×	低硅中氟	<10	10～30	HJ×9×	其他	—	—
HJ×5×	中硅中氟	10～30	10～30				

④ 牌号第三位数字表示同一类型熔炼焊剂的不同牌号，按 0、1、2……顺序排列。

⑤ 当同一牌号的熔炼焊剂生产两种颗粒度时，在细颗焊剂牌号后加“X”区分（焊剂粒度一般分为两种：普通颗粒度焊剂的粒度为

40～8 目，细颗粒度焊剂的粒度为 60～14 目）。

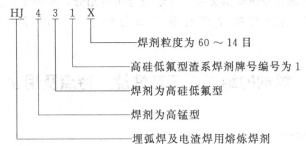

举例：

HJ 4 3 1 X

X——焊剂粒度为 60 ～ 14 目

1——高硅低氟型渣系焊剂牌号编号为 1

3——焊剂为高硅低氟型

4——焊剂为高锰型

HJ——埋弧焊及电渣焊用熔炼焊剂

（2）烧结焊剂牌号的编制方法

① 牌号中“SJ”为“烧结”汉语拼音第一个字母，表示埋弧焊及埋弧堆焊用烧结焊剂。

② 烧结焊剂牌号中第一位数字表示焊剂熔渣的渣系类型，见表 4-13。

表 4-13　烧结焊剂牌号中第一位数字的含义

焊剂牌号	熔渣渣系类型	焊剂主要组分范围/%
SJ1××	氟碱型	$CaO+MgO+MnO+CaF_2>50$，$SiO_2\leqslant 20$、$CaF_2\geqslant 15$
SJ2××	高铝型	$Al_2O_3+CaO+MgO>45$，$Al_2O_3\geqslant 20$
SJ3××	硅钙型	$CaO+MgO+SiO_2>60$
SJ4××	硅锰型	$MnO+SiO_2>50$
SJ5××	铝钛型	$Al_2O_3+TiO_2>45$
SJ6××	其他型	不规定

③ 牌号中第二位、第三位数字表示同一渣系类型的烧结焊剂的不同牌号，按 01、02、…、09 顺序编排。

举例：

SJ 5 01

01——焊剂牌号次序为 01

5——焊剂熔渣渣系为铝钛型

SJ——埋弧焊及埋弧堆焊用烧结焊剂

2. 牌号分类

① 熔炼焊剂牌号按焊剂类型与化学成分进行划分，见表 4-14。

② 烧结焊剂牌号按焊剂渣系类型与化学成分进行划分，见表 4-15。

第三节 焊剂的组成、工艺性能、特点及用途

一、焊剂的组成

1. 常用熔炼焊剂的组成

熔炼焊剂是由一些氧化物和氟化物组成的。它和焊条熔渣的成分类似，实际上也是一种特殊熔炼的“渣”。但不同于焊接以后的渣，因为在焊接过程中焊剂与金属进行了一系列冶金反应。常用熔炼焊剂的组成成分见表 4-14。

2. 常用烧结焊剂的组成

烧结焊剂的组成不同于熔炼焊剂。它和焊条药皮的组成极其相似，通常由三类物质组成，即矿物、铁合金和化工产品。与焊条药皮不同的是在烧结焊剂中不需有机物造气。焊剂与焊条药皮的作用相类似，也起稳弧、造渣、脱氧、合金化等作用。常用烧结焊剂的组成成分见表 4-15。

二、焊剂的工艺性能

1. 电弧稳定性

焊接电弧是两电极间气体介质产生的强烈而持久的放电现象。电弧气氛中电离电位（电动势）低的气体存在越多，电弧燃烧就越稳定。电弧的温度极高，焊剂成分部分蒸发，电弧蒸气中除熔渣组分外，还有 SiF_4、CO 等气体。熔渣中含有碱性金属氧化物时，在电弧中这些金属氧化物就会参与分解和还原反应而出现很多电离的钾、钠离子。由于 K^+、Na^+ 的存在，改善了电弧的导电性，从而提高了电弧稳定性。

表 4-14 常用熔炼焊剂的组成成分

焊剂牌号	焊剂类型	焊剂组成成分/%														焊接方法
		SiO_2	CaF_2	CaO	MgO	MnO	Al_2O_3	FeO	R_2O	TiO_2	NaF	ZrO_2	S≤	P≤	其他	
HJ130	无锰高硅低氟	35～40	4～7	10～18	14～19	—	12～16	约 2	—	7～11	—	—	0.05	0.05	—	SAW
HJ131	无锰高硅低氟	34～38	2～5	48～55	—	—	6～9	≤1.0	≤3	—	—	—	0.05	0.08	—	SAW
HJ150	无锰中硅中氟	21～23	25～33	3～7	9～13	—	28～32	≤1.0	≤3	—	—	—	0.08	0.08	—	SAW
HJ151	无锰中硅中氟	24～30	18～24	≤6	13～20	—	22～30	—	—	—	—	—	0.07	0.08	—	SAW
HJ152	无锰	$Al_2O_3+CaF_2=30～60$；$CaO+SiO_2+K_2O=20～50$													10	SAW
HJ172	无锰低硅高氟	3～6	45～55	2～5	—	1～2	28～35	≤0.8	≤3	—	2～3	2～4	0.05	0.05	—	SAW
HJ211	低锰中硅（含钛硼）	$SiO_2+Al_2O_3+TiO_2=51～58$；$CaO+MgO+BaO=24～28$；$CaF_2≤15$													—	SAW
HJ230	低锰高硅低氟	40～46	7～11	8～14	10～14	5～10	10～17	≤1.5	—	—	—	—	0.05	0.05	—	SAW
HJ250	低锰中硅中氟	18～22	23～30	4～8	12～16	5～8	18～23	≤1.5	≤3	—	—	—	0.05	0.05	—	SAW
HJ251	低锰中硅中氟	18～22	23～30	3～6	14～17	7～10	18～23	≤1.0	—	—	—	—	0.08	0.05	—	SAW
HJ252	低锰中硅中氟	18～22	18～24	2～7	17～23	2～5	22～28	≤1.0	—	—	—	—	0.07	0.08	—	SAW

续表

焊剂牌号	焊剂类型	焊剂组成成分/%														焊接方法
		SiO_2	CaF_2	CaO	MgO	MnO	Al_2O_3	FeO	R_2O	TiO_2	NaF	ZrO_2	S≤	P≤	其他	
HJ260	低锰高硅中氟	29～34	20～25	4～7	15～18	2～4	19～24	≤1.0	—	—	—	—	0.07	0.07	—	SAW
HJ330	中锰高硅低氟	44～48	3～6	≤3	16～20	22～26	≤4	≤1.5	≤1	—	—	—	0.06	0.08	—	SAW
HJ331	中锰高硅低氟	$SiO_2+TiO_2=40$;$Al_2O_3+MnO=23$;$CaO+MgO=25$;CaF_2+其他=10														SAW
HJ350	中锰中硅中氟	30～35	14～20	10～18	—	14～19	13～18	≤1.0	—	—	—	—	0.06	0.07	—	SAW
HJ351	中锰中硅中氟	30～35	14～20	10～18	—	14～19	13～18	≤1.0	—	2～4	—	—	0.04	0.05	—	SAW
HJ360	中锰高硅中氟	33～37	10～19	4～7	5～9	20～26	11～15	≤1.0	—	—	—	—	0.10	0.10	—	ESW
HJ380	中锰中硅高氟	$SiO_2+Al_2O_3\approx40$;$MgO+MnO+CaO\approx30$;$CaF_2<20$;其他≈10														SAW
HJ430	高锰高硅低氟	38～45	5～9	≤6	—	38～47	≤5	≤1.8	—	—	—	—	0.06	0.08	—	SAW
HJ431	高锰高硅低氟	40～44	3～7	≤8	5～8	32～38	≤6	≤1.8	—	—	—	—	0.06	0.08	—	SAW ESW

续表

焊剂牌号	焊剂类型	焊剂组成成分/%														焊接方法
		SiO_2	CaF_2	CaO	MgO	MnO	Al_2O_3	FeO	R_2O	TiO_2	NaF	ZrO_2	S≤	P≤	其他	
HJ433	高锰高硅低氟	42～45	2～4	≤4	—	44～47	≤3	≤1.8	≤0.5	—	—	—	0.06	0.08	—	SAW
HJ434	高锰高硅低氟	40～50	4～8	3～9	≤5	35～40	≤6	≤1.5	—	1～8	—	—	0.05	0.05	—	SAW
HJ107	无锰中硅中氟	26～30	20～26	≤4	13～17	—	24～30	—	—	—	—	—	0.05	0.05	Cr_2O_3≤4.5 Na_3AlF_6≤3	SAW
772	无锰无硅高氟	—	45～50	—	—	—	28～33	—	—	—	3～4	3.5～4.5	0.05	0.05	—	SAW
804	无锰低硅高氟	9～14	23～29	9～14	—	≤1	36～46	2.5～4.0	—	—	—	—	0.06	0.05	—	SAW

注：R_2O为K_2O+Na_2O的总和。

表 4-15 常用烧结焊剂的组成成分

焊剂牌号	焊剂渣系类型	焊剂组成成分/%
SJ101	氟碱型	SiO_2+TiO_2=20～30,CaO+MgO=25～35,Al_2O_3+MnO=20～30,CaF_2=15～25,S≤0.06,P≤0.08
SJ102	氟碱型	SiO_2+TiO_2=10～15,CaO+MgO=35～45,Al_2O_3+MnO=15～25,CaF_2=20～30,S≤0.06,P≤0.08
SJ103	高碱度	S≤0.03,P≤0.03
SJ104	高碱度	S≤0.03,P≤0.03
SJ105	氟碱型	SiO_2+TiO_2=18～22,CaO+MgO=33～37,Al_2O_3=10～20,CaF_2=25～30,S≤0.06,P≤0.08
SJ107	氟碱型	SiO_2+TiO_2=10～15,CaO+MgO=35～45,Al_2O_3+MnO=15～25,CaF_2=20～30,S≤0.06,P≤0.08
SJ201	铝碱型	SiO_2+TiO_2≈16,CaO+MgO≈4,Al_2O_3+MnO≈40,CaF_2≈30
SJ202	高铝型	CaO+MgO+Al_2O_3>45,SiO_2<15
SJ203	高铝型	SiO_2+TiO_2≈25,CaO+MgO≈30,Al_2O_3+MnO≈30,CaF_2≈10,其他≈5
SJ301	硅钙型	SiO_2+TiO_2=35～45,CaO+MgO=20～30,Al_2O_3+MnO=20～30,CaF_2=5～15,S≤0.06,P≤0.08
SJ302	硅钙型	SiO_2+TiO_2=20～25,CaO+MgO=20～25,Al_2O_3+MnO=30～40,CaF_2=8～10,S≤0.06,P≤0.08
SJ303	硅钙型	SiO_2+TiO_2≈40,CaO+MgO≈30,Al_2O_3+MnO≈20,CaF_2≈10
SJ401	硅锰型	SiO_2+TiO_2≈45,CaO+MgO≈10,Al_2O_3+MnO≈40
SJ402	硅锰型	SiO_2+TiO_2=35～45,CaO+MgO=5～15,Al_2O_3+MnO=40～50,S≤0.06,P≤0.08
SJ403	硅锰型	SiO_2+TiO_2=35～45,CaO+MgO=10～20,Al_2O_3+MnO=20～35,S≤0.04,P≤0.04
SJ501	铝钛型	SiO_2+TiO_2=25～35,Al_2O_3+MnO=50～60,CaF_2=3～10,S≤0.06,P≤0.08
SJ502	铝钛型	SiO_2+TiO_2≈45,Al_2O_3+MnO≈30,CaF_2≈5,CaO+MgO≈10
SJ503	铝钛型	SiO_2+TiO_2=20～25,Al_2O_3+MnO=50～55,CaF_2=5～15,S≤0.06,P≤0.08
SJ524	陶质型	堆焊层二层参考成分(配合 H00Cr20Ni10 焊带):C≤0.03,Cr≈21.0,Ni≈10.0,Mn≤2.0,Si≤0.80
SJ601	专用碱性	SiO_2+TiO_2=5～10,Al_2O_3+MnO=30～40,CaO+MgO=6～10,CaF_2=40～50,S≤0.06,P≤0.06
SJ602	碱性	SiO_2+TiO_2≈10,CaO+MgO+CaF_2≈55,Al_2O_3+MnO≈30
SJ603	碱性	SiO_2<15,MgO+CaF_2+Al_2O_3>60,其他金属元素≈20
SJ604	碱性	SiO_2+TiO_2=5,Al_2O_3>30,MgO+CaF_2<20,MnO≈10,其他≈5
SJ605	高碱度	SiO_2+TiO_2≈10,Al_2O_3+MnO≈20,CaF_2≈30,CaO+MgO≈35
SJ606	碱性	SiO_2+MnO=20～30,$Al_2O_3+Fe_2O_3$=25～35,CaO+MgO+CaF_2=30～40,其他≈10
SJ607	碱性	SiO_2+MnO+Al_2O_3+MgO≈80,CaF_2≈10,其他≈10
SJ608	碱性	SiO_2+TiO_2≤20,CaO+MgO=6～10,Al_2O_3+MnO=30～40,CaF_2=40～50
SJ701	钛碱型	SiO_2+TiO_2=50～60,Al_2O_3+MnO=5～15,CaO+MgO=25～35,CaF_2=5～15

焊剂成分中除了含有碱性金属氧化物外，还有一些能降低稳弧性的成分，电弧燃烧的稳定性随着电弧气氛中 SiF_4 的增加而降低。氟化物是防止焊缝产生氢气孔的最有效的物质，所以一般焊剂中都含有氟化物。为了保证焊剂的电弧稳定性，在含氟化物的焊剂中适当加入一些低电离电位碱性金属氧化物，但这类氧化物的增加会导致抗气孔性能下降。因此在考虑焊剂电弧稳定性时，必须同时考虑氟化物与碱性金属氧化物的相互影响。

2. 脱渣性能

脱渣性能是焊接工艺性能的重要指标之一。脱渣性能在多层埋弧自动焊时具有特别重要的意义，因为在连续焊接过程中，第二道焊缝往往要在被加热到 200℃以上的第一道焊缝上进行焊接，如果此时第一道焊缝的渣壳不能脱落，就很难进行第二道焊缝的焊接。

液态熔渣与正在结晶的焊缝金属表面还要继续进行反应，直到熔渣完全凝固时为止。反应的结果是在金属表面上形成一层氧化膜，这层氧化膜在一定条件下对渣壳脱落起着决定性的影响。熔渣的氧化性是渣壳与焊缝金属表面发生黏着的主要因素，如果焊缝金属中存在有对氧具有较大的亲和力的合金成分，由于其选择性的氧化作用，所形成的氧化膜就具有不同的成分和结构。例如焊接含 Cr、Ti、Nb 和 V 等元素的钢材时，氧化膜就会富集这些元素的氧化物。温度大于 800℃时，金属离子的扩散系数比氧化物中的扩散系数要大。可以认为这层氧化膜是由于金属中易氧化的金属离子扩散而形成的。例如，采用 H0Cr21Ni10Nb 焊丝进行焊接时，脱渣不好的地方发现界面邻近区和界面上的 Nb 含量增加，而在焊缝侧出现厚度约为 2～3μm 的贫 Nb 层。采用含 Ti 的焊丝，使用脱渣良好的焊剂时，焊道表面 Ti 含量分布比较均匀；使用脱渣不好的焊剂时，焊道表面 Ti 含量分布不均匀，可能形成局部的聚集造成熔渣与金属的黏着现象。脱渣不良的渣壳内表面 Ti 的局部集聚尺寸达 3.7μm，黏着渣是由 Cr、Ni、Fe 的集合物组成的，包围在集聚点的外围还有 Mn、Mg、Al 和 Cr 的成分，形成尖晶石型结构。例如（Cr、Ti、Mg、Mn）O·（Cr、Ti、Mn、Al_2O_3）在相间界面生成 Nb 化合物就会使脱渣恶化。

采用 H0Cr19Ni9Ti 焊丝配合 Al_2O-CaF_2-MgO-TiO_2 渣系焊剂焊接时，具有良好的脱渣性能，但把 TiO_2 成分去掉，脱渣性能就会变坏。采用 H08Cr15Ni60Mo15 焊丝时，Cr 对氧亲和力最大，Ni 较小，那么就要在焊剂中加入 Cr_2O_3 和 NiO，这样即使在焊缝红热的状态下，也具有良好的脱渣性能。

焊剂的脱渣性能还与熔渣的线胀系数有关。焊后冷却过程中熔渣与金属的线胀系数相差愈大，氧化膜中间破裂的机会愈大，熔渣愈容易脱落。

3. 成形性能

埋弧焊焊缝成形的质量与焊剂的氧化性、稳弧性、堆积密度、表面张力和熔渣黏度等有关。焊缝成形质量主要是以目测来评价的。良好的焊缝成形应该是：焊缝外观整齐，几何尺寸均匀一致，与母材过渡平滑，焊缝表面光滑，没有大的气体压痕、气孔、咬边等缺陷。

① 焊剂颗粒度和堆积密度对焊缝形状的影响。焊接过程中焊剂的堆积密度对焊缝表面成形具有一定的影响。焊剂按颗粒结构状态可分为结晶状、玻璃状、浮石状和黏结状。结晶状和玻璃状焊剂的颗粒内部很致密，而浮石状和黏结状焊剂颗粒比较疏松，内部有很多蜂孔、空洞。

采用堆积密度小的焊剂进行焊接，所得的焊道宽而平，熔深较浅，焊道与母材过渡平滑。采用相同成分的玻璃状焊剂焊接时，焊缝熔深较大，宽度相对变窄。采用含 CaF_2 的浮石状焊剂时，具有比其他焊剂更强的抗气孔性能。

采用堆积密度小的焊剂进行焊接时，由于颗粒较多、空隙多，焊剂的透气性较好，弧腔中气压比用堆积密度大的焊剂要小，获得的焊缝比较宽，熔深小，不容易产生压痕。当弧腔气压增高时，对焊接熔池加热强烈，焊剂的分解和蒸发消耗热能较大，造成电弧空腔压力增大，电弧宽度减小，所以，采用堆积密度大的焊剂焊接时，焊缝较窄，熔深大，焊缝凸起，外观不佳。在大热输入焊接时，使用细颗粒焊剂比使用粗颗粒焊剂效果好。

堆积密度增加容易产生咬边，特别是在高速焊接时，应选择堆积密度较小的焊剂，例如焊接锅炉鳍片管，一般使用 SJ501M 焊剂，焊速可达 70m/h。堆积密度较大的焊剂不宜用于高速焊。

使用细颗粒焊剂，由于具有较小的堆积密度，说明焊剂颗粒间空隙较多，透气性好，有利于气体的排出，可改善电弧的稳定性，使焊缝表面成形良好，有利于减少焊缝表面的压痕。

② 焊剂化学成分和黏度对焊缝成形的影响。焊剂化学成分对焊接过程中的冶金反应有很重要的影响。这些反应与熔化金属中析出的气体集聚和分解紧密相关。由于碳的氧化及溶解于金属中的气体析出，使焊接熔池“沸腾”直接影响焊缝金属的成形。所以，提高焊剂的氧化性就会影响焊缝的成形。焊剂氧化性愈大，金属中含碳量愈高，其影响愈明显。

焊接低碳沸腾钢时，经常出现压痕，是由钢材中的气体含量过高所致，降低金属中气体含量就会改善焊缝成形。焊接这类钢材时，应选用熔渣黏度较小的焊剂，改善熔渣的流动性，有利于气体的逸出，减少压痕，获得良好的焊缝成形。但使用熔渣熔点和黏度过低的焊剂时，焊剂熔化量较多，焊接熔池表面压力较大，造成气体逸出困难，气体集中在熔渣下面，使焊缝成形变差，表面出现压痕。

焊接中等和大厚度的低碳钢板，采用高黏度“短渣”焊剂时，焊缝成形良好；使用“长渣”焊剂时，熔渣层较厚，气体集聚时间较长并生成气泡喷出，造成电弧不稳，容易产生压痕。

使用熔渣表面张力较小的焊剂，液态金属容易与母材润湿，焊缝与母材过渡平滑，特别是窄间隙坡口焊接时，不容易产生咬边。

③ 焊缝表面压痕的影响因素。焊缝金属表面的气体压痕是一种常见的表面缺陷，虽然不影响力学性能，但使焊缝表面成形不良。由于焊接熔池中排出的气体呈气泡状停留在液态金属与液态熔渣之间的界面上，而不能及时逸出熔渣层，气泡内气体向四周施以一定的压力，以求达到平衡，气泡压力愈大，留在金属表面上的压痕愈深，而对应的渣壳背面的气孔也愈深愈大，当金属凝固后形成一个压痕。

产生的气泡是否能及时排出熔渣主要取决于熔渣的物理性能和上部的压力，即液态熔渣的黏度、表面张力、透气性，特别是上部焊剂层的压力（焊剂堆放厚度）和透气性。产生的气泡如果没有压力或压力很小就不会使金属表面产生压痕。

试验证明，焊剂成分对焊缝成形有很大的影响，主要因素是 SiO_2。SiO_2 含量低时，焊缝表面不光滑，波纹粗糙；随着 SiO_2 含量的增加，焊缝表面得到改善。

④ 焊剂的堆放高度。焊接熔池的压力与焊剂的堆放高度成正比。焊剂堆放愈高，处在金属与熔渣界面上的气泡受上部焊剂施加的压力愈大，气泡愈不容易逸出，相对应的气泡内部压力愈大，对液态金属表面的压力愈大，留下的气泡压痕愈深。所以，在不露电弧的条件下，尽量降低焊剂的堆放厚度，以减少压痕。

三、焊剂的特点及用途

（1）常用熔炼焊剂的特点及用途

常用熔炼焊剂的特点、用途及配用焊丝见表 4-16。

（2）常用烧结焊剂的特点及用途

与熔炼焊剂相比，烧结焊剂具有许多优点。

① 在烧结焊剂里可以加脱氧剂，脱氧充分。而熔炼焊剂不能加脱氧剂。

② 烧结焊剂可以加合金剂，合金化作用强。用普通的低碳钢焊丝配合适当的焊剂可以方便地对焊缝金属合金化。而熔炼焊剂只能配一定成分的焊丝才能对焊缝合金化。

③ 烧结焊剂的碱度调节范围较大，当焊剂碱度大于 3 时仍可具有较好的焊接工艺性能。采用高碱度的焊剂有利于获得高韧性的焊缝。

④ 烧结焊剂的松装密度较小，适于制造高速焊剂或大线能量焊接用焊剂。

⑤ 烧结焊剂比熔炼焊剂具有更好的抗锈、抗气孔能力。

但烧结焊剂与熔炼焊剂相比还存在以下缺点：焊接工艺参数的变化会影响到焊剂的熔化量，致使焊缝金属的成分因此而出现波动；烧结焊剂的吸潮性较大，容易增加焊缝的含氢量，其存放条件及焊前烘干的要求比熔炼焊剂严格。

常用烧结焊剂的特点、用途及配用焊丝见表 4-17。

（3）常用电渣焊焊剂的类型、化学成分和用途

常用电渣焊焊剂的类型、化学成分和用途见表 4-18。

表 4-16 常用熔炼焊剂的特点、用途及配用焊丝

焊剂牌号	焊剂类型	配用焊丝及熔敷金属力学性能					适用电源种类	焊剂粒度/mm	特点及用途	烘干条件
		配用焊丝/母材	力学性能							
			σ_b/MPa	$\sigma_{0.2}$/MPa	δ_5/%	A_{kV}/J				
HJ130	无锰高硅低氟	H10Mn2/16Mn	477	332	29.9	—	交、直流	2.5～0.45	呈黑色、灰黑色及半浮石状颗粒，由于含一定数量的 TiO_2，焊接工艺性能好、抗气孔和抗热裂纹性能好；焊剂为半浮石状时焊缝表面光滑，易脱渣；采用直流电源时焊丝接正极。常用于焊接低碳钢及低合金钢	250℃×2h
		H10Mn2/低碳钢	410～550	≥300	≥22	—				
		其他低合金焊丝	—	—	—	—				
HJ131	无锰高硅低氟	镍基焊丝	—	—	—	—	交、直流	2.0～0.28	白色至灰色浮石状颗粒，焊接工艺性能良好。常用于焊接镍基合金薄板结构	250℃×2h
HJ150	无锰中硅中氟	H2Cr13，H3Cr2W8 等	—	—	—	—	直流	2.0～0.28	灰色至天蓝色玻璃状或白色浮石状颗粒，玻璃状时松装密度为 1.3～1.5g/cm^3，适于较小的焊接电流；浮石状时松装密度为 0.8～1.0g/cm^3，适于大电流焊接；采用直流电源，焊丝接正极；焊接工艺性能良好，易脱渣；由于焊剂在熔融状态下流动性好，不适于直径小于 120mm 工件的环向焊接及堆焊。广泛用于合金钢、高合金钢的自动、半自动焊接和堆焊，特别适于轧辊及高炉料钟等易磨件的修复堆焊	300～450℃×2h

续表

焊剂牌号	焊剂类型	配用焊丝及熔敷金属力学性能					适用电源种类	焊剂粒度/mm	特点及用途	烘干条件
		配用焊丝/母材	力学性能							
			σ_b/MPa	$\sigma_{0.2}$/MPa	δ_5/%	A_{kV}/J				
HJ151	无锰中硅中氟	H0Cr21Ni10，H0Cr20Ni10Ti，H00Cr24Ni12Nb，H00Cr21Ni10Nb，H00Cr26Ni12，H00Cr21Ni10 等奥氏体不锈钢焊丝或焊带	—	—	—	—	直流	2.0～0.28	蓝色至深灰色浮石状颗粒，焊丝或焊带接正极；焊接工艺性能良好，易脱渣；焊接奥氏体不锈钢时，具有增碳少和铬烧损少等特点；加入适量的氧化铌能达到含 Nb 不锈钢焊后易脱渣的目的。用于核容器及石油化工设备耐磨层堆焊和构件的焊接，配合 H0Cr16Mn16 焊丝可用于高锰钢的焊接	250～300℃×2h
HJ152	无锰	高碳高铬合金管状焊丝	—	—	—	—	直流	2.0～0.3	深灰色玻璃状颗粒，具有良好的焊接工艺性能，焊缝成形好，高温脱渣性能极佳。可用于高铬铸铁耐磨轧辊堆焊，堆焊层硬度为 55～65HRC；适用于 RP 磨煤机磨辊堆焊，并可专用于高碳高铬耐磨合金的堆焊	350℃×2h
HJ172	无锰低硅高氟	适当焊丝	—	—	—	—	直流	2.0～0.28	白色至深灰色半透明玉石状颗粒，焊丝接正极，焊接工艺性能良好，焊接含 Nb 或含 Ti 的铬镍不锈钢时不粘渣；熔渣氧化性很弱，合金元素不易烧损，焊缝含氧量低，故具有较高的塑性和韧性。由于焊剂碱度高、抗气孔能力较差，因此焊缝成形不太理想。配合适当的焊丝，可焊接高铬马氏体热强钢，如 15Cr12MoWV，也可焊接含 Nb 的铬镍不锈钢	350～400℃×2h

续表

焊剂牌号	焊剂类型	配用焊丝及熔敷金属力学性能					适用电源种类	焊剂粒度/mm	特点及用途	烘干条件
		配用焊丝/母材	力学性能							
			σ_b/MPa	$\sigma_{0.2}$/MPa	δ_5/%	A_{kV}/J				
HJ107	无锰中硅中氟	适当焊丝	—	—	—	—	直流	—	灰黑色浮石状颗粒，松装密度小，约为0.9g/cm^3，为普通焊剂的65%左右。使用直流电源在较高的电弧电压下焊接时，熔深较浅、电弧稳定、焊缝成形美观；焊剂消耗量低，易脱渣。由于焊剂中含有较多的CaF_2，又加入了冰晶石(Na_3AlF_6)，抗气孔和抗裂纹能力均有提高。在焊剂中加入Cr_2O_3既可起到浮石化作用，又可减少不锈钢焊接过程中Cr的损失。常用于不锈钢埋弧焊和不锈钢复合层的堆焊，配合适当的焊丝或焊带，可获得优质的堆焊层，如配合H0Cr16Mn16焊丝用于高锰钢(Mn13)道岔的埋弧焊；也可用于焊接含Nb不锈钢等	—
HJ230	低锰高硅低氟	H10Mn2/16Mn	495	345	30.2	95(−40℃)	交、直流	2.5～0.45	青灰色玻璃状颗粒，直流焊接时焊丝接正极，焊接工艺性能良好，焊缝美观。用于焊接低碳钢及低合金结构钢，如16Mn等	250℃×2h
		H08MnA/低碳钢	410～550	≥300	≥22	≥27(0℃)				
		其他低合金焊丝	—	—	—	—				

续表

焊剂牌号	焊剂类型	配用焊丝及熔敷金属力学性能					适用电源种类	焊剂粒度/mm	特点及用途	烘干条件
		配用焊丝/母材	力学性能							
			σ_b/MPa	$\sigma_{0.2}$/MPa	δ_5/%	A_{kV}/J				
HJ211	低锰中硅含钛硼	H10Mn2A 等	480～650	≥380	≥22	≥27(−40℃)	交、直流	1.4～0.25	灰黑色颗粒，直流焊接时焊丝接正极，焊接工艺性能良好，扩散氢含量低。配用 US-36，国产 EH14、H10Mn2A 焊丝，用于海洋平台、船舶、压力容器等重要结构的焊接	350℃×2h
HJ250	低锰中硅中氟	H08Mn2MoA/18MnMoNb	685	568	≥19	94.5(−40℃)	直流	2.0～0.28	淡绿色至浅绿色玉石状颗粒，由于焊剂的活度较小，焊缝含氧量较低，低温冲击韧性较高；但焊缝的含氢量较高，对冷裂纹敏感性较大，焊接时应采取相应的预热措施；焊丝接正极，焊接工艺性能良好，易脱渣，焊缝成形美观。配合适当的焊丝可焊接低合金高强度钢，如 15MnV、14MnMoV 等，也可焊接低温钢 09Mn2V；配合 Cr-Mo-V 低合金钢焊丝可焊接 12CrMoV 等低合金钢	300～350℃×2h
		H08Mn2MoA/14MnMoVNb	705	596	21.6	126(−40℃)				
		H06MnNi2CrMoA/12Ni4CrMoV	>735	627	≥20	110(−40℃)				
		H08MnMoA 等	—	—	—	—				
HJ251	低锰中硅中氟	铬钼焊丝	—	—	—	—	直流	2.0～0.28	淡绿色至浅绿色玉石状颗粒，该焊剂的冶金性能与 HJ250 相似，焊丝接正极，焊接工艺性能良好。配合铬钼焊丝可焊接珠光体耐热钢，如焊接气轮机转子等，也可用于焊接其他低合金钢	300～350℃×2h

续表

焊剂牌号	焊剂类型	配用焊丝及熔敷金属力学性能					适用电源种类	焊剂粒度/mm	特点及用途	烘干条件
		配用焊丝/母材	力学性能							
			σ_b/MPa	$\sigma_{0.2}$/MPa	δ_5/%	A_{kV}/J				
HJ252	低锰中硅中氟	H08Mn2MoA，H10Mn2，H06Mn2NiMoA 等	≥590	—	≥19	≥41（−20℃）	直流	2.0～0.28	淡绿色至浅绿色玉石状颗粒，焊丝接正极，焊接工艺性能良好，在较窄的深坡口内多层焊接时也具有良好的脱渣性；与 HJ431、HJ350 相比，焊缝中的非金属夹杂物及 S、P 含量较小；焊剂在熔化时具有良好的导电作用，故也适用于电渣焊。配合适当焊丝可焊接 16Mn、14MnMoV、18MnMoNb 等低合金高强度钢；焊缝具有良好的抗裂性能和较好的低温韧性。可用于核容器、石油化工等压力容器的焊接	350℃×2h
HJ260	低锰高硅中氟	H0Cr21Ni10，H0Cr21Ni10Ti 等奥氏体不锈钢焊丝	—	—	—	—	直流	2.0～0.28	灰色玻璃状颗粒，焊丝接正极，电弧稳定，焊缝成形美观。配合奥氏体钢焊丝可焊接相应的耐酸不锈钢结构，也可用于轧辊堆焊	300～400℃×2h
HJ330	中锰高硅低氟	H08MnA，H08Mn2SiA，H10MnSi 等	410～550	≥330	≥22	≥27（0℃）	交、直流	2.5～0.45	棕红色玻璃状颗粒，直流焊接时焊丝接正极，电弧稳定性好，易脱渣，深坡口施焊时工艺性能良好。焊缝金属的抗裂性能好，低温冲击韧性较高。配合相应的焊丝可焊接低碳钢和某些低合金钢（16Mn、15MnTi、15MnV 等）结构，如锅炉、压力容器等	250℃×2h

续表

焊剂牌号	焊剂类型	配用焊丝及熔敷金属力学性能					适用电源种类	焊剂粒度/mm	特点及用途	烘干条件
		配用焊丝/母材	力学性能							
			σ_b/MPa	$\sigma_{0.2}$/MPa	δ_5/%	A_{kV}/J				
HJ331	中锰高硅低氟	H08A	410～550	≥330	≥22	≥27(−20℃)	交、直流	1.6～0.25	褐绿色玻璃状颗粒，坡口内易脱渣，适用于大电流、较快焊速(约60m/h)焊接；低温韧性和抗裂性良好。用于低碳钢及STE355钢的焊接，如船舶、压力容器、桥梁等；也可对管道进行多层多道焊接	250℃×2h
		H10Mn2G①	490～650	≥400						
		H10Mn2G②	480～650	≥380						
HJ350	中锰中硅中氟	H10Mn2MoA/15MnV	595	495	22.3	—	交、直流	2.5～0.45，1.18～0.18	棕色至浅黄色的玻璃状颗粒，自动焊时粒度为2.5～0.45mm，半自动或细丝焊接时粒度为1.18～0.18mm；直流焊接时焊丝接正极，焊接工艺性能良好，易脱渣，焊缝成形美观；焊缝中扩散氢含量低，焊接低合金高强钢时抗冷裂纹性能良好。配合适当焊丝可焊接低合金钢和中合金钢重要结构，主要用于船舶、锅炉、高压容器的焊接；细粒度焊剂可用于细丝埋弧焊，焊接薄板结构	300～400℃×2h
		H10Mn2	410～550	≥330	≥22	≥27(−20℃)				
HJ351	中锰中硅中氟	H10Mn2	410～550	≥330	≥22	≥27(−20℃)	交、直流	2.5～0.45，1.18～0.18	棕色至浅黄色的玻璃状颗粒，直流焊接时焊丝接正极，焊接工艺性能良好，易脱渣，焊缝成形美观。用于埋弧自动焊和半自动焊，配合适当焊丝可焊接Mn-Mo、Mn-Si及含Ni的低合金钢重要结构，如船舶、锅炉、高压容器等；细粒度焊剂可用于焊接薄板结构	300～400℃×2h
		适当焊丝	—	—	—	—				

续表

焊剂牌号	焊剂类型	配用焊丝及熔敷金属力学性能					适用电源种类	焊剂粒度/mm	特点及用途	烘干条件
		配用焊丝/母材	力学性能							
			σ_b/MPa	$\sigma_{0.2}$/MPa	δ_5/%	A_{kV}/J				
HJ360	中锰高硅中氟	H10MnSi，H10Mn2，H08Mn2MoVA 等	—	—	—	—	交、直流	2.0～0.28	棕红色至浅黄色的玻璃状颗粒，熔融状态下熔渣具有良好的导电性能，电渣焊接时可保证电渣过程稳定，并有一定的脱硫能力，直流焊接时焊丝接正极。主要用于电渣焊，配合 H10MnSi 等焊丝可焊接低碳钢及某些低合金钢大型结构（Q235、20g、16Mn、15MnV、14MnMoV、18MnMoNb 等），如轧钢机架、大型立柱或轴等	250℃×2h
HJ380	中锰中硅高氟	H10MnNiA	480～650	≥380	≥22	≥27（−20℃）	直流	2.0～0.25	棕红色至浅黄色的玻璃状颗粒，适宜直流反接施焊，焊接线能量为 22～29kJ/cm，焊接接头和焊缝金属具有良好的抗裂性、塑韧性，焊接工艺性能良好，易脱渣。配合 H10MnNiA 焊丝施焊（单道或多道）核Ⅱ级容器用钢 15MnNi；也可用于其他 Mn-Ni 系列钢的焊接	300～350℃×2h

续表

焊剂牌号	焊剂类型	配用焊丝及熔敷金属力学性能					适用电源种类	焊剂粒度/mm	特点及用途	烘干条件
		配用焊丝/母材	力学性能							
			σ_b/MPa	$\sigma_{0.2}$/MPa	δ_5/%	A_{kV}/J				
HJ430	高锰高硅低氟	H08A/16Mn	570	445	28	—	交、直流	2.5～0.45，1.18～0.18	棕色至褐绿色的玻璃状颗粒，直流施焊时焊丝接正极，交流焊接时空载电压不宜大于70V，否则电弧稳定性不良。焊剂抗气孔性能优良，抗锈能力较强。因焊剂的碱度低，焊缝中氧含量高，非金属夹杂物及S、P含量也高，故焊缝金属的冲击韧性不高，脆性转变温度为－20～－30℃；焊剂不适于焊接较高强度级别的钢种，也不适于焊接低温下使用的结构。焊接工艺性能良好，配合适当的焊丝焊接低碳钢及某些低合金钢(16Mn、15MnV)，用于制造锅炉、船舶、压力容器、管道，细颗粒焊剂用于细丝埋弧焊，焊接薄板结构	250℃×2h
		H08A/15MnTi	570	450	20	—				
		H08MnMoA/14MnVTiRE	630	505	24.5	—				
		H08A/低碳钢	410～550	≥330	≥22	≥27(0℃)				
		H10MnSi等	—	—	—	—				
HJ431	高锰高硅低氟	H08A	410～550	≥330	≥22	≥27(0℃)	交、直流	2.5～0.45	红棕色至浅黄色的玻璃状颗粒，直流施焊时焊丝接正极，焊接工艺性能良好，易脱渣，焊缝成形美观。与HJ430相比，电弧稳定性改善，施焊时有害气体减少，但抗锈和抗气孔能力下降；交流施焊时空载电压应不低于60V。配合相应的焊丝可焊接低碳钢及低合金钢(如16Mn、15MnV)结构，如锅炉、船舶、压力容器等；也可用于电渣焊及铜的焊接，是一种多用途焊剂	250℃×2h
		H08A/16Mn	565	390	30.7	—				
		H10MnSi等焊丝	—	—	—	—				

续表

焊剂牌号	焊剂类型	配用焊丝及熔敷金属力学性能					适用电源种类	焊剂粒度/mm	特点及用途	烘干条件
		配用焊丝/母材	力学性能							
			σ_b/MPa	$\sigma_{0.2}$/MPa	δ_5/%	A_{kV}/J				
HJ433	高锰高硅低氟	H08A	410～550	≥330	≥22	≥27(0℃)	交、直流	2.5～0.45	棕色至褐绿色颗粒，直流施焊时焊丝接正极，电弧稳定性好，易脱渣，有利于多层连续焊接；因有较高的熔化温度及黏度，焊缝成形好，在环形焊缝施焊时可防止熔渣流淌，故宜快速焊接，尤其是焊薄板。配合相应的焊丝，常用于焊接低碳钢及低合金钢的环缝，制造锅炉、压力容器等；也可以用于低碳钢及350MPa级低合金钢管螺旋焊缝的高速焊接，制造输油、输气管道	250℃×2h
		H10MnSi 等焊丝	—	—	—	—				
HJ434	高锰高硅低氟	H08A，H08MnA，H10MnSi 等焊丝	—	—	—	—	交、直流	2.5～0.45	棕色至褐绿色颗粒，直流施焊时焊丝接正极，焊接工艺性能良好、易脱渣、抗锈能力较弱。配合 H08A 等焊丝，焊接低碳钢及某些低合金钢，如管道、锅炉、压力容器、桥梁等；可用于高速焊接；当焊剂呈浮石状结构时适于双丝及三丝埋弧焊，也可用于紫铜的埋弧焊接	250℃×2h

续表

焊剂牌号	焊剂类型	配用焊丝及熔敷金属力学性能					适用电源种类	焊剂粒度 /mm	特点及用途	烘干条件
		配用焊丝/母材	力学性能							
			σ_b /MPa	$\sigma_{0.2}$ /MPa	δ_5 /%	A_{kV} /J				
772	无锰无硅高氟	相应焊丝	—	—	—	—	—	—	氧化性很小，中性熔渣，有一定脱硫作用，焊接不锈钢时有较好的抗裂性能；焊接超低碳不锈钢时焊缝增碳倾向比 HJ260 小。配合相应焊丝，既可用于焊接奥氏体-铁素体不锈钢，也可用于焊接奥氏体不锈钢	—
804	无锰低硅高氟	H08Mn2Ni3CrMoA 等	940～970	775～815	≥14	58～69③ (−40℃)	直流	2.5～0.45	强氧化性焊剂，黑色玻璃状颗粒，焊剂中含有 2%～4%的 FeO，使焊剂具有高的氧化性，来降低熔融液态金属中氢的溶解度，减少焊缝中的扩散氢含量，提高焊缝的抗冷裂纹能力；焊丝接正极，焊缝成形美观，易脱渣；由于焊剂氧化性强，为保证焊接熔池充分脱氧，所采用的焊丝中要含有一定数量的脱氧元素，如 Si、Mn、Ti 等。配合相应低合金钢焊丝可焊接各种低合金高强度钢	—

① 按 GB/T 5293—2018 的规定测试力学性能。

② 按 GB/T 12470—2018 的规定测试力学性能。

③ 该冲击功为采用 U 形坡口试样测得。

表 4-17 常用烧结焊剂的特点、用途及配用焊丝

焊剂型号	配用焊丝及熔敷金属的力学性能					适用电源种类	焊剂粒度/mm	特点及用途	烘干条件
	配用焊丝	力学性能							
		σ_b /MPa	$\sigma_{0.2}$ /MPa	δ_5 /%	A_{kV} /J				
SJ101	H08MnA	450～550	≥360	≥24	≥34 (−40℃)	交、直流	2.0～0.28	氟碱型焊剂，碱度值为1.8，灰色圆形颗粒，直流施焊时焊丝接正极，最大焊接电流可达1200A，电弧燃烧稳定、脱渣容易，焊缝成形美观；焊缝金属具有较高的低温冲击韧性；抗吸潮性好，颗粒强度高，松装密度小，焊接过程中焊剂消耗量少。配合相应的焊丝，采用多层焊、双面单道焊、多丝焊和窄间隙埋弧焊等，可焊接普通结构钢、较高强度船用钢、锅炉用钢、压力容器用钢、管线钢及细晶粒结构钢，用于重要的焊接产品	300～350℃×2h
	H10Mn2	550～600	≥400	≥24	≥34 (−40℃)				
	H08MnMoA	550～650	≥430	≥20	≥34 (−20℃)				
	H08Mn2MoA	620～750	≥500	≥20	≥34 (−20℃)				
SJ102	H08MnA	490～560	≥400	≥24	≥40 (−40℃)	直流	2.0～0.28	氟碱型高碱度焊剂，碱度约为3.5，球形颗粒；由于氟化物含量高，只可采用直流施焊，焊丝接正极。焊接工艺性能优良，电弧稳定，焊缝成形美观，易脱渣。抗吸潮性好，颗粒强度高，松装密度小，焊接过程中焊剂消耗量少。配合适当的焊丝，可用于低合金结构钢、较高强度的船用钢、压力容器用钢的多道焊、双面单道焊、窄间隙焊和多丝埋弧焊等；配合相应焊丝也可用于窄间隙Cr-Mo耐热钢的埋弧焊	300～350℃×2h
	H10Mn2	540～660	≥450	≥24	≥60 (−40℃)				
	H08MnMoA	580～690	≥500	≥20	≥60 (−40℃)				

续表

焊剂型号	配用焊丝及熔敷金属的力学性能					适用电源种类	焊剂粒度/mm	特点及用途	烘干条件
	配用焊丝	力学性能							
		σ_b/MPa	$\sigma_{0.2}$/MPa	δ_5/%	A_{kV}/J				
SJ103	2.25Cr-1MoA等相应焊丝	≥520	≥310	≥19	—	直流	2.0～0.15	高碱度焊剂，呈灰色无杂质椭圆颗粒，采用直流反接，电弧稳定，高温脱渣容易。配合2.25Cr-1MoA焊丝可用于热壁加氢反应器(2.25Cr-1Mo钢)的焊接制造；焊缝金属具有不增硅、不增磷和扩散氢低等特点	350℃×2h
SJ104	H08Cr2.25Mo1A等相应焊丝	≥520	≥310	≥19	—	直流	2.0～0.15	高碱度焊剂，呈灰色无杂质椭圆颗粒，采用直流反接，电弧稳定，脱渣容易。配合H08Cr2.25Mo1A焊丝可用于热壁加氢反应器(2.25Cr-1Mo钢)的焊接制造；焊缝金属具有不增硅、不增磷和扩散氢低(扩散氢含量≤4.0mL/100g)等特点	400℃×2h
SJ105	WM-210药芯耐磨合金焊丝	堆焊金属的硬度≥45HRC				直流	2.0～0.28	氟碱型焊剂，碱度约为2.2，焊剂呈棕色圆形颗粒。直流焊接时焊丝接负极，电弧燃烧稳定，脱渣容易，焊缝成形美观。焊剂的抗吸潮性良好、颗粒强度高，松装密度小；焊缝金属具有良好的抗裂性能。配合适当焊丝可用于轧辊的表面堆焊	300～400℃×1h

续表

焊剂型号	配用焊丝及熔敷金属的力学性能					适用电源种类	焊剂粒度/mm	特点及用途	烘干条件
	配用焊丝	力学性能							
		σ_b/MPa	$\sigma_{0.2}$/MPa	δ_5/%	A_{kV}/J				
SJ107	H10Mn2	480～650	≥380	≥22	≥27(−40℃)	交、直流	2.0～0.28	氟碱型高碱度焊剂，灰色圆形颗粒，直流焊接时焊丝接正极，最大焊接电流可达800A，电弧燃烧稳定，脱渣容易，焊缝成形美观，焊缝金属具有较高的低温冲击韧性。配合适当的焊丝，可焊接多种低合金结构钢、较高强度船用钢、锅炉压力容器用钢，常用于多道焊、双面单道焊、多丝焊和窄间隙埋弧自动焊	300～350℃×2h
	H08MnA H08MnMoA H08Mn2MoA	—	—	—	—				
SJ201	H10Mn2	480～650	≥380	≥22	≥27(−40℃)	直流	2.0～0.28	铝碱型焊剂，为深灰色球形颗粒，直流焊接时焊丝接正极。最大焊接电流为700A，电弧稳定，成形美观，具有优良的脱渣性，焊缝金属具有较高的冲击韧性。配合适当的焊丝可焊接多种低合金钢结构，特别适合焊接厚板窄坡口、窄间隙等结构	300～350℃×2h
	H08MnA， H08Mn2MoA	—	—	—	—				
SJ202	H3Cr2W8， H3Cr2W8V， H30CrMnSi	—	—	—	—	直流	2.0～0.28	高铝型焊剂，灰色颗粒，焊接工艺性能优良，脱渣容易，焊缝成形美观；堆焊金属具有较高的耐冷热疲劳、抗高温氧化和耐磨性能。配合适当焊丝，适用于工作温度低于600℃的各种耐磨、耐冲击工作面的堆焊，如高炉料钟、轧辊等。焊接时应预热，焊后进行消除应力热处理	300～350℃×1～2h

续表

焊剂型号	配用焊丝及熔敷金属的力学性能					适用电源种类	焊剂粒度/mm	特点及用途	烘干条件
	配用焊丝	力学性能							
		σ_b/MPa	$\sigma_{0.2}$/MPa	δ_5/%	A_{kV}/J				
SJ203	H1Cr13 焊带	—	—	—	—	直流	2.0～0.28	堆焊用高铝型焊剂，碱度约为1.3，红褐色或灰褐色圆形颗粒，焊接工艺性能优良，配合相应的焊带进行堆焊，堆焊层具有较好的综合性能，热处理后硬度约为32HRC。用于堆焊连铸辊等耐磨件	250℃×2h
SJ301	H08A	460～560	≥360	≥20	≥34（−20℃）	交、直流	2.0～0.28	钙硅型中性焊剂，碱度约为1.0，黑色圆形颗粒，直流施焊时焊丝接正极，最大电流可达1200A，电弧燃烧稳定，脱渣容易，焊缝成形美观。配合H10Mn2等相应焊丝可焊接普通低合金结构钢、锅炉用钢、管线钢等，多用于多丝快速焊，特别适用于双面单道焊；焊接大直径管时，焊道平滑过渡；由于熔渣属“短渣”性质，焊接小直径的环缝时，也无熔渣下淌现象，特别适合焊环缝	300～350℃×2h
	H08MnA	530～630	≥400	≥24	≥34（−20℃）				
	H08MnMoA	600～700	≥480	≥24	≥34（−20℃）				

续表

焊剂型号	配用焊丝及熔敷金属的力学性能					适用电源种类	焊剂粒度/mm	特点及用途	烘干条件
	配用焊丝	力学性能							
		σ_b/MPa	$\sigma_{0.2}$/MPa	δ_5/%	A_{kV}/J				
SJ302	H08A	460～560	≥360	≥24	≥34(－20℃)	交、直流	2.0～0.28	钙硅型中性焊剂，碱度约为1.0，黑色圆形颗粒，直流施焊时焊丝接正极，焊接工艺性能良好，电弧稳定，焊缝成形美观，脱渣性优于SJ301，焊缝韧性好；熔渣属“短渣”性质，可焊接各种直径的环缝。焊剂具有较好的抗潮性，抗裂性比SJ301更好；焊剂颗粒强度高，松装密度小，焊剂耗用量少。可焊接普通低合金结构钢、锅炉压力容器用钢、管道用钢等，适于环缝和角焊缝的焊接，也可用于高速焊	300～350℃×2h
	H08MnA	530～630	≥400	≥24	≥34(－20℃)				
	H08MnMoA	600～700	≥480	≥24	≥34(－20℃)				
SJ303	H00Cr25Ni12，H00Cr21Ni10等焊带(宽度≤75mm)	—	—	—	—	直流	2.0～0.28	硅钙型带极埋弧堆焊用焊剂，碱度为1.0，焊带接正极，电弧燃烧稳定，易脱渣，焊道平整光滑。该焊剂的特点是Cr烧损少(ΔCr≤1.2%)、增碳少(ΔC≤0.008%)，特别适用于堆焊超低碳不锈钢，常用于堆焊耐腐蚀的奥氏体不锈钢	300～350℃×2h
SJ401	H08A	410～550	≥330	≥22	≥27(0℃)	交、直流	2.0～0.28	硅锰型酸性焊剂，灰褐色至黑色圆形颗粒，直流焊接时焊丝接正极，焊接工艺性能良好，具有较强的抗气孔能力。焊接低碳钢及某些低合金钢，用于机车车辆、矿山机械等金属结构的焊接	250℃×2h

续表

焊剂型号	配用焊丝及熔敷金属的力学性能					适用电源种类	焊剂粒度/mm	特点及用途	烘干条件
	配用焊丝	力学性能							
		σ_b/MPa	$\sigma_{0.2}$/MPa	δ_5/%	A_{kV}/J				
SJ402	H08A	480～650	≥400	≥22	≥34(0℃)	交、直流	2.0～0.28	锰硅型酸性焊剂，碱度为0.7，圆形颗粒，焊接工艺性能优良，电弧稳定，脱渣容易，成形美观。对焊接处的铁锈、氧化皮、油污等不敏感，是一种抗锈焊剂。具有良好的抗潮性，颗粒强度高，松装密度小，焊接时耗用量少。适合焊接薄板及中等厚度钢板，尤其适于薄板的高速焊接。配合H08A焊丝可焊接低碳钢及某些低合金钢结构，如机车结构件、金属梁柱、管线等	300～350℃×2h
SJ403	H08A	410～550	≥330	≥22	≥27(0℃)	交、直流	2.0～0.28	硅锰型酸性耐磨堆焊专用焊剂，黑灰色球形颗粒，焊接工艺性能良好，电弧稳定，脱渣容易，焊缝成形美观，具有较强的抗锈性能，对铁锈、氧化皮等杂质不敏感，颗粒强度好，均匀。配合YD137焊丝可焊接修复大型推土机的引导轮、支重轮；也可配合H08A焊丝焊接普通结构钢和某些低合金钢	300～350℃×2h
	YD137	—	—	—	—				

续表

焊剂型号	配用焊丝及熔敷金属的力学性能					适用电源种类	焊剂粒度/mm	特点及用途	烘干条件
	配用焊丝	力学性能							
		σ_b/MPa	$\sigma_{0.2}$/MPa	δ_5/%	A_{kV}/J				
SJ501	H08A	410～550	≥330	≥22	≥27(0℃)	交、直流	2.0～0.28	铝钛型酸性焊剂，碱度为0.5～0.8，褐色颗粒，直流焊接时焊丝接正极，最大焊接电流可达1000A；电弧燃烧稳定，脱渣性好，焊缝成形美观；焊剂有较强的抗气孔能力，对少量的铁锈及高温氧化皮不敏感。焊接低碳钢及某些低合金钢(16Mn、15MnV)结构，如锅炉、压力容器、船舶等；可用于多丝快速焊，焊速可达70m/h，特别适用于双面单道焊	300℃×1h
	H08MnA等	—	—	—	—				
SJ502 SJ504	H08A	480～650	≥400	≥22	≥27(0℃)	交、直流	2.0～0.28(SJ504为1.45～0.28)	铝钛型酸性焊剂，灰褐色圆形颗粒，直流焊接时焊丝接正极，焊接工艺性能良好，电弧稳定，脱渣容易，成形美观；焊接速度大于70m/h，焊件须预热至100℃左右。配合H08A焊丝，可焊接重要的低碳钢及某些低合金钢结构，如锅炉、压力容器等；焊接锅炉膜式水冷壁时，焊接速度可达70m/h以上，效果良好	300～350℃×2h

续表

焊剂型号	配用焊丝及熔敷金属的力学性能					适用电源种类	焊剂粒度/mm	特点及用途	烘干条件
	配用焊丝	力学性能							
		σ_b/MPa	$\sigma_{0.2}$/MPa	δ_5/%	A_{kV}/J				
SJ503	H08MnA	480～650	≥380	≥22	≥27（−30℃）	交、直流	2.0～0.28	铝钛型酸性焊剂，黑色圆形颗粒，直流焊接时焊丝接正极，最大焊接电流可达1200A，焊接工艺性能优良，电弧稳定，焊缝成形美观，抗气孔能力强，对少量铁锈、氧化皮等不敏感，脱渣性优异；抗潮性良好，颗粒强度高，松装密度小，抗裂性能优于SJ501；焊缝金属具有良好的低温韧性。配合适当焊丝可用于焊接碳素结构钢、船用钢等，用于船舶、桥梁、压力容器等产品，尤其适于中、厚板的焊接	300～350℃×2h
	H08A等	—	—	—	—				
SJ521	3Cr2W8等	堆焊层硬度为50～62HRC				—	—	丝极埋弧堆焊用的陶质型焊剂，电弧稳定，脱渣性好，堆焊金属成形美观，即使在刚性较大的工件上堆焊，也可获得硬度为50～62HRC的无裂纹的堆焊层。用于工作温度低于600℃的各种要求耐磨、耐冲击工作面的堆焊，如高炉料钟、轧辊等	—

续表

焊剂型号	配用焊丝及熔敷金属的力学性能					适用电源种类	焊剂粒度/mm	特点及用途	烘干条件
	配用焊丝	力学性能							
		σ_b/MPa	$\sigma_{0.2}$/MPa	δ_5/%	A_{kV}/J				
SJ522	H08A,3Cr2W8V 等	—	—	—	—	—	—	陶质型中性偏碱低温焊剂,呈灰黑色粉粒状,电弧稳定,脱渣良好,在 250～300℃条件下堆焊,渣壳可以自动脱落,并具有优良的抗热裂纹性能。焊缝成形美观,适于丝极埋弧自动堆焊,由于焊剂具有增碳和渗合金能力,容易获得 30～62HRC 系列的碳化物弥散分布的堆焊层。配合 H08Mn 焊丝可获得 30～45HRC 系列的堆焊层,例如 45 号大直径钢轮;配合 3Cr2W8V 焊丝可获得 50～62HRC 系列的堆焊层,适于助卷轧辊(锻、铸钢件)或高炉料钟的堆焊,在 500～600℃高温条件下工作时,堆焊层硬度可达 400HV。焊接时应预热,焊后应去应力处理	300～350℃×2h
SJ523	H08A,H08MnA	—	—	—	—	交、直流	—	用于低碳钢或普通低合金钢的陶质焊剂,在一般场合可代替熔炼焊剂(如 HJ431、HJ430),电弧稳定,脱渣性好,焊缝成形美观,具有较好的抗锈性能。用于低碳钢及低合金钢的埋弧焊	—

续表

焊剂型号	配用焊丝及熔敷金属的力学性能					适用电源种类	焊剂粒度/mm	特点及用途	烘干条件
	配用焊丝	力学性能							
		σ_b/MPa	$\sigma_{0.2}$/MPa	δ_5/%	A_{kV}/J				
SJ524	H00Cr20Ni10 焊带	—	—	—	—	直流	—	用于超低碳不锈钢带极埋弧堆焊的陶质焊剂，配合 H00Cr20Ni10 焊带，进行过渡层和不锈层的堆焊，电弧稳定，渣壳可自动脱落，焊缝成形美观，当焊带含碳量为 0.02%～0.025%时，堆焊金属可达到基本不增碳，因此堆焊金属具有优良的抗晶间腐蚀性能和抗脆化性能。用于石油化工容器、反应堆压力容器等内壁要求耐腐蚀的衬里带极堆焊。采用直流反接，层间温度控制在 150℃以下	350～400℃×1～2h
SJ570	无氧铜焊丝	—	—	—	—	直流	—	低硅高氟陶质型焊剂，呈灰黑色颗粒状，碱度较高，脱氧、脱硫性能好，焊缝金属含氧量低，焊渣密度小，熔点较低，以及焊缝金属扩散氢含量≤4mL/100g（色谱法）；直流反接，适于大输入热量的铜板材埋弧焊。可用于 20mm 以下无氧铜板材埋弧自动焊，例如直线加速器腔体的焊接	300～350℃×2h

续表

焊剂型号	配用焊丝及熔敷金属的力学性能					适用电源种类	焊剂粒度/mm	特点及用途	烘干条件
	配用焊丝	力学性能							
		σ_b/MPa	$\sigma_{0.2}$/MPa	δ_5/%	A_{kV}/J				
SJ601	H0Cr21Ni10	≥500	≥320	≥35	≥75(20℃)	直流	2.0～0.28	焊接不锈钢和高合金耐热钢专用碱性焊剂，碱度约为1.8，细颗粒焊剂，焊丝接正极。焊缝金属纯净，有害元素含量低，焊接工艺性能优良，坡口内脱渣容易，成形美观，焊接不锈钢时具有几乎不增碳、Cr烧损少的特点。可焊接不锈钢及高合金耐热钢，特别适用于低碳和超低碳不锈钢的焊接，焊接接头有良好的抗晶间腐蚀性能	300～350℃×2h
	H00Cr21Ni10，H00Cr19Ni12Mo2等	—	—	—	—				
SJ602	H00Cr24Ni12，H00Cr20Ni10Nb，H00Cr19Ni12Mo2	—	—	—	—	直流	—	带极电渣堆焊用焊剂，为细粉状颗粒，采用平特性直流电源堆焊，电渣过程稳定，快速脱渣，焊道成形美观，焊道间搭接处熔合良好，具有不增碳、Cr烧损少的特点。适用于宽度为30～75mm的焊带进行电渣堆焊，可用于核容器、加氢反应器及压力容器等耐腐蚀不锈钢的堆焊	300～350℃×2h
SJ603	3Cr2W8，30CrMnSi	—	—	—	—	—	1.6～0.25	丝极埋弧堆焊用焊剂，呈灰白色颗粒，电弧稳定，脱渣性好，堆焊金属成形美观。可获得硬度为50～60HRC的无裂纹堆焊层。适用于工作温度低于600℃的各种要求耐磨、耐冲击的工作表面堆焊，如高炉料钟、轧辊等	—

续表

焊剂型号	配用焊丝及熔敷金属的力学性能					适用电源种类	焊剂粒度/mm	特点及用途	烘干条件
	配用焊丝	力学性能							
		σ_b/MPa	$\sigma_{0.2}$/MPa	δ_5/%	A_{kV}/J				
SJ604	H08A, H08MnA 等	—	—	—	—	交、直流	—	快速烧结焊剂,呈浅褐色颗粒,焊接工艺性能良好,易脱渣,成形美观。配合相应焊丝焊接低碳钢薄板,焊速可达 70m/h 左右,适用于受压钢瓶及薄壁管道	—
SJ605	H10MnNiMoA	550~690	≥460	≥20	≥75 (−20℃)	直流	1.6~0.25	高碱度焊剂,碱度为 3.5,为灰白色颗粒,采用直流反接电源,电弧稳定,脱渣容易,有较好的低温韧性。配合相应焊丝可在核Ⅱ级 15MnNi 钢、核电 A5083、S271 钢厚壁容器和锅炉压力容器制造上使用	350~400℃×2h
	H10MnNiA	—	—	—	—				
SJ606	308L,309L 焊带	—	—	—	—	直流	1.6~0.25	用于超低碳不锈钢带极埋弧堆焊的焊剂,呈灰白色颗粒,电弧稳定,渣壳可自动脱落,焊缝成形美观,堆焊金属具有优良的抗晶间腐蚀性能和抗脆化性能。用于石油化工容器、300MW 和 600MW 核电机组高压加热器 20MnMo 管板锻件上堆焊,也可用于核电蒸发器、稳压器、压力壳内壁要求耐腐蚀的衬里带极堆焊。采用直流电源反接,层间温度控制在 150℃以下	350~400℃×2h
SJ607	适当焊丝	最高堆焊硬度≥65HRC				交、直流	2.0~0.28	碱性焊剂,灰黄色圆形颗粒,直流焊接时焊丝接正极,具有良好的工艺性能。配合适当的药芯焊带可堆焊各种水泥破碎辊等耐磨产品	300~350℃×2h

续表

焊剂型号	配用焊丝及熔敷金属的力学性能					适用电源种类	焊剂粒度/mm	特点及用途	烘干条件
	配用焊丝	力学性能							
		σ_b/MPa	$\sigma_{0.2}$/MPa	δ_5/%	A_{kV}/J				
SJ608 SJ608A	H0Cr21Ni10，H0Cr21Ni10Ti 等	—	—	—	—	交、直流（SJ608A 用直流）	2.0～0.28	焊接奥氏体不锈钢的专用碱性焊剂，为浅绿色圆形颗粒，直流焊接时焊丝接正极，具有良好的焊接工艺性能，电弧燃烧稳定，易脱渣，焊缝成形美观。焊接接头具有良好的抗晶间腐蚀性能和低温冲击韧性。可焊接奥氏体不锈钢及相应级别的低温船用钢，配合超低碳焊丝也可焊接超低碳不锈钢结构	300～350℃×2h
SJ671	含 Ti、B 无氧铜焊丝	—	—	—	—	直流	—	低硅高氟高温烧结焊剂，焊剂在650～850℃条件下烧结成形，呈白色颗粒，碱度高，抗裂性能好，脱氧、脱硫性能好，焊缝金属含氧量低（与母材无氧铜相同），焊缝金属扩散氢含量≤0.5mL/100g（甘油法）。焊剂熔点低，焊渣密度小，配合含 Ti、B 无氧铜焊丝，用于 20～40mm 无氧铜中厚板直线加速器腔体埋弧自动焊，焊丝接正极	400℃×2h
SJ701	H0Cr21Ni10Ti，H0Cr21Ni10，奥氏体不锈钢焊丝	—	—	—	—	交、直流	2.0～0.28	钛碱性焊剂，碱度约为 1.3，呈深灰色颗粒，直流焊接时焊丝接正极。用于含钛不锈钢焊接时易脱渣，焊剂具有较强的抗气孔能力和合金化能力，焊接时 Ti 等有益元素烧损少，特别适于 H1Cr19Ni9Ti 含 Ti 不锈钢的焊接	300～400℃×2h

表 4-18 常用电渣焊焊剂的类型、化学成分和用途

牌号	类型	化学成分(质量分数)/%	用途
HJ170	无锰 低硅 高氟	SiO_2=6~9 TiO_2=35~41 CaO=12~22 CaF_2=27~40 NaF=1.5~2.5	固态时有导电性 用于电渣焊开始时形成渣池
HJ360	中锰 高硅 中氟	SiO_2=33~37 CaO_4=4~7 MnO=20~26 MgO=5~9 CaF_2=10~19 Al_2O_3=11~15 FeO≤1.0 S≤0.10 P≤0.10	用于焊接低碳钢和某些低碳合金钢
HJ431	高锰 高硅 低氟	SiO_2=40~44 MnO=34~38 MgO=5~8 CaO≤6 CaF_2=3~7 Al_2O_3≤4 FeO≤1.8 S≤0.06 P≤0.08	用于焊接低碳钢和某些低合金钢

第四节 焊剂的选择与使用

一、焊剂选择要点

选择焊剂必须与选择焊丝同时进行，因为焊剂与焊丝的不同组合，可获得不同性能或不同化学成分的熔敷金属。

埋弧焊用的焊剂和焊丝，通常都是根据被焊金属材料及对焊缝金属的性能要求加以选择的。一般地说，对于结构钢（包括碳钢和低合金高强度钢）的焊接，是选用与母材强度相匹配的焊丝；对于耐热钢、不锈钢的焊接，是选用与母材成分相匹配的焊丝；堆焊时，应根据堆焊层的技术要求和使用性能等选定合金系统及相近成分的焊丝。然后选择与产品结构特点相适应，又能与焊丝合理配合的焊剂。选配焊剂时，除须考虑钢种外，还要考虑产品的各项焊接技术要求和焊接工艺等因素，因为不同类型焊剂的工艺性能、抗裂性能和抗气孔性能有较大差别。例如，焊接强度级别高而低温韧性好的低合金钢时，应选配碱度较高的焊剂；焊接厚板窄坡口对接多层焊缝时，应选用脱渣性能好的焊剂。

在熔炼焊剂与非熔炼焊剂之间作选择时，一定要注意两者之间的性能特点，见表 4-1。熔炼焊剂焊接时气体析出量很少，过程稳定，有利于改善焊缝成形，很适于大电流高速焊接，当焊接工艺性能要求

表 4-19　埋弧焊熔炼焊剂用途及配用焊丝

焊剂牌号	焊剂类型	用　途	配用焊丝	焊剂颗粒度（筛号）	电流种类	使用前烘焙条件
HJ130	无 Mn 高 Si 低 F	低碳钢、普低钢	H10Mn2	8～40	交、直流	2h×250℃
HJ131	无 Mn 高 Si 低 F	Ni 基合金	Ni 基焊丝	10～40	交、直流	2h×250℃
HJ150	无 Mn 中 Si 中 F	轧辊堆焊	H2Cr13、H3Cr2W8	8～40	直流	2h×250℃
HJ151	无 Mn 中 Si 中 F	奥氏体不锈钢	相应钢种焊丝	10～60	直流	2h×300℃
HJ172	无 Mn 低 Si 高 F	含 Nb、Ti 不锈钢	相应钢种焊丝	10～60	直流	2h×400℃
HJ173	无 Mn 低 Si 高 F	含 Mn、Al 高合金钢	相应钢种焊丝	10～60	直流	2h×250℃
HJ280	低 Mn 高 Si 低 F	低碳钢、普低钢	H08MnA、H10Mn2	8～40	交、直流	2h×250℃
HJ250	低 Mn 中 Si 中 F	低合金高强度钢	相应钢种焊丝	10～60	直流	2h×350℃
HJ251	低 Mn 中 Si 中 F	珠光体耐热钢	CrMo 钢焊丝	10～60	直流	2h×350℃
HJ252	低 Mn 中 Si 中 F	15MnV、14MnMoV、18MnMoNb	H08MnMoA、H10Mn2	10～60	直流	2h×350℃
HJ260	低 Mn 高 Si 中 F	不锈钢、轧辊堆焊	不锈钢焊丝	10～60	直流	2h×400℃
HJ330	中 Mn 高 Si 低 F	重要低碳钢、普低钢	H08MnA、H10Mn2SiA、H10MnSi	8～40	交、直流	2h×250℃
HJ350	中 Mn 中 Si 中 F	重要低合金高强度钢	MnMo、MnSi 及含 Ni 高强钢焊丝	3～40、14～80	交、直流	2h×400℃
HJ351	中 Mn 中 Si 中 F	MnMo、MnSi 及含 Ni 普低钢	相应钢种焊丝	8～40、14～80	交、直流	2h×400℃
HJ430	高 Mn 高 Si 低 F	重要低碳钢、普低钢	H08A、H08MnA	8～40、14～80	交、直流	2h×250℃
HJ431	高 Mn 高 Si 低 F	重要低碳钢、普低钢	H08A、H08MnA	8～40	交、直流	2h×250℃
HJ432	高 Mn 高 Si 低 F	重要低碳钢、普低钢（薄板）	H08A	8～40	交、直流	2h×250℃
HJ433	高 Mn 高 Si 低 F	低碳钢	H08A	8～40	交、直流	2h×350℃

较高时也很适用；熔炼焊剂颗粒具有高的均匀性和较高的强度，耐磨性较强，对于焊接时采用负压和风动回收焊剂具有重大意义。

非熔炼焊剂可使焊缝金属在比较广泛的范围内加入各种合金元素，这对于不能生产出与母材成分相一致的焊丝的情况，有最大的优越性。因此，非熔炼焊剂广泛用于合金钢或具有特殊性能的钢材的焊接，尤其适于堆焊。

表 4-19 和表 4-20 分别给出了埋弧焊用的熔炼焊剂和烧结焊剂的主要用途及配用的焊丝。

表 4-20 常用埋弧焊烧结焊剂及配用焊丝

焊剂牌号	焊剂类型	用途	配用焊丝	焊剂颗粒度（筛号）	电流种类	使用前烘焙条件
SJ101	碱性（氟碱型）	重要普低钢	H08MnA、H08MnMoA、H08Mn2MoA、H10Mn2	10～60	交、直流	2h×350℃
SJ301	中性（硅钙型）	低碳钢、锅炉钢	H08MnA、H10Mn2、H08MnMoA	10～60	交、直流	2h×350℃
SJ401	酸性（硅锰型）	低碳钢、普低钢	H08A	10～60	交、直流	2h×250℃
SJ501	酸性（铝钛型）	低碳钢、普低钢	H08A、H08MnA	10～60	交、直流	2h×250℃
SJ502	酸性（铝钛型）	低碳钢、普低钢	H08A	14～60	交、直流	2h×350℃
SJ621A	酸性	重要普低钢	H08Mn2Si、H08MnA、H10Mn2	10～60	交、直流	不烘焙

二、使用焊剂的注意事项

焊剂不能受潮、污染和渗入杂物，并能保持其颗粒度。

1. 运输与储藏

熔炼焊剂不吸潮，因此简化了包装、运输与储藏问题。非熔炼焊剂极易吸收水分，这是引起焊缝金属气孔和氢致裂纹的主要原因。因此，出厂前经烘干的焊剂应装在防潮容器内并密封，运输过程防止破损。

各种焊剂应储藏在干燥库房内，其室温为 5～50℃，不能放在高温高湿度的环境中。

2. 用前再烘干

焊剂在使用前应按使用说明书规定的参数进行再烘干，一般非熔炼焊剂比熔炼焊剂烘干温度高些，时间也需长些。其中碱度大的焊剂烘干温度又相应高些，时间也长些。

3. 焊剂应清洁纯净

未消耗或未熔化的焊剂可以多次反复使用，但不能被锈、氧化皮或其他外来物质污染，渣壳和碎粉也应清除。被油或其他物质污染的焊剂应报废。

4. 保证粒度

焊剂颗粒的粒度小于 0.1mm 和大于 2.5mm 的不能采用。实践表明，焊剂颗粒的粒度小于 0.1mm 时，其消耗量增加，透气性不良，粉尘大，影响环境卫生；大于 2.5mm 时，不能很好隔绝空气去保护焊缝，而且合金元素过渡不良。因此，在储运和回收时，都应防止焊剂结块或粉化。

5. 合适的堆放高度

焊接时，焊剂堆放高度对焊接熔池表面的压力成正比。堆放过高时，焊缝表面波纹粗大，凹凸不平，有“麻点”。一般使用玻璃状焊剂时堆放高度以 25～45mm 为佳，高速焊时宜堆放低些，但不能太低，否则电弧外露，焊缝表面变得粗糙。

第五节　焊剂与焊丝的选配

一、埋弧焊焊剂与焊丝的选配

1. 焊剂与焊丝的选配原则

欲获得高质量的埋弧焊接头，正确地选用焊剂及配用焊丝是十分重要的。选用的一般原则如下：

① 低碳钢的焊接。可选用高锰高硅焊剂配合 H08A 或 H08MnA 焊丝，或选用中锰、低锰及无锰型焊剂配用 H08MnA、H10Mn2 焊丝，如 HJ430-H08A、HJ431-H08MnA、HJ433-H08A、HJ130-H10Mn2、HJ230-H08MnA。

② 低合金高强钢的焊接。可选用中锰中硅或低锰中硅等中性或碱性焊剂（如 HJ350、HJ250 等），配合适当的低合金高强钢焊丝。

③ 耐热钢、耐蚀钢的焊接。可选用中硅或低硅型焊剂，并配用与母材相应成分的合金钢焊丝。

④ 铁素体、奥氏体等高合金钢的焊接。一般可选用碱度较高的熔炼焊剂或烧结焊剂，以降低合金元素的烧损，提高合金元素的过渡。配用与母材成分相当的焊丝。

⑤ 焊丝选配的原则。主要是根据被焊钢材的类别及对焊接接头性能的要求加以选择，常与适当焊剂相配合。一般来说，对低碳钢、低合金高强钢、耐热钢、不锈钢的焊接，应选用与母材成分相配的焊丝；堆焊时应根据对堆焊层的技术要求、使用性能等，选定合金系统及相近成分的焊丝并配以适宜的焊剂。

⑥ 坡口和接头形式。焊剂与焊丝的选择和其他焊接材料一样，应注意坡口和接头形式的影响。如焊接对接的16Mn钢，由于母材熔合比较大，或为了满足力学性能的要求，可选用HJ431＋H08A；但对16Mn钢厚板开坡口的对接接头，由于母材熔合比小，焊缝强度偏低，此时应采用HJ431＋H08MnA或HJ431＋H10Mn等；对16Mn钢角接焊缝则应采用HJ431＋H08A，此时若选用HJ431＋H08MnA，则角焊缝塑性偏低。

总之，焊丝与焊剂的不同组合，可获得高性能或不同成分的熔敷金属。所以在焊接生产中，应根据所焊产品的具体技术要求和生产条件，选择适宜的焊剂与焊丝的组合。必要时应通过工艺评定来选用定型。

2. 低碳钢埋弧焊焊剂与焊丝的选配

低碳钢埋弧焊一般选用实心焊丝H08A或H08E与高锰高硅低氟熔炼焊剂HJ430、HJ431、HJ433或HJ434相配合，其中应用最广的是与HJ431焊剂相配合。也可以选用中锰、低锰或无锰的焊剂与含Mn较高的焊丝（如H08MnA、H08Mn2等）相匹配，同样可获得较好效果。

近几年由于烧结焊剂的发展和它自身的优点，其应用更为广泛，如将SJ301、SJ401等与H08A配合焊接低碳钢等，焊缝质量优，焊接效率高，可单面焊双面成形，目前已在管线、压力容器和锅炉上得到较多的应用发展。

表4-21列出了低碳钢埋弧焊时焊丝与焊剂的几种组合，供选用时参考。

表 4-22 列出了几种低碳钢埋弧焊时焊丝与焊剂的配用举例，供选用时参考。

表 4-21 低碳钢埋弧焊时焊丝与焊剂的组合

序号	焊丝与焊剂组合类型			组合类型的特点与性能
	焊丝	焊剂		
		熔炼焊剂		
1	H08A H08E	高 Mn 高 Si 低 F	HJ431 HJ430 HJ433 HJ434	起脱氧剂和合金剂的作用，保证焊缝金属的力学性能 有更好的抗锈能力和抗气孔能力，但电弧稳定性稍差，故脱渣性更好
2	H08MnA H08Mn2 H10MnSi H10Mn2	中 Mn 低 Mn 无 Mn 高 Si 低 F	HJ330(中 Mn) HJ230(低 Mn) HJ130(无 Mn)	保证焊缝有良好的脱氧性和合格的力学性能
3	H08A H08E	硅锰型	SJ401 SJ420	具有良好的焊接工艺性能、较高的抗气孔能力，更适用于薄板和中等厚度材料的焊接
4	H08A H08E	硅铝型	SJ301 SJ302	具有良好的焊接工艺性能，具有"短渣"特性，更适合环缝焊接，可用于结构的焊接
5	H08A H08E H08MnA	铝钛型	SJ501 SJ520 SJ503	电弧稳定性好，脱渣好，成形良好，具有较强的抗气孔能力，适用于中板和厚板的焊接

表 4-22 常用低碳钢埋弧焊焊剂与配用焊丝

钢号	烧结焊剂与配用焊丝		熔炼焊剂与配用焊丝	
	烧结焊剂	配用焊丝	熔炼焊剂	配用焊丝
Q235(A3) Q255(A4) Q275(A5)	SJ401 SJ403 SJ402(薄板、中厚板)	H08A H08E	HJ431 HJ430	H08A，H08MnA
15，20	SJ301 SJ302 SJ502 SJ501 SJ503(中厚度板)	H08A H08E H08MnA	HJ431 HJ430 HJ330	H08A，H08MnA
25，30				H08MnA，H10Mn2
20g，22g				H08MnA，H08MnSi，H10Mn2
20R				H08MnA

3. 低合金钢埋弧焊焊剂与焊丝的选配

(1) 低合金高强钢焊剂与焊丝的选配

埋弧焊焊接低合金钢时主要用于热轧正火钢。选用焊剂与焊丝时应保证焊缝金属的力学性能，应选用与母材强度相当的焊接材料，并综合考虑焊缝金属的冲击韧性、塑性及焊接接头的抗裂性。焊缝金属的强度不宜过高，通常控制在不低于或略高于母材强度的程度，过高会导致焊缝金属的冲击韧性、塑性及焊接接头抗裂性降低。

对于调质钢，为避免热影响区韧性和塑性的降低，一般不采用粗丝、大电流、多丝埋弧焊，采用陶质焊剂 572F-6＋HJ350 的混合焊剂（其中 HJ350 占 80%～82%），配合 H18CrMoA 焊丝可实现 30CrMnSiNi2A 的埋弧焊接。常用热轧、正火低合金钢埋弧焊焊剂与配用焊丝见表 4-23。

（2）耐热钢埋弧焊焊剂与焊丝的选配

耐热钢按其合金成分的含量可分为低合金、中合金、高合金耐热钢。

① 低合金耐热钢埋弧焊焊剂与焊丝的选配　低合金耐热钢埋弧焊在锅炉、压力容器、管道及汽轮机转子等耐高温工件的焊接生产上被广泛应用。焊剂与焊丝组合的基本原则是焊缝金属的合金成分、力学性能与母材基本一致或达到产品所要求的性能；为提高焊缝金属的抗热裂性能，应控制焊接材料的含碳量略低于母材。

Cr-Mo 耐热钢焊缝金属如果含碳过低，长时间的焊后热处理会促使铁素体形成，使韧性下降。Cr-Mo 耐热钢缝金属的碳含量一般应控制在 0.08%～0.12%，在 Cr-Mo 较低时碳含量最好控制在 0.08%左右；Cr-Mo 较高时碳含量最好控制在 0.10%左右，这样焊缝金属具有较高的冲击韧性和与母材相当的蠕变强度。焊缝金属的含硅量也应合理控制，过高的硅含量会增大回火脆性。Cr-Mo 较低时，硅含量宜为 0.1%；Cr-Mo 较高时，硅含量最好控制在 0.15%～0.35%。磷含量应严格控制在 0.012%以下。常用低合金耐热钢埋弧焊焊剂与配用焊丝见表 4-24。

② 中合金耐热钢埋弧焊焊剂与焊丝的选配　中合金耐热钢（如 5Cr-0.5Mo、9Cr-1Mo、9Cr-2Mo 等）比低合金耐热钢具有更大的淬硬倾向，对焊接冷裂纹更为敏感，因此焊剂、焊丝的选用原则为：在保证焊接接头与母材具有相同的高温蠕变强度和抗氧化性的前提下，提高其抗冷裂性。厚壁工件的窄间隙焊接时应选用低氢型碱性焊剂，或采用高碱度的烧结焊剂，如 SJ601、SJ605、SJ103 和 SJ104 等。

配合的焊丝有两种：一种是选用高 Cr-Ni 奥氏体钢焊丝（与母材不同成分）；另一种是选用与母材成分基本相同的焊丝。选用前者虽

表 4-23 常用热轧、正火低合金钢埋弧焊焊剂与配用焊丝

钢号	屈服强度/MPa	焊剂	配用焊丝	备注
09Mn2 09Mn2Si、09Mn	294	HJ430,HJ431,SJ301	H08A,H08MnA	—
16Mn	343	SJ501,SJ502	H08Mn,H08MnA	用于薄板
16Mn		HJ430,HJ431,SJ301	H08A	用于不开坡口对接
16MnCu		HJ430,HJ431,SJ301	H08MnA,H10Mn2	用于中板开坡口对接
14MnNb		HJ350	H10Mn2,H08MnMoA	用于厚板深坡口
15MnV 15MnVCu 16MnNb 15MnVR	392	HJ430,HJ431	H08MnA	用于不开坡口对接
		HJ430,HJ431	H10Mn2,H10MnSi	用于中板开坡口对接
		HJ250,HJ350,SJ101	H08MnMoA	用于厚板深坡口
15MnVN 15MnVNCu 15MnVTiRE 15MnVNR	414	HJ431	H10Mn2	—
		HJ350,HJ250,HJ252,SJ101	H08MnMoA,H08Mn2MoA	
18MnMoNb 14MnMoV 14MnMoVCu 14MnMoVg 18MnMoNbg 18MnMoNbR	490	SJ102	H08MnMoA	—
		HJ250,HJ252,HJ350,SJ101	H08Mn2MoA,H08Mn2MoVA, H08Mn2NiMo	
X60 低合金管线钢	414	HJ431	H08Mn2MoA	—
		SJ101	H08MnMoA	
		SJ102	H10Mn2	

续表

钢号	屈服强度/MPa	焊剂	配用焊丝	备注
X65 低合金管线钢	450	SJ102,SJ301	H08MnMoA	—
		SJ101	H08Mn2MoA	

表 4-24 低合金耐热钢埋弧焊焊剂与配用焊丝

钢种	钢号	焊剂与焊丝的组合		简要说明
		焊剂	焊丝	
0.5Mo	—	HJ350	H08MnMoA	在实际工作中，可根据具体生产条件，本着与母材成分和性能基本一致的原则或产品的技术要求，参照本表和本章所列举的焊剂、焊丝的成分、性能来合理选用
0.5Cr-0.5Mo	12CrMo	HJ350 SJ103	H08CrMoA H10CrMoA	
1Cr-0.5MoV 1.25Cr-0.5Mo	15CrMo	HJ350 SJ103	H08CrMoA H10CrMoA H13CrMoA	
1Cr-0.5MoV	12CrMoV	HJ350 HJ250 SJ103	H08CrMoV	
2.25Cr-1Mo	Cr2Mo	HJ350 SJ103 SJ104	H08Cr3MoMnA H13Cr2Mo1A	
2Cr-MoWVTiB	12Cr2MoWVTiB	HJ250	H08Cr2MoWNbB	
Mn-Mo	14MnMoV 18MnMoNb	HJ350 HJ603 SJ101	H08Mn2MoA	
Mn-Ni-Mo	13MnNiMoNb	HB50 SJ603 SJ101	H08Mn2NiMo	

可简化工艺（如不需要高温预热、焊后不热处理等），也可有效地防止焊接接头热影响区的裂纹，但属异种钢接头，两者性能差异较大，在较高的热应力作用下，会导致接头提前失效，故不是理想的焊接材料。选用后者可得到同质焊缝的接头，更好地满足使用要求，问题是目前这种焊丝尚未完全标准化，给用户的选用带来不便。

③ 高合金耐热钢埋弧焊焊剂与焊丝的选配　高合金耐热钢按金相组织的不同，可分为四类，即马氏体型、铁素体型、奥氏体型和弥散硬化型。其焊接性也有较大差异。马氏体耐热钢淬硬倾向大，如何防止冷裂纹是最大的难题；铁素体耐热钢由于不发生同素异形转变而使重结晶区晶粒长大，使接头冲击韧度降低；奥氏体耐热钢的问题则与强化机制有关。高合金耐热钢埋弧焊焊剂与焊丝的选配见表 4-25。

表 4-25　高合金耐热钢埋弧焊焊剂与焊丝的选配

类型	钢　号	焊剂与焊丝的组合		简要说明
		焊剂	焊丝	
奥氏体型耐热钢	0Cr19Ni9	SJ601 SJ605 SJ608 也可选用 SJ260	H0Cr19Ni9 H0Cr21Ni10	焊材选用的基本原则是使焊缝在无裂纹前提下，热强性与母材基本相等，即要求焊缝与母材的成分匹配
	1Cr18Ni9Ti		H1Cr19Ni10Nb H1Cr19Ni10Ti	
	0Cr18Ni11Ti 0Cr18Ni11Nb		H1Cr19Ni10Ti H1Cr19Ni10Nb	
	0Cr18Ni13Si4		H1Cr19Ni11Mo3	
	0Cr18Ni13Si2		H1Cr25Ni13	
	1Cr20Ni14Si2		H1Cr25Ni13	
	0Cr23Ni13		H1Cr25Ni20	
	0Cr17Ni12Mo2		H1Cr19Ni11Mo3	
	0Cr19Ni13Mo3		H1Cr25Ni13Mo3	
弥散硬化耐热钢(马氏体型)	S17400 (17-4PH) S15500 (15-5PH)	H0Cr19 Ni9		埋弧焊可焊接厚度在13mm以上的各种弥散硬化耐热钢
弥散硬化耐热钢(半奥氏体型)	1Cr17Ni7Al X17H5M3 S3500 (AM350) S3500 (AM355)	SJ601 SJ605 SJ608	H1Cr25Ni20 ERNiCr-3 AWS5774B	恰当的焊缝金属，必须采用特种焊剂和焊丝

续表

类型	钢　号	焊剂与焊丝的组合		简要说明
		焊剂	焊丝	
弥散硬化耐热钢(奥氏体型)	0Cr15Ni25Ti2Mo-AlVB 1Cr22Ni20Co20Mo3-W3NbN A-286	SJ601 SJ605 SJ608	H1Cr25Ni13Mo3 H1Cr25Ni20 ERNiCrFe-6	恰当的焊缝金属，必须采用特种焊剂和焊丝
马氏体型耐热钢	1Cr12 1Cr13	SJ601 SJ605 SJ608	H1Cr13 H0Cr14	淬硬倾向大，易产生冷裂纹是焊接的主要困难
铁素体型耐热钢	0Cr11Ti 00Cr12 0Cr13Al 1Cr17	—	—	由于对过热的敏感性较高，只能选用低输入热量的焊接方法，不宜采用埋弧焊

(3) 低温钢埋弧焊焊剂与焊丝的选配

低温钢要求在较低的使用温度下具有足够的韧性及抗脆性破坏的能力。埋弧焊焊接低温钢时，可选用中性熔炼焊剂配合 Mn-Mo 焊丝或碱性熔炼焊剂配合含 Ni 焊丝。目前在多数情况下，通常选用烧结焊剂配合 Mn-Mo 焊丝或含 Ni 焊丝。当采用 C-Mn 焊丝时，需采用焊剂向焊缝过渡合金（如 Ti、B、Ni 等合金）才能保证焊缝金属获得良好的低温韧性。焊接时采用较小的线能量，一般为 28～45kJ/cm，其目的在于控制焊缝及近缝区粗晶组织的形成，从而提高焊接接头的低温韧性。常用低温钢埋弧焊焊剂与配用焊丝见表 4-26。

表 4-26　常用低温钢埋弧焊焊剂与配用焊丝

钢　号	工作温度/℃	焊　剂	配用焊丝
16MnDR	−40	SJ101,SJ603	H10MnNiMoA,H06MnNiMoA
DG50	−46	SJ603	H10Mn2Ni2MoA
09MnTiCuREDR	−60	SJ102,SJ603	H08MnA,H08Mn2
09Mn2VDR,2.5Ni 钢	−70	SJ603	H08Mn2Ni2A
3.5Ni 钢	−90	SJ603	H05Ni3A

9Ni 钢是具有明显的脆性转变温度的低温钢，可在 −196℃ 温度下使用，目前作为液氮用钢已被各国普遍采用。焊接时遇到的主要问题是焊接接头的低温韧性、焊接热裂纹和冷裂纹等问题。其中焊缝金

属的低温韧性与采用的焊接材料有关；选用与9Ni钢成分相同的焊接材料时，焊缝金属的低温韧性很差，因为焊缝金属中的含氧量太高。埋弧焊时由于熔透小，必须增大焊接接头的坡口角度；为减少焊接缺陷，必须采用细焊丝（直径小于3.2mm）、碱性焊剂，选用较小的焊接线能量，层温控制在100℃以下。9Ni钢用的焊剂与焊丝组合为：HJ131+(Ni67Cr16Mn3Ti、Ni58Cr22Mo9W)。

15Mn26A14是奥氏体型低温钢，主要用于超低温条件下。焊接时主要存在Al的过渡系数低，焊缝特别是熔合区产生气孔、焊接热裂纹以及焊接接头的低温韧性问题。应适当提高焊接材料中Al的含量，尽量减少焊剂中的氧化物（特别是SiO_2）的含量。常用焊剂与焊丝的组合为：HJ173+12Mn27Al6。其焊剂组分为：CaO=8%～15%，CaF_2=45%～55%，Al_2O_3=20%～28%，ZrO_2=2%～4%，SiO_2≤5%，Mn=1%～2%，S≤0.02%，P≤0.05%。

（4）耐候钢、耐海水腐蚀用钢埋弧焊焊剂及焊丝的选配

Cu、P是提高钢材耐候性及耐海水腐蚀性的有效元素，对焊接热循环不敏感。因为这些钢中Cu、C、P含量控制在较低范围内，Cu含量通常控制在0.2%～0.4%，C、P的含量均在0.25%以下，所以此类钢焊接时不宜产生热裂纹，钢的冷裂倾向也不大，焊接性良好。常用耐候钢及耐海水腐蚀用钢有16CuCr、12MnCuCr、15MnCuCr、10MnPNbRE、9MnCuPTi、12MnPRE等，在采用埋弧焊焊接时，焊丝与焊剂的选用一般为：HJ431+（H08MnA、H10Mn2）。

4. 不锈钢埋弧焊焊剂与焊丝的选配

不锈钢按其金相组织通常分为马氏体不锈钢、铁素体不锈钢、奥氏体不锈钢、奥氏体-铁素体双相不锈钢、沉淀硬化型不锈钢五类，焊接性能差别很大。其中奥氏体-铁素体双相不锈钢和沉淀硬化型不锈钢很少采用埋弧焊进行焊接。

（1）马氏体不锈钢埋弧焊焊剂与焊丝的选配

马氏体耐热钢淬硬倾向大，防止冷裂纹是焊接中的首要问题。应选用Cr含量与母材相同的同质焊丝，以保证高温使用性能，并选用高碱度低氢型焊剂。对于常用的马氏体耐热钢（如1Cr13、2Cr13等），采用的焊丝与焊剂组合为：（H1Cr13、H0Cr14）+（SJ601、

SJ605、SJ608)。

马氏体不锈钢焊缝和热影响区焊后状态为硬而脆的马氏体组织，在焊接应力的作用下易产生冷裂纹，因此常采用预热、后热和焊后立即高温回火等工艺措施；由于马氏体不锈钢的导热性差，易过热，在热影响区产生淬硬组织，降低焊接接头的性能，一般不采用埋弧焊，如采用埋弧焊，应选用碱性焊剂以降低焊缝中的含氢量，降低产生冷裂纹的倾向。例如，1Cr13 不锈钢可采用（HJ151、SJ601）+（H1Cr13、H0Cr14、H0Cr21Ni10、H1Cr24Ni13、H0Cr26Ni21）等。

（2）铁素体不锈钢埋弧焊焊剂与焊丝的选配

铁素体不锈钢（如 0Cr11Ti、00Cr12、0Cr13Al、1Cr17 等）由于对过热较敏感，一般采用低热量输入的焊接方法，不宜采用大焊接线能量的埋弧焊。

焊接高铬铁素体不锈钢应注意的主要问题是晶间裂纹和脆性问题。由于在焊接热循环的作用下引起的热影响区晶粒长大和碳、氮化物在晶界的聚集，焊接区的塑性和韧性都很低，采用同成分的焊接材料，易产生裂纹，焊前需预热。采用奥氏体焊缝可达到与铁素体母材等强，且塑性较好，但焊前不预热和焊后不进行热处理。

（3）奥氏体不锈钢埋弧焊焊剂与焊丝的选配

奥氏体不锈钢比马氏体、铁素体不锈钢容易焊接，埋弧焊方法通常适用于中厚板的焊接，有时也用于薄板。在焊接过程中 Cr、Ni 元素的烧损可通过焊剂或焊丝中合金元素的过渡来补充。由于埋弧熔深大，应注意防止焊缝中心区热裂纹的产生和热影响区耐蚀性的降低。

奥氏体不锈钢裂纹敏感性大，这就要求其焊缝成分大致与母材成分匹配。同时应控制焊缝金属中的铁素体含量，对长期在高温下工作的焊件，焊缝中的铁素体含量应不大于 5%。大多数奥氏体耐热钢都可采用埋弧焊，焊丝应选用低硅、低硫、低磷、成分与母材相近的焊丝；对 Cr、Ni 含量大于 20%的奥氏体钢，为提高抗裂性能，可选用高 Mn（6%～8%）焊丝。焊剂应选用碱性或中性焊剂，以防止向焊缝增硅。奥氏体不锈钢专用焊剂增硅极少，还可过渡合金、补偿元素烧损，可以满足焊缝性能和化学成分的要求，如 SJ601、SJ601Cr 等。

奥氏体不锈钢埋弧焊焊接时应选择细焊丝和较小的焊接能量。

对奥氏体型、马氏体型和铁素体型不锈钢埋弧焊焊剂与焊丝的选用见表 4-27。

表 4-27　对奥氏体型、马氏体型和铁素体型不锈钢埋弧焊焊剂与焊丝的选用

类型	钢　号	焊剂与焊丝的组合		简要说明
		焊剂	焊丝	
马氏体型	1Cr13	SJ601 HJ151	H1Cr13 H0Cr14 H0Cr21Ni10 H1Cr24Ni13 H0Cr26Ni21	易产生裂纹，焊接时应严格按工艺措施操作，不常用埋弧焊
	1Cr17Ni2		H0Cr26Ni21 H1Cr26Ni21 H1Cr24Ni13	
铁素体型	Cr17 1Cr17Ti 1Cr17Mo	SJ601 SJ608 SJ701 HJ172	H1Cr17 H0Cr21Ni10 H1Cr24Ni13 H0Cr26Ni21	主要问题是热影响区晶粒长大，易产生裂纹，需预热和焊后进行热处理
	1Cr25Ti 1Cr28		H0Cr26Ni21 H1Cr26Ni21 H1Cr24Ni13	
奥氏体型	00Cr18Ni10N	SJ601 SJ608 SJ701 HJ107 HJ151 HJ172	H00Cr21Ni10	常用于中厚板焊接，焊接中元素的烧损由焊剂和焊丝补偿
	0Cr18Ni9 1Cr18Ni9		H0Cr21Ni10	
	Cr18Ni9Ti 0Cr18NiTi		H0Cr20Ni10Ti H0Cr20Ni10No	
	1Cr18Ni12Mo2Ti		H0Cr19Ni12Mo2	
	0Cr18Ni12Mo2Ti		H00Cr19Ni12Mo2	
	00Cr17Ni14Mo2		H00Cr18Ni14Mo2	
	0Cr18Ni14MoCu2		H00Cr19Ni12Mo2Cu2	

弥散硬化耐热钢是通过热处理获得高强度的高合金钢，这类钢不仅具有耐热性和抗氧化性，而且有较高的塑性和断裂韧性。埋弧焊可用来焊接厚度小于 13mm 的弥散硬化耐热钢。如不要求焊缝金属与母材等强，可使用 Cr-Ni 奥氏体钢焊丝，否则必须使用特种焊丝和焊剂。特别是含 Al、Ti 等元素的钢，焊接时应采用无氧化性的焊剂，以保证焊丝和母材中的铝大部分过渡到焊缝金属中。常用弥散硬化耐热钢埋弧焊焊剂与配用焊丝见表 4-28。

表 4-28 常用弥散硬化耐热钢埋弧焊焊剂与配用焊丝

钢号	焊剂	配用焊丝
S17400(17-4PH),S15500(15-5PH)	SJ601 SJ605 SJ608	H0Cr19Ni9
1Cr17Ni7AL,X17H5M3,S3500(AM350)		H1Cr25Ni20,ERNiCr-3,AWS5774B
0Cr15Ni25Ti2MoALVB,A-286,1Cr22-Ni20Co20Mo3W3NbN		H1Cr25Ni13Mo3,H1Cr25Ni20,ERNi-CrFe-6

5. 其他高合金钢埋弧焊焊剂与焊丝的选配

(1) 马氏体时效钢埋弧焊焊剂与焊丝的选配

马氏体时效钢以铁、镍为基础，碳含量≤0.03%、镍含量为18%～25%，并含有能产生时效强化作用的合金元素，具有高屈服强度、高断裂韧性以及良好的工艺性能，主要用于航空、航天等构件，有 Ni 含量为18%、20%、25%三种类型。焊接时应注意焊接热影响区的软化、焊缝金属的强度、韧性、热裂纹以及应力腐蚀等问题。采用与母材化学成分相同的填充金属，其焊缝金属为低碳马氏体，时效后可得到硬化；但是焊丝中应含有较高的 Ti。应采用不含硅酸盐的碱性焊剂，普通焊剂不宜用来焊接马氏体时效钢。常用碱性焊剂的化学组分举例如下：$Al_2O_3$37%，$CaCO_3$28%，$CaF_2$15%，$Mn_2O_3$14%，Ti-Fe6%。

(2) 高锰钢埋弧焊焊剂与焊丝的选配

高锰钢是指含碳0.9%～1.3%和含锰11%～14%的奥氏体铸钢，焊接性差，焊接时会在热影响区析出碳化物引起脆化和在焊缝上产生热裂纹，特别是在热影响区产生液化裂纹。焊接时采用冷焊并使用小的焊接线能量，一般不用埋弧焊，但有时采用埋弧焊焊接道岔。常用焊丝与焊剂组合为：H0Cr16Mn16+(HJ107、HJ151)。

6. 有色金属埋弧焊焊剂与焊丝的选配

(1) 镍基耐蚀合金埋弧焊焊剂与焊丝的选配

镍及镍基耐蚀合金是化学、石油、有色合金冶炼、航空航天、核能工业中耐高温、高压、高浓度或混有不纯物等各种苛刻腐蚀环境的比较理想的金属结构材料。镍基耐蚀合金按合金中主要元素 Ni、Cu、Cr、Fe 及 Mo 的含量进行划分，通常分为 Ni、Ni-Cu（蒙乃尔）、Ni-Mo-Fe（哈斯特洛依）、Ni-Cr-Fe（因康镍）、Ni-Cr-Mo、Ni-Cr-Mo-

Cu 与 Ni-Fe-Cr（因康洛依）等合金系列。其中的固溶强化镍基耐蚀合金适于埋弧焊，特别是对于厚大板材，焊接稀释率较高、电弧稳定、焊缝表面光滑。普通焊剂不适于焊接镍基耐蚀合金，需采用专用焊剂。常用镍基耐蚀合金埋弧焊焊剂与配用焊丝的应用特点见表 4-29。

表 4-29 常用镍基耐蚀合金埋弧焊焊剂与配用焊丝的应用特点

焊剂	焊丝	应用特点
HJ131	镍基合金焊丝	焊接相应镍基合金的薄板
InconFlux4 号	因康镍 62	用于因康镍 600 合金的焊接
	因康镍 82	适于因康镍 600、因康洛依 800 以及几种合金间的异种钢焊接，还适于这几种合金与不锈钢、碳钢间的异种钢焊接
	因康镍 625	适于因康镍 601、因康镍 625、因康洛依 825 的对接接头的焊接或在钢上堆焊，也可用于 9Ni 的对接埋弧焊
InconFlux5 号	蒙乃尔 60	适于蒙乃尔 400、蒙乃尔 404 的堆焊与对接焊，也适于这两种合金间的焊接及其对钢的异种金属的焊接
	蒙乃尔 67	用于铜镍合金的对接接头
InconFlux6 号	镍 61	用于镍 200、镍 201 的对接接头的同质和异质埋弧焊及钢上的堆焊
	因康镍 82,625	可用于因康镍 600、因康镍 601 和因康洛依 800 合金的焊接及其相互间的异种钢焊接，以及在钢上的堆焊，大于三层的堆焊需用 InconFlux4 号焊剂

（2）铜及铜合金埋弧焊焊剂与焊丝的选配

埋弧焊主要用于纯铜、锡青铜、铝青铜、硅青铜的焊接，有时也用于黄铜及铜-钢的焊接。埋弧焊是一种熔深大、生产效率高、变形小的焊接方法，主要用于 6～30mm 的中厚板焊接，对厚度在 20mm 以下的焊件可不预热，不开坡口而获得优质焊接接头，使焊接工艺大为简化。对铜及铜合金焊丝除应满足一般工艺和冶金要求外，最重要的是控制其中的杂质含量和提高脱氧能力，以避免出现热裂纹和气孔。我国常用的标准铜及铜合金焊丝的化学成分可参看相关列表。焊剂一般可借用焊接碳素钢的焊剂，如 HJ431、HJ160、HJ150 等。苏联对铜及铜合金埋弧焊或电渣焊时采用陶质焊剂和无氧氟化物焊剂的组成成分见表 4-30，配合青铜焊丝焊接黄铜、铝青铜、铬青铜等均获得满意的效果。

表 4-30　铜及铜合金用陶质焊剂和无氧氟化物焊剂的组成成分

牌　号	主要化学成分(质量分数)/%		其他化学成分(质量分数)/%
	CaF_2	大理石	
AH-M1	—	—	MgF_2 55、NaF 40、BaF_2 5
HLM-1	8	28	长石 57.5、硼渣 3.5、铝粉 0.8、木炭 2.2
K-13MBTY	20	白垩 15	石英 8～10,无水硼砂 15～19,镁砂 15,Al_2O_3 20,Al 粉 3～5

表 4-31 列举了几种常用铜及铜合金埋弧焊时焊剂及焊丝的选配。

表 4-31　铜及铜合金埋弧焊时焊剂及焊丝的选配

类型	钢　号	焊剂与焊丝的组合		简要说明
		焊剂	焊丝	
纯铜	T2 T3 T4	HJ430 HJ431 HJ260 HJ150 (AH-M1) SJ570 SJ671	HSCu	根据实际焊接材料的不同选择不同的焊接形式和焊接方法，焊接时应灵活多变，保证焊接接头质量及稳定性能
黄铜	H68 H62 H59		HSCuZn-3 HSCuSi HSCuSn	
青铜	QSn6.5-0.4 Qal9-2 Qsi3-1		HSCuSn HSCuAl HSCuSi	
铜-钢	—	HJ431 HJ260 HJ150 SJ570 SJ671	HSCu HSCuSi	

二、电渣焊焊剂与焊丝的选配

1. 电渣焊用焊剂

为了使电渣焊过程能稳定进行并得到良好的焊接接头，对电渣焊用焊剂有如下要求：

① 熔渣的电导率。熔渣的电导率应适宜，若电导率过低会使焊接无法进行；若电导率过高，在焊丝和渣之间可能引燃电弧，破坏电渣焊过程。故电导率应在合适的范围内。

② 熔渣的黏度。熔渣的黏度应适宜，黏度过小，流动性能大，会使熔渣和金属流失，使焊接过程中断；黏度过大，熔点过高，会形

成咬边和夹渣等缺陷。

③ 焊剂的蒸发温度。不同用途的焊剂其组成不同，沸点也不同。熔渣开始蒸发的温度决定于熔渣中最易蒸发的成分。氟化物的沸点低，可降低熔渣开始蒸发的温度，使产生电弧的可能性增大，从而降低电渣焊过程的稳定性，并形成飞溅。

另外，焊剂还应具有良好的脱渣性、抗热裂性和抗气孔能力。

焊剂中的 SiO_2 含量增多时，电导率降低，黏度增大；氟化物和 TiO_2 增多时，电导率增大，黏度降低。

电渣焊常用的焊剂有 HJ170、HJ252 和 HJ360 等，其中 HJ170 具有良好的导电性，主要用于电渣焊建立初期渣池和手工电渣焊补铸钢件；HJ252 主要用于电渣焊低碳钢和低合金钢，也可用于高合金钢的堆焊及电渣熔炼；HJ360 用于电渣焊大型低碳钢及某些低合金钢结构。

2. 常用电渣焊焊剂及焊丝的选配

(1) 碳钢电渣焊焊剂与焊丝的选配

电渣焊熔池温度比埋弧焊低，焊接过程中焊剂更新量少，所以焊剂的 Si、Mn 还原作用弱。若仍按埋弧焊时选用 H08A＋HJ431，则焊缝金属得不到足够的 Si、Mn，性能难以保证。根据试验结果还发现，Mn 的过渡量与焊剂的碱度有关，随焊剂碱度增大，Mn 的过渡量也增大，故常选用中锰高硅低氟的焊剂 HJ360 或低锰中硅中氟的焊剂 HJ252；若选用 HJ431，则应选用锰、硅含量高的 H10MnSi 焊丝等。

(2) 低合金高强钢电渣焊焊剂与焊丝的选配

采用热轧、正火低合金高强钢制造的厚壁压力容器等大型厚板结构，常采用电渣焊焊接。由于电渣焊焊缝和热影响区严重过热，焊后需要进行正火处理，以细化晶粒，提高焊接区的塑性和韧性。焊接材料的选用原则与埋弧焊时基本一样，一般选用 HJ360、HJ252、HJ170 等焊剂，配用含锰、硅或其他元素的焊丝可得到焊缝所需要的强度，也可采用 HJ431 焊剂。

在我国低合金耐热钢厚壁容器的生产中，多丝电渣焊可一次完成厚度为 40～400mm 部件的焊接。焊接过程中产生的大量热能对焊接熔池周围的母材起到预热作用，适于空淬性较高的低合金耐热钢；由于焊接热循环平缓，焊接接头区域冷却缓慢，有利于焊缝金属中扩散氢的逸出。电渣焊的缺点是焊缝和热影响区晶粒粗大，对重要结构焊后应进行正火处理，以细化晶粒，提高缺口冲击韧性。

电渣焊可以焊接大厚度奥氏体型不锈钢，一般采用 HJ252、HJ360、SJ602 配合相应成分的焊丝进行焊接，但电渣焊接头和近缝区过热严重，造成组织粗化。为了保证电渣接头区域的耐蚀性，焊后应进行热处理。

电渣焊还可用来堆焊有耐磨、耐蚀、耐热等特殊要求的表面层，如堆焊轧辊、锻模、冲模等，具有效率高的优点。在选用焊接材料时应根据所焊工件的工作条件、技术要求、性能要求等来确定焊接材料。一般常采用 HJ360、HJ252、SJ602 焊剂，配合相应成分的焊丝或焊带。

部分常用材料电渣焊焊剂与焊丝的选配见表 4-32。

表 4-32　部分常用材料电渣焊焊剂与焊丝的选配

母材		焊剂与焊丝的组合		简要说明
类别	钢号	焊剂	焊丝	
碳钢	Q235 Q235R	HJ360 HJ252 HJ431	H08MnA	电渣焊熔池温度低,焊剂更新少,焊剂的还原作用弱
	10、15、 20、25		H08MnA H10Mn2	
	30、35 ZG25 ZG35		H08Mn2SiA H10Mn2 H10MnSi	
低合金高强钢（热轧正火钢）	09Mn2 16Mn	HJ360 HJ252 HJ170	H08Mn2SiA H10MnSi H10Mn2 H18MnMoA H10MnMo	对厚壁压力容器等大型厚板结构,电渣焊仍是常用的焊接方法
	15MnV 15MnTi 15MnVCu 16MnNb		H08Mn2MoVA	
	15MnVN 15MnVTiRE 15MnVNCu 15MnMoN 14MnMoVN 18MnMoNb		H08Mn2MoVA H10Mn2NiMo H10Mn2Mo	

续表

母材		焊剂与焊丝的组合		简要说明
类别	钢号	焊剂	焊丝	
低合金耐热钢	12Cr	HJ360 HJ252	H08CrMoA	低合金耐热钢厚壁容器生产中，电渣焊应用比较普遍
	15CrMo 20CrMo		H10CrMoA	
	12Cr1MoV		H08CrMoV	
	Cr2Mo		H08Cr3MnMoA	
	14MnMoV 18MnMoNb		H08Mn2MoA	
不锈钢	奥氏体型不锈钢	HJ252 HJ360 SJ602	相应成分的焊丝	为保证其耐蚀性，焊后应进行热处理
堆焊	—	HJ360 HJ252 SJ602	相应成分的焊丝或带极	在选用焊接材料时，应根据所焊工件的工作条件、技术要求、性能等来选用焊接材料

第五章 钎料与钎剂

钎焊是采用比母材熔点低的金属材料作钎料，将焊件和钎料加热到高于钎料熔点但低于母材熔点的温度，利用液态钎料润湿母材、填充接头间隙并与母材相互扩散实现连接焊件的方法。

钎焊与熔焊相比，其优点在于由于加热温度低，焊件组织和力学性能变化较小，变形小，接头光滑、平整、美观，可连接不同的材料，生产效率高等；其缺点是接头强度较低，故常采用搭接接头来提高承载能力，钎焊接头装配要求高，应保证严格的间隙。

钎焊接头质量与所选用的钎料、工艺方法、工艺参数、装配间隙和表面清理等有关。

第一节 钎料的基本知识

一、对钎料的基本要求

钎焊时用的填充金属称为钎料，由于焊件是依靠熔化的钎料凝固后而被连接起来的，因此钎焊接头的质量与性能在很大程度上取决于钎料。为符合钎焊工艺要求和获得优质的钎焊接头，钎料应满足以下几项基本要求。

① 钎料应具有合适的熔化温度范围，至少应比母材的熔化温度范围低几十摄氏度。

② 在钎焊温度下，钎料对母材应具有良好的润湿性，能充分填满钎缝间隙。

③ 钎料与母材应有扩散作用，以保证它们之间形成牢固的结合。

④ 钎料应具有稳定的化学成分，尽量减少钎焊过程中合金元素的损失。

⑤ 钎料应能满足钎焊接头的物理、化学和力学性能方面的要求。

⑥ 钎料应尽量少含或不含稀有金属和贵重金属，以降低成本。还应保证钎焊的生产率要高。

二、钎料的分类

1. 按照钎料的熔化温度范围分类

① 熔点低于 450℃的钎料称为软钎料，也称为易熔钎料或低温钎料，包括镓基、铋基、铟基、锡基、铅基、镉基、锌基等合金。

② 熔点高于 450℃的钎料称为硬钎料，也称为难熔钎料或高温钎

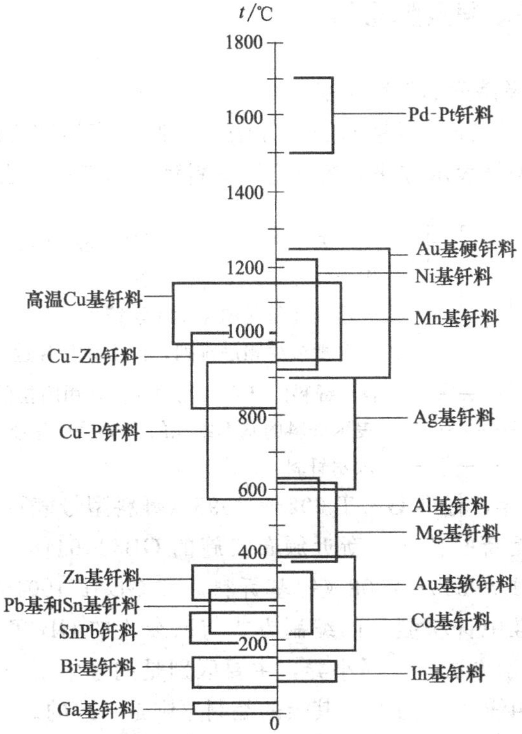

图 5-1 各种钎料的熔化温度范围

料，包括铝基、镁基、铜基、银基、锰基、金基、镍基、钯基、钛基等合金。

各种钎料的熔化温度范围如图 5-1 所示。

2. 按照钎料的主要合金元素分类

钎料按其主要合金元素可分为锡基、铅基、铝基等钎料。

3. 按照钎料的钎焊工艺性能分类

钎料按其钎焊工艺性能可分为自钎性钎料、电真空钎料、复合钎料等。

4. 按照钎料的制成形状分类

钎料按其制成形状可分为丝、棒、片、箔、粉状或特殊形状钎料（例如环形钎料或膏状钎料等）。

三、钎料的型号及牌号

1. 型号及牌号的演变情况

①“国标”钎料型号的表示方法　按照国家标准 GB/T 6208—1995《钎料型号表示方法》的规定，钎料型号的表示方法如下：

S(B) × × ××-×

“V”表示真空级钎料，“R”表示既可作为气焊丝，又可作为钎料

表示其他组元的化学元素符号，按含量多少顺序排列，但不标其含量

表示钎料的基本组元的含量，用阿拉伯数字表示

表示钎料的基本组元的化学元素符号

表示钎料

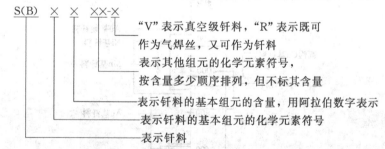

于 2005 年，标准 GB/T 6028—1995《钎料型号表示方法》已废止，至今又无新的替代。新近颁布实施的 GB/T 6418—2008《铜基钎料》、GB/T 10859—2008《镍基钎料》和 GB/T 10046—2018《银钎料》等标准中钎料型号的编制方式与已废止的 GB/T 6028—1995《钎料型号表示方法》大同小异，主要区别是型号中第一部分和第二部分之间不用线“-”分开，其余的编制原则是一致的。

在现行钎料的国家标准中，如 GB/T 8012—2013《铸造锡铅焊

料》和 GB/T 3131—2001《锡铅钎料》等采用不一样的型号的表示方法。

标准 GB/T 8012—2013《铸造锡铅焊料》仍把钎料称焊料(HL)。今例举其中一种焊料的型号表示方法，如 $w(\mathrm{Sn})=89.5\%\sim90.5\%$，其余为 Pb，品质为 A 级的铸造锡铅焊料表示为：

ZHLSn90PbA

标准 GB/T 3131—2001《锡铅钎料》替代了 GB/T 3131—1995。这里的锡铅钎料属软钎料，把它分成无钎剂实心钎料和树脂芯丝状钎料两大类，后者又分纯树脂芯钎料（R 型）、中等活性树脂芯钎料（RMA 型）和活性树脂芯钎料（RA 型）。钎料的品质分成 AA、A、B 三个品级。钎料型号仍采用已废止的 GB/T 6028—1995 中的表示方法。例如具有 A 级品质的 $w(\mathrm{Sn})=95\%$ 的锡铅钎料的型号为 S-Sn95PbA，若制成直径为 2mm 的实心丝状，则标记为：

丝 S-Sn95PbA　$\phi2$　GB/T 3131—2001

若制成钎剂为 R 型树脂单芯（3 芯、5 芯）丝状钎料，则标记为：

丝 S-Sn95PbB$\phi2$ -R-1（3、5）　GB/T 3131—2001

② 原机械工业部《焊接材料产品样本》(1997) 钎料牌号编制法

以字母“HL”或“料”表示钎料：在“HL”后接的第 1 位数字表示钎料化学组成类型，见表 5-1；第 2、3 位数字表示同一类型钎料和不同牌号。

表 5-1　原机械工业部钎料牌号第 1 位数字含义

牌　　号	化学组成类型	牌　　号	化学组成类型
HL1XX(料 1XX)	铜锌合金	HL5XX(料 5XX)	锌镉合金
HL2XX(料 2XX)	铜磷合金	HL6XX(料 6XX)	锡铅合金
HL3XX(料 3XX)	银合金	HL7XX(料 7XX)	镍基合金
HL4XX(料 4XX)	铝合金		

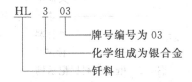

举例：

HL　3　03

03——牌号编号为 03

3——化学组成为银合金

HL——钎料

③ 冶金部的钎料牌号编制方法　以字母“HI”表示钎料；在“HI”后面用两个化学元素符号表明钎料的主要组元；最后用一个或数个数字标出除第一个主要元素以外钎料的其他主要合金组元的含量。

举例：

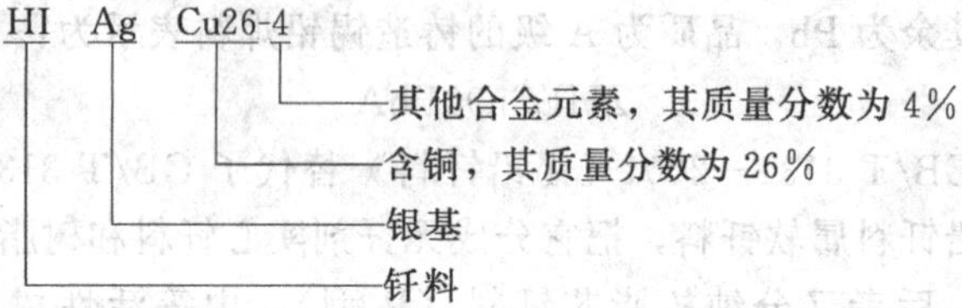

目前我国钎料型号和牌号表示方法由于历史原因，统一尚需时日，作为过渡，后面对尚未标准化的暂保留所用来源的牌号。

2. 最新“国标”钎料型号编制方法

(1) 铜基钎料（GB/T 6418—2008）

① 铜基钎料型号编制方法如下：

a. 钎料型号由两部分组成，第一部分用“B”表示硬钎焊，第二部分由主要合金组分的化学元素符号组成；在第二部分中，第一个化学元素符号表示钎料的基本组分，其后标出其公称质量百分数（公称质量百分数取整，误差为±1%，若其元素公称质量百分数仅规定最低值时应将其取整），其他元素符号按其质量百分数由大至小顺序列出，当几种元素具有相同的质量百分数时，按其原子序数顺序排列。公称质量百分数小于1%的元素在型号中不必列出，如某元素是钎料的关键组分一定要列出时，可在括号中列出其化学元素符号。

b. 钎料标记中应有标准号“GB/T 6418”和对钎料型号的描述。一种铜磷钎料含磷6.0%～7.0%、锡6.0%～7.0%、硅0.01%～0.4%，铜为余量，钎料标记示例如图5-2所示。

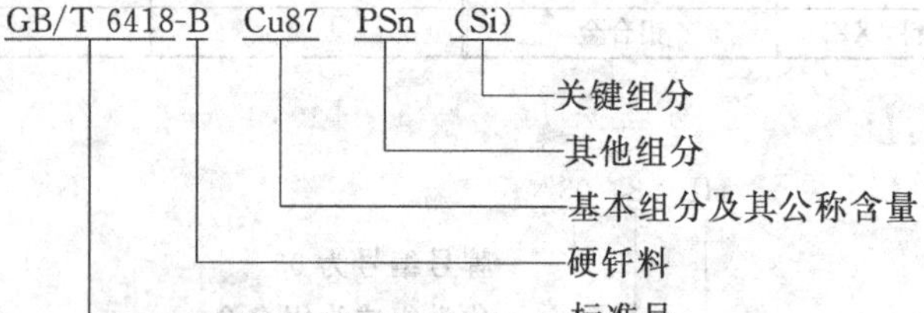

图5-2　铜基钎料标记示例

② 铜基钎料的分类和型号见表 5-2。

表 5-2 铜基钎料的分类和型号

分类	钎料型号	分类	钎料型号
高铜钎料	BCu87	铜磷钎料	BCu92PAg
	BCu99		BCu91PAg
	BCu100-A		BCu89PAg
	BCu100-B		BCu88PAg
	BCu100(P)		BCu87PAg
	BCu99Ag		BCu80AgP
	BCu97Ni(B)		BCu76AgP
铜锌钎料	BCu48ZnNi(Si)		BCu75AgP
	BCu54Zn		BCu80SnPAg
	BCu57ZnMnCo		BCu87PSn(Si)
	BCu58ZnMn		BCu86SnP
	BCu58ZnFeSn(Si)(Mn)		BCu86SnPNi
	BCu58ZnSn(Ni)(Mn)(Si)		BCu92PSb
	BCu59Zn(Sn)(Si)(Mn)	其他铜钎料	BCu94Sn(P)
	BCu60Zn(Sn)		BCu88Sn(P)
	BCu60ZnSn(Si)		BCu98Sn(Si)(Mn)
	BCu60Zn(Si)		BCu97SiMn
	BCu60Zn(Si)(Mn)		BCu96SiMn
铜磷钎料	BCu95P		BCu92AlNi(Mn)
	BCu94P		BCu92Al
	BCu93P-A		BCu89AlFe
	BCu93P-B		BCu74MnAlFeNi
	BCu92P		BCu84MnNi

③ 国家标准与 ISO 铜基钎料型号对照见表 5-3。

表 5-3 国家标准与 ISO 铜基钎料型号对照表

分类	GB/T 6418—2008	GB/T 6418—1993	ISO
高铜钎料	BCu87		Cu087
	BCu99		Cu099
	BCu100-A		Cu102
	BCu100-B		Cu110
	BCu100(P)		Cu141
	BCu99Ag		Cu188
	BCu97Ni(B)		Cu186
铜锌钎料	BCu48ZnNi(Si)		Cu773
	BCu54Zn	BCu54Zn	

续表

分类	GB/T 6418—2008	GB/T 6418—1993	ISO
铜锌钎料	BCu57ZnMnCo	BCu57ZnMnCo	
	BCu58ZnMn	BCu58ZnMn	
	BCu58ZnFeSn(Si)(Mn)	BCu58ZnFe-R	
	BCu58ZnSn(Ni)(Mn)(Si)		Cu680
	BCu59Zn(Sn)(Si)(Mn)		Cu471
	BCu60Zn(Sn)		Cu470
	BCu60ZnSn(Si)	BCu60ZnSn-R	
	BCu60Zn(Si)		Cu470a
	BCu60Zn(Si)(Mn)		Cu670
铜磷钎料	BCu95P		CuP178
	BCu94P		CuP179
	BCu93P-A		CuP181
	BCu93P-B		CuP182
	BCu92P		CuP181a
	BCu92PAg		CuP279
	BCu91PAg	BCu91PAg	CuP280
	BCu89PAg		CuP281
	BCu88PAg		CuP282
	BCu87PAg		CuP283
	BCu80AgP		CuP284
	BCu76AgP		CuP285
	BCu75AgP		CuP285a
	BCu80SnPAg	BCu80SnPAg	
	BCu87PSn(Si)		CuP385
	BCu86SnP		CuP385a
	BCu86SnPNi	BCu86SnP	
	BCu92PSb		CuP389
其他铜钎料	BCu94Sn(P)		Cu922
	BCu88Sn(P)		Cu925
	BCu98Sn(Si)(Mn)		Cu511
	BCu97SiMn		Cu521
	BCu96SiMn		Cu541
	BCu92AlNi(Mn)		Cu551
	BCu92Al		Cu561
	BCu89AlFe		Cu565
	BCu74MnAlFeNi		Cu571
	BCu84MnNi		Cu595

（2）镍基钎料（GB/T 10859—2008）

① 镍基钎料型号编制方法如下：

a. 钎料型号由两部分组成，第一部分用“B”表示硬钎焊，第二部分由主要合金组分的化学元素符号组成。在第二部分中，第一个化学元素符号表示钎料的基本组分，其后标出其公称质量百分数（公称质量百分数取整数，误差为±1%，若其他元素公称质量百分数仅规定最低值时应将其取整），其他元素符号按其质量百分数由大到小顺序列出，当几种元素具有相同的质量百分数时，按其原子序数顺序排列。公称质量百分数小于1%的元素在型号中不必列出，如某元素是钎料的关键组分一定要列出时，可在括号中列出其化学元素符号。

b. 钎料标记中应有标准号“GB/T 10859”和对钎料型号的描述。一种镍基钎料含铬 13.0%～15.0%、硅 4.0%～5.0%、硼 2.75%～3.50%、铁 4.0%～5.0%、碳 0.60%～0.90%，镍为余量，该钎料标记示例如图 5-3 所示。

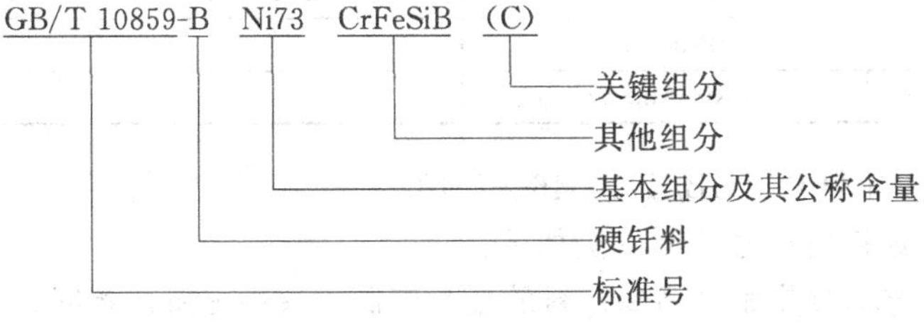

图 5-3　镍基钎料标记示例

② 镍基钎料的分类和型号见表 5-4。

③ 国家标准与 ISO 镍基钎料型号对照见表 5-5。

表 5-4　镍基钎料的分类和型号

分　类	型　号	分　类	型　号
镍铬硅硼	BNi73CrFeSiB(C)	镍铬硅	BNi73CrSiB
	BNi74CrFeSiB		BNi77CrSiBFe
	BNi81CrB	镍硅硼	BNi92SiB
	BNi82CrSiBFe		BNi95SiB
	BNi78CrSiBCuMoNb	镍磷	BNi89P
镍铬硅	BNi63WCrFeSiB	镍铬磷	BNi76CrP
	BNi67WCrSiFeB		BNi65CrP
镍铬硅	BNi71CrSi	镍锰硅铜	BNi66MnSiCu

表 5-5　国家标准与 ISO 镍基钎料型号对照表

分　　类	GB/T 10859—2008	GB/T 10859—1989	ISO
镍铬硅硼	BNi73CrFeSiB(C)	BNi74CrSiB	Ni600
	BNi74CrFeSiB	BNi75CrSiB	Ni610
	BNi81CrB		Ni612
	BNi82CrSiBFe	BNi82CrSiB	Ni620
	BNi78CrSiBCuMoNb		Ni810
镍硅硼	BNi92SiB	BNi92SiB	Ni630
	BNi95SiB	BNi93SiB	Ni631
镍铬硅	BNi71CrSi	BNi71CrSi	Ni650
	BNi73CrSiB		Ni660
	BNi77CrSiBFe		Ni661
镍铬钨硼	BNi63WCrFeSiB		Ni670
	BNi67WCrSiFeB		Ni671
镍磷	BNi89P	BNi89P	Ni700
镍铬磷	BNi76CrP	BNi76CrP	Ni710
	BNi65CrP		Ni720
镍锰硅铜	BNi66MnSiCu		Ni800

(3) 银钎料（GB/T 10046—2018）

① 银钎料型号编制方法如下：

a. 与本节前面的铜基钎料的型号编制方法中 a 所述相同。

b. 钎料标记中应有标准号“GB/T 10046”和对钎料型号的描述，一种银钎料含 Ag24.0%～25%、Cu39.0%～41%、Zn21.0%～35%，钎料标记如图 5-4 所示。

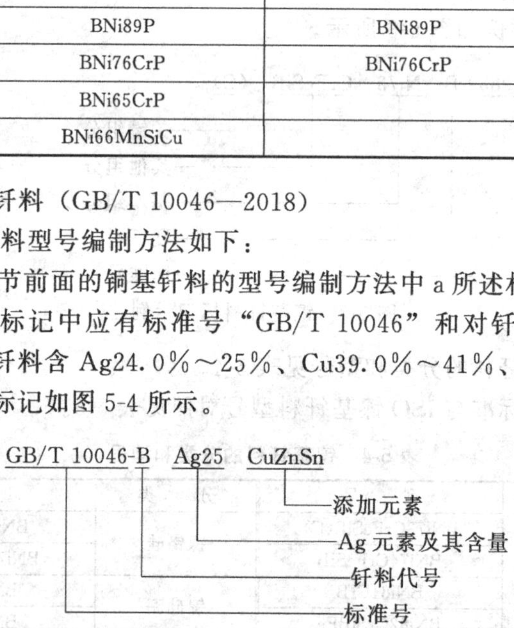

图 5-4　银钎料标记示意图

② 银钎料的分类和型号见表 5-6。

③ 国家标准与 ISO 银钎料型号对照表见表 5-7。

表 5-6 银钎料的分类和型号

分类	钎料型号	分类	钎料型号
银铜	BAg72Cu	银铜锌锡	BAg30CuZnSn
银锰	BAg85Mn		BAg34CuZnSn
银铜锂	BAg72CuLi		BAg38CuZnSn
银铜锌	BAg5CuZn(Si)		BAg40CuZnSn
	BAg12CuZn(Si)		BAg45CuZnSn
	BAg20CuZn(Si)		BAg55ZnCuSn
	BAg25CuZn		BAg56CuZnSn
	BAg30CuZn		BAg60CuZnSn
	BAg35ZnCu	银铜锌镉	BAg20CuZnCd
	BAg44CuZn		BAg21CuZnCdSi
	BAg45CuZn		BAg25CuZnCd
	BAg50CuZn		BAg30CuZnCd
	BAg60CuZn		BAg35CuZnCd
	BAg63CuZn		9BAg40CuZnCd
	BAg65CuZn		BAg45CdZnCu
	BAg70CuZn		BAg50CdZnCu
银铜锡	BAg60CuSn		BAg40CuZnCdNi
银铜镍	BAg56CuNi		BAg50ZnCdCuNi
银铜锌锡	BAg25CuZnSn	银铜锌铟	BAg40CuZnIn
银铜锌铟	BAg34CuZnIn	银铜锌镍	BAg54CuZnNi
	BAg30CuZnIn	银铜锡镍	BAg63CuSnNi
	BAg56CuInNi	银铜锌镍锰	BAg25CuZnMnNi
银铜锌镍	BAg40CuZnNi	银铜锌镍锰	BAg27CuZnMnNi
	BAg49ZnCuNi		BAg49ZnCuMnNi

表 5-7 GB/T 10046 与 ISO 银钎料型号对照表

GB/T 10046—2018	ISO	GB/T 10046—2018	ISO
BAg72Cu	Ag272	BAg50CuZn	Ag250
BAg85Mn	Ag485	BAg60CuZn	—
BAg72CuLi	—	BAg63CuZn	—
BAg5CuZn(Si)	Ag205	BAg65CuZn	Ag265
BAg12CuZn(Si)	Ag212	BAg70CuZn	Ag270
BAg20CuZn(Si)	—	BAg60CuSn	Ag160
BAg25CuZn	Ag225	BAg56CuNi	Ag456
BAg30CuZn	Ag230	BAg25CuZnSn	Ag125
BAg35ZnCu	Ag235	BAg30CuZnSn	Ag130
BAg44CuZn	Ag244	BAg34CuZnSn	Ag134
BAg45CuZn	Ag245	BAg38CuZnSn	Ag138

续表

GB/T 10046—2018	ISO	GB/T 10046—2018	ISO
BAg40CuZnSn	Ag140	BAg40CuZnCdNi	—
BAg45CuZnSn	Ag145	BAg50ZnCdCuNi	Ag351
BAg55ZnCuSn	Ag155	BAg40CuZnIn	—
BAg56CuZnSn	Ag156	BAg34CuZnIn	—
BAg60CuZnSn	—	BAg30CuZnIn	—
BAg20CuZnCd	—	BAg56CuInNi	—
BAg21CuZnCdSi	—	BAg40CuZnNi	Ag440
BAg25CuZnCd	Ag326	BAg49ZnCuNi	Ag450
BAg30CuZnCd	Ag330	BAg54CuZnNi	Ag454
BAg35CuZnCd	Ag335	BAg63CuSnNi	Ag463
BAg40CuZnCd	Ag340	BAg25CuZnMnNi	Ag425
BAg45CdZnCu	Ag345	BAg27CuZnMnNi	Ag427
BAg50CdZnCu	Ag350	BAg49ZnCuMnNi	Ag449

四、钎料供应状态

钎料通常有丝、棒、带（箔）、铸条、粉及膏状供应，为便于生产，还可以做成圈、环、片等。铝钎料还可以与母材预制成双金属板，即铝钎焊板。

第二节　硬钎料的成分与性能

一、铜基钎料

铜基钎料适用于气体火焰钎焊、电阻钎焊、炉中钎焊、感应钎焊和浸渍钎焊等工艺方法，用途较广泛。

根据 GB/T 6418—2008《铜基钎料》标准的规定，铜基钎料分类（分为高铜钎料、铜锌钎料、铜磷钎料和其他铜钎料）和型号见表 5-2。

铜基钎料的化学成分应符合表 5-8～表 5-11 的规定。丝状、带状、条状钎料表面应光洁，不应有影响钎焊性能的油污、夹杂物、起皮、分层和裂纹等缺陷。每批钎料应在不同部位取三个代表性试样进行化学分析，在分析中如发现有其他元素时须作进一步分析，以确定杂质总量是否超过规定的要求。如分析结果不符合表 5-8～表 5-11 的

表 5-8 高铜钎料的化学成分

型号	化学成分(质量分数)/%									熔化温度范围/℃(参考值)	
	Cu(包括 Ag)	Sn	Ag	Ni	P	Bi	Al	Cu_2O	杂质总量	固相线	液相线
BCu87	≥86.5	—	—	—	—	—	—	余量	≤0.5	1085	1085
BCu99	≥99	—	—	—	—	—	—	余量	≤0.30(O 除外)	1085	1085
BCu100-A	≥99.95	—	—	—	—	—	—	—	≤0.03(Ag 除外)	1085	1085
BCu100-B	≥99.9	—	—	—	—	—	—	—	≤0.04(O 和 Ag 除外)	1085	1085
BCu100(P)	≥99.9	—	—	—	0.015～0.040	—	≤0.01	—	≤0.060(Ag、As 和 Ni 除外)	1085	1085
BCu99(Ag)	余量	—	0.8～1.2	—	—	≤0.1	—	—	≤0.3(含 B≤0.1)	1070	1080
BCu97Ni(B)	余量	—	—	2.5～3.5	—	0.02～0.05	—	—	≤0.15(Ag 除外)	1085	1100

注：表中钎料的杂质最大含量（质量分数）为 Cd=0.010%和 Pb=0.025%。

表 5-9 铜锌钎料的化学成分

型号	化学成分(质量分数)/%								熔化温度范围/℃(参考值)	
	Cu	Zn	Sn	Si	Mn	Ni	Fe	Co	固相线	液相线
BCu48ZnNi(Si)	46.0～50.0	余量	—	0.15～0.20	—	9.0～11.0	—	—	890	920
BCu54Zn	53.0～55.0	余量	—	—	—	—	—	—	885	888
BCu57ZnMnCo	56.0～58.0	余量	—	—	1.5～2.5	—	—	1.5～2.5	890	930
BCu58ZnMn	57.0～59.0	余量	—	—	3.7～4.3	—	—	—	880	909

续表

型号	化学成分(质量分数)/%								熔化温度范围/℃(参考值)	
	Cu	Zn	Sn	Si	Mn	Ni	Fe	Co	固相线	液相线
BCu58ZnFeSn(Si)(Mn)	57.0～59.0	余量	0.7～1.0	0.05～0.15	0.03～0.09	—	0.35～1.20	—	865	890
BCu58ZnSn(Ni)(Mn)(Si)	56.0～60.0	余量	0.8～1.1	0.1～0.2	0.2～0.5	0.2～0.8	—	—	870	890
BCu58Zn(Sn)(Si)(Mn)	56.0～60.0	余量	0.2～0.5	0.15～0.20	0.05～0.25	—	—	—	870	900
BCu59Zn(Sn)	57.0～61.0	余量	0.2～0.5	—	—	—	—	—	875	895
BCu60ZnSn(Si)	59.0～61.0	余量	0.8～1.2	0.15～0.35	—	—	—	—	890	905
BCu60Zn(Si)	58.5～61.5	余量	—	0.2～0.4	—	—			875	895
BCu60Zn(Si)(Mn)	58.5～61.5	余量	≤0.2	0.15～0.40	0.05～0.25	—			870	900

注：表中钎料最大杂质含量（质量分数）为 Al＝0.01%、As＝0.01%、Bi＝0.01%、Cd＝0.010%、Fe＝0.25%、Pb＝0.025%、Sb＝0.01%；最大杂质总量（Fe 除外）为 0.2%。

表 5-10 铜磷钎料的化学成分

型号	化学成分(质量分数)/%				熔化温度范围/℃(参考值)		最低钎焊温度[①]/℃(指示性)
	Cu	P	Ag	其他元素	固相线	液相线	
BCu95P	余量	4.8～5.3	—	—	710	925	790
BCu94P	余量	5.9～6.5	—	—	710	890	760
BCu93P-A	余量	7.0～7.5	—	—	710	793	730
BCu93P-B	余量	6.6～7.4	—	—	710	820	730
BCu92P	余量	7.5～8.1	—	—	710	770	720
BCu92PAg	余量	5.9～6.7	1.5～2.5	—	645	825	740
BCu91PAg	余量	6.8～7.2	1.8～2.2	—	643	788	740
BCu89PAg	余量	5.8～6.2	4.8～5.2	—	645	815	710

续表

型号	化学成分(质量分数)/%				熔化温度范围/℃ 参考值		最低钎焊温度①/℃ (指示性)
	Cu	P	Ag	其他元素	固相线	液相线	
BCu88PAg	余量	6.5～7.0	4.8～5.2	—	643	771	710
BCu87PAg	余量	7.0～7.5	5.8～6.2	—	643	813	720
BCu80AgP	余量	4.8～5.2	14.5～15.5	—	645	800	700
BCu76AgP	余量	6.0～6.7	17.2～18.0	—	643	666	670
BCu75AgP	余量	6.6～7.5	17.0～19.0	—	645	645	650
BCu80SnPAg	余量	4.8～5.8	4.5～5.5	Sn 9.5～10.5	560	650	650
BCu87PSn(Si)	余量	6.0～7.0	—	Sn 6.0～7.0 Si 0.01～0.04	635	675	645
BCu86SnP	余量	6.4～7.2	—	Sn 6.5～7.5	650	700	700
BCu86SnPNi	余量	4.8～5.8	—	Sn 7.0～8.0 Ni 0.4～1.2	620	670	670
BCu92PSb	余量	5.6～6.4	—	Sb 1.8～2.2	690	825	740

① 多数钎料只有在高于液相线温度时才能获得满意的流动性，多数铜磷钎料在低于液相线某一温度钎焊时就能充分流动。

注：表中钎料的最大杂质含量（质量分数）为 Al＝0.01%、Bi＝0.030%、Cd＝0.010%、Pb＝0.025%、Zn＝0.05%、Zn＋Cd＝0.05%；最大杂质总量为 0.25%。

表 5-11 其他铜钎料的化学成分

型号	化学成分(质量分数)/%									熔化温度范围/℃ (参考值)	
	Cu	Al	Fe	Mn	Ni	P	Si	Sn	Zn	杂质总量	固相线	液相线
BCu94Sn(P)	余量	—	—	—	—	0.01～0.40	—	5.5～7.0	—	≤0.4 (Al≤0.005、Zn≤0.05、其他≤0.1)	910	1040
BCu88Sn(P)	余量	—	—	—	—	0.01～0.40	—	11.0～13.0	—		825	990

续表

型号	化学成分(质量分数)/%										熔化温度范围/℃（参考值）	
	Cu	Al	Fe	Mn	Ni	P	Si	Sn	Zn	杂质总量	固相线	液相线
BCu98Sn(Si)(Mn)	余量	≤0.01	≤0.03	0.1～0.4	≤0.1	≤0.015	0.1～0.4	0.5～1.0	—	≤0.1	1020	1050
BCu97SiMn	余量	≤0.01	≤0.1	0.5～1.5	—	≤0.02	1.5～2.0	0.1～0.3	≤0.2	≤0.5	1030	1050
BCu96SiMn	余量	≤0.05	≤0.2	0.7～1.3	—	≤0.05	2.7～3.2	—	≤0.4	≤0.5	980	1035
BCu92AlNi(Mn)	余量	4.5～5.5	≤0.5	0.1～1.0	1.0～2.5	—	≤0.1	—	≤0.2	≤0.5	1040	1075
BCu92Al	余量	7.0～9.0	≤0.5	≤0.5	≤0.5	—	≤0.2	≤0.1	≤0.2	≤0.2	1030	1040
BCu89AlFe	余量	8.5～11.5	0.5～1.5	—	—	—	≤0.1	—	≤0.02	≤0.5	1030	1040
BCu74MnAlFeNi	余量	7.0～8.5	2.0～4.0	11.0～14.0	1.5～3.0		≤0.1	—	≤0.15	≤0.5	945	985
BCu84MnNi	余量	≤0.5	≤0.5	11.0～14.0	1.5～5.0	—	≤0.1	≤1.0	≤1.0	≤0.5	965	1000

注：表中钎料的杂质最大含量（质量分数）为 Cd=0.010%和 Pb=0.025%。

规定，应加倍取样复验分析。

二、镍基钎料

镍基钎料适用于炉中钎焊、感应钎焊和电阻钎焊等工艺方法。根据 GB/T 10859—2008《镍基钎料》标准的规定，镍基钎料的分类和型号见表 5-4。

镍基钎料的化学成分应符合表 5-12 的规定。钎料可以棒状、箔带状、粉状等形式供货，棒状钎料应表面光洁，没有影响钎焊性能的夹杂物及氧化皮等缺陷。粉状钎料外观应呈金属光泽，不得有其他夹杂物和油污。钎料应具有良好的钎焊工艺性能，在合适的钎焊工艺条件下，钎缝表面不应有未熔化的残留物。

国外标准镍基钎料应用范围见表 5-13。

三、银钎料

银钎料适用于气体火焰钎焊、电阻钎料、炉中钎焊、感应钎焊和浸渍钎焊等工艺方法，用途较广泛。根据 GB/T 10046—2018《银钎料》标准的规定，银钎料的分类、型号见表 5-6。

银钎料的化学成分应符合表 5-14 的规定。钎料表面应光洁，不应有影响钎焊性能的油污、夹杂物、起皮、针孔分层和裂纹等缺陷。钎料应具有良好的钎焊工艺性能。每批钎料应在不同部位取三个代表性试样进行化学分析，在常规分析中如发现有其他杂质时须作进一步分析，真空钎料的杂质元素成分应同时符合表 5-15 的规定。

四、锰基钎料

锰基钎料适用于气体保护的炉中钎焊、感应钎焊和真空钎焊等工艺方法。根据 GB/T 13679—2016《锰基钎料》标准的规定，锰基钎料的分类、牌号、化学成分熔化温度和钎焊温度见表 5-16。

带状及丝状的锰基钎料的表面应光洁，不应有影响钎焊性能的油污、氧化膜、夹杂物、分层和裂纹等缺陷。每批钎料不超过 200kg，应在不同部位随机抽取三个试样进行化学分析，在分析中如发现有其他杂质元素时须作进一步分析。如分析结果不符合表 5-16 的规定，应加倍取样对该项目进行复验。

表 5-12 镍基钎料的化学成分

型号	化学成分(质量分数)/%													熔化温度范围/℃（参考值）	
	Ni	Co	Cr	Si	B	Fe	C	P	W	Cu	Mn	Mo	Nb		
BNi73CrFeSiB(C)	余量	≤0.1	13.0～15.0	4.0～5.0	2.75～3.50	4.0～5.0	0.60～0.90	≤0.02	—	—	—	—	—	980	1060
BNi74CrFeSiB	余量	≤0.1	13.0～15.0	4.0～5.0	2.75～3.50	4.0～5.0	≤0.06	≤0.02	—	—	—	—	—	980	1070
BNi81CrB	余量	≤0.1	13.5～16.5	—	3.25～4.0	≤1.5	≤0.06	≤0.02	—	—	—	—	—	1055	1055
BNi82CrSiBFe	余量	≤0.1	6.0～8.0	4.0～5.0	2.75～3.50	2.5～3.5	≤0.06	≤0.02	—	—	—	—	—	970	1000
BNi78CrBCuMoNb	余量	≤0.1	7.0～9.0	3.8～4.8	2.75～3.50	≤0.4	≤0.06	≤0.02	—	2.0～3.0	—	1.5～2.5	1.5～2.5	970	1080
BNi92SiB	余量	≤0.1	—	4.0～5.0	2.75～3.50	≤0.5	≤0.06	≤0.02	—	—	—	—	—	980	1040
BNi95SiB	余量	≤0.1	—	3.0～4.0	1.5～2.2	≤1.5	≤0.06	≤0.02	—	—	—	—	—	980	1070
BNi71CrSi	余量	≤0.1	18.5～19.5	9.75～10.5	≤0.03	—	≤0.06	≤0.02	—	—	—	—	—	1080	1135
BNi73CrSiB	余量	≤0.1	18.5～19.5	7.0～7.5	1.0～1.5	≤0.5	≤0.10	≤0.02	—	—	—	—	—	1065	1150
BNi77CrSiBFe	余量	≤0.1	14.5～15.5	7.0～7.5	1.1～1.6	≤1.0	≤0.06	≤0.02	—	—	—	—	—	1030	1125
BNi63WCrFeSiB	余量	≤0.1	10.0～13.0	3.0～4.0	2.0～3.0	2.5～4.5	0.40～0.55	≤0.02	15.0～17.0	—	—	—	—	970	1105

续表

型号	化学成分(质量分数)/%													熔化温度范围/℃(参考值)	
	Ni	Co	Cr	Si	B	Fe	C	P	W	Cu	Mn	Mo	Nb		
BNi67WCrSiFeB	余量	≤0.1	9.0～11.75	3.35～4.25	2.2～3.1	2.5～4.0	0.30～0.50	≤0.02	11.5～12.75	—	—	—	—	970	1095
BNi89P	余量	≤0.1	—	—	—	—	≤0.06	10.0～12.0	—	—	—	—	—	875	875
BNi76CrP	余量	≤0.1	13.0～15.0	≤0.10	≤0.02	≤0.2	≤0.06	9.7～10.5	—	—	—	—	—	890	890
BNi65CrP	余量	≤0.1	24.0～26.0	≤0.10	≤0.20	≤0.2	≤0.06	9.0～11.0	—	—	—	—	—	880	950
BNi66MnSiCu	余量	≤0.1	—	6.0～8.0	—	—	≤0.06	≤0.02	—	4.0～5.0	21.5～24.5	—	—	980	1010

注：表中钎料最大杂质含量（质量分数）为 Al=0.05%、Cd=0.010%、Pb=0.025%、S=0.02%、Se=0.005%、Ti=0.05%、Zr=0.05%，最大杂质总量为0.50%；如果发现除表和表注中之外的其他元素存在时，应对其进行测定。

表 5-13 国外标准镍基钎料应用范围

国外标准镍基钎料牌号	BNi-1	BNi-2	BNi-3	BNi-4	BNi-5	BNi-6	BNi-7
对应的国内钎料	B-Ni74SiB	B-Ni83CrSiB	B-Ni92SiB	B-Ni93SiB	B-Ni71CrSi	B-Ni89P	B-Ni77CrP
高温下受大应力的部件	A	B	B	C	A	C	C
受大静力的结构	A	A	B	B	A	C	C
蜂窝结构及其他薄壁结构	C	B	B	B	A	A	A
核反应堆	含硼，不适用于核反应堆				A	B	A
大的可加工的圆角	B	C	C	C	C	C	C
同液态钠、钾接触	A	A	A	A	A	C	A
用于紧密的或深的接头	C	B	B	B	B	A	A

续表

国外标准镍基钎料牌号	BNi-1	BNi-2	BNi-3	BNi-4	BNi-5	BNi-6	BNi-7
对应的国内钎料	B-Ni74SiB	B-Ni83CrSiB	B-Ni92SiB	B-Ni93SiB	B-Ni71CrSi	B-Ni89P	B-Ni77CrP
接头强度	1	1	2	3	1	4	2
母材的溶解	1	2	2	3	4	4	5
流动性	3	2	2	3	2	1	1
接头的抗氧化性	1	3	3	5	2	5	5
钎焊用保护气氛	a、b	a、b	a、b	a、b	a、b	a、b、c、d	a、b、c、d
接头间隙/mm	0.05～0.125	0.025～0.125	0～0.05	0.05～0.1	0.025～0.1	0～0.075	0～0.075

注：1. A—最好；B—满意；C—不太满意。

2. 从1到5依次降低。

3. a—干燥纯氢或氩；b—真空；c—分解氨；d—放热反应气体。

表 5-14　银钎料化学成分

型　号	化学成分(质量分数)/%								熔化温度范围/℃（参考值）	
	Ag	Cu	Zn	Cd	Sn	Si	Ni	Mn	固相线	液相线
Ag-Cu 钎料										
BAg72Cu[①]	71.0～73.0	27.0～29.0	—	0.010	—	0.05	—	—	779	779
Ag-Mn 钎料										
BAgg85Mn	84.0～86.0	—	—	0.010	—	0.05	—	14.0～16.0	960	970
Ag-Cu-Li 钎料										
BAg72CuLi	71.0～73.0	余量	Li 0.25～0.50						766	766
Ag-Cu-Zn 钎料										
BAg5CuZn(Si)	4.0～6.0	54.0～56.0	38.0～42.0	0.010	—	0.05～0.25	—	—	820	870
BAg12CuZn(Si)	11.0～13.0	47.0～49.0	38.0～42.0	0.010	—	0.05～0.25	—	—	800	830

续表

型　　号	化学成分(质量分数)/%								熔化温度范围/℃（参考值）	
	Ag	Cu	Zn	Cd	Sn	Si	Ni	Mn	固相线	液相线
Ag-Cu-Zn 钎料										
BAg20CuZn(Si)	19.0～21.0	43.0～45.0	34.0～38.0	0.010	—	0.05～0.25	—	—	690	810
BAg25CuZn	24.0～26.0	39.0～41.0	33.0～37.0	0.010	—	0.05	—	—	700	790
BAg30CuZn	29.0～31.0	37.0～39.0	30.0～34.0	0.010	—	0.05	—	—	680	765
BAg35ZnCu	34.0～36.0	31.0～33.0	31.0～35.0	0.010	—	0.05	—	—	685	775
BAg44CuZn	43.0～45.0	29.0～31.0	24.0～28.0	0.010	—	0.05	—	—	675	735
BAg45CuZn	44.0～46.0	29.0～31.0	23.0～27.0	0.010	—	0.05	—	—	665	745
BAg50CuZn	49.0～51.0	33.0～35.0	14.0～18.0	0.010	—	0.05	—	—	690	775
BAg60CuZn	59.0～61.0	25.0～27.0	12.0～16.0	0.010	—	0.05	—	—	695	730
BAg63CuZn	62.0～64.0	23.0～25.0	11.0～15.0	0.010	—	0.05	—	—	690	730
BAg65CuZn	64.0～66.0	19.0～21.0	13.0～17.0	0.010	—	0.05	—	—	670	720
BAg70CuZn	69.0～71.0	19.0～21.0	8.0～12.0	0.010	—	0.05	—	—	690	740
Ag-Cu-Sn 钎料										
BAg60CuSn	59.0～61.0	29.0～31.0	—	0.010	9.5～10.5	0.05	—	—	600	730
Ag-Cu-Ni 钎料										
BAg56CuNi	55.0～57.0	41.0～43.0	—	0.010	—	0.05	1.5～2.5	—	770	895
Ag-Cu-Zn-Sn 钎料										
BAg25CuZnSn	24.0～26.0	39.0～41.0	31.0～35.0	0.010	1.5～2.5	0.05	—	—	680	760
BAg30CuZnSn	29.0～31.0	35.0～37.0	30.0～34.0	0.010	1.5～2.5	0.05	—	—	665	755
BAg34CuZnSn	33.0～35.0	35.0～37.0	25.5～29.5	0.010	2.0～3.0	0.05	—	—	630	730
BAg38CuZnSn	37.0～39.0	35.0～37.0	26.0～30.0	0.010	1.5～2.5	0.05	—	—	650	720
BAg40CuZnSn	39.0～41.0	29.0～30.0	26.0～30.0	0.010	1.5～2.5	0.05	—	—	650	710

续表

型号	化学成分(质量分数)/%								熔化温度范围/℃(参考值)	
	Ag	Cu	Zn	Cd	Sn	Si	Ni	Mn	固相线	液相线
Ag-Cu-Zn-Sn 钎料										
BAg45CuZnSn	44.0～46.0	26.0～28.0	23.5～27.5	0.010	2.0～3.0	0.05	—	—	640	680
BAg55ZnCuSn	54.0～56.0	20.0～22.0	20.0～24.0	0.010	1.5～2.5	0.05	—	—	630	660
BAg56CuZnSn	55.0～57.0	21.0～23.0	15.0～19.0	0.010	4.5～5.5	0.05	—	—	620	655
BAg60CuZnSn	59.0～61.0	22.0～24.0	12.0～16.0	0.010	2.0～4.0	0.05	—	—	620	685
Ag-Cu-Zn-Cd 钎料										
BAg20CuZnCd	19.0～21.0	39.0～41.0	23.0～27.0	13.0～17.0	—	0.05	—	—	605	765
BAg21CuZnCdSi	20.0～22.0	34.5～36.5	24.5～28.5	14.5～18.5	—	0.3～0.7	—	—	610	750
BAg25CuZnCd	24.0～26.0	29.0～31.0	25.5～29.5	16.5～18.5	—	0.05	—	—	607	682
BAg30CuZnCd	29.0～31.0	26.5～28.5	20.0～24.0	19.0～21.0	—	0.05	—	—	607	710
BAg35CuZnCd	34.0～36.0	25.0～27.0	19.0～23.0	17.0～19.0	—	0.05	—	—	605	700
BAg40CuZnCd	39.0～41.0	18.0～20.0	19.0～23.0	18.0～22.0	—	0.05	—	—	595	630
BAg45CdZnCu	44.0～46.0	14.0～16.0	14.0～18.0	23.0～25.0	—	0.05	—	—	605	620
BAg50CdZnCu	49.0～51.0	14.5～16.5	14.5～18.5	17.0～19.0	—	0.05	—	—	625	635
BAg40CuZnCdNi	39.0～41.0	15.5～16.5	14.5～18.5	25.1～26.5	—	0.05	0.1～0.3	—	595	605
BAg50ZnCdCuNi	49.0～51.0	14.5～16.5	13.5～17.5	15.0～17.0	—	0.05	2.5～3.5	—	635	690
Ag-Cu-Zn-In 钎料										
BAg40CuZnIn	39.0～41.0	29.0～31.0	23.5～26.5	In 4.5～5.5					635	715
BAg34CuZnIn	33.0～35.0	34.0～36.0	28.5～31.5	In 0.8～1.2					660	740
BAg30CuZnIn	29.0～31.0	37.0～39.0	25.5～28.5	In 4.5～5.5					640	755
BAg56CuInNi	55.0～57.0	26.25～28.25	—	In 13.5～15.5			2.0～2.5	—	600	710

续表

型号	化学成分(质量分数)/%								熔化温度范围/℃(参考值)	
	Ag	Cu	Zn	Cd	Sn	Si	Ni	Mn	固相线	液相线
Ag-Cu-Zn-Ni 钎料										
BAg40CuZnNi	39.0～41.0	29.0～31.0	26.0～30.0	0.010	—	0.05	1.5～2.5	—	670	780
BAg49ZnCuNi	49.0～50.0	19.0～21.0	26.0～30.0	0.010	—	0.05	1.5～2.5	—	660	705
BAg54CuZnNi	53.0～55.0	37.5～42.5	4.0～6.0	0.010	—	0.05	0.5～1.5	—	720	855
Ag-Cu-Sn-Ni 钎料										
BAg63CuSnNi	62.0～64.0	27.5～29.5	—	0.010	5.0～7.0	0.05	2.0～3.0	—	690	800
Ag-Cu-Zn-Ni-Mn 钎料										
BAg25CuZnMnNi	24.0～26.0	37.0～39.0	31.0～35.0	0.010	—	0.05	1.5～2.5	1.5～2.5	705	800
BAg27CuZnMnNi	26.0～28.0	37.0～39.0	18.0～22.0	0.010	—	0.05	5.0～6.0	8.5～10.5	680	830
BAg49ZnCuMnNi	48.0～50.0	15.0～17.0	21.0～25.0	0.010	—	0.05	4.0～5.0	7.0～8.0	680	705

① 真空钎料杂质元素成分要求见表 5-15。

注：1. 单值均为最大值，“余量”表示 100%与其余元素含量总和的差值。

2. 所有型号钎料的杂质最大含量（质量分数）是 Al＝0.001%，Bi＝0.030%，P＝0.008%，Pb＝0.025%；杂质总量为 0.15%。BAg60CuSn 和 BAg72Cu 钎料的杂质总量为 0.15%。BAg25CuZnMnNi、BAg49ZnCuMnNi 和 BAg85Mn 钎料杂质的杂质总量为 0.30%。

表 5-15 真空钎料的杂质元素含量

杂质元素	最大值(质量分数)/%		杂质元素	最大值(质量分数)/%	
	1 级	2 级		1 级	2 级
C①	0.005	0.005	Zn	0.001	0.002
Cd	0.001	0.002	Mn③	0.001	0.002
P	0.002	0.002②	In③	0.002	0.003
Pb	0.002	0.002	500℃，蒸气压大于 1.3×10^{-5}Pa 的元素④	0.001	0.002

①对于钎料 BAg72Cu（见表 5-14），碳含量更为严格的要求可由供需双方商定。

② 对于钎料 BAg72Cu（见表 5-14），最大含量为 0.02%。

③ 除此之外，按表 5-6 中的规定。

④ 这些元素有 Ca、Cs、K、Li、Mg、Na、Rb、S、Sb、Se、Sr、Te、Tl。对于这些元素（包括 Cd、Pb 和 Zn），总含量≤0.010%。

表 5-16 锰基钎料的分类、牌号、化学成分、熔化温度和钎焊温度

分类	钎料牌号	化学成分[①]	熔化温度/℃	钎焊温度/℃	备注
锰镍	B-Mn70Ni	Mn-Ni30-C0.1	1135	1150～1200	
	B-Mn68Ni	Mn-Ni31-C0.1	1010	1020～1200	
	B-Mn60Ni	Mn-Ni40-C0.1	1005	1015～1200	
锰镍铬	B-Mn70NiCr	Mn-Ni25-Cr5	1035～1080	1140～1180	QMn-1
	B-Mn55NiCr	Mn-Ni36-Cr9	1060	1080～1150	
	B-Mn54NiCr	Mn-Ni36-Cr10	1086～1170	1170～1200	
锰镍钴	B-Mn68NiCo	Mn-Ni22-Co10	1050～1070	1100～1200	QMn-3
	B-Mn67NiCo	Mn-Ni16-Co16-B0.9	1030～1050	1080～1150	
锰镍磷	B-Mn54NiP	Mn-Ni36-P9	1170	1170～1200	
锰镍铜铬	B-Mn52NiCuCr	Mn-Ni28.5-Cu14.5-Cr5	1000～1010	1050～1200	QMn-5
锰镍铜铬钴	B-Mn50NiCuCrCo	Mn-Ni27.5-Cu13.5-Cr4.5-Co4.5	1010～1035	1065～1160	QMn-4
锰镍铜	B-Mn50NiCu	Mn-Ni30-Cu20	1000	1040～1130	QMn-6
	B-Mn45NiCu	Mn-Ni20-Cu35	920～950	950～1060	QMn-7
锰镍钴铁	B-Mn65NiCoFeB	Mn-Ni16-Co16-Fe3-B0.6	1010～1035	1060～1100	
锰镍铬钴	B-Mn40NiCrCoFe	Mn-Ni41-Cr12-Co3-Fe4	1065～1135	1160～1200	QMn-2

① 表中化学成分均指质量分数（%）。

五、铝基钎料

铝基钎料适用于火焰钎焊、炉中钎焊、盐浴钎焊和真空钎焊等工艺方法。根据 GB/T 13815—2008《铝基钎料》标准的规定，铝基钎料的牌号、化学成分及性能见表 5-17。

表 5-17 铝基钎料的牌号、化学成分及性能

牌号	名称	化学成分(质量分数)/%				熔点/℃	抗拉强度 σ_b/MPa	接头强度/MPa	
		Al	Cu	Si	Zn			钎焊金属	σ_b
HL400 CB Bal188Si (相当 AWSBAlSi-4)	铝硅共晶钎料	余量	<0.3	11.0～13.0	—	577～582	147～156.9	L4 LF21	66 96.0
HL401 GB Bal67CuSi	铝铜硅1号钎料	余量	27～29	5.5～6.5	—	525～535	脆性大	L2 LF21	67 96.0
HL402 GB Bal86SiCu AWS BalSi-3	铝铜硅2号钎料	余量	3.3～4.7	9.3～10.7	—	521～585	245～294	L3 LD2	68 93.0 152
HL403 (相当 JISBAl-0)	铝铜硅锌钎料	余量	3.3～4.7	9～11	—	516～560	245～294	L3 LF21 LD ZL13	66 94 151 79

丝状、带状、条状的铝基钎料的表面应光洁，不应有影响钎焊性能的油污、夹杂物、起皮、分层和裂纹等缺陷。每批钎料应在不同部位取三个代表性试样进行化学分析，在分析中如发现有其他元素时须作进一步分析。如分析结果不符合表 5-17 的规定，应加倍取样对该项目进行复验。

六、钴基钎料

在美国焊接学会的标准中有一种钴基钎料，其成分见表 5-18。钴基钎料用于钎焊钴基高温合金，钎料成分与母材匹配，钎焊接头正常工作温度达 1040℃。该钎料已用于钎焊喷气发动机的部件。

七、金基钎料

硬钎料中常见的金基钎料有金铜系、金银铜系、金镍系和金钯镍系钎料，见表 5-19。金基钎料多用于在保护性气氛或真空中的钎焊，

表 5-18 美国焊接学会标准中钴基钎料的化学成分及熔化温度（AWS A5.8/A5.8M：2004）

牌号	化学成分/%								熔化温度/℃		钎焊温度/℃
	Co	Cr	Ni	Si	W	Fe	B	C	固相线	液相线	
BCo-1	余量	18.0～20.0	16.0～18.0	7.5～8.5	3.5～4.5	1.0	0.7～0.9	0.35～0.45	1121	1149	1149～1232

注：表中化学成分单值表示元素的最大含量。

表 5-19 金基钎料的成分及熔化温度

分类	牌号	化学成分/%					熔化温度/℃		钎焊温度/℃	备注
		Au	Ag	Cu	Pd	Ni	固相线	液相线		
金铜	B-Au37.5Cu	37.5	—	63.5	—	—	991	1016	1016～1093	AWS BAu-1
	B-Au50Cu	50	—	50	—	—	955	970	980～1050	—
	B-Au80Cu	80	—	20	—	—	891	891	891～1010	AWS BAu-2
	B-Au35CuNi	35	—	62	—	3	974	1029	1029～1091	AWS BAu-3
	B-Au81.5CuNi	81.5	—	16.5	—	2	910	925	950～1060	—
金银铜	B-Au60AgCu	60	20	20	—	—	835	845	850～950	—
	B-Au75AgCu	75	5	20	—	—	885	895	—	—
金镍	B-Au82Ni	82	—	—	—	18	949	949	949～1004	AWS BAu-4
金钯镍	B-Au30PdNi	30	—	—	34	36	1135	1166	1166～1232	AWS BAu-5
	B-Au50PdNi	50	—	—	25	25	1102	1121	—	—
	B-Au70NiPd	70	—	—	8	22	1007	1046	1046～1121	AWS BAu-6

可采用感应加热、炉中加热方法。

金铜系、金银铜系钎料主要用于钎焊真空电子器件，钎料塑性好、强度高、蒸气压低，对真空电子器件中常用的各种金属材料及Mo-Mn法金属化的陶瓷材料润湿性好，既可填充较小的钎缝间隙，也可填充较大的钎缝间隙。通过调整钎料的成分，可得到不同熔化温度的钎料，满足分步钎焊的要求。

B-Au82Ni钎料是金基钎料中应用最多的，除了用于钎焊真空电子器件，还常用于钎焊航空发动机的不锈钢或高温合金部件。该钎料熔点低，且具有单一的熔化温度，对不锈钢和高温合金的润湿性非常好，而且填充钎缝的能力非常强，既适应窄间隙，也适应较宽的间隙，钎料的组织为金镍固溶体，强度高、塑性好。钎焊的不锈钢或高温合金接头抗氧化、耐蚀。例如钎焊的1Cr18Ni11Nb不锈钢接头在650℃以下抗拉强度与母材相当，接头的抗氧化能力在800℃以下都很好。钎焊的1Cr18Ni9Ti与YG15硬质合金接头在含硫的高温腐蚀性气氛中长期工作时，钎缝的耐蚀性好于镍基钎料。

金钯镍钎料主要用于钎焊在较高温度下工作的铁基、镍基、钴基高温合金接头，钎焊接头不仅强度高、塑性好，而且耐蚀性和抗氧化性都非常好。

八、钯基钎料

钯基钎料通常熔化温度较高，主要用于钎焊要求工作温度高和耐蚀性、抗氧化性好的接头。表5-20中列出了常见的钯基钎料。

表5-20 钯基钎料的化学成分及熔化温度

牌号	化学成分/%								熔化温度/℃	钎焊温度/℃
	Pd	Co	Ag	Mn	Ni	Cr	Si	B		
B-Pd65Co	65	35	—	—	—	—	—	—	1230～1235	1235～1250
B-Pd60Ni	60	—	—	—	40	—	—	—	1237	1250
B-Pd21NiMn	21	—	—	31	48	—	—	—	1120	1125
B-Pd36NiCrSiB	36	—	—	—	48.7	11	2.2	2.1	830～945	1000
B-Pd81AgSi	81	—	14.5	—	—	—	4.5	—	705～760	760～790

B-Pd65Co主要用于钎焊发动机热端部件，该钎料在高温合金上润湿性、流动性好，钎焊接头高温性能好。该钎料还可用于难熔金属

的钎焊。

B-Pd60Ni 钎料熔化温度高，主要用于钎焊高温合金或难熔金属，钎焊接头的高温性能好。

B-Pd21NiMn 钎料钎焊高温合金接头的抗剪强度比银铜钯钎料高，而且钎缝组织不会出现偏析，但钎料加工性能不好。

B-Pd36NiCrSiB 钎料熔化温度较低，可替代 B-Au82Ni 钎料在 1010℃以下钎焊 Inconel718 高温合金，避免母材因晶粒长大而力学性能下降。由于钎料含有硅、硼，钎料较脆，不能加工成形，一般以粉末状或非晶箔带状使用。使用 B-P36NiCrSiB 钎料钎焊不锈钢或高温合金时也要采用窄间隙，避免接头中出现脆性相，以确保钎焊接头的强度。

B-Pd81AgSi 主要用于钎焊钛及钛合金，钎料润湿性、流动性好，钎焊接头强度高，耐蚀性和抗氧化性好。

九、钛基钎料

钛基钎料主要用于钎焊钛及钛合金，同时由于钎料中含有活性元素 Ti，钎料也可用于陶瓷、石墨以及这些材料与金属的钎焊。表 5-21 列出了一些钛基钎料的成分和熔化温度。

表 5-21 钛基钎料的成分和熔化温度

牌号	化学成分/%					熔化温度/℃
	Ti	Zr	Cu	Ni	Be	
B-Ti43Cu	43	—	57	—	—	975
B-Ti72Ni	72	—	—	28	—	942
B-Ti72CuNi	余量	—	13～15	13～15	—	900～940
B-Ti43ZrNi	43	43	—	14	—	853～862
B-Ti25ZrCu	余量	25	50	—	—	780～815
B-Ti37.5ZrCuNi	余量	37.5	15	10	—	805～815
B-Ti35ZrCuNi	余量	35	15	15	—	770～820
B-Ti49CuBe	余量	—	48～50	—	1～3	900～955
B-Ti48ZrBe	余量	48	—	—	4	890～900
B-Ti43ZrNiBe	—	43	—	12	2	795～816

B-Ti43Cu 钎料可用于钎焊 Si_3N_4、SiC 等陶瓷，也可用于这些陶瓷材料与金属的钎焊。该钎料在 1100℃ ×30min 条件下真空钎焊

Si_3N_4 接头，接头抗剪强度达 176MPa；在 1000℃×5min 条件下真空钎焊 Si_3N_4/Fe-32Ni-17Co 合金接头，接头抗剪强度达 194MPa。该钎料很脆，但可加工成非晶箔带，以方便使用。

B-Ti72Ni 钎料为钛镍共晶钎料，可用于钎焊 Si_3N_4、SiC 等陶瓷，也可用于这些陶瓷材料与金属的钎焊。其在 1250℃×30min 条件下真空钎焊 SiC/SiC 接头，接头抗剪强度为 48MPa。该钎料很脆，但可加工成非晶箔带，以方便使用。

Ti-Cr-Ni、Ti-Zr-Ni、Ti-Zr-Cu、Ti-Zr-Cu-Ni 等钎料常用于钎焊钛及钛合金，钎焊接头的强度、耐蚀性优于银基钎料和铝基钎料。但这些钎料中 Cu、Ti 含量较高，钎料对母材熔蚀较严重，使用时要控制钎料量、钎焊温度和保温时间，其中，Ti-Zr-Cu-Ni 钎料熔化温度较低，适用于要求钎焊温度的钛合金（如 Ti-6Al-4V）的钎焊，而且目前国内已经有非晶箔带钎料出售。

Ti-Zr-Be 钎料钎焊钛合金时，钎料对母材熔蚀小，有利于钎焊薄壁件；但铍有毒，因此使用上受到很大限制。该钎料钎焊石墨材料效果也不错。

十、真空级钎料

当电子管要求有极佳的运行特性或要求长的工作寿命时，必须使用真空级钎料进行钎焊。真空级钎料的特点在于其纯度远远高于普通钎料，蒸气压低，在钎料熔化过程中不会发生溅散现象，钎缝表面光洁。真空级钎料的化学成分见表 5-22。

表 5-22 真空级钎料的化学成分 %

钎料型号	钎料牌号	化学成分(质量分数)								
		Ag	Cu	Ni	其他	Zn	Cd	Pb	P	C
BAg99.95-V	DHLAg	99.95	0.05	—	—	0.001	0.001	0.002	0.002	0.005
BAg72Cu-V	DHLAgCu28	71±1	28±1	—	—	0.001	0.001	0.002	0.002	0.005
BAg71CuNi-V	DHLAgCu28-1	71±1	28±1	0.5～10	—	0.001	0.001	0.002	0.002	0.005
BAg50Cu-V	DHLAgCu50	50±1	50±1	—	—	0.001	0.001	0.002	0.002	0.005
BAg68CuPd-V	DHLAgCu27-5	68±1	27±1	—	Pd±0.5	0.001	0.001	0.002	0.002	0.005

续表

钎料型号	钎料牌号	化学成分(质量分数)								
		Ag	Cu	Ni	其他	Zn	Cd	Pb	P	C
	DHLCu	0.05	99.95	—	—	0.002	0.002	0.002	0.002	0.005
BCu99.95-V	DHLAuCu20 DHLAuNi7.5	— —	20±5 —	— 17.5±0.5	Au余量	0.001	0.001	0.002	0.002	0.005
BCuGe-V	DHLCuGe12	—	余量	0.2～0.3	Ge11±0.5	0.001	0.001	0.002	0.002	0.005

第三节　软钎料的成分与性能

所谓软钎料是指熔点在 450℃以下的钎料。这类钎料在许多工业领域，尤其是在电子、医疗器械、金银首饰及机械等行业中得到了广泛的应用。

软钎料中主要的金属元素是锡，其次是铅、铋、锌、铟、锑、镉、银、铜等。这些金属的不同组配构成了种类繁多、性能各异的软钎料。图 5-5 所示为二元合金软钎料的典型例子。

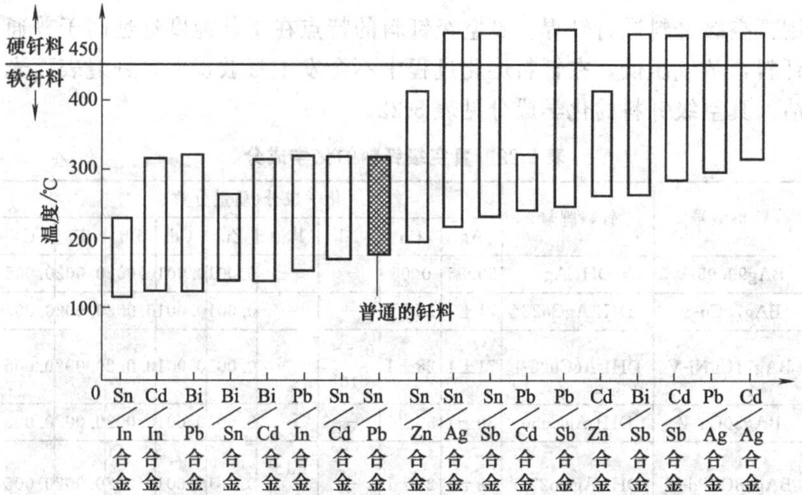

图 5-5　典型的二元合金软钎料

一、锡铅钎料

锡铅钎料具有在铜及铜合金和钢上均具有良好的流动性、熔点低、易操作和耐蚀性好等优点，是软钎料中应用最广的一种钎料。在电子技术领域，从电气零部件、元器件及引线的连接，直到普通端子和印刷电路板的连接，都大量使用锡铅钎料。

锡铅钎料的物理性能和力学性能见表 5-23。

表 5-23 锡铅钎料的物理性能和力学性能

钎料成分/%		熔化温度/℃		密度/(g/cm³)	与纯铜电导率之比/%	电阻率/mΩ·cm	热导率/[4.18W/(m·K)]	线胀系数/10⁻⁶℃⁻¹	抗拉强度/9.8MPa	抗剪强度/9.8MPa	冲击韧度/(10J/cm²)	伸长率/%
w(Sn)	w(Pb)	固相线	液相线									
100	0	232	232	7.31	13.9	12.85	0.157	22.4	1.9	2.19	5.29	43
90	10	183	220	7.57	—	—	0.15	26.0	4.3	2.70	1.85	25
80	20	183	208	7.87	—	—	—	—	4.5	5.01	1.37	22
75	25	183	196	8.02	—	—	—	—	4.4	4.13	2.23	22
62	38	183	183	8.35	11.9	14.13	—	24.7	4.1	4.34	2.75	34
50	50	183	209	8.87	11.0	15.82	—	—	3.6	3.54	4.59	32
40	60	183	235	9.31	10.2	17.07	0.095	25.0	3.2	3.67	4.75	63
33	67	183	250	9.61	9.7	—	—	—	3.2	3.35	4.36	66
30	70	183	256	9.69	9.5	—	0.094	26.5	3.3	2.90	4.67	58
25	75	183	265	9.94	9.1	—	—	—	2.8	2.85	3.68	52.1
20	80	183	277	10.2	8.6	20.50	—	26.5	2.8	2.52	3.86	67
18	82	183	277	10.2	8.6	—	0.093	26.0	2.8	2.52	3.86	67
15	85	225	287	10.3	8.3	—	—	—	2.4	2.52	3.60	41
10	90	265	302	10.8	—	—	—	24.6	3.2	2.46	3.49	32
5	95	300	314	11.0	—	—	—	—	—	2.35	2.51	21
0	100	327	277	11.4	7.9	20.00	0.08	29.5	1.1	1.27	2.11	45

国产锡铅钎料的成分和性能见表 5-24，用这些钎料钎焊不同母材时的接头强度见表 5-25。

表 5-24 国产锡铅钎料的成分和性能

型号	化学成分的质量分数/%	熔点/℃	抗拉强度/MPa	伸长率/%	电阻率/μΩ·m	密度/(g/cm³)
S-Sn60Pb39Sb	Sn59～61,Pb39,Sb<0.8	183～185	46	34	0.145	8.50
S-Sn18Pb80Sb	Sn17～18,Pb80,Sb2～2.5	183～277	27	67	0.220	10.23

续表

型　号	化学成分的质量分数/%	熔点/℃	抗拉强度/MPa	伸长率/%	电阻率/μΩ·m	密度/(g/cm³)
S-Sn30Pb68Sb	Sn29～31,Pb68,Sb1.5～2	183～256	32	—	0.182	9.69
S-Sn40Pb58Sb	Sn39～41,Pb58,Sb1.5～2	183～235	37	63	0.170	9.31
S-Sn90Pb10	Sn89～91,Pb10,Sb<0.15	183～222	42	25	0.120	7.57
S-Sn50Pb50	Sn49～51,Pb50,Sb<0.8	183～210	37	32	0.156	8.83

表 5-25　锡铅钎料钎焊接头强度

钎料型号	母材金属	接头抗拉强度/MPa	接头抗剪强度/MPa
S-Sn60Pb39Sb1	纯铜	93.2	34.3
	黄铜	78.3	34.3
	钢	95.9	35.2
S-Sn18Pb80Sb2	纯铜	84.2	37.2
	黄铜	92.0	37.2
	低碳钢	102.8	49.9
	镀锌铁皮	—	42.1
	镀锡铁皮	—	46.0
	1Cr18Ni9Ti	—	21.5
S-Sn30Pb68Sb2	纯铜	76.4	36.2
	黄铜	86.2	37.2
	低碳钢	112.6	49.0
	镀锌铁皮	—	41.1
	镀锡铁皮	—	35.2
	1Cr18Ni9Ti	—	32.3
S-Sn40Pb58Sb2	纯铜	76.4	36.2
	黄铜	78.3	45.0
	低碳钢	98.8	59.7
	镀锌铁皮	—	55.8
	镀锡铁皮	—	48.0
	1Cr18Ni9Ti	—	31.1
S-Sn90Pb10	纯铜	88.1	45.0
	黄铜	89.1	44.1
	1Cr18Ni9Ti	—	32.3

二、镉基钎料

镉基钎料主要用于钎焊铜及铜合金，在钢上润湿性较差。镉基钎料是软钎料中耐热性最好的钎料，钎焊接头可承受250℃以下的工作温度。镉基钎料还具有较好的耐蚀性。由于镉与铜易形成脆性化合物，因此钎焊温度不宜太高，保温时间不宜过长，否则接头发脆而使强度降低。镉蒸气有毒，熔炼和使用镉基钎料时应注意通风，避免中毒。某些镉基钎料的成分及熔化温度见表5-26。

表5-26 某些镉基钎料的成分及熔化温度

牌号	成分/%				熔化温度/℃
	Cd	Zn	Ag	Ni	
Cd96AgZn	96	1	3	—	300～325
Cd95Ag	95	—	5	—	338～393
Cd84AgZnNi	84	6	8	2	360～380
Cd82.5Zn	82.5	17.5	—	—	265～285
Cd82ZnAg	82	16	2	—	270～280
Cd79ZnAg	79	16	5	—	270～285
Cd92AgZn	92	2～4	4～5	—	320～360

三、铝用软钎料

铝用软钎料主要用于铝及铝合金的软钎焊，有些钎料也可用于铝与铜、铝与钢的软钎焊。根据钎料的熔化温度划分，铝用软钎料有低温软钎料（熔点为150～260℃）、中温软钎料（熔点为260～370℃）和高温软钎料（熔点为370～480℃）。根据钎料的主要合金成分划分，铝用软钎料有Zn-Al系、Zn-Cd系、Sn-Zn系、Sn-Pb系、Pb-Bi系钎料。

常用铝用软钎料的成分及熔化温度见表5-27。

表5-27 某些铝用软钎料的成分及熔化温度

牌号	成分/%						熔化温度/℃	
	Zn	Cd	Sn	Pb	Cu	Al	固相线	液相线
料607	8～10	8～10	29～33	49～53	—	—	150	210
料501	56～60	—	38～42	—	1.5～2.5	—	200	350
料502	58～62	30～42	—	—	—	—	266	335
料505	70～75	—	—	—	—	25～30	430	500

四、无铅钎料

无铅钎料是合金成分中铅含量（质量分数）不超过0.1%的锡基钎料的总称。

无铅钎料的化学成分见表5-28。

表 5-28 无铅钎料的化学成分

型号	熔化温度范围/℃	化学成分(质量分数)/%														
		Sn	Ag	Cu	Bi	Sb	In	Zn	Pb	Au	Ni	Fe	As	Al	Cd	杂质总量
S-Sn99Cu	227～235	余量	0.10	0.20～0.40	0.10	0.10	0.10	0.001	0.10	0.05	0.01	0.02	0.03	0.001	0.002	0.2
S-Sn99Cu1	227	余量	0.10	0.5～0.9	0.10	0.10	0.10	0.001	0.10	0.05	—	0.02	0.03	0.001	0.002	0.2
S-Sn97Cu3	227～310	余量	0.10	2.5～3.5	0.10	0.10	0.10	0.001	0.10	0.05	—	0.02	0.03	0.001	0.002	0.2
S-Sn97Ag3	221～230	余量	2.8～3.2	0.10	0.10	0.10	0.05	0.001	0.10	0.05	0.01	0.02	0.03	0.001	0.002	0.2
S-Sn96Ag4	221	余量	3.3～3.7	0.05	0.10	0.10	0.10	0.001	0.10	0.05	0.01	0.02	0.03	0.001	0.002	0.2
S-Sn96Ag4Cu	217～229	余量	3.7～4.3	0.3～0.7	0.10	0.10	0.10	0.001	0.10	0.05	0.01	0.02	0.03	0.001	0.002	0.2
S-Sn98Cu1Ag	217～227	余量	0.2～0.4	0.5～0.9	0.06	0.10	0.10	0.001	0.10	0.05	0.01	0.02	0.03	0.001	0.002	0.2
S-Sn95Cu4Ag1	217～353	余量	0.8～1.2	3.5～4.5	0.08	0.10	0.10	0.001	0.10	0.05	0.01	0.02	0.03	0.001	0.002	0.2
S-Sn92Cu6Ag2	217～380	余量	1.8～2.2	5.5～6.5	0.08	0.10	0.10	0.001	0.10	0.05	0.01	0.02	0.03	0.001	0.002	0.2

续表

型号	熔化温度范围/℃	化学成分(质量分数)/%														
		Sn	Ag	Cu	Bi	Sb	In	Zn	Pb	Au	Ni	Fe	As	Al	Cd	杂质总量
S-Sn91Zn9	199	余量	0.10	0.05	0.10	0.10	0.10	8.5～9.5	0.10	0.05	0.01	0.02	0.03	0.001	0.002	0.2
S-Sn95Sb5	230～240	余量	0.10	0.05	0.10	4.5～5.5	0.10	0.001	0.10	0.05	0.01	0.02	0.03	0.001	0.002	0.2
S-Bi58Sn42	139	41～43	0.01	0.05	余量	0.10	0.10	0.001	0.10	0.05	0.01	0.02	0.03	0.001	0.002	0.2
S-Sn89Zn8Bi3	190～197	余量	0.10	0.05	2.8～3.2	0.10	0.10	7.5～8.5	0.10	0.05	0.01	0.02	0.03	0.001	0.002	0.2
S-Sn48In52	118	47.5～48.5	0.10	0.05	0.10	0.10	余量	0.001	0.10	0.05	0.01	0.02	0.03	0.001	0.002	0.2

注：1. 表中的单值均为最大值。

2. 表中的“余量”表示100%与其余元素含量总和的差值。

3. 表中的“熔化温度范围”只作为资料参考，不作为对无铅钎料合金的要求。

4. S-Sn99Cu1和S-Sn97Cu3中镍作为杂质时不作含量要求，需要注意的是，在已经授权的钎料合金专利中含有Sn、Cu和Ni。

五、高温软钎料

由锡铅二元合金相图（图 5-6）可知，当锡的质量分数小于 19.5%时，由于固相线温度升高，因此在此温度范围内的钎料可以用作高温钎料。此外还有其他一些熔点在 230℃以上的钎料也可用于使用温度要求相对较高的场合。表 5-29 给出了一些高温软钎料的组成和特性。

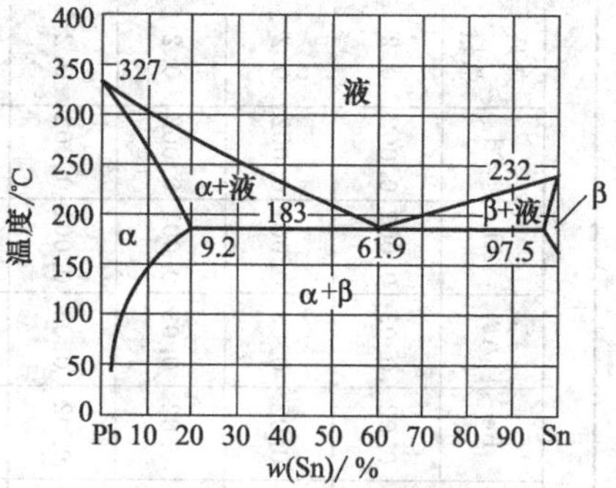

图 5-6 锡铅二元合金相图

表 5-29 高温软钎料的组成和特性

钎料成分的质量分数/%						熔化温度/℃		抗拉强度/MPa	伸长率/%	固有电阻/μΩ·cm
Sn	Pb	Cd	Zn	Ag	其他	固相线	液相线			
—	97.5	—	—	2.5	—	304	304	35	—	—
1～2	93～95	—	—	5～6	—	302	304	—	—	—
1	97.5	—	—	1.5	—	309	309	—	—	—
8	90	—	—	2	—	285	295	34	67	21.61
95	5	—	—	—	—	300	314	—	—	—
100	—	—	—	—	—	232	232	—	—	—
95	—	—	—	—	Sb5	232	240	—	—	—
1～2	—	94～95	—	5～6	—	385	391	—	—	—
—	85	10	5	—	—	234	254	37	63	17.45
—	75	—	—	—	In25	230.3	230.3	—	—	—
—	95	—	—	—	In5	314	314	—	—	—
—	—	82.5	17.5	—	—	265	268	—	—	—
—	—	88	10	2	—	269	294	95	71	8.31
—	—	73	25	2	—	273	295	104	69	7.79
—	—	63	35	2	—	271	305	124	64	7.84

应当指出的是，富锡的高温钎料由于其钎焊温度较高以及其工作环境温度可能较高等原因，在与母材铜之间可能形成脆性的金属间化合物 Cu_3Sn 和 Cu_6Sn_5，并可能形成裂纹，从而影响接头的承载能力。

六、低温软钎料

随着环境温度的降低，锡铅系钎料的强度虽然增加，但却变脆，并且抗冲击能力也随之降低。此外，富锡（锡的质量分数在 60%以上）钎料在低温环境中会产生称之为“锡疫”的相变，严重恶化钎料性能。为防止这种现象的发生，就要使用含有少量 Sb、Bi 或 In 的钎料。

在电子产品的钎焊过程中，某些对热敏感的电子元器件可能因钎焊热循环温度过高而影响其电性能。因此，有时需要使用低温软钎料来完成连接。

低温软钎料大多数由铋、锡、铅、镉、铟金属元素组成。同锡铅系钎料相比，含铋的钎料缺乏光泽，质地很脆。表 5-30 和表 5-31 分别列出了一些低温软钎料和一些低熔点合金的性能。

表 5-30 一些低温软钎料

钎料成分(质量分数)/%						熔化温度/℃	
Bi	Pb	Sn	Cd	In	其他	固相线	液相线
42.91	21.7	7.97	5.09	18.33	Hg4.0	38	43
44.7	22.6	11.3	5.3	16.1	—	44.7	52.2
44.7	22.6	8.3	5.3	19.1	—	47.5	47.5
47.5	25.4	12.6	9.5	5	—	56.7	65.0
49	18	15	—	18	—	57.8	68.9
49	18	12	—	21	—	58	58
53.5	17.0	19	—	—	Hg10.0	60	60
50	25	12.5	12.5	—	—	60.5	60.5
50.1	26.6	13.3	10.0	—	—	68	68
50	26.7	13.3	10	—	—	70	70
50.5	27.8	12.4	9.3	—	—	70	73
50	25	12.5	12.5	—	—	70	74
50	34.5	9.3	6.2	—	—	70	79
42.5	37.7	11.3	8.5	—	—	70	90
50.7	30.91	14.97	3.4	—	—	70	84
35.1	36.4	19.06	9.44	—	—	70	101
57	17	—	—	26		78.9	78.9
51.6	40.2	—	8.2	—	—	91.5	91.5
50	30	20	—	—	—	92	92
50	25	25	—	—	—	93	93

续表

钎料成分(质量分数)/%						熔化温度/℃	
Bi	Pb	Sn	Cd	In	其他	固相线	液相线
52.5	32.0	15.5	—	—	—	95	95
50	31.25	18.75	—	—	—	95	95
56	22	22	—	—	—	95	104.5
67	16	17	—	—	—	95	149
50	28	22	—	—	—	95.5	109.5
50	28	22	—	—	—	100	100
33.33	33.34	33.33	—	—	—	101	143
54.0	—	26.0	20	—	—	103	103
48.0	28.5	14.5	—	—	Sb9.0	103	127
40	40	20	—	—	—	113	113
55.5	44.5	—	—	—	—	124	124
56.0	—	40.0	—	—	Zn4.0	130	130
58.0	—	42.0	—	—	—	138.5	138.5
40	—	60	—	—	—	138.5	170
60	—	—	40	—	—	144	144
—	32.0	49.8	18.2	—	—	145	145

表 5-31　一些低熔点合金的性能

合金名称	成分(质量分数)/%					抗拉强度/MPa	伸长率/%	布氏硬度(HBS)	熔化温度/℃
	Sn	Pb	Bi	Cd	其他				
—	43.0	43.0	14.0	—	—	4.82	—	—	—
马洛特合金	34.2	19.7	46.1	—	—	5.59	100	10	96～123
—	20.2	35.0	35.5	9.5	—	4.18	15	18	—
—	15.0	31.0	39.0	15.0	—	4.57	9	—	70～97
塞露马合金	14.5	28.5	48.0	—	Sb9	9.14	1	19	103～227
利波维兹合金	13.3	26.7	50.0	10.0	—	4.27	6	20	70～73
五德合金	12.5	25.0	50.0	12.5	—	4.22	6	20	70～72
—	11.5	23.0	57.0	8.5	—	3.45	10	12	70～—

七、微组装用软钎料

在半导体器件组装时，有各种各样的钎料，如绝缘基片与硅芯片、硅芯片与引线和外壳封装等钎焊。微型件钎料不仅应具有适当的熔点、硬度、强度和稳定的电气特性和力学特性，还应不溶蚀基材、电阻小、杂质少、不会产生气体和飞溅、钎料时不同钎剂（或用易清洗的钎剂）选用，并可加工成适合各种需要的形状等。

常用微型件钎焊用钎料见表5-32；封装用钎料见表5-33；厚膜电路用钎料见表5-34；电子元器件用金、银及其合金钎料见表5-35。

表5-32 常用微型件钎焊用钎料及其特性

序号	合金化学成分(质量分数)/%				熔化区间		力学性能≥		
	Pb	Sn	In	其他	固相线	液相线	σ_b/MPa	δ/%	硬度(HBS)
1	—	48	52	—	117	117	17.76	83	5
2	—	—	100	Ag5	157	157	3.92	41	—
3	15	−62	80	—	149	149	17.64	58	5
4	38	50	—	Sb3	183	183	52.92	30	17
5	47	−50	—	—	186	204	57.82	29	16
6	50	90	50	—	180	209	23.34	55	10
7	50	−95	—	—Au3.5	183	212	42.14	40	14
8	10	45	—	—	183	213	55.86	50	19
9	96.5	−100	—	Sb5	221	221	19.6	73	40
10	5	40	—	—	183	222	27.41	47	—
11	55	95	—	—	183	227	38.22	38	—
12	—	35	90	Ag10	204	230	10.78	61	2.7
13		95	—	—	232	232	27.44	55	14
14	60	35	—	—	183	238	37.24	48	12
15	—	95	—	Sb5	232	240	40.18	38	13
16	65	30	—	—	183	247	39.20	25	—
17	—	20	—	Ag5	221	250	54.88	30	14
18	30	1	—	—	183	257	50.96	22	—
19	80	10	—	—	183	280	33.32	22	11
20	90	—	—	—	224	302	40.18	45	15
21	97.5		—	Ag2.5	303	303	30.38	42	—
22	97.5	1	—	Ag1.5	309	309	30.38	23	10
23	90	—	5	Ag5	290	310	39.20	23	9
24	95	—	5	—	315	315	29.40	52	6

表5-33 封装用钎料

序号	钎料化学成分(质量分数)/%						熔化温度/℃	主要用途
	Au	Si	Ge	Ag	Cd	Pb		
1	98	2	—	—	—	—	370	片状有源元件的倒装
2	88	—	—	—	—	—	356	片状有源元件的倒装
3	—	—	—	—	—	100	327	LID、梁式引线、倒装片、无源元件的装配
4	—	—	1.5	1.5	1	97.5	309	LID、梁式引线、倒装片、无源元件的装配

续表

序号	钎料化学成分(质量分数)/%						熔化温度/℃	主要用途
	Au	Si	Ge	Ag	Cd	Pb		
5	80	—	—	—	20	—	280	片状有源元件的倒装、壳体密封
6	—	—	3.5	3.5	96.5	—	221	LID、梁式引线、倒装片、无源元件的装配
7	—	—	—	2	62	36	181	LID、梁式引线、倒装片、无源元件引线焊接
8	—	—	—	—	63	37	183	LID、梁式引线、倒装片、无源元件壳体密封

表 5-34 厚膜电路用钎料

序号	钎料化学成分(质量分数)/%				软化点/℃	熔点/℃	备注
	Ag	Sn	Pb	In			
1	5	—	95	—	205	360	—
2	—	5	95	—	300	315	
3	—	—	95	5	293	314	对基材熔蚀性很小、性能优良的无锡钎料
4	5	—	90	5	290	310	
5	2.5	—	97.5	—	—	304	
6	—	10	90	—	263	360	—
7	2.5	—	92.5	5	280	285	对基材熔蚀性很小、性能优良的无锡钎料
8	—	—	75	25	255	260	
9	—	—	50	50	180	209	
10	—	—	—	100	—	157	—
11	5	—	15	80	—	149	

表 5-35 电子元器件用金、银及其合金钎料

钎料名称	牌号	主要化学成分(质量分数)/%				杂质成分(质量分数)/%		
		Au	Ag	Cu	Ni	Pb	Bi	Zn
纯银	DHLAg	—	≥99.95	—	—	0.003	0.003	0.002
28 银铜	DHLAgCu28	—	71.0～73.0	27.0～29.0	—	0.005	0.003	0.002
50 银铜	DHLAgCu50	—	49.0～51.0	49.0～51.0	—	0.005	0.003	0.005
17.5 金银	DHLAuNi17.5	82.0～83.0	—	—	17.0～18.0	0.005	—	0.005
20 金铜	DHLAuCu20	79.3～80.7	—	19.3～20.7	—	0.005	—	0.005

续表

钎料名称	牌　　号	主要化学成分(质量分数)/%								
		Cd	Sb	S	P	Al	Fe	Mg	Sn	总量
纯银	DHLAg	0.002	0.003	0.005	0.002	—	0.005	0.002	—	0.05
28 银铜	DHLAgCu28	0.002	0.003	0.005	0.002	0.02	0.005	0.002	0.002	—
50 银铜	DHLAgCu50	0.002	0.003	0.005	0.002	0.002	0.005	0.002	0.002	—
17.5 金银	DHLAuNi17.5	—	—	0.005	0.002	—	—	—	—	—
20 金铜	DHLAuCu20	—	—	0.005	0.002	—	—	—	—	—

八、其他钎料

1. 膏状钎料

膏状钎料是由钎料合金粉末、钎剂及黏结剂所构成的膏体，优点在于容易实现钎料量的控制，便于复杂结构的装配和易于实现钎焊过程的自动化。在实际生产过程中，经常会遇到需要将粉末状钎料与钎剂混合并用溶剂调成糊状来使用，这也可称之为膏状钎料。近年来随着微电子组装技术的发展和推广应用，对膏状钎料的需求量越来越大。

电子级膏状钎料（也称钎料膏）通常由钎料粉和钎料载体（软钎剂、溶剂、活化剂和调节流变特性的介质等）组成。钎料粉是钎缝金属的主要来源，钎料粉的形状以球形为主，粉末的颗粒度要均匀一致。颗粒度一般取 149μm（100 目）、74μm（200 目）、63μm（250 目）、46μm（300 目）和 45μm（325 目）等几级，以适应不同的涂覆方式。钎料膏中的钎料粉的质量分数通常为 75%～90%，为了获得钎焊后较高的金属沉积量，常取质量分数为 85%～90%。

钎料载体在室温下应是液体或凝胶体，在 85℃以下迅速干燥，并在钎焊温度下维持其活性。载体主要由松香或树脂、溶剂、活化剂和流变改性剂组成。松香是钎剂的主体，常用水白松香。活化剂可以是有机胺、有机酸或氨基酸盐等，根据其活性程度可分为“R”级（无活性）、“RMA”级（中度活性）、“RA”级（完全活性）和“OA级”（较高活性）等几个级别。“RA”和“OA”级因具有较高的腐蚀性，很少用于微电子领域。溶剂主要用于调节液体的流动性和黏度，为保证钎料膏长期使用，溶剂可选用单种或多种有机物系统。

根据钎料合金粉末的成分，可将钎料膏划分为许多种。

① 锡铅系钎料膏：应用最广泛，尤其以 60Sn/40Pb 和 63Sn/37Pb 的应用为最多。5Sn/95Pb 及 10Sn/90Pb 用于较高温度的钎焊，因为其富含铅而比较便宜。

② 锡铅银系钎料膏：主要用于镀银材料的钎焊，钎料中添加银是为了减小厚膜中银的溶解。常用的有 62Sn-36Pb-2Ag 和 5Sn-93.5Pb-1.50Ag。

③ 锡银系钎料膏：典型的为 95Sn-5Ag 和 96.5Sn-3.5Ag，其优点在于接头强度高，抗热疲劳性能好。

表 5-36 给出了日本田村钎料膏的合金成分及用途，在表 5-37 中则给出了英国 Mutlicore 公司钎料膏的种类及用途。表 5-38 给出了国内生产的钎料膏品种。

表 5-36　日本田村钎料膏的合金成分及用途

品　名	合金成分①	熔点/℃	用　途
SS-3201	63Sn-37Pb	183	用于一般电子机器、印刷电路板
SS-3220	63Sn-34.5Pb-2.5Ag	189	用于混合波导连接集成电路、银电极
SS-3221	59.5Sn-34.5Pb-6Ag	177	用于混合波导连接集成电路、银电极
SS-3222	45Sn-40Pb-15Bi	162	用于低温软钎焊
SS-3230	96.5Sn-3.5Ag	221	用于高温软钎焊

① 表中成分均指质量分数（%）。

表 5-37　英国 Mutlicore 公司钎料膏的种类及用途

代　号	种　类	用　途	稀释剂
X32	不含卤化物	无渣	
304	不含卤化物的松香	航天及军用电子设备	SOL109
T-RMA	轻度活化松香	军用及专业电子设备	SOL109
T-RA	活化松香	消费品电子设备	SOL109
366	活化松香	软钎焊性不良的表面	XM27324
XER	Xersin 合成钎剂	极高可靠性	XM27540
SA	合成活化钎剂	专业及消费品电子设备，使用溶剂清洗系统	XM27650
HX	Xydro-X 水溶性有机物	专业及消费品电子设备，使用水相清洗系统	XM27565
ALU	Alusol	铝、水溶性残渣	XM27600

表 5-38　国内生产的钎料膏品种

名　称	使用方式	活度等级	适用范围
无卤素钎料膏	印刷用	—	航天及军用电子设备
轻度活化钎料膏	印刷用	RMA	军用及专业电子设备
活化松香钎料膏	印刷用	RA	消费品电子设备
常温保存钎料膏	印刷用	RMA	专业电子设备
定量分配器用钎料膏	定量分配器用	RMA	适合定量分配器使用

调制膏状钎料时，用陶瓷器皿盛装适量钎料粉，缓缓倒入黏结剂，边倒边搅拌，直到稀稠程度合适为止。如果太稀，则不易控制注射量，且易漫流散失，加之黏结剂含量高，加热后大量挥发，会引起钎料剧烈飞溅，出现因钎料不足引起的缺陷；如果太稠，则不易注射，附着性差，干燥后容易脱落。稀稠程度的辨别可用搅拌的玻璃棒将钎料膏沾起来，下垂连续长度为15～20mm即可。

可采用尼龙注射器注射钎料膏，注射量根据接头尺寸和间隙而定。推荐注射的膏状钎料体积应为接头装配间隙最大容积的4倍。注射好的钎料膏，根据所用黏结剂种类，分别在室温下干燥或在干燥箱中干燥。对于一次未用完或黏附于容器、注射器、搅拌棒等处的膏状钎料，要进行回收，溶解于丙酮中，反复过滤，直到黏结剂被全部清除，然后烘干收藏，以备下次再用。

为了限制液态钎料的随意流动，防止组件间相互熔结在一起以及组件与钎焊夹具之间的钎接，有时需要使用阻钎剂。阻针剂是一种能够阻止液态钎料流动的有机溶剂，基本成分是一些对钎焊无害的非常稳定的氧化物，如氧化铝、氧化钛、氧化镁和某些稀土氧化物，或与钎料不能润湿的非金属物质（如石墨、白垩等）。用适当的黏结剂调成糊状或液体，钎焊前预先涂在接头附近，在钎焊温度下，附着在工件表面的残留物阻止钎料的溢流，钎焊后再将残留物去除。

表5-39列出了几种常用阻钎剂的成分和使用范围。这几种阻钎剂在钎焊过程中，热稳定性好，涂覆性能也好，化学稳定性优良，对工件无腐蚀作用。

表5-40所示为微电子器件装连用膏状钎料的成分、熔剂及用途。

2. 非晶态钎料

非晶态钎料是近年来发展起来的一种新型钎料、所谓“非晶态”

表 5-39 常用阻钎剂的成分及使用范围

溶剂	阻钎剂组分		使用范围/℃	溶剂	阻钎剂组分		使用范围/℃
	黏结剂	填充物			黏结剂	填充物	
甲苯	有机硅树脂	TiO、SiO_2	600～1200	酒精水	醇溶性树脂	陶土、膨润土	300～100
酒精	水玻璃	Al_2O_3	300～1100		—	Cr_2O_3、石墨	800～1200

表 5-40 微电子器件装连用膏状钎料的成分、熔点及用途

序号	化学成分(质量分数)/%									熔点/℃	用途
	Sn	Pb	Sb	Bi	Ag	Au	Si	Ge	In		
1	96.5	—	—	—	3.5	—	—	—	—	221	用于微电子器件的装连
2	63	37	—	—	—	—	—	—	—	183	
3	63	34.5	—	2.5	—	—	—	—	—	189	
4	62	36	—	—	2	—	—	—	—	189	
5	59.5	34.5	—	—	6	—	—	—	—	177	
6	45	40	—	15	—	—	—	—	—	162	
7	42	45	—	14	2	—	—	—	—	160	
8	20	—	—	—	—	80	—	—	—	280	
9	—	97.5	—	—	2.5	—	—	—	—	304	
10	1.0	97.5	—	—	1.5	—	—	—	—	309	
11	—	90	—	—	5	—	—	—	5	310	
12	37.5	37.5	—	—	—	—	—	—	25	117	
13	—	—	—	—	—	97	3	—	—	370	
14	—	—	—	—	—	88	—	12	—	356	

是相对于晶态而言的，其特征是保留了液态金属的原子无序排列的结构和各向异性，但原子之间仍以金属键结合。获取非晶态金属的最常用的方法是快速急冷技术，对于硬而脆、无法用压延方式成形的金属或合金，可将其加热熔化，然后浇到高速旋转的铜质水冷飞轮上，使其以极高的速度冷却，即可得到非晶态合金箔。

国内已经进入标准的非晶态钎料有 7K301（镍基钎料)、7K701（Cu-Si-Ni 系钎料)、7K702（Cu-Ni-Sn-P 系钎料）和 7K703（Cu-Ag-Sn-P 系钎料）四个系列，其他一些非晶态钎料也时有报道。国外已经开发出铜基、铜磷基、钯基、锡基、铅基、铅基、钛基、钴基等九大系列几百种牌号的非晶态钎料。

国内研制的镍基和铜基非晶态钎料的化学成分和熔化温度见表 5-41 和表 5-42。

表 5-41 非晶态镍基钎料的化学成分和熔化温度

钎料编号	化学成分/%								固相线/℃	液相线/℃
	Ni	C	B	Cr	Fe	Si	Co	其他		
QGNi-1001	余	0.03	2.0～3.5	—	—	4.2～4.6	—	—	980	1050
QGNi-1002	余	0.02	2.3～2.6	—	—	5.4～7.6	—	—	980	1010
QGNi-1003	余	0.02	1.3～1.7	18～19.5	—	6.8～8.0	—	—	1020	1075
QGNi-1004	余	0.02	2.4～3.0	—	—	3.8～4.5	18.5～20.0	—	970	1087
QGNi-1005	余	0.01	3.3～4.2	14.5～16.0	—	—	—	—	1025	1080
QGNi-1006	余	0.04	2.7～3.5	13.0～15.0	4.0～5.0	4.0～5.0	—	—	1010	1100
QGNi-1007	余	0.04	2.5～3.2	12.0～14.0	3.5～5.0	0～5	<1.0	—	1005	1100
QGNi-1008	余	0.02	2.7～3.5	6.5～7.5	2.5～3.0	3.0～5.0	—	—	972	1000
QGNi-1009	余	0.02	3.5～4.0	9.7～10.7	5.3～5.7	—	22.5～23.5	Mo 6.7～7.3	1015	1075
QGNi-1010	余	0.02	2.0～2.5	11.0～12.2	3.9～4.9	1.2～1.7	—	W 7.5～8.5	1060	1100
QGNi-1011	余	0.02	1.5～2.0	4.5～5.5	2.0～2.5	5.6～6.0	3.0～	Cu 5.0～6.0 Mn 4.5～5.5	948	976
QGNi-1012	余	0.02	1.5～2.0	—	—	5.0～6.0	—	Cu 5.0～6.0 Mn 19～21	980	960

表 5-42 非晶态铜基钎料的化学成分和熔化温度

钎料编号	化学成分/%					固相线/℃	液相线/℃
	Cu	Ni	Sn	P	In		
QGCu-200B	余	—	19～21	—	—	730	925
QGCu-200C	余	1.5～2.5	19～21	—	1.5～2.5	775	880
QGC-2001	余	9.0～10.0	9.5～10.5	6.5～7.1	—	585	660

续表

钎料编号	化学成分/%					固相线/℃	液相线/℃
	Cu	Ni	Sn	P	In		
QGC-2002	余	9.0～10.0	4.0～5.0	7.2～7.8	—	601	630
QGC-2003	余	13.0～15.0	9.0～10.0	6.5～7.1	—	533	640
QGC-2005	余	4.8～5.8	9.0～10.0	6.5～7.0	—	553	630

非晶态钎料具有以下几方面的特点。

① 化学成分均匀，杂质含量少，纯度高，钎料各组分不分离，能显著改善钎焊接头的强度。

② 不含黏结剂，加热速率不受限制，钎缝无非金属夹渣，钎焊接头质量高。

③ 钎料可按工件结构需要冲剪成各种精确的形状，从而能严格控制钎料的用量和抑制液态钎料的溢流。

④ 由于非晶态钎料箔通常是预置在钎焊间隙内的，因此对其填充间隙的能力要求不高，为较大面积平面接头的钎焊提供了较高的可靠性。

⑤ 与含黏结剂钎料相比，不受存储时间和存储条件的限制。

3. 钎焊玻璃、陶瓷用软钎料

钎焊玻璃、陶瓷用软钎料在元器件和电子材料领域中可取代以前采用的烧银法、铟法及钼-锰法。这种软钎料就是在 Sn-Pb 合金中渗透入数种微量金属元素（如 Zn、Ti、Si、Be 和 RE 等，以及与氧亲和力强的金属）的合金。使用时用超声波进行焊接。陶瓷用钎料的特性见表 5-43。

表 5-43　陶瓷用钎料的特性

陶瓷用软钎料	熔化温度范围/℃	线胀系数（15～110℃时）$a_1/10^{-6}℃^{-1}$	电阻率（20℃时）$\rho/\Omega \cdot cm$	抗拉强度（常温）σ_b/MPa	伸长率 δ_5/%	硬度（HV）
143#	136.4～161.6	21.0×10^{-6}	13.5×10^{-6}	68.5	66	13.5
186#	169.5～185.0	23.5×10^{-6}	14.0×10^{-6}	70.5	2.7	18.3
246#	169.3～296.4	24.0×10^{-6}	16.5×10^{-6}	52.9	9.0	14.9
197#	280.2～296.4	28.7×10^{-6}	21.0×10^{-6}	41.1	96.0	12.9

第四节　钎剂的作用、分类、用途及腐蚀性

钎焊时使用的熔剂称钎剂，又称钎焊焊剂。它是保证钎焊过程顺

利进行和获得致密接头不可缺少的焊接材料之一。

一、钎剂的作用与要求

1. 钎剂的作用

钎剂在钎焊过程中起下述作用。

① 清除钎料和母材表面的氧化物。

② 保护焊件和液态钎料在钎焊过程中免受氧化。

③ 改善液态钎料对焊件的润湿性。

2. 对钎剂的基本要求

① 钎剂的熔点和最低活化温度稍低于（约低 10～30℃）钎料的熔化温度。钎剂在活性温度范围内有足够的流动性。在钎料熔化之前钎剂就应熔化并开始起作用，去除钎缝间隙和钎料表面的氧化膜，为液态钎料的铺展润湿创造条件。

② 应具有良好的热稳定性，使钎剂在加热过程中保持其成分和作用稳定不变。一般说来钎剂应具有不小于 100℃的热稳定温度范围。

③ 能很好地溶解或破坏被钎焊金属和钎料表面的氧化膜。钎剂中各组分的汽化（蒸发）温度比钎焊温度高，以避免钎剂挥发而丧失作用。

④ 在钎焊温度范围内钎剂应黏度小、流动性好，能很好地润湿钎焊金属、减小液态钎料的界面张力。

⑤ 钎剂及其清除氧化物后的生成物密度小，有利于浮在表面呈薄层覆盖住钎料和钎焊金属，有效地隔绝空气，同时也易于排除，不致在钎缝中成为夹渣。

⑥ 熔融钎剂及清除氧化膜后的生成物密度应较小，有利于上浮，呈薄膜层均匀覆盖在钎焊金属表面，有效地隔绝空气，促进钎料润湿和铺展，不致滞留在钎缝中形成夹渣。

⑦ 熔融钎剂残渣不应对钎焊金属和钎缝有强烈的腐蚀作用，钎剂挥发物的毒性小。最好是焊后免清洗的钎剂。

二、钎剂的组成与分类

1. 组成

钎剂可能是单一物质，如广泛使用的硼砂、氯化锌等；也可能是多组分合成的复杂物质，复杂成分的钎剂一般由基质、去膜剂和界面活性剂组成。

基质是钎剂主成分，它控制着钎剂的熔点，熔化后覆盖在焊点表面起隔绝空气的作用，又是其他功能组元的溶剂。基质大多数采用热稳定的金属盐或金属盐系统，如硼化物、碱金属和碱土金属，在软钎剂中还采用高沸点的有机溶剂。

去膜剂的作用是通过物理化学过程除去、破碎或松脱母材表面氧化膜，使得熔化的钎料能润湿新鲜的母材表面。碱金属和碱土金属的氟化物具有溶解金属气化物的能力，常用作钎剂的去膜剂，如 KF、NaF、LiF、AlF_3、CaF_2 等。

活性剂的作用是加速氧化膜的清除和改善钎料的铺展。常用的活性剂有：重金属卤化物（如氯化锌）和氧化物（如硼酸）等。

2. 分类

通常把钎剂分为硬钎剂、软钎剂、铝用钎剂和气体钎剂四类。不同的钎料、母材和钎焊方法要使用不同的钎剂。

钎剂的分类如图 5-7 所示。

三、钎剂的型号与牌号表示方法

目前钎剂的型号或牌号的表示方法还没有完全统一，既有标准规定的，也有行业自定的、习用的和外来的，这里主要介绍标准的和习用的。

1. 硬钎剂

JB/T 6045—2017《硬钎焊用钎剂》规定：钎剂型号的表示方法是以“FB”作为硬钎焊用钎剂标识符号，在它后面接一组数字，第一位数字为钎剂主要组分分类代号，有 1、2、3、4 四类，其含义见表 5-44；后面再接表示该类钎剂的顺序号数字，在型号尾部分别用大写字母 S（粉状、粒状）、P（膏状）、L（液状）表示钎剂的形态。

表 5-44　钎剂主要组分分类

钎剂主要组分分类代号	钎剂主要组分(质量分数)/%	钎焊温度/℃
1	硼砂＋硼酸＋氟化物≥90	550～850
2	卤化物≥80	450～620

续表

钎剂主要组分分类代号	钎剂主要组分(质量分数)/%	钎焊温度/℃
3	硼砂+硼酸≥90	800～1150
4	硼酸三甲酯≥60	>450

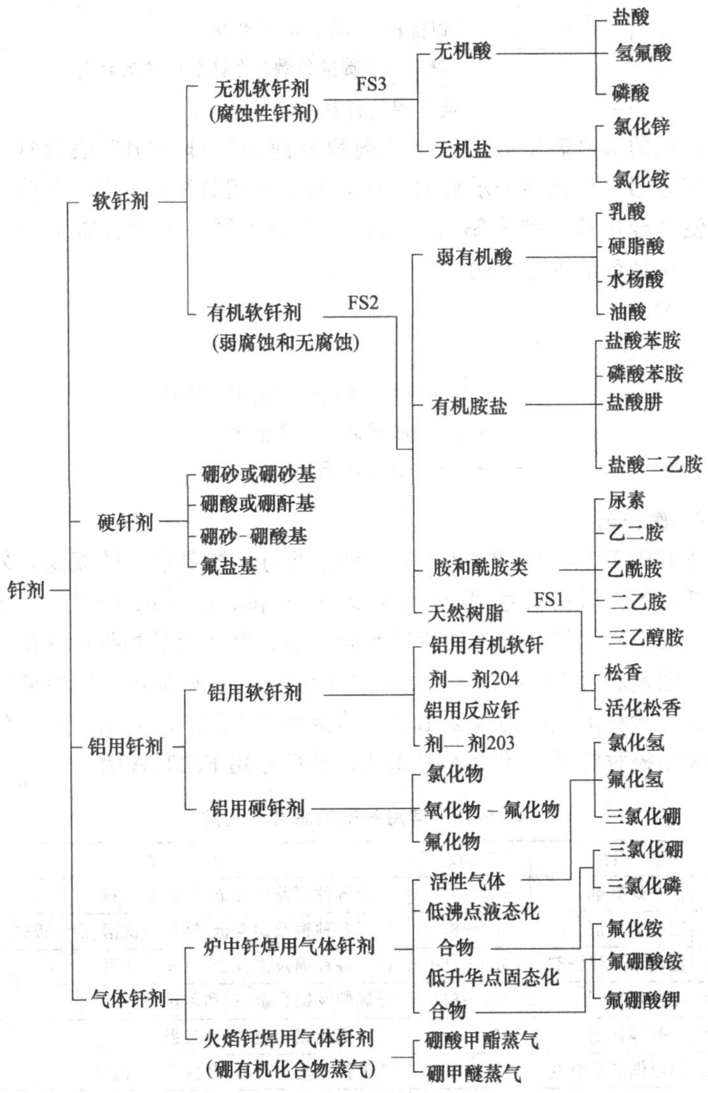

图 5-7 钎剂的分类

举例：

FB 1 01 S

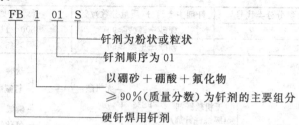

- S——钎剂为粉状或粒状
- 01——钎剂顺序为01
- 1——以硼砂＋硼酸＋氟化物≥90%(质量分数) 为钎剂的主要组分
- FB——硬钎焊用钎剂

钎剂的牌号表示方法是：钎剂牌号前加字母“QJ”表示钎焊熔剂。牌号第一位数字表示钎剂用途，如1为银钎料钎焊用、2为钎焊铝及铝合金用等；牌号第二、三位数字表示同一类型钎剂的不同牌号。常用钎剂的牌号及用途见表5-45。

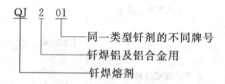

举例：

QJ 2 01

- 01——同一类型钎剂的不同牌号
- 2——钎焊铝及铝合金用
- QJ——钎焊熔剂

2. 软钎剂

按GB/T 15829—2008《软钎剂分类与性能要求》的规定，软钎焊用钎剂的型号由代号“FS”(英文Flux和Soldering的第一个大写字母) 加上表示钎剂分类的代码组合而成。其代码是根据所含主要组分、活性剂和钎剂形态等分成三类并编码，见表5-46。例如磷酸活性无机膏状钎剂应编为3.2.1.C，其型号用FS321C表示；非卤化物活性液体松香钎剂应编为1.1.3.A，其型号用FS113A表示。

表5-45 常用钎剂的牌号及用途

牌号	名称	钎焊温度/℃	用　途
QJ101	银钎焊钎剂	550～850	钎焊各种铜及铜合金、钢和不锈钢
QJ102	银钎焊钎剂	600～850	钎焊各种铜及铜合金、钢和不锈钢、活性极强
QJ103	特制银钎焊钎剂	550～750	钎焊各种铜及铜合金、钢和不锈钢
QJ104	银钎焊钎剂	650～850	钎焊铝及铝合金、钢和不锈钢
QJ201	铝钎焊钎剂	450～620	钎焊铝及铝合金、活性极强
QJ203	铝电缆钎焊钎剂	270～380	钎焊铝及铝合金、铜及铜合金、钢等
QJ207	高温铝钎焊钎剂	560～620	钎焊铝及铝合金

表 5-46 钎剂分类及其代码

钎剂类型	主要组分	活性剂	形　态
1. 树脂类	1. 松香(松脂)	1. 未加活性剂 2. 加入卤化物活性剂 3. 加入非卤化物活性剂	A 液态 B 固态 C 膏状
	2. 非松香(树脂)		
2. 有机物类	1. 水溶性		
	2. 非水溶性		
3. 无机物类	1. 盐类	1. 加入氯化铵 2. 未加入氯化铵	
	2. 酸类	1. 磷酸 2. 其他酸	
	3. 碱类	胺及(或)氯类	

目前我国钎剂型号和牌号表示方法与钎料一样，由于历史原因，统一尚需时日，作为过渡，后面对尚未标准化的暂保留所用来源的牌号。

四、硬钎剂的成分、特点及用途

钎焊温度高于450℃以上时用的钎剂称硬钎剂。现有硬钎剂主要是以硼砂、硼酸及它们的混合物作为基体，为了得到合适的熔点和增强它的去氧化物能力，再添加各种碱金属或碱土金属的氟化物、氟酸盐等。

硼砂（$Na_2B_4O_7 \cdot 10H_2O$）是单斜类白色透明晶体，易溶于水，加热到200℃以上时结晶水可全部蒸发。硼砂应在脱水后使用。硼砂中的硼酐与金属氧化物作用形成易熔的硼酸盐，并进一步分解形成偏硼酸钠与硼酸盐形成熔点更低的混合物，而达到去除氧化物的目的，故可用作钎剂。

常用硬钎剂的化学成分见表5-47。

表 5-47 常用硬钎剂的化学成分

型　号	化学成分/%					
	H_3BO_3	KBF_4	KF	B_2O_3	NaB_4O_7	CaF_2
FB101	30	70	—	—	—	—
FB102	—	23	42	35	—	—
FB103	—	>95	—	—	—	—
FB104	35	—	15		50	—
FB105	80	—	—	—	14.5	5.5

续表

型号	化学成分/%					
	H_3BO_3	KBF_4	KF	B_2O_3	NaB_4O_7	CaF_2
FB106	—	42	35	23	—	—
FB301	—	—	—	—	>95	—
FB302	75	—	—	—	25	—
	LiCl	KCl	$ZnCl_2$		$CdCl_2$	NH_4Cl
FB201	25	25	15		30	5

常用硬钎剂的成分、特点及用途见表 5-48。其中 FB102 钎剂是应用最广泛的通用钎剂；FB103 钎剂的钎焊温度最低，特别适用于银铜锌镉钎料；FB104 钎剂不含 KBF_4，钎剂不易挥发，在加热速度较慢的情况下仍可保持较长时间的活性。

硼砂和硼酸的混合物是应用很广泛的钎剂，但它们的活性温度很高，均在 800℃以上，因此也只适于 800℃以上的钎焊，一般只能配合铜基钎料使用。它们去除氧化物的能力不强，不能去除 Cr、Si、Al、Ti 等的氧化物，故不能用于钎焊含这些元素的合金钢、不锈钢和高温合金等。这类钎剂的残渣呈玻璃硬壳状，不溶于水，虽腐蚀性不大，但清除困难。

硼砂-硼酸钎剂配合银钎料使用时，其熔点仍太高，黏度太大。为进一步降低其熔点，可加入氟化钾（KF）或氟硼酸钾（KBF_4），不仅熔点可降低，还可提高去气化物能力和降低表面张力。

硬钎剂残渣有腐蚀性，焊后必须进行清洗。

五、软钎剂的成分、特点及用途

钎焊温度低于 450℃时所用的钎剂称软钎剂。它由成膜物质、活化物质、助剂、稀释剂和溶剂等组成，其组成结构见表 5-49。

软钎剂可分为无机软钎剂、有机软钎剂和树脂类软钎剂等三种，如表 5-46 所示，并根据表 5-46 中的钎剂分类对钎剂进行编码。

无机软钎剂具有很高的化学活性，去除氧化物的能力很强，热稳定性好，能促进液态钎料对钎焊金属的润湿，保证钎焊质量。这类钎剂适应钎焊温度范围较宽，但其残渣有腐蚀作用，故又称为腐蚀性软钎料剂或弱腐蚀性软钎剂。钎焊后必须清除干净。无机软钎剂可用于不锈钢、耐热钢、镍基合金等。有机软钎剂有水溶性和天然树脂（松香）之分，对母材几乎没有腐蚀性，故称非腐蚀性软钎剂。常用软钎剂的成分和性能见表 5-50。

1. 腐蚀性软钎剂

腐蚀性软钎剂由无机酸和无机盐组成，具有强的活性，能有效地去除母材表面的氧化物，促进钎料的润湿和铺展。但残渣具有强烈的腐蚀性，钎焊后必须彻底清除干净，无机盐主要是氯化锌，无机酸主要是正磷酸。表 5-51 所示为典型腐蚀性软钎剂的成分和用途。

这类钎剂去氧化物能力强，热稳定性好，适应钎焊温度范围和材料种类宽，一般的钢铁材料、有色金属、不锈钢、耐热钢等都可采用，广泛用于汽车散热器、空调器、制冷设备等的钎焊。

2. 弱腐蚀性软钎剂

弱腐蚀性钎剂的主要成分为有机酸、有机卤化物、胺和酰胺等，它们在钎焊过程中均能去除氧化膜。这类钎剂残渣有一定腐蚀性，钎焊后仍应清除掉。

表 5-52 所示为典型弱腐蚀性软钎剂的成分和用途。

3. 非腐蚀性软钎剂

这类钎剂的主要成分为松香。它是一种天然树脂，含有约 80% 松香酸（$C_{19}H_{29}COOH$），其余为海松酸、左旋海松酸和松脂油等，起去膜作用的主要是松香酸。松香去除氧化物能力较差，通常加入活化物质而配成活性松香钎剂，以提高其去氧化物能力。松香钎剂只能在 300℃以下使用，超过 300℃时，松香炭化而失效。钎剂残渣不腐蚀母材和钎缝，不吸潮，并有良好的电绝缘性能，特别适于钎焊无线电设备和弱电器中的导电元件。表 5-53 所示为典型的非腐蚀性软钎剂的组成和应用范围。

六、铝用钎剂的成分、特点及用途

铝及其合金熔点较低，化学活性很强，其表面氧化膜致密稳定，且熔点极高，钎焊时必须采用专门的钎剂，按其使用温度，可以分为软钎剂和硬钎剂两类。

1. 铝用软钎剂

铝用软钎剂按其去氧化膜方式分有：有机钎剂和反应钎剂两类。

① 有机钎剂。其主要组分是三乙醇胺，为了提高活性可加入氟硼酸或氟硼酸盐，主要依靠生成的有机氟硼化物去氧化膜。这类钎剂热稳定性差，长时间加热会失去活性，温度超过275℃时钎剂炭化失效。钎焊时应防止热源直接接触钎剂。这类钎剂活性小，钎料不易流入接头间隙，但残渣腐蚀性低。

② 反应钎剂。其主要组分是锌、锡等重金属氯化物；为提高其活性，添加少量锂、钠、钾等卤化物；一般都含有氯化胺或溴化胺，以改善润湿性及降低熔点。

反应钎剂一般以粉末状及溶在有机溶剂（乙醇、甲醇等）中使用。粉末状钎剂吸湿性大，吸水后形成氯氧化物而失去活性，应密封保存。

表5-54所示为铝用软钎剂的成分、特点及用途。

2. 铝用硬钎剂

铝用硬钎剂是以碱金属或碱土金属的氯化物的二元或三元低熔混合物作为基体组分，再加入氟化物去膜剂，有时还添加某些重金属氯化物作活性剂。含氯化锂的钎剂去膜能力强，铺展性较好，黏度较小，熔点也较低，有利于保证钎焊质量。但氯化锂价格昂贵，成本高。加入NaF或KF能提高去膜能力，但量不能过多，否则熔点升高，使钎料铺展性变差。可再加入氯化锌、氯化亚锡等重金属氯化物提高钎剂活性。

这类钎剂是利用钎剂对铝的电化学腐蚀作用来剥脱附着在铝上的氧化膜的。含氯化锌的钎剂有很强的溶蚀作用，只适于火焰钎焊，而不适于炉中钎焊和盐浴浸渍钎焊。

这类钎剂因为具有强烈腐蚀作用，焊后必须彻底清除残渣。

表5-55所示为典型铝用硬钎剂的成分、特点及用途。

七、银钎焊钎剂

银钎焊钎剂的组分及用途见表5-56。

八、气体钎剂

钎焊过程中以气体形式起作用的钎剂称为气体钎剂。气体钎剂是一种特殊类型的钎剂，它可能本身即为气体，也可能是低沸点的液态

表 5-48 常用硬钎剂的成分、特点及用途

牌号	化学成分/%	熔点/℃	钎焊温度/℃	特点及用途
YJ-1	硼砂 100	741	850～1150	现有硬钎剂主要是以硼砂、硼酸以及它们的混合物作基体，为了得到合适的熔点，增强去除氧化物的能力，而由添加的各种碱金属或碱土金属的氟化物、氟硼酸盐等组成，硼砂或硼砂与硼酸的混合物主要用于铜基钎料钎焊铜及铜合金、碳素钢等
YJ-2	硼砂 25，硼酸 75	766		
YJ-6	硼砂 15，硼酸 80，CuF_2 5	—		
YJ-7	硼砂 50，硼酸 35，KF15	—	650～850	
QJ101	H_3BO_3 30～31 KBF_4 68～71	500	550～850	银基钎料钎焊铜及铜合金、合金钢、不锈钢和高温合金等的钎剂，能有效地清除各种氧化物，促进钎料漫流，但易吸潮。钎焊后用质量分数为 15%的柠檬酸水溶液刷洗钎焊的接头处，以防止残余钎剂的腐蚀
QJ102	KF(脱水) 40～44 B_2O_3(硼干) 33～37 KBF_4 21～25	550	600～850	
QJ103	KBF_4>95 K_2CO_3<5	530	550～750	
QJ104	$Na_2B_4O_7$ 49～51 H_3BO_3 34～36 KF 14～16	650	650～850	银基钎料炉中钎焊铜及铜合金、钢和不锈钢等，能有效地清除各种金属的氧化物，促进钎料漫流，易吸潮
201（苏联）	H_3BO_3 80 $Na_2B_4O_7$ 14.5 CaF_2 5.5	—	850～1150	铜基钎料钎焊不锈钢、合金钢、高温合金等
284（苏联）	KF(脱水) 35 KBF_4 42 B_2O_3 23	—	500～850	银基钎料钎焊铜及铜合金、合金钢、不锈钢和高温合金等

表 5-49 软钎剂的组成结构

类别	钎剂的组成		典型原材料
不挥发性物质	成膜物质	矿脂	矿物油、凡士林、石脂等
		天然树脂	松香

续表

类别	钎剂的组成		典型原材料
不挥发性物质	成膜物质	合成树脂	改性酚醛树脂、聚氨基甲酸脂 改性丙烯酸树脂、聚合松香 改性环氧树脂等
	活化物质	无机酸	盐酸、正磷酸、氢氟酸、氟硼酸等
		无机金属盐	$ZnCl_2$、$SnCl_2$、$CdCl_2$、CuCl、$PbCl_2$、NaCl、氟硼酸镉、氟硼酸锌等
		有机酸	乳酸、硬脂酸、柠檬酸、松香酸、苯二甲酸、水杨酸、谷氨酸、油酸、安息香酸、草酸、十二烷酸等
		有机卤化物	溴化水杨酸、溴化肼、盐酸联胺、盐酸苯胺、盐酸乙二胺、盐酸谷氨酸、氢溴酸肼、盐酸肼、十六烷基溴化吡啶、溴化胺、十六烷基三甲基溴化胺、二乙基二甲基十六烷溴化胺等
		胺、酸胺及其他	乙二胺、三乙醇胺、苯胺、联胺、磷酸苯胺、磷酸联胺、环已烷二胺、环丁烷二胺、二乙烯肼、二乙烯三胺、甘油、脲、氟碳等
	助剂		乳剂、甘油、润湿剂等
挥发物质	溶剂与稀释剂		水、乙醇、丙三醇、甲醇、异丙醇、聚乙二醇、乙醚、松节油等

表 5-50　常用软钎剂的成分和性能

类别	钎剂名称（或型号）	化学成分/%	钎焊温度/℃	特点
无机盐软钎剂	氯化锌溶液（FS312A）	$ZnCl_2$ 40，H_2O 60	290～350	$ZnCl_2$ 去除氧化膜的作用在于形成络合酸而溶解氧化物，氯化铵为活化剂，可提高钎焊性能，但去除氧化膜的能力有限，故主要是锡铅钎料钎焊钢、铜及铜合金时使用
	氯化锌-氯化铵溶液（FS311A）	$ZnCl_2$ 40，H_2O 55，NH_4ClO 5	180～320	
	钎剂膏	$ZnCl_2$ 20，凡士林 75，NH_4Cl 15	180～320	

续表

类别	钎剂名称（或型号）	化学成分/%	钎焊温度/℃	特点
无机盐软钎剂	氯化锌盐酸溶液 FS322A	$ZnCl_2$ 25，H_2O 50，HCl 25	180～320	有较强的去除氧化物能力。当锡铅钎料钎焊铬钢、不锈钢、镍铬合金时应选用这类钎剂或 $ZnCl_2$-NH_4Cl-HCl 溶液钎剂
	剂 205	$ZnCl_2$ 50，NaF 5，NH_4Cl 15，$CdCl_2$ 30	250～400	在 $ZnCl_2$-NH_4Cl 钎剂基上加入 $CdCl_2$ 和 NaF 而成，可提高钎剂的熔点，配合镉基、锌基钎料钎焊铝青铜、铝黄铜等
无机酸软钎剂	磷酸 FS321	H_3PO_4 40～60 水 60～40	—	无机酸钎剂有磷酸、盐酸和氢氟酸等，通常以水溶液或酒精溶液形式使用，也可与凡士林调成膏状使用 磷酸使用起来方便、安全，具有较强的去除氧化物的能力，钎焊铝青铜、不锈钢等合金时最为有效，也是最常用的无机酸软钎剂。盐酸、氢氟酸，能强烈腐蚀金属，析出有害气体，故很少单独使用，一般仅作钎剂的添加成分
水溶性有机软钎剂	FS213	乳酸 15，水 85（活性温度为 180～280℃） 盐酸肼 5，水 95（活性温度为 150～330℃）	—	水溶性有机软钎剂的组成物质包括有机酸（如乳酸、水杨酸、柠檬酸等），有机胺和酰胺类（如乙二胺、乙酰胺等）、胺基盐酸盐（盐酸乙二胺等），醇类（如乙二醇、丙三醇）和水溶性树脂及其他一些附加成分等 有机酸和有机胺盐类有机软钎剂有较强的去除氧化物的能力，热稳定性尚好，残渣有一定的腐蚀性，属弱腐蚀性钎剂，主要用于电气零件的钎焊
松香类有机钎剂	松香 FS111B FS111A	松香 25，酒精 75	150～300	松香是一种天然树脂，能溶于酒精、甘油、丙酮苯等而不溶于水，在温度高于 150℃时，能溶解银、铜、锡的氧化物，适用于铜、镉、锡、银的钎焊

续表

类别	钎剂名称（或型号）	化学成分/%	钎焊温度/℃	特点
松香类有机钎剂	FS113A	松香 30，水杨酸 2.8，三乙醇胺 1.4，酒精余量	150～300	适用于铜及铜合金的焊接
	RJ12	松香 30，氯化锌 3，氯化氨 1，酒精 66	290～360	适用于铜、铜合金、镀锌铁及镍等的钎焊
	FS112A	松香 24，三乙醇氨 2，盐酸二乙胺 4，酒精 70	200～350	

表 5-51 腐蚀性软钎剂的组成和应用范围

牌号	组分(质量分数)/%	应用范围
RJ1	氯化锌 40，水 60	钎焊钢、铜、黄铜和青钢
RJ2	氯化锌 25，水 75	钎焊铜和铜合金
RJ3	氯化锌 40，氯化铵 5，水 55	钎焊钢、铜、黄铜和青铜
RJ4	氯化锌 18，氯化铵 6，水 76	钎焊铜和铜合金
RJ5	氯化锌 25，盐酸(相对密度为 1.19)25，水 50	钎焊不锈钢、碳钢、铜合金
RJ6	氯化锌 6，氯化铵 4，盐酸(相对密度为 1.19)5，水 80	钎焊钢、铜和铜合金
RJ7	氯化锌 40，二氧化锡 5，氯化亚铜 0.5，盐酸 3.5，水 50	钎焊钢、铸铁，钎料在钢上的铺展性有改进
RJ8	氯化锌 65，氯化钾 14，氯化钠 11，氯化铵 10	钎焊铜和钢合金
RJ9	氯化锌 45，氯化钾 5，二氯化锡 2，水 48	钎焊铜和铜合金
RJ10	氯化锌 15，氯化铵 1.5，盐酸 36，变性酒精 12.8，正磷酸 2.2，氯化铁 0.6，水余量	钎焊碳钢
RJ11	正磷酸 60，水 40	不锈钢、铸铁
剂 205	氯化锌 50，氯化铵 15，氯化镉 30，氯化钠 5	铜和铜合金、钢

注：剂 205 是原先各厂制订的牌号。

表 5-52 弱腐蚀性软钎剂的成分和用途

编号	成分	用途
1	盐酸谷氨酸 540g,尿素 310g,水 4L	铜、黄铜、青铜
2	一氢溴化肼 280g,水 2550g,非离子润湿剂 1.5g	铜、黄铜、青铜
3	乳酸(85%)260g,水 1190g,润湿剂 3g	铍青铜

表 5-53 非腐蚀性软钎剂的组成和应用范围

牌号	组分(质量分数)/%	应用范围
—	松香 40,盐酸谷氨酸 2,酒精余量	铜及铜合金
—	松香 40,三硬脂酸甘油酯 4,酒精余量	
—	松香 40,水杨酸 2.8,三乙醇胺 1.4,酒精余量	
—	松香 70,氯化铵,溴酸	铜、锌、镍
—	松香 24,盐酸二乙胺 4,三乙醇胺 2,酒精余量	
201	树脂 20,溴化水杨酸 10,松香 20,酒精余量	用于波峰焊、浸渍焊
201-2	溴化水杨酸 10,松香 20.5,甘油 0.5,酒精余量	
202-B	溴化肼 8,甘油 4,松香 20,水 20,酒精余量	引线搪锡
SD-1	改性酚醛 55,松香 30,溴化水杨酸 15	
HY-3B	溴化水杨酸 12,松香 20,改性丙烯酸树脂 1.3,缓蚀剂 0.25,酒精余量	印刷电路板波峰焊,浸渍焊,引线搪锡
氟碳 B	氟碳 0.23,松香 23,异丙醇 76.7	
—	聚丙二醇 40~50,正磷酸 10~20,松香 35,盐酸二乙胺 5	镍铬丝的钎焊
RJ11	工业凡士林 80,松香 15,氯化锌 4,氯化铵 1	铜和铜合金
RJ12	松香 30,氯化锌 3,氯化铵 1,酒精余量	铜和铜合金,镀锌铁皮
RJ13	松香 25,二乙胺 5,三胫乙基胺 2,酒精余量	铜和铜合金,钢
RJ14	凡士林 35,松香 20,硬脂 20,氯化锌 13,盐酸苯胺 3,水 7	铜和铜合金,钢
RJ15	蓖麻油 26,松香 34,硬脂酯 14,氯化锌 7,氯化铵 8,水 11	铜合金和镀锌板
RJ16	松香 28,氯化锌 5,氯化铵 2,酒精 65	黄铜挂锡

续表

牌号	组分(质量分数)/%	应用范围
RJ18	松香 24,氯化锌 1,酒精 75	铜和铜合金
RJ19	松香 18,甘油 25,氯化锌 1,酒精 56	
RJ21	松香 38,正磷酸(相对密度 1.6)12,酒精 50	铬钢、镍铬不锈钢的挂锡和钎锡
RJ24	松香 55,盐酸苯胺 2,甘油 2,酒精 41	铜和铜合金

表 5-54 常用的铝用软钎剂的成分、特点及用途

类别	牌号	名称	化学成分/%	熔点/℃	钎焊温度/℃	特点及用途
有机软钎剂	QJ204 FS212-BAL	—	三乙醇胺 82.5 氟硼酸胺 5 氟硼酸镉 10 氟硼酸锌 2.5	—	180～275	铝用有机钎剂是以三乙醇胺作溶剂加入几种氟硼酸盐,可在 180～270℃温度下破坏 Al_2O_3 膜,残渣对焊件有一定的腐蚀性,主要用于钎焊铝及铝合金,也可用于钎焊铝青铜和铝黄铜
	FS212-BAL	—	三乙醇胺 83 氟硼酸 10 氟硼酸镉 7	—		
	1060X	—	三乙醇胺 62 乙醇胺 20 $Zn(BF_4)_2$ 8 $Sn(BF_4)$ 5 NH_4BF_4 5	—	250	
	1160U	—	三乙醇胺 37 松香 30 $Zn(BF_4)_2$ 10 $Sn(BF_4)$ 8 NH_4BF_4 15	—	250	

续表

类别	牌号	名称	化学成分/%	熔点/℃	钎焊温度/℃	特点及用途
反应软钎剂	FS311-BAL	—	$ZnCl_2$ 90 NaF 2 NH_4Cl 8	—	300～400	反应钎剂的主要组成为 Zn、Sn 等重金属氯化物。为提高活性，添加了少量锂、钠、钾的卤化物。一般都含 NH_4Cl 或 NH_4Br 以改善润湿性及降低熔点 当温度大于 270℃时能有效地破坏 Al_2O_3 膜，其作用是重金属氯盐渗过氧化铝膜裂缝并发生反应而破坏氧化铝与铝的结合。极易吸潮而失去活性，应密封保存。主要用于钎焊铝及铝合金，也可用于铜及铜合金、钢件等
	QJ203	铝电缆钎焊用钎剂	$ZnCl_2$ 53～58 $SnCl_2$ 27～30 NH_4Br 13～16 NaF 1.7～2.3	≈160	270～380	
	ϕ220A（苏联）	—	$ZnCl_2$ 90 NH_4Cl 8 KF 1.2 LiF 0.6 NaF 0.2	—	320～450	
	ϕ134	—	KCl 35 LiCl 30 ZnF_2 10 $CdCl_2$ 15 $ZnCl_2$ 10	—	390	

表 5-55 常用的铝用硬钎剂成分、特点及用途

牌号	名称	化学成分/%	熔点/℃	钎焊温度/℃	特点及用途
QJ201	铝钎焊钎剂	LiCl 31～35 KCl 47～51 $ZnCl_2$ 6～10 NaF 9～11	420	450～620	极易吸潮，能有效地去除 Al_2O_3 膜，促进钎料在铝合金上漫流。活性极强，适用于在 450～620℃温度范围内火焰钎焊铝及铝合金，也可用于某些炉中钎焊，是一种应用较广的铝钎剂，工件须预热至550℃左右

续表

牌　号	名　称	化学成分/%	熔点/℃	钎焊温度/℃	特点及用途
QJ202	铝钎剂	LiCl 40～44 KCl 26～30 $ZnCl_2$ 19～24 NaF 5～7	350	420～620	极易吸潮，活性强，能有效地去除 Al_2O_3 膜，可用于火焰钎焊铝及铝合金，工件须预热至 450℃左右
QJ206	高温铝钎剂	LiCl 24～26 KCl 31～33 ZnCl 7～9 $SrCl_2$ 25 LiF 10	540	550～620	高温铝钎焊钎剂，极易吸潮，活性强，适用于火焰或炉中钎焊铝及铝合金，工件须预热至 550℃左右
QJ207	高温铝钎剂	KCl 43.5～47.5 CaF_2 1.5～2.5 NaCl 18～22 LiF 2.5～4.0 LiCl 25～29.5 ZnCl 1.5～2.5	550	560～620	与 Al-Si 共晶类型钎料相配，可用于火焰或炉中钎焊纯铝、LF21 及 LD2 等，能取得较好效果。极易吸潮，耐蚀性比 QJ201 好，黏度小，湿润性强，能有效地破坏 Al_2O_3 膜，焊缝光滑
Y-1 型	高温铝钎剂	LiCl 18～20 KCl 45～50 NaCl 10～12 ZnCl 7～9 NaF 8～10 AlF_3 3～5 $PbCl_3$ 1～1.5	—	580～590	氟化物-氯化物型高温铝钎剂。去膜能力极强，保持活性时间长，适用于氧-乙炔火焰钎焊。可顺利地钎焊工业纯铝、LF21、LF1、LD2、ZL12 等，也可钎焊 LY11、LF2 等较难焊的铝合金，若用煤气火焰钎焊，效果更好

续表

牌号	名称	化学成分/%	熔点/℃	钎焊温度/℃	特点及用途
No. 17 (YT17)	—	LiCl 41, KCl 51 KF·AlF_3 8	—	500～560	适用于浸渍钎焊
—	—	LiCl 34, KCl 44 NaCl 12, KF·AlF_3 10	—	550～620	
QF	氟化物共晶钎剂	KF 42, AlF_3 58 (共晶)	562	>570	具有"无腐蚀"的特点，纯共晶($KF-AlF_3$)钎剂可用于普通炉中钎焊、火焰钎焊纯铝或LF21防锈铝
—	氟化物钎剂	KF 39, AlF_3 56 ZnF_2 0.3 KCl 14.7	540	—	是我国近年来新研制的钎焊铝用钎剂，活性期为30s，耐蚀性好。可为粉状，也可调成糊状，配合钎料400适用于手工、炉中钎焊
129A	—	LiCl-NaCl-KCl-$ZnCl_2$-$CdCl_2$-LiF	550	—	可用于LY12、LF2铝合金火焰钎焊
171B	—	LiCl-NaCl-KCl-TiCl-LiF	490	—	

注：1. 钎焊时，焊前应将工件钎焊部分洗刷干净，工作还应预热。

2. 钎剂不宜沾得过多，一般薄薄一层即可，焊缝宜一次钎焊完。

3. 钎焊后接头必须用热水反复冲洗或煮沸，并在50～80℃的质量分数为2%的酪酐（Cr_2O_3）溶液中保持15min，再用冷水冲洗，以免发生腐蚀。

表 5-56 银钎焊钎剂的组分及用途

牌 号	组分(质量分数)/%	钎焊温度/℃	用 途
QJ101(钎剂 101)	$H_3BO_3$30,$KBF_4$70	550～850	银基钎料钎焊铜、铜合金、钢、不锈钢
QJ102(钎剂 102)	$KF_4$2, $KBF_4$23, $B_2O_3$35	600～850	银基钎料钎焊铜、铜合金、钢、不锈钢,活性最强,应用最广
QJ103(钎剂 103)	KBF_4 > 95, K_2CO_3<5	550～750	银基钎料钎焊铜、铜合金、钢、不锈钢
QJ104(钎剂 104)	$H_3BO_3$35, $Na_2B_4O_7$50,KF15	650～850	银基钎料炉中钎焊或浸渍钎焊铜、铜合金、钢、不锈钢

物质的汽化产物或低升华点的固态物质的气化产物。气体钎剂主要用于炉中钎焊和火焰钎焊。其优点是焊后一般没有固态残渣，不需作焊后清洗。但这类钎剂及其反应物大多有一定的毒性，使用时应采取相应的安全措施。常用气体钎剂的种类和用途见表 5-57。

在炉中钎焊中可用作钎剂的气体主要是气态的无机卤化物，包括氯化氢、氟化氢、三氟化硼、三氯化硼和三氯化磷等气体。氯化氢和氟化氢对母材有强烈的腐蚀性，一般不单独使用，只在惰性气体保护钎焊中添加少量来提高去膜能力。

表 5-57 常用气体钎剂的种类和用途

气 体	适用方法	钎焊温度	适用材料
三氟化硼	炉中钎焊	1050～1150	不锈钢、耐热合金
三氯化硼	炉中钎焊	300～1000	铜及铜合金、铝及铝合金、碳钢及不锈钢
三氯化磷	炉中钎焊	300～1000	铜及铜合金、铝及铝合金、碳钢及不锈钢
硼酸甲酯	火焰钎焊	≥900	碳钢、铜及铜合金

三氟化硼是最常用的炉中钎焊用气体钎剂，特点是对母材的腐蚀作用小。去膜能力强，能保证钎料有较好的润湿性，可用于钎焊不锈钢和耐热合金。但去膜后生成的产物熔点较高，只适于高温钎焊(1050～1150℃)。三氟化硼可以由放在钎焊容器中的氟硼酸钾在 800～900℃时完全分解产生，并添加在惰性气体中使用，其体积分数应控制在 0.001%～0.1%。

三氯化硼和三氯化磷气体对氧化物有更强的活性，且反应生成的产物熔点较低或易挥发，可在包括高温和中温的较宽温度范围（300～1000℃）内进行碳钢及不锈钢、铜及铜合金、铝及铝合金的钎焊。该气体钎剂也应添加到惰性气体中使用，并使体积分数控制在0.001%～0.1%。

火焰钎焊时，可采用硼有机化合物的蒸气作为气体钎剂，如硼酸甲酯蒸气等。该蒸气在燃气中供给，并在火焰中与氧反应生成硼酐，从而起到钎剂作用，可在高于900℃的温度下钎焊碳钢、铜及铜合金。

使用气体钎剂要有相应的安全措施，因为所有用作气体钎剂的化合物的气化产物都有毒性。

九、钎剂的腐蚀性

钎剂按钎剂残渣对钎焊接头的腐蚀作用可分为腐蚀性钎剂、弱腐蚀性钎剂和非腐蚀性钎剂三类。

软钎剂中，无机软钎剂均是腐蚀性钎剂，有机软钎剂则属于弱腐蚀性钎剂或非腐蚀性钎剂这两类。

无机软钎剂中氯化锌钎剂在钎焊时往往发生飞溅，在母材的被溅射处引起腐蚀；另外，还可能析出有害气体。为了消除上述缺点及便于使用，可与凡士林制成膏状钎剂。

有机软钎剂中的有机酸和有机胺盐两类钎剂的残渣有一定的腐蚀性，属于弱腐蚀性钎剂。因此，钎焊后还应清除钎剂残渣。胺及酰胺类钎剂的残渣腐蚀性不大。

有机软钎剂中应用最广的是松香类钎剂，其去膜机理属于有机酸一类。可添加活性剂来增加松香钎剂的去膜能力。活性松香钎剂的去氧化物能力及促进钎料铺展的作用都比松香钎剂好，其钎剂残渣一般有轻微的腐蚀性，钎焊后应予清除。

硬钎剂中硼砂和硼酸的残渣对金属的腐蚀作用虽然不大，但在接头表面形成玻璃状硬壳，它不溶于水，也很难用机械方法清除干净。硬钎剂的残渣均有腐蚀性，焊后必须清除它们。

注意，含氟量高的钎料在熔化状态下能与母材强烈作用，也会引起腐蚀。

铝用钎剂方面，在氯化物基硬钎剂中，钎焊铝及其合金时宜采用氯化锌较多的钎剂。由这类钎剂的作用机理可知，它们对母材有强烈的腐蚀作用，因而钎焊后彻底清除钎剂残渣特别重要。未被清除干净的残渣引起的腐蚀常是产品报废的原因。

氟化物基硬钎剂及残渣均不溶于水、不吸潮、不水解，因此，对铝没有腐蚀作用，甚至其残渣对母材表面能起一定保护作用。

第五节 常用钎料的特性及用途

一、常用硬钎料的特性及用途

硬钎料由于强度高，可用于受力构件的焊接，也可用在高温工作场合。

1. 铝基钎料

铝基钎料主要用于钎焊铝及铝合金。在铝合金中加入质量分数为1%～1.5%的 Mg，可用于铝合金的真空钎焊。

表 5-58 与表 5-59 所示为部分铝基钎料的牌号、成分、性能和用途。

铝基钎料可做成双金属复合板，即在基体金属两侧复合 5%～10%板厚的钎料（称铝钎焊板）。用于钎焊大面积或接头密集的部件，如柴油机的冷却器等。

表 5-60 所示为铝钎焊板的性能。

2. 银基钎料

银基钎料属于应用最广的一类硬钎料。其熔点适中、工艺性好，能润湿很多金属且具有良好的强度、塑性、导热性、导电性和耐各种介质腐蚀性能，因此用于钎焊低碳钢、结构钢、不锈钢、铜及其合金、可伐合金和难熔金属等。

表 5-61 所示为银基钎料的牌号、成分、性能及用途。

真空钎焊用的银钎料不能含有磷、镉、锌、镁、锂等易挥发元素，否则会影响钎焊过程和钎焊质量。表 5-62 列出了真空级银钎料的牌号、成分、性能和用途。

3. 铜基钎料

纯铜也可作钎料，其熔点为1083℃，用作钎料时钎焊温度约为1100～1150℃。为防止焊件氧化，纯铜钎料多在还原性气氛、惰性气氛和真空条件下钎焊钢和铜及其合金时使用。

用铜锌钎料进行钎焊时，锌容易挥发，结果使钎料熔点升高，接头中产生气孔。此外，锌蒸气有毒，不利于工人健康。为减少锌的挥发可在铜锌钎料中加入少量的硅。

表5-63所示为铜和铜锌钎料的成分、性能和用途。

铜基钎料中还有一种铜磷钎料，它是以Cu-P和Cu-P-Ag合金为基的钎料，主要用于钎焊铜和铜合金。由于铜磷钎料既能填充接头间隙，又能起钎剂作用，因此把这种钎料称自钎剂钎料。其在电动机制造和制冷设备等方面应用广泛。但铜磷钎料不能用于钎焊钢、镍合金和 w(Ni) 超过10%的铜镍合金。

表5-64所示为主要铜磷钎料的成分、性能和用途。

在铜中加入镍和钴可提高其耐热性能，而成为铜基高温钎料。表5-65所示为高温铜基钎料的成分、性能和用途。

4. 锰基钎料

锰基钎料属于较高温度下工作用的钎料。

锰基钎料塑性好，可制成各种形状，它对不锈钢、高温合金的润湿性和填隙能力都很好，对不锈钢没有强烈的溶蚀作用和晶间渗入作用。锰基钎料适于在保护气体中钎焊，要求气体纯度较高；不适于火焰钎焊和高真空钎焊。表5-66所示为锰基钎料的成分、特性及用途。

5. 镍基钎料

镍基钎料具有优良的抗腐蚀性和耐热性，用于钎焊高温工作的零件。镍的熔点很高（1452℃），热强度不足，用作钎料须加入合金元素以降低其熔点及提高其热强度。

表5-67所示为镍基钎料的成分、性能及用途。

6. 金基钎料

金基钎料可以减少焊件的镀金层向钎料的过渡，有利于镀金层的稳定。其化学成分、特性及用途见表5-68。

表 5-58 铝基钎料的牌号、成分、性能和用途

分类	牌号	化学成分(质量分数)/%										熔化温度/℃		性能与用途
		Al	Si	Cu	Zn	Fe	Mg	Cr	Ti	Mn	其他总量	固相线	液相线	
铝硅	BAl88Si	余量	11.0～13.0	<0.3	<0.20	<0.8	<0.10	—	—	<0.05	≤0.15	577	580	是一种通用钎料，适用于各种钎焊方法，具有极好的流动性和抗腐蚀性
	BAl90Si		9.0～11.0		<0.10		<0.05		0.20			577	590	制成片状用于炉中钎焊和浸渍钎焊，钎焊温度比BAl92Si低
	BAl92Si		6.8～8.2	<0.25	—		—		—	<0.10		577	615	流动性差，对铝的溶蚀小，制成片状用于炉中钎焊和浸渍钎焊
铝硅铜	BAl67CuSi		5.5～6.5	27～29	—					<0.15		525	535	适用于火焰钎焊，熔化温度低，容易操作，钎料脆，抗蚀性低于铝硅钎料
	BAl86SiCu		9.3～10.7	3.3～4.7	—			<0.15				520	585	适用于各种钎焊方法，钎料的结晶温度间隔较大，易于控制钎料流动
铝硅镁	BAl86SiMg		11.0～13.0	—	—			—		<0.10		559	579	真空钎焊用片状、丝状钎料，用于钎焊温度不高、流动性好的场合
	BAl88SiMg		9.0～10.5	—	<0.20							559	591	—
	BAl89SiMg		9.5～11.0	—	—		0.20～1.0					559	582	—
	BAl90SiMg		6.8～8.2	—	—		2.0～3.0					559	607	真空钎焊用片状钎料，钎焊温度高

注：化学成分和熔化温度摘自 GB/T 13815—2008。

表 5-59 铝基钎料的特性及用途

钎料牌号	化学成分/%					熔化温度范围/℃	特点和用途
	Al	Si	Cu	Mg	其他		
HLAlSi7.5	余量	6.8～7.2	0.25	—	—	577～613	流动性差，对铝的溶蚀小。制成片状用于炉中钎焊和浸渍钎焊
HLAlSi10	余量	9～11	0.3	—	—	577～591	制成片状用于炉中钎焊和浸渍钎焊，钎焊温度比HLAlSi7.5低
HLAlSi12	余量	11～13	0.3	—	—	577～582	一种通用钎料，适用于各种钎焊方法，具有极好的流动性和抗腐蚀性
HLAlSiCu10	余量	9.3～10.7	3.3～4.7	—	—	521～583	适用于各种钎焊方法，钎料的结晶温度间隔较大，易于控制钎料流动
Al12SiSrLa	余量	10.5～12.5	—	—	Sr 0.03 La 0.03	572～597	锶、镧的变质作用使钎焊接头延性优于用HLAlSi12钎料钎焊的接头延性
HL403	余量	10	4	—	Zn10	516～560	适用于火焰钎焊，熔化温度较低，容易操作。钎焊接头的抗腐蚀性低于铝硅钎料
HL401	余量	5	28	—	—	525～535	适用于火焰钎焊，熔化温度较低，容易操作。钎料性脆，接头抗腐蚀性比用铝硅钎料钎焊的低
B62	余量	3.5	20	—	Zn25 Mn0.3	480～500	用于钎焊固相线温度低的铝合金，如LY11，钎焊接头的抗腐蚀性低于铝硅钎料
Al60GeSi	余量	4～6	—	—	Ge35	440～460	铝基钎料中熔点最低的一种，适用于火焰钎焊、性脆、价贵
HLAlSiMg7.5-1.5	余量	6.6～8.2	0.25	1～2	—	559～607	真空钎焊用片状钎料，根据不同的钎焊温度要求选用
HLAlSiMg10-1.5	余量	9～10	0.25	1～2	—	559～579	
HLAlSiMg12-1.5	余量	11～13	0.25	1～2	—	559～569	真空钎焊用片状、丝状钎料，钎焊温度比HLAlSiMg7.5-1.5和HLAlSiMg10-1.5钎料低

表 5-60 铝钎焊板的性能

牌号	基体金属	包覆层	包覆层熔化温度/℃	钎焊温度/℃
LF63-1	3A21	Al-11～12.5Si	577～582	582～604
LF-3	3A21	Al-6.8～8.2Si	577～612	600～615

表 5-61 银基钎料的牌号、成分、性能及用途

牌号	化学成分(质量分数)/%						熔化温度/℃		用途
	Ag	Cu	Zn	Cd	Sn	其他	固相线	液相线	
BAg94Al	余量	—	—	—	—	Mn0.7～1.3 Al4.5～5.5	780	825	用于钎焊钛和钛合金
BAg10CuZn	9～11	52～54	余量	—	—	—	815	850	钎焊温度较高，塑性较差，用于钎焊 w(Cu)低于 58%的黄铜、铜零件、钢
BAg25CuZn	24～26	40～42	余量	—	—	—	745	775	有较好的润湿和填缝能力，可钎焊要求表面光洁、能承受冲击载荷的铜和铜合金、钢、不锈钢等零件，但 BAg45CuZn 钎焊温度较低，接头性能更好，是最常用的一种银钎料
BAg45CuZn	44～46	29～31	余量	—	—	—	665	745	
BAg50CuZn	49～51	33～35	余量	—	—	—	690	774	钎料结晶间隔较大，适用于钎焊间隙不均匀或要求钎缝圆角较大以及承受多次冲击载荷的零件
BAg65CuZn	64～66	19～21	余量	—	—	—	685	720	钎料熔化温度较低，强度和塑性好，用于钎焊性能要求高的黄铜、青铜和钢件
BAg70CuZn	69～71	24～26	余量	—	—	—	730	755	适宜钎焊要求电导性好的铜、黄铜、银等，含锌少可用于炉中钎焊

续表

牌号	化学成分(质量分数)/%						熔化温度/℃		用途
	Ag	Cu	Zn	Cd	Sn	其他	固相线	液相线	
BAg40CuZnCdNi	39～41	6.5～15.5	17.3～18.3	25.1～26.5	—	Ni0.1～0.3	595	605	熔化温度最低的银基钎料，工艺性能和力学性能很好，用于钎焊铜和铜合金、钢、不锈钢，特别适宜于要求钎焊温度低的调质钢及铍青铜等。镉蒸气有毒
BAg50CuZnCd	49～51	14.5～16.5	14.5～18.5	17～19	—	—	625	635	BAg50CuZnCd 特别适用于钎焊温度要求不很严而强度要求高的零件
BAg35CuZnCd	34～36	25～29	23～29	17～19	—	—	605	700	可填充较大和不均匀的间隙。但为了防偏析，要求加热快。钎焊铜和铜合金、钢、不锈钢
BAg50CuZnCdNi	49～51	14.5～16.5	13.5～17.5	15～17	—	Ni2.5～3.5	630	690	耐热和耐蚀性好，适于钎焊不锈钢及硬质合金
BAg56CuZnSn	55～57	21～23	15～19	—	4.5～5.5	—	620	650	BAg50CuZnCd 的代用品，以及钎焊不锈钢，钎缝与不锈钢色相近
BAg40CuZnSnNi	39～41	24～26	29.5～31.5	—	2.7～3.3	Ni1.3～1.65	634	640	BAg40CuZnCd 的代用品无毒，但性能不及 BAg40CuZnCd

表 5-62 真空级银钎料的牌号、成分、性能及用途

牌号	化学成分(质量分数)/%										熔化温度/℃		用途
	Ag	Cu	Sn	In	Bi	Pb	Cd	Zn	S	P	固相线	液相线	
BAg-V	99.5	0.05	—	—	—	0.002	0.001	0.001	0.005	0.002	960	960	电真空器件钎焊时用作第一级钎料

续表

牌号	化学成分(质量分数)/%										熔化温度/℃		用途
	Ag	Cu	Sn	In	Bi	Pb	Cd	Zn	S	P	固相线	液相线	
BAg50Cu-V	49～51	49～51	—	—	—	0.002	0.001	0.001	0.005	0.002	779	850	电真空器件钎焊时用作中间级钎料
BAg72Cu-V	71～73	27～29	—	—	—	0.002	0.001	0.001	0.005	0.002	779	779	电真空器件钎焊中应用最广的一种钎料。多级钎焊时用作中间级钎料或末级钎料
BAg60CuIn-V	余量	29.2～30.8	—	9～11	—	0.002	0.001	0.001	0.005	0.002	600	720	电真空器件多级钎焊时用作末级钎料
BAg68CuPd-V	余量	26～28	Pd4.5～5.5	—	—	0.002	0.001	0.001	0.005	0.002	807	810	与 BAg72Cu-V 相同，但钯大大提高了钎料对钢和镍基合金的润湿性

表 5-63　铜和铜锌钎料的成分、特性及用途

钎料型号	钎料牌号	化学成分(质量分数)/%							熔化温度范围/℃	抗拉强度/MPa	用途
		Cu	Sn	Si	Fe	Mn	Zn	其他			
BCu	—	≥99	—	—	—	—	—	—	1083	—	主要用于还原性气体保护、惰性气体保护和真空条件下钎焊低碳钢、低合金钢、不锈钢、镍钨和钼等
BCu54Zn	H62	62±1.5	—	—	—	—	余量	—	900～905	313.8	应用最广的铜锌钎料，用来钎焊受力大的铜、镍、钢制零件
	H1CuZn46 HL103	54±2	—	—	—	—	余量	—	885～888	254	钎料塑性较差，主要用来钎焊不受冲击和弯曲的铜及其合金零件

续表

钎料型号	钎料牌号	化学成分(质量分数)/%							熔化温度范围/℃	抗拉强度/MPa	用途
		Cu	Sn	Si	Fe	Mn	Zn	其他			
BCu54Zn	H1CuZn52 HL102	48±2	—	—	—	—	余量	—	860～870	205	钎料相当脆，主要用来钎焊不受冲击和弯曲的 $w(Cu)$ 大于68%的铜合金
BCu54Zn	H1CuZn64 HL101	36±2	—	—	—	—	余量	—	800～823	29	钎料极脆，钎焊接头性能差，主要用于黄铜的钎焊
—	Cu-Mn-Zn-Si	余量	—	0.2～0.6	—	24～32	14～20	—	825～831	411.6	用于硬质合金的钎焊
—	HLD_2	余量	—	—	—	6～10	34～36	2～3	830～850	377	代替银钎料用于带锯的钎焊
BCu60-ZnFe-R	丝222	58±1	0.85±0.15	0.1±0.05	0.8±0.4	0.06±0.03	余量	—	860～900	333.4	与BCu60ZnSn-R钎料相同
BCu60-ZnSn-R	丝221	60±1	1±0.2	0.25±0.1	—	—	余量	—	890～905	343.2	可取代H62钎料以获得更致密的钎缝，尚可作为气焊黄铜用的焊丝
BCu58ZnMn	HL105	58±1	—	—	0.15	4±0.3	余量	—	880～909	304.2	锰可提高钎料的强度、塑性和对硬质合金的润湿能力，广泛用于硬质合金刀具、模具及采掘工具的钎焊
BCu48-ZnNi-R	—	48±2	—	0.15±0.1	—	—	余量	Ni10±1	921～935	—	用于有一定耐热要求的低碳钢、铸铁、镍合金零件的钎焊，对硬质合金工具也有良好的润湿能力

表 5-64 铜磷钎料的成分、特性及用途

钎料型号	钎料牌号	化学成分(质量分数)/%					熔化温度范围/℃	抗拉强度/MPa	电阻率/(Ω·cm²/m)	用途
		Cu	P	Ag	Sn	其他				
BCu95P	—	余量	5±0.3	—	—	—	710～899	—	—	制成片状使用，流动性低，特别适于电阻钎焊
BCu93P	HL201	余量	6.8±0.4	—	—	—	710～793	470	0.28	流动性极好，可以流入间隙很小的接头，钎料脆，主要用于机电和仪表工业，钎焊不受冲击载荷的铜和黄铜零件
BCu92PSb	HL203	余量	6.3±0.4	—	—	Sb=1.5～2.5	690～800	305	0.47	流动性稍差，用途与BCu93P相仿
BCu91PAg	HL209	余量	7±0.2	2±0.2	—	—	645～810	—	—	钎料中的银改善了它的塑性，在较大温度范围内能填充接头间隙，用于电冰箱、空调器、电动机和仪表行业
BCu89PAg	HL205	余量	5.8～6.7	5±0.2	—	—	650～800	519	0.23	钎料塑性和导电性得到提高，流动性低，适于钎焊间隙较大的零件
BCu80PAg	HL204	余量	4.8～5.3	15±0.5	—	—	640～815	503	0.12	钎料塑性和导电性进一步改善。用于钎焊要求比BCu89PAg钎料高的场合
BCu80PSn-Ag	—	余量	5±0.3	5±0.5	10±0.5	—	560～650	—	—	用于要求钎焊温度低的铜及铜合金零件

续表

钎料型号	钎料牌号	化学成分(质量分数)/%					熔化温度范围/℃	抗拉强度/MPa	电阻率/(Ω·cm²/m)	用途
		Cu	P	Ag	Sn	其他				
—	HLAgCu70-5	余量	5±0.5	25±0.5	—	—	650～710	—	—	塑性和导电性是铜磷银钎料中最好的一种，用于钎焊要求高的电气接头
—	HLCuP6-3	余量	6±0.3	—	3.5±0.5	—	640～680	—	0.35	流动性好，钎焊接头性能与 BAg25CuZn 钎料钎焊的相仿，可部分代替银钎料和铜磷银钎料钎焊铜和铜合金
BCu86SnP	—	余量	5.3±0.5	—	7.5±0.5	Ni=0.8±0.4	—	—	—	用途与 HLCu6-3 相似，Ni 的加入使钎料脆性增大，但流动性提高
—	HL206	余量	6～10	2～10	3～10	—	620～660	—	—	用途与 HLCuF6-3 相似，但钎焊温度更低

表 5-65 高温铜基钎料的假成分、特性及用途

钎料牌号	化学成分(质量分数)/%						熔化温度范围/℃	钎焊温度范围/℃	用途
	Cu	Ni	Si	B	Fe	其他			
HLCu-2	余量	17～19	1.6～1.9	0.15～0.25	0.8～1.2	Co=4.5～5.5 Mn=6～7	1027～1070	1080～1100	用途与 HLCuNi30-2-0.2 钎料相同，但钎焊温度较低，可避免母材晶粒长大和麻面等缺陷。HLCu-2a 因含锰量较低，火焰钎焊时的工艺性优于 HLCu-2
HLCu-2a	余量	17～19	1.6～1.9	0.15～0.25	0.8～1.2	Co=4.5～5.5 Mn=4.5～5.5	1050～1080	1090～1100	

续表

钎料牌号	化学成分(质量分数)/%						熔化温度范围/℃	钎焊温度范围/℃	用途
	Cu	Ni	Si	B	Fe	其他			
QCu-4	余量	—	—	—	—	Co=10±1 Mn=31.5±1	940~950	1000~1050	主要用于气体保护钎焊不锈钢，钎焊接头工作温度可达 538℃，钎焊马氏体不锈钢时可将钎焊与淬火处理合并进行，简化工艺过程
HLCuNi-30-2-0.2	余量	27~30	1.5~2	≤0.2	<1.5	—	1080~1120	1150~1200	该钎料在 600℃以下几乎与 1Cr18Ni9Ti 不锈钢等强度，主要用于不锈钢的钎焊，钎料熔点高，容易引起母材晶粒长大和近缝区麻面缺陷

表 5-66 锰基钎料的成分、特性及用途

钎料牌号	化学成分(质量分数)/%							熔化温度范围/℃	钎焊温度范围/℃	用途
	Mn	Ni	Cr	Cu	Co	Fe	其他			
BMn70NiCr	70±1	25±1	5±0.5	—	—	—	—	1035~1080	1150~1180	使用很广的一种锰基钎料，具有良好的润湿作用和填充间隙的能力，对母材的溶蚀作用小，可满足不锈钢波纹板夹层结构换热器的低真空钎焊的要求
BMn40NiCrFeCo	40±1	41±1	12±1	—	3±0.5	4±0.5	—	1065~1135	1180~1200	钎料的高温性能和抗腐蚀性稍高于 QMn-1 钎料，但钎焊温度更高，为避免母材晶粒长大，必须严格控制钎焊温度
BMn68NiCo	68±1	22±1	—	—	10±1	—	—	1050~1070	1120~1150	高温性能好，钎焊温度低于前两者，适于钎焊工作温度较高的薄件

续表

钎料牌号	化学成分(质量分数)/%							熔化温度范围/℃	钎焊温度范围/℃	用途
	Mn	Ni	Cr	Cu	Co	Fe	其他			
BMn50NiCuCrCo	50±1	27.5±1	4.5±0.5	—	4.5±0.5	—	—	1010～1035	1060～1080	钎料熔化温度较低,能填充较大的接头间隙,特别适于在氩气保护下高频钎焊不锈钢接头
BMn65NiCoFeB	余量	16±1	—	—	16±1	3～3.5	B0.1～0.3	1010～1055	1060～1085	钎料在不锈钢上的润湿作用较差,可用于钎焊毛细管等易被钎料堵塞的场合
BMn45NiCu	45±1	20±1	—	35±1	—	—	—	950	1000	钎料熔点低,以适应分步钎焊及补钎的要求

表 5-67 镍基钎料的成分、性能及用途

牌号	化学成分(质量分数)/%							熔化温度/℃		用途
	Ni	Cr	B	Si	Fe	C	P	固相线	液相线	
BNi74CrSiB	余量	13～15	2.75～3.5	4～5	4～5	0.6～0.9	—	975	1038	用于强度要求高的场合以及高温合金钎焊接头如涡轮叶片、喷气发动机零件及高应力部件
BNi75CrSiB	余量	13～15	2.75～3.5	4～5	4～5	0.06	—	975	1075	用于高温喷气发动机零件以及室温及低温下工作的零件
BNi82CrSiB	余量	6～8	2.75～3.5	4～5	2.5～3.5	0.06	—	970	1000	与上述钎料相似,但能在较低温度下钎焊
BNi68CrWB	余量	9.5～10.5	2.2～2.8	3～4	2～3	0.06	W11.5～12.5	970	1095	接头抗氧化性比上述钎料差,用于钎焊高温下受大应力的零件
BNi92SiB	余量	—	2.75～3.5	4～5	0.5	0.06	—	980	1010	与 BNi74CrSiB 钎料相似,但对保护气体和真空度的要求较低

续表

牌　号	化学成分(质量分数)/%							熔化温度/℃		用　途
	Ni	Cr	B	Si	Fe	C	P	固相线	液相线	
BNi93SiB	余量	—	1.5～2.2	3～4	1.5	0.06	—	980	1065	用于要求钎缝圆角较大和韧性较好的场合，也能用来钎焊间隙较大的接头
BNi71CrSi	余量	18.5～19.5	—	9.75～10.5	—	0.10	—	1080	1135	用于钎焊在高温下工作的高强度和抗氧化的接头，还可用于钎焊不允许含硼的核部件
BNi89P	余量	—	—	—	—	0.10	P10～12	877	877	流动性好，对母材的溶蚀小，用于钎焊工作温度不是太高的不锈钢零件
BNi76CrP	余量	13～15	0.01	0.10	0.2	0.08	P9.7～10.5	890	890	钎焊蜂窝结构、薄壁管组件以及高温下使用的其他结构，又可用于不允许含硼的各种部件

表 5-68　金基钎料的化学成分、特性及用途

钎料型号(牌号)	化学成分(质量分数)/%				熔点/℃	用　途
	Au	Sn	Ge	其他		
S-Au30SnAg	余量	40	—	Ag30	411	适用于半导体器件的钎焊
S-Au97Si3	余量	—	—	Si3	363	
S-Au99Sb1(HLAuSb0.5)	余量	—	—	Sb0.5	360	
S-Au86Ge12Ag2(HLAuGeAg12-2)	余量	—	12	Ag2	358	
S-Au88Ge12(HLAuGe12)	余量	—	12	—	356	
S-Au87Ge12Ni(HLAuGeNi12-0.5)	余量	—	12	Ni0.5	356	
S-Au80Sn20	余量	20	—	—	280	适用于半导体器件的钎焊
S-Au10Sn90(HLAuSn90)	余量	90	—	—	217	

二、常用软钎料的特性及用途

1. 锡基钎料

软钎料中锡铅钎料用量最大，主要用于铜、铜合金、碳钢、镀锡板、镀锌板、不锈钢等材料的软钎焊。许多锡铅钎料中加入少量 Sb，可减少钎料在液态时的氧化和提高接头的热稳定性。有些锡铅钎料加入少量 Ag，可减轻钎料对母材镀银层的熔蚀，提高钎料的抗蠕变和疲劳性能，提高焊点的耐蚀性，有些锡铅钎料中还添加了一些微量元素（如 P、Ca），可防止或减轻熔融钎料表面的氧化，特别适合波峰焊和浸焊。

锡铅钎料及锡银钎料的成分、特性及用途见表 5-69～表 5-71。

2. 铅基钎料

铅基钎料的耐热性能比锡铅钎料好，但对铜的润湿性较差。为提高其润湿性，可加入一些锡，多以丝状供应。

表 5-72 所示为部分铅基钎料的牌号、成分、性能及用途。

3. 镉基钎料

这是软钎料中耐热性最好的一种，并具有较好的抗腐蚀性，镉基钎料多以丝状供应。

表 5-73 所示为镉基钎料的牌号成分、性能及用途。

4. 锌基钎料

多数锌基钎料强度低、延性差、对钢润湿性差，故主要用于钎焊铝及铝合金，也可用于铅焊铜及铜合金。

表 5-74 所示为部分锌基钎料的牌号、成分、性能及用途。

5. 低熔点软钎料

① 镓基钎料的化学成分与用途见表 5-75，它可与银、铜、镍粉混合制成复合钎料使用，钎焊时将复合钎料涂抹在需要连接的地方，再将焊件加压或处于自由状态，在一定温度下放置 24～48h。由于液固相之间的扩散作用，钎缝固化而形成接头。

② 铋基钎料的化学成分与用途见表 5-76，铋基钎料脆，对铜、钢的润湿性差，钎焊前应对金属预先镀锌、银、锡。

③ 铟基钎料的化学成分与用途见表 5-77，这种钎料在碱性介质

表 5-69 锡铅钎料的成分、特性及用途（一）

牌号	化学成分(质量分数)/%				熔化温度/℃		电阻率 /(Ω·mm²/m)	主要用途
	Sn	Pb	Sb	其他元素	固相线	液相线		
S-Sn95Pb	94.5～95.5	余量	—	—	183	224	—	电气、电子工业、耐高温部件
S-Sn90Pb	89.5～90.5	余量	—	—	183	215	—	
S-Sn65Pb	64.5～65.5	余量	—	—	183	186	0.122	电气、电子工业、印刷线路、微型技术、航空工业及镀层金属软钎焊
S-Sn63Pb	62.5～63.5	余量	—	—	183	183	0.141	
S-Sn60Pb	59.5～60.5	余量	—	—	183	190	0.145	
S-Sn60PbSb	59.5～60.5	余量	0.3～0.8	—				
S-Sn55Pb	54.5～55.5	余量	—	—	183	203	0.160	普通电气、电子工业(电视机、收录机共用天线、石英钟)、航空、微连接
S-Sn50Pb	49.5～50.5	余量	—	—	183	215	0.181	
S-Sn50PbSb	49.5～50.5	余量	0.3～0.8	—				
S-Sn45Pb	44.5～45.5	余量	—	—	183	227	—	
S-Sn40Pb	39.5～40.5	余量	—	—	183	283	0.170	钣金、铅管软钎焊、电缆线、换热器金属器材、辐射体、制罐等的软钎焊
S-Sn40PbSb	39.5～40.5	余量	1.5～2.0	—				
S-Sn35Pb	34.5～35.5	余量	—	—	183	248	—	
S-Sn30Pb	29.5～30.5	余量	—	—	183	258	0.182	灯泡、冷却机制造、钣金、铅管
S-Sn30PbSb	29.5～30.5	余量	1.5～2.0	—				
S-Sn25PbSb	24.5～25.5	余量	1.5～2.0	—	183	260	0.196	
S-Sn20Pb	19.5～20.5	余量	—	—	183	279	0.220	
S-Sn18PbSb	17.0～19.0	余量	1.5～2.0	—				
S-Sn10Pb	9.5～10.5	余量	—	—	268	301	0.198	钣金、锅炉用及其他高温用
S-Sn5Pb	4.5～5.5	余量	—	—	300	314	—	
S-Sn2Pb	1.5～2.5	余量	—	—	316	322	—	
S-Sn50PbCd	49.5～50.5	余量	—	Cd 17.5～18.5	145	145	—	轴瓦、陶瓷的烘烤软钎焊、热切割、分级软钎焊及其他低温软钎焊

续表

牌号	化学成分(质量分数)/%				熔化温度/℃		电阻率/(Ω·mm²/m)	主要用途
	Sn	Pb	Sb	其他元素	固相线	液相线		
S-Sn5PbAg	4.5～5.5	余量	—	Ag 1.0～2.0	296	301	—	电气工业、高温工作条件
S-Sn63PbAg	62.5～63.5	余量	—	Ag 1.5～2.5	183	183	0.120	同 S-Sn63Pb，但焊点质量等诸多方面优于 S-Sn63Pb
S-Sn40PbSbP	39.5～40.5	余量	1.5～2.0	P 0.001～0.004	183	238	0.170	用于对抗氧化有较高要求的场合
S-Sn60PbSbP	59.5～60.5	余量	0.3～0.8	P 0.001～0.004	183	190	0.145	

表 5-70 锡铅钎料的成分、特性及用途（二）

牌号	化学成分(质量分数)/%				熔化温度/℃		电阻率/μΩ·m	用途
	Sn	Sb	Pb	杂质	固相线	液相线		
BSn4Pb	3～4	5～6	余量	<0.5	245	265	—	含锡量最低，脆性大，只用于钢的镀覆和钎焊不受冲击的零件以及卷边或销口钎缝
BSn18Pb	17～19	2～2.5	余量	<0.5	183	277	0.220	含锡量低，力学性能差，可用于钎焊铜、黄铜、镀锌铁皮等强度要求不高的场合以及钎焊低温工作的工件
BSn30Pb	29～31	1.5～2.0	余量	<0.5	183	256	0.182	是应用较广的钎料，润湿性较好，用于钎焊铜、黄铜、钢、锌板、白铁皮和散热器、仪表、无线电器械、电动机匝线、电缆套等
BSn40Pb	39～41	1.5～2.0	余量	<0.5	183	235	0.170	是应用最广的钎料，润湿性好，用于钎焊铜的铜合金、钢、镀锌铁皮等，可得到光洁表面。常用于钎焊散热器、无线电及电器开头设备、仪表零件等

续表

牌号	化学成分(质量分数)/%				熔化温度/℃		电阻率/μΩ·m	用途
	Sn	Sb	Pb	杂质	固相线	液相线		
BSn50Pb	49～51	≤0.8	余量	<0.5	183	210	0.156	钎焊散热器、计算机零件、铜和黄铜、白铁皮等
BSn55Pb	54～56	≤0.8	余量	<0.5	183	200	—	—
BSn60Pb	59～61	≤0.8	余量	<0.5	183	185	0.145	熔点最低,适于钎焊不能受高温和能充分填充窄毛细间隙的地方,如电子器件、电气开关零件、计算机零件、易熔金属制品和淬火钢件等
BSn90Pb	89～91	≤0.15	余量	<0.3	183	222	0.120	可钎焊大多数钢、铜和合金以及其他金属。由于钎料含铅少,特别适于钎焊食品器皿和医疗器材
HL605	95～97	—	—	Ag3～4	221	230	—	抗腐蚀性好,工作温度可达100℃,适于钎焊铜、黄铜、铝青铜、铝黄铜等

表 5-71 锡银钎料的成分、特性及用途

钎料型号	化学成分(质量分数)/%					熔化温度范围/℃	抗拉强度/MPa	伸长率/%	用途
	Sn	Ag	Sb	Zn	其他				
S-Sn95Sb5	95	—	5	—	—	234～240	39	43	150℃时的抗拉强度为22.4MPa,用于钎焊铜和铜合金的热水器
S-Sn92Ag5Cu2Sb1	92	5	1	—	Cu2	250	49	23	强度和导电性均优于HLSnPb68-2,适于钎焊在较高温度和湿度的大气中工作的零件
S-Sn85Ag8Sb8	84.5	8	7.5	—	—	270	80	8.8	取代HLAgPb97钎料,可钎焊在不高于200℃温度条件下工作的铜和铜合金零件
S-Sn55Zn40Ag3Al2	55	2.5	—	40	Al2.5	320～350	—	—	用于铝铜接头的钎焊,抗腐蚀性较优

表 5-72　铅基钎料的牌号、成分、性能及用途

牌号	化学成分(质量分数)/%				熔化温度范围/℃	电阻率/μΩ·m	用途
	Pb	Ag	Sn	杂质			
HLAgPb97	96～98	2.7～3.3	—	<0.5	300～305	0.20	钎焊铜及铜合金，工作温度<150℃
HLAgPb92-5.5	92	2.5	5.5	<0.5	295～305	—	
HLAgPb65-30-5	65	5	30	—	225～235	—	
HLAgPb83.5-15-1.5	83.5	1.5	15	<0.5	265～270	—	

表 5-73　镉基钎料的牌号、成分、性能及用途

牌号	化学成分(质量分数)/%			熔化温度/℃	抗拉强度/MPa	用途
	Cd	Ag	Zn			
HL503	95	5	—	338～393	112.8	钎焊工作温度较高的铜和铜合金，如散热器及电机整流子。工作温度<250℃
HLAgCd96-1	96	3	1	300～325	110.8	
Cd79ZnAg	79	5	16	270～285	200	
HL508	92	5	3	320～360	—	

表 5-74　锌基钎料的牌号、成分、性能及用途

钎料型号(牌号)	化学成分(质量分数)/%					熔化温度范围/℃	用途
	Zn	Al	Sn	Cu	其他		
S-Zn95Al5	95	5	—	—	—	382	用于钎焊铝和铝合金以及铝铜接头，钎焊接头具有较好的抗腐蚀性
A-Zn89Al7Cu4	89	7	—	4	—	377	
S-Z86Al7Cu4Sn2Bi1	86	6.7	2	3.8	Bi1.5	304～350	对铜和铜合金的润湿性较好，主要用于钎焊铜和铜合金
S-Zn73Al27(HL505)	72.5	27.5	—	—	—	430～500	用于钎焊固相线温度低的铝合金，如LY12等，接头抗腐蚀性是锌基钎料中最好的
S-Zn58Sn40Cu2(HL501)	58	—	40	2	—	200～350	用于铝的刮擦钎焊，钎焊接头具有中等抗腐蚀性

表 5-75　镓基钎料的化学成分与用途

钎料型号	化学成分(质量分数)/%						熔点/℃	用　　途
	Ga	In	Sn	Zn	Cd	Mg		
S-Ga100	100	—	—	—	—	—	29.8	微电子器件等，要求加热温度很低的元件的钎焊
S-Ga95Zn5	95	—	—	5	—	—	24～25	
S-Ga92Sn8	92	—	8	—	—	—	20～21	微电子器件等，要求加热温度很低的元件的钎焊
S-Ga82Sn12Zn6	82	—	12	6	—	—	17	
S-Ga76In24	76	24	—	—	—	—	16	
S-Ga67In29Zn4	67	29	—	4	—	—	13	
S-Ga55In25Sn11Cd4MZr	55	25	11	Zr1	4	4	10.6	

表 5-76　铋基钎料的化学成分与用途

钎料型号	化学成分(质量分数)/%					熔点/℃	用　　途
	Bi	Pb	Sn	Cd	In		
S-Bi60Cd40	60	—	—	40	—	144	热敏电子元器件的制造
S-Bi59Sn26Pb15	59	15	26	—	—	114	
S-Bi57Sn43	57	—	43	—	—	138.5	
S-Bi55Pb45	55	45	—	—	—	124	
S-Bi50Pb25Sn12	50	25	25	—	—	94	
S-bi49In21Pb18Sn12	49	18	18	—	21	58	
S-Bi32Pb22In18Sn11Cd8	32	22	10.8	8.2	18	46	

表 5-77　铟基钎料的化学成分与用途

钎料型号	化学成分(质量分数)/%				熔点/℃	用　　途
	In	Sn	Cd	Zn		
S-In98Zn2	98	—	—	2	141.5	广泛应用于电子真空器件、玻璃陶瓷和低温超导材料的钎焊
S-In74Cd24Zn2	74	—	24.2	1.8	116	
S-In52Sn48	52	48	—	—	117	
S-In52Sn46Zn2	52	46	—	2	108	
S-In44Sn42Cd14	44	42	14	—	93	
S-In44Sn41Cd14Zn1	44	41.4	13.6	1.0	90	

中耐蚀性很强，能很好地润湿金属与非金属。

以上介绍的常用硬钎料与常用软钎料可供选用参考。

第六节　钎料与钎剂的选用

一、钎料的选用

1. 钎料的选用原则

钎料的种类繁多，使用过程中的影响因素也很多。从原则上来说，选用钎料应从以下几个方面来考虑。

① 钎料与母材的匹配　对于确定的母材，所选用的钎料应具有适当的熔点，对母材有良好的润湿性和填缝能力，与母材相互作用能产生有益的结果，能避免形成脆性的金属间化合物。例如铜磷钎料不能钎焊钢和镍，因在界面上会生成极脆的磷化物相；同样，镉基钎料钎焊铜时，也易在界面形成脆性的铜镉化合物，而使接头变脆；最好是液、固态都互溶。

② 钎料与钎焊方法的匹配　不同的钎焊方法对钎料性能的要求不同，如采用火焰钎焊时，钎料的熔点应与母材的熔点相差尽可能大，避免可能产生的母材局部过热、过烧或熔化等；采用电阻钎焊方法时，希望钎料的电阻率比母材的电阻率大一些，以提高加热效率；炉中钎焊时钎料中易挥发元素的含量应较少，保证在相对较长的钎焊时间内不会因为合金元素的挥发而影响到钎料的性能。

③ 保证满足使用要求　不同产品在不同的工作环境和使用条件下对钎焊接头性能的要求不同，这些要求可能涉及导电性、导热性、工作温度、力学性能、密封性、抗氧化性、耐蚀性等，选择钎料时应着重考虑其最主要的使用要求。若对钎焊接头强度要求不高和工作温度不高时，宜选用软钎料；对低温工作的接头应使用含锡量低的钎料；对于要求高温强度和抗氧化性好的接头，宜选用镍基钎料；硼能吸收中子，故含硼的钎料不能用于该领域。

对于要求导电性好的电气零件，应选用含锡量高的锡铅钎料或含银量高的银基钎料；真空密封接头应采用真空级钎料；对要求抗腐蚀性好的铝钎焊接头，应采用铝硅钎料等。

钎焊接头最常见的使用要求是强度、抗氧化性和腐蚀性，有疑问时可取些试样通过实验来确定接头是否满足必要的工作时间、温度和强度的要求。

④ 钎焊结构要求　由于钎焊结构的复杂性，有时需要将钎料预先加工成形，如制成环状、垫圈、垫片状、箔材和粉末等形式，预先放置在钎焊间隙中或其附近。因此，在选用钎料时要充分考虑其加工性能是否可以制成所需要的形式。

⑤ 满足钎焊性的需要　钎焊经调质处理的 2Cr13 钢工件时，可选用 BAg40CuZnCd 钎料，其钎焊温度低于 700℃，不致引起工件发生退火；对冷作硬化铜材钎焊，应选用钎焊温度不超过 300℃ 的钎料，以免钎焊后母材软化。

⑥ 生产成本　生产成本包括钎料的成本、成形加工成本和钎焊方法及设备投资方面的成本。生产批量不大时，优先考虑产品的性能和质量；在性能相同的情况下应选用价格便宜、来源容易的钎料。大批量生产中钎料成本的降低具有重要的经济意义。

正确地选用钎料是保证获得优质钎焊接头的关键，应从钎料和母材的相互匹配、钎焊件的使用工况要求、现有设备条件以及经济性等方面进行综合考虑来确定。表 5-78 列出了根据生产实践总结出的钎料与母材的匹配优先选用的顺序。

表 5-78　钎料与母材的匹配及选用顺序

母材	铝基钎料	铜基钎料	银钎料	镍基钎料	钴基钎料	金基钎料	钯基钎料	锰基钎料	钛基钎料
铜及铜合金	3	1	2	6	—	4	—	5	7
铝及铝合金	1	—	—	—	—	—	—	—	—
钛及钛合金	2	4	3	—	—	5	6	7	1
碳钢及合金钢	—	1	2	6	8	4	5	3	7
马氏体不锈钢	—	6	7	1	5	2	4	3	—
奥氏体不锈钢	—	3	7	1	6	5	4	2	—
沉淀硬化高温合金	—	2	8	1	3	4	5	6	7
非沉淀硬化高温合金	—	6	7	4	5	1	2	3	8
硬质合金及碳化钨	—	1	5	6	7	4	3	2	8
精密合金及磁性材料	—	2	1	6	7	3	5	4	8
陶瓷、石墨及氧化物	—	3	2	7	8	4	6	5	1
难熔金属	—	7	8	6	5	4	2	3	1
金刚石聚晶、宝石	—	8	6	4	5	1	2	7	3
金属基复合材料	1	4	3	8	9	5	6	7	2

注：表中 1～9 表示由先到后的匹配及选用顺序。

在具体选用时需注意以下几点。

① 尽量选择钎料的主成分与母材主成分相同的那种钎料，这样

两者必定具有良好的润湿性。

② 钎料的液相线要低于母材固相线至少 40～50℃。

③ 钎料的熔化区间，即该钎料组成的固相线与液相线之间的温度差要尽量小，否则将引起工艺困难。温度差过大还会引起熔析。

④ 钎料的主要成分和母材的主要成分在元素周期表中的位置应尽量靠近，这样引起的电化学腐蚀较小，接头抗腐蚀性好。

⑤ 在钎焊温度下，钎料具有较高的化学稳定性，即具有较低的蒸气压和低的氧化性，以免钎焊过程中钎料成分发生变化。

⑥ 钎料本身最好具有良好的成形加工性能，可以根据工艺需要做成丝、棒、片、箔、粉等型材。

从工况方面考虑，主要是依据焊件的工作温度和载荷大小，一般原则如下。

① 300℃以下低载荷接头，优先选用铜基钎料。对于长接头要求改善间隙填充性能时，可选用在铜中加入少量硼的 Cu-Ni-B 钎料。

② 在 300～400℃条件下工作的低载荷接头，选用铜基钎料和银钎料，其中铜基钎料比较便宜，应优先选用。

③ 在 400～600℃条件下工作的抗氧化、耐腐蚀、高应力的接头，选用锰基、钯基、金基或镍基钎料。在重要部件上最好选用 Au-22Ni-6Cr 或 Au-18Ni 钎料，钎焊工艺性能好，钎焊温度适中（980～1050℃），获得的接头综合力学性能极佳。

④ 在 600～800℃条件下工作的接头，选用钯基、镍基、钴基钎料。优先使用流动性好的 Ni-Cr-B-Si 系钎料。但因这种钎料含硼量较高，故不适用于厚度小于 0.5mm 的零件。

⑤ 在 800℃以上温度条件下工作的接头，可选用镍基钎料和钴基钎料；但其中含磷的镍基钎料和 Ni-Cr-B-Si 系钎料不宜选用，因其强度和抗氧化性能难以满足要求。

另外，从接头的特定使用要求出发，可做如下选择。

① 耐腐蚀、抗氧化接头，通常选用金基、银基、钴基、钯基、镍基或钛基钎料。

② 从强度考虑，一般由高到低的顺序是：钴基、镍基、钯基、钛基、金基、锰基、铜基、银基、铝基。

③ 从电性能方面考虑，通常选用金基、银基、铜基、铝基钎料，在均能满足要求的前提下，优先选用价格便宜的铜基钎料。

④ 对于有特殊要求的焊件，要根据具体要求选用钎料。例如，

在核工业中使用的钎料不允许含硼，因为硼对中子有吸收作用。

表 5-79 所示为各种金属材料组合所适用的钎料，供选用参考。

2. 钎焊碳钢、低合金钢时钎料及钎剂的选用

钎焊碳钢、低合金钢时钎料及钎剂的选用见表 5-80。

3. 钎焊铝及铝合金的钎料选用

典型铝及铝合金的钎焊性和软、硬钎焊时钎料的选用分别见表 5-81～表 5-83。

4. 钎焊镁及镁合金的钎料选用

由于国内尚无标准牌号，为便于用户对钎料及钎剂的选用，表 5-84 列出了美国几种镁合金在钎焊时钎料的选用，并举出其化学成分及性能供用户参考。

5. 钎焊锆及锆合金的钎料选用

锆及锆合金的物理和化学性能与钛及钛合金极为相似。锆及锆合金主要用于核能反应堆，要求接头具有良好的耐蚀性。一般选用 Be 的质量分数为 4%～5%的锆合金用钎料，它具有良好的耐蚀性。在特殊场合下也可选用纯 Ag、BAg60CuSn、Bag92CuLi 和 Al-Si 钎料。

本章表 5-58～表 5-68 可供钎料选用参考。

二、钎剂的选用

① 根据母材及钎料的类型选择钎剂，见表 5-85。

② 根据钎焊温度及钎焊工艺要求合理选用如下：

常用钎剂的牌号及用途见表 5-45，常用硬钎剂的牌号、成分及用途见表 5-48，常用软钎剂的成分和性能见表 5-50 等，均可作为选用参考。

钎焊高温合金时钎料及钎剂的选用见表 5-86。

钎焊工具钢、硬质合金时钎料及钎剂的选用见表 5-87。

钎焊不锈钢时钎料及钎剂的选用见表 5-88。

钎焊铸铁时钎料及钎剂的选用见表 5-89。

钎焊铜及铜合金时钎料及钎剂和选用见表 5-90。

铝及铝合金软钎焊时钎料及钎剂的选用见表 5-91。

铝及铝合金硬钎焊时钎料及钎剂的选用见表 5-92。

铝与其他金属钎焊时钎料及钎剂的选用见表 5-93。

表 5-79　各种材料组合所适用的钎料

类别	Al 及其合金	Be、V、Zr 及其合金	Cu 及其合金	Mo、Nb、Ta、W 及其合金	Ni 及其合金	Ti 及其合金	碳钢及低合金钢	铸铁	工具钢	不锈钢
Al 及其合金	Al-① Sn-Zn Zn-Al Zn-Cd									
Be、V、Zr 及其合金	不推荐	无规定								
Cu 及其合金	Sn-Zn Zn-Cd Zn-Al	Ag-	Ag- Cd- Cu-P Sn-Pb							
Mo、Nb、Ta、W 及其合金	不推荐	无规定	Ag-	无规定						
Ni 及其合金	不推荐	Ag-	Ag- Au- Cu-Zn	Ag- Cu Ni-	Ag- Ni- Au- Pd- Cu-② Mn-					
Ti 及其合金	Al-Si	无规定	Ag-	无规定	Ag-	无规定				
碳钢及低合金钢	Al-Si	Ag-	Ag- Sn-Pb Au Cu-Zn Cd	Ag- Cu Ni-	Ag- Sn-Pb Au- Cu- Ni-	Ag-	Ag- Cu-Zn Au- Ni- Cd- Sn-Pb Cu			

续表

类别	Al 及其合金	Be、V、Zr 及其合金	Cu 及其合金	Mo、Nb、Ta、W 及其合金	Ni 及其合金	Ti 及其合金	碳钢及低合金钢	铸铁	工具钢	不锈钢
铸铁	不推荐	Ag-	Ag- Sn-Pb Au- Cu-Zn Cd-	Ag- Cu Ni-	Ag- Cu Cu-Zn③ Ni-	Ag-	Ag- Cu-Zn Sn-Pb	Ag- Cu-Zn Ni- Sn-Pb		
工具钢	不推荐	不推荐	Ag- Cu-Zn Ni-	不推荐	Ag- Cu Cu-Zn Ni-	不推荐	Ag- Cu Cu-Zn Ni-	Ag- Cu-Zn Ni-	Ag- Cu Cu- Ni-	
不锈钢	Al-Si	Ag-	Ag- Cd- Au- Sn-Pb Cu-Zn	Ag- Cu Ni-	Ag- Ni- Au- Pb- Cu- Sn-Pb Mn-	Ag-	Ag- Sn-Pb Au- Cu- Ni-	Ag- Cu Ni- Sn-Pb	Ag- Cu Ni-	Ag- Ni- Au- Pd- Cu- Sn-Pb Mn-

① Al-为铝基钎料。

② Cu-为纯铜钎料。

③ Cu-Zn 为铜锌钎料。

表 5-80 钎焊碳钢、低合金钢时钎料及钎剂的选用

钎料 类别	钎料 型(牌)号	钎剂	钎焊方法	简要说明
锡铅钎料	S-Sn90Pb10、S-Sn60Pb39Sb1、S-Pb58Sn40Sb2、S-Pb68Sn30Sb2、S-Pb80Sn18Sb2	①松香 ②$ZnCl_2$ 水溶液 ③$ZnCl_2$-NH_4Cl 水溶液	几乎所有的钎焊方法均可用于碳钢和低合金钢。常用的方法有：烙铁、火焰、浸渍、感应、电阻等钎焊，以及气保护钎焊、真空钎焊等	碳钢及低合金钢用软钎料，包括锡铅钎料、镉锌基钎料。其中，锡铅钎料的熔点最低，对母材没有有害影响，应用得最多。但镉基钎料的耐热性最好

续表

钎料		钎剂	钎焊方法	简要说明
类别	型(牌)号			
铜锌钎料	B-Cu62Zn、B-Cu60ZnSnR(丝 221)、B-Cu58ZnFe-R(丝 222)、HS224	①YJ-1($Na_2B_4O_7$ 脱水) ②YJ-2($Na_2B_4O_7$-H_3BO_3) ③F301	几乎所有的钎焊方法均可用于碳钢和低合金钢。常用的方法有:烙铁、火焰、浸渍、感应、电阻等钎焊,以及气保护钎焊、真空钎焊等	用硬钎料钎焊时,主要采用铜基钎料和银基钎料。纯铜由于熔点高,主要用于保护气体钎焊和真空钎焊;使用黄铜钎料时,为防止 Zn 的蒸发,必须采用快速加热方法,如火焰钎焊、感应钎焊、浸渍钎焊等。通常选用含有少量 Si 的钎料,可有效地减少 Zn 的蒸发。加入少量 Sn、Mn、Ag 可提高润湿性 采用银基钎料时,主要采用 B-Ag45CuZn、B-Ag40CuZnCd、B-Ag50CuZnCd 和 B-Ag40CuZn 钎料,钎焊温度比铜基钎料低,工艺性能好,有良好的润湿性和铺展性,钎焊接头的强度和塑性都比较好,一般用来钎焊重要的结构 钎焊淬火的合金钢时,为了保证接头力学性能,防止退火、软化,钎焊温度应限制在高温回火温度以下。例如钎焊 30CrMnSiA 时,应选用熔点低的 B-Ag50CuZnCd 钎料 保护气体中钎焊选用 HL309 钎料,真空钎焊可选用 HL310 钎料
银基钎料	B-Ag45CuZn、B-Ag40CuZn、B-Ag40CuZnCd、B-Ag50CuZnCd、B-Ag40CuZnSnNi	QJ101、QJ102、QJ104、YJ-7		
	HL309、HL310	保护气体中钎焊、真空钎焊		

表 5-81 典型铝及铝合金的钎焊性

类别	牌号	熔化温度范围/℃	软钎焊性	硬钎焊性
纯铝	L2~L6	558~617	优	优
防锈铝(非热处理强化)	LF21	643~654	优	优
	LF1	634~654	良	优
	LF2	627~652	困难	良
	LF3	—	困难	差
	LF5	568~638	困难	差

续表

类　别	牌号	熔化温度范围/℃	软钎焊性	硬钎焊性
硬铝	LY11	51～641	差	差
	LY12	505～638	差	差
锻铝	LD2	593～651	良	良
	LD6	528～536	良	困难
超硬铝	LC4	477～638	差	差
铸造铝合金	ZL102	577～582	差	困难
	ZL202	549～582	良	困难
	ZL301	525～615	差	差

表 5-82　铝及铝合金软钎焊时钎料的选用

钎料	熔化温度/℃	钎料组成	操作	润湿性	强度	耐蚀性	对母材的影响
低温软钎料	150～260	Sn-Zn 系 Sn-Pb 系 Sn-Pb-Cd 系	容易	较好 较差 较好	低	差	无
中温软钎焊	260～370	Zn-Cd 系 Zn-Sn 系	中等	优良	中等	中	热处理强化合金有软化现象
高温软钎料	370～430	Zn-Al 系	较难	良	好	较好	热处理强化合金有软化现象

表 5-83　铝及铝合金硬钎焊时钎料的选用

钎料牌号	钎焊温度/℃	钎焊方法	可钎焊的金属
HLAlSi7.5	599～621	浸渍、炉中	L2～L6、LF21
HLAlSi10	588～604	浸渍、炉中	L2～L6、LF21

续表

钎料牌号	钎焊温度/℃	钎焊方法	可钎焊的金属
HLAlSi12(HL400)	582～604	浸渍、炉中、火焰	L2～L6 LF21 LF1 LF2 LD2
HLAlSiCu10-4 (HL402)	585～604	浸渍、炉中、火焰	
HL403	562～582	火焰、炉中	
HL	555～576	火焰	L2～L6、LF21 LF1、LF2 LD2、LD5 ZL102、ZL202
B62	500～550	火焰	
HLAlSiMg7.5-1.5	599～621	真空炉中	L2～L6、LF21
HLAlSiMg10-1.5	588～604	真空炉中	L2～L6、LF21、LD2
HLAlSiMg12-1.5	582～604	真空炉中	L2～L6、LF21、LD2

表 5-84 几种镁合金钎焊时钎料的选用

镁合金牌号 (ASTM)	化学成分(质量分数) (名义)/%	密度 /(g/cm³)	熔化温度/℃		钎焊温度 /℃	选用钎料 AWS
			固相线	液相线		
AZ10A	Al1.2,Zn0.4,Mn0.2,Mg 余量	1.75	632	643	582～616	BMg-1 BMg-2a
AZ31B	Al3.0,Zn1.0,Mn0.2,Mg 余量	1.77	—	627	582～593	BMg-2a
K1A	Zn0.7,Mg 余量	1.74	649	650	583～616	BMg-1 BMg-2a
ZE10A	Zn1.2,稀土 0.17,Mg 余量	1.76	593	646	583～593	BMg-2a
AK21A	Zn2.3,Zr0.6,Mg 余量	1.79	626	642	582～616	BMg-1 BMg-2a

续表

镁合金牌号(ASTM)	化学成分(质量分数)(名义)/%	密度/(g/cm³)	熔化温度/℃		钎焊温度/℃	选用钎料 AWS
			固相线	液相线		
M1A	Mn1.2,Mg余量	1.76	648	650	582～616	BMg-1 BMg-2a

表 5-85 根据母材及钎料的类型选择钎剂

母材	钎料				
	锡、铅基	锌、镉基	铝基	银基	铜基
铝及铝合金	QJ204	QJ203 QJ205	QJ201 QJ206	—	—
铜及铜合金	松香、氯化锌水溶液	QJ205	—	QJ101 QJ102	硼砂
碳钢	氯化锌水溶液	QJ205	—		CJ301①
不锈钢	氯化锌盐酸溶液或磷酸溶液	—	—		200号②
铸铁	氯化锌、氯化铵水溶液	QJ205	—		硼砂
硬质合金	—	—	—		CJ301
耐热合金	—	—	—		200号②

① CJ301为铜气焊钎剂。
② 200号为硼砂＋硼酸类钎剂。

表 5-86 钎焊高温合金时钎料及钎剂的选用

钎料			钎剂及保护气体	钎焊方法	需要说明
类别	钎料型号①	熔化温度/℃			
镍基钎料	B-Ni74CrSiB	970～1036	在氢气中钎焊，则要求氢气的露点比较低	一般采用气保护炉中钎焊或真空钎焊	镍基钎料是钎焊高温合金最常用的钎料，一般均具有良好的高温性能，钎料的选用必须满足高温工作的要求。接头强度随间隙大小而变，当间隙很小时可以得到均一的固溶体组织的钎焊接头，此时的强度和塑性都比较好。若间隙增大，则强度下降
	B-Ni82CrSiBFe	970～999			
	B-Ni75CrSiB	970～1075			

续表

钎料			钎剂及保护气体	钎焊方法	需要说明
类别	钎料型号①	熔化温度/℃			
镍基钎料	Bi-Ni71CrSi	1075～1135	在惰性气体钎焊时，为了获得更好的效果，可通入活性气体(BF_3)或用硼砂类钎剂 一般情况下不加钎剂	一般采用气保护炉中钎焊或真空钎焊	含钯钎料钎焊高温合金时，其高温性能虽没有镍基钎料高，但Ag-Mn-Pd钎料塑性好，可制成各种形状，对间隙敏感性小，对母材的扩散和溶蚀小，适于薄件的钎焊；Ni-Mn-Pd钎料同样对母材的溶蚀小，工艺性能好，可用来钎焊850℃以下工作的焊件 焊前应严格清洗，包括脱油、酸洗、中和清洗等工序
	B-Ni89P	875			
	B-Ni76CrP	890			
含钯钎料	Ag75Pd20Mn5	1000～1120			
	Ag64Pd33Mn3	1180～1200			
	Cu55Pd20Mn10Ni15	1060～1100			
	Ni48Mn31Pd21	1120			

① 镍基钎料的型号是依据GB/T 10859—2008得到的；含钯钎料为非标准牌号。

表5-87 钎焊工具钢、硬质合金时钎料及钎剂的选用

钎焊钎料	钎料牌号或成分(质量分数)/%	钎剂牌号或成分(质量分数)/%	钎焊方法	简要说明
工具钢	BCu58Mn(HL105)	脱水硼砂或硼砂和硼酸的混合物	常用方法为：火焰钎焊、感应钎焊、炉中钎焊、电阻钎焊、浸渍钎焊等	钎焊工具钢、硬质合金时，通常采用铜基或银基钎料。应用最广的铜基钎料是黄铜。为了提高强度和润湿性，常加入Mn、Ni、Fe等元素。加入Mn可提高强度，改善对硬质合金的润湿性
	锰铁80，硼砂20(1250℃)	200号黄 B_2O_3 66 $Na_2B_4O_7$(脱水)19 NaF_2 15		
	锰铁60，硼砂30，玻璃10(1250℃)			
	Ni30，Cu70(1220℃)	脱水硼砂或硼砂和硼酸的混合物(YJ2、YJ8)		
	Ni12，Fe13，Mn4.5，Si1.5，Cu余量(1280℃)			
	Ni9，Fe17，Mn205，Si1，Cu余量(1250℃)			

续表

钎焊钎料	钎料牌号或成分(质量分数)/%	钎剂牌号或成分(质量分数)/%	钎焊方法	简要说明
硬质合金	BCu58ZnMn(HL105)	B_2O_3 66 $Na_2B_4O_7$ 19 CaF_2 15 或 H_2BO_3 80 $Na_2B_4O_7$ 14.5 CaF_2 5.5	常用方法为:火焰钎焊、感应钎焊、炉中钎焊、电阻钎焊、浸渍钎焊等	钎焊工具钢、硬质合金时,通常采用铜基或银基钎料。应用最广的铜基钎料是黄铜。为了提高强度和润湿性,常加入 Mn、Ni、Fe 等元素。加入 Mn 可提高强度,改善对硬质合金的润湿性
	Cu-25Mn-20Zn-0.2Si			
	841 号(Cu41～52,Mn2～4.5,Ni+Co 0.5～2,Sn 0.5～1,Zn 余量)			
	BAg50CuZnCdNi	QJ102		

表 5-88 钎焊不锈钢时钎料及钎剂的选用

钎料		钎剂组分(质量分数)/%	钎焊方法	简要说明
分类	型(牌)号			
软钎料(锡铅)	S-Pb80Sn18Sb2、S-Pb68Sn30Sb2、S-Pb58Sn40Sb2、S-Sn90Pb10、S-Pb97Ag3	①$ZnCl_2$-HCl 溶液 RJ5 ② 磷酸溶液 RJ11 (H_3PO_4 60+H_2O 40)	可采用任何一种方法进行钎焊,如烙铁、火焰、感应等钎焊方法	不锈钢软钎焊主要采用锡铅钎料,其接头强度较低,故一般用于承载不大的零件。由于表面含有稳定性好的 Cr_2O_3 等氧化物,所以要求采用活性强的钎剂
银基硬钎料	B-Cu53ZnAg、B-Cu40ZnAg、B-Ag45CuZn、B-Ag55CuZn、B-Ag45CuZnCd、B-Ag72Cu、B-Ag50CuZnCdNi、B-Ag40CuZnCd、	QJ101、QJ102、QJ103	硬钎焊时大都采用保护气体钎焊(国内多用 Ar)。采用 Ar 气保护高频钎焊和真空炉中钎焊均可取得良好效果和高质量的接头	银基钎料是钎焊不锈钢最常用的钎料,其中 Ag-Cu-Zn 及 Ag-Cu-Zn-Cd 钎料应用最广。由于钎焊温度不太高,对母材的性能影响不大,尤其对含 Ti、Nb 稳定剂的不锈钢,可避免出现晶间腐蚀 对不含 Ni 的不锈钢,为防止缝隙腐蚀,应选用含 Ni 较多的钎料,如 B-Ag50CuZnCdNi,以提高耐蚀性

续表

钎料		钎剂组分（质量分数）/%	钎焊方法	简要说明
分类	型（牌）号			
银基硬钎料	B-Ag72CuNiLi、B-Cu53ZnAg、B-Cu40ZnAg、B-Ag45CuZn、B-Ag55CuZn、B-Ag45CuZnCd、B-Ag72Cu、B-Ag50CuZnCdNi、B-Ag40CuZnCd、B-Ag72CuNiLi	QJ101、QJ102、QJ103	可采用任何一种方法进行钎焊，如烙铁、火焰、感应等钎焊方法 硬钎焊时大都采用保护气体钎焊（国内多用Ar）。采用Ar气保护高频钎焊和真空炉中钎焊均可取得良好效果和高质量的接头	对马氏体型不锈钢，为了保证不发生退火软化，必须在650℃以下进行钎焊，可选用B-Ag40CuZnCd 在保护气氛炉中钎焊不锈钢时，可采用含Li的自钎剂钎料，如B-Ag92Cu(Li)、B-Ag72Cu(Li)、B-Ag62CuNi(Li)等 真空钎焊时钎料不应含Zn、Cd等易蒸发元素，应选用含Mn、Ni、Pd等元素的银钎料，如B-Ag85Mn、B-Ag95Pd等 当钎料为Ag-Cu-Zn时，宜选用QJ101和QJ102钎剂。当钎料为Ag-Cu-Zn-Cd时，宜选用QJ103、QJ284
铜基钎料	B-Cu58MnCo、B-Cu68NiSi(B)、B-Cu69NiMnCoSi(B)	B_2O_3 65＋CaF_2 15＋$Na_2B_4O_7$ 20 YJ-6气保护 真空	气体保护钎焊	用于钎焊不锈钢的铜基钎料主要有纯铜、铜镍及铜锰钴钎料等 纯铜主要用于气保护下钎焊07Cr19Ni11Ti不锈钢。对于在较高温度下工作的焊件，可用高温铜基钎料，如B-Cu68NiSi(B)、B-Cu69NiMnCoSi(B)等。Cu-Ni钎料，如B-Cu68NiSi(B)主要用于火焰钎焊、感应钎焊。Cu-Mn-Co钎料主要用于保护气氛中钎焊马氏体不锈钢，如B-Cu58MnCo等，可代用价高的B-Au82Ni钎料，以降低成本
锰基钎料	B-Mn70NiCr、B-Mn40NiCrCoFe、B-Mn68NiCo、B-Mn50NiCuCrCo、B-Mn52NiCuCr	气保护	气体保护钎焊	主要用于气体保护钎焊，要求气体纯度较高，不适用于火焰钎焊和真空钎焊。锰基钎料熔点较高，为避免母材晶粒长大，应尽量选择钎焊温度低于1150℃的相应锰基钎料 Mn-Ni-Co-B钎料中因含B而降低了钎料熔点，改善了铺展性，钎焊温度在1060℃左右，排除了晶粒长大的可能性

续表

钎料		钎剂组分（质量分数）/%	钎焊方法	简要说明
分类	型(牌)号			
镍基钎料	B-Ni71CrSi、B-Ni74CrSiFeB、B-Ni82CrSiBFe、B-Ni76CrP	气保护真空	气体保护钎焊、真空钎焊	镍基钎料钎焊不锈钢，可以得到最好的高温性能。但装配间隙的大小对接头强度、塑性影响极大，间隙小时性能好。其中，B-Ni82CrSiBFe 高温钎料在真空或氩气保护下对不锈钢有良好的润湿性和填充间隙的能力，其接头具有较高的强度、良好的耐高温和耐低温性能以及高真空气密性等特点 用 B-Ni76CrP 钎料钎焊不锈钢时，由于 P 向母材扩散的速度很慢，且溶解度很小，要求不出现脆性化合物相的钎缝最大间隙是很小时，因此用此钎料时，装配间隙应不大于 10μm
贵金属钎料	B-Au82Ni、B-Ag54CuPd	真空	真空钎焊	贵金属钎料钎焊不锈钢以金基钎料 B-Au82Ni 和银铜钯钎料 B-Ag54CuPd 应用最广，接头性能最好 B-Au82Ni 的钎焊温度合适，钎焊 07Cr18Ni11Nb 不锈钢不会发生晶粒长大现象；钎焊马氏体型不锈钢，可使淬火和钎焊过程结合起来，且对间隙大小不敏感，接头强度基本上与母材相当。但该钎料价格昂贵，已逐步被其他钎料，如 B-Ag54CuPc、B-Cu58MnCo 所取代

注：由于 Ar 气无还原性，因此要求使用高纯度 Ar 气。为了改善钎料的润湿性。可在不锈钢表面镀铜或镀镍，这样可降低对保护气体的纯度要求。

表 5-89 钎焊铸铁时钎料及钎剂的选用

钎料		钎剂组分（质量分数）/%或牌号	钎焊方法	简要说明
类别	型（牌）号			
锡铅钎料	S-Sn60Pb39Sb、S-Pb80Sn18Sb2、S-Pb68Sn30Sb2、S-Pb58Sn40Sb2、S-Sn90Pb10	$ZnCl_2$ 13～19、NH_4Cl 3～9、HCl 3、HF 1、H_2O 74		铸铁若需软钎焊时可采用锡铅钎料，钎剂可采用氯化锌型水溶液
铜基钎料	B-Cu60ZnSn-R、B-Cu58ZnFe-R、B-Cu62ZnSi	硼砂或 H_3BO_3 40、Li_2CO_3 16、Na_2CO_3 24、NaF 5.4、NaCl 14.6	火焰钎焊炉中钎焊、感应钎焊	铜和铜锌钎料也可用于铸铁的钎焊，但其钎料温度范围较大，使用时应注意对温度的控制，含 P 的铜基钎料不适于铸铁，因为会生成脆性的 Fe-P 化合物，使接头变脆。为提高接头性能，也可采用非标准的钎料，其质量分数为：Cu49%、Mn10%、Ni4%、Sn0.5%、Al0.4%，其余为 Zn
银基钎料	B-Ag50ZnCdCuNi、B-Ag54CuZnNi、B-Ag58CuNi	QJ101、QJ102		铸铁的钎焊宜用熔点低的银基钎料，含 Ni 的银基钎料对铸铁有较大的亲和力，可获得强度较高的接头 焊前应清理干净待焊件表面上的石墨和氧化物。硬钎焊时焊后应有一定时间的保温，使接头质量得到提高 焊后过剩的钎剂及残渣一般用温水冲洗即可清除

表 5-90 钎焊铜及铜合金时钎料及钎剂的选用

钎料		钎剂组分（质量分数）/%或牌号	钎焊方法	简要说明
类别	型（牌）号			
Sn-Pb软钎料	S-Pb80Sn18Sb2、S-Pb68Sn30Sb2、S-Pb58Sn40Sb2、S-Sn90Pb10	松香酒精溶液、$ZnCl_2$-NH_4Cl 水溶液、$ZnCl_2$ + HCl 溶液、磷酸溶液	可用各种钎焊方法，常用方法有：烙铁钎焊、火焰钎焊、浸渍钎焊、感应钎焊、电阻钎焊、炉中钎焊等	在软钎料中应用最广的是锡铅钎料。用 Sn-Pb 钎料钎焊铜时，在钎料和母材界面上易形成金属间化合物 Cu6Sn5，故应注意钎焊温度和保温时间

续表

钎料		钎剂组分（质量分数）/%或牌号	钎焊方法	简要说明
类别	型（牌）号			
Sn-Ag Pb-Ag Cd-Ag 耐热软钎料	S-Pb97Ag3、S-Cd96Ag3Zn1、S-Sn85Ag8Sb7、S-Sn92Ag5Cu2Sb1、S-Sn96Ag4	$ZnCl_2$ 水溶液、QJ205	可用各种钎焊方法，常用方法有：烙铁钎焊、火焰钎焊、浸渍钎焊、感应钎焊、电阻钎焊、炉中钎焊等	当工作温度高于 100℃ 的接头，可用 S-Sn96Ag4 和 S-Sn95Sb5 钎料钎焊，它们具有优良的润湿性。S-Pb97Ag3 钎料的工作温度更高些，但润湿性差，接头耐蚀性也不高，不如用 S-Sn85Ag8Sb7 钎料。用镉基钎料（S-Cd95Ag5、S-Cd96Ag3Zn1）钎焊的接头，可以在高达 250℃ 的温度下工作，但 Cd 与 Cu 易形成脆性大的金属间化合物，所以必须严格控制加热温度和保温时间。用 Sn-Pb 钎料时可用松香、酒精溶液或 $ZnCl_2$-NH_4Cl 水溶液；钎焊黄铜、青铜和铍青铜时，应采用活性松香钎剂和 $ZnCl_2$-NH_4Cl 水溶液；钎焊含 Al 的铜合金时可采用 $ZnCl_2$-HCl 溶液；对锰白铜，应采用磷酸溶液。Pb 基钎料用 $ZnCl_2$ 水溶液。Cd 基钎料用 QJ205 时去膜能力强，可钎焊包括铝青铜在内的所有铜合金 硬钎焊铜时，可采用黄铜钎料、铜磷钎料和银钎料；钎焊 Cu 含量高的黄铜时，可用银基钎料、铜磷钎料和 Zn 含高的铜锌钎料；对 Zn 含量高的黄铜，则主要用 Cu-P 钎料和银基钎料
铜基硬钎料	B-Zn64Cu、B-Zn52Cu、B-Cu54Zn、B-Cu60ZnSn-R、B-Cu58ZnFe-R	$Na_2B_4O_7$、$Na_2B_4O_6$ 25＋H_3BO_3 75、QJ301		
铜磷铜银磷钎料	B-Cu93P、B-Cu94P、B-Cu92PSb、B-Cu80AgP、B-Cu90PAg			
银基钎料	B-Ag10CuZn、B-Ag25CuZn、B-Ag45CuZn、B-Ag50CuZn、B-Ag72Cu、B-Ag35CuZnCd、B-Ag40CuZnCdNi、B-Ag40CdZnCu	QJ101、QJ102、QJ103	对铝青铜钎焊时：（QJ101～QJ103）加入10%～30%（质量分数）的铝钎剂（YJ-6）或硅氟酸钠 Ar、He 及 N_2 可用于钎焊铜及铜合金的保护气体。H_2 可用于无氧铜的钎焊	在铜锌钎料中以 B-Cu58ZnFe-R 和 B-Cu60ZnSn-R 力学性能最好。Cu-P、Cu-Ag-P、Cu-P-Sn 钎料具有自钎剂作用，在铜上有良好的润湿性（钎焊黄铜时仍需添加钎剂）。其中，Cu-Ag-P 和 Cu-P-Sn 钎料钎焊接头塑性较好 用银钎料钎焊铜和黄铜时，可得到性能好的接头，其中以 B-Ag45CuZn 的综合性能为最好。而 B-Ag40CdZnCu 的熔点最低，工艺性能好，接头强度高，但冲击韧度较不含镉的银钎料低些 用黄铜钎焊铜时，可选用硼砂或质量分数为 25% 的硼砂＋质量分数为 75% 的硼酸作钎剂，用银基钎料钎焊铜及铜合金时宜选用 QJ101、QJ102 钎剂。钎焊铍青铜和硅青铜最好选 QJ102 钎剂，用银铜锌镉钎料时应选 QJ103 钎剂

表 5-91 铝及铝合金软钎焊时钎料及钎剂的选用

钎料类别	熔化温度/℃	钎料组分（质量分数）/%	操作难易程度	润湿性	强度	耐蚀性	对母材的影响	简要说明
低温软钎料	150～260	Sn-Zn 系	容易	较好	低	差	无	铝及铝合金的软钎焊应用不广，其原因主要是钎料与母材成分差异大，易产生电化学腐蚀，耐蚀性差。若提高钎料中的 Zn 含量，有助于提高接头的耐蚀性。若表面先镀铜或镍，再用 Sn-Pb 钎料钎焊则不会产生界面腐蚀 用钎焊温度低于 275℃ 的 S-Sn61Pb39、S-Sn91Zn9 钎料时，可用有机软钎剂；当用温度高于 275℃ 的 Zn 基钎料，如 S-Zn60Cd40、S-Zn58Sn40Cu2、S-Zn95Al5、S-Zn72Al28 时，则必须用反应钎剂，其中以 $ZnCl_2$88＋NH_4Cl10＋NaF_2 性能最好，用途最广 常用软钎焊方法有烙铁钎焊、火焰钎焊、刮擦钎焊和超声波钎焊，有时也可采用炉中及浸渍钎焊其中刮擦钎焊和超声波钎焊时不必使用钎剂
		Sn-Pb 系		较差				
		Sn-Pb-Cd 系（S-Sn91Zn9、S-Sn61Pb39）		较好				
中温软钎料	260～370	Zn-Cd 系（S-Zn60Cd40）	中等	优	中等	中等	对热处理强化的合金有软化现象	
		Zn-Sn 系（S-Zn58Sn40Cu2）		良				
高温软钎料	370～430	Zn-Al 系（S-Zn95Al5、S-Zn72Al28）	较难	良	较高	较好	对热处理强化的合金有软化现象	

表 5-92 铝及铝合金硬钎焊时钎料及钎剂的选用

钎料型（牌）号	钎焊温度/℃	钎焊方法	可钎焊的金属	简要说明
B-Al92Si	599～620	浸渍、炉中	1070A、1060、1050A、1035、1200、8A06（L1～L6）、3A21（LF21）	铝及铝合金的硬钎焊只能使用铝基钎料，但应用很广，如铝波导、蒸发器、散热器等 硬钎焊可用火焰、浸渍、炉中保护气体及真空钎焊等方法。一般配合 B-Al67CuSi 和 B62 钎料应使用 QJ201 钎剂；配合其他钎料进行火焰和炉中钎焊时，宜用 QJ206、129A、171B 等钎剂；无腐蚀钎焊使用氟化物型无腐蚀钎剂，如 QF 型，真空钎焊为无钎剂钎焊，但应采用金属活化剂，一般用 Mg 作活化剂，气体保护钎焊也是无钎剂钎焊
B-Al90Si	588～604	浸渍、炉中		
B-Al88Si（HL400）	582～640	浸渍、炉中、火焰	1060、1050A、1035、1200、8A06（L2～L6）、3A21（LF21）、5A02（LF2）、66A02（LD2）	
B-Al86SiCu（HL402）	585～604	浸渍、炉中、火焰		
B-Al76SiZnCu（HL403）	562～582	火焰、炉中		

续表

钎料型(牌)号	钎焊温度/℃	钎焊方法	可钎焊的金属	简要说明
B-Al67CuSi (HL401)	555～575	火焰	1060、1050A、1035、1200、8A06（L2～L6）、3A21（LF21）、2A50（LD5）、5A02（LF2）、6A02（LD2）、ZAlSi12（ZL102）	Al-Si 系（如 B-Al88Si）、Ai-Si-Cu 系（如 B-Al67CuSi、B-Al86SiCu）及 Al-Si-Cu-Zn 系（如 B-Al67SiZnCu）等国内应用较为普遍。随着铝钎剂的发展和新品种的增加，Al-Si 共晶钎料丝、箔材、粉末加工的解决，其应用也日益广泛，如 Al-Si 共晶丝状钎料与 QJ207 火焰钎焊铝壶等器皿；采用 Al-Si 合金粉钎料高频感应钎焊铝底不锈钢炊具等 对有钎剂的钎焊为防止钎缝发生电化学腐蚀，其残渣必须彻底清除。对残渣可溶于水的使其溶于水后去除，不溶于水的则应使其转化成可溶于水的络合物或盐类，用化学清洗液清除
B62	500～550	火焰		
B-Al90SiMg	599～621	真空炉中	1060、1050A、1035、1200、8A06（L2～L6）、3A21(LF21)	
B-Al89SiMg	590～605	真空炉中	1060、1050A、1035、1200、8A06（L2～L6）、6A02(LD2)、3A21(LF21)	
B-Al86SiMg	580～600	真空炉中		

表 5-93 铝及其他金属钎焊时钎料及钎剂的选用

钎焊种类	钎焊金属	钎料组分(质量分数)/%	钎剂	简要说明
软钎焊	铝与铜、黄铜、镍、银、锌等	锡铅钎料	非腐蚀性钎剂	可先在铝表面镀锌，再镀铜或镍，然后可按一般工艺用锡铅钎料钎焊
	铝与铜、黄铜、银、镍、不锈钢、低碳钢	锡基：S-Sn55Zn40Ag2Al3 镉基：S-Cd82.5Zn17.5 锌基：S-Zn60Cd40、S-Zn58Sn40Cu2、S-Zn95Al5	反应钎剂，如 QJ203	铝表面不需镀铜，可采用 548℃温度下的接触反应钎焊。这些钎焊方法都会由于形成金属间化合物而使接头性能变差，但在一定工艺条件下，也可获得满意的钎焊结果。如快速进行钎焊加热和冷却，往往可得到满意的接头韧性。另一种办法是采用过渡接头形式，即将铝钎焊到一个镀铝的钢件上，然后把铜钎焊到钢的另一端

续表

钎焊种类	钎焊金属	钎料组分(质量分数)/%	钎剂	简要说明
硬钎焊	铝与镍、镍合金、铍	铝基钎料	铝钎剂	镍、镍合金、铍等易被钎料润湿，可直接与铝钎焊，但应防止界面处形成脆性相，若在镍、镍合金表面镀铝后再与铝钎焊效果更好
	铝与钢			由于铝钎剂不能保护钢，必须注意防止钢在加热中的表面氧化，应采用钎剂浴钎焊或保护气体钎焊(同时使用铝钎剂)。若钢上镀铝或镀铜或镀镍，再钎焊更容易。为减轻脆性，钎焊温度尽可能低，时间尽可能短
	铝与可伐合金、蒙乃尔			可伐合金、蒙乃尔合金必须镀镍或铝以保证钎料润湿性，然后采用铝基钎料钎焊
	铝与钛、锆、钼、铜			可在其表面预镀铝后与铝钎焊。与铜钎焊为防止接头变脆，也可加钢接头过渡

第六章

焊接用气体

焊接用气体主要是指气体保护焊（二氧化碳气体保护焊、惰性气体保护焊）中所用的保护性气体和气焊、切割时用的气体，包括二氧化碳（CO_2）、氩气（Ar）、氦气（He）、氧气（O_2）、可燃气体、混合气体等。焊接时保护气体既是焊接区域的保护介质，也是产生电弧的气体介质；气焊和气割主要是依靠气体燃烧时产生的热量集中的高温火焰完成的，因此气体的特性（如物理特性和化学特性等）不仅影响保护效果，也影响到电弧的引燃及焊接、切割过程的稳定性。

第一节　焊接用气体的分类

根据各种气体在工作过程中的作用，焊接气体主要分为保护气体和气焊、气割时所用的气体。

一、焊接用保护气体

保护气体主要包括二氧化碳（CO_2）、氩气（Ar）、氦气（He）、氧气（O_2）和氢气（H_2）。国际焊接学会指出，保护气体统一按氧化势进行分类，并确定分类指标的简单计算公式为：分类指标$=O_2\%+1/2\ (CO_2\%)$。在此公式的基础上，根据保护气体的氧化势可将保护气体分成五类：Ⅰ类为惰性气体或还原性气体，M_1 类为弱氧化性气体，M_2 类为中等氧化性气体，M_3 和C类为强氧化性气体。保护气体各类型的氧化势指标见表6-1。焊接黑色金属时保护气体的分类见表6-2。

表 6-1　保护气体各类型的氧化势指标

类型	I	M_1	M_2	M_3	C
氧化势指标	<1	1～5	5～9	9～16	>16

表 6-2　焊接黑色金属时保护气体的分类

分类	气体数目	混合比(以体积百分比表示)/%					类型	焊缝金属中的含氧量/%
		氧化性		惰性		还原性		
		CO_2	O_2	Ar	He	H_2		
I	1	—	—	100	—	—	惰性	<0.02
	1	—	—	—	100	—		
	2	—	—	27～75	余	—		
	2	—	—	85～95	—	余	还原性	
	1	—	—	—	—	100		
M_1	2	2～4	—	余	—	—	弱氧化性	0.02～0.04
	2	—	1～3	余	—	—		
M_2	2	15～30	—	余	—	—	中等氧化性	0.04～0.07
	3	5～15	1～4	余	—	—		
	2	—	4～8	余	—	—		
M_3	2	30～40	—	余	—	—	强氧化性	>0.07
	2	—	9～12	余	—	—		
	3	5～20	4～6	余	—	—		
C	1	100	—	—	—	—		
	2	余	<20	—	—	—		

二、气焊、气割用气体

根据气体的性质，气焊、气割用气体又可分为两类，即助燃气体（O_2）和可燃气体。

可燃气体与氧气混合燃烧时，放出大量的热，形成热量集中的高温火焰（火焰中的最高温度一般可达 2000～3000℃），可将金属加热和熔化。气焊、气割时常用的可燃气体是乙炔，目前推广使用的可燃气体还有丙烷、丙烯、液化石油气（以丙烷为主）、天然气（以甲烷为主）等。几种常用可燃气体的物理和化学性能见表 6-3。

表 6-3　几种常用可燃气体的物理和化学性能

气　　体	乙炔 (C_2H_2)	丙烷 (C_3H_8)	丙烯 (C_3H_6)	丁烷 (C_4H_{10})	天然气 (CH_4)	氢 (H_2)
分子相对质量	26	44	42	58	16	2
密度(标准状态下)/(kg/m^3)	1.17	1.85	1.82	2.46	0.71	0.08

续表

气体		乙炔(C_2H_2)	丙烷(C_3H_8)	丙烯(C_3H_6)	丁烷(C_4H_{10})	天然气(CH_4)	氢(H_2)
15.6℃时相对于空气质量比(空气=1)		0.906	1.52	1.48	2.0	0.55	0.07
着火点/℃		335	510	455	502	645	510
总热值	kJ/m^3	52963	85746	81182	121482	37681	10048
	kg/m^3	50208	51212	49204	49380	56233	—
理论需氧量(氧-燃气体积比)		2.5	5	4.5	6.5	2.0	0.5
实际耗氧量(氧-燃气体积比)		1.1	3.5	2.6	—	1.5	0.25
中性焰温度/℃	氧气中燃烧	3100	2520	2870	—	2540	2600
	空气中燃烧	2630	2116	2104	2132	2066	2210
火焰燃烧速度/(m/s)	氧气中燃烧	8	4	—	—	5.5	11.2
	空气中燃烧	5.8	3.9	—	—	5.5	11.0
爆炸范围(可燃气体的体积分数)/%	氧气中	2.8～93	2.3～55	2.1～53	—	5.5～62	4.0～96
	空气中	2.5～80	2.5～10	2.4～10	1.9～8.4	5.3～14	4.1～74

第二节 焊接用气体的技术要求及气瓶涂色标记

一、焊接用保护气体的技术要求

1. 国家标准的技术要求

工业上用的气体质量（主要是纯度）均应符合国家标准的规定。表 6-4～表 6-8 分别列出常用几种气体的技术要求。

表 6-4 氩气的技术要求（GB/T 4842—2017）

项目		纯氩	高纯氩
氩气(Ar)纯度(体积分数)/%	≥	99.99	99.999
氢气(H_2)含量(体积分数)/10^{-6}	≤	5	0.5
氧气(O_2)含量(体积分数)/10^{-6}	≤	10	1.5
氮气(N_2)含量(体积分数)/10^{-6}	≤	50	4
甲烷(CH_4)含量(体积分数)/10^{-6}	≤	5	—
一氧化碳(CO)含量(体积分数)/10^{-6}	≤	5	—
二氧化碳(CO_2)含量(体积分数)/10^{-6}	≤	10	—
水分(H_2O)含量(体积分数)/10^{-6}	≤	15	3
甲烷(CH_4)+一氧化碳(CO)+二氧化碳(CO_2)含量(体积分数)/10^{-6}	≤	—	1

表 6-5 焊接用氩气的技术要求

指标名称	高纯氩	纯氩		工业用氩	
		一级品	二级品	一级品	二级品
氩含量(≥)/%	99.999	99.995	99.99	99.9	98
氖含量(≤)/10^{-6}	4.0	15	25	$Ne+H_2 \leqslant 800$	$Ne+H_2+O_2+Ar \leqslant 2.0\%$
氢含量(≤)/10^{-6}	1.0	3.0	5.0		
氧总含量(≤)/10^{-6}	1.0	3.0	5.0	20	
氮含量(≤)/10^{-6}	2.0	10	20	50	
CO 含量(≤)/10^{-6}	0.5	1.0	1.0	不作规定	不作规定
CO_2 含量(≤)/10^{-6}	0.5	1.0	1.0		
甲烷含量(≤)/10^{-6}	0.5	1.0	1.0		
水分含量(≤)/10^{-6}	3.0	10	15	30	

注：表中气体含量用体积分数表示；水分含量用质量分数表示。

表 6-6 工业液体二氧化碳的技术要求

项　　目	指标		
	优质品	一级品	合格品
二氧化碳含量(体积分数)/%	99.8	99.5	99.0
游离水含量(质量分数)/%	0.05	0.2	0.4
油分	不得检出	不得检出	—
气味	无异味	无异味	—

表 6-7 工业用气态氧技术要求（GB/T 3863—2008）

项　　目	指　　标	
氧(O_2)含量(体积分数)/%　≥	99.5	99.2
水(H_2O)	无游离水	

表 6-8 工业用气态氮的技术要求

指标名称			Ⅰ类	Ⅱ类	
				一级	二级
含氮量(体积分数)/%		≥	99.5	99.5	98.5
含氧量(体积分数)/%		≤	0.5	0.5	1.5
水分	游离水(每瓶)/mL	≤	—	100	100
	露点/℃	≤	−43	—	—

2. 焊接用保护气体的一般技术要求

我国暂时还没有专门针对焊接用保护气体的标准，为了保证焊接质量，实际应用中已对焊接用的保护气体提出了表 6-9 所列的一般技术要求。表 6-9 中也规定了盛装这些气体容器的颜色标记，防止储运和使用中出错。表 6-10 中介绍了美国焊接学会的一个标准（AWS

A5.32）对焊接保护气体的要求，供参考。

表 6-9 焊接用保护气体的技术要求

气体	纯度要求不小于(体积分数)/%	容器涂色标记
氩(Ar)	焊接铜及铜合金、铬镍不锈钢 99.7 焊接铝、镁及其合金、耐热钢 99.9 焊接钛及其合金、难熔金属 99.98	蓝灰色
氧(O_2)	99.2	天蓝色
氢(H_2)	99.5	深绿色
氮(N_2)	99.7	黑色
二氧化碳(CO_2)	99.5	黑色

表 6-10 焊接保护气体的纯度和露点要求

气体	最低纯度体积分数/%	最大湿度/10^5	在一个大气压下最大湿度的露点/℃
氩(Ar)	99.997	10.5	−60
二氧化碳(CO_2)	99.8	32	−51
氦(He)	99.995	15	−57
氢(H)	99.55	32	−51
氮(N)	99.5	32	−51
氧(O)	99.5	不适用	−48

二、焊接、切割用气体的技术要求

焊接、切割用气体的技术要求包括焊接、切割用气体的操作技术要求和焊接、切割用气体的安全技术要求。

1. 焊接、切割用气体的操作技术要求

使用乙炔时，其最高工作压力禁止超过 147kPa（1.5kgf/cm^2）表压。氧气、溶解乙炔气等气瓶不应放空，气瓶内必须留有不小于 0.1～0.2MPa 的余压。开启气瓶瓶阀时应缓慢，不要超过一转半，一般情况下只开启 3/4 转。气瓶瓶阀着火时，应立即关闭瓶阀。如果无法靠近，可用大量冷水喷射，使瓶体降温，然后关闭瓶阀，切断气源灭火，同时防止着火的瓶体倾倒。开启氧气瓶瓶阀时，操作者应站在瓶阀气体喷出方向的侧面并缓慢开启，避免氧气流朝向人体，并避免易燃气体或火源喷出。

2. 焊接、切割用气体的安全技术要求

通常所指的焊接、切割用气体的安全技术要求为：

① 氧气、乙炔的管道，均应涂上相应气瓶涂色规定的颜色和标明名称，便于识别。

② 禁止使用电磁吸盘、钢绳、链条等吊运各类焊接与切割气瓶。

③ 乙炔发生器、回火防止器、氧气和液化石油气瓶、减压器等均应采取防止冻结措施，一旦冻结应用热水解冻，禁止采用明火烘或用棍棒敲打解冻。

④ 禁止使用紫铜、银或含铜量超过70%的铜合金制造与乙炔接触的仪表、管子等零件。

⑤ 工作完毕、工作间隙、工作点转移之前都应关闭瓶阀，戴上瓶帽。

⑥ 使用气瓶前，应稍打开瓶阀，吹走瓶阀上黏附的细屑或脏污后立即关闭，然后接上减压表再使用。

三、焊接、切割用气体气瓶的涂色标记

各种气瓶的涂色标记及技术指标见表6-11。

表6-11 焊接常用气体的气瓶涂色标记

气体	符号	瓶色	字样	字色	色环①
氢	H_2	淡绿	氢	大红	淡黄
氧	O_2	淡蓝	氧	黑	白
空气	—	黑	空气	白	白
氮	N_2	黑	氮	淡黄	白
乙炔	C_2H_2	白	乙炔不可近火	大红	—
二氧化碳	CO_2	黑	液化二氧化碳	黄	黑
甲烷	CH_4	棕	甲烷	白	淡黄
丙烷	C_3H_8	棕	液化丙烷	白	—
丙烯	C_3H_6	棕	液化丙烯	淡黄	—
氩	Ar	银灰	氩	深绿	白
氦	He	银灰	氦	深绿	白
液化石油气	—	银灰	液化石油气	大红	—

① 工作压力为19.6MPa加色环一道，工作压力为29.4MPa加色环两道。

第三节 焊接用气体的特性及应用

不同焊接或切割过程中气体的作用也有所不同，并且气体的选择

还与被焊材料有关，这就需要在不同的场合选用具有某一特定物理或化学性能的气体甚至多种气体的混合。不同气体在焊接过程中的特性见表 6-12，焊接中常用气体的主要性质和用途见表 6-13。

表 6-12 不同气体在焊接过程中的特性

气体	纯度/%	弧柱电位梯度	电弧稳定性	金属过渡特性	化学性能	焊缝熔深形状	加热特性
CO_2	99.9	高	满意	满意,但有些飞溅	强氧化性	扁平形熔深较大	—
Ar	99.995	低	好	满意	—	蘑菇形	—
He	99.99	高	满意	满意	—	扁平形	对焊件热输入比纯 Ar 高
N_2	99.9	高	差	差	在钢中产生气孔和氮化物	扁平形	—

表 6-13 焊接用气体的性质及应用

名称	纯度不小于/%	主要性质	在焊接中的应用
氧	1 级 99.2 2 级 98.5	无色、无味、助燃、高温下很活泼,能与多种元素化合。焊接时,氧进入熔池后会使金属元素氧化,起有害作用	与可燃气体混合燃烧,可获得极高的温度用来焊接或切割,如氧-乙炔焰。氧-氩、氧-二氧化碳气体混合后可以进行混合气体保护焊接
氩	焊钢 99.7 焊铝 99.9 焊钛 99.99	无色、惰性气体,化学性质很不活泼,常温、高温下均不与其他元素起化合作用	作为氩弧焊、等离子弧焊和等离子弧切割时的保护气体,起机械保护作用
氦	99.6	惰性气体,性质与氩气相同,电弧热量比氩弧高	用作保护气体进行氦弧焊,适于自动、半自动焊
二氧化碳(CO_2)	Ⅰ类 99.8 Ⅱ类 Ⅰ级 99.5	化学性质稳定,不燃烧、不助燃,在高温时分解成 CO 和 O_2,对金属有一定氧化性	焊接时配合含脱氧元素的焊丝作为保护气体,也可与氧、氩混合进行混合气体保护焊
氢	99.5	能燃烧,常温下活泼,高温下十分活泼,可作为金属矿和金属氧化物的还原剂,氢能大量溶入液态金属,冷却时析出而形成气孔	与氧混合燃烧可作为气焊的热源

续表

名称	纯度不小于/%	主要性质	在焊接中的应用
氮	99.7	化学性质不活泼，加热后能与锂、镁、钛等元素化合，高温时常与氢、氧直接化合，焊接时溶入熔池起有害作用，对铜不起反应，有保护作用	常用于等离子弧切割，气体保护焊时作为外层保护气
乙炔	98.0 硝酸银试纸不变色或呈淡黄色	俗称电石气，稍溶于水，能溶于酒精，大量溶于丙酮，与空气或氧气混合后成爆炸性混合气，性质活泼，在氧中燃烧时发出3500℃高温和强光	与氧形成氧-乙炔焰，用于焊接、切割或加温

一、二氧化碳气体（CO_2）

CO_2 气体是氧化性保护气体，CO_2 有固态、液态、气态三种状态。纯净的 CO_2 气体无色、无味。CO_2 气体在0℃和1atm（1atm＝101325Pa）条件下，密度是1.978g/L，是空气的1.5倍。CO_2 易溶于水，当溶于水后略有酸味。

CO_2 气体在高温时发生分解，（$CO_2 \longrightarrow CO + O$，$-283.24kJ$），由于分解出原子态氧，因而使电弧气氛具有很强的氧化性。在高温的电弧区域里，因 CO_2 气体的分解作用，高温电弧气氛中常常是三种气体（CO_2、CO 和 O_2）同时存在。CO_2 气体的分解程度与焊接过程中的电弧温度有关，随着温度的升高，CO_2 气体的分解反应越发剧烈，当温度超过5000K时，CO_2 气体几乎全部发生分解。CO_2 气体的分解度与温度的关系见图6-1。

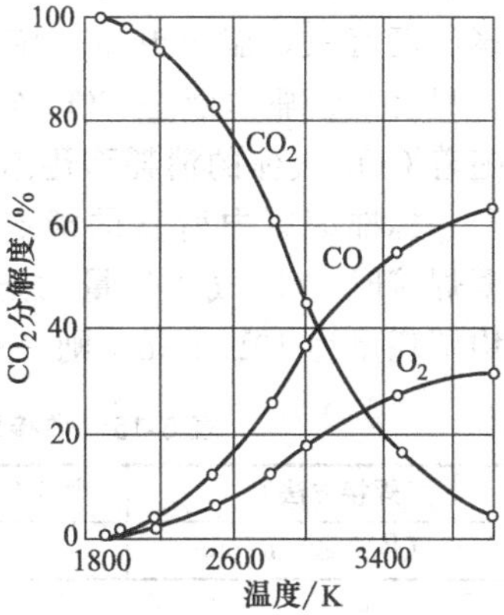

图6-1　CO_2 气体的分解度与温度的关系

液态 CO_2 是无色液体，其密度随温度变化而变化，当温度低于－11℃时比水密度大，高于－11℃

时则比水密度小，饱和 CO_2 气体的性能见表 6-14。CO_2 由液态变为气态的沸点很低（−78℃），所以工业用 CO_2 一般都是使用液态的，常温下即可汽化。在 0℃和 1atm 条件下，1kg 液态 CO_2 可汽化成 509L CO_2 气体。

表 6-14　饱和 CO_2 气体的性能

温度/℃	压力/MPa	密度/(kg/L)		质量比热容/[10^5J/(kg·K)]	
		液体	气体	液体	气体
−50	0.67	0.867	55.4	3.14	6.5
−40	1.0	0.897	38.2	3.33	6.54
−30	1.42	0.931	27.0	3.52	6.55
−20	1.96	0.971	19.5	3.72	6.56
−10	2.58	1.02	14.2	3.94	6.56
0	3.48	1.08	10.4	4.19	6.54
10	4.40	1.17	7.52	4.46	6.47
20	5.72	1.30	5.29	4.77	6.3
30	7.18	1.63	3.00	5.27	5.9
31	7.32	2.16	2.16	5.59	5.59

焊接用的 CO_2 气体常为装入钢瓶的液态 CO_2。CO_2 气体标准钢瓶通常容量为 40kg，可灌装 25kg 的液态 CO_2。25kg 液态 CO_2 约占钢瓶容积的 80%，其余 20%左右的空间则充满了汽化的 CO_2。钢瓶压力表上所指示的压力值就是这部分气体的饱和压力。此压力大小和环境温度有关，温度升高，饱和气压增大；温度降低，饱和气压减小。只有当钢瓶内液态 CO_2 全部挥发成气体后，瓶内气体的压力才会随着 CO_2 气体的消耗而逐渐下降。

一标准钢瓶中所盛的液态 CO_2 可以汽化成 12725L CO_2 气体，根据焊接时 CO_2 气体流量的选择（见表 6-15），若焊接时 CO_2 气体平均消耗量为 10L/min，则一瓶液态 CO_2 可连续使用约 24h。

表 6-15　焊接时 CO_2 气体流量的选择

焊接方法	细丝 CO_2 焊	粗丝 CO_2 焊	粗丝大电流 CO_2 焊
CO_2 气体流量/(L/min)	5～15	15～25	25～50

标准 CO_2 钢瓶满瓶时的压力为 5.0～7.0MPa，随着使中瓶内压力的降低，溶于液态 CO_2 中水分的汽化量也随之增多。CO_2 气体中

的水分与瓶中压力的关系见图6-2。经验表明，当瓶中气体压力低于0.98MPa时（温度为20℃），钢瓶中的CO_2不宜再继续使用，因为此时液态CO_2已基本挥发完，如继续使用，焊缝金属将产生气孔等焊接缺陷，此时必须重新灌装CO_2气体。

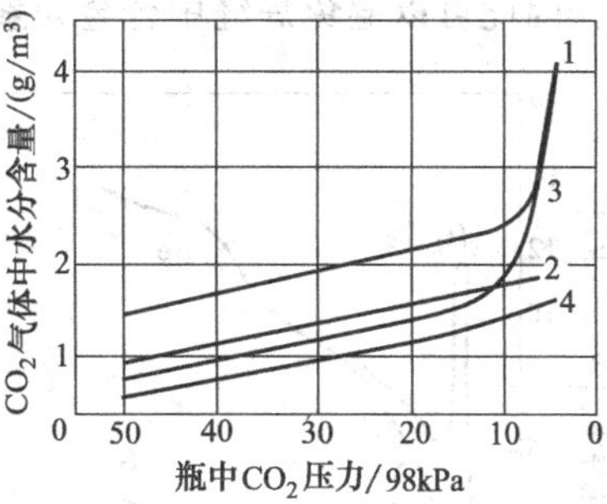

图6-2 CO_2气体中的水分与瓶中压力的关系

1—瓶未倒置放水，无干燥器；2—瓶已倒置放水，无干燥器；3—瓶未倒置放水，有干燥器；4—瓶已倒置放水，有干燥器

焊接用液态CO_2的技术要求见表6-6。

在生产现场使用的市售CO_2气体如含水较多，可采取如下措施减少水分。

① 将新灌气瓶倒置2h，开启阀门将沉积在下部的水排出（一般排2～3次，每次间隔约30min），放水结束后仍将气瓶倒置。

② 用前先放气2～3min，因为上部的气体一般含有较多的空气和水分。

③ 在气路中设置高压干燥器和低压干燥器，进一步减少CO_2中的水分。一般是用硅胶或脱水硫酸铜作干燥剂，可烘干水后多次重复使用。

④ 当瓶中气压降低到980MPa以下时，不再使用。此液态CO_2已挥发完，气体压力随气体消耗而降低，水分分压相对增大，挥发量增加（约可增加3倍），如断续使用，焊缝金属将会产生气孔。

二、氩气（Ar）

氩气是无色无味的气体，比空气约重25%，在空气中的体积分数约为0.935%（按容积计），是一种稀有气体，其沸点为−186℃，介于O_2（−183℃）和N_2（−196℃）的沸点之间，是分馏液态空气制取氧气时的副产品。

氩气是一种惰性气体，它既不与金属起化学作用，也不溶于金属中，因此可以避免焊缝中合金元素的烧损（合金元素的蒸发损失仍然存在，尽管是次要的）和由此带来的其他焊接缺陷，使焊接冶金反应变得简单和易于控制，为获得高质量的焊缝提供了有利条件。

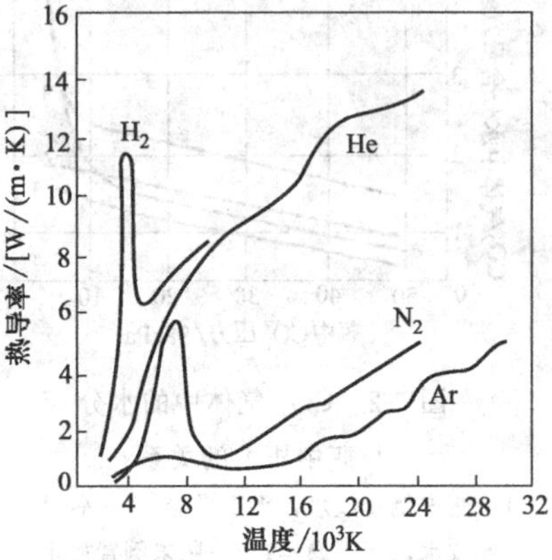

图 6-3 Ar、He、H_2、N_2 的热导率与温度的关系

Ar、He、H_2、N_2 的热导率与温度的关系见图 6-3，由此可见，氩气的热导率最小，又属于单原子气体，高温时不分解吸热，电弧在氩气中燃烧时热量损失少，故在各类气体保护焊中氩气保护焊的电弧燃烧稳定性最好。氩气的密度较大，在保护时不易漂浮散失，保护效果良好。熔化极氩弧焊焊丝金属很易呈现稳定的轴向射流过渡，飞溅极少。氩弧焊适用于强度钢、铝、镁、铜及其合金的焊接和异种金属的焊接。TIG 焊还适用于补焊、定位焊、反面成形打底焊等。

氩气可在低于−184℃的温度条件下以液态形式储存和运输，但焊接时多使用钢瓶装的氩气，目前我国常用氩气钢瓶的容积为 33L、40L、44L，在 20℃以下，满瓶装氩气压力为 15MPa。氩气钢瓶在使用中严禁敲击、碰撞；瓶阀冻结时，不得用火烘烤；不得用电磁起重搬运机搬运氩气钢瓶；夏季要防日光暴晒；瓶内气体不能用尽；氩气钢瓶一般应直立放置。

氩气作为焊接用保护气体，一般要求纯度（体积分数）为 99.99%～99.999%，应视被焊金属的性质和焊缝质量要求而选定。有关氩气的技术要求见表 6-4，不同材质焊接时所使用的氩气纯度见表 6-16。

焊接中如果氩气的杂质含量超过规定标准，在焊接过程中不但影响对熔化金属的保护，而且极易使焊缝产生气孔、夹渣等缺陷，影响焊接接头质量，加剧钨极的烧损量。

表 6-16　不同材质焊接时所使用的氩气纯度

被焊材料	各气体含量/%			
	Ar	N_2	O_2	H_2O
钛、锆、钼、铌及其合金	≥99.98	≤0.01	≤0.005	≤0.07
铝、镁及其合金、铬镍耐热合金	≥99.9	≤0.04	≤0.05	≤0.07
铜及铜合金、铬镍不锈钢	≥99.7	≤0.08	≤0.015	≤0.07

三、氦气（He）

氦气也是一种无色、无味的惰性气体，与氩气一样也不和其他元素组成化合物，不易溶于其他金属，是一种单原子气体，沸点为−269℃。氦气的电离电位较高，焊接时引弧困难。与氩气相比它的热导率较大，在相同的焊接电流和电弧强度下电弧电压高，电弧温度高，因此母材输入热量大，焊接速度快，弧柱细而集中，焊缝有较大的熔透率。这是利用氦气进行电弧焊的主要优点，但电弧相对稳定性稍差于氩弧焊。

氦气原子质量轻，密度小，要有效地保护焊接区域，其流量要比氩气大得多。由于价格昂贵，其只在某些具有特殊要求的场合下应用，如核反应堆的冷却棒、大厚度的铝合金等关键零部件的焊接。氩气和氦气在焊接过程中的特性比较见表 6-17。

表 6-17　氩气和氦气在焊接过程中的特性比较

气体	符号	特　性
氩气	Ar	①电弧电压低：产生的热量小，适用于薄金属的钨极氩弧焊 ②良好的清理作用：适合焊接形成难熔氧化皮的金属，如铝、铝合金及含铝量高的铁基合金 ③容易引弧：焊接薄件金属时特别重要 ④气体流量小：氩气比空气密度大，保护效果好，比氦气受空气的流动性影响小 ⑤适合立焊和仰焊：氩气能较好地控制立焊和仰焊时的熔池，但保护效果比氦气差 ⑥焊接异种金属：一般氩气优于氦气
氦气	He	①电弧电压高：电弧产生的热量大，适合焊接厚金属和具有高热导率的金属 ②热影响区小：焊接变形小，并得到较高的力学性能 ③气体流量大：氦气比空气密度小，气体流量比氩气大 0.2～2 倍，氦气对空气流动性比较敏感，但氦气对仰焊和立焊的保护效果好 ④自动焊速度高：焊接速度大于 66mm/s 时，可获得气孔和咬边较小的焊缝

由于氦气电弧不稳定，阴极清理作用也不明显，钨极氦弧焊一般采用直流正接，即使对于铝、镁及其合金的焊接也不采用交流电源。氦弧发热量大且集中，电弧穿透力强，在电弧很短时，正接也有一定的去除氧化膜效果。直流正接氦弧焊焊接铝合金时，单道焊接厚度可达 12mm，正反面焊厚度可达 20mm。与交流氩弧焊相比，熔深大、焊道窄、变形小、软化区小、金属不易过烧。对于热处理强化铝合金，其接头的常温及低温力学性能均优于交流氩弧焊。

作为焊接用保护气体，一般要求氦气的纯度为 99.9%～99.999%，此外还与被焊母材的种类、成分、性能及对焊接接头的质量要求有关。一般情况下，焊接活泼金属时，为防止金属在焊接过程中氧化、氮化，降低焊接接头质量，应选用高纯度氦气。焊接用氦气的技术要求见表 6-5。

四、氮气（N_2）

氮在空气中约占 78%（体积），沸点为－196℃，氮的电离热较低，相对原子质量较 Ar 小，分解时吸收热量较大。氮可用作焊接时的保护气体。由于氮气导热及携热性较好，常用作等离子弧切割的工作气体，有较长的弧柱，又有分子复合热能，故可切割较厚的金属。用作焊接或等离子弧切割的氮气的纯度应符合 GB/T 3684《工业氮》规定的Ⅰ类或Ⅱ类一级的技术要求，见表 6-8。

五、氧气（O_2）

在常温状态下和大气中，氧气是无色无味的气体。在标准状态下（即 0℃和 101.325kPa 压力下），$1m^3$ 氧气质量为 1.43kg，比空气重。氧气本身不能燃烧，是一种活泼的助燃气体。氧气是气焊和气割中不可缺少的助燃气体。氧气的纯度对气焊、气割的效率和质量有很大的影响。对质量要求高的气焊、气割应采用纯度≥99.5%的氧气。氧气也常用作惰性气体保护焊时的附加气体，可细化熔滴，克服电弧阴极斑点漂移，增加母材输入热量，提高焊接速度等。工业用液态氧的技术要求见表 6-7。

由于氧气是一种助燃气体，性质极为活泼，当气瓶装满时，压力高达 150atm，在使用过程中，如不谨慎就有发生爆炸的危险，因此，在使用和运输氧气过程中，应特别注意以下几点。

① 防油。禁止戴着沾有油渍的手套去接触氧气瓶及其附属设备；运输时，绝对不能和易燃物与油类放在一起。

② 防震动。氧气瓶必须牢固放置，防止受到震动，引起氧气瓶爆炸。竖立时，应用铁箍或链条固定好；卧放时，应用垫木支撑防止滚动，瓶体上最好套上两个胶皮减震圈。运输时，应用专车进行运送。

③ 防高温。氧气瓶无论放置还是运输时，都应离开火源不少于10m，离开热源不少于1m。夏天在室外阳光下工作时，必须用帆布等遮盖好，以防爆炸。

④ 防冻。冬季使用氧气瓶时，如果氧气瓶开关冻结了，应用热水浸过的抹布盖上使其解冻。绝对禁止用火去加热解冻，以免造成爆炸事故。

⑤ 开启氧气瓶开关前，检查压紧螺母是否拧紧。旋转手轮时，必须平稳，不能用力过猛，人应站在出氧口一侧。使用氧气时，不能把瓶内的氧气全部用完，至少剩余1～3atm的氧气。

⑥ 氧气瓶不使用时，必须将保护罩罩在瓶口上，以防损坏开关。

⑦ 修理氧气瓶开关时，应特别注意安全，防止氧气瓶爆炸。

六、可燃气体（C_2H_2、C_3H_8、C_3H_6、CH_4、H_2）

可燃气体种类很多，气焊、气割目前应用最多的是乙炔气（C_2H_2），其次是液化石油气。也有根据本地区的条件或所焊（割）材料采用氢气、天然气或煤气等作为可燃气体的。几种常用可燃气体的物理和化学性能见表6-3。

在选用可燃性气体时应考虑以下因素。

① 发热量要大，也就是单位体积可燃气体完全燃烧放出的热量要大。

② 火焰温度要高，一般是指在氧气中燃烧的火焰最高温度要高。

③ 可燃气体燃烧时所需要的氧气量要少，以提高其经济性。

④ 爆炸极限范围要小。

⑤ 运输相对方便。

1. 乙炔（C_2H_2）

乙炔是未饱和的碳氢化合物（C_2H_2），在常温和1atm条件下是无色气体。一般情况下焊接用乙炔，因含有 H_2S 及 PH_3 等杂质而有一种特殊的气味。

乙炔在纯氧中燃烧的火焰，温度可达 3150℃左右，热量比较集中，是目前在气焊和气割中应用最广泛的一种可燃性气体。

乙炔的密度为 1.17kg/m^3。乙炔的沸点为 −82.4℃，在 −83.6℃时成为液体，温度低于−85℃时成为固体。气体乙炔可溶入水、丙酮等液体中。在 15℃和 1atm 条件下，1L 丙酮中能溶解 23L 乙炔，压力增大时，乙炔在丙酮中的溶解度也增大。当压力增加到 1.42MPa 时，1L 丙酮中能溶解约 400L 乙炔。

乙炔属于易爆炸气体，其爆炸特性如下。

① 纯乙炔当压力达 0.15MPa、温度达 580～600℃时，遇火就会发生爆炸，发生器和管路中乙炔的压力不得大于 0.13MPa。

② 乙炔与空气或氧气混合时，爆炸性会大大增加。乙炔与空气混合，按体积计算，乙炔占 2.2%～81%时；乙炔与氧气混合，按体积计算，乙炔占 2.8%～93%时，混合气体达到自燃温度（乙炔和空气混合气体的自燃温度为 305℃，乙炔与氧气混合气体的自燃温度为 300℃）或遇到火星时，在常压下也会发生爆炸。乙炔与氯气、次氯酸盐等混合，受日光照射或受热就会发生爆炸。乙炔与氮、一氧化碳、水蒸气混合会降低爆炸的危险性。

③ 乙炔如与铜、银等长期接触也能生成乙炔铜和乙炔银等易爆炸物质。

④ 乙炔溶解在液体中，会大大降低爆炸性。

⑤ 乙炔的爆炸性与储存乙炔的容器形状和大小有关，容器直径越小，越不容易发生爆炸。乙炔储存在有毛细管状物质的容器中，即使压力增加到 2.65MPa 也不会发生爆炸。

由于乙炔受压时容易引起爆炸，因此不能采取加压直接装瓶的方法来储存。工业上通常利用在丙酮中溶解度大的特性，将乙炔灌装在盛有丙酮或多孔物质的容器中，通常称为溶解乙炔或瓶装乙炔。瓶装乙炔由于具有安全、方便、经济等优点，是目前大力推广应用的一种乙炔供给方法。

焊接时，对于质量要求高的气焊，应采用经过净化和干燥处理的乙炔。一般要求乙炔的纯度大于 98%。

2. 石油气

石油气是石油加工过程中的产品或副产品。切割中使用的石油气有单质气体，如丙烷、乙烯；也有炼油的副产品——多组分混合气，通常为丙烷、丁烷、戊烷和丁烯等混合物。

(1) 丙烷（C_3H_8）

丙烷是切割中常用的燃气，相对分子质量为 44.094。总热值比乙炔高，但单位质量分子的燃烧热低于乙炔，火焰温度较低，且火焰热量比较分散。丙烷在纯氧中完全燃烧时的化学反应式为：

$$C_3H_8+5O_2 \longrightarrow 3CO_2+4H_2O \tag{6-1}$$

由上式可知，1 个体积丙烷完全燃烧的理论耗氧量为 5 个体积。当丙烷在空气中燃烧时，实际耗氧 3.5 个体积即形成中性火焰，火焰的温度为 2520℃。而氧化焰的最高温度约为 2700℃。

氧-丙烷中性火焰的燃烧速度为 3.9m/s，回火的危险性较小，爆炸范围较窄，在氧气中为 23%～95%；但耗氧量比乙炔高，因着火点高，故不容易着火。

(2) 丙烯（C_3H_6）

丙烷的相对分子质量为 42.078，总热值比丙烷低，但火焰温度较高。丙烯在纯氧中完全燃烧的化学反应式为：

$$C_3H_6+4.5O_2 \longrightarrow 3CO_2+3H_2O \tag{6-2}$$

1 个体积丙烯完全燃烧的理论耗氧量为 4.5 个体积；在空气中燃烧时形成中性火焰的实际耗氧量为 2.6 个体积。中性火焰的温度为 2870℃。当丙烯与氧的混合比为 1∶3.6 时即可形成氧化焰，可获得较高的火焰温度。

由于丙烯的耗氧量低于丙烷，而火焰温度又较高，因此在国外曾一度用作切割气体。

(3) 丁烷（C_4H_{10}）

丁烷的相对分子质量为 58.12，其总热值高于丙烷。丁烷在纯氧中完全燃烧的化学反应式为：

$$C_4H_{10}+6.5O_2 \longrightarrow 4CO_2+5H_2O \tag{6-3}$$

1 个体积丁烷完全燃烧的理论耗氧量为 6.5 个体积；在空气中燃

烧时形成中性火焰的实际耗氧量只有4.5个体积，比丙烷高。丁烷与氧或空气的混合气体爆炸范围窄（体积分数为1.5%～8.5%），不易发生回火。但因其火焰温度低，故不能单独用作切割的燃气。

（4）液化石油气

液化石油气是石油工业的一种副产品，主要成分为丙烷（C_3H_8）、丁烷（C_4H_{10}）、丙烯（C_3H_6）、丁烯（C_4H_8）和少量的乙炔（C_2H_2）、乙烯（C_2H_4）、戊烷（C_5H_{12}）等碳氢化合物。在普通温度和大气压下，组成液化石油气的这些碳氢化合物以气态存在，但只要加上约为0.8～1.5MPa的压力就会变为液体，便于瓶装存储和运输。

工业上一般使用气态的石油气。气态石油气是一种略带臭味的无色气体，在标准状态下，石油气比空气密度大，其密度为1.8～2.5kg/m^3。液化石油气的几种主要成分均能与空气或氧气构成具有爆炸性的混合气体，但爆炸混合比值范围较小，与使用乙炔气相比价格便宜，比较安全，不会发生回火。液化石油气完全燃烧所需氧气量比乙炔大，火焰温度比乙炔低，燃烧速度也较慢，故液化石油气的割炬也应做相应的改制，要求割炬有较大的混合气体喷出截面，以降低流出速率，保证良好的燃烧。

采用液化石油气切割，必须注意调节液化石油气的供气压力，一般是通过液化石油气的供气设备来调节的。液化石油气的供气设备主要包括气体钢瓶、汽化器和调节器。

3. 天然气

天然气是油气田的产物，其成分随产地而异，主要成分是甲烷（CH_4），也属于碳氢化合物。甲烷在常温下为无色、有轻微臭味的气体，其液化温度为－162℃，与空气或氧气混合时也会发生爆炸。甲烷与氧的混合气体爆炸范围为5.4%～59.2%（体积分数）。甲烷在氧气中燃烧速度为5.5%/s。甲烷在纯氧中完全燃烧时的化学反应式为：

$$CH_4+2O_2 \longrightarrow CO_2+2H_2O \qquad (6\text{-}4)$$

由上式可知，其理论耗量为1∶2，在空气中燃烧时形成中性火焰的实际耗量为1∶1.5。其火焰温度约为2540℃，比乙炔低得多，因此切割时需要预热较长的时间。其通常在天然气丰富的地区用作切割的燃气。

4. **氢气**（H_2）

氢气是无色无味的可燃性气体。氢的相对原子质量最小，可溶于水。氢气具有最大的扩散速度和很高的导热性，其热导率比空气大 7 倍，极易泄漏，点燃能量低，是一种最危险的易燃易爆气体。在空气中的自燃点为 560℃，在氧气中的自燃点为 450℃，氢氧反应火焰温度可达 2660℃（中性焰）。氢气具有很强的还原性，在高温下，它可以从金属氧化物中使金属还原。

氢气常被用于等离子弧的切割和焊接；有时也用于铅的焊接；在熔化极气体保护焊时在 Ar 中加入适量 H_2，可增大母材的输入热量，提高焊接速度和效率。气焊或气割时氢气的使用技术要求列于表 6-18。

表 6-18　气焊或气割时氢气的使用技术要求

指标名称(体积分数)	超纯氢	高纯氢	纯氢
氢含量(≥)/%	99.9999	99.999	99.99
氧含量(≤)/10^{-6}	0.2	1	5
氮含量(≤)/10^{-6}	0.4	5	60
CO 含量(≤)/10^{-6}	0.1	1	5
CO_2 含量(≤)/10^{-6}	0.1	1	5
甲烷含量(≤)/10^{-6}	0.2	1	10
水含量(质量分数≤)/10^{-6}	1.0	3	30

注：超纯氢、高纯氢中氧含量指氧和氩的总量；超纯氢指管道氢，不包括瓶装氢。

第四节　保护气体的工艺特性

一、保护气体在弧焊过程中的工艺特性

气体保护电弧焊的工艺性能受所用保护气体的成分、物理与化学性能的影响，因而在电弧稳定性、熔滴过渡、焊缝成形等方面的行为表现不同。表 6-19 汇集了不同保护气体在弧焊过程中的上述表现。

表 6-19　气体保护焊常用的保护气成分及其工艺特性

保护气种类	保护气成分（体积分数）	弧柱电位梯度	电弧稳定性	金属过渡特性	化学性能	焊缝形状与熔深	加热特性
Ar	纯度 99.995%	低	好	满意	—	蘑菇形	—
He	纯度 99.99%	高	满意	满意	—	扁平形	对焊件热输入比 Ar 高
N_2	纯度 99.9%	高	差	差	会在钢中产生气孔和氮化物	扁平形	—
CO_2	纯度 99.9%	高	满意	满意，有些飞溅	强氧化性	扁平形，熔深较大	—
Ar+He	Ar+≤75%He	中等	好	好	—	扁平形，熔深较大	—
$Ar+H_2$	$Ar+(5\sim15)\%H_2$	中等	好	—	还原性，H_2 体积分数>5%会产生气孔	熔深较大	对焊件热输入比纯 Ar 高
$Ar+CO_2$	$Ar+5\%CO_2$	低至中等	好	好	弱氧化性	扁平形，熔深较大（改善焊缝成形）	—
	$Ar+20\%CO_2$				中等氧化性		
$Ar+O_2$	$Ar+(1\sim5)\%O_2$	低	好	好	弱氧化性	蘑菇形，熔深较大（改善焊缝成形）	—
$Ar+CO_2+O_2$	$Ar+20\%CO_2+5\%O_2$	中等	好	好	中等氧化性	扁平形，熔深较大（改善焊缝成形）	—
CO_2+O_2	$CO_2+\leqslant20\%O_2$	高	稍差	满意	强氧化性	扁平形，熔深大	—

二、各种金属材料适用的保护气体及工艺特点

各种金属材料适用的保护气体及工艺特点见表6-20。

表6-20　各种金属材料适用的保护气体及工艺特点

材质	适用的保护气体及工艺特点
铝合金	氩气——采用交流焊接具有稳定电弧和良好的表面清理作用 氩、氦混合气体——具有良好的清理作用和较高的焊接速度和熔深，但电弧稳定性不如纯氩 氦气——(直流正接)对化学清洗的材料能产生稳定的电弧和具有较高的焊接速度
铝青铜	氩气——在表面堆焊中，可减少母材的熔深
黄铜	氩气——电弧稳定，蒸发较少
钴基合金	氩气——电弧稳定且容易控制
铜-镍合金	氩气——电弧稳定且容易控制，也适用于铜镍合金与钢的焊接
无氧铜	氦气——具有较大的热输入量。氦75%、氩25%(体积分数)的混合气体，电弧稳定，适合焊接薄件
因康镍	氩气——电弧稳定且容易控制 氦气——适合高速自动焊
低碳钢	氩气——适合焊条电弧焊(手工操作)，焊接质量取决于焊工的操作技巧 氦气——适合高速自动焊，熔深比氩气保护更大
镁合金	氩气——采用交流焊接，具有良好的电弧稳定性和清理作用
马氏体时效钢	氩气——电弧稳定且容易控制

第五节　焊接用气体的选用

CO_2气体保护焊、惰性气体保护焊、混合气体保护焊、等离子弧焊、保护气氛中的钎焊以及氧-乙炔气焊、切割等都要使用相应的气体。焊接用气体的选择主要取决于焊接、切割方法，除此之外，还与被焊金属的性质、焊接接头质量要求、焊件厚度和焊接位置及工艺方法等因素有关。

一、根据焊接方法选用气体

根据在施焊过程中所采用的焊接方法不同，焊接、切割或气体保

护焊用的气体也不相同，焊接方法与焊接用气体的选用如图 6-4 所示。

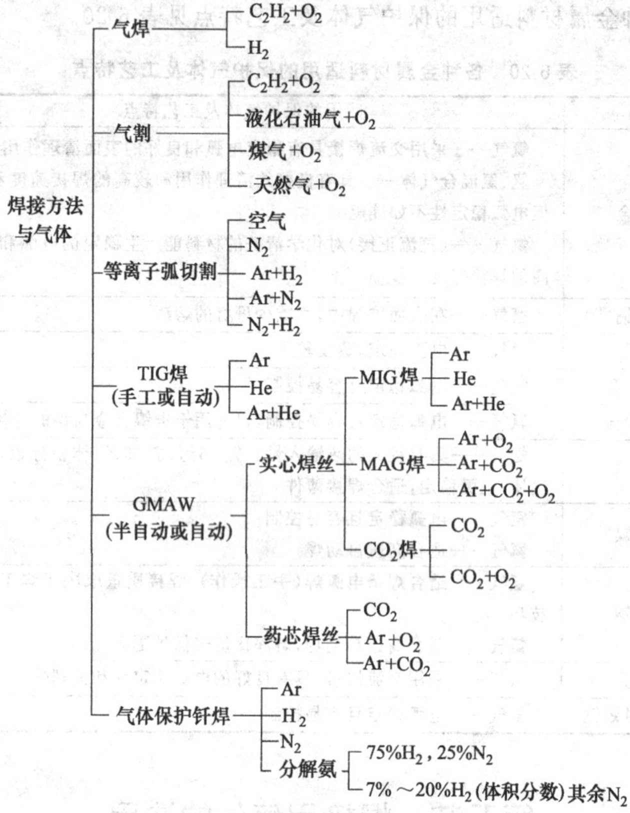

图 6-4 焊接方法与焊接用气体

二、根据被焊材料选用气体

在气体保护焊中，除了自保护焊丝外，无论是实心焊丝还是药芯焊丝，均有一个与保护气体（介质）适当组合的问题。这一组合带来的影响比较明确，没有焊丝-焊剂组合那样复杂，因为保护气体只有惰性气体与活性气体两类。

对于易氧化的金属如铝、钛、铜、锆等及它们的合金焊接应选用惰性气体作保护，而且越容易氧化的金属所用惰性气体的纯度要求越

表 6-21 被焊材料与保护气体的选用

被焊材料	保护气体	混合比及化学成分（体积分数）	化学性质	焊接方法	简要说明
铝及铝合金	Ar	—	惰性	TIG MIG	TIG 焊采用交流，MIG 焊采用直流反接，有阴极破碎作用，焊缝表面光洁 Ar 的独特优点是电弧燃烧稳定，熔化极焊接时焊丝金属很易呈稳定的轴向射流过渡，飞溅极少 对 Al、Ti、Cu、Zr 及其合金、镍基合金等易氧化的金属，应采用惰性气体进行保护
	Ar+He	通常加 10%He MIG 焊 10%～90%He TIG 焊多种比例 直至 75%He+25%Ar	惰性	TIG MIG	He 的传热系数大，在相同电弧长度下，电弧电压比用 Ar 时高，电弧温度较高，母材热输入较大，熔化速度较高 Ar+He 可取其两者的优点，焊接 Al 及其合金厚板时，可增加熔深，减少气孔，提高生产效率。He 的加入量视板厚而定，板厚大时加入的 He 多，一般加入约 φ(He)=10%，如 He 加入比例过大，则飞溅增多。焊厚铝板（如 20mm）时，He 有加到 50%以上的情况
钛、锆及其合金	Ar	—	惰性	TIG MIG	电弧燃烧稳定，保护效果好
	Ar+He	Ar 75%，He 25%	惰性	TIG MIG	可增加热输入量。适用于射流电弧、脉冲电弧及短路电弧（混合比均为 75∶25)，可改善熔深及焊缝金属的润湿性
铜及铜合金	Ar	—	惰性	TIG MIG	熔化极焊时产生稳定的射流电弧，但板厚大于 5mm 时需预热
	Ar+He	Ar 50%，He 50%； Ar 30%，He 70%	惰性	TIG MIG	采用 Ar+He 混合气体的最大优点是可改善焊缝金属的润湿性，提高焊接质量。由于 He 输入母材的热量比 Ar 大，因此可降低预热温度

续表

被焊材料	保护气体	混合比及化学成分（体积分数）	化学性质	焊接方法	简要说明
铜及铜合金	N_2	—	—	熔化极气保焊	热输入量增大，可降低或取消预热，但飞溅和烟雾较大，一般仅在脱氧铜焊接时使用氮弧焊。氮气来源方便，价格便宜
	$Ar+N_2$	Ar 80%，N_2 20%	—	熔化极气保焊	电弧温度比纯 Ar 高。与 Ar+He 相比，$Ar+N_2$ 价格便宜、来源方便，但飞溅和烟雾较大，成形较差
不锈钢及高强钢	Ar	—	惰性	TIG	适用于薄板焊接
	$Ar+N_2$	加 1%～4%N_2	惰性	TIG	焊接奥氏体不锈钢时，可提高电弧挺度，改善焊缝成形
	$Ar+O_2$	加 1%～2%O_2	氧化性	熔化极气保焊（MAG）	用纯 Ar 保护熔化极焊接不锈钢、低碳钢、低合金钢时主要存在电弧阴极斑点不稳定的缺点，会导致焊缝熔深和成形不规则；液体金属的黏度和表面张力较大，易产生气孔和咬边等缺陷。故熔化极不宜用纯 Ar 保护，但加入少量 O_2 即可得到改善和克服，可细化熔滴，降低射流过渡的临界电流。焊接不锈钢时加入 O_2 的体积分数不宜超过 2%，否则焊缝表面氧化严重，会降低接头质量。用于射流电弧和脉冲电弧
	$Ar+O_2+CO_2$	加 2%O_2 加 5%CO_2	氧化性	MAG	用于射流电弧、脉冲电弧及短路电弧
	$Ar+CO_2$	加 2.5%CO_2	氧化性	MAG	用于短路电弧。焊接不锈钢时加入 CO_2 应小于 5%，否则渗碳严重
碳钢及低合金钢	$Ar+O_2$	加 20%O_2	氧化性	MAG	加 20%O_2，主要用来焊接低碳钢及低合金钢。Ar+20%O_2 有较高的生产率，抗气孔性能优于 $Ar+CO_2$ 和纯 CO_2 保护焊，焊缝缺口韧性也有所提高。用 Ar+20%O_2 进行高强钢窄间隙垂直焊时，还可减少晶间裂纹倾向。主要用于射流电弧及对焊缝要求较高的场合 Ar+20%O_2 有较强的氧化性，应配用 Mn、Si 含量较高的焊丝

续表

被焊材料	保护气体	混合比及化学成分（体积分数）	化学性质	焊接方法	简要说明
碳钢及低合金钢	$Ar+CO_2$	Ar 70%～80%，CO_2 20%～30%	氧化性	MAG	$Ar+CO_2$ 广泛用于焊接碳素钢及低合金钢，它既具有 Ar 的优点，如电弧稳定、飞溅小、易获得轴向喷射过渡等，又因具有氧化性，可克服用单一 Ar 焊接时产生阴极漂移现象及焊缝成形不良等问题，有良好的工艺效果，飞溅少，焊缝金属冲击韧性好。成本虽比 CO_2 焊高，仍被广泛采用。通常 Ar∶CO_2 比为(70～80)∶(30～20)，可用于喷射、短路和脉冲过渡电弧。但用于短路过渡电弧进行垂直焊和仰焊时 Ar∶CO_2 最好为50∶50，有利于熔池的控制。随 CO_2 增加，接头冲击韧性下降
	$Ar+O_2+CO_2$	Ar 80%，O_2 5%，CO_2 15%	氧化性	熔化极(MAG)	80%Ar+15%CO_2+5%O_2 对焊接低碳钢、低合金钢是最佳混合比，可获得满意的焊缝成形、接头质量和良好的工艺性能，熔深较佳。可用于射流脉冲及短路电弧
	CO_2	—	氧化性	熔化极(CO_2)	适用于短路电弧。有一定的飞溅，焊缝金属的冲击韧性较 $Ar+CO_2$ 焊为低
	CO_2+O_2	CO_2 75%～80%，O_2 20%～25%	氧化性	熔化极(MAG)	CO_2 中加入一定数量的 O_2 后，加剧了电弧区中的氧化反应，放出热量加速焊丝熔化，提高熔池温度，增大熔深，熔敷速度较大，是一种高效率的焊接方法 O_2 的加入降低了弧柱中的游离氢和溶入液体金属中的氢的浓度，故焊缝中含氢量较低，有较强的抗氢气孔能力。但应控制 O_2 含量在一定数值以下，并采用脱氧能力较强的焊丝(Si、Mn 或 Al、Ti 等的含量较高)，以控制焊缝金属的含氧量
镍基合金	$Ar+He$	He 20%～25%	惰性	TIG MIG	热输入量比纯 Ar 大
	$Ar+H_2$	H_2<6%	还原性	非熔化极	可以抑制和消除焊缝中的 CO 气孔，提高电弧温度，增加热输入量

高。对用熔化极气体保护焊焊接碳素钢、低合金钢、不锈钢等，不宜采用纯惰性气体，推荐选用氧化性的保护气体，如 CO_2、$Ar+O_2$ 或 $Ar+CO_2$ 等。这样能改善焊接工艺性能，减少飞溅而且熔滴过渡稳定，可以获得好的焊缝成形。表 6-21 给出了不同金属材料气体保护焊时适用的保护气体。表 6-22 列出了熔化极惰性气体保护焊时不同被焊材料适用的保护气体。

表 6-22 熔化极惰性气体保护焊时不同被焊材料适用的保护气体

保护气体	被焊材料
Ar	除钢材外的一切金属
Ar+He	一切金属，尤其适用于铜和铝的合金的焊接
He	除钢材外的一切金属
$Ar+O_2$ 0.5%～1%	铝
$Ar+O_2$ 1%	高合金钢
$Ar+O_2$ 1%～3%	合金钢
$Ar+O_2$ 1%～5%	非合金钢及低合金钢
$Ar+CO_2$ 25%	非合金钢
$Ar+CO_2$ 1%～3%	铝合金
$Ar+N_2$ 0.2%	铝合金
$Ar+H_2$ 6%	镍及镍合金
$Ar+N_2$ 15%～20%	铜
N_2	铜
CO_2	非合金钢
CO_2+O_2 15%～20%	非合金钢
水蒸气	非合金钢
$Ar+O_2$ 3%～7%$+CO_2$ 13%～17%	非合金钢及低合金钢

近年来还推广应用了粗 Ar 混合体，其成分为 Ar=96%、$O_2 \leqslant$ 4%、$H_2O \leqslant$ 0.0057%、$N_2 \leqslant$ 0.1%。粗 Ar 混合气体不但能改善焊缝成形，减少飞溅，提高焊接效率，而且用于焊接抗拉强度为 500～800MPa 的低合金高强钢时，焊缝金属力学性能与使用高纯 Ar 时相当。粗 Ar 混合气体价格便宜，经济效益好。

三、根据工艺要求选用气体

手工 TIG 焊接极薄材料时，宜用 Ar 作气体保护。当焊接厚件或焊接热导率高和难熔金属，或者进行高速自动焊时，宜选用 He 或 Ar+He 作气体保护；对于铝的手工 TIG 焊采用交流电源时，应选用

Ar作气体保护。因为与He比较，Ar的引弧性能和阴极净化作用较好，具有很好的焊缝质量；对于熔化极气体保护焊，不仅决定于被焊金属，而且还决定于采用熔滴过渡的形式及电流情况，表6-23～表6-26分别列出射流过渡、短路过渡、大电流等离子弧焊和小电流等离子弧焊时保护气体的选用。

表6-23 射流过渡熔化极气体保护电弧焊时气体的选用

金属	保护气体(体积分数)	优 点
铝	氩气	厚0.25mm，金属过渡和电弧稳定性最好，飞溅最少
	75%氦+25%氩	厚25～76mm，热输入比用氩气时大
	90%氦+10%氩	厚度大于76mm，热输入最大，气孔最少
镁	氩气	阴极净化作用最好
碳钢	氩+3%～5%氧	电弧稳定性好，产生一个流动性较好并且可控制的焊接熔池，结合情况和焊道形状好，咬边最少，可以采用更高的速度(与氩气相比较)
	二氧化碳	高速机械化焊接，低成本
低合金钢	氩+2%氧	咬边最少，提供良好的韧性
不锈钢	氩+1%氧	电弧稳定性好，产生一个流动性好并且可控制的焊接熔池，结合情况和焊道形状好，较厚不锈钢焊接时咬边最少
	氩+2%氧	焊接较薄的不锈钢时电弧稳定性好，结合情况比使用氩+1%氧混合气体的要好，并且焊接速度也高
铜、镍及其合金	氩气	对于厚度达3.2mm的材料，润湿性好，焊接熔池控制良好
	氦+氩	50%氦+氩和75%氦+氩混合气的较大热输入可抵消较厚板的高热导率
活性金属(Ti、Zr、Ta)	氩气	电弧稳定性好，焊接污染最小。为了防止空气污染焊接区的背面，要求有背面惰性气体保护

表6-24 短路过渡熔化极气体保护电弧焊时气体的选用

金属	保护气体(体积分数)	优 点
碳钢	氩+20%～25%CO_2	厚度小于3.2mm，焊接速度高，没有烧穿，变形和飞溅最少，熔深良好
	氩+50%CO_2	厚度大于3.2mm，飞溅最少，焊缝外观清洁，在立焊和仰焊位置焊接熔池控制良好
	CO_2	熔深较大，焊接速度较快，费用最低
不锈钢	90%氦+7.5%氩+2.5%CO_2	对耐腐蚀性能无影响，热影响区小，没有咬边，变形最小，电弧稳定性良好

续表

金属	保护气体(体积分数)	优　点
低合金钢	60%～70%氦+25%～35%氩+4%～5%CO_2 氩+20%～25%CO_2	活性最小,韧性好,电弧稳定性、润湿性和焊道形状最好,飞溅少 韧性一般,电弧稳定性、润湿性和焊道形状极好,飞溅少
铝、铜、镁、镍及其合金	氩和氩+氦	对于薄板金属的焊接,氩气是令人满意的;对于较厚的金属最好采用氩+氦混合气

表 6-25　大电流等离子弧焊用保护气体的选用

被焊材料	板厚/mm	保护气体	
		小孔法	熔透法
碳钢	<3.2	Ar	Ar
	>3.2	Ar	He75%+Ar25%
低合金钢	<3.2	Ar	Ar
	>3.2	Ar	He75%+Ar25%
不锈钢	<3.2	Ar 或 Ar92.5%+He7.5%	Ar
	>3.2	Ar 或 Ar95%+He5%	He75%+Ar25%
铜	<2.4	Ar	He 或 He75%+Ar25%
	>2.4	—	He
镍合金	<3.2	Ar 或 Ar92.5%+He7.5%	Ar
	>3.2	Ar 或 Ar95%+He5%	He75%+Ar25%
活性金属	<6.4	Ar	Ar
	>6.4	Ar+He(50～75)%	He75%+Ar25%

表 6-26　小电流等离子弧焊用保护气体的选用

被焊材料	板厚/mm	保护气体	
		小孔法	熔透法
铝	<1.6	—	Ar,He
	>1.6	He	He
碳钢	<1.6	—	Ar,He25%+Ar75%
	>1.6	Ar,He75%+Ar25%	Ar,He75%+Ar25%
低合金钢	<1.6	—	Ar,He,Ar+H_2(1～5)%
	>1.6	He75%+Ar25%,Ar+H_2(1～5)%	Ar,He,Ar+H_2(1～5)%
不锈钢	所有厚度	Ar,He75%+Ar25%,Ar+H_2(1～5)%	Ar,He,Ar+H_2(1～5)%
铜	<1.6	—	He25%+Ar75%
	>1.6	He75%+Ar25%,He	He,He75%+Ar25%

续表

被焊材料	板厚/mm	保护气体	
		小孔法	熔透法
镍合金	所有厚度	Ar，He75%＋Ar25%，Ar＋H_2(1～5)%	Ar，He，Ar＋H_2(1～5)%
活性金属	＜1.6	Ar，He75%＋Ar25%，He＋Ar	Ar
	＞1.6	He75%＋Ar25%，He	Ar，He75%＋Ar25%

第七章 气焊熔剂

气焊熔剂亦称气剂或焊粉，它是氧-乙炔气焊时的助熔剂，其作用是除去气焊时熔池中形成的气化物，保护熔池不受空气污染并改善金属熔池的润湿性。另外，它还有精炼作用，促使获得致密的焊缝组织。

低碳钢的气焊一般不需要使用熔剂，气焊熔剂主要用于合金钢、铸铁及各种有色金属的气焊。

第一节 对气焊熔剂的要求、分类和作用

一、对气焊熔剂的要求

① 应具有较强的化学反应能力，能迅速溶解某些气化物或与某些高熔点化合物作用后生成新的低熔点和易挥发的化合物。

② 熔剂熔化后黏度要小、流动性好，产生的熔渣熔点低、密度小、容易浮于熔池表面。

③ 能减小熔化金属的表面张力，使熔化的填充金属与焊件更容易熔合。

④ 气焊熔剂不应对焊件有腐蚀作用，生成的焊渣要易于清除。

二、气焊熔剂的分类

气焊熔剂可分为两大类，即起化学作用的熔剂和起物理作用的熔剂。随着先进焊接材料的进一步研发，熔剂的种类不但多种多样，而

且具有更加良好的物理和化学性能。

1. **起化学作用的熔剂**

起化学作用的熔剂是由一些酸性及碱性氧化物组成的。根据熔剂的成分和与氧化物相互作用的特性，可分为酸性熔剂和碱性熔剂两种。气焊时使用酸性熔剂还是碱性熔剂，要由被焊接金属表面所形成的氧化物性质决定。若被焊金属表面形成的氧化物是酸性的，则焊接时要用碱性熔剂；若被焊金属表面形成的氧化物是碱性的，则焊接时要用酸性熔剂。

(1) 酸性熔剂

含有大量氧化硅和氧化硼的熔剂属于酸性熔剂。在焊接过程中，含氧化硅的熔剂与铁的氧化物进行下列反应，即

$$FeO + SiO_2 \longrightarrow FeO \cdot SiO_2 \tag{7-1}$$

形成的 $FeO \cdot SiO_2$ 化合物成为熔渣，浮在熔池的表面。含氧化硅的熔剂的优点是熔点低、流动性好等，但有密度大、反应作用力不够强的缺点，因此应用效果是有限的。对于硼化物组成的熔剂，可以弥补氧化硅熔剂的缺点。硼酸（H_3BO_3）和硼砂（$Na_2B_4O_7 \cdot 10H_2O$）属于这类熔剂。普通熔融状态的硼砂能溶解多种金属的氧化物，形成硼酸盐（如 $ZnO \cdot B_2O_3$、$CuO \cdot B_2O_3$、$MnO \cdot B_2O_3$ 等)，构成熔渣浮在液态熔池表面。其化学反应式为：

$$Na_2BO_4 + CuO \longrightarrow (NaBO_2)_2 \cdot Cu(BO_2)_2 \tag{7-2}$$

(2) 碱性熔剂

碱性熔剂一般就是碳酸钠（Na_2CO_3）和碳酸钾（K_2CO_3），气焊时熔剂和金属氧化物进行下列反应，生成金属盐，即

$$2Na_2CO_3 + SiO_2 \longrightarrow (2Na_2O) \cdot SiO_2 + 2CO_2 \tag{7-3}$$

$$2K_2CO_3 + SiO_2 \longrightarrow (2K_2O) \cdot SiO_2 + 2CO_2 \tag{7-4}$$

反应所生成的（$2Na_2O$）$\cdot SiO_2$ 和（$2K_2O$）$\cdot SiO_2$ 构成熔渣，很容易浮在熔池的表面。碱性熔剂广泛应用于灰口铸铁焊接中，因为灰口铸铁含硅多。施焊时，一部分硅氧化后变为酸性氧化物，所以应该用碱性熔剂来中和。碱性熔剂生成的熔渣熔点低，流动性好。

起化学作用的气焊熔剂主要有硼酸（H_3BO_3）、硼砂（$Na_2B_4O_7 \cdot 10H_2O$）、脱水硼砂、硅铁、碳酸钠（Na_2CO_3）和碳酸

钾（如 K_2CO_3）等中一种或几种的混合物。

2. **起物理作用的熔剂**

一般来说，将氟化钠（NaF）氯化钠（NaCl）、氯化钾（KCl）、氯化锂（LiCl）、冰晶石（Na_3AlF_6）、氯化钙（$CaCl_2$）等碱性化合物和酸性硫酸盐（$NaHSO_4$）合成后就可作为起物理作用的气焊熔剂使用。这些物质的化学反应式为：

$$NaCl + NaHSO_4 \longrightarrow Na_2SO_4 + HCl \tag{7-5}$$

$$NaF + NaHSO_4 \longrightarrow Na_2SO_4 + HF \tag{7-6}$$

上述反应生成的盐酸和氢氟酸在熔剂中能提高氧化物的溶解度，在熔化时能溶解金属氧化物，冷凝后仍可分离析出。这种熔剂不仅起着重要的物理作用，而且也起到一定的化学作用，例如能将氧化铝脱氧，即

$$6LiCl + Al_2O_3 \longrightarrow 2AlCl_3 + 3Li_2O \tag{7-7}$$

起物理作用的气焊熔剂主要有氟化钠（NaF）、氯化钠（NaCl）、氯化钾（KCl）、氯化锂（LiCl）、冰晶石、氯化钙（$CaCl_2$）和硫酸盐（如 $NaHSO_4$）等中的一种或几种的混合物。

三、气焊熔剂的作用

在气焊和碳弧焊过程中需采用熔剂，目的是去除焊接时熔池中生成的气化膜及其他杂质，以保证焊缝质量。对于铝及铝合金的焊接，一般熔剂应具有如下作用：

① 溶解和彻底清除覆盖在铝板及熔池表面上的 Al_2O_3 薄膜，并在熔池表面形成一层熔融及挥发性强的熔渣，可保护熔池免受连续氧化。

② 排除熔池中的气体、氧化物及其他杂质。

③ 改善熔池金属的流动性，以保证焊缝成形良好。

第二节　气焊熔剂的牌号、成分和用途

一、气焊熔剂的牌号

气焊熔剂的牌号编制方法如下：

符号“CJ”表示气焊熔剂，其后第一位数字表示气焊熔剂的用途及适用材料。常用气焊熔剂的牌号和适用材料见表 7-1。

表 7-1　常用气焊熔剂的牌号和适用材料

牌　号	名　称	适用材料
CJ1××	不锈钢及耐热钢气焊熔剂	不锈钢及耐热钢
CJ2××	铸铁气焊熔剂	铸铁
CJ3××	铜及铜合金气焊熔剂	铜及铜合金
CJ4××	铝及铝合金气焊熔剂	铝及铝合金

“CJ”后面第二、三位数字表示同一类型气焊熔剂的不同编号。

气焊熔剂牌号举例：

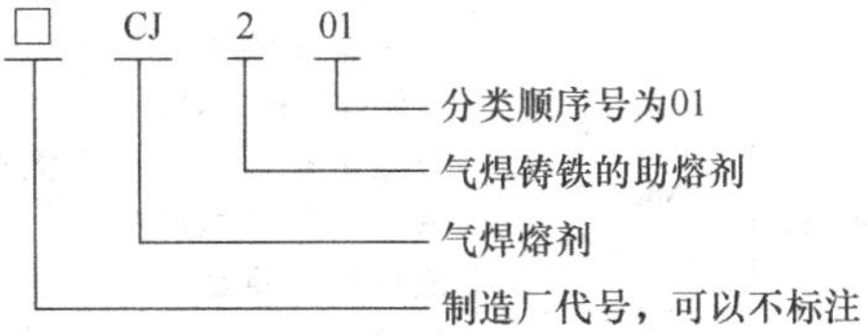

二、气焊熔剂的成分和用途

常用气焊熔剂的牌号、化学成分和用途见表 7-2。

表 7-2　气焊熔剂的牌号、化学成分和用途

牌号	名称	熔点/℃	化学成分(质量分数)/%	用途及性能	焊接注意事项
GJ101	不锈钢及耐热钢气焊熔剂	≈900	瓷土粉 30，大理石 28，钛白粉 20，低碳锰铁 10，硅铁 6，钛铁 6	焊接时有助于焊丝的润湿作用，能防止熔化金属被氧化，焊后覆盖在焊缝金属表面的熔渣易去除	①焊前对施焊部分擦刷干净 ②焊接前将熔剂用相对密度为 1.3 的水玻璃均匀搅拌成糊状 ③用刷子将调好的熔剂均匀地涂在焊接处反面，厚度不小于 0.4mm，焊丝上也涂上少许熔剂 ④涂完后约隔 30min 施焊

续表

牌号	名称	熔点/℃	化学成分(质量分数)/%	用途及性能	焊接注意事项
GJ201	铸铁气焊熔剂	≈650	H_3BO_3 18 Na_2CO_3 40 $NaHCO_3$ 20 MnO_2 7 $NaNO_3$ 15	有潮解性，能有效地驱除铸铁在气焊过程中产生的硅酸盐和氧化物，有加速金属熔化的功能	①焊接前将焊丝一端煨热后沾上熔剂，在焊接部位红热时撒上熔剂 ②焊接时不断用焊丝搅动，使熔剂充分发挥作用，则焊渣容易浮起 ③如焊渣浮起过多，可用焊丝将焊渣随时拨去
GJ301	铜气焊熔剂	≈650	H_3BO_3 76～79 $Na_2B_4O_7$ 16.5～18.5 $AlPO_4$ 4～5.5	紫铜及黄铜气焊或钎焊助熔剂，能有效地溶解氧化铜和氧化亚铜，焊接时呈液体熔渣覆盖于焊缝表面，防止金属氧化	①焊前将施焊部位擦刷干净 ②焊接时将焊丝一端煨热，沾上熔剂即可施焊
GJ401	铝气焊熔剂	≈560	KCl 49.5～52 NaCl 27～30 LiCl 13.5～15 NaF 7.5～9	铝及铝合金气焊熔剂，起精炼作用，也可用作气焊铝青铜熔剂	①焊前将焊接部位及焊丝洗刷干净 ②焊丝涂上用水调成糊状的熔剂，或焊丝一端煨热蘸取适量干熔剂立即施焊 ③焊后必须将工件表面的熔剂残渣用热水洗刷干净，以免引起腐蚀

第三节　气焊熔剂和使用方法与配制

一、气焊熔剂的使用方法

先把熔剂用洁净水或者蒸馏水调成糊状（每 100g 熔剂加入约

50mL 水)，然后涂于焊丝表面及被焊工件坡口两侧，熔剂层厚度约为 0.5～1.0mm；也可用灼热的焊丝端部直接沾上干的熔剂来进行焊接，这样可以减少熔池中水的来源，避免产生气孔。调成糊状的熔剂应尽量随调随用，不要久置，以防失效。

二、气焊熔剂的配制

气焊熔剂也可自行配制，表 7-3 列出了气焊不锈钢时自行配制的熔剂的成分，表 7-4 列出了气焊铸铁时自行配制的不同成分的气焊熔剂。

表 7-3 不锈钢气焊熔剂的成分 %

大理石	二氧化钛	瓷粉	硅铁	钛铁	锰铁
20	22	30	8	8	12

表 7-4 铸铁气焊熔剂的成分 %

序号	熔剂成分	序号	熔剂成分
01	硼砂 56＋碳酸钾 22＋碳酸钠 22	03	脱水硼砂 100
02	硼砂 50＋苏打粉 50		

通常气焊熔剂是各种钾、钠、锂、钙等元素的氯化物和氟化物的粉末混合物。表 7-5 列出了一些常用气焊熔剂的经验配方。

表 7-5 气焊、碳弧焊用的熔剂配方（质量分数） %

组成 序号	铝块晶石	氟化钠	氟化钙	氯化钠	氯化锂	氯化钡	氟化锂	硼砂	其他	备注
1		8		28	50		14			CJ401
2			4	19	29	48				
3	30			30	40					
4	20				40	40				
5		15		45	30		10			
6				27	18			14	硝酸钾 41	
7		20		20	40	20				
8				25	25			40	硫酸钠 10	
9	4.8		14.8			33.8	19.5	氯化镁 2.3	氯化镁 24.8	
10		氟化锂 15				70	15			
11				9	3			40	硝酸钾 28 硫酸钾 20	
12	45			40	15					
13	20			30	50					

表中含锂的气焊熔剂熔点低，熔渣黏度也较低，能大量溶解焊件表面氧化膜，使得焊缝表面清渣容易，适用于薄板全位置焊；但易吸潮，且价格较贵。不含锂的熔剂适于气焊较厚的板材时使用。

第四节　气焊熔剂的选用

一、镍及镍合金气焊熔剂

气焊适于纯 Ni 及 NiCu、NiCr 合金的焊接，不宜于焊接低碳 Ni、NiMo 及 NiCrMo 合金。为了提高焊接熔池的脱氧能力，气焊时常采用含 Mn＜3%或含 Mn0.06%、含 Si0.2%的填充焊丝。多层焊气焊镍及镍合金时，可采用含 Cr20.7%、含 Ni74.5%的镍铬填充焊丝。采用气焊方法焊接镍及镍合金所用的熔剂见表 7-6。

表 7-6　气焊镍及镍合金所用的气焊熔剂

熔剂成分	用　途
无水硼砂 100%；无水硼砂 25%，硼酸 75%；硼砂 30%，硼酸 10%，氯化钠 10%，氯化钾 10%	焊纯 Ni
氟化钡 60%，氟化钙 16%，氯化钡 15%，阿拉伯胶 5%，氟化钠 4%	焊 NiCr 合金
氟化锂一份和含 3%赤铁矿的氟化钙两份的混合剂	焊 NiCr、NiCrFe 合金
氟化锂和第 2 或第 3 种焊剂组成水膏剂	焊沉淀硬化的 NiCr 合金
铸铁熔剂 65%，硼酸 35%	焊 NiSi 铸造合金

二、镁及镁合金气焊熔剂

镁及镁合金气焊时应采用熔剂，这种熔剂在焊接生产中一般都是临时配制的。镁及镁合金气焊熔剂主要由氟化物组成，因为氟化物对镁合金腐蚀性较小，而且分解后产生的一些气体可起保护作用。这些气体主要是氟化氢及氟化物蒸气，对熔池有一定的保护作用。另外，这种氟化物气焊熔剂对镁的氧化物还有还原和溶解的作用。

镁及镁合金气焊熔剂的配制：氟化锂 36%，氟化钙 17%，氟化钡 20%，氟化镁 18%，氟化钠 9%。其中水分不可超过 1%，其他杂质也不超过 1%。

按上述比例配制好物材之后，先将物材放置于炉中烘干。在烘干加热过程中，先是在120℃状态下保温30min，之后再升温到140℃保温1h，再加热到160℃保温30min。把烘干后的物材研碎，用100目筛子过筛而成为熔剂成品。在物材研碎和过筛过程中要注意不要使熔剂再次吸潮。最后将熔剂装入带色的玻璃瓶内并封好以备生产使用。

气焊镁及镁合金时，也可选用CJ401这种铝气焊时的熔剂。这种熔剂是市售品，工艺性良好，对镁合金的焊接也适用。但焊后熔剂残渣对母材腐蚀性较大，因此焊后必须把焊缝两侧的残渣清除干净。

进行镁合金气焊时，也可用氯化物和氟化物组成的熔剂。其主要配方为：54%KCl+30%$CaCl_2$+12%NaCl+4%NaF；46%KCl+26%NaCl+24%LiCl+4%NaF。这两组熔剂均可使焊接过程稳定，工艺性良好。从经验上看，前者可用于一般的气焊和气体保护焊，后者仅能用于氧-乙炔气焊。由于这一组熔剂氧化性较强，当工件表面上存在氢时，可使表面产生凹凸不平的现象，对母材腐蚀程度较大，因此焊后应清除干净。

三、铜及铜合金气焊熔剂

对铜及铜合金进行气焊时，可采用CJ301（即铜气焊熔剂），也可按表7-7给出的配方自行配制。

表7-7 铜及铜合金气焊熔剂配方举例

序号	熔剂成分/%						配制方法
	脱水硼砂	硼酸	磷酸钠	木炭粉	石英砂	镁粉	
1	100	—	—	—	—	—	将市售硼砂在瓷制、耐火泥、石墨坩埚或不锈钢器皿中加热至700～750℃，经10～15min，去结晶水，倒出加以粉碎过筛
2	50	35	15	—	—	—	将组成物混合后，在球磨机或研钵中研细
3	50	—	15	20	15	—	将组成物混合后，在球磨机或研钵中研细
4	94	—	—	—	—	6	将组成物混合后密封在石墨坩埚中，加热至1050～1150℃，经5min，倒出加以磨碎

其中序号1熔剂适用于气焊铜及铜合金薄板；当采用一般纯铜丝作焊丝时，最好用序号3或序号4熔剂。

铜及铜合金熔剂的用法：在焊前用清水将焊剂调成糊状，涂于焊件坡口及焊丝表面，或将焊丝在水玻璃溶液（水玻璃和水的比例为1∶1）中浸湿后，放入熔剂槽中稍稍滚动一下，使焊丝表面均匀地沾上一层熔剂，然后在空气中晾干（10～15min）；也可将焊丝加热后放在熔剂中滚动，使焊丝表面沾上一层熔剂。

对黄铜进行气焊时，常用熔剂分为固体粉末熔剂和气体熔剂两类，熔剂成分见表7-8。

表7-8 黄铜气焊熔剂的成分

种类	熔剂成分/%					
	硼砂	硼酸	磷酸氢钠	氟化钠	硼酸甲酯	甲醇
固体粉末熔剂	100	—	—	—	—	—
	20	80	—	—	—	—
	50	35	15	—	—	—
	20	70	—	10	—	—
气体熔剂	—	—	—	—	75	25

黄铜气体熔剂由硼酸甲酯及甲醇组成，这种成分的混合液极易挥发，其沸点为54～56℃，蒸发的气体由乙炔带入火焰中与氧发生如下的反应，即

$$2B(OCH_3)_3+9O_2 = B_2O_3+6CO_2+9H_2O \qquad (7\text{-}8)$$

形成的硼酐（B_2O_3）凝结到母材及焊丝上，焊接时产生强烈的脱氧作用。与氧化物（Cu_2O、ZnO）形成硼酸盐，以薄膜状态浮在熔池表面，能有效地防止黄铜中锌的蒸发。由于气体熔剂可以均匀地送入熔池，提高了焊接过程的稳定性和焊接质量，因此气体熔剂已成功地应用于黄铜气焊和堆焊上。气体熔剂消耗量一般应按每熔化1kg焊丝消耗25kg硼酸甲酯为宜，这样既能保证焊缝质量，又能有效地防止锌的蒸发。

四、铝及铝合金气焊熔剂

铝及铝合金气焊时，为了使焊接过程顺利进行，保证焊缝质量，气焊时需要加熔剂来去除铝表面的氧化膜及其他杂质。铝及铝合金熔

剂是 K、Na、Ca、Li 等元素的氯化盐及氟化盐，经粉碎后过筛并按一定比例配制的粉状化合物。例如铝冰晶石（Na_3AlF_6）在 1000℃时可以溶解氧化铝，又如氟化钾（KCl）等可使难熔的氧化铝转变为易熔的氟化铝（$AlCl_3$，熔点为 183℃）。这种熔剂的熔点低，流动性好，还能改善熔化金属的流动性，使焊缝成形良好。

铝及铝合金气焊熔剂有含 Li 熔剂和无 Li 熔剂两种。含 Li 熔剂的氯化钾能改善熔渣的物理性能、降低熔渣的熔点和黏度，能较好地去除氧化膜，适用于薄板和全位置焊接。但氯化锂价格昂贵，而且吸湿性强。不含 Li 的熔剂熔点高、黏度大、流动性差，易产生焊缝夹渣，适用于厚大件的焊接。表 7-9 列举了这两类熔剂的成分，可以自行配制，也可以购买配制好的瓶装熔剂，如牌号为 CJ401 的铝气焊熔剂。

表 7-9　铝及铝合金的气焊熔剂组成配方

序号	熔剂成分/%							特性
	冰晶石	NaF	CaF_2	NaCl	KCl	$BaCl_2$	LiCl	
01 (CJ401)	—	7.5～9	—	27～30	49.5～52	—	13.5～15	熔点约为 560℃
02	—	8	—	35	48	—	9	—
03	—	—	4	19	29	48	—	—
04	20	—	—	30	50	—	—	—
05	45	—	—	40	15	—	—	—

铝及铝合金气焊熔剂非常容易吸潮，所以应该对其进行瓶状密封，以防受潮失效。焊接时，应先用洁净水或蒸馏水将熔剂调成糊状，然后把它涂在接头上，或者浸涂在焊丝上。调好的糊状熔剂最好随调随用，不要久放，以免变质。

第八章 热喷涂与热喷熔材料

热喷涂是利用某种热源将金属、合金、陶瓷、塑料等热喷涂材料加热到熔融状态，然后借助高速气流雾化成微粒，并喷射到工件表面形成牢固涂层，使工件获得耐磨、耐腐蚀或抗高温氧化等性能。热喷涂技术已经应用到国民经济的各个产业部门。热喷涂材料的显著特点是具有广泛性和可复合性，凡在高温下不挥发、不升华、不分解、不发生晶型转变、可熔融的固态材料均可用作热喷涂材料，应用于不同的热喷涂技术领域。

第一节 热喷涂材料的分类

随着热喷涂技术的快速发展，热喷涂材料也得到快速发展，应用十分广泛，几乎涉及所有的固态工程材料领域。热喷涂材料可以从材料形状、成分和性质等不同角度进行分类。

一、按材料形状分类

根据热喷涂材料的不同形状，可以将其分为丝材、棒材、软线和粉末四类，其中丝材和粉末材料使用较多。根据形状对热喷涂材料的分类见图 8-1，不同形状的热喷涂材料见表 8-1。

二、按材料成分分类

根据喷涂材料的成分，可以将其分为金属、合金、陶瓷和塑料喷涂材料四大类。根据成分种类对喷涂材料的分类见表 8-2。

- 热喷涂材料
  - 丝材
    - 纯金属丝
    - 合金丝
    - 复合丝（管状丝材，中心夹另一种丝材）
    - 自黏结一次丝
  - 棒材——陶瓷棒（陶瓷粉黏结加压成条，高温挥发黏结物）
  - 软线——将任何材料粉末制成可弯曲的喷涂用软线
  - 粉末
    - 纯金属粉
    - 合金粉（烧结破碎喷雾制剂）
    - 复合粉（混合、聚合、包覆）
    - 自黏结一次粉
    - 陶瓷、金属陶瓷粉
    - 塑料粉

图 8-1　根据形状对热喷涂材料的分类

表 8-1　不同形状的热喷涂材料

丝材	纯金属丝材	Zn、Al、Cu、Ni、Mo 等
	合金丝材	Zn-Al、Pb-Sn、Cu 合金、巴氏合金、Ni 合金、碳钢、合金钢、不锈钢、耐热钢
	复合丝材	金属包金属（铝包镍、镍包合金）、金属包陶瓷（金属包碳化物、氧化物等）、塑料包覆（塑料包金属、陶瓷等）
	粉芯丝材	7Cr13、低碳马氏体等
棒材	陶瓷棒材	Al_2O_3、TiO_2、Cr_2O_3、Al_2O_3-MgO、Al_2O_3-SiO_2
粉末	纯金属粉	Sn、Pb、Zn、Ni、W、Mo、Ti
	合金粉	低碳钢、高碳钢、镍基合金、钴基合金、不锈钢、钛合金、铜基合金、铝合金、巴氏合金
粉末	自熔性合金粉	镍基（NiCrBSi）、钴基（CoCrWB、CoCrWBNi）、铁基（FeNiCrBSi）、铜基
	陶瓷、金属陶瓷粉	金属氧化物（Al 系、Cr 系和 Ti 系）、金属碳化物及硼氮、硅化物等
	包覆粉	镍包铝、铝包镍、金属及合金、陶瓷、有机材料等
	复合粉	金属＋合金、金属＋自熔性合金、WC 或 WC-Co＋金属及合金、WC 或 WC-Co＋自熔性合金＋包覆粉、氧化物＋金属及合金、氧化物＋包覆粉、氧化物＋氧化物、碳化物＋自熔性合金、WC＋Co 等
	塑料粉	热塑性粉末（聚乙烯、聚四氟乙烯、尼龙、聚苯硫醚）、热固性粉末（酚醛、环氧树脂）、树脂改性塑料（塑料粉中混入填料，如 MoS_2、WS_2、Al 粉、Cu 粉、石墨粉、石英粉、云母粉、石棉粉、氟塑粉等）

表 8-2 喷涂材料按其成分的分类

类别		喷涂材料
金属与合金	铁基合金	低碳钢、高碳钢、不锈钢、高碳钼复合粉等
	镍基及钴基合金	纯镍、镍包铝、铝包镍、NiCr/Al 复合粉、NiAlMoFe、NiCrAlY、NiCoCrAlY、MoCrSiFe、CoCrNiW 等
	有色金属	铝青铜、Cu、黄铜、填有 SiC 复合材料的铜管、巴氏合金、Cu-Ni 合金、Cu-Ni-In 合金、Zn、Al、Sn 等
	难熔金属及合金	Mo、W、Ta、Mo-Cr-B-Si-Fe、自熔合金＋Mo 等
	自熔性合金①	Ni-Cr-B-Si、Ni-Cr-Fe-B-Si、Fe-Cr-B-Si、Ni-WC-Co-Cr-B-Fe-Si、Co-Si-B-Cr-Ni-W 等
陶瓷材料	氧化物陶瓷	Al_2O_3、Al_2O_3-TiO_2、Cr_2O_3、TiO_2-CrO_3、SiO_2-Cr_2O_3-ZrO_2（CaO、Y_2O_3、MgO）、TiO_2-Al_2O_3-SiO_2、NiO、BeO、HfO_2 等
	碳化物	WC、WC-Co（12%～20%）、WC-Co 与 Ni＋Al 的聚合物
	氮化物	TiN、BN、ZrN、AlN、HfN 等
	硅化物	MoSi、$TaSi_2$、Cr_3Si-$TiSi_2$、WSi_2 等
	硼化物	CrB_2、TiB_2、ZrB_2、WB、TaB_2 等
塑料	热塑性塑料	尼龙（聚酰胺）：尼龙-11、小尼龙-1010、尼龙-66 等；聚乙烯、聚苯硫醚、聚四氟乙烯
	热固性塑料	环氧树脂、酚醛树脂
	改性塑料	加 MoS_2、WS、Al 粉、Cu 粉、石墨粉等填料于尼龙中，提高润滑性；加石英粉提高硬度、耐热性；加云母粉提高绝缘性、耐电弧性；加石棉粉提高耐热性；加氟塑粉提高耐蚀性；加颜料改善外观

① 在合金中加入了硼、硅等元素，因自身具有熔剂的作用，故称自熔性合金。

三、按材料性质分类

根据喷涂材料的性质以及获得的涂层性能，可以分为隔热材料，抗高温氧化材料，耐磨材料，耐腐蚀材料，自润滑减磨材料，导电、绝缘材料，黏结底层材料和功能性材料八类。

1. 隔热喷涂材料

隔热喷涂材料主要是指氧化物陶瓷、碳化物以及难熔金属等。喷涂时，根据工件的工作条件，可喷涂单层、双层或三层。双层一般是底层为金属，面层为陶瓷；喷涂三层时，底层为金属，中间为金属-陶瓷过渡层，面层为陶瓷。零件表面有隔热涂料的防护，工作温度可降低 10～65℃。隔热涂料常用于发动机燃烧室、火箭喷口、核装置的隔热屏等高温工作部位。

2. 抗高温氧化喷涂材料

表 8-3 列出了抗高温氧化喷涂材料的类型及特性。抗高温氧化喷涂材料可以在氧化介质温度 120～870℃下对零件表面进行防护。有些材料不仅可以抗高温氧化，还具有耐腐蚀等其他多种特性。

表 8-3　抗高温氧化喷涂材料的类型及特性

材料	熔点/℃	特　性
Al_2O_3	2040	封孔后耐高温氧化腐蚀等
Si	1410	防石墨高温氧化
Cr_3Si_2	1600～1700	硬度高，致密性好，黏结强度高，高温抗氧化性好，耐磨
$MoSi_2$	1393	用于石墨，防高温氧化
Ni-Cr(20%～80%)	1038	抗氧化，耐热腐蚀
TiO_2	1920	层孔隙少，结合好，耐蚀
镍包铝	1510	自黏结，抗氧化
Cr	1890	封孔后腐蚀
特种 Ni-Cr 合金	1038	抗高温氧化及耐腐蚀
高铬不锈钢	1480～1530	需加封孔，收缩率低
Ni-Cr-Al+Y_2O_3	—	高温抗氧化
镍包氧化铝、镍包碳化铬	—	工作温度为 800～900℃，抗热冲击

3. 耐磨喷涂材料

耐磨喷涂材料的类型及特性见表 8-4。耐磨喷涂材料主要用于具有相对运动且表面容易出现磨损的零部件，如轴颈、导轨、叶片、阀门、柱塞等。耐磨喷涂材料又分为高温耐磨喷涂材料和低温耐磨喷涂材料两种。

表 8-4　耐磨喷涂材料的类型及特性

材　料	特　性
碳化铬	耐磨，熔点为 1890℃
自熔性合金、Fe-Cr-B-Si、Ni-Cr-B-Si	耐磨，硬度为 30～55HRC
WC-Co(12%～20%)	硬度＞60HRC，红硬性好，使用温度低于 600℃
镍铝、镍铬、镍及钴包 WC	硬度高，耐磨性好，可用于 500～850℃下的磨粒磨损
Al_2O_3、TiO_2	抗磨粒磨损，耐纤维和丝线磨损
高碳钢(7Cr13)、马氏体不锈钢、钼合金	抗滑动磨损

4. 耐腐蚀喷涂材料

耐腐蚀喷涂材料的类型及特性见表8-5。耐腐蚀喷涂材料常用于船舶、沿海钢结构、塔架、桥梁、石油化工机械、铁路车辆等。用于抗腐蚀的涂层在喷涂之后一般需经过封孔处理后使用。

表8-5 耐腐蚀喷涂材料的类型及特性

材料	熔点/℃	特性
Zn	419	暗白色、喷涂效率高，涂层厚度为0.05～0.5mm，黏结性好，常温下耐淡水腐蚀性好，广泛应用于防大气腐蚀，碱性介质耐蚀性优于Al，适于电弧喷涂
Al	660	黏结性好，涂层为0.1～0.25mm银白色，喷涂效率高，大工件或现场施工均可。广泛用于大气腐蚀，在酸性介质中时耐蚀性优于Zn，使用温度超过65℃亦可用，适于电弧喷涂
富锌的铝合金	＜660	综合Al及Zn的特性，形成一种高效耐腐蚀层
常温尼龙	尼龙201～250	常温、低温下耐酸、碱介质腐蚀，适合火焰喷涂
高温塑料：聚苯硫醚、聚醚酮	—	工作温度为－140～220℃，最高可达350℃，耐酸及碱介质腐蚀，适于火焰喷涂
Ni	1066	密封后可作耐腐蚀层
Sn	230	与铝粉混合，形成铝化物，可用于腐蚀保护
自熔性镍铬硼合金	1010～1070	耐腐蚀性好，亦耐磨

5. 自润滑减摩喷涂材料

自润滑减摩喷涂材料的类型及特性见表8-6。自润滑减摩材料常用于具有低摩擦因数的可动密封零部件。涂层的自润滑性好，并有较好的结合性和间隙控制能力。

表8-6 自润滑减摩喷涂材料的类型及特性

材料	特性
镍包石墨	用于550℃条件下，飞机发动机可动密封部件、耐磨密封圈及低于550℃时的端面密封。润滑性好、结合力较高
铜包石墨	润滑性好，力学性能及焊接性能好，导电性较高，可作电触头材料及低摩擦因数材料

续表

材料	特性
镍包二硫化钼	属减摩材料，润滑性好，用于550℃以上可动密封处
镍包硅藻土	作为550℃以上高温减摩材料，耐磨，封严、可动密封
自润滑黏结镍基合金	属减摩材料，润滑性好
自润滑自黏结铜基合金及其他的包覆材料（包覆、聚酯、聚酰胺等）	属减摩材料，润滑性好

6. 导电、绝缘喷涂材料

喷涂材料中常用的导电材料是Al、Cu和Ag。Al喷在陶瓷或玻璃上可作电介电容；Cu导电性较好，喷在陶瓷或碳质表面作电阻器及电刷；Ag导电性好，可作电器触点或印刷电路。导电绝缘层常采用Al_2O_3。

7. 黏结底层喷涂材料

黏结底层喷涂材料能与光滑的或经过粗化处理的零件基本表面形成良好的结合。常用于喷涂底层以增加表面的黏结力，尤其是面层为陶瓷脆性材料、基体为金属材料时，黏结底层喷涂材料的效果更明显。

常用的黏结底层喷涂材料有Mo、镍铬复合材料及镍铝复合材料等，其中最常用的镍包铝（或铝包镍）不仅能增加面层的结合，同时还能在喷涂时发生化学反应，生成金属间化合物（Ni_3Al等）的自黏结成分，形成的底层无孔隙，并且属于冶金结合，可以保护金属基体，防止气体渗透进行侵蚀。

8. 功能性喷涂材料

功能性喷涂材料是指具有特殊功能涂层的材料，如FeCrAl、FeCrNiAl等微波吸收层，高Tc超导体层，远红外辐射层和防X射线辐射层等。用这些喷涂材料获得的涂层，在较低温度下有很好的热辐射特殊性，同时吸收热辐射的能力又很弱，在受热时能辐射出波长为5～6μm的远红外波。含某些稀土元素和铅的功能性喷涂材料，具有较好的防X射线等辐射的能力。含BN、B_6Si等的复合粉末可喷涂于中子吸收装置上。

第二节 热喷涂常用材料

一、热喷涂线材

热喷涂线（丝）材主要是指有色金属丝、黑色金属丝和复合线材，包括锌及锌合金、铝及铝合金、锡及锡合金、铅及铅合金、铜及铜合金、镍及镍合金、碳钢、低合金钢及不锈钢等。

① 热喷涂常用线材的牌号、成分及其特性见表 8-7。

② 常用碳钢及不锈钢热喷涂丝材的牌号、成分及特性见表 8-8。

二、热喷涂粉末材料

① 喷涂合金粉末 喷涂合金粉末的牌号用 F×××表示，其中："F"表示喷涂合金粉末；"F"后面第一位数字表示合金粉末的化学组成类型，1 表示镍基，2 表示钴基，3 表示铁基，4 表示铜基；牌号的第二、三位数字表示同一类型粉末中不同的序号。喷涂合金粉末牌号举例如下：

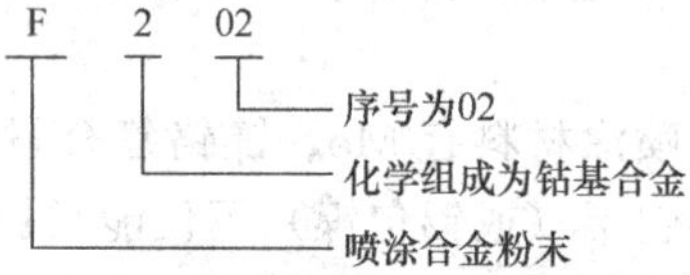

常用喷涂合金粉末的成分、涂层性能及用途见表 8-9。

② 喷涂复合粉末 热喷涂常用复合粉末成分及主要性能见表 8-10。喷涂复合粉末主要包括镍包铝、铝包镍、镍包石墨、镍包氧化铝、钴包碳化钨等 20 多种类型。

③ 放热型自黏结复合粉末（又称冷喷合金粉末） 它不需或不能进行重熔处理，按其用途可分为打底层粉末和工作层粉末。打底层粉末用以增加涂层与工件的结合强度，工作层粉末保证涂层具有所要求的使用性能。放热型自黏结复合粉末是最常用的打底层粉末（见表 8-11）。

④ 金属及其合金粉末 金属及其合金粉末是获得热喷涂涂层的重要材料之一。对于难以加工成线材的、延展性较差的金属或合金，应制成粉末使用。其成分及性能与线材完全一致。

表 8-7　热喷涂常用线材的牌号、成分及其特性

类别	牌号	主要化学成分的质量分数/%	主要性能及其应用
镍及其合金	N6	C0.1　Ni99.5	耐非氧化性酸、碱气氛和各种化学药品腐蚀涂层
	Cr20Ni80	C0.1 Ni80 Cr20	抗 980℃高温氧化涂层和陶瓷黏结底层
	Cr15Ni60	Ni60 Cr15 Fe 余量	耐硫酸、硝酸、醋酸、氨、氢氧化钠腐蚀涂层
	蒙乃尔合金	Cu30 Fe1.7 Mn1.1 Ni 余量	非氧化性酸、氢氟酸、热浓碱、有机酸、海水耐蚀涂层
铁及其合金	Q215 Q235	C0.09～0.22 Si0.12～0.30 Mn0.25～0.65 Fe 余量	滑动磨损的轴承面超差修复涂层
	45 钢	C0.45 Si0.32 Mn0.65 Fe 余量	轴类修复、复合涂层的底层、表面耐磨涂层
	2Cr13	C0.16～0.24 Cr12～14 Fe 余量	耐磨、耐蚀涂层
	T10	C1.0 Si0.35 Mn0.4 Fe 余量	高耐磨零件表面强化涂层
	1Cr18Ni9	C0.12 Cr18～20 Ni9～13 Fe 余量	耐酸、盐、碱溶液腐蚀涂层
铜及其合金	T2	Cu99.9	导电、导热、装饰涂层
	HSn60-1	Cu 60 Sn1～1.5 Zn 余量	黄铜件修复、耐蚀涂层
	QAl9-2	Al9 Mn 2 Cu 余量	耐磨、耐蚀、耐热涂层，Cr13 涂层黏结底层
	QSn4-4-2.5	Sn4 P0.03 Zn4 Cu 余量	青铜件、轴承的减摩、耐磨、耐蚀涂层
锌、铝及其合金	Zn-2	Zn≥99.9	耐大气、淡水、海水等环境，长效防腐
	ZnAl15	Al15 Zn 余量	耐大气、淡水、海水等环境，长效防腐，铝涂层亦可作导电、耐热、装饰等涂层
	L1	Al≥99.7	
	Al-Mg-Re	Mg0.5～0.6 Re 微量 Al 余量	
锡及其合金	Sn-2	Sn≥99.9	耐食品及有机酸腐蚀涂层，木材、石膏、玻璃黏结底层
	CH-A10	Sb7.5Cu3.5 Pb0.25 Sn 余量	耐磨、减摩涂层
铅	Pb1、Pb2	Pb≥99.9	耐硫酸腐蚀、X 射线防护涂层
其他金属	Mo1	Mo99.9	自黏结底层，减摩、润滑、耐磨蚀涂层
	W1	W99.95	抗高温、电触点抗烧蚀涂层
	Ta1	Ta99.95	超高温打底涂层、特殊耐酸蚀涂层
	Cd-05	Cd99.95	中子吸收和屏蔽涂层

表 8-8 常用碳钢及不锈钢热喷涂丝材的牌号、成分及特性

类别	牌号	主要化学成分/%	丝材直径/mm	主要性能及应用
碳钢	B2、C2	C0.09～0.22,Si0.12～0.30,Mn0.25～0.65,Fe余量	1.6～2.3	滑动磨损的轴承面超差修补涂层
	B3、C3		1.6～2.3	
	45钢	C0.45,Si0.32,Mn0.65,Fe余量	1.6～2.3	轴类修复、复合涂层的底层、表面耐磨涂层
	T10	C1.0,Si0.35,Mn0.4,Fe余量	1.6～2.3	高耐磨零件表面强化涂层
不锈钢	2Cr13	C0.16～0.24,Cr12～14,Fe余量	1.6～2.3	耐磨、耐蚀涂层
	1Cr18Ni9Ti	C0.12,Cr18～20,Ni9～13,Ti1,Fe余量	1.6～2.3	耐酸、盐、碱溶液腐蚀涂层

表 8-9 常用喷涂合金粉末的成分、涂层性能及用途

合金类型	粉末牌号	化学成分/%								粒度/目	涂层硬度	涂层性能及用途
		Ni	Cr	B	Si	Fe	C	Al	其他			
镍基	F111	余	15	—	—	7	—	—	—	−150～+300	150HV	易切削,用于轴承喷涂
	F112	余	15	—	—	7	—	3	—	−150～+300	200HV	涂层致密,用于泵轴喷涂
	F113	余	10	1.5	3	—	—	—	—	−150～+300	250HV	耐磨性较好,用于活塞喷涂
	F105Fe	余	14～18	3～4.5	3.5～5.5	≤5	0.6～1.0	—	WC35	—	400HV	用于耐磨粒磨损涂层
	G101	余	11～14	1.5～2.5	1.5～2.5	11～14	0.5～1.0	—	—	−150～+320	30～40HRC	耐磨损、耐腐蚀,用于轴承面、轴套、活塞等的喷涂
	G102	余	14～17	0.5～1.0	1.0～2.0	5～8	<0.5	—	—	−150～+320	10～20HRC	易加工,用于泵套、轴承座、轴类零件的喷涂
	G103	余	9～12	1.0～2.0	2.0～3.0	7～10	0.5～1.0	—	—	−150～+320	20HRC	耐磨损,用于机床轴、曲轴、偏心轮等的喷涂

续表

合金类型	粉末牌号	化学成分/%								粒度/目	涂层硬度	涂层性能及用途
		Ni	Cr	B	Si	Fe	C	Al	其他			
镍基	Ni170	余	23	—	1.2	—	0.1	—	—	−120	170HBS	耐热、耐高温氧化，可用作陶瓷涂层的结合层
	Ni180	余	15	—	0.8	≤7.0	0.1	≤0.3	—	−120	180HBS	易加工、耐磨损，用于轴承面、轴类的喷涂
	Ni222	余	15	—	0.8	7.0	0.1	5.0	—	−120	220HBS	耐腐蚀，用于印刷辊、电枢轴的喷涂
	Ni320	余	15	1.5	3.0	7.0	0.8	1.5	—	−120	320HBS	耐磨损，用于机床轴、曲轴、轧轴轴颈的喷涂
	G-Ni-01	余	15～16	≤1.0	0.8～1.5	5～7	0.1～0.2	3.5～4.5	—	−140	446HV	涂层致密、耐腐蚀，用于化学工业中泵轴的喷涂
	G-Ni-02	余	9～11	1.5～2.0	2.0～3.0	≤6	0.5～1.0	≤1.0	—	−140	—	耐磨损、耐腐蚀，用于风扇叶片及轴类零件
	G-Ni-03	余	14～16	0.2～0.5	<1.0	5～7	0.3～0.5	≤0.5	—	−140	—	易加工，用于轴承面的喷涂件
	G-Ni-11	余	79～80	20～21	—	—	—	—	—	−140	—	耐腐蚀、抗氧化，用于结合层
	LNi-02	余	15	—	0.8	7	<0.5	5	—	−140～+300	210～230HBS	易加工，用于轴类零件及轴承面的喷涂
	LNi-03	余	15	2.0	2.0	12	0.7	—	—	−140～+300	30～40HRC	耐磨损、耐腐蚀，用于轴承面及轴套的喷涂
	LNi-04	余	15	0.7	1.5	7	0.3	—	—	−140～+300	163～170HBS	易加工、耐腐蚀，用于泵套、轴承座及轴类零件的喷涂

续表

合金类型	粉末牌号	化学成分/%								粒度/目	涂层硬度	涂层性能及用途
		Ni	Cr	B	Si	Fe	C	Al	其他			
镍基	LNi-05	余	10	1.5	2.5	3	0.7	—	—	−140~+300	20~30HRC	耐腐蚀，用于轴套、轴承及轴类零件的喷涂
镍基	Ni-12	余	9~10	1~2	2~3	≤6	<5	—	—	−150~+320	250HBS	用于修复各种轴类零件
钴基	G-Go-11	9.5~11.5	24	≤0.01	≤0.5	≤2	0.8~0.9	W7.2~7.8 Mn≤0.5，Co余		−120~+320	1000HV	耐磨损、耐高温、耐腐蚀，用于内燃机车进、排气阀喷涂
铁基	Fe250	9	17	1.5	1.8	余	0.2	—	—	−120	250HBS	易加工，用于轴承面及汽车箱体密封面的喷涂
铁基	Fe280	37	13	1.0	2.5	余	0.5	—	Mo4.5	−120	280HBS	硬度高、耐磨性好、抗压能力强，用于各种耐磨损件
铁基	Fe320	—	15	2.0	1.0	余	0.1	—	—	−120	320HBS	
铁基	Fe450	13	15	1.6	2.5	余	1.4	—	Mo5.0	−120	450HBS	
铁基	LFe-02	5	15	0.9	0.9	余	2.0	—	—	−140~+300	320~350HBS	易加工，用于轴承及轴类零件的喷涂
铁基	LFe-03	9	15	2	2.5	余	0.5	—	—	−140~+300	220~240HBS	易加工，用于轴类零件的喷涂
铁基	LFe-04	4	15	2	0.8	余	≤0.2	—	—	−140~+300	300~350HBS	易加工，用于活塞、传动齿轮和轴的喷涂
铁基	F314	10	18	1.5	2	余	—	—	—	−150~+300	250HV	耐磨损，用于轴类零件的喷涂
铁基	F316	—	15	1.5	2	余	2	—	—	−150~+300	400HV	耐磨损，用于滚筒的喷涂
铜基	F412	Sn10，P0.3，Cu余								—	80HV	易切削，用于轴承的喷涂
铜基	F411	Al 10，Ni 5，Cu余								—	150HV	
铜基	Cu150	Sn 10，P 0.4，Cu余								—	150HV	摩擦因数小，易加工，用于压力缸体，机床导轨及铝、铜件
铜基	Cu180	Al 5，Ni 10，Cu余								—	180HV	
铜基	Cu200	Sn 8，P 0.3，Cu余								—	200HV	

表 8-10 国产复合粉末成分及性能

名 称	成分/%	性能及用途
镍包铝	Ni-Al(80/20 或 90/10)	放热型自黏结材料，涂层致密，抗高温氧化，抗多种自熔合金熔体和玻璃的侵蚀
铝包镍	Ni-Al(5/95)	
镍包石墨	Ni-C(75/25 或 80/20)	良好的减摩自润滑可磨密封涂层，用于500℃以下
镍包硅藻土	Ni-DE(75/25)	良好的减摩自润滑可磨密封涂层，用于800℃以下
镍包二硫化钼	Ni-MoS_2(80/20)	有良好的减摩性能，用作无油润滑涂层
镍包氟化钙	Ni-CaF_2(75/25)	有良好的减摩性能，用于800℃以下
镍包氧化铝	Ni-Al_2O_3(80/20,50/50,30/70)	高硬度、高耐磨、抗腐蚀涂层，随着 Al_2O_3 含量增高，涂层韧性降低
镍包氧化铬	Ni-Cr_2O_3(20～25/80～75)	耐磨、抗腐蚀、耐高温
镍包碳化钨	Ni-WC(20/80)	高硬度、耐磨、耐蚀，用于500℃以下
钴包碳化钨	Co-WC(12/88,17/83)	高硬度、高耐磨、耐热、耐蚀，用于700℃以下
镍包复合碳化物	Ni-$WTiC_2$(85/15)	高硬度、高耐磨
镍包碳化铬	Ni-Cr_3C_2(20/80)	高硬度、高耐磨、耐蚀、抗高温氧化
镍铬包碳化铬	NiCr-Cr_3C_2(25/75)	高硬度、高耐磨、耐蚀、抗高温氧化、耐高温
镍基自熔合金包碳化钨	0.6C,14Cr,3B,3Si,≤9Fe,余 Ni+20WC	耐蚀，抗严重磨损，用于600℃以下
	0.5C,9Cr～12Cr,2.5B～3.5B,2Si～4Si,≤9Fe,余 Ni+35WC	耐蚀、抗严重磨损，用于600℃以下
	0.3C,8Cr～9Cr,1B,2Si,≤6Fe,余 Ni+50WC	耐蚀、抗严重磨损，用于600℃以下
钴基自熔合金包碳化钨	0.4C,16Ni,17Cr～18Cr,2.5B,3.0Si,≤5Fe,5Mo,0.4W,余 Co+20WC	耐热、耐腐蚀、抗氧化、抗严重磨损，用于700℃以下
	0.3C,13Ni,14Cr,2B,2.5Si,4Mo,3W,≤3Fe,余 Co+35WC	
	0.2C,10Ni,11Cr,1.5B,1.5Si,3Mo,2.5W,≤3Fe,余 Co+50WC	耐热、耐腐蚀、抗氧化、抗严重磨损，用于700℃以下
铁基自熔合金包碳化钨	0.5C,6Ni,13Cr,3B,3Si,余 Fe+20WC	用于400℃以下，一般耐蚀，抗严重磨粒磨损

续表

名　称	成分/%	性能及用途
铁基自熔合金包碳化钨	0.4C,5Ni,10Cr,2.5B,2.5Si,余 Fe+35WC	用于400℃以下,一般耐蚀,抗严重磨粒磨损
	0.3C,4Ni,8Cr,1.5B,2Si,余 Fe+50WC	
镍包金刚石	Ni-金刚石	高硬度、高耐磨、耐冲刷
钴包氧化锆	Co-ZrO_2	耐热、耐磨、耐腐蚀、抗氧化
镍包铜	Ni-Cu(70/30,30/70)	耐磨、抗腐蚀
镍包铬	Ni-Cr(80/20,60/40)	耐热、耐蚀、抗氧化、耐磨
镍包聚四氟乙烯	Ni-PTFE(70/30)	耐腐蚀,减摩自润滑涂层
铝-聚苯酯		摩擦系数极低,用于300℃以下

表 8-11　放热型自黏结复合粉末的涂层性能

名称	化学符号	成分/%	金属间化合物	涂层性能
镍包铝	Ni-Al	83/17	Ni_3Al,NiAl	自黏结性,致密,抗高温氧化,耐高温,抗多种金属熔体和玻璃侵蚀
铝包镍	Al-Ni	5/95	Ni_3Al	
镍铬包铝	NiCr-Al	94/6	含 Cr 的 Ni_3Al	
钼包硅	Mo-Si	61～65/39～35	$MoSi_2$	涂层致密,高温下具有优异的抗氧化能力
硅包钼	Si-Mo	61～65/39～35	$MoSi_2$	
硅包铬	Si-Cr	15～52/85～48	Cr_3Si_2	
铬包硅	Cr-Si	85/15	Cr_3Si_2	
铬包锆	Cr-Zr	53/47	锆化铬	
钛包铬	Ti-Cr	65/35	钛化铬	
铝包镧	Al-La	25～30/75～70	铝镧化合物	熔点很高,涂层致密,具有优异的抗高温氧化能力
铝包铬	Al-Cr	38～40/62～60	铬铝化合物	
铬包铝	Cr-Al		铬铝化合物	

三、热喷涂金属陶瓷粉末材料

陶瓷属于高温无机材料，是金属氧化物、碳化物、硼化物、硅化物、氮化物的总称，具有熔点高、硬度高、耐腐蚀、脆性大、强度低等特点。陶瓷材料经过适当加工及喷涂在工件上，可以获得性能优良的喷涂层。表 8-12 列出了热喷涂常用陶瓷粉末的成分及主要性能。

表 8-12　热喷涂常用陶瓷粉末的成分及主要性能

类别	牌号	主要化学成分的质量分数/%	主要性能及应用
氧化铝及复合粉末	AF-251	$Al_2O_3 \geqslant 98.4$	耐磨粒磨损、冲蚀、纤维磨损。840～1650℃耐冲击、热障、磨耗、绝缘、高温反射涂层
	P711	Al_2O_3 97，TiO_2 3.0	
	P7112	Al_2O_3 余，TiO_2 13	540℃以下耐磨粒磨损、硬面磨损、微振磨损、纤维磨损、气蚀、冲蚀、腐蚀磨损涂层
	P7113	Al_2O_3 余，TiO_2 20	
	P7114	Al_2O_3 余，TiO_2 40	
	P7115	Al_2O_3 余，TiO_2 50	
氧化锆粉末	CSZ	ZrO_2 93.9，CaO4～6	845℃以上耐高温、绝热、抗热振、高温粒子冲蚀，耐熔融金属及碱性炉渣浸蚀涂层
	MSZ	$(ZrO_2+MgO) \geqslant 98.45$	
	YSZ	$(ZrO_2+Y_2O_3) \geqslant 98.25$	1650℃高温热障涂层，845℃以上抗冲蚀涂层
氧化铬粉	氧化铬	Cr_2O_3 91，SiO_2 8，Al_2O_3 0.61	540℃以下耐磨粒磨损、冲蚀、250℃抗腐蚀、纤维磨损、辐射涂层
氧化钛粉末	P7420	$TiO_2 \geqslant 98$	540℃以下耐黏着、腐蚀磨损、光电转换、红外辐射、抗静电涂层
	$TiO_2 \cdot Cr_2O_3$	TiO_2 55，Cr_2O_3 45	540℃以下抗腐蚀磨损、抗静电涂层
	TZN	TiO_2 5～20，ZrO_2 80～90，Nb_2O_5 1	红外线及远红外线辐射涂层
	TZN-2	TiO_2 77，ZrO_2 20，Nb_2O_5 3	
其他粉末	OS-1	Y13.3，Ba41.2，Cu28.9，O余	超导涂层
	TiN	TiN	1000℃以下耐热、抗氧化、耐磨蚀、抗擦伤及彩色表面装饰保护涂层

四、热喷涂塑料粉末

塑料是指室内温度下处于玻璃态的高分子聚合物材料。热喷涂塑料粉末分为热塑性粉末、热固性粉末两类。热喷涂塑料粉末的种类及化学特性见表 8-13。不同塑料粉末的抗化学腐蚀性能见表 8-14。常用的热塑性喷涂粉末的化学特性和涂层性能见表 8-15。热固性塑料粉末的化学特性和涂层性能见表 8-16。

表 8-13 热喷涂塑料粉末的种类及化学特性

粉末	种类	特性
热塑性塑料	聚乙烯、聚丙烯、聚酰胺(尼龙)、聚酰亚胺、ABS塑料、聚氯醚、聚苯醚、聚苯酯、聚甲醛、氟塑料	分子链为直链或带有支链的，众多分子链靠分子间力集聚在一起受热后软化、熔融、冷却后可恢复原状，多次反复其化学结构基本不变
热固性塑料	酚醛、环氧树脂、有机硅、聚氨酯、氨基塑料	具有网状分子链结构，各分子之间由化学键连接，一般不熔融，也不溶解。固化反应是不可逆的，通常与固化剂粉末混合进行喷涂

表 8-14 不同塑料粉末的抗化学腐蚀性能

种类	耐酸性		耐碱性		耐有机溶剂
	弱酸	强酸	弱碱	强碱	
聚乙烯	V	不耐氧化酸	V	V	O(80℃以下)
聚丙烯	V	不耐氧化酸	V	V	—
聚氯乙烯	V	V—O	V	V	—
聚苯乙烯	V	不耐氧化酸	V	V	X(溶于芳香烃、氧化烃)
ABS塑料	V	不耐氧化酸	V	V	X(溶于酮、酯、氧化烃)
有机玻璃	V	不耐氧化酸	V	X	X
尼龙	O	X	V	V	V(一般溶剂)
聚甲醛	O	X	V	V	—
聚碳酸酯	V	O	O	X	X(溶于芳香烃、氯化烃)
聚四氟乙烯	V	V	V	V	V
酚醛	V—O	V—O (除氧化性酸)	O—X	X	O
环氧树脂	V	O	V—O	O—V	O

注：V—试样完全无变化；O—略受侵蚀；X—试样溶解、分解、严重侵蚀。

表 8-15 常用的热塑性喷涂粉末的化学特性和涂层性能

种类	化学结构及相对分子质量	涂层性能及应用
聚乙烯(PE)粉末	$\left[CH_2-CH_2 \right]_n$ 相对分子质量： 5万～50万	喷涂温度为200～250℃，厚度为0.3～2.5mm，硬度为70～85HBS，安全使用温度为－70～＋110℃ 低密度聚乙烯用于装饰涂层；高密度聚乙烯无光泽，用作槽罐衬里涂层
聚氯乙烯(PVC)粉末	$\left[CH_2-CHCl \right]_n$ 相对分子质量： 5万～12万	喷涂温度为170℃，厚度为0.38～2.5mm，硬度为60～95HBS，使用温度为－35～＋70℃ 应用于60℃以下使用的耐蚀涂层，常温的绝缘涂层，钢板、大型钢管、钢结构保护涂层
聚酰胺粉末(尼龙)	$[NH(CH_2)_{10}NHCO(CH_2)_8CO]_n$ 相对分子质量：13100万	喷涂温度低于300℃，厚度为0.5～0.7mm，使用温度为－60～＋80℃，应用于100℃以下使用的耐蚀涂层、电绝缘涂层、耐磨、减摩涂层。例如储槽、储罐、衬里、水泵叶轮、叶片

续表

种类	化学结构及相对分子质量	涂层性能及应用
氯化聚醚粉末	$HO{+}CH_2{-}\underset{CH_2Cl}{\overset{CH_2Cl}{\underset{\mid}{\overset{\mid}{C}}}}{-}CH_2{-}O{+}_{n}H$ 相对分子质量:25 万～35 万	喷涂温度为350℃,厚度为0.2～1.2mm,使用温度为－60～＋120℃。应用于120℃以下使用的耐腐蚀涂层、减摩涂层、密封件耐蚀涂层。例如化工厂的储槽衬里、泵和阀门及管道等
聚四氟乙烯(F4)粉末	$+CF_2-CF_2+_{n}$ 相对分子质量: 3800 万～8900 万	喷涂温度低于400℃,厚度为0.013～0.13mm,硬度为75HBS,使用温度为－80～＋260℃,应用于250℃左右的高耐蚀涂层、减摩自润滑涂层、绝缘涂层。例如化工泵、叶轮、密封环的高耐蚀涂层;耐磨、减摩轴承,活塞环,高频电缆及电容器的绝缘涂层
聚全氟代乙丙烯(F46)粉末	$+(CF_2-CF_2)_x$ $(CF_2-\underset{CF_2}{\underset{\mid}{CF}})_y+_{n}$	喷涂温度低于385℃,厚度为0.01～0.13mm,硬度为85HBS。使用温度为－70～＋225℃,应用于200℃时使用的高耐蚀和高绝缘涂层。例如化工用塔、槽、罐的内衬防蚀涂层,雷达、印刷线路板用耐热绝缘涂层,食品机械用防粘涂层

表 8-16　热固性塑料粉末的化学特性和涂层性能

种类	化学结构	涂 层 性 能
环氧树脂(EP)粉末	—	应用于260℃以下使用的耐蚀、耐磨绝缘涂层,也用于金属、混凝土、木材等基体上。例如,化工设备用的耐蚀、耐磨衬里,高压电器的耐热、耐蚀绝缘涂层
聚苯酯粉末(聚对羟基苯甲酸酯)	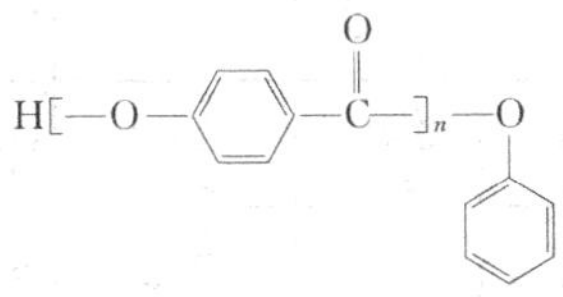	等离子喷枪(枪外送粉)应用于315℃以下使用的耐热、减摩自润滑涂层,耐有机溶剂和高温蒸汽的防蚀涂层,也用于高速轴承、轴套、活塞环、导轨等减摩自润滑涂层

第三节　热喷熔常用材料

一、喷熔用自熔性合金粉末

喷熔用自熔性合金粉末的成分及喷熔层硬度和用途见表8-17。

表 8-17 喷熔用自熔性合金粉末的成分及喷熔层硬度和用途

序号	名称	牌号	自熔性合金粉末的化学成分(质量分数)/%										喷熔层硬度(HRC)	粉末熔化温度/℃(近似)	用途
			C	Cr	Si	B	W	Fe	Ni	Co	Cu	Mo			
1	镍基	FNi-01	<0.10	—	3.0~4.0	1.0~2.0	—	<1.5	余	—	—	—	20~30	—	玻璃模具,塑料橡胶模具表面喷熔
2	镍基	FNi-02	<0.10	—	2.8~3.7	1.9~2.6	—	<2.0	余	—	—	—	30~35	—	玻璃模具,塑料橡胶模具表面喷熔
3	镍基	F101	0.30~0.70	8.0~12.0	2.5~4.5	1.8~2.6	—	≤4	余	—	—	—	40~50	1000	泵转轮、柱塞、阀门座、阀门球体、玻璃刀、搅拌机部件、玻璃模具的棱部分喷熔
4	镍基	F102	0.60~1.0	14.0~18.0	3.5~5.5	3.0~4.5	—	≤5	余	—	—	—	≥55	1000	耐蚀耐高温阀门、模具、泵转子、柱塞等的喷熔
5	镍基	F103	≤0.15	8.0~12.0	2.5~4.5	1.3~1.7	—	≤8	余	—	—	—	20~30	1050	修复和预防性保护在高温或常温条件下的铸铁件,如玻璃模具、发动机气缸、机床导轨等的喷熔
6	镍基	F104	0.60~1.0	14.0~18.0	3.5~5.5	3.5~4.5	—	≤5	余	—	2.0~4.0	2.0~4.0	≥55	1050	对形状不规则和要求喷熔层厚度超过 2.5mm 的零件较为适宜。如耐蚀泵零件、柱塞、耐蚀阀门等的喷熔
7	镍基	F106	≤0.15	8.0~12.0	2.5~4.5	1.7~2.1	—	≤8	余	—	—	—	30~40	1050	气门、齿轮、受冲击滑块等的喷熔
8	镍基	F109	0.40~0.90	14.0~16.0	3.5~5.0	3.0~4.0	—	≤15	余	—	24.0~26.0	—	≥50	1000	需摩擦无火花且耐磨的起重、装卸机械,如铲车铲脚、挂钩等,以及防磨耐蚀零件的喷熔

续表

序号	名称	牌号	自熔性合金粉末的化学成分(质量分数)/%										喷熔层硬度(HRC)	粉末熔化温度/℃(近似)	用途
			C	Cr	Si	B	W	Fe	Ni	Co	Cu	Mo			
9	钴基	F202	0.50～1.0	19.0～23.0	1.0～3.0	1.5～2.0	7.0～9.0	≤5	—	余	—	—	48～54	1080	要求在700℃以下具有良好耐磨、耐蚀性能的零件，如热剪刀片、内燃机阀头或凸轮、高压泵封口圈等的喷熔
10	钴基	F203	0.70～1.3	18.0～20.0	1.0～3.0	1.2～1.7	7.0～9.5	≤4	11.0～15.0	余	—	—	35～45	1080	各种高温高压阀门、热鼓风机的加热交错部位等的喷熔
11	钴基	F204	1.3～1.8	19.0～23.0	1.0～3.0	2.5～3.5	13.0～17.0	≤5	—	余	—	—	≥55	1080	受强烈磨损的高温高压阀门密封环等的喷熔
12	铁基	F301	0.40～0.80	4.0～6.0	3.0～5.0	3.5～4.5	—	余	28.0～32.0	—	—	—	40～50	1100	农机、建筑机械、矿山机械易磨损部位，如齿轮、刮板铧犁、车轴等的喷熔
13	铁基	F302	1.0～1.5	8.0～12.0	3.0～5.0	3.5～4.5	—	余	28.0～32.0	—	—	4.0～6.0	≥50	1100	农机、建筑、矿山机械易磨损零件，如耙片、锄齿、刮板、车轴等的喷熔
14	铁基	F303	0.40～0.80	4.0～6.0	2.5～3.5	1.0～1.6	—	余	28.0～32.0	—	—	—	26～30	1100	受反复冲击的或硬度要求不高的零件，如铸件修补、齿轮修复等的喷熔
15	铁基	F306	0.40～0.60	5.0～7.0	3.0～4.0	1.5～2.0	—	余	38.0～42.0	—	—	2.0～4.0	30～40	1050	小能量多冲击条件下的零件，如枪械、齿轮、气门等的喷熔
16	铁基	F307	0.40～0.80	4.0～6.0	2.5～3.5	1.1～1.6	—	余	28.0～32.0	—	—	—	26～30	1100	铁路钢轨擦伤、低塌等缺陷的修复

续表

序号	名称	牌号	自熔性合金粉末的化学成分(质量分数)/%										喷熔层硬度(HRC)	粉末熔化温度/℃(近似)	用途
			C	Cr	Si	B	W	Fe	Ni	Co	Cu	Mo			
17	含碳化钨型	F105Fe	F102+35% WC							—	—	—	≥55	1000	抗磨料磨损零件，如导板、刮板、风机叶片等的喷熔
18	含碳化钨型	F105	F102+50% WC							—	—	—	≥55	1000	抗强烈磨料磨损零件，如导板、刮板、风机叶片等的喷熔
19	含碳化钨型	F108	F102+80% WC							—	—	—	≥55	1000	抗强烈磨损和无需加工的零件，如挖泥船耙齿、风机叶片刮板等的喷熔
20	含碳化钨型	F205	F204+35% WC							—	—	—	≥55	1080	在700℃以下抗强烈磨损的零件的喷熔
21	含碳化钨型	F305	F302+25% WC							—	—	—	≥50	1100	农机、建筑机械、矿山机械中承受土砂磨损的零件，如犁刀、刮板、铲齿等的喷熔

表 8-18　氧-乙炔火焰喷熔用合金粉末的牌号、化学成分、性能及选用

类别	牌号	符合或相当	化学成分(质量分数)/%	性能
镍基	F101(SH. F10) 当 Fe>4%时为 F101Fe	相当 JBF 11-40 COLMONOY	C0.30～0.70，Cr8.0～12.0，Si2.5～4.5，B1.8～2.6，铁≤4，Ni 余量	熔化温度：约 1000℃ 喷熔层硬度：40～50HRC 规格：－150～＋300 目和－150 目
镍基	F102(SH. F102) 当 Fe>5%时为 F101Fe	符合 JBF11-55 相当 COLMONOY 没有 6 CASTOLN 10009	C0.6～1.0，Cr14.0～18.0，Si3.5～5.5，B3.0～4.5，Fe≤5，Ni 余量	熔化温度：约 1000℃ 喷熔层硬度：≥55HRC 规格：－150 目，－150～＋300 目

续表

类别	牌号	符合或相当	化学成分(质量分数)/%	性能
镍基	F103(SH.F103)	相当 GB FZNCr-25B 合金 3 号	C≤0.15,Cr8.0～12.0,Si2.5～4.5, B1.3～1.7,Fe≤8,Ni 余量	熔化温度:约 1050℃ 喷熔层硬度:20～30HRC 规格:－150 目,－150～＋300 目
	F104(SH.F104)	相当 GB FZNCr-55A RUDIF RK65 METCO 16C	C0.6～1.0,Cr14.0～18.0,Si3.5～5.5, B3.5～4.5,Fe≤5,Cu2.0～4.0, Mo2.0～4.0,Ni 余量	熔化温度:约 1050℃ 喷熔层硬度:≥55HRC 规格:－150 目,－150～＋300 目
	F105Fe (SH.F105Fe)	符合 JBF1160 相当 CASTDLIN2112	F102＋WC35%	熔化温度:约 1000℃ 喷熔层硬度:≥55HRC 规格:－150 目
	F105 (SH.F105)	相当 CASTDLIN10112	F102＋WC50%	
	F106 (SH.F106)	相当 METCO12C	C≤0.15,Cr8.0～12.0,Si2.5～4.5, B1.7～2.1,Fe≤8,Ni 余量	熔化温度:约 1050℃ 喷熔层硬度:30～40HRC 规格:－150 目,－150～＋300 目
	F108(SH.F108)	—	F102＋WC80%	熔化温度:约 1000℃ 喷熔层硬度:≥55HRC 粒度:－150 目
	F109(SH.F109)	—	C0.4～0.8,Cr14.0～16.0, Si3.5～5.0,B3.0～4.0,Cu24.0～26.0, Fe≤15,Ni 余量	熔化温度:约 1000℃ 喷熔层硬度:≥50HRC 粒度:－150 目,－150～＋300 目
钴基	F202(SH.F202)	—	C0.5～1.0,Cr19.0～23.0,Si1.0～3.0, B1.5～2.0,W7.0～9.0,Fe≤5,Co 余量	熔化温度:约 1080℃ 喷熔层硬度:48～54HRC 粒度:－150 目,－150～＋300 目

续表

类别	牌号	符合或相当	化学成分(质量分数)/%	性能
钴基	F203(SH. F203)	—	C0.7～1.3,Cr18.0～20.0,Si1.0～3.0,B1.2～1.7,Ni11.0～15.0,W7.0～9.5,Fe≤4,Co余量	熔化温度:约1080℃ 喷熔层硬度:35～45HRC 粒度:-150目,-150～+300目
	F204(SH. F204)	—	C1.3～1.8,Cr19.0～23.0,Si1.0～3.0,B2.5～3.5,W13.0～17.0,Fe≤5,Co余量	熔化温度:约1080℃ 喷熔层硬度:≥55HRC 粒度:-150目,-150～+300目
	F205(SH. F205)	—	F204+35%WC	熔化温度:约1080℃ 喷熔层硬度:≥55HRC 粒度:-150目
铁基	F301(SH. F301)	GB FZFeCr0.5-40H 相当JB F31-50	C0.4～0.8,Cr4.0～6.0,Si3.0～5.0,B3.5～4.5,Ni28.0～32.0,Fe余量	熔化温度:约1100℃ 喷熔层硬度:40～50HRC 粒度:-150目,-150～+300目
	F302(SH. F302)	GB FZFeCr10-50H	C1.0～1.5,Cr8.0～12.0,Si3.0～5.0,B3.5～4.5,Ni28.0～32.0,Fe余量	熔化温度:约1100℃ 喷熔层硬度:≥50HRC 粒度:-150目,-150～+300目
	F303(SH. F303)	GB ZfeCr0.5-25H 相当JB F31-28	C0.4～0.8,Cr4.0～6.0,Si2.5～3.5,B1.1～1.6,Ni28.0～32.0,Fe余量	熔化温度:约1100℃ 喷熔层硬度:26～30HRC 粒度:-150目
	F307(SH. F303A) 轨铁粉	GB ZfeCr0.5-25H 相当JB F31-28	C0.4～0.8,Cr4.0～6.0,Si2.5～3.5,B1.1～1.6,Ni28.0～32.0,Fe余量	熔化温度:约1100℃ 喷熔层硬度:26～30HRC 粒度:不含-300目细粉
	F305(SH. F305)	—	F302+25%WC	熔化温度:约1100℃ 喷熔层硬度:≥50HRC 粒度:-150目

续表

类别	牌号	符合或相当	化学成分(质量分数)/%	性能
铁基	F305Cr(SH. F305Cr)	—	F302+50% CrC	熔化温度:约 1100℃ 喷熔层硬度:≥50HRC 粒度:-150 目
	F306(SH. F306)	—	C0.4~0.6,Cr5.0~7.0,Si3.0~4.0,B1.5~2.0,Ni38.0~42.0,Mo2.0~4.0,Fe 余量	熔化温度:约 1150℃ 喷熔层硬度:30~40HRC 粒度:-150 目,-150~+300 目

表 8-19 等离子弧喷熔用合金粉末的牌号、化学成分、性能及选用

类别	牌号	符合	化学成分(质量分数)/%	性能
镍基	F121(SH. F121)	—	C0.3~0.7,Cr8.0~12.0,Si2.5~4.5,B1.8~2.6,Fe≤4,Ni 余量	熔化温度:约 1000℃ 喷熔层硬度:40~50HRC 粒度:-60~+200 目
	F122(SH. F122)	—	C0.6~1.0,Cr14.0~18.0,Si3.5~5.0,B3.0~4.5,Fe≤5,Ni 余量	熔化温度:约 1000℃ 喷熔层硬度:≥55HRC 粒度:-60~+200 目
钴基	F221(SH. F211)	符合 JB F22-45	C0.5~1.0,Cr24.0~28.0,Si1.0~3.0,W4.0~6.0,B0.5~1.0,Fe≤5,Co 余量	熔化温度:约 1200℃ 喷熔层硬度:40~50HRC 粒度:-60~+200 目
	F221A	—	C0.6~1.0,Cr26~32,Si1.5~3.0,W4.0~6.0,Fe≤5,Co 余量	熔化温度:约 1200℃ 喷熔层硬度:40~45HRC 粒度:-60~+200 目
	F222(SH. F222)	—	C0.5~1.0,Cr19.0~23.0,Si1.0~3.0,B1.5~2.0,W7.0~9.0,Fe≤5,Co 余量	熔化温度:约 1100℃ 喷熔层硬度:48~54HRC 粒度:-60~+200 目

续表

类别	牌号	符合	化学成分(质量分数)/%	性能
钴基	F223(SH. F223)	—	C0.7～1.3,Cr18.0～20.0,Si1.0～3.0,W7.0～9.5,B1.2～1.7,Ni11.0～15.0,Fe≤4,Co余量	熔化温度:约1100℃ 喷熔层硬度:35～45HRC 粒度:－60～＋200目
	F224(SH. F224)	—	C1.3～1.8,Cr19.0～23.0,Si1.0～3.0,B2.5～3.5,W13.0～17.0,Fe≤5,Co余量	熔化温度:约1100℃ 喷熔层硬度:≥56HRC 粒度:－60～＋200目
	F222A	符合JB F21-52	C0.3～0.5,Cr19.0～23.0,W4～6,Si1～3,Fe≤5,Co余量	熔化温度:约1150℃ 喷熔层硬度:48～55HRC 粒度:－60～＋200目
铁基	F321(SH. F321)	—	C≤0.15,Cr12.5～14.5,Si0.5～1.5,B1.3～1.8,Mo0.5～1.5,Fe余量	熔化温度:约1300℃ 喷熔层硬度:40～50HRC 粒度:－60～＋200目
	F322(SH. F322)	—	C≤0.15,Cr21.0～25.0,Ni12.0～15.0,Si4.0～5.0,B1.5～2.0,W2.0～3.0,Mo2.0～3.0,Fe余量	熔化温度:约1250℃ 喷熔层硬度:36～45HRC 粒度:－60～＋200目
	F323(SH. F323)	—	C2.5～3.5,Cr25.0～32.0,Si2.8～4.2,B0.5～1.0,Ni3.5～5.0,Fe余量	熔化温度:约1250℃ 喷熔层硬度:≥55HRC 粒度:－60～＋200目
	F323A	—	C0.8～1.2,Si3.4～4.0,Cr16～18,Ni3～5,B3～4,Fe余量	熔化温度:约1250℃ 喷熔层硬度:≥60HRC 粒度:－60～＋160目
	F324	GB FZFe30-50H 符合JB F32-60	C2.0～3.0,Cr27.0～33.0,Si3.0～4.0,B2.5～3.5,Fe余量	熔化温度:约1200℃ 喷熔层硬度:≥58HRC 粒度:－60～＋200目,－160目

续表

类别	牌号	符合	化学成分(质量分数)/%	性　　能
铁基	F325(SH. F325)	—	C4. 0～5. 0,Cr25. 0～31. 0,Si1. 0～2. 0,B1. 0～1. 5,Fe 余量	熔化温度:约 1200℃ 喷熔层硬度:≥55HRC 粒度:－60～＋200 目,－150 目
	F326	—	C≤0. 2,Cr17～19,Mn12～14,Si2. 0～3. 0,Mo1. 5～2. 0,B1. 0～2. 0,Fe 余量	熔化温度:约 1100℃ 喷熔层硬度:36～45HRC 粒度:－60～＋200 目
	F327A F327B	—	A　B C0. 1～0. 18 0. 1～0. 2 Si3. 5～4. 0 4. 0～4. 5 B1. 4～2. 0 1. 7～2. 5 Cr18～21 18～21 Ni10～13 10～13 Mn1～2 1～2 W1～2 1～2 V0. 5～1. 0 0. 5～1. 0 Nb0. 2～0. 7 0. 2～0. 7 Mo4～4. 5 4～4. 5 Fe 余量	熔化温度:1280℃ 喷熔层硬度: A:36～42HRC B:40～45HRC 粒度:－60～＋200 目
	F328	—	C<0. 1,Cr19～21,Ni12～14,B1～2,Si2～3,Fe 余量	熔化温度:1150～1200℃ 喷焊层硬度:25～35HRC 粒度:－60～＋200 目
	F329	—	C<0. 1,Cr17～19,Ni8～10,B1. 5～2. 5,Si1. 5～2. 5,Mo0. 5～1. 5,Fe 余量	熔化温度:1150～1200℃ 喷熔层硬度:30～40HRC 粒度:－60～＋200 目
铜基	F422	—	Sn9. 0～11. 0,P0. 10～0. 50,Cu 余量	熔化温度:1020℃ 喷熔层硬度:80～120HRC 粒度:－60～＋200 目

二、氧-乙炔火焰喷熔用合金粉末

氧-乙炔火焰喷熔用合金粉末的牌号、化学成分、性能及选用见表 8-18。

三、等离子弧喷熔用合金粉末

等离子弧喷熔用合金粉末的牌号、化学成分、性能及选用见表 8-19。

第四节 热喷涂材料的选用

热喷涂时，被喷涂材料的表面使用要求不同、采用的喷涂工艺不同，选择的热喷涂材料类型也不一样。选择热喷涂材料主要应遵循以下原则。

① 根据被喷涂工件的工作环境、使用要求和各种喷涂材料的已知性能，选择最适合功能要求的材料。

② 尽量使喷涂材料与工件工作材料的热膨胀系数相接近，以获得结合强度较高的优质喷涂层。

③ 选用的热喷涂材料应与喷涂工艺方法及设备相适应。

一、根据热喷涂工艺方法选用

选用热喷涂材料时，应根据不同的喷涂工艺及方法，针对不同喷涂材料的特性进行选择。黏结底层喷涂材料适用的喷涂方法见表 8-20。

表 8-20 黏结底层喷涂材料适用的喷涂方法

喷涂材料	火焰粉末喷涂	等离子弧粉末喷涂	丝材电弧喷涂	丝材火焰喷涂
Mo	—	√	—	—
Nb	—	√	—	—
Ta	—	√	—	—
Ni-Al(80%/20%)	√	√	√	—
Ni-Al(83%/17%)	√	—	√	√
Ni-Al(95%/5%)	√	√	√	√
Ni-Cr-Al	—	√	√	√
Ni-Cr(80%/20%)、	—	—	√	√
铝青铜	√	√	√	√
Ni-Al-Mo(95%/5%/5%)	√	√	—	—

注：√表示喷涂材料适用的喷涂方法。

二、根据被喷涂工件的使用要求选用

被喷涂工件表面要求耐磨的场合下，常用的喷涂材料有自熔性合金材料（镍基、钴基和铁基合金）和陶瓷材料，或者是二者的混合物。

碳化物与镍基自熔性合金的混合物等喷涂材料适用于不要求耐高温而只要求耐磨的场合。通常碳化物喷涂层的工作温度应在480℃以下，超过此温度时，最好选用碳化钛、碳化铬或陶瓷材料。高碳钢、马氏体不锈钢、钼、镍铬合金等喷涂材料形成的喷涂层特别适于滑动磨损情形。

在被喷涂工件要求耐大气腐蚀的条件下，常选用锌、铝、奥氏体不锈钢、铝青铜、钴基和镍基合金等材料，其中使用最广泛的是锌和铝。耐腐蚀喷涂材料本身具有良好的耐蚀性，但是如果喷涂层不致密、存在孔隙，腐蚀介质就会渗透。因此，在喷涂时要保证致密度和一定的厚度，并要对喷涂层进行封孔处理。

喷涂时，为使喷涂工件和喷涂层之间形成良好的结合，有时可采用黏结底层喷涂材料使其在工件和喷涂层之间产生过渡作用。可用作这种黏结底层喷涂材料的有钼、镍铬复合材料和镍铝复合材料等，但是在选择底层喷涂材料时，主要应该考虑使用环境的腐蚀性和温度。

第九章 堆焊材料

第一节 常用堆焊方法用堆焊材料

堆焊工件对母材的要求一般，常用普通碳钢作为基体。有特殊要求时，也选用合金钢、不锈钢、耐热钢等母材。为确保堆焊层的结合强度和使用性能，除合理选用堆焊材料外，还必须选择合适的焊接方法和采用必要的过渡层焊材。堆焊金属的性能，应根据工作条件要求进行选择。常用的堆焊金属有：铁基、镍基、钴基、铜基合金以及碳化钨等类型。

一、铁基堆焊合金

铁基堆焊合金有珠光体、奥氏体、马氏体、合金铸铁四大类。

1. 珠光体堆焊合金

其含碳量一般在0.25%以下，合金元素以Mn、Cr、Mo、Si为主，总含量小于5%。在自然冷却条件下，堆焊金属组织主要是珠光体，也会出现少量的索氏体和屈氏体。这类堆焊层硬度较低，冲击韧性高、可焊性好，常用于磨损零件修复和过渡层堆焊。常用珠光体堆焊材料的成分、硬度及用途列于表9-1。

2. 奥氏体堆焊合金

奥氏体堆焊合金有高锰奥氏体合金、铬锰奥氏体合金和铬镍奥氏体合金三大类。

表 9-1 珠光体堆焊材料的成分、硬度及用途

种类	型号(牌号)	堆焊金属化学成分(余量为 Fe)/%						堆焊金属硬度	用途
		C	Si	Mn	Cr	Mo	其他		
焊条	D102	≤0.2	—	≤3.5	—	—	—	≥22HRC	车轮、齿轮轴类、链轨板等的过渡层堆焊
	D107	≤0.15	≤1.5	≤3.5	—	—	—	≥22HRC	
	D112	≤0.25	—	—	≤2.0	≤2.0	2.0	≥22HRC	
	D127	≤0.2	—	≤4.2	—	—	—	≥28HRC	
药芯焊丝	FLUXOFL50	0.17	0.45	1.4	0.70	—	—	225～275HB	用于零件恢复尺寸堆焊、过渡层堆焊、受磨损的中等硬度零件表面堆焊,如轴、滑轮、链轮等
	FLUXOFL51	0.20	0.16	1.5	1.25	—	—	275～325HB	
	A-250	0.17	0.42	1.21	1.63	0.50	—	290HV	
	A-350	0.23	0.42	1.48	2.70	0.20	—	378HV	
	AS-H250	0.06	0.48	1.54	1.17	0.40	—	279HV	
	AS-H350	0.10	0.65	1.56	1.66	0.49	—	384HV	
自保护药芯焊丝	GN-250	0.18	0.15	1.4	0.57	0.14	—	256HV	用于零件恢复尺寸堆焊、过渡层堆焊、受磨损的中等硬度零件表面堆焊,如轴、滑轮、链轮等
	GN-300	0.23	0.26	1.42	1.10	0.21	—	331HV	
	GN-350	0.26	0.16	0.42	1.25	0.24	—	360HV	
埋弧堆焊药芯焊丝	FLUXCORD-50	0.14	0.70	1.6	0.16	—	—	220～270HV	
	FLUXCORD-51	0.18	0.7	1.7	1.1	—	—	250～350HV	
	S-250/50	0.05	0.67	1.27	0.72	0.48	—	248HV	
	S-300/50	0.08	0.84	1.55	0.93	0.47	V0.12	300HV	
	S-350/50	0.10	0.66	2.04	1.96	0.54	V0.17	364HV	
埋弧堆焊带极	SH-10(宽 50mm,厚 0.4mm)	①与焊剂 BH-200 配合,可得到硬度为 190～220HV 的堆焊层,用于各种辊子堆焊及硬度层打底堆焊 ②与焊剂 BH-260 配合,堆焊层硬度达 240～260HV,用于各种辊子及离心机铸造模等的堆焊 ③与焊剂 BH-360 配合,堆焊层硬度达 310～360HV,用于铸机送料辊堆焊							

高锰奥氏体合金含碳量为0.7%～1.1%，含锰量为10%～14%；强度高，韧性好，易产生裂纹；堆焊后硬度在170HB左右。经冷却硬化后的硬度提高到450～500HB；常用于修复冲击载荷下的磨损工件。

铬锰奥氏体合金中低铬奥氏体钢含铬量小于4%，含锰量为12%～15%，还含有少量镍和钼。焊接性能好，适用于重冲击条件下磨损工件的堆焊。高铬奥氏体合金钢含铬量为12%～17%，含锰量在15%左右。这种钢耐蚀性好，有良好的耐热性和抗热裂纹性能，主要用于冲击条件下磨损件的修复堆焊。

镍铬奥氏体合金有18-8、15-20及1Cr13等不锈钢。它们具有高的抗腐蚀性能、耐高温氧化性和热强性，耐磨性较差，主要用于耐腐蚀的容器堆焊。以上三类奥氏体钢堆焊材料的成分、硬度及用途列于表9-2～表9-7。

3. 马氏体堆焊合金

该合金含碳量为0.1%～1.5%，其他合金元素总量为5%～15%。加入钼、锰、镍能促使马氏体形成，提高淬硬性和强度。加入铬、钼、钨、钒可促使碳化物形成，提高耐磨性。加入锰、硅可提高焊接性。焊态组织主要为马氏体，有时也出现少量珠光体、屈氏体、贝氏体和残余奥氏体。根据含碳量的不同，该合金可分为低碳马氏体钢（含C0.3%以下）、中碳马氏体钢（含C0.3%～0.6%）、高碳马氏体钢（含C0.6%～1.5%）。

马氏体钢有较高的硬度，在25～60HRC之间，屈服强度较高，能承受中等冲击，主要用于金属间磨损件。低碳马氏体钢堆焊层硬度小于45HRC时，堆焊层可进行机械加工，用于小机件修补。

马氏体堆焊金属的成分、硬度及用途列于表9-8～表9-12。

其他类型的马氏体钢堆焊合金——高速钢、工具钢、模具钢、高铬马氏体不锈钢均属于马氏体堆焊合金。其中高速钢属于热加工工具钢，淬火组织为马氏体和碳化物。高速钢堆焊焊条的成分、硬度及用途列于表9-13。

热工具钢含碳量比高速钢低，具有较高的强度和冲击韧性，抗冷热疲劳能力也较好，有较好的抗氧化性和耐磨性。其成分、硬度及用途列于表9-14、表9-15。

冷工具钢有较高的常温度和抗金属间磨损能力。其成分、硬度及用途列于表 9-16。

4. 合金铸铁堆焊合金

马氏体合金铸铁，含碳量为 2%～5%，常加入铬、镍、钨、铌、硼等合金元素，其总量小于 25%。这类合金铸铁属亚共晶合金铸铁，由马氏体＋残余奥氏体＋碳化物组成。硬度为 50～60HRC，有较高的抗磨损、耐热、耐蚀、抗氧化性能，其成分、硬度及用途列于表 9-17。

奥氏体合金铸铁，含碳量为 2.5%～4.5%，含铬量为 12%～28%，另外还含锰、镍、钼、硅等合金元素、堆焊层为奥氏体＋网状莱氏体共晶组织。其硬度为 45～55HRC，耐低应力磨损，有一定韧性，可承受中等冲击，抗氧化及抗腐蚀性较好。其成分、硬度及用途列于表 9-18。

高铬合金铸铁，含碳量为 1.5%～6.0%，含铬量为 15%～35%，为提高耐磨、耐热、抗氧化性能，可加入钨、钼、镍、硅、硼等合金元素。这种合金的特点是含有大量的针状碳化物（Cr_7C_3），提高了堆焊层耐磨能力。

热处理硬化型高铬奥氏体合金的硬度为 45～55HRC，退火处理后可进行机械加工，淬火后硬度高达 60HRC，具有很高的耐磨损能力，是一种重要的铸造和堆焊用耐磨材料。奥氏体高铬铸铁含碳量较高、奥氏体稳定，不能热处理强化，较脆易裂；当加入锰、镍等合金元素时，可降低裂纹倾向，主要用于耐低应力磨损的零件堆焊。高铬合金铸铁在 430℃时，热硬性迅速下降，为提高热硬性，可加入钼、钨等合金元素，热强化处理后，在 430～650℃之间，仍能保持热硬性，具有良好的耐磨性。

高铬合金铸铁堆焊材料的成分、硬度及用途列于表 9-19、表 9-20。

5. 硬质合金堆焊焊丝

硬质合金堆焊焊丝的牌号及化学成分列于表 9-21。其特点及用途见表 9-22。

二、钴基堆焊合金

钴基堆焊合金是钴、铬、钨合金，也称为斯太立特合金。其含碳量为 0.7%～3.3%，含铬量为 25%～33%，含钨量为 3%～21%。其堆焊层为奥氏体+共晶组织。它的高温抗蠕变能力高于任何堆焊金属。温度大于 650℃时，它仍能保持较高的强度和硬度，有一定的抗腐蚀能力，具有优良的抗黏着磨损性能；随含碳量的增加，生成 Cr_7C_3，提高抗磨损能力。钴基堆焊合金的化学成分列于表 9-23，其硬度和用途列于表 9-24。

堆焊焊条牌号与国标型号对照见表 9-25。

三、镍基堆焊合金

镍基堆焊合金有含碳化物的镍基堆焊合金、含硼化物的镍基堆焊合金、含金属间化合物的镍基堆焊合金三大类。

① 含碳化物的镍基堆焊合金　该类合金如 Ni-Cr-Mo-Co-Fe-C 合金系，形成碳化物为 M_7C_3、M_6C 型，代替钴基堆焊合金。

② 含硼化物的镍基堆焊合金　该类合金如 Ni-Cr-B-Si 合金系，含 B1.5%～4.5%，含 Cr8%～18%。堆焊层金属组织为奥氏体+硼化物+碳化物。硼化物硬度极高，堆焊层硬度可达 62HRC，在高温 450℃时仍保持 48HRC 的硬度，并有好的耐蚀性和抗氧化能力，主要用于高温、腐蚀环境的耐磨场合。但应注意，它不宜在硫和硫化氢环境中应用。

③ 含金属间化合物的镍基堆焊合金　该类合金如 Ni-Cr-Mo-W 合金系，堆焊层金属组织为奥氏体+金属间化合物。若增加碳含量，并适当加入钴，可提高合金硬度和高温耐磨性。它主要用于腐蚀条件下的密封面。

镍基堆焊合金的成分列于表 9-26，硬度及用途列于表 9-27。

四、铜基堆焊合金

铜基堆焊合金有铝青铜、铅青铜、锡青铜、黄铜（铜锌合金）、紫铜、白铜（铜镍合金）等。铜基堆焊合金具有良好的耐蚀性，可在铁基材料上堆焊，制成双金属构件、修补磨损件等；但抗硫化物腐蚀性差，主要用于轴瓦、低压阀门密封面等的堆焊。铜基堆焊合金的成分、硬度及用途列于表 9-28。

表 9-2　奥氏体锰钢、铬钢堆焊合金的成分、硬度及用途

焊材名称	牌号	堆焊金属化学成分(余量为 Fe)/%							堆焊金属硬度(HV)		用途
		C	Si	Mn	Ni	Cr	Mo	其他	堆焊后	加工硬化后	
高锰钢堆焊焊条	D256	≤1.1	—	11～16	—	—	—	≤5.0	≥170	—	破碎机、高锰钢轨、戽斗、推土机等耐磨件堆焊
	D266	≤1.1	—	11～18	—	—	—	≤1.0	≥170	—	
	GRIDUR42	0.8	—	15	—	—	3.0	—	210	450	斗齿、矿山机械耐磨件堆焊
自保护药芯焊丝	GRDUR-41	1.0	—	15	3.0	—	3.0	—	200	450	
	GRDUR-48	0.5	—	15		0.8	15	—	250	450	同 D276
铬锰奥氏体钢堆焊焊条	D276	≤0.8	—	11～16	—	—	13～17	≤4.0	≥200	—	水轮机叶片推土机刀片、抓斗、破碎刃堆焊
	D567	0.50～0.80	≤1.3	24～27	—	—	9.5～12.5	—	≥210	—	
	D577	≤1.1	≤2.0	12～18	≤6.0	≤4.0	12～18	W1.7～2.3 V≤0.7	≥270	—	阀门密封面堆焊

表 9-3　铬镍不锈钢焊条堆焊金属的成分、硬度及用途

焊材名称	牌号	堆焊金属化学成分(余量为 Fe)/%									硬度(HV)		用途
		C	Si	Mn	Ni	Cr	Mo	W	V	Nb	堆焊后	冷作硬度	
超低碳 18-8 型	A002	≤0.04	≤0.09	0.5～2.5	9～11	18～21	—	—	—	—	—	—	耐腐蚀层堆焊
超低碳 23-13 型	A042	≤0.04	≤0.09	0.5～2.5	12～14	22～25	2.0～3.0	—	—	—	—	—	耐腐蚀层或过渡层堆焊

续表

焊材名称	牌号	堆焊金属化学成分(余量为 Fe)/%									硬度(HV)		用途
		C	Si	Mn	Ni	Cr	Mo	W	V	Nb	堆焊后	冷作硬度	
低碳 18-8 型	A102	≤0.04	≤0.09	0.5～2.5	9～11	18～21	0.5	—	—	—	—	—	耐腐蚀层堆焊
低碳 18-8Mo_2 型	A202	≤0.08	≤0.09	0.5～2.5	11～14	17～20	—	—	—	—	—	—	耐腐蚀层或过渡层堆焊
超低碳 23-13 型	A302	≤0.08	≤0.09	0.5～2.5	12～14	22～25	—	—	—	—	—	—	
超低碳 26-21 型	A402	≤0.20	≤0.75	1.0～2.5	20～22.5	25～28	—	—	—	—	—	—	
29-9Mo_1	—	≤0.12	—	—	9.0	28	1.0	—	—	—	250	450	耐腐蚀及耐气蚀堆焊、热冲模堆焊、异种钢焊接
18-8Mn6	GRINOX 25	≤0.10	0.5	—	8.0	18	—	—	—	—	200	—	过渡层堆焊，水轮机叶片、异种钢堆焊
铬镍奥氏体阀门堆焊	D547	≤0.18	4.8～6.4	0.6～2.0	7～9.0	15～18	—	—	—	—	28～34HRC	—	570℃以下阀门堆焊
	D547Mo	0.1～0.18	3.5～4.3	0.6～2.0	10～12	18～21	3.8～5.0	0.8～1.2	0.5～1.2	0.7～1.2	≥37HRC	—	600℃以下阀门堆焊
	D557	0.2	5.0～7.0	2.0～3.0	7～10	18～20	—	—	—	—	≥37HRC	—	600℃以下阀门堆焊

表 9-4 铬镍不锈钢堆焊焊丝及带极的成分、硬度及用途

焊丝、带极名称	牌号	丝极、带极化学成分/%					硬度(HV)		用途
		C	Cr	Ni	Mo	Mn	焊后	冷作后	
超低碳 20-10 型焊丝、带极	00Cr20Ni10	≤0.025	20	10	—	—	—	—	耐腐蚀层堆焊
超低碳 19-12 型焊丝、带极	00Cr19Ni12Mo	≤0.025	19	12	2.5	—	—	—	
超低碳 21-10 型焊丝、带极	00Cr21Ni10	≤0.02	21	10	—	—	—	—	
超低碳 25-11 型带极	00Cr25Ni11	≤0.02	25	11	—	—	—	—	耐腐蚀层的过渡层堆焊
超低碳 25-12 型带极	00Cr25Ni12	≤0.02	25	12	—	—	—	—	
超低碳 26-12 型焊丝、带极	00Cr26Ni12	≤0.02	26	12	—	—	—	—	
超低碳 25-13 型焊丝、带极	00Cr25Ni13	≤0.02	25	13	—	—	—	—	
超低碳 25-13Mo 型焊丝、带极	00Cr25Ni13Mo	≤0.02	25	13	2	—	—	—	
超低碳 25-22Mo2 型焊丝、带极	00Cr25Ni22Mo	≤0.02	25	22	2	—	—	—	耐腐蚀堆焊、尿素装置堆焊
29-9 型焊丝	0Cr29Ni9	≤0.15	29	9	—	—	250	450	耐腐蚀堆焊、热冲压模具堆焊
19-9Mn6 型焊丝	Cr19Ni9Mn6	≤0.1	19	9	—	6	200	—	缓冲层堆焊、水轮机叶片堆焊，异种钢焊接

注：丝极、带极化学成分余量为 Fe。

表 9-5 高铬不锈钢堆焊焊条的成分、硬度及用途

名称	牌号	合金粉末化学成分/%								堆焊金属硬度(HRC)	用途
		C	Si	Mn	Cr	Ni	Mo	W	其他		
Cr13 型	G207	≤0.12	≤0.9	≤1.0	11.0～13.5	≤0.6	—	—	—	—	耐腐蚀耐磨堆焊
Cr13 型	G217	≤0.12	≤0.9	≤1.0	11.0～13.5	0.6～1.2	—	—	—	—	

续表

名称	牌号	合金粉末化学成分/%								堆焊金属硬度(HRC)	用途
		C	Si	Mn	Cr	Ni	Mo	W	其他		
1Cr13 型	D502 D507	≤0.15	—	—	10～16	—	—	—	≤2.5	≥40	工作温度≤450℃的阀门、轴等的堆焊
1Cr13 型	D507Mo	≤0.20	—	—	10～16	≤6.0	≤2.5	≤2.0	≤2.5	≥37	工作温度≤510℃的阀门密封面堆焊
1Cr13 型	D507MoNb	≤0.15	—	—	10～16	—	≤2.5	Nb ≤0.5	≤2.5	≥37	工作温度≤450℃的中低阀门密封面堆焊
2Cr13 型	D512 D517	≤0.25	—	—	10～16	—	—	—	≤5.0	≥45	螺旋输送叶片搅拌浆堆焊

注：合金粉末化学成分余量为 Fe。

表 9-6 高铬不锈钢堆焊丝、带极的成分、硬度及用途

堆焊材料名称	牌号	焊丝或带极化学成分/%				堆焊金属硬度(HRC)	用途
		C	Cr	Ni	Mo		
00Cr13Ni14Mo 焊丝	THERMANIT13/04	0.03	13	4.5	0.50	约 38	耐蚀耐磨堆焊、蒸汽透平耐气蚀堆焊
0Cr14NiMo 药芯带极	—	0.08	14	1.5	1.0	约 30	连铸机辊子堆焊，工作温度≤450℃的阀门堆焊
15Cr14Ni3Mo 药芯带极	—	0.13	14.4	3.3	0.6	36～42	
0Cr17 焊丝、带极	THERMANIT17	0.07	17.5	—	—	24	工作在≤450℃的蒸汽、燃气中的部件的堆焊
15Cr18Mo 药芯带极	Fluxomax18Cr	0.15	18	—	0.5	38～43	
4Cr17Mo 焊丝及带极	THERMANIT1740	0.38	16.5	—	1.1	48	热轧辊、压床冲头、芯棒堆焊

注：焊丝或带极化学成分余量为 Fe。

表 9-7 等离子堆焊用铬镍奥氏体型铁基合金粉末的成分、硬度及用途

名称	牌号	合金粉末化学成分/%									堆焊金属硬度(HRC)	用途
		C	Si	Mn	Cr	Ni	B	Mo	W	V		
铬镍奥氏体型铁基合金粉末	F311	0.1～0.2	2.5～3.5	1.0～1.5	17～19	7.0～9.0	2.0～2.5	0.8～1.2	—	0.4～0.6	41～46	中温中压阀门密封面堆焊
	F312	0.1～0.2	2.5～3.5	1.0～1.5	17～19	10～12	2.0～2.5	0.8～1.2	—	0.4～0.6	35～40	
	F322	≤0.15	4.0～5.0	—	21～25	12～15	1.5～2.0	2.0～3.0	2.0～3.0	—	36～45	
	F327A	0.1～0.18	3.5～4.0	Nb0.2～0.7	18～21	10～13	1.4～2.0	4.0～4.5	1.0～2.0	0.5～1.0	36～42	工作温度≤600℃的高压阀门密封面堆焊
	F327B	0.1～0.2	4.0～4.5	1.0～2.0	18～21	10～13	1.7～2.5	4.0～4.5	1.0～2.0	0.5～1.0 Nb0.2～0.7	40～45	

注：合金粉末化学成分余量为 Fe。

表 9-8 低碳马氏体钢堆焊焊条的成分、硬度及用途

牌号	堆焊金属化学成分/%						堆焊金属硬度(HRC)	用途
	C	Si	Mn	Cr	Mo	V		
DM-742	0.09	0.70	2.0～2.2	6.0～6.5	0.80～1.00	0.45	42～45	吊卡、吊车轮、各种辊子、轴等的堆焊
广堆 1#	0.13	0.87	4.0	—	5.1	0.16	47	各种辊子、齿轮、轴、销堆焊
广堆 2#	0.20	0.23	0.30	5.5	2.3	0.19	49	
广堆 3#	0.21	0.35	5.4	5.4	—	0.21	49.5	
广堆 4#	0.24	0.68	1.4	4.0	—	0.13	51	
D217A	≤0.30	0.8～1.2	1.2～1.8	1.8～2.2	≤1.5	Ni1.4	≥50	轧辊、矿石破碎机部件、电铲斗齿、挖掘机斗齿堆焊

注：广堆 1#～广堆 4# 为非标准产品，DM-742 为哈焊所研制，其余为广州焊条厂研制；堆焊金属化学成分余量为 Fe。

表 9-9　中碳马氏体钢堆焊焊条的成分、硬度及用途

牌号	堆焊金属化学成分/%						堆焊金属硬度(HRC)	用途
	C	Si	Mn	Cr	Mo	V		
D172	≤0.50	—	—	≤2.5	≤2.5	—	≥40	齿轮、挖泥斗、拖拉机刮板、铧犁、矿山机械磨损件堆焊
D167	≤0.45	≤1.0	≤6.5	—	—	—	≥50	大型推土机、动力铲滚轮、汽车环链、农业、建筑磨损件堆焊
D212	0.30～0.60	—	—	≤5.0	≤4.0	—	≥50	齿轮、挖斗、矿山机械磨损件的堆焊
D237	0.30～0.60	—	—	8.0～10.0	≤3.0	0.5～1.0	≥50	水力机械、矿山机械磨损件的堆焊

注：堆焊金属化学成分余量为 Fe。

表 9-10　高碳马氏体钢堆焊焊条的成分、硬度及用途

牌号	堆焊金属化学成分/%						堆焊金属硬度(HRC)	用途
	C	Si	Mn	Cr	Mo	V		
D207	0.50～1.00	≤1.0	≤2.5	≤3.5	其他≤1.00		≥50	推土机零件、螺旋桨堆焊
D227	0.45～0.65	—	—	4.0～5.0	2.0～3.0	0.40～0.50	≥55	掘进机滚刀、叶片堆焊

注：堆焊金属化学成分余量为 Fe。

表 9-11　马氏体钢堆焊药芯焊丝的成分、硬度及用途

焊丝名称	牌号焊丝/焊剂	堆焊金属化学成分/%						堆焊金属硬度(HV)	用途
		C	Si	Mn	Cr	Mo	V		
CO_2 焊药芯焊丝	A-450	0.19	0.66	1.52	1.83	0.60	—	445	履带辊、链轮、惰轮、轴、销、链带、搅叶堆焊
	A-600	0.38	0.32	2.76	6.16	3.25	—	628	挖泥船泵壳、输送螺旋推土刀堆焊

续表

焊丝名称	牌号焊丝/焊剂	堆焊金属化学成分/%						堆焊金属硬度(HV)	用途
		C	Si	Mn	Cr	Mo	V		
自保护弧焊药芯焊丝	GN450	0.45	0.14	1.80	2.65	0.49	—	480	驱动链轮、轴、销、搅叶、链带、辊轮、齿轮堆焊
自保护弧焊药芯焊丝	GN700	0.65	0.89	1.27	5.92	1.61	—	675	推土机刀、搅叶、割刀、泵壳、搅拌筒堆焊
埋弧焊药芯焊丝	S400/50	0.12	0.80	2.04	1.99	0.54	0.19	400	推土机铲土机的引导轮、支重轮、惰轮、链轨节堆焊
	S450/50	0.20	0.60	1.50	2.80	0.80	0.30	450	
	S600/80	0.25	0.90	1.55	7.0	4.2	W0.45	580	各种辊碾机辊子、高炉料钟堆焊

注：堆焊金属化学成分余量为Fe。

表 9-12 马氏体钢带极埋弧堆焊层的成分、硬度及用途

名称	焊剂/带极牌号	堆焊金属化学成分/%							堆焊金属硬度(HV)	用途
		层数	C	Si	Mn	Cr	Mo	V		
堆焊带极(50mm×0.4mm)	BH-400/SH-10	1	0.13	0.31	0.56	3.26	0.77	0.11	345	各种辊子堆焊
		2	0.13	0.34	0.55	4.02	0.96	0.12	377	
		3	0.16	0.35	0.56	4.15	0.99	0.12	392	
	BH-450/SH-10	3	0.16	0.43	0.56	5.45	0.95	0.13	430～480	各种辊子堆焊

注：堆焊金属化学成分余量为Fe。

表 9-13 高速钢堆焊焊条的成分、硬度及用途

名称	牌号	堆焊金属化学成分/%					堆焊金属硬度(HRC)	用途
		C	Cr	W	Mo	V		
18-4-1型电焊条	D307	0.70～1.0	3.8～4.5	17.0～19.5	—	1.0～1.5	≥55	金属切削刀具、木工刀具、热剪刀刃、冲头、冲裁阴模等的堆焊
Mo9型电焊条	GRIDUR36	0.90	4.0	1.7	8.0	1.1～1.2	≥62	
6-5-4-2型电焊条	—	0.90	4.0	6.0	5.0	2.0	61	

注：1. 表中硬度值为焊后状态，焊后经540～560℃回火，硬度值可提高2～4HRC。
2. 堆焊金属化学成分余量为Fe。

表 9-14 热锻模钢堆焊焊条的成分、硬度及用途

名称	牌号	堆焊金属化学成分/%						堆焊金属硬度(HRC)	用途
		C	Cr	Mo	W	V	其他		
热锻模堆焊焊条	D337	0.25～0.55	2.0～3.5	—	7.0～10	—	≤1.0	≥48	热锻模及热轧辊堆焊制造与修复
	D397	≤0.60	≤2.0	≤1.0	—	—	Mn≤2.5	≥40	

注：堆焊金属化学成分余量为 Fe。

表 9-15 热轧辊堆焊材料的成分、硬度及用途

名称	堆焊金属化学成分/%							堆焊金属硬度(HRC)	用途
	C	Cr	Mo	W	Mn	Si	V		
13Cr14Ni3Mo 埋弧堆焊药芯带极	0.13	14.4	0.6	Ni3.3	0.7	0.25	—	40～45	大型板坯连铸机导辊堆焊
4Cr4W8V 埋弧堆焊焊丝 3Cr2W8＋焊剂过渡部分合金元素	0.34	3.68	—	7.17	0.32	0.33	0.31	55	轧机卷取机助卷辊、夹送辊堆焊
25Cr3MoMnVA 埋弧堆焊焊丝	0.20～0.28	3.10～3.50	1.45～1.65	—	1.10～1.40	0.15～0.35	0.48～0.60	320～350HB (560℃回火后 430～450HB)	热轧开坯辊堆焊
25Cr5VMoSi 药芯焊丝	～0.25	～5	～1	—	—	～1	～0.5	42～46	型材轧辊堆焊

注：堆焊金属化学成分余量为 Fe。

表 9-16 冷工具钢堆焊材料的成分、硬度及用途

名称	牌号	堆焊金属化学成分/%							堆焊金属硬度(HRC)	用途
		C	Si	Mn	Cr	W	Mo	V		
冷冲模堆焊焊条	D322 D327	≤0.5	—	—	≤5.0	7.0～10.0	≤2.5	≤1.0	≥55	用于堆焊各种冷冲模及切削刀具，还可用来修复高耐磨性机械零件
	D327A	0.3～0.5	—	—	5.0～6.5	2.0～3.5	2.0～3.0	1.0～3.0	≥55	

续表

名称	牌号	堆焊金属化学成分/%							堆焊金属硬度(HRC)	用途
		C	Si	Mn	Cr	W	Mo	V		
冷冲裁模堆焊焊条	D027	约0.45	2.8	—	5.5	—	0.5	0.5	≥55	冲裁及修边模堆焊制造及修复
冷冲模堆焊焊条	D036	0.5～0.7	0.6～0.8	0.6～0.9	5.0～6.0	—	1.5～2.0	0.5	≥55	冷冲模堆焊制造及修复

注：堆焊金属化学成分余量为Fe。

表 9-17　马氏体合金堆焊铸铁焊条的成分、硬度及用途

名称	牌号	堆焊金属化学成分/%						堆焊金属硬度(HRC)	用途
		C	Cr	Mo	W	B	其他		
马氏体合金铸铁焊条	D608	2.5～4.5	3.0～5.0	3.0～5.0	—	—	—	≥55	矿山冶金机械、农业机械等承受泥沙及矿石的磨粒磨损与轻微冲击的零件堆焊
	D678	1.5～2.2	—	—	8.0～10	0.015	≤1	≥50	矿山冶金机械、农业机械、泥浆泵等受磨粒磨损的零件堆焊
	D698	2.0～3.0	4.0～6.0	—	8.5～14	—	—	≥60	矿山冶金设备、受泥沙磨损的零件堆焊

注：堆焊金属化学成分余量为Fe。

表 9-18　奥氏体合金铸铁堆焊材料的成分、硬度及用途

名称	牌号	堆焊金属化学成分/%							堆焊金属硬度(HRC)	用途
		C	Cr	Si	Mn	Ni	Mo	V		
奥氏体合金铸铁堆焊药芯焊丝	GRIDURF-43	3.0	16	—	—	—	1.5	0.3	45～55	粉碎机辊、挖掘机齿、挖泥机耐磨件、螺旋输送器等的堆焊
奥氏体合金铸铁堆焊焊条或药芯焊丝	—	3.2	16.0	—	—	6.0	8.0	—	—	
	—	3.0	12.0	1.5	2.5	—	1.5	—	—	
	—	4.0	16.0	—	—	2.0	8.0	—	—	

注：堆焊金属化学成分余量为Fe。

表 9-19　高铬合金铸铁堆焊焊条的成分、硬度及用途

牌号	堆焊金属化学成分/%										堆焊金属硬度(HRC)	用　途
	C	Cr	Mn	Si	Ni	Mo	V	W	B	其他		
D618	3.0	15.0～20.0	—	—	—	1.0～2.0	≤1.0	10.0～20.0	—	—	≥58	承受轻微冲击载荷的磨料磨损的零件，如磨煤机锤头等的堆焊
D628	3.0～5.0	20.0～35.0	—	—	—	4.0～6.0	≤1.0	—	—	—	≥60	轻度冲击载荷的磨料磨损零件，如磨煤机、扇式碎煤机冲击板等零件的堆焊
D642	1.5～3.5	22.0～32.0	1.0	—	—	—	—	—	—	≤7	≥45	水轮机叶片、高压泵等耐磨零件、高炉料钟等的堆焊
D667	2.5～5.0	25.0～32.0	≤8	1.0～4.8	3.0～5.0	—	—	—	—	≤2	≥48	强烈磨损、耐蚀、耐气蚀的零件，如石油工业离心裂化泵轴套、矿山破碎机、气门盖等零件的堆焊
D637	3.0～4.0	22.0～32.0	1.5～3.5	3.0	—	—	—	—	0.5～2.5	≤6.0	≥58	强磨料磨损条件下的零件，如牙轮钻小轴、煤孔挖掘器、碎矿机辊、泵框筒、混合器叶片等零件的堆焊

注：堆焊金属化学成分余量为 Fe。

表 9-20　高铬合金铸铁堆焊焊丝的成分、硬度及用途

牌号	堆焊金属化学成分/%								堆焊金属硬度(HRC)	用　途
	C	Cr	Mn	Si	B	Ni	Co	Fe		
HS101	2.5～3.3	25.0～31.0	0.50～1.5	2.8～4.2	—	3.0～5.0	—	余	48～54	耐磨料磨损、抗氧化、气蚀的零件，如铲斗齿、气门、排气叶片等的堆焊
HS103	3.0～4.0	25.0～32.0	≤3.0	≤3.0	0.50～1.0	—	4.0～6.0	余	58～64	强烈磨损，如牙轮钻轴、煤孔挖掘器、破碎机辊、混合叶片等零件的堆焊

表 9-21 硬质合金堆焊焊丝的牌号及化学成分

牌号	焊丝名称	主要化学成分(质量分数)/%
HS101	高铬铸铁堆焊焊丝	C≈3.0、Cr≈28、Ni≈4、Si≈3.5、Fe余量
HS103	高铬铸铁堆焊焊丝	C≈3.5、Cr≈28、Co≈5、B≈0.85、Fe余量
HS105	高铬铸铁堆焊焊丝	C≈3.5、Cr≈17、Mo≈2.5、Si≈1.5、Fe余量
HS111	钴基一号堆焊焊丝	C≈1.0、Cr≈29、W≈5、Si≈1.0、Co余量
HS112	钴基二号堆焊焊丝	C≈1.5、Cr≈29、W≈8、Si≈1.0、Co余量
HS113	钴基三号堆焊焊丝	C≈3.0、Cr≈30、W≈17、Si≈1.0、Co余量
HS114	钴基四号堆焊焊丝	C≈0.8、Cr≈28、W≈20、Si≈1.0、Co余量

表 9-22 硬质合金堆焊焊丝的特点及用途

焊丝牌号	特点及用途	应用举例
HS101	堆焊金属具有抗氧化和耐气蚀性能，硬度较高，耐磨性好，但工作温度不宜高于500℃，主要用于耐磨损、抗氧化腐蚀层堆焊，硬度为48～54HRC	铲斗、泵套、叶片等
HS103	它是含硼的高铬铸铁堆焊丝，有优良的抗氧化性能，耐磨性好，但抗冲击性较差，切削加工困难，只能研磨。常温硬度为58～64HRC。用于耐磨损要求极高的堆焊	钻头轴、挖掘器、破碎机辊叶片等
HS105	Cr15高铬铸铁焊丝，抗氧化性好，硬度高，并有一定的抗冲击性，机械加工比较困难，堆焊层组织为奥氏体与碳化铬(Cr_7C_3)的共晶，焊态硬度≥50HRC，经850℃空淬后硬度≥62HRC。用于堆焊农机、建材等行业的耐磨件	例如：铧犁、铰刀等
HS111	是铸低碳钴铬钨合金堆焊丝，韧性最好，能耐冷热条件下的冲击，产生裂纹性较小，在650℃左右的温度下具有良好的耐磨、耐蚀性，可用硬质合金刀切削。硬度为40～45HRC	堆焊高温高压阀门、热切刀具、热锻模等
HS112	是铸中碳钴铬钨合金堆焊丝，具有中等硬度45～50HRC，耐磨性比HS111好，塑性稍差，用硬质合金刀具可进行切削加工	堆焊高温高压阀门、高压泵轴筒等
HS113	是铸高碳钴铬钨合金堆焊丝，在堆焊丝中碳和钨量最高，耐磨性非常好，抗冲击性较差，易产生裂纹，在650℃高温下能保持这些特性。常温硬度为55～60HRC	用于堆焊轴承、叶片、粉碎机刃口等
HS114	堆焊层耐蚀、耐磨性很好，它可用氧-乙炔气焊、氩弧焊堆焊，常温硬度≥45HRC	用于堆焊高温的燃气轮机、飞机发动机涡轮叶片等

表 9-23 钴基堆焊合金的化学成分

类型	牌号	化学成分(余量为 Co)/%							备注
		C	Mn	Si	Cr	W	Fe	其他	
气焊 TIG 堆焊钴基焊丝	HS111	0.9～1.4	≤1.0	0.4～2.0	26～32	3.5～6.0	≤2.0	—	指焊丝化学成分
	HS112	1.2～1.7	≤1.0	0.4～2.0	26～32	7.0～9.5	≤2.0	—	
	HS113	2.5～3.3	≤1.0	0.4～2.0	27～33	15～19	≤2.0	—	
	HS114	0.7～1.0	≤1.0	≤1.0	26～30	18～21	≤3.0	Ni4～6 V0.75～1.25	
钴基堆焊焊条	D802	0.7～1.4	≤2.0	≤2.0	25～32	3～6	≤5.0	—	指堆焊金属化学成分
	D812	1.0～1.7	2	2	25～33	7～10	5	—	
	D822	1.75～3	2	2	25～33	11～19	5	—	
	D842	0.2～0.5	≤2	≤2	23～32	≤9.5	≤5	—	
等离子喷焊钴基粉末	F221	0.5～1.0	—	1.0～3.0	24～28	4.0～6.0	≤5	B0.5～1.0	指堆焊层金属化学成分
	F221A	0.6～1.0	—	1.5～3.0	26～32	4.0～6.0	≤5	—	
	F222	0.5～1.0	—	1.0～3.0	19～23	7～9	≤5	B1.5～2.0	
	F223	0.7～1.3	Ni11～15	1.0～3.0	18～20	7～9.5	≤4	B1.2～1.7	

表 9-24 钴基堆焊合金的硬度和用途

类型	牌号	堆焊层硬度(HRC)	主要用途	备注
气焊 TIG 堆焊钴基焊丝	HS111	40～45	高压高温阀门、热剪机刀刃、热锻模等的堆焊	
	HS112	45～50	高压高温阀门、内燃机阀、高压泵轴套堆焊	
	HS113	55～60	牙轮、钻头、轴承、旋转叶片、螺旋送料器堆焊	
	HS114	≥45	燃气轮机及飞机发动机叶片堆焊	
钴基堆焊焊条	D802	≥40	高温高压阀门、热剪切机刀刃堆焊	
	D812	≥44	高温高压阀门、高压泵轴套、化纤剪刀刃口堆焊	
	D822	≥53	牙轮钻头轴承、粉碎机刃口、螺旋送料器堆焊	
	D842	28～38	热锻模、阀门密封面堆焊	

续表

类型	牌号	堆焊层硬度(HRC)	主要用途	备注
等离子喷焊钴合金粉末	F221	40～45	高温高压阀门密封面、热剪切刃口等离子喷焊	粉末熔化温度为1200℃
	F221A	40～45	高温高压阀门密封面等离子喷焊	
	F222	48～54	热剪刀刃口、内燃机阀头、排气阀密封面喷焊	粉末熔化温度为1100℃
	F223	35～45	热剪刀刃口、内燃机阀头、排气阀密封面喷焊	

表 9-25 堆焊焊条牌号与国标型号对照表

牌号	国标型号	牌号	国标型号	牌号	国标型号
D027		D322	EDRCrMoWV-A1-03	D628	—
D036		D327	EDRCrMoWV-A1-15	D642	EDZCr-3-03
D102	EDPMn2-03	D337	EDRCrW-15	D667	EDZCr-C-15
D107	EDPMn2-15	D502	EDCr-A1-03	D678	EDZ-B1-08
D112	EDPCrMo-A1-03	D507	EDCr-A1-15	D687	EDZ-D-15
D127	EDPMn3-15	D507Mo	EDCr-A2-15	D698	EDZ-B2-08
D167	EDPMn6-15	D507MoNb	EDCr-A1-15	D707	EEDW-A-15
D172	EDPCrMo-A3-03	D512	EDCr-B-03	D717	EDW-B-15
D207	EDPCrMoSi-15	D517	EDCr-B-15	D802	EDCoCr-A-03
D212	EDPCrMo-A4-03	D547	EDCr-A-15	D812	EDCoCr-B-03
D217	EDPCrMo-A3-15	D547Mo	EDCr-B-15	D822	EDCoCr-C-0
D227	EDPCrMoV-A2-15	D557	EDCrNi-C-15	D842	EDCoCr-D-03
D237	EDPCrMoV-A1-15	D567	EDCrMo-D-15		
D256	EDPMn-A-16	D577	EDCrMo-C-15		
D266	EDPMn-B-16	D608	ED2-A1-08		
D276	EDPCrMo-B-16	D618			
A002	E308L-16	A102	E308-16	A402	E310-16
A042	E309MoL-16	A202	E316-16		
A062	E309L-16	A302	E309-16		
G207	E410-15	G217	相当于 E1-13-1-15		

表 9-26 镍基堆焊合金的成分

类型名称	牌号	化学成分(余量是镍)/%							
		C	Si	Mn	Cr	W	Mo	Fe	其他
镍基合金堆焊焊条	Ni337	0.035	0.28	2.35	15.76	—	4.8	6～28	Nb3.72
	HAYNES No.711	2.7	1.0	1.0	27	3	8	23	Co12
镍铬钼钨堆焊焊条	GRIDUR34	≤0.05	—	—	16～17	4～5	16～17	4～5	—
镍铬硼硅堆焊合金粉末	F121	0.3～0.7	2.5～4.5	—	8～12			≤4	B1.8～2.6
	F122	0.6～1.0	3.5～5.5	—	14～18			≤5	B3～4.5
镍基堆焊合金粉末及铸造焊丝	HAYNES No.711	2.7	1.0	1.0	27	3	8	23	Co12
	HAYNES No.N-6	1.1	1.5	1.0	29	2	5.5	3	B0.6 Co3
镍铬钨硅堆焊合金粉末及铸造焊丝	NDG-2	0.3～1.5	1～6		15～35	2～8			

表 9-27 镍基堆焊合金的硬度及用途

类型名称	牌号	堆焊金属硬度	主要用途
镍基合金堆焊焊条	Ni337	250HB	核容器密封面堆焊
	HAYNES No.711	42HRC	挤压螺杆、凿岩钻头、泥浆泵、低冲击冲模堆焊
镍铬钼钨合金堆焊焊条	GRIDUR34	220HB 硬化后 400HB	热剪机刀刃、热冲头、锻模堆焊
镍铬硼硅堆焊合金粉末	F121	40～50HRC	高温耐蚀阀门、内燃机排气阀、螺杆、凸轮堆焊
	F122	大于 55HRC	高温耐蚀阀门、内燃机排气阀、模具、轴类堆焊
镍基堆焊合金粉末及铸造焊丝	HAYNES No.711	42HRC	挤压螺杆、凿岩钻头、泥浆泵、低冲击冲模堆焊

续表

类型名称	牌号	堆焊金属硬度	主要用途
镍基堆焊合金粉末及铸造焊丝	HAYNES No. N-6	28HRC	液体阀座、螺旋推进器、各种切割刀具堆焊
镍铬钨硅堆焊合金粉末及铸造焊丝	NDG-2	大于等于 38HRC	高温高压阀门密封面、汽轮机叶片、螺旋推进器、热剪刃、热模具堆焊

表 9-28 铜基堆焊合金的成分、硬度及用途

类型名称	牌号	化学成分(余量为 Cu)/%	硬度(HB)	主要用途
紫铜焊条	T107	Si0.5 Mn0.5	—	耐海水腐蚀的碳钢堆焊
	GRICu1	Sn0.8 Mn2.5	50	
硅青铜焊条	T207	Sn≤1.5 Mn≤1.5 Si2.4～4	110～130HV	化工设备内衬堆焊
磷青铜焊条	T227	Sn7.9～9 P0.03～0.3	80～115HV	轴衬、船舶推进器堆焊
锡青铜焊条	GRICu3	Sn6 Ni3.5	100	钢和灰口铸铁上堆焊
	GRICu12	Sn12	120	
铝青铜焊条	T237	Si≤1.0 Mn≤2.0 Al7～9 Fe≤1.5	120～160	轴承、滑道、化工设备内衬、阀门密封面堆焊
	GRICu6	Al7.5 Fe3.5 Ni4.5	150	螺旋桨堆焊
	GRICu7	Al7.5 Fe2.3 Mn4.5 Ni5	150	
	GRICu8	Al6.5 Fe2 Mn12 Ni2	200	
白铜焊条	GRICu9	Ni30 Mn1.5 Fe1.0 Ni0.2	350	用于在钢件上堆焊
紫铜焊丝	HS201	Sn0.8～1.2 Si0.2～0.5 Mn0.2～0.5 P0.02～0.15	—	—
黄铜焊丝	HS222	Sn0.7～1.0 Si0.05～0.15 Mn0.03～0.09 Fe0.35～1.2 Cu57～59 余为 Zn	—	轴承和抗腐蚀表面堆焊

续表

类型名称	牌号	化学成分(余量为Cu)/%	硬度(HB)	主要用途
黄铜焊丝	CuZnB	Sn0.75～1.10 Si0.04～0.15 Ni0.2～0.8 Fe0.25～1.25 Cu56～60 余为 Zn	95	轴承和抗腐蚀表面堆焊
	CuZnC	Sn0.75～1.10 Si0.04～0.15 Fe0.25～1.25 Cu56～60 余为 Zn	90	
	CuZnD	Si0.04～0.15 Ni9～11 Cu46～50 余为 Zn	100	
硅青铜焊丝	CuSi	Sn<1.5 Si2.8～4.0 Mn<1.5 Fe0.5 其他 0.5	95	抗腐蚀表面堆焊
	CuSiA	Sn<1.5 Si2.8～4.0 Mn<1.5 Zn<1.5 Cu>91 其他 0.5	80	
锡青铜焊丝	CuSnA	Sn4～6 P0.10～0.35	70	轴承及抗蚀表面堆焊
	CuSnC	Sn7～9 P0.05～0.35	90	
	CuSnD	Sn9～11 P0.1～0.30	90	轴承表面堆焊
	CuSnE	Sn5～7 P0.3～0.5 Pb14～18	50	
铝青铜焊丝	CuAlA1	Al4～6	125	抗腐蚀表面堆焊
	CuAlA2	Al9～11 Fe<1.5	150	轴承及抗蚀表面堆焊
	CuAlB	Al10.25～11.75 Fe3～4.25	160	轴承及抗气蚀表面堆焊
	CuAlC	Al12～13 Fe3～5	200	
	CuAlD	Al13～14 Fe3～5	250	轴承表面堆焊
	CuAlE	Al14～15 Fe3～5	300	
铝镍青铜焊丝		Al8.5～9.5 Fe3～5 Ni4～5.5 Mn0.6～3.5	187	耐磨及耐蚀表面堆焊
铝锰镍青铜焊丝		Al7.0～8.0 Fe2～4 Ni1.5～3.0 Mn11～14	185	

续表

类型名称	牌号	化学成分(余量为 Cu)/%	硬度(HB)	主要用途
白铜焊丝		Ni30 Fe0.6 Mn0.8 Ti0.3	—	用于在钢上堆焊
紫铜带极	ST-2	Sn1.0 Mn0.4 Si0.3 P0.08 Cu98	—	止推轴承瓦的过渡层堆焊
白铜带极	B-30	C<0.05 Mn0.52 Si<0.15 Fe0.47 P<0.006 Ni31.8	—	耐海水腐蚀的船舶冷凝器管板堆焊

表 9-29 管装粒状铸造碳化钨堆焊焊条的规格及用途

牌号	粒度/目	钢管尺寸/mm		装入的铸造碳化钨与钢管的重量比/%		用途
		直径	长度	铸造碳化钨	钢管	
YZ20-30g①	−20～+30②	7	390±0.5	60～70	40～30	用于堆焊铣齿牙轮钻头齿面、钻井用扶正器
YZ30-40g	−30～+40	6	390±0.5	60～70	40～30	用于堆焊铣齿牙轮钻头齿面、钻井用扶正器、吸尘风机叶片、饲料粉碎机锤片
YZ40-60g	−40～+60	5	390±0.5	60～70	40～30	用于堆焊铣齿牙轮钻头齿面，钻井用扶正器，吸尘风机叶片，饲料粉碎机锤片，糖厂蔗刀，甘蔗压榨辊、辊身、辊齿
YZ60-80g	−60～+80	4	390±0.5	60～70	40～30	用于堆焊糖厂蔗刀

① g 表示颗粒状。

② −20～+30 表示颗粒能通过 20 目筛孔，不能通过 30 目筛孔。

表 9-30 YD 型硬质合金复合材料堆焊焊条的牌号、规格及用途

牌号	烧结碳化钨颗粒尺寸/mm	胎体金属材料	硬质合金颗粒硬度 HRA	外涂钎剂颜色	用途
YD-9.5	6.5～9.5	铜基合金	89～91	深绿	石油工具铣鞋、磨鞋、水力割刀刮刀片等的堆焊
YD-8	6.5～8		89～91	深蓝	铣鞋、磨鞋、水力割刀刮刀片、刨煤机刨刀等的堆焊

续表

牌号	烧结碳化钨颗粒尺寸/mm	胎体金属材料	硬质合金颗粒硬度 HRA	外涂钎剂颜色	用途
YD-6.5	5～6.5	铜基合金	89～91	红	铣鞋、磨鞋、刨煤机刨刀、打桩钻头、螺旋钻头、筑路机刀头等的堆焊
YD-5	3～5		89～91	黄	铣鞋、磨鞋、套铣鞋、取芯钻头、打桩钻头铲斗斗齿、键槽扩孔器、高炉送料溜板、筑路机刀头等的堆焊
YD-3	2～3		89～91	粉红	钻井用稳定器、钻杆耐磨带、犁铧、钻杆接头、饲料粉碎机锤片等的堆焊
YD-10 目	－10～＋18 目		89～91	浅绿	
YD-18 目	－18～＋30 目		89～91	浅蓝	钻杆耐磨带、塑料橡胶与皮革的锉磨工具、保径耐磨层堆焊
YD-30 目	－30～＋50 目		89～91	浅黄	橡胶及皮革的锉磨工具、保径耐磨层堆焊

注：YD 型焊条尚未纳入标准，由哈尔滨焊接所研制并批量生产。

表 9-31　碳化钨堆焊电焊条的成分、硬度及用途

名称	牌号	堆焊金属化学成分/%							堆焊金属硬度(HRC)	用途
		C	W	Cr	Mn	Ni	Si	Mo		
碳钢芯碳化钨电焊条	D707	1.5～3.0	40～50	—	≤2	—	≤4	—	≥60	混凝土搅拌叶片、挖泥机叶片堆焊
管装碳化钨芯电焊条	D717	1.5～4.0	50～70	≤3.0	≤3	≤3	≤4	≤7	≥60	牙轮钻头爪尖、混凝土搅拌叶片、风机叶片堆焊

注：堆焊金属化学成分余量为 Fe。

表 9-32 等离子堆焊合金粉末的成分及硬度

类别	牌号	化学成分(质量分数)/%									硬度(HRC)
		C	Cr	Si	W	B	Fe	Ni	Co	Mo	
镍基	F121	0.3～0.7	8.0～12.0	2.5～4.5		1.8～2.6	<4	余量			40～50
	F122	0.6～1.0	14.0～18.0	3.5～5.5		3.0～4.5	<5	余量			≥55
钴基	F221	0.5～1.0	24.0～28.0	1.0～3.0	4.0～6.0	0.5～1.0	<5		余量		40～45
	F221A	0.6～1.0	26～32	1.5～3.0	4～6		<5		余量		40～45
	F222A	0.3～0.5	19～23	1～3	4～6	1.8～2.5	<5		余量		
	F222	0.5～1.0	19.0～23.0	1.0～3.0	7.0～9.0	1.5～2.0	<5		余量		48～54
	F223	0.7～1.3	18.0～20.0	1.0～3.0	7.0～9.5	1.2～1.7	<4	11.0～15.0	余量		35～45
	F224	1.3～1.8	19.0～23.0	1.0～3.0	13.0～17.0	2.5～3.5	<5		余量		≥55
铁基	F321	<0.15	12.5～14.5	0.5～1.5		1.3～1.8	余量				40～50
	F322	<0.15	21.0～25.0	4.0～5.0		1.5～2.0	余量	12.0～15.0			36～45
	F323	2.5～3.5	25.0～32.0	2.8～4.2		0.5～1.0	余量	3.5～5.0			≥55
	F323A	0.8～1.2	16～18	3.4～4.0		3～4	余量	3～5			≥60
	F324	2～3	27～33	3～4		2.5～3.5	余量				≥58
	F325	4.0～5.0	25.0～31.0	1.0～2.0		1.0～1.5	余量				≥55
	F326	<0.2	17～19	2～3		1～2	余量			1.5～2.0	36～45
	F327A	0.1～0.18	18～21	3.5～4.0	1～2	1.4～2.0	余量	10～13		4～4.5	36～42
	F327B	0.1～0.2	18～21	4.0～4.5	1～2	1.7～2.5	余量	10～13		4～4.5	40～45
铜基	F422	Sn9.0～11.0			P0.10～0.50			Cu 余量			80～120HBS

五、碳化钨堆焊合金

碳化钨堆焊合金是由基体（胎体）材料加碳化钨颗粒组成的。基体有铁基、镍基、钴基、铜基等。碳化钨有铸造碳化钨和烧结碳化钨两类。

铸造碳化钨是含碳4%的WC混合物，粉碎粒度为8～100目的颗粒，装入铁管中供堆焊用。

烧结碳化钨含钴3%～5%，将钴粉与碳化钨粉混合烧结，粉碎成粉状供等离子堆焊或氧-乙炔焰喷熔用。

碳化钨颗粒易氧化，因此堆焊层温度不能超过650℃，主要用于挖掘机、油井钻头等耐磨件的堆焊。其规格、用途列于表9-29。

表9-30所示为YD型硬质合金复合材料堆焊焊条的牌号、规格及用途。表9-31所示为碳化钨堆焊电焊条的成分、硬度及用途。

六、等离子堆焊合金粉末

等离子堆焊合金粉末的成分及硬度见表9-32。

第二节　埋弧堆焊用堆焊材料

埋弧堆焊和埋弧焊一样，可以使用大电流，生产效率高，自动化程度高，且焊缝质量好，所以在堆焊领域获得了广泛的应用。埋弧堆焊按其使用要求可分为耐磨堆焊和耐蚀堆焊两大类；而按照工艺方法又可分为丝极埋弧堆焊、带极埋弧堆焊和带极电渣堆焊。丝极埋弧堆焊用焊丝又有实心焊丝和药芯焊丝两种。在堆焊过程中可采用热丝堆焊法、添加金属粉末法、焊丝横向摆动法和多丝堆焊法等。带极埋弧堆焊时，堆焊层宽而浅，稀释率低，只需堆焊1～2层就可以达到要求；堆焊层平整光滑、成形好；采用的电流大、生产效率高，在异种金属堆焊中常有应用。带极电渣堆焊时，第一层的稀释率更低，即使堆焊一层也能获得含碳量很低的堆焊金属。埋弧堆焊依靠电弧热熔化带极，而电渣堆焊是依靠熔渣的电阻热熔化带极。这两种热过程主要是由焊剂成分所决定的。电渣堆焊用焊剂不能含有造气成分，否则将有碍于熔渣和带极的接触而产生电弧；其次是熔渣的电导率要高，这样可以得到稳定的焊接过程，并降低稀释率。耐蚀堆焊材料对稀释率的要求更严格，越低越有利，故应尽量采用电渣堆焊工艺。但是宽极带（75mm，150mm）电渣堆焊时，焊接热输入大，在堆焊层与母材交界区生成粗大的晶粒，增加了产生剥离裂纹的敏感性。因此，对于炼油用脱硫反应器等在高温、高压、氢介质中使用的压力容器，为防止氢脆引起的剥离裂纹，第一层焊接时，建议采用 75mm 宽的带极埋弧堆焊。

一、埋弧堆焊用焊丝和焊带

1. 耐磨堆焊用焊丝和焊带

为了增加耐磨损性能，需要从焊丝或焊带中过渡所要求的合金元素，还可以配合加入合金元素的烧结焊剂来达到所必需的堆焊成分和堆焊层耐磨性能。耐磨堆焊用实心焊丝的含碳量和合金含量不能太高，否则难以加工制造，故实心焊丝多用于低成分的堆焊金属。药芯焊丝可以从药芯中过渡更多的合金成分，可用于更高成分的堆焊金属；如果再配合烧结焊剂来过渡一些合金成分，将使堆焊层具有更高的成分和更好的耐磨性能。药芯焊带也已在堆焊工程中得到应用，它是采用冷轧低碳钢带作包层，中间添加造渣、造气、脱氧和合金化成分，如石墨、铁合金、金属粉等。药芯焊带的宽度为 30～60mm（常用的为 30mm），厚度为 1.5～3.0mm。已有的牌号有：30Cr30Mn3TiAl、30Cr25Ni3Si3、30Cr25Ni4Si4 等。采用药芯焊带堆焊时可以不采用焊剂或保护气体，其本身就可以满足焊接工艺性能的要求。但如果需要进一步增加合金成分，则可以配合烧结焊剂来完成。还有一种金属粉末烧结焊带，它是由粉末状配料轧制并经高温烧结而成的，可按照各种技术要求，配制成任何化学成分的堆焊用烧结焊带。其制造成本低于冷轧带极，并具有足够的强度和挠性，可以卷制成盘，用于自动堆焊，焊带宽 30～80mm，厚度为 0.8～1.2mm。烧结焊带特别适用于高合金钢的重型部件，如轧辊、水压机柱塞、石化设备等。目前已开始用于耐磨、耐蚀合金的高效自动堆焊。

耐磨堆焊用实心焊丝的化学成分列于表 9-33；耐磨堆焊用药芯焊丝的化学成分和用途列于表 9-34；耐磨堆焊用焊带的堆焊层主要成分和用途列于表 9-35；耐磨堆焊用金属粉末烧结焊带的化学成分

列于表 9-36。

2. **耐蚀堆焊用焊带**

国产焊带的标准宽度为 30mm、37.5mm、50mm、75mm、90mm 和 120mm，焊带的厚度有 0.4mm 和 0.5mm 两种。焊带的型号示例如下：

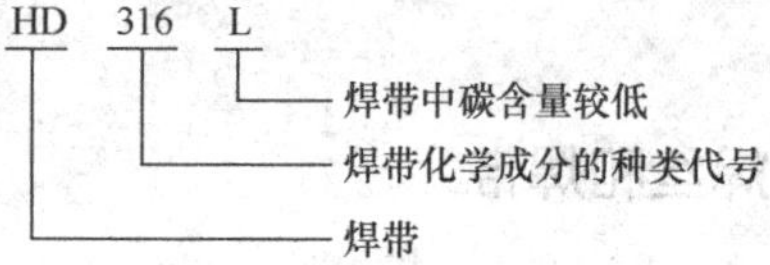

承压设备对堆焊用不锈钢焊带的硫、磷含量提出了更严格的要求，焊带的牌号及其化学成分参见表 9-37。

焊带与焊剂组合的堆焊金属型号示例如下：

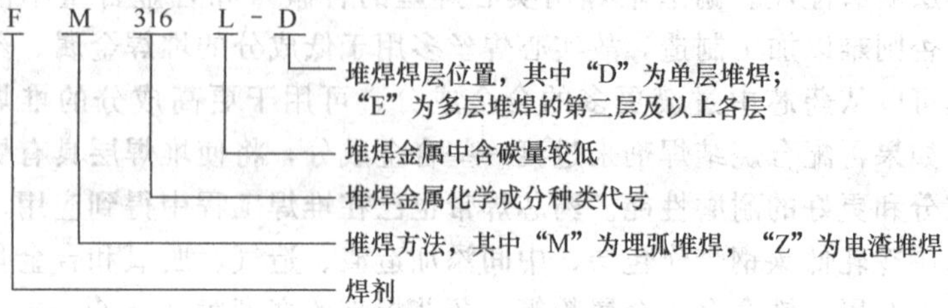

焊带与焊剂组合后的堆焊金属化学成分应符合表 9-38 的规定。

二、埋弧堆焊用焊剂

在氧化性较强的焊剂下堆焊时，合金元素会严重烧损，因此，在堆焊高合金时应选择氧化性低的或者无氧化性的氟化物焊剂，故堆焊时推荐采用碱性焊剂。目前，堆焊耐蚀合金多采用特种烧结焊剂，这类焊剂的优点在于可加入适量的铁合金和其他必要的合金元素，同时可加入硅、锰脱氧，使堆焊金属达到规定的化学成分，也能获得良好的成形，且脱渣容易。堆焊耐磨合金时，可在烧结焊剂中加入石墨、高碳铬铁等，使堆焊金属获得高的耐磨料磨损性能。除了烧结焊剂外，还可以采用熔炼焊剂，普通的高碳钢、碳锰钢堆焊推荐采用 HJ50 焊剂，堆焊 10Cr13 和 20Cr13 钢亦可采用这种焊剂。堆焊铬镍奥氏体耐蚀钢亦可采用 HJ151 和 HJ172 焊剂。对于要求一般的耐蚀

表 9-33 耐磨堆焊用实心焊丝的化学成分

焊丝牌号	化学成分/%								备注
	C	Si	Mn	Cr	Mo	Ni	V	W	
H06Cr14	≤0.06	0.3～0.7	≤0.60	13～15	≤0.75	≤0.60			过渡层用
H12Cr13	≤0.12	≤0.5	≤0.6	11.5～13.5	≤0.75	≤0.60			连铸辊用
H20Cr13	0.16～0.25	≤0.8	≤0.8	12～14					连铸辊用
H30Cr13	0.25～0.40	≤0.5	≤0.6	12～14	≤0.75	≤0.6			连铸辊用
H06Cr12Ni4Mo	≤0.06	≤0.5	≤0.6	11～12.5	0.4～0.7	4～5			连铸辊用
H30Cr2W8V	0.39	0.27	0.27	2.29	0.04		0.34	8.03	轧机轧辊用
H13Cr14Ni3Mo	0.13	0.25	0.7	14.4	0.6	3.3			连铸辊用
H40Cr4W8V	0.34	0.33	0.32	3.68			0.31	7.17	助卷辊用
H25Cr3MnMoV	0.20～0.28	0.15～0.35	1.1～1.4	3.1～3.5	1.45～1.65		0.48～0.6		开坯辊用
H25Cr5MoSiV	约0.25	约1.0		约5	约1		约0.5		型材轧辊用

表 9-34 耐磨堆焊用药芯焊丝的化学成分和用途

焊丝牌号	焊剂	化学成分/%								堆焊层硬度(HRC)	用途
		C	Mn	Si	Cr	Mo	W	V	其他		
HYD047	HJ107	≤1.7	1.5～3.0		4.0～7.0	1.5～3.0			Ni≤3.0	≥55	用于滚压机的挤压辊表面堆焊
HYD057	HJ260	0.2～0.5			4.0～6.0	0.5～1.5		≤1.0		44～46	用于热轧辊、开坯辊、支持辊的制造和修复
HYD117Mn	HJ431	≥0.1	1.2～1.6		Cr+Mo 1.5～2.5					约30	用于HYD616Nb焊丝堆焊时的打底焊
HYD616Nb	HJ151	1.0～2.0	0.3～0.5		10～15				Si+Nb 5.5～7.0	≥55	用于特别严重磨料磨损和轻度冲击载荷工况下的水泥磨辊、发电厂磨煤机磨辊的堆焊

续表

焊丝牌号	焊剂	化学成分/%								堆焊层硬度(HRC)	用途
		C	Mn	Si	Cr	Mo	W	V	其他		
HYD707	HJ260	2～3	约2	约1			40～50			约60	碳化钨药芯焊丝，用于矿山设备、推土机零件的堆焊
SMD281	SJ107	≤1.1	12.0～18.0	≤2.0	12.0～18.0	≤4.0			Ni≤6.0	≥28	CrMn型阀门堆焊焊丝，适于堆焊工作温度低于510℃的中温高压阀门密封面
SMD331	HJ260	0.16	≤2.5	≤1.5	<1.5				≤2.0	≥33	用于堆焊挖土机部件、泥浆泵、齿轮、传动轴等
SMD451	SJ107	≤0.25			10.0～16.0				≤5.0	≥45	2Cr13型阀门堆焊焊丝，用于堆焊碳钢或合金钢轴、过热蒸汽用阀件、螺旋输送机叶片等
SMD481	SJ107	0.25～0.55			2.0～3.5		7.0～10.0		≤3.0	≥48	3Cr2W8型热锻模堆焊焊丝
SMD501	SJ107或HJ260	≤0.5	1.0	约0.50	10.0～16.0	≤2.0			≤3.0	≥50	高Cr型连铸辊堆焊焊丝
SMD503	SJ107或HJ260	≤0.6	1.2	≤3.0	≤8.0	1.0～3.0		≤1.0	≤3.0	≥50	用于型钢轧辊或其他热轧辊的修复
SMD551	SJ107	2.5～4.5			3.0～5.0	3.0～5.0			≤5.0	≥55	CrMo铸铁堆焊焊丝，用于磨粒磨损件修复，如矿山机械等
SMD581	SJ107	2.5～5.0	≤2.0		22～32				≤8.0	58～63	高Cr铸铁型堆焊焊丝，用于受强烈磨损件的制造与修复，如磨煤辊、水轮机叶片等

续表

焊丝牌号	焊剂	化学成分/%								堆焊层硬度(HRC)	用途
		C	Mn	Si	Cr	Mo	W	V	其他		
SMD582	SJ107	2.5～5.0		≤2.0	15～25	≤5.0			≤4.0	58～63	高 Cr 铸铁型堆焊焊丝，用于受强烈磨粒磨损件如磨煤辊、水泥磨辊等的修复
SMD583	SJ107	≤4.0			4.0～6.0		8.0～14.0		≤3.0	58～63	CrW 铸铁型焊丝，用于堆焊受磨粒磨损的矿山机械
SMD601	SJ107 或 HJ260	4.0～6.0			18.0～26.0	4.0～9.0		≤1.0	Nb7.0～10.0 其他≤3.0	≥60	用于中、高温下强磨粒磨损工作部件的表面堆焊，如高炉料钟、布料溜槽等

表 9-35　耐磨堆焊用焊带的堆焊层主要成分和用途

焊带牌号	堆焊层主要成分%				硬度(HRC)	主要用途
	C	Cr	Mo	其他		
HYD117	≥0.1	1.5～2.5		Mn1.2～1.6	30	作为耐磨料磨损层修复时的打底用(药芯焊带)
HYD616Nb	1～2	10～15		Si+Nb 5.5～7	≥55	耐严重磨料磨损和轻度冲击，配用 HJ151 可堆焊磨煤碾辊等(药芯焊带)
BH-200/SH-10①	0.08	0.5	0.2	Si0.57 Mn1.61	190～220HV	采用低碳钢带(0.4mm×50mm)，配合烧结焊剂，用于各种辊轮及打底层堆焊(焊剂合金化)
BH-260/SH-10	0.08	0.8	0.3	Si0.65 Mn1.61	240～260HV	堆焊各种辊子、离心铸造磨具等(烧结焊剂合金化)
BH-360/SH-10	0.12	2.22	1.2	V0.12	310～360HV	连铸机传送辊、台式送料轮等的堆焊(烧结焊剂合金化)

续表

焊带牌号	堆焊层主要成分%				硬度(HRC)	主要用途
	C	Cr	Mo	其他		
BH-450/SH-10	0.16	5.45	0.95	V0.13	430～480HV	堆焊各种辊轮及金属间磨损的部件(烧结焊剂合金化)
08Cr14NiMo	0.08	14	1.0	Ni1.5	约30	药芯焊带，堆焊连铸机辊、轧辊、送进辊及在450℃条件下工作的阀门等
15Cr14Ni3Mo	0.13	14.4	0.6	Ni3.3	约39	药芯焊带，堆焊活塞杆、液压缸、连铸辊等
10Cr13Ni4Mo	0.08	13.5	1.2	Ni3.6 Mn1.2	约41	药芯焊带；堆焊活塞杆、液压缸、连铸辊等
40Cr17	0.38	16.5	1.1		48	堆焊热轧辊、冲头和芯棒等用的药芯焊带
BS-1/SH410②	0.28	13.6	1.1	Mn1.07	420～460HV	堆焊13Cr-1Mo耐蚀耐磨用辊轮(烧结焊剂补充合金化)
BS-6/SH410	0.05	13.05	1.0	Ni6.02	380～410HV	堆焊13Cr-6Ni-1Mo耐蚀耐磨用辊轮(烧结焊剂补充合金化)

① SH-10为低碳钢带（日本住友金属牌号）。

② SH410为Cr13型钢带（日本住友金属牌号）。

表9-36 耐磨堆焊用金属粉末烧结焊带的化学成分 %

焊带牌号	焊带化学成分								
	C	Mn	Si	Cr	Ni	Mo	W	V	Fe
2Cr10Mn16Ti	0.2～0.4	16～18	≤0.3	11～12	Ti1.5～2.0				余量
10Cr4NiMo	0.9～1.4	≤0.4	≤0.4	4.2～4.8	0.9～1.2	0.8～1.1			余量
2Cr17Ni3	0.2～0.4	0.2～0.4	≤0.3	16～18	3～4				余量
5Cr4W3V	0.6～0.8	≤0.3	≤0.3	3.5～5.5			3.5～4.5	0.6～0.8	余量
5Cr3W8V	0.65～0.76	1.5～1.7	0.3～0.4	3.2～3.6			10.4	0.41	余量
10Cr4Mo	0.9～1.3	0.75～1.0	0.75～1.0	4.2～5.0		0.7～0.9			余量
5Cr4W3V	0.64～0.8	1.2～1.6	≤0.3	4.5～5.5			3.4～4.5	0.6～0.8	余量

表 9-37 耐蚀堆焊用焊带的型号、牌号及化学成分 %

焊带型号	焊带牌号	焊带化学成分								
		C	Si	Mn	P	S	Ni	Cr	Mo	Nb
HD308	HD06Cr19Ni11	≤0.060	≤1.00	0.5～2.5	≤0.025	≤0.015	9.0～12.0	18.0～21.0	≤0.50	—
HD308L	HD03Cr19Ni11	≤0.030	≤1.00	0.5～2.5	≤0.025	≤0.015	9.0～12.0	18.0～21.0	≤0.50	—
HD309	HD06Cr22Ni11	≤0.060	≤1.00	0.5～2.5	≤0.025	≤0.015	9.0～12.0	21.0～23.0	≤0.50	—
	HD06Cr24Ni13	≤0.060	≤1.00	0.5～2.5	≤0.025	≤0.015	12.0～14.0	23.0～25.0	≤0.50	—
HD309L	HD03Cr22Ni11	≤0.030	≤1.00	0.5～2.5	≤0.025	≤0.015	9.0～12.0	21.0～23.0	≤0.50	—
	HD03Cr24Ni13						12.0～14.0	23.0～25.0		—
HD309LMo	HD03Cr24Ni13Mo2	≤0.030	≤1.00	0.5～2.5	≤0.025	≤0.015	9.0～14.0	21.0～25.0	2.0～3.5	—
HD316	HD06Cr19Ni12Mo2	≤0.060	≤1.00	0.5～2.5	≤0.025	≤0.015	11.0～15.0	17.5～22.5	2.0～3.5	—
HD316L	HD03Cr19Ni12Mo2	≤0.030	≤1.00	0.5～2.5	≤0.025	≤0.015	11.0～15.0	17.5～22.5	2.0～3.5	—
HD347	HD06Cr19Ni11Nb	≤0.060	≤1.00	0.5～2.5	≤0.025	≤0.015	9.0～12.0	18.0～21.0	—	8×C～1.0
HD347L	HD03Cr19Ni11Nb	≤0.030	≤1.00	0.5～2.5	≤0.025	≤0.015	9.0～12.0	18.0～21.0	—	8×C～1.0
HD309LNb	HD03Cr23Ni11Nb	≤0.030	≤1.00	0.5～2.5	≤0.025	≤0.015	9.0～14.0	21.0～25.0	—	8×C～1.0

表 9-38 焊带-焊剂组合的堆焊金属化学成分 %

焊剂/焊带组合 堆焊金属型号	堆焊金属化学成分								
	C	Si	Mn	P	S	Ni	Cr	Mo	Nb
F×308-E	≤0.08	≤1.00	≤2.5	≤0.030	≤0.020	8.0～11.00	18.0～21.0	—	—
FZ308-D	≤0.05	≤1.00	≤2.5	≤0.030	≤0.020	8.0～11.00	18.0～21.0	—	—
F×308L-E	≤0.04	≤1.00	≤2.5	≤0.030	≤0.020	9.0～13.0	18.0～21.0	—	—
F×316-E	≤0.08	≤1.00	≤2.5	≤0.030	≤0.020	11.0～16.0	16.0～20.0	2.0～3.0	—
F×316L-E	≤0.04	≤1.00	≤2.5	≤0.030	≤0.020	11.0～16.0	16.0～20.0	2.0～3.0	—
F×347-E	≤0.08	≤1.00	≤2.5	≤0.030	≤0.020	9.0～13.0	18.0～21.0	—	8×C～1.0
FZ347-D	≤0.05	≤1.00	≤2.5	≤0.030	≤0.020	9.0～13.0	18.0～21.0	—	8×C～1.0
F×347L-E	≤0.04	≤1.00	≤2.5	≤0.030	≤0.020	9.0～13.0	18.0～21.0	—	8×C～1.0

注：×—堆焊方法。

表 9-39 HJ150 焊剂的化学成分

SiO_2	CaF_2	Al_2O_3	MgO	CaO	R_2O	FeO	S,P
21～23	25～33	28～32	9～13	3～7	≤3	≤1.0	≤0.08

钢亦可采用 HJ260，该焊剂的优点是成形良好，对气孔的敏感性小，但其氧化能力较强，焊接过程中铬和钛等合金元素烧损较多，且结晶裂纹倾向较高。HJ151、HJ172 和 HJ260 的成分和特征等已在第四章第三节介绍过，下面只介绍 HJ150（表 9-39）。

HJ150 为无锰中硅中氟焊剂，碱度 $B_{\mathrm{IIW}}\approx1.30$，为中性焊剂；为灰色至天蓝色玻璃状或白色浮石状颗粒，粒度为 8～40 目。它在玻璃状供货时，松装比为 1.3～1.5g/cm³，适用于较小的焊接电流；浮石状供货时，松装比较小为 0.8～1.0g/cm³，适用于大电流（>1000A）焊接。因氟化物较多，焊接时应采用直流，以保证电弧的稳定燃烧。其焊接工艺性良好，脱渣容易。同样是由于氟化物较多，熔渣的黏度较小，流动较好，不适于小直径（<120mm）和管件环焊缝焊接及堆焊。焊剂的熔化温度为 1250～1350℃。焊剂的化学成分见表 9-39。该焊剂因氧化性弱，被广泛应用在合金钢、高合金钢的埋弧焊接及埋弧堆焊上。配合焊丝 H20Cr13、H30Cr2W8 等可堆焊轧辊，也用于高炉料钟的埋弧堆焊。焊前应在 300～450℃条件下烘干 2h。

埋弧堆焊用烧结焊剂的化学成分和主要用途汇总见表 9-40。

表 9-40 埋弧堆焊用烧结焊剂的化学成分和主要用途

焊剂牌号	焊剂类型	焊剂化学成分/%	主要用途
SJ105	氟碱型 ($B\approx2.2$)	SiO_2+TiO_2 18～22 CaO+MgO 33～37 Al_2O_3 10～20 CaF_2 25～30	工艺性好，焊剂抗吸潮性良好，焊缝金属有良好的抗裂性，配合 WM-210 药芯耐磨合金焊丝用于轧辊表面堆焊
SJ202	高铝型	Al_2O_3+CaO+MgO>45 SiO_2<15	堆焊金属具有较高的抗冷疲劳、抗高温氧化和耐磨性，用于工作温度低于 600℃的各种耐磨、抗冲击工作面的堆焊，如高炉料钟、轧辊等
SJ203	高铝型 ($B\approx1.3$)	SiO_2+TiO_2≈25 CaO+MgO≈30 Al_2O_3+MnO≈30 CaF_2≈10 其他≈5	工艺性良好，配合相应焊带进行堆焊，堆焊层具有良好的综合性能，可堆焊连铸辊等耐磨产品

续表

焊剂牌号	焊剂类型	焊剂化学成分/%	主要用途
SJ303	硅钙型 ($B\approx1.0$)	$SiO_2+TiO_2\approx40$ $MgO+CaO\approx30$ $MnO+Al_2O_3\approx20$ $CaF_2\approx10$	硅钙型带极埋弧堆焊用焊剂，工艺性好，铬烧损少（≤1.2%），增碳极少（<0.008%），特别适于超低碳不锈钢
SJ403	硅锰型	SiO_2+TiO_2　35～45 $CaO+MgO$　10～20 Al_2O_3+MnO　20～35	耐磨堆焊专用焊剂，工艺性好，具有较高的抗锈性能，对锈、氧化皮不敏感，配合YD137焊丝可修复推土机引导轮、支重轮、硬度≥35HRC；配合H08A焊丝可焊接普通结构钢和某些低合金钢
SJ524	—	—	用于超低碳不锈钢带极埋弧堆焊的黏结焊剂，工艺性优良，堆焊金属具有优良的耐晶间腐蚀性能和抗脆化性能。可用于石化容器、反应堆压力壳等内壁要求耐蚀的衬里带极堆焊
SJ602	碱性	$SiO_2+TiO_2\approx10$ $CaO+MgO+CaF_2\approx55$ $MnO+Al_2O_3\approx30$	带极电渣堆焊用焊剂，电渣过程稳定，快速脱渣，不增碳，烧铬少。用于核容器、加氢反应器等耐蚀不锈钢的堆焊，也可用于丝极堆焊
SJ606	碱性 ($B\approx1.1$)	$MnO+SiO_2$　20～30 $MgO+CaF_2+CaO$　30～40 $Al_2O_3+Fe_2O_3$　25～35 其他合金约10	用于超低碳不锈钢带极埋弧堆焊，工艺性好，堆焊金属具有优良的耐晶间腐蚀性能和抗脆化性能。用于石油化工容器、核电机组高压加热器20MnMo管板锻件堆焊等
SJ607	碱性	Al_2O_3+MgO+ $MnO+SiO_2\approx80$ $CaF_2\approx10$ 其他约10	工艺性良好，配合药芯焊带可堆焊各种水泥破碎辊等耐磨产品，最高堆焊硬度≥65HRC
SJ671	碱性	—	低硅高氟高温烧结焊剂，抗热裂纹性好，脱氧脱硫性能好，焊缝含氧量与无氧铜相当。焊剂熔点低，熔渣相对密度小。配合含B、Ti的无氧铜焊丝可焊接无氧铜厚度(20～40mm)

第三节　堆焊金属的类型及其特性

堆焊金属类型是指采用相应的焊丝、焊带和焊剂堆焊出来的堆焊层的成分类型，这一成分类型决定了它的使用性能和使用范围。所以了解堆焊层的金属类型，对于正确选用堆焊材料是必不可少的，下面予以简要介绍。

一、堆焊金属的类型

1. 按堆焊材料的形状分类

按堆焊材料的形状分类有丝状、铸条状、带状和粉（粒）状等。它们是根据材料的可加工性及堆焊方法的工艺特点来决定的。

① 丝状和带状是由可轧制和拉拔的堆焊材料制成的。它们均可做成实心的和药芯的，这样有利于实现堆焊的机械化和自动化。丝状堆焊材料可供气焊、埋弧焊、气体保护焊和电渣焊用，带状堆焊材料主要用于埋弧堆焊和电渣堆焊，其熔敷率高。

② 铸条状。当材料的轧、拔加工性不好时，如钴基、镍基合金和合金铸铁等，一般做成铸条状，可以直接供气焊、TIG 焊和等离子弧焊等堆焊时作熔敷金属材料用。

铸条、光焊丝和药芯焊丝等，外涂药皮后即可制成堆焊焊条，专供焊条电弧堆焊使用。由于适应性强、灵活方便，可以全位置施焊，所以应用很广泛。

③ 粉（粒）状。把所需的各种合金制成粉末，按一定配比混合成合金粉末，供等离子弧或氧-乙炔火焰堆焊和喷熔使用。其最大优点是方便了对堆焊层成分的调整，拓宽了堆焊材料的适用范围。

表 9-41 汇总了堆焊材料的形状及适用的堆焊方法。

表 9-41 堆焊材料的形状及适用的焊接方法

堆焊材料形状	适用的焊接方法
丝(实心)状 (直径 d=0.5～5.8mm)	氧-乙炔焰堆焊、气体保护电弧堆焊、埋弧堆焊、等离子弧堆焊、振动堆焊
带状(厚度 t=0.4～0.8mm) (宽度 B=30～300mm)	埋弧堆焊、电渣堆焊
铸条状 (直径 d=2.2～8.0mm)	氧-乙炔焰堆焊、钨极氩弧堆焊、等离子弧堆焊
粉(粒)状	等离子弧堆焊、氧-乙炔焰堆焊
堆焊用焊条(钢芯、铸芯、药芯)	焊条电弧堆焊

续表

堆焊材料形状	适用的焊接方法
药芯焊丝	气体保护电弧堆焊、自保护电弧堆焊、埋弧堆焊、氧-乙炔焰堆焊、钨极氩弧堆焊、等离子弧堆焊

2. 按堆焊层的化学成分和组织结构分类

① 铁基堆焊金属。它又分成下面几类。

a. 珠光体类堆焊金属。

b. 马氏体类堆焊金属，包括低碳、中碳、高碳马氏体钢，高速钢，工具钢和高铬不锈钢等。

c. 奥氏体类堆焊金属，包括奥氏体高锰钢、铬锰奥氏体钢和铬镍奥氏体不锈钢等。

② 合金铸铁类堆焊金属，包括马氏体合金铸铁、奥氏体合金铸铁和高铬合金铸铁三大类。

③ 镍基堆焊金属。按其强化相不同又分含硼化物合金、含碳化物合金和含金属间化合物三大类。

④ 钴基堆焊金属，主要是钴铬钨合金，即所谓斯太立（Stellite）合金，其堆焊层的金相组织是奥氏体+共晶组织。

⑤ 铜基堆焊金属，包括纯铜、黄铜、青铜和白铜四类。

⑥ 碳化钨堆焊金属。碳化钨堆焊层是由胎体材料和嵌在其中的碳化钨颗粒组成的。胎体材料可由铁基、镍基、钴基和铜基合金构成。堆焊用的碳化钨有铸造碳化钨和以钴为黏结金属的烧结碳化钨两类。

二、堆焊金属的成分与性能特征及应用

选用堆焊金属时，须全面了解它的性能特点和适用范围。一般应注意：所选堆焊金属主要含什么合金元素，其含量大约多少；堆焊层的金相组织；它的硬度、塑性和韧性、耐磨性、耐蚀性和耐热性；它的焊接性、冷热加工性和热处理性；适用何种堆焊方法；主要用途等。

① 堆焊金属的类型、特点及用途见表 9-42。

② 堆焊金属的性能比较见表 9-43。

表 9-42　堆焊金属的类型、特点及用途

序号	堆焊金属类型	合金系统	相应焊条牌号及型号	堆焊层硬度（HRC）≥	主要特点及用途
1	低碳低合金钢	Mn3Si	D102 EDPMn2-03 D106 EDPMn2-16 D107 EDPMn2-15	22	冲击韧性好，有一定的耐磨性，易加工、价廉、抗裂性好，主要用于堆焊承受高冲击载荷和金属间摩擦磨损的零件，并在打底焊层中使用
		2Mn4Si	D126 EDPMn3-16 D127 EDPMn3-15	28	
			D146 EDPMn4-16	30	具有良好的抗压强度，适用于堆焊受中等冲击的磨损零件
		2Cr1.5Mo	D112 EDPCrMo-Al-03	22	
2	中碳低合金钢	3Cr2Mo 4Cr2Mo 4Mn4Si 5Cr3Mo2 3Cr2MoNi 5Cr4Mo2V4	D132 EDPCrMo-A2-03 D172 EDPCrMo-A3-03 D167 EDPMn6-15 D212 EDPCrMo-A3-03 D217A EDPCrMo-A4-15 D227 EDPCrMoV-A2-15	30 40 50 50 40 55	具有良好的抗压强度，适用于堆焊受中等冲击的磨损零件
3	高碳低合金钢	7Cr3Mn2Si 6Cr5	D207 EDPCrMnSi-15	50 54～58	冲击韧度差，易产生热裂或冷裂纹，适用于堆焊不受冲击或受弱冲击的低应力磨料磨损零件
4	Cr-W Cr-Mo 热稳定钢	5CrMnMo 5CrNiMo 5Cr2W8 %CrW9Mo2V 5Cr5W3Mo2V2 7Cr3W5Mo4V2 5Cr3WMo3V2	D397 EDCrMnMo-15 D337 EDCrW-15 D322 EDCrMoWV-Al-03 D327 EDCrMoWV-Al-15 D327A EDCrMoWV-A2-15 D317 EDRCrMoWV-A3-15	40 48 55 55 55 50 58～62	具有很好的红硬性、高温耐磨性和较高的冲击韧性，主要用于堆焊热加工模具。堆焊时因产生裂纹，一般焊后要缓冷

续表

序号	堆焊金属类型	合金系统	相应焊条牌号及型号	堆焊层硬度(HRC) ≥	主要特点及用途
5	高铬钢	1Cr13	D502 EDCr-Al-03 D507 EDCr-Al-15 D507Mo EDCr-A2-15 D507MoNbEDCr-A3-15	40 40 37 37	Cr 堆焊时容易产生裂纹，一般要预热，主要用于耐磨和耐腐蚀零件的堆焊 耐磨性更高、脆性更大、易裂，一般应预热，主要用于冷冲模等零件的堆焊 85 号合金具有明显的加工硬化作用，可代替堆焊阀门，大幅度提高寿命，也可制造成焊条
		2Cr13	D512 EDCr-B-03 D516M EDCrMn-A-16 D516MA EDCrMn-A-16 D516F EDCrMn-A-16 D517 EDCrMn-A-15	45 38～48 38～48 35～45 45	
		3Cr13		40～49	
		9Cr13 Mn25Cr10 Mn16Cr16 Cr12Mn8 (85 号合金)	D377 D567 EDCrMn-D-15 D577 EDRMn-C-15 成分的质量分数为： C0.13%;Cr12%; Mn8%;N0.11%	50 210HBS 28 44	
6	奥氏体高锰钢和铬锰钢	MN13 Mn13Mo2 2Mn12Cr13 2Mn12Cr13Mo Cr25Mn13Ni Cr10Mn25 Cr15Mn16	D256 EDMn-A-16 D266 EDMn-B-16 D276 EDCrMNB-B-16 D277 EDCrMn-B-15 D567 EDCrMn-D-15 D577 EDCrMn-C-15	170HBS 170HBS 20 20 210HBS 28	具有良好的抗冲击磨损能力，适用于堆焊受强烈冲击的凿削式磨料磨损零件 但对受冲击作用很小的低应力磨料磨损，由于不能产生冲击加工硬化，所以耐磨性并不好，甚至不如碳素钢 堆焊金属为 A 组织的冷作硬化效果明显，有良好的抗擦伤性能，抗裂性能好，不需要预热，焊后不热处理，易切削加工

续表

序号	堆焊金属类型	合金系统	相应焊条牌号及型号	堆焊层硬度(HRC) ≥	主要特点及用途
7	奥氏体镍铬合金	Cr18Ni8Mo3MnV Cr18Ni8Si5 Cr18Ni8Si7	D537 D547Mo EDCrNi-A-15 D547Mo EDCrNi-B-15 D557 EDCrNi-C-15	(270～320) HBS 37 37	耐蚀性好，抗氧化和热强性好，但耐磨料磨损能力不高，主要用于化工、石油、原子能工业的耐腐蚀性热零件表面堆焊
8	高速钢	W18Cr4V W9Cr4V2	D307 EDD-D-D-15	55	有一次性碳化物的存在，易产生裂纹，焊前要预热，具有很高的红硬性和耐磨性，主要用于堆焊各种刀具、剪刀等
9	马氏体合金铸铁	W9B (W10 型) Cr4Mo4 Cr5W13	D678 EDZ-B1-08 D608 EDZ-Al-08 D698 EDZ-08	50 55 60	提高堆焊合金的硬度和耐磨性，具有良好的抗拉应力和低应力磨料磨损能力，有一定的耐热、耐腐蚀和抗氧化性能，常用于混凝土搅拌机等零件的焊接
10	高铬合金铸铁	 Cr30 Cr28Nb CrW15MoV Cr30Mo5V Cr30 Cr27Nb Cr28Ni4Si4 (索尔马依特 1 号) Cr30Mn2Si2B Cr28W5Mo6Nb	D638 D632A D638Nb- D618- D628- D638 D632A D642 EDZCr-B-03 D646 EDZCr-B-16 D638Nb D EDZCr-C-15 D687 EDZCr-D-15 D680 EDZCr-D-15 D658-	58 60.52 60 45 45 48 58 58 60	有很高的抗低应力磨料磨损和耐热、耐腐蚀性能，常用于高温锅炉等设备的密封面焊接

表 9-43 堆焊金属的性能比较

堆焊金属类型	耐磨料磨损性能	磨料磨损量		冲击韧度	简要说明
		在湿硅沙中	在干硅沙中		
碳化钨	高	0.20	0.06	低	耐磨料磨损性能最好，受磨损面变粗糙
高铬合金铸铁		—	0.03		耐低应力磨料磨损性能很好，抗氧化
铬钨马氏体合金铸铁		0.035～0.40	0.02		耐低应力磨料磨损性能很好，抗压强度高
铬镍或铬钼马氏体合金铸铁		0.035～0.40	0.04		
钴基合金		—	—		抗氧化、耐腐蚀、耐热、抗蠕变
镍基合金		—	—		抗氧化、抗蠕变、耐腐蚀
马氏体钢		0.65～0.70	0.40		兼有良好的耐磨料磨损性能和抗冲击性能，抗压强度高
珠光体钢		0.80	0.6		价廉，耐磨料磨损和抗冲击韧性较好
奥氏体不锈钢		—0.75～0.80	—		可加工硬化，耐腐蚀
奥氏体高锰钢	低	—	—	高	可加工硬化，冲击韧度最好，冲击条件下磨损性好

③ 表 9-44 所示是本节一所述的各种类型堆焊金属的牌号、主要成分、性能特征及主要应用举例，供选用时参考。

第四节　堆焊金属材料的选择

堆焊金属材料的选择是一项综合性的技术问题。首先，要考虑工件的要求和经济性，还要注意工件的材质、批量以及所采用的堆焊方法等因素。由于问题的复杂性，很难概括出一个简单可行的统一办法。因此在很大程度上，要依靠经验和实践来确定堆焊金属。

一、堆焊金属的选择原则

堆焊金属种类很多，选用时应遵循下列原则。

① 满足零件在工作条件下使用的性能要求。这是首要的，保证了零件能正常使用和耐用。为此，首先了解被焊零件的工作条件（温度、介质、载荷等），明确在运行过程中损伤的类型，然后选取最适于抵抗这种损伤类型的堆焊合金。例如，挖掘机的斗齿属于受强烈冲击的凿削式磨料磨损，应先用能抗冲击磨损的高锰钢等堆焊合金；而推土机的铲刃属低应力磨料磨损，若也选用高锰钢就会因硬度不足而磨损很快，这时应选用合金铸铁或碳化钨等堆焊合金。

② 具有良好的焊接性。所选堆焊材料在现场条件下应易于施焊并获得与基体结合良好而无缺陷的堆焊层。须注意堆焊金属与基体的相溶性，尤其是在修复工作中，基体很可能原先就是堆焊层，应对其成分、组织状态和性能有所了解，充分估计到基体稀释对堆焊层性能的影响。当基体碳当量较高时，为防止裂纹，可考虑预热、保温缓冷的工艺。不可行时，可考虑利用过渡层去解决。

③ 考虑堆焊的经济性。在选择堆焊金属时要综合全面地考虑其经济性，所选的堆焊合金不仅在使用性能相同的多种堆焊合金中是价格最低廉的一种，同时也应当是焊接工艺最简单、加工费用最少的一种。此外，还必须从堆焊件投入使用后的经济效益方面考虑。尤其在重大修复工作中，可能材料成本或加工成本高一些，但由于缩短了修复时间而减少了停机的经济损失，或由于延长了机件的使用寿命而带来巨大的经济效益。

表 9-44 常用堆焊金属类型的主要成分、性能特征及主要应用举例

类型	牌号	主要成分的质量分数/%	性能特征	主要应用举例
珠光体钢	焊条：D102、D106、D107、D112、D126、D127、D132、D146、D156	C<0.5，其他合金总量<6.5，主要是 Mn、Cr、Mo、Si	价廉，抗裂性好，可机械加工，硬度较低（20～38HRC），耐磨性不高	过渡层或恢复尺寸堆焊，也可堆焊轴类、车轮、齿轮等
马氏体钢	焊条： 低碳：广堆 1～4、D217A、DM-742 中碳：D172、D167、D212、D237 高碳：D207、D227	含碳 0.1～1.0，最高可达 1.5。其他合金总量<12，个别可达 14。主要是 Mn、Cr、Ni、Mo、Si	硬度、耐磨性、耐冲击性，不同牌号差别大，硬度为 25～65HRC，低碳的韧性好，中碳的能耐中度冲击，含碳和合金量高的耐磨性高。但焊接性较差，必须预热和后热	低碳马氏体钢主要作过渡层，也可堆焊轴、齿轮等。中、高碳马氏体钢可堆焊铲斗、搅拌机叶片等
工具钢	焊条： 高速钢：D307 冷工具钢：D317、D322、D327、D327A、D017、D027、D036 热锻模钢：D337、D397	高速钢含碳量>0.8，其他钢种含碳较低，其他合金元素有 Cr、Mo、W、V、Co、Si 等	高速钢、工具钢堆焊层硬度≥55HRC。热锻模、热轧辊钢含碳较低，能耐中度冲击，有的有较好的耐冷热疲劳性。多种材料有较高的热强性和红硬性	金属切削刀具、热锻模、热轧辊、冷冲模、农机、矿山机械及磨焊煤锤头等
高铬不锈钢	焊条：G202、G207、G217、D502、D507、D507Mo、D507、MoNb、D512、D517 合金粉末：F321	含铬约 13，其他合金总量<13，主要是 Mo、Nb、W 等	有空气淬硬特性，堆焊层厚度≥38HRC。有适度的耐磨性、耐蚀性、耐热性和耐冲击性	耐中温（300～600℃）金属间磨损零件，如阀门密封面、螺旋输送叶片、搅拌桨等
铬镍不锈钢	焊条：A002、A042、A062、A102、A202、A302、A402、D547、D547Mo、D557 合金粉末：F311、F312、F322、F327A、F327B	含铬量>17，含镍量>7，其他合金总量<10，主要是 Mo、W、Si 等。个别还含 V、Nb、B 等	韧性、耐热性好。有冷作硬化性，冷作后可达 40HRC。低碳和超低碳的耐蚀性好。含碳较高的耐高温磨损。加硼的耐磨性更好	常作高铬钢堆焊的过渡层。低碳的用于化工设备抗腐蚀堆焊，高碳的用于阀门密封面和炉内零件

续表

类型	牌号	主要成分的质量分数/%	性能特征	主要应用举例
奥氏体锰钢和铬锰奥氏体钢	焊条：D256、D266、D276、D277、D516M、D516MA、D567、D577 合金粉末：F326	奥氏体锰钢含碳<1.1，含锰13。还含少量Cr、Mo、V、Ni等，总量<10。铬锰奥氏体钢除高锰外，含铬>10，还含W、Mo、Ni、V、Si等	奥氏体锰钢韧性好，耐冲击，在重冲击时冷作硬化效果显著，可达450HBW。只能电弧焊，且焊时工件必须冷却，工作温度不能超过200℃。在碳钢上堆焊需过渡层。铬锰奥氏体钢性能与高锰钢相似，但耐磨性更好，没有碳化物脆化问题	高冲击条件下金属间磨损和磨料磨损的工件，如铁路道岔、铁轨、机床夹具、破碎机、推土机、阀门密封面等
合金铸铁	焊条：D608、D678、D698、D618、D628、D642、D646、D667、D687 合金粉末：F323、F323A、F324、F325 焊丝：HS101、HS103	含碳量为1.5～6，马氏体型含铬量<10，奥氏体型含铬量为12～28，高铬合金型含铬量>28，此外含W、Mo、V、Ti、Ni、B等	硬度高，为45～64HRC，抗磨料磨损性好，堆焊时易裂。一般需预热和后热。奥氏体型能抗轻度冲击，但抗高应力磨料磨损性较差。马氏体型的抗高应力磨料磨损性好，但抗冲击性差，含铬高的耐热性、耐蚀性、抗氧化性都较好	矿山冶金机械、农业机械、泥浆泵、粉碎机辊、挖掘机、挖泥机、磨煤机、制砖机、螺旋输送器、混合器叶片、水轮机叶片等
镍基合金	焊条：Ni112、Ni307、Ni307B、Ni337 合金粉末：F121、F122、F113	含镍约70、铬15，还含Mo、Nb、Fe、Mn等元素 镍铬硅硼系 无硼的镍铬钨硅系	抗裂性较好。Ni337抗黏着磨损性能、耐蚀性、耐热性都较好（硬度为250HBS） 耐热、抗氧化，在650℃以下环境中有良好的耐磨、耐蚀性能。中硬的F121硬度为40～50HRC。高硬的F122硬度>55HRC 耐磨、耐热、抗腐性都超过Stellite No. 6，是理想的代钴材料	Ni337用作核容器密封面，Ni307用于在异种钢上堆焊，Ni112主要用作过渡层、模具、轴类、耐高温、耐蚀阀门密封面 核容器密封面、热剪刀刃、热模具、汽轮机叶片等

续表

类型	牌号	主要成分的质量分数/%	性能特征	主要应用举例
钴基合金	焊条：D802、D812、D822、D842 合金粉末：F221、F221A、F222、F223 焊丝：HS111、HS112、HS113、HS114	钴铬钨合金含铬 20～>33，含碳 0.5～3.3，含钨 3～21，还含少量 Fe、Si、B 等元素	高温(650℃)硬度、抗蠕变性、耐磨性、抗氧化性都很好 抗黏着磨损性能良好。高碳型(D822、HS113)脆，但抗磨料磨损性好。低碳型(D802、HS111)韧性好，抗氧化性好	用于高温腐蚀、高温磨损环境中工作的工件，如高温高压阀门密封面、热剪刀刃、热锻模、高压泵轴套等
铜基合金	焊条：T107(纯铜) T207(硅青铜) T237(铝青铜) T227(磷青铜) 合金粉：F422(锡磷青铜) 焊丝：HS222(铁黄铜)	Cu>99，Si<0.5，Mn<0.5 Si2.4～4，Mn≤1.5，Sn≤1.5，其余为 Cu Al7～9，Mn≤2，Si≤1，Fe≤1.5，其余为 Cu Sn7.9～9，P0.03～0.3，其余为 Cu Sn9.0～11.0，P0.10～0.50，其余为 Cu Sn0.7～1.0，Fe0.35～1.2，Si0.05～0.15，Mn0.03～0.09，Cu57～59，其余为 Zn	对大气、海水有良好的耐蚀性 对硝酸以外大部分酸及海水有良好的耐蚀性 有优良的耐黏着磨损和耐蚀性 有一定强度，良好的塑性、耐冲击性、耐磨性和耐蚀性 良好的耐黏着磨损性和耐蚀性，硬度低(80～120HBS)，易切削加工 良好的耐黏着磨损性和耐蚀性	耐海水腐蚀的碳钢零件表面堆焊 化工机械管道内衬堆焊 轴承、滑道、化工设备内衬、阀门密封面 磷青铜轴衬，船舶推进器叶片，铸铁件修补和堆焊 轴和轴承的修复和预防性保护 轴承和耐腐蚀表面堆焊
碳化钨堆焊层	焊条：D707(碳钢芯) D717(管装粒状铸造碳化钨芯) YZ 型(管装粒状铸造碳化钨芯) YD 型(烧结型、胎体为“镍银”合金) YZ、YD 型均为气焊堆焊焊条	含碳 15～3、钨 40～50 含碳 1.5～4、钨 50～70，其余为 Cr、Mo、Ni、Mn、Si 等	硬度≥60HRC，不能机加工，耐磨料磨损性好、脆、堆焊层易产生裂纹 碳化钨易崩裂，脱落，高温抗氧化性差，工作温度不能超过 650℃，耐磨料磨损性好，韧性比铸造碳化钨好	混凝土搅拌叶片、风机叶片、挖泥机叶片、牙轮钻头爪尖等强烈磨损件 石油钻井、修并及打捞工具，如钻杆接头、耐磨带、铣鞋、磨鞋等

二、堆焊金属选择的一般规律

要求最大抗磨料磨损性能时，选用含碳化物或其他硬度相同的堆焊金属，如碳化钨、合金铸铁等，前者耐磨性好，后者价格便宜，均有较多应用。

要求抗冲击及磨料磨损时，选用既能耐磨料磨损又能承受冲击载荷的堆焊金属。耐磨料磨损的堆焊金属承受冲击载荷能力强弱的顺序是：合金铸铁、马氏体钢、奥氏体高锰钢。马氏体钢价格便宜，应用最普遍。

要求在腐蚀性介质中工作时，选用抗腐蚀能力强的不锈钢、铜基合金、镍基合金。若要求同时具有耐磨能力，则可选用钴基和镍基合金。

要求高温耐磨时，可选用钴基合金，含 Laves 相的钴基合金更好。若同时存在冲击，则可选用含 Cr5%的马氏体钢。若要求更高的抗热能力和热强度，则可选用马氏体不锈钢。

在满足工件技术要求的同时，要注意经济效益和资源的合理利用。影响经济效益的因素很多，如堆焊材料的成本、堆焊设备的折旧、生产效率和运输费用等。

堆焊金属选用的一般规律见表 9-45。

表 9-45 堆焊金属选用的一般规律

工作条件	可选用的堆焊金属
高应力金属间磨损	亚共晶钴基合金、含金属间化合物的钴基合金
低应力金属间磨损	堆焊用低合金钢
金属间磨损＋腐蚀或氧化	大多数钴基或镍基合金
低应力磨料磨损、冲击浸蚀、磨料浸蚀	高合金铸铁
低应力严重磨料磨损	碳化物
气蚀	不锈钢、钴基合金
严重冲击	高锰钢
严重冲击＋腐蚀＋氧化	亚共晶钴基合金
高温下金属间磨损	亚共晶钴基合金、含金属间化合物的钴基合金
凿削磨损	奥氏体锰钢
热稳定性、高温蠕变强度(450℃)	钴基合金、含碳化物的镍基合金

三、堆焊金属选择的方法和步骤

正确选择堆焊金属的方法是经验与试验相结合，因为被焊零件工作条件的多样性对堆焊层提出各种不同的使用要求，而堆焊金属虽然品种多且性能各异，但与使用要求之间却没有一一对应关系，很难一次选择即达到要求。通常都是参考已有资料（前有经验）和个人实践的经验进行初选，经反复多次试验验证后才能确定。

一般选择步骤如下：

① 分析工作条件，确定可能的破坏类型及对堆焊金属的要求。

② 参考表 9-44 和表 9-45 等资料列出的几种可供选择的堆焊金属。

③ 分析待选材料和基体的相溶性，初步选定堆焊材料的形状和拟订堆焊工艺。

④ 进行样品堆焊，焊后工件在模拟工作条件下作运行试验，并进行评定。

⑤ 综合考虑使用寿命和成本，最后选定堆焊金属。

⑥ 确定堆焊方法和制订堆焊工艺。

第五节 堆焊材料的选用

一、堆焊合金的类型及其堆焊材料的选用

堆焊合金的类型及其堆焊材料的选用见表 9-46。

二、堆焊焊条的选用

① 根据被焊工件的工作条件和所需堆焊合金类型来选用堆焊焊条见表 9-47、表 2-49。

② 管装粒状铸造碳化钨焊条的组成及用途见表 9-48。

③ YD 型硬质合金（烧结型）复合材料堆焊焊条的牌号、规格及用途见表 9-49。

三、堆焊焊丝及焊带的选用

① 堆焊焊丝的选用见表 3-10、表 3-32～表 3-34。

② 不锈钢焊接及堆焊用焊丝及焊带见表 3-27。

③ 堆焊焊带的选用见表 3-51 与表 3-52。

表 9-46 堆焊合金的类型及化学成分

堆焊合金类型	合金系	堆焊层金属化学成分/%									堆焊层硬度(HRC)	堆焊材料举例
		C	Mn	Si	Cr	Ni	Mo	W	其他	余量		
低碳低合金钢	1Mn2	≤0.20	≤3.50	—	—	—	—	—	—	Fe	≥22	D107
	2Mn3	≤0.20	≤4.20	—	—	—	—	—	—		≥28	D126
	2Mn4	≤0.20	≤4.50	—	—	—	—	—	≤2.0		≥30	D146
	1Cr2Mo	≤0.25	—	—	≤2.0	—	≤1.50	—	≤2.0		≥22	D112
中碳中合金钢	5Cr3Mo	≤0.50	—	—	≤3.0	—	≤1.50	—	—	Fe	≥30	D132
	5Cr2Mo2	≤0.50	—	—	≤2.5	—	≤2.50	—	—		≥40	D172
	4Mn6Si	≤0.45	≤6.50	≤1.00	—	—	—	—	—		≥50	D167
	5Cr5Mo4	0.30～0.60	—	—	≤5.0	—	≤4.0	—	—		≥50	D212
高碳低合金钢	7Cr3Mn2Si	0.50～1.0	≤2.50	≤1.00	≤3.5	—	—	—	≤1.0	Fe	≥50	D207
铬-钨、铬-钼热稳定钢	5CrMnMo	≤0.60	≤2.50	≤1.00	≤2.0	—	≤1.0	—	≤1.0	Fe	≥45	D397
	3Cr2W8	0.25～0.55	—	—	2.0～3.5	—	—	7～10	≤1.0		≥48	D337
	5W8Cr5Mo2V	≤0.05	—	—	≤5.0	V≤1.0	≤2.5	7～10	≤1.0		≥55	D327
高铬钢	1Cr13	≤0.15	—	—	10～16	—	—	—	≤2.5	Fe	≥40	D507
	1Cr13Ni5Mo2W2	≤0.20	—	—	10～16	≤6.0	≤2.50	≤2.00	≤2.5		≥37	D507Mo
	1Cr13Mo2Nb	≤0.15	—	—	10～16	—	≤2.50	Nb ≤0.50	≤2.5		≥37	D507MoNb
	1Cr13BSi	≤0.15	—	0.15～1.5	12.5～14.5	—	0.5～1.5	—	B1.3～1.8		40～45	F312
	2Cr13	≤0.25	—	—	10～16	—	—	—	≤5.0		≥45	D512
	3Cr13	≤0.30	—	—	10～16	—	—	—	—		40～49	—

续表

堆焊合金类型	合金系	堆焊层金属化学成分/%									堆焊层硬度(HRC)	堆焊材料举例
		C	Mn	Si	Cr	Ni	Mo	W	其他	余量		
奥氏体高锰钢和铬锰钢	Mn13	≤1.1	11～16	≤1.3	—	—	—	≤5.0	—	Fe	≥170HB	D256
	Mn13Mo2	≤1.1	11～18	0.3～1.3	—	—	≤2.50	—	≤1.0		≥170HB	D266
	2Mn12Cr13	≤0.8	11～16	≤0.8	13～17	—	—	—	≤1.0		≥20	D276
奥氏体铬镍钢	Cr18Ni8Si5Mn	≤0.18	0.6～2.0	4.8～6.4	15～18	7～9	—	—		Fe	270～320HB	D547
	Cr20Ni11Si4MoWNb	0.1～0.18	0.6～2.0	3.5～4.3	18～21	10～12	3.8～5.0	0.8～1.2	Nb0.7～1.2		≥37	D547Mo
	Cr18Ni8Si7Mn2	≤0.20	2.0～3.0	5～7	18～20	7～10	—	—			≥40	D557
高速钢	W18Cr4V	0.7～1.0	—	—	3.8～4.5	—	—	17～19.5	V1.0～1.5	Fe	≥55	D307
马氏体钢或合金铸铁	W9	1.5～3.5	—	—	—	—	—	8～10	≤1.0	Fe	≥50	D678
	Cr4Mo4	2.5～4.5	—	—	3.0～5.0	—	3.5～5.0	—	—		≥55	D608
	Cr5W11	≤3.0	—	—	4～6	—	—	8.5～14	—		≥60	D698
高铬合金铸铁	Cr30Ni7	1.5～3.5	1.5～3.0	≤1.5	28～32	5～8	—	—	—	Fe	≥40	D567
	Cr30	1.5～3.5	<1.0	—	22～32	—	—	—	—		≥45	D646
	Cr28Ni4Si4	2.5～5.0	0.5～1.5	1.0～4.8	25～32	3～5	—	—	—		≥48	D667
	Cr28Mn	3.0～4.0	1.5～3.5	≤3.0	22～32	B0.5～2.5	—	—	—		≥58	D687
	Cr18W	≤3.0	—	—	15～20	—	1.0～2.0	10～20	≤1.0		≥58	D618
	Cr28Mo5	3.0～5.0	—	—	20～35	—	4.0～6.0	—	≤1.0		≥60	D628
碳化钨合金	W45MnSi4	1.5～3.0	≤2.0	≤4.0	—	—	—	40～50	—	Fe	≥60	D707
	W60Mo7Ni3Si	1.5～4.0	≤3.0	≤4.0	≤3.0	≤3.0	≤7.0	50～70	≤3.0		≥60	D717

续表

堆焊合金类型	合金系	堆焊层金属化学成分/%									堆焊层硬度(HRC)	堆焊材料举例
		C	Mn	Si	Cr	Ni	Mo	W	其他	余量		
钴基合金	Co-Cr30W5	0.7～1.4	≤2.0	≤2.0	25～32	—	Co 余量	3～6	Fe≤5.0	—	≥40	D802
	Co-Cr30W8	1.0～1.7	≤2.0	≤2.0	25～32	—	Co 余量	7～10	Fe≤5.0		≥44	D812
	Co-Cr30W12	1.75～3.0	≤2.0	≤2.0	25～32	—	Co 余量	11～19	Fe≤5.0		≥53	D822
	Co-Cr30W9	0.20～0.50	≤2.0	≤2.0	25～32	—	Co 余量	≤9.5	Fe≤5.0		28～35	D842
镍基合金	Ni-Cr-B-Si	0.3～0.7	—	2.5～4.5	8～12	余量	—	—	B1.8～2.6	Fe≤4	40～50	F101
	Ni-Cr-B-Si	0.6～1.0	—	3.5～5.5	14～18	余量	—	—	B3.0～4.5	Fe≤5	≥55	F102
	Ni-Cr-B-Si	≤0.15	—	2.5～4.5	8～12	余量	—	—	B1.3～1.7	Fe≤8	20～30	F103
	Ni-Cr-Mo-W	<0.10	—	—	17	余量	Mo17	W4.5	Fe5	—	175～215HB	—
	Ni-Cu	<0.20	1.2～1.8	—	—	余量	—	Cu27～29	Fe2～3	—	125～150HB	—
铜基合金	纯铜	—	<3.0	<0.5	—	—	—	—	—	Cu>99	50HBS	T107
	硅青铜	—	≤3.0	2.4～4.0	—	—	—	—	Sn<1.5	Cu 余量	110～130HV	T207
	锡磷青铜	—	—	—	—	—	—	P0.03～0.3	Sn7.9～9.0	Cu 余量	80～115HV	T227
	锡青铜	—	—	—	—	3.5	—	—	Sn6	Cu 余量	100HBS	—
	铝青铜	—	≤2.0	≤1.0	—	—	—	Al7～9	Fe≤1.5	Cu 余量	120～160HB	T237
	锡黄铜	—	—	0.15～0.35	—	—	—	Zn 余量	Sn0.8～1.2	Cu59～61	—	HS221
	白铜	—	1.5	—	—	30	—	Ti0.2	Fe1.0	Cu 余量	350HBS	T307

表 9-47 堆焊焊条的选用

工作条件			典型零件	堆焊合金类型	堆焊材料
黏着磨损	常温		轴类、车轮	低碳低合金钢(珠光体钢)	D107(1Mn3Si),D127(2Mn4Si)
			齿轮	中碳低合金钢(马氏体钢)	D172(4Cr2Mo),D217(4Cr9Mo3V)
			冲模剪刃	中碳中合金钢(马氏体钢)	D322(5CrW9Mo2V),D377(1Cr12V)
			轴瓦、低压阀密封面	铜基合金	T237(A18Mn2),T227(Sn8P0.3)
	中温		阀门密封面	高铬钢	D502、D507(1Cr13)
	高温		热锻模	中碳低合金钢(马氏体钢)	D397(5CrMnMo)
			热剪刃、热拔伸模	中碳中合金钢(马氏体钢)	D337(3Cr2W8)
				钴基合金	D802(Co30W5),D812(Co30W8)
			热轧辊	中碳中合金钢	D337
			阀门密封面	铬镍合金钢(奥氏体钢)	D557(Cr18Ni8Si5Mn) D547Mo(Cr18Ni12Si4Mo4)
				镍基合金	Ni337,Ni112
				钴基合金	D802,D812
黏着磨损+磨料磨损			压路机链轮	低碳低合金钢	D107(1Mn3Si),D112(2Cr15Mo)
			排污阀	高碳低合金钢(马氏体钢)	D207(7Mn2Cr3Si),D212(5Cr2Mo2)
磨料磨损	常温	高应力	推土机板	中碳中合金钢	D212(5Cr3Mo),D207(7CrMn2Si)
			铲斗齿	合金铸铁	D608(Cr4Mo4),D667(Cr28Ni4Si4)
		低应力	混凝土搅拌机	合金铸铁	D642(Cr27),D678(W9B)
			螺旋输送机	碳化钨	D707(W45MnSi4)
			水轮机叶片	中碳中合金钢	D217
	高温		高炉装料设备	高铬合金铸铁	D642,D667
磨料磨损+冲击磨损			颚式破碎机	中碳中合金钢	D207,D212,D217
			挖掘机斗齿	高锰钢(奥氏体钢)	D256(Mn13),D266(Mn13Mo2)

续表

工作条件			典型零件	堆焊合金类型	堆焊材料
冲击磨损	常温		铁道岔、履带板	高锰钢	D256,D266
	高温		热剪机	高锰钢	D256,D266
耐腐蚀	低温	海水	船舶螺旋桨	铜基合金	T237,T227
	中温	水蚀	锅炉、压力容器	铬镍钢(奥氏体钢)	A062
	高温	腐蚀	内燃机排气阀	钴基合金 镍基合金	D812(Co 基 Cr30W8) D822(Co 基 Cr30W12)
		氧化	炉子零件	镍基合金	Ni307
气蚀	常温		水轮机叶片	铬镍不锈钢 钴基合金	D547(Cr18Ni8Si5) D802(Co 基 Cr30W5)

表 9-48 管装粒状铸造碳化钨焊条的组成及用途

牌号	粒度/mm	钢管尺寸/mm		铸造碳化钨与钢管质量分数/%		用途
		直径	长度	铸造碳化钨	钢管	
YZ20～30g	－0.9～＋0.56	7	390±0.5	60～70	40～30	铣齿牙轮钻头齿面、钻井用扶正器等的堆焊
YZ30～40g	－0.56～＋0.45	6	390±0.5	60～70	40～30	铣齿牙轮钻头齿面、钻井用扶正器、吸尘风机叶片、饲料粉碎机锤片等的堆焊
YZ40～60g	－0.45～＋0.28	5	390±0.5	60～70	40～30	铣齿牙轮钻头齿面、钻井用扶正器、吸尘风机叶片、饲料粉碎机锤片、糖厂蔗刀、甘蔗压榨辊的辊身和辊齿等的堆焊
YZ60～80g	－0.28～＋0.18	4	390±0.5	60～70	40～30	糖厂蔗刀等的堆焊

表 9-49　YD 型硬质合金（烧结型）复合材料堆焊焊条的牌号、规格及用途

牌号	烧结碳化钨颗粒尺寸/mm	胎体金属材料	硬质合金颗粒硬度(HRA)	外涂钎剂颜色	用途
YD-9.5	6.5～9.5	铜基合金	89～91	深绿	石油工具铣鞋、磨鞋、水力割刀刮刀片等的堆焊
YD-8	6.5～8		89～91	深蓝	铣鞋、磨鞋、水力割刀刮刀片、刨煤机刨刀等的堆焊
YD-6.5	5～6.5		89～91	红	铣鞋、磨鞋、刨煤机刨刀、打桩钻头、螺旋钻头、筑路机刀头等的堆焊
YD-5	3～5		89～91	黄	铣鞋、磨鞋、套铣鞋、取芯钻头、打桩钻头铲斗斗齿、键槽扩孔器、高炉送料溜板、筑路机刀头等的堆焊
YD-3	2～3		89～91	粉红	钻井用稳定器、钻杆耐磨带、犁铧、钻杆接头、饲料粉碎机锤片等的堆焊
YD-10 目(2mm)	(−2～+1) (−10 目～+18 目)		89～91	浅绿	
YD-18 目(1mm)	(−2～+5.6) (−18 目～+30 目)		89～91	浅蓝	钻杆耐磨带、塑料橡胶与皮革的锉磨工具、耐磨层等的堆焊
YD-30 目	(−0.56～0.035) (−30 目～+50 目)		89～91	浅黄	橡胶及皮革的锉磨工具、耐磨层等的堆焊

第十章

焊接用螺柱、焊钉及盘条

第一节 手工焊用焊接螺柱（GB/T 902.1—2008）

一、尺寸

手工焊用焊接螺柱型式尺寸见图 10-1 和表 10-1。

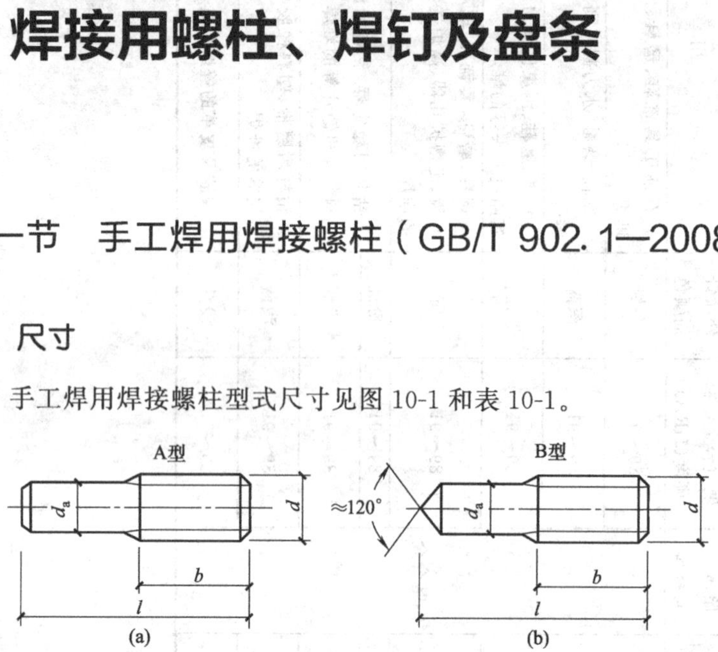

图 10-1 手工焊用焊接螺柱型式尺寸示意图

注：d_a 约等于螺纹中径。螺柱末端应为倒角端，如需方同意亦可制成辗制末端［《紧固件 外螺纹零件末端》(GB/T 2)］。

表 10-1 手工焊用焊接螺柱型式尺寸 mm

螺纹规格 d①			M3	M4	M5	M6	M8	M10	M12	(M14)	M16	(M18)	M20
b^{+2P}_{0}		标准	12	14	16	18	22	26	30	34	38	42	46
		加长	15	20	22	24	28	45	49	53	57	61	65
l①②													
公称	min	max											
10	9.10	10.90											
12	11.10	12.90											

续表

螺纹规格 d①			M3	M4	M5	M6	M8	M10	M12	(M14)	M16	(M18)	M20
b^{+2P}_{0}		标准	12	14	16	18	22	26	30	34	38	42	46
		加长	15	20	22	24	28	45	49	53	57	61	65
l①②													
公称	min	max											
16	15.10	16.90											
20	18.95	21.05											
25	23.95	26.05											
30	28.95	31.05											
35	33.75	36.25											
40	38.75	41.25											
45	43.75	46.25				商							
50	48.75	51.25											
(55)	53.50	56.50											
60	58.50	61.50					品						
(65)	63.50	66.50											
70	68.50	71.50											
80	78.50	81.50						规					
90	88.25	91.75											
100	98.25	101.75											
(110)	108.25	111.75							格				
120	118.25	121.75											
(130)	128.00	132.00											
140	138.00	142.00								范			
150	148.00	152.00											
160	158.00	162.00											
180	178.00	182.00									围		
200	197.70	202.30											
220	217.70	222.30											
240	237.70	242.30											
260	257.40	262.60											
280	277.40	282.60											
300	297.40	302.60											

① 尽可能不采用括号内的规格。

② 粗线以上的规格，制成全螺纹。

二、技术要求和引用标准

技术要求和引用标准见表10-2。

表 10-2 技术要求和引用标准

材　料		钢：$\sigma_b \geqslant 420MPa$，$\sigma_s \geqslant 340MPa$，$\delta \geqslant 14\%$
通用技术条件		《紧固件　螺栓、螺钉、螺柱和螺母　通用技术条件》（GB/T 16938—2008）
螺纹	公差	6g
	标准	《普通螺纹　基本尺寸》（GB/T 196—2003），《普通螺纹　公差》（GB/T 197—2018）
机械性能	等级	4.8 级
	标准	《紧固件机械性能　螺栓、螺钉和螺柱》（GB/T 3098.1—2010）
表面处理		不经处理 镀锌钝化：技术要求按《紧固件　电镀层》（GB/T 5267.1—2002）的规定
验收及包装		《紧固件　验收检查》（GB/T 90.1—2002）、《紧固件　标志与包装》（GB/T 90.2—2002）

注：材料的化学成分按《紧固件机械性能　螺栓、螺钉和螺柱》（GB/T 3098.1）的规定，但最大含量为 0.20%，且不得采用易切钢。

三、标记

1. 标记方法

标记方法按《紧固件标记方法》（GB/T 1237—2000）的规定。

2. 标记示例

螺纹规格 d＝M10、公称长度 l＝50mm、螺纹长度 b＝26mm、性能等级为 4.8 级、不经表面处理、按 A 型制造的手工焊用焊接螺柱的标记：

焊接螺柱　GB/T 902.1　　　　M10×50

需要加长螺纹时应加标记 Q：

焊接螺柱 GB/T 902.1—2008　M10×50-Q

按 B 型制造时应加标记 B：

焊接螺柱　GB/T 902.1—2008　M10×50-B

第二节　机动弧焊用焊接螺柱（GB/T 902.2—2010）

一、尺寸

机动弧焊用焊接螺柱尺寸见图 10-2 及表 10-3。

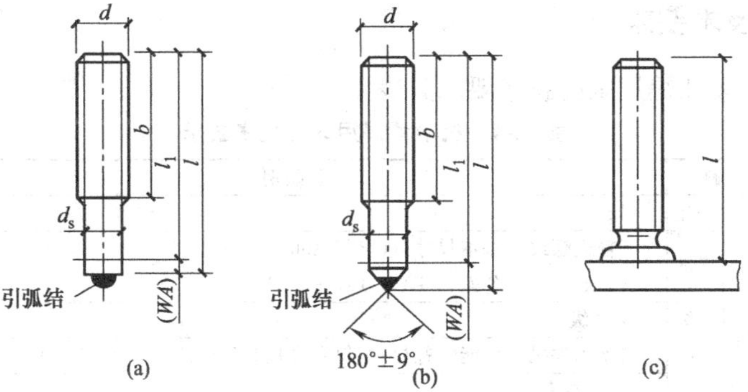

图 10-2　机动弧焊用焊接螺柱尺寸示意图

注：d_s 螺纹中径，$l=l_1+WA$；末端应按《紧固件　外螺纹零件的末端》(GB/T 2) 的规定制成倒角端，如需方同意亦可制成辗制末端。

表 10-3　机动弧焊用焊接螺柱尺寸　　mm

螺纹规格 d		M3	M4	M5	M6	M8	M10	M12	M16	M20
b	max	13	15.5	17.6	20	24.5	29	33.5	42	51
	min	12	14	16	18	22	26	30	38	46
WA(参考)		2	2	3	3	4	4	5	5	6
公称长度 l_1										
12										
16										
20										
25		商								
30			品							
35				规						
40					格					
45						范				
50							围			
55										
60										
70										
80										
90										
100										

注：1. WA 为焊接螺柱的熔化长度。

2. 粗线以上的规格，制成全螺纹。

二、技术要求

机动弧焊用螺柱技术要求见表10-4。

表10-4 机动弧焊用螺柱技术要求

材料		普碳钢
螺纹	公差	6g
	标准	《普通螺纹　基本尺寸》(GB/T 196—2003) 《普通螺纹　公差》(GB/T 197—2018)
机械性能	等级	4.8级
	标准	《紧固件机械性能　螺栓、螺钉和螺柱》(GB/T 3098.1—2010)
引弧结		由制造者选择
表面处理		不经处理或镀铜或镀锌钝化 《紧固件　电镀层》(GB/T 5267.1—2002)
验收及包装		《紧固件 验收检查》(GB/T 90.1—2002) 《紧固件　标志与包装》(GB/T 90.2—2002)

注：1. 材料的化学成分按《紧固件机械性能　螺栓、螺钉和螺柱》(GB/T 3098.1—2010）的规定，但最大含碳量按0.20%，且不得采用易切钢制造。

2. 焊接部的力学性能及焊接瓷环尺寸，参见表10-5、表10-6及图10-3。

表10-5 焊接螺柱焊接部的最小拉力载荷

螺纹规格 d/mm	M3	M4	M5	M6	M8	M10	M12	M16	M20
公称应力截面积 A_s/mm^2	5.03	8.78	14.2	20.1	36.6	58.0	84.3	157	245
最小拉力载荷($A_s \times \sigma_b$)/N	2110	3690	5960	8440	15400	24400	35400	65900	103000

表10-6 烤瓷环基本尺寸 mm

D	D_1	D_2	H	适用的螺纹规格 d
6.5	9.8	13.0	10	M6
8.5	12.0	14.5	10	M8
10.5	17.5	20.0	11	M10
12.5	17.5	20.0	11	M12
17.0	24.5	27.0	14	M16
21.5	27.0	32.0	18	M20

此外，在焊好的螺柱上加上螺母，螺母距焊接表面的距离应等于或大于2.4d。不能满足该条件的，可用较长规格的代替。用锤打击螺母，使螺柱弯曲至15°时，其焊缝和热影响区没有肉眼可见的裂缝。检查焊接螺柱焊接部力学性能用的试件、焊接设备、焊接瓷环和焊接工艺规范，由供需双方协议。

三、标记

1. 标记方法

标记方法按《紧固件标记方法》(GB/T 1237—2000) 的规定。

2. 标记示例

螺纹规格 d＝M10、公称长度 l_1＝50mm、性能等级为 4.8 级、不经表面处理、按 A 型制造的机动弧焊用焊接螺柱的标记：

螺柱　GB/T 902.2—2010　M10×50

按 B 型制造时应加标记 B：

螺柱　GB/T 902.2—2010　BM10×50

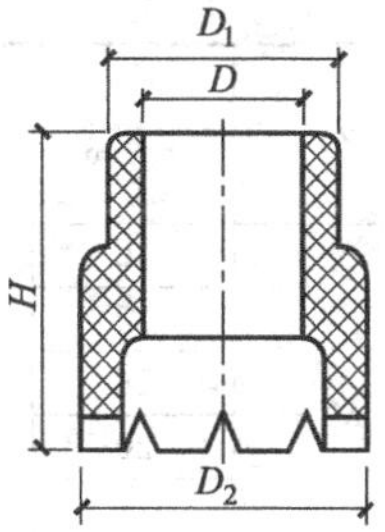

图 10-3　焊接烤瓷环基本尺寸示意图

第三节　储能焊用焊接螺柱（GB/T 802.1—2008）

一、尺寸

1. 螺纹焊接螺柱（PT 型）

PT 型焊接螺柱的型式尺寸见图 10-4 和表 10-7。

表 10-7　PT 型焊接螺柱尺寸　　mm

d_1	l_1[①] $^{+0.6}_{0}$	d_3 ±0.2	d_4 ±0.08	l_3 ±0.05	h	n max	α ±1°
M3	6	4.5	0.6	0.55	0.7～1.4	1.5	3°
	8						
	10						
	12						
	16						
	20						
M4	8	5.5	0.65				
	10						
	12						
	16						
	20						
	25						

续表

d_1	$l_1$① $^{+0.6}_{0}$	d_3 ±0.2	d_4 ±0.08	l_3 ±0.05	h	n max	α ±1°
M5	10	6.5	0.75	0.80	0.8～1.4	2	3°
	12						
	16						
	20						
	25						
	30						
M6	10	7.5					
	12						
	16						
	20						
	25						
	30						
M8	12	9		0.85	0.8～1.4	3	
	16						
	20						
	25						
	30						

① 其他长度由双方协议。

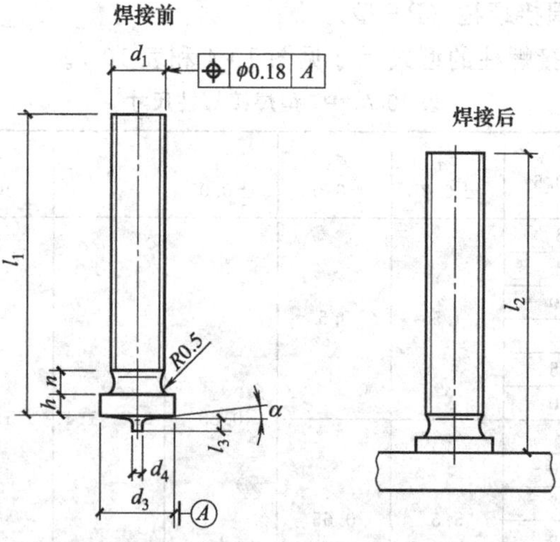

图 10-4　PT 型焊接螺柱尺寸示意图

注：$l_2 \approx l_1 - 0.3$mm。

2. 内螺纹焊接螺柱（IT 型）

IT 型焊接螺柱的型式尺寸见图 10-5 和表 10-8。

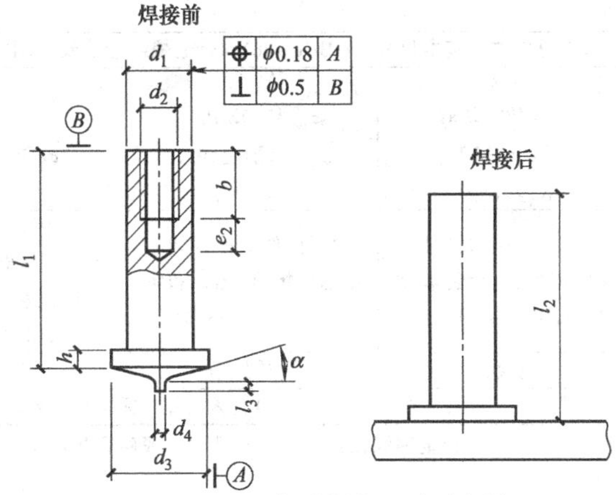

图 10-5　IT 型焊接螺柱尺寸示意图

注：$l_2 \approx l_1 - 0.3$mm。

表 10-8　IT 型焊接螺柱尺寸　　mm

d_1 ±0.1	d_2	$l_1$① $^{+0.6}_{0}$	b $^{+0.5}_{0}$	e_2 min	d_3 ±0.2	d_4 ±0.08	l_3 ±0.05	h	α ±1°
5	M3	10	5	2.5	6.5	0.75	0.80	0.8～1.4	3°
		12							
		16							
		20							
		25							
6	M4	12	6	3	7.5				
		16							
		20							
7.1	M5	12	7.5	3	9		0.85		
		16							
		20							
		25							

① 其他长度由双方协议，但 l_1 最小值应大于等于 $1.5d_1$。

二、技术要求和引用标准

技术要求和引用标准见表 10-9。

表 10-9 技术要求和引用标准

材料		钢①	不锈钢②	有色金属
通用技术条件		《紧固件 螺栓、螺钉、螺柱和螺母 通用技术条件》(GB/T 16938)		
螺纹	公差	6g		
	标准	《普通螺纹 基本尺寸》(GB/T 196)、《普通螺纹 公差》(GB/T 197)		
力学性能	等级	4.8 $\sigma_b \geqslant 420$MPa, $\sigma_s \geqslant 340$MPa, $\delta_\Delta \geqslant 14\%$	A2-50 $\sigma_b \geqslant 500$MPa, $\sigma_{p0.2} \geqslant 210$MPa, $\delta \geqslant 0.6d$	CU2 $\sigma_b \geqslant 370$MPa
	标准	《紧固件机械性能 不锈钢螺栓、螺钉和螺柱》(GB/T 3098.6)	《紧固件机械性能 不锈钢螺栓、螺钉和螺柱》(GB/T 3098.6)	《紧固件机械性能 有色金属制造的螺栓、螺钉、螺柱和螺母》(GB/T 3098.10)
表面处理		电镀铜	简单处理	简单处理
验收及包装		《紧固件 验收检查》(GB/T 90.1)、《紧固件 标志与包装》(GB/T 90.2)		

① 如果硬度增加不大，非合金钢螺柱具有可焊接性，一般碳含量应小于等于 0.18%，且不得采用易切钢。

② 不锈钢螺柱具有可焊接性，且不得采用易切钢。

三、标记

1. 标记方法

标记方法按《紧固件标记方法》(GB/T 1237—2000) 的规定。

2. 标记示例

螺纹规格 d=M4、长度 l_2=20mm、性能等级为 4.8 级、电镀铜表面处理的焊接螺柱（PT 型）的标记：

焊接螺柱 GB/T 902.3—2008 M4×20 PT

公称直径 d_1=5mm、螺纹规格 d_2=M3、长度 l_2=20mm、性能等级为 4.8 级、电镀铜表面处理的内螺纹焊接螺柱（IT 型）的标记：

焊接螺柱 GB/T 902.3—2008 5×M320 IT

第四节 电弧螺柱焊用螺柱

一、螺柱的设计与制备

螺柱的外形设计与制备，必须能满足焊枪夹持并顺利地进行焊接的要求，其底端直径受母材厚度的限制，参考表 10-10。螺柱待焊端多为圆形，也可制成方形或矩形。底端横断面为圆形的螺柱焊接端，一般加工成锥形；横断面为方形的紧固件焊接端，一般加工成楔形。螺柱长度一般应＞20mm（夹持量＋伸出长度＋熔化量的长度），其中熔化量的长度为 3～4mm，底端为矩形的宽度应≤5mm。

表 10-10　电弧螺柱焊时推荐的最小的钢和铝板厚　　mm

螺柱底端直径	钢(无垫板)	铝合金	
		无垫板	有垫板
4.8	0.9	3.2	3.2
6.4	1.2	3.2	3.2
7.9	1.5	4.7	3.2
9.5	1.9	4.7	4.7
11.1	2.3	6.4	4.7
12.7	3.0	6.4	4.7
15.9	3.8	—	—
19.1	4.7	—	—
22.2	6.4	—	—
25.4	9.5	—	—

注：加金属垫板是为了防止烧穿。

螺柱的长度必须考虑焊接过程产生的缩短量（熔化量）。因为焊接时螺柱和母材金属熔化，随后熔化金属从接头处被挤出，所以螺柱总长度要缩短。电弧螺柱焊螺柱缩短量见表 10-11。与电弧螺柱焊相比，电容放电螺柱焊的螺柱熔耗量很小，通常为 0.2～0.4mm，熔化所产生的缩短量几乎可以忽略不计。

表 10-11　电弧螺柱焊螺柱缩短量　　mm

螺柱直径	5～12	6～22	≥25
长度缩短量	3	5	5～6

钢在螺柱焊时，为了脱氧和稳弧，常在螺柱端部中心处（约在距焊接点 2.5mm 范围内）放一定量的焊剂。螺柱焊柱端焊剂固定方法如图 10-6 所示，其中图 10-6（c）所示镶嵌固体焊剂法较为常用。对于直径＜6mm 的螺柱，一般不需要焊剂。

铝在螺柱焊时，螺柱端部不需加焊剂，为了便于引弧，端部可做成尖状，焊接时需用惰性气体保护，以防止焊缝金属氧化并稳定

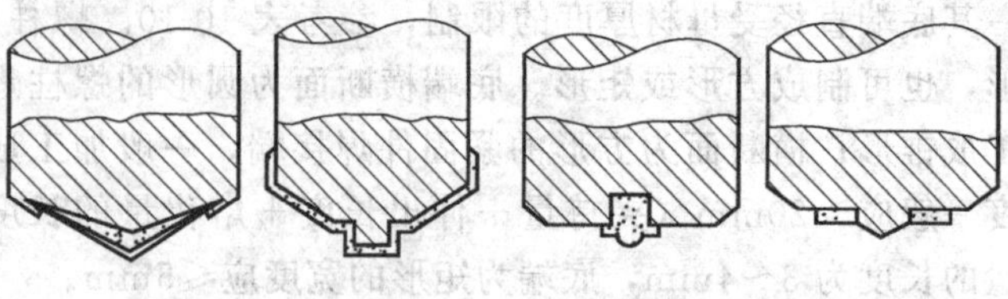

(a) 包覆颗粒　(b) 涂层　(c) 镶嵌固体焊剂　(d) 套固体焊剂

图 10-6　螺柱焊柱端焊剂固定方法

电弧。

常用电弧螺柱焊螺柱的设计已经标准化，国际标准化组织 ISO 给出的有螺纹螺柱、无螺纹螺柱和抗剪锚栓的设计标准。国家标准 GB/T 10433—2002《电弧螺柱焊用圆柱头焊钉》也规定了设计标准，所用的材料多为螺纹 ML15 和 ML15Al。

① 有螺纹螺柱（PD）系列的形状和尺寸见表 10-12。

② 抗剪锚栓（SD）系列的形状和尺寸见表 10-13。

表 10-12　有螺纹螺柱（PD）系列的形状和尺寸　mm

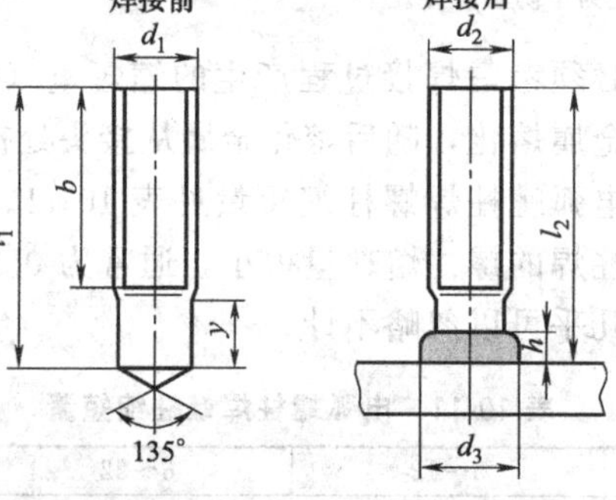

d_1	M6		M8		M10		M12		M16		M20		M24	
d_2	5.35		7.19		9.03		10.86		14.7		18.38		22.05	
d_3	8.5		10		12.5		15.5		19.5		24.5		30	
h	3.5		3.5		4		4.5		6		7		10	
$l_1 \pm 1$	$l_2+2.2$		$l_2+2.4$		$l_2+2.6$		$l_2+3.1$		$l_2+3.9$		$l_2+4.3$		$l_2+5.1$	
l_2	y_{min}	b	y_{min}	b	y_{min}	b	y_{min}	b	y_{min}	b	y_{min}	b	y_{min}	b
15	9													
20	9		9		9.5									
25	9		9		9.5		11.5							

续表

l_2	y_{min}	b	y_{min}	b	y_{min}	b	y_{min}	b	y_{min}	b	y_{min}	b	y_{min}	b
30	9		9		9.5		11.5		13.5					
35		20			9.5		11.5		13.5		15.5			
40		20			9.5		11.5		13.5		15.5			
45							11.5		13.5		15.5			
50				40		40		40		40		40	30	
55										40		40		
60										40		40		
65										40		40		
70												40		
75														40
100						40		40		40				40
140						80		80		80				
150						80		80		80				
160						80		80		80				

表 10-13　抗剪锚栓（SD）系列的形状和尺寸（GB/T 10433—2002）　mm

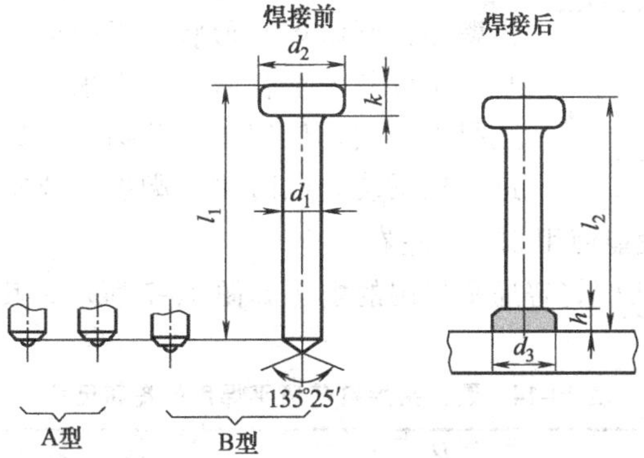

l_1 应由制造厂决定，该尺寸不应由用户控制。

$d_1-0.4$	10	13	16	19	22	25
$d_2\pm0.3$	19	25	32	32	35	40
d_3	13	17	21	23	29	31
h	2.5	3	4.5	6	6	7
$k\pm0.5$	7	8	8	10	10	12

续表

$l_{2\,-2}^{\ +1}$	50, 75, 100, 125,150,175	50, 75, 100, 125, 150, 175, 200	50, 75, 100, 125, 150, 175, 200,225,250	50, 75, 100, 125, 150, 175, 200, 225, 250, 275, 300, 325, 350	50, 75, 100, 125, 150, 175, 200, 225, 250, 275, 300, 325, 350	50, 75, 100, 125, 150, 175, 200, 225, 250, 275, 300, 325, 350

二、保护瓷环

瓷环又称套圈，为圆柱形，底面与母材的待焊端表面相匹配，并做成锯齿形，以便气体从焊接区排出。

① 保护瓷环的作用为：防止空气进入焊接区，降低熔化金属的氧化程度；焊接时使电弧热量集中于焊接区内；防止熔化金属的流失，以利于各种位置的焊接；遮挡弧光。

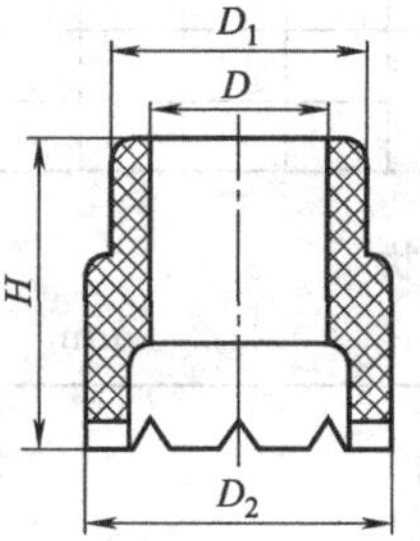

图 10-7　圆柱头焊钉普通平焊用的瓷环

② 瓷环类型可分为消耗型和半永久型两种。消耗型瓷环在工业上应用很广泛，用陶瓷材料制成，易于打破后除去。陶瓷瓷环上设计有排气孔和焊缝成形穴，以便更好地控制焊脚形状和焊缝质量。由于焊后不用从螺柱体上取出瓷环，所以螺柱形状可不受限制，瓷环尺寸与形状可制成最佳状态。半永久型瓷环在工业上很少采用，仅用于特殊场合。如用于自动送进螺柱系统，此时对焊脚控制要求不高。半永久型瓷环一般能使用 500 次左右。

③ 圆柱头焊钉普通平焊用的瓷环如图 10-7 所示。其相应的尺寸见表 10-14。

表 10-14　圆柱头焊钉普通平焊用的瓷环尺寸　　mm

焊钉基本直径 d	D		D_1	D_2	H
	最小	最大			
10	10.3	10.8	14	18	11
13	13.4	13.9	18	23	12
16	16.5	17	23.5	27	17
19	19.5	20	27	31.5	18
22	23	23.5	30	36.5	18.5
25	26	26.5	38	41.5	22

④ 国际标准规定的螺纹螺柱焊用瓷环（PF）的形状和尺寸见表10-15。

⑤ 国际标准规定的无螺纹螺柱和抗剪锚栓焊用瓷环（UF）的形状和尺寸见表10-16。

表 10-15 螺纹螺柱焊用瓷环（PF）的形状和尺寸 mm

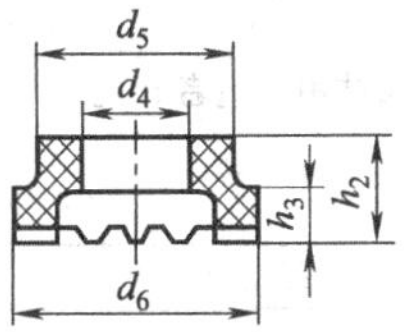

类型	d_4	$d_5\pm0.1$	$d_6\pm0.1$	h_2	h_3
PF6	5.6	9.5	11.5	6.5	3.3
PF8	$7.4^{+0.5}_{0}$	11.5	15	6.5	4.5
PF10	$9.2^{+0.5}_{0}$	15	17.8	6.5	4.5
PF12	$11.1^{+0.5}_{0}$	16.5	20	9	5.5
PF16	$15^{+0.5}_{0}$	20	26	11	7
PF20	$18.6^{+0.5}_{0}$	30.7	33.8	10	6
PF24	$22.4^{+0.1}_{0}$	30.7	38.5	18.5	14

表 10-16 无螺纹螺柱和抗剪锚栓焊用瓷环（UF）的形状和尺寸

mm

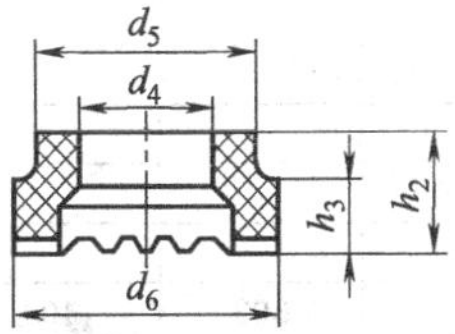

无螺纹螺柱和抗剪锚栓焊的瓷环

类型	$d_4{}^{+0.5}_{0}$	$d_5\pm0.1$	$d_6\pm0.1$	h_2	h_3
PF6	6.2	9.5	11.5	8.7	4.7
PF8	8.2	11	15	8.7	4.7
PF10	10.2	15	17.8	10	5.2
PF12	12.2	16.5	20	10.7	6
PF13	13.1	20	22.21	11	6.5
PF16	16.3	26	30	13	8.5
PF19	19.4	26	30.8	16.7	12
PF22	22.8	30.7	39	18.6	14
PF25	26.0	35.5	41	21	16.5

第五节 电弧螺柱焊用圆柱头焊钉（GB/T 10433—2002）

一、尺寸

焊钉尺寸按图10-8及表10-17的规定。

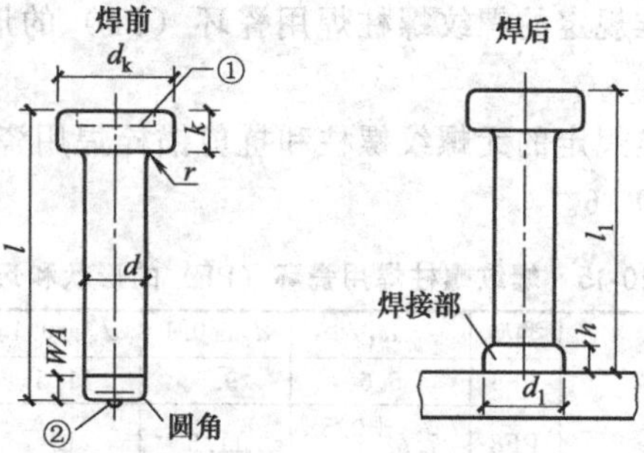

图 10-8 圆柱头焊钉尺寸示意图

注：$l=l_1+WA$js17；①由制造者选择可制成凹穴形式；②引弧结由制造者确定。

表 10-17 焊钉的尺寸和质量 mm

d①	公称	10	13	16	19	22	25
	min	9.64	12.57	15.57	18.48	21.48	24.48
	max	10	13	16	19	22	25
d_k	max	18.35	22.42	29.42	32.5	35.5	40.5
	min	17.65	21.58	28.58	31.5	34.5	40.5
$d_1$②		13	17	21	23	29	31
h②		2.5	3	4.5	6	6	7
k	max	7.45	8.45	8.45	10.45	10.45	12.55
	min	6.55	7.55	7.55	9.55	9.55	11.45
r	min	2	2	2	2	3	3
WA③		4	5	5	6	6	6
$l_1$④		每 1000 件(密度为 7.85g/cm³)的质量⑤/kg ≈					
40		37	62				
50		43	73	116			
60		49	83	131	188		
80		61	104	163	232	302	404
100		74	125	195	277	362	481
120		86	146	226	321	422	558
150		105	177	274	388	511	673
180		123	208	321	455	601	789
200			229	352	499	660	866
220				384	544	720	943
250				431	611	810	1059
300					722	959	1251

① 测量位置：距焊钉末端 $2d$ 处。
② 指导值。在特殊场合，如穿透平焊，该尺寸可能不同。
③ WA 为熔化长度。
④ l_1 是焊后长度设计值。对特殊场合，如穿透平焊则较短。
⑤ 焊前焊钉的理论质量。

二、力学性能和焊接性能

1. 焊钉材料及力学性能

焊钉材料及力学性能应符合表 10-18 的规定。采用其他材料及力学性能时，应由供需双方协议。

表 10-18 圆柱头焊钉材料及力学性能

材料	标准	力学性能
ML15、ML15Al	《冷镦和冷挤压用钢》(GB/T 6478—2015)	$\sigma_b \geqslant 400MPa$ σ_s 或 $\sigma_{p0.2} \geqslant 320MPa$ $\delta_5 \geqslant 14\%$

2. 焊钉焊接性能

根据用户要求，经供需双方协议，可按标准规定要求进行焊钉的焊接性能试验。

① 拉力试验。按图 10-9 及《金属材料 室温拉伸试验方法》(GB/T 228.1—2010) 的规定对试件进行拉力试验。当拉力载荷达到表 10-19 的规定时，不得断裂；继续增大载荷直至拉断，断裂不应发生在焊缝和热影响区内。

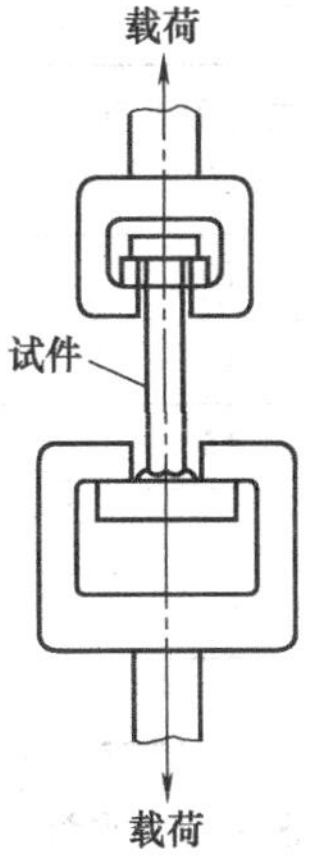

图 10-9 拉力试验

② 弯曲试验。对 $d \leqslant 22mm$ 的焊钉，可进行焊接端的弯曲试验。试验可用手锤打击（或使用套管压）焊钉试件头部，使其弯曲 30°。试验后，在试件焊缝和热影响区不应产生肉眼可见的裂缝。使用套管进行试验时，套管下端距焊缝上端的距离不得小于 1d。

表 10-19 拉力载荷

d/mm	10	13	16	19	22	25
拉力载荷/N	32970	55860	84420	119280	159600	206220

③ 试件制备。进行焊接端拉力试验和弯曲试验的试件制备，应采用供需双方协议的焊接设备、电压、电流、时间。瓷环的形式与尺寸见图 10-10、图 10-11、表 10-20 以及焊接母材的材料牌号和型式

尺寸。

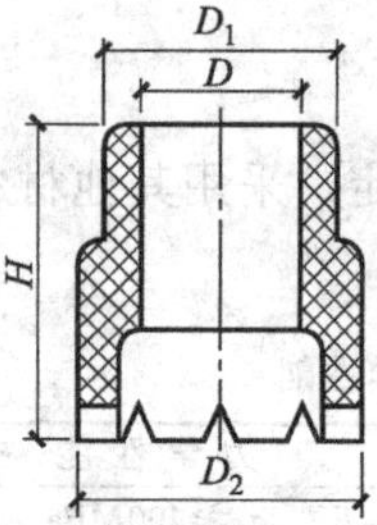

图 10-10　普通平焊用瓷环——B1 型

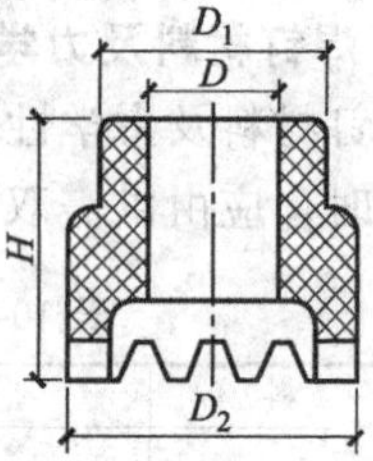

图 10-11　穿透平焊用瓷环——B2 型

表 10-20　圆柱头焊钉用瓷环尺寸　mm

焊钉公称直径 d	D		D_1	D_2	H
	min	max			
10	10.3	10.8	14	18	11
13	13.4	13.9	18	23	12
16	16.5	17	23.5	27	17
19	19.5	20	27	31.5	18
22	23	23.5	30	36.5	18.5
25	26	26.5	38	41.5	22

此外，需注意的是 B1 型适于普通平焊，也适用于 13mm 和 16mm 焊钉的穿透平焊；B2 型仅适用于 19mm 焊钉的穿透平焊。

三、表面缺陷及处理

焊钉表面应无锈蚀、氧化皮、油脂和毛刺等。其杆部表面不允许有影响使用的裂缝，但头部裂缝的深度（径向）不得超过 $0.25(d_k-d)$。焊钉不经表面处理。

四、标记

1. 标记方法

标记方法按《紧固件标记方法》（GB/T 1237—2000）的规定。

2. 标记示例

公称直径 d=19mm、长度 l_1=150mm、材料为 ML15、不经表面处理的电弧螺柱焊用圆柱头焊钉的标记：

焊钉　GB/T 10433—2002　19×150

第六节　焊接用钢盘条（GB/T 3429—2015）

一、尺寸、外形、重量及允许偏差

盘条的尺寸、外形及允许偏差应按《热轧圆盘条尺寸、外形、重量及允许偏差》(GB/T 14981—2009）的规定；重量组别应符合《热轧圆盘条尺寸、外形、重量及允许偏差》（GB/T 14981—2009）中Ⅱ、Ⅲ、Ⅳ、Ⅴ的规定。

二、技术要求

焊接用钢盘条技术要求见表 10-21。

表 10-21　焊接用钢盘条技术要求

序号	项　　目	技术要求
1	牌号和化学成分	① 焊接用钢的牌号及其化学成分(成品分析)应符合表 10-22 的要求。 ②根据供需双方协议,亦可供应其他牌号及化学成分的盘条(表 10-23 为标准 GB/T 3429 与 AWS 及 GB/T 8110《气体保护电弧焊用碳钢、低合金钢焊丝》部分焊丝型号对应的牌号)
2	冶炼方法	盘条用钢以氧气转炉或电炉冶炼
3	交货状态	盘条以热轧状态交货
4	表面质量	盘条表面不得有裂纹、折叠、结疤、耳子、分层及夹杂,允许有压疤及局部的凸块、凹坑、划痕、麻面,但其深度或高度:B、C 级精度盘条不得大于 0.10mm;A 级精度等级不得大于 0.20mm
5	力学性能	根据需方要求,合金钢盘条的力学性能由供需双方协商确定

三、标记

盘条的标记应符合《型钢验收、包装、标志及质量证明书的一般规定》(GB/T 2101—2017）的规定。

表 10-22 化学成分

组号	序号	牌号	化学成分(质量分数)/%										
			C	Si	Mn	Cr	Ni	Mo	Cu	其他元素	P	S	其他残余元素总量[④]
											不大于		
1	1	H04E	≤0.04	≤0.10	0.30～0.60	—	—	—	—	—	0.015	0.010	—
	2	H08A[①]	≤0.10	≤0.03	0.40～0.65	≤0.20	≤0.30	—	≤0.20	—	0.030	0.030	—
	3	H08E[①]							≤0.20	—	0.020	0.020	—
	4	H08C[①]				≤0.10	≤0.10	—	≤0.10	—	0.015	0.015	—
	5	H15	0.11～0.18	≤0.03	0.35～0.65	≤0.20	≤0.30	—	≤0.20	—	0.030	0.030	—
2	6	H08Mn	≤0.10	≤0.07	0.80～1.10	≤0.20	≤0.30	—	≤0.20	—	0.030	0.030	—
	7	H10Mn	0.05～0.15	0.10～0.35	0.80～1.25	≤0.15	≤0.15	≤0.15	≤0.20	—	0.025	0.025	0.50
	8	H10Mn2	≤0.12	≤0.07	1.50～1.90	≤0.20	≤0.30	—	≤0.20	—	0.030	0.030	—
	9	H11Mn	≤0.15	≤0.15	0.20～0.90	≤0.15	≤0.15	≤0.15	≤0.20	—	0.025	0.025	0.50
	10	H12Mn	≤0.15	≤0.15	0.80～1.40	≤0.15	≤0.15	≤0.15	≤0.20	—	0.025	0.025	0.50
	11	H13Mn2	≤0.17	≤0.05	1.80～2.20	≤0.20	≤0.30	—	—	—	0.030	0.030	—
	12	H15Mn	0.11～0.18	≤0.03	0.80～1.10	≤0.20	≤0.30	—	≤0.20	—	0.030	0.030	—

续表

组号	序号	牌号	化学成分(质量分数)/%										
			C	Si	Mn	Cr	Ni	Mo	Cu	其他元素	P	S	其他残余元素总量[④]
											不大于		
2	13	H15Mn2	0.10～0.20	≤0.15	1.60～2.30	≤0.15	≤0.15	≤0.15	≤0.20	—	0.025	0.025	—
3	14	H08MnSi	≤0.11	0.40～0.70	1.20～1.50	≤0.20	≤0.30	—	≤0.20	—	0.030	0.030	—
	15	H08Mn2Si	≤0.11	0.65～0.95	1.80～2.10	≤0.20	≤0.30	—	≤0.20	—	0.030	0.030	—
	16	H09MnSi	0.06～0.15	0.45～0.75	0.90～1.40	≤0.15	≤0.15	≤0.15	≤0.20	V≤0.03	0.025	0.025	—
	17	H09Mn2Si	0.02～0.15	0.50～1.10	1.60～2.40	—	—	—	≤0.20	Ti+Zr:0.02～0.30	0.030	0.030	—
	18	H10MnSi	≤0.14	0.60～0.90	0.80～1.10	≤0.20	≤0.30	—	≤0.20	—	0.030	0.030	—
	19	H11MnSi	0.06～0.15	0.65～0.85	1.00～1.50	≤0.15	≤0.15	≤0.15	≤0.20	V≤0.03	0.025	0.025	—
	20	H11Mn2Si	0.06～0.15	0.80～1.15	1.40～1.85	≤0.15	≤0.15	≤0.15	≤0.20	V≤0.03	0.025	0.025	—
4	21	H10MnNi3	≤0.13	0.05～0.30	0.60～1.20	≤0.15	3.10～3.80	—	≤0.20	—	0.020	0.020	0.50
	22	H10Mn2Ni	≤0.12	≤0.30	1.40～2.00	≤0.20	0.10～0.50	—	≤0.20	—	0.025	0.025	—

续表

组号	序号	牌号	化学成分(质量分数)/%										
			C	Si	Mn	Cr	Ni	Mo	Cu	其他元素	P	S	其他残余元素总量[④]
											不大于		
4	23	H11MnNi	≤0.15	≤0.30	0.75～1.40	≤0.20	0.75～1.25	≤0.15	≤0.20	—	0.020	0.020	0.50
5	24	H08MnMo	≤0.10	≤0.25	1.20～1.60	≤0.20	≤0.30	0.30～0.50	≤0.20	Ti 0.05～0.15	0.030	0.030	—
	25	H08Mn2Mo	0.06～0.11	≤0.25	1.60～1.90	≤0.20	≤0.30	0.50～0.70	≤0.20	Ti 0.05～0.15	0.030	0.030	—
	26	H08Mn2MoV	0.06～0.11	≤0.25	1.60～1.90	≤0.20	≤0.30	0.50～0.70	≤0.20	V 0.06～0.12 Ti 0.05～0.15	0.030	0.030	—
	27	H10MnMo	0.05～0.15	≤0.20	1.20～1.70	—	—	0.45～0.65	≤0.20	—	0.025	0.025	0.50
	28	H10Mn2Mo	0.08～0.13	≤0.40	1.70～2.00	≤0.20	≤0.30	0.60～0.80	≤0.20	Ti 0.05～0.15	0.030	0.030	—
	29	H10Mn2MoV	0.08～0.13	≤0.40	1.70～2.00	≤0.20	≤0.30	0.60～0.80	≤0.20	V 0.06～0.12 Ti 0.05～0.15	0.030	0.030	—
	30	H11MnMo	0.05～0.17	≤0.20	0.95～1.35	—	—	0.45～0.65	≤0.20	—	0.025	0.025	0.50
	31	H11Mn2Mo	0.05～0.17	≤0.20	1.65～2.20	—	—	0.45～0.65	≤0.20	—	0.025	0.025	0.50
6	32	H08CrMo	≤0.10	0.15～0.35	0.40～0.70	0.80～1.10	≤0.30	0.40～0.60	≤0.20	—	0.030	0.030	—

续表

组号	序号	牌号	化学成分(质量分数)/%										
			C	Si	Mn	Cr	Ni	Mo	Cu	其他元素	P	S	其他残余元素总量④
											不大于		
6	33	H08CrMoV	≤0.10	0.15～0.35	0.40～0.70	1.00～1.30	≤0.30	0.50～0.70	≤0.20	V 0.15～0.35	0.030	0.030	—
6	34	H10CrMo	≤0.12	0.15～0.35	0.40～0.70	0.45～0.65	≤0.30	0.40～0.60	≤0.20	—	0.030	0.030	—
6	35	H10Cr3Mo	0.05～0.15	0.05～0.30	0.40～0.80	2.25～3.00	—	0.90～1.10	≤0.20	Al≤0.10	0.025	0.025	0.50
6	36	H11CrMo	0.07～0.15	0.05～0.30	0.45～1.00	1.00～1.75	—	0.45～0.65	≤0.20	Al≤0.10	0.025	0.025	0.50
6	37	H13CrMo	0.11～0.16	0.15～0.35	0.40～0.70	0.80～1.10	≤0.30	0.40～0.60	≤0.20	—	0.030	0.030	—
6	38	H18CrMo	0.15～0.22	0.15～0.35	0.40～0.70	0.80～1.10	≤0.30	0.15～0.25	≤0.20	—	0.025	0.030	—
7	39	H08MnCr5Mo	≤0.10	≤0.50	0.40～0.70	4.50～6.00	≤0.60	0.45～0.65	≤0.20	—	0.025	0.025	0.050
7	40	H08MnCr9Mo	≤0.10	≤0.50	0.40～0.70	8.00～10.50	≤0.50	0.80～1.20	≤0.20	—	0.025	0.025	0.050
7	41	H10MnCr9MoV	0.07～0.13	0.15～0.50	≤1.20	8.00～10.50	≤0.80	0.85～1.20	≤0.20	V 0.15～0.30 Al≤0.04	0.010	0.010	0.050
8	42	H05Mn2Ni2Mo	≤0.08	0.20～0.55	1.25～1.80	≤0.30	1.40～2.10	0.25～0.55	≤0.20	V≤0.05 Ti≤0.10 Zr≤0.10 Al≤0.10	0.010	0.010	0.50

续表

组号	序号	牌号	化学成分(质量分数)/%										
			C	Si	Mn	Cr	Ni	Mo	Cu	其他元素	P	S	其他残余元素总量[④]
											不大于		
8	43	H08Mn2Ni2Mo	≤0.09	0.20~0.55	1.40~1.80	≤0.50	1.90~2.60	0.25~0.55	≤0.20	V≤0.04 Ti≤0.10 Zr≤0.10 Al≤0.10	0.010	0.010	0.50
8	44	H08Mn2Ni3Mo	≤0.10	0.20~0.60	1.40~1.80	≤0.60	2.00~2.80	0.30~0.65	≤0.20	V≤0.03 Ti≤0.10 Zr≤0.10 Al≤0.10	0.010	0.010	0.50
8	45	H10MnNiMo	≤0.12	0.05~0.30	1.20~1.60	—	0.75~1.20	0.10~0.30	≤0.20	—	0.020	0.020	0.50
8	46	H11MnNiMo	0.07~0.15	0.15~0.35	0.90~1.70	—	0.95~1.60	0.25~0.55	≤0.20	—	0.025	0.025	0.50
8	47	H13Mn2NiMo	0.10~0.18	0.20	1.70~2.40	≤0.20	0.40~0.80	0.40~0.65	≤0.20	—	0.025	0.025	0.50
8	48	H14Mn2NiMo	0.10~0.18	0.30	1.50~2.40	—	0.70~1.10	0.40~0.65	≤0.20	—	0.025	0.025	0.50
8	49	H15MnNi2Mo	0.12~0.19	0.10~0.30	0.60~1.00	≤0.20	1.60~2.10	0.10~0.30	≤0.20	—	0.020	0.015	0.50
9	50	H10MnSiNi	≤0.12	0.40~0.80	≤1.25	≤0.15	0.80~1.10	≤0.35	≤0.20	V≤0.05	0.025	0.025	0.50
9	51	H10MnSiNi2	≤0.12	0.40~0.80	≤1.25	—	2.00~2.75	—	≤0.20	—	0.025	0.025	0.50
9	52	H10MnSiNi3	≤0.12	0.40~0.80	≤1.25	—	3.00~3.75	—	≤0.20	—	0.025	0.025	0.50

续表

组号	序号	牌号	化学成分(质量分数)/%										
			C	Si	Mn	Cr	Ni	Mo	Cu	其他元素	P	S	其他残余元素总量[④]
											不大于		
10	53	H09MnSiMo	≤0.12	0.30～0.70	≤1.30	—	≤0.20	0.40～0.65	≤0.20	—	0.025	0.025	0.50
	54	H10MnSiMo	≤0.14	0.70～1.10	0.90～1.20	≤0.20	≤0.30	0.15～0.25	≤0.20	—	0.030	0.030	—
	55	H10MnSiMoTi	0.08～0.12	0.40～0.70	1.00～1.30	≤0.20	≤0.30	0.20～0.40	≤0.20	Ti 0.05～0.15	0.030	0.025	—
	56	H10Mn2SiMo	0.07～0.12	0.50～0.80	1.60～2.10	—	≤0.15	0.40～0.60	≤0.20	—	0.025	0.025	—
	57	H10Mn2SiMoTi	≤0.12	0.40～0.80	1.20～1.90	—	—	0.20～0.50	≤0.20	Ti 0.05～0.20	0.025	0.025	—
	58	H10Mn2SiNiMoTi	0.05～0.15	0.30～0.90	1.00～1.80	—	0.70～1.20	0.20～0.60	≤0.20	Ti 0.02～0.30	0.025	0.025	0.50
11	59	H08MnSiTi	0.02～0.15	0.55～1.10	1.40～1.90	—	—	≤0.15	—	Ti+Zr 0.02～0.30	0.030	0.030	0.50
	60	H13MnSiTi	0.06～0.19	0.35～0.75	0.90～1.40	≤0.15	≤0.15	≤0.15	≤0.20	Ti 0.03～0.17	0.025	0.025	0.50
12	61	H05SiCrMo	≤0.05	0.40～0.70	0.40～0.70	1.20～1.50	≤0.20	0.40～0.65	≤0.20	—	0.025	0.025	0.50
	62	H05SiCr2Mo	≤0.05	0.40～0.70	0.40～0.70	2.30～2.70	≤0.20	0.90～1.20	≤0.20	—	0.025	0.025	0.50

续表

组号	序号	牌号	化学成分(质量分数)/%										
			C	Si	Mn	Cr	Ni	Mo	Cu	其他元素	P	S	其他残余元素总量④
											不大于		
12	63	H10SiCrMo	0.07～0.12	0.40～0.70	0.40～0.70	1.20～1.50	≤0.20	0.40～0.65	≤0.20	—	0.025	0.025	0.50
12	64	H10SiCr2Mo	0.07～0.12	0.40～0.70	0.40～0.70	2.30～2.70	≤0.20	0.90～1.20	≤0.20	—	0.025	0.025	0.050
13	65	H08MnSiCrMo	0.06～0.10	0.60～0.90	1.20～1.70	0.90～1.20	≤0.25	0.45～0.65	≤0.20	—	0.030	0.025	0.50
13	66	H08MnSiCrMoV	0.06～0.10	0.60～0.90	1.20～1.60	1.00～1.30	≤0.25	0.50～0.70	≤0.20	V 0.20～0.40	0.030	0.025	0.50
13	67	H10MnSiCrMo	≤0.12	0.30～0.90	0.80～1.50	1.00～1.60	—	0.40～0.65	≤0.20	—	0.025	0.025	0.50
14	68	H10MnMoTiB②	0.05～0.15	≤0.35	0.65～1.00	≤0.15	≤0.15	0.45～0.65	≤0.20	Ti 0.05～0.30	0.025	0.025	0.50
14	69	H11MnMoTiB②	0.05～0.17	≤0.35	0.95～1.35	≤0.15	≤0.15	0.45～0.65	≤0.20	Ti 0.05～0.30	0.025	0.025	0.50
15	70	H10MnCr9NiMoV③	0.07～0.13	≤0.50	≤1.25	8.50～10.50	≤1.00	0.85～1.15	≤0.10	V 0.15～0.25 Al≤0.04	0.010	0.010	—
15	71	H13Mn2CrNi3Mo	0.10～0.17	≤0.20	1.70～2.20	0.25～0.50	2.30～2.80	0.45～0.65	≤0.20	—	0.010	0.015	0.50
15	72	H15Mn2Ni2CrMo	0.10～0.20	0.10～0.30	1.40～1.60	0.50～0.80	2.00～2.50	0.35～0.55	≤0.30	—	0.020	0.020	—

续表

组号	序号	牌号	化学成分(质量分数)/%										
			C	Si	Mn	Cr	Ni	Mo	Cu	其他元素	P	S	其他残余元素总量④
											不大于		
15	73	H20MnCrNiMo	0.16～0.23	0.15～0.35	0.60～0.90	0.40～0.60	0.40～0.80	0.15～0.30	≤0.20	—	0.025	0.030	0.50
16	74	H08MnCrNiCu	≤0.10	≤0.60	1.20～1.60	0.30～0.90	0.20～0.60	—	0.20～0.50	—	0.025	0.020	0.50
16	75	H10MnCrNiCu	≤0.12	0.20～0.35	0.35～0.65	0.50～0.80	0.40～0.80	≤0.15	0.30～0.80	—	—	—	—
16	76	H10Mn2NiMoCu	≤0.12	0.20～0.60	1.25～1.80	≤0.30	0.80～1.25	0.20～0.55	0.35～0.65	V≤0.05 Ti≤0.10 Zr≤0.10 Al≤0.10	0.010	0.010	0.50
17	77	H05MnSiTiZrAl	≤0.07	0.40～0.70	0.90～1.40	≤0.15	≤0.15	≤0.15	≤0.20	V≤0.03 Ti 0.05～0.15 Zr 0.02～0.12 Al 0.05～0.15	0.025	0.025	0.50
17	78	H08CrNi2Mo	0.05～0.10	0.10～0.30	0.50～0.85	0.70～1.00	1.40～1.80	0.20～0.40	≤0.20	—	0.030	0.025	—
17	79	H30CrMnSi	0.25～0.35	0.90～1.20	0.80～1.10	0.80～1.10	≤0.30	—	≤0.20	—	0.025	0.025	—

① 根据供需双方协议，H08 非沸腾钢允许硅含量（质量分数）不大于 0.07%。

② B 0.005%～0.030%。

③ Nb 0.02%～0.10%，N 0.03%～0.07%。

④ 表中所列外的其他元素总量（除 Fe 外）不大于 0.50%，如供方能保证可不作分析。

表 10-23 GB/T 3429—2015 盘条牌号与相关标准对照表

序号	本标准牌号	GB/T 3429—2002	ISO(B 系列)	AWS	GB/T 8110	推荐焊接方式
1	H04E	H04E				电弧焊
2	H08A	H08A				电弧焊 埋弧焊
3	H08E	H08E				
4	H08C	H08C				
5	H15	H15A				埋弧焊
6	H08Mn	H08MnA				
7	H10Mn		SU21	EM12K		
8	H10Mn2	H10Mn2				
9	H11Mn		SU11			
10	H12Mn		SU22	EM12		
11	H13Mn2	H10Mn2A				
12	H15Mn	H15Mn				
13	H15Mn2		SU41	EH14		
14	H08MnSi	H08MnSi				气保焊
15	H08Mn2Si	H08Mn2Si(A)			ER49-1	埋弧焊 气保焊
16	H09MnSi	H10MnSiA	S3	ER70S-3	ER50-3	气保焊
17	H09Mn2Si		S18			
18	H10MnSi	H10MnSi				埋弧焊
19	H11MnSi	H11MnSi(A)	S4	ER70S-4	ER50-4	气保焊
20	H11Mn2Si	H11Mn2SiA	S6	ER70S-6	ER50-6	
21	H10MnNi3			ENi3		埋弧焊
22	H10Mn2Ni					
23	H11MnNi		SUN2	ENi1		

续表

序号	本标准牌号	GB/T 3429—2002	ISO(B系列)	AWS	GB/T 8110	推荐焊接方式
24	H08MnMo	H08MnMoA				埋弧焊
25	H08Mn2Mo	H08Mn2MoA				
26	H08Mn2MoV	H08Mn2MoVA				
27	H10MnMo			EA4		
28	H10Mn2Mo	H10Mn2MoA				
29	H10Mn2MoV	H10Mn2MoVA				
30	H11MnMo			EA2		
31	H11Mn2Mo			EA3		
32	H08CrMo	H08CrMoA				电弧焊 埋弧焊
33	H08CrMoV	H08CrMoVA				
34	H10CrMo	H10MoCrA				埋弧焊
35	H10Cr3Mo			EB3		
36	H11CrMo			EB2		
37	H13CrMo	H13CrMoA				
38	H18CrMo	H18CrMoA				
39	H08MnCr5Mo				ER55-B6	气保焊
40	H08MnCr9Mo				ER55-B8	
41	H10MnCr9MoV				ER62-B9	
42	H05Mn2Ni2Mo	H05Mn2Ni2MoA	N3M2	ER100S-1	ER69-1	
43	H08Mn2Ni2Mo	H08Mn2Ni2MoA	N4M2 SUN4M2	EM3 ER110S-1	ER76-1	埋弧焊 气保焊
44	H08Mn2Ni3Mo	H08Mn2Ni3MoA	N5M3 SUN5M3	EM4 ER120S-1	ER83-1	

续表

序号	本标准牌号	GB/T 3429—2002	ISO(B 系列)	AWS	GB/T 8110	推荐焊接方式
45	H10MnNiMo			ENi5		埋弧焊
46	H11MnNiMo		SUN2M2	EF1		
47	H13Mn2NiMo		SUN1M3	EF2		
48	H14Mn2NiMo		SUN2M33	EF3		
49	H15MnNi2Mo		SUN4M1	ENi4		
50	H10MnSiNi	H10MnSiNiA	SN2	ER80S-Ni1	ER55-Ni1	气保焊
51	H10MnSiNi2	H10MnSiNi2A	SN5	ER80S-Ni2	ER55-Ni2	
52	H10MnSiNi3	H10MnSiNi3A	SN71	ER80S-Ni3	ER55-Ni3	
53	H09MnSiMo				ER49-A1	
54	H10MnSiMo	H10MnSiMo				
55	H10MnSiMoTi	H10MnSiMoTiA				
56	H10Mn2SiMo	H10Mn2SiMoA			ER62-D2，ER55-D2	
57	H10Mn2SiMoTi	H10Mn2SiMoTiA			ER55-D2-Ti	
58	H10Mn2SiNiMoTi		N2M2T			
59	H08MnSiTi		S11			
60	H13MnSiTi		SU24	EM14K		埋弧焊
61	H05SiCrMo	H05SiCrMoA		ER80S-B2L	ER49-B2L	气保焊
62	H05SiCr2Mo	H05SiCr2MoA		ER80S-B3L	ER55-B3L	
63	H10SiCrMo	H10SiCrMoA		ER80S-B2	ER55-B2	

续表

序号	本标准牌号	GB/T 3429—2002	ISO(B系列)	AWS	GB/T 8110	推荐焊接方式
64	H10SiCr2Mo	H10SiCr2MoA		ER90S-B3	ER62-B3	气保焊
65	H08MnSiCrMo	H08MnSiCrMoA			ER55-B2-Mn	
66	H08MnSiCrMoV	H08MnSiCrMoV			ER55-B2-MnV	
67	H10MnSiCrMo		1CM3			
68	H10MnMoTiB		SU1M3TiB	EA1TiB		埋弧焊
69	H11MnMoTiB		SU2M3TiB	EA2TiB		
70	H10MnCr9NiMoV			EB9		
71	H13Mn2CrNi3Mo		SUN5CM3	EF5		
72	H15Mn2CrNi2Mo					
73	H20MnCrNiMo		SUN1C1M1	EF4		
74	H08MnCrNiCu				ER55-1	气保焊
75	H10MnCrNiCu					埋弧焊
76	H10Mn2NiMoCu	H10Mn2NiMoCuA				
77	H05MnSiTiZrAl	H05MnSiTiZrAlA	S2	ER70S-2	ER50-2	气保焊
78	H08CrNi2Mo	H08CrNi2MoA				埋弧焊
79	H30CrMnSi	H30CrMnSiA				气保焊

第七节 焊接用不锈钢盘条（GB/T 4241—2017）

一、技术要求

焊接用不锈钢盘条技术要求见表 10-24。

二、标记

与第六节三标记同。

表 10-24 焊接用不锈钢盘条技术要求

序号	项 目	技术要求
1	牌号及化学成分	①盘条用钢的牌号及化学成分(熔炼分析)应符合表 10-25 的规定 ②盘条成品化学成分允许偏差应符合《钢的成品化学成分允许偏差》(GB/T 222—2006)规定 ③表 10-26 所示为 GB/T 4241—2017 标准牌号与部分国外牌号的对照
2	冶炼方法	钢应采用电炉或转炉加炉外精炼、电渣重熔等方法冶炼，具体要求应在合同中注明，未注明时由供方选择
3	交货状态	马氏体钢盘条应以退火酸洗状态交货，其他类型钢盘条以热轧酸洗状态交货。经供需双方协商，并在合同中注明，盘条也可以其他状态交货
4	低倍组织	钢坯或盘条的横截面酸浸低倍试片上不得有目视可见的裂纹、缩孔、气泡及夹杂
5	表面质量	盘条表面不得有裂纹、折叠、对疤等有害缺陷。如有上述缺陷必须清除。清除深度不得超过直径公差。但允许有深度或高度不超过表 10-27 规定的个别划伤、麻点、凹坑和凸起

表 10-25 钢的牌号及化学成分（熔炼分析）

类型	序号	牌号	化学成分(质量分数)/%										
			C	Si	Mn	P	S	Cr	Ni	Mo	Cu	N	其他
奥氏体	1	H05Cr22Ni11Mn6Mo3VN	≤0.05	≤0.90	4.00～7.00	≤0.030	≤0.030	20.50～24.00	9.50～12.00	1.50～3.00	≤0.75	0.10～0.30	V:0.10～0.30
	2	H10Cr17Ni8Mn8Si4N	≤0.10	3.40～4.50	7.00～9.00	≤0.030	≤0.030	16.00～18.00	8.00～9.00	≤0.75	≤0.75	0.08～0.18	
	3	H05Cr20Ni6Mn9N	≤0.05	≤1.00	8.00～10.00	≤0.030	≤0.030	19.00～21.50	5.50～7.00	≤0.75	≤0.75	0.10～0.30	
	4	H05Cr18Ni5Mn12N	≤0.05	≤1.00	10.50～13.50	≤0.030	≤0.030	17.00～19.00	4.00～6.00	≤0.75	≤0.75	0.10～0.30	
	5	H10Cr21Ni10Mn6	≤0.10	0.20～0.60	5.00～7.00	≤0.030	≤0.020	20.00～22.00	9.00～11.00	≤0.75	≤0.75		
	6	H09Cr21Ni9Mn4Mo	0.04～0.14	0.30～0.65	3.30～4.75	≤0.030	≤0.030	19.50～22.00	8.00～10.70	0.50～1.50	≤0.75		
	7	H08Cr21Ni10Si	≤0.08	0.30～0.65	1.00～2.50	≤0.030	≤0.030	19.50～22.00	9.00～11.00	≤0.75	≤0.75		
	8	H08Cr21Ni10	≤0.08	≤0.35	1.00～2.50	≤0.030	≤0.030	19.50～22.00	9.00～11.00	≤0.75	≤0.75		
	9	H06Cr21Ni10	0.04～0.08	0.30～0.65	1.00～2.50	≤0.030	≤0.030	19.50～22.00	9.00～11.00	≤0.50	≤0.75		
	10	H03Cr21Ni10Si	≤0.03	0.30～0.65	1.00～2.50	≤0.030	≤0.030	19.50～22.00	9.00～11.00	≤0.75	≤0.75		
	11	H03Cr21Ni10	≤0.03	≤0.35	1.00～2.50	≤0.030	≤0.030	19.50～22.0	9.00～11.00	≤0.75	≤0.75		

续表

类型	序号	牌号	化学成分(质量分数)/%										
			C	Si	Mn	P	S	Cr	Ni	Mo	Cu	N	其他
奥氏体	12	H08Cr20Ni11Mo2	≤0.08	0.30～0.65	1.00～2.50	≤0.030	≤0.030	18.00～21.00	9.00～12.00	2.00～3.00	≤0.75		
	13	H04Cr20Ni11Mo2	≤0.04	0.30～0.65	1.00～2.50	≤0.030	≤0.030	18.00～21.00	9.00～12.00	2.00～3.00	≤0.75		
	14	H08Cr21Ni10Si1	≤0.08	0.65～1.00	1.00～2.50	≤0.030	≤0.030	19.50～22.00	9.00～11.00	≤0.75	≤0.75		
	15	H03Cr21Ni10Si1	≤0.03	0.65～1.00	1.00～2.50	≤0.030	≤0.030	19.50～22.00	9.00～11.00	≤0.75	≤0.75		
	16	H12Cr24Ni13Si	≤0.12	0.30～0.65	1.00～2.50	≤0.030	≤0.030	23.00～25.00	12.00～14.00	≤0.75	≤0.75		
	17	H12Cr24Ni13	≤0.12	≤0.35	1.00～2.50	≤0.030	≤0.030	23.00～25.00	12.00～14.00	≤0.75	≤0.75		
	18	H03Cr24Ni13Si	≤0.03	0.30～0.65	1.00～2.50	≤0.030	≤0.030	23.00～25.00	12.00～14.00	≤0.75	≤0.75		
	19	H03Cr24Ni13	≤0.03	≤0.35	1.00～2.50	≤0.030	≤0.030	23.00～25.00	12.00～14.00	≤0.75	≤0.75		
	20	H12Cr24Ni13Mo2	≤0.12	0.30～0.65	1.00～2.50	≤0.030	≤0.030	23.00～25.00	12.00～14.00	2.00～3.00	≤0.75		
	21	H03Cr245Ni13Mo2	≤0.03	0.3～0.65	1.00～2.50	≤0.030	≤0.030	23.00～25.00	12.00～14.00	2.00～3.00	≤0.75		
	22	H12Cr24Ni13Si1	≤0.12	0.65～1.00	1.00～2.50	≤0.030	≤0.030	23.00～25.00	12.00～14.00	≤0.75	≤0.75		

续表

类型	序号	牌号	化学成分(质量分数)/%										
			C	Si	Mn	P	S	Cr	Ni	Mo	Cu	N	其他
奥氏体	23	H03Cr24Ni13Si1	≤0.03	0.65~1.00	1.00~2.50	≤0.030	≤0.030	23.00~25.00	12.00~14.00	≤0.75	≤0.75		
	24	H12Cr26Ni21Si	0.08~0.15	0.30~0.65	1.00~2.50	≤0.030	≤0.030	25.00~28.00	20.00~22.50	≤0.75	≤0.75		
	25	H12Cr26Ni21	0.08~0.15	≤0.35	1.00~2.50	≤0.030	≤0.030	25.00~28.00	20.00~22.50	≤0.75	≤0.75		
	26	H08Cr26Ni21	≤0.08	≤0.65	1.00~2.50	≤0.030	≤0.030	25.00~28.00	20.00~22.50	≤0.75	≤0.75		
	27	H08Cr19Ni12Mo2Si	≤0.08	0.30~0.65	1.00~2.50	≤0.030	≤0.030	18.00~20.00	11.00~14.00	2.00~3.00	≤0.75		
	28	H08Cr19Ni12Mo2	≤0.08	≤0.35	1.00~2.50	≤0.030	≤0.030	18.00~20.00	11.00~14.00	2.00~3.00	≤0.75		
	29	H06Cr19Ni12Mo2	0.04~0.08	0.30~0.65	1.00~2.50	≤0.030	≤0.030	18.00~20.00	11.00~14.00	2.00~3.00	≤0.75		
	30	H03Cr19Ni12Mo2Si	≤0.03	0.30~0.65	1.00~2.50	≤0.030	≤0.030	18.00~20.00	11.00~14.00	2.00~3.00	≤0.75		
	31	H03Cr19Ni12Mo2	≤0.03	≤0.35	1.00~2.50	≤0.030	≤0.030	18.00~20.00	11.00~14.00	2.00~3.00	≤0.75		
	32	H08Cr19Ni12Mo2Si1	≤0.08	0.65~1.00	1.00~2.50	≤0.030	≤0.030	18.00~20.00	11.00~14.00	2.00~3.00	≤0.75		
	33	H03Cr19Ni12Mo2Si1	≤0.03	0.65~1.00	1.00~2.50	≤0.030	≤0.030	18.00~20.00	11.00~14.00	2.00~3.00	≤0.75		

续表

类型	序号	牌号	化学成分(质量分数)/%										
			C	Si	Mn	P	S	Cr	Ni	Mo	Cu	N	其他
奥氏体	34	H03Cr19Ni12Mo2Cu2	≤0.03	≤0.65	1.00～2.50	≤0.030	≤0.030	18.00～20.00	11.00～14.00	2.00～3.00	1.00～2.50		
	35	H08Cr19Ni14Mo3	≤0.08	0.30～0.65	1.00～2.50	≤0.030	≤0.030	18.50～20.50	13.00～15.00	3.00～4.00	≤0.75		
	36	H03Cr19Ni14Mo3	≤0.03	0.30～0.65	1.00～2.50	≤0.030	≤0.030	18.50～20.50	13.00～15.00	3.00～4.00	≤0.75		
	37	H08Cr19Ni12Mo2Nb	≤0.08	0.30～0.65	1.00～2.50	≤0.030	≤0.030	18.00～20.00	11.00～14.00	2.00～3.00	≤0.75		Nb:8×C～1.00
	38	H07Cr20Ni34Mo2Cu3Nb	≤0.07	≤0.60	≤2.50	≤0.030	≤0.030	19.00～21.00	32.00～36.00	2.00～3.00	3.00～4.00		Nb①:8×C～1.00
	39	H02Cr20Ni34Mo2Cu3Nb	≤0.025	≤0.15	1.50～2.00	≤0.015	≤0.020	19.00～21.00	32.00～36.00	2.00～3.00	3.00～4.00		Nb①:8×C～0.40
	40	H08Cr19Ni10Ti	≤0.08	0.30～0.65	1.00～2.50	≤0.030	≤0.030	18.50～20.50	9.00～10.50	≤0.75	≤0.75		Ti:9×C～1.00
	41	H21Cr16Ni35	0.18～0.25	0.30～0.65	1.00～2.50	≤0.030	≤0.030	15.00～17.00	34.00～37.00	≤0.75	≤0.75		
	42	H08Cr20Ni10Nb	≤0.08	0.30～0.65	1.00～2.50	≤0.030	≤0.030	19.00～21.50	9.00～11.00	≤0.75	≤0.75		Nb①:10×C～1.00
	43	H08Cr20Ni10SiNb	≤0.18	0.65～1.00	1.00～2.50	≤0.030	≤0.030	19.00～21.50	9.00～11.00	≤0.75	≤0.75		Nb①:10×C～1.00

续表

类型	序号	牌号	化学成分(质量分数)/%										
			C	Si	Mn	P	S	Cr	Ni	Mo	Cu	N	其他
奥氏体	44	H02Cr27Ni32Mo3Cu	≤0.025	≤0.50	1.00～2.50	0.020	≤0.030	26.50～28.50	30.00～33.00	3.20～4.20	0.70～1.50		
奥氏体	45	H02Cr20Ni25Mo4Cu	≤0.025	≤0.50	1.00～2.50	≤0.020	≤0.030	19.50～21.50	24.00～26.00	4.20～5.20	1.20～2.00		
奥氏体	46	H06Cr19Ni10TiNb	0.04～0.08	0.30～0.65	1.00～2.00	≤0.030	≤0.030	18.50～20.00	9.00～11.00	≤0.25	≤0.75		Ti:≤0.05 Nb①:≤0.05
奥氏体	47	H10Cr16Ni8Mo2	≤0.10	0.30～0.65	1.00～2.00	≤0.030	≤0.030	14.50～16.50	7.50～9.50	1.00～2.00	≤0.75		
奥氏体加铁素体	48	H03Cr22Ni8Mo3N	≤0.03	≤0.90	0.50～2.00	≤0.030	≤0.030	21.50～23.50	7.50～9.50	2.50～3.50	≤0.75	0.08～0.20	
奥氏体加铁素体	49	H04Cr25Ni5Mo3Cu2N	≤0.04	≤1.00	≤1.50	≤0.040	≤0.030	24.00～27.00	4.50～6.50	2.90～3.90	1.50～2.50	0.10～0.25	
奥氏体加铁素体	50	H15Cr30Ni9	≤0.15	0.30～0.65	1.00～2.50	≤0.030	≤0.030	28.00～32.00	8.00～10.50	≤0.75	≤0.75		
马氏体	51	H12Cr13	≤0.12	≤0.50	≤0.60	≤0.030	≤0.030	11.50～13.50	≤0.60	≤0.75	≤0.75		
马氏体	52	H06Cr12Ni4Mo	≤0.06	≤0.50	≤0.60	≤0.030	≤0.030	11.00～12.50	4.00～5.00	0.40～0.70	≤0.75		
马氏体	53	H31Cr13	0.25～0.40	≤0.50	≤0.60	≤0.030	≤0.030	12.00～14.00	≤0.60	≤0.75	≤0.75		

续表

类型	序号	牌号	化学成分(质量分数)/%										
			C	Si	Mn	P	S	Cr	Ni	Mo	Cu	N	其他
铁素体	54	H06Cr14	≤0.06	0.30～0.70	0.30～0.70	≤0.030	≤0.030	13.00～15.00	≤0.60	≤0.75	≤0.75		
	55	H10Cr17	≤0.10	≤0.50	≤0.60	≤0.030	≤0.030	15.50～17.00	≤0.60	≤0.75	≤0.75		
	56	H01Cr26Mo	≤0.015	≤0.40	≤0.40	≤0.020	≤0.020	25.00～27.50	Ni+Cu ≤0.50	0.75～1.50	Ni+Cu ≤0.50	≤0.015	
	57	H08Cr11Ti	≤0.08	≤0.80	≤0.80	≤0.030	≤0.030	10.50～13.50	≤0.60	≤0.50	≤0.75		Ti:10×C～1.50
	58	H08Cr11Nb	≤0.08	≤1.00	≤0.80	≤0.040	≤0.030	10.50～13.50	≤0.60	≤0.50	≤0.75		Nb①:10×C～0.75
沉淀硬化	59	H05Cr17Ni4Cu4Nb	≤0.05	≤0.75	0.25～0.75	≤0.030	≤0.030	16.00～16.75	4.50～5.00	≤0.75	3.25～4.00		Nb①:0.15～0.30

① Nb 可报告为 Nb+Ta。

注：在对表中给出元素进行分析时，如果发现有其他元素存在，其总量（除铁外）不应超过 0.50%。

表 10-26　GB/T 4241—2017 标准牌号与部分国外牌号对照

序号	GB/T 4241—2017	AWS A5. 9—93	JIS
1	H05Cr22Ni11Mn6Mo3VN	ER209	
2	H10Cr17Ni8Mn8Si4N	ER218	
3	H05Cr20Ni6Mn9N	ER219	
4	H05Cr18Ni5Mn12N	ER240	
5	H10Cr21Ni10Mn6		
6	H09Cr21Ni9Mn4Mo	ER307	
7	H08Cr21Ni10Si	ER308	SUSY308
8	H08Cr21Ni10		SUSY308
9	H06Cr21Ni10	ER308H	
10	H03Cr21Ni10Si	ER308L	SUSY308L
11	H03Cr21Ni10		SUSY308L
12	H08Cr20Ni11Mo2	ER308Mo	
13	H04Cr20Ni11Mo2	ER308LMo	
14	H08Cr21Ni10Si	ER308Si	
15	H03Cr21Ni10Si1	ER308LSi	
16	H12Cr24Ni13Si	ER309	SUSY309
17	H12Cr24Ni13		SUSY309
18	H03Cr24Ni13Si	ER309L	SUSY309L
19	H03Cr24Ni13		SUSY309L
20	H12Cr24Ni13Mo2	ER309Mo	SUSY309Mo
21	H03Cr24Ni13Mo2	ER309LMo	
22	H12Cr24Ni13Si1	ER309Si	
23	H03Cr24Ni13Si1	ER309LSi	
24	H12Cr26Ni21Si	ER310	SUSY310
25	H12Cr26Ni21		SUSY310
26	H08Cr26Ni21		SUSY310S
27	H08Cr19Ni12Mo2Si	ER316	SUSY316
28	H08Cr19Ni12Mo2		SUSY316
29	H06Cr19Ni12Mo2	ER316H	
30	H03Cr19Ni12Mo2Si	FR316L	SUSY316L
31	H03Cr19Ni12Mo2		SUSY316L
32	H08Cr19Ni12Mo2Si1	ER316Si	
33	H03Cr19Ni12Mo2Si1	ER316LSi	
34	H03Cr19Ni12Mo2Cu2		SUSY316J1L
35	H08Cr19Ni14Mo3	ER317	SUSY317
36	H03Cr19Ni14Mo3	ER317L	SUSY317L
37	H08Cr19Ni12Mo2Nb	ER318	
38	H07Cr20Ni34Mo2Cu3Nb	ER320	

续表

序号	GB/T 4241—2017	AWS A5.9—93	JIS
39	H02Cr20Ni34Mo2Cu3Nb	ER320LR	
40	H08Cr19Ni10Ti	ER321	SUSY321
41	H21Cr16Ni35	ER330	
42	H08Cr20Ni10Nb	ER347	SUSY347
43	H08Cr20Ni10SiNb	ER347Si	
44	H02Cr27Ni32Mo3Cu	ER383	
45	H02Cr20Ni25Mo4Cu	ER385	
46	H06Cr19Ni10TiNb	ER19-10H	
47	H10Cr16Ni8Mo2	ER16-8-2	
48	H03Cr22Ni8Mo3N	ER2209	
49	H04Cr25Ni5Mo3Cu2N	ER2553	
50	H15Cr30Ni9	ER312	
51	H12Cr13	ER410	SUSY410
52	H06Cr12Ni4Mo	ER410NiMo	
53	H31Cr13	ER420	
54	H06Cr14		
55	H10Cr17	ER430	SUSY430
56	H01Cr26Mo	ER446LMo	
57	H08Cr11Ti	ER409	
58	H08Cr11Nb	ER409Cb	
59	H05Cr17Ni4Cu4Nb	ER630	

表 10-27 盘条表面允许缺陷深度 mm

盘条公称直径	允许缺陷深度
5～9.5	≤0.10
10～20	≤0.15

第十一章 其他焊接材料

第一节　焊接用电极材料

电弧焊所用的电极有熔化电极和非熔化电极。熔化电极在焊接时既做电极又不断熔化而作为填充金属，如手工电弧焊所用的焊条、埋弧焊所用的焊丝等；非熔化电极在焊接时既不熔化又不作为填充金属，如钨电极、碳电极等。电阻焊所用的电极也属于非熔化电极，焊接时不仅要传导电流，还要传递压力，最常用的电阻焊电极是铜及铜合金电极，简称为铜电极。非熔化电极在高温下长期使用会发生不同程度的烧损、磨损或变形，经常要磨修或更换，在焊接生产中属于消耗材料。

一、弧焊用钨电极

由金属钨棒作为 TIG 焊或等子弧焊的电极为钨电极，简称钨极，属于不熔化电极的一种。

对不熔化电极的基本要求是：能传导电流，是强的电子发射体，高温工作时不熔化和使用寿命长等。金属钨能导电，其熔点（3410℃）和沸点（5900℃）都很高，电子逸出功为 4.5eV，发射电子能力强，最适合做电弧焊的不熔化电极。

1. 钨极的种类及特点

钨极氩弧焊用的电极材料与等离子弧焊相同，国内外常用的钨极主要有纯钨、铈钨、钍钨和锆钨等。常用钨极的种类及化学组成见表

11-1。国外部分钨极牌号及主要化学成分见表 11-2。

表 11-1 常用钨极的种类及化学组成

钨极类型	牌号	化学组成/%							
		W	ThO_2	CeO	ZrO	SiO_2	$Fe_2O_3+Al_2O_3$	Mo	CaO
纯钨极	W_1	99.92	—	—	—	0.03	0.03	0.01	0.01
	W_2	99.85	杂质总含量<0.15						
钍钨极	WTh-7	余量	0.7～0.99	—	—	0.06	0.02	0.01	0.01
	WTh-10	余量	1.0～1.49	—	—	0.06	0.02	0.01	0.01
	WTh-15	余量	1.5～2.0	—	—	0.06	0.02	0.01	0.01
	WTh-30	余量	3.0～3.5	—	—	0.06	0.02	0.01	0.01
铈钨极	WCe-5	余量	—	0.50	杂质总含量<0.1				
	WCe-13	余量	—	1.30	杂质总含量<0.1				
	WCe-20	余量	—	1.8～2.2	杂质总含量<0.1				
锆钨极	WZr	99.2	—	—	0.15～0.40	其他≤0.5			

表 11-2 国外部分钨极牌号及主要化学成分

牌号	化学组成/%				标准颜色
	氧化物		杂质	W	
Wp	—	—	≤0.20	99.8	绿色
WT4	ThO_2	0.35～0.55	<0.20	余量	蓝色
WT10	ThO_2	0.85～1.20	<0.20	余量	黄色
WT20	ThO_2	1.70～2.20	<0.20	余量	红色
WT30	ThO_2	2.80～3.20	<0.20	余量	紫色
WT40	ThO_2	3.80～4.20	<0.20	余量	橙色
WZ3	ZrO_2	0.15～0.50	<0.20	余量	棕色
WZ8	ZrO_2	0.70～0.90	<0.20	余量	白色
WL10	LaO_2	0.90～1.20	<0.20	余量	黑色
WC20	CeO_2	1.80～2.20	<0.20	余量	灰色

纯钨极的熔点和沸点高，不易熔化蒸发、烧损，但电子发射能力较其他钨极差，不利于电弧稳定燃烧。此外，电流承载能力较低，抗污染性能差。

钍钨极的电子发射能力强，电子逸出功为 2.7eV，允许的电流密度大，电弧燃烧较稳定，寿命较长，但钍元素具有一定的放射性，在国外较常采用。

铈钨极的电子逸出功低（2.4eV），引弧和稳弧性能不亚于钍钨极，化学稳定性高，允许的电流密度大，无放射性，是目前国内普遍采用的一种。

锆钨极的各种性能介于纯钨极和钍钨极之间，在需要防止电极污染焊缝金属的特殊条件下使用。焊接时，电极尖端易保持半球形，适于交流焊接。

2. 钨极承载电流的能力

钨极的电流承载能力除了与它们的化学成分有关外，还受到许多其他因素的影响，如焊枪的形式、电极夹头的极性、电极直径、电极种类、电极从焊枪中伸出的长度、焊接位置、保护气体的性质等。

在工艺条件相同的情况下，用直流电焊接对各类型电极的载流能力的影响没有很大的差别。钨极的载流能力大都与其极性有关，大约2/3 的热量产生的阳极上，1/3 的热量产生在阴极上。因此，在不过热的条件下，电极接负极（正接法）时可以承载的电流比电极接正极（反接法）时大得多（约 10 倍）；同样，直流电源情况下电极接负极时的载流能力比交流电源情况下的载流能力大。

采用交流电时，纯钨极的载流能力低于其他钨极；而各类电极在对称波形交流电情况下的电流承载能力要比在非对称波形交流电时的电流承载能力小。表 11-3 列出了部分国产电极的载流能力。由于电极的最大载流能力取决于很多因素，该表给出了一个近似的电流范围以表达电极载流能力。

表 11-3　钨电极的载流能力　　A

电极直径/mm	直流正接			直流反接	交流
	纯　钨	钍　钨	铈　钨	纯　钨	
1.0	20～60	15～80	20～80	—	—
1.6	40～100	70～150	50～160	10～30	20～100
2.0	60～150	100～200	100～200		
3.0	140～180	200～300	—	20～40	100～160
4.0	240～320	300～400	—	30～50	140～220
5.0	300～400	420～520	—	40～80	200～280
6.0	350～450	450～550	—	60～100	250～300

纯钨极价格不太昂贵，一般用于对焊接质量要求不太严格的情况下，不过用交流电进行焊接时，纯钨极的载流能力较低且抗污染性能差。钍钨极载流能力较好，寿命比较长，抗污染性能较好，易引弧，电弧燃烧较稳定。手工钨极氩弧焊时，钍钨极的消耗量只有纯钨极的10%～20%。等离子弧焊时，国内主要采用钍钨或铈钨电极，表 11-4 给出了钍钨电极的许用电流，也可供铈钨电极参考。

表 11-4　等离子弧焊钨极的许用电流（直流正接）

电极直径/mm	0.25	0.5	1.0	1.6	2.4	3.2	4.0
电流范围/A	≤15	5～20	15～20	70～150	150～250	250～400	400～500

3. 钨极的表面质量和形状尺寸

(1) 钨极的表面质量

钨极材料表面在拉拔或锻造加工之后要经过清洗、抛光或磨光。经过磨削后的钨极表面具有较低的粗糙度，能保证钨极与焊枪的电极夹头之间有最大的接触面积，从而可以获得最大的载流能力；如果采用化学清理，会使得钨极表面较粗糙，接触电阻会降低载流能力。

对于有疤痕、裂纹、缩孔、毛刺或非金属夹杂等缺陷的电极，不应当使用，因为这些缺陷会影响其载流能力。电极表面的凹凸不平会引起弧柱“回火”现象。

(2) 钨极的形状尺寸

① 钨极端部形状　常用的电极端部形状如图 11-1 所示。为了便于引弧及保证等离子弧的稳定性，电极端部一般磨成 30°～60°的尖锥角，或者顶端稍微磨平。当钨极直径大、电流大时，电极端部也可磨成其他形状以减小烧损。

② 钨极尺寸　钨极直径范围一般为 0.25～6.4mm，长度范围为

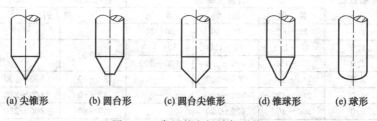

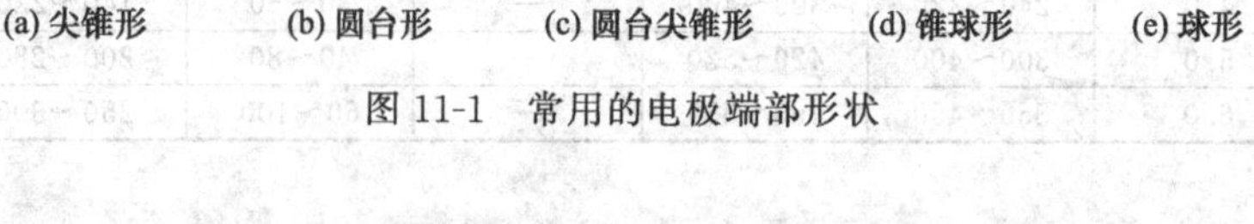

图 11-1　常用的电极端部形状

76～610mm。正确使用钨极可以获得较稳定的电弧，并能延长钨极的使用寿命。当选定钨极之后，使用时其形状和尺寸是影响电弧和焊接质量的重要因素。

若钨极端面凹凸不平，则产生的电弧既不集中也不稳定，所以在使用前，需对其端部进行磨削以呈尖锥状。磨尖程度应根据焊丝直径和使用的电流大小来确定，例如在焊接薄板和使用小电流时，可选用小直径钨极，且其末端磨得尖些，这样容易引弧并且电弧燃烧稳定；但电流较大时，会由于电流密度过大而使末端过热熔化，从而使钨极烧损增加，同时电弧斑点也会扩展到钨极末端的锥面上，使弧柱扩散或飘摆不定，故在这种情况下的锥角要适当加大或采用顶锥形的钨极。表 11-5 列出了推荐使用的钨极末端形状和使用电流范围。

表 11-5 钨极末端形状和使用电流范围

电极直径/mm	尖端直径/mm	锥角/(°)	直流正接	
			恒定电流范围/A	脉冲电流范围/A
1.0	0.125	12	2～15	2～25
	0.25	20	5～30	5～60
1.6	0.5	25	8～50	8～100
	0.8	30	10～70	10～140
2.4	0.8	35	12～90	12～180
	1.1	45	15～150	15～250
3.2	1.1	60	20～200	20～300
	1.5	90	25～250	25～300

当采用交流钨极氩弧焊时，一般将钨极末端磨成半圆球状，随着电流增加，球径也应随之增加，最大时等于钨极直径（即不带锥角）。随着钨极末端锥角增大，弧柱的扩散倾向减小，但熔深增大，熔宽减小，焊缝横断面积基本不变。

采用等离子弧焊时，钨电极必须完全是圆柱形并且同心。为便于引弧和提高电弧燃烧的稳定性，电极顶端应磨尖呈锥状，夹角为20°～60°，随着电流增大，其尖锥可稍微磨平或磨成锥球状、环状等以减慢电极的烧损。

4. 氩弧焊钨极的选用

钨极氩弧焊（TIG 焊）时，选用钨极的种类要综合考虑如下几个因素：各种钨极的电弧特性（引弧与稳弧）、载流能力、被焊金属的材质、焊件厚度、电流类型及电极极性。此外，还要考虑电极来源、使用寿命及价格等。不同金属钨极氩弧焊时推荐用的钨极及保护气体见表 11-6。

表 11-6 不同金属钨极氩弧焊时推荐用的钨极及保护气体

金属种类	金属厚度	电流类型	电 极	保护气体
铝	所有厚度	交流	纯钨或锆钨极	Ar 或 Ar+He
	厚件	直流正接	钍钨或铈钨极	Ar+He 或 Ar
	薄件	直流反接	铈钨、钍钨或锆钨极	Ar
铜及铜合金	所有厚度	直流正接	铈钨或钍钨极	Ar 或 Ar+He
	薄件	交流	纯钨或锆钨极	Ar
镁合金	所有厚度	交流	纯钨或锆钨极	Ar
	薄件	直流反接	锆钨、铈钨或钍钨极	Ar
镍及镍合金	所有厚度	直流正接	铈钨或钍钨极	Ar
低碳、低合金钢	所有厚度	直流正接	铈钨或钍钨极	Ar 或 Ar+He
	薄件	交流	纯钨或锆钨极	Ar
不锈钢	所有厚度	直流正接	铈钨或钍钨极	Ar 或 Ar+He
	薄件	交流	纯钨或锆钨极	Ar
钛	所有厚度	直流正接	铈钨或钍钨极	Ar

一般厚板焊接时要求能获得较大的熔深，为此应采用直流正接和大电流来进行焊接，宜选用载流能力强的钍钨极或铈钨极；薄板焊接要求熔深较浅，所以焊接时电流宜小，应采用直流反接的方法，但容易使电极发热，因此，电极宜选用引弧容易、稳定性好、载流能力强的钍钨极或铈钨极。铝、镁及其合金的焊接要求采用交流电，这种情况下电极烧损的程度比直流反接时的小，可以选用较为便宜的纯钨极。

美国产锆钨极（Zr 含量为 0.15%～0.4%），其载流能力和引弧性能均比纯钨极好，但比钍钨极差。我国不生产锆钨极，但有铈钨极。铈钨极的综合性能优于钍钨极，若价格和供货条件允许，可以取代钍钨极，因为钍钨极有微量的放射性，会给操作人员的身体健康带来不利的影响。

对于铈钨极，它是我国研制成功的产品，其 X 射线剂量及抗氧化性能和钍钨极相比有了较大的改善。铈钨极的弧束细长，热量集中，可提高电流密度 5%～8%，使用寿命长，而且电子逸出功比钍钨极低，故引弧相对容易，燃弧稳定性好。另外，铈钨极化学稳定性好、阴极斑点小、压降低、烧损小，完全可以取代钍钨极。在机械化焊接应用中，铈钨极或钍钨极均比纯钨极更合适，毕竟纯钨极消耗的速度太快。

二、电阻焊用铜电极

电阻焊的点焊、缝焊、凸焊和对焊等都需使用不熔化电极，它们的形状各不相同，但是在焊接过程中都用以向焊件传输焊接电流和焊接压力。在有些焊接场合中，电极还是焊模、夹具或定位装置。电极是电阻焊机的易耗零件。

电阻焊电极工作条件比较恶劣，制造电极的材料除了应有较好的导电和导热性能外，还应能承受高温和高压力的作用。目前最常用的电极材料是铜和铜合金，在特殊焊接场合中，也采用钨、钼、氧化铝等耐高温的粉末烧结材料。

在电阻焊中，电极材料和电极形状的选择直接影响到焊接质量、生产成本和劳动生产率。在本节以点焊电极为对象，重点介绍电极材料。关于电极形状等方面的内容在本章第一节中介绍。

1. 电极的功能及其损坏形式

(1) 电极的功能

以点焊电极为例，其主要功能是传导电流、传递压力和散热。

① 传导电流　焊接时流过电极的电流按被焊金属的性质和厚度，高达数千至数万安培。流过电极工作面的电流密度达每平方毫米数百至数千安。例如，点焊低碳钢的电流密度达 200～300A/mm^2，焊铝和铝合金的电流密度达 1000～2000A/mm^2，是常用导线安全电流密度的数十至数百倍。

② 传递压力　为了使接头连接牢固，不发生飞溅、裂纹或疏松等缺陷，以及保持焊接质量稳定，必须通过电极向焊件施加焊接压力或锻压力。按焊件金属性质，压力有几千到几十千牛。例如低碳钢点焊的电极压强为 30～140MPa，焊高温合金的电极压强高达 400～900MPa。而电极工作面与熔核直接接触，承受焊接所产生的高温(870K 以上) 若已达到或超过电极材料在该温度下的屈服点，就会引起电极工作面的变形和压溃，而无法工作。

③ 散热　点焊焊接电流流过焊件所产生的热量，只有一小部分

用于生成熔核，绝大部分热量是通过上、下电极传导而消散的。如果焊接产生的热量不易散失，电极便会升温产生变形、压溃和黏附现象，熔核也难以形成。

（2）损坏形式

点焊、缝焊时，电极损坏的主要形式是变形和黏附。变形是由于电极材料在高温下的压溃，黏附是电极工作面和被焊金属间出现了扩散与合金化。

影响电极变形的主要因素是电极材料、电极头部形状、冷却条件和焊接参数。电极的黏附现象与电极材料和头部形状有关。合理选择电极材料、正确的电极头部形状、加速电极的冷却和适宜的焊接参数（电流、通电时间和电极压力等），是提高电极使用寿命的主要方向。

2. 电极材料

（1）对电极材料的基本要求

根据电极在电阻中需传导电流、传递压力和逸散焊接区热量的特点，对电极材料提出如下基本要求。

① 高的电导率和热导率，自身电阻发热小，能迅速逸散焊接区传来的热量，以延长使用寿命，改善焊件受热状态。

② 高温下具有高的强度和硬度，有良好的抗变形和抗磨损能力。

③ 高温下与焊件金属形成合金化倾向小，物理性能稳定，不易黏附。

④ 材料生产成本低，加工方便，变形或损坏后便于更换。

（2）电极材料分类及其典型用途

国际上对电极材料分成铜和铜合金与粉末烧结材料两大组，每组内又分成若干类。我国行业标准 JB/T 4281—1999《电阻焊电极和附件用材料》对常用电极材料的分类和性能参数做了规定，见表 11-7。

表 11-7 电阻焊电极和附件用材料的成分和性能（JB/T 4281—1999）

组	类	编号	名　称	成分①（质量分数）/%	材料形式	硬度 HV（30kgf②）（最小值）	电导率/（MS/m）（最小值）	软化温度/℃（最低值）
A	1	1	Cu-ETP	Cu99.9（+Ag 微量）	棒≥25mm	85	56	150
					棒<25mm	90	56	
					锻件	50	56	
					铸件	40	50	

续表

组	类	编号	名　称	成分①(质量分数)/%	材料形式	硬度 HV (30kgf②) (最小值)	电导率 /(MS/m) (最小值)	软化温度 /℃ (最低值)
A	1	2	CuCd1	Cd=0.7～1.3	棒≥25mm 棒<25mm 锻件	90 95 90	45 43 45	250
	2	1	CuCr1	Cr=0.3～1.2	棒≥25mm 棒<25mm 锻件 铸件	125 140 100 85	43 43 43 43	475
		2	CuCr1Zr	Cr=0.5～1.4 Zr=0.02～0.2	棒≥25mm 棒<25mm 锻件	130 140 100	43 43 43	500
	3	1	CuCo2Be	Co=2.0～2.8 Be=0.4～0.7	棒≥25mm 棒<25mm 锻件 铸件	180 190 180 180	23 23 23 23	475
		2	CuNi2Si	Ni=1.6～2.5 Si=0.5～0.8	棒≥25mm 棒<25mm 锻件 铸件	200 200 168 158	18 17 19 17	500
	4	1	CuNi1P	Ni=0.8～1.2 P=0.16～0.25	棒≥25mm 棒<25mm 锻件 铸件	130 140 130 110	29 29 29 29	475
		2	CuBe2CoM	Be=1.8～1.1 Co—Ni—Fe =0.2～0.6	棒≥25mm 棒<25mm 锻件 铸件	350 350 350 350	12 12 12 12	—
		3	CuAg6	Ag=6～7	锻件≤25mm 铸件 25～50mm	140 120	40 40	—
		4	CuAl10Fe5Ni5	Al=8.5～11.5 Fe=2.0～6.0 Ni=4.0～6.0 Mn=0～2.0	锻件 铸件	170 170	4 4	650

续表

组	类	编号	名　称	成分[①](质量分数)/%	材料形式	硬度 HV (30kgf[②])(最小值)	电导率 /(MS/m)(最小值)	软化温度 /℃(最低值)
B	10		W75Cu	Cu=25	—	220	17	1000
	11		W78Cu	Cu=23		240	16	1000
	12		WC70	Cu=30	—	300	12	1000
	13		Mo	Mo=99.5	—	150	17	1000
	14		W	W=99.5	—	420	17	1000
	15		W65Ag	Ag=35	—	140	29	900

① 材料的成分供参考；应按本表所示性能加工。

② 1kgf=9.80665N。

① A组——铜和铜合金　按其成分和性能特点可分成四类。

a. 第1类为高电导率、中等硬度的非热处理硬化合金。这类材料只能通过冷作硬化提高其硬度，其再结晶温度较低。

常用的电极材料有纯铜、镉铜和银铜等。

b. 第2类为热处理强化合金，通过热处理和冷变形联合加工以获得良好的力学性能和物理性能。其电导率略低于第1类，而力学性能和再结晶温度则远高于第1类，是国内外应用最广泛的一种电极铜合金。典型的有铬铜和铬锆铜。

c. 第3类也为热处理强化合金，其力学性能高于第2类，电导率低于上述两类，属高强度、中等导电率的电极材料。常用的有铍钴铜、镍硅铜等。

d. 第4类为具有专用性能的铜合金，有些硬度很高，其电导率不很高；有的电导率高，而硬度不很高。它们之间不宜代用。这类电极材料有铍铜、$w(Ag)=6\%$的银铜等。

② B组——粉末烧结材料　这组材料是由钨、钼金属以及它们的粉末与铜粉（或银粉），以一定比例混合后，经烧结而成的电极材料。这组材料按成分分成六类（表11-7），可以归纳为以下四种情况。

a. 铜和钨粉末烧结的材料。如第10类和第11类，前者含钨量低于后者。这类电极材料有高的硬度和软化温度，其电导率随钨含量增加而降低。

b. 铜和碳化钨粉末烧结的材料。即第12类，因碳化钨硬度高于钨，故这类材料硬度比上述两类高，电导率较低，软化温度相同。

c. 纯钼或纯钨。分别为第 13 类和第 14 类，后者比前者硬度高很多。

d. 银和钨粉末烧结的材料。即第 15 类，具有较好的抗氧化性能，电导率高于铜钨，其硬度和软化温度略低。

(3) 电极铜和铜合金的性能

电阻焊中电极材料应用最广、用量最大的是铜及铜合金。铜合金是在铜中添加少量合金元素以改善铜的物理和力学性能，特别是提高其硬度和软化温度，满足焊接提出的要求。

电极铜合金中常用的合金元素有：镉 (Cd)、银 (Ag)、铬 (Cr)、锆 (Zr)、镍 (Ni)、硅 (Si)、铍 (Be)、钴 (Co)、铝 (Al) 等。它们与铜组成二元、三元或多元合金而具有不同的性能，以适应各种金属材料焊接的需要。目前常用的电极铜合金主要有：镉铜、铬铜、锆铜、铬锆铜、铬铝镁铜、镍硅铜、铍钴铜和铍铜等。现简介如下。

① 纯铜　纯铜指工业纯铜，含铜量在 99.9%以上，密度为 $8.9g/cm^3$，熔点为 1356K，具有优良的导电导热性能，故是最重要的导电导热材料。纯铜在退火状态下塑性高而强度低，故适于各种冷、热加工。冷作加工能提高铜的强度和硬度，降低塑性，而对电导率影响很小，利用这一特性使纯铜成为焊接纯铝的电极材料之一。

冷作硬化降低了铜的再结晶温度，所以纯铜作电极的焊接温度不宜高于 423K，否则迅速软化，影响焊接质量。

总之，纯铜电极只适于压强小、焊接温度低、产品批量不大的情况。

② 镉铜　镉铜是电极铜合金中最重要一种，$w(Cd)=0.7\%\sim1.0\%$，属非热处理强化合金，冷作硬化可提高其硬度（达 140HV)。它具有良好的导电、导热性和耐磨与抗蚀性能，冷作硬化后再结晶温度较低，故只适于 473K 以下使用，而且焊接时须加强冷却，以提高其使用寿命。

③ 铬铜　铬铜具有高强度高导电性的特点，应用最为广泛。铬铜的 $w(Cr)=0.5\%\sim1\%$，电导率可达纯铜的 80%～90%。它属热处理强化合金，经热处理后铬以弥散形式在晶粒间沉淀析出，使基体强化和电导率增加。若再经冷加工，力学性能会进一步提高。铬铜软

化温度较高，具有良好的耐热性，可在 723～750K 温度下安全工作。使用温度仍要防止超过软化温度并加强冷却。

在铬铜中若加入少量银、铝、镁、硅等元素，则形成多元铜合金，可以进一步提高力学性能和软化温度，如铬银铜、铬铝镁铜等。

④ 锆铜　锆铜是一种高电导率、高热导率的热处理强化铜合金。铜中加入锆能显著提高铜的力学性能和软化温度，常用的有 $w(Zr)=0.2\%$ 和 $w(Zr)=0.4\%$ 两种锆铜合金。锆铜在固溶处理后及经过一定程度冷加工再时效强化才具有较高的力学性能和软化温度，使用性能优于铬铜和铬镉铜，但锆价格比铬贵，制造成本较高。

⑤ 铬锆铜　铬锆铜是高强度、高电导率热处理强化铜合金中性能最好的一种，兼有铬铜的时效强化性能高和锆铜的软化温度高的优点，因而在常温和高温下均有较高的硬度。其中 $w(Cr)=0.25\%\sim0.8\%$；$w(Zr)=0.08\%\sim0.5\%$，还有少量的 Mg。经固溶和时效热处理后，在铜的基体上均匀析出弥散的 Cr 和 CuZr 粒子，改善其性能。加入少量 Mg 是为了提高热稳定性。

实践表明，用铬锆铜做成点焊电极焊接低碳钢和镀层钢，其寿命比用铬铝镁铜电极提高 5～10 倍。

⑥ 铍铜　铍铜是铜合金中强度和硬度最高的一种。$w(Be)=2.0\%$ 的铍铜经固溶和时效热处理后其强度和抗磨性可达高强度合金钢水平。但铍铜的电导率和软化温度较低，使用温度超过 823K 时便完成软化，因此不适合做接触面积小、焊接表面温度高的点焊或缝焊电极，否则会因导电、导热性能低而引起严重黏附。

⑦ 铍钴铜　铍钴铜属高强度、中等电导率电极铜合金和一种，$w(Be)=0.4\%\sim0.7\%$、$w(Co)=2.0\%\sim2.8\%$，是热处理强化合金。加入铍和钴可以形成高熔点高硬度的金属间化合物，以显著提高铜的强度。钴能提高合金的沉淀硬化效果。

⑧ 镍硅铜　镍硅铜属热处理强化型合金，具有高的强度和硬度，有良好的耐磨性，可代替铍铜作电极材料。通常 $w(Ni)=2.4\%\sim3.4\%$，$w(Si)=0.6\%\sim1.1\%$。该合金在热处理时因为镍和硅能形成金属间化合物并呈弥散相析出，使基体强化，所以力学性能和电导率较高。

表 11-8 列出了常用电极铜和铜合金的主要性能。

表 11-8 常用电极铜和铜合金的主要性能

材料名称	材料牌号	主要成分（质量分数）/%	加工特征	主要性能					国外同类材料
				抗拉强度/MPa	伸长率/%	硬度(HBS)	电导率/(MS/m)	软化温度/K	
纯铜	T2	Cu99.9	退火状态	225～235	50	40～50	58		美国：Ampcloy99，Elkonite A，Tipaloy100 俄罗斯：M1
纯铜	T2	Cu99.9	700～970K 退火，50%冷变形	392～490	2	80～100	57	423	
镉铜	QCd1	Cd0.9～1.2	1070K 退火，50%冷变形	588	2～6	110～115	48～52	553	美国：Ampcoloy97，Elkaloy A 俄罗斯：MK 英国：Matthey A 法国：Soudalox 100
银铜	QAg0.2	Ag0.2	1070K 退火，冷加工	345～441	2～4	110～115	48～52	553	俄罗斯：MC 德国：Wirbalit L
铬铜	QCr0.5	Cr0.5～1.0	1220～1250K 淬火，冷变形 720K 时效	441～490	15	110～130	44～49	748	美国：Ampcoloy 95，Mallory3 俄罗斯：Bpx 英国：Matthey 3 法国：Soudalox 200 德国：Wirbalit N

续表

材料名称	材料牌号	主要成分（质量分数）/%	加工特征	主要性能					国外同类材料
				抗拉强度/MPa	伸长率/%	硬度（HBS）	电导率/（MS/m）	软化温度/K	
锆铜	QZr0.2	Zr0.15～0.25	1220K淬火，75%冷变形，720K时效	392～441	10	120～130	52	773	美国：Amzirc
锆铜	QZr0.4	Zr0.30～0.50	1220K淬火，75%冷变形，720K时效	441～490	10	130～140	46	773	
铬银铜	QCr0.5～0.1	Cr0.5，Ag0.1，Zn0.15	1270K淬火，60%冷变形，740K时效	392～412	24	130	48	773	
铬铝镁铜	QCr0.5-0.2-0.1	Cr0.5，Al0.2，Mg0.1	1270K淬火，60%冷变形，740K时效	392～441	18	110～130	41～44	783	俄罗斯：Mn4
铬锆铜	—	Cr0.3～0.5，Zr0.1～0.15	1240K淬火，50%冷变形，740K时效	490	10	145HV	＞45	823	美国：Amax-MZC 俄罗斯：Mn5，Mn5A 英国：Matthey 328 法国：CRM-16 德国：Wirbalit HF 日本：MCZ
铬锆铜	—	Cr0.5～0.7，Zr0.15～0.25	1240K淬火，50%冷变形，740K时效	539	10	150HV	＞44	823	
铬锆铜	—	Zr0.08～0.15，Cr0.25～0.5，Te0.1～0.2	1240K淬火，50%冷变形，740K时效	490	10	145HV	＞46	823	

续表

材料名称	材料牌号	主要成分（质量分数）/%	加工特征	主要性能					国外同类材料
				抗拉强度/MPa	伸长率/%	硬度(HBS)	电导率/(MS/m)	软化温度/K	
铍钴铜	—	Be0.4,Co2.5	1220K淬火,50%冷变形,720K时效	637～735	9	180～210	23～26	773	美国:Mallory 100 英国:Matthey 100 法国:Soudalox 300 德国:WirbalitB
铍铜	QBe2	Be1.9～2.2,Ni0.2～0.5	1050～1060K淬火,570～590K时效	1176	1.5	360	13～15	573	美国:Ampcolop 83,Tipaloy T4
镍硅铜	QSi1-3	Si0.6～1.1 Ni2.4～3.4	1170K淬火,720K时效	588～735	3	150～180	23～26	813	俄罗斯:33
镍硅铬铜	—	Si0.5～0.8 Ni2.0～3.0, Cr0.2～0.6	1170K淬火,50%冷变形,720K时效	637	18	200～220	23～26	823	美国:Ampcoloy 940,Tipaloy 240
铬锆钴铜	—	Zr0.1～0.25 Cr0.3～0.8, Co1.5～3.0	—	490～590	8～10	160～180	23～25	898	—
铝镍铁铜	QAl10-4-4	Ni3.5～5.5 Al9.5～11,Fe3.5～5.5	1220K淬火,770K时效	882～1078	4～5	170～220	6	923	美国:Tipaloy T5

(4) 钨、钼和粉末烧结电极材料性能

① 钨和钼　用纯钨或纯钼制作电阻焊电极是利用它们的电导率高于铁等金属，且熔点高、有高的硬度和抗黏附等特点。

钨室温下缺乏塑性，易脆裂。对于像电子产品中的小型铜合金零件的点焊，因其焊接电流小、压力低，故可以采用钨棒作电极；在大电流高压力下焊接时，通常是把钨棒或钨片镶嵌在铜合金电极的头部，构成复合电极，既提高电极的导电性能，又改善了钨极的散热效果，还防止了钨极在焊接时受冲击而碎裂。

钼的熔点和硬度比钨低，但韧性较好且易于加工，其他性能与钨相近，故用作电极的情况与钨相同，常与铜合金电极一起做成镶嵌式复合电极。

② 粉末烧结材料　利用铜粉或银粉和一定比例的钨粉混合，经过压制和烧结，制成一系列具有不同硬度和电导率的粉末烧结材料。材料的软化温度接近于铜或银的熔点，而硬度和电导率取决于钨粉的含量、颗粒度及分布情况。粉末烧结材料的最大优点是能加工成不同形状和尺寸的电极，而不像纯钨或纯钼那样受到限制。此外，硬度和电导率可以通过配比调整来达到。

用作电阻焊电极的铜-钨烧结材料的 $w(W) \geqslant 60\%$。银-钨烧结材料性能与铜-钨相似，但电导率和抗氧化性能优于铜-钨，抗黏附能力则不如铜-钨，其价格较贵。

铜-碳化钨是在高温下具有较强抗氧化性能的烧结材料。用作电极的接触电阻稳定，抗黏附性能好，但硬度较高，加工性能较差。表 11-9 所示是国内常用钨、钼和粉末烧结电极材料的主要性能。

表 11-9　钨、钼和粉末烧结电极材料性能

名称	代表符号	密度 /(10^3kg/m^3)	电阻率 /$10^{-6}\Omega\cdot$cm	布氏硬度 (HBS)	抗弯强度 /MPa
钨	W	19.3	5.5	350	176～4070
钼	Mo	10.2	5.1	140～185	1370～2450
铜-钨	Cu-W60	12.8	3.5	160	590
	Cu-W70	14.0	4.1	200	640
	Cu-W80	15.1	5.2	220	690
银-钨	Ag-W40	12.5	2.7	85	880
	Ag-W70	14.8	3.4	180	1080

续表

名称	代表符号	密度 /(10^3kg/m^3)	电阻率 /$10^{-6}\Omega\cdot cm$	布氏硬度 (HBS)	抗弯强度 /MPa
铜-碳化钨	Cu-WC50	11.1	2.4	90～100HRB	—
银-碳化钨	Ag-WC40	12.0	3.6	90HRB	—
	Ag-WC60	12.9	5.5	110HRB	—

3. 电极材料的选用要点

(1) 须熟悉电极材料的基本特性

从表 11-7 中看出，用于制作电阻焊电极的材料随着硬度的增加，其电导率是降低的。这反映出一般硬度高的材料耐磨，抗压能力强；电导率高的材料，其热导率也高，散热快。显然，软的电极材料不能用于承受大的焊接压力，但其电导率高，可以用于大电流焊接。软化温度低的电极材料不耐热，只能用于冷却条件好的情况。B 组电极材料多为烧结材料，比较适于高温、焊接通电时间长、冷却不足或压力高的场合。

(2) 须注意电阻焊接方法的工艺特点

电阻焊中以点焊和缝焊电极的工作条件最为恶劣，对电极材料要求苛刻，既要求导电、导热性能好，又要求耐热、耐磨，而电阻凸焊和对焊对电极材料的要求简单得多。电阻对焊的电极通常是夹钳的组成部分，一般不直接接触焊件的高温区，与焊件接触面积较大，电流密度相对较低，不要求电极有很高的电导率和热导率，但它除向焊件传输焊接电流和顶锻力外，还承受夹持焊件的巨大夹紧力，在这种力的作用下它与焊件之间有强烈的摩擦，因此电极需有足够的强度和硬度以减少变形磨损。所以了解电极的工作条件是正确选用电极材料的关键。

(3) 须根据被焊金属材料的性能特点

以点焊为例，不同金属材料对电极的要求并不一样。铝及其合金具有高的电导率和热导率、低的熔点和低的高温强度，塑性温度范围窄。点焊时要求大电流快速焊，对电极的要求主要是具有高电导率，而对硬度和耐高温无特别要求，因此选用表 11-7 中的 A1 类或纯铜作电极材料较为合适；而不锈钢点焊，因其电阻率比低碳钢高，而热导率比低碳钢低，焊接时要求比焊接低碳钢用更大的电极压力和较小的焊接电流。因此，宜选用硬度较高、电导率低的电极材料，如 A3 类材料。

（4）保证重点兼顾其他

目前已有的电极材料几乎都难以同时满足以上所述的要求。在不可兼得的情况下，选择能满足时焊接质量起决定性作用的性能要求的那种电极材料，其他方面的要求只能有所兼顾或以某些措施（如改变电极形状、加强冷却或预热等）来弥补电极材料的不足。

表 11-10 所示是对表 11-7 所列各类电阻焊电极材料的典型推荐用途。

表 11-10 电阻焊电极材料的典型推荐用途（JB/T 4281—1999）

材料	点焊	缝焊	凸焊	闪光焊或对焊	辅助设备
A1/1	焊铝电极	焊铝电极	—	—	无应力导电部件，叠片分路
A1/2	焊铝电极、焊镀层钢（镀锌、锡、铝、铅）电极	焊铝电极，焊镀层钢（镀锌、锡、铝、铅）电极轮	—	焊低碳钢的模具或镶嵌电极	高频电阻焊或焊非铁磁金属用电极
A2/1	焊低碳钢电极、握杆、轴和衬垫材料	焊低碳钢电极	大型模具	焊低碳钢、碳钢、不锈钢和耐热钢用模具，或镶嵌电极	受应力导电部件、B组烧结材料的衬垫
A2/2	焊低碳钢和镀层钢电极	焊低碳钢和镀层钢电极	—	—	—
A3/1	焊不锈钢和耐热钢用电极，受应力电极握杆、轴和电极	焊不锈钢和耐热钢用电极轮、轴和衬套	模具或镶嵌电极	高夹紧力下的模具，或镶嵌电极	受应力导电部件
A3/2	受应力电极握杆、轴和电极臂	轴和衬套	—	—	受应力导电部件
A4/1	电极握杆和弯曲极臂	轴和衬套	—	—	受应力导电部件
A4/2	极大机械应力下的电极握杆和轴	极大机械应力下的机臂	高电极压力下的模具和镶嵌电极	闪光焊用长模具	—
A4/3	—	高热应力下焊低碳钢用电极轮	—	—	—

续表

材料	点　焊	缝　焊	凸　焊	闪光焊或对焊	辅助设备
A4/4	电极握杆	低负荷下的轴和衬套	压板和模具	—	—
B10	—	—	焊低碳钢用镶嵌电极	在高应力下焊低碳钢的镶嵌电极	热铆和热压用镶嵌电极
B11	—	—	—	—	热铆和热压用镶嵌电极
B12	—	—	焊不锈钢用镶嵌电极	焊钢材用小型模具或镶嵌电极	热铆和热压用镶嵌电极
B13	焊铜基高导电材料用镶嵌电极	—	—	—	热铆和热压用镶嵌电极，电阻钎焊用镶嵌电极
B14	焊铜基高导电材料用镶嵌电极	—	—	—	热铆和热压用镶嵌电极，电阻钎焊用镶嵌电极
B15	—	—	—	—	铁磁材料高频电阻焊用电极

三、点焊电极

点焊电极是点焊机中重要但又易损耗的零件，它的材质、结构形状直接影响焊接质量、生产成本和劳动生产率，也对自身使用寿命有影响。有关点焊电极材料，详见本章第一节中“二、电阻焊用铜电极”所述。

1. 电极功能及基本要求

(1) 电极功能

电极功能可归纳为传输电流、传递压力和迅速散热。

① 传输电流。点焊时焊接电流靠电极传输，流过电极工作面的电流密度很大，表 11-11 所示为三种金属材料点焊的一般电流密度

范围。

表 11-11 三种金属材料点焊电极工作面电流密度范围 A/mm²

被焊金属	低碳钢	不锈钢	铝及铝合金
电极工作面电流密度范围	200～600	300～400	100～2000

从表中看出，点焊时的电流密度是常用导线电流密度的数十到数百倍，已超过一般导线所能承受的范围。

② 传递压力。点焊时须通过电极向焊件施加一定的焊接压力和锻压力。按被焊材料不同，电极压力高达几千牛。焊接低碳钢时其内部压强达 30～140MPa，焊不锈钢时为 250～400MPa。焊高温合金时，内部压强高达 400～900MPa。电极工作面直接接触熔核，它承受着焊接产生的高温，所以电极必须具有足够的高温强度，否则会导致电极工作面迅速变形与压溃而无法进行工作。

③ 散热作用。点焊时，焊接区的大部分热量是从上、下电极传导而散失的，被焊板件越薄，其散失的热量就越多。对于焊接厚度为 1mm 的低碳钢，电极散失热量约占输入点焊总热量的 70%～80%。

（2）对电极材料的基本要求

从上述可见点焊电极工用条件复杂、恶劣。为了发挥其功能，保证焊接质量和延长其使用寿命，所使用的电极材料必须满足以下要求。

① 在高温与常温下都有合适的导电、导热性能，具有高的耐氧化能力，并与焊件材料形成合金的倾向性小。

② 有足够的高温硬度和强度，再结晶温度高。

③ 电极与焊件之间的接触电阻应足够低，以防止工件表面熔化。

2. 点焊电极的分类

点焊电极的形式和种类较多，在生产中大量采用标准电极，此外也根据需要采用许多专用的特殊形状的电极。电极按结构形式分为整体式、分体式和复合式三大类。整体式电极是指构成电极的头部、杆部和尾部用同一材料制成整体；分体式电极只包括其中的两部分，通常是将头部分开；复合式电极是指头部用特殊材料制成，并镶嵌到杆部上。在每一大类中又按每部分的构造特点分成若干小类，见表 11-12。

表 11-12　点焊电极分类

分类		典型示例	头部形状	杆部形式	尾部连接方式	主要应用范围
整体式电极	直电极	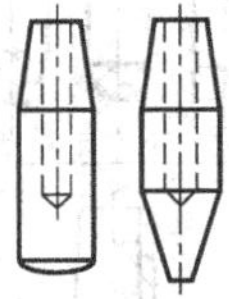	①标准形：尖头、圆锥、球面、弧偏心、平面等形状 ②特殊形：圆柱平头、矩形平头、正方平头、凿形等	①直圆杆 ②直六角形杆	①锥柄连接 ②直柄连接 ③螺纹连接	可制成各种尺寸的电极。适用于大部分点焊场合，部分用于凸焊。应优先选用
	弯电极	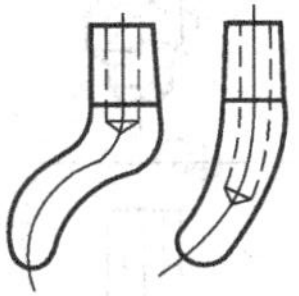	①标准形头部用直电极 ②特殊形头部按焊接要求加工	①单弯杆 ②双弯杆	锥柄连接	无法采用直电极的场合
	插头电极	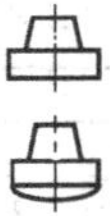	平面形、圆锥形、弧面形和偏心形	—	锥柄连接	配专用握杆后用于单点或多点焊，亦可用于凸焊
	螺纹电极	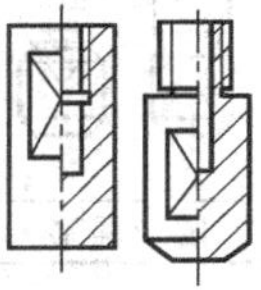	平面形、回锥形、偏心形	—	①内螺纹柄连接 ②外螺纹柄连接	用于大压力、多点焊和凸焊

续表

分类		典型示例	头部形状	杆部形式	尾部连接方式	主要应用范围
分体式电极	帽式电极	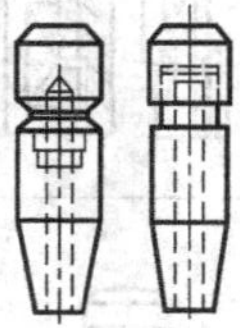	标准形头部同直电极	①单弯杆 ②双弯杆	电极帽： ①锥孔—套入式 ②锥柄—插入式 ③接杆：锥柄连接、直柄连接	部分场合能代替直电极和弯电极
	旋转头电极		平面形	直圆杆	锥柄	点焊或凸焊
	盖式电极	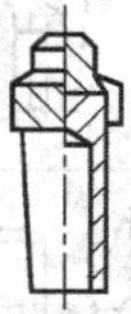	平面形、圆锥形、偏心形	专用的直杆或弯杆	锥柄连接	一般点焊
复合式电极	镶嵌电极	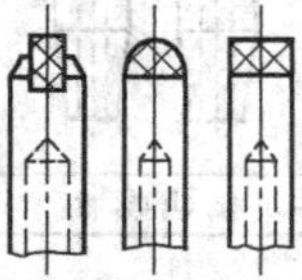	球面形、圆锥形、平面形	①直杆 ②弯杆	①锥柄连接 ②螺纹柄连接	适用于高温、焊接通电时间长、冷却不足或压力高的点焊场合

3. 点焊电极和结构

（1）构造

图 11-2 所示为应用最广的整体式直电极的构造及各部分名称。头部是电极与焊件接触进行焊接的部分，焊接参数中的电极直径是指此接触部分的工作面直径。

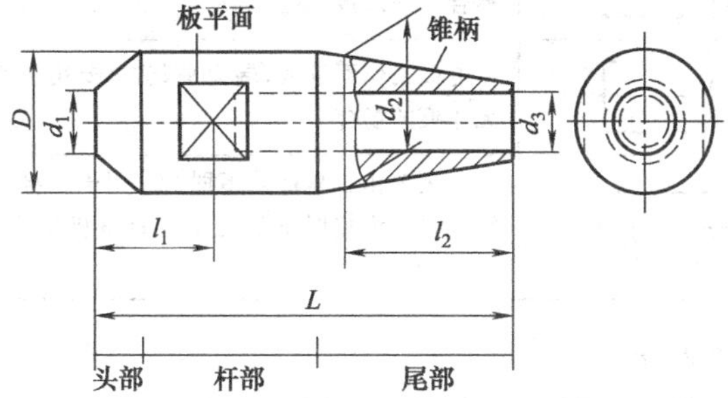

图 11-2　整体式直电极的构造及各部分名称

D—电极直径；d_1—工作面直径；d_2—基面直径；d_3—冷却水孔直径；l_1—工作长度；l_2—插入长度；L—电极长度

杆部是电极的基体，多为圆柱体，其直径在加工中简称它为电极直径 D，是电极的基本尺寸，其长度由焊接工艺需要决定。

尾部是电极与握杆或直接与电极臂配合（连续）的接触部分，须保证顺利传输焊接电流和电极压力。接合面的接触电阻要小，密封而不漏水。

（2）头部形状

点焊的标准直电极的头部形状有尖头、圆锥、球面、弧面、平面和偏心等六种，其形状特征与适用场合见表 11-13。

表 11-13　点焊电极头部形状及其适用范围

头部名称	形状示意图	特点与适用场合
尖头	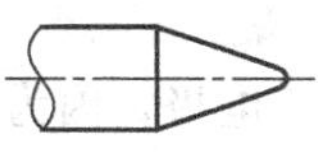	圆锥尖顶。适用于电极垂直运动的点焊机，其点焊位置比较狭窄的地方，上、下电极须同轴。可焊接各种低碳钢和低合金钢
圆锥	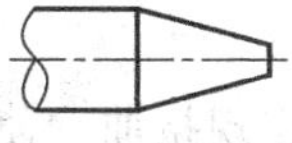	圆锥平顶。适用于电极垂直运动的点焊机。安装时要求保证上、下电极同轴，端面平行，可焊接低碳钢、低合金钢和镀锌钢板

续表

头部名称	形状示意图	特点与适用场合
球面	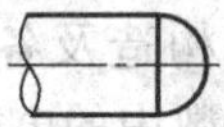	半圆球形。可提高电极强度，散热较好，电极对中方便，易于修整维护，常用于摇臂式点焊机和悬挂式钳状点焊机，可焊接低碳钢、低合金钢等一般焊件
弧面		在较高电极压力下变形小，修整方便，广泛用于铝及铝合金的焊接
平面	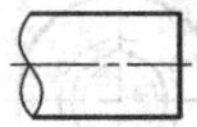	电极工作面较大，端面平整，主要用于要求焊件表面无印痕的场合
偏心	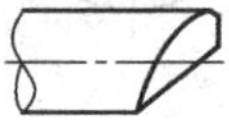	电极工作面与杆体不同心。用于焊接靠近边缘弯曲等地方。焊接时电极力不通过电极轴线，电极力过大时，会发生弯曲变形

（3）尾部形状

点焊电极的尾部形状取决于它与握杆的连接形式。在电极与握杆的连接中最常用的是锥柄连接，其次是直柄连接和螺纹连接。与之相应，电极尾部的形状就有锥柄、直柄和螺旋三种。

如果锥柄的锥度与握杆孔的锥度相同，则电极的装拆简单，不易漏水，适用于压力较高的场合；直柄连接具有快速拆卸的特点，也适用于压力较高的焊接，但电极尾部应有足够好的尺寸精度，以便与握杆孔紧密相配，使导电良好。螺纹连接的最大缺点是电接触较差，其使用寿命不如锥柄电极。

4. 点焊电极的基本尺寸

（1）标准直电极的基本尺寸

直电极的应用面广量大，其基本尺寸已标准化。表 11-14 所示是 JB/T 3158—1999《电阻点焊直电极》中规定的标准点焊直电极的基本尺寸，是适用于焊接低碳钢、低合金钢、不锈钢和一般条件下焊接铝及铝合金的电极尺寸。

（2）弯电极的基本尺寸

只要焊件结构允许，都应尽可能选用标准直电极，因为直电极结构简单、承载能力强、变形小、冷却效果好、加工方便、成本低。只有直电极无法焊接的部位才采用弯电极。

弯电极的缺点是焊接时承受偏心力矩，易出现挠曲，使上、下电极工作面对中不良，因此允许的电极力比直电极小。它的加工较复杂、成本高。

用冷弯压成的弯电极有单弯和双弯两种，其基本尺寸分别列于表 11-15 和表 11-16。特殊弯电极另行设计。

表 11-14 标准点焊直电极的基本尺寸（JB/T 3158—1999） mm

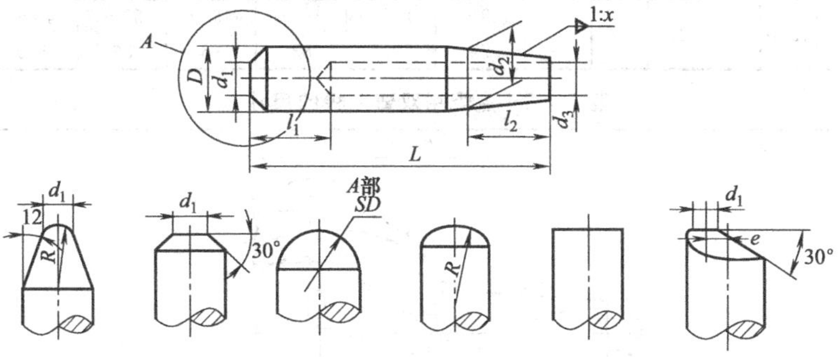

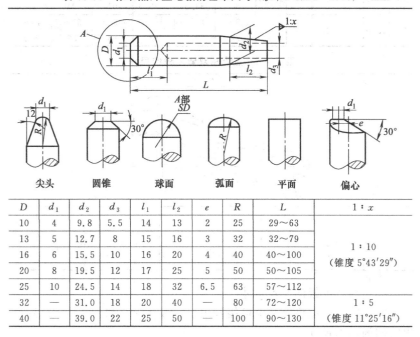

D	d_1	d_2	d_3	l_1	l_2	e	R	L	1∶x
10	4	9.8	5.5	14	13	2	25	29～63	1∶10（锥度 5°43′29″）
13	5	12.7	8	15	16	3	32	32～79	
16	6	15.5	10	16	20	4	40	40～100	
20	8	19.5	12	17	25	5	50	50～105	
25	10	24.5	14	18	32	6.5	63	57～112	
32	—	31.0	18	20	40	—	80	72～120	1∶5（锥度 11°25′16″）
40	—	39.0	22	25	50	—	100	90～130	

表 11-15 点焊用单弯电极的尺寸 mm

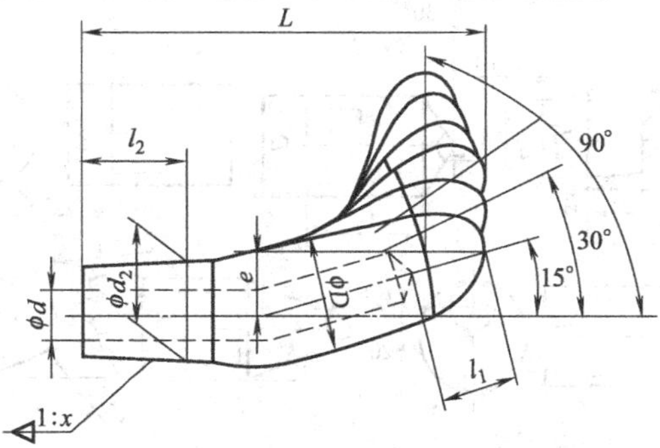

续表

D	d_2	l_2	d	l_1	1∶x	L					
						90°	75°	60°	45°	30°	15°
13	12.7	16	8	8	1∶10	34～64	38.5～68.5	42～72	45～75	48～78	44～79
16	15.5	20	10	10		43～84	47.5～84.5	51～88	54～91	44～94	45～95
20	19.0	25	13	12		38～75	42.5～79.5	46～83	49～86	52～89	40～110

表 11-16 点焊用双弯电极的尺寸 mm

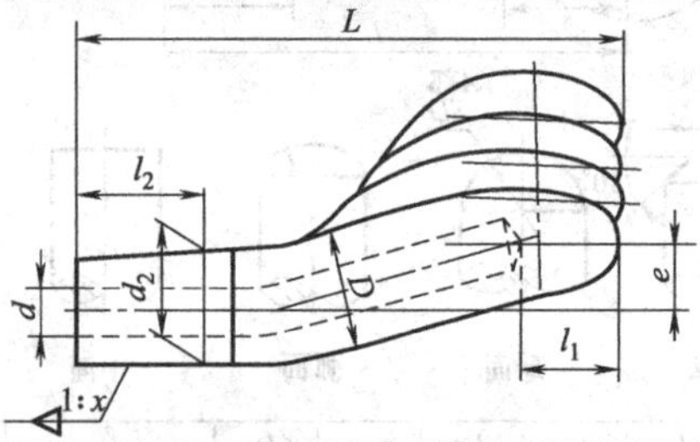

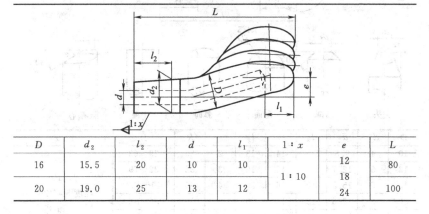

D	d_2	l_2	d	l_1	1∶x	e	L
16	15.5	20	10	10	1∶10	12 18 24	80
20	19.0	25	13	12			100

(3) 帽式电极的基本尺寸

帽式电极由电极帽与电极接杆组成。表 11-17 和表 11-18 分别列出它们的基本尺寸。

表 11-17 点焊用电极帽的尺寸 (JB/T 3948—1999) mm

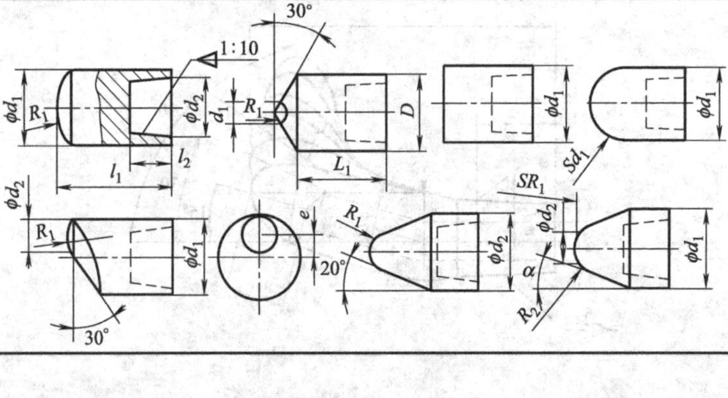

续表

d_1	d_2	d_3	l_1	$l_2\pm0.5$	e	R_1	R_2	α	电极压力 F_{max}/kN
13	5	10	18	8	3	32	5	—	2.5
16	6	12	20	9.5	4	40	6	15°	4
20	8	15	22	11.5	5	50	8	22.5°	6.3

表 11-18　点焊用帽式电极接杆的尺寸（JB/T 3947—1999）　mm

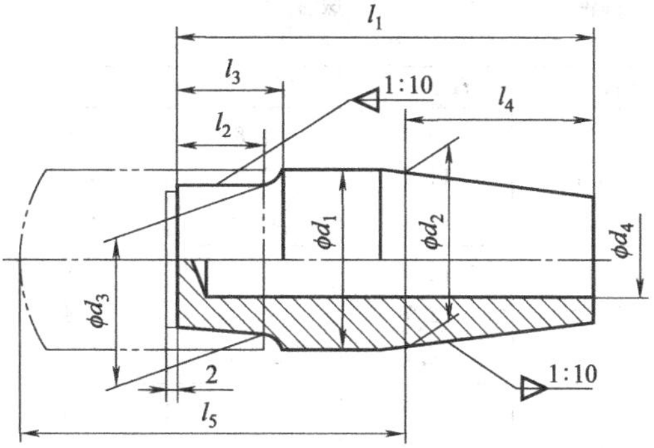

d_1	d_2	d_3	d_4 ±0.5	l_2	l_3	l_4 ±0.5	l_1 当 l_5= 31.5	40	50	63	80	100	125	(140)	160	(180)	200
13	17.7	10	6.5	6.5	10	16	36.5	14.5	54.5	67.5	84.5	104.5	129.5	—	—	—	—
16	15.5	12	8.0	8.0	13	25	—	18.0	58.0	71.0	88.0	108.0	133.0	148.0	168.0	—	—
20	19	15	10.5	10.0	15	25	—	—	63.0	76.0	93.0	113.0	138.0	153.0	173.0	193.0	213.0

（4）复合电极及其头部尺寸

把钨（钼）棒或钨（钼）片镶嵌于铜合金电极的头部构成复合电极，可提高电极的导电性，改善钨极的散热效果，还可以防止钨极在焊接时受冲击而碎裂。

由于用纯钨（钼）作电极的镶嵌件，其尺寸受到限制而不能做得过大，且电极形式有限，因此，用得较多的是铜-钨和银-钨粉末烧结材料，可加工成不同形状和尺寸的电极。这些钨（钼）镶嵌件或烧结材料均用钎焊焊于电极主体的头部。表 11-19 所示为复合电极的头部尺寸。

表 11-19　点焊用复合电极的头部尺寸（AWS标准）　　mm

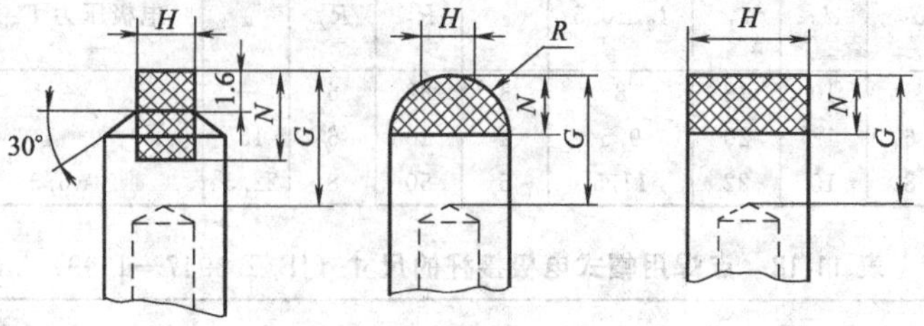

圆锥　　球面　　平面

头部形状	电极直径	G±0.8	H±0.4	N	R
圆锥		15.9	4.8	9.5	—
球面	12.7	11.1	3.2	4.8	4.6
平面		11.1	12.2	4.8	—
圆锥		15.9	6.3	9.5	—
球面	15.9	12.7	4.8	6.4	5.6
平面		12.7	15.9	6.4	—
圆锥		15.9	7.9	9.5	—
球面	19.1	12.7	6.4	6.4	7.1
平面		12.7	19.0	6.4	—
圆锥		15.9	9.5	9.5	—
球面	22.2	12.7	7.9	6.4	8.6
平面		12.7	22.2	6.4	—

四、碳弧气刨用电极

碳弧气刨是利用炭棒或石墨棒作电极，与工件间产生电弧将金属熔化，并用压缩空气将熔化金属吹除的一种表面加工沟槽的方法，在焊接生产中主要用来刨槽、清除焊缝缺陷和背面清根等。

碳弧气刨用炭棒具有以下性能：导电性能良好、耐高温、损耗小、电弧稳定、成本低等。炭棒的性能与原材料的质量有关，含有夹杂物的炭棒会对母材产生不良影响，因此炭棒应选用高级炭素材料来制作。用高纯度及细颗粒的原料制作的炭棒允许的电流密度高、炭棒的消耗小。炭棒由石墨、炭粉和黏结剂混合后经压制成形，然后经石墨化处理后再在表面镀铜制作而成，镀铜层的厚度为0.3～0.4mm。

1. 圆形炭棒和矩形炭棒

碳弧气刨常用的炭棒有圆形炭棒和矩形（扁形）炭棒两种。表11-20列出了常用炭棒的型号和规格。表11-21列出了各种规格炭棒的适用电流。圆形炭棒主要用于焊缝的清根、背面开槽及清除焊接缺陷等；矩形炭棒则用于刨除构件上残留的临时焊道和焊疤、清除焊缝余高和焊瘤，有时候也用于碳弧切割中。

表 11-20 常用炭棒的型号和规格

型 号	截面形状	规格尺寸/mm		
		直 径	断 面	长 度
B505～B514	圆形	5,6,7,8,9	—	305
		10,12,14	—	355
B5412～B5620	矩形	—	4×12 5×10 5×12 5×15	305
			5×18 5×20 5×25 6×20	355

表 11-21 炭棒的适用工作电流

圆形炭棒		矩形炭棒	
炭棒直径/mm	适用电流/A	断面规格/mm	适用电流/A
3	150～180	3×12	200～300
4	150～200	4×8	180～270
5	150～250	4×12	200～400
6	180～300	5×10	300～400
7	200～350	5×12	350～450
8	250～400	5×15	400～500
10	350～500	5×18	450～550
12	450～550	5×20	500～600

2. 炭棒的选用及特殊炭棒

炭棒的直径一般按工件厚度来确定，但也要考虑到槽宽的需要。通常炭棒直径比所要求刨槽的宽度小2～4mm为宜，推荐选用见表11-22。

为适应各种刨削作业的需要，除常用炭棒外，还有一些特殊炭棒，其品种主要如下。

① 管状炭棒 这种炭棒用于使槽道底部扩宽。

表 11-22 炭棒直径的选用

工件厚度/mm	炭棒直径/mm	工件厚度/mm	炭棒直径/mm
4～6	4	>10	7～10
6～8	5～6	>18	10
8～12	6～7		

② 多角形炭棒 这种炭棒用于一次刨削且欲获得较宽或较深的槽道。

③ 自动碳弧气刨用炭棒 这种炭棒的前端呈锥形，一端有一段为中空形，专用于自动碳弧气刨过程中炭棒的自动接续。

④ 交流电碳弧气刨用炭棒 这种炭棒在其中心部位有稳弧剂，使电流交变时电弧有较好的稳定性。

第二节 表面活性焊接材料（A-TIG 焊活性剂）

TIG 焊是现代工业生产中广泛采用的一种焊接方法，可用于各种金属材料的焊接。但由于焊接的熔深浅、熔敷率低，完成单道一次成形的板厚小（一般仅限于在 3mm 以下板厚），对施焊材料中的一些微量添加元素较为敏感，因此大大制约了 TIG 焊的应用范围。

A-TIG（activating flux TIG）焊，是一种既充分保持 TIG 焊的优点，又能有效大幅提高焊接熔深的新型 TIG 焊方法和技术，在传统 TIG 焊施焊板材的表面涂上一层很薄的表面活性剂，可使焊接熔深达到传统 TIG 焊的 2～3 倍，可单面焊双面成形，生产率高；对施焊材料的微量元素波动不敏感，焊接熔深稳定；成本低，应用领域广，易实现焊接自动化。

由于表面活性剂材料具有成分组成范围宽、来源丰富、成本低、无毒、无污染、符合环保要求的特点，因而使 A-TIG 焊成为一种极具开发和应用价值的新型高效节能的焊接技术，可广泛应用于航空航天、化学工业、汽车工业、压力容器、电力设备、核电设施等领域。

一、碳钢 A-TIG 焊表面活性剂材料

1. 活性剂对焊缝熔深的影响

碳钢活性剂材料主要有 SiO_2、TiO_2、卤化物、Cr_2O_3、MgO、

CaO 等。图 11-3 所示为活性剂各组元对碳钢焊缝熔深的影响，其中 D 为 A-TIG 焊的熔深，D_0 为传统 TIG 焊的熔深。SiO_2 对焊接熔深的增加效果最明显，电弧明显收缩，同时熔宽减小，随着 SiO_2 含量的增加，焊缝成形变差。当达到峰值后，其含量继续增加则焊接熔深反而减小。TiO_2 和 Cr_2O_3 含量较低时，熔深增加有一个峰值，随着含量的增加。将不再对熔深的增加起作用；随 NaCl 含量的增加，熔深的增加倍数也随之增加；CaF_2 在含量较小时，对焊接熔深的增加有利，随着 CaF_2 含量的增加，焊接熔深反而减小。氧化物比卤化物的影响要大。

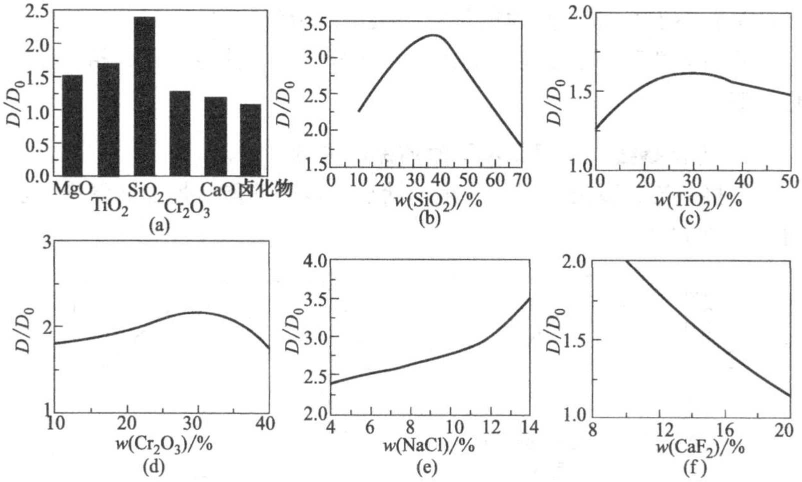

图 11-3 活性剂各组元对碳钢焊缝熔深的影响

2. 多组元配方对熔深的影响

根据上述试验确定的碳钢 A-TIG 焊多组元活性剂中各组元的质量分数变化范围为：SiO_2，46%～52%；NaCl，8%～12%；Cr_2O_3，6%～10%；TiO_2，12%～16%。

将两块 10mm 厚的碳钢焊件采用直边坡口、不留间隙对接，在两端将试板定位，焊前将对接面及焊道两侧用砂纸仔细打磨，用扁平毛刷将上述配方的糊状活性剂刷涂于待焊金属表面，为了便于和传统 TIG 焊进行比较，焊道只刷涂一半。涂层宽度约为 20mm，刷涂的厚度以能遮盖待焊工件表面为宜，活性剂用量为 0.5g/m 左右。待丙酮挥发后，将涂层区和无涂层区一次焊接完成，所用焊接参数见表11-23。使用活性剂可以焊透10mm厚的碳钢板，而传统TIG焊的熔深只有4～5mm。

表 11-23　焊接参数

板厚 /mm	电流 /A	电压 /V	焊速 /(cm/min)	弧长 /mm	焊枪倾角 /(°)	气体流量 /(L/min)
10	200	16～18	66	5	90	20

A-TIG焊的熔宽比传统TIG焊的熔宽略有减小，表面成形良好，有少量黑色的点状熔渣，同时正面焊道略有凹陷，背面焊道成形良好，余高小于2mm。熔池的形状为典型的指状熔池。

使用活性剂不会改变焊缝的化学成分、力学性能，对金相组织没有影响。

3. 焊接参数、涂层厚度等对熔深的影响

焊接电流、弧长、焊接速度、涂层厚度等均能对焊缝熔深产生影响，见图11-4。

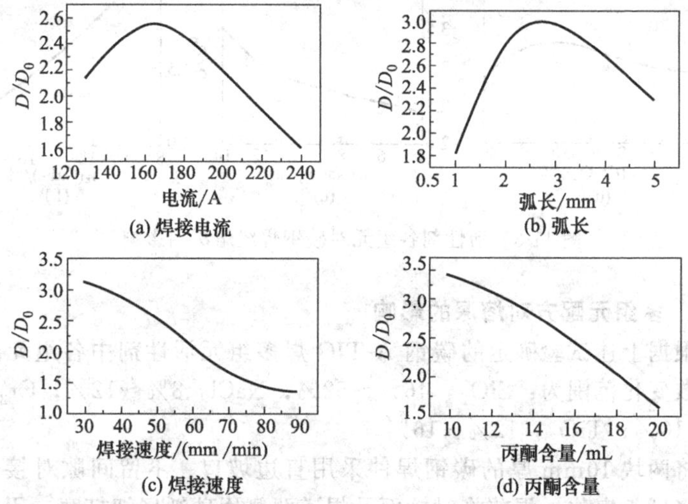

图 11-4　焊接参数、涂层厚度对碳钢焊缝熔深的影响

随着焊接电流的增加，A-TIG焊和传统TIG焊的熔深都增加，只是A-TIG焊的熔深增加得更快，当焊接电流达到180A左右时，

对熔深的增加效果最为显著；焊接电流继续增加，则对熔深的增加效果反而下降。

电弧收缩可以使熔深增加，不仅仅是熔池流态影响熔深，弧长的变化也对熔深产生影响，由图 11-4 可以看出当弧长为 3mm 时熔深增加最多。

随着焊接速度的增加，A-TIG 焊和传统 TIG 焊的熔深都减小，只是 A-TIG 焊的熔深减小得更快。活性剂在焊接速度低时，可以使熔池中的流体充分流动，焊接速度增加则这种作用减小。

为调节活性剂涂敷厚度，将丙酮作为熔剂，变化丙酮的含量来调节浓度。随丙酮含量的升高，即活性剂涂敷厚度的减小，熔深增加倍数随之降低。然而许多实验表明，当活性剂涂敷厚度能够完全遮盖工作表面的金属光泽时，涂敷厚度变化对熔深影响不大。

二、不锈钢 A-TIG 焊表面活性剂材料

1. 活性剂对焊缝熔深的影响

不锈钢活性剂材料中，卤化物对焊缝熔深的影响大于氧化物，这与对碳钢的影响正好相反，但考虑到氟化物的毒性较大，一般在活性剂的配方中很少采用，组成主要为 SiO_2、TiO_2、卤化物、Cr_2O_3、MgO、CaO 等，图 11-5 所示为活性剂各组元对不锈钢焊缝熔深的影响，其中 D 为 A-TIG 焊的熔深，D_0 为传统 TIG 焊的熔深。由图可见，增加熔深的效果从大到小依次为 NaF、B_2O_3、SiO_2、Cr_2O_3、Al_2O_3、Fe_2O_3、TiO_2、MnO。

Al_2O_3 和 MnO 在质量分数小于 10%时，熔深的增加倍数随着质量分数的增加而增加。Cr_2O_3 和 Fe_2O_3 在质量分数小于 15%时，熔深的增加倍数随着含量的增加而减少。随 SiO_2 含量的增加，熔深也成倍增加。

2. 多组元配方对熔深的影响

根据上述试验确定的不锈钢 A-TIG 焊多组元活性剂中各组元的质量分数变化范围为：Al_2O_3，5%～8%；Fe_2O_3，3%～5%；SiO_2，30%～36%；Cr_2O_3，12%～16%；TiO_2，6%～8%；MnO，6%～8%；B_2O_3，18%～22%。

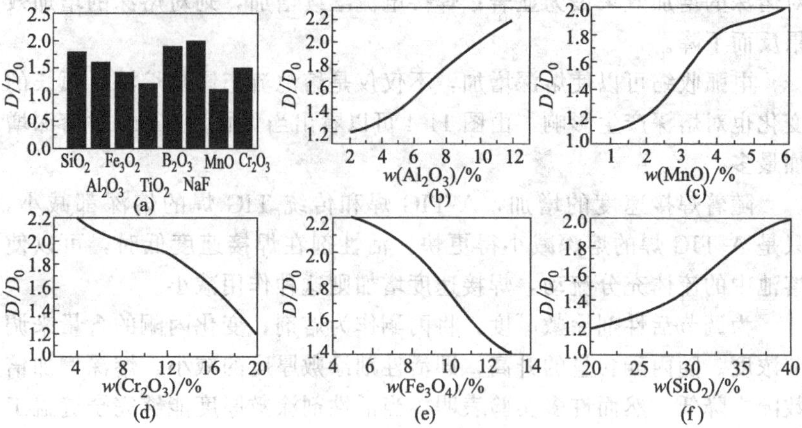

图 11-5 活性剂各组元对不锈钢焊缝熔深的影响

将两块 10mm 厚的不锈钢焊件仍采用与上述碳钢类似的方法试验，使用活性剂可以焊透 10mm 厚的不锈钢板，而传统 TIG 焊的熔深只有 3mm，而且不锈钢传统 TIG 焊时焊接熔深对母材微量元素的波动很敏感，尤其是 O、S 等表面活性元素的波动，在相同的焊接参数条件下焊接熔深往往不同，这给实际操作造成很大的麻烦。采用 A-TIG 焊后就可有效降低焊缝熔深对母材微量元素波动的敏感性，得到的焊缝熔深始终保持均匀一致。

A-TIG 焊的熔宽比传统 TIG 焊的熔宽略有减小，表面成形良好，有少量黑色的点状熔渣，同时正面焊道略有凹陷，背面焊道成形良好，余高小于 2mm。熔池的形状为典型的指状熔池。

使用活性剂不会改变焊缝的化学成分、力学性能，对金相组织没有影响。

A-TIG 焊时，虽然焊接熔深显著增加，但焊接电流并未变化，所以在相同的焊接电流条件下，使用活性剂使焊接变形最小。试验在自由状态下对接，焊接角变形接近于零。

三、铝合金 A-TIG 焊表面活性剂材料

1. 活性剂对焊缝熔深的影响

图 11-6 为常见氧化物和卤化物活性剂对铝合金焊缝熔深影响的

效果图，其中 D 为 A-TIG 焊的熔深，D_0 为传统 TIG 焊的熔深。可以看出卤化物几乎不能增加熔深，而氧化物对熔深的影响比较复杂，有的氧化物能显著增加熔深，有的则效果不明显，有的甚至减小熔深。其中 SiO_2 增加熔深作用最显著，焊缝截面会呈现出独特的“双熔深”现象，在熔深增大的同时熔宽也同时增大。

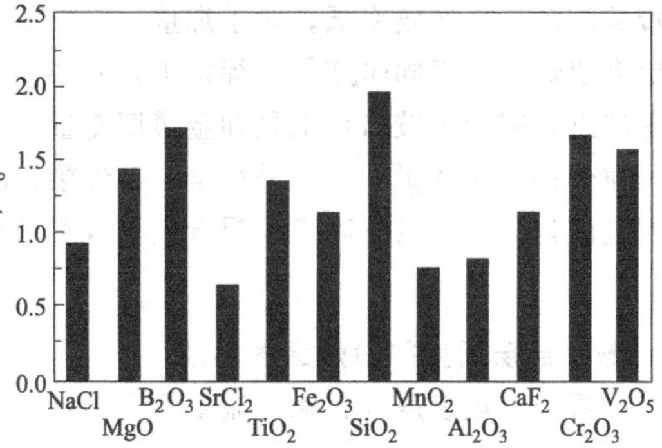

图 11-6　常见活性剂对铝合金焊缝熔深的影响

图 11-7 所示为活性剂中常见氧化物和卤化物组分含量对焊接熔深的影响，可以看出，熔深随着 SiO_2 的含量增加先增大后减小但影响程度较小，随着 V_2O_3 和 TiO_2 的含量增加而增大，随着 MnO_2 和

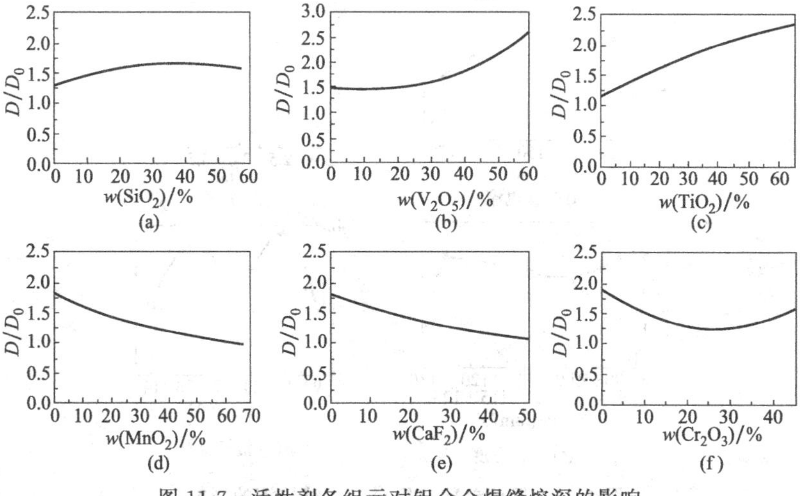

图 11-7　活性剂各组元对铝合金焊缝熔深的影响

CaF_2 的含量增加而减小，随着 Cr_2O_3 含量的增加先减小后增加。

2. 活性剂对焊缝的影响

应用于铝合金 3A21（LF21）的 AF305 活性剂，采用的化学原料全部为氧化物，可以使得熔深达到传统 TIG 焊熔深的 3 倍以上，焊缝深宽比 D/W 达到 0.8。与传统 TIG 焊相比较，A-TIG 焊弥补了传统方法焊接熔深浅，生产效率低，对于焊接中厚板设备投资大和焊前预热、多层多道焊、双面同时施焊等焊接工艺复杂，施工难度大和焊接成本高等缺点，减少了坡口加工量和金属填充量，减少了焊接材料中微量元素对焊接熔深的影响，可进行全自动焊接，而且焊缝强度得到提高，焊缝的化学成分没有改变，焊缝组织得到了细化，具有良好的应用前景。

3. 焊接参数、涂层厚度等对熔深的影响

焊接电流、弧长、焊接速度、氩气流量等均能对焊缝熔深产生影响，如图 11-8 所示。其中 D 为 A-TIG 焊的熔深，D_0 为传统 TIG 焊的熔深。选用活性剂 AF305，可以看出，在试验范围内，熔深比 D/D_0 随焊接电流和弧长的增加而先增加后减小，随焊接速度的增加而先减小后增加；氩气流量变化对焊熔深的影响很大，但没有明显的规律。

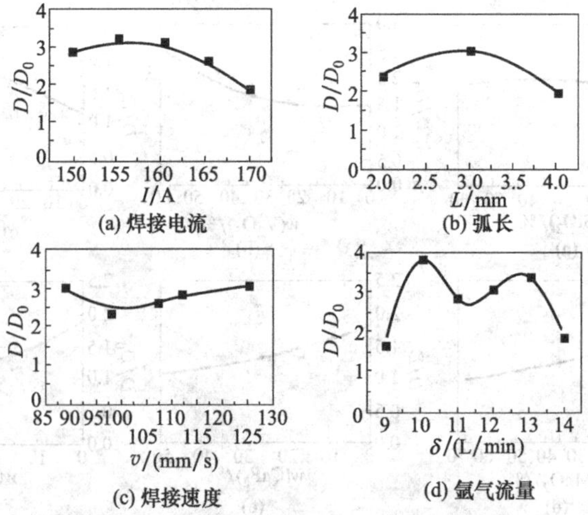

图 11-8 焊接参数对铝合金焊缝熔深的影响

第三节　防飞溅涂料

焊接过程中产生的金属飞溅，常容易粘接在焊缝两侧的金属材料上。尤其在焊接不锈钢材料或较大厚度的工件时，使用的焊接规范较大，飞溅的颗粒也较大，此时飞溅与金属粘接很牢固，不易清除。因此，可在待焊的焊缝两侧涂上一层防止飞溅粘接的涂料，使焊接飞溅金属不易粘接在母材上。即便有的飞溅粘接，也容易清除。

防止飞溅粘接的粉涂料配方为：石英砂 30%，白垩粉 30%，水玻璃 40%。

第四节　焊接衬垫

焊接衬垫指单面焊双面成形的焊接方法中，正面焊接达到反面同时成形的一种工艺方法。它的主要特点是：

① 省略了焊缝反面封底焊接工作；

② 改善了施工条件，并解决了狭窄部位焊缝反面施焊的困难；

③ 减少了焊件翻转吊装工作；

④ 能控制反面焊缝成形。

焊接衬垫种类如下：

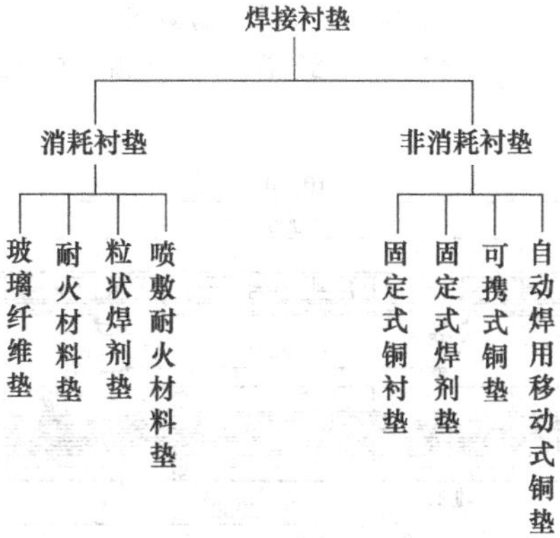

焊剂垫又称焊缝成形装置。在埋弧自动焊时为了防止焊缝烧穿或使背面成形，常采用一定厚度的焊剂层作焊缝背面的衬托装置——焊

剂垫。其结构形式较多，有生产单位自行制造的，也有专业厂生产供应的。

常用焊剂垫如图 11-9～图 11-19 所示，可根据生产实际情况选用。

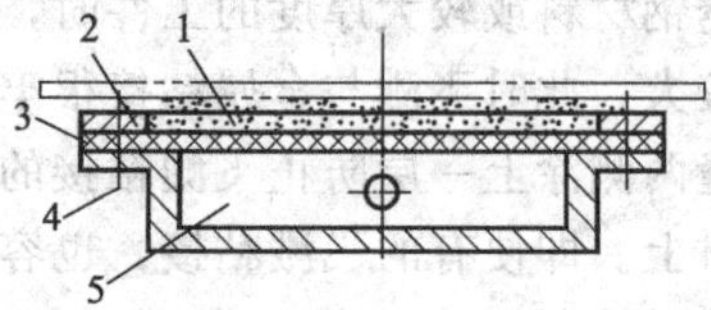

图 11-9　橡皮膜式焊剂垫

1—焊剂；2—盖板；3—橡皮膜；4—螺栓；5—气室

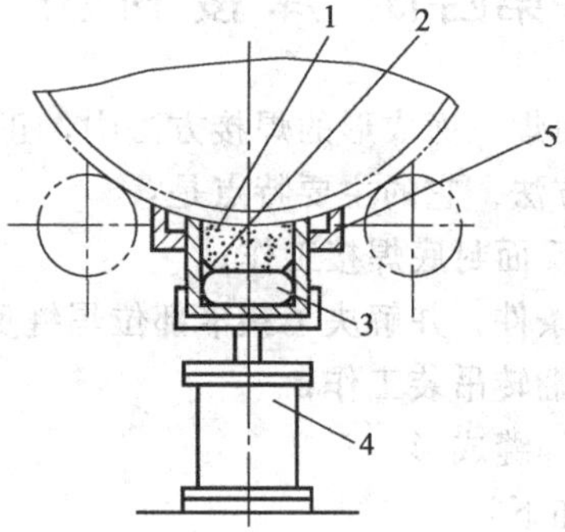

图 11-10　软管式纵缝焊剂垫

1—焊剂；2—帆布；3—充气软管；4—气缸；5—焊剂槽

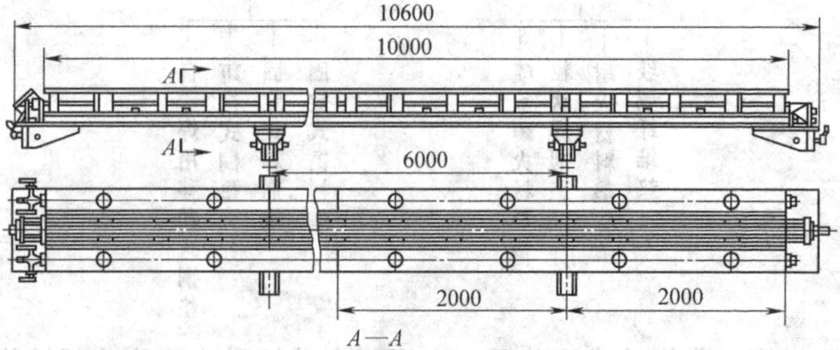

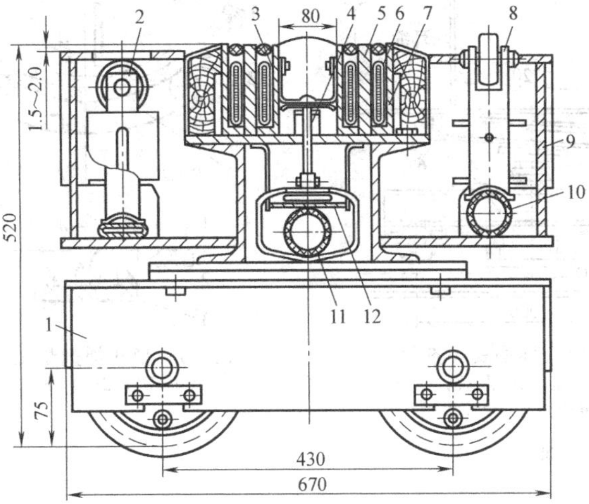

图 11-11　电磁-软管式焊剂垫

1—小车；2，8—辊子；3—装焊剂帆布槽；
4—推杆；5—电磁铁芯；6—电磁线圈；
7—线圈壳体；9—枕梁；10～12—软管（ϕ50～65mm）

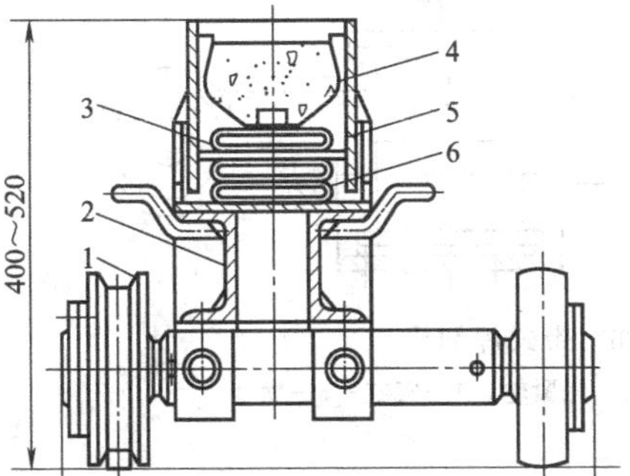

图 11-12　筒体内纵缝用焊剂垫

1—钢轮；2—小车；3—软管；4—帆布槽；
5—钢槽体；6—使槽体上升的软管

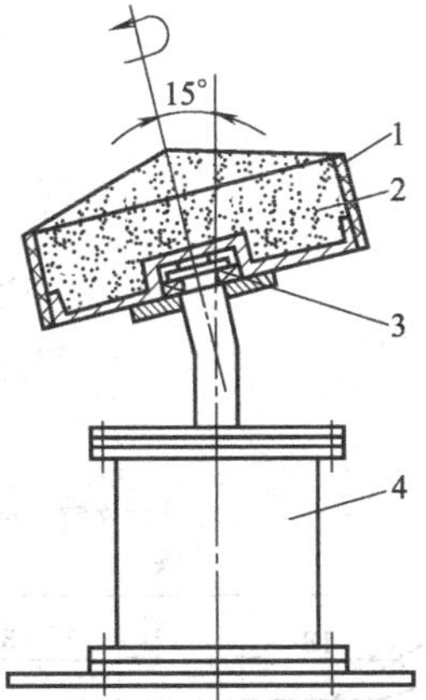

图 11-13　圆盘式焊剂垫

1—橡胶带；2—焊剂；
3—滚动轴承；4—气缸

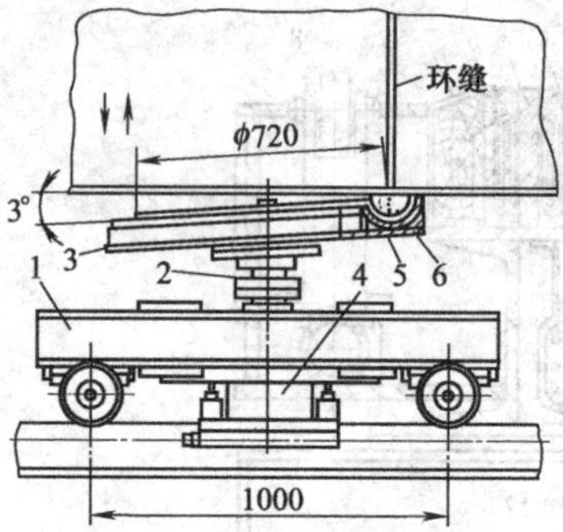

图 11-14　环槽式焊剂垫

1—小车；2—轴；3—圆盘；4—气缸；5—槽托座；6—环形槽

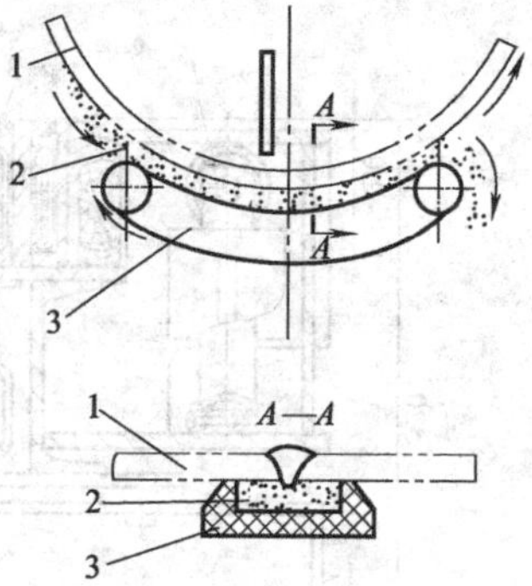

图 11-15　带式焊剂垫工作原理

1—筒体（工件）；2—焊剂；3—传动带

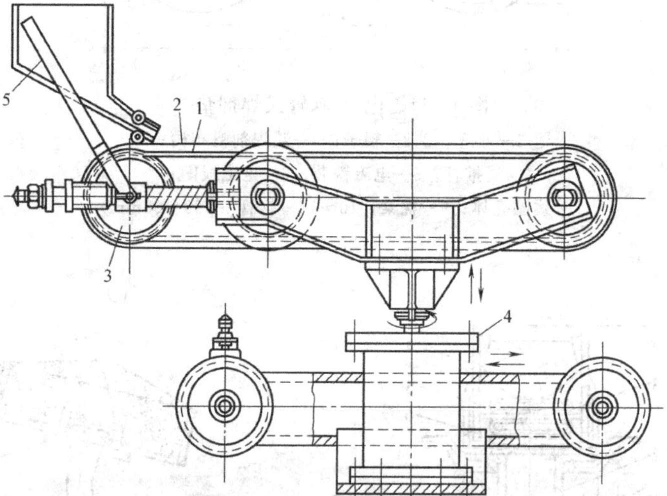

图 11-16　带式焊剂垫

1—皮带；2—焊剂；3—张紧轮；4—气缸；5—涡斗

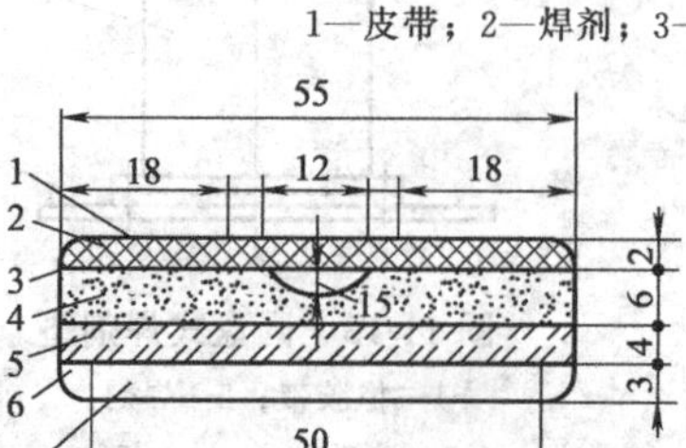

图 11-17　软衬垫

1—塑面隔离纸；2—双面粘接带；3—玻璃纤维带；4—热固化树脂石英砂垫；5—石棉泥板垫；6—热收缩薄膜；7—瓦楞纸衬

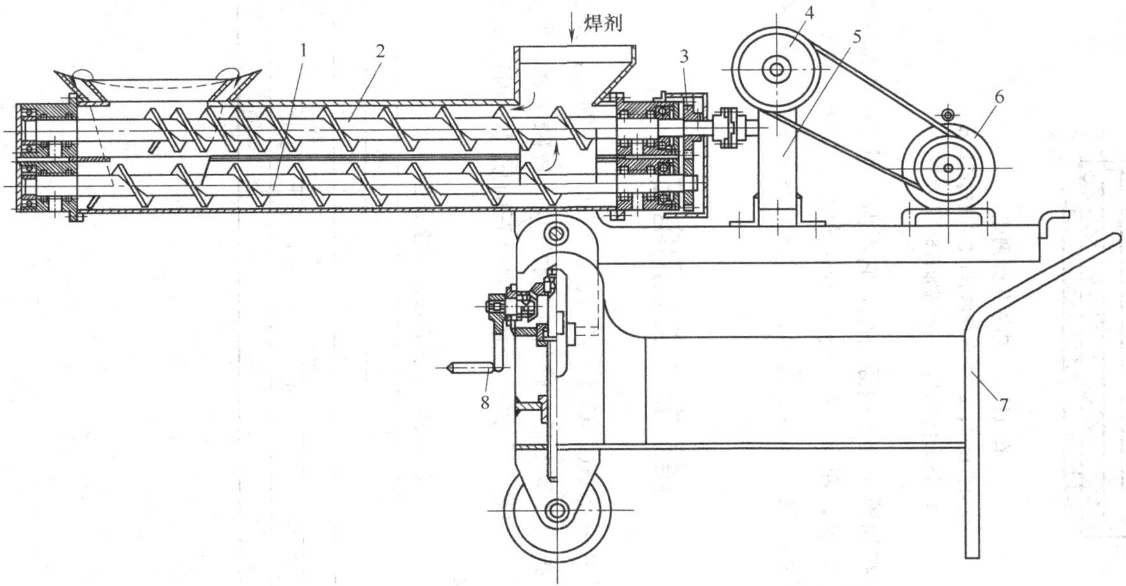

图 11-18　螺旋推进式环缝焊剂垫

1—焊剂回收推进器；2—焊剂输送推进器；3—齿轮副；4—带传动；5—减速器；6—电动机；7—小车；8—手摇升降机构

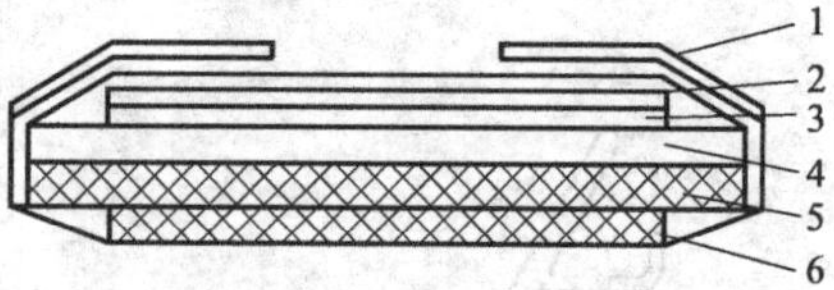

图 11-19　热固化焊剂垫

1—双面粘接带；2—热收缩薄膜；3—玻璃纤维布；
4—热固化焊剂；5—石棉布；6—弹性垫

消耗衬垫在我国还处于萌芽阶段，它不但可用于手工电弧焊、埋弧焊、气体保护焊，而且还可用于施焊平角焊、立焊、横焊及仰焊中，因此在船台拼接，石油、化工、锅炉压力容器生产制造中都发挥着很好的作用。

第五节　工业用电石

工业电石中一般 $w(CaC_2)=70\%$、$w(CaO_2)=24\%$，其余为硅铁、磷化钙、硫化钙等杂质。磷化钙与水反应生成磷化氢，当温度为100℃时遇空气会自燃，所以应严格控制电石的质量。国产电石等级标准见表 11-24。

表 11-24　国产电石的等级标准

指标名称	标准			
	一级	二级	三级	四级
发气量/(L/kg)	300	285	265	235
硫化氢含量 $\varphi(H_2S)/\%$	0.15	0.15	0.15	0.15
磷化氢含量 $\varphi(H_2P)/\%$	0.08	0.08	0.08	0.08

第十二章 焊接材料的选用

焊接材料种类繁多，每种焊材都有一定的特性和用途。焊接生产必须考虑工件的材质、工作条件（如静载荷、动载荷、腐蚀介质、工作温度等）、结构形状、刚度大小以及施工条件、生产设备等相关因素，此外还需考虑生产效率和经济效益。因此在选择焊接材料时，首先应认真了解各种焊接材料的性能、成分和用途，把工件的材质、成分和性能作为选用焊接材料的主要依据，同时也应考虑到工件的结构形状、刚性大小、使用工作条件等，其次应考虑到施工条件、生产效益和经济效益等。

第一节　常用焊接材料的选用原则

一、同种钢材焊接时焊接材料选用要点

1. 工件材质的力学性能及化学成分

工件材质的力学性能、成分及焊接性是选用焊接材料的首要条件。

① 等强度观点　所谓等强度观点，是指所选用的焊接材料熔敷金属的抗拉强度与被焊母材金属的抗拉强度相等或相近，这是焊接钢结构（碳素钢和低合金高强钢等）最常用最基本的原则。

② 等韧性观点　所谓等韧性观点，是指所选用焊接材料熔敷金属的韧性与被焊母材金属的韧性相等或相近。在焊接高强度钢结构

时，从实际使用情况看，这种结构的破坏原因往往不是强度不够，而是韧性不足，导致产生裂纹或脆断，因此往往选择用熔敷金属强度等级略低于母材金属，而韧性相等或相近的焊接材料。这就是高强度钢焊接时所说的“低组配等韧性”接头形式。

③ 等成分观点　使熔敷金属的化学成分符合或接近母材金属，这是不锈钢和耐热钢焊接时选择焊接材料最主要、是基本的原则。

④ 化学成分　当被焊材料的焊接性较差或碳、硫、磷等有害杂质含量较高时，应选用抗裂性好的焊条，如同等强度的低氢型焊接材料。

2. 工件的工作条件和使用性能

工件的工作条件和使用性能是选用焊接材料的重要条件之一。

① 承受动载荷或冲击载荷　工件在承受动载荷或冲击载荷的情况下，焊缝金属不仅应保证足够的抗拉强度和屈服强度，而且对冲击韧度和塑性有较高要求，此时应首先选用具有优良韧性和塑性的低氢型焊接材料。

② 工件在腐蚀条件下工作　应该根据介质的种类、浓度、工作温度、腐蚀类型等选用相应的不锈钢焊接材料。

③ 承受磨损　工件在有磨损的条件下工作时，应根据磨损的性质（如金属间磨损、冲击磨损、磨粒磨损等）、工作温度或腐蚀介质等来选用适宜的堆焊材料。

④ 工作温度　在高温或低温下工作的工件，根据工件所处的工作温度不同，选择相应的焊接材料，以保证在高温或低温时的力学性能，即选用适宜的耐热钢或低温钢焊接材料。

3. 工件的复杂程度及刚度的大小

① 工件的形状及刚度　对工件形状复杂、厚度大、刚度大的工件，在焊接过程中，冷却速度快、收缩应力大、易产生裂纹，在选用焊材时，应选用抗裂性能好、韧性好、塑性高、氢含量低的焊材，如低氢型焊条、超低氢型焊条或高韧度焊条等。

② 焊接部位的限制　当工件的焊接部位不能翻转时，应选用适于全位置焊接的焊条。

③ 受工作条件限制　某些焊接部位难以清理干净时，应尽量选

用氧化性强，对水、锈、油等不敏感的酸性焊材。

4. 施焊工作条件

在实际生产中，往往还应根据设备条件和生产现场的工作条件来合理选择焊接方法及焊接材料。如没有直流焊机时，必须选用可交、直流两用的焊条。焊后不能进行焊后热处理消除应力的，通常选用与母材成分不同但抗裂性好的焊条，如珠光体型耐热钢焊接时可选用奥氏体型不锈钢焊材，可避免焊后热处理，但应考虑到使用温度下两者线胀系数不同带来的影响。在密闭容器内或通风不良的现场进行焊接时，应尽量选用酸性焊条或低尘低毒的碱性焊条。在特殊条件下施焊，如水下焊接时应选用水下焊条等。

5. 改善焊接工艺和保证工人身体健康

在酸性焊条和碱性焊条都可以满足的地方，鉴于碱性焊条对操作技术及施工准备要求高，故应尽量采用酸性焊条。在密闭容器内或通风不良场所焊接时，应尽量采用低尘低毒焊条或酸性焊条。

6. 经济性

在保证使用性能的前提下，尽量选用价格低廉的焊条。根据我国的矿藏资源，应大力推广钛铁矿型焊条。对性能有不同要求的主次焊缝，可采用不同焊条，不要片面追求焊条的全面性能。要根据结构的工作条件，合理选用焊条的合金系统，如对在常温下工作、用于一般腐蚀条件的不锈钢，就不必选用含铌的不锈钢焊条。

7. 考虑效率

对焊接工作量大的结构，有条件时应尽量选用高效率焊接材料，当前的趋势是尽量采用药芯焊丝，或用实心焊丝气体保护焊代替焊条电弧焊。在焊条中，尽量采用铁粉焊条、高效不锈钢焊条及重力焊条等，或选用低尘焊条、立向下焊条之类的专用焊条，以提高焊接生产率。

图 12-1 归纳了焊接碳钢和低合金钢时选用焊条的总体考虑。

二、异种钢、复合钢焊接时焊接材料选用要点

① 对于强度级别不同的碳钢＋低合金钢（或低合金钢＋低合金

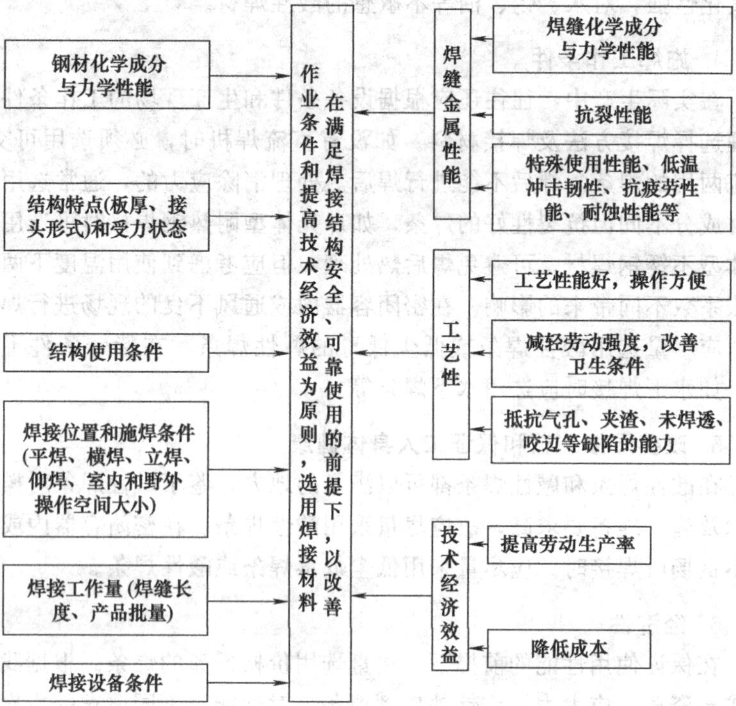

图 12-1　焊接碳钢和低合金钢时选用焊条的总体考虑

高强钢)，一般要求焊缝金属或接头的强度不低于两种被焊金属的最低强度，选用的焊接材料熔敷金属的强度应能保证焊缝及接头的强度不低于强度较低一侧母材的强度，同时焊缝金属的塑性和冲击韧性应不低于强度较高而塑性较差一侧母材的性能。因此，可按两者之中强度级别较低的钢种选用焊接材料。但是，为了防止焊接裂纹，应按强度级别较高、焊接性较差的钢种确定焊接工艺，包括焊接规范、预热温度及焊后热处理等。

② 对于低合金钢＋奥氏体不锈钢，应按照对熔敷金属化学成分限定的数值来选用焊接材料，一般选用铬和镍含量较高的、塑性和抗裂性能较好的 Cr25-Ni13 或 Cr25-Ni13-M02 型奥氏体不锈钢焊接材料，以避免因产生脆性淬硬组织而导致的裂纹。但应按焊接性较差的不锈钢确定焊接工艺及规范。

③ 对于不锈复合钢板，应考虑对基层、覆层、过渡层的焊接要求选用三种不同性能的焊接材料。对基层（碳钢或低合金钢）的焊接，选用相应强度等级的结构钢焊接材料；覆层直接与腐蚀介质接触，应选用相应成分的奥氏体不锈钢或镍基合金焊接材料。关键是过渡层（即覆层与基层交界面）的焊接，必须考虑基体材料的稀释作用，应选用铬和镍含量较高、塑性和抗裂性能好的 Cr25-Ni13 或 Cr25-Ni13-M02 型奥氏体不锈钢焊接材料。

三、关于型号后缀带“G”的焊接材料的选用

在碳钢、低合金钢及不锈钢的焊条、实心焊丝和药芯焊丝标准中，都有带“G”的型号，如 E×××-G（例如 E5015-G）焊条、ER××-G（例如 ER80S-G）焊丝、E×××T×-G（例如 E551T8-G）低合金钢药芯焊丝等。标准中对带“G”焊材的化学成分，往往是“只要有 1 个元素符合表中规定要求即可”，或是对化学成分不规定，力学性能要求“由供需双方协商”。

在焊接材料标准中之所以设定“G”这类型号，主要是考虑到标准制定及修订的时间滞后性及局限性，为了适应焊材研制、生产单位的发展需要，不致因为标准中某些型号化学成分的限制，而无法开发一些新品种。例如，对于以考核熔敷金属强度及韧性为主的碳钢及低合金钢焊条，虽然规定了锰钼型及镍钼型熔敷金属化学组成类型，但实际上，不仅是通过加入 Mn、Mo、Ni 可以达到规定的强度、韧性指标，加入 Cr、V、Nb 及 Ti、B 等元素也可达到同样的性能要求。这样，在同一强度等级的焊材中，可以出现许多种化学成分组合，而这些新的组合却与标准中的该类型号焊条的化学成分要求无法对应，于是就出现了如 J507NiTiB（E5015-G）、J857Cr（E8515-G）之类的带“G”型号的焊条。而对于同一强度等级带“G”型号的焊条，可以对应许多牌号，如 E5515-G 焊条，相对应的焊条牌号有 J557、J557XG、J557Mo、J557MoV 等。

带“G”型号焊接材料的出现，方便了焊材新品种的开发。但在实际工作中对低合金钢焊材的选用，可能会引起一些混乱。如在有些技术文件中，由于不能指定焊材的具体牌号，往往只列出了焊材的型号，如 GB 中的 E7015-G、E8016-G 焊条或 AWS 中的 E81T8-G 药芯

焊丝等，这就可能会使某些焊接工艺人员或焊材购销人员产生一些困惑。如 E5515-G 焊条中 J557XG 主要用于管子向下立焊，J507Mo 与 J507MoV 由于所含合金素的量及种类不同，反映在其熔敷金属的低温韧性及抗回火性能的区别，其应用场合就有所不同。再如，日本神钢公司（KOBRLCO）生产的 490MPa 高强钢用 MAG 焊丝，共有 9 种产品均标明符合 AWS ER70S-G 型号要求，其中 MG-50、MG-55、MG-1、MG-2、MG-1Z 焊丝均采用二氧化碳气体保护焊，但分别有适用大电流或大电流及高层间温度或小电流、焊薄板或焊镀锌板的区别；另外 MIX-50S、MGS-50、MIX-1Z 及 MIX-55S 焊丝则要用 Ar+CO_2（或+O_2）混合气体保护，焊接工艺也各有特点。因此，在对带“G”型号的焊接材料进行选用或采购时，必须在充分了解焊接材料特性的基础上，结合被焊母材的化学成分和性能要求、产品结构、使用条件、热处理要求及焊接工艺等因素，才不致造成选材上的失误。

第二节 常用钢材焊接材料的选用

一、碳钢和低合金钢焊接材料的选用

① 碳钢和低合金高强钢焊接材料的选用见表 12-1。

② 各种耐蚀用低合金钢焊条的选用见表 12-2。

③ 低合金低温钢焊接材料的选用见表 12-3。

④ 奥氏体高锰钢焊接材料的选用见表 12-4。

二、耐热钢焊接材料的选用

① 铬钼耐热钢焊条的选用见表 12-5。

② 几种铁素体耐热钢焊接材料选用举例见表 12-6。

③ 奥氏体耐热钢焊接材料选用举例见表 12-7。

④ 常用马氏体耐热钢焊接材料选用举例见表 12-8。

⑤ 锅炉压力容器常用耐热钢推荐选用的焊接材料见表 12-9。

⑥ 异种耐热钢焊接材料的选用见表 12-10。

表 12-1 碳钢和低合金高强钢焊材的选用

<table>
<tr><th colspan="2" rowspan="2">类别或屈服强度等级/MPa</th><th rowspan="2">钢号</th><th colspan="2">焊条</th><th colspan="2">气保焊焊材</th><th colspan="2">埋弧焊焊材</th><th colspan="2">电渣焊焊材</th></tr>
<tr><th>型号</th><th>牌号</th><th>保护气体</th><th>焊丝</th><th>焊丝</th><th>焊剂</th><th>焊丝</th><th>焊剂</th></tr>
<tr><td colspan="2" rowspan="6">低碳钢</td><td>Q235
Q255</td><td rowspan="6">E4301
E4303
E4315
E4316
E4324
E5001
E5003
E5015
E5016
E5018
E5028</td><td rowspan="6">J423,J422
J427,J426
J422Fe
J503,J502
J507,J506
J506Fe
J506Fe16
J507Fe16</td><td rowspan="4">CO_2</td><td rowspan="4">ER49-1
(H08Mn2SiA)
ER50-1,ER50-4
ER50-6
YJ502-1
YJ502R-1
YJ507-1</td><td rowspan="2">H08A
H08E</td><td rowspan="2">HJ431
HJ430
SJ401
SJ403</td><td rowspan="2">H08MnA</td><td rowspan="2">HJ260
HJ252
HJ431</td></tr>
<tr><td>Q275</td></tr>
<tr><td>15,20</td><td>H08A,H08MnA</td><td>HJ431</td><td rowspan="4">H15Mn
H10Mn2
H10MnSiA</td><td rowspan="4">HJ260
HJ252
HJ431</td></tr>
<tr><td>25,30</td><td>H08MnA,H15Mn</td><td>HJ430</td></tr>
<tr><td>20g,22g</td><td rowspan="2">自保护</td><td rowspan="2">YJ502R-2
YJ507-2
YJ507D-2
YJ507R-2</td><td>H08MnA
H08MnSi
H10MnSiA</td><td rowspan="2">HJ330
SJ301
SJ302
SJ501
SJ502</td></tr>
<tr><td>20R</td><td>H08MnA</td></tr>
<tr><td colspan="2" rowspan="2">中碳钢</td><td rowspan="2">35
45</td><td rowspan="2">E5001,
E5003
E5015,
E5016
E5015-G
E5018</td><td rowspan="2">J503,J502
J507,J506
J507GR,
J507RH
J506Fe,
J507Fe</td><td>CO_2</td><td>ER49-1
ER50-2,3,6,7
YJ501-1,YJ501Ni-1
YJ507Ni-1</td><td rowspan="2"></td><td rowspan="2"></td><td rowspan="2"></td><td rowspan="2"></td></tr>
<tr><td>CO_2 或
Ar+20%CO_2</td><td>GHS-60</td></tr>
<tr><td>热轧正火钢</td><td>295</td><td>09Mn2
09Mn2Si
09MnV
09MnVCu</td><td>E4301,
E4303
E4315,
E4316</td><td>J423,J422
J427,J426</td><td>CO_2</td><td>ER49-1
ER50-2</td><td>H08A
H08E
H08MnA</td><td>HJ430
HJ431
SJ301</td><td>H08Mn2SiA
H10Mn2Si
H10Mn2</td><td>HJ360
HJ250
HJ170</td></tr>
</table>

续表

类别或屈服强度等级/MPa		钢号	焊条		气保焊焊材		埋弧焊焊材		电渣焊焊材	
			型号	牌号	保护气体	焊丝	焊丝	焊剂	焊丝	焊剂
热轧、正火钢	345	16Mn 16MnR 16MnCu 14MnNb	E5001, E5003 E5015, E5016 E5015-G E5018 E5028	J503,J502 J507,J506 J507GR, J507RH J506Fe, J507Fe J506Fe1, J507Fe16	CO_2	ER49-1 ER50-2,6,7 GHS-50 YJ502-1 YJ502R-1 YJ507-1 YJ507Ni-1 YJ57TiB-1	不开坡口对接 H08A,H08E 中板开坡口对接 H08MnA, H10Mn2 H10MnSi	HJ430 HJ431 SJ501 SJ502 SJ301	H08MnMoA H10Mn2 H10MnSi	HJ431 HJ360
							厚板深坡口 H10Mn2	HJ350		
	395	15MnV 15MnVCu 15MnVRE 16MnNb	E5001, E5003 E5015, E5016 E5015-G E5515-G, E5516-G	J503,J502 J507,J506 J507GR, J507RH J557, J557Mo J557MoV, J556	自保护	YJ502R-2 YJ507-2 YJ507R-2 YJ507G-2	不开坡口对接 H08MnA 中板开坡口对接 H10Mn2, H10MnSi H08Mn2Si	HJ430 HJ431 SJ101	H08Mn2MoVA H10Mn2MoA	HJ360 HJ431 HJ170
							厚板深坡口 H08MnMoA	HJ250 HJ350 SJ101		
	440	15MnVN 15MnVNCu 15MnVTiRE	E5515-G, E5516-G E6015-D1, E6015-G E6016-D1	J557,J557Mo J557MoV, J556 J607,J607Ni J607RH,J606	CO_2 或 Ar+20%CO_2	ER49-1 ER50-2 ER55-D2 GHS-60 YJ607-1,YJ607G-1	H10Mn2 H08MnMoA H08Mn2MoA	HJ431 HJ350 HJ250 HJ252 SJ101	H08Mn2MoVA H10Mn2MoA	HJ360 HJ431

续表

类别或屈服强度等级/MPa		钢号	焊条		气保焊焊材		埋弧焊焊材		电渣焊焊材	
			型号	牌号	保护气体	焊丝	焊丝	焊剂	焊丝	焊剂
热轧、正火钢	490	18MnMoNb 14MnMoV 14MnMoVCu 18MnMoNbg 18MnMoNbR	E6015-D1 E6015-G E6016-D1 E7015-D2 E7015， E7015-G	J607 J607Ni， J607RH J606 J707， J707Ni J707R， J707NiW	CO_2 或 Ar+20%CO_2	ER55-D2 H08Mn2SiMoA GHS-60N GHS-70，YJ607-1 YJ602G-1，YJ707-1	H08Mn2MoA H08Mn2MoVA H05Mn2Ni2MoA	HJ250 HJ252 HJ350 SJ101	H10Mn2MoA H10Mn2MoVA H08Mn2Ni2MoA	HJ360 HJ431
管线钢	415	X60，S415	E4310， E4311 E5010 E5015， E5048	J425XG J505XG J507XG	CO_2	E70S-G E501T8-K6(自保护)	H08Mn2MoA H08MnMoA H10Mn2	HJ431 SJ101 SJ301 SJ102		
	450	X65，S450								
	480	X70，S480	E5510， E5518-G	SRE555G	CO_2	E80S-G E501T8-Ni1(自保护) JC29-Ni1(自保护)	H08Mn2MoA	SJ101 SJ301		
低碳调质钢	490	WCF-60 WCF-62 HQ60	E6015， E6015-G		CO_2 或 Ar+20%CO_2	ER55-D2， ER55-D2Ti GHS-60N YJ602G-1、 YJ607-1	H08MnMoTiA	SJ104		

续表

类别或屈服强度等级/MPa		钢号	焊条		气保焊焊材		埋弧焊焊材		电渣焊焊材	
			型号	牌号	保护气体	焊丝	焊丝	焊剂	焊丝	焊剂
低碳调质钢	590	HQ70A HQ70B	E7015, E7015-D2 E7015-G	J707 J707Ni, J707RH J707NiW	CO_2 或 Ar+20%CO_2	ER69-1 ER69-3 GHS-60N GHS-70 YJ707-1	H08MnMoA H05Mn2Ni2MoA	HJ350 HJ250	—	—
		14MnMoVN 14MnMoNRE							H08Mn2Ni2MoA H08CrNi2MoA	HJ360 HJ431
		12MnNiCr-MoCu					H08MnNi2CrMoA	HJ350	—	—
		12Ni3CrMoV	E8015-G	65C-1 (专用焊条)		H08Mn2Ni2CrMoA	H10Mn2SiMoTiA	HJ350	—	—
	690	15MnMoVNRE QJ70 14MnMoNbB	E7515-G E8015-G E8515-G	J757Ni J807, J807RH J857CrNi, J857Cr	Ar+20%CO_2 或 Ar+ (1%～2%)O_2	H08Mn2Ni2CrMoA H08MnNi2MoA ER76-1,ER83-1 GHS-80 SQJ707CrNiMo(专用)	H08Mn2MoA H08Mn2Ni2CrMoA	HJ350	H10Mn2MoA H08Mn2Ni2CrMoA H10Mn2NiMoVA	HJ360 HJ431
		HQ80,HQ80C WEL-TEN80					H08Mn2MoA	HJ350	—	—
	785	10Ni5CrMoV	E9015-G	840 (专用焊条)	Ar+5%CO_2 或 Ar+ (1%～2%)O_2	H08Mn2Ni3SiCrMoA	—	—	—	—
	880	HQ100	E10015-G	J107,J956 J107G		GHS100				
中碳调质钢		35CrMoA 30CrMnSiA	E9015-G E10015-G E5518-B2	J907Cr J107Cr R306Fe	CO_2 或 Ar+ 20%CO_2	H18CrMoA H08Mn2SiMoA	H13CrMoA H18CrMoA	HJ260 HJ431		

续表

类别或屈服强度等级/MPa	钢号	焊条		气保焊焊材		埋弧焊焊材		电渣焊焊材	
		型号	牌号	保护气体	焊丝	焊丝	焊剂	焊丝	焊剂
中碳调质钢	35CrMoVA	E5515-B2-VNb E8515-G， E10015-G	R337 J857Cr， J107G	CO_2 或 Ar+ 20%CO_2	SQJ807CrNiMo （专用）				
	34CrNi30MoA	E2-11Mo-VNiW-15 E8515-G	R817 J857Cr， J857CrNi		H08SiCrNi3MoA				
	40Cr	E10015-G	J107Cr						
	40CrMnSi-MoVA	E10015-G	J107Cr HT-2 （专用焊条） HT-3 （专用焊条）						
	30CrMnSi-Ni2A		HT-3 （专用焊条） HT-4 （专用焊条）	Ar	H18CrMoA	H18CrMoA	HJ350-1 HJ260		

表 12-2 耐蚀用低合金钢焊条的选用

腐蚀类型	钢号	焊条
耐大气腐蚀	09Mn2Cu	J423CuP
	16MnCu 10MnSiCu 09MnCuPTi 10PCuRE 09Cu 08MnPRE	J502CuP J507CuP J506WCu
	10NiCuP	J507NiCuP
	15MnVCu	J507Cu
	10MnPNbRE	J507CuP
耐海水腐蚀	10CrAl	J507CrNi
	10CrMoAl	
耐硫化氢腐蚀	12AlMoV	J507Mo
	12Cr2AlMoV	抗腐23(750℃回火)或其他焊条
耐硫化氢腐蚀	15AlMoV	J507MoNb
	12SiMoVNb	
耐氢、氮、氨腐蚀	10MoWVNb	J507MoW
	12SiMoVNb	J507MoNb
耐化肥、碳酸氢铵及其他腐蚀	20Al2VRE	不锈钢或低合金钢焊条
	08WVSn	J507WV
	09CuWSn	J506WCu
	15MoVAl	J507Mo
	渗铝钢	J507SL
抗氧化腐蚀	15Al3MoWTi	TS607
	10MoWVNb	J507MoW
	14MoWVTiBRE	08MoWTiBRE(专用焊条)

表 12-3 低合金低温钢焊材的选用

工作温度/℃	钢号	焊条		气体保护焊焊材		埋弧焊焊材	
		型号	牌号	保护气体	焊丝	焊丝	焊剂
−40	16MnDR	E5015-G	J507RH J507Ni J507TiBLMA	CO_2 或 Ar+20% CO_2	ER55-C1 ER55-C2 YJ502Ni-1	H10MnSiNiA H06MnNiMoA H08MnA	SJ101 SJ603
−46	DG50		W607		YJ507Ni-1	H10Mn2	SJ603

续表

工作温度/℃	钢号	焊条		气体保护焊焊材		埋弧焊焊材	
		型号	牌号	保护气体	焊丝	焊丝	焊剂
−70	09MnNiDR	E5515-G E5515-C1	W707 W707Ni	CO_2 或 Ar+20% CO_2	ER55-C1 ER55-C2 ER55-C2	H08MnSiNi2A	HJ250
	2.5Ni	E5515-C1	W707Ni			H08MnSiNi2A	SJ603
−90	3.5Ni	E5515-C2	W907Ni			10MnSiNi3A	SJ603

表 12-4 焊接奥氏体高锰钢时焊条的选用

类别	钢号	焊条选用	
		型号	牌号
高锰钢 ZGMn13	ZGMn13-1(用于低冲击件) ZGMn13-2(用于普通件) ZGMn13-3(用于复杂件) ZGMn13-4(用于高冲击件)	EDMn-A-16 EDMn-B-16	D256 D266
		对受气腐蚀破坏零件或要求耐磨性及韧度高的高锰钢件的堆焊应选用以下焊条	
		EDCrMn-B-16 EDCrMn-B-15	D276 D277
		堆焊隔离层或打底焊时应选用以下焊条	
		EDCrMn-B-16 EDCrMn-B-16 — — E0-19-10-15 E0-18-12Mo2-15	D276 D177 D537(Cr18Ni8Mo3MnV) GM-1(Cr20Ni10Mn6) A107 A207

表 12-5 铬钼耐热钢焊条的选用

钢种	钢号		焊条型号	焊条牌号	预热及道间温度/℃	热处理温度/℃
	中国	相当 ASTM				
0.5Mo	15Mo	A204 Gr. A. B. C A3354 Gr. P1 A336 Cl. F1	E5003-A1 E5015-A1 E5018-A1	R102 R107 R106Fe	100～200	650～700
0.5Cr-0.5Mo	12CrMo	A387 Gr. 2 A335 Gr. P2	E5503-B1 E5500-B1 E5515-B1	R202 R200 R207	200～250	650～700
1Cr-0.5Mo	15CrMo	A387.12 A387 Gr. 11 A335 Gr. P11 A213 Gr. T11 A336 Cl. F11 A182 Gr. F11	E5503-B2 E5515-B2	R302 R307 R307H	200～250	650～700
1Cr-Mo	20CrMo		E5515-B1 E5515-B2	R207 R307 R307H	250～300	650～700
1Cr-0.5Mo-V	12Cr1MoV		E5500-B2-V E5503-B2-V E5515-B2-V E5518-B2-V	R310 R312 R317 R316Fe	250～350	710～750
	15Cr1MoV		E5515-B2-VW E5515-B2-VNb E5515-B2-V	R327 R337 R317	300～350	710～730
	20Cr1MoV					680～720
2.25Cr-1Mo	Cr2.5Mo	A387 Gr. 22 A335 Gr. P22 A213 Gr. T22 A336 Cl. F22 A182 Gr. F22	E6000-B3 E6018-B3 E6015-B3	R400 R406Fe R407	250～300	710～750

续表

钢种	钢号		焊条型号	焊条牌号	预热及道间温度/℃	热处理温度/℃
	中国	相当 ASTM				
3Cr-1MoVSiTiB	12Cr3MoVTiB	A542 Type C. Cl. 40	E5515-B3-VNb	R417Fe,R427	250～350	750～770
0.5MoVWSiBRE	12MoWSiBRE		E5515-B2-V E5515-B2-VW	R317 R327		
2Cr-MoWVTiRE	12Cr2MoWVTiB		E5500-B3-VWB E5515-B3-VWB	R340 R347	250～350	1000～1030 正火＋760～780 回火
1Cr-Mo-V	2G15Cr1MoV	A289 Gr. C24	E5515-B2-VW	R327	300～350	710～750
	2G20CrMoV		E5515-B2-VNb	R337		
5Cr-0.5Mo	Cr5Mo	A387 Gr. 5 A335 Gr. P5 A335 Gr. C5	E5MoV-15 (E8015-B6)②	R507	250～350	740～760
5Cr-MoWVTiB	Cr5MoWVTiB		—	G106①		
7Cr-1Mo	Cr7Mo		E9Mo1-15 (E8015-B8)②	R707 R701A	300～400	730～750
9Cr-1Mo	Cr9Mo	A387 Gr. 9				
9Cr-1Mo-Nb-V	Cr9MoNiV	A213 Gr. T91 A387 Gr. 91 A335 Gr. P91	— (E9015-B9)②	R717		
11Cr-MoV	1Cr11MoV		E11MoVNi-16 E11MoVNi-15 E11MoVNiW-15	R802 R807 R817	300～400	680～720
	1Cr11MoNiVW	A351				

续表

钢种	钢号		焊条型号	焊条牌号	预热及道间温度/℃	热处理温度/℃
	中国	相当 ASTM				
12Cr-1MoV	1Cr12MoWV	(AISI 422)	E11MoVNiW-15 E11MoVNi-15	R817 R827	350～450	740～760
	2Cr12MoV		E11MoVNi-15	R827		

① G106 为非标准焊条，其化学成分为 C≤0.12%，Mn 0.5%～0.8%，Si≤0.7%，Cr 5.0%～6.5%，Mo 0.6%～0.8%，V 0.25%～0.40%，W 0.25%～0.45%，B<0.005%，S、P≤0.03%。

②（E××××-B×）为 AWS 型号。

表 12-6　几种铁素体耐热钢焊接材料选用举例

钢号	焊条电弧焊的焊条		气体保护焊		埋弧焊	
	型号	牌号	气体	焊丝	焊丝	焊剂
0Cr11Ti 0Cr13Al	E410-16 E410-15	G202 G207 G217	Ar	E410NiMo ER430①	—	—
1Cr17 Cr17Ti	E430-16 E430-15	G302 G307		H1Cr17 ER630①	H1Cr17 H0Cr21Ni10 H1Cr24Ni13 H0Cr26Ni21	SJ601 SJ608 HJ172 HJ151
Cr17Mo2Ti	E430-15 E309-16	G307 A302		H0Cr19Ni11Mo3	—	—
Cr25	E308-15 E316-15 E310-16 E310-15	A107 A207 A402 A407		ER26-1① H1Cr25Ni13	H0Cr26Ni21 H0Cr26Ni21 H1Cr24Ni13	SJ601 SJ608 SJ701 HJ172 HJ151

续表

钢号	焊条电弧焊的焊条		气体保护焊		埋弧焊	
	型号	牌号	气体	焊丝	焊丝	焊剂
Cr25Ti	E309Mo-16	A317	Ar	ER26-1① H1Cr25Ni13	H0C26Ni21 H0Cr26Ni21 H1Cr24Ni13	SJ601 SJ608 SJ701 HJ172 HJ151
Cr28	E310-16 E310-15	A402 A407		H1Cr25Ni20 ER26-1①		

① ER430、ER630 和 ER26-1 是美国 AWSA. 5. 9 铬钢焊丝。

表 12-7 奥氏体耐热钢焊接材料选用举例

钢号	焊条电弧焊的焊条		埋弧焊		气体保护焊①	
	牌号	型号	焊剂	焊丝	气体(体积分数)	焊丝
0Cr19Ni9 1Cr18Ni9	A101 A102	E308-16 E308-17	SJ601 SJ605 SJ608 HJ260	H0Cr19Ni9 H0Cr21Ni10	TIG 焊：Ar 或 Ar+He MIG 焊：Ar + O_2 2%或 Ar+CO_2 5%	H0Cr21Ni10
1Cr18Ni9Ti	A112，A132	E347-16、E347-15		H1Cr19Ni10Nb		H0Cr20Ni10Ti
0Cr18Ni11Ti 0Cr18Ni11Nb	A132 A137	E347-16 E347-15		H0Cr21Ni10Ti		H0Cr20Ni10Ti H0Cr20Ni10Nb
0Cr17Ni12Mo2 0Cr18Ni13Si4	A201，A202 A232	E316-16 E318-16、E318-15		H0Cr19Ni11Mo3		H0Cr18Ni14Mo2
0Cr19Ni13Mo3	A242	E317-16		H0Cr25Ni13Mo3		H0Cr25Ni13Mo3
0Cr23Ni13	A302，A307	E309-16、E309-15		H1Cr25Ni13		H1Cr25Ni13
0Cr25Ni20 1Cr25Ni20Si2	A402 A407	E310-16、E310-15		H1Cr25Ni20		H1Cr25Ni20

续表

钢号	焊条电弧焊的焊条		埋弧焊		气体保护焊①	
	牌号	型号	焊剂	焊丝	气体(体积分数)	焊丝
1Cr15Ni36W3Ti	A607	—	SJ601	—	TIG 焊：Ar 或 Ar+He MIG 焊：Ar+$O_2$2%或 Ar+$CO_2$5%	—
2Cr20Mn9Ni2Si2N 3Cr18Mn11Si2N	A402，A407 A707，A717	E16-25MoN-16、E16-25MoN-15 E310-16	SJ605 SJ608 HJ260	—		H1Cr25Ni20

① 0Cr18Ni9、1Cr18Ni9、0Cr18Ni9Ti、1Cr18Ni9Ti 等钢可用药芯焊丝 YA102-1 或 YA107-1+CO_2 气体保护焊；1Cr18Ni11Nb 钢用 YA132-1 药芯焊丝+CO_2 气体保护焊。

表 12-8　常用马氏体耐热钢焊接材料选用举例

钢号	焊条电弧焊的焊条		气体保护焊		埋弧焊	
	型号	牌号	气体	焊丝	焊丝	焊剂
1Cr12Mo 1Cr13	E410-16、E410-15 E410-15 E309-16、E410-15 E310-16、E410-15	G202、G207 G217 A302、G307 A402、A407	Ar	H1Cr13 H0Cr14	H1Cr13 H1Cr14 H0Cr21Ni10 H1Cr24Ni13 H0Cr26Ni21	SJ601 HJ151
2Cr13	E410-15 E308-15 E316-15	G207 A107 A207	Ar	H1Cr13 H0Cr14	—	—
1Cr11MoV	E-11MoVNi-15、E-11MoVNi-16 E-11MoVNiW-15	R807、R802 R817	—	—	—	—
1Cr12MoWV 1Cr12NiWMoV	E-11MoVNiW-15 E-11MoVNiW-15	R817 R827	Ar	HCr12WMoV	HCr12WMoV	HJ350

表 12-9 锅炉压力容器常用耐热钢推荐选用的焊接材料

钢号	焊条电弧焊	埋弧焊		电渣焊		熔化极气体保护焊		钨极氩弧焊
	焊条	焊丝	焊剂	焊丝	焊剂	焊丝	保护气体	焊丝
12CrMo*	E5515-B1 (R207)	H08CrMoA H10MoCrA						H08CrMoA H10MoCrA
15CrMo(R)* 13CrMo44 SA335 P12 SA387 Gr. 12CL1 SA387 Gr. 12CL2 SA387 Gr. 11CL1 SA213 T12	E5515-B2 (R307)	H08CrMoA H10CrMoA H13CrMoA	HJ350	H13CrMoA	HJ431	H05SiCrMoA H10SiCrMoA YR302-1 YR307-1		H08CrMoA H10CrMoA ER55-B2 (TGR55CM) ER55-B2L (TGR55CML)
12Cr1MoV* 13CrMoV42	E5515-B2-V (R317)	H08CrMoVA		H12CrMnSiMoV		H08CrMoVA	CO_2 或 Ar+ CO_2	ER55B2MnV (TGR55V、 TGR55VL) H08CrMoVA H08CrMnSiMoV
12Cr2Mo(g)* 12Cr2Mo1* SA335 Gr. 22CL1 10CrMo910 SA213 Gr. T22	E6015-B3 (R407)	H05SiCr2MoA H10SiCr2MoA H08Cr3MoMnA	HJ350 +HJ250 (1∶1)	H10Cr3MoMnA	HJ431	H05SiCr2MoA H10SiCr2MoA YR402-1		H08Cr3MoMnA ER62-B3 (TGR59C2M) ER62-B3L (TGR59C2ML)

续表

钢号	焊条电弧焊	埋弧焊		电渣焊		熔化极气体保护焊		钨极氩弧焊
	焊条	焊丝	焊剂	焊丝	焊剂	焊丝	保护气体	焊丝
12Cr2MoWV-TiB(G102)*	E5515-B3-VWB (R347)					H08Cr2MoWVTiB	Ar+CO_2	TGR55WB TGR55WBL H08Cr2MoWVTiB
10Cr9Mo1NNb* SA213 Gr. T91 SA213 Gr. P91	AWS A5.5 E9015-B9 (R717)	AWS F10PZ-EB9						AWS ER90S-B9

注：表中钢号除带“*”者外，其他均为锅炉厂常用国外钢号。

表 12-10 异种耐热钢焊接时焊材的选用

钢种	碳素钢	0.5Mo	1Cr-0.5Mo	2.25Cr-1Mo	5Cr-0.5Mo	9Cr-1Mo-V
9Cr-1Mo-V	MG49-1 MG50-6 E501/500T-1 YJ507-1 J507 b ①	TGR50Mo TGR50Mo1 H08MnSiMo YR102 107-1 R102,R107 b ①	TGR55CM TGR55CML H08CrMnSiMo YR302-1 YR307-1 R302,R307 b ①	TGR59C2M TGR59C2ML H08Cr3MoMnSi YR402,407-1 R402,R407 b ①	ER80S-B6 H0Cr5MoA R507 b ①	ER90S-B9 E91T1-B9 R507 b ①

续表

钢种	碳素钢	0.5Mo	1Cr-0.5Mo	2.25Cr-1Mo	5Cr-0.5Mo	9Cr-1Mo-V
5Cr-0.5Mo	MG49-1 MG50-6 E500T-1 E501T-1 YJ501-1 b　③	TGR50Mo TGR50ML H08MnSiMo YR102 107-1 R102,R107 b　③	TGR55CM TGR55CML H08CrMnSiMo YR302-1 YR307-1 R302,R307 b　③	TGR59C2M TGR59C2ML H08Cr3MoMnSi YR402-1 YR407-1 R402,R407 b　③	H0Cr5MoA R507 a　①	
2.25Cr-1Mo	MG49-1 MG50-6 E501/500T-1 YJ501-1 YJ507-1 J507 c　③	TGR50M TGR50ML H08MnSiMo YR102 107-1 R102,R107 c　③	TGR55CM TGR55CML H08CrMnSiMo YR302-1 YR307-1 R302,R307 c　②	TGR59C2M TGR59C2ML H08Cr3MoMnSi YR402-1 YR407-1 R402,R407 c　②		
1Cr-0.5Mo	MG49-1 MG50-6 E501/500T-1 YJ501-1 YJ507-1 J507 d　③	TGR50M TGR50ML H08MnSiMo YR102 107-1 R102,R107 d　③	TGR55CM TGR55CML H08CrMnSiMo YR302-1 YR307-1 R302,R307 d　②			

续表

钢种	碳素钢	0.5Mo	1Cr-0.5Mo	2.25Cr-1Mo	5Cr-0.5Mo	9Cr-1Mo-V
0.5Mo	MG49-1 MG50-6 E501/500T-1 YJ501-1 YJ507-1 J507 f ③	TGR50M TGR50ML H08MnSiMo YR102 107-1 R102 e ③				

注：1. 预热温度：a—250～350℃；b—200～300℃；c—150～250℃；d—150～225℃；e—100～200℃；f—100℃。

2. 回火温度：①—750℃；②—690℃；③—620℃。

三、不锈钢焊接材料的选用

① 马氏体不锈钢焊材的选用见表12-11。

表 12-11 马氏体不锈钢焊材的选用

类别	钢号	焊条		气保焊用焊丝		埋弧焊用焊材	
		型号	牌号	实心焊丝	药芯焊丝	焊丝	焊剂
马氏体不锈钢	1Cr13 2Cr13	E410-16 E410-15 E308-16 E309-16	G202 G207 A102 A302	H1Cr13 H2Cr13 H1Cr24Ni13 H1Cr26Ni21	YG207-2 YA102-1 YA107-1 YA302-1	H1Cr13 H0Cr14 H0Cr21Ni10 H1Cr24Ni13 H1Cr26Ni21	SJ601 HJ151 HJ260
	1Cr17Ni2	E430-16,E430-15 E309-16	G302 G307 A302	H1Cr13 H1Cr24Ni13	E410T-× E309T-×	H0Cr26Ni21 H1Cr26Ni21 H1Cr24Ni13	

续表

类别	钢号	焊条		气保焊用焊丝		埋弧焊用焊材	
		型号	牌号	实心焊丝	药芯焊丝	焊丝	焊剂
马氏体不锈钢	0Cr13Ni5Mo	E410NiMo-16	—	ER410NiMo	E410NiMoT-×	—	—
	Cr11WMoV	E2-11MoVNiW-15	R817	—	—		

② 铁素体不锈钢焊材的选用见表 12-12。

表 12-12　铁素体不锈钢焊材的选用

类别	钢　号	焊　条		气体保护焊用焊丝		埋弧焊用焊材	
		型号	牌号	实心焊丝	药芯焊丝	焊丝	焊剂
铁素体不锈钢	0Cr13	E410-16 E410-15 E308-16	G202 G207 A102	H0Cr14 H0Cr21Ni10 H0Cr24Ni13	YA302-1 YA102-1	H0Cr14 H1Cr24Ni13 H1Cr26Ni21	HJ150 HJ260 SJ601
	1Cr17 1Cr17Ti 1Cr17Mo	E430-16 E430-15 E308-16 E316-16	G302 G307 A102 A202	H1Cr17 H1Cr24Ni13 H0Cr21Ni10	YA102-1 YA107-1 YA302-1	H1Cr17 H0Cr21Ni10 H1Cr24Ni13 H0Cr26Ni21	SJ601 SJ608 SJ701 HJ172 HJ151
	00Cr17Ti	E309L-16	A062	H00Cr17Ti	YA062-1	H00Cr24Ni13 H00Cr21Ni10	
	1Cr13MoTi	E316-16	A202	H1Cr13MoTi	YA202-1	H0Cr19Ni12Mo2	SJ601 SJ608 SJ701 HJ172 HJ151
	1Cr25Ti 1Cr28	E309-16 E309-15	A302 A307	H0Cr26Ni21 H1Cr26Ni21 H1Cr24Ni13	YA302-1	H0Cr26Ni21 H1Cr26Ni21 H1Cr24Ni13	
	00Cr18MoTi	E316L-16	A022	H00Cr18MoTi H00Cr19Ni12Mo2	YA022-1	H00Cr19Ni12Mo2	

③ 奥氏体不锈钢焊材的选用见表 12-13。

表 12-13 奥氏体不锈钢焊材的选用

类别	钢号	焊条		气体保护焊用焊丝		埋弧焊用焊材	
		型号	牌号	实心焊丝	药芯焊丝	焊丝	焊剂[②]
奥氏体不锈钢	00Cr18Ni10	E308L-16	A002	H00Cr21Ni10	YA002-1	H00Cr21Ni10	SJ601 SJ608 SJ701 HJ107 HJ151 HJ172 HJ260
	00Cr18Ni12Mo2 00Cr17Ni14Mo2 00Cr17Ni14Mo3	E316L-16	A022	H00Cr19Ni12Mo2 H00Cr19Ni14Mo3	YA022-1	H00Cr19Ni12Mo2 H00Cr19Ni14Mo3	
	00Cr22Ni13Mo2	E309MoL-16	A042	H00Cr24Ni13Mo2			
	0Cr19Ni9 1Cr18Ni9	E308-16	A102	H0Cr21Ni10	YA102-1 YA107-1	H0Cr21Ni10	
	0Cr18Ni9Ti 1Cr18Ni9Ti	E347-16	A132	H0Cr20Ni10Nb H0Cr20Ni10Ti	YA132-1 YA002-1 YA002-2	H0Cr20Ni10Nb H00Cr21Ni10 H0Cr20Ni10Ti	
	0Cr18Ni12Mo2Ti 1Cr18Ni12Mo2Ti	E316-16 E318-16	A202 A212	H0Cr18Ni12Mo2Ti H0Cr18Ni12MoNb	YA202-1	H0Cr18Ni12Mo2Ti	
	0Cr18Ni14Mo2Cu2	E317MoCu-16	A222	—	—	H00Cr19Ni12Mo2Cu2	
	0Cr18Ni12Mo3Ti 1Cr18Ni12Mo3Ti	E317-16	A242	H0Cr19Ni14Mo3	E317LT-×	H0Cr19Ni14Mo3 H0Cr19Ni11Mo3Ti	GZ-1[①]
	1Cr25Ni13	E309-16	A302	H1Cr24Ni13	YA302-1	—	—
	1Cr25Ni18 3Cr18Mn11Si2N 2Cr20Mn9Ni2SiN	E310-16 E310-15	A402 A407	H1Cr26Ni21 H1Cr26Ni10Mn6	E310T-×		

续表

类别	钢号	焊条		气体保护焊用焊丝		埋弧焊用焊材	
		型号	牌号	实心焊丝	药芯焊丝	焊丝	焊剂②
奥氏体不锈钢	00Cr18Ni3Mo3Si2 00Cr18Ni6Mo3Si2Nb	E316L-16 E309MoL-16	A022 A042 A012Si	H00Cr19Ni12Mo2 H00Cr20Ni12Mo3Nb H00Cr25Ni13Mo3	—	—	—

① GZ-1 为烧结焊剂（企业自定牌号）。

② 当选用熔炼焊剂时，因 Cr 容易烧损，应注意焊丝成分选配。

④ 几种铁素体-奥氏体不锈钢焊接材料选用举例见表 12-14。

表 12-14　几种铁素体-奥氏体不锈钢焊接材料选用举例

钢　　号	焊条电弧焊的焊条		氩弧焊的焊丝	埋弧焊	
	型号	牌号		焊丝	焊剂
00Cr18Ni5Mo3Si2 00Cr18Ni5Mo3Si2Nb	E316L-16 E309MoL-16 E309-16	A022Si A042 A302	H00Cr18Ni14Mo2 H00Cr20Ni12Mo3Nb H00Cr25Ni13Mo3	H1Cr24Ni13	HJ260 HJ172 SJ601
0Cr21Ni5Ti 1Cr21Ni5Ti 0Cr21Ni6Mo2Ti 00Cr22Ni5Mo3N	E308-16 E309MoL-16	A102 A042 或成分相近的专用焊条	H0Cr20Ni10Ti H00Cr18Ni14Mo2		
00Cr25Ni5Ti 00Cr26Ni7Mo2Ti 00Cr25Ni5Mo3N	E309L-16 E308L-16 Eni-0 ENiCrMo-0 ENiCrFe-3	A072 A062 A002 Ni112 Ni307 Ni307A	H0Cr26Ni21 H00Cr21Ni10 或同母材成分焊丝或镍基焊丝		

⑤ 沉淀硬化型不锈钢焊条的选用见表 12-15。

表 12-15　沉淀硬化型不锈钢焊条的选用

类别	钢号	热处理规范/℃		焊条选用	
		预热层温度	焊后热处理	型号	牌号
沉淀硬化型	沉淀硬化型半奥氏体不锈钢 17-7PH PH15-7Mo PH14-8Mo AM-350 AM-355	—	—	E308-16 E308L-16 E308-15 E316-16 E316-15	与母材不要求等强度时选用 A102 A002 A107 A202 A207
	沉淀硬化型马氏体不锈钢 17-4PH 15-5PH PH13-8Mo		按母材热处理制度进行低温回火时效硬化或复合热处理	—	母材要求等强度时应采用与母材相同成分的专业焊条
	沉淀硬化型半奥氏体不锈钢 A-286(Cr15Ni25) 17-10P(高磷)				

⑥ 国外不锈钢焊接材料的选用见表 12-16。

表 12-16　国外不锈钢焊材的选用

类别	钢号			焊接材料型号		
	AISI 号	UNS 号	德国钢号	第一选择	第二选择	第三选择
铁素体不锈钢	405	S40500	1.4002	430	309L/309Mo	308
	409	S40900	1.4512	309L/309Mo	312	

续表

类别	钢号			焊接材料型号		
	AISI 号	UNS 号	德国钢号	第一选择	第二选择	第三选择
铁素体不锈钢	429	S42900	1.4001	430	308/308L	309L/309Mo
	430	S43000	1.4016	430	308/308L	309L/309Mo
	430F	S43020	1.4104	430	308/308L	309L/309Mo
	430FSe	S43023		430	308/308L	309L/309Mo
	434	S43400	1.4113	430	308/308L	309L/309Mo
	436	S43500		430	308/308L	309L/309Mo
	442	S44200		416L	318	309L/309Mo
	444	S44400	1.4521	416L	318	309L/309Mo
	446	S44600	1.4762	308/308L	309L/309Mo	310
马氏体不锈钢	3Cr12			309L/309Mo	316L	308L
	410	S41000	1.4006	410	309L/309Mo	310
	414	S41400		410	309L/309Mo	310
	415	S41500	1.4313	410	309L/309Mo	310
	416	S41600		410	309L/309Mo	310
	416Se	S41623		410	309L/309Mo	310
	420	S42000		410	309L/309Mo	310
	431	S43100	1.4057	430	308L/308	309
	440A	S44002		312	309L/309Mo	
	440B	S44003		312	309L/309Mo	
	440C	S44004		312	309L/309Mo	
奥氏体不锈钢	201	S20100		308/308L	316L	347
	202	S20200	1.4371	308/308L	316L	347
	205	S20500		308/308L	316L	347

续表

类别	钢号			焊接材料型号		
	AISI 号	UNS 号	德国钢号	第一选择	第二选择	第三选择
奥氏体不锈钢	209	S20910	1.4565	308/308L	316L	347
	301	S30100	1.4310	308/308L	316L	347
	302	S30200		308/308L	316L	347
	303	S30300	1.4305	312	309L/309Mo	308/308L
	303Se	S30323		312	309L/309Mo	308/308L
	304	S30400	1.4301	308/308L	316L	347
	304L	S30403	1.4306	308/308L	316L	347
	304H	S30409	1.4948	308H	308L	316L
	304N	S30451		308L/308	316L	347
	304LN	S30453	1.4311	308L/308	316L	347
	305	S30500	1.4303	308/308L	316L	347
	308	S30800		308/308L	316L	347
	309	S30900	1.4828	309/309L/309Mo	312	
	309S	S30908	1.4833	309L/309Mo	312	
	310	S31000	1.4841	310	312	
	310S	S31008	1.4845	310	312	
	314	S31400		316/316L	318	309L/309Mo
	316	S31600	1.4401	316/316L	318	309L/309Mo
	316L	S31603	1.4404	316L/316	318L	309L/309Mo
	316H	S31609	1.4919	316H	316L/318	309L/309Mo
	316N	S31651		316L/316	318	309L/309Mo
	316LN	S31653	1.4406	316L/316	318	309L/309Mo
	317	S31700	1.4429	317/317L	318	316L

续表

类别	钢号			焊接材料型号		
	AISI 号	UNS 号	德国钢号	第一选择	第二选择	第三选择
奥氏体不锈钢	317L	S31703	1.4438	317L	318	316L
	321	S32100	1.4541	347	318	308/308L
	321H	S32109	1.4941	347	318	308/308L
	347	S34700	1.4550	347	318	308/308L
	347H	S34709		347	318	308/308L
	348	S34800		347	318	308/308L
	384	S38400		309L/309Mo	312	

四、异种钢焊接材料的选用

① 常用异种钢焊接结构的材料见表 12-17。

表 12-17 常用异种钢焊接结构的材料

组织类型	类别(代号)	钢号
珠光体钢	Ⅰ	低碳钢：Q195、Q215、Q235、Q255、Q275、08、10、15、20、25、20g、22g
	Ⅱ	中碳钢及低合金钢：35、15MnV、20Mn、30Mn、09Mn2、15Mn2、18MnSi、15Cr、20Cr、30V、10Mn2、18MnTi、10CrV、20CrV
	Ⅲ	船用特殊低合金钢：AK25、AK27、AK28、AJ15
	Ⅳ	高强度特殊低合金钢：35、40、45、50、55、35Mn、40Mn、50Mn、40Cr、50Cr、35Mn2、45Mn2、50Mn2、30CrMnTi、40CrMn、35CrMn2、40CrV、25CrMnSi、35CrMnSiA

续表

组织类型	类别(代号)	钢　号
珠光体钢	Ⅴ	铬钼耐热钢:15CrMo、30CrMoA、35CrMo、38CrMoAlA、12CrMo、20CrMo
	Ⅵ	铬钼钒(钨)耐热钢:20Cr3MoWVA、12Cr1MoV、25CrMoV、12Cr2MoWVTiB
铁素体(马氏体钢)	Ⅶ	高铬不锈钢:0Cr13、Cr14、1Cr13、2Cr13、3Cr13
	Ⅷ	高铬耐热耐酸钢:Cr17、Cr17Ti、Cr25、1Cr28、1Cr17Ni2
	Ⅸ	高铬热强钢:1Cr11MoVNb、1Cr12WNiMoV、1Cr11MoV、X20CrMoV121
奥氏体及奥氏体-铁素体钢	Ⅹ	奥氏体耐酸钢:00Cr18Ni10N、0Cr18Ni9、1Cr18Ni9、2Cr18Ni9、0Cr18Ni11Ti、1Cr18Ni9Ti、1Cr18Ni11Nb、0Cr18Ni12Mo2Ti、1Cr18Ni12Mo2Ti、0Cr18Ni12TiV、Cr18Ni22W2Ti2
	Ⅺ	奥氏体耐热钢:0Cr23Ni18、Cr18Ni18、Cr23Ni13、0Cr20Ni14Si2、Cr20Ni14Si2、TP304、P347H、4Cr14Ni14W2Mo
	Ⅻ	无镍或少镍的铬锰氮奥氏体钢和无铬镍奥氏体钢:3Cr18Mn12Si2N、2Cr20Mn9Ni2Si2N、2Mn18Al15SiMoTi
	XIII	铁素体-奥氏体高强度耐酸钢:0Cr21Ni5Ti、0Cr21Ni6MoTi、1Cr22Ni5Ti

②焊接异种珠光体钢焊条的选用见表12-18。

表 12-18　焊接异种珠光体钢焊条的选用

母材组合	选用焊条		预热温度/℃	回火温度/℃	备注
	牌号	型号			
Ⅰ+Ⅱ	J427	E4315	100～200	600～650	—
Ⅰ+Ⅲ	J426 J427	E4316 E4315	150～250	640～660	—
Ⅰ+Ⅳ	J426 J427	E4316 E4315	200～250	600～650	焊后立即热处理
	A402 A407	E310-16 E310-15	不预热	不回火	焊后不能热处理时选用
Ⅰ+Ⅴ	J427 R207 R407	E4315 E5515-B1 E6015-B3	200～250	640～670	焊后立即热处理
Ⅰ+Ⅵ	J427 R207	E4315 E5515-B1	200～250	640～670	焊后立即热处理
Ⅱ+Ⅲ	J506 J507	E5016 E5015	150～250	640～660	—
Ⅱ+Ⅳ	J506 J507	E5016 E5015	200～250	600～650	—
	A402 A407	E310-16 E310-15	不预热	不回火	—
Ⅱ+Ⅴ	J506 J507	E5016 E5015	200～250	640～670	—
Ⅱ+Ⅵ	R317	E5515-B2-V	200～250	640～670	—
Ⅲ+Ⅳ	J506 J507	E5016 E5015	200～250	640～670	—
	A507	E16-250MoN-15	不预热	不回火	—
Ⅲ+Ⅴ	J506 J507	E5016 E5015	200～250	640～670	—
	A507	E16-250MoN-15	不预热	不回火	—
Ⅲ+Ⅵ	J506 J507	E5016 E5015	200～250	640～670	—
	A507	E16-250MoN-15	不预热	不回火	—

续表

母材组合	选用焊条		预热温度/℃	回火温度/℃	备注
	牌号	型号			
Ⅳ+Ⅴ	J707	E7015	200～250	640～670	焊后立即热处理
	A507	E16-25MoN-15	不预热	不回火	—
Ⅳ+Ⅵ	J707	E7015	200～250	670～690	焊后立即热处理
	A507	E16-25MoN-15	不预热	不回火	—
Ⅴ+Ⅵ	R207 R407	E5515-B E6015-B3	200～250	700～720	焊后立即热处理
	A507	E16-25MoN-15	不预热	不回火	—

③ 焊接不同马氏体-铁素体型钢时焊条的选用见表12-19。

表 12-19 焊接不同马氏体-铁素体型钢时焊条的选用

母材组合	选用焊条		预热温度/℃	回火温度/℃	备注
	牌号	型号			
Ⅶ+Ⅷ	E410-15	G207	200～300	700～740	—
	E309-15	A307	—	—	
Ⅶ+Ⅸ	E410-15 E-11MoVNiW-15 —	G207 R817 R827	350～400	700～740	焊后保温缓冷后立即回火处理
	E309-15	A307	—	—	—
Ⅷ+Ⅸ	E430-15 E-11MoVNiW-15 —	G307 R817 R827	350～400	700～740	焊后保温缓冷后立即回火处理
	E309Mo16	A312	—	—	—

④ 焊接珠光体钢与铁素体钢时焊条的选用见表12-20。

表 12-20 焊接珠光体钢与铁素体钢时焊条的选用

母材组合	选用焊条		预热温度/℃	回火温度/℃	备注
	牌号	型号			
Ⅰ+Ⅶ	G207	E410-15	200～300	650～680	焊后立即回火
	A302 A307	E309-16 E309-15	—	—	—
Ⅰ+Ⅷ	G307	E430-15	200～300	650～680	焊后立即回火
	A302 A307	E309-16 E309-15	—	—	—
Ⅱ+Ⅶ	G207	E410-15	200～300	650～680	焊后立即回火
	A302 A307	E309-16 E309-15	—	—	—

续表

母材组合	选用焊条		预热温度/℃	回火温度/℃	备　注
	牌号	型号			
Ⅱ＋Ⅷ	A302 A307	E309-16 E309-15	—	—	—
Ⅲ＋Ⅶ	A507	E16-25MoN-15	—	—	—
Ⅲ＋Ⅷ	A507	E16-25MoN-15	—	—	焊件在浸蚀介质中工作时，在A507焊缝表面堆焊A207或A202
	A207	E316-16	—	—	
Ⅳ＋Ⅶ	R202 R207	E5503-B1 E5515-B1	200～300	620～660	焊后立即回火
Ⅳ＋Ⅷ	A302 A307	E309-16 E309-15	—	—	—
Ⅴ＋Ⅶ	R307 R307H	E55015-B2	200～300	680～700	焊后立即回火
Ⅴ＋Ⅷ	A302 A307	E309-16 E309-15	—	—	—
Ⅴ＋Ⅸ	R817 R827	E-11MoVNiW-15	350～400	720～750	焊后立即回火
Ⅵ＋Ⅶ	R307 R317	E5515-B2 E5515-B2-V	350～400	720～750	焊后立即回火

⑤ 焊接钢与铜的焊条选用见表12-21。

表12-21　焊接钢与铜的焊条选用（焊条弧焊）

母材	主要特点	选用焊条	
		牌号	型号
铜＋碳素钢或低合金钢	两者线胀系数、热导吸收差异大，Cu＋Fe合金的结晶温度区间大，故易产生热裂纹 液态Cu可向近缝区钢表面内部渗透，形成所谓的渗透裂纹	T107 T237	Ecu EcuAl-C
铜＋不锈钢	若采用不锈钢焊缝，当焊缝Cu含量达到一定数量时，将会产生裂纹，若采用铜焊缝时，焊缝中Cr、Ni、Fe会使焊缝变硬、变脆或渗入不锈钢侧的近缝区奥氏体晶界，使接头变脆。因此只有选用铜和铁都能无限固溶的镍或镍基合金作填充金属，才可保证焊缝性能	Ni112 Ni307 Ni307B	Eni-0 EniCrMo-0 EniCrFe-3

五、异种钢与不锈钢焊接时焊接材料的选用

① 碳钢、低合金钢与铬不锈钢焊接时不锈钢焊材的选用见表12-22。

表 12-22 碳钢、低合金钢与铬不锈钢焊接时不锈钢焊材的选用

母材组合	焊条		实心焊丝		药芯焊丝	
	型号	牌号	型号	牌号	型号	牌号
低碳钢+13%Cr 不锈钢 低合金钢+13%Cr 不锈钢	E410-16(E410-15) E309-16	G202(G207) A302	ER410 ER309	H1Cr13 H0Cr24Ni13 H1Cr24Ni13	E410T-× E309T-×	YG207-1 YA107-1 YA302-1
低碳钢+17%Cr 不锈钢 低合金钢+17%Cr 不锈钢	E430-16(E430-15) E309-16	G302(G307) A302	ER430 ER309	HCr17 H0Cr24Ni13 H1Cr24Ni13	E430T-× E309T-×	YG317-1 YA302-1

② 铬不锈钢与铬镍不锈钢焊接时不锈钢焊材的选用见表 12-23。

表 12-23 铬不锈钢与铬镍不锈钢焊接时不锈钢焊材的选用

母材组合	焊条		实心焊丝		药芯焊丝	
	型号	牌号	型号	牌号	型号	牌号
13%Cr 不锈钢+奥氏体耐蚀钢	E309-16 E309L-16	A302 A062	ER309 ER309L	H1Cr24Ni13 H0Cr24Ni13	E309T-× E309LT-×	YA302-1 YA062-1
13%Cr 不锈钢+奥氏体耐热钢	E316-16 E317-16 E347-16	A202 A242 A132	ER316 ER317 ER347	H0Cr19Ni12Mo2 H0Cr19Ni14Mo3 H0Cr20Ni10Nb	E316T-× E317T-× E347T-×	YA202-1 — YA132-1
13%Cr 不锈钢+普通双相不锈钢	E2209-16 E309Mo-16	E2209 A312	ER2209 ER309Mo	H00Cr22Ni8Mo3N H1Cr24Ni13Mo2	— E309MoT-×	DW-329M① —
17%Cr 不锈钢+奥氏体耐蚀钢	E309-16 E309Mo-16	A302 A312	ER309 ER309Mo	H0Cr24Ni13 H1Cr24Ni13Mo2	E309T-× E309MoT-×	YA302-1

续表

母材组合	焊条		实心焊丝		药芯焊丝	
	型号	牌号	型号	牌号	型号	牌号
17%Cr不锈钢＋奥氏体耐热钢	E308H-16	A102	ER308H	H1Cr21Ni10	E308T-×	YA102-1
	E316-16	A202	ER316	H0Cr19Ni12Mo2	E316T-×	YA202-1
	E317-16	A242	ER317	H0Cr19Ni14Mo3	E317T-×	—
	E309Mo-16	A312	ER309Mo	H1Cr24Ni13Mo2	E309MoT-×	—
	E347-16	A132	ER347	H0Cr20Ni10Nb	E347T-×	YA132-1
17%Cr不锈钢＋普通双相不锈钢	E309-16	A302	ER2209	H00Cr22Ni8Mo3N	—	DW-329M①
	E309Mo-16	A312	ER309Mo	H1Cr24Ni13Mo2	E309MoT-×	—
	E2209-16	E2209-3				
11%Cr热强钢＋奥氏体耐热钢	E316-16	A202	ER316	H0Cr19Ni12Mo2	E316T-×	YA202-1
	E309-16	A302	ER309	H1Cr24Ni13	E309T-×	YA302-1
	E309Mo-16	A312	ER309Mo	H1Cr24Ni13Mo2	E309MoT-×	—
	E347-16	A132	ER347	H0Cr20Ni10Nb	E347T-×	YA132-1

① 日本神钢产品。

③ 碳钢、低合金钢与奥氏体不锈钢焊接时不锈钢焊材的选用见表12-24。

表12-24　碳钢、低合金钢与奥氏体不锈钢焊接时不锈钢焊材的选用

母材组合	焊条		实心焊丝		药芯焊丝	
	型号	牌号	型号	牌号	型号	牌号
低碳钢＋奥氏体耐蚀钢	E309-16	A302	ER309	H1Cr24Ni13	E309T-×	YA302-1
	E309Mo-16	A312	ER309Mo	H1Cr24Ni13Mo2	E316T-×	YA202-1
	E316-16	A202	ER316	H0Cr19Ni12Mo2	E309LT-×	YA062-1

续表

母材组合	焊条		实心焊丝		药芯焊丝	
	型号	牌号	型号	牌号	型号	牌号
低碳钢＋奥氏体耐热钢	E316-16 ENiCrFe-3	A202 Ni307	ER316 ERNiCr-3	H0Cr19Ni12Mo2 NiR82	E316T-× ENiCrT-×	YA202-1
中碳钢、低合金钢＋奥氏体不锈钢	E309Mo-16 E310 E316-16 E317-16 ENiCrFe-3	A312 A402 A202 A242 Ni307	ER309Mo ER310 ER316 ER317 ERNiCr-3	H1Cr24Ni13Mo2 H1Cr26Ni21 H0Cr19Ni12Mo2 H0Cr19Ni14Mo3 NiR82	E310T-× E316T-× E317LT-× ENiCr3T-×	YA202-1
碳钢、低合金钢＋普通双相不锈钢	E2209-16	E2209-3	ER2209	H00Cr22Ni8Mo3N	E2209T-×	DW-329M①

① 日本神钢产品。

六、复合钢板焊接材料的选用

① 不锈钢复合钢焊接用焊材的选用见表12-25。

表 12-25　不锈钢复合钢焊接用焊材的选用

复合钢的组合	基层		过渡层		覆层	
	焊条	焊丝	焊条	焊丝	焊条	焊丝
0Cr13＋Q235	J426 J427	ER50-6 ER50-G E50×T-×	A302 A307	H1Cr24Ni13 ER309 E309T-×	A102 A107	H0Cr21Ni10 ER308 E308T-×
0Cr13＋16Mn 0Cr13＋15MnV	J506 J507					

续表

复合钢的组合	基层		过渡层		覆层	
	焊条	焊丝	焊条	焊丝	焊条	焊丝
0Cr13+12CrMo	R202 R207	ER55-B2 E55×T×-B2	A302 A307	H1Cr24Ni13 ER309 E309T-×	A102 A107	H0Cr21Ni10 ER308 E308T-×
1Cr18Ni9Ti+Q235	J426 J427	ER50-6 ER50-G E50×T-×			A132 A137	H0Cr20Ni10Nb ER347 E347T-×
1Cr18Ni9Ti+16Mn 1Cr18Ni9Ti+15MnV	J506 J507					
Cr18Ni12Mo2Ti+Q235	J426 J427	ER50-6 ER50-G E50×T-×	A312	H1Cr24Ni13Mo2 ER309Mo E309MoT-× E309LNbT-×	A212	H00Cr19Ni12Mo2 ER316L E316LT-×
Cr18Ni12Mo2Ti+16Mn Cr18Ni12Mo2Ti+15MnV	J506 J507					

② 复合钢板基层焊接用的焊接材料见表 12-26。

表 12-26 复合钢板基层焊接用的焊接材料

基层材料	焊条电弧焊	埋弧焊		气体保护焊	
	焊条	焊丝	焊剂	焊丝	气体
Q235、20、20g、20R、22g、3C	E4303、E4315、E4316	H08、H08A、H08MnA	HJ431、SJ101	H08Mn2Si、H10Mn2、H08Mn2SiA	CO_2 或 CO_2+Ar
Q345、16MnR、16Mng	E5003、E5015、E5016	H08MnA、H10Mn2、H10MnSi、H08Mn2SiA、H08Mn2MoA	HJ431、HJ430、HJ350、SJ101、SJ301	H08Mn2SiA、H08Mn2MoA、H10MnSi	CO_2 或 CO_2+Ar
Q390、15MnVR、15MnVN、15CrMo	E5003、E5015、E5016、E5501-G、E5515-G、E5516-G				

③ 焊接复合钢覆层的填充金属见表 12-27。

表 12-27 焊接复合钢覆层的填充金属

覆层金属	过渡层焊道		填充焊道	
	焊条	裸焊条和焊丝	焊条	裸焊条和焊丝
奥氏体 Cr-Ni 不锈钢				
0Cr18Ni9	E309、E309L	ER309、ER309L	E308、E308L	ER308、ER308L
00Cr18Ni10	E309L	ER309L	E308L	ER308L
0Cr23Ni13	E309L	ER309L	E309L	ER309L
0Cr25Ni20	E310、E310Nb	ER310	E310、E310Nb	ER310
0Cr17Ni12Mo2	E309Mo	ER309	E316、E316L、E318	ER316、ER316L、ER318
00Cr17Ni14Mo2	E309L、E309Mo	ER309L	E316L、E318	ER316L、ER318
0Cr19Ni13Mo3	E309Mo	ER309	E317、E317L	ER317、ER317L
00Cr19Ni13Mo3	E309L、E309Mo	ER309L	E317L	ER317L
0Cr18Ni11Ti	E309Nb	ER309L	E347	ER321
0Cr18Ni11Nb	E309Nb	ER309L	E347	ER347
铬不锈钢				
0Cr13Al 1Cr17 1Cr15	ENiCrFe-2 或 ENiCrFe-3① E309① E310① E430②	ERNiCrFe-5 或 ERNiCrFe-6①③ ER309① ER310① ER430②	ENiCrFe-2 或 ENiCrFe-3① E309① E310① E430②	ERNiCrFe-5 或 ERNiCrFe-6①③ ER309① ER310① ER430②
1Cr13 0Cr13	ENiCrFe-2 或 ENiCrFe-3① E309① E310① E430②	ERNiCrFe-5 或 ERNiCrFe-6①③ ER309① ER310① ER430②	ENiCrFe-2 或 ENiCrFe-3① E309① E310① E410② E410NiMo②、E430②	ERNiCrFe-5 或 ERNiCrFe-6①③ ER309① ER310① ER410② ER410NiMo② ER430②

续表

覆层金属	过渡层焊道		填充焊道	
	焊条	裸焊条和焊丝	焊条	裸焊条和焊丝
镍合金				
镍	ENi-1	ERNi-1	ENi-1	ERNi-1
镍-铜	ENiCu-7	ERNiCu-7	ENiCu-7	ERNiCu-7
镍-铬-铁	ENiCrFe-1、ENiCrFe-2 或 ENiCrFe-3	ErNiCrFe-5	ENiCrFe-1 或 ENiCrFe-3	ERNiCrFe-5
铜合金				
铜	ENiCu-7	ERNiCu-7		ERCu
铜	ECuAl-A2	ERCuAl-A2		
铜	ENi-1	ERNi-1		
铜-镍	ENiCu-7	ERNiCu-7	ECuNi	ERCuNi
		ERNi-1		
铜-铝	ECuAl-A2	ERCuAl-A2	ECuAl-A2	ERCuAl-A2
铜-硅	ECuSi	ERCuSi-A	ECuSi	ERCuSi-A
铜-锌	ECuAl-A2	ERCuAl-A2	ECuAl-A2	ERCuAl-A2
		RBCuZn-C④		RBCuZn-C④
铜-锡-锌	ECuSn-A	ERCuSn-A	ECuSn-A	ERCuSn-A

① 不推荐在温度低于 10℃的材料上进行焊接。

② 推荐最小预热温度为 150℃，尤其是厚度大于 12.7mm 的钢板更是如此。

③ ERNiCrFe-6 焊缝金属可时效硬化。

④ 采用氧乙炔焊熔敷。

七、常用母材与焊接材料选配

① 常用钢号推荐选用的焊接材料见表 12-28。

表 12-28 常用钢号推荐选用的焊接材料

钢号	焊条电弧焊		埋弧焊		CO_2 气体保护焊焊丝型号	氩弧焊焊丝牌号
	焊条型号	焊条牌号示例	焊剂型号	焊剂牌号及焊丝牌号示例		
10(管) 20(管)	E4303 E4316 E4315	J422 J426 J427	F4A0-H08A F4A2-H08MnA	HJ431-H08A HJ431-H08MnA	—	—
Q235B Q235C 20G Q245R,20(锻)	E4316 E4315	J426 J427			—	—
09MnD	E5015-G	W607	—	—	—	—
09MnNiD 09MnNiDR	E5015-C1L	—	—	—	—	—
16Mn,Q345R	E5016 E5015 E5003	J506 J507 J502	F5A0-H10Mn2	HJ431-H10Mn2 HJ350-H10Mn2	ER49-1 ER50-6	—
			F5A2-H10Mn2	SJ101-H10Mn2		
16MnD 16MnDR	E5016-G E5015-G	J506RH J507RH	—	—	—	—
15MnNiDR	E5015-G	W607	—	—	—	—
Q370R	E5516-G E5515-G	J556RH J557	—	—	—	—

续表

钢　号	焊条电弧焊		埋弧焊		CO_2 气体保护焊焊丝型号	氩弧焊焊丝牌号
	焊条型号	焊条牌号示例	焊剂型号	焊剂牌号及焊丝牌号示例		
20MnMo	E5015 E5515-G	J507 J557	F5A0-H10Mn2A F55A0-H08MnMoA	HJ431-H10Mn2A HJ350-H08MnMoA	—	—
20MnMoD	E5016-G E5015-G E5516-G	J506RH J507RH J556RH	—	—	—	—
13MnNiNoR 18MnMoNbR 20MnMoNb	E6016-D1 E6015-D1	J606 J607	F62A2-H08Mn2MoA F62A2-H08Mn2MoVA	HJ350-H08Mn2MoA HJ350-H08Mn2MoVA SJ101-H08Mn2MoA SJ101-H08Mn2MoVA	—	—
07MnMoVR 08MnNiMoVD 07MnNiMoDR	E6015-G	J607RH	—	—	—	—
10Ni3MoVD	E6015-G	J607RH	—	—	—	—
12CrMo 12CrMoG	E5515-B1	R207	F48A0-H08CrMoA	HJ350-H08CrMoA SJ101-H08CrMoA	ER55-B2	H08CrMoA
15CrMo 15CrMoG 15CrMoR	E5515-B2	R307	F48P0-H08CrMoA	HJ350-H08CrMoA SJ101-H08CrMoA	ER55-B2	H08CrMoA
14Cr1MoR 14Cr1Mo	E5515-B2	R307H	—	—	—	—
12Cr1MoVR 12Cr1MoVG	E5515-B2-V	R317	F48P0-H08CrMoVA	HJ350-H08CrMoVA	ER55-B2-MnV	H08CrMoVA

续表

钢号	焊条电弧焊		埋弧焊		CO_2 气体保护焊焊丝型号	氩弧焊焊丝牌号
	焊条型号	焊条牌号示例	焊剂型号	焊剂牌号及焊丝牌号示例		
12Cr2Mo 12Cr2Mo1 12Cr2MoG 12Cr2Mo1R	E6015-B3	R407	—	—	—	—
1Cr5Mo	E5MoV-15	R507	—	—	—	—
06Cr19Ni10	E308-16 E308-15	A102 A107	F308-H08Cr21Ni10	SJ601-H08Cr21Ni10 HJ260-H08Cr21Ni10	—	H08Cr21Ni10
06Cr18Ni11Ti	E347-16 E347-15	A132 A137	F347-H08Cr20Ni10Nb	SJ641-H08Cr20Ni10Nb	—	H08Cr19Ni10Ti
09Cr17Ni12Mo2	E316-16 E316-15	A202 A207	F316-H06Cr19Ni12Mo2	SJ601-H06Cr19Ni12Mo2 HJ260-H06Cr19Ni12Mo2	—	H06Cr19Ni12Mo2
06Cr17Ni12Mo2Ti	E316L-16 E318-16	A022 A212	F316L-H03Cr19Ni12Mo2	SJ601-H03Cr19Ni12Mo2 HJ260-H03Cr19Ni12Mo2	—	H03Cr19Ni12Mo2
06Cr19Ni13Mo3	E317-16	A242	F317-H08Cr19Ni14Mo3	SJ601-H08Cr19Ni14Mo3 HJ260-H08Cr19Ni14Mo3	—	H08Cr19Ni14Mo3
022Cr19Ni10	E308L-16	A002	F308L-H03Cr21Ni10	SJ601-H03Cr21Ni10 HJ260-H03Cr21Ni10	—	H03Cr21Ni10
022Cr17Ni12Mo2	E316L-16	A022	F316L-H03Cr19Ni12Mo2	SJ601-H03Cr19Ni12Mo2	—	H03Cr19Ni12Mo2
022Cr19Ni13Mo3	E317L-16	—	—	—	—	H03Cr19Ni14Mo3
06Cr13	E410-16 E410-15	G202 G207	—	—	—	—

续表

钢号	焊条电弧焊		埋弧焊		CO_2气体保护焊焊丝型号	氩弧焊焊丝牌号
	焊条型号	焊条牌号示例	焊剂型号	焊剂牌号及焊丝牌号示例		
13MnNiNoR 18MnMoNbR 20MnMoNb	E6016-D1 E6015-D1	J606 J607	F62A2-H08Mn2MoA F62A2-H08Mn2MoVA	HJ350-H08Mn2MoA HJ350-H08Mn2MoVA SJ101-H08Mn2MoA SJ101-H08Mn2MoVA	—	—
07MnMoVR 08MnNiMoVD 07MnNiMoDR	E6015-G	J607RH	—	—	—	—
10Ni3MoVD	E6015-G	J607RH	—	—	—	—
12CrMo 12CrMoG	E5515-B1	R207	F48A0-H08CrMoA	HJ350-H08CrMoA SJ101-H08CrMoA	ER55-B2	H08CrMoA
15CrMo 15CrMoG 15CrMoR	E5515-B2	R307	F48P0-H08CrMoA	HJ350-H08CrMoA SJ101-H08CrMoA	ER55-B2	H08CrMoA
14Cr1MoR 14Cr1Mo	E5515-B2	R307H	—	—	—	—
12Cr1MoVR 12Cr1MoVG	E5515-B2-V	R317	F48P0-H08CrMoVA	HJ350-H08CrMoVA	ER55-B2-MnV	H08CrMoVA
12Cr2Mo 12Cr2Mo1 12Cr2MoG 12Cr2Mo1R	E6015-B3	R407	—	—	—	—

续表

钢号	焊条电弧焊		埋弧焊		CO_2 气体保护焊焊丝型号	氩弧焊焊丝牌号
	焊条型号	焊条牌号示例	焊剂型号	焊剂牌号及焊丝牌号示例		
1Cr5Mo	E5MoV-15	R507	—	—	—	—
06Cr19Ni10	E308-16 E308-15	A102 A107	F308-H08Cr21Ni10	SJ601-H08Cr21Ni10 HJ260-H08Cr21Ni10	—	H08Cr21Ni10
06Cr18Ni11Ti	E347-16 E347-15	A132 A137	F347-H08Cr20Ni10Nb	SJ641-H08Cr20Ni10Nb	—	H08Cr19Ni10Ti
06Cr17Ni12Mo2	E316-16 E316-15	A202 A207	F316-H06Cr19Ni12Mo2	SJ601-H06Cr19Ni12Mo2 HJ260-H06Cr19Ni12Mo2	—	H06Cr19Ni12Mo2
06Cr17Ni12Mo2Ti	E316L-16 E318-16	A022 A212	F316L-H03Cr19Ni12Mo2	SJ601-H03Cr19Ni12Mo2 HJ260-H03Cr19Ni12Mo2	—	H03Cr19Ni12Mo2
06Cr19Ni13Mo3	E317-16	A242	F317-H08Cr19Ni14Mo3	SJ601-H08Cr19Ni14Mo3 HJ260-H08Cr19Ni14Mo3	—	H08Cr19Ni14Mo3
022Cr19Ni10	E308L-16	A002	F308L-H03Cr21Ni10	SJ601-H03Cr21Ni10 HJ260-H03Cr21Ni10	—	H03Cr21Ni10
022Cr17Ni12Mo2	E316L-16	A022	F316L-H03Cr19Ni12Mo2	SJ601-H03Cr19Ni12Mo2	—	H03Cr19Mi12Mo2
022Cr19Ni13Mo3	E317L-16	—	—	—	—	H03Cr19Ni14Mo3
06Cr13	E410-16 E410-15	G202 G207	—	—	—	—

② 不同类别、组别母材相焊推荐选用的焊接材料见表 12-29。

表 12-29　不同类别、组别母材相焊推荐选用的焊接材料

<table>
<tr><th rowspan="2">钢材种类</th><th rowspan="2">母材类别、组别代号</th><th colspan="2">焊条电弧焊</th><th colspan="2">埋弧焊</th><th rowspan="2">氩弧焊焊丝牌号</th><th rowspan="2">备注</th></tr>
<tr><th>型号</th><th>牌号示例</th><th>焊剂型号</th><th>焊剂牌号及焊丝牌号示例</th></tr>
<tr><td rowspan="2">低碳钢与强度型低合金钢相焊</td><td rowspan="2">Fe-1-1 与 Fe-1-2、Fe-1-3、Fe-1-4 相焊</td><td>E4315
E4316</td><td>J427
J426</td><td rowspan="2">F4A0-H08A
F4A2-H08MnA</td><td rowspan="2">HJ431-H08A
HJ431-H08MnA
SJ101-H08A
SJ101-H08MnA</td><td rowspan="2">—</td><td rowspan="2">—</td></tr>
<tr><td>E5015
E5016</td><td>J507
J506</td></tr>
<tr><td rowspan="2">含钼强度型低合金钢之间相焊</td><td>Fe-3-1 与 Fe-3-2、Fe-3-3 相焊</td><td>E5515-B1</td><td>R207</td><td>F48A0-H08CrMoA</td><td>HJ350-H08CrMoA
SJ101-H08CrMoA</td><td>—</td><td>—</td></tr>
<tr><td>Fe-3-2 与 Fe-3-3 相焊</td><td>E5515-G</td><td>J557</td><td>F55A0-H08MnMoA</td><td>HJ350-H08MnMoA
SJ101-H08MnMoA</td><td>—</td><td>—</td></tr>
<tr><td>低碳钢与耐热型低合金钢相焊</td><td>Fe-1-1 与 Fe-4、Fe-5A、Fe-5B-1 相焊</td><td>E4315</td><td>J427</td><td>F4A0-H08A</td><td>HJ431-H08A
HJ350-H08A
SJ101-H08A</td><td>—</td><td>—</td></tr>
<tr><td>强度型低合金钢与耐热型低合金钢相焊</td><td>Fe-1-2 与 Fe-4、Fe-5A、Fe-5B-1 相焊</td><td>E5015
E5016</td><td>J507
J506</td><td>F5A0-H10Mn2</td><td>HJ431-H10Mn2</td><td>—</td><td>—</td></tr>
</table>

续表

钢材种类	母材类别、组别代号	焊条电弧焊		埋弧焊		氩弧焊焊丝牌号	备注
		型号	牌号示例	焊剂型号	焊剂牌号及焊丝牌号示例		
强度型钢与耐热型低合金钢相焊	Fe-3-2 与 Fe-4、Fe-5A 相焊	E5515-G E5516-G	J557 J556	F55A0-H08MnMoA	HJ350-H08MnMoA	—	—
	Fe-3-3 与 Fe-4、Fe-5A 相焊	E6015-D1 E6016-D1	J607 J606	F62A0-H08Mn2MoA F62A2-H08Mn2MoA	HJ431-H08Mn2MoA HJ350-H08Mn2MoA SJ101-H08Mn2MoA		
耐热型低合金钢与耐热型中合金钢相焊	Fe-4-1 与 Fe-5A 相焊	E5515-B2	R307	—	—	—	—
		E309-15	A307	—	—	H12Cr24Ni13	不进行焊后热处理时采用
	Fe-4-2 与 Fe-5A 相焊	E5515-B2-V	R317	—	—	—	—
		E309-15	A307	—	—	H12Cr24Ni13	不进行焊后热处理时采用
	Fe-4、Fe-5A 与 Fe-5B-1 相焊	E310-15	A407	—	—	H12Cr26Ni21	不进行焊后热处理时采用
耐热型合金钢与铁素体、马氏体不锈钢相焊	Fe-4、Fe-5A 与 Fe-6、Fe-7 相焊	E309-16	A302	F309-H12Cr24Ni13	—	H12Cr24Ni13	不进行焊后热处理时采用
		E309-15	A307				

续表

钢材种类	母材类别、组别代号	焊条电弧焊		埋弧焊		氩弧焊焊丝牌号	备注
		型号	牌号示例	焊剂型号	焊剂牌号及焊丝牌号示例		
耐热型合金钢与铁素体、马氏体不锈钢相焊	Fe-4、Fe-5B-1与Fe-6、Fe-7相焊	E310-15	A407	F310-H12Cr26Ni21	—	H12Cr26Ni21	不进行焊后热处理时采用
强度型低合金钢与奥氏体不锈钢相焊	Fe-1-1、2、3、Fe-3-1、2与Fe-8-1相焊	E309-16	A302	F309-H12Cr24Ni13	—	H12Cr24Ni13	不进行焊后热处理时采用
		E309-15	A307				
		E309Mo-16	A312				
	Fe-1-4、Fe-3-3与Fe-8-1相焊	E310-16	A402	F310-H12Cr26Ni21	—	H12Cr26Ni21	不进行焊后热处理时采用
		E310-15	A407				
耐热型低合金钢与奥氏体不锈钢相焊	Fe-4、Fe-5A与Fe-8-1相焊	E309-16	A302	F309-H12Cr24Ni13	—	H12Cr24Ni13	不进行焊后热处理时采用
		E309-15	A307				
	Fe-5B-1与Fe-8-1相焊	E310-16	A402	F310-H12Cr26Ni21	—	H12Cr26Ni21	不进行焊后热处理时采用
		E310-15	A407				

第三节 铸铁用焊接材料的选用

一、铸铁焊补材料的选用

① 根据铸铁焊条的性能进行选用。常用铸铁焊条的性能、特征和用途见表 12-30 与表 2-50。

② 根据铸件的材质进行选用。不同的铸铁焊条对各种铸铁的适用性是不同的，根据母材选择铸铁焊条可参照表 12-31 进行。球墨铸铁焊条的选用见表 12-32。

③ 根据焊接方法特点进行选用。铸铁焊接材料及相应的焊接方法特点见表 12-33。

④ 常见典型缺陷焊补方法及焊接材料的选用见表 12-34。

⑤ 机床类机械焊补的焊接材料选用见表 12-35。

二、铸铁焊条的代用

当缺乏铸铁焊条时，一般可用高铬镍奥氏体不锈钢焊条（A102、A402 等）来代替进行铸铁补焊。此时焊缝金属为奥氏体组织，由于奥氏体本身塑性较好，因此可以缓和铸铁补焊时所产生的焊接应力，从而减少产生裂纹的倾向。另外，奥氏体溶解碳的能力较强，补焊时碳可溶解于奥氏体中，不致出现硬而脆的渗碳体，这样就保证了焊缝金属的塑性。一般采用 25-20 型不锈钢焊条（A402），比 18-8 型焊条（A102）好。

对于某些铸铁件，甚至可以使用小直径的 J427、J507（ϕ2.0mm、ϕ2.5mm）来代替，这些焊条如果再辅以适当的焊接工艺，在特定的铸铁补焊对象上也可以取得较好的使用效果。

表 12-30　常用铸铁焊条的性能、特征和用途

焊条牌号	操作性能	熔敷金属抗拉强度/MPa	冷焊时焊接区的性能				特征和用途
			与母材的色别	机械加工	气孔发生倾向	抗裂性	
Z308	优	284～314	有色差（呈白色）	非常容易	小	好	母材即使不预热，焊接部位性能亦优良，极易加工。但对接部位较大或形状复杂时，母材预热到 70～150℃为宜。用于铸铁薄件及加工面的补焊
Z408	优	392～470	有色差（呈白色）	容易	小	好	特性与 Z308 同，但因强度高，特别适于球墨铸铁及重要的灰口铸件的补焊。对于焊接部位大或形状复杂的工件，需预热到 70～200℃
Z508	良	196～235	有色差（呈白色）	容易	小	一般	焊接部位可进行机械加工，但因强度低、抗裂性差，不宜用于受力部位的焊接。为防止裂纹，需预热到 150～300℃，价格比 Z308 便宜，用于一般灰口铸铁件的补焊
Z208 Z248	良	≤294	无差别	困难	一般	较差	焊接部位颜色与母材相同，为防止焊接区硬化及产生裂纹，需预热到 400～600℃。价格低廉，可用于一般灰口铸铁件的补焊
Z116 Z117	良	392～588	与母材颜色接近	一般	一般	较好	可用于冷焊，加工性比镍基焊条稍差，对焊接部位较大或形状复杂的工件需预热到 150～450℃。可用于灰口铸铁、高强度铸铁及球墨铸铁件的补焊

表 12-31 根据母材选择铸铁焊条

母材	焊接种类	焊条牌号				
		Z308	Z408	Z508	Z208 Z248	Z116 Z117
灰口铸铁	缩孔补焊	A	A	A	A	A
	连接	A	A	C	E	B
	裂纹补焊	A	A	B	E	B
球墨铸铁	缩孔补焊	A	A	C	D	B
	连接	B	A	E	E	C
	裂纹补焊	C	A	E	E	C
可锻铸铁	缩孔补焊	A	A	B	D	C
	连接	B	A	E	E	D
	裂纹补焊	B	A	E	E	D

注：A—优；B—良好；C—一般；D—稍差；E—不好。

表 12-32 球墨铸铁焊条的选用

焊补要求	牌号	焊芯	药皮中的球化剂	特点
厚大件的较大缺陷	Z258	球墨铸铁	钇基重稀土及钡、钙	球化能力强，焊条直径为 4～6mm
焊补不经热处理，可以进行切削加工	Z238	低碳钢	适量的镁、铈球化剂	药皮中有适量球化剂，适于球墨铸铁焊接。可以进行正火处理，处理后硬度为 200～300HB，退火后硬度在 200HB 左右
	Z238F	低碳钢	适量的镁、铈球化剂及微量铋	焊缝颜色、硬度与母材相近，适用于铸态球墨铸铁的焊接。焊态硬度为 180～280HB，抗拉强度大于 480MPa。正火处理后硬度为 200～250HB，抗拉强度大于 590MPa。退火后硬度为 160～230HB，抗拉强度大于 410MPa

续表

焊补要求	牌号	焊芯	药皮中的球化剂	特点
焊态不进行机加工	Z238SnCu	低碳钢	适量的镁、铈球化剂，另加适量锡、铜	该焊条可以与不同等级的球墨铸铁相匹配，冷焊后焊缝存在少量的渗碳体

表 12-33 铸铁焊接材料及相应的焊接方法特点

类别、名称	牌号	国标型号	焊缝合金类型	焊接方法	适应铸铁种类、接头强度 σ_b/MPa	焊缝金属 σ_b/MPa	熔敷金属硬度(HV)	熔合区白口厚度/mm	可加工性	抗裂性、其他特点
纯镍铸铁焊条	Z308	EZNi-1 EZNi-2	镍≥90 85 硅≤2.5 4.0	电弧冷焊	灰铸铁 147～196	240～390	120～170	0～0.2 平均0.08	好	好，但焊接球墨铸铁易裂
镍铁铸铁焊条	Z408 Z438	EZNiFe-1 EZNiFe-2 EZNiFe-3	镍45～60铁	电弧冷焊	球墨铸铁 294～496	390～540	150～210	0～0.25 平均0.15	较好	好，适应多种铸铁
镍铁铜铸铁焊条	Z408A	EZNiFeCu	镍45～60铜7铁	电弧冷焊	球墨铸铁	390～540	160～190	—	较好	好，适应多种铸铁，焊芯镀铜是提高石墨型药皮保存期的方法之一
镍铜铸铁焊条	Z508	EZNiCu-1 EZNiCu-2	镍60～70铜 镍50～60铜	电弧冷焊	灰铸铁 78～167	190～390	140～180	—	较好	焊缝收缩率大、易裂，但锤击效果显著，可防止开裂
纯铁芯及碳钢铸铁焊条	Z112 Z100	EZFe-1 EZFe-2	碳钢	电弧冷焊	灰铸铁	—	—	0.8～1.0	很差	易产生热裂纹及剥离，熔合性好

续表

类别、名称	牌号	国标型号	焊缝合金类型	焊接方法	适应铸铁种类、接头强度 σ_b/MPa	焊缝金属 σ_b/MPa	熔敷金属硬度(HV)	熔合区白口厚度/mm	可加工性	抗裂性、其他特点
高钒焊条	Z116 Z117	EZV	钒 8～13 钢	电弧冷焊	高强灰铸铁 球墨铸铁	538～588	200～250	0.3～0.5	尚可	较好，焊缝不产生热裂纹，但含硅量高时易脆裂
铜钢焊条	Z607 Z612	—	铜～80 钢	电弧冷焊	灰铸铁 50～147	—	110～400 很不均匀	0～0.5	勉强	好，但多层焊易产生气孔
灰铸铁焊条	Z208 Z248	EZC	灰铸铁	半热焊、热焊、不预热焊	普通灰铸铁基本等强度	170～200	150～240 与冷速有关	0～1 与工艺有关	较好、很好，与工艺有关	大刚度部位的大缺陷易裂
球墨铸铁焊条	Z258	EZCQ	球墨铸铁	预热焊	球墨铸铁	—	—	—	—	铸芯和药皮含钇基重稀土球化剂
	Z238SnCu	EZCQ	球墨铸铁	预热焊、不预热焊	多种球墨铸铁，焊后须经进行相应热处理，接头组织、强度、硬度匹配，焊缝塑性低			—	—	铁芯和药皮含钇基重稀土球化剂及锡、铜珠光体化元素
	Z238F	EZCQ	球墨铸铁	通常可采用不预热焊	较低强度球墨铸铁	≥500 δ=5%	—	—	可加工	较好，铁芯和药皮含铋，焊缝为铁素体，白口倾向较低
	Z268	EZCQ	球墨铸铁	通常可采用不预热焊	常用球墨铸铁 σ_b、δ 达到标准	≥600 δ=5%	—	—	可加工	较好，铁芯和药皮含多量钡、钙脱氧脱硫、球化稳定、白口倾向较低

续表

类别、名称	牌号	国标型号	焊缝合金类型	焊接方法	适应铸铁种类、接头强度 σ_b/MPa	焊缝金属 σ_b/MPa	熔敷金属硬度(HV)	熔合区白口厚度/mm	可加工性	抗裂性、其他特点
蠕墨铸铁焊条	Z288	—	蠕墨铸铁	不预热焊	蠕墨铸铁 315,δ=1.6%	381	—	—	可加工	较好
纯镍蠕墨铸铁焊条	Z358	—	镍	电弧冷焊	蠕墨铸铁 298,δ=6%	352 δ=8%	—	—	好	好
白口铸铁底层焊条	BT-1	—	镍铁 1∶1	电弧冷焊	白口铸铁	—	—	—	—	好,线胀系数与白口铸铁相近,熔合性好,须配用特殊电弧冷焊工艺
白口铸铁工作层焊条	BT-2	—	中碳合金钢	电弧冷焊	白口铸铁	—	48～52HRC	—	—	
灰铸铁焊丝	HS401	RZC-1 -2	灰铸铁	气焊、热焊、不预热气焊	灰铸铁等强度	—	—	—	好	大刚度长焊缝易裂
合金铸铁焊丝	—	RZCH	镍钼铸铁	气焊	合金铸铁	—	—	—	好	大刚度长焊缝易裂
球墨铸铁焊丝	HS402	RZCQ-1 -2	球墨铸铁	气焊	常用球墨铸铁接近母材	—	—	—	好	较好,不适于厚大件大缺陷长时间焊接,以免球化衰退
蠕墨铸铁焊丝	HS403	—	蠕墨铸铁	气焊	蠕墨铸铁,362,δ=1.7%	—	—	—	好	较好,冷速须≤9℃/s

续表

类别、名称	牌号	国标型号	焊缝合金类型	焊接方法	适应铸铁种类、接头强度 σ_b/MPa	焊缝金属 σ_b/MPa	熔敷金属硬度(HV)	熔合区白口厚度/mm	可加工性	抗裂性、其他特点
黄铜钎料	HL103	—	黄铜	钎焊	灰铸铁 118～147	≥196	—	0	好	较好，薄壁易裂
铜锌镍锰钎料	—	—	铜锌镍锰	钎焊	灰铸铁 >196	406～554	165～199	0	好	较好，颜色近似
低碳低合金钢细焊丝	—	H08Mn2Si 等	钢	细丝 CO_2 焊	灰铸铁 球墨铸铁	—	—	0～0.25	较好	较好，采用弱规范电弧冷焊
高钒药芯焊丝	—	—	钒 8～13 钢	CO_2 焊	球墨铸铁 410～450	—	—	约 0.3	可	较好，底层焊后高温退火可消除熔合区白口
镍铁合金焊丝	—	—	镍 45～60 铁	Ar 弧焊	球墨铸铁	—	—	—	较好	较好

表 12-34　常见典型缺陷焊补方法及焊接材料的选用

缺陷名称	铸铁件名称	材质	特点或焊补要求	常用焊补方法及材料	
				焊补方法	材料
研伤	机床	灰铸铁	要求焊后硬度均匀，可机加工，无变形	电弧冷焊或稍加预热	Z508、Z308 铸铁焊条
	大型转子铣床			电弧冷焊	Z508、Z308 铸铁焊条
	龙门刨床			电弧冷焊	Z508
	镗床立面			电弧冷焊	Z308

续表

缺陷名称	铸铁件名称	材质	特点或焊补要求	常用焊补方法及材料	
				焊补方法	材　料
断裂	机床床身 压力机 空气锤 剪床 冲床	灰铸铁	要求焊后焊缝与母材等强、变形小、残余应力小	电弧冷焊	Z308、Z408(可加工)或 Z116 高钒铸铁焊条
				电弧冷焊(加栽丝、补板等)	Z308、Z408(可加工)或 Z116 高钒铸铁焊条
				热焊(易预热、刚度不大件)	Z248 铸铁芯焊条

表 12-35　机床类机械铸件焊补工艺方法和焊接材料的选用建议

焊补部位及要求			焊接方法	
			推　荐	可　用
加工面	导轨面(滑动摩擦)	铸造毛坯(有加工余量)	铸铁芯焊条,电弧焊热焊 铸铁焊丝气焊热焊	铸铁芯焊条,不预热电弧焊(刚度大的部位可能破裂) EZNiCu、EZNi 或 EZNiFe 焊条冷焊或稍加预热。手工电渣焊(用于特厚大件)
		已加工(加工余量较小)	EZNiCu、EZNi 或 EZNiFe 焊条,冷焊或稍加预热	铸铁芯焊条不预热电弧焊(刚度大的部位可能破裂)
	固定结合面	铸造毛坯	铸铁芯焊条电弧焊热焊 铸铁焊丝气焊热焊 铸铁芯焊条不预热电弧焊(刚度大的部位可能破裂) 手工电渣焊(用于特厚大件)	EZNiCu、EZNi 或 EZNiFe 焊条电弧焊冷焊或稍加预热
		已加工	EZNiCu、EZNi 或 EZNiFe 焊条电弧焊,冷焊或稍加预热	铸铁芯焊条,不预热电弧焊(刚度大的部位可能破裂),黄铜钎焊

续表

焊补部位及要求			焊接方法 推荐	焊接方法 可用
加工面	要求密封（耐水压）部位	铸造毛坯	铸铁芯焊条电弧焊热焊 铸铁焊丝气焊热焊 铸铁芯焊条不预热电弧焊（刚度大的部位可能破裂）	EZNiFe或EZNi焊条冷焊
		已加工	EZNiFe或EZNi焊条冷焊或稍加预热（要求耐压不高时可用EZNiCu焊条）	铸铁芯焊条不预热电弧焊（刚度大的部位可能破裂），黄铜钎焊
非加工面	要求密封（耐水压部位）或要求与母材等强度		EZFeCu、EZNiCu或自制奥氏体铁铜焊条冷焊（要求耐压不高时） EZNiFe、EZNi或EZv焊条冷焊或稍加预热（要求耐较高压力时）	铸铁芯焊条电弧焊热焊 铸铁焊丝气焊热焊 铸铁芯焊条，不预热电弧焊（刚度大的部位可能破裂），黄铜钎焊
	无密封及强度要求		EZFeCu或自制奥氏体铁铜焊条冷焊或低碳钢焊条（E5015、E5016、E4303等）冷焊	其他任何铸铁焊接方法

第四节 有色金属用焊接材料的选用

一、铝及铝合金焊丝

① 按照特殊要求推荐的铝合金填充金属型号见表12-36。

表12-36 按照特殊要求推荐的铝合金填充金属型号

母材	要求				
	强度高	塑性好	阳极化处理后色彩匹配	最小的裂纹倾向	耐海水腐蚀
1100	4043	1100	1100	4043	1100
2219	2319	2319	2319	2319	2319
3003	4043	1100	1100	4043	1100
5052	5356	5654	5356	5356	5554
5083	5183	5156	518	5356	5183
5086	5356	5156	5356	5356	5356
5454	5356	5554	5554	5356	8884
5456	5556	5356	5556	5356	5556
6061	5356	5356	5654	4043	4043
6063	5356	5356	5356	4043	4043
7005	5039	5356	5039	4356	5039
7039	5039	5356	5039	5356	5039

② 异种铝及铝合金焊接用焊丝见表12-37。

表12-37 异种铝及铝合金焊接用焊丝（国内材料）

母材＼母材	ZL101	ZL104	LF6	LF5 LF11	LF3	LF2	LF21	L6	L3～L5
L2	ZL101 HS311	ZL104 HS311	LF6	LF5	LF5	LF2 LF3	LF21 HS311	L2	L2
L3～L5	ZL101 HS311	ZL104 HS311	LF6	LF5	LF5 HS311	LF2 LF3	LF21 HS311	L2	—
L6	ZL101 HS311	ZL104 HS311	LF6	LF5	LF5 HS311	LF2 LF3	LF21 HS311	—	—
LF21	ZL101 HS311	ZL104 HS311	LF21 LF6	LF5	LF5 HS311	LF2 LF3	—	—	—
LF2	ZL101 HS311	ZL104 HS311	LF6	LF5	LF5 HS311	—	—	—	—

续表

母材＼母材	ZL101	ZL104	LF6	LF5 LF11	LF3	LF2	LF21	L6	L3～L5
LF3	—	—	LF6	LF5	—	—	—	—	—
LF5,LF11	—	—	LF6	—	—	—	—	—	—

二、铜及铜合金焊丝

铜及铜合金 MIG 焊用的填充焊丝见表 12-38。

表 12-38 铜及铜合金 MIG 焊用的填充焊丝

填充焊丝		适用母材
型　号	合金类别	
ERCu	铜	铜
ERCuSi-A	硅青铜	硅青铜、黄铜
ERCuSn-A	锡青铜	锡青铜、黄铜
ERNiCu	铜镍合金	铜镍合金
ERCuAl-A2	铝青铜	铝青铜、黄铜、硅青铜、锰青铜
ERCuAl-A3	铝青铜	铝青铜
ERCuNi-A1	铝青铜	镍铝青铜
ERCuMnNiAl	铝青铜	锰铝青铜
RBCuZn-A	船用黄铜	黄铜、铜
RCuZn-B	低烟黄铜	黄铜、锰青铜
RCuZn-C	低烟黄铜	黄铜、锰青铜

三、镍及镍合金用焊接材料

① 哈氏合金用焊材的选择见表 12-39。

表 12-39 哈氏合金用焊材的选择

合　金	焊丝(AWS A5.14)	焊条(AWS A5.11)
Hastelloy C	ERNiCrMo-1	ENiCrMo-1
Hastelloy C-276	ERNiCrMo-4	ENiCrMo-4
Hastelloy C-4	ERNiCrMo-7	ENiCrMo-7
Hastelloy C-22	ERNiCrMo-10	ENiCrMo-10
Hastelloy C-2000	ERNiCrMo-17	ENiCrMo-17
Haynes 625	ERNiCrMo-3	ENiCrMo-B
Nicrofer 5923hMo. Alloy 59	ERNiCrMo-13	ENiCrMo-13
Inconel Alloy 686	ERNiCrMo-14	ENiCrMo-14

② 镍基合金焊条的选择可参照表 12-40（见插页）。

③ 镍基合金焊丝的选择可参照表 12-41（见插页）。

四、镁及镁合金焊丝

常用镁合金的焊接性及适用焊丝见表 12-42。

表 12-42 常用镁合金的焊接性及适用焊丝

合金牌号	结晶区间/℃	焊接性	使用焊丝
MB1	546～649	良好	同质焊丝，如 MB1
MB2	565～630	良好	同质焊丝，如 MB2
MB3	545～620	良好	同质焊丝，如 MB3
MB5	510～615	可焊	同质焊丝，如 MB5
MB7	430～605	可焊	同质焊丝，如 MB7
MB8	546～649	良好	一般采用焊丝 MB3
MB15	515～635	稍差	同质焊丝，如 MB15
ZM1	—	尚可	一般采用焊丝 ZM2
ZM3	—	尚可	同质焊丝，如 ZM3
ZM5	—	可焊	同质焊丝，如 ZM5

第五节 管道用焊接材料的选用

一、管道用钢的成分和性能

国产管道钢的成分和性能列于表 12-43；X60～X80 管道钢典型成分和性能列于表 12-44。

表 12-43 国产管道钢的成分和性能（GB/T 14164—2013）

牌号	相当于 API 5L 级别	PSL 2 级钢的化学成分(质量分数)[①]					
		C	Si	Mn	P	S	其他[③]
S245	B	≤0.22	≤0.35	≤1.2	≤0.025	≤0.015	Nb，V，Ti
S290	X42	≤0.20	≤0.35	≤1.3	≤0.025	≤0.015	
S320	X46	≤0.20	≤0.35	≤1.4	≤0.025	≤0.015	
S360	X52	≤0.20	≤0.35	≤1.4	≤0.025	≤0.015	
S390	X56	≤0.20	≤0.40	≤1.4	≤0.025	≤0.015	
S415	X60	≤0.20	≤0.40	≤1.4	≤0.025	≤0.015	
S450	X65	≤0.20	≤0.40	≤1.45	≤0.025	≤0.015	
S485	X70	≤0.20	≤0.40	≤1.65	≤0.025	≤0.015	
S555	X80	≤0.20	≤0.40	≤1.85	≤0.025	≤0.015	

续表

牌号	相当于 API 5L 级别	PSL 2 级钢的力学性能②			
		$R_{t0.5}$/MPa	R_m/MPa	A/%	A_{kV}(0℃)/J
S245	B	245~445	415~755	21	≥40
S290	X42	290~495	415~755	21	≥42
S320	X46	320~525	435~755	20	≥42
S360	X52	360~530	460~755	19	≥42
S390	X56	390~545	490~755	18	≥42
S415	X60	415~565	520~755	17	≥42
S450	X65	450~600	535~755	17	≥47
S485	X70	485~620	570~755	16	≥63
S555	X80	555~690	625~825	15	≥96

① PSL 1 级钢的化学成分中 C≤0.26%、P≤0.030%、S≤0.030%，其他成分同 PSL 2 级钢。

② PSL 1 级钢的力学性能中 $R_{t0.5}$ 和 R_m 均无上限要求，也不要求冲击功，其他同 PSL 2 级钢。

③ 各牌号钢的其他成分系指在 Nb、V、Ti 三种元素中或添加其中一种或添加其任一组合，但 Nb、V、Ti 含量之和不应超过 0.15%。

表 12-44 X60~X80 管道钢典型成分和性能

牌号	化学成分(质量分数)/%														
	C	Mn	Si	P	S	V	Ti	Nb	Cr	Mo	Ni	Cu	Al	N	B
X60	0.06	1.21	0.21	0.01	0.01	0.01	0.02	0.02		0.20		0.15			
X65	0.04	1.5	0.21	0.006	0.003	0.041	0.014	0.04	0.041	0.18	0.05	0.118			
X70	0.08	1.61	0.24	0.015	0.005	0.035	0.013	0.057	0.036	0.22	0.016	0.122			
X80	0.04	1.80	0.19	0.006	0.003	0.002	0.014	0.052	0.020	0.25	0.253	0.138	0.034	0.007	0.0001

牌号	力学性能			
	R_m/MPa	$R_{p0.2}$/MPa	A/%	A_{kV}/J
X60	584	475	32	61(-40℃)
X65	637	494	39	102(-20℃)
X70	657	550	39	113(-20℃)
X80	790	630	38	285(-20℃)

二、管道焊条电弧焊焊接材料的选用

管道建设采用焊条电弧焊时，焊接材料的选用见表 12-45。

三、管道半自动焊焊接材料的选用

管道建设用半自动焊时，焊接材料的选用情况见表 12-46。

表 12-45　焊条电弧焊焊接材料的选用情况

钢级别(API 5L)	焊　道	上向焊	下向焊		
		低氢型焊条(AWS)	高纤维素型焊条(AWS)	低氢型焊条	低氢型焊条+纤维素型焊条
X42 X46 X52	根焊	E7016	E6010		
	热焊	E7016			
	填充、盖面	E7018			
X56	根焊	E7016	E6010		
	热焊	E7016	E7010-P1		
	填充、盖面	E7018	E7010-P1		
X60	根焊	E7016	E6010	E8018-G	E6010
	热焊	E7016	E7010-P1		E7010-P1
	填充、盖面	E7018	E7010-P1		E8018-G
X65	根焊	E7016	E6010	E8018-G	E7010-P1
	热焊	E7016	E7010-P1		E8010-P1
	填充、盖面	E8016,E8018-G	E7010-P1		E8018-G
X70	根焊	E7016-G	E7010-P1	E8018-G	E7010-P1
	热焊	E9018-G	E8010-P1		E8010-P1
	填充、盖面		E8010-P1		E8018-G
X80	根焊	E7016-G	E7010-P1	E9018-G	E7010-P1
	热焊	E9018-G	E8010-P1		E8010-P1
	填充、盖面		E9010-G		E9018-G

注：本表下向焊栏中 E8018-G、E9018-G 系指适用于管道焊接的低氢型下向焊条。

表 12-46　半自动焊时焊接材料的选用

钢级(API)	根焊焊条(AWS)	填充、盖面用药芯焊丝(AWS)	根焊气保焊丝(AWS)
X42,X46,X52	E6010	E61T8-K6	ER70S-4
X56,X60	E6010	E71T8-K6,E71T8-Nil	ER70S-6,ER70S-G
X65,X70	E6010	E71T8-Nil	ER70S-6,ER70S-G

四、管道自动焊焊接材料的选用

自动焊时采用 CO_2 气体保护实心焊丝或金属粉型药芯焊丝。自动焊焊接材料的选用见表 12-47。

表 12-47　自动焊焊接材料的选用

钢级(API)	根焊焊丝(AWS)	气保焊丝(AWS)
X42,X46,X52	ER70S-4	ER70S-4
X56,X60	ER70S-6,ER70S-G	ER70S-6,ER70S-G

续表

钢级(API)	根焊焊丝(AWS)	气保焊丝(AWS)
X65,X70	ER70S-6,ER80S-G ER80C-Nil(Metalloy 80Nl)	ER70S-6,ER80S-G ER80C-Nil(Metalloy 80Nl)

注：Metalloy 80Nl 金属粉型药芯焊丝为美国合伯特公司产品。

第六节　气体保护焊焊接材料的选用

气体保护焊包括钨极（不熔化极）氩弧焊（TIG 焊）和熔化极气体保护焊（GMAW）。熔化极气体保护焊采用实心焊丝时，由于保护气体不同，可分为 MIG 焊（保护气体为 Ar、He 或 Ar＋He）、MAG 焊（保护气体为 $Ar+O_2$、$Ar+CO_2$ 或 $Ar+CO_2+O_2$ 等，当保护气体主要为 Ar 时，也可称 MIG 焊）和 CO_2 气体保护焊。

钨极氩弧焊主要用于碳钢、合金钢、不锈钢、耐热合金、难熔金属、铝合金、铜合金、钛合金等薄板（厚度一般为 0.15～4mm）的焊接。

熔化极气体保护焊与焊条电弧焊相比，具有效率高、焊缝金属含氢量低、熔深大、熔化效率高、焊速快、变形小等优点，广泛应用于碳钢、低合金钢、不锈钢、耐热钢、铝合金、铜合金、镁合金等几乎所有金属的焊接。但低熔点、低沸点的金属和包覆这类金属涂层的钢板不宜采用 GMAW。

气体保护焊焊接材料包括焊丝、保护气体和钨极（对于 TIG 焊）等。

保护气体的选用，取决于被焊金属的性质、接头质量要求、焊件厚度、焊接位置及所采用的焊接工艺等。一般来说，对于铝、钛、锆、镍等易氧化的金属及其合金，应采用惰性气体（Ar、He 或 Ar＋He）保护，可获得优质焊缝；而对于低碳钢、低合金钢、不锈钢等，则应采用氧化性气体（如 CO_2、$Ar+CO_2$、$Ar+O_2$ 等），因为这样选可细化熔滴、稳定电弧、防止咬边等。在焊接生产中，为提高焊接速度往往增加母材输入热量，而气体保护焊则在 Ar 中加 He、N_2、CO_2 和 O_2 等气体。采用不同的混合气体还可改善熔深形状，消除未焊透、裂纹等缺陷。

焊丝是影响焊缝金属成分和性能的主要条件，随被焊母材不同、性能不同、使用要求不同，对焊丝的选用也有很大差异。对此按母材类别分述于后。

1. 碳钢和低合金钢气体保护焊焊接材料的选用

对碳钢和低合金钢气体保护焊，主要是采用氧化性气体（如 CO_2、$Ar+CO_2$、$Ar+O_2$ 等）进行保护，其中应用最广的是 CO_2 气体。CO_2 气体的体积质量大，隔离空气，保护焊接区的效果好。CO_2 气体保护焊穿透力强，熔化快，有着较高的生产效率、较强的抗锈能力，焊缝金属的含氢量低；但电弧气氛氧化性强，合金元素烧损大，脱氧不足时易产生气孔、增大金属飞溅，故应选用含有 Si、Mn、Al 等脱氧元素较多的焊丝。碳钢及低合金钢气体保护焊焊接材料的选用见表 12-48。

表 12-48　碳钢和低合金钢气体保护焊焊接材料的选用

类别	钢　　号	焊接材料的选用		简要说明
		保护气体	焊　　丝	
低碳钢	Q235 Q255 Q075 15、20 20g、22g 20R	CO_2	ER49-1 (H08Mn2SiA) YJ502-1 YJ502R-1 YJ507-1 PK-YJ502 PK-YJ507	焊接性优良，是最易焊接的钢种。可采用多种焊接方法，并能获得良好的焊接接头
		自保护	YJ502R-2 YJ507-2 PK-YZ502 PK-YZ506	
中碳钢	35 45	CO_2	ER49-1 ER50-2 ER50-3、6、7 PK-YJ507 YJ507-1 YJ507Ni-1	采取适宜的焊接工艺，严格控制焊接过程，避免热影响区产生马氏体组织和裂纹
		CO_2 或 $Ar+CO_2$ 20%	GHS-60	

续表

类别	钢　　号	焊接材料的选用		简要说明
		保护气体	焊　　丝	
低温用钢	16MnDR 09MnTiCuREDR	CO_2 或 Ar+ CO_2 20%	ER55-C1 ER55-C2 MGS-IN(日)	含碳量低，淬硬倾向和冷裂倾向小，具有良好的焊接性能
	3.5Ni 钢	Ar+CO_2 20% 或 Ar+CO_2 5%	MGS-IN(日) ER55-C3	

2. 耐热钢气体保护焊焊接材料的选用

耐热钢可分为低合金、中合金和高合金耐热钢。低合金耐热钢主要是 Mo 或 Cr-Mo 系耐热钢，常用 CO_2 或 CO_2＋Ar 进行保护，对薄板也可采用 TIG 焊。中、高合金耐热钢主要采用惰性气体（含富 Ar 混合气体）保护焊，如 MIG（包括 MAG）焊和 TIG 焊。

为了提高生产效率，气体保护焊可像埋弧焊一样对厚板采用窄间隙焊接，耐热钢气体保护焊焊接材料的选用见表 12-49。AWS 标准规定的高铬钢焊丝的化学成分（质量分数）见表 12-50。

表 12-49　耐热钢气体保护焊焊接材料的选用

类别	钢　　号	焊接材料的选用		简要说明
		保护气体	焊　　丝	
低合金耐热钢	0.5Mo	CO_2 Ar+CO_2 20% Ar+CO_2 5%	TGR50ML H08MnSiMo	焊丝品种、规格不断完善，其应用范围也在不断扩大
	12CrMo (0.55Cr-1.5Mo) 15Cr-Mo (1025Cr-0.5Mo, 1.25Cr)		H08CrMnSiMo ER55-B2 ER55-B2L TGR50ML YR307-1	
马氏体耐热钢	1Cr12 1Cr13	Ar 自保护	H0Cr H1Cr13 YG207-2	具有较大的淬硬和冷裂纹倾向，焊接性差，应采用低氢的焊接方法和材料

3. 不锈钢气体保护焊焊接材料的选用

按组织不同，不锈钢可分为铁素体型、奥氏体型、奥氏体-铁素体双相型和沉淀硬化型。不锈钢一般均具有良好的耐腐蚀性能。

表 12-50 AWS 标准规定的高铬钢焊丝的化学成分（质量分数） %

焊丝牌号	C	Cr	Ni	Mo	Nb 或 Ta
E410NiMo	≤0.06	11.0～12.5	4.0～5.0	0.4～0.7	—
ER430	≤0.10	15.5～17.0	≤0.6	≤0.75	—
ER630	≤0.05	16.0～16.75	4.5～5.0	≤0.75	0.15～0.30
ER26-1	≤0.01	25.0～27.5	≤0.5	0.75～1.50	—

焊丝牌号	Mn	Si	P	S	N	Cu
E410NiMo	≤0.6	≤0.5	≤0.03	≤0.03	—	≤0.75
ER430	≤0.6	≤0.5	≤0.03	≤0.03	—	≤0.75
ER630	—	≤0.75	≤0.04	≤0.03	—	3.25～4.00
ER26-1	≤0.40	≤0.4	≤0.02	≤0.02	≤0.015	≤0.20

不锈钢由于化学成分和组织不同，焊接性也有较大的差异，所适用的焊接方法也不相同。但就气体保护焊来讲，TIG 焊、MIG（含 MAG）焊应用较广，有些不锈钢（如奥氏体型不锈钢）也可采用药芯焊丝的 CO_2 气体保护焊。TIG 焊一般采用 Ar 或 Ar＋He 进行保护，不熔化极多采用钍钨极或铈钨极。MIG 焊可采用 Ar 或 Ar＋CO_2 或 Ar＋O_2 等混合气体进行保护（也称 MAG 焊）。部分不锈钢气体保护焊焊接材料的选用见表 12-51。

表 12-51 部分不锈钢气体保护焊焊接材料的选用

类别	钢号	焊接材料的选用		简要说明
		保护气体	焊丝	
马氏体不锈钢	Cr13 Cr17Ni2	CO_2	H1Cr13 PK-YB102 PK-YB107	具有强烈的冷裂倾向，一般应预热、后热和焊后立即热处理等
		Ar	H1Cr13	
铁素体不锈钢	Cr17 1Cr17Ti 1Cr17Mo 1Cr25Ti 1Cr28	CO_2	H1Cr17 YA102-1 YA107-1	焊接接头的塑性较差，韧度很低，易产生裂纹
		CO_2 Ar＋CO_2 20% Ar＋CO_2 5%	H1Cr17 H0Cr21Ni10 H1Cr24Ni13 H0Cr26Ni21	

4. 铜及铜合金气体保护焊焊接材料的选用

铜及铜合金焊接中，熔焊是应用最广、最易实现的焊接方法。除气焊、碳弧焊、手弧焊和埋弧焊外，TIG 焊和 MIG 焊等工艺也已成功地用于铜及铜合金的焊接。

焊接铜及铜合金需要大功率、高能束的熔焊方法，热效率越高，能量越集中越有利。不同厚度的材料，焊接方法适应性也有所不同。就气体保护焊来讲，薄板以 TIG 焊为好，中、厚板宜采用 MIG 焊。各种铜及铜合金对 TIG 焊和 MIG 焊一般均有好的或较好的焊接性。

焊接铜及铜合金的焊丝除了满足一般工艺、冶金要求外，最重要的是控制杂质含量和提高脱氧能力，以避免热裂纹及气孔的产生。在保证质量的情况下，应尽可能选用标准焊丝。从焊丝的成分可以看出，焊接纯铜的焊丝主要是加入 Si、Mn、P 等脱氧剂，黄铜脱氧剂还可抑制 Zn 的烧损；有些焊丝还加入了强脱氧剂 Al，这不仅可起到脱氧剂和合金剂的作用，还可细化晶粒，提高焊接接头的塑性和耐蚀性，但过多的脱氧剂反而会生成熔点高的氧化物，形成夹杂。在焊丝中加入 Fe 可提高焊缝强度和耐磨性，但塑性下降。适量加入 Sn 可增加液体金属的流动性，改善工艺性能。近年来国内外研制出采用单一或复合的 Ti、Zr、B 作为脱氧剂的铜及铜合金焊丝，具有良好的效果，已在气体保护焊中得到广泛应用。

铜及铜合金气体保护焊焊接材料的选用见表 12-52。

表 12-52　铜及铜合金气体保护焊焊接材料的选用

材料名称	牌　号	焊接材料的选用		简要说明
		保护气体	焊丝	
纯铜	T1 T2 T3 T4 磷脱氧铜 TUP	TIG 焊 Ar+He 30% 或 Ar+N_2 30%	HSCu HSCuSi HS211 QSn4-0.3	只有达到喷射过渡时才能达到最佳的效果，获得优质焊缝
		MIG 焊 或 Ar+He	HSCu HSCu	
白铜	B10 B30	Ar 或 Ar+He	HS201 RCuSi S-1	导热性接近碳素钢，不具有良好的力学性能，焊接性良好，一般无需预热
黄铜	H68 H62 H59	Ar 或 Ar+He	HSCuSn ECuSnA HSCuSi HSCuAl	可选用锡青铜焊丝，对高强度黄铜可选用硅青铜或铝青铜焊丝

续表

材料名称	牌　号	焊接材料的选用		简要说明
		保护气体	焊丝	
青铜	Q Sn6. 5-0. 4 Q A19-2 Q Si3-1	Ar	HSCuSn HSCuSn-A ECuAl-A2 HSCuSi ERCuSi	焊丝成分只需要补偿烧损部分,合金元素略高于母材的相应焊丝

铜及铜合金异种接头气体保护焊焊接材料的选用见表 12-53。

表 12-53 铜及铜合金异种接头气体保护焊焊接材料的选用

异种金属的种类	铜	磷氢铜	铝氢铜	硅氢铜
低锌黄铜	ECuSn-C RCu (540℃)			
磷氢铜	ECuSn-C RCu (540℃)			
铝氢铜	RCuAl-A2 (540℃)	RCuAl-A2 ECuSn-C (205℃)		
硅氢铜	RCuSn-C RCu (540℃)	RCuSi-A (最大 65℃)	RCuAl-A2 (205℃)	
铜裂合金	RCuAl-A2 RCuNi (540℃)	RCuSn-C (最大 65℃)	RCuAl-A2 (最大 65℃)	RCuAl-A2 (最大 65℃)

铜及铜合金异种接头 MTG 焊接时焊接材料的选用见表 12-54。

5. 铝及铝合金气体保护焊焊接材料的选用

铝及铝合金具有良好的耐蚀性，较高的比强度、导电性和导热性，故在工业中应用较广。纯铝（L1、L2）抗拉强度不高，但塑性较好。若所含 Fe、Si 等杂质增加，其塑性及耐蚀性降低。

在铝中加入 Cu、Mg、Mn、Si、Zn、V、Cr 等合金元素，可获得不同性能的合金。铝合金可分为变形铝合金和铸造铝合金。

变形铝合金可分为不能热处理强化和可热处理强化两种。不能热处理强化铝合金（又称为防锈铝合金）包括 Al-Mn 合金（如 LF21）

表 12-54 铜及铜合金异种接头 MTG 焊接时焊接材料的选用

异种金属的种类	铜					
低锌黄铜	ECuSn-C RCu (540℃)	低锌黄铜				
高锌黄铜、锡黄铜和特殊黄铜	ECuSn-C ECuSn RCu (540℃)	ECuSn-C (315℃)	高锌黄铜、锡黄铜和特殊黄铜			
磷氢铜	ECuSn-C RCu (540℃)	ECuSn-C (260℃)	ECuSn-C (315℃)	磷氢铜		
铝氢铜	RCuAl-A2 (540℃)	RCuAl-A2 (315℃)	RCuAl-A2 (315℃)	ECuAl-A2 ECuSi-C (最大 65℃)	铝氢铜	
硅氢铜	RCuSn-C RCu (540℃)	RCuAl-A2 ECuSi (最大 65℃)	RCuAl-A2 ECuSi (最大 65℃)	ECuSi-C (最大 65℃)	ECuAl-A2 (最大 65℃)	硅氢铜
铜裂合金	RCuAl-A2 RCuNi (540℃)	RCuAl-A2 (最大 65℃)	RCuAl-A2 (最大 65℃)	ECuSi-C (最大 65℃)	ECuAl-A2 (最大 65℃)	ECuAl-A2 (最大 65℃)

和 Al-Mg 合金（如 PLF2 等）两类。其特点是强度中等、塑性好，可加工强化、固溶强化，焊接性好。热处理强化铝合金包括硬铝（LY××）、超硬铝（LC××）、锻铝（LD××），经固溶、淬火、时效等热处理可提高力学性能，抗拉强度明显增加，但焊接性差。

由于铝及铝合金具有强的氧化能力、较大的热导率和比热容，焊接时易产生热裂纹和气孔等问题，给熔焊带来一定困难。

铝及铝合金气体保护焊的主要方法有 TIG 焊、MIG 焊、钨极脉冲氩弧焊、熔化极脉冲氩弧焊、钨极直流正接氦弧焊等。应根据所焊铝及铝合金的牌号、工件厚度、产品结构、生产条件对焊接接头的质量要求等选用适宜的焊接方法。

① 焊丝的选用。在铝及铝合金焊接中，焊缝的组织成分决定着焊缝的性能（强度、塑性、耐蚀性和抗裂性等）。因此合理地选用焊丝或填充材料有重要的意义，对提高焊接接头质量和性能有着重要的作用。

常用铝合金焊丝的型号和化学成分见表16-63。

焊接各种铝材时焊丝的选用见表12-55。

表 12-55　焊接各种铝材时焊丝的选用

基体金属类型	工艺用铝				防锈铝合金	
基体金属	L1	L2	L3～L5	L6	LF2	LF3
选用焊丝	L1	L1 SA1-2	SA1-2 SA1-3	SA1-2 SA1-3	LF2 LF3	LF3 LF5 SAlMg-5
基体金属类型	防锈铝合金			铸造铝合金		硬铝合金
基体金属	LF5	LF6	LF21	ZL10	ZL12	LY11
选用焊丝	LF5 LF6 SAlMg-5	LF6 LF14	LF21 SAlMn SAlSi-1	ZL10	ZL12	LY11 SAlSi-1 BJ380A

焊接异种铝及铝合金时的焊丝选用见表12-56。

表 12-56　焊接异种铝及铝合金时的焊丝选用

基体金属	L2～L6							
LF	SAlMg-5或与母铝材相同的纯铝丝	LF2						
LF	SAlMg-5或与母铝材相同的纯铝丝	LF3	LF3					
LF	—	LF5	LF5	LF5				
LF	—	—	—	LF6	LF6			
LF	—	—	LF5	—	LF6 LF14	ZL7	ZL10	ZL21
LF	SAlSi-1或LF21或与母铝材相同的纯铝丝	LF3或SAlMn SAlMg-5	LF5或SAlMg-5	LF6或SAlMg-5	—	ZL7或SAlMg-5	ZL10或SAlMg-5	ZL25或SAlMg-5

在可能条件下，应尽可能选用标准焊丝，对不熔化极气体保护焊也可在基体金属上切下窄条代用。SAlSi-1（归号为 SAlSi5）焊丝液态金属流动性好，凝固时收缩率小，具有较高的抗裂性，并有尚好的力学性能，常用于除 Al-Mg 合金以外的其他各种合金的焊接，是一种通用性较强的焊丝。需要指出的是，用 SAlSi-1 焊接硬铝、超硬铝和锻铝时，焊缝金属虽有好的抗裂性能，但接头强度只有母材的 50%～60%，故当接头强度要求高时应选用其他适宜的焊丝（成分不一定与母材相同，但应与母材有良好的相溶性、较高的强度和较好的抗裂性等），如焊接 LY12CZ、LD10 时常用 BJ380A 等非标准焊丝。

② 保护气体的选用。常用的保护气体有 Ar 和 He，其气体纯度体积分数应大于 99.9%，其选用见表 12-57。

表 12-57 保护气体的选用

焊接方法	焊接条件	选用气体 (φ 为用体积分数表示气体含量)
TIG 焊	交流＋高频	Ar
	直流正接极	He
MIG 焊	板厚＜25mm	Ar
	板厚＜25～50mm	Ar＋φ(He)10%～35%
	板厚＜50～75mm	Ar＋φ(He)10%～35%或 Ar＋φ(He)50%
	板厚＞75mm	Ar＋φ(He)50%～75%
等离子弧焊	—	离子气体为 Ar，保护气体为 He

③ 钨极。铝及铝合金气体保护焊宜选用铈钨极（WCe-20）。

④ 焊前、焊后清理。铝及铝合金焊接时，焊前应对工件焊口、焊丝进行严格的清理，清除表面氧化膜及油污。清理质量直接影响着焊接工艺及接头质量，如气孔、夹杂和力学性能等。

常用的清理方法有化学清洗（浸洗或擦洗）和机械清理两种。化学清洗效率高、质量好，适用于焊丝及尺寸不太大工件的批量生产，具体方法见表 12-58。机械清理适用于工件尺寸较大、生产周期较长、多层焊或化学清洗后又沾污的情况。其方法一般是先用有机溶剂（丙酮或汽油）擦拭表面脱脂，再用细铜丝或细不锈钢丝刷刷至露出金属光泽为止。不宜用砂轮、砂布打磨，以防砂粒形成焊接夹渣等缺陷。也可用刮刀清理待焊面。经清理干净的焊丝和工件不宜久存（一般不超过 4h），以防重新氧化或污染。近期研制成功的抛光处理焊丝可在空气中存放较长时间，在塑料密封条件下存期可达半年以上。

表 12-58　铝及铝合金化学清洗法

<table>
<tr><th rowspan="2">工序步骤</th><th rowspan="2">脱　脂</th><th colspan="3">碱　洗</th><th rowspan="2">冲　洗</th></tr>
<tr><th>溶液的化学成分(质量分数)/%</th><th>温度/℃</th><th>时间/min</th></tr>
<tr><td>纯铝</td><td rowspan="2">汽油、煤油、丙酮等脱脂剂</td><td>NaOH6～10</td><td>40～60</td><td>≤20</td><td>流动清水</td></tr>
<tr><td>铝镁、铝锰合金</td><td>NaOH6～10</td><td>40～60</td><td>≤7</td><td>流动清水</td></tr>
</table>

<table>
<tr><th rowspan="2">工序步骤</th><th colspan="3">中和光化</th><th rowspan="2">冲洗</th><th rowspan="2">干　燥</th></tr>
<tr><th>溶液的化学成分(质量分数)/%</th><th>温度/℃</th><th>时间/min</th></tr>
<tr><td>纯铝</td><td>HNO_3 30</td><td>室温或 40～60</td><td>1～3</td><td>流动清水</td><td>风干或低温干燥</td></tr>
<tr><td>铝镁、铝锰合金</td><td>HNO_3 30</td><td>室温或 40～60</td><td>1～3</td><td>流动清水</td><td>风干或低温干燥</td></tr>
</table>

焊后留在焊缝及近区的残存熔剂、焊渣等，需及时清理干净，否则在空气和水分的作用下会破坏氧化膜，进而腐蚀铝件。

6. 镁合金气体保护焊焊接材料的选用

镁的密度比铝小（1.74/cm^3），强度低，很少用作工程材料。工程上常以合金形式使用，镁合金具有较高的比强度、比刚度和较好的抗振能力，并且有优良的切削加工性和铸造性，在航天、航空、仪器等工业中应用较多。

镁合金焊接时的问题与铝相似，其氧化性比铝更强，故焊接时的保护比铝要求更严。

TIG 焊（手工或自动）是镁合金目前最常用的焊接方法，这种方法变形小，热影响区窄，焊缝具有良好的力学性能和耐腐蚀性能，一般采用交流电源。

焊丝基本上可选用与母材成分相同的材料，但有时为防止近缝区沿晶界析出低熔共晶体，增加液体金属的流动性，减少裂纹倾向等，亦选用与母材不同的焊丝。如在焊 Mg-Mn 合金（如 MB8）时，为防止产生金属间化合物（Mg_9Ce）所组成的低熔共晶体，可选用 MB3 焊丝。常用镁合金的主要化学成分及气体保护焊焊接材料的选用见表 12-59。

表 12-59 常用镁合金的主要化学成分及气体保护（TIG）焊焊接材料的选用

类别	牌号	主要化学成分(质量分数)/%						结晶区间温度/℃	焊接性	焊接材料的选用	
		Al	Zn	Mn	Zr	RE	其他			保护气体	焊丝
变形镁合金	MB1	—	—	1.3～2.5	—	—	—	646～649	良	TIG 焊 Ar	MB1
	MB2	3.0～4.0	0.2～0.8	0.15～0.5	—	—	—	565～630	良		MB2
	MB3	4.0～5.0	0.8～1.5	0.4～0.8	—	—	—	545～620	良		MB3
	MB4	5.5～7.0	0.5～1.5	0.15～0.5	—	—	—	510～615	可		MB5
	MB5	5.0～7.0	2.0～3.0	0.2～0.5	—	—	—	454～613	—		—
	MB6	7.8～9.2	0.2～0.8	0.15～0.5	—	—	—	430～605	可		MB7
	MB7	—	—	1.5～2.5	—	—	Ce 0.15～0.35	646～649	良		MB3
	MB8	—	5.0～6.0	—	0.3～0.9	—	—	515～635	尚可		MB15
铸造镁合金	ZM1	—	3.5～5.5	—	0.5～1.0	—	—	—	尚可	TIG 焊 Ar	ZM2
	ZM2	—	3.5～5.0	—	0.5～1.0	0.7～1.7	—	—	尚可		ZM2
	ZM3	—	0.2～0.7	—	0.4～1.0	2.5～4.0	—	—	尚可		ZM3
	ZM4	7.5～9.0	0.2～0.8	0.15～0.5	—	—	—	—	尚可		ZM5

7. **钛及钛合金气体保护焊焊接材料的选用**

钛合金具有比钢和铝合金更大的比强度，又具有较好的韧性、耐蚀性（优于不锈钢）和焊接性，因此广泛应用于航空、航天等工业的重要结构制造。工业纯钛由于塑性、韧性、耐蚀性和焊接性好，在化学工业中也得到较广的应用。

钛合金按退火状态的室温平衡组织可分为α、β和α+β三类。α钛合金不能进行热处理强化，必要时可进行退火处理消除残余应力。TA7合金具有良好的超低温性能，O_2、H_2和C等间隙元素含量很低的TA7合金可用于液氢、液氮的储箱及其他超低温结构。

TB2是我国近年来研制的亚稳定β钛合金，强度高（σ_b达1320MPa），冷成形性好，焊接性尚可。Ti-33Mo属于稳定β型钛合金，具有优良的耐蚀性。这些合金进行惰性气体保护焊时，可采用间隙元素含量较低的同质焊丝。

钛及钛合金最常用的熔焊方法是TIG焊（手工或自动），厚件可采用MIG焊、真空电子束焊等方法。

钛及钛合金熔焊时最常见的缺陷是气孔。因此，对保护气体Ar的纯度要求高（体积分数不小于99.99%），对焊丝和工件表面清理要求严，不允许有水、油脂等脏物。清理方法一般是在临焊前先酸洗（用质量分数为3%～5%的HF+35%的HNO_3水溶液），再用净水冲洗和烘干。焊前预热也有利于消除气孔。

氩弧焊时采用脉冲焊可明显减少气孔，并可改善焊接接头的性能。为加强保护，对厚度大于0.5mm的钛合金焊接一般应采用气体保护拖罩和背面保护。等离子弧焊（特别是脉冲等离子弧焊）比氩弧焊产生气孔倾向更小。

钛及钛合金气体保护焊焊接材料特别是焊丝的选用，对焊接质量有着至关重要的影响。一般情况下可选用超低间隙元素的同质焊丝，但为改善接头塑性，也可选用比母材合金化程度稍低的焊丝。

第十三章 焊接材料消耗定额的制订与估算

第一节 焊接材料消耗定额的制订

一、焊条消耗定额的制订

① 焊条消耗量通常如下计算：

$$m=\frac{Al\rho}{1-K_s} \tag{13-1}$$

式中 m——焊条消耗量，g；

A——焊缝横截面积（见表 13-1），cm^2；

l——焊缝长度，cm；

ρ——熔敷金属的密度，g/cm^3；

K_s——焊条损失系数（见表 13-2）。

表 13-1 焊缝横截面积的计算公式

焊缝名称	计算公式	焊缝横截面图
I形坡口单面对接焊缝	$A=\delta b+\frac{2}{3}hc$	
I形坡口双面对接焊缝	$A=\delta b+\frac{4}{3}hc$	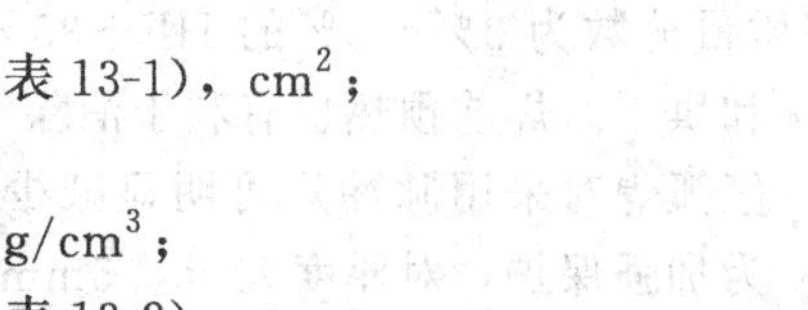

续表

焊缝名称	计算公式	焊缝横截面图
V形坡口对接焊缝(不做封底焊)	$A=\delta b+(\delta-p)^2\tan\frac{\alpha}{2}+\frac{2}{3}hc$	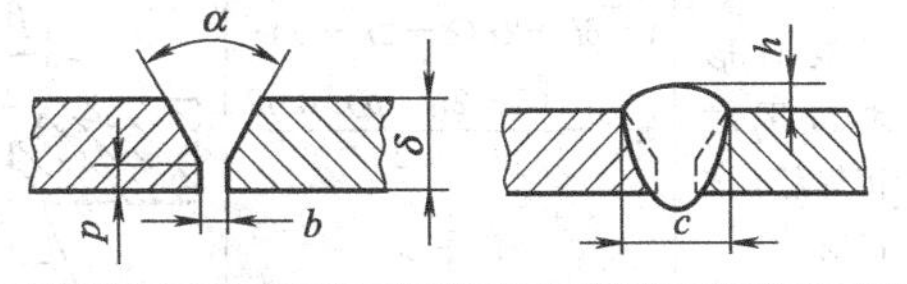
单边V形坡口对接焊缝(不做封底焊)	$A=\delta b+\frac{(\delta-p)^2\tan\beta}{2}+\frac{2}{3}hc$	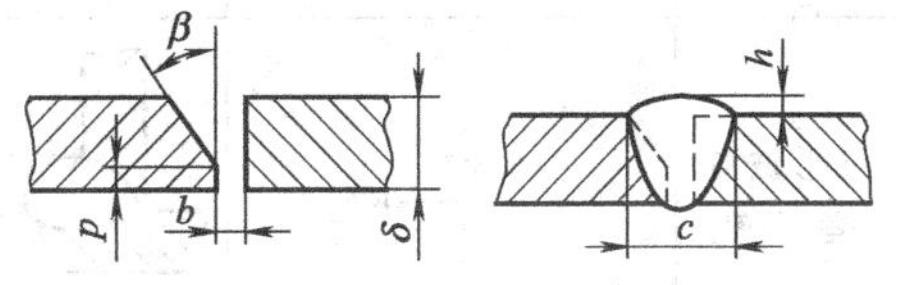
U形坡口对接焊缝(不做封底焊)	$A=\delta b+(\delta-p-r)^2\tan\beta+2r(\delta-p-r)+\frac{\pi r^2}{2}+\frac{2}{3}hc$	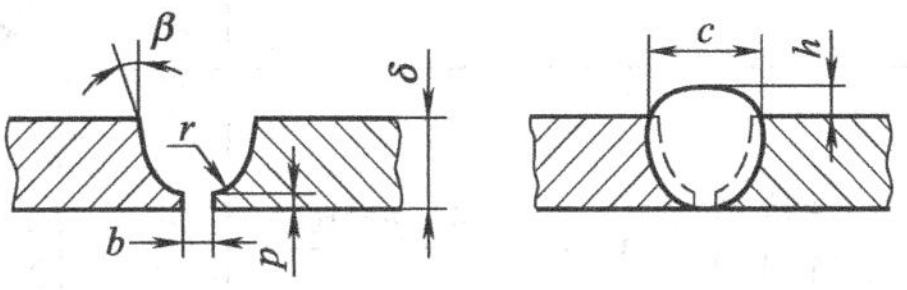
V形、U形坡口对接根部不挑焊根的封底焊	$A=\frac{2}{3}h_1c_1$	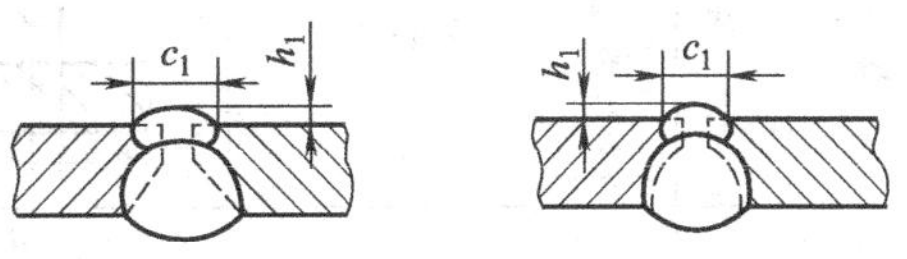
保留钢垫板的V形坡口对接焊缝	$A=\delta b+\delta^2\tan\frac{\alpha}{2}+\frac{2}{3}hc$	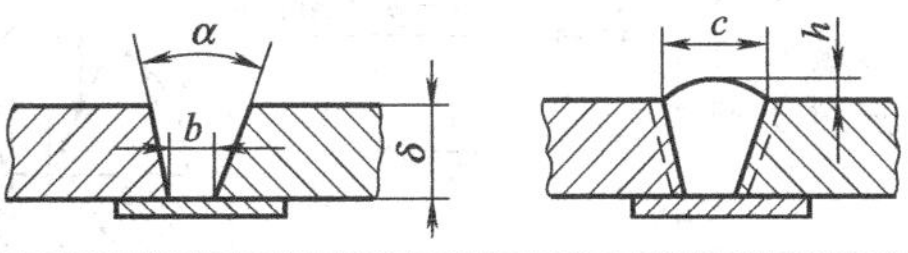
X形坡口对接焊缝(坡口对称)	$A=\delta b+\frac{(\delta-p)^2\tan\frac{\alpha}{2}}{2}+\frac{4}{3}hc$	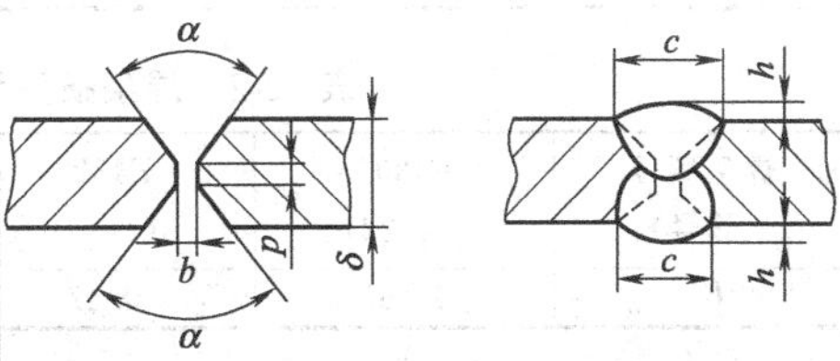
K形坡口对接焊缝(坡口对称)	$A=\delta b+\frac{(\delta-p)^2\tan\beta}{4}+\frac{4}{3}hc$	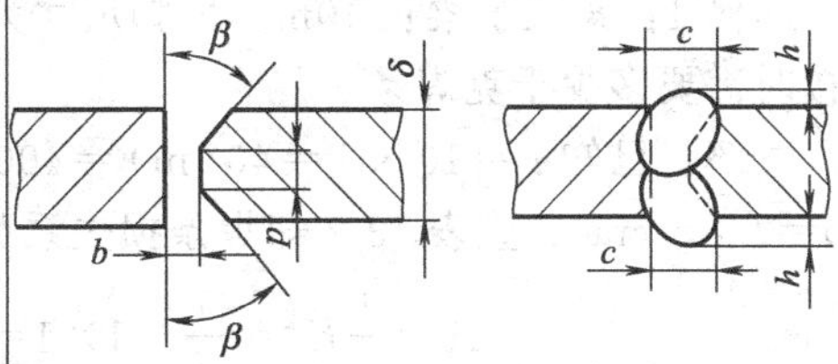

续表

焊缝名称	计算公式	焊缝横截面图
双U形坡口平对接焊缝（坡口对称）	$A=\delta b+2r(\delta-2r-p)+\pi r^2+\frac{(\delta-2r-p)^2\tan\beta}{2}+\frac{4}{3}hc$	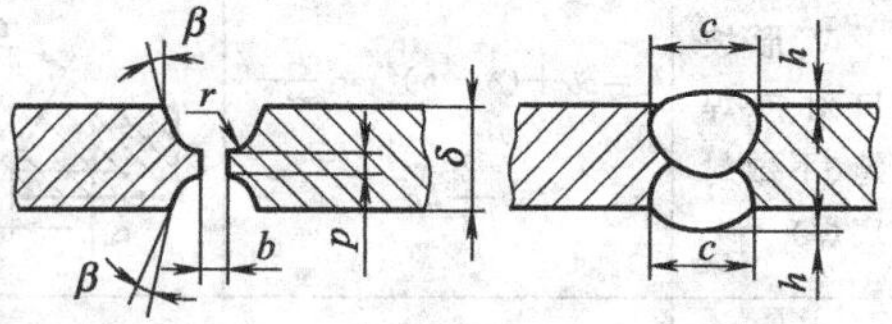
I形坡口的角焊缝	$A=\frac{K^2}{2}+Kh$	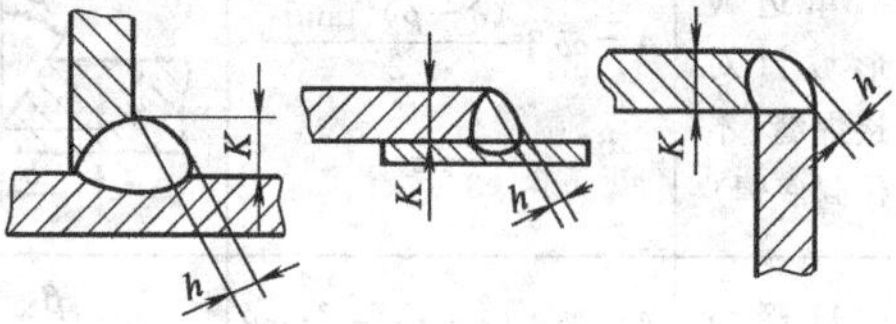
单边V形坡口T形接头焊缝	$A=\delta b+\frac{(\delta-p)^2\tan\alpha}{2}+\frac{2}{3}hc$	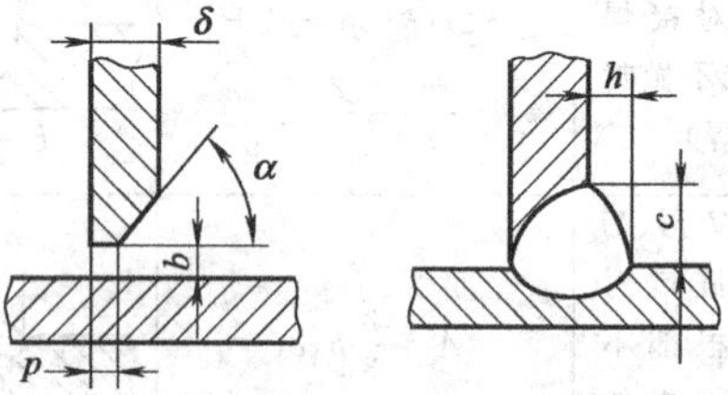
双边V形坡口T形接头焊缝	$A=\delta b+\frac{(\delta-p)^2\tan\alpha}{4}+\frac{4}{3}hc$	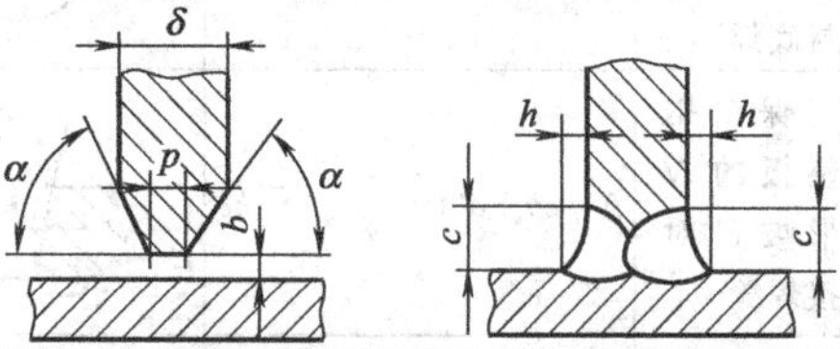

表 13-2　焊条损失系数 K_s

焊条型号（牌号）	E4303（J4222）	E4320（J424）	E5014（J502Fe）	E5015（J507）
K_s	0.465	0.47	0.41	0.44

例 1：某工字梁长 10m，焊脚尺寸为 10mm，求用 E5014 焊条焊接时需要多少千克焊条。

解：已知 $l=10\times4=40$（m）$=4000$（cm）；$K=10\text{mm}=1\text{cm}$；$\rho=7.8\text{g/cm}^3$；查表 13-2 知焊条损失系数 $K_s=0.41$。

$$A=\frac{1}{2}K^2=\frac{1}{2}\times1\times1=0.5\ (\text{cm}^2)$$

故　$m=\dfrac{Al\rho}{1-K_s}=\dfrac{0.5\times4000\times7.8}{1-0.41}=26440.68(g)\approx26.44\ (kg)$

答：需要E5014焊条26.44kg。

例2：某容器直径为8m，环焊缝横截面积为4.8cm²，试求焊一圈焊缝需要多少焊条。

解：已知$A=4.8cm^2$；$\rho=7.8g/cm^3$；$D=8m=800cm$；K_s取0.5。$l=\pi D=3.14\times800=2512\ (cm)$

故　$m=\dfrac{Al\rho}{1-K_s}=\dfrac{4.8\times2512\times7.8}{1-0.5}=188098.56(g)\approx188.1\ (kg)$

答：需要焊条188.1kg。

例3：焊接一个10m长的工字梁，焊脚尺寸为8mm，试求焊条损失系数为0.5时需用多少焊条。

解：工字梁为4条10m长焊缝，$l=4\times10=40(m)=4000\ (cm)$

$$A=\frac{1}{2}K^2=\frac{1}{2}\times0.8\times0.8=0.32\ (cm^2)$$

又　$\rho=7.8g/cm^3$；$K_s=0.5$

故　$m=\dfrac{Al\rho}{1-K_s}=\dfrac{0.32\times4000\times7.8}{1-0.5}=19968(g)\approx19.97\ (kg)$

答：需要焊条19.97kg。

例4：焊制一台直径为10m、板厚$\delta=40mm$的容器，求焊制筒节对接焊缝时需要多少焊条（$\rho=7.8g/cm^3$）。焊缝断面见图13-1。

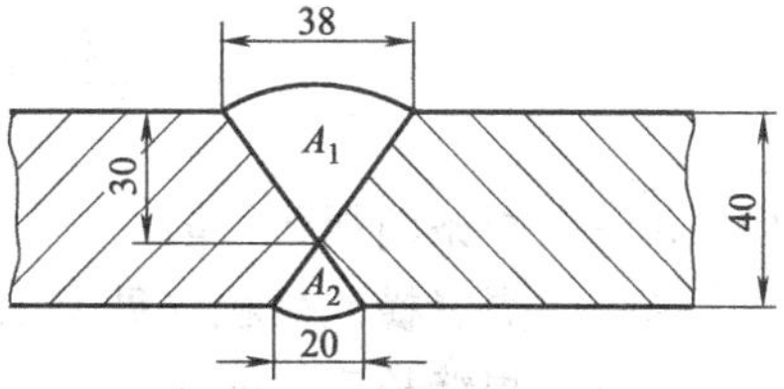

图13-1　筒节对接断面

解：焊缝长$l=\pi D=3.14\times1000=3140\ (cm)$

$$A_1=\frac{1}{2}\times3.8\times3=5.7\ (cm^2)$$

$$A_2=\frac{1}{2}\times2\times1=1\ (cm^2)$$

$$A=A_1+A_2=5.7+1=6.7\ (cm^2)$$

取焊条损失系数$K_s=0.5$。

$$m=\frac{Al\rho}{1-K_s}=\frac{6.7\times3140\times7.8}{1-0.5}=328192.8(g)\approx328.2\ (kg)$$

答：需要焊条 328.2kg。

例 5：某结构为厚 $\delta=10$mm 板的搭接焊接（见图 13-2），焊脚尺寸 $K=8$mm，求焊完全部焊缝需要多少焊条。

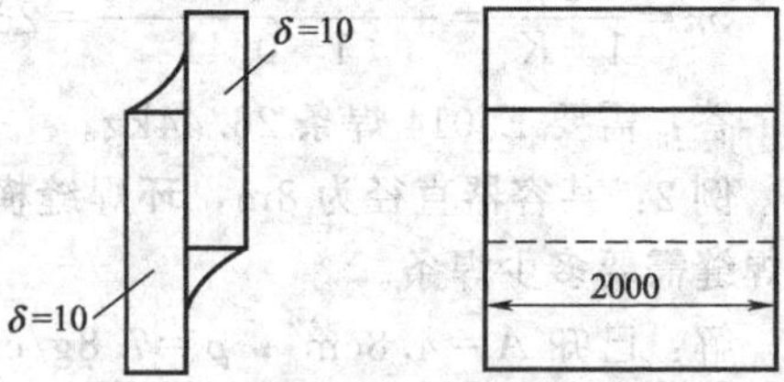

图 13-2 搭接接头焊缝截面

解：$\delta=10\text{mm}=1\text{cm}$；$l_1=2000\text{mm}=200\text{cm}$（两条）；$K=8\text{mm}=0.8\text{cm}$；取 $K_s=0.5$，$\rho=7.8\text{g/cm}^3$。

$$A=\frac{1}{2}\times 0.8\times 0.8=0.32\ (\text{cm}^2)$$

$$l=2l_1=200\times 2=400\ (\text{cm})$$

故 $$m=\frac{Al\rho}{1-K_s}=\frac{0.32\times 400\times 7.8}{1-0.5}=1996.8(\text{g})\approx 1.999\ (\text{kg})$$

答：需要焊条 1.999kg。

② 非铁型焊条消耗量也可按下式计算：

$$m=\frac{Al\rho}{K_n}(1+K_b) \tag{13-2}$$

式中 m——焊条消耗量，g；

A——焊缝横截面积（见表 13-1），cm^2；

l——焊缝长度，cm；

ρ——熔敷金属的密度，g/cm^3；

K_b——药皮质量系数（见表 13-3）；

K_n——金属由焊条到焊缝的转熔系数（包括因烧损、飞溅及焊条头在内的损失）（见表 13-4）。

表 13-3 药皮质量系数 K_b

焊条型号（牌号）	E4301 (J423)	E4303 (J422)	E4320 (J424)	E4316 (J426)	E5016 (J506)	E5015 (J507)
K_b	0.325	0.45	0.46	0.32	0.32	0.41

表 13-4 焊条转熔系数 K_n

焊条型号(牌号)	E4303(J422)	E4301(J423)	E4320(J424)	E5015(J507)
K_n	0.77	0.7	0.77	0.79

例 6：有一角接头（见图 13-3），焊脚尺寸 $K=10$mm，$h=2$mm，求焊接 1m 焊缝需 E4303 焊条的数量。

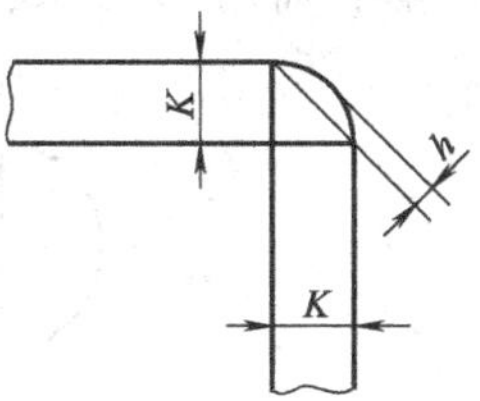

图 13-3 角接接头的焊缝截面

解：已知 $K=10\text{mm}=1\text{cm}$；$h=2\text{mm}=0.2\text{cm}$；$l=1\text{m}=100\text{cm}$；$\rho=7.8\text{g/cm}^3$。

焊条 E4303 查表 13-3 和表 13-4 得 $K_b=0.45$；$K_n=0.77$。

故 $A=\frac{1}{2}K^2+Kh=\frac{1}{2}\times1+1\times0.2=0.7\ (\text{cm}^2)$

又 $$m=\frac{Al\rho}{K_n}(1+K_b)=\frac{0.7\times100\times7.8}{0.77}\times(1+0.45)$$
$$=1028.18(\text{g})=1.028\ (\text{kg})$$

答：需要 E4303 焊条 1.028kg。

例 7：焊接壁厚 $\delta=22$mm 的圆筒容器，该容器共有两条环缝和一条纵缝，其中筒节纵缝横截面积 $A_Z=2.54\text{cm}^2$，封头对接环缝的横截面积 $A_H=2.32\text{cm}^2$，见图 13-4，试问 25kg E5015 焊条是否够用。

已知：E5015 焊条 $K_n=0.79$（查表 13-4）；$K_b=0.41$（查表 13-3）；$A_Z=2.54\text{cm}^2$；$A_H=2.32\text{cm}^2$；$\rho=7.8\text{g/cm}^3$；$l_Z=2000\text{mm}=200\text{cm}$；$D=1000\text{mm}=100\text{cm}$。

解：① 焊接两条环缝焊条用量：

由 $$m_H=\frac{A_H l_H \rho}{K_n}(1+K_b)$$

$A=2.32\text{cm}^2$；$l_H=\pi D=2\times3.14\times100=628\ (\text{cm})$

得 $$m_H=\frac{2.32\times628\times7.8}{0.79}\times(1+0.41)=20283(\text{g})\approx20.3\ (\text{kg})$$

② 焊对接纵缝焊条用量：

由 $$m_Z=\frac{A_Z l_Z \rho}{K_n}(1+K_b)$$

得 $m_Z=\frac{2.54\times200\times7.8}{0.79}\times(1+0.41)=7072(g)\approx7.07\ (kg)$

用焊条总量 $m=m_H+m_Z=20.3+7.07=27.37(kg)>25kg$

答：需用 27.37kg 焊条，25kg E5015 焊条不够用。

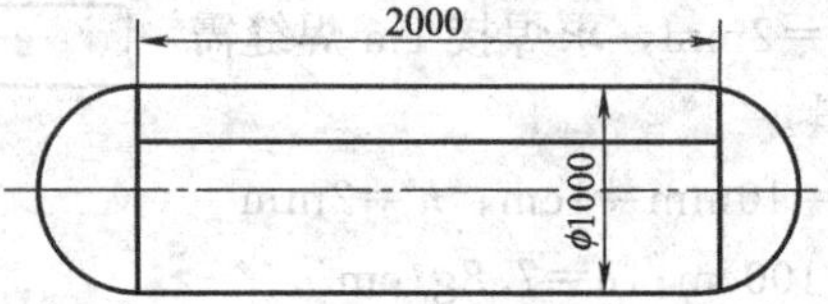

图 13-4 δ=22mm 圆筒容器

二、焊丝消耗定额的制订

1. 单件焊丝消耗量 m_s

$$m_s=\frac{Al\rho}{1000K_n} \tag{13-3}$$

式中 A——焊缝熔敷金属截面积（见表 13-1），cm^2；

l——焊缝长度，cm；

ρ——熔敷金属密度，g/cm^3；

K_n——金属由焊条到焊缝的转熔系数，常取 $K_n=0.92\sim0.99$；

m_s——单件焊丝消耗量，kg。

例 8：I 形坡口双面对接 TIG 焊，见图 13-5，焊缝长度为 1m，求焊丝消耗量。

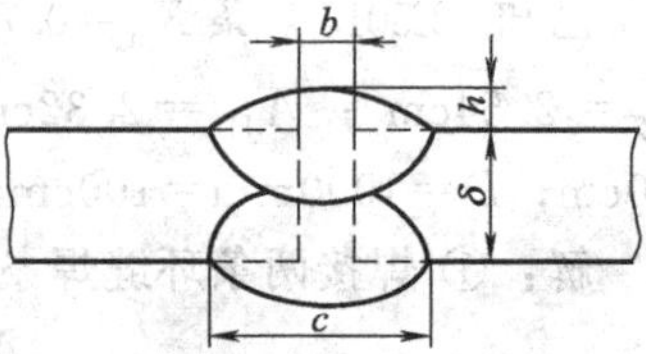

图 13-5 I 形坡口双面对接 TIG 焊的焊缝截面

解：由题意知 $\delta=5mm$；$b=2mm$；$c=6mm$；$l=100cm$；$h=2mm$；$\rho=7.8g/cm^3$；$K_n=0.95$。

查表 13-1 得：

$$A=\delta b+\frac{4}{3}hc$$

$$A=0.5\times0.2+\frac{4}{3}\times0.6\times0.2=0.26\ (cm^2)$$

故 $m_s=\frac{Al\rho}{1000K_n}=\frac{0.26\times100\times7.8}{1000\times0.95}=0.21\ (kg)$

答：需要焊丝 0.21kg。

2. 焊缝加余高焊丝需用量

焊缝加余高焊丝需用量的计算公式为：

$$W=1.2A\rho L/\eta \tag{13-4}$$

式中　W——焊接材料需用量，g；

A——焊缝横截面积，cm^2；

ρ——密度，g/cm^3，碳钢为 $7.8g/cm^3$，Cr-Ni 不锈钢为 $7.9g/cm^3$，Cr-Ni-Mo 不锈钢为 $8.0g/cm^3$，铜、镍及其合金为 $8.9g/cm^3$；

L——焊缝长度，cm；

η——熔敷率，%，TIG、MIG 焊实心焊丝为 95%，药芯焊丝为 90%，金属粉型药芯焊丝为 95%；

1.2——加余高部分为 20%，见图 13-6。

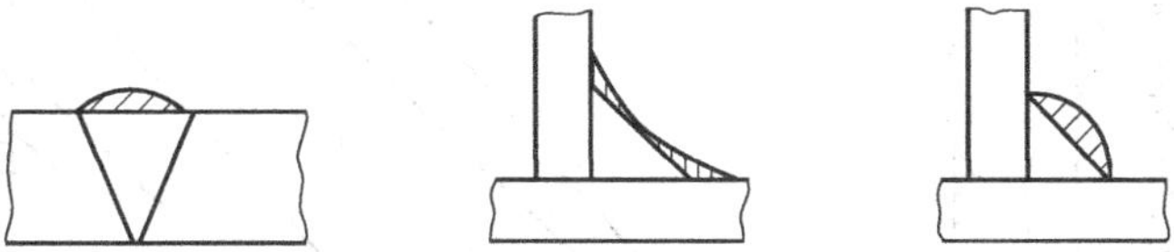

图 13-6　焊缝加余高与焊丝选用示意图

焊接接头断面积（A）的计算如下。

① 对接接头场合

$$A=gt+(t-f)^2\tan(\theta/2) \tag{13-5}$$

g、t、f 见图 13-7，θ 值见表 13-5。

表 13-5　对接接头断面积 θ 角数值表

θ/(°)	45	50	60	70	80	90
$\tan(\theta/2)$	0.414	0.466	0.577	0.700	0.839	1.00

② 角焊缝场合

$$A=ab/2 \tag{13-6}$$

a、b 见图 13-8。

除了采用计算方法计算焊接材料需用量外，还可以采用查图方法，根据板厚、坡口形状及焊接材料种类等直接从图中查出焊接材料需用量，见图 13-9 和图 13-10。

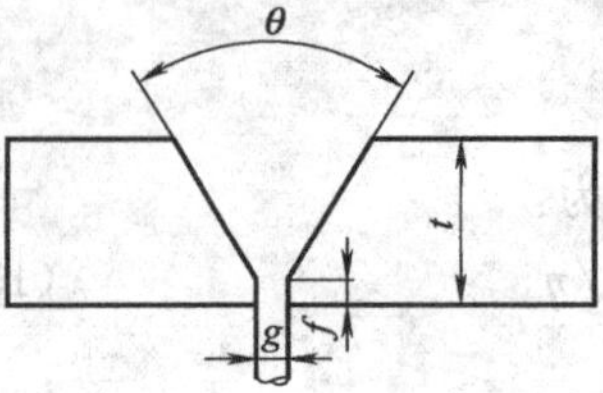

图 13-7 对接接头断面尺寸的示意图

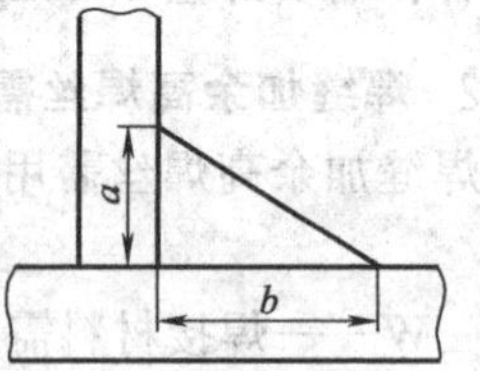

图 13-8 角焊缝断面尺寸的示意图

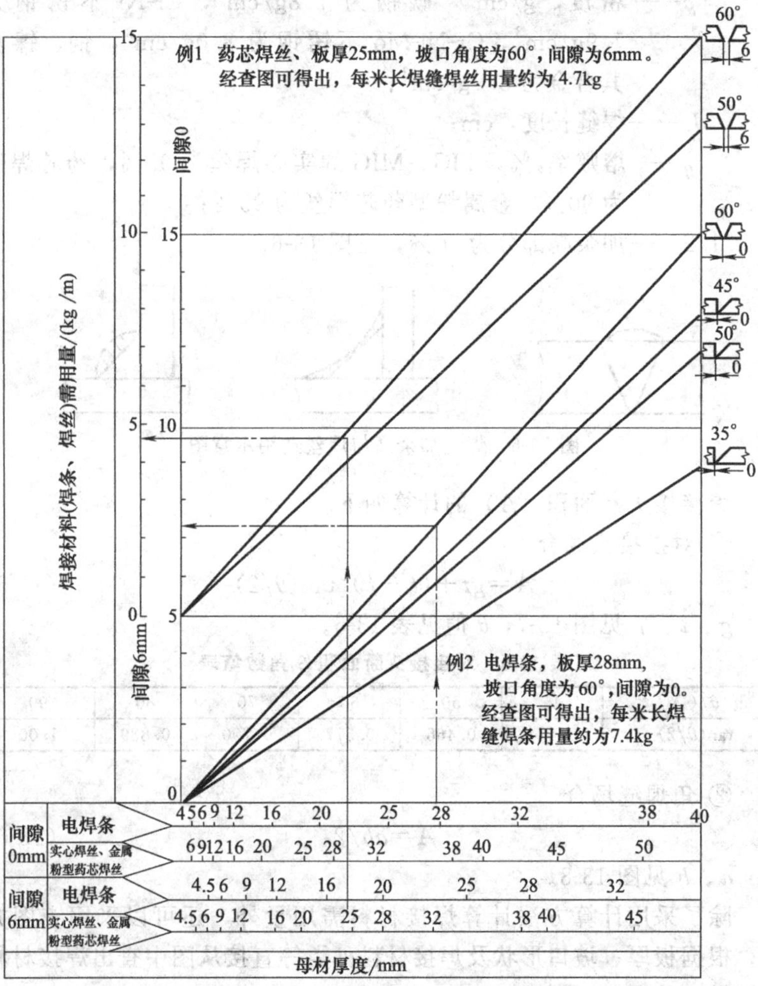

图 13-9 对接接头焊接材料需用量计算

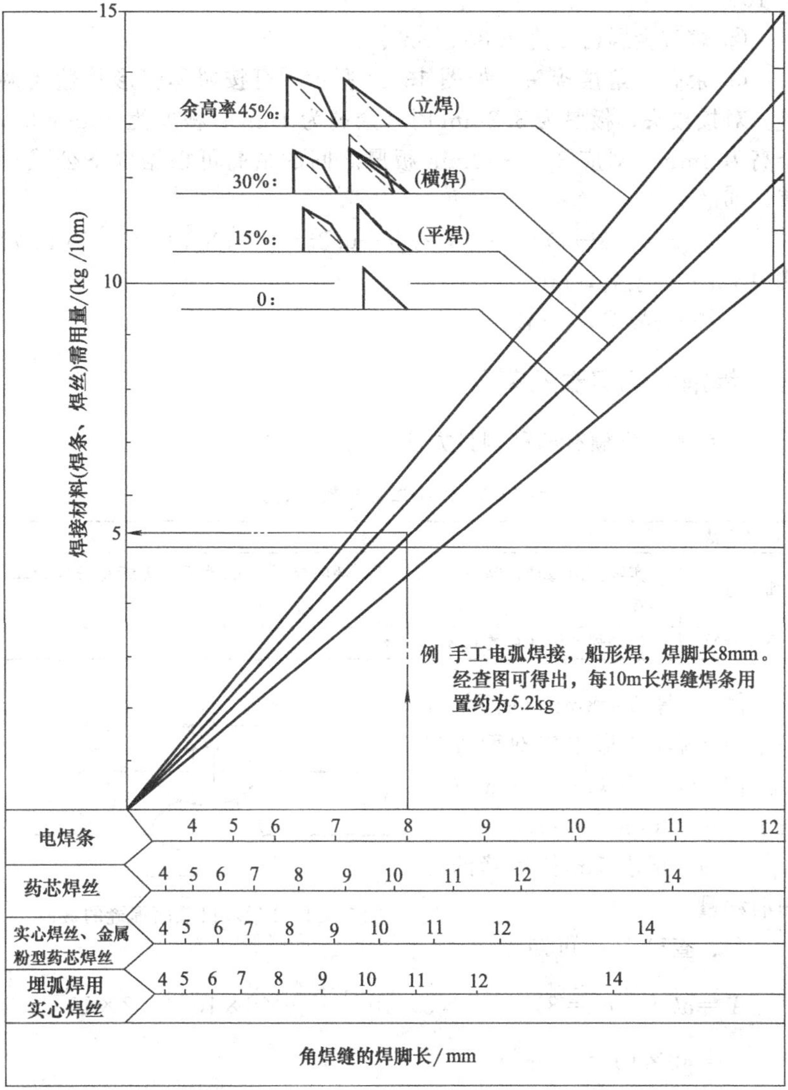

图 13-10　角接接头焊接材料需用量计算

图中设定的条件主要如下：

① 熔敷金属　焊条 55%（舍去夹持端约 50mm）；实心焊丝、金属粉型药芯焊丝 95%；药剂型药芯焊丝 90%；埋弧焊用实心焊

丝 100%。

② 熔敷金属密度为 7.85g/cm³。

③ 余高 角接接头，如图 13-10 所示，可按照焊缝形状适当调整。对接接头，板厚为 3.2mm 时，余高为 1mm；板厚为 50mm 时，余高为 3mm。对应 3.2～50mm 板厚之间的余高可根据以下公式计算，即

$$h=[(3-1)/(50-3.2)]t+0.86=0.043t+0.86 \tag{13-7}$$

式中 h——余高，mm；

t——板厚，mm。

三、焊剂消耗定额的制订

焊剂消耗定额有两种制订方法，见表 13-6。

表 13-6 焊剂消耗定额的制订

制订方法	内容
实测方法	实际测出每种板厚、每米焊缝所消耗的焊剂质量，然后由焊缝总长度计算年耗量
概略计算	约是焊丝消耗量的 0.8～1.2 倍

例 9：厚 $\delta=8$mm 的两块板采用埋弧焊，I 形坡口双面焊接（见图 13-11），已知 $c=6$mm、$b=3$mm、$h=2$mm、$\rho=7.8$g/cm³、$K_n=0.9$，试求 1m 长焊缝的焊剂消耗量。

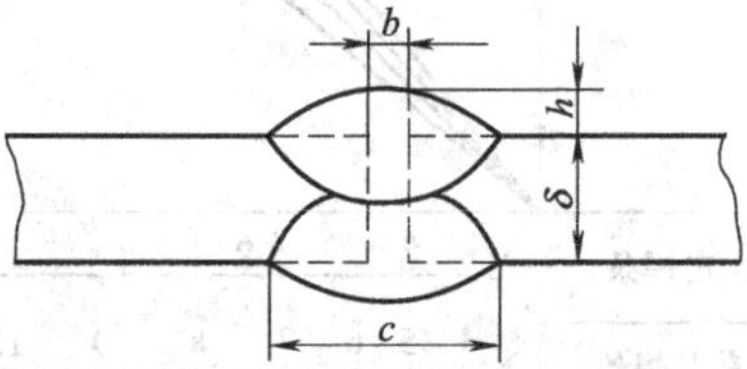

图 13-11 I 形坡口双面焊缝的截面

解：查表 13-1 可知

$$A=\delta b+\frac{4}{3}hc=8\times10^{-1}\times3\times10^{-1}+\frac{4}{3}\times6\times10^{-1}\times2\times10^{-1}$$
$$=40\times10^{-2}\ (\text{cm}^2)$$

又 $$m_s=\frac{AL\rho}{1000K_n}$$

故 $$m_s=\frac{40\times10^{-2}\times10^2\times7.8}{1000\times0.9}=0.35\ (\text{kg})$$

根据概略计算，1m 长焊缝埋弧焊焊剂的消耗量为焊丝消耗量的

0.8～1.2 倍，本题取 1，故

$$m_J = m_s = 0.35\text{kg}$$

答：埋弧焊 1m 长焊缝，消耗焊剂 0.35kg。

四、保护气体消耗量的计算

$$V = q_v(1+\eta)tn \tag{13-8}$$

式中 V——保护气体体积，L；

q_v——保护气体体积流量，L/min；

t——单件焊接基本时间，min；

n——每年、每月或每周焊件数量；

η——气体损耗系数（常用 0.03～0.05）。

例 10：CO_2 气体保护焊，板厚 $\delta=2$mm，对接焊接过程中气体体积流量 $q_v=8$L/min，每件需焊 5min，共 10 件，当 $\eta=0.04$ 时，完成这批焊件所需 CO_2 气体为多少？

解：$V=q_v(1+\eta)tn=8\times(1+0.04)\times5\times10=416$（L）

答：需要 CO_2 气体 416L。

标准容量为 40L 的钢瓶，可以灌入 25kg 液态 CO_2，在 0℃和 101.325kPa 条件下，1kg 液态 CO_2 可以汽化成 509L 气态 CO_2，去掉不能再用于焊接的 CO_2 气体，在标准状态下，每瓶 25kg 液态 CO_2 可以提供使用的 CO_2 气体是 12324L，这样可以计算出每周、每月、每年需要的 CO_2 气瓶数 N：$N=\dfrac{V}{12324}$。

标准容量为 40L 的氩气钢瓶，在 20℃、压力为 15MPa 的条件下，瓶内有氩气 $V_1=40\times150=6000$（L），这样可以计算出每周、每月、每年需要的氩气瓶数 N，$N=\dfrac{V}{6000}$。

例 11：铝合金手工钨极氩弧焊，板厚 $\delta=3$mm，对接焊，焊接过程中氩卸流量为 $q_v=12$L/min，每件需焊接 80min，共有 15000 件，试求需 40L 瓶装氩气多少瓶。

解：已知 $Q=12$L/min；$t=80$min；$n=15000$；$\eta=0.04$。

$$V=q_v(1+\eta)tn=12\times(1+0.04)\times80\times15000=14976000\ \text{(L)}$$

又 40L 氩气在 15MPa 下，$V_1=6000$L。

故 $$N=\frac{V}{V_1}=\frac{14976000}{6000}=2496\text{（瓶）}$$

答：需 40L 瓶装氩气 2496 瓶。

五、氧气与乙炔的有关计算

1. 氧气瓶内氧气储存量的计算公式

$$V=10V_0p \tag{13-9}$$

式中 V_0——氧气瓶容积，L；

p——氧气瓶内的氧气压力，MPa；

V——氧气贮存量，L。

例 12：40L 容积的氧气瓶，当瓶内氧气压力为 15MPa 时，瓶内氧气为多少？

解： $$V=10V_0p=10\times40\times15=6000\text{（L）}$$

2. 氧气瓶温度与气瓶压力的关系

$$p=15\times\frac{273+t}{293} \tag{13-10}$$

式中 t——气瓶实际温度，℃；

p——气瓶在实际温度下具有的压力，MPa。

例 13：40L 容积的氧气瓶，在 20℃条件下充装 15MPa 的氧气，在露天存放时，气瓶温度升高到 80℃，试求瓶内气体压力。

解：$$p=15\times\frac{273+t}{293}=15\times\frac{273+80}{293}=15\times\frac{353}{293}=18.07\text{（MPa）}$$

答：80℃时，瓶内压力为 18.07MPa。

例 14：40L 容积的氧气瓶，在 20℃条件下充装 15MPa 氧气，当气瓶在阳光下暴晒后瓶内气体压力达到 18MPa 时，求这个压力下的瓶体温度。

解：由 $$p=15\times\frac{273+t}{293}$$

得 $$t=\frac{p\times293}{15}-273=\frac{18\times293}{15}-273=78.6\text{（℃）}$$

答：瓶体温度达到 78.6℃。

3. 氧气质量与密度的关系

$$V=m/\rho \tag{13-11}$$

式中　V——气体体积，m^3；

m——气体质量，kg；

ρ——气体密度，kg/m^3。

例 15：空氧气瓶的质量是 60kg，装入氧气后的质量为 68kg，氧气的温度为 0℃（氧气在 0℃时的密度是 1.429kg/m^3），试求瓶内储存的氧气是多少标准立方米。

解：$$V=m/\rho=\frac{68-60}{1.429}=5.598\ (m^3)$$

答：瓶内储存氧气是 5.598m^3。

例 16：已知氧气瓶容积是 40L，在 0℃的温度下装入 15MPa 氧气，求瓶内氧气质量（氧气在 0℃时的密度是 1.429kg/m^3）。

解：$V=10V_0P=10\times40\times15=6000\ (L)=6\ (m^3)$

又　$$V=m/\rho$$

故　$$m=V\rho=6\times1.429=8.57\ (kg)$$

答：瓶内氧气质量是 8.57kg。

4. 切割用乙炔的计算

例 17：用氧乙炔切割厚度 $\delta=20$mm 的钢板时，乙炔和氧气消耗量的比值为 1∶6，切割每米钢板的氧气消耗量为 145L，试求切割 6m 长钢板所需的乙炔是多少。

解：设切割每米钢板的乙炔消耗量为 V。

已知切割过程中，乙炔和氧气消耗量的比值是 1∶6，而切割每米钢板的氧气消耗量为 145L，所以切割每米钢板乙炔的消耗量为：

$$V_{C_2H_2}=\frac{V_{O_2}\times1}{6}$$

切割 6m 长钢板的乙炔消耗量为：

$$V_{C_2H_2}=\frac{V_{O_2}\times1}{6}\times6=\frac{145\times1}{6}\times6=145\ (L)$$

答：切割 6m 长钢板需乙炔气 145L。

5. 电石分解的计算

例 18：分解 10kg 电石，理论上需要多少水（CaC_2 的摩尔质量为 64.08g/mol，H_2O 的摩尔质量为 18g/mol)？

解：设理论上需要水为 x，$CaC_2+2H_2O=C_2H_2+Ca(OH)_2$，将已知数据代入化学反应式中得：

$$64.08:(2\times18)=10:x$$

$$x=\frac{2\times18\times10}{64.08}=5.62\ (kg)$$

答：理论上需要 5.62kg 水。

第二节　焊接材料消耗定额的经验估算

通过计算公式求得焊接材料的消耗量，只是表示理论上的精确，因为这种计算是建立在焊缝横截面积的基础之上的，但是不同的焊工焊成的焊缝其横截面积是不会一样的（焊缝的几何尺寸不尽相同），因此通过计算求得的焊接材料消耗量落实到每个焊工身上便会产生一定的误差，即使是同一名焊工焊成的焊缝其横截面积也不可能前后完全一致。另外，用计算公式法来求焊接材料的消耗量要进行繁杂的数学运算，工作量大，速度慢，实际应用比较困难。比较实用的方法是根据工厂实际生产的经验积累，将每米长度焊缝的焊接材料消耗量根据不同的焊接方法、母材金属厚度、坡口形式等制订成表格，使用时，只要计算焊缝的长度再乘以从表中查得的每米长度焊缝的焊接材料消耗量即可。当然，这是一种近似估算的方法，需要在实际应用中不断修改、完善。

① 平板对接焊接材料消耗定额。

a. 手工焊（气焊、焊条电弧焊）单面焊焊接材料消耗定额见表 13-7。

b. 手工焊（气焊、焊条电弧焊）双面焊焊接材料消耗定额见表 13-8。

表 13-7　平板对接单面焊焊接材料消耗定额　　kg/m

母材金属厚度/mm	焊接方法	
	气焊(焊丝)	焊条电弧焊(焊条)
3	0.11	0.19
3.5	0.125	0.22

续表

母材金属厚度/mm	焊接方法	
	气焊(焊丝)	焊条电弧焊(焊条)
4	0.14	0.24
5	0.21	0.36
6	0.26	0.44
7	0.39	0.66
8	0.49	0.83

注：开 V 形坡口。

表 13-8　平板对接双面焊焊接材料消耗定额　kg/m

母材金属厚度/mm	焊接方法	
	气焊(焊丝)	焊条电弧焊(焊条)
3	0.24	0.33
4	0.34	0.47
5	0.40	0.55
6	0.53	0.72
8	0.57	0.78

注：开 I 形坡口。

c. 手工焊（气焊、焊条电弧焊）开单边 V 形坡口单面焊焊接材料消耗定额见表 13-9。

表 13-9　平板对接单边 V 形坡口单面焊焊接材料消耗定额 kg/m

母材金属厚度/mm	焊接方法	
	气焊(焊丝)	焊条电弧焊(焊条)
6	0.30	0.41
8	0.46	0.63
10	0.68	0.93
12	0.97	1.33
14	1.20	1.64
16	1.56	2.14
18	1.96	2.68
20	2.41	3.30
22	2.90	3.97
24	3.46	3.46
26	4.05	4.05

d. 埋弧焊开 I 形坡口双面焊焊接材料消耗定额见表 13-10。

e. 埋弧焊开单面 V 形坡口焊接材料消耗定额见表 13-11。

表 13-10 埋弧焊开 I 形坡口双面焊焊接材料消耗定额 kg/m

母材金属厚度/mm	焊丝		焊剂	
8	1	内 0.35	1	内 0.35
		外 0.65		外 0.65
10	1.1	内 0.35	1.1	内 0.35
		外 0.75		外 0.75
12	1.2	内 0.40	1.2	内 0.40
		外 0.80		外 0.80
14	1.3	内 0.43	1.3	内 0.43
		外 0.86		外 0.86
16	1.4	内 0.46	1.4	内 0.46
		外 0.94		外 0.94

注：外侧碳弧气刨清根。

表 13-11 埋弧焊开单面 V 形坡口焊接材料消耗定额 kg/m

母材金属厚度/mm	焊丝		焊剂	
18	2.3	内 1.00	2.3	内 1.00
		外 1.30		外 1.30
20	2.6	内 1.20	2.6	内 1.20
		外 1.40		外 1.40
22	2.9	内 1.40	2.9	内 1.40
		外 1.50		外 1.50

注：外侧碳弧气刨清根。

f. 埋弧焊开 X 形坡口焊接材料消耗定额见 13-12。

表 13-12 埋弧焊开 X 形坡口焊接材料消耗定额

母材金属厚度/mm	焊丝/(kg/m)	焊剂/(kg/m)
24	2.8	2.8
26	3.1	3.1
28	3.4	3.4
30	3.7	3.7
32	4.1	4.1
34	4.4	4.4
36	4.8	4.8
46	7.4	7.4
60	10.8	10.8

② 每米焊缝熔敷金属质量及焊条消耗量见表 13-13。

③ 管子对接焊接材料消耗定额。管子对接采用氩弧焊、气焊、焊条电弧焊时，焊接材料的消耗定额见表 13-14。

表 13-13　每米焊缝熔敷金属质量及焊条消耗量

焊接接头种类	焊件厚度 /mm	焊缝熔敷金属截面积 F_h /mm^2	焊缝熔敷金属质量 P_f /(g/m)	厚药皮焊条消耗量 P_t /(g/m)
不开坡口对接	1.5	3.9	31	52
	2.0	7.0	55	92
	2.5	9.5	75	125
	3.0	12.1	95	159
V形坡口对接	4.0	16	126	210
	6.0	30	236	334
	8.0	56	440	735
	10	80	628	1049
	12	108	848	1416
	16	176	1382	2308
	20	230	2198	3671
	24	384	3014	5034
双面V形坡口对接	12	84	660	1101
	16	126	989	1652
	20	176	1382	2307
	24	234	1837	3068
	28	300	2355	3933
	32	374	2936	4003
	36	456	3580	5978
	40	546	4286	7158
搭接	1.5	6.7	53	88
	2.0	10.8	85	142
	2.5	11.7	92	153
	3.0	12.6	99	165
不开坡口角接	2.0	7.0	55	92
	3.0	9.0	71	119
	4.0	17.5	133	222
	5.0	23.5	184	307
单边V形坡口角接	4.0	19	149	249
	6.0	33	259	433
	8.0	51	400	668
	12	99	777	1298
	16	164	1287	2149
	20	244	1915	3198
	24	340	2669	4457
	28	508	3988	6660

续表

焊接接头种类	焊件厚度 /mm	焊缝熔敷金属截面积 F_h /mm^2	焊缝熔敷金属质量 P_f /(g/m)	厚药皮焊条消耗量 P_t /(g/m)
双边V形坡口角接	12	106	832	1389
	16	188	1476	2465
	20	284	2229	3723
	24	400	3140	5244
	28	522	4098	6844
单边V形坡口T形接	4.0	21.5	169	282
	6.0	37.4	294	491
	8.0	60.3	473	791
	12	157.5	1236	2065
	16	262.7	2062	3444
	20	395.9	3108	5190
	24	557.3	4375	7306
	28	746.6	5861	9788
双边V形坡口T形接	12	53.6	421	703
	16	99.1	778	1299
	20	197.8	1553	2593
	24	332.6	2611	4360
	28	434.2	3409	5692
	32	550	4318	7210
	36	639.7	5336	8911
	40	823.5	6465	10796

注：焊芯密度 $\rho=7.85kg/m^3$。

表 13-14 管子对接焊接材料消耗定额

管子规格 $d\times\delta$/mm	氩弧焊丝 /(kg/头)	气焊丝 /(kg/头)	焊条 /(kg/头)	氩气 /(瓶/头)	氧气 /(瓶/头)
17×3	0.006	0.007	0.01	—	1/300
25×4	0.011	0.013	0.02	—	1/200
32×3	0.011	0.015	0.02	1/200	1/150
32×3.5	0.013	0.016	0.02	1/200	1/140
38×3.5	0.015	0.02	0.03	1/180	1/120
42×3.5	0.017	0.023	0.03	1/150	1/100
42×4	0.017	0.025	0.04	1/150	1/100
51×3	0.018	0.025	0.04	1/150	1/80
57×6	0.047	0.052	0.07	—	1/40
60×3	0.021	0.029	0.04	1/130	1/70

续表

管子规格 $d\times\delta$/mm	氩弧焊丝/(kg/头)	气焊丝/(kg/头)	焊条/(kg/头)	氩气/(瓶/头)	氧气/(瓶/头)
76×4	0.030	0.047	0.07	—	1/60
83×4	0.035	0.052	0.08	—	1/50
83×6	0.070	0.078	0.11	—	1/30
89×4	0.038	0.056	0.08	—	1/50
89×6	0.076	0.084	0.12	—	1/30
102×4	0.042	0.065	0.09	—	1/50
108×6	0.093	0.103	0.15	—	1/20
133×4.5	0.062	0.096	0.13	—	1/25

注：1. 氩弧焊打底，焊丝用量取1/3。

2. 氩弧焊打底，氩气用量分母扩大一倍。

④ 角焊缝焊接材料消耗定额。角焊缝采用焊条电弧焊、埋弧焊时，焊接材料的消耗定额见表13-15。

表13-15 角焊缝焊接材料消耗定额

焊脚尺寸/mm	焊条/(kg/m)	埋弧焊	
		焊丝/(kg/m)	焊剂/(kg/m)
2	0.1	0.07	0.07
3	0.16	0.09	0.09
4	0.24	0.14	0.14
5	0.32	0.19	0.19
6	0.43	0.25	0.25
7	0.53	0.31	0.31
8	0.66	0.39	0.39
9	0.80	0.47	0.47
10	0.95	0.56	0.56
11	1.10	0.66	0.66
12	1.30	0.77	0.77
13	1.50	0.88	0.88
14	1.70	1.00	1.00
15	1.90	1.10	1.10
16	2.20	1.30	1.30
17	2.40	1.40	1.40
18	2.70	1.60	1.60
19	2.90	1.70	1.70
20	3.20	1.90	1.90

⑤ 钨极氩弧焊时的氩气消耗量见表 13-16。

表 13-16 钨极氩弧焊时的氩气消耗量

焊件坡口形式	焊件厚度/mm	氩气消耗量 Q/(L/min)		
		结构钢	不锈钢	铝合金
不开坡口	0.5	3.5～4	3.5～4	4～5
	1.0			
	1.5	4～5	4.5	7～8
	2.0	5～6	5～6	
	3.0	6～7	6～8	8～9
	4.0	7～8	7～9	
V形坡口	5.0	8～11	8～11	9～11
	6.0	9～12	9～12	
	8.0	11～15	11～15	11～13
	10	12～17	12～17	13～15
X形坡口	12	12～17	12～17	13～15
	15			15～17
	20	13～18	13～18	
	25			
	30			

⑥ 气焊时每米焊缝上的熔敷金属量及焊丝消耗量见表 13-17。

表 13-17 气焊时每米焊缝上的熔敷金属量及焊丝消耗量

焊接接头形式	焊件厚度/mm	焊缝熔敷金属截面积 F_h/mm	熔敷金属质量 P_f/(g/m)		焊丝消耗量 P_t/(g/m)	
			钢	铝合金	钢	铝合金
对接	0.5	2	15.7	5.5	17	5.9
	1.0	3.2	25.1	8.7	27.1	9.4
	1.5	3.9	30.6	10.6	33	11.4
	2.0	7.0	55	19.1	59.4	20.6
	3.0	12.1	95	33	102.6	35.6
搭接	1.0	3.6	28.3	9.8	30.6	10.6
	1.5	6.7	52.6	18.3	56.8	19.8
	2.0	10.8	84.8	29.5	91.6	31.9
	3.0	12.6	98.9	34.4	106.8	37.3
T形接	1.0	4.8	37.7	13.1	40.7	14.1
	1.5	8.0	62.8	21.3	67.8	23.5
	2.0	11.8	92.6	32.2	100	34.8
	3.0	18.5	145.2	50.5	156.8	54.5

注：焊丝定额计算系数 K_h 一般为 1.08。

⑦ 铜钎焊时每米焊缝上的焊料及熔剂消耗量见表13-18。

表 13-18　铜钎焊时每米焊缝上的焊料及熔剂消耗量

焊件厚度 /mm	焊料消耗量 P_f/(g/m)	熔剂消耗量 P_t/(g/m)	焊件厚度 /mm	焊料消耗量 P_f/(g/m)	熔剂消耗量 P_t/(g/m)
1～1.5	150	20	5～6	800	35
1.5～2.5	250	25	6～7	800	35
2.5～3.5	350	25	7～8	900	35
3.5～4.5	500	30	8～9	950	35
4～5	750	30			

⑧ 二氧化碳气体保护焊时二氧化碳气体及焊丝的消耗量见表13-19。

表 13-19　二氧化碳气体保护焊时二氧化碳气体及焊丝的消耗量

焊接接头形式	焊件厚度 /mm	焊缝熔敷金属截面积 F_h/mm^2	二氧化碳气体消耗量 Q/(L/min)	每米焊缝上的熔敷金属质量 P_f/(g/m)	每米焊缝上的焊丝消耗量 P_t/(g/m)
对接	1.0	3.2	6	25	27
	1.5	3.9	10	31	34
	2.0	7.0	12	55	60
	2.5	9.5	14	75	81
T形接	1.0	4.8	6.0	38	41
	1.5	8.0	10	63	68
	2.0	18	10	142	154
	2.5	23	12	181	196

注：焊丝定额计算系数 K_h 一般为1.08。

第三节　焊接材料消耗定额和气体消耗定额有关计算系数

① 焊条损耗及定额计算系数见表13-20。

表 13-20　焊条损耗及定额计算系数

焊条种类	烧损与飞溅损耗系数 K_{sf}	焊条头损耗系数 K_j	药皮质量系数 K_y	定额计算系数 K_h
薄药皮焊条	0.18	0.15	0.05	1.38
厚药皮焊条	0.22		0.30	1.67

② 氩弧焊时填充焊丝定额计算系数见表 13-21。

表 13-21　氩弧焊时填充焊丝定额计算系数

焊接方法类别	焊接材料名称	定额计算系数 K_h
钨极氩弧焊	铝或镁合金、优质钢	1.05
	不锈钢、耐热钢	1.04
熔化极氩弧焊	铝或镁合金、优质钢	1.08
	不锈钢、耐热钢	1.06

③ 每千克电石可产生的乙炔气量见表 13-22。

表 13-22　每千克电石可产生的乙炔气量

电石粒度 /mm	乙炔气产生量/L		电石粒度 /mm	乙炔气产生量/L	
	Ⅰ级品	Ⅱ级品		Ⅰ级品	Ⅱ级品
2～8	250	230	25～50	280	260
8～15	260	240	50～80	280	260
15～25	270	250			

④ 氧气纯度与氧气消耗量的关系见表 13-23。

表 13-23　氧气纯度与氧气消耗量的关系

氧气纯度/%	氧气消耗量/%	氧气纯度/%	氧气消耗量/%
99.5	100	98.0	135～140
99.0	110～115	97.5	155～160
98.5	122～125	97.0	170～180

第十四章

焊接材料的使用保管和质量管理

为了确保焊接结构的质量，除了正确选择焊接材料外，还必须在焊接施工中注意焊接材料的保管及质量管理。

第一节　焊接材料的保管要求

① 要求在推荐的保管条件下，原始未打开包装的焊材，至少有6个月可保持在“工厂新鲜”状态。当然，最长的保管时间取决于周围的大气环境（温度、湿度等）。仓库推荐的保管条件为：室温在10～15℃（最高40℃）以上，最大相对湿度为60%。

② 焊材应存放在干燥、通风良好的库房中，不允许露天存放或放在有有害气体和腐蚀性介质（如SO_2等）的室内，室内应保持整洁。堆放时不宜直接放在地面上，最好放在离地面和墙壁不小于200mm的架子或垫板上，以保持空气流通，防止受潮。

③ 仓库中，要按焊材的品种、牌号、规格及批号分类堆放。发放时，按进库时间先进先出。

④ 焊材在搬运中，要避免乱扔乱放，防止包装破损。一旦包装破损，可能会引起焊材吸潮、生锈。

第二节　焊条的保管、再烘干和质量管理

一、焊条的储存及保管

焊条在周转或储存（包括出厂前和出厂后）过程中，因保管不善

或存放时间过长，都有可能发生焊条的吸潮、锈蚀、药皮脱落等缺陷。轻者影响焊条的使用性能，如飞溅增多、产生气孔、白点、焊接过程中药皮成块脱落等；重者使焊条报废，造成不应有的经济损失。保管不善还可能造成错发、错用，造成质量事故。焊条保管对焊接质量有直接影响，每个焊工和技术人员都应遵守焊条的储存及保管规则。正确保管焊条，是保证焊条使用性能、确保焊接质量的一个重要方面。

1. 焊条储存中常见的问题

① 损伤　虽然焊条在一般情况下具有抗外界损坏的能力，但不能忽视由于保管不好容易遭受损坏的情况。焊条是一种陶质产品，抗冲击性差，因此在装货和卸货时不能受到撞击。用纸盒包装的焊条不能用挂钩运输。某些型号焊条（如特殊烘干要求的碱性焊条）比普通用的焊条更要小心轻放。

② 吸潮　在焊条药皮中若含有太多的水分，则对焊接质量影响很大，用吸潮焊条焊成的焊缝表面用肉眼不一定看得见气孔，但是经过 X 射线检查就显示出气孔来。各种型号的焊条，出厂时都有一个含水量要求，低于该含水量，对形成气孔和焊缝质量没有影响。所有的焊条在空气中都能吸收水分，在相对湿度为 90%时，焊条药皮吸收水分很快，碱性焊条露在外面一天受潮就很严重；甚至相对湿度为 70%时药皮水分增加也很快；只有在相对湿度为 40%或更低时，焊条长期储存才不致受到影响。

2. 焊条的保管

① 焊条应在干燥与通风良好的室内仓库中存放。焊条储存库内，不允许存在有害气体和腐蚀性介质，并应保持整洁。库内的焊条应存放在架子上，架子离地面高度不小于 300mm，与墙壁距离不小于 300mm，架子上应放置干燥剂，严防焊条受潮。

② 焊条入库前，应首先检查入库通知单（生产厂库房）或生产厂的质量证明书（用户库房），按种类、牌号、批次、规格、入库时间等分类堆放。每垛应有明确标注，避免混放。

③ 焊条在供应给使用单位之后，至少 6 个月内可保证使用。入库的焊条应做到先入库的先使用。

④ 特种焊条的储存与保管应高于一般性焊条，特种焊条应堆放在专用仓库或指定区域，受潮或包装损坏的焊条未经处理不许入库。

⑤ 对于受潮、药皮变色、焊芯有锈迹的焊条，必须烘干后进行质量评定，在各项性能指标满足要求后方可入库，否则不准入库。

⑥ 一般焊条一次出库量不得超过 2 天的用量，对于已经出库的焊条，焊工必须保管好。

⑦ 焊条储存库内，应设置温度计和湿度计。对于低氢型焊条室内温度不得低于 5℃，相对湿度低于 60%。

⑧ 一般情况下，储存时间在 1 年以上的焊条，应提请质检部门进行复验。复验合格后方可发放，否则不准按合格品发放使用，应报请主管部门及时处理。

⑨ 仓库管理人员应懂业务、会管理、工作认真负责，账、物、卡相符，防止焊条储存错发、错用，造成质量事故。库管人员还应熟知焊条的一般性能和要求，定期查看所管理的焊条有无受潮、污染等情况，在储存中发现焊条质量问题应及时报告有关部门，妥善处理解决。

在一般情况下焊条由塑料袋和纸盒包装，为了防止吸潮，在焊条使用前，不能随意拆开，尽量做到现用现拆，必要时须对剩余的焊条进行烘干处理后再密封起来。

二、焊条的吸潮及再烘干

出厂的焊条产品都是经过高温烘干的，并用防潮材料（如塑料袋、纸盒等）加以包装，以防止焊条药皮吸潮。但是，在焊条的保存过程中总要吸附一部分潮气。焊条药皮吸潮既受到储存环境的温度和湿度的影响，也受到药皮配方、制造工艺和黏结剂（水玻璃等）的影响。环境温度和湿度对低氢型焊条吸潮的影响如图 14-1 所示。

对于酸性焊条，当吸潮量超过某个极限值之后会引起电弧不稳、飞溅增多、烟尘增大、产生咬边，甚至影响到焊接过程的正常进行。

对于低氢型焊条，吸潮后不仅使工艺性能变坏，也使焊缝中扩散氢量增加，导致氢致裂纹、气孔及白点等，并引起焊缝塑性下降。低氢型焊条药皮吸潮量与焊缝扩散氢量之间的关系见图 14-2。

为了保证焊接质量、去除焊条药皮中吸附的水分，使用之前应对

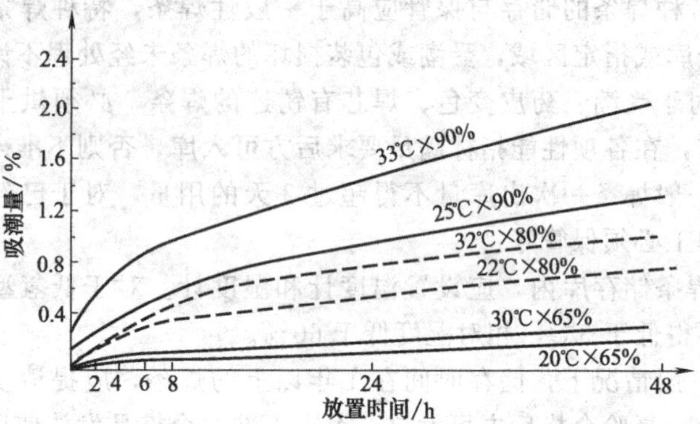

图 14-1 低氢型焊条吸潮曲线

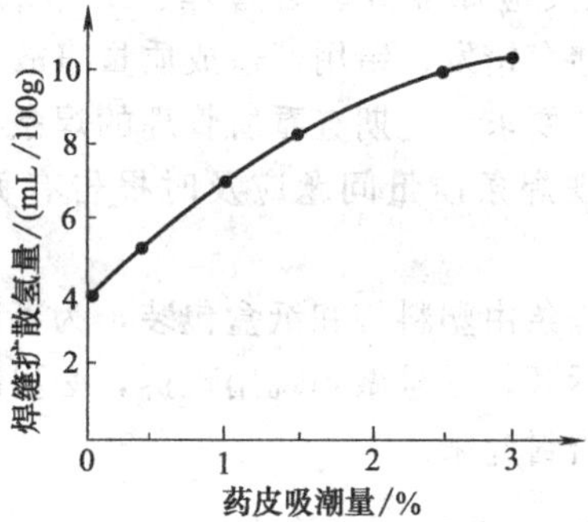

图 14-2 低氢型焊条药皮吸潮量与焊缝扩散氢量的关系

焊条进行再烘干，并且要及时使用。焊条的再烘干温度主要是根据药皮类型来确定的。烘干温度过高可能会造成药皮中碳酸盐的分解、有机物的变质以及铁合金氧化等，从而影响焊接工艺性能及焊缝金属力学性能。因此，烘干时要小心从事。焊条通常在烘箱中烘干，不宜用气焊枪或喷炬急骤加热，因为这样做一方面焊条加热不均匀，另一方面也容易引起药皮开裂或变质等。

生产实践和试验研究表明，不同类型焊条的烘干温度是不同的。即使烘干温度不超过引起药皮中碳酸钙分解的温度，即在 485℃以下，也并不是所有焊条的烘干温度都是越高越好。对于低氢型焊条，在允许范围内，适当提高烘干温度有好处，可以减少药皮中的吸潮水分，降低熔敷金属中的扩散氢含量，消除焊缝金属气孔。但是，对于

J422之类的酸性焊条，最高烘干温度不应超过250℃，否则会因药皮中的有机物变质，减弱气体保护作用，反而会使焊缝产生气孔。笔者在进行铁粉钛型焊条研究时，曾做过如下试验：将焊条先在320℃条件下烘干1h，施焊时发现焊缝表面出现大量气孔，但若将此焊条在水中浸一下，立即施焊，则发现焊缝前半段气孔消失，而后半段因焊条表面吸附水分的蒸发，又开始出现气孔。推测其原因是：刚刚浸了水的酸性焊条药皮中含氢、氧量较高，在焊接过程中产生大量气体（主要是CO、H_2），焊接熔池在不断的沸腾中容易使气体逸出，而不致产生气孔；当药皮含水量过低时，熔池变得平静，产生的气体来不及逸出而形成气孔。因此，希望药皮保持一定的含水量。对于低氢型焊条，由于药皮中含有大量脱氧剂，焊缝中含氧量较低，且药皮中不含有机物及带结晶水的原料，又经过较高温度的烘干，药皮中含水量很低，因此，焊接时熔池中产生气体量少，熔池比较平静。而当药皮含水量高时，熔池中产生的气体较多，但因熔池沸腾不强烈，气泡上浮慢，就容易产生气孔。不同烘干温度时不同类型焊条的气孔倾向如表14-1所示。焊条烘干温度对熔敷金属扩散氢量及气孔数量的影响如图14-3所示。

表14-1　不同烘干温度时不同类型焊条的气孔倾向

烘干温度/℃	焊缝表面		角焊缝断口	
	E4324型	E4328型	E4324型	E4328型
220	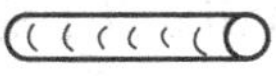	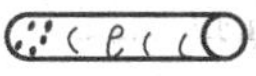		
280	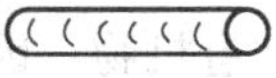	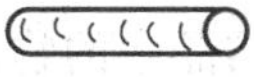		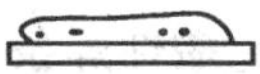
350	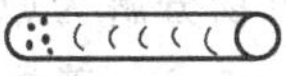	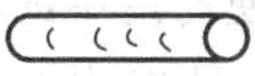	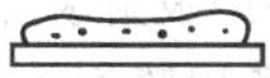	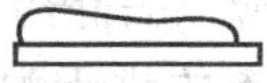
420	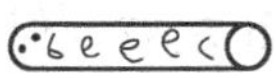	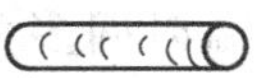	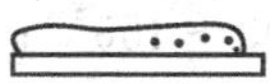	

此外，对于有些管道用纤维素焊条，某些生产厂商在产品说明书中规定，打开包装（镀锌铁皮筒）后，焊条就可直接使用，不准进行再烘干。因为厂商在调制焊条配方时，已将焊条药皮中所含水分对电弧吹力的影响一并考虑在内。若进行再烘干，则势必降低药皮的含水

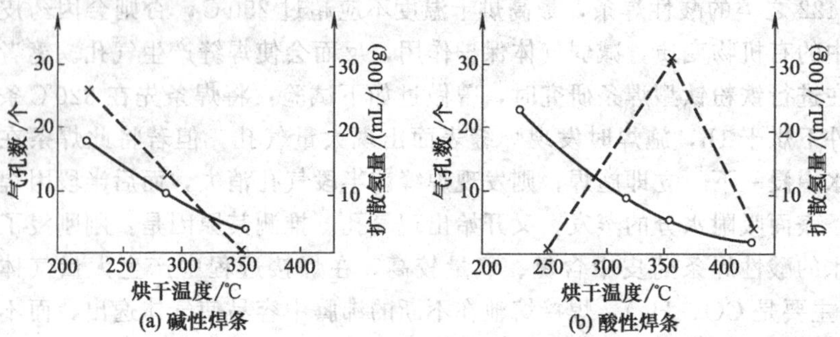

图 14-3 焊条烘干温度对熔敷金属扩散氢量及气孔量的影响
×—气孔个数；○—扩散氢量

量，亦即减弱了电弧吹力，同时破坏了弧焊过程中的冶金反应平衡，最终将影响焊接质量。同样，对于钛酸性不锈钢焊条，也是类似情况。有一类所谓低水分不锈钢焊条，为了降低焊缝气孔敏感性，要求焊前经 280～350℃烘干。而另一类所谓高水分不锈钢焊条，依靠药皮中一定的含水量，使熔池形成沸腾，促进溶解气体的逸出。这类焊条，一般焊前不需进行再烘干，否则可能会造成焊条后半段产生气孔。因此，在焊条使用前必须认真阅读说明书，按厂方要求认真进行再烘干。

再烘干后的焊条，一般应随烘随用，最好立即放在焊条保温筒内，以免再次吸潮。在露天大气中存放的时间，对于普通低氢型焊条，一般不应超过 4～8h，对于抗拉强度在 590MPa 以上的低氢型高强度钢焊条应在 1.5h 以内。

酸性焊条药皮中一般均有含结晶水的物质和有机物，因此，烘干时应以去除药皮中的吸附水而不使药皮中的有机物分解为原则。酸性焊条的烘干温度各国略有不同，日本为 70～100℃，美国为 120～150℃，我国为 100～150℃；保温时间多为 1h 左右，但不得少于 30min。酸性焊条再烘干的目的不是为了改善抗裂性能，而是为了改善焊接工艺性能，故一般要求吸潮量超过 2%～3%时才进行再烘干。

碱性焊条药皮中的水分是焊缝中氢的主要来源，为了改善抗裂性能，一般使用前均需再烘干，并应现烘现用，烘后的焊条可放在温度在 120℃左右的保温筒内。焊条的烘干温度对焊缝中扩散氢量有明显影响，见图 14-4。随着烘干温度的提高，扩散氢量逐渐减少。为了减少焊缝中的氢，普通强度的低氢型焊条的烘干温度应不低于 350℃。随着焊缝强度级别的提高，焊条的烘干温度也要适当提高，一般达 400℃ 以上。但是，烘干温度不得超过 470℃，否则，药皮中的碳酸盐分解，金属粉及铁合金氧化，焊条药皮变质，导致焊条报废。

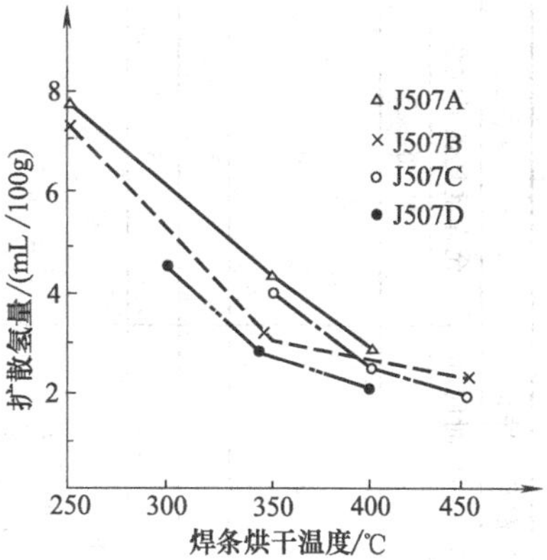

图 14-4 焊条烘干温度对扩散氢量的影响

为便于选用，表 14-2 推荐了各类焊条的再烘干规范，供作参考。原则上，再烘干温度均应稍低于制造焊条时的烘干温度。但是，有些焊条厂受设备条件限制，出厂前的烘干温度较低，故再烘干温度有时会高于制造焊条时的烘干温度。对于重要的焊接结构，如桥梁、船舶、高压容器及管线等，当采用高强度钢焊条施焊时，必须要求严格的再烘干制度，烘干后还要放在一定温度的保温箱中存放，随用随取，并限制取出焊条的使用时间，超过规定的时间后，需要重新烘干，并规定了焊条的烘干次数，如表 14-3 所列。上述规定对在高湿度环境下的焊接施工更为必要。如果再选用耐吸潮的焊条，将会收到更好的效果，它可以延长焊条在大气中的放置时间，既方便了管理，也便于保证焊接质量。

三、过期焊条的处理

所谓“过期”并不是指存放时间超过某一时间界限，而是指质量发生了程度不同的变化（变质）。各种类型的焊条若存放时间较长，有时在焊条表面上发现有白色的结晶（发毛），这通常是由水玻璃引起的，这些结晶不是有害的，但它意味着焊条存放时间很长而受潮。

① 对存放多年的焊条应进行工艺性能试验，焊条按规定温度进行烘干。烧焊时没有发现焊条工艺性能异常的变化，如药皮成块脱落现象，以及气孔、裂纹等缺陷，则焊条的力学性能一般是可以保证的。

表 14-2　各类焊条的再烘干工艺参数

焊条类别	药皮类型	再烘干工艺参数及条件			
		温度/℃	保温时间/min	烘后允许存放时间/h	允许重复烘干次数
碳钢焊条	纤维素型	70～100	30～60	6	3
	钛型	75～150	30～60	8	5
	钛钙型				
	钛铁矿型				
	低氢型	300～350	30～60	4	3
低合金钢焊条（含高强度钢、耐热钢、低温钢）	非低氢型	75～150	30～60	4	3
	低氢型	350～400	60～90	E50××4 E55××2 E60××1	3
				E70～100××0.5	2
铬不锈钢焊条	低氢型	300～350	30～60	4	3
	钛钙型	200～250			
奥氏体不锈钢焊条	低氢型	250～300			
	钛型、钛钙型	150～250			
堆焊焊条	钛钙型	150～250	30～60	4	3
	低氢型（碳钢芯）	300～350			
	低氢型（合金钢芯）	150～250			
	石墨型	75～150			

续表

焊条类别	药皮类型	再烘干工艺参数及条件			
		温度/℃	保温时间/min	烘后允许存放时间/h	允许重复烘干次数
铸铁焊条	低氢型	300～350	30～60	4	3
	石墨型	70～120			
铜、镍及其合金焊条	钛钙型	200～250	30～60	4	3
	低氢型	300～350			
铝及铝合金焊条	盐基型	150	30～60	4	3

表 14-3 高强度钢构件用焊条管理制度

适用结构	钢材抗拉强度/MPa	焊 条	烘干条件		保存温度/℃	大气中可存放时间/h	备 注
			温度/℃	时间/min			
桥梁	590 级	590MPa 级低氢焊条	350～400	45～75	120	4	允许再烘干 2 次
	690～780 级	690～780MPa 级低氢焊条	380～450	45～75	120	1.5	
水压管道	590 级	590MPa 级低氢焊条	350～400	60	100	3	允许再烘干 2 次
	690 级	690MPa 级低氢焊条	350～420	60～75	150	2	
	780 级	780MPa 级低氢焊条	350～450	60～75	150	1	再烘干 1～2 次

② 若焊条由于受潮，焊芯有轻微锈迹，基本上不会影响性能，但如果要求焊接质量高，就不宜使用。

③ 若焊条受潮锈迹严重，可酌情降级使用或用于一般构件焊接。最好按国家标准试验其力学性能，然后决定其使用范围。

④ 如果焊条涂料中含有大量铁粉，如低氢型高效率铁粉焊条，在相对湿度很高而存放时间较长的情况下，焊条受潮严重，甚至涂料中有锈蚀现象，这样的焊条虽然经再烘干，焊接时仍产生气孔或扩散氢含量很高，因而也有报废情况。所以对于各类铁粉焊条，除要求改进包装防止焊条吸潮外，在储存中还必须妥善保管。

⑤ 若各类焊条严重变质，药皮已有严重脱落现象，则此批焊条应予报废。

第三节 焊丝的保管和质量管理

焊丝是一种金属制品，尽管大多数实心焊丝及无缝药芯焊丝表面都经过镀铜处理，部分有缝药芯焊丝的表面也经过防锈处理（如化学发黑处理），在焊丝的包装上，除了采用塑料袋外，有的袋中还加有一小包防潮剂，外面有纸盒包装，但防潮仍然是焊丝保管中必须要考虑的问题。这是因为吸潮的焊丝可使熔敷金属中扩散氢含量增加，产生凹坑、气孔等缺陷，焊接工艺性能及焊缝金属力学性能变差，严重的可导致焊缝开裂，这一点与其他焊材是一样的。当然，由于药芯焊丝中的粉剂被非常紧密地包在钢带中，药粉与空气接触很少，同时也没有使用焊条中水玻璃那样易吸潮的物质，因此，与焊条相比，吸潮量很小，但若长期在高温高湿环境中放置，除焊丝表面生锈外，也同样会吸潮的。焊丝的吸潮试验及吸潮量对扩散氢量的影响见图 14-5 和图 14-6。由图可以看出，随着吸潮时间的增

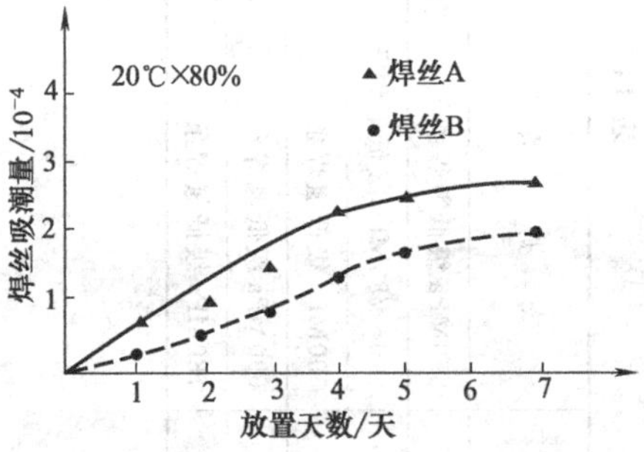

图 14-5 药芯焊丝吸潮性一例

长和吸潮量的增加，熔敷金属中的扩散氢量逐渐增多，这对焊缝的抗裂性能是不利的。

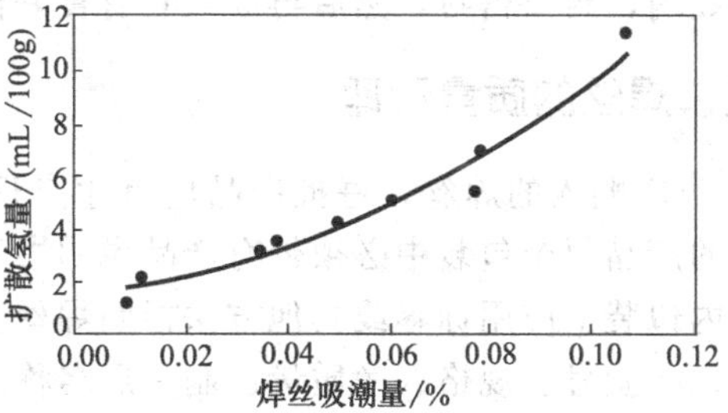

图 14-6 焊丝中吸潮量对扩散氢量的影响

一、焊丝的保管

① 要求在推荐的保管条件下，原始未打开包装的焊丝，至少有 12 个月可保持在“工厂新鲜”状态。当然，最长的保管时间取决于周围的大气环境（温度、湿度等）。仓库推荐的保管条件：室温在 10～15℃（最高 40℃）以上，最大相对湿度为 60％。

② 焊丝应存放在干燥、通风良好的库房中，不允许露天存放或放在有有害气体和腐蚀性介质（如 SO_2 等）的室内。室内应保持整洁。堆放时不宜直接放在地面上，最好放在离地面和墙壁不小于 250mm 的架子或垫板上，以保持空气流通，防止受潮。

③ 由于焊丝适用的焊接方法较多，适用的钢种也多，故焊丝卷的形状及捆包状态也有多种多样。根据送丝机的不同，卷的形状又可分为盘状、捆状及筒状。故在搬运过程中，要避免乱扔乱放，防止包装破损，一旦包装破损，可能会引起焊丝吸潮、生锈。

对于捆状焊丝，要防止钢丝架变形而不能装入送丝机。

对于筒状焊丝，搬运时切勿滚动，容器也不能放倒或倾斜，以免筒内焊丝缠绕而妨碍使用。

二、焊丝在使用中的管理

① 开包后的焊丝应在 2 天内用完。

② 开包后的焊丝要防止其表面被冷凝结露，或被锈、油脂及其他碳氢化合物所污染，保持焊丝表面干净、干燥。

③ 当焊丝没用完，需放在送丝机内过夜时，要用帆布、塑料布或其他物品将送丝机（或焊丝盘）罩住，以减少与空气中的湿气接触。

④ 对于 3 天以上时间不用的焊丝，要从送丝机内取下，放回原

包装内，封口密封，然后再放入具有良好保管条件的仓库中。

三、焊丝的质量管理

① 购入的焊丝，每批产品应有生产厂的质量保证书。经检验合格的产品每个包装中必须带有产品说明书和检验产品合格证。每件焊丝内包装上应用标签或其他方法标明焊丝型号和相应国家标准号、批号、检验号、规格、净质量、制造厂名称及厂址。

② 要按焊丝的类别、规格分别堆放，防止误用。

③ 按照“先进先出”的原则发放焊丝，尽量减少焊丝存放期。

④ 发现焊丝包装破损时，要认真检查。对于有明显机械损伤或有过量锈迹的焊丝，不能用于焊接，应退回至检查员或技术负责人处检查及做使用认可。

第四节　焊剂与钎焊材料的使用及保管

一、焊剂的使用及保管与吸潮及再烘干

1. 焊剂的使用及保管

焊剂不能受潮、污染及渗入杂物，并应保持其颗粒度。焊剂的使用与保管应注意以下事项。

① 熔炼焊剂不吸潮，因此可以简化包装、运输与储藏等过程。非熔炼焊剂极易吸水，这是引起焊缝金属气孔和氢致裂纹的主要原因。因此，出厂前经烘干的焊剂应装在防潮容器内并密封，运输过程应防止破损。

各种焊剂应储存在干燥库房内，其室温为5～50℃，不能放在高温、高湿度的环境中。

② 焊剂的颗粒小于0.1mm和大于2.5mm时，粉尘大，影响环境卫生，因此焊接时不能使用；焊剂的颗粒大于2.5mm时，不能很好地隔绝空气以保护焊缝金属，而且对合金元素过渡也会产生不良影响。因此，在储运和回收焊剂时，均应防止焊剂结块或粉化，以防止焊剂对焊接过程的不利影响。

③ 焊剂应清洁纯净。未消毒或未熔化的焊剂可以多次反复使用，

但不能被锈、氧化皮或其他外来物质污染，焊剂中渣壳和碎粉也应清除。被油或其他物质污染的焊剂应做报废处理。

④ 适宜的堆放高度。焊接时，焊剂堆放高度与焊接熔池表面的压力成正比。堆放过高，焊缝表面波纹粗大，凹凸不平，有“麻点”。一般使用的玻璃状焊剂堆放高度为25～45mm，高速焊时焊剂堆放宜低些，但不能太低，否则电弧外露，焊缝表面会变得粗糙。

2. 焊剂的吸潮及再烘干

和焊条一样，出厂的焊剂产品也是经过烘干的，并采用防潮材料进行包装。但是，在焊剂的保存过程中也要吸附一部分潮气。焊剂吸潮既受到储存环境温度和湿度的影响，也受到焊剂制造工艺和焊剂成分的影响。在相同环境温度和湿度条件下，不同制造工艺生产的熔炼焊剂、高温烧结焊剂和低温烧结焊剂（又称黏结焊剂）的吸潮曲线见图14-7。若采用吸潮的焊剂进行埋弧焊接时，焊道上会出现麻点，甚至引起气孔。焊接过程中产生“噗噗”的声音，焊道表面成形变差。焊接高强度钢时，采用吸潮的焊剂施焊会导致焊缝中扩散氢量增高，容易引起焊缝冷裂纹，给结构安全带来隐患。

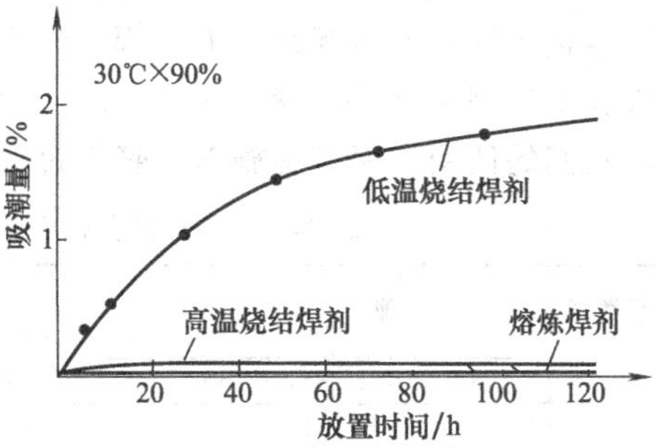

图14-7 各类型焊剂的吸潮曲线

对吸潮的焊剂，使用之前必须进行再烘干，烘干温度和时间应视焊剂类型加以区别。

熔炼焊剂多呈玻璃状或玉石状，不容易吸潮和变质，即使是长时间放置，也只会吸附少量水分。由图14-7可以得知，在30℃×90%的高温高湿条件下放置5天，也只有0.1%以下的吸潮量。尽管吸潮量不大，仍然会增加焊缝中的扩散氢，故对焊剂进行再烘干和严格管理也是十分必要的。为了去除吸附水分，在250℃以上烘干就可以了。

高温烧结焊剂的吸潮性能与熔炼焊剂相接近，见图14-7。因此，高温烧结焊剂的再烘干与管理也可参照熔炼焊剂的要求。低温烧结焊剂与低氢型焊条相接近，都采用水玻璃做黏结剂。因此，它们的吸潮特性也很类似，即在潮湿环境中长时间放置后会严重吸潮。为防止焊剂吸潮，应包装在密封的铁筒里。

随着焊剂碱度和用途等的不同，焊剂的再烘干制度也不一样，表14-4 列出了国内外常采用的烘干工艺参数作为参考。另外，焊接重要的高强度钢结构时，烘好的焊剂要放入保温箱中存放，温度为 120~150℃，随用随取，并限制使用时间（通常为 4h)，超过规定时间的焊剂，需再次烘干之后使用。

二、钎焊材料的使用及保管

钎焊材料主要包括钎料和钎剂，钎料是钎焊时的填充材料，焊件依靠熔化的钎料连接起来。而钎焊过程中熔态的钎料与母材的润湿主要取决于钎剂的作用。因此钎料与钎剂是钎焊过程中重要的组成部分，它们的使用和保管措施对于钎焊过程十分重要。

表 14-4　各种焊剂烘干的工艺参数

焊剂类型	牌　号	烘干工艺	
		温度/℃	时间/h
熔炼焊剂	HJ130,HJ131,HJ150	250 左右	2
	HJ151	250～300	2
	HJ152	350 左右	2
	HJ172	300～400	2
	HJ211	350±10	1
	HJ230	250 左右	2
	HJ250,HJ251	300～350	2
	HJ252	350 左右	2(冷却至 100℃以下出炉)
	HJ260	300～400	2
	HJ330	250 左右	2
	HJ331	300	2
	HJ350,HJ351	300～400	2
	HJ360	250 左右	2
	HJ380	300～350	2
	HJ430,HJ431,HJ433	250 左右	2
	HJ434	300	2
烧结焊剂	SJ101	300～350	2
	SJ103	350	2
	SJ104	400	2

续表

焊剂类型	牌　　号	烘干工艺	
		温度/℃	时间/h
烧结焊剂	SJ105	300～400	1
	SJ107,SJ201	300～350	2
	SJ202	300～350	1～2
	SJ203	250左右	2
	SJ301,SJ302,SJ303	300～350	2
	SJ401	250左右	2
	SJ403,SJ501	300～350	2
	SJ502,SJ504	300	1
	SJ503,SJ522	300～350	2
	SJ524	350～400	1～2
	SJ570,SJ601,SJ602	300～350	2
	SJ605,SJ606	350～400	2
	SJ607,SJ608,SJ608A	300～350	2
	SJ671	400	2
	SJ701	300～400	2

1. 钎焊材料的使用

钎焊材料使用时应注意的问题如下。

① 不要让熔态钎料在钎缝中作过远的流动，以免熔蚀母材和钎缝组织不均匀。

② 如果钎料质量相对于母材来说过于细小，则一定要将钎料放在稳定的位置（如沟槽中），以免因热容量小导致先熔而滚走。如果母材各部件互相质量相差很大，则钎料应当靠在大质量的部件上。

③ 当钎焊加热热源主要依靠辐射传热时（例如在火焰自动钎焊线上和炉中），要防止母材在被辐射加热到钎焊温度前过早熔化而滚走。

④ 用无水丙酮将氯化物钎剂调成糊状，把钎料粘在需在的位置上，并在上面用少量钎剂糊覆盖，可以减少上述钎焊过程中的问题。

2. 钎焊材料的储存

① 钎剂应装入不影响其性能的容器（如桶）中，并密封，不得有渗漏痕迹；每个容器应标明制造厂名、商标、钎剂类型和出厂日期，并具有检验合格证。

② 液态钎剂外包装上应注明“易燃液体”的标志，具体参照国家标准 GB/T 15829—2008《软钎剂　分类与性能要求》的规定操作；运输途中应避光、防热及防止振动和冲击。

③ 钎剂应放在 5～35℃阴凉处保存，钎剂的有效储存期为半年。

④ 钎料表面极易与环境大气发生反应生成锈蚀膜，主要是各种氧化物（还可能包括氯化物、硫化物、碳酸盐等），将严重影响钎料的钎焊性，因此必须将钎料储存在密闭容器中。

三、钎料、钎剂的安全注意事项

钎焊材料（特别是钎剂）的使用过程中，通风和对毒物的防护措施是十分必要的。钎料中含有某些在加热时容易挥发的有毒物质，如 Cd、Be、Zn、Pb 等。钎剂中含有氟化物、氯化物和硼化物等。所以在钎焊材料的使用中，必须采取妥善的防护措施，以免污染钎焊环境，损害操作者的健康。

钎焊前清洗零件及钎料时，使用的清洗剂（如酸类、碱类、氯化烃等有机溶剂）也必须严格采取防护措施，保证环境不受有毒物的污染。

通常采用的有效防护措施是室内通风，可将钎焊过程中所产生的有毒烟尘和毒性物质的挥发气氛排出室外，有效保证操作者的健康和安全。当钎焊金属和钎料中含有 Cd、Be、Zn、Pb 等有毒性金属，以及钎剂中含有氟化物时，要严格采取有效的防护措施。

① 铍（Be）在原子能、宇航和电子工业中应用价值很高，但是毒性大。因此钎焊铍和氧化铍时，最好在密闭通风设备中进行，并应有净化装置，达到规定标准才能排出室外。

② 镉（Cd）通常是为了改善钎焊工艺性而在钎料中加入的元素，加热易挥发，可从呼吸道和消化道进入人体，能引起急性中毒，因此除了应在密闭通风设备中进行钎焊外，还要尽可能降低 Cd 的使用量。

③ 铅（Pb）是软钎料中的主要成分，加热至 400～500℃时即可产生大量的 Pb 蒸气，在空气中生成氧化铅。Pb 蒸气通常为慢性中毒，因此为了对 Pb 蒸气进行防护，规定车间空气中最高允许浓度：铅烟为 0.03mg/m^3，铅尘为 0.05mg/m^3。

④ 锌（Zn）及其化合物 $ZnCl_2$ 在钎焊时，均易挥发生成锌烟，人体吸入可引起金属烟雾热（metal fume fever）中毒现象，因此应防止烟雾接触人体，必须应用个人防护设备和良好的通风环境，当皮肤接触 $ZnCl_2$ 溶液时，要用大量清水冲洗接触部位。

⑤ 使用含有氟化物的钎剂时，必须在通风条件下进行钎焊，或者使用个人防护装备。当用含氟化物钎剂进行浸渍钎焊时，排风系统必须保证环境浓度在规定的范围内，现行国家规定的最大允许浓度为 $1mg/m^3$。

第五节 焊接用气体的使用及保管

焊接用气体主要是指气体保护焊（包括 CO_2 气体保护焊、惰性气体保护焊）中所用的保护性气体（如 CO_2、Ar、He、O_2、$Ar+CO_2$、$Ar+O_2$ 等）和焊接、切割时用的气体（如 O_2-C_2H_2、H_2、CH_4 和液化石油气等）。

一、气瓶的使用及保管

焊接用气瓶按其储存形式不同可分为压缩气瓶（如氧气、氩气和氢气气瓶等）、溶解气瓶（乙炔气瓶）及液化气瓶（如石油液化气和 CO_2 气瓶）。在一般情况下，气体保护焊均采用钢瓶供气，因此必须遵守气瓶安全规程的有关规定。

1. 气瓶必须经过检验

气瓶颈部的检验钢印表明该气瓶在允许年限以内，并有气瓶制造厂的钢印标记。气瓶的漆色必须与充装的气体一致。

2. 气瓶的储存和运输

① 在储存、运输时，避免气瓶直接受热（暴晒、靠近暖气、锅炉等），应储存在阴凉、通气良好的室内。存放时，应有支架固定，防止撞击倾倒。

② 运输时，气瓶应旋紧瓶帽，轻装、轻卸，严禁从高处抛、滑或碰撞；气瓶在车上要固定好，汽车装运气瓶时应横放，头部朝向一个方向，装车高度不允许超过车厢高度，最好采用集装框架立放。

③ 夏季要有遮阳措施，防止暴晒；易燃品、油脂和带有油污的物品，不得与氧气瓶同车运输。运输和存放乙炔气瓶和液化气瓶时，应保持直立，严禁卧倒放置。

3. 气瓶工作前的安全检验

① 瓶阀及接管螺纹是否完好，气瓶试压日期是否过期。

② 检查气瓶瓶阀和减压器有无漏气、表针不灵等现象。检查时，可涂少量的肥皂水，切忌使用明火照明。

③ 冬季使用时，必须检查瓶阀和减压器有无冻结现象。若冻结，应用热水和水蒸气解冻。严禁用明火或红铁烘烤或用铁器敲打。

④ 气焊、气割和电焊设备在同一工作点使用时，应检查瓶体是否和电焊设备导体接触，应采取适当措施，防止气瓶带电。

⑤ 气瓶在临时工作现场时，应检查气瓶是否牢固直立，应用适当的依托物将气瓶固定。

⑥ 气瓶的存放处周围环境，应使气瓶远离明火、锅炉、砂轮以及有熔融金属飞溅物等热源 10m 以上。必要时，可设置防护隔板将气瓶和热源隔离开。

⑦ 工作场地附近应设有消防栓和干粉、二氧化碳灭火器等消防器材。严禁用四氯化碳灭火器扑救乙炔着火处。

4. 气瓶的使用和管理

① 气瓶应配装专用减压器及回火防止器，开启时，操作者应站在瓶阀口的侧后方，动作要轻缓。开启顺序应是先开高压阀，再开低压阀。关闭时顺序相同。

② 禁止敲击和碰撞，气瓶不准靠近热源，氢气和氧气与明火距离一般不小于 10m，瓶阀冻结时，不得用火烘烤。

③ 不准用电磁起重机搬运气瓶，夏季要防止日光暴晒；瓶内气体不能用尽，剩余气压应为 0.5～1MPa，以防止空气及其他气体倒流入瓶内。

④ 气瓶应按类别存放，切忌不同气瓶混放，存放乙炔瓶的库房内，严禁混放其他气瓶及易燃物。气瓶应按要求进行定期技术检验，对过期未检的气瓶应停止使用。

⑤ 使用新气瓶应按气瓶安全检查规程及溶解气瓶安全检查规程

项目仔细检查标牌和钢印，不符合规定的应停止使用。对于无防护帽、防护圈的气瓶，严禁用车辆运输。

二、氧气的使用及保管

1. 氧气的安全使用

气焊与气割用氧气的纯度很高，一级纯度不低于 99.2%，二级纯度不低于 99.5%。用压缩机将氧气压进管道或钢瓶，瓶装的氧气压力约为 15MPa，气瓶管道内的压力为 0.5～1.5MPa。

由于工业用氧气的纯度高、压力大，在使用中应特别注意氧气的使用安全。除了储装容器及工具要禁止油脂污染外，还要禁止将压缩氧气代替新鲜空气进行通风换气或者代替压缩空气作为气动工具的动力源或吹工作服上的尘土；不能用氧气去吹乙炔胶管中的堵塞物。

2. 氧气瓶的使用及保管

氧气瓶是用于储存和运输氧气的高压容器，瓶内氧气充装压力约为 15MPa，可储存 $6m^3$ 的氧气。氧气瓶涂成天蓝色，并写有黑色“氧气”字样。由于气瓶内压力很高，而且氧是活泼的助燃气体，使用不当可能引起爆炸。因此，对氧气瓶的使用应注意以下几项。

① 氧气瓶（包括瓶帽）外表应涂成天蓝色，并在气瓶上用黑漆标注“氧气”两字，以区别其他气瓶；不准与其他气瓶放在一起。

② 使用氧气时，不得将瓶内氧气全部用完，最少需留 0.1～0.2MPa 的氧气，以便在装氧气时做吹除尘试验和避免混进其他气体。

③ 氧气瓶夏季应防止暴晒；氧气瓶离开焊炬、割炬、炉子和其他火源的距离一般应不小于 10m。氧气瓶在搬运和使用中应严格避免撞击。氧气瓶上必须有防振橡胶圈，搬动气瓶时要用手推车，轻装轻卸。

④ 氧气瓶上不得沾染油脂，尤其是氧气瓶阀门处，不使用时应将氧气瓶阀关紧。

⑤ 按照气瓶检查规程，氧气瓶要定期检验，规定每三年不得少于一次检验，经检验合格后才能使用，如果发现氧气瓶有严重腐蚀现象，则应降压使用或报废。

3. 氧气瓶减压器的使用

氧气瓶减压器（又称氧气表）的作用是将储存在气瓶中的高压氧气减压至工作压力，并能灵活调节和保持稳定的工作压力。

氧气瓶减压器装卸时，应严格按照以下规定进行，以保证安全。

① 装减压器前，要稍微打开氧气瓶阀，放出一些氧气，吹净瓶口杂质，操作时氧气瓶嘴不能朝向人体。

② 检查减压器及瓶阀丝扣良好无损后，用清洁无油污工具将减压器准确、缓慢地旋紧在瓶阀上。

③ 松开减压器调节螺钉，缓慢打开气瓶阀门。检查是否漏气，高压表指针是否灵活、准确。待正常后，接通输气胶管，逐渐旋紧调节螺钉，并观察低压表到达所需压力时即停止，再次检查是否漏气。

④ 工作完毕后，应首先关闭气瓶阀门，表内和管道内剩余气体放完后，再放松调节螺母，并卸下减压器。切忌带减压器搬运气瓶。

氧气瓶减压器在安全管理方面，应严格按照以下规定进行，以保证安全。

① 严禁将氧气瓶减压器用于其他气体指示，例如乙炔气、液化石油气及氢气等。不得任意拆卸、调换减压器内部零件。

② 减压器冻结时，要用清洁温水和蒸汽加热解冻，切忌用火或红铁烘烤。不得与带有油脂零件一同存放，长期不用时，切忌用油脂类涂料封存。

③ 使用新氧气瓶减压器时，应按说明书的使用要求正确操作。减压器上的压力表必须定期检验。

三、乙炔的使用及保管

1. 乙炔的爆炸性能

乙炔是气焊、气割常用的可燃性气体，具有危险的爆炸性能，使用时必须注意安全。没有接触明火的纯乙炔气，当压力达到 0.15～2.0MPa 时会自行发热，当温度达到 550℃就可能发生爆炸。乙炔与其他气体进行混合使用时也极易发生爆炸。

① 乙炔与空气的混合气体也具有很大的爆炸性。当混合气体中乙炔的含量为 2.3%～8%时，接触火星就会爆炸；当乙炔的含量为

7%～13%时，爆炸的敏感性更强。在使用时，乙炔瓶上有专门将混合气体排放入空气的“放空阀”。点燃前打开放空阀，将管内的混合气体排到空气中，可避免混合气体爆炸。

② 氧气和乙炔的混合气体遇到火种时也会爆炸，爆炸力比乙炔-空气混合气体大。由于氧气的压力一般在 0.5MPa 左右，乙炔的压力只有 0.15MPa 以下，因此在使用时不能将氧气开得过大，避免混合气体中氧气的压力过大，来不及排出的氧气倒流入乙炔管道而发生爆炸。

2. 乙炔瓶的使用及保管

乙炔瓶是储存和运输焊接用乙炔的钢瓶。其外表面涂白色，并涂以红色的“乙炔”和“火不可近”字样，瓶口安装专门的乙炔气阀。乙炔瓶的工作压力为 1.55MPa，由于乙炔是易燃、易爆的危险气体，所以在使用时必须谨慎，除了必须遵守氧气瓶的使用要求外，还应该严格遵守下列几点要求。

① 乙炔瓶不应遭受剧烈的振荡和撞击，以免瓶内的多孔性填料下沉而形成空洞，影响乙炔的储存。

② 乙炔瓶在工作时应直立放置，卧放时会使丙酮流出，甚至会通过减压器流入乙炔橡皮气管和焊、割炬内，引起燃烧和爆炸。

③ 乙炔瓶内的表面温度不应超过 30～40℃，乙炔温度过高会降低丙酮对乙炔的溶解度，使瓶内的乙炔压力急剧增高而发生爆炸。

④ 乙炔减压器与乙炔气瓶瓶阀的连接必须可靠，严禁漏气的情况下使用，否则会形成乙炔与空气的混合气体，一旦触及明火就会造成爆炸事故。

⑤ 使用乙炔时，瓶内的乙炔严禁全部使用完，根据气温必须保持一定的剩余压力，并将气瓶阀关紧防止漏气。

−5～0℃时剩余压力不低于 0.05MPa；

0～15℃时剩余压力不低于 0.098MPa；

15～25℃时剩余压力不低于 0.196MPa；

25～35℃时剩余压力不低于 0.294MPa。

除了上述气体的使用和保管，常用的还有氩气、二氧化碳等气体的使用和保管。氩气瓶在使用时严禁敲击、碰撞；瓶阀冻结时，不得用火烘烤；不得用电磁起重机搬运氩气瓶；夏季要防日光暴晒；瓶内气体不能用尽；氩气瓶一般应直立放置。

第六节 焊接材料烘干等有关问题的讨论

① 焊丝的烘干。这个在焊丝使用中经常遇到的问题，在现有文献和焊丝产品说明中却没有明确提到。这说明，焊丝在焊接前的烘干，通常是没有必要的。但在实际施工中，也有人认为对于受潮较严重的焊丝，也可进行烘干，这对消除气孔及降低扩散氢含量有利。但烘干温度不宜过高，否则易引起焊丝接缝的张开，一般为 80～120℃烘干 1～2h 即可，也有的认为在 60～80℃炉中烘干 6～8h 较好。

② 焊条的寿命。这是一个众说不一但又经常困扰着用户的问题。有的规程规定焊条出厂一年后，需进行复验合格，否则就不能用于重要工程；JB/T 3223—2017《焊接材料质量管理规程》规定：自生产日期始，酸性焊接材料及防潮包装密封良好的低氢型焊接材料寿命为 2 年；有的生产厂则介绍为 5 年。

有资料介绍，在 20℃、相对湿度为 85%的条件下，各种包装材料薄膜厚度为 0.1mm 时，24h 内透过薄膜的水汽量分别为：PVC（聚氯乙烯）6～12g/m^2；聚乙烯 0.1～0.2g/m^2；铝质压膜材料<0.01g/m^2。因此，焊材的寿命主要取决于焊材的包装质量，即包装物的材质（对水汽的透过性）、包装容器内气体的湿气含量、包装容器的密封及完整性。

笔者认为，焊条是一种带有无机盐物质的金属制品，只要不受潮变质，就不会发生内在质量的重大改变。从这个角度看，只要包装物不破损，用铝膜真空包装的焊条，其寿命应该在 5 年以上。而其他的包装，只要包装完好，焊芯不生锈，即使放置的时间较长，焊前经过再烘干，焊条的内在质量也不会恶化。因此，焊条出厂时间的长短，不应成为考虑焊条能不能使用甚至报废的唯一理由。这既符合实际，也具有较大的经济价值。

对于复验，JB/T 3223—2017《焊接材料质量管理规程》规定：“原则上以考核焊接材料是否产生可能影响焊接质量的缺陷为主，一般仅限于外观及工艺性能试验，但对焊接材料的使用性能有怀疑时，可增加必要的检验项目。”出厂时间过长的焊接材料，如果要使用，就一定要先复验，并视各项性能的复验结果来确定能否使用。

第十五章

合金元素及杂质元素对焊缝组织和性能的影响

合金元素是影响焊缝组织和性能的重要因素。随着合金成分和含量的变化，焊缝的组织和性能将发生相应改变，既有变好的可能，也有变坏的可能。为了掌握其变化的规律，本书分别就各合金元素对焊缝组织和性能的影响进行了系统说明。在碳钢及低合金钢焊缝中，锰是最常加入的合金元素，故本章首先确定锰的影响规律，它是研究其他元素影响的基础。碳在焊缝中属于限制加入量的元素，因此，就低碳钢和低合金钢焊缝中碳的加入量进行了探讨。在耐热钢焊缝中往往加入铬、钼元素；在低温钢焊缝中通常加入较多的镍；在高强度钢焊缝中，为了提高强度及改善韧性，除了加入锰、镍、铬、钼等主要元素外，还加入适量硅、铜等辅助元素。铁粉是为提高焊接效率而加入的，其对焊缝组织和性能的影响在本书中也作了较全面的介绍。在不锈钢焊缝中，其组织比较单一，变化的规律性也容易掌握，在本章第四节将对合金元素对不锈钢及其焊缝性能的影响进行简要的分析和说明。不锈钢焊缝的性能，主要是耐蚀性、抗氧化性和高温性能等。

第一节　焊缝金属组织分类及其对韧性的影响

一、焊缝金属组织分类

有关焊缝金属组织的划分，近三十多年来曾提出多种分类见解，

表 15-1 汇总了较为典型的几种。1958 年 Dude'C. A. 等人提出将焊缝组织分成五个大类，前四类均属铁素体的不同形貌，最后一类为非铁素体，包括珠光体、贝氏体、马氏体和残余奥氏体等。其后，众多学者对上述分类又进行了完善和发展，特别是组织名称明显增多了，甚至同一类组织有着多个不同的叫法，如先共析铁素体、晶间铁素体、多边形铁素体、块状铁素体等都是高温下相变的同一类产物。1985 年道尔贝（Dulby）在国际焊接年会上提出了焊缝金属显微组织的分类准则，他根据铁素体的形貌和析出位置的不同，确定了各种组织的名称，并得到了国际焊接学会的推荐，见表 15-2。

表 15-1 中给出的各种组织分类见解，可提供给人们更多的背景材料，以便于从不同角度去理解焊缝组织的分类特点，通过比较可得到更深入、更全面的认识。表 15-2 的组织分类具有更高的权威性，由于国际焊接学会的推荐，将会在更多的国家得到应用。为使国内同行对这一组织分类有更多的了解，下面按组织类别加以说明。

1. 先共析铁素体（PF）

先共析铁素体可分为晶界铁素体和晶内块状铁素体。晶界铁素体是沿原奥氏体晶界析出的铁素体，有的沿晶界呈长条状扩展，有的呈多边形互相连接沿晶界分布。它通常在高温发生 $\gamma \rightarrow \alpha$ 相变时优先生成，这是因晶界能量较高而易于形成新相核心。当冷却速度较慢或合金成分很少时，不仅是在晶界，而且在晶内也形成块状或多边形状的铁素体。先共析铁素体体的位错密度较低，大致为 $5\times10^{9}\mathrm{cm}^{-2}$。

2. 带第二相的铁素体

这里所说的第二相是珠光体、渗碳体、马氏体及 M-A 组元。第二相的性质、分布位置及其特征是决定组织类型的关键，也是观察金相组织的重点。它的性质、分布及特征等与相变温度有密切关系，也与合金成分、奥氏体晶粒度及冷却速度等有关。

在第二相与铁素体平行排列的情况下，可根据第二相的性质、分布等特征，来区别侧板条铁素体、上贝氏体和下贝氏体。

（1）侧板条铁素体 FS（SP）

它是由晶界向内扩展的板条状或锯齿状铁素体，实质是魏氏组织。它也属于先共析铁素体，但比晶界铁素体的形成温度低些。它的

表 15-1 低碳钢、低合金钢焊缝金属显微组织的不同分类汇总

Dube'C. A. 等	Widgery D. J. 等	Abson D. J. 等	Levine E. 等	伊藤庆典等
不规则(多边形)铁素体	先共析铁素体	晶间铁素体 多边形铁素体	先共析铁素体 晶间铁素体 多边形铁素体 块状铁素体 岛状铁素体	先共析铁素体 晶界铁素体 块状铁素体 多边形铁素体
一次和二次侧板条铁素体	片状组织组分(产物)	M-A-C 呈线状分布的铁素体	侧板条铁素体 条状铁素体 上贝氏体	侧板条铁素体 条状铁素体
晶内条状铁素体	针状铁素体	针状铁素体	针状铁素体 细贝氏体铁素体	针状铁素体 细小铁素体
块状铁素体				
显微相 珠光体 板条马氏体 孪晶马氏体 残留奥氏体 上贝氏体	珠光体 马氏体	铁素体-碳化物集合体 马氏体 M-A 组元	马氏体 M-A 组元 板条铁素体	珠光体 马氏体 M-A 组元 高碳马氏体 上贝氏体

表 15-2 低碳钢、低合金钢焊缝金属显微组织的分类（国际焊接学会推荐）

主类别	副类别	代号	英文名称
先共析铁素体		PF	primary ferrite
	晶界铁素体	PF(G)	grain boundary ferrite
	晶内块状铁素体	PF(I)	intragranular polygonal ferrite
带第二相的铁素体		FS	ferrite with second phase
	第二相呈非线状分布的铁素体	FS(NA)	ferrite with nonaligned second phase
	第二相呈线状分布的铁素体	FS(A)	ferrite with aligned second phase
	侧板条铁素体	FS(SP)	ferrite side plates
	贝氏体	FS(B)	bainite
	上贝氏体	FS(UB)	upper bainite
	下贝氏体	FS(LB)	lower bainite
针状铁素体		AF	acicular ferrite
铁素体-碳化物集合体		FC	ferrite-carbide aggregate
	珠光体	FC(P)	pearlite
马氏体		M	martensite
	板条马氏体	M(L)	lath martensite
	孪晶马氏体	M(T)	twin martensite

特征是板条的长宽比很大，多在 20：1 以上。当侧板条铁素体长大时，其 γ 相/α 相界面上 γ 相一侧的碳浓度增加，当其接近共析成分时，γ 相即转变为球光体而存在于侧板条铁素体的间隙之中。侧板条铁素体晶内位错密度大致与先共析铁素体相当或稍高一些。

(2) 上贝氏体 FS (UB)

上贝氏体的特征是碳化物在铁素体板条之间析出。它与侧板条铁素体有相同的形貌，即铁素体板条较细长。为了区分这两者，首先就要看生核位置，上贝氏体通常在晶界生核，而侧板条铁素体往往是由晶界铁素体延续生长而成的；其次从第二相的性质来区分，上贝氏体的铁素体板条之间分布的第二相是渗碳体，而侧板条铁素体的板条之间分布的第二相是细团珠光体或马氏体等。另外，上贝氏体的形成温度比侧板条铁素体低，所以铁素体内的位错密度更高。

(3) 下贝氏体 FS (LB)

下贝氏体的特征是碳化物在铁素体板条内部析出，根据析出物的形貌和分布分析，这些析出物不是在 γ→α 相变时析出的，而是相变析出 α 相后再从 α 相中析出的。故上述的 γ→α 相变应属无扩散相变，所生成的 α 相必然处在碳过饱和状态，这些过饱和的碳以碳化物析出时只能在铁素体晶内，而不可能在铁素体晶界析出。下贝氏体的第二相虽是渗碳体，但它的分布完全不同于上贝氏体。

(4) 条状铁素体 (LF)

条状铁素体与侧板条铁素体的不同点在于：

① 侧板条铁素体板条间为珠光体，条状铁素体板条间为排列成行的 M-A 组元或渗碳体。

② 两者的生成温度也不相同，据测定，侧板条铁素体生成于 500～700℃，条状铁素体生成于 450℃以下，在不同成分的焊缝中，这两种组织的生成温度均有变化，但相对次序不会改变。

③ 条状铁素体板条间为小倾角，板条内的位错密度很高，而侧板条铁素体的位错密度要低得多。

随着合金化程度的提高或冷却速度的加快，条状铁素体间 M-A 组元形貌由块状或粒状向条状转变。在相同试验条件下，不同强度级别的焊缝组织中 M-A 组元有如下形貌：490MPa 级焊缝中有侧板条铁素体，其间存在着珠光体，未见 M-A 组元；790MPa 级焊缝中 M-

A 组元呈块状或粒状；980MPa 级焊缝中 M-A 组元呈条状。

3. **针状铁素体**（AF）

它是出现于原奥氏体晶内的有方向性的细小铁素体，宽度约为 2μm，长宽比多在 3∶1～10∶1 范围内。针状铁素体可能以氧化物或氮化物（如 TiO 或 TiN）为形核核心，呈放射状生长。因此，相邻的两针状铁素体之间呈大倾角，一般在 20℃以上。在两个针状铁素体的间隙处为渗碳体或马氏体及 M-A 组元，这与合金化程度和冷却速度等有关。它应属中温区 $\gamma \rightarrow \alpha$ 相变的产物，可称为贝氏体铁素体，但与已知的贝氏体并不相同。由于针状铁素体可以在原奥氏体晶内各处形核，成长的铁素体互相碰撞，限制其任意生长，既不是板条状，也不是长针片状，而呈细小的针状。基于针状铁素体的生成温度低，晶内位错密度更高，约为 $1.2\times10^{10}\mathrm{cm}^{-2}$，为先共析铁素体的 2 倍左右。位错之间互相缠结，分布也不均匀，但又不同于经受剧烈塑性变形后出现的位错形态。

4. **铁素体-碳化物集合体**

铁素体-碳化物集合体主要是指珠光体，但也包括当碳化物相与铁素体相呈层状或不呈层状而混杂分布的区域，该区域要比周围的铁素体板条宽度大。

5. **马氏体**（M）

马氏体是过冷奥氏体通过无扩散型相变而生成的亚稳定组织。马氏体中的碳在铁中呈过饱和状态存在，加热时碳很容易以碳化物的不同形貌析出。马氏体具有体心立方结构。根据含碳量的不同，可将马氏体分为板条马氏体和片状马氏体。在低碳钢及低合金钢焊缝中，主要是板条马氏体，也称低碳马氏体或位错马氏体。这类马氏体的形貌呈细长条状，多个板条平行排列，同方向生长。这些同方向长成的马氏体板条构成一个集合体，称为板条束。几个板条束构成一个束团，板条束之间呈大倾角相交。马氏体板条的宽度约为 0.1～0.2μm，板条内具有很高的位错密度，约为 $(0.3\sim0.9)\times10^{12}\mathrm{cm}^{-2}$。

在低碳钢及低合金钢焊缝中，片状马氏体（又称高碳马氏体或孪晶马氏体）主要存在于 M-A 组元中，通称岛状马氏体。它是在块状铁素体、条状铁素体或针状铁素体的间隙中富碳区生成的，这个富碳区往往同时存在高碳马氏体和残余奥氏体。

二、组织对韧性的影响

焊接接头的组织，不论是焊缝组织还是热影响区组织，往往都是混合组织。在连续冷却过程中，先后发生高温转变、中温转变和低温转变。

在不同的转变温度下，有不同的组织类型和形貌，对韧性的影响是不同的；还有晶粒尺寸大小、析出物或夹杂物的性质、尺寸及分布等，也会影响到韧性，故对韧性的影响有多方面因素，单从一个方面去分析有时会讲不清楚，甚至会相互矛盾。下面所介绍的组织对韧性的影响是在一定条件下得出的，仅供参考。

1. 铁素体对韧性的影响

铁素体的晶粒尺寸对韧性有很大影响，铁素体晶粒度越细小，则其延性-脆性转变温度越低。通常采用 V 形缺口冲击试件断口中纤维区占 50%时的温度 vT_{rs}，或以 V 形缺口冲击试验时冲击功为 15lbf · ft（21J）时的温度 vT_{r15} 判据（也还有其他判据），用来确定延性-脆性转变温度。铁素体晶粒直径 d 与 vT_{rs} 之间的关系如图 15-1 所示，也可写成下列关系式，即

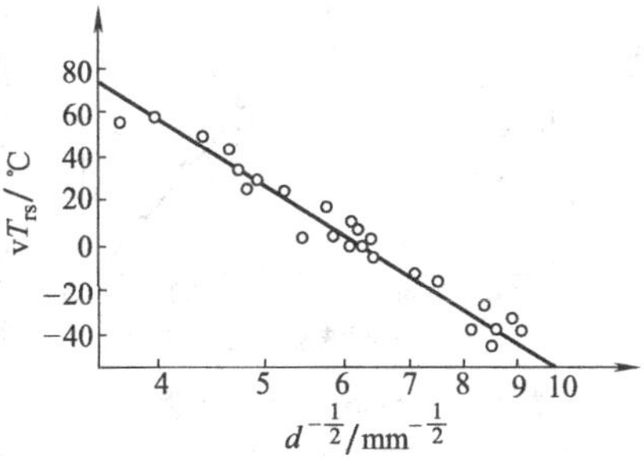

图 15-1　铁素体晶粒直径与 vT_{rs} 的关系
（断口中纤维区占 50%）

$$\mathrm{v}T_{rs}=A-B\ln d^{-\frac{1}{2}} \tag{15-1}$$

式中　A，B——常数。

另外，从阻止脆性裂纹的扩展途径考虑，希望是粒状和条状铁素体混合组织，这有利于提高冲击韧性。单一的平行排列的条状铁素体或有规则排列的粒状铁素体均不利于提高韧性，如图 15-2 所示。

大量研究结果表明，针状铁素体可显著改善焊缝韧性，如图 15-3 所示。随着针状铁素体的增加，vT_{rs} 逐渐下降。因为针状铁素体的晶界为大倾角晶界，每个晶界都对裂纹的扩展起阻碍作用，并

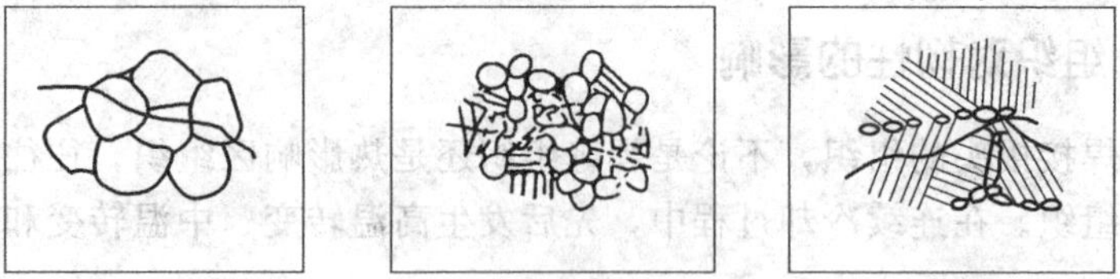

(a) 粗大铁素体,韧性差　(b) 粒状+条状,高韧性　(c) 条状铁素体,韧性差

图 15-2　铁素体形貌及分布对韧性的影响

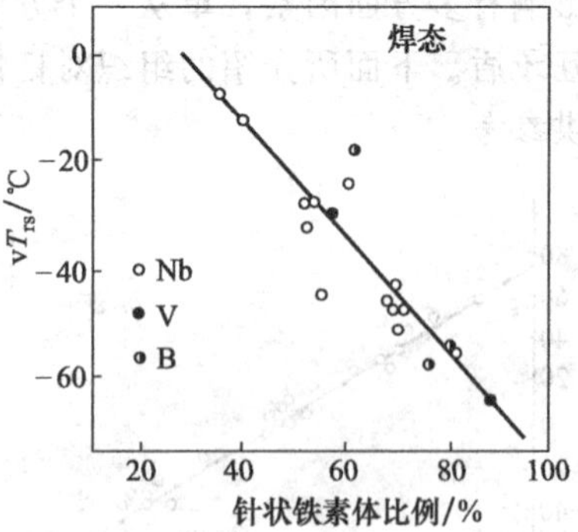

图 15-3　针状铁素体比例与 vT_{rs} 的关系

由于晶粒细小，裂纹的扩展途径非常曲折，因此扩展需要更多的能量。针状铁素体增加有利于改善韧性，但合金元素增加后固溶强化作用也大大提高，因强度提高对韧性带来的有害作用，有时会抵消针状铁素体的有利作用，最终反而会恶化韧性。另外，随着合金化程度的提高，焊缝组织可能出现条状铁素体（LF）及马氏体，在强度提高的同时，焊缝韧性就势必降低。如图 15-4 所示，R_{eL} 约大于 700MPa 后，针状铁素体（AF）可由 100%减少到 20%左右，代之出现的是条状铁素体和马氏体，焊缝韧性急剧下降。

先共析铁素体对韧性是不利的。如图 15-5 所示，随着先共析铁

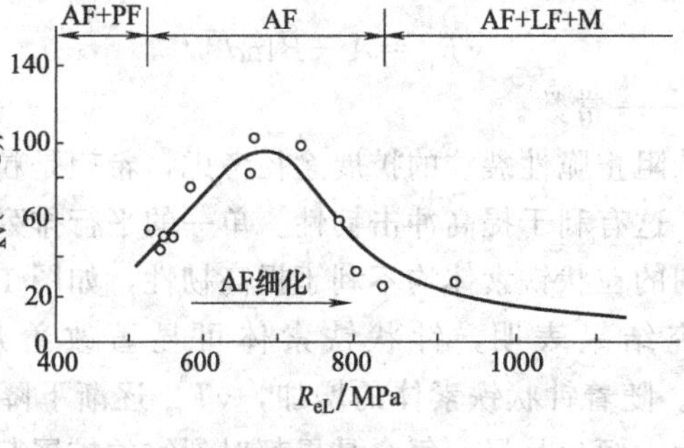

图 15-4　焊缝韧性与强度的关系

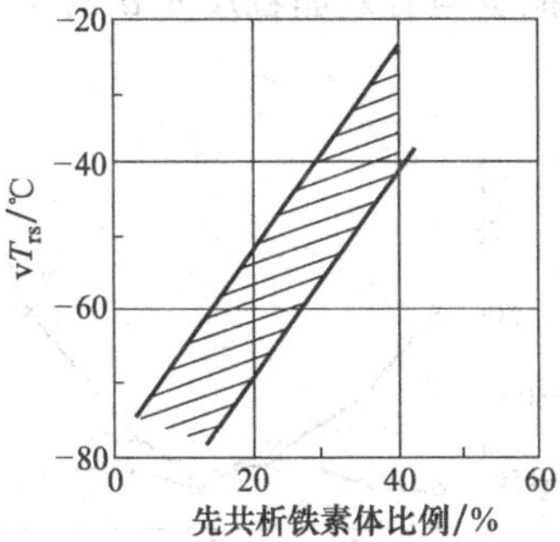

图 15-5　先共析铁素体比例与 vT_{rs} 的关系

素体数量的增加，vT_{rs} 呈直线上升。从断裂过程分极，先共析铁素体的显微硬度比针状铁素体低，所以变形时塑性变形最初将局限于晶界铁素体内，加之其夹杂物较多，位错塞积或缠结于非金属夹杂物处，导致开裂。这些已形成的裂纹受位错塞积和裂纹尖端应力场的影响，在临界综合应力的作用下，一个或多个裂纹扩展而引起断裂。先共析铁素体的晶粒越大，位错塞积的距离越大，引起的应力场也就越大，断裂就更加容易，冲击吸收功也就越低，断口呈脆性，vT_{rs} 上升。

2. 贝氏体对韧性的影响

不同温度下形成的贝氏体有着不同的 vT_{rs}，如图 15-6（a）所示。可以看出，在 350℃以上，随着贝氏体生成温度的下降 vT_{rs} 逐渐降低；低于 350℃后 vT_{rs} 又有上升的趋势，这与更低温度下马氏体生成有关。从图 15-6（b）中可以看到，随着贝氏体生成温度的降低，贝氏体的有效晶粒尺寸 d 也减小；低于某一温度后有效晶粒尺寸 d 又有增大的趋势，这也与马氏体的生成有关，出现了尺寸更大的马氏体板条束。比较图 15-6（a）、（b）可知，贝氏体韧性的改善与有效晶粒尺寸的减小成对应关系，即由于有效晶粒尺寸减小而使韧性改善。在较高温度下形成的板条状上贝氏体，相邻条状晶的位向近于平行，碳化物断续地平行分布于铁素体条之间，如图 15-7（a）所示，这意味着有效晶粒尺寸 d 较大，在这种情况下裂纹易沿铁素体条间扩展，冲击吸收功较小，所以上贝氏体的出现对韧性是不利的。在较低温度下形成的下贝氏体（B_L），相邻针状晶的位向呈大角度相交，且碳化物弥散分布于铁素体内部，如图 15-7（b）所示，这意味着有效晶粒尺寸 d 较小，因而脆性裂纹不易扩展，冲击吸收功较大，所以下贝氏体的出现对韧性有好处。

魏氏组织本质上也属于贝氏体，这种组织对韧性不利，主要原因可能也与有效晶粒尺寸 d 有关系。

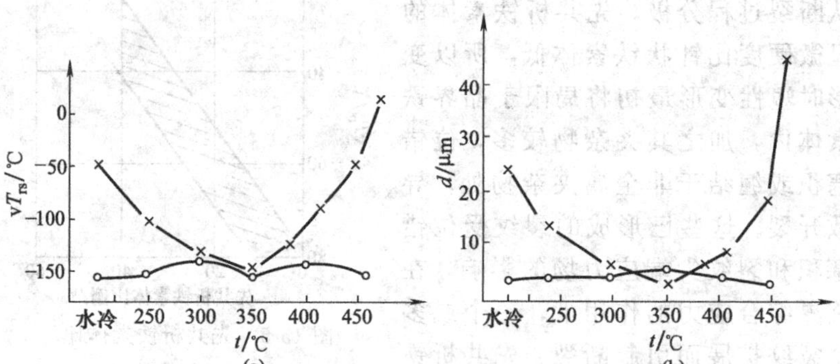

图 15-6 贝氏体形成温度 t 对 vT_{rs} 与 d 的影响

×—γ 晶粒度是 No. 0 级；○—γ 晶粒度是 No. 11 级

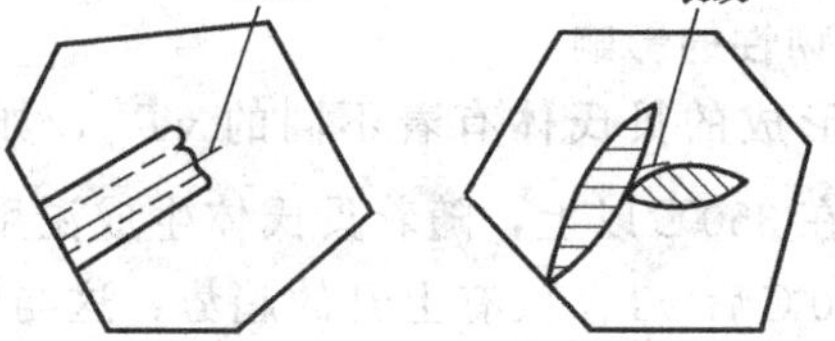

图 15-7 上贝氏体和下贝氏体抗裂纹扩展示意图

3. 马氏体对韧性的影响

马氏体的韧性高低与含碳量有密切关系，含碳量越高，对韧性越不利。低碳马氏体，特别是低碳回火马氏体（也包括自回火马氏体）有着良好的韧性。低碳马氏体呈板条状存在，10 个以上的相邻板条晶几乎是同一位向，构成一个板条束。板条之间呈小角度相交，而板条束之间则成大角度相交，这有利于阻止裂纹的扩展，提高溃击韧性。但是，以板条束的尺寸作为裂纹有效晶粒尺寸，要比下贝氏体的有效晶粒尺寸大一些。所以，在原奥氏体晶粒度相同的条件下，低碳马氏体的韧性不如下贝氏体。

高碳马氏体在低碳钢和低合金钢热影响区或焊缝中主要存在于岛状马氏体中（亦称 M-A 组元），岛状马氏体的数量与 vT_{rs} 的关系如

图 15-8 所示。由图可知，当 $t_8/_5$ 小于 180s 时，随着岛状马氏体数量的增加 vT_{rs} 明显上升，可见其对韧性危害之大；当 $t_8/_5$ 大于 180s 时，由于残留奥氏体在冷却过程中分解为铁素体和碳化物，岛状马氏体减少，vT_{rs} 也不再上升。

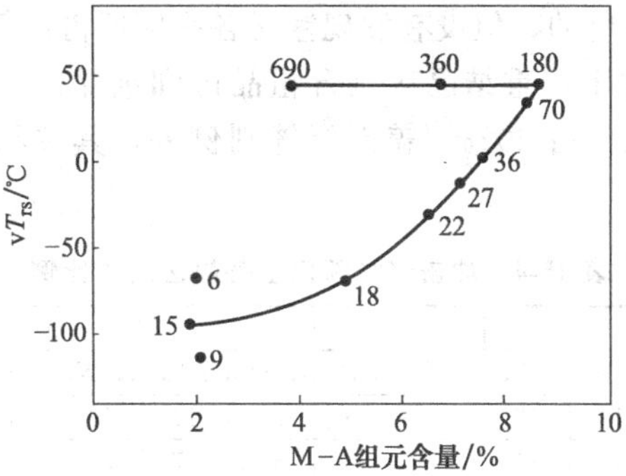

图 15-8　M-A 组元数量对 vT_{rs} 的影响

（图中数字为 $t_{8/5}$/s）

第二节　常量合金元素对焊缝组织和性能的影响

一、锰对低合金钢焊缝组织和性能的影响

试验用焊条为铁粉低氢型，焊芯直径为 4mm，药皮外径为 6.8mm。仅变化药皮中锰铁的含量，其加入量分别为 3%、5%、7% 和 9%，相应的焊条编号为 A、B、C 和 D。焊条经 400℃×1h 烘干，焊缝中扩散氢量为 2.3mL/100g。在平焊位置施焊、不摆动。采用直流电源，焊条接正极，焊接电流为 170A，电压为 27V，线能量为 10kJ/cm，层间温度为 150℃。焊缝金属的化学成分见表 15-3。

表 15-3　焊缝金属的化学成分　　%

焊条	C	Mn	Si	S	P	N	O
A	0.035	0.66	0.30	0.006	0.013	0.007	0.049
B	0.038	1.00	0.30	0.005	0.014	0.010	0.046
C	0.049	1.42	0.34	0.005	0.013	0.009	0.041
D	0.051	1.82	0.34	0.006	0.017	0.009	0.039

1. 含锰量对焊缝组织的影响

多层焊时，在厚度方向上每一道焊缝都包括 3 个结晶区域，即柱状晶区、重结晶的粗晶区和细晶区。在冲击试样的中心处沿焊缝厚度方向测定了各晶区所占比例，结果列于表 15-4。柱状晶区的宽度在层与层之间是变化的，但没有发现锰对各晶区所占比例有影响。在所采用的焊接条件下，重结晶区（含粗晶区和细晶区）所占的比例达 80%，柱状晶区仅占 20%。盖面焊缝则例外，其柱状晶区占的比例大于重结晶区。

表 15-4 冲击试样断口上各晶区所占比例 %

晶 区	A		B		C		D		平均值
	A. W.	S. R.	A. W.	S. R.	A. W.	S. R.	A. W.	S. R.	
柱状晶区	18	32	23	19	22	12	11	20	20
粗晶区	35	24	34	35	34	37	34	37	34
细晶区	47	42	43	46	44	51	55	45	46

注：A. W. 表示焊态；S. R. 表示消除应力状态。

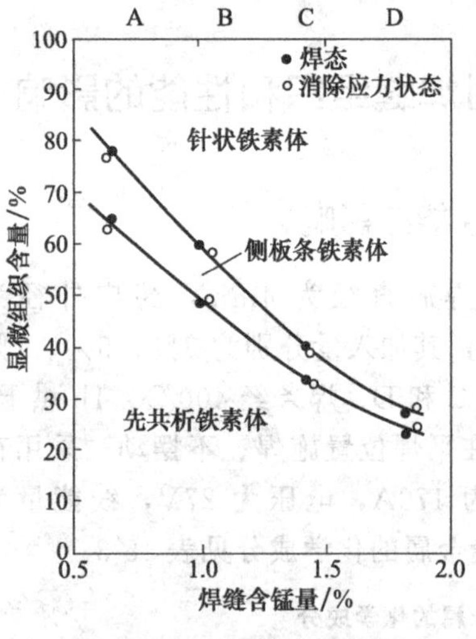

图 15-9 含锰量对盖面焊缝显微组织的影响

① 盖面焊缝组织变化 盖面焊缝的主要组织有先共析铁素体、侧板条铁素体和针状铁素体，随着含锰量的变化，这 3 种组织所占的比例也发生变化，如图 15-9 所示。可以看出，随着含锰量的增加，先共析铁素体的数量明显减少，针状铁素体的数量显著增加，侧板条铁素体的数量稍有下降。另外，经测定，随着含锰量的增加，针状铁素体本身也逐渐变得更细小。

② 粗晶区组织变化 不同含锰量条件下，粗晶区的组织是不相同的，该区域的原奥氏体晶粒尺寸可以用先共析铁素体的分布位置来确定，但含锰低的焊条 A 例外。可以看出，原奥氏体的晶粒是粗大的，该区具有粗晶特征。随着

含锰量的增加，其组织被侵蚀得越来越暗，先共析铁素体的数量逐渐减少，其尺寸也变小。

③ 细晶区组织变化　在放大 630 倍的条件下，对各焊条的焊缝细晶区进行了晶界线性截距测量。结果表明，在水平方向和垂直方向所测得的数值近似，这说明细晶区的晶粒具有相当好的等轴性。

图 15-10 所示为焊缝含锰量与细晶区晶粒线性截距平方根倒数的关系。可以看出，随着含锰量的增加，晶粒尺寸直线下降，即晶粒逐渐细化。

2. 含锰量对焊缝力学性能的影响

① 对拉伸性能的影响　在焊态和消除应力状态下（380℃×2h），对各焊条的焊缝拉伸性能进行了测定，其结果见表 15-5。焊缝屈服强度和抗拉强度与含锰量之间的关系如图 15-11 所示。

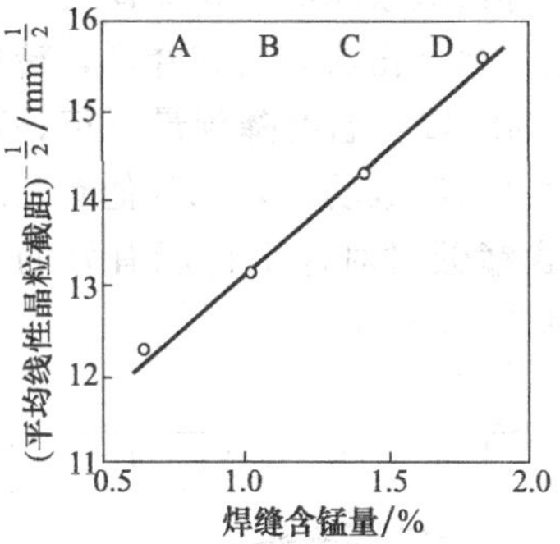

图 15-10　含锰量对细晶区晶粒线性截距的影响

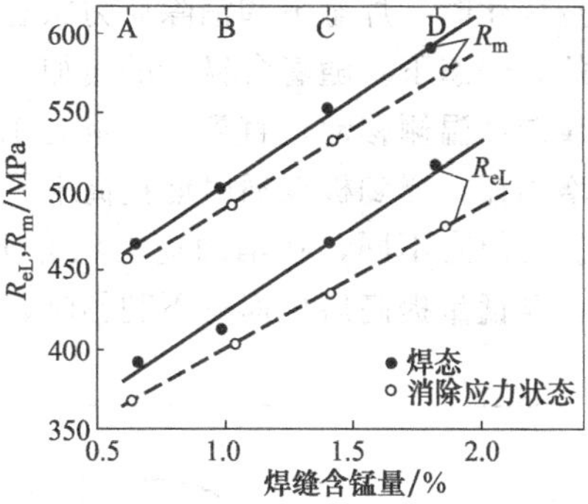

图 15-11　含锰量对焊缝拉伸性能的影响

由图 15-11 可知，不论是焊态还是消除应力状态，随着含锰量的增加，焊缝的屈服强度和抗拉强度均呈直线上升。焊态下焊缝强度值（MPa）与含锰量的数值关系式如下，即

$$R_{eL}=314+108\text{Mn}$$

$$R_m=394+108\text{Mn}$$

在消除应力状态下，焊缝强度值（MPa）与含锰量的数值关系式如下，即

$$R_{eL}=311+89Mn$$
$$R_{m}=390+98Mn$$

表 15-5 焊缝金属拉伸性能

焊缝状态	焊条	R_{eL}/MPa	R_{m}/MPa	A/%	Z/%
焊态	A	392	466	31.9	80.6
	B	413	498	31.2	80.6
	C	468	551	29.4	78.7
	D	514	588	28.0	76.8
消除应力状态	A	370	588	35.2	80.6
	B	402	490	31.0	80.6
	C	436	529	31.6	78.8
	D	479	576	27.4	76.9

② 对冲击性能的影响　分别对焊态下和消除应力状态下的焊缝冲击吸收功进行了测定，结果见图 15-12 和图 15-13。可以看出，含锰量变化时，焊态下和消除应力状态下冲击吸收功的变化规律是不一致的。焊态下，随着含锰量的增加，上平台冲击吸收功在降低，转变曲线向低温侧移动，直到含锰量为 1.5%时转变温度降到最低值；若再增加锰，降到极低温时能提高下平台冲击吸收功外，无其他有利影响。与焊态不同，在消除应力状态下含锰低时对冲击性能有好的作用，含锰量提高后反而有不利影响，见表 15-6。

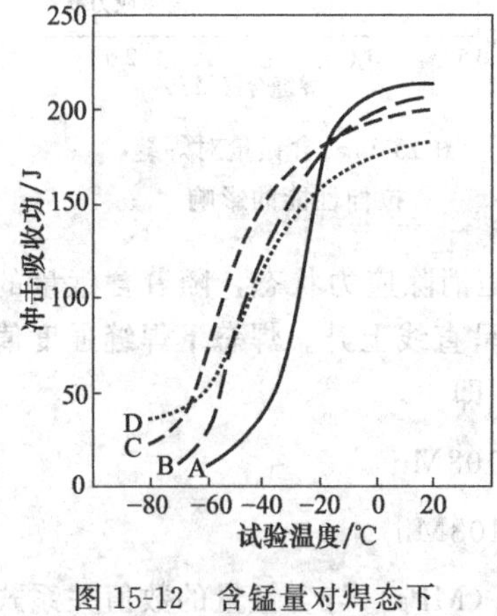

图 15-12　含锰量对焊态下冲击吸收功的影响

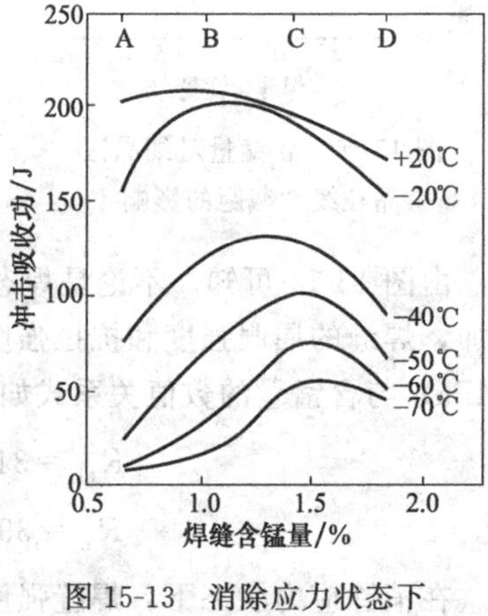

图 15-13　消除应力状态下的冲击吸收功变化

表 15-6 消除应力处理对转变温度的影响

焊条	冲击功达 100J 的温度/℃		温度差/℃
	焊态	消除应力状态	
A	−27	−32	−5
B	−44	−44	0
C	−53	−50	+3
D	−43	−36	+7

应变时效处理（预变形 10%，在 250℃时效 30min）对焊缝冲击吸收功有明显的损害作用。与不进行应变时效处理相比较，应变时效处理后焊条在较高温度（例如−20℃）下的冲击吸收功变化明显。总的趋势是，含锰量越高，应变时效处理后的冲击吸收功也越高。应变时效引起的转变温度的上升，随含锰量的增加而减少，见表 15-7。在 C-Mn 系焊缝中，应变时效引起冲击吸收功大幅度下降的主要原因，通常认为是溶解在焊缝中的氮起了作用，并有文献报道认为锰可减小钢的时效倾向，这与本试验的结果是相符合的。

表 15-7 应变时效处理对转变温度的影响

焊条	冲击功达 100J 的温度/℃		温度上升值/℃
	焊态	应变时效状态	
A	−27	+5	+32
B	−44	−5	+39
C	−53	−12	+41
D	−43	−19	+24

③ 对 COD 值的影响 在实际工程中，当考虑焊接接头全厚度性能时，必须采用 COD 试验来评定焊缝对用途的适应性和确定允许的临界裂纹尺寸。本试验测定了焊态下各焊条的临界 COD 值（δ_c），见图 15-14。由图可知，COD 值的变化规律与焊态下冲击吸收功的变化规律一致，均在焊缝含锰量为 1.5%时达到最佳值。也许这种一致性只有在应变时效程度小时才适用。

综上所述，在焊缝中增加锰可发生下列变化：增加了针状铁素体的数量，同时相应减少了先共析铁素体和层状组分的数量；细化了焊缝的针状铁素体和粗晶区、细晶区的显微组织；每增加 0.1%Mn，焊缝的屈服强度和抗拉强度约提高 10MPa；含 1.5%Mn 时焊态和消

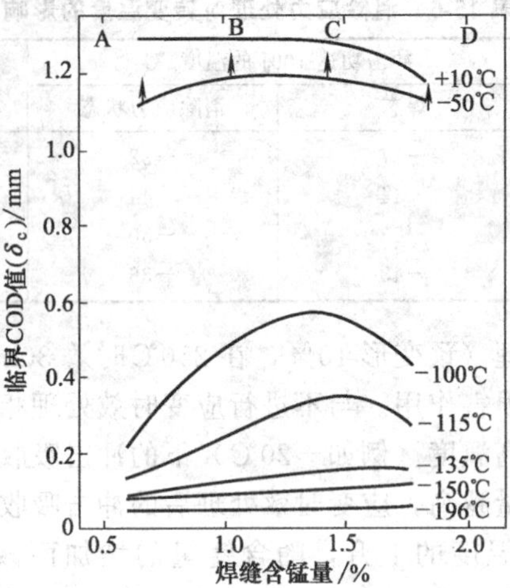

图 15-14 焊态下的 COD 值变化

除应力状态下焊缝的冲击韧性为最佳；经应变时效焊缝的冲击性能在含锰量较高时达到最佳值。

二、碳对低合金钢焊缝组织和性能的影响

1. 碳对低强度焊缝金属组织和性能的影响

试验用焊条为铁粉低氢型，焊芯直径为 4mm，药皮外径为 6.8mm。在药皮中加入不同数量的石墨，以便使焊缝中碳的含量分别为 0.045%、0.065%、0.095%和 0.145%。对应于每一种含碳量，锰的含量又分四个等级，即含锰量分别为 0.6%、1.0%、1.4%和 1.8%，按照含锰量由低到高，焊条的编号分别为 A、B、C 和 D。

在平焊位置施焊，每层焊 3 道，共 9 层焊满坡口。采用直流反接，电流为 170A，电压为 21V，线能量为 10kJ/cm，道间温度为 200℃。对应于每种焊缝，均加工 2 个小尺寸的拉伸试样和 35 个夏比 V 形缺口冲击试样。拉伸试样经 250℃×14h 脱氢处理后进行试验，冲击试样则不需要进行脱氢处理。

焊缝金属的化学成分见表 15-8，焊态下焊缝的拉伸性能见表 15-9，相应条件下的冲击吸收功见图 15-15。

(1) 含碳量对焊缝组织的影响

表 15-8　焊缝金属化学成分

含碳量/%	焊条编号	化学成分/%				
		C	Si	Mn	S	P
0.045	A	0.045	0.30	0.65	0.006	0.008
	B	0.044	0.32	0.98	0.006	0.008
	C	0.044	0.32	1.32	0.006	0.007
	D	0.045	0.30	1.72	0.006	0.008
0.065	A	0.059	0.33	0.60	0.007	0.008
	B	0.063	0.35	1.00	0.006	0.008
	C	0.066	0.37	1.35	0.005	0.007
	D	0.070	0.33	1.77	0.006	0.008
0.095	A	0.099	0.35	0.65	0.008	0.009
	B	0.098	0.32	1.05	0.007	0.009
	C	0.096	0.30	1.29	0.007	0.009
	D	0.093	0.33	1.65	0.007	0.007
0.145	A	0.147	0.40	0.63	0.008	0.007
	B	0.152	0.41	1.00	0.007	0.007
	C	0.148	0.38	1.40	0.007	0.007
	D	0.141	0.36	1.76	0.006	0.007

表 15-9　焊缝金属拉伸性能

含碳量/%	焊条编号	R_{eL}/MPa	R_m/MPa	A/%	Z/%
0.045	A	406	462	35.4	78.8
	B	432	481	35.8	78.8
	C	451	512	32.0	78.8
	D	488	549	29.6	76.0
0.065	A	407	483	31.2	80.6
	B	451	516	32.4	80.6
	C	469	515	29.2	78.8
	D	511	588	28.4	77.9
0.095	A	433	512	31.8	78.8
	B	477	546	30.0	78.8
	C	506	576	30.8	77.9
	D	535	602	27.8	74.0
0.145	A	480	569	32.8	76.0
	B	517	605	27.4	75.0
	C	536	636	27.4	75.7
	D	606	691	25.6	71.9

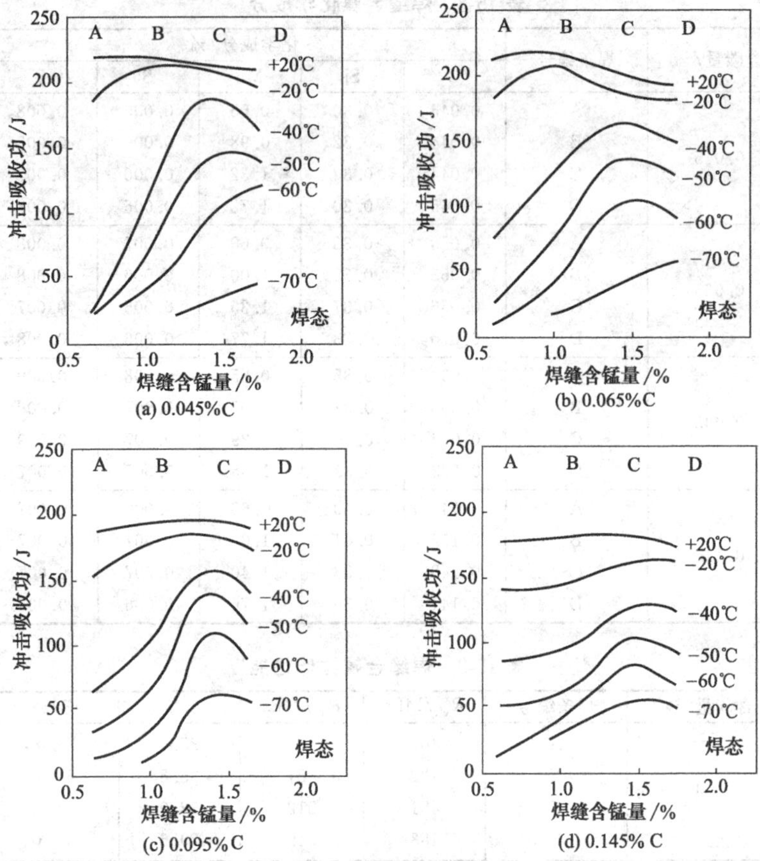

图 15-15 焊缝冲击吸收功

采用光学显微镜对不同含碳量的焊缝组织进行了系统观察，结果表明，随着含碳量的增加，柱状晶的宽度在减小，先共析铁素体减少，针状铁素体增加，侧板条铁素体的量变化不大。柱状晶的平均宽度与含碳量的关系见图 15-16。随着含碳量的增加，柱状晶宽度先是明显减小，当含碳量大于 0.1%后变化不再那么明显。另外，随着含锰量的增加，柱状晶宽度也略变窄。

随着含碳量的变化，粗晶区的组织也发生变化。含碳量增加，在原奥氏体晶界析出的先共析铁素体尺寸变小，数量减少；晶内针状铁素体的数量增多。

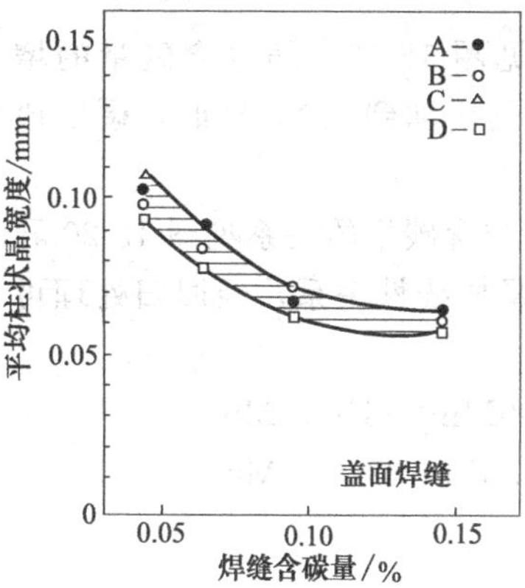

图 15-16 含碳量对柱状晶宽度的影响

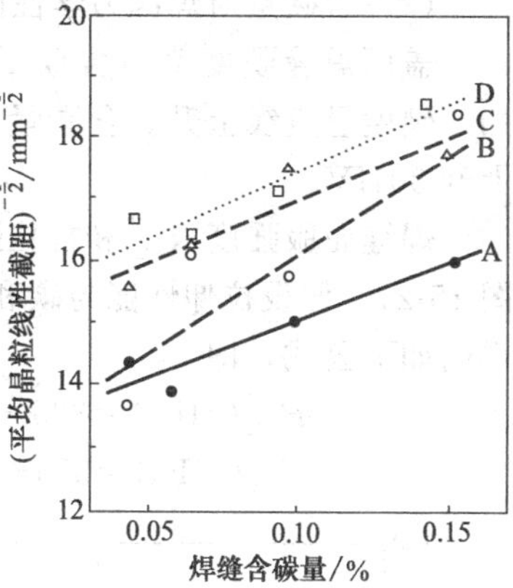

图 15-17 含碳量对细晶区晶粒线性截距的影响

在细晶区，随着含碳量的增加也发生晶粒细化，图 15-17 所示为在 630 倍放大条件下进行的线性截距测定结果。可以判定，在所研究的成分范围内，碳和锰的影响大致是相等的，都有细化晶粒作用。扫描电子显微镜观察结果表明，随着含碳量的增加，细晶区的二次相［渗碳体、马氏体-奥氏体（M-A）、贝氏体-细小珠光体（B-P）］所占的体积分数在增大，如图 15-18 所示。

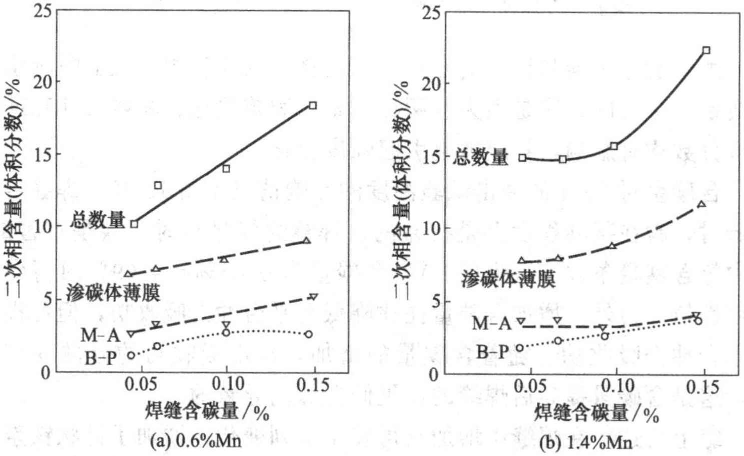

图 15-18 含碳量对细晶区二次相的影响

(2) 含碳量对焊缝力学性能的影响

盖面焊缝硬度值与含碳量的关系见图 15-19。随着含碳量的增加，硬度呈直线上升。含碳量由 0.045%增加到 0.145%时，硬度值上升 30HV。

焊缝屈服强度 R_{eL} 和抗拉强度 R_m 与含碳量的关系见图 15-20 和图 15-21。假设拉伸性能与碳和锰的含量成线性关系，经回归处理可得到如下公式，即

$$R_{eL}(\text{MPa}) = 335 + 439\text{C} + 60\text{Mn} + 361\text{C} \times \text{Mn}$$

$$R_m(\text{MPa}) = 379 + 475\text{C} + 63\text{Mn} + 337\text{C} \times \text{Mn}$$

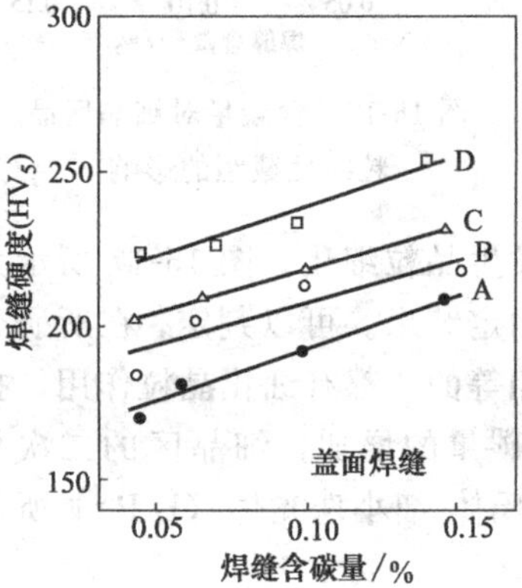

图 15-19 含碳量对焊缝硬度的影响

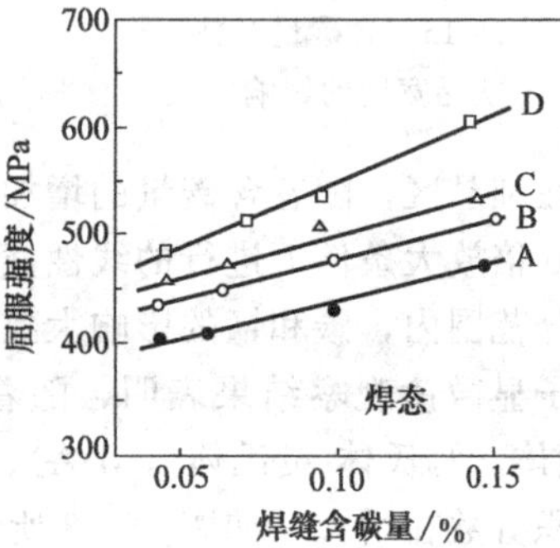

图 15-20 含碳量对屈服强度的影响

由于发生了碳和锰的交互作用，在图 15-20 和图 15-21 中所示的直线是不平行的。这是因为这两种元素对固溶强化、晶粒尺寸和珠光体百分数均有影响，相应地也引起强度变化。

含碳量对 100J 的冲击试验温度的影响情况见图 15-22。焊缝含锰量低时，碳在某种程度上是有益的；焊缝含锰量高时，碳是有害的。在中等含锰量条件下（焊条 C），含碳量为 0.07%～0.09%时得到最佳韧性值。另外，增加含碳量往往降低上平台冲击吸收功，但可提高下平台冲击吸收功。随着含碳量的增加，冲击吸收功的分散程度减小，这是含碳量提高后焊缝的淬硬倾向提高导致的。

综上所述，在焊缝中增加碳可发生下列变化：增加了针状铁素体的数量，同时减小了先共析铁素体数量；细化了粗晶区、细晶区的组

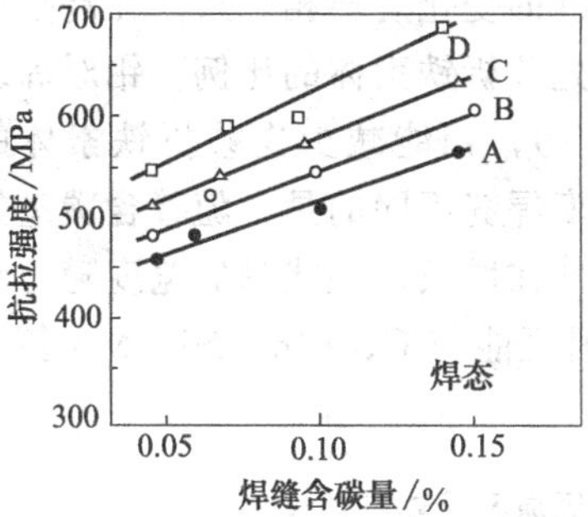

图 15-21　含碳量对抗拉强度的影响

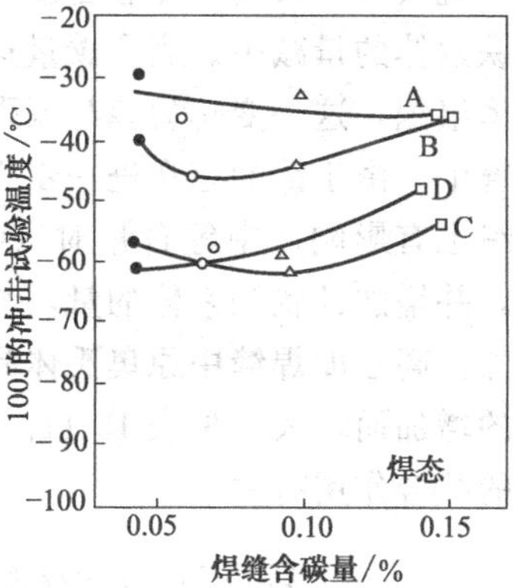

图 15-22　含碳量对 100J 的冲击试验温度的影响

织；增加了细晶区的二次相数量；提高了硬度、屈服强度和抗拉强度；减小上平台冲击吸收功，增加下平台冲击吸收功，显著减小冲击吸收功的分散度；当含碳量为 0.07%～0.09%时，含 1.4%Mn 可获得最佳韧性。

2. 碳对高强度焊缝金属组织和性能的影响

试验用焊条为低合金高强度碱性焊条（相当于 AWSE10018 和 E11018-M 型），焊芯直径为 4mm，药皮外径为 6.6mm。焊条的焊缝成分中仅含碳量不同，其余成分相接近。焊缝金属的具体成分见表 15-10。

表 15-10　焊缝金属化学成分　%

C	Mn	Si	Ni	Mo	Cu	S	P	$N/10^{-6}$	$O/10^{-6}$
0.05	1.21	0.25	1.84	0.34	0.06	0.013	0.024	143	444
0.07	1.24	0.26	1.90	0.34	0.06	0.013	0.025	119	365
0.10	1.42	0.34	1.92	0.35	0.05	0.009	0.028	87	345
0.12	1.41	0.33	1.88	0.34	0.05	0.011	0.031	99	329

在平焊位置施焊，焊接电流为 170A，电压为 24V，线能量为 21kJ/cm，道间温度为 100～110℃，焊条经 400℃烘干 1.5h，并在焊态和消除应力状态下（620℃×1h）测定焊缝金属的力学性能。

（1）含碳量对焊缝组织的影响

观察结果表明，随着含碳量的提高，针状铁素体的量增加，先共析铁素体的量减少。当含碳量达 0.12%时，几乎得到 100%的针状铁素体组织，这一变化规律与低强度焊缝的变化规律相一致。在高强度焊缝中，由于镍的存在进一步降低了先共析铁素体的比例。钼对焊缝组织也有影响，中等含量时（≤0.5%），钼能减少先共析铁素体的量，并增加针状铁素体的量，与低强度焊缝不同的是，随着含碳量的增加，高强度焊缝中原奥氏体晶粒尺寸在增长。柱状晶的宽度随含碳量的增加而增大，见表 15-11。其原因可能与 C、Mn、Ni、Mo 各元素的综合作用有关。

表 15-11 盖面焊缝柱状晶区原奥氏体晶粒尺寸

焊缝含碳量/%	0.05	0.07	0.10	0.12
平均柱状晶宽度/μm	45	123	128	—①

① 因晶界铁素体太少无法测定。

测定结果表明，随着焊缝中含碳量的增加，冲击断口中柱状晶区的百分比在减小（0.05%C 例外），细晶区的百分比在增加，见表 15-12。随着含碳量的增加，针状铁素体的长宽比也发生变化，并向板条间有碳化物析出的魏氏组织发展。具体地说，当含碳量达 0.12%时，在重结晶的粗晶区和细晶区之间已没有明显差别。可以认为，碳在粗晶区中的作用是消除晶界铁素体，而在细晶区中的作用则是细化晶粒。

表 15-12 碳对冲击断口中柱状晶区和细晶区比例的影响 %

焊缝含碳量	0.05	0.07	0.10	0.12
柱状晶区比例	40	50	30	5
细晶区比例	60	50	70	95

（2）含碳量对焊缝性能的影响

含碳量对焊态和消除应力状态下焊缝拉伸力学性能的影响见图 15-23。可以看出，随着含碳量的增加，焊态下焊缝金属的屈服强度和抗拉强度均有明显增加，但伸长率在逐渐下降。消除应力处理后，焊缝的屈服强度和抗拉强度都有一定程度地降低，但伸长率变化不大。

焊态及消除应力状态下焊缝金属的冲击试验结果见图 15-24，含

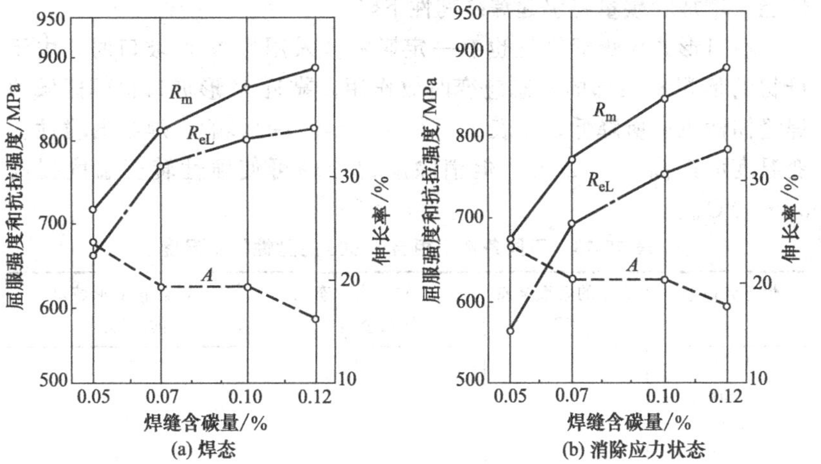

图 15-23　碳对拉伸力学性能的影响

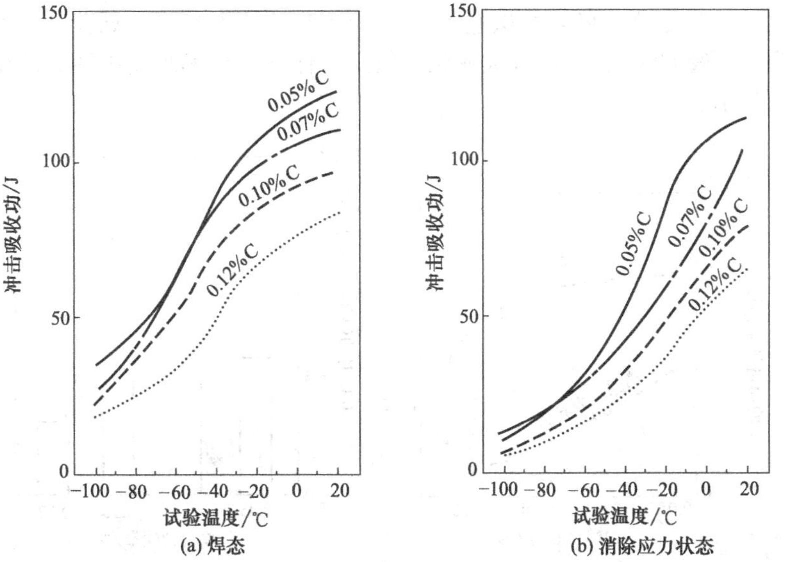

图 15-24　焊缝冲击试验结果

碳量对 50J 的冲击试验温度影响见图 15-25。由图 15-25 可以得知，消除应力处理后临界脆性转变温度明显上升，即冲击韧性有较大损失。在所研究的成分范围内，含碳量为 0.05%时可得到最好的冲击性能，增加含碳量将引起焊缝韧性下降。

坡口形式对焊缝韧性也有一定影响。采用单V形坡口时，由于母材的稀释和根部的动态应变时效作用，靠近V形坡口根部区域的焊缝韧性也有所降低，见表15-13。由于坡口的影响，焊缝的脆性转变温度可提高10～20℃；但消除应力处理可使脆性转变温度提高30～50℃。

表 15-13 不同条件下相当于 50J 的脆性转变温度

焊缝含碳量/%	焊态的熔敷金属/℃	消除应力状态的熔敷金属/℃	焊态下V形坡口的焊缝/℃
0.05	－73	－42	－63
0.07	－71	－28	－50
0.10	－63	－13	－40
0.12	－39	－3	－35

含碳量对COD值的影响见图15-26。含碳0.05％时焊缝的COD值（δ_m）最高，随着含碳量的增加，COD值逐渐减小。试验结果表明，尽管COD值发生较大变化，但从延性撕裂到解理断裂形式却变化很小。

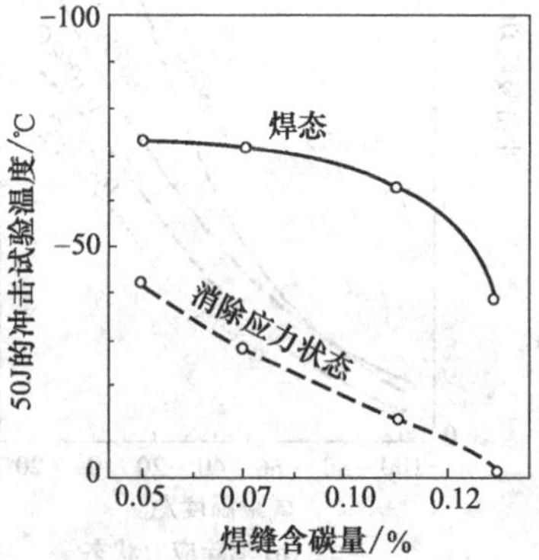

图 15-25 含碳量对 50J 的冲击试验温度的影响

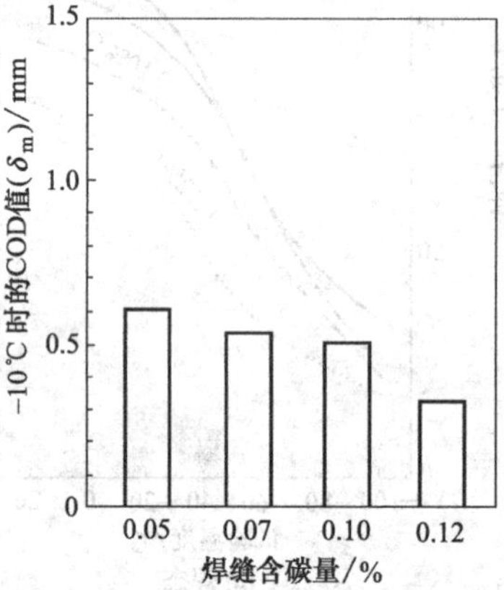

图 15-26 含碳量对 COD 值的影响

综上所述，在高强度焊缝中增加碳可发生下列变化：增加针状铁素体的比例，减少晶界铁素体的数量，在消除应力处理状态下碳化物数量会增多；焊态下焊缝的硬度、屈服强度、抗拉强度均随含碳量的增加（0.05%～0.12%）而提高，经消除应力处理后其值均有所降低；焊态和消除应力状态下焊缝的夏比V形缺口冲击韧性均随含碳量的增加而减小；含碳量为0.07%～0.10%时，焊缝在焊态和消除应力状态下均可得到良好的强度与韧性的匹配，对于低温要求高韧性的结构，其焊缝含碳量应选在0.05%～0.07%范围内。

三、硅对低合金钢焊缝组织和性能的影响

试验用焊条为铁粉低氢型，焊芯直径为4mm，药皮外径为6.72mm。在药皮中改变锰铁数量，以使焊缝金属中分别含有0.6%、1.0%、1.4%、1.8%的Mn，相应的焊条编号为A、B、C、D。并在每一种焊条药皮中再加入不同数量的硅铁，以使焊缝中硅的含量分别为0.2%、0.4%、0.6%和0.9%。在平焊位置施焊，采用直流电源，焊条接正极，焊接电流为170A，电压为21V，线能量为10kJ/cm，道间温度为200℃。每层熔敷3条焊道，整个接头总共27条焊道。焊缝金属在焊态和消除应力状态（580℃×2h）下进行试验。焊态的拉伸试样经过250℃×14h的去氢处理。

改变碱性焊条药皮中的硅铁数量，会使焊缝金属中的硅和氧发生很大变化。其化学成分见表15-14。由表可见，含氧量随含硅、锰量的增加而减少，且硅的脱氧能力为锰的3.8～4.0倍。

表15-14 焊缝金属的化学成分

平均含硅量/%	焊条	C	Si	Mn	P	S	O	N	Mn/Si
		/%					$/10^{-6}$		
0.20	A	0.060	0.20	0.60	0.008	0.006	501	55	3.00
	B	0.063	0.20	0.99	0.007	0.006	457	65	4.95
	C	0.064	0.20	1.40	0.007	0.006	436	55	7.00
	D	0.064	0.19	1.82	0.007	0.006	443	70	9.09
0.37	A	0.070	0.38	0.66	0.008	0.007	452	—	1.74
	B	0.065	0.38	1.04	0.007	0.007	419	—	2.74
	C	0.066	0.36	1.41	0.008	0.006	415	—	3.71
	D	0.067	0.35	1.80	0.008	0.006	406	—	5.14
0.61	A	0.065	0.61	0.65	0.007	0.007	405	—	1.06
	B	0.062	0.63	1.03	0.007	0.006	394	—	1.63
	C	0.073	0.62	1.44	0.007	0.006	366	—	2.32
	D	0.068	0.59	1.78	0.007	0.005	378	—	3.02

续表

平均含硅量/%	焊条	C	Si	Mn	P	S	O	N	Mn/Si
		/%					/10^{-6}		
0.94	A	0.070	0.95	0.64	0.008	0.007	351	55	0.67
	B	0.065	0.95	0.99	0.009	0.006	350	50	1.04
	C	0.063	0.93	1.38	0.008	0.005	343	50	1.48
	D	0.064	0.92	1.75	0.007	0.006	298	60	1.90

1. 含硅量对焊缝组织的影响

① 盖面焊缝组织变化　焊态焊缝金属的针状铁素体组织随含硅量的增加而增多，这种倾向性在低锰时要比高锰时大。图 15-27 所示为硅对高锰（1.4%）盖面焊缝显微组织的影响。虽然在 1.4%Mn 焊缝中针状铁素体的体积分数变化不大，但其长宽比变化较大，且二次相数量也增多。

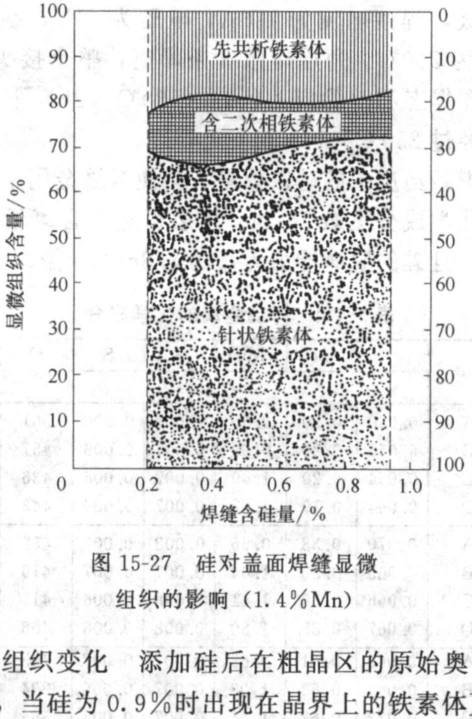

图 15-27　硅对盖面焊缝显微组织的影响（1.4%Mn）

② 粗晶区组织变化　添加硅后在粗晶区的原始奥氏体晶界上出现铁素体组织，当硅为 0.9%时出现在晶界上的铁素体更为明显。

③ 细晶区组织变化　添加硅后在细晶区组织中二次相数量增多，

但平均晶粒尺寸没有随含硅量的增加而减小（见表 15-15）。图 15-28 所示为硅对 1.4%Mn 焊缝中二次相数量的影响。由图可见，马氏体-奥氏体（M-A）显著增加，而渗碳体薄膜和贝氏体-珠光体（B-P）相对减少。锰对这种倾向性的影响比硅要小。

表 15-15　焊条 C（1.4%Mn）的晶粒尺寸

Si/%	平均线性晶粒截距/μm	Si/%	平均线性晶粒截距/μm
0.20	4.8	0.62	4.8
0.36	5.4	0.93	4.9

2. 含硅量对焊缝力学性能的影响

① 对硬度的影响　焊态焊缝金属的平均硬度随硅的增加而呈非线性增加（见图 15-29），并可用下列方程式表示：

$$HV_5 = 107 + 56Mn + 158Si - 57Si^2 - 39MnSi (R^2 = 0.97)$$

采用焊条 C 熔敷的 0.20% Si 和 0.93% Si 焊缝的硬度相差约 $30HV_5$。

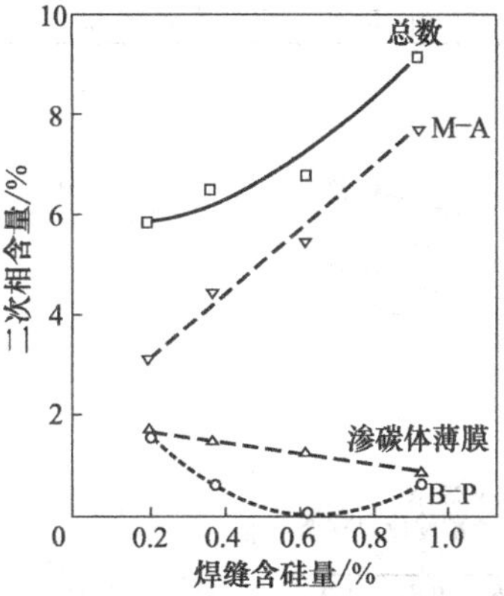

图 15-28　硅对二次相数量的影响（1.4%Mn）

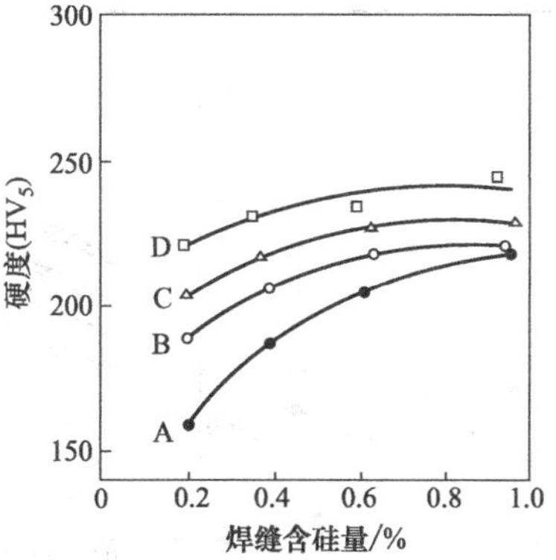

图 15-29　硅对焊态焊缝金属硬度的影响

② 对拉伸性能的影响　焊态和消除应力状态的焊缝金属的拉伸试验结果见表 15-16。图 15-30 所示为硅对不同含锰量的焊缝金属抗拉强度的影响。从其曲线看，抗拉强度与含硅量呈非线性变化，并可用下列关系式表示。

表 15-16 焊态和消除应力状态的焊缝金属的拉伸试验数据

平均含硅量/%	焊条编号	焊态 R_{eL}/MPa	焊态 R_m/MPa	焊态 A/%	焊态 Z/%	消除应力状态 R_{eL}/MPa	消除应力状态 R_m/MPa	消除应力状态 A/%	消除应力状态 Z/%
0.20	A	391	453	34.0	79.7	365	440	37.2	79.5
	B	424	483	32.6	79.7	399	470	35.0	80.6
	C	451	513	31.8	80.6	421	503	31.2	78.8
	D	497	551	29.0	79.6	466	544	29.2	78.8
0.37	A	423	491	34.2	79.7	390	469	35.2	80.6
	B	462	518	30.2	80.6	430	502	32.0	80.6
	C	494	548	30.6	78.8	446	535	31.8	78.8
	D	533	591	28.6	78.8	488	563	29.4	76.9
0.61	A	444	505	33.2	78.8	396	500	33.0	73.0
	B	470	534	30.6	79.7	419	524	33.4	79.7
	C	519	582	29.0	76.9	463	571	31.4	76.0
	D	559	612	28.8	75.9	510	606	28.2	75.0
0.94	A	476	548	28.2	73.0	439	545	30.4	75.0
	B	485	570	29.2	77.0	447	552	31.4	77.0
	C	515	603	28.6	77.9	495	596	29.6	76.0
	D	559	639	28.8	76.9	537	629	29.0	76.0

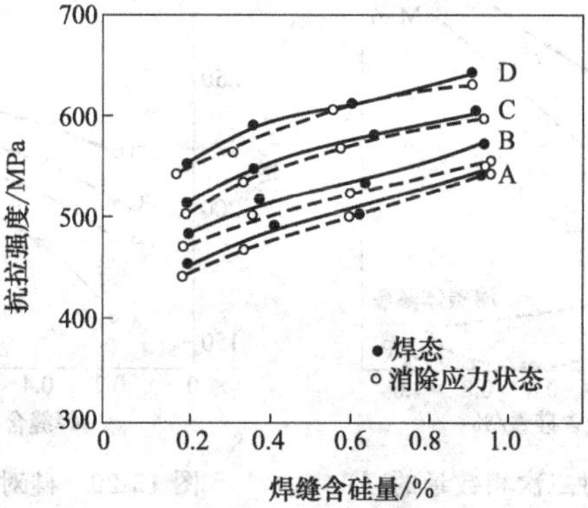

图 15-30 硅对焊缝金属抗拉强度的影响

对焊后状态：

$$R_{eL}(\text{MPa})=293+91\text{Mn}+228\text{Si}-122\text{Si}^2\ (R^2=0.97)$$

$$R_m(\text{MPa})=365+89\text{Mn}+169\text{Si}-44\text{Si}^2\ (R^2=0.99)$$

对消除应力状态：

$$R_{eL}(MPa)=288+91Mn+95Si-10Si^2(R^2=0.96)$$

$$R_m(MPa)=344+89Mn+212Si-79Si^2(R^2=0.99)$$

在添加硅和锰的焊缝金属中，其抗拉强度主要与固溶强化、显微组织和二次相颗粒尺寸有关，且在拉伸强度关系式中 Si^2 是一个重要因数。从图 15-30 中可见，焊缝金属经消除应力后其强度均有所下降，在强度关系式中也可得出这一结论。

③ 对冲击性能的影响　硅对焊态和消除应力状态下焊缝金属的夏比 V 形缺口冲击韧性的影响见图 15-31。由图可见，上平台冲击吸收功随含硅量的增加而降低，其曲线向高温方向移动。图 15-32 所示为硅对冲击功达 100J 时两种状态下试样的夏比 V 形冲击试验温度的影响。图中特别明显的是，焊缝金属经消除应力后可提高低锰、低硅焊缝的韧性，对高硅、高锰焊缝反而降低韧性。从韧性方面考虑，添加硅是有害的，这可能是由于硅引起固溶硬化和二次相数量增多而导致焊缝金属变脆。但从防止焊缝气孔形成的方面考虑，焊缝金属中至少应含有 0.2% Si。试验和实践表明，当焊缝中含有最佳锰量(1.4%) 时，含硅量只要不超过 0.5%，焊缝就可具有所需的各项力学性能。

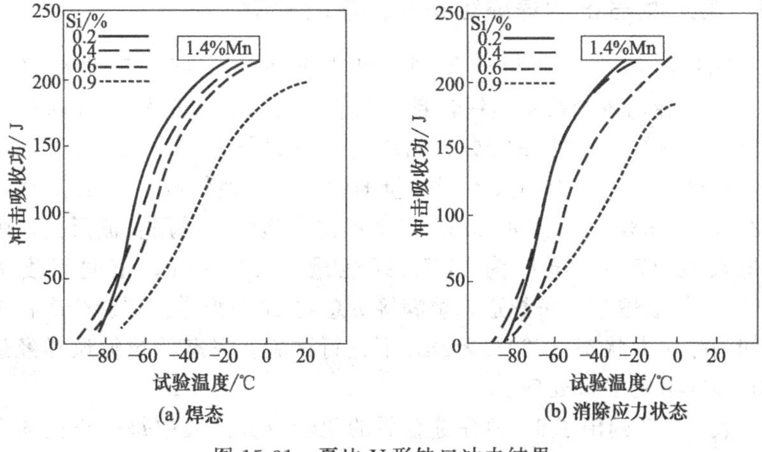

图 15-31　夏比 V 形缺口冲击结果

综上所述，在含锰焊缝中添加硅可发生下列变化：焊缝金属中含氧量减少，针状铁素体数量增加及其长宽比发生变化，二次相数量增

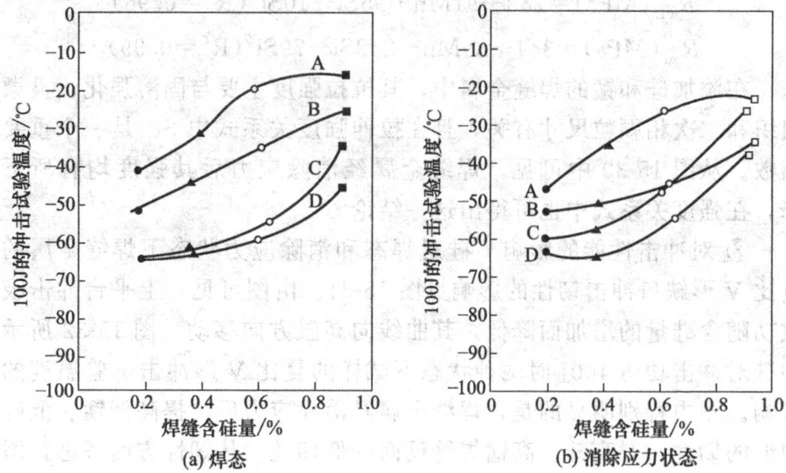

图 15-32 硅对 100J 的冲击试验温度的影响

多，且 B-P 被 M-A 取代；焊缝的硬度、屈服强度、抗拉强度呈非线性增加；缺口韧性下降，其损害程度与含锰量有关；当含锰量处在 1.4%最佳值时，含硅量可允许高达 0.5%。

四、钼对低合金钢焊缝组织和性能的影响

试验用焊条为铁粉低氢型，焊芯直径为 4mm，药皮外径为 6.8mm。在药皮中改变锰铁含量，以使焊缝金属中分别含有 0.6%、1.0%、1.4%、1.8%的 Mn，相应的焊条编号为 A、B、C、D。并在每一种焊条药皮中加入不同数量的钼铁，以使焊缝中分别含为 0、0.25%、0.5%、1.1%的 Mo。在平焊位置施焊，采用直流反接，焊接电流为 170A，电压为 21V，线能量为 10kJ/cm，道间温度为 200℃。每层熔敷 3 条焊道，填满接头总共 27 条焊道。焊缝金属在焊态和消除应力状态（580℃×2h）下进行试验。焊态的拉伸试样经过 250℃×14h 的去氢处理。

表 15-17 列出了 16 种焊缝金属的化学成分。表中每一组内的含钼量几乎保持不变，而锰随含钼量的增加稍有减少，碳稍有增加。

1. 含钼量对焊缝组织的影响

添加钼使显微组织的侵蚀敏感性发生明显变化。每条焊道之间的

热影响区形貌显得模糊不清，并且保留着柱状组织。

表 15-17　焊缝金属的化学成分

焊条	化学成分/%					
	C	Si	Mn	P	S	Mo
A	0.037	0.30	0.65	0.012	0.008	—
B	0.037	0.31	1.03	0.014	0.007	—
C	0.044	0.35	1.43	0.014	0.007	—
D	0.045	0.33	1.85	0.016	0.007	—
A	0.035	0.33	0.65	0.012	0.009	0.24
B	0.038	0.32	1.03	0.014	0.009	0.27
C	0.044	0.32	1.39	0.014	0.008	0.25
D	0.049	0.34	1.81	0.015	0.008	0.26
A	0.036	0.30	0.63	0.012	0.009	0.51
B	0.039	0.29	0.95	0.013	0.008	0.52
C	0.044	0.33	1.43	0.014	0.009	0.52
D	0.049	0.33	1.78	0.014	0.008	0.52
A	0.042	0.31	0.62	0.011	0.010	1.11
B	0.044	0.34	1.00	0.011	0.009	1.11
C	0.050	0.35	1.37	0.012	0.009	1.11
D	0.051	0.34	1.79	0.015	0.007	1.12

① 盖面焊缝组织变化　盖面焊缝的显微组织主要由先共析铁素体、含有二次相的铁素体和针状铁素体组成。由图 15-33 可见，先共析铁素体的体积分数随着含钼量的增加而连续减小，在含钼量 1.1% 时几乎完全消失；针状铁素体的体积分数开始时随着含铜量的增加而增加，当含钼量超过 0.5% 后连续减小；含二次相铁素体的体积分数开始时随含钼量的增加稍有减小，而在含钼量超过后开始增大。试验表明，

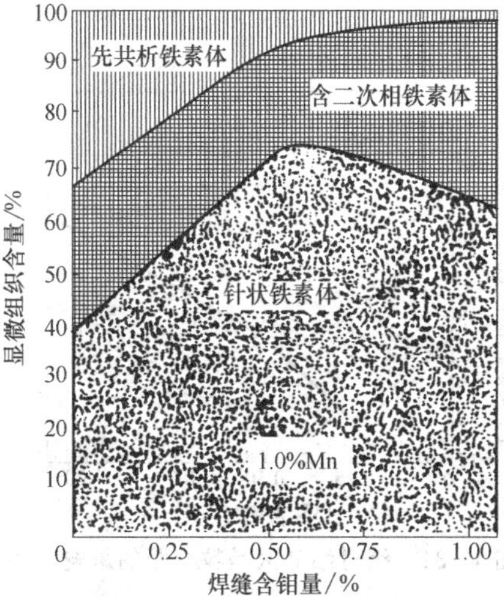

图 15-33　钼对焊态焊缝显微组织的影响（1.0%Mn）

随着焊缝中含钼量的增加，针状铁素体的板条尺寸减小，而马氏体-奥氏体（M-A）二次相体积分数增加。最后，针状铁素体被含有二次相的铁素体所取代。

② 粗晶区组织变化　钼对该区显微组织的影响基本上与盖面焊缝中所发生的相同，使原始奥氏体晶界的铁素体逐渐减少，最后几乎完全消失。并且其晶粒由于添加钼而发生细化，因而改变了粗晶区的特性。

③ 细晶区组织变化　盖面焊缝下方的细晶区显微组织也由于添加钼而发生了显著变化。该区中晶粒尺寸大小不均，等轴铁素体晶粒逐渐被含成排二次相的铁素体束团组织所取代。图 15-34 所示为在放大 630 倍条件下测得的平均线性晶粒截距。图中表明，开始加钼到 0.25%Mo 以前晶粒发生粗化，而后再增加钼则晶粒逐渐细化。含 1.1%Mo 的焊缝金属的细晶区组织几乎完全由含二次相的铁素体组成。

2. 含钼量对焊缝力学性能的影响

① 对硬度的影响　图 15-35 所示为钼对含 1.0%Mn 的盖面焊缝

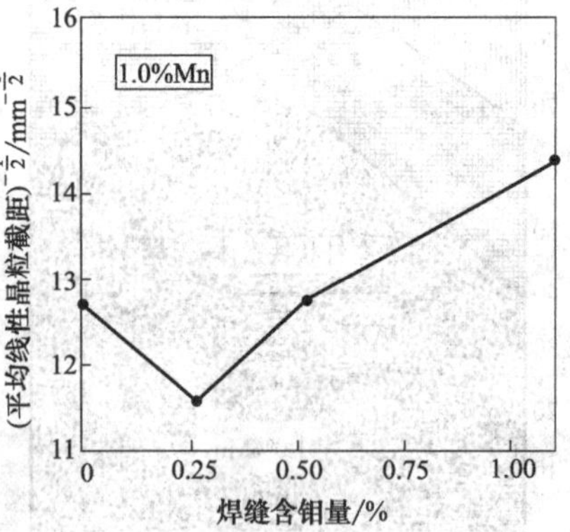

图 15-34　钼对细晶区晶粒截距的影响

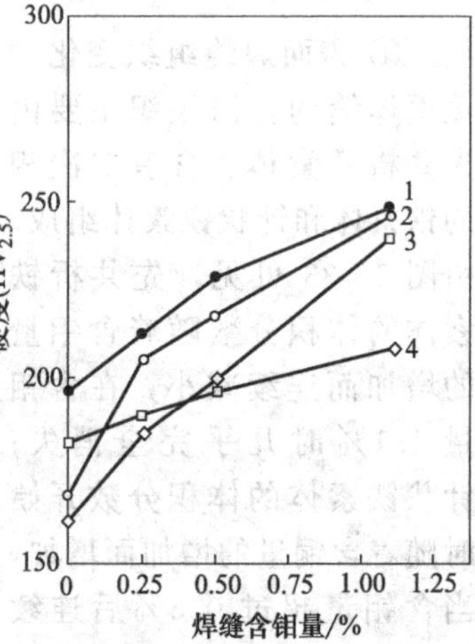

图 15-35　钼对不同区域硬度的影响（1.0%Mn）

1—柱状晶区；2—粗晶区；3—细晶区；4—不完全相变区

和邻近焊缝热影响区硬度的影响。添加钼后由于焊缝金属固溶硬化和显微组织变化，提高了柱状晶区、粗晶区、细晶区和不完全相变区的硬度，并减少了这些不同区域之间硬度的差别。相比之下，不完全相变区的硬度随钼的增加而提高的程度比其他区要小。无钼焊缝和1.1%Mo焊缝之间的硬度相差40～50HV。在盖面焊缝下方经多次焊接热循环后，无钼焊缝稍有软化，而含1.1%Mo焊缝稍有硬化。

② 对拉伸性能的影响　表15-18列出了Mn-Mo系焊缝金属的拉伸试验数据。图15-36所示为屈服强度和抗拉强度与含钼量的关系。由图可见，钼对含不同锰量的焊缝拉伸性能的影响呈线性变化，其直线基本上是平行的，并可用下列方程式表示。

对焊后状态：

$$R_{eL}(\mathrm{MPa})=305+121\mathrm{Mn}+140\mathrm{Mo}-27\mathrm{MnMo}(R^2=0.987)$$

$$R_m(\mathrm{MPa})=383+116\mathrm{Mo}+150\mathrm{Mn}-8\mathrm{MnMo}(R^2=0.994)$$

对消除应力状态：

$$R_{eL}(\mathrm{MPa})=287+113\mathrm{Mn}+1930\mathrm{Mo}-29\mathrm{MnMo}(R^2=0.978)$$

$$R_m(\mathrm{MPa})=373+113\mathrm{Mn}+167\mathrm{Mo}-37\mathrm{MnMo}(R^2=0.992)$$

钼对焊缝强度的影响比锰大。含钼量超过0.5%的焊缝经消除应力后强度有所提高，这可能是钼引起的固溶强化和碳化物析出导致的。

表15-18　Mn-Mo系焊缝金属的拉伸试验数据

含钼量/%	焊条	焊态 R_{eL}/MPa	焊态 R_m/MPa	焊态 A/%	焊态 Z/%	消除应力状态 R_{eL}/MPa	消除应力状态 R_m/MPa	消除应力状态 A/%	消除应力状态 Z/%
0	A	392	466	31.9	80.6	370	456	35.2	80.6
	B	413	498	31.2	80.6	402	490	31.0	80.6
	C	468	551	29.4	78.7	436	529	31.6	78.8
	D	514	588	28.0	76.8	479	576	27.4	76.9
0.25	A	428	490	27.8	79.7	413	489	31.8	79.7
	B	458	530	26.8	78.8	445	524	29.2	77.8
	C	539	589	28.8	77.7	498	476	28.4	75.0
	D	595	650	26.2	74.6	560	645	28.2	74.0
0.5	A	455	536	27.4	76.0	459	546	29.2	76.0
	B	501	571	25.6	76.0	515	594	26.6	75.0
	C	577	632	25.2	76.0	607	661	24.6	72.9
	D	624	679	22.8	71.9	637	700	24.0	70.8

续表

含钼量/%	焊条	焊态				消除应力状态			
		R_{eL}	R_m	A	Z	R_{eL}	R_m	A	Z
		/MPa		/%		/MPa		/%	
1.1	A	550	623	24.6	74.0	582	649	23.8	71.9
	B	618	684	24.4	72.9	645	705	23.4	72.9
	C	675	731	22.6	71.9	700	769	20.8	68.6
	D	720	765	21.6	70.8	728	821	24.0	72.1

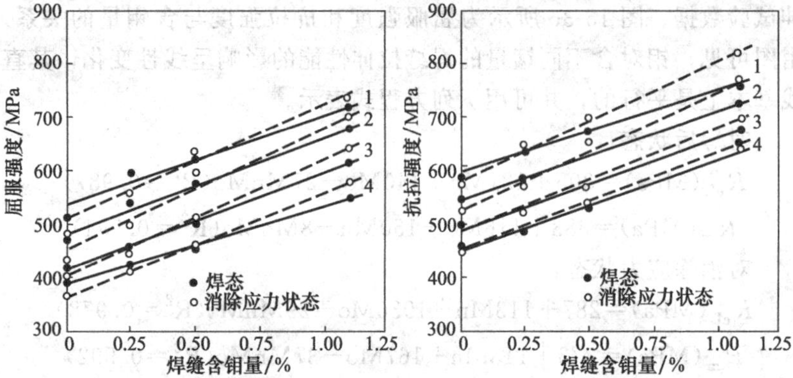

(a) 对屈服强度的影响 (b) 对抗拉强度的影响

图 15-36 钼对焊缝拉伸力学性能的影响

1—1.8%Mn；2—1.4%Mn；3—1.0%Mn；4—0.65%Mn

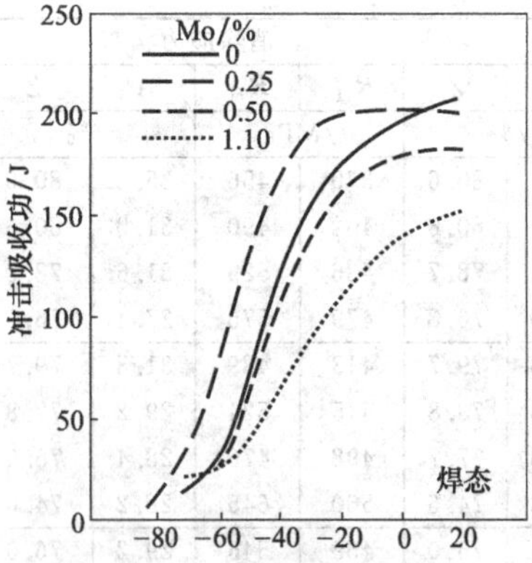

图 15-37 夏比 V 形缺口冲击转变温度曲线（焊态）

③ 对冲击性能的影响 图 15-37 所示为含 1.0%Mn 焊态焊缝的夏比 V 形缺口冲击转变温度曲线。由图可见，添加钼改变了焊缝的夏比冲击转变温度曲线的形状，降低了上平台冲击吸收功。图 15-38 所示为钼对含 0.65% Mn、1.0%Mn、1.8%Mn 焊态焊缝在不同试验温度下冲击吸收功的影响。可见，钼对冲击吸收功的影响程度与焊缝含锰量有关。在低含锰量（0.65%、1.0%）

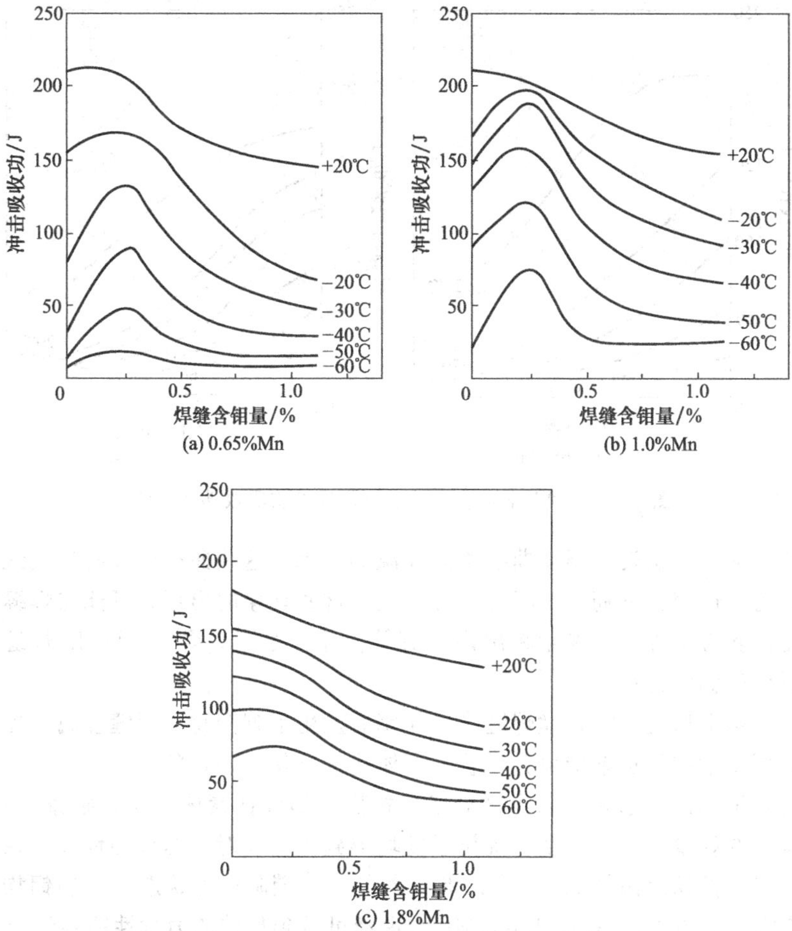

图 15-38 钼对焊态下焊缝冲击吸收功的影响

时，添加钼开始时对韧性有益，到 0.25%Mo 时韧性达到最大值，其后再添加钼对韧性有害。在高含锰量 1.4%、1.8% 时，添加钼对韧性均不利。在含 0.25%Mo 时所得的最大韧性值随含锰量的增加而减小，到含 1.8%Mn 时这个最大值几乎消失。因而可得出，含 0.25%Mo、1.0%Mn 的焊缝可获得最高的韧性值。图 15-39 所示为钼对含 0.65%Mn、1.8%Mn 消除应力焊缝冲击吸收功的影响。对含钼焊缝来说，消除应力处理在任何情况下对焊缝缺口韧性都是有害的，夏比

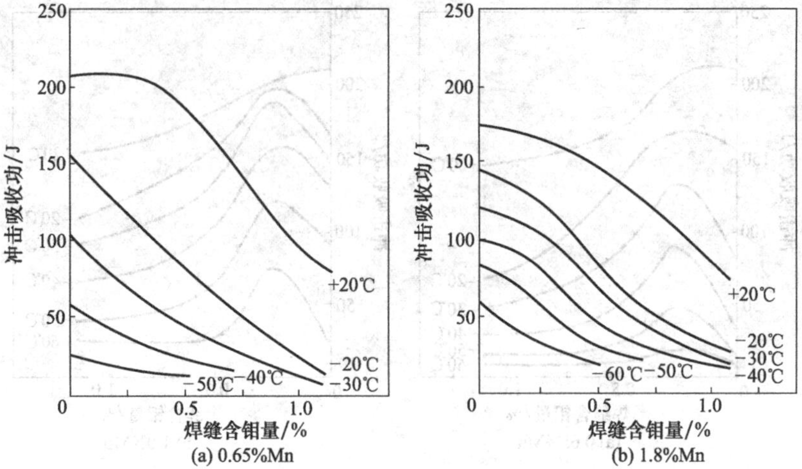

图 15-39　钼对消除应力状态下焊缝冲击吸收功的影响

V 形缺口冲击转变温度曲线均向高温侧移动。这些曲线中没有出现最大的韧性值，其韧性下降比焊态更快。这些现象的出现，可能与焊缝在消除应力处理中发生析出硬化有关。相比之下，含 1.0%Mn 焊缝所得的韧性为最佳。

综上所述，在含锰焊缝中添加钼后发生下列变化：焊缝金属中先共析铁素体量逐渐减少，针状铁素体比例开始增加，随后减小；粗晶区和细晶区普遍晶粒细化，不完全相变区形成铁素体与碳化物束团；焊缝的硬度、屈服强度和抗拉强度均得到提高；对于焊缝的韧性，在焊态、低锰时添加 0.25%Mo 是有益的，在消除应力状态下添加钼均有害。含 0.25%Mo、1.0%Mn 的焊缝可得到最佳的力学性能匹配。

五、铬对低合金钢焊缝组织和性能的影响

试验用焊条为铁粉低氢型，焊芯直径为 4mm，药皮外径为 6.8mm。在药皮中改变锰铁含量，以使焊缝分别含有 0.6%、1.0%、1.4%、1.8%的 Mn，相应的焊条编号为 A、B、C、D，并在每一种焊条药皮中加入不同数量的铬铁，以使焊缝中分别含有 0、0.25%、0.5%、1.0%、2.3%的 Cr。在平焊位置施焊，采用直流反接，焊接电流为 170A、电压为 21V、线能量为 10kJ/cm，道间温度为 200℃。

每层熔敷3条焊道，填满接头总共27条焊道。焊缝金属在焊态和消除应力状态（580℃×2h）下进行试验。焊态的拉伸试样经过250℃×14h去氢处理。

表15-19列出了焊缝金属的化学成分。表中铬在每组内基本相同，锰随含铬量增加稍有减少，碳稍有增加。

表 15-19 焊缝金属的化学成分

含铬量/%	焊 条	化学成分/%					
		C	Si	Mn	P	S	Cr
0	A	0.037	0.30	0.65	0.012	0.008	—
	B	0.037	0.31	1.03	0.014	0.007	—
	C	0.044	0.35	1.43	0.014	0.007	—
	D	0.045	0.33	1.85	0.016	0.007	—
0.25	A	0.038	0.30	0.65	0.014	0.007	0.22
	B	0.041	0.32	1.01	0.013	0.008	0.24
	C	0.044	0.32	1.45	0.013	0.007	0.24
	D	0.048	0.33	1.85	0.013	0.007	0.26
0.5	A	0.040	0.33	0.60	0.010	0.006	0.51
	B	0.043	0.31	0.95	0.010	0.007	0.53
	C	0.047	0.33	1.42	0.010	0.006	0.53
	D	0.051	0.33	1.83	0.013	0.006	0.52
1.0	A	0.041	0.30	0.59	0.011	0.009	1.00
	B	0.045	0.32	0.97	0.012	0.007	1.04
	C	0.048	0.33	1.37	0.013	0.008	1.08
	D	0.052	0.33	1.81	0.013	0.007	1.10
2.3	A	0.041	0.27	0.59	0.011	0.009	2.34
	B	0.046	0.30	0.93	0.012	0.008	2.38
	C	0.050	0.31	1.29	0.011	0.008	2.32
	D	0.054	0.33	1.72	0.014	0.007	2.36

1. 含铬量对焊缝组织的影响

焊缝金属中添加铬后每条焊道之间的边界模糊不清，柱状晶数量增多，偏析程度加重。

① 盖面焊缝组织变化　盖面焊缝的显微组织主要由先共析铁素体、含二次相铁素体和针状铁素体组成。由图15-40可见，先共析铁素体随铬的增加而连续减少；针状铁素体开始时随焊缝含铬量的增加而增大，超过1.0%Cr后则快速减少；含二次相铁素体随铬的增加开

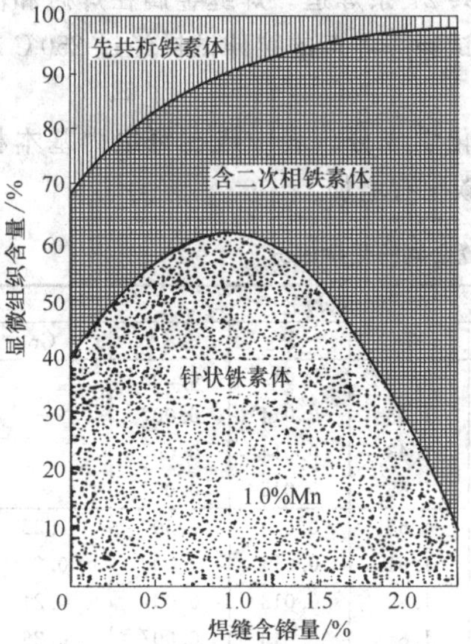

图 15-40 铬对焊态焊缝组织的影响（1.0%Mn）

始时增加缓慢，当含铬量超过1.0%后快速增加。引起焊缝组织突变的这个含铬量与含锰量有关，对于含1%Mn的焊缝，含铬量为1.0%；含1.8%Mn的焊缝，含铬量为0.8%。当含铬量小于1.0%时，针状铁素体逐渐发生细化；当含铬量大于1.0%后，针状铁素体逐渐被贝氏体取代；含铬量为2.3%时，绝大部分为贝氏体组织。在更高倍数的显微镜下观察时可以发现，二次相随含铬量的增加而细化。在含0.25%Cr的焊缝中，针状铁素体板条之间的二次相主要是马氏体-奥氏体(M-A)。而含2.3%Cr的焊缝中的M-A相呈细小弥散和无规则分布。与焊态进行比较，经焊后热处理的盖面焊缝组织，其二次相发生了分解，含铬量低时，以 Fe_3C 形式在晶界析出；含2.3%Cr时，晶界上的大颗粒析出物是 $(FeCr)_3C$，还有细小的网状析出物氮化铬存在。

② 粗晶区组织变化　盖面焊缝下的粗晶区组织基本与焊态相同，其组织由于逐渐添加铬而显得十分均匀，晶粒明显细化，因而粗晶区特征消失。此外，在原奥氏体晶界发现有碳化物析出。

③ 细晶区组织变化　盖面焊缝下的细晶区组织由于添加铬而使等轴铁素体晶粒逐渐被成排和不成排的二次相铁素体束团所取代，在原奥氏体晶界上存在线状相。

2. 含铬量对焊缝力学性能的影响

① 对硬度的影响　焊态焊缝金属的硬度随含铬量的增加而逐渐提高，且在低锰时基本上是呈线性的，但在高锰时则呈非线性（见图15-41）。此外，随着含铬量的增加，在焊缝重复加热区的硬度波动较大。

② 对拉伸性能的影响　表 15-20 列出了 Mn-Cr 系焊缝金属的拉伸试验数据。图 15-42 所示为屈服强度和抗拉强度与含铬量的关系。由图可见，消除应力后两种强度均降低，其降低程度随含锰量的增加而加大。不同状态下的强度值与含锰、铬量的关系可用下列方程式表示。

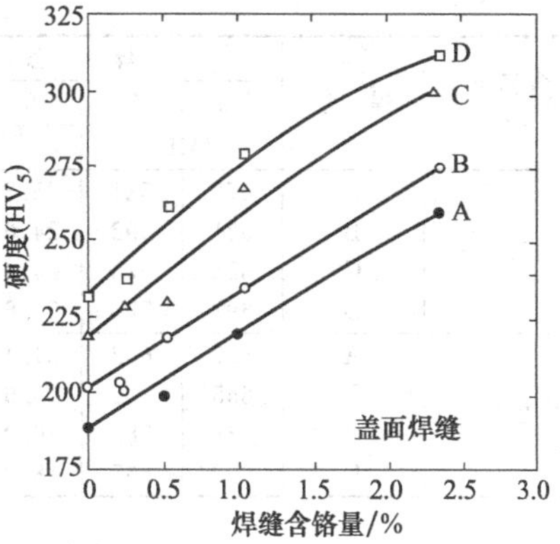

图 15-41　铬对焊态焊缝硬度的影响

对焊后状态：

$$R_{eL}(MPa)=320+113Mn+64Cr+42(MnCr)$$

$$R_m(MPa)=395+107Mn+63Cr+36Cr(MnCr)$$

对消除应力状态：

$$R_{eL}(MPa)=312+100Mn+58Cr+22(MnCr)$$

$$R_m(MPa)=393+106Mn+66Cr+10Cr(MnCr)$$

由方程式可知，铬对强度的影响比锰要小，且互相作用因 MnCr 而较弱，这种情况在消除应力后更为明显。

表 15-20　Mn-Cr 系焊缝金属的拉伸试验数据

含铬量/%	焊条	焊态				消除应力状态			
		R_{eL}	R_m	A	Z	R_{eL}	R_m	A	Z
		/MPa		/%		/MPa		/%	
0	A	392	466	31.9	80.6	370	456	35.2	80.6
	B	413	498	31.2	80.6	402	490	31.0	80.6
	C	468	551	29.4	78.7	436	529	31.6	78.8
	D	514	588	28.0	76.8	479	576	27.4	76.9
0.25	A	422	496	30.4	78.8	410	496	31.0	79.7
	B	463	532	30.0	77.8	426	519	29.8	78.8
	C	500	575	28.0	78.8	468	559	28.0	76.9
	D	567	622	26.0	75.0	535	620	27.0	74.0
0.5	A	446	510	32.2	78.8	417	496	29.0	78.8
	B	494	545	29.6	77.0	460	536	28.8	77.0
	C	543	603	28.2	77.0	514	600	25.8	76.0
	D	617	674	23.0	70.2	570	650	24.0	68.7

续表

含铬量/%	焊　条	焊　态				消除应力状态			
		R_{eL}	R_m	A	Z	R_{eL}	R_m	A	Z
		/MPa		/%		/MPa		/%	
1.0	A	472	531	25.8	77.8	427	514	29.2	77.9
	B	531	592	24.6	76.0	471	568	26.2	77.0
	C	626	676	24.4	70.9	548	630	26.0	72.0
	D	692	723	21.6	70.9	592	671	22.8	72.0
2.3	A	587	652	21.4	72.0	534	619	22.0	75.0
	B	655	722	19.6	67.5	605	683	19.8	71.9
	C	738	789	20.0	67.0	662	731	18.6	68.7
	D	808	865	18.2	65.2	697	757	19.6	69.7

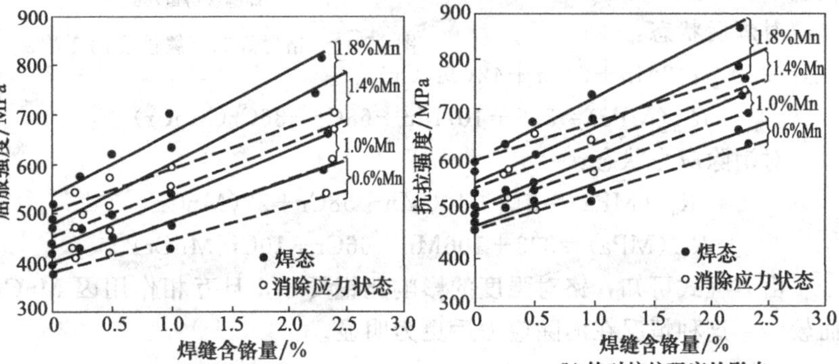

(a) 铬对屈服强度的影响　　(b) 铬对抗拉强度的影响

图 15-42　铬对焊缝拉伸性能的影响

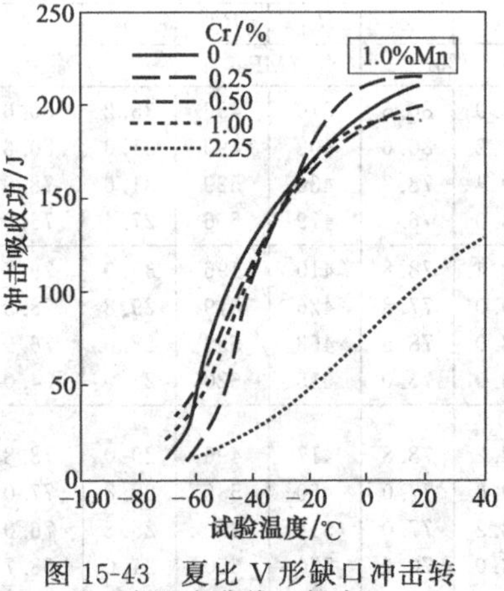

图 15-43　夏比 V 形缺口冲击转变温度曲线（焊态）

③ 对冲击性能的影响　图 15-43 所示为含 1% Mn 焊态焊缝的夏比 V 形缺口冲击转变温度曲线。由图可见，无铬焊缝的冲击性能最好，含 1.0% Cr 焊缝的转变温度曲线稍向高温方向移动，含 2.3% Cr 焊缝的韧性大大降低。相比之下，在含铬焊缝中含 1% Mn 时所得韧性最佳，含 2.3%Cr、1.8%Mn 焊缝的韧性最差。由图 15-44 所示的冲击功与含铬量的关系表

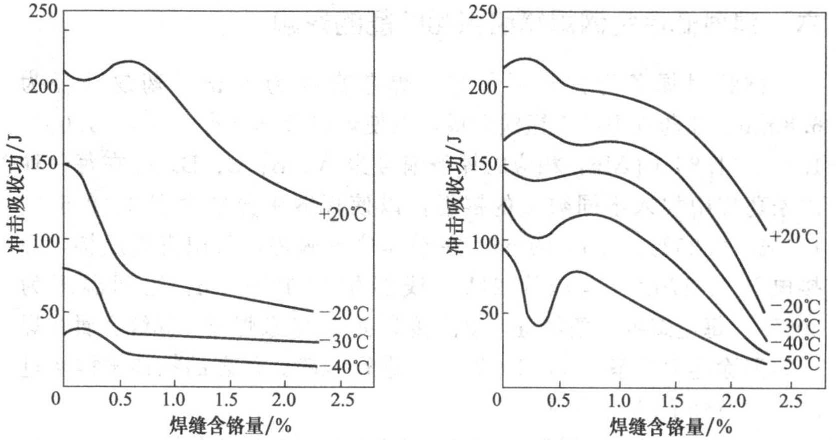

(a) 焊态,0.65%Mn　　(b) 焊态,1.0%Mn

图 15-44　铬对不同试验温度时冲击吸收功的影响

明，在 0.25%Cr 或 0.5%Cr 时室温冲击功稍有提高，含 2.3%Cr 时韧性明显下降。这可能与含二次相铁素体的形成和线状相的出现有关。图 15-45 所示为消除应力状态下焊缝含铬量与冲击吸收功的关系，结果表明，在含铬量小于 0.5%时除焊条 A 的室温冲击吸收功稍有增加外，添加铬对韧性均有害。这是焊后热处理改变了二次相形态、析出大颗粒渗碳体和析出氮化铬导致的。

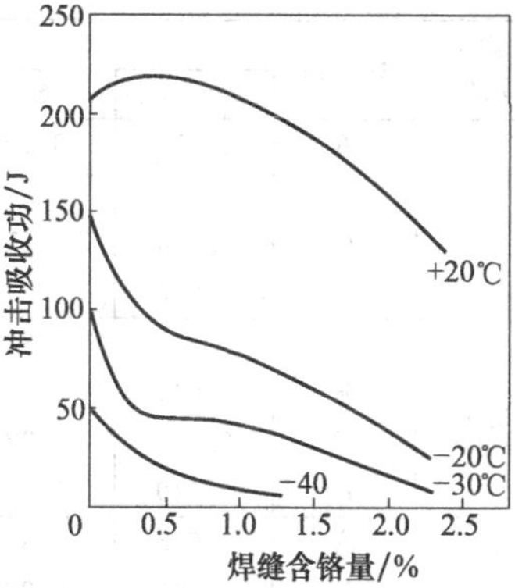

图 15-45　铬对焊缝冲击吸收功的影响
（消除应力状态，0.6%Mn）

综上所述，在含锰焊缝中添加铬后发生下列变化：焊态焊缝的先共析铁素体体积分数减小；针状铁素体的比例开始时增加，当含铬量超过 1.0%后快速减小；在粗晶区和细晶区出现显微组织均匀化；在不完全相变区形成铁素体-碳化物集合体；焊缝硬度、屈服强度、抗拉强度均有提高；在焊态时铬对韧性有害，热处理后韧性更低；在含约 1.0%Mn 时呈现最佳的显微组织和力学性能。

六、镍对低合金钢焊缝组织和性能的影响

试验用焊条为铁粉低氢型，焊芯直径为 4mm，药皮外径为 6.8mm。在药皮中改变锰铁含量，以使焊缝分别含有 0.6%、1.0%、1.4%、1.8%的 Mn，相应的焊条编号为 A、B、C、D。并在每一种焊条药皮中加入不同数量的镍粉，以使焊缝中分别含有 0、0.5%、1.0%、2.25%、3.5%的 Ni。在平焊位置施焊，采用直流反接，焊接电流为 170A，电压为 21V，线能量为 10kJ/cm，道间温度为 200℃。每层熔敷 3 条焊道，填满接头总共 27 条焊道。焊缝金属在焊态和消除应力状态（580℃×2h）下进行试验。焊态的拉伸试样经过 250℃×14h 的去氢处理。

表 15-21 列出了焊缝金属的化学成分，表中镍在每组内基本相同，碳由于药皮中锰铁增加而稍有提高。

表 15-21　焊缝金属的化学成分

含镍量/%	焊　条	化学成分/%					
		C	Si	Mn	P	S	Ni
0	A	0.037	0.30	0.65	0.012	0.008	—
	B	0.037	0.31	1.03	0.014	0.007	—
	C	0.044	0.35	1.43	0.014	0.007	—
	D	0.045	0.33	1.85	0.016	0.007	—
0.5	A	0.039	0.32	0.66	0.011	0.006	0.53
	B	0.041	0.33	1.01	0.011	0.006	0.49
	C	0.051	0.32	1.40	0.014	0.007	0.47
	D	0.049	0.33	1.85	0.014	0.006	0.51
1.0	A	0.038	0.31	0.63	0.012	0.007	1.09
	B	0.043	0.33	1.00	0.013	0.006	1.10
	C	0.049	0.35	1.37	0.013	0.007	1.06
	D	0.053	0.35	1.83	0.012	0.007	1.06
2.25	A	0.041	0.30	0.62	0.010	0.007	2.38
	B	0.044	0.31	0.96	0.013	0.006	2.38
	C	0.049	0.32	1.41	0.014	0.007	2.32
	D	0.046	0.32	1.81	0.015	0.007	2.33
3.5	A	0.037	0.30	0.65	0.011	0.009	3.50
	B	0.041	0.31	0.98	0.012	0.008	3.46
	C	0.048	0.33	1.40	0.013	0.007	3.47
	D	0.051	0.36	1.79	0.013	0.007	3.42

1. **含镍量对焊缝组织的影响**

① 盖面焊缝组织变化 盖面焊缝的显微组织主要由先共析铁素体、含二次相铁素体、针状铁素体和马氏体组成。图 15-46 表明，先共析铁素体随含镍量增加而减少，针状铁素体有所增加，而含二次相铁素体基本不变。在含 1.8% Mn 的焊缝中添加镍超过 2.3%后还出现了马氏体组织，含镍量为 3.5%时先共析铁素体完全消失。实验表明，因加镍而改变了针状铁素体板条的长宽比，且其板条变得更加多角化。镍抑制渗碳体薄膜和珠光体的形成，并使 M-A 二次相得以保留。焊缝金属的宏观偏析和微观偏析随镍和锰含量的增加而增加，镍和锰对微观偏析既有各自的单独影响，又有两者的联合作用。

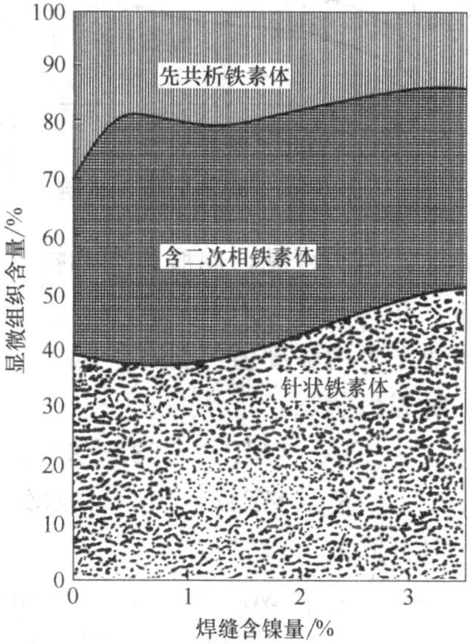

图 15-46 镍对焊态焊缝组织的影响（1.0%Mn）

② 粗晶区组织变化 盖面焊缝下的粗晶区组织由于添加镍引起的变化基本上与焊态柱状晶区发生的变化相同，随着镍的增加在原奥氏体晶界的铁素体逐渐减少，但仍具有粗晶区的特性。

③ 细晶区组织变化 盖面焊缝下的细晶区组织由于添加镍而逐渐改变该区的等轴细晶性质；铁素体晶粒逐渐减少，而含二次相的铁素体束团逐渐增多。这种变化在含 3.5%Ni、1.8%Mn 的焊缝中特别明显。对二次相的初步研究表明：在低锰时，产生少量 M-A 相以前，镍抑制渗碳体薄膜和珠光体的形成；在高锰时，镍促进 M-A 形成，在含 1.8%Mn 时出现马氏体岛状组织。

2. **含镍量对焊缝力学性能的影响**

① 对硬度的影响 如图 15-47 所示，焊态焊缝金属的硬度随镍

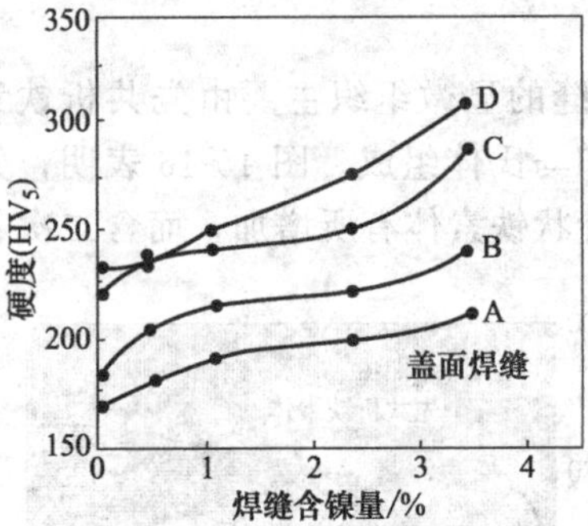

图 15-47 镍对焊态焊缝硬度的影响

的增加而呈非线性提高；随含锰量的增加硬度也有不同程度的增加。但硬度的提高均比添加钼或铬时小，每层焊道之间硬度波动也不大。经受多次焊接热循环的焊缝逐渐发生软化。

② 对拉伸性能的影响　表15-22列出了Mn-Ni系焊缝金属的拉伸试验数据。图15-48所示为屈服强度和抗拉强度与含镍量的关系，由图可见，屈服强度和抗拉强度均随镍和锰的增加而呈线性增加，并因消除应力处理而下降。相比之下，屈服强度下降较多。在不同状态下的强度值与含锰、镍量的关系可用下列方程式表示。

对焊后状态：

$$R_{eL}(\text{MPa})=332+99\text{Mn}+9\text{Ni}+21(\text{Mn},\text{Ni})$$

$$R_{m}(\text{MPa})=401+102\text{Mn}+16\text{Ni}+15(\text{Mn},\text{Ni})$$

对消除应力状态：

$$R_{eL}(\text{MPa})=319+85\text{Mn}+17\text{Ni}+21(\text{Mn},\text{Ni})$$

$$R_{m}(\text{MPa})=393+95\text{Mn}+17\text{Ni}+19(\text{Mn},\text{Ni})$$

表 15-22 Mn-Ni 系焊缝金属的拉伸试验数据

含镍量/%	焊条	焊态 R_{eL}/MPa	焊态 R_m/MPa	焊态 A/%	焊态 Z/%	消除应力状态 R_{eL}/MPa	消除应力状态 R_m/MPa	消除应力状态 A/%	消除应力状态 Z/%
0	A	392	466	31.9	80.6	370	456	35.2	80.6
	B	413	498	31.2	80.6	402	490	31.0	80.6
	C	468	551	29.4	78.7	436	529	31.6	78.8
	D	514	588	28.0	76.8	479	576	27.4	76.9
0.5	A	411	484	32.6	79.3	401	475	34.2	80.6
	B	464	522	29.6	77.8	426	506	31.6	79.7
	C	509	568	28.6	76.9	450	536	28.2	78.8
	D	547	618	26.0	74.9	526	612	26.8	72.9
1.0	A	423	497	30.6	78.8	411	493	33.6	79.7
	B	475	541	29.6	77.9	443	521	31.8	77.8
	C	498	569	28.4	78.8	470	557	30.2	76.0
	D	566	641	26.4	76.0	521	612	26.0	74.0

续表

含镍量/%	焊　条	焊　态				消除应力状态			
		R_{eL}	R_m	A	Z	R_{eL}	R_m	A	Z
		/MPa		/%		/MPa		/%	
2.25	A	466	538	30.6	77.8	431	518	32.2	76.9
	B	489	567	30.6	76.9	481	561	29.1	76.9
	C	567	635	23.6	72.7	530	615	26.6	73.0
	D	621	684	23.5	73.9	574	665	26.4	70.7
3.5	A	479	561	30.4	76.6	482	560	31.4	78.8
	B	525	605	27.6	76.0	521	599	28.4	74.0
	C	621	682	25.4	72.9	584	677	26.6	70.8
	D	692	753	22.2	69.7	662	745	24.0	67.5

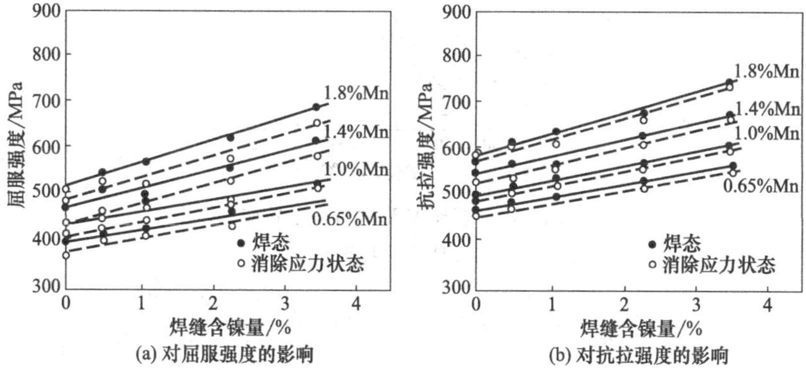

图 15-48　镍对拉伸力学性能的影响

由方程式可知镍对强度的影响比锰要小得多，且相互作用因数（Mn、Ni）比较弱。镍的有效强化（按百分数计）比钼或铬也小得多。在消除应力状态下，Mn-Mo 系焊缝的强度有所提高，Mn-Ni 系焊缝的强度均下降，但其下降程度比 Mn-Cr 系焊缝小得多。

③ 对冲击性能的影响　图 15-49 所示为焊态焊缝的夏比 V 形缺口冲击转变温度曲线。由图可见，上平台冲击吸收功随镍的增加而减小，并使延性与脆性断裂之间的转变更平缓。镍对转变温度的影响，在低锰时有益，在高锰时有害。图 15-50 所示为含 0.5%Ni 和 1.0%Ni 的焊态焊缝在不同温度时的冲击吸收功与含锰量的关系。由图可见，韧性的峰值随含镍量的增加而逐渐向低含锰量的方向移动。因此，为了得到优良的冲击韧性，在高镍焊缝中应降低含锰量，在高锰

焊缝中应减少含镍量。图 15-51 所示为消除应力状态下焊缝在不同温度时的冲击吸收功与含镍量的关系。比较图 15-51（a）、（b）明显可见，增加镍对高锰焊缝的韧性是极其有害的。

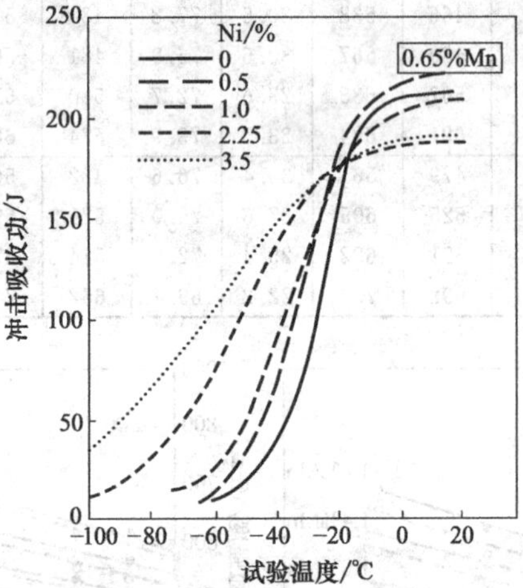

图 15-49　夏比 V 形缺口冲击转变温度曲线（焊态）

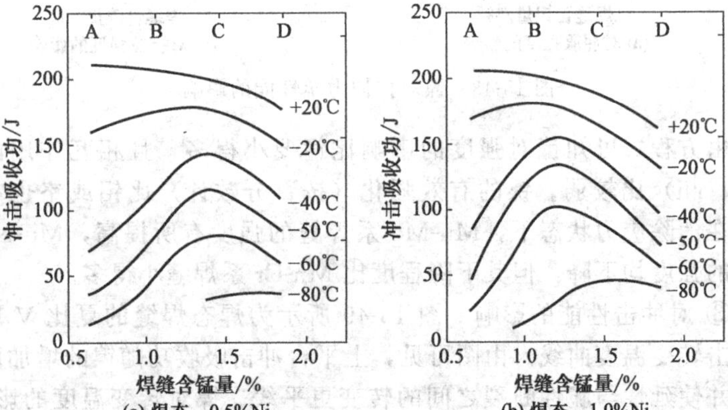

图 15-50　锰对不同试验温度冲击吸收功的影响

综上所述，在含锰焊缝中增加镍后将发生下列变化：焊态焊缝中先共析铁素体的比例逐渐减小，针状铁素体逐渐增多，在高锰焊缝中

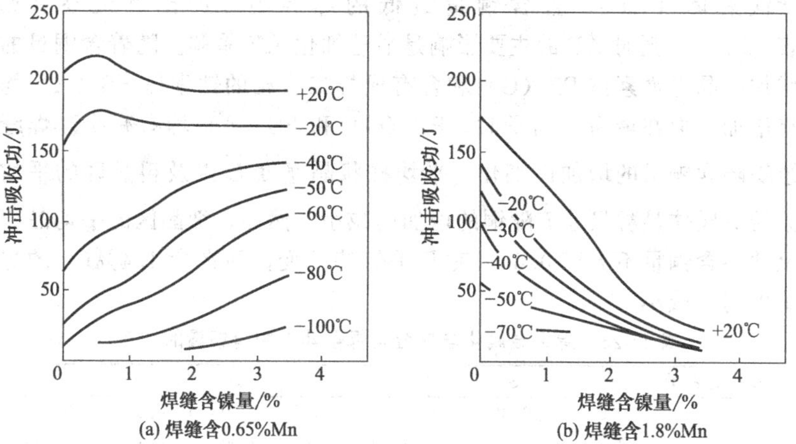

图 15-51　镍对焊缝冲击吸收功的影响（消除应力状态）

还出现马氏体；在粗晶区多边形铁素体的比例减小，针状铁素体增加，在含 1.8%Mn 的焊缝中出现马氏体岛；细晶区的等轴细晶逐渐改变，铁素体晶粒减少，含二次相的铁素体束团增多；二次相的形态从渗碳体薄膜和珠光体变为 M-A，并最后变为分离的碳化物和马氏体；条带状显微组织和化学不均匀性增加；焊缝硬度、屈服强度和抗拉强度均提高；在低锰时对抗解理断裂是有益的，而在高锰时是有害的，在含 0.6%Mn 时得到最佳韧性；消除应力处理对锰镍匹配焊缝的韧性几乎没有影响，但在镍与锰含量不匹配时发生严重脆化。

七、铜对低合金钢焊缝组织和性能的影响

试验采用低氢铁粉型焊条，在药皮中加有不同含量的铜，以使焊缝中分别含有 0.02%～1.4%的 Cu。施焊时各种参数均保持不变。焊缝金属在焊态和消除应力状态（580℃×2h）下进行试验。

表 15-23 列出了焊缝金属化学成分与焊条药皮中含铜量的关系。由表可见，焊缝的含铜量呈稳定增加，其他元素几乎不变，只有锰和氧含量稍有波动。

1. 含铜量对焊缝组织的影响

① 焊态焊缝组织变化　含铜焊缝组织的特点是含有高比例的针

状铁素体（AF），且含铜量最低的焊缝的AF比例最高（见表15-24）。铜对AF的主要影响是显著细化AF晶粒。随着含铜量的增加，晶界铁素体PF（G）和含有成排二次相的铁素体FS（A）均有增加，但在最高含铜量时，PF（G）和FS（A）均有减少。焊缝组织随含铜量的增加而细化，平均柱状晶宽度$\overline{L}$以及粗晶区的平均原始奥氏体晶粒尺寸$\overline{I}$随铜的增加而减小。然而，细晶区的平均晶粒尺寸在含铜量不大于0.66%时几乎保持不变，而在含1.4%Cu的焊缝中明显减小。

表 15-23 焊缝金属化学成分与焊条药皮中含铜量的关系 %

药皮中含铜量	C	Si	Mn	P	S	Cu	O
—	0.074	0.36	1.51	0.011	0.008	0.02	0.040
0.2	0.075	0.36	1.48	0.006	0.007	0.11	0.039
0.4	0.074	0.32	1.42	0.007	0.008	0.19	0.038
0.8	0.076	0.33	1.48	0.006	0.007	0.35	0.040
1.6	0.068	0.32	1.49	0.006	0.006	0.66	0.039
3.2	0.076	0.36	1.49	0.006	0.006	1.40	0.041

注：成分中Ti=40×10^{-6}。

表 15-24 焊缝含铜量与定量金相的关系

Cu/%	AF/%	PF(G)/%	FS(A)/%	$\overline{L}$/μm	$\overline{I}$/μm	$\overline{d}$/μm	μ相/%
0.02	89	8.6	2.4	68	41	6.0	5.4
0.11	87.7	9.1	3.2	65	34	6.0	—
0.19	81.5	15.5	3.0	57.5	26.5	5.5	6.5
0.35	79.7	15.0	5.3	53	25	5.9	10.0
0.66	80.6	10.0	9.4	56	29	6.0	12.2
1.4	83.5	9.0	7.5	48.5	26.7	4.1	17.2

注：AF—针状铁素体；PF（G）—晶界铁素体；FS（A）—含有成排二次相的铁素体；$\overline{L}$—平均柱状晶宽度；$\overline{I}$—粗晶区的平均原始奥氏体晶粒尺寸；$\overline{d}$—细晶区的平均晶粒尺寸；μ相—细晶区的珠光体、马氏体、贝氏体和残余奥氏体。

焊缝中增加铜的另一个影响是提高二次相的体积分数（见表15-24的μ相），它位于晶界和三晶粒交点上。细小晶界碳化物显而易见；铁素体晶粒之间的较大岛状物可能是马氏体、贝氏体或残余奥氏体。

含铜量不大于0.66%的焊态焊缝中，在有限的区域内有少量铜析出物。在含1.4%Cr的焊缝中，在某些区域有大量铜析出物。ε-Cu

析出物呈不规则分布，形态和大小各异。粗大析出物（$d \leqslant 30$mm）呈球状，细小析出物（$d \leqslant 10$mm）呈板条状或针状。另外，在某些铁素体的晶界附近也有成排细小且有小间距的ε-Cu析出物。

② 消除应力状态焊缝的组织变化　消除应力处理对含铜焊缝组织的主要影响是从马氏体、残余奥氏体中析出碳化物和沿晶界的碳化物薄膜球化。另外，在含0.66%Cu的焊缝的某些晶粒中的位错上有细小的ε-Cu析出物；在1.4%Cu焊缝中发现大量的ε-Cu析出物。这些析出物大部分于晶内沿位错析出，分布很不规则，呈球状。此外，还出现大量晶界析出物，其中一种为细小分散的析出物；另一种为粗大析出物。后者是在焊态时形成而在随后消除应力处理中聚集长大。

③ 焊缝组织中的夹杂物　由于焊缝中氧和硫的含量几乎相同，所以各种夹杂物的体积分数和尺寸分布没有太大变化。大多数夹杂物的直径为200～600mm，少数（约1.2%）夹杂物的直径为1000～1400mm，计算的平均直径为400mm。这些夹杂物的中心主要是硅锰酸盐（$MnO \cdot SiO_2$）。在夹杂物表面有钛化物［TiN、TiC、Ti(C，N）或TiO］和硫化铜（$Cu_{1.6}S$）或硫化锰（α-MnS）。

2. 含铜量对焊缝力学性能的影响

① 对硬度的影响　图15-52所示为焊态和消除应力状态下焊缝的硬度与含铜量的关系。在焊态含铜量不大于0.19%时，铜对硬度

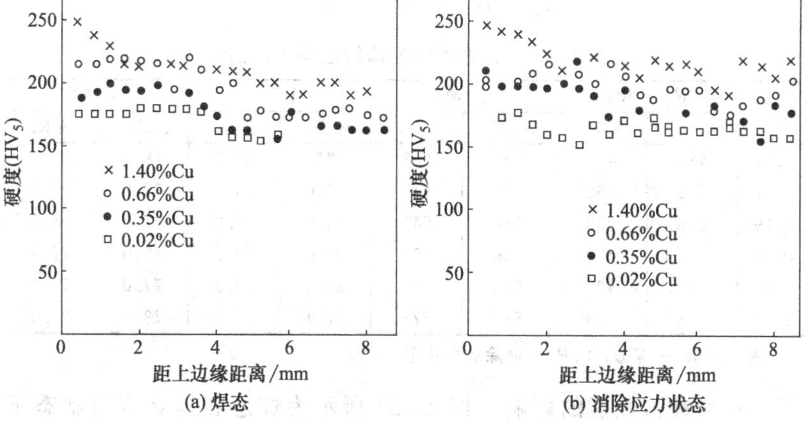

图15-52　沿焊缝中心线上硬度的变化

没有影响；超过这个数量，其硬度增加。在含 1.4%Cu 时得到最高硬度值。消除应力处理后，含 0.02%Cu 和 0.66%Cu 的盖面焊缝发生软化；含 0.66%Cu 焊缝的重结晶区硬度比焊态的高；含 1.4%Cu 焊缝的硬度全都比焊态的高。

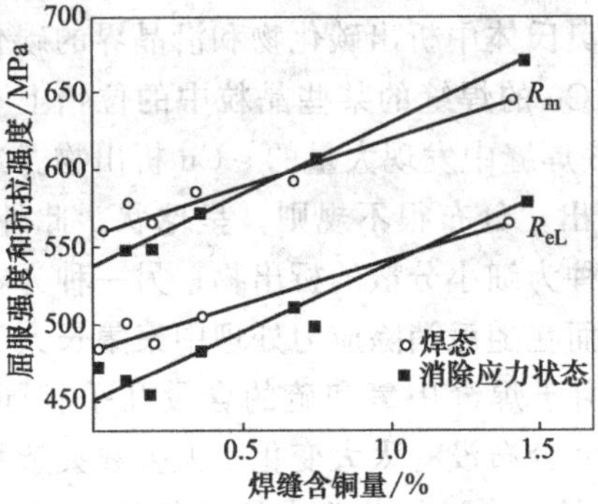

图 15-53 铜对焊缝的屈服强度和抗拉强度的影响

② 对拉伸性能的影响 由表 15-25 和图 15-53 可见，焊态和消除应力状态焊缝的屈服强度和抗拉强度均随含铜量的增加而稳定提高。与焊态焊缝相比，经过消除应力处理后，含≤0.66%Cu 焊缝的屈服强度稍有下降，而含 1.4%Cu 焊缝的屈服强度稍有提高。焊缝的拉伸性能与含铜量的线性关系可用下列方程式表示。

对焊后状态：

$$R_{eL}(\text{MPa})=484+57\text{Cu}$$

$$R_m(\text{MPa})=562+58\text{Cu}$$

对消除应力状态：

$$R_{eL}(\text{MPa})=472+69.3\text{Cu}$$

$$R_m(\text{MPa})=531+107.1\text{Cu}$$

表 15-25 含铜焊缝金属的拉伸力学性能

Cu /%	R_{eL}/MPa		R_m/MPa		A/%		Z/%	
	A. W.	S. R.	A. W.	S. R.	A. W.	S. R.	A. W.	S. R.
0.02	484	471	560	563	26	31.2	78.8	77.0
0.11	502	462	578	548	27.6	29.8	77.0	77.9
0.19	488	453	566	549	28.2	31.2	77.0	78.8
0.35	504	482	586	572	27.6	28.2	77.0	77.9
0.66	513	499	593	607	28.6	28.6	77.0	74.0
1.40	568	583	647	673	27.4	24.2	73.0	73.0

注：A. W.—焊态；S. R.—消除应力状态。

③ 对冲击性能的影响 图 15-54 所示为焊态和消除应力状态下焊缝的夏比 V 形缺口冲击转变温度曲线。焊态焊缝按 100J 冲击吸收

功比较时，含 0.19%Cu 焊缝的韧性为最好；铜含量从 0.02%增到 0.66%时，其转变温度只变化 10℃。含铜量超过 0.35%的焊缝的上平台冲击功有所下降。含 1.4%Cu 焊缝的韧性最差。与焊态焊缝比较，消除应力处理对含≤0.35%Cu 焊缝的冲击性能没有明显影响，只有含 0.11%Cu 焊缝的上平台冲击功稍有改进。含 0.66%Cu 焊缝的曲线稍稍向较高温度方向移动。从总体（焊态和消除应力状态）来看，含 1.4%Cu 的消除应力焊缝的韧性为最差。

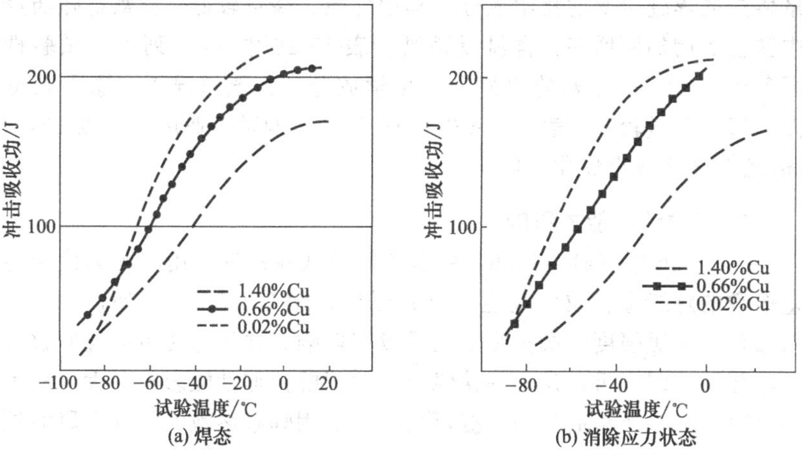

图 15-54　夏比 V 形缺口冲击结果

综上所述，在焊缝中增加铜后将发生下列变化；细化组织；增加二次相的体积分数；消除应力处理导致碳化物析出和球化，ε-Cu 析出，提高硬度、屈服强度和抗拉强度，在消除应力时，含 1.4%Cu 的焊缝得到最高值；焊缝的夏比冲击韧性在含铜量在 0.66%以内时几乎保持不变，但在含 1.4%Cu 时明显降低；而消除应力后含 1.4%Cu 焊缝的冲击性能最差。

八、铁粉对低合金钢焊缝组织和性能的影响

试验采用四种试验性低氢碱性焊条和作比较用的四种工业用焊条。试验性焊条药皮中分别加有 5%、15%、25%、35%的铁粉，并作出相应焊条编号。焊芯化学成分为：C0.07%、Si 微量、Mn0.57%、P0.007%、F0.008%。工业用焊条为 E7016（1）、E7016（2）、E7016

(3)、TENACITO-R。焊芯直径均为4mm。制备试板时，一部分试验性焊条采用交流电源，线能量为20kJ/cm，每层熔敷2条焊道；另一部分试验性焊条和工业焊条采用直流电源，焊条接正极，线能量为10kJ/cm，每层熔敷3条焊道。其相同的焊接参数为：在平焊位置施焊时焊接电流为170A，电压为21V。焊缝金属在焊态下进行力学性能试验。拉伸试样经250℃×14h的去氢处理。

表15-26中（a）列出了四种试验性焊条用20kJ/cm的焊接线能量熔敷的焊缝金属的化学成分。其中含硫、磷量较低，含氧量随药皮中铁粉的增加而增多，含氮量稍高。表15-26中（b）列出了试验性焊条用10kJ/cm熔敷的焊缝金属化学成分。在该情况下含碳量较低而含锰、硅量较高。表15-26中（c）列出了四种工业用焊条以10kJ/cm熔敷的焊缝金属化学成分。

1. 对拉伸性能的影响

表15-26中（a）和（b）列出了四种试验性焊条用不同焊接线能量熔敷的焊缝金属拉伸性能。由表可见，除UF.35焊条外，药皮铁粉数量对屈服强度和抗拉强度几乎没有影响。并且这两组的拉伸数据基本相同，因而可以认为焊接线能量对焊缝拉伸性能影响不大。从表15-26中（c）所示的拉伸数据可见，工业用焊条熔敷的焊缝金属的拉伸性能基本上属于同一等级，并且其性能与焊缝金属的含碳、锰、硅量相匹配。

表15-26 焊缝金属的化学成分和拉伸性能

焊条		C	Si	Mn	P	S	O	N	R_{eL}	R_m	A	Z
		/%					/10^{-6}		/MPa		/%	
(a)	UF.05	0.062	0.22	1.17	0.006	0.007	330	120	427	512	31.4	81.5
	UF.15	0.060	0.26	1.20	0.007	0.008	320	150	440	523	33.0	81.5
	UF.25	0.060	0.25	1.19	0.007	0.008	353	110	443	508	30.4	82.4
	UF.35	0.062	0.31	1.24	0.008	0.008	366	110	468	531	29.6	81.5
(b)	UF.05	0.055	0.33	1.39	0.007	0.007	323	70	435	510	35.6	81.5
	UF.15	0.049	0.34	1.39	0.007	0.006	339	65	430	505	31.2	82.3
	UF.25	0.048	0.31	1.34	0.008	0.008	371	75	433	504	31.0	82.3
	UF.35	0.048	0.36	1.30	0.007	0.007	401	70	465	526	30.4	80.6
(c)	E7016(1)	0.059	0.29	1.49	0.017	0.008	305	110	442	524	31.6	80.6
	E7016(2)	0.051	0.31	1.65	0.016	0.005	330	60	497	559	30.0	77.8
	E7016(3)	0.069	0.53	1.17	0.014	0.008	265	120	478	555	31.4	78.8
	TENACITO-R	0.068	0.36	1.56	0.010	0.006	396	90	494	569	28.4	79.6

2. 对冲击性能的影响

图 15-55 所示为试验性焊条药皮中铁粉数量对夏比 V 形缺口冲击性能的影响。由图可见，在低氢碱性焊条药皮中增加铁粉对焊缝金属的冲击性能是有害的。随着焊条药皮中铁粉数量的增加，焊缝的上平

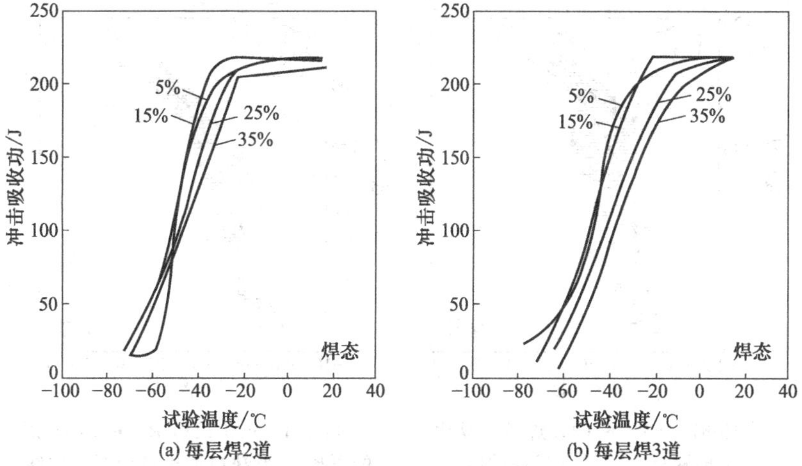

图 15-55　含不同铁粉的焊缝夏比 V 形缺口冲击性能
（图中百分数为铁粉含量）

台冲击吸收功稍有下降，转变温度曲线向高温方向移动。图 15-56 所示为 100J 时的夏比 V 形缺口冲击试验温度随药皮中铁粉数量增加而变化的情况。其结果表明，药皮中铁粉从 5%增加到 35%，对于每层熔敷 2 条焊道的试样，其冲击试验温度在横向移动+6℃，比其他文献报道的移动+28℃要低得多；对于每层熔敷 3 条焊道的试样，其温度在横向移动了+12℃，这也比上述的+28℃低得多。由上可知，过分强调将焊条药皮中的铁粉数量从 25%减至 15%是没有必要的。

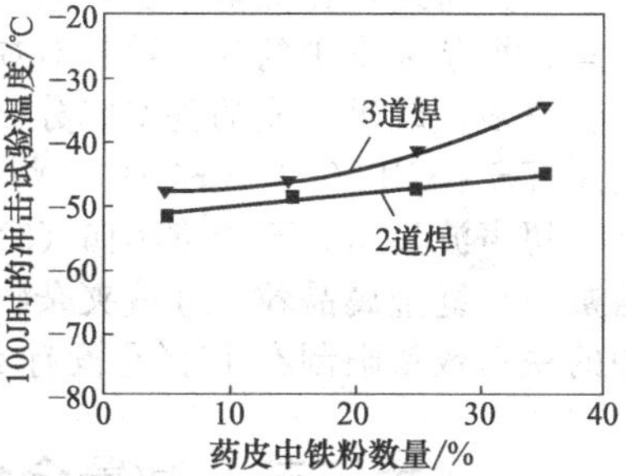

图 15-56　铁粉对 100J 的冲击试验温度影响

图 15-57、图 15-58 所示为 E7016（3）和 TENACITO-R（E7018）焊

条熔敷的焊缝金属夏比 V 形缺口冲击转变温度曲线。相比之下，E7016（3）焊条所得冲击功的分散度比 TENACITO-R（E7018）焊条的大。对于焊缝的缺口韧性，TENACITO-R（E7018）焊条优于 E7016（3）焊条。因而表明焊缝韧性与含氧量和再结晶程度无关，可通过控制焊缝金属的显微组织来得到优异的冲击韧性。

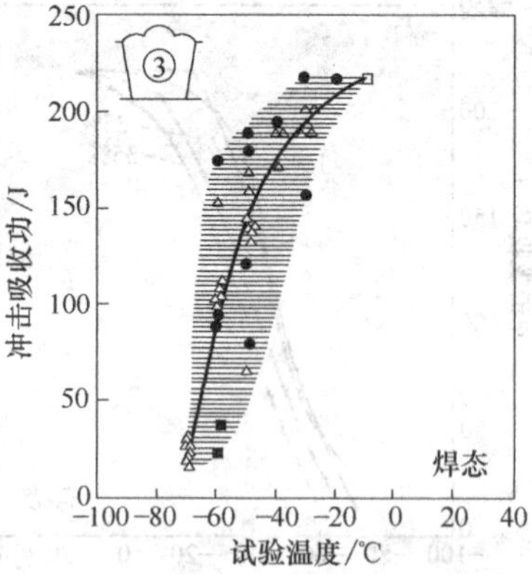

图 15-57　E7016（3）焊条的夏比 V 形缺口冲击转变温度曲线

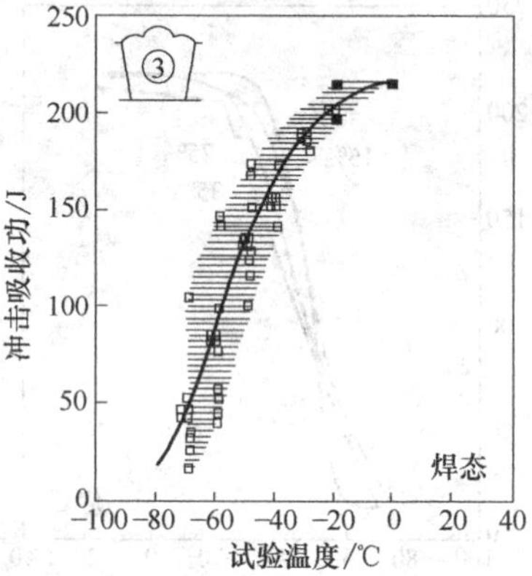

图 15-58　TENACITO-R（E7018）焊条的夏比 V 形缺口冲击转变温度曲线

根据试验结果，焊缝中的超声波衰减水平与焊缝的宏观或微观组织参数无关。

综上所述，在低氢碱性焊条药皮中增加铁粉数量将增加焊缝的含氧量；焊条药皮中的铁粉数量对焊缝韧性的损害比其他文献所报道的要轻得多；改进药皮的基本组分比限制药皮中铁粉的数量更重要；工业用 TENACITO-R（E7018）焊条的冲击特性优于 E7016（3）焊条。超声波显示，不受 E7016（3）和 TENACITO-R（E7018）焊条熔敷的焊缝金属晶粒尺寸或夹杂物数量的影响，将低氢碱性焊条药皮中的铁粉数量限制在 15%是没有实际意义的。

第三节　微量合金元素及杂质元素对焊缝组织和性能的影响

一、铝对低合金钢焊缝组织和性能的影响

试验用焊条为铁粉低氢型，焊芯直径为 4mm，药皮外径为 6.72mm。

在药皮中将铝粉从 0 逐渐增加到 7%，制备 9 种成分的焊条。在平焊位置施焊，采用直流反接，焊接电流为 170A，电压为 21V，线能量为 10kJ/cm，道间温度为 200℃。每层深敷 3 条焊道，填满接头总共 27 条焊道。焊缝金属在焊态和消除应力状态（580℃×2h）下进行试验。焊态的拉伸试样经过 250℃×14h 的去氢处理。

表 15-27 列出了上述 9 种焊缝金属的化学成分。碳基本保持不变，后 3 种焊缝中的锰、硅偏离较多，这与含铝量的增加有关。含氧量保持恒定。总氮量以及残余氮量均随铝的增加而减少，铌、钒、硼的含量均低于 5×10^{-6}。

表 15-27 焊缝金属的化学成分

焊条代号	药皮中的含铝量/%	C	Mn	Si	S	P	Al	Ti	O	N(总量)	N(残余量)
		/%					$/10^{-6}$				
P	0	0.069	1.36	0.30	0.007	0.009	<5	37	432	67	33
—	1	0.073	1.39	0.33	0.007	0.008	20	39	427	66	—
—	2	0.078	1.39	0.32	0.007	0.009	44	42	436	66	—
Q	3	0.080	1.41	0.33	0.006	0.009	78	43	432	61	34
—	4	0.080	1.42	0.37	0.006	0.009	120	43	439	54	—
—	5	0.076	1.36	0.37	0.005	0.009	190	36	422	54	24
R	6	0.078	1.31	0.44	0.005	0.008	340	36	431	52	18
—	6.5	0.076	1.30	0.51	0.005	0.008	490	43	423	50	17
S	7	0.079	1.32	0.57	0.004	0.008	610	38	422	48	18

注：Nb、V、B$<5\times10^{-6}$。

1. 含铝量对焊缝组织的影响

① 盖面焊缝组织变化　盖面焊缝的显微组织主要由先共析铁素体、含二次相铁素体和针状铁素体组成。图 15-59 表明，随着焊缝含铝量增加，先共析铁素体量基本保持不变；针状铁素体量在含铝量小于 100×10^{-6} 时逐渐减少，然后逐渐增加，当含铝量超过 200×10^{-6} 后又逐渐减少；而含二次相铁素体量的变化正好与针状铁素体量的变化相反，在含铝量为 200×10^{-6} 时其量最少。并且针状铁素体板条和二次相已发生粗化。二次相为 M-A 和渗碳体，其形态与含铝量无关。

② 粗晶区组织变化　盖面焊缝下方的粗晶区组织与焊态柱状晶区组织相似。在含铝量为 601×10^{-6} 时原始奥氏体晶界出现铁素体组织，晶内的细针状组织约 50%被铁素体加成排二次相所取代。

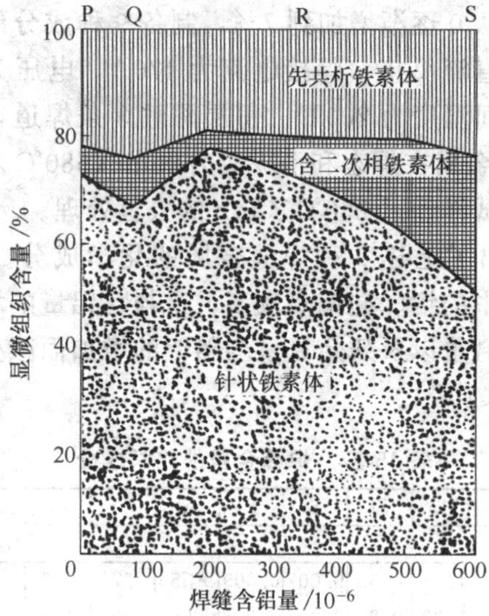

图 15-59 铝对焊态焊缝组织的影响

③ 细晶区组织变化 晶粒尺寸测量结果表明，在 Al≤300×10^{-6} 时晶粒不断细化，其后晶粒稍有粗化。

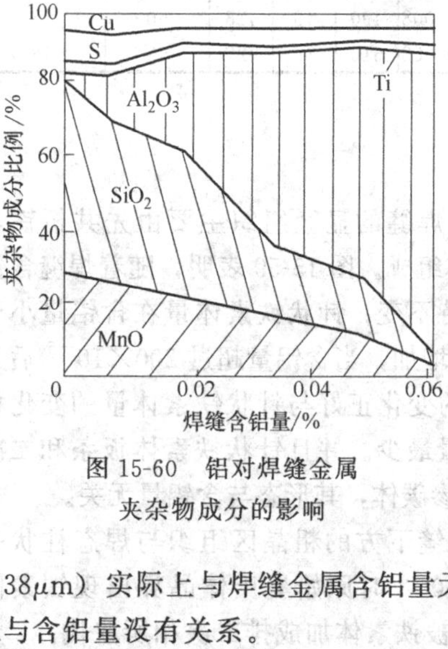

图 15-60 铝对焊缝金属夹杂物成分的影响

④ 非金属夹杂物变化 对 6 种焊缝金属测定了夹杂物的成分和平均三维微粒直径，如图 15-60 所示，MnO 和 SiO_2 逐渐被 Al_2O_3 取代，脱氧产物中 Si 与 Mn 的比例相对恒定，而比化学计量的蔷薇辉石（MnO · SiO_2）中的比例要高得多。在无铝焊缝中存在纯 SO_2 夹杂物，另外的大多数微粒含有硫和铜。由测定的夹杂物尺寸分布频率可知，平均三维微粒直径（大多数为 0.32～0.38μm）实际上与焊缝金属含铝量无关，平均微粒长宽比（约 1.2）也与含铝量没有关系。

2. 含铝量对焊缝力学性能的影响

① 对硬度的影响 如图 15-61 所示，盖面焊缝的硬度除了含铝量最小与最大时有少量下降外，在 $(100\sim500)\times10^{-6}$ 范围内随着含铝量的增加而提高。含铝量最小时硬度的下降可能与显微组织变化有关，而含铝量最大时硬度的下降可能是由分散度引起的。

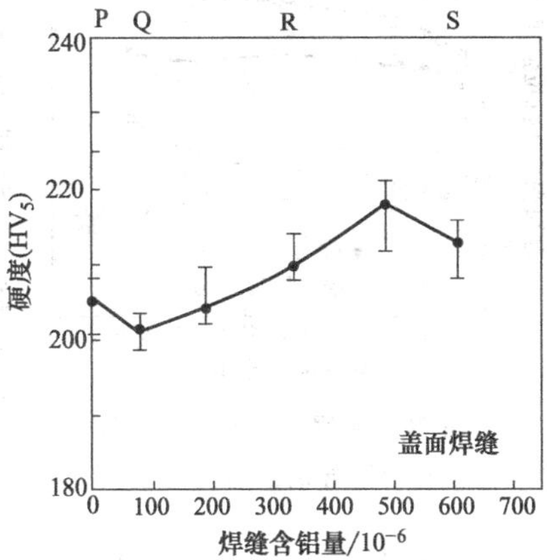

图 15-61 盖面焊缝硬度与含铝量的关系

② 对拉伸性能的影响 表 15-28 列出了焊态和消除应力状态下焊缝金属的拉伸试验数据。图 15-62 所示为屈服强度和抗拉强度与焊缝含铝量的关系。所得结果表明，焊缝金属的强度通常随含铝量的增加而呈非线性增加，但增加的量很小，且几乎与显微组织和 C、Mn、Si 的变化无关。焊后消除应力外理使强度值下降，尤其是屈服强度下降更多，可能是由于缺少 Nb、V 等碳化物形成元素。

表 15-28 焊缝金属的拉伸试验结果

含铝量/10^{-6}	焊态				消除应力状态			
	R_{eL}	R_m	A	Z	R_{eL}	R_m	A	Z
	/MPa		/%		/MPa		/%	
<5	468	529	32.6	80.7	393	500	31.8	77.0
20	475	536	33.4	80.7	387	493	32.5	80.7
44	478	541	30.4	78.9	398	499	32.8	80.7
78	478	540	31.2	80.7	391	504	31.8	78.9
120	480	543	29.0	78.9	397	518	31.0	79.8
190	485	549	31.4	79.8	403	519	29.1	78.9
340	491	564	28.2	78.9	409	528	31.0	78.9
490	485	560	25.2	78.9	417	528	29.0	78.9
610	491	570	29.2	77.0	443	550	29.4	76.0

③ 对冲击性能的影响 图 15-63 所示为焊态和消除应力状态下焊缝金属的含铝量对 100J 和 28J 时的夏比 V 形缺口冲击试验温度的

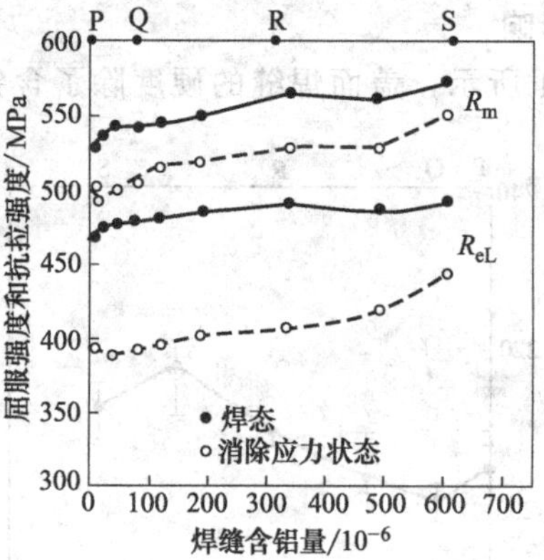

图 15-62 屈服强度和抗拉强度与焊缝含铝量的关系

影响。由图可见，无铝时得到最低的冲击转变温度；增加铝，缺口韧性迅速降低；当铝超过 80×10^{-6} 后韧性得到改善；其后当含铝量超过约 350×10^{-6} 时韧性又开始下降。焊后消除应力处理对韧性是有益的，其韧性变化情况与焊态的相同。100J 时的试验温度横向移动范围在 −8～−15℃之间变化。图 15-64 所示为 100J 时的夏比 V 形缺口冲击试验温度与 Al∶O 的关系。图中所示为 3 个性质明显不同的区域：Ⅰ区的 Al∶O 小于 0.2，增加铝是有害的；Ⅱ区的 Al∶O 在 0.2～0.8 之间，增加铝是有益的；Ⅲ区的 Al∶O 大于 0.8，增加铝又有害。

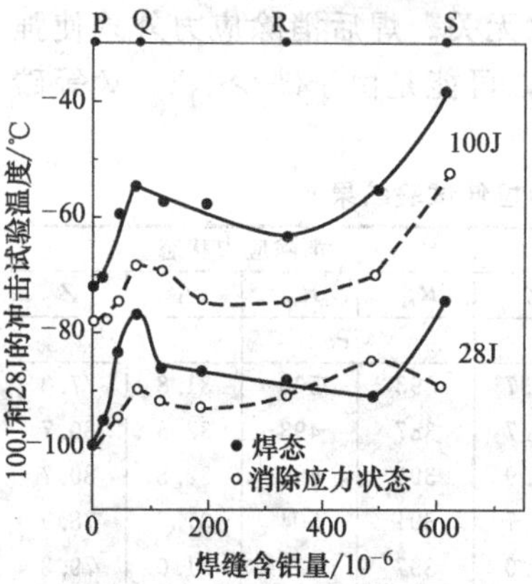

图 15-63 铝对 100J 和 28J 的冲击试验温度的影响

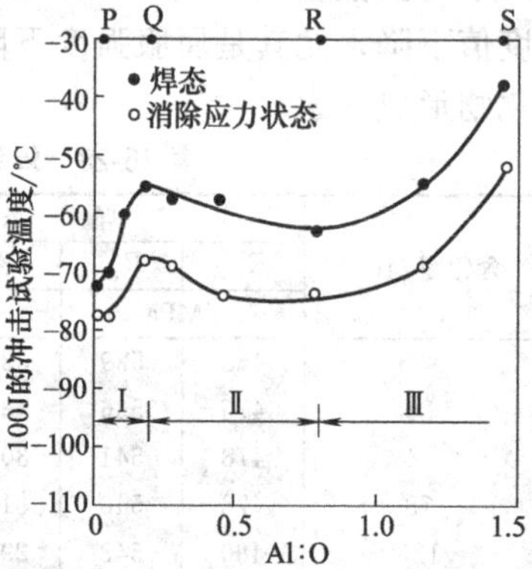

图 15-64 100J 的冲击试验温度与 Al∶O 的关系

综上所述，在焊条药皮中增加铝粉后将会发生下列变化：焊态焊缝的针状铁素体量在铝小于 100×10^{-6} 时逐渐减少，然后逐渐增加，

当铝超过 200×10^{-6} 后又逐渐减少；而含二次相铁素体量的变化正好与此相反；MnO 和 SiO_2 非金属夹杂物逐渐被 Al_2O_3 取代；焊缝金属的硬度、屈服强度、抗拉强度均稍有提高；含铝量为 0 时焊缝韧性最佳，增加铝后韧性下降，含铝量为 $(80\sim350)\times10^{-6}$ 时韧性有适度恢复。

二、钛和硼对低合金钢焊缝组织和性能的影响

试验采用药芯焊丝，直径为 1.6mm，在 CO_2 保护下焊接，药粉占焊丝总重的 17%，通过向药粉中加入不同数量的 Fe-Ti 和 Fe-B 来改变焊缝中 Ti 和 B 的含量。为了研究钛和硼的影响，共试验了 25 种药芯焊丝，其焊缝的化学成分列于表 15-29，试验用钢为 14MnNb，板厚为 24mm，其化学成分和力学性能列于表 15-30。在平焊位置施焊，采用直流电源，焊丝接正极，伸出长度为 20mm，道间温度不超过 200℃。开有 V 形坡口，共 4 道焊满，具体焊接参数列于表 15-31。

表 15-29 焊缝化学成分

序号	化学成分						
	C/%	Si/%	Mn/%	$B/10^{-6}$	$Ti/10^{-6}$	$O/10^{-6}$	$N/10^{-6}$
1	0.073	0.43	1.36	6	80	359	63
2	0.085	0.49	1.44	8	227	271	87
3	0.099	0.51	1.50	11	425	303	75
4	0.095	0.60	1.58	11	644	272	113
5	0.10	0.58	1.53	7	764	283	137
6	0.091	0.43	1.42	25	78	318	78
7	0.077	0.44	1.50	28	205	299	123
8	0.096	0.45	1.39	21	328	300	111
9	0.086	0.47	1.39	24	423	291	96
10	0.094	0.54	1.50	28	645	306	102
11	0.086	0.48	1.49	44	77	276	76
12	0.080	0.40	1.38	39	191	318	122
13	0.092	0.54	1.49	42	421	283	101
14	0.095	0.53	1.47	45	490	301	126
15	0.088	0.59	1.53	44	728	296	146
16	0.079	0.48	1.44	49	80	332	68
17	0.076	0.47	1.52	55	200	317	64
18	0.086	0.47	1.46	62	321	279	76

续表

序号	化学成分						
	C/%	Si/%	Mn/%	B/10^{-6}	Ti/10^{-6}	O/10^{-6}	N/10^{-6}
19	0.095	0.45	1.39	56	428	290	99
20	0.084	0.59	1.54	73	695	296	104
21	0.072	0.45	1.45	69	76	359	82
22	0.073	0.49	1.51	70	234	303	73
23	0.078	0.44	1.39	76	376	279	77
24	0.081	0.52	1.49	87	477	303	98
25	0.080	0.63	1.64	91	671	291	106

表 15-30 试验用钢的成分及性能

化学成分/%						力学性能		
C	Mn	Si	P	S	Nb	R_m/MPa	R_{eL}/MPa	A_{kV}(−50℃)/J
0.14	1.26	0.22	0.018	0.002	0.022	512	368	357(纵向)

表 15-31 焊接参数

道次	焊丝直径/mm	电流/A	电压/V	焊速/(cm/min)	线能量/(kJ/cm)
1	1.6	260	28	41	10.7
2	1.6	260	28	20.5	21.3
3	1.6	200	25	20.5	14.6
4	1.6	260	28	20.5	21.3

1. 钛对焊缝组织的影响

为研究钛对焊缝组织的影响，将焊缝中硼的含量分为 5 个档次，即 (6～11)×10^{-6}、(21～28)×10^{-6}、(39～45)×10^{-6}、(49～73)×10^{-6} 和 (69～91)×10^{-6}。在这 5 个硼含量范围内改变焊缝中钛的含量时，其焊缝组织百分数将发生相应变化，并在坐标图上描绘出组织含量变化曲线。图 15-65 (a)～(d) 分别描绘出了针状铁素体、先共析作素体、侧板条铁素体和上贝氏体的体积分数与含钛量的关系。可以看出，焊缝含钛量由 70×10^{-6} 左右增加到 700×10^{-6} 左右时，针状铁素体的量在增多，先共析铁素体的量在减少，从而使焊缝组织得到细化。值得注意的是，含硼量少时（<11×10^{-6}）增加钛并不会使针状铁素体的量发生大幅度变化，并且先共析铁素体量的变化也不太显著。图 15-65 (a) 表明，当含硼量大于 45×10^{-6} 时，含钛量在 200×10^{-6} 左右可得到最多的针状铁素体量。当含硼量大于 45×10^{-6}

时，含钛量在 200×10^{-6} 左右可得到最多的针状铁素体量。图 15-65（b）表明，当含钛量大于 200×10^{-6} 时，当有足够的含硼量时，先共析铁素体的含量将大幅度下降。图 15-65（c）、（d）表明，随着含钛量的增加，侧板条铁素体减少，而上贝氏体增多。当焊缝中含有足够数量的钛和硼时，则不再形成侧板条铁素体。而当 $B<10\times10^{-6}$ 且 $Ti<400\times10^{-6}$ 时，则无上贝氏体形成。

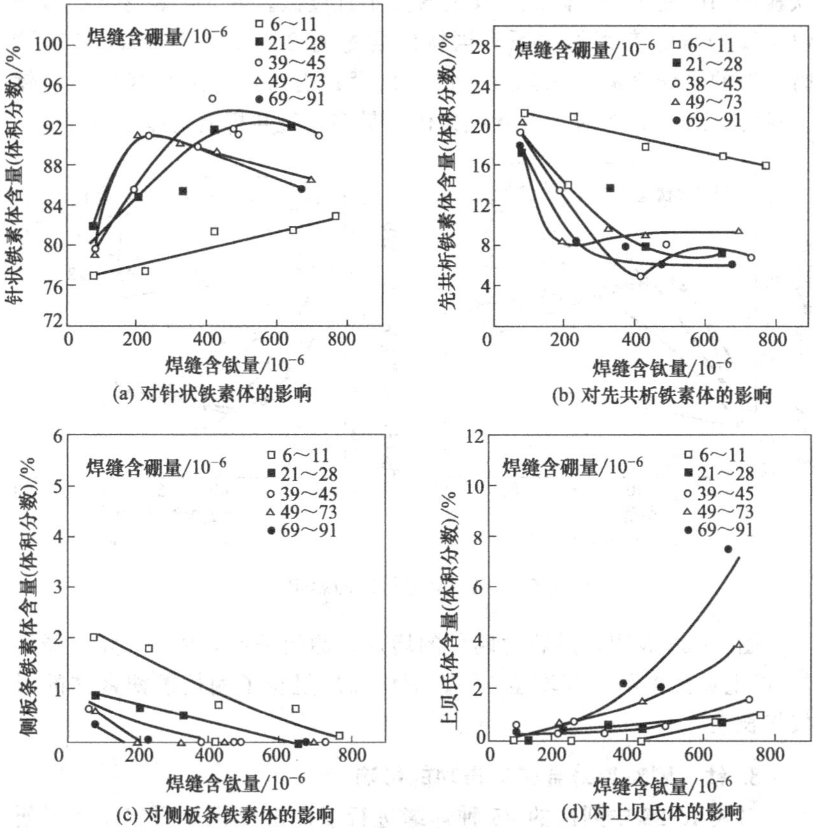

图 15-65　钛对焊缝组织的影响

2. 硼对焊缝组织的影响

为研究硼对焊缝组织的影响，将焊缝中钛的含量分成 5 个档次，即 $(76\sim80)\times10^{-6}$、$(191\sim234)\times10^{-6}$、$(321\sim425)\times10^{-6}$、(423～

644)$\times 10^{-6}$ 和（645～728）$\times 10^{-6}$。在这 5 个钛含量范围内改变焊缝中硼的含量时，其焊缝中各组织的百分数将发生相应变化。图 15-66（a）、（b）分别给出了针状铁素体、先共析铁素体的体积分数与焊缝含硼量的关系。可以看出，随着焊缝含硼量的增加，先共析铁素体量减少，从而得到细小的显微组织。但是，在含钛量较低（$<80\times 10^{-6}$）时，增加硼的含量并未引起针状铁素体的明显增加和先共析铁素体的明显减少，因此，钛的含量不宜过低。另外，硼含量的最佳值与钛的含量有密切关系。当钛的含量为 $200\times 10^{-6}\sim 700\times 10^{-6}$ 时，硼的最佳值是 $30\times 10^{-6}\sim 60\times 10^{-6}$；当硼含量为 42×10^{-6}、钛含量为 420×10^{-6} 时，针状铁素体量最多，先共析铁素体量最少。

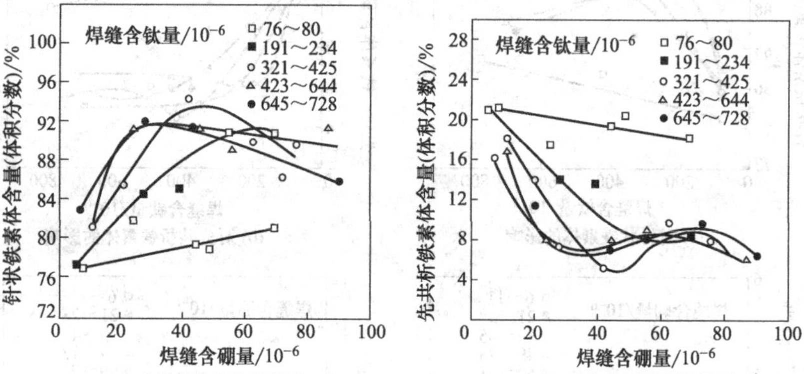

(a) 对针状铁素体的影响　　(b) 对先共析铁素体的影响

图 15-66　硼对焊缝组织的影响（一）

图 15-67 表明，随着含硼量的增加，侧板条铁素体由 2%下降到 0，而上贝氏体则由 0 增至 8%。硼增加后阻止了侧板条铁素体的形核与长大。

3. 钛、硼对焊缝金属冲击功的影响

对表 15-29 中列出的 25 种焊缝进行了冲击吸收功测定。为了便于分析钛和硼的影响规律，将硼的含量分成 5 个范围，并在每个范围内绘制出含钛量变化时冲击吸收功的变化曲线，如图 15-68 所示。从这些曲线上可以得出上平台冲击功、下平台冲击功和脆性转变温度。由大量数据分析得出，最佳的硼或钛含量可以用最大针状铁素体含量来衡量，因为只有得到最大的针状铁素体量，才能得到最高的冲击吸

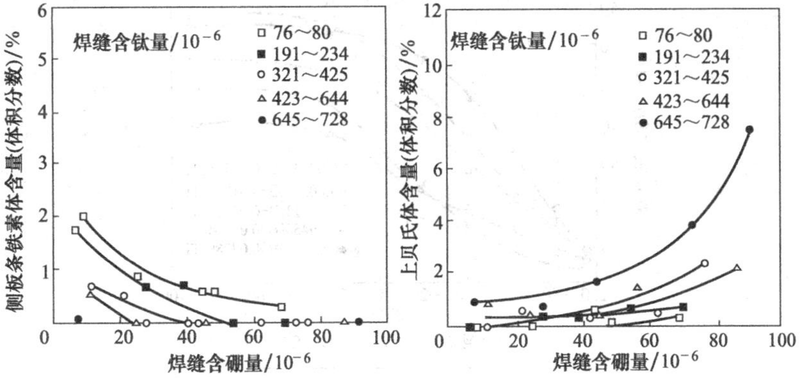

(a) 对侧板条铁素体的影响　　(b) 对上贝体的影响

图 15-67　硼对焊缝组织的影响（二）

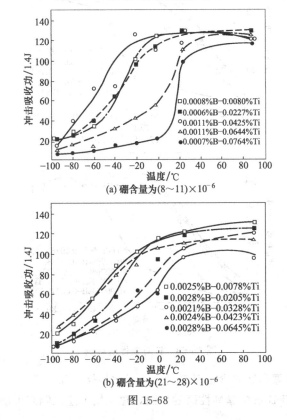

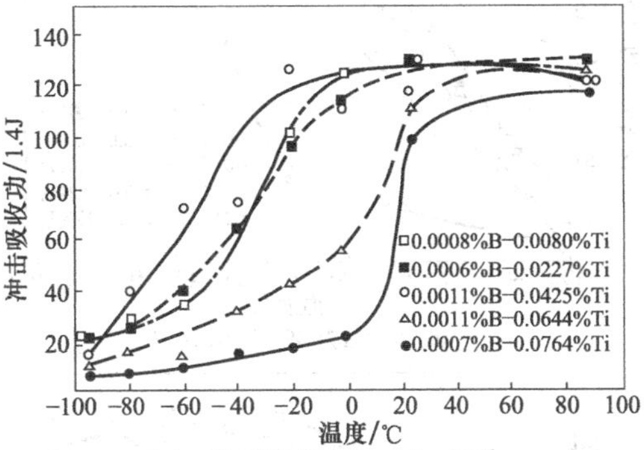

(a) 硼含量为(8～11)×10^{-6}

(b) 硼含量为(21～28)×10^{-6}

图 15-68

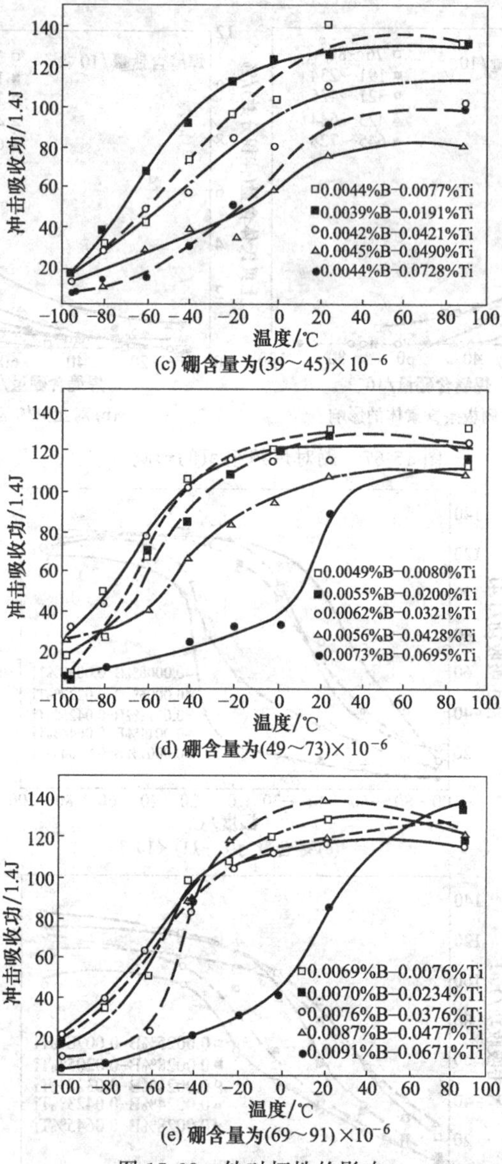

图 15-68 钛对韧性的影响

收功。而当硼和钛的含量最高时，将导致韧性下降。

有关 Ti-B 系焊缝韧性高的原因，建议用下述机制来说明。

① 在凝固过程中，Ti保护B不被氧化，使大量偏析的B与N充分反应，生成BN。

② 在奥氏体区冷却时，Ti通过形成TiN而保护残余的B不被氮化，因而有一定的自由B向奥氏体晶界偏析。由于硼聚集在晶界，降低了晶界的能量，因此不利于先共析铁素体形核。也有人提出，硼在晶界上形成碳化物 $Fe_{23}(C,B)_6$，它先于铁素体生成，当这类碳化物尺寸很小时可阻碍铁素体形核。

③ 含钛的氧化性夹杂物（TiO）促进了在奥氏体晶粒内形核，故有利于晶内针状铁素体的生成。

④ 由于B和Ti形成BN和TiN，因此减少了固溶于焊缝中的N量。

大量研究表明，没有足够量的钛，硼对促使焊缝中针状铁素体的形成效果不大；相反，没有足够量的硼，钛的效果也不大。当B=$(40\sim45)\times10^{-6}$ 和 Ti=$(400\sim500)\times10^{-6}$ 时，可得到约95%的针状铁素体。

三、氮对高强度钢焊缝组织和韧性的影响

长期以来，人们普遍认为氮对低合金钢焊缝金属的韧性有害。有的文献指出，当低合金钢焊缝中氮的含量超过 100×10^{-6} 以后，焊缝金属的冲击韧性将急剧下降。目前认为，氮对韧性的有害作用，是因为固溶氮引起晶格畸变而阻碍了位错的运动。因此，消除焊缝中氮的有害影响一直是提高低合金钢焊缝韧性的重要措施之一。

为了降低氮的有害影响，人们一方面改善冶炼技术，以降低焊芯中氮的含量；另一方面是向焊缝中过渡微量元素Al、Ti、B、Zr等，以固定焊缝中的氮，减轻氮的有害作用。试验就氮在含钛的Mn-Ni-Mo系焊缝中对组织和韧性的影响进行了测定，并作了机理方面的探讨。

试验用焊丝采用非真空冶炼，焊丝成分为Mn-Ni-Mo系，除焊丝中N的含量分别为 60×10^{-6}、110×10^{-6} 和 140×10^{-6} 外，其他合金元素的含量基本保持不变，焊丝的化学成分列于表15-32，施焊时采用富氩气体保护焊，焊接条件列于表15-33，焊出的三种不同含氮量焊缝的力学性能列于表15-34。

表 15-32 试验用焊丝的化学成分/%

焊丝号	C	Si	Mn	Ni	Mo	Ti	N	S	P
1	≤0.12	<0.8	<1.8	<2.5	<0.8	<0.2	0.006	<0.02	<0.02
2	≤0.12	<0.8	<1.8	<2.5	<0.8	<0.2	0.011	<0.02	<0.02
3	≤0.12	<0.3	<1.8	<2.5	<0.8	<0.2	0.014	<0.02	<0.02

表 15-33 焊接条件

焊接电流/A	电弧电压/V	焊速/(mm/s)	预热温度和道间温度/℃	保护气体
210～230	22～24	5.5	135～165	80%Ar+20%CO_2

表 15-34 焊缝金属的力学性能

焊丝号	R_m/MPa	$R_{p0.2}$/MPa	A/%	A_{kV}(−40℃)/J
1	843	809	19.8	113
2	798	766	21.2	113
3	800	759	23.0	116

采用电解萃取等方法测定了三种不同含氮量焊丝焊接后的焊缝含氮量、AlN 中的 N 含量、TiN 中的 N 及固溶氮的含量，结果列于表 15-35。从表中可以看出，焊缝中氮的含量随焊丝中氮含量的增加而增加，而存在于 TiN 和 AlN 中的 N 含量却基本不变。虽然焊丝中含一定量钛，但焊缝中与 Ti 结合的氮很少，70%左右的氮仍以固溶形式存在。

表 15-35 焊缝中氮的存在形式及含量 10^{-6}

焊丝含氮量	焊缝含氮量	TiN 中的 N	AlN 中的 N	固溶 N
60	110	13	5	80
110	150	14	5	100
140	190	16	5	120

1. 氮对焊缝金属组织的影响

光学显微镜观察结果表明，焊缝金属的组织不随含氮量的变化而变化，三种焊缝的焊态区和重结晶区组织均以细小均匀的针状铁素体为主，在焊态区内还有少量先共析铁素体析出。通过透射电镜观察发现，在针状铁素体晶界存在条状组织。由电子衍射分析得知，这些条状组织是奥氏体，以 X 射线衍射测定，三种焊缝中均存在一定数量的残余奥氏体，其含量分别为 2.06%、2.50%和 3.50%。

有关残余奥氏体的形成可作如下解释。在焊接冷却过程中，焊缝金属从奥氏体向铁素体转变过程中总是要伴随着 C、N 原子的扩散。与 C 原子相类似，N 原子在 α-Fe 中的扩散系数远大于在 γ-Fe 中的扩散系数。相反，N 在 α-Fe 中的饱和溶解度却较其在 γ-Fe 中的饱和溶解度小得多。因此，当焊缝金属向针状铁素体转变时，针状铁素体晶核一旦形成，C、N 原子将不断地从正在生长的针状铁素体边缘向尚未转变的奥氏体中扩散。随着 γ→α 转变过程的进行，在针状铁素体之间的剩余奥氏体中，C、N 原子的浓度将显著提高。由于焊缝中的 Mn 和 Ni 的含量较高，奥氏体的稳定性增强，γ→α 转变温度进一步降低。另外，C、N 本身也是强烈稳定奥氏体因素，所以固溶于奥氏体中的 C、N 浓度增强后，使 γ-α 转变温度进一步降低，此时在较低温度下，针状铁素体晶界的部分富 C、N 奥氏体将趋于向马氏体转变。但是，当奥氏体向针状铁素体转变到一定数量后，剩余奥氏体中 C 原子和 N 原子的浓度达到了某种程度，即奥氏体向马氏体转变的自由能变化值 $\Delta G>0$ 的程度，在随后的冷却过程中奥氏体不再发生转变，而作为残余奥氏体存在于焊缝之中。测试表明，在－80℃下残余奥氏体仍是稳定的。

2. 氮对焊缝金属韧性的影响

从表 15-35 中的数据看出，焊丝中氮的含量为（60～140）$\times10^{-6}$ 时，焊缝金属在－40℃下仍具有良好的冲击性能。众所周知，焊缝金属的韧性受化学成分、组织结构等因素的综合影响。从组织方面分析，均匀细小的针状铁素体和残余奥氏体都有利于提高韧性，因为针状铁素体有利于阻止断裂过程中裂纹的产生和扩展；残余奥氏体也有阻止裂纹扩展的作用。在残余奥氏体的形成过程中 N 原子起到了一定作用。因此可以认为，在 Mn-Ni-Mo 系焊缝中氮对提高焊缝冲击韧性有积极作用。从化学成分的影响看，由于 N 在奥氏体中的溶解度大而扩散系数小，所以在常温或低温下处在奥氏体中的 N 原子是稳定的。因此，虽然焊缝中的固溶 N 远远超过了 N 原子在 α-Fe 中的饱和溶解度，但因为绝大多数 N 原子稳定地存在于残余奥氏体中，针状铁素体中的 N 并未达到过饱和程度，从而不会产生过饱和固溶 N 导致的晶格畸变及位错塞积，这对提高焊缝韧性起到重要作用。

四、稀土元素对高强度钢焊缝组织和性能的影响

在低合金钢焊缝中，非金属夹杂物对接头的力学性能和抗裂纹性能有很大影响。因此，在探索高强钢焊接技术时，很有意义的工作之一是找出有效减少非金属夹杂物的方法，以降低其对焊缝性能的有害作用。焊缝中的硫以薄膜或链的形状存在时，对韧性是有害的，通常成为显微热裂纹的发源地。减少非金属夹杂物危害作用的有效方法之一是向焊缝中过渡与硫有很大亲和力的稀土元素，它可以改变夹杂物的形状、数量及分布等，从而减少其对韧性和抗裂性的有害作用。

试验用焊条为碱性低氢型，直径为4mm。为了向焊缝中过渡合金元素，在药皮中加入不同数量的铝铈（含铈约50%）和铝钇（含钇约30%）合金。焊条经450℃烘干2h后进行焊接，母材为12CrNi2MoVA钢，板厚为30mm，坡口为X形。焊接规范是：电流为170A，电压为26V，焊速为8m/h，层间温度为40～60℃。焊缝金属的化学成分及稀土合金在药皮中的加入量列于表15-36。

表 15-36 焊缝成分及稀土合金加入量

序号	焊缝化学成分/%					稀土合金的加入量/%	
	C	Si	Mn	Ni	Mo	AlCe	AlY
0	0.063	0.32	1.26	1.40	0.46	0	0
1	0.067	0.35	1.32	1.50	0.42	0.3	
2	0.074	0.38	1.44	1.40	0.45	0.6	
3	0.080	0.40	1.47	1.45	0.44	1.0	
4	0.082	0.43	1.48	1.40	0.45	1.5	
5	0.066	0.34	1.30	1.55	0.43		0.3
6	0.068	0.41	1.35	1.60	0.44		0.6
7	0.076	0.46	1.28	1.65	0.45		1.0
8	0.082	0.48	1.37	1.60	0.44		1.5
9	0.068	0.37	1.34	1.40	0.46	0.3	0.3
10	0.084	0.44	1.40	1.40	0.46	1.0	0.5
11	0.091	0.49	1.45	1.45	0.48	1.0	1.0

1. 稀土对夹杂物和晶粒尺寸的影响

不加稀土和加入稀土的焊缝中夹杂物尺寸分布情况见图15-69。在不加稀土的焊缝中（编号0）存在着铁和锰的硫化物夹杂（达

40μm)、大量的氧化物（达13μm）及尖角状的硅夹杂物（达30μm)，但未发现氧硫化物夹杂。

在焊缝中加入稀土后，夹杂物既被细化又被球化，其尺寸波动也减少了。硫化物夹杂减小到14μm以下，氧化物夹杂均在6.5μm以下，硅夹杂物不超过10μm，还发现有少量尺寸小于12μm的氧硫化物夹杂。

比较图15-69的(a)、(b)可知，加入稀土的焊缝，夹杂物尺寸(d_m)的峰值向较小尺寸一侧移动，但随着夹杂物尺寸的减小，其含量指数(I)明显增加，曲线变陡。大量统计结果表明，加入稀土的成分及数量变化并未带来明显影响。

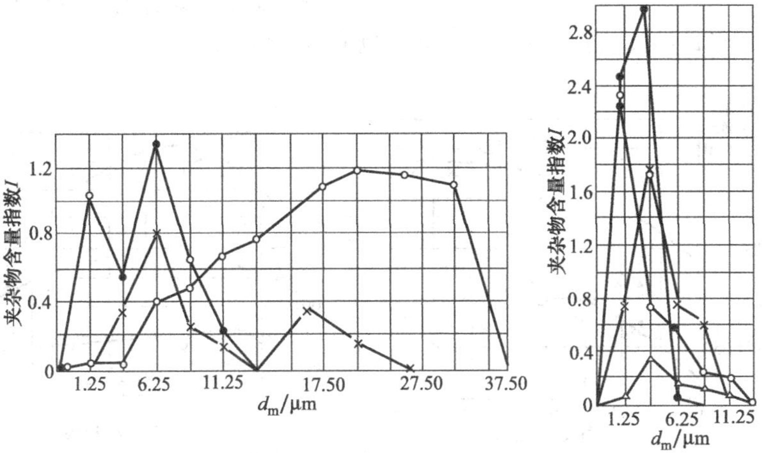

(a) 焊缝中无稀土　　(b) 焊缝中有稀土

图15-69　夹杂物的含量和尺寸分布

○—硫化物；●—氧化物；×—硅酸盐；△—氧硫化物

加入稀土后非金属夹杂弥散分布，这也具有减小奥氏体晶粒尺寸的作用。如图15-70所示，随着稀土元素的加入，奥氏体晶粒尺寸逐渐减小。另外，奥氏体晶粒尺寸也趋于均匀化。

2. 稀土对焊缝力学性能的影响

随着焊缝中稀土含量的增加，焊缝的抗拉强度和屈服强度均有提高。这是由于药皮中加入稀土后还原性增强，从而导致更多的C、Si和Mn元素进入焊缝中。随着强度的上升，焊缝塑性稍有下降，如图

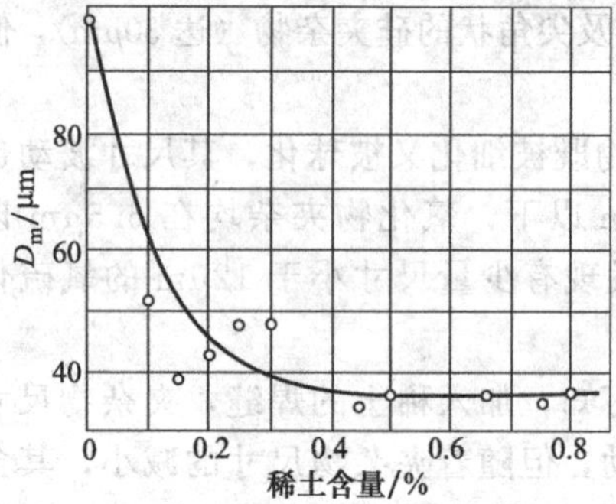

图 15-70　稀土对奥氏体晶粒尺寸 D_m 的影响

15-71 所示。

随着稀土加入量的增加，焊缝韧性在较高温度下呈曲线变化，并有一最大值，如图 15-72 所示。曲线的上升部分，是由夹杂物尺寸减小和球化进而使晶粒细化引起的。进一步增加稀土含量后，随着晶格结构的稳定，冲击韧性也保持恒定；稀土含量更高时，有更多的碳和锰元素过渡到焊缝中，尖角形硅的夹杂物含量增多，并导致冲击韧性下降。

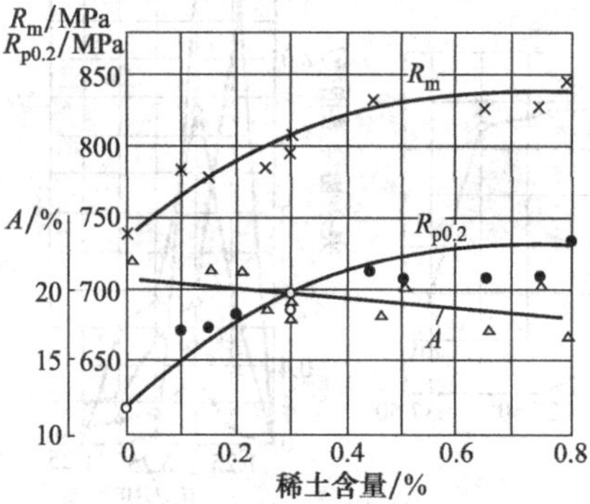

图 15-71　稀土对拉伸性能的影响

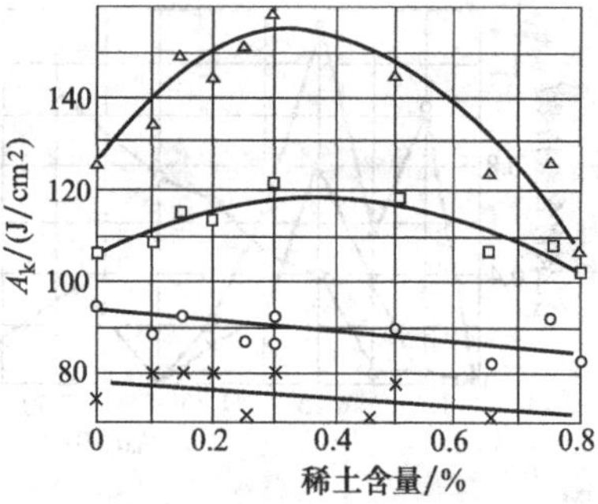

图 15-72　稀土对冲击性能的影响

△—＋20℃；□——20℃；

○——40℃；×——70℃

在低的温度下（－40℃、－70℃），随着稀土量的增加，冲击韧性逐渐下降，但比较缓慢，见图 15-72。

五、硫和磷对焊缝金属组织和性能的影响

试验用焊条为铁粉低氢型，焊芯直径为 4mm，药皮外径为 6.7mm。焊缝的标称成分为 0.06％C、1.4％Mn 和 0.35％Si。为研究硫的影响，在药皮中分别加入 0.2％、0.4％、0.6％和 0.8％的硫

化铁，以便得到不同含硫量的焊缝金属，焊缝的具体成分见表 15-37。研究磷的影响时，在药皮中加入 0.2%～0.8%的磷化铁，所得焊缝的化学成分见表 15-38。

表 15-37　改变药皮中含硫量时的焊缝成分

序号	C	Si	Mn	P	S	$N/10^{-6}$	$O/10^{-6}$
	/%						
1	0.063	0.37	1.39	0.007	0.007	54	437
2	0.057	0.37	1.41	0.007	0.016	58	457
3	0.057	0.35	1.38	0.007	0.027	55	480
4	0.062	0.36	1.39	0.007	0.038	52	500
5	0.063	0.35	1.38	0.008	0.046	52	516

表 15-38　改变药皮中含磷量时的焊缝成分

序号	C	Si	Mn	P	S	$N/10^{-6}$	$O/10^{-6}$
	/%						
1	0.067	0.38	1.43	0.007	0.005	58	433
2	0.069	0.39	1.37	0.015	0.005	61	418
3	0.066	0.37	1.40	0.023	0.005	63	431
4	0.066	0.35	1.36	0.030	0.005	61	421
5	0.065	0.35	1.45	0.040	0.006	62	426

焊接熔敷金属时，在平焊位置进行，每层焊 3 道，共 27 道焊满。采用直流电源施焊，焊条接正极。电流为 170A，电压为 21V，道间温度为 200℃，焊接线能量为 10kJ/cm。

焊缝性能的测定分别在焊态和消除应力状态下进行（580℃×2h）。焊态下的拉伸试样要在 250℃下进行去氢处理 14h。冲击试样不需要去氢处理。

1. 硫、磷对焊缝组织的影响

① 对盖面焊缝组织的影响　硫对焊缝显微组织有明显影响。随着焊缝中含硫量的增加，针状铁素体的数量逐渐减少，侧板条铁素体的数量增加。先共析铁素体的数量变化不大。

磷含量变化时显微组织的变化是很小的，用光学显微镜很难观察出来。

② 对重结晶区焊缝组织的影响　随着含硫量的变化，重结晶的细晶区中第二相形貌发生了较大的变化。含硫量低时，第二相组织主

要是马氏体和奥氏体，随着含硫量的增加，逐渐形成变态珠光体和贝氏体，在晶界处有渗碳体薄膜形成。这种现象在含磷量变化时不易出现，仅有第二相沿原奥氏体晶界成直线排列的趋势增加。

为了确定夹杂物的组成，对含硫量最低和最高的焊缝中夹杂物进行了定量分析，结果列于表 15-39。由表可以看出，夹杂物主要是 MnO 和 SiO_2，并有少量 TiO、S 和 Cu。随着含硫量的增加，MnO 与 SiO_2 的比例发生变化。含硫量低时，夹杂物的表面层富 Ti，且为面心立方晶格（a=0.42nm），推测为 TiO。另外，还有些富 Cu、富 S 区。含硫量高时，夹杂物呈球形，表层为 MnS，其中还嵌有尺寸小于 100mm 的微粒，为 TiO/MnO 的混合物，面心立方晶格（a=0.82nm），并以尖晶石结构存在，有的测定结果表明，S 的含量从 0.007%增至 0.46%时，夹杂物的体积分数从 0.25%增至 0.50%。

表 15-39　夹杂物的组成　%

焊缝含硫量	SiO_2	MnO	TiO	S	Cu
0.007	52.9	39.1	5.4	1.2	1.3
0.046	43.8	45.4	5.5	4.5	0.8

2. 硫、磷对焊缝力学性能的影响

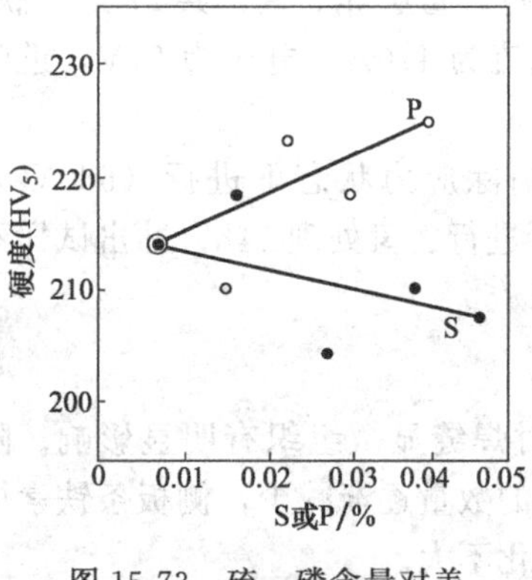

图 15-73　硫、磷含量对盖面层焊缝硬度的影响

① 对硬度的影响　硫和磷含量对盖面层焊缝硬度的影响见图 15-73。可以看出，随着硫含量的增加，硬度值下降；但随着磷含量的增加，硬度值上升。大量测试表明，硬度的变化存在于整个焊缝中。高纯度焊缝的硬度，基本上是位于高硫和高磷焊缝的中间。另外，在高硫焊缝中的硬度值波动较小。

② 对拉伸性能的影响　硫对焊态及消除应力状态下焊缝拉伸性能的影响见图 15-74。可以看出，随着含硫量的增加，不论是焊态还是消除应力状态，焊缝金属的抗拉强度和屈服强度均呈下降趋势。磷

对拉伸性能的影响与硫相反，随着含磷量的增加而增大，特别是消除应力状态下的焊缝强度增加明显（图 15-75）。取 C 和 Si 的含量为中间值，对焊缝拉伸性能进行线性回归分析，可得到如下方程式。

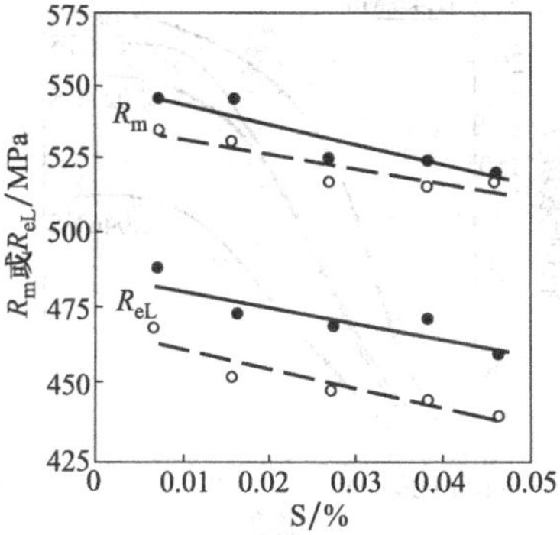

图 15-74　硫对拉伸性能的影响

●—焊态；○—消除应力状态

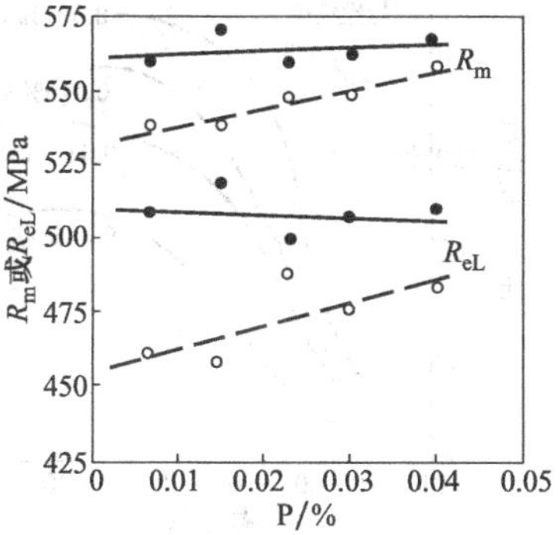

图 15-75　磷对拉伸性能的影响

●—焊态；○—消除应力状态

a. S 的影响。

焊态：

$$R_m(\text{MPa})=547-524\text{S}$$

$$R_{eL}(\text{MPa})=489-596\text{S}$$

消除应力状态：

$$R_m(\text{MPa})=544-406\text{S}$$

$$R_{eL}(\text{MPa})=471-757\text{S}$$

b. P 的影响。

焊态：

$$R_m(\text{MPa})=555+480\text{P}$$

$$R_{eL}(\text{MPa})=504+278\text{P}$$

消除应力状态：

$$R_m(\text{MPa})=532+577\text{P}$$

$$R_{eL}(\text{MPa})=457+592\text{P}$$

③ 对冲击性能的影响　焊态和消除应力状态下，硫和磷对 V 形缺口冲击转变温度曲线的影响分别见图 15-76（a）、（b）和图 15-77（a）、（b）。可以看出，硫对冲击性能影响更明显，随着硫量的增加，

上平台值下降，转变温度曲线向高温方向移动。磷的有害影响较小，平台值和曲线位置均变化较小。

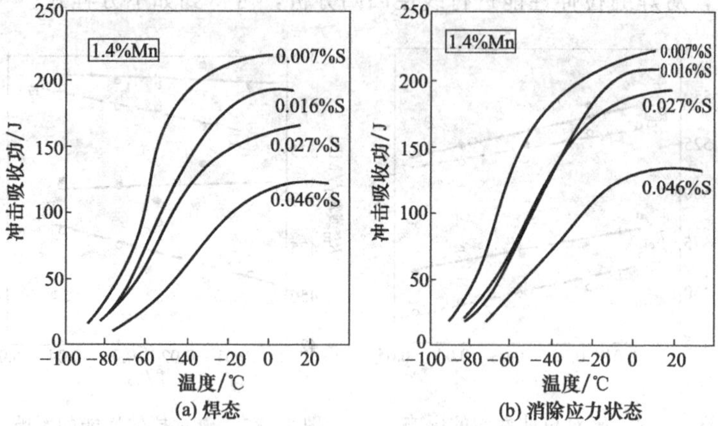

图 15-76 硫对 V 形缺口冲击转变温度曲线的影响

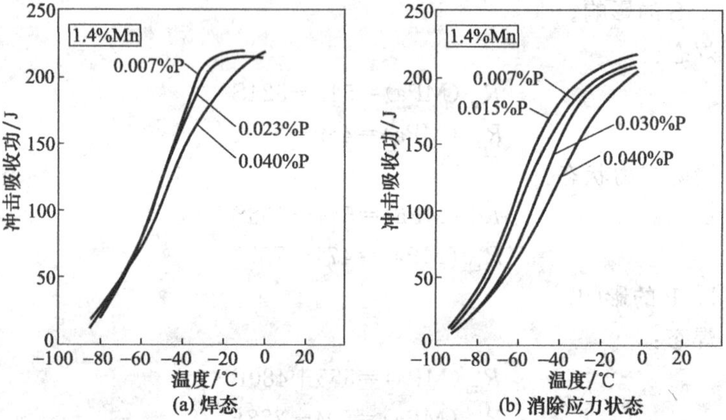

图 15-77 磷对 V 形缺口冲击转变温度曲线的影响

总的来说，元素的作用为非线性的，在含量相同的情况下硫的有害作用 4 倍于磷。对于硫夹杂物含量很低的焊缝金属，－60℃下冲击吸收功可达 100J；当 S 含量达 0.046%时，只有温度提高到－16℃时冲击吸收功才达到 100J。增加硫后冲击吸收功之所以下降，是由于缺口附近的显微组织中出现了珠光体，使其抗解理断裂性能下降。消除应力处理可产生好的效果，这可能是缺口附近的珠光体组织在热处理过程中生成了变态珠光体和渗碳体的膜球化，这些变化有利于提高抗解理断裂能力。

普遍认为，氧化性夹杂物能促使相应的组织产生，特别是 Ti 的氧化物作用尤为明显，它能促进针状铁素体的生成，故能影响到焊缝韧性。含硫量少时，夹杂物的表面层富钛，如果是 TiO，则有利于针状铁素体的形成和韧性提高；含硫多时，夹杂物的表面为 MnS，尽管其中嵌有 Ti 和 Mn 的氧化物，但它与夹杂物表层的 TiO 有本质的不同，起不到针状铁素体形核的作用，故韧性下降。

综上所述，含硫量增加时，焊缝中侧板条铁素体的含量增加，针状铁素体的量减少。这种组织的变化与夹杂物表面生成 MnS 层有关。硫对重结晶区焊缝的晶粒尺寸无影响，但改变了第二相的形态。含硫量高时，第二相为珠光体和薄膜状渗碳体。硫使焊缝硬度降低，抗拉强度和屈服强度下降，并使冲击韧性急剧下降。磷对焊缝显微组织影响不明显，对冲击韧性也影响不大，但它使硬度和强度增加。硫是通过非金属夹杂物和第二相的变化来发挥其作用的，而磷是通过强化铁素体来发挥其作用的。

六、氧对金属的作用及焊缝金属的脱氧

1. 氧对金属的作用

焊接区的氧来源于周围的空气以及焊接材料或焊件中的高价氧化物、水分、铁锈等分解物。氧的化学性质很活泼，在焊接高温下可与许多金属元素作用，它不仅使焊缝金属中有益合金元素被烧损，而且所形成的氧化物又夹杂在焊缝中。氧在焊缝中无论是以溶解状态还是以氧化物夹杂形式存在，对焊缝的性能都有很大影响。随着焊缝含氧量的增加，其塑性和韧性显著下降。此外，氧还会引起材料的热脆、冷脆和时效硬化。

(1) 氧在金属中的溶解

氧是以原子氧和氧化亚铁两种形式溶解在液态铁中的。这种溶解为吸热过程，其溶解度随温度升高而增大。当液态铁凝固时氧的溶解度急剧下降，室温的 α-Fe 中几乎不溶解氧（低于 0.001%）。因此，

焊缝金属中的氧几乎全部以氧化物（例如 FeO、SiO_2、MnO、Al_2O_3）和硅酸盐夹杂物的形式存在。通常所说的焊缝含氧量是指总含氧量，既包括溶解氧也包括非金属夹杂物中的氧。

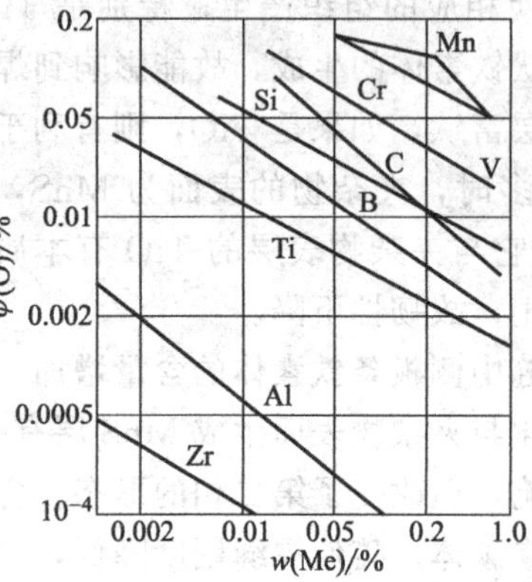

图 15-78 合金元素的含量 w(Me) 对液态铁中氧的溶解度的影响（1600℃）

在液态铁中，随着合金元素含量的增加，氧的溶解度下降，见图 15-78。合金元素与氧的亲和力愈强，氧的溶解度愈小。

（2）氧对金属的氧化

焊接时对金属的氧化除自由氧直接与金属发生作用外，其余都是在各个反应区内通过氧化性气体，如 CO_2、H_2O 或活性熔渣与金属相互作用实现的。

① 自由氧对金属的氧化。电弧焊时，空气中的氧总是有可能侵入电弧中，焊接材料中的高价氧化物等也因受热而分解产生氧气。这样使气相中自由氧的分压大于氧化物的分解压，金属就被氧化。其氧化反应力：

$$[Fe]+\frac{1}{2}O_2 = FeO+26.97kJ/mol$$

$$[Fe]+O = FeO+515.76kJ/mol$$

从反应的热效应看，原子氧对铁的氧化比分子氧更为激烈。

此外，除铁发生氧化外，铁水中其他对氧亲和力比铁大的合金元素也发生氧化，例如：

$$[C]+\frac{1}{2}O_2 = CO\uparrow$$

$$[Si]+O_2 = (SiO_2)$$

$$[Mn]+\frac{1}{2}O_2 = (MnO)$$

② CO_2 对金属的氧化。在高温下 CO_2 对液态铁和其他许多金属来说是活泼的氧化剂，当温度高于 3000K 时，CO_2 的氧化性超过了

空气，所以在焊接高温条件下，用 CO_2 作保护气体只能防止空气中的氮，而不能防止金属的氧化。焊接时，铁被氧化，其他合金元素也将被烧损。所以，采用 CO_2 气体保护焊时，必须采用含硅、锰量高的焊丝（如 H08Mn2Si）或药芯焊丝，以利于脱氧。同理，在含碳酸盐的药皮中也需加入脱氧剂，因为碳酸盐受热时也分解出 CO_2 气体。

③ 水蒸气对金属的氧化。气体中的水蒸气不仅使焊缝增氢，而且使铁和其他合金元素氧化，其反应如下：

$$H_2O+[Fe]=[FeO]+H_2$$

温度越高，水蒸气的氧化性越强。因此，为了保证焊接质量，当气相中含有较多水分时，在去氢的同时，也需进行脱氧。

④ 熔渣对焊缝金属的氧化。有两种基本形式，即扩散氧化和置换氧化。

a. 扩散氧化。焊接钢时，FeO 既溶于渣中，又溶于液态钢中，在一定温度下达到平衡时，FeO 在两相中的含量符合分配定律。

$$L=\frac{(FeO)}{[FeO]}$$

式中 L——分配系数；

(FeO)——FeO 在熔渣中的含量；

[FeO]——FeO 在液态钢中的含量。

若温度不变，则当熔渣中的 FeO 增多时，它将向液态钢中扩散，从而使焊缝金属含氧量增加。焊接低碳钢试验证明，焊缝中的含氧量随着熔渣中 FeO 含量的增加呈直线增加。

FeO 的分配系数 L 与熔渣的性质和温度有关。无论是酸性渣还是碱性渣，温度升高时，L 均减小，即在高温时 FeO 向液态钢中分配，所以扩散氧化主要在熔滴阶段和熔池的前部（高温区）进行。

在同样温度下，FeO 在碱性渣中比在酸性渣中更容易向焊缝金属中分配，也就是当熔渣中含 FeO 量相同时，碱性渣的焊缝金属含氧量比酸性渣的多。因此，在碱性药皮中一般不加入含 FeO 的物质，并要求焊前清除焊件表面的氧化皮及铁锈，否则会使焊缝金属增氧。

b. 置换氧化。当熔渣中含有较多的易分解的氧化物时，它可能与液态钢发生置换反应，使铁氧化，而该氧化物中的元素被还原。例如，低碳钢焊丝配用高硅高锰焊剂（HJ431）进行埋弧焊接时，由于熔渣中含有高温下容易分解的 SiO_2 和 MnO，因此发生如下反应：

$$(SiO_2)+2[Fe]=[Si]+2FeO \quad \begin{matrix}\uparrow (FeO)\\ \downarrow [FeO]\end{matrix}$$

$$(MnO)+[Fe]=[Mn]+FeO \quad \begin{matrix}\uparrow (FeO)\\ \downarrow [FeO]\end{matrix}$$

结果是焊缝增硅、增锰，同时铁被氧化。生成的 FeO 大部分进入熔渣，小部分溶于液态钢中，使焊缝增氧。

上述反应的方向和限度取决于温度及反应物的活度和含量等。通常升高温度，反应向右进行，说明置换氧化主要发生在熔滴阶段和熔池前部高温区。在熔池后部，因温度下降，上述反应向左进行，已还原的硅和锰有一部分又被氧化，生成的 SiO_2 和 MnO 往往在焊缝金属中形成非金属夹杂物。

采用 SiO_2 和 MnO 含量高的焊接材料进行焊接时，上述置换氧化会使焊缝的含氧量增加。但在焊接低碳钢或低合金钢时，因焊缝中硅和锰的含量也同时增加，接头性能不仅不受影响，反而得到局部改善，所以高硅高锰焊剂配合低碳钢焊丝焊接低碳钢及低合金钢得到了广泛应用。但这种配合关系不能用于中、高合金钢的焊接，因为氧和硅会显著降低焊缝金属的抗裂性能和力学性能，尤其是低温冲击韧性。

2. 焊缝金属的脱氧

焊接时防止金属的氧化以及去除或减少焊缝金属中的含氧量，是保证焊接质量的重要课题。防止金属氧化的有效措施是减少氧的来源，而对已进入焊缝金属的氧，则必须通过脱氧来解决。所以脱氧的目的就是要减少焊缝中的含氧量。

脱氧就是通过在焊丝、焊剂或焊条药皮中加入某些对氧亲和力较大的合金元素，使它在焊接过程中夺取气相或氧化物中的氧而自身被氧化，从而减少焊缝金属的氧化及焊缝含氧量。用于脱氧的元素或铁合金被称为脱氧剂。

焊接过程中，常用对氧亲和力比铁更大的元素作为脱氧剂。亲和力的大小通常是采用比较各元素氧化物的分解压大小的方法，根据亲和力大小来确定某元素能否起脱氧作用。各金属氧化物的分解压随温度的变化值如图 15-79 所示。由图可知，在 FeO 以上的氧化物的分解压都比 FeO 的分解压小，这些氧化物都比较稳定，亦即对氧的亲和力大，原则上都可用来作脱氧剂，只是在具体采用时，还必须深入分析。

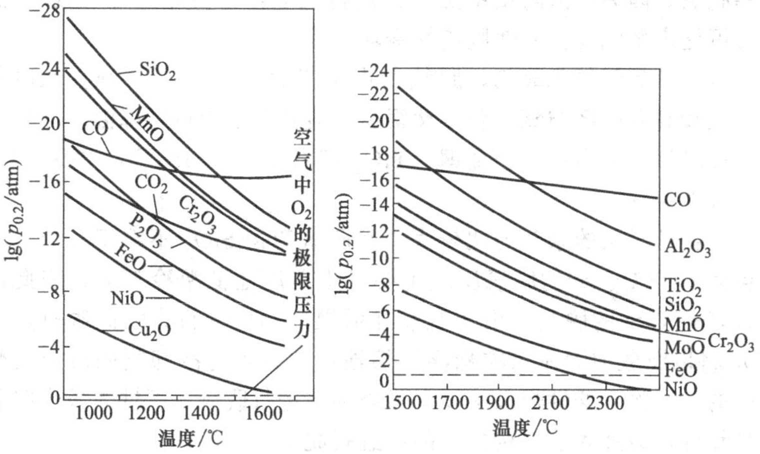

图 15-79　各种氧化物分解压与温度的关系

（1）脱氧剂的选择

可参考如下几项原则。

① 在焊接温度下脱氧剂对氧的亲和力应比被焊金属对氧的亲和力大。焊接铁基合金时，Al、Ti、Si、Mn 等均可作为脱氧剂。在生产中常用它们的铁合金或金属粉末，如锰铁、硅铁、钛铁、铝粉等。元素对氧的亲和力越大，则脱氧能力越强。

② 脱氧的产物应不溶于液态金属，其密度也应小于液态金属的密度，这样可加快脱氧产物上浮到渣中去，减少焊缝金属中的夹杂物。

③ 必须综合考虑脱氧剂对焊缝成分、性能及焊接工艺性能的影响。

④ 在满足技术要求的条件下，注意降低成本。

以下介绍几种常用的脱氧剂。

碳：碳与氧的亲和力很大，是最强的脱氧剂。碳主要在焊条端头与氧反应，在熔池前部升温阶段还可能继续与氧结合。碳脱氧生成的CO气体不溶于钢液，且很快逸至气相中。但实际中一般不用碳脱氧，主要原因是避免焊缝增碳而造成气孔和裂纹的产生。

铝：铝也是很强的脱氧剂，温度在2000℃以上时，其脱氧能力仅次于碳，但一般情况下也不用铝来脱氧，只在焊接某些合金钢时才用铝脱氧。因为焊条药皮中加入铝进行脱氧，会使焊接时飞溅增加，同时可能产生气孔，并使脱渣性变坏。

钛：钛是强的脱氧剂，脱氧产物为TiO_2，不溶于金属。钛脱氧主要在较高温度区与氧结合，钛很少过渡到熔池中进行降温阶段的脱氧。钛脱氧一般多用于合金钢。TiO_2熔点较高（1585℃），能在焊缝中形成夹杂物。

硅：硅对氧的亲和力比较大，且脱氧产物SiO_2不溶于金属，其熔点为1713℃。硅的脱氧反应主要发生在熔池低温冷却区，因此降温时有利于Si的脱氧。由于脱氧在低温冷却区进行，因此脱氧产物SiO_2将以游散的固体颗粒悬浮在熔池中，在焊缝冷却凝固后成为焊缝中的夹杂物。酸性焊条中没有另外加硅进行脱氧，碱性焊条中除加锰脱氧外，另加入了一定数量的硅进行脱氧。

锰：锰的脱氧能力较硅稍弱。锰也是在熔池低温冷却区进行脱氧，其脱氧产物（MnO）熔点也较高（1558℃），也容易形成夹杂物。

在上面所述脱氧剂中，用得较多的是Al、Ti、Si、Mn，而最常用是Si、Mn。

(2) 先期脱氧

焊条电弧焊时，在焊条药皮加热阶段，固体药皮中进行的脱氧反应叫先期脱氧，其特点是脱氧过程和脱氧产物与熔滴不发生直接关系。先期脱氧反应主要发生在焊条端部反应区。

含有脱氧剂的药皮被加热时，药皮中的高价氧化物或碳酸盐分解出的氧和二氧化碳便和脱氧剂发生反应。例如：

$$Fe_2O_3 + Mn = MnO + 2FeO$$

$$FeO+Mn \longrightarrow MnO+Fe$$
$$2CaCO_3+Si \longrightarrow 2CaO+SiO_2+2CO$$
$$2CaCO_3+Ti \longrightarrow 2CaO+TiO_2+2CO$$
$$CaCO_3+Mn \longrightarrow CaO+MnO+CO$$

反应的结果使气相的氧化性减弱。

先期脱氧的效果取决于脱氧的亲和力、脱氧剂的粒度、脱氧剂和氧化剂的比例、焊接工艺参数等因素。由于药皮加热阶段温度低，先期脱氧并不完全，尚需进行脱氧。

(3) 沉淀脱氧

沉淀脱氧是在熔滴和熔池内进行的。其原理是脱氧剂与 [FeO] 直接反应，把铁还原，使脱氧产物转入熔渣而被清除，这对于减少焊缝含氧量具有重要的作用。最常用的是锰、硅或硅锰联合进行沉淀脱氧。

① 锰的脱氧反应。在药皮中加入适量的锰铁或在焊丝中含有较多的锰作为脱氧剂，其反应如下：

$$[Mn]+[FeO] \longrightarrow [Fe]+(MnO)$$

沉淀脱氧的效果不仅与锰在金属中的含量有关，而且与脱氧产物 MnO 在熔渣中的活度有关，而熔渣中 MnO 的活度又与熔渣的性质有关。增加锰在金属中的含量可提高脱氧效果。在含有较多 SiO_2 和 TiO_2 的酸性渣中因脱氧产物可转变成 $MnO \cdot SiO_2$ 和 MnO、TiO_2 复合物，减小了 MnO 活度，所以脱氧效果较好。而碱性渣中 SiO_2、TiO_2 含量少，因而 MnO 的活度大，不利于锰的脱氧，故酸性焊条多用锰脱氧。

② 硅的脱氧反应。硅对氧的亲和力比锰大，其脱氧反应为：

$$[Si]+2[FeO] \longrightarrow 2[Fe]+(SiO_2)$$

提高含硅量和熔渣的碱度，可提高硅的脱氧效果，但生成的 SiO_2 熔点高、黏度大，不易从液态钢中分离，易造成夹杂，故一般不单独用硅脱氧。

③ 硅锰联合脱氧。硅和锰均能脱氧，而且脱氧产物能结合成熔点较低、密度不大的复合物进入熔渣。因此，把硅和锰按适当比例加入药皮或金属中进行联合脱氧，可以得到较好的脱氧效果，实践证明，当 $w(Mn)/w(Si)=3\sim7$ 时，脱氧产物可形成硅酸盐

$MnO \cdot SiO_2$ 浮到熔渣中去，减少焊缝中的夹杂物，降低焊缝中的含氧量。在 CO_2 气体保护焊时，就是根据硅锰联合脱氧原理，在焊丝中加入了适当比例的锰和硅。

在硅锰联合脱氧条件下，金属中锰硅比值对脱氧产物的质点尺寸有一定影响，如表 15-40 所列。可以看出，$w(Mn)/w(Si)$ 值小于 2 时，质量尺寸很微小；$w(Mn)/w(Si)$ 值大于 8.7 时，质点尺寸也很微小，这些微细的质点在熔池中是不易上浮的；而 $w(Mn)/w(Si)$ 值为 3～7 时脱氧产物的尺寸较大，易于浮出熔池而进入熔渣之中。

表 15-40　金属中 $w(Mn)/w(Si)$ 值对脱氧产物质点尺寸的影响

$w(Mn)/w(Si)$	1.25	1.95	2.78	3.60	4.18	8.70	15.90
最大颗粒半径/cm	0.00075	0.00145	0.0126	0.01285	0.01835	0.00195	0.0006

另外，为保证熔池中 Mn-Si 联合脱氧，就要保证 Mn、Si 在药皮及熔滴反应区减少烧损，而使其更多地过渡到熔池中，这就要靠前面所讲到的先期脱氧来保证。低氢型焊条，由于含氢量低，可以加强先期脱氧，通过药皮向熔池中过渡脱氧元素的条件较好，容易满足 Mn-Si 联合脱氧要求，故脱氧效果较好，也不因脱氧较彻底而导致氢的过剩产生气孔。酸性焊条，由于熔渣碱度小，渗锰条件较差，如加强先期脱氧会引起焊缝气孔，通常这类焊条焊缝中的含锰量不多，难以满足 Mn-Si 联合脱氧的要求，因此焊缝金属中含氧量较高。

(4) 扩散脱氧

扩散脱氧是在液态金属与熔渣界面上进行的脱氧。利用氧化物能溶解于熔渣的特性，通过扩散使它从液态金属中进入熔渣，从而降低焊缝含氧量。

扩散脱氧是以分配定律为基础的，当温度下降时，FeO 在渣中的分配系数 L 增大，液态钢中 FeO 向熔渣扩散，从而使熔池中的 FeO 含量减小。扩散脱氧是在熔池的后部低温区进行的，即处在熔池凝固阶段。

除温度外，扩散脱氧还取决于 FeO 在熔渣中的活度。在温度不变的条件下，FeO 在渣中的活度越低，脱氧效果越好。当渣中含有较多的酸性氧化物 SiO_2、TiO_2 时，易与 FeO 形成复合物而使渣中 FeO 活度减小，为了保持分配系数，液态金属中的 FeO 不断向渣中扩散。所以酸性渣有利于扩散脱氧，相比之下，碱性渣的扩散脱氧能力较差。

七、低合金钢焊缝中氢的危害与控制

氢可通过气相和熔渣向金属中溶解。当氢通过气相向金属中溶解时，分子状态的氢必须分解为原子或离子状态（主要是 H^+）才能向金属中溶解；当通过熔渣向金属中溶解时，氢或水蒸气首先溶于渣中，主要以 OH^- 形式存在，其溶解度取决于气相中水蒸气的分压、熔渣的碱度、氟化物的含量和金属中的含氧量等。

氢在铁中的溶解度随温度升高而增大，当温度约为 2400℃时，溶解度达最大值［43mL/(100g)］。因此在熔滴阶段吸收的氢比熔池阶段多。继续升温，金属的蒸气压急剧增加，使氢溶解度迅速下降。在金属沸点温度时，氢的溶解度为零。在钢的变态点温度时，氢的溶解度发生突变，这是因为氢在固态钢中的溶解度和组织结构有关。氢在面心立方晶格的奥氏体钢中溶解度大，而在体心立方晶格的铁素体中溶解度小，当发生固态相变时，就出现了溶解度的突变，这种现象是引起气孔、裂纹等焊接缺陷的重要原因。

合金元素 C、B 和 Al 会引起氢的溶解度急剧下降。氧是表面活性物质，可减少金属对氢的吸附，因而也能有效地降低氢在液态钢中的溶解度。Ti、Zr、Nb 以及某些稀土元素可提高氢的溶解度，而 Mn、Ni、Cr 和 Mo 等则影响不大。

焊接熔池在液态时吸附氢，由于凝固结晶速度很快，如果来不及逸出就被保留在固态的焊缝中。在钢焊缝中的氢是以 H、H^+ 的形式存在的，它们与焊缝金属形成间隙固溶体。由于氢原子及离子的半径很小，它们可以在焊缝金属的晶格中自由扩散，这一部分氢被称为扩散氢。如果氢扩散到金属的晶格缺陷、显微裂纹或非金属夹杂物边缘的微小空隙中时，可结合成氢分子。由于氢分子的半径大而不能自由扩散，因此称这部分氢为残余氢。因为铁与氢不形成稳定的氢化物，所以铁内扩散氢约占总氢量的 80%～90%，它对接头性能的影响比残余氢大。焊缝金属的含氢量是随焊后放置时间而变化的，其规律是：焊后放置时间越长扩散氢越少，残余氢越多，而焊缝中总氢量在下降。这是因为氢的扩散运动使一部分扩散氢从焊缝中逸出，而另一部分转变为残余氢。熔敷金属中扩散氢可以用甘油法、气相色谱法或水银法进行测定。

1. **氢的危害**

焊接过程中氢的危害主要有以下四个方面。

① 形成气孔　熔池在高温时吸收到了大量的氢，结晶时氢的溶解度突然下降，使氢在焊缝中处于过饱和状态，并发生如下反应。

$$2[H] \rightarrow H_2$$

反应生成的分子氢不溶于金属，于是在金属中形成气泡。当氢气的逸出速度小于液态金属的凝固速度时，来不及逸出的氢气在焊缝中形成气孔。

② 形成冷裂纹　冷裂纹是焊接接头冷却到较低温度下（在 M_s 以下）产生的一种裂纹。氢是促使冷裂纹产生的主要原因之一，故这种裂纹也称氢致裂纹。

③ 形成氢脆　氢在室温附近使钢的塑性发生严重下降的现象称为氢脆。一般认为是原子氢扩散聚集在金属晶格缺陷内（如位错、空位等），结合成分子氢，造成局部高压区，阻碍塑性变形而造成氢脆。在较高温度时，氢的扩散速度大，氢可以迅速逸出；在很低温度时，氢的扩散速度小，氢聚集不起来，这两种情况下都不会引起氢脆。只有在室温或稍低于室温的情况下才发生氢脆，金属中晶格缺陷越多，氢脆倾向就越大。

变形速度对氢脆影响很大。变形速度小（像一般拉伸试验）时可能出现最大氢脆性；变形速度大（如冲击试验）时可使氢脆性消除。

焊接区的冷却速度增大时，焊缝金属的强度增加，氢脆倾向也就增加。形成马氏体组织时，则受氢影响引起的氢脆倾向最大，如冷却速度较小，使焊缝金属接近于平衡组织，氢脆倾向减小。

如果焊件放置较长时间，氢可向外扩散逸出，氢脆性逐步降低，塑性逐步升高，加热焊件能加快这种过程的进行。

④ 形成白点　在碳钢和低合金焊缝中，如含有较多的氢，在焊后不久进行拉伸性能试验时，试件断口上常出现光亮圆形的白点，其直径约为0.5～3mm。白点中心含有微细气孔或夹杂物，按照其圆而白的形状又称“鱼眼”。白点产生于金属塑性变形过程，其成因是氢的存在及其扩散运动。当外力作用下金属产生塑性变形时，促使氢扩

散并聚集于微小气孔或夹杂物等缺陷处。白点对焊缝强度影响不大，但对塑性有较大的影响。碳钢及用 Cr、Ni、Mo 合金化的焊缝，较容易出现白点。

2. 氢的控制

氢对焊缝金属有不利影响，必须加以消除和控制。首先要减少氢的来源，其次在焊接过程中利用冶金措施加以去除，必要时根据需要进行焊后去氢处理。

(1) 限制氢的来源

主要措施如下：

① 限制焊条材料中的含氢量。制造焊条、焊剂及药芯焊丝所使用的各种原材料都在不同程度上含有吸附水、结晶水、化合水或溶解氢等，设计配方时应尽量选用不含或少含氢的原材料。制造焊接材料时，应按技术要求进行烘焙以降低成品的含水量。焊条、焊剂成品长期存放会吸潮，因此，用前应进行烘干。一般酸性焊条其烘干温度为150～200℃；低氢型焊条为350～450℃，烘干时间小于2h。烘干后应立即使用，或放在保温筒内随用随取。

② 消除气体介质中的水分。采用气体保护焊时，保护气体 Ar、CO_2 中常含水分，使用前应该采取脱水或干燥等措施。

③ 消除焊件及焊丝表面上的油污、杂质。焊件待焊面和焊丝表面的铁锈、油污、吸附水分及其他含氢物质都是使焊缝增氢的主要原因之一，焊前应认真清除。

(2) 冶金处理

通过焊接材料的冶金作用，使气相中的氢转化为稳定的氢化物，降低氢的分压，以减少氢在焊缝金属中的溶解。HF 和 OH^- 都是高温下较稳定的氢化物，而且不溶于钢中。因此，必须适当调整焊接材料成分，促使气相中的氢转变成 HF 和 OH^-，则可减少焊缝中的含氢量。在药皮或焊剂中加入氟化物，焊接时在气相中能使氢转变成 HF。最常用的氟化物是 CaF_2，其去氢反应为：

$$CaF_2(气)+H_2O(气)=\!=\!=CaO(气)+2HF$$

$$CaF_2(气)+2H=\!=\!=Ca(气)+2HF$$

在高硅高锰焊剂中加入适当的 CaF_2 也可以显著降低焊缝的含氢量。如果能增强气相中的氧化性或增加熔池中的氧含量，都能使氢转

化为 OH^-，达到减少焊缝金属中氢溶解的目的。由于 CO_2 气体具有氧化性，能减少焊缝中的含氢量，焊条电弧焊时低氢型焊条药皮中碳酸盐受热分解出的 CO_2 可起同样的作用，其去氢反应为：

$$CO_2 + H^+ \longrightarrow CO + OH^-$$

氩弧焊时，为了防止气孔产生，常在氩气中加入体积分数在5%以下的氧气，增加气相中的氧化性，降低氢的分压，并可进行脱氢，反应式如下：

$$O + H \longrightarrow OH^-$$

$$O_2 + H_2 \longrightarrow 2OH^-$$

此外，在药皮或焊丝中加入微量的稀土元素如钇、碲、硒等，也可以降低扩散氢含量。

(3) 控制焊接工艺参数

焊条电弧焊时，焊接电流增加使熔滴变细，增大了氢向熔滴金属溶解的可能性。由于电流增大，电弧和熔滴温度升高，引起氢和水蒸气分解度增大，使熔滴吸氢量增加。气体保护焊时，当电流超过临界值时，熔滴转变为射流过渡，此时，熔滴温度接近金属沸点，金属蒸气急剧增多而使氢分压显著降低，同时熔滴过渡频率高、速度快，与空气接触时间短，因而可减少熔滴的含氢量。

电源性质和极性对氢在焊缝中的含量也有影响。直流正接时，因 H^+ 向阴极运动，有利于向高温熔滴溶解，故氢在焊缝中的含量比直流反接时高；用交流电焊接时，因弧柱温度周期性变化，引起周围气氛的体积也相应发生周期性胀与缩的变化，增加了熔滴与气氛接触的机会，故焊缝含氢量比直流焊接时多。

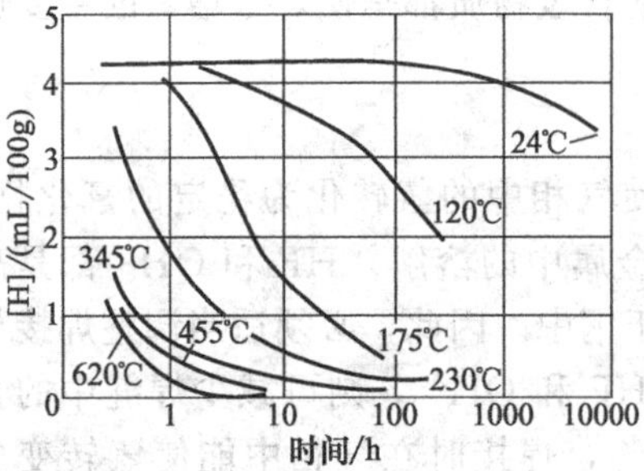

图 15-80 焊后去氢处理温度与时间对焊缝含氢量的影响

(4) 焊后去氢处理

焊件焊后经过特定的热处理可以使氢扩散外逸，减少接头中的含氢量。图 15-80 表明，加热温度越高，去氢所需时间越短。对于普通钢一般用 350℃，保温 1h，就可去除大部分氢。对于奥氏体钢接头进行去氢处理效果不大，这是因为氢在奥氏体组织中的溶解度大，而扩散速度小。

第四节　合金元素对不锈钢及其焊缝性能的影响

一、铁素体形成元素对不锈钢及其焊缝性能的影响

1. 铬对不锈钢及其焊缝性能的影响

铬是强铁素体形成元素，是使钢获得不锈性的工业可利用的唯一元素。铬使奥氏体相区缩小，在其含量约大于12%时，奥氏体相区完全消失。这就意味着Cr含量在12%以上的合金不发生 $\gamma\rightarrow\alpha$ 转变，因而也不会产生晶粒细化和硬化。当铬的含量较高时，脆硬的 σ 相约在820℃时从 δ 铁素体中开始析出。σ 相是含Cr约45%的典型的Fe-Cr金属间相（FeCr），它是立方晶格，铁原子和铬原子交替排列。σ 相的产生使钢发生脆化；另外，由于 σ 相在晶界析出，消耗了基体中大量的铬，使钢的耐蚀性下降。在温度低于600℃时，由于铁素体偏析，会形成低铬的 α 铁素体和高铬的 α 铁素体，也会使不锈钢产生脆化，这就是通常所说的475℃脆化。在1000℃以上退火可使 σ 相完全溶解，然后通过快速冷却抑制 σ 相重新析出，能够消除脆化。

铬与铁的原子半径非常接近，其电负性也相差无几，因此两者可以形成连续固溶体。铬加入铁中可使铁的临界点和组织结构（体心立方及面心立方）发生较大变化。

(1) 铬对不锈钢力学性能的影响

① 马氏体不锈钢　铬对马氏体不锈钢力学性能的影响比较复杂，在淬火和回火条件下，由于铬的增加使铁素体数量增加。因此降低了钢的硬度和抗拉强度。在退火条件下，对于低碳的Fe-Cr合金，随着含铬量的提高，其强度和硬度随之提高，而伸长率稍有下降。

② 铁素体不锈钢　当铬的含量在25%以下时，随着含铬量的增加，钢的强度下降；当铬的含量高于25%时，随着含铬量的提高，钢的抗拉强度稍有增加，如图15-81所示。通常认为，当铬量小于25%时，随着含铬量的增加，纯铁素体组织抑制了马氏体的形成，造成强度下降；当铬量大于25%时，由于铬的固溶强化作用使钢的强

度有所提高。铁素体不锈钢的脆性转变温度随钢中铬含量的增多而升高，冲击韧性随铬含量的增加而下降，如图 15-82 所示。

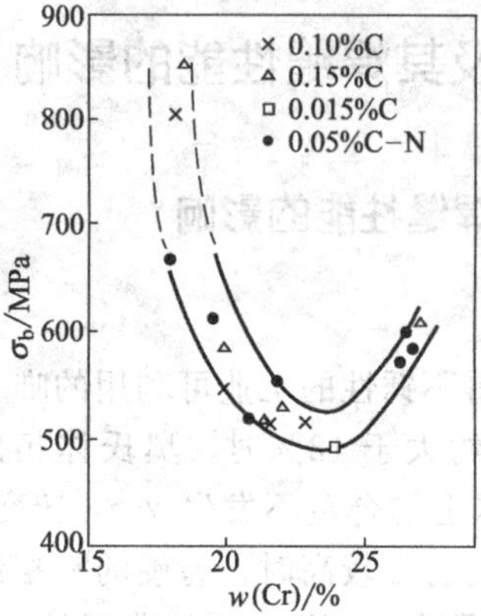

图 15-81　铬含量对铁素体不锈钢抗拉强度的影响

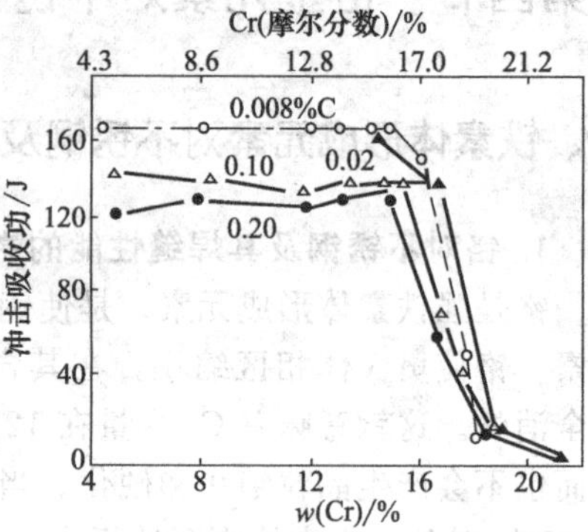

图 15-82　铬和碳含量对铁素体不锈钢冲击韧性的影响

③ 奥氏体不锈钢　在单一奥氏体不锈钢中，铬含量对钢的力学性能不会产生明显影响。当组织处于不平衡状态或在一定受热条件下，可能在铁素体中出现 σ 相，随着含铬量的提高，将引起钢的强度增加、塑韧性下降。

（2）铬对不锈钢耐蚀性的影响

① 对均匀腐蚀的影响　铬对 Fe-Cr 合金耐大气腐蚀的影响结果示于图 15-83，在不同类型的大气环境中，引起耐蚀性突变的铬含量约为 10.5%，当钢中含铬量大于 10.5%后，钢的平均腐蚀深度处于不变的稳定状态，使钢具有不锈性。其原因在于，铬的加入使钢的表面生成一层致密、连续、完整的表面膜，即产生钝化，避免了钢的进一步腐蚀。在氧化性介质中，如硝酸或含有氧化剂的硫酸中，随着铬含量的提高，耐蚀性急剧提高。具有稳定的耐蚀性的临界铬含量与介质腐蚀性和介质温度均有关系，如图 15-84 所示。

在还原性介质中，如稀硫酸、稀盐酸，随着 Fe-Cr 合金中铬含量的增加，耐蚀性下降；但向还原性介质中加入氧化剂后，则铬含量增加时耐蚀性也增加，如图 15-85 和图 15-86 所示。对于含钼、铜的铬镍奥氏体不锈钢，在浓硫酸、稀硫酸、湿法磷酸、尿素工艺介质中随

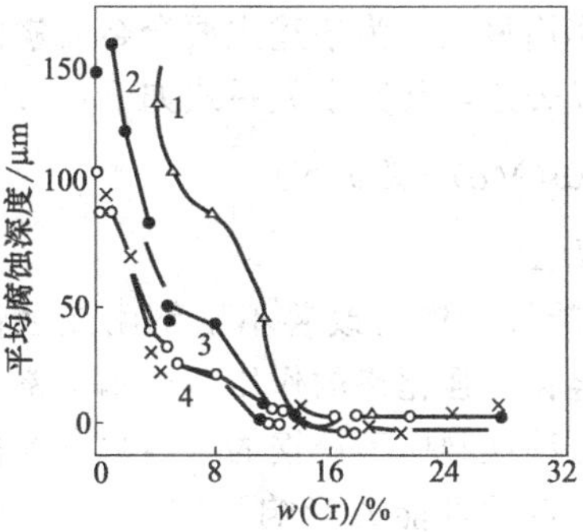

图 15-83　铬对 Fe-Cr 合金耐大气腐蚀性能的影响

1—海洋大气（A 区）；2—海洋大气（B 区）；3—一般大气；4—工业大气

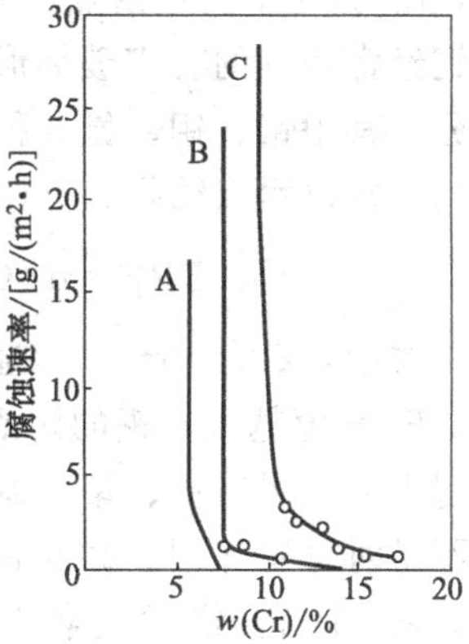

图 15-84　铬对 Fe-Cr 合金在稀硝酸（33%HNO_3）中耐蚀性的影响

A—15℃；B—80℃；C—沸腾

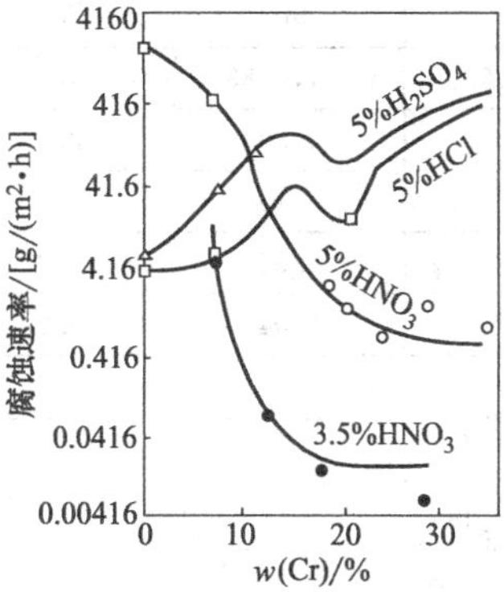

图 15-85　铬对 Fe-Cr 合金耐稀硫酸、稀盐酸和稀硝酸腐蚀性的影响

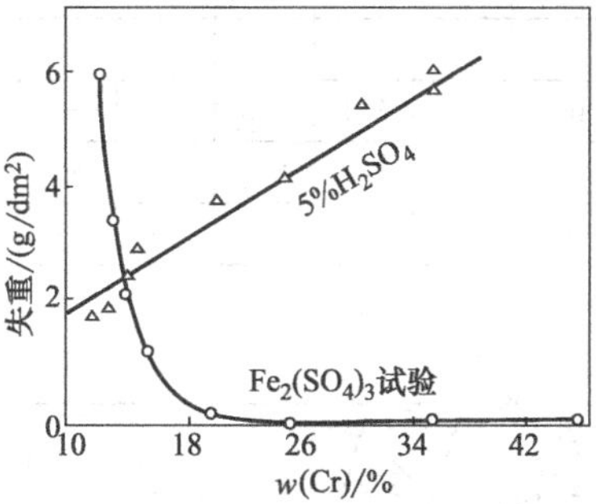

图 15-86　铬对 Fe-Cr 合金耐硫酸和含氧化剂硫酸［50%H_2SO_4＋25g/600mL $Fe_2(SO_4)_3$］腐蚀性的影响

铬含量的增加耐蚀性提高。在实际的电化学腐蚀介质中，铬对不锈钢耐蚀性的影响规律，既与介质特性有关，又与钢的成分和组织状态有关。

② 铬对不锈钢耐点蚀和缝隙腐蚀的影响　点蚀和缝隙腐蚀是不锈钢经常遇到的有害破坏形式，影响这一腐蚀行为的重要因素是合金成分。其中铬、钼、氮 3 种元素的作用最大。为描述主要合金元素的作用，常以耐点蚀指数（PRE）予以表达，其数学关系式如下：

$$PRE=w(Cr)+3.3w(Mo)+\chi w(N)$$

式中，χ 为 10～30，通常取其为 16。

PRE 值越大，钢的耐点蚀性能越好。铬对改善不锈钢耐点蚀性能起主导作用，铬、钼、氮复合合金化可强化铬的作用，当钢中铬含量不足时将发挥钼、氮的有效性。几种铁素体不锈钢的耐缝隙腐蚀性能见表 15-41，铬对铁素体不锈钢耐点蚀性能的影响见图 15-87，铬对奥氏体不锈钢耐点蚀性能的试验结果示于图 15-88。

表 15-41　几种铁素体不锈钢的耐缝隙腐蚀性能

钢号 UNS	主要化学成分/%					在 25℃过滤海水中		临界缝隙腐蚀温度/℃
	Cr	Mo	Ni	N	Cu	缝隙面腐蚀率/%	最大浸蚀深度/mm	
N08904	19	4.3	2.5	0.06	1.4	99.3,99.2	1.1,0.83	0
—	21	3.1	—	—	—	24.2	0.30	22.5
S44650	25	3.1	2.3	—	—	6.7	0.15	30.0
S44660	26	3.0	2.0	—	—	0.8	0.03	35.0
S44660	27	3.5	1.2	—	—	1.7	0.04	50.0

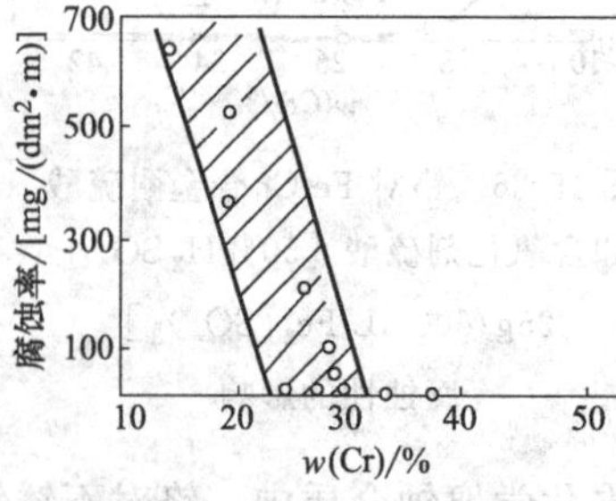

图 15-87　铬对 Fe-Cr 合金耐点蚀性能的影响

（10%$FeCl_3\cdot 6H_2O$ 溶液，室温下 10 天）

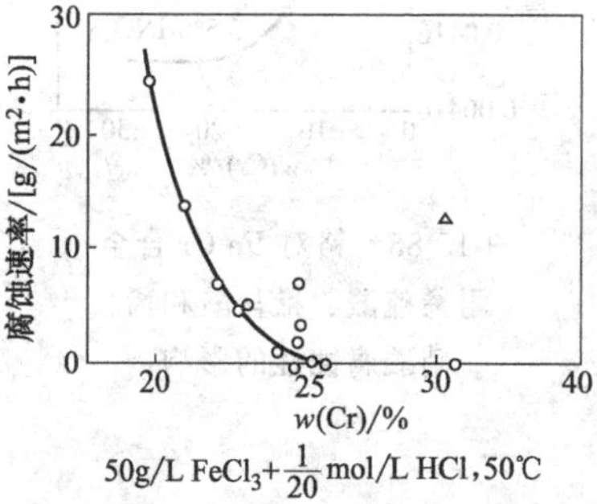

图 15-88　铬对 Fe-Cr-Ni（5%～18%）-N（0.2%～0.4%）不锈钢耐点蚀性能的影响

在双相不锈钢中，当铬含量达到一定数值后钢的耐点蚀性能才发生突变，其临界铬含量与介质和钢中的镍含量有关系。增加镍含量后，为获得最佳耐点蚀性能，钢中的铬含量也应相应提高。

③ 铬对不锈钢耐应力腐蚀（SCC）性能的影响　应力腐蚀破裂也是不锈钢经常遭遇的破坏形式，铬对不锈钢的耐应力腐蚀有着重要的作用。在沸腾的 $MgCl_2$ 介质中，铬对铁素体不锈钢耐应力腐蚀行为的影响示于图 15-89，试验用钢的碳与氮含量之和为 0.0063%～0.016%。在高应力作用下（$\Delta\sigma$ 值小），铁素体不锈钢产生晶间应力腐蚀破裂，此种倾向随着钢中含铬量的提高而降低。在外加应力稍有降低时（即 $\Delta\sigma$ 值增大），铁素体不锈钢则产生点蚀和微细的穿晶应力腐蚀裂纹。

在奥氏体不锈钢中，铬对其耐应力腐蚀性能的影响视介质条件和使用环境而异。在 $MgCl_2$ 沸腾溶液中，铬的作用通常是有害的；但在含 Cl^- 和氧的水介质、高温高压水及以点蚀为起源的应力腐蚀环境中，提高铬量则对其耐应力腐蚀性能产生有利的影响，图 15-90 示出了在含 Cl^- 和饱和氧的高温水介质中，铬对 Fe-Cr-35Ni 合金耐应力腐蚀性能的影响，随着铬含量的增多，耐应力腐蚀性能明显提高。在苛性钠（NaOH）应力腐蚀环境中，不产生应力腐蚀的临界铬含量随不锈钢中镍含量的增加而增加。

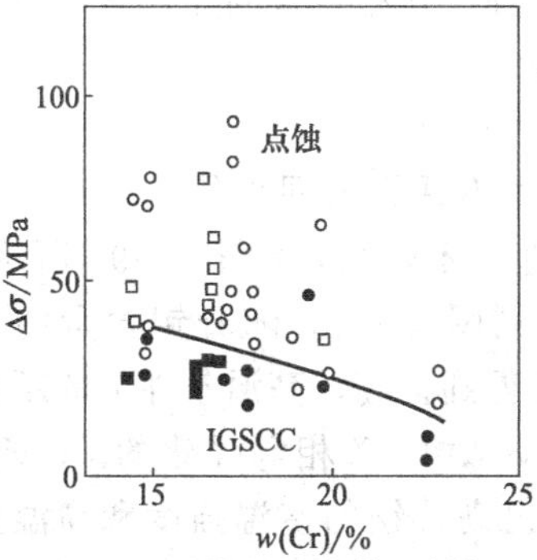

图 15-89　铬对铁素体不锈钢耐应力腐蚀性能的影响
[$\Delta\sigma=\sigma_b-\sigma$（$\sigma_b$ 为钢的断裂强度，σ 为外加应力）]
○，□—无晶间应力腐蚀；
●，■—有晶间应力腐蚀

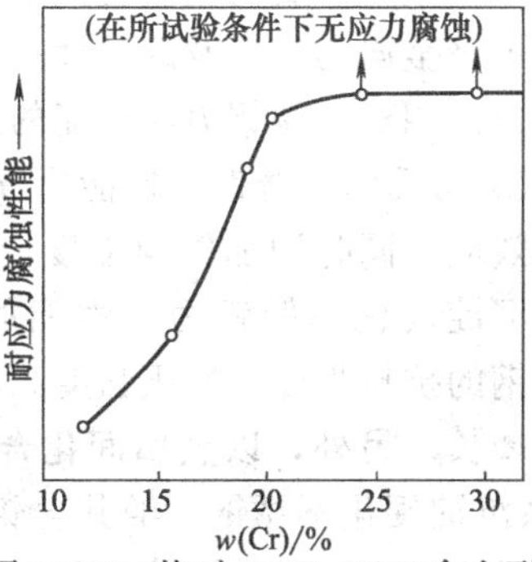

图 15-90　铬对 Fe-Cr-35Ni 合金耐高温水应力腐蚀性能的影响
（水温：300℃，$100\times10^{-6}Cl^-$，饱和氧，双 U 形试样）

④ 铬对不锈钢抗氧化性能的影响　铬使不锈钢具有良好的抗氧化性能，且随着铬含量的增加而提高。铬和铬镍不锈钢在空气中的不起皮温度与铬含量的关系见表 15-42。

表 15-42　铬对不锈钢不起皮温度的影响

钢中含铬量/%	最高不起皮温度/℃
12	700～750
16	800～850
20	950～1000
25	1050～1100
30	1100～1150

2. 钼对不锈钢及其焊缝性能的影响

与铬一样，钼也使 γ 相区缩小，这意味着钼促进铁素体形成，是铁素体形成元素。11.5%的铬可使 γ 相区完全消失，对钼而言，只需要 2.9%就可使 γ 相区消失。钼与铁可形成金属间相，其中最重要的是含钼约 45%的 Laves 相（Fe_2Mo），当钼含量达 5%时，该相就会析出。在铁铬钼合金中还能生成金属间相——χ 相（$Fe_{36}Cr_{12}Mo_{10}$），由于铬的存在，χ 相向低钼含量方向移动，含铬 17%时，χ 相从含 3%钼开始析出，当钼含量更高时，Laves 相也将析出。在铁-铬系中，χ 相析出区比 σ 相析出区的温度更高，由此可解释为什么含钼的不锈钢比不含钼的不锈钢需要更高温度的固溶退火处理。这些金属间相对含钼不锈钢和焊缝金属的韧性及耐蚀性是有害的。

（1）钼对不锈钢力学性能的影响

① 马氏体不锈钢　钼能提高马氏体不锈钢的回火稳定性和二次硬化效应，同时增加钢的强度，而塑性并不降低，如图 15-91 所示。钼对沉淀硬化不锈钢力学性能的影响见图 15-92，随着钼含量的增加，钢的抗拉强度、屈服强度和硬度都得到提高，高温条件下的断裂时间增长。另外，以金属间化合物 Laves 相、χ 相等强化的 Cr-Mo-Co 系沉淀硬化不锈钢，随其含钼量的提高，钢的室温强度和高温强度也随之提高，钼对沉淀硬化不锈钢塑性的影响与其他时效硬化元素（Nb、Al、Cu、Ti）相比，则属于较为缓和的类型。但在 17Cr-4Ni 型沉淀硬化不锈钢中，2%Mo 可使不同固溶处理状态下的钢均保持较高的硬度，超过这一含量之后，由于 δ 铁素体量增加，引起硬度急

剧下降。

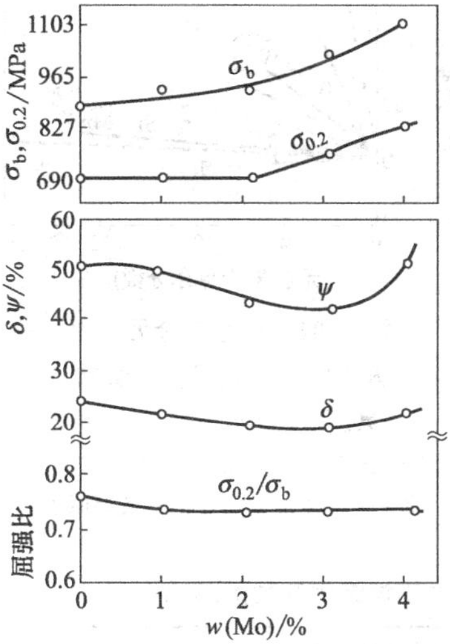

图 15-91　钼对 0.1C-12Cr-2Ni 钢力学性能的影响

（1050℃淬火＋650℃回火）

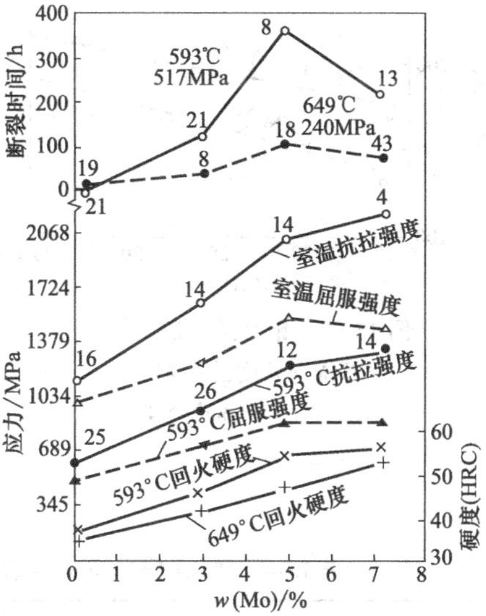

图 15-92　钼对 0.15C-14Cr-0.4V-13Co 钢力学性能的影响

（1093℃油淬，38℃冷处理，593℃回火，图中折线上的数字为伸长率/%）

② 铁素体不锈钢　在高铬铁素体不锈钢中，钼能显著提高钢的硬度，如图 15-93 所示。对于含 25%Cr 的铁素体不锈钢而言，无论是高纯钢［w(C)＋w(N)≤0.019%］还是通用钢［w(C)＋w(N)≤0.08%］，钼含量小于 2%时对脆性转变温度没有产生明显影响；此后，随着钼含量的增加，脆性转变温度显著上升。

③ 奥氏体不锈钢　在奥氏体不锈钢中，钼具有明显的固溶强化效果，其效果仅次于碳、氮、硼和钨，如图 15-94 所示，这种强化作用与其改变奥氏体晶格常数相一致。

(2) 钼对不锈钢耐蚀性能的影响

① 均匀腐蚀　对铁素体不锈钢而言，钼的加入提高了钢还原性介质中的耐蚀性能，如表 15-43 所列，在含钼量达到 2%时，腐蚀速率急剧下降。钼促进 Fe-Cr 合金钝化以及形成钼酸盐后均有缓蚀作用，它的加入提高了不锈钢在还原性介质中的耐蚀性能。

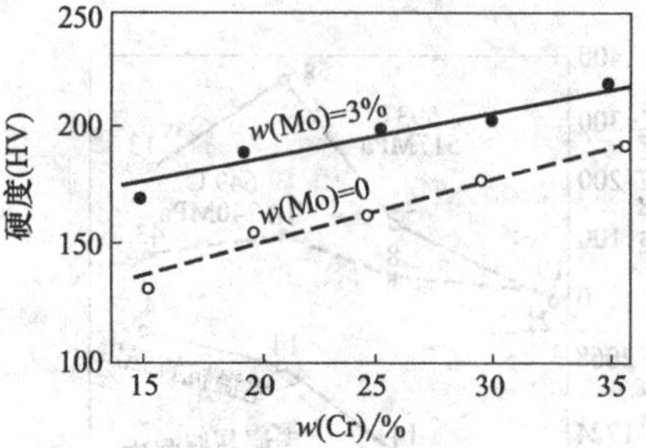

图 15-93　钼对高纯铁素体不锈钢硬度的影响

（1000℃×1h，水冷处理）

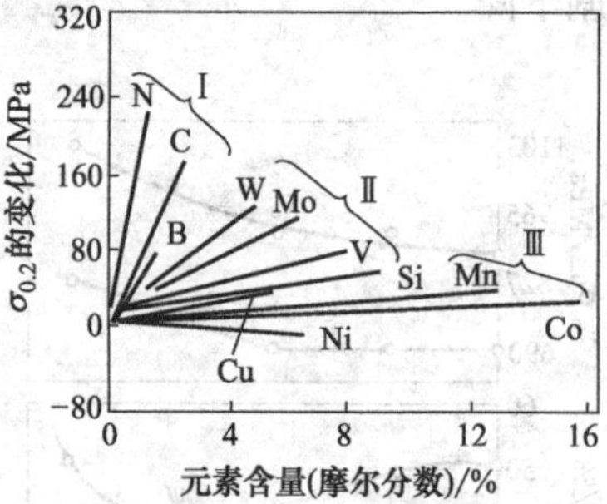

图 15-94　一些合金元素对奥氏体钢屈服强度的影响

Ⅰ—奥氏体形成元素，间隙型原子；

Ⅱ—铁素体形成元素，置换型原子；

Ⅲ—奥氏体形成元素，置换型原子

表 15-43　钼对 25%Cr 高纯铁素体不锈钢耐蚀性的影响

材　料	腐蚀速率/[g/(m^2·h)]	
	0.5mol/LH_2SO_4 充氧	1mol/LHCl 充氮
25Cr	84	165.5
25Cr-2Mo	103	5.3
25Cr-3.5Mo	无腐蚀①	2.3
25Cr-5Mo	无腐蚀①	1.3

① 试验温度为 25℃，时间为 6 天。

在奥氏体不锈钢中，钼的加入显著改善钢在还原性介质中的耐蚀性，但在氧化性介质中，钼却是有害的，当钼量大于 3.5%后，在硝酸中的腐蚀速率急剧增加，如图 15-95 所示。在 H_2SO_4、H_3PO_4、醋酸及尿素工艺介质中，随着钢中钼含量的提高，其耐蚀性亦随之提高，但在不同介质中，欲使钢具有最佳的耐均匀腐蚀性能，所需要的临界钼含量有明显差别。

在盐酸中，钼对奥氏体不锈钢耐蚀性能的影响与盐酸浓度有关，在浓度低于 1%时（室温），随钢中含钼量的增加耐蚀性提高；在盐酸浓度为 2.5%～10%时，在含钼量小于 3%的 Cr-Ni 不锈钢中，随含钼量的增加，耐蚀性反而下降。此后含钼量增加时腐蚀速率有所下降，但仍未达到不含钼的水平，如图 15-96 所示。

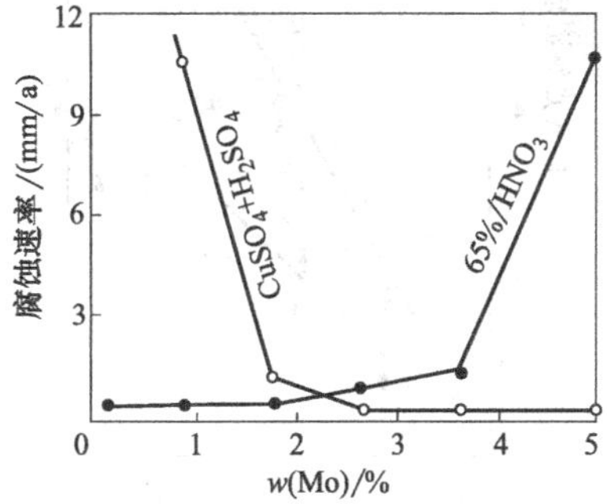

图 15-95　钼对 0Cr19Ni12 钢耐蚀性能的影响（沸腾）

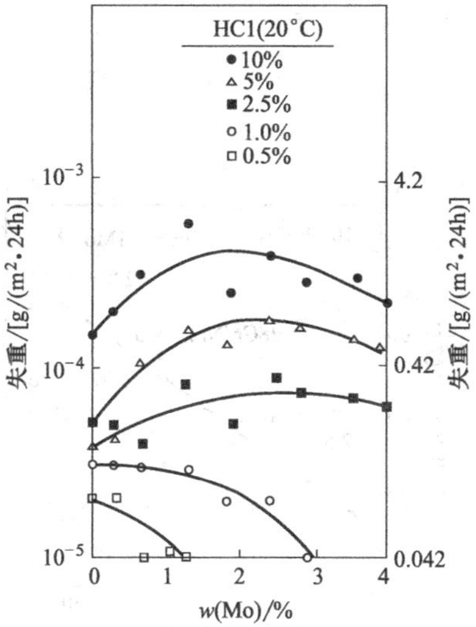

图 15-96　钼对 18%Cr 和 10%～15%Ni 奥氏体钢耐蚀性的影响

② 点蚀和缝隙腐蚀　钼能显著改善不锈钢的耐点蚀和耐缝隙腐蚀性能，其作用程度是铬的 3.3 倍。对铁素体不锈钢而言，随着含钼量的增加，点蚀电位提高，耐点蚀性能得到明显改善：在铬和钼复合作用下，耐点蚀性能可以得到充分的发挥，如图 15-97 所示。钼对铁素体不锈钢耐缝隙腐蚀性能的影响规律与其对耐点蚀性能的影响规律相同。

钼对奥氏体不锈钢的耐点蚀和耐缝隙腐蚀性能同样具有良好的作用，如图 15-98 所示，为提高钢的耐点蚀和耐缝隙腐蚀性能，钼是必须加入的合金元素。

对双相不锈钢的耐点蚀和耐缝隙腐蚀性能而言，钼也具有良好的作用，但是，介质不同，引起耐点蚀性突变的临界钼含量也不相同。钼对 Cr25 型双相钢耐点蚀和耐缝隙腐蚀性能的影响列于表 15-44 和表 15-45。

③ 应力腐蚀　钼对不锈钢的耐应力腐蚀性能是有害的，当铁素体不锈钢含镍时，钼的不良影响更加明显。在奥氏体不锈钢中，当含钼量小于 3%时，随着含钼量的增加，耐应力腐蚀性能下降；当含钼量大

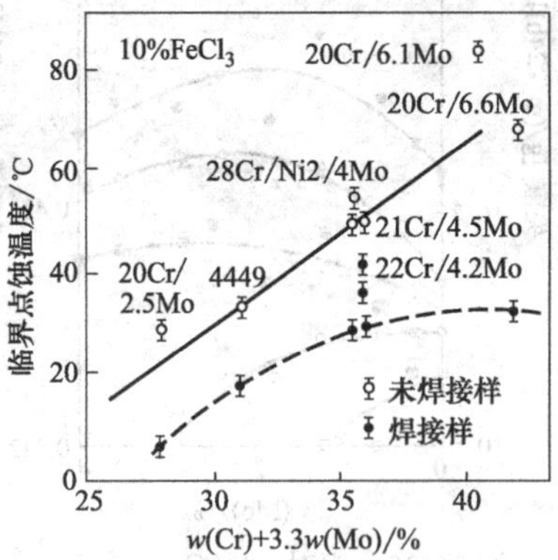

图 15-97　铬钼复合对铁素体不锈钢耐点蚀性能的影响

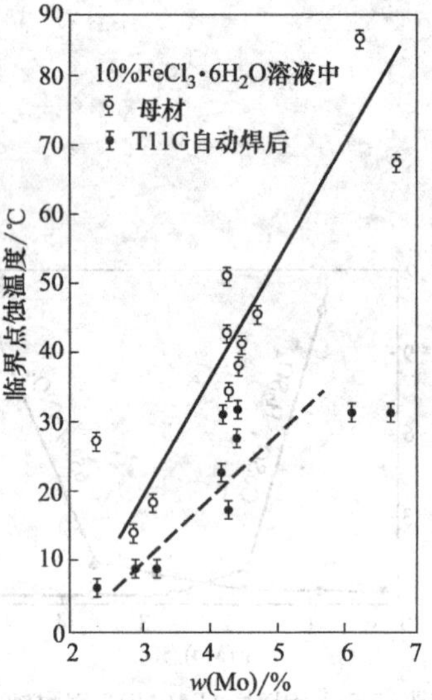

图 15-98　钼对奥氏体不锈钢耐点蚀性能的影响

表 15-44　Mo 对 Cr25 型双相钢耐点蚀性能的影响

钢　号	腐蚀速率/[g/(m^2·h)]	
	5%$FeCl_3$+20mL/LHAC,50℃	3%NaCl+1.5%$FeCl_3$·$6H_2O$+20mL/LHAC,50℃
00Cr25Ni7Mo03N	0	0.0071
00Cr25Ni6Mo2.5N	0.0533	—
00Cr25Ni6Mo2N	0.3509	0.2184
00Cr25Ni5Mo1.5N	8.0173	0.1330

表 15-45　Mo 对 Cr25 型双相钢耐缝隙腐蚀性能的影响

钢　号	介质条件	缝隙腐蚀失重/g
00Cr25Ni7Mo3N	10%$FeCl_3$·$6H_2O$ 40℃,72h	0.0520
00Cr25Ni6Mo2.5N		0.1727
00Cr25Ni5Mo1.5N		0.7157

于 3%时，随着含钼量的增加，耐应力腐蚀性能提高，见图 15-99。

在含微量氯化物和饱和氧的水溶液中，其应力腐蚀多以点蚀为起源，这时钼对不锈钢的耐应力腐蚀性能有利。在以点蚀为起源的应力腐蚀条件下，由于钼显著提高双相钢的耐点蚀性能，因此，钼的加入对提高双相钢耐应力腐蚀性能是有益的。

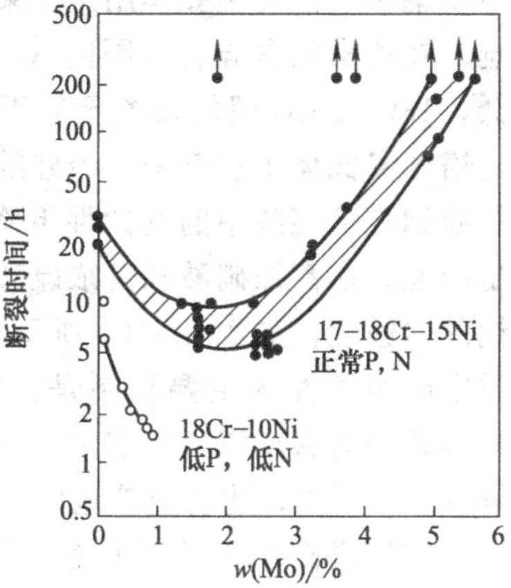

图 15-99　钼对不锈钢耐应力腐蚀性能的影响
（42%$MgCl_2$，沸腾，应力为 250MPa）

3. 硅对不锈钢及其焊缝性能的影响

硅是强的铁素体形成元素，在可相变的马氏体不锈钢中，加入硅将促进铁素体形成，这时必须控制钢的成分，避免形成单一铁素体组织而失去淬硬性。在奥氏体钢中，随着硅含量的提高，δ 铁素体含量将增加，同时金属间相（σ 相或 χ 相）的形成也将加速和增多，可引起脆化。为保证得到纯奥氏体组织，在提高硅含量的同时，要相应提高钢中和焊缝中奥氏体形成元素（Ni、N 等）的含量。在含硅的奥氏体不锈钢中可存在类似 $M_{23}C_6$ 的 π 相 [$M_{11}(CN_2)$]、Cr_3Si（β 相）。由于钢中形成 π 相，使得 σ 相的析出速度变慢，所以，氮的加入对含硅的奥氏体镍铬不锈钢有积极的作用。硅对低熔点相的形成有重要影响，进而对焊缝中的热裂纹有重要影响。

在一次结晶成 γ 相的钢中，由于偏析现象，低熔点相主要在一次析出的奥氏体晶粒的晶界处形成。在焊缝金属中，一次凝固形成 δ 铁素体相时，硅的有害作用比一次凝固形成 γ 相时更大。硅作为不锈钢中的合金元素，其含量在 4%～5%时可大大提高 Cr-Ni 奥氏体钢耐强硝酸腐蚀性能，加入量在 1%～3%时可以提高抗氧化性。

① 硅对不锈钢力学性能的影响　在铁素体不锈钢中，即使在很低的含量范围内，硅的增加也会提高钢的脆性转变温度。在马氏体不锈钢中，硅和钛的复合加入可改善钢的力学性能。硅、锰含量对高纯铁素体不锈钢 Cr21Mo3 的脆性转变温度的影响见图 15-100，硅含量增加后，脆性转变温度有明显提高。

② 硅对不锈钢耐蚀性的影响　在 α+γ 双相不锈钢和 Cr-Ni 奥氏

体不锈钢中，硅的主要作用是在某些特定腐蚀介质中对钢的耐蚀性有影响。在通常的含硅量范围内（0.8%～1.0%以下），随着含硅量的降低，18Cr-10Ni 超低碳奥氏体不锈钢在硝酸介质中的耐蚀性提高。在高铬镍奥氏体不锈钢中，当硅的含量在 1%以上时，随着含硅量的增加使钢在稀硝酸中的耐蚀性下降，但提高了它在含有 Cr^{6+} 硝酸中的耐蚀性。在高浓硝酸和高浓硫酸中，随钢中硅含量的提高显著提高了钢的耐蚀性，如图 15-101 所示。硅提高奥氏体不锈钢在强氧化性介质中的耐蚀性的主要机制是：在不锈钢表面上形成硅膜（SiO_2）和抑制磷的有害作用。在实际工业应用中，高硅不锈钢可以分为 4%Si 和 6%Si 两类，均已成功地应用于高温浓硫酸工程。在双相不锈钢中，硅同样提高了在强氧化性介质中的耐蚀性能。

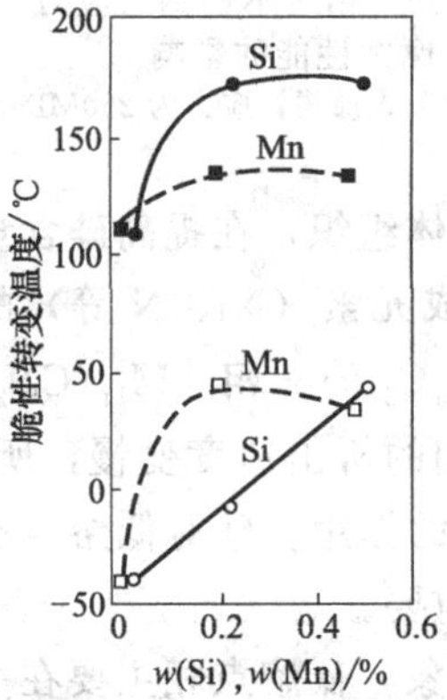

图 15-100 硅、锰含量对高纯铁素体不锈钢 Cr21Mo3 的脆性转变温度的影响（1000℃×1h 处理；○，□—水冷；●，■—炉冷）

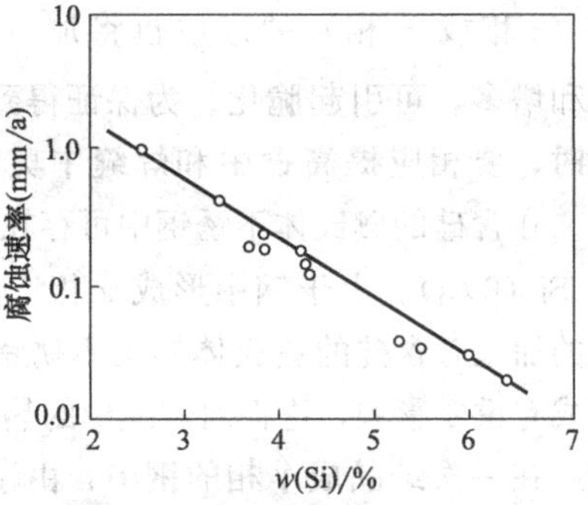

图 15-101 硅对 18Cr-10Ni 奥氏体不锈钢在高浓硝酸中耐蚀性的影响

4. **铝对不锈钢及其焊缝性能的影响**

铝是铁素体形成元素，形成铁素体的能力是铬的 2.5～3 倍。在大多数不锈钢及其焊缝中，铝是作为脱氧剂加入的，由于含铝夹杂物增加了钢对点蚀的敏感性，因此在通常情况下不采用铝作为脱氧剂。作为合金元素，在不同的钢中使用的目的不同，但铝的主要作用是时效强化和提高回火稳定性及增加二次硬化效应。

在马氏体和沉淀硬化马氏体不锈钢中，铝增加二次硬化效果和时效强化作用，如图 15-102 所示。在高纯 Cr25Mo3 钢中，适宜的含铝量可使其脆性转变温度下移，但当含铝量大于 0.05%后，随着含铝量的增加，钢的脆性转变温度提高，见图 15-103。在常规铁素体不锈钢中，利用它能提高相变温度的特性，加入适量的铝有利于采用连续退火工艺生产冷轧薄板。在奥氏体不锈钢中，铝与钛复合加入可提高钢的时效强化效应。

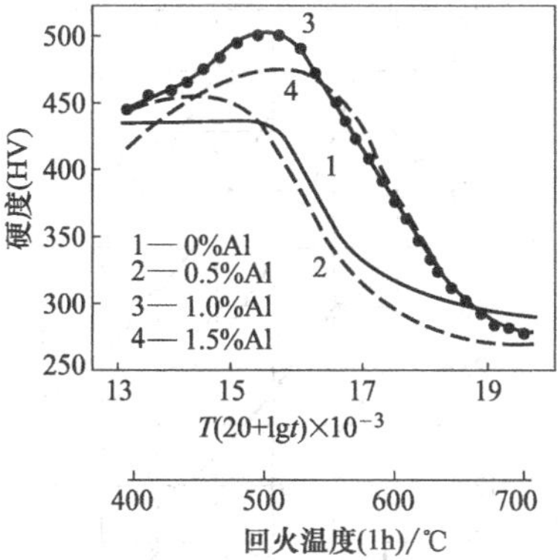

图 15-102　铝对 0.1C-12Cr-3Ni 钢回火特性的影响

（T 的单位为 K；t 的单位为 h；原始条件：1050℃空冷）

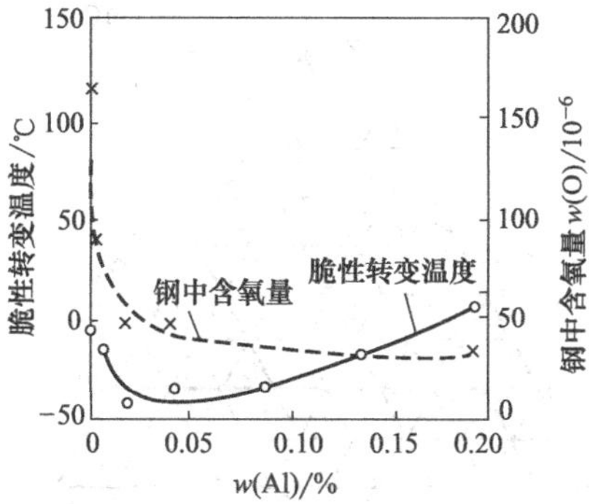

图 15-103　铝对高纯 Cr25Mo3 钢的含氧量和脆性转变温度的影响（1000℃×1h，水冷）

二、奥氏体形成元素对不锈钢及其焊缝性能的影响

1. 镍对不锈钢及其焊缝性能的影响

镍是强奥氏体形成元素，是不锈钢的主要合金元素，对某些类型的不锈钢则是不可缺少的合金元素。镍是扩大奥氏体相区的元素，随着镍量的增加，奥氏体向铁素体转变的温度降至 900～350℃。在快速冷却时，在更低温度下，甚至在室温下，都能保持奥氏体组织。由于奥氏体向铁素体的转变被完全抑制，所以这种钢无法依靠相变硬化。奥氏体是无磁性的，在 Fe-Ni 系中也无脆性相。在 Ni-Cr 相图

中，含镍量为48%时出现共晶反应，在镍的一边形成γ相，在铬的一边形成α相，这对含镍量大于50%的镍基材料性能有着重要影响。在Ni-Cr相图中不存在σ相，但在Fe-Cr-Ni三元相图中则存在σ相，如图15-104所示。

镍的加入对低碳马氏体钢的发展有重要作用，因为加入镍后奥氏体相区扩大，使得在低碳马氏体不锈钢中起有害作用的δ铁素体的生成受到抑制。镍又对马氏体转变温度有明显作用，随着含镍量的增多，马氏体开始转变的温度（M_s）进一步降低，如图15-105所示。

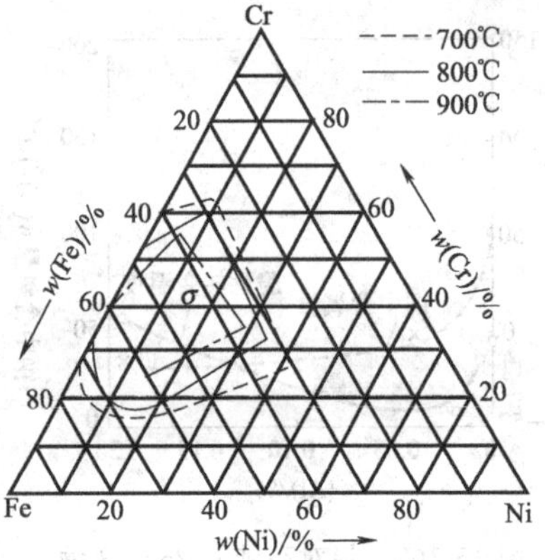

图15-104 Fe-Cr-Ni相图中σ相区的范围

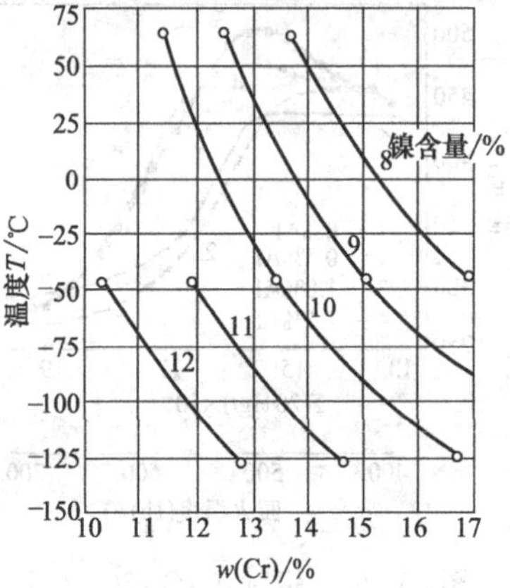

图15-105 Ni、Cr含量对马氏体开始转变温度的影响

（1）镍对不锈钢力学性能的影响

① 马氏体不锈钢 适量的镍可使钢获得淬火马氏体，使其强度和硬度得到提高，而塑性和韧性仍保持在较高水平。表15-46和表15-47给出了镍对低碳的Cr13钢和Cr18钢力学性能的影响。

表15-46 镍对低碳Cr13钢力学性能的影响

主要成分/%			R_m/MPa	$R_{p0.2}$/MPa	A/%	Z/%	硬度(HB)		IZOD冲击功/J
C	Cr	Ni					淬火	回火	
0.09	13.7	0.10	572.2	457.8	32.5	68.8	241	136.3	179
0.08	13.3	0.46	628.7	530.8	32.0	68.8	340	133.7	217
0.08	13.6	0.80	690.8	600.2	29.0	63.7	351	117.4	241
0.10	14.1	1.23	720.4	619.8	25.5	55.8	418	87.7	255

表 15-47 镍对低碳 Cr18 钢力学性能的影响

主要成分/%			热处理温度/℃		R_m /MPa	$R_{p0.2}$ /MPa	A/%	Z/%	硬度 (HB)	IZOD 冲击功 /J
C	Cr	Ni	淬火	回火						
0.10	17.0	0.28	950	500	427.4	303.3	32	62	166	4.12
			950	600	399.8	303.3	37	66	156	6.77
0.09	17.8	2.08	950	500	799.7	634.2	22	59	265	122.7
			950	600	592.8	444.8	28	62	225	116.3

镍对时效硬化不锈钢的力学性能也有很大影响，如表 15-48 所列。由表可知，含镍量为 5%时，钢的冲击吸收功太低，随着含镍量的增加，钢的强度和韧性均得到改善，含镍量为 6%～8%时，正火状态下仍可得到完全马氏体组织，表现出良好的综合性能。含镍量大于 8%时，由于形成奥氏体和马氏体混合组织，反而使强度和韧性降低。另外，试验表明，Cr-Co-Mo 沉淀硬化不锈钢中，具有良好强度和塑韧性相配合的最佳含镍量为 1.8%左右，钢的其他成分是：C0.08%，Cr15.5%、Co13.0%、Mo4%、Nb0.15%。

表 15-48 镍对时效硬化不锈钢力学性能的影响

主要成分/%				R_m /MPa	$R_{p0.2}$ /MPa	A/%	Z/%	A_{kV}/J
Ni	Cr	Si	C					
5.0	11.3	0.55	0.023	1013.4	898.3	15	57	21.6
5.8	12.0	0.60	0.016	985.8	903.1	14	51	45.0
6.9	11.4	0.47	0.023	1013.4	944.5	15	55	49.0
7.0	10.8	0.69	0.014	1089.2	937.6	18	59	49.0
8.0	12.0	0.77	0.016	1068.6	930.7	16	52	35.2
9.7	11.6	0.57	0.026	951.4	834.2	20	54	26.4
11.8	11.1	0.59	0.026	889.3	627.3	21	52	31.2

注：热处理条件为 1038℃×1h+454℃×3h。

② 铁素体不锈钢 镍能显著提高铁素体不锈钢的强度和韧性，如表 15-49 和图 15-106 所示。对高纯度的 Cr25Mo3、Cr28Mo2 和 Cr29Mo4 钢而言，加入 2%～4%的镍，可使其强度和韧性有明显好转。

③ 双相不锈钢 在双相不锈钢中，镍通过对钢的相平衡控制而影响钢的力学性能，因此存在一个最佳镍含量。过高将导致奥氏体含

表 15-49 镍对高铬铁素体不锈钢室温拉伸性能的影响

材料名称	R_m/MPa	$R_{p0.2}$/MPa	A/%	Z/%
高纯 Cr25Mo3	590～610	450～480	24～34	72～81
高纯 Cr25Mo3Ni3	670～790	590～600	26～28	74～75
高纯 Cr28Mo2	550	390	29	—
高纯 Cr28Mo2Ni4	647	567	26	70
高纯 Cr29Mo4	620	515	25	95
高纯 Cr29Mo4Ni2	715	585	22	97

量超过 50%，此时，一些铁素体形成元素铬、钼等会更多地富集于铁素体相中，因而促使 σ 相沉淀，降低韧性；反之，过低又会导致铁素体相增多，同样会降低钢的塑、韧性。对于含铬 25% 的双相钢而言，在含镍量小于 5% 的区域，随着含镍量的增加，钢的强度和冲击吸收功急剧增高；在含镍量为 5% 时屈服强度达到最高值，而在含镍量达 10% 时抗拉强度达到最高值，冲击吸收功随含镍量的增加而提高，在 α+γ 双相区冲击吸收功可稳定在 160～200J 之间。镍对双相钢室温力学性能的影响示于图 15-107。

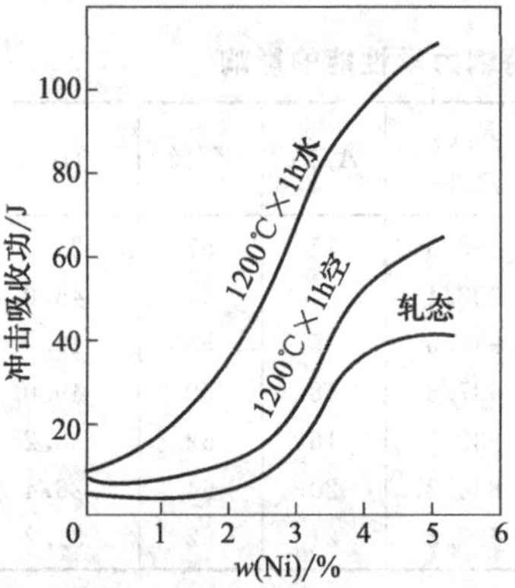

图 15-106 镍对 25Cr-3Mo-0.7Nb 铁素体不锈钢室温冲击吸收功的影响

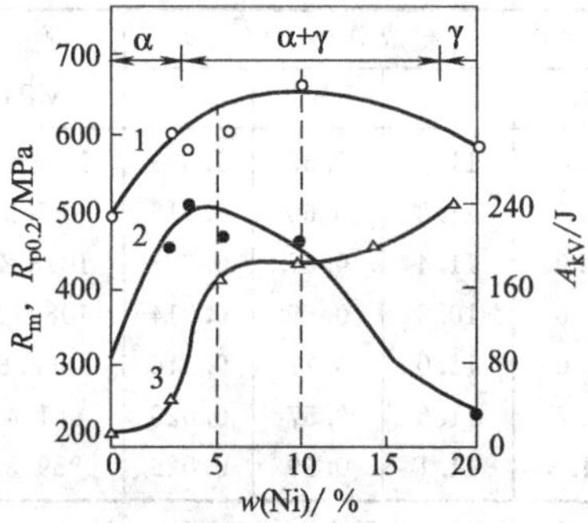

图 15-107 镍对 25%Cr 钢力学性能的影响

1—R_m；2—$R_{p0.2}$；3—A_{kV}

④ 奥氏体不锈钢 镍对奥氏体不锈钢力学性能的影响，源自镍对奥氏体稳定性的影响。在亚稳奥氏体状态下，随着含镍量的增加强度降低，室温伸长率在增加。含镍量约为 10% 时伸长率达到最大值，此时适宜的形变诱导马氏体量促成均匀变形，增加了均匀伸长率。过

高的含镍量使钢进入稳定奥氏体状态，过低的含镍量使形变诱导马氏体量过多而导致伸长率下降。镍能提高铬镍奥氏体不锈钢的低温韧性，使之成为一种优秀的低温结构材料。在 Cr-Mo-N 不锈钢中，随着含镍量的提高，其低温韧性也得到明显改善，含镍量为 8%时，-196℃下的冲击吸收功分别达到 50J 以上（横向试样）和 100J 以上（纵向试样）。镍对铬镍奥氏体钢室温和低温下的强度和马氏体量的影响见图 15-108。

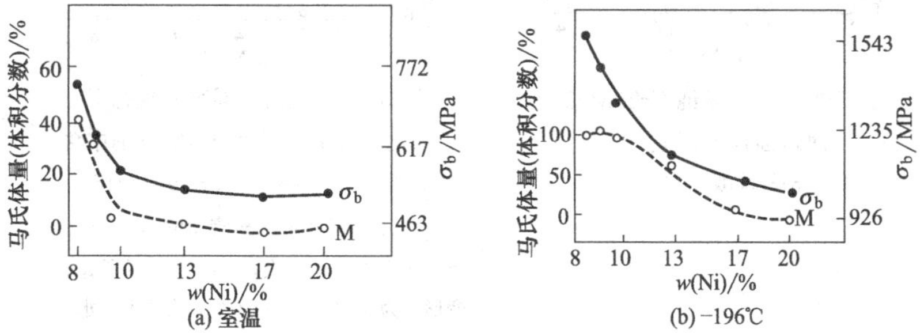

图 15-108 镍对铬镍奥氏体钢的强度和马氏体量的影响

（2）镍对不锈钢耐蚀性的影响

① 铁素体不锈钢 镍的加入提高了铁素体不锈钢在某些介质中耐均匀腐蚀、耐点蚀和耐缝隙腐蚀性能，如图 15-109 所示。但镍对耐应力腐蚀性能的影响较为复杂，这既与钢的含铬量有关，又受到钢的热处理状态影响。图 15-110 给出了不同表面状态下镍对应力腐蚀行为的影响。可以看出：在 130℃沸腾 $MgCl_2$ 中，含镍量小于 1%的 18Cr-2Mo 铁素体不锈钢，无论处于何种表面状态均不产生应力腐蚀断裂；含镍量达 2%时，表现出最高的应力腐蚀敏感性；当含镍量大于 3%后，退火状态下已对应力腐蚀不敏感，这与钢是 α+γ 双相组织有关系。另外，铁素体不锈钢的破裂除与含镍量有关系外，还与所承受的应力水平有关，在高应力条件下，镍的有害作用明显，这可能与镍提高表面膜的破裂倾向、延缓再钝化速度以及使钢中产生少量马氏体和奥氏体等有关。从图 15-110 中还可以看出，与退火状态相比较，敏化处理后具有更高的破裂倾向。

② 奥氏体不锈钢 在不同的介质条件下，镍对奥氏体不锈钢耐蚀能力的影响表现不同。在 42%$MgCl_2$ 中，对于含铬量为 20%的合

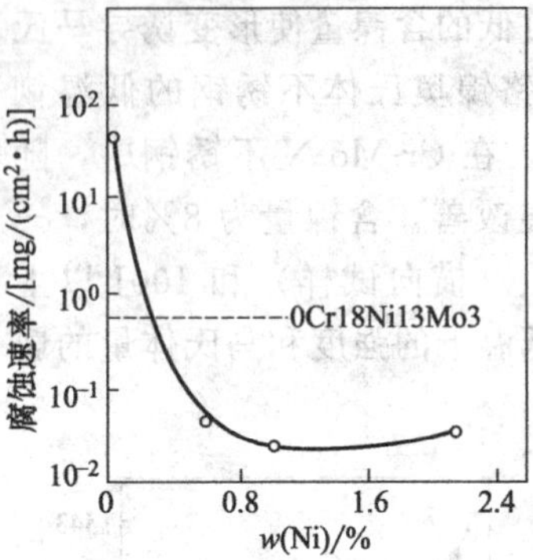

图 15-109　镍对高纯 Cr25Mo3 钢耐蚀性的影响

（5%沸腾硫酸介质中）

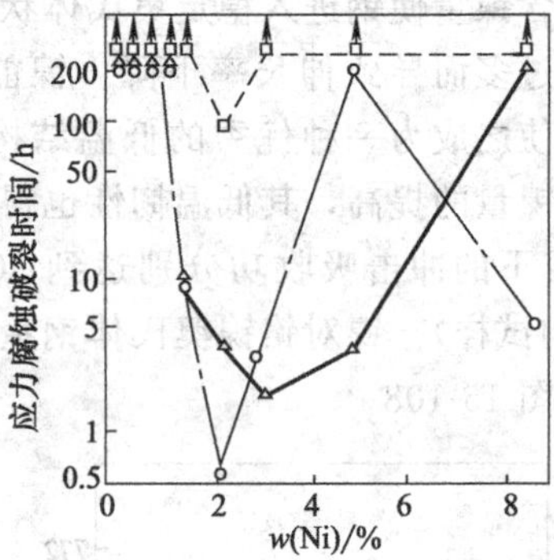

图 15-110　镍对不同表面状态下不锈钢应力腐蚀行为的影响（钢中含 C 0.001%～0.009%，Cr 16%～18%，介质是 130℃沸腾 $MgCl_2$）

□—815℃×1h，退火，空冷；○—冷轧态，变形量为 80%；△—1050℃碳化处理，水冷

金，随着含镍量的增加，耐应力腐蚀性能提高。在高温高压水中，含镍量的提高将导致晶间型应力腐蚀敏感增加。但是，当钢中含铬量提高后这种不利作用将得到减轻或抑制。由于镍降低碳在奥氏体不锈钢中的溶解度，使产生晶间腐蚀的临界含碳量降低，因此，随着钢中含镍量的提高，晶间腐蚀敏感性增加，为获得良好的耐晶间腐蚀性能，需将钢中碳的含量降至更低水平。图 15-111 示出了钢中镍、铬含量

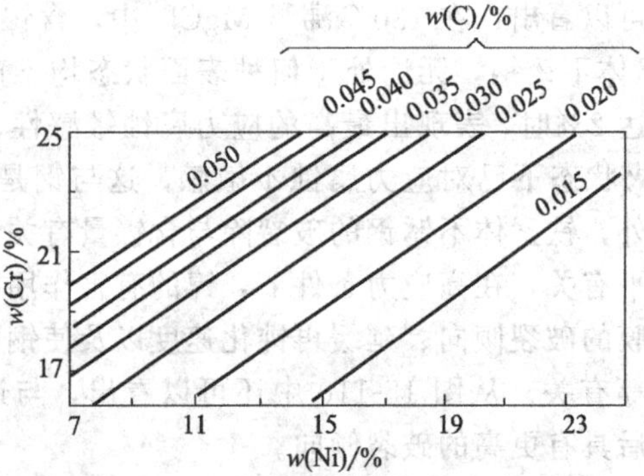

图 15-111　在晶间腐蚀方面铬、镍含量与临界碳含量的对应关系

（H_2SO_4-$CuSO_4$ 试验，试样经 650℃×1h 敏化处理）

与临界碳含量的关系，可以看出，随着含镍量的增加，不产生晶间腐蚀的临界碳含量降低。

在奥氏体不锈钢中，镍的另一个不利影响是降低钢的抗高温硫化性能，且含镍量越高其危害程度越严重，原因是在晶界处形成低熔点的硫化镍。

③ 双相不锈钢　镍对双相不锈钢的耐蚀性有良好的影响，如图 15-112 所示。在高浓度氯化物环境中，镍对 25%Cr 双相钢的耐应力腐蚀性能的影响与钢的组织结构有关系，当钢中含镍量小于 2%时，为单一铁素体组织，其耐应力腐蚀性能最差；当含镍量为 6%～8%时，钢的组织是含 α 相 40%～50%的 α+γ 双相组织，其耐应力腐蚀性能最好。对于 22%Cr 和 25%Cr 的双相不锈钢而言，当含镍量为 4%～6%时，可获得最佳的耐点蚀性能。在缝隙腐蚀条件下，镍能提高敏化状态下钢的耐缝隙腐蚀性能，而对固溶态未见明显影响。可见，对于某一特定含铬量的双相不锈钢，欲达到其最好的耐蚀状态，均存在一个最佳的含镍量。除了镍本身对耐蚀性有良好影响外，镍对调整双相不锈钢两相比例的作用也是这种影响的重要因素。

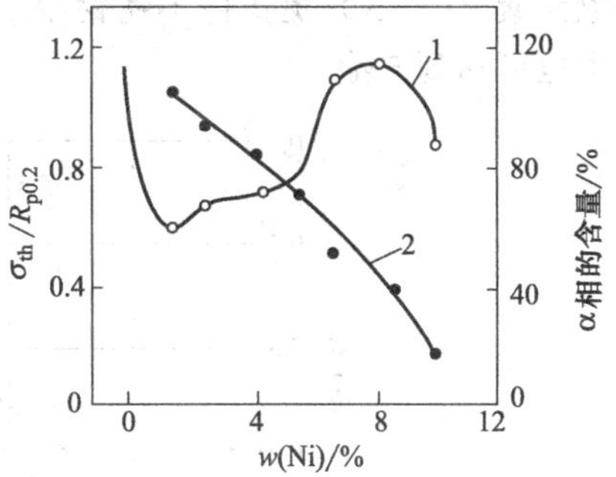

图 15-112　镍对 25%Cr 钢耐应力腐蚀性能（线 1）和 α 相（线 2）的影响
（45%沸腾 $MgCl_2$，恒应力试样，σ_{th} 为应力腐蚀临界应力；$R_{p0.2}$ 为屈服强度）

2. 锰对不锈钢及其焊缝性能的影响

锰是比较弱的奥氏体形成元素，但具有稳定奥氏体的作用。在铁锰相图上，Mn 可以扩大 γ 相区，并使 γ→α 的转变向低温方向移动，结果使奥氏体在室温下也很稳定。锰的影响有两个方面，一是可以防止在全奥氏体焊缝中产生热裂纹，二是提高氮的溶解度。这是高氮奥氏体钢得以发展的理论基础，如图 15-113 所示。在不锈钢中，锰是作为脱氧元素而残留在钢中的，通用 Cr-Ni 奥氏体不锈钢中含锰量不超过 2%，马氏体和铁素体不锈钢中含锰量不超过 1%，高纯铁素体不锈钢中含锰量不超过 0.4%。锰作为合金元素仅在铬镍奥氏体不锈钢、高强高氮奥氏体不锈钢和 α+γ 双相不锈钢中使用，在高氮和高间隙元素（C+N）奥氏体不锈钢中，含锰量高达 20%，在双相不锈钢中也可达到 5%。

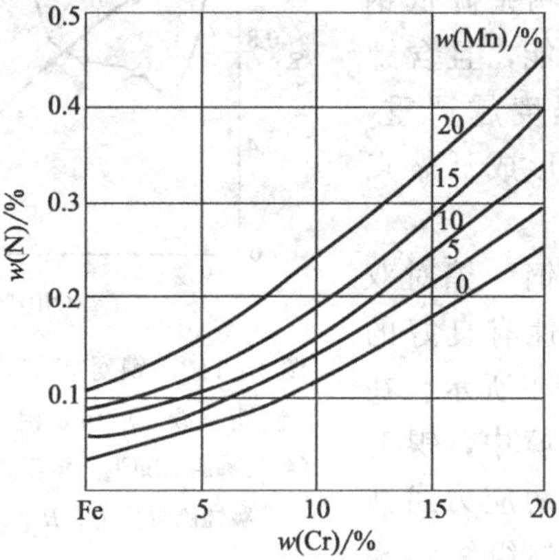

图 15-113　1600℃的 Fe-Cr-Mn 合金中锰对氮溶解度的影响

（1）锰对不锈钢力学性能的影响

奥氏体不锈钢中，在含锰量不大于 2%的范围内，含锰量的增加对硬度没有影响，抗拉强度和屈服强度都随之降低，但幅度不大，高锰含量的奥氏体不锈钢，由于可溶解更多的氮，因此可达到很高的强度，其强化的主导因素是氮而不是锰。锰的另一个重要作用是改善高铬镍奥氏体不锈钢的高温热塑性，过低的含锰量将使钢的热加工塑性下降，使钢在加工过程中断裂。在高纯铁素体不锈钢中，锰能提高钢的脆性转变温度，使钢的使用受到限制，因此，对含锰量给予了严格限制。

（2）锰对不锈钢耐蚀性能的影响

① 均匀腐蚀。在 Cr-Mn 和 Cr-Mn-Ni 系奥氏体不锈钢中，钢的耐蚀性仍然是由钢中的铬含量所决定的。锰对钢在氧化性介质中的耐蚀性产生不利影响，且随钢中含铬量的降低而愈加显著。锰的不利影响是由于形成硫化锰夹杂物而引起耐点蚀和耐缝隙腐蚀能力下降所造成的，当钢中的含硫量降低到一定程度时，锰的不利影响基本可以消除。

② 点蚀和缝隙腐蚀。在 Cr-Ni 奥氏体不锈钢中，锰降低了钢的

耐点蚀和耐缝隙腐蚀能力，如图 15-114 和图 15-115 所示。

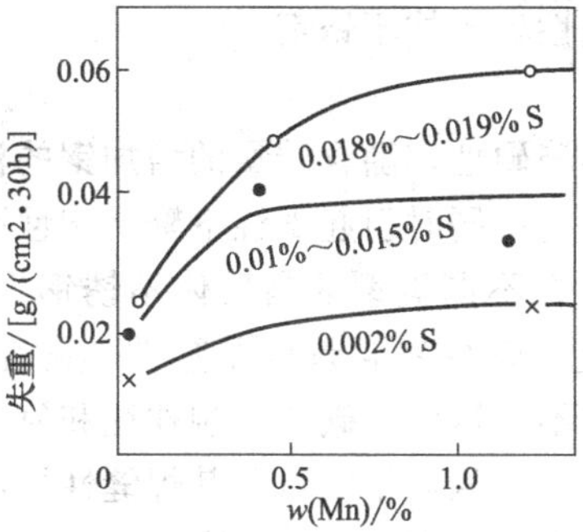

图 15-114 锰对 00Cr18Ni11 钢耐点蚀性能的影响（$0.5g/L\ FeCl_3 \cdot 6H_2O$）

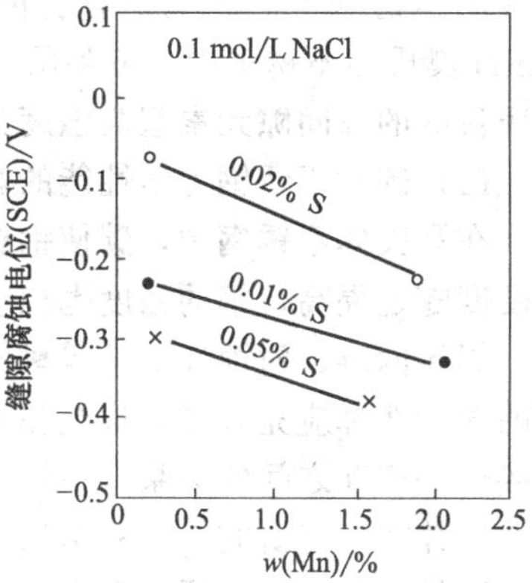

图 15-115 锰对 0Cr19Ni9 钢耐缝隙腐蚀性能的影响

3. 碳对不锈钢及其焊缝性能的影响

碳是奥氏体形成元素并扩大 γ 相区，它形成奥氏体的能力是镍的 30 倍。在 Fe-Cr-C 三元相图中，可形成 $Cr_{23}C_6$、Cr_7C_3、Cr_3C_2 和 Fe_3C 等碳化物，前两种可能在不锈钢中出现。在大多数情况下形成 $(FeCr)_{23}C_6$ 混合碳化物，用 $M_{23}C_6$ 表示。在铬镍奥氏体不锈钢中，碳化物相主要由 $M_{23}C_6$ 构成，在高钼和含铌的奥氏体不锈钢中也有 M_6C 型碳化物存在。在用钛和铌稳定化的不锈钢中，存在 MC 型碳化物，如 NbC、TiC。镍不形成碳化物，在镍-碳组元中，碳总是以石墨形式析出。在普通不锈钢中，碳首先和铬形成化合物，其次是和铁形成化合物，实际上从不形成石墨。在不锈钢中（如 18Cr-8Ni），奥氏体晶粒对碳有很好的溶解性，但是，由于铬在奥氏体中的活性降低，因此碳在奥氏体中的高溶解度被大打折扣。因为碳化物可以在含碳量很低的条件下生成，所以奥氏体不锈钢中碳的溶解度大大降低。碳还影响 σ 相的形成，增加碳含量将使碳化物量增加，部分铬变成 $M_{23}C_6$ 高铬碳化物，使基体中含铬量减少，σ 相析出减慢；如果碳和钛或铌形成碳化物，这种抑制作用将降低。在各类不锈钢中，碳是必然存在的，在马氏体不锈钢中，碳是使其获得淬硬性的最有效和最廉价的元素，在 Cr-Ni 奥氏体不锈钢中，碳是有害的；在双相不锈钢和铁素体不锈钢中，碳也是有害的，应尽量降低；但是，在高氮 Cr-Mn-N 奥氏体不锈钢中，可利用碳、氮共同作用开发以强度和韧性为使用目的的高间隙元素型高强度无磁性奥氏体不锈钢。

(1) 碳对不锈钢力学性能的影响

在马氏体不锈钢中，碳使钢获得淬硬性，随含碳量的增加钢的淬火硬度随之提高，钢的强度也相应提高；同时引起塑性下降、韧性降低、焊接困难、耐蚀性下降等弊病。在不同类型的马氏体不锈钢中，碳的含量选择应充分考虑碳的溶解度、钢中铬含量以及塑性、韧性、焊接性等相互之间的关系。在铁素体不锈钢中，碳的影响往往和氮的影响合并在一起研究，试验结果也放在“氮对不锈钢及其焊缝性能的影响”部分中加以说明。在奥氏体不锈钢中碳的影响仅次于氮，可以显著地提高 Cr-Ni 奥氏体钢的强度。在 17Cr-18Mn-3Ni-0.4N 奥氏体高强度不锈钢中，碳在提高钢的强度和加工硬化速度的同时，可使钢的塑性仍保持在足够高的水平。但在含氮量为 0.59%～0.66%的 20Cr-15Mn-4Ni-2Mo 钢中，当含碳量大于 0.25%时其冲击韧性急剧下降。故在实际应用中要权衡利弊确定最适宜的含碳量。

(2) 碳对不锈钢耐蚀性的影响

碳对不锈钢的耐蚀性是有害的。在 Fe-Cr-Ni 奥氏体不锈钢中，碳对钢的耐蚀性产生不利影响，其原因是在高温条件下固溶的碳呈过饱和状态，在中温条件下或经焊接热循环后，过饱和的碳将以 $M_{23}C_6$ 型碳化物析出，造成临近区域贫铬，因而降低了钢的耐蚀性。图 15-116 示出了碳对 Cr-Ni 奥氏体不锈钢耐蚀性能的影响，可以看出，随钢中含碳量的提高，对敏化态的晶间腐蚀产生明显的不利影响。就耐点蚀而言，碳也是有害的，如图 15-117 所示。在铁素体不锈钢中，碳对耐蚀性的影响也和氮的影响放一起叙述。鉴于碳的不利影响，在 Cr-Ni 奥氏体不锈钢和铁素体不锈钢中，对含碳量都应予以严格限制，并防止在随后的热加工或热处理中表面增碳。

4. 氮对不锈钢及其焊缝性能的影响

氮是一种非常强烈的形成并扩大奥氏体相区的元素，其形成奥氏体的能力相当于碳，约为镍的 30 倍。在奥氏体不锈钢中，氮增加了奥氏体的稳定性，还可以抑制碳化物的析出和延缓 σ 相的析出，因此

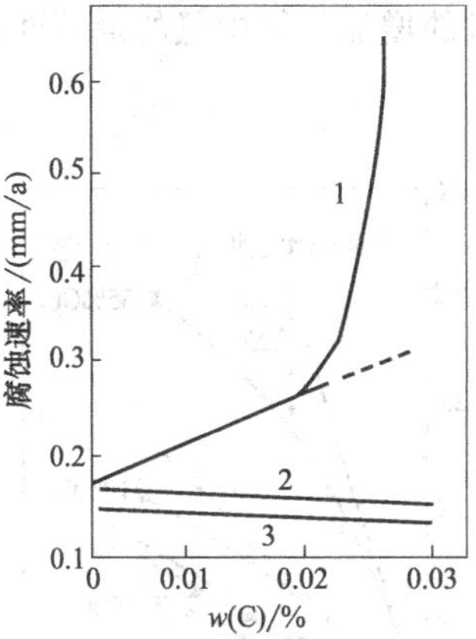

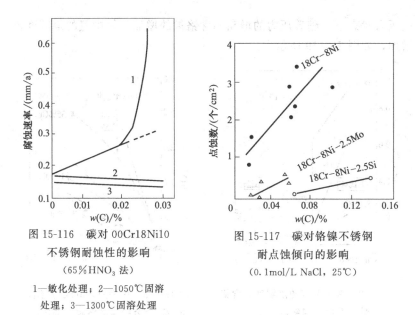

图 15-116　碳对 00Cr18Ni10 不锈钢耐蚀性的影响

（65%HNO_3 法）

1—敏化处理；2—1050℃固溶处理；3—1300℃固溶处理

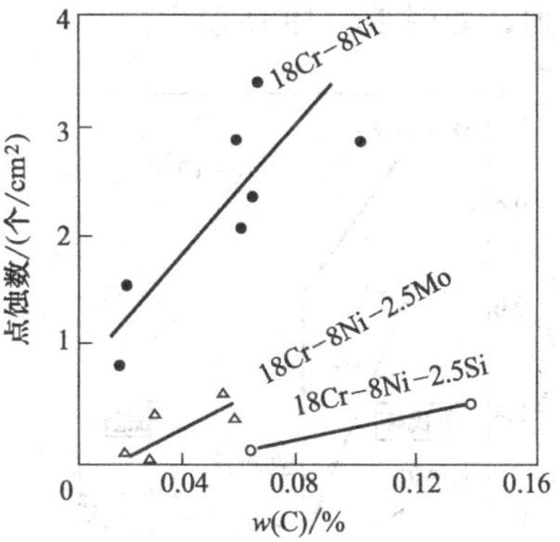

图 15-117　碳对铬镍不锈钢耐点蚀倾向的影响

（0.1mol/L NaCl，25℃）

对钢的敏化态晶间腐蚀和韧性产生有利影响。在低合金钢中，氮通常是一种杂质元素，但在不锈钢中它可作为一种合金元素。由于铬的存在，使氮在钢中具有良好的溶解度，所以不锈钢的含氮量比碳钢和低合金钢高。随着含铬量的增加，氮在铬镍不锈钢中的溶解度迅速增加。可通过钢中气孔的多少来检验氮的溶解度，试验表明，无气孔的最大含氮量从 17%Cr 的 0.20%上升到 25%Cr 的 0.50%，与含铬量成线性关系。由于氮在奥氏体不锈钢中的溶解度比碳要高得多，因此氮在奥氏体钢中不易形成脆性的析出相。如果氮的溶解度超出了极限，氮就会以 Cr_2N 化合物的形式析出；如果碳也存在，则同时还会析出 $M_{23}C_6$ 型碳化物。对于所有不能溶解氮的析出物，如 $M_{23}C_6$、含钼的 χ 相和 Laves 相等，氮可以延长这些相的析出时间；而 M_6C 型碳化物能够溶解氮，因此氮可促进 M_6C 的析出。在 Fe-Cr-Ni 中，氮和碳相似。都使 σ 相析出曲线向含铬量更高的方向移动，氮对其他金属间相的影响也与碳相似。氮在奥氏体中的溶解度高，但在铁素体中的溶解度低，在 900℃左右时，其溶解度接近 0.01%；随着温度的降低，溶解度将进一步降低。氮在钢中的溶解度与钢的成分和组织有关，钢中的含铬量、温度和组织对氮的溶解度的影响示于图 15-118；

在压力状态下，随着压力的增高和含铬量的增加，钢中氮的溶解度也增加，如图 15-119 所示。

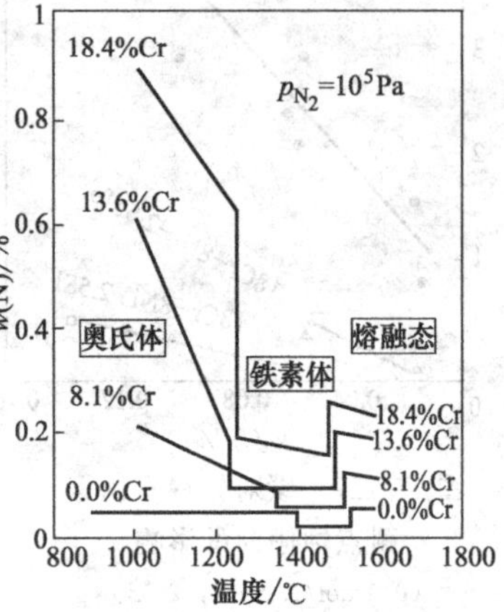

图 15-118　常压下氮的溶解度与含铬量、温度、组织的关系

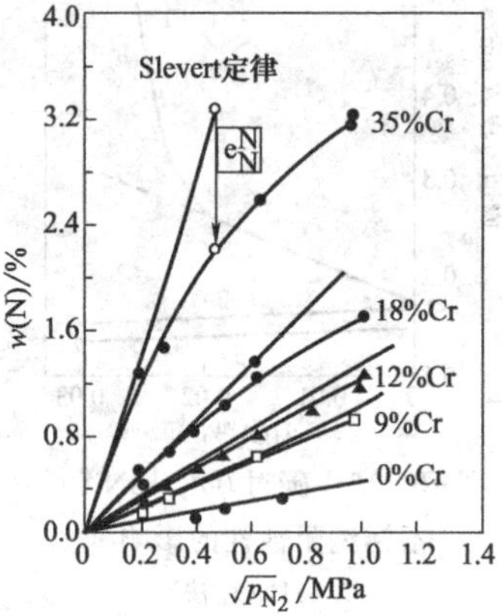

图 15-119　压力对 1600℃下不同 Fe-Cr 合金中氮的溶解度的影响

氮在铁素体不锈钢中是有害的，它提高了这类钢的脆性转变温度。在马氏体不锈钢中，氮可取代部分碳，而同样可获得足够的淬火硬度，相应地提高钢的韧性。在奥氏体不锈钢中，氮的固溶强化可显著提高钢的耐均匀腐蚀、耐点蚀、耐缝隙腐蚀和耐晶间腐蚀性能。在双相不锈钢中，它能提高钢的耐应力腐蚀性能，尤其在以孔蚀为起源的氯化物介质中。在焊接接头快速冷却时，氮促进高温下形成的铁素体重新转变为二次奥氏体，维持必要的相平衡，提高了接头的耐蚀性，它是第二、第三代双相不锈钢中的重要元素。

（1）氮对不锈钢力学性能的影响

① 马氏体不锈钢　氮具有极强的奥氏体形成能力，利用它取代部分碳后，既能使钢不至于形成单一铁素体组织，又能得到良好的淬硬效果，通过 M_2X 沉淀强化了马氏体不锈钢二次硬化效应，因而提高了钢的强度。氮对不同碳含量的 12Cr-Mo-V 钢屈服强度的影响示于图 15-120，氮也能提高该钢的抗高温蠕变断裂性能。在 Cr13Ni4Mo 马氏体钢中氮也具有明显的强化效果。

在马氏体不锈钢中，氮能提高钢的冲击性能，如图 15-121 所示。

由于氮对马氏体不锈钢韧性的良好影响，采用加压电渣重熔方法(PFSR)生产的3Cr15Mo1N（0.3%）马氏体不锈钢可达到高碳11Cr17钢的硬度水平（硬度不低于59HRC），但含氮钢具有优异的过渡碾压性能，使不锈钢球形轴承的寿命提高了十余倍，并在航空工业上成功应用。

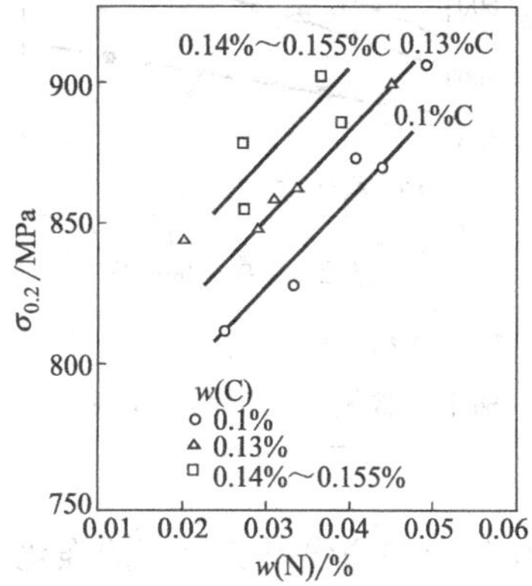

图 15-120　氮对 12Cr-Mo-V 钢屈服强度的影响
（1050℃，空冷，650℃×1h）

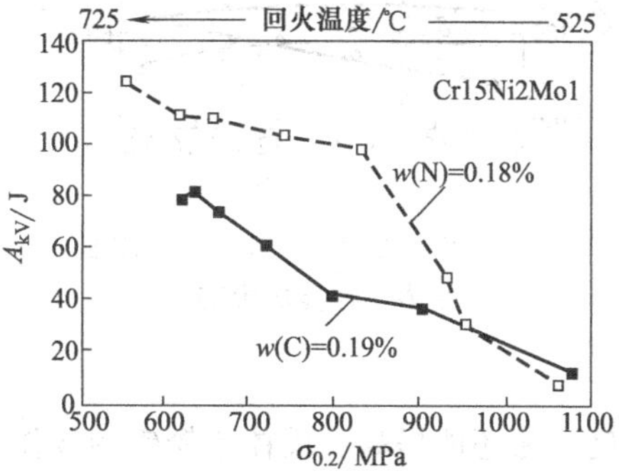

图 15-121　淬火和回火状态下回火温度对 Cr15Ni2Mo1 钢冲击吸收功的影响

② 铁素体不锈钢　氮对铁素体不锈钢的力学性能产生极不利的影响，主要表现在降低钢的冲击性能，使其脆性转变温度提高。

③ 奥氏体不锈钢　氮显著提高 18Cr-8Ni 和 18Cr-12Ni-2Mo 奥氏体不锈钢的强度，且其塑性仍保持足够高的水平。但含钼不锈钢的伸长率下降较不含钼钢明显。氮对 00Cr19Ni10 钢力学性能的影响见图 15-122。在 Cr-Mn-N 系高氮奥氏体不锈钢中，由于面心立方的滑移系统和氮间隙固溶强化效果，在获得高强度的同时仍能保持高的塑性和韧性。在相同的强度水平下，高氮奥氏体不锈钢的断裂韧性高于马氏体时效钢。在低碳的 Fe-Cr-Ni-N 系统中，氮亦显著提高不锈钢的屈服强度。含氮 1.2%的钢的屈服强度可达 80～900MPa。氮和晶粒尺寸对不锈钢屈服强度的影响见图 15-123。

在高氮奥氏体不锈钢中，氮的不利作用在于当含氮量高于某一范围之后，此类钢出现塑性向脆性转变，其机理尚待进一步研究。在高氮无磁高强度不锈钢中，氮在提高强度的同时亦显著提高钢的疲劳强

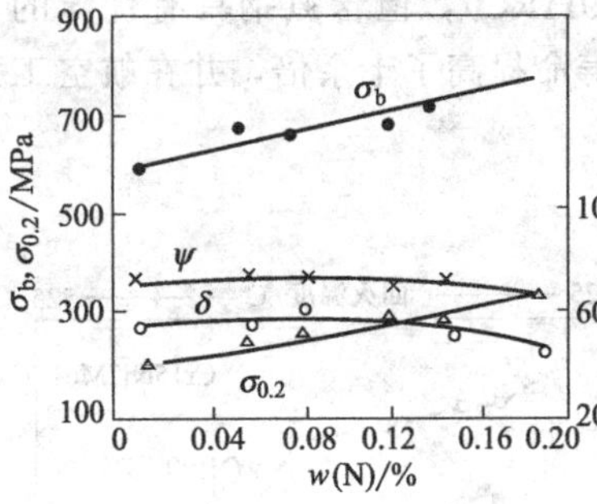

图 15-122 氮对 00Cr19Ni10 钢室温力学性能的影响

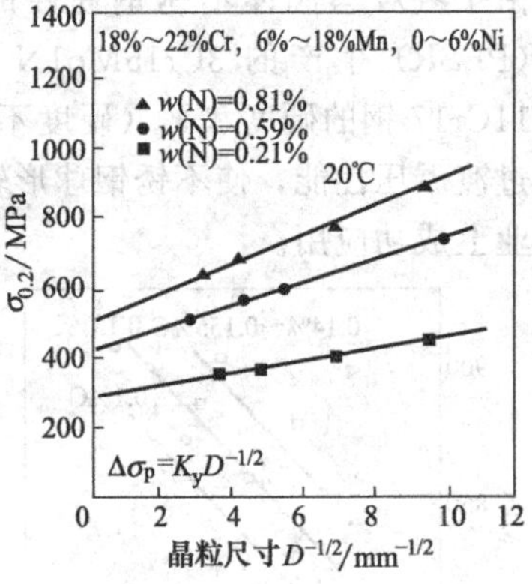

图 15-123 在 Fe-Cr-Ni-N 不锈钢中，含氮量、晶粒尺寸和屈服强度之间的关系

度。氮还能提高奥氏体不锈钢的冷作硬化反应和增强形变处理的强化效果。随含氮量的提高，屈服强度急剧增加而韧性水平变化不大，因此，可以采用工艺手段获得更高的强度并保持原有的韧性水平。

（2）氮对不锈钢耐蚀性的影响

① 铁素体不锈钢　在铁素体不锈钢中，氮对钢耐均匀腐蚀、耐点蚀、耐缝隙腐蚀和耐应力腐蚀的性能均产生不利影响，并提高对晶间腐蚀的敏感性。图 15-124 给出了 C+N 含量的不利影响的典型数据。就耐蚀性而言，钢中的 C+N 含量应控制在较低水平。为获得良好的耐晶间腐蚀性能，C+N 的控制含量与钢中含铬量有关，含铬量提高后，C+N 含量可相应提高，实际操作中还应将 C+N 含量对钢的力学性能的影响一并考虑。

② 双相不锈钢　在双相不锈钢中，氮显著提高各种牌号钢的耐点蚀性能、耐缝隙腐蚀性能和耐应力腐蚀性能，见图 15-125。

（3）奥氏体不锈钢　氮对 Cr-Ni 和 Cr-Ni-Mo 奥氏体不锈钢在氧化性和还原性酸性介质中具有良好的作用，在点蚀和缝隙腐蚀环境中也呈现出有益的影响。在 Fe-Cr-Ni-Mo-Mn-N 高氮奥氏体不锈钢中，钢的耐点蚀和耐缝隙腐蚀性能可用 MARC 公式表述（MARC＝Cr＋3.3Mo＋20C＋20N－0.5Mn－0.25Mn，公式中的元素符号均表示该

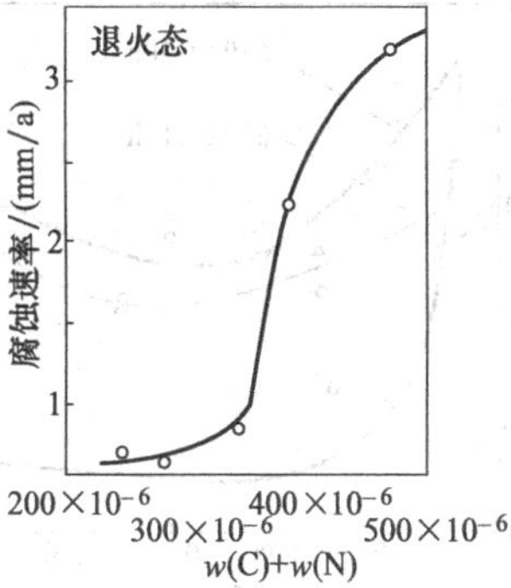

图 15-124　在 65%沸腾 HNO_3 中，C+N 含量对 Cr21Mo3 铁素体钢耐蚀性的影响

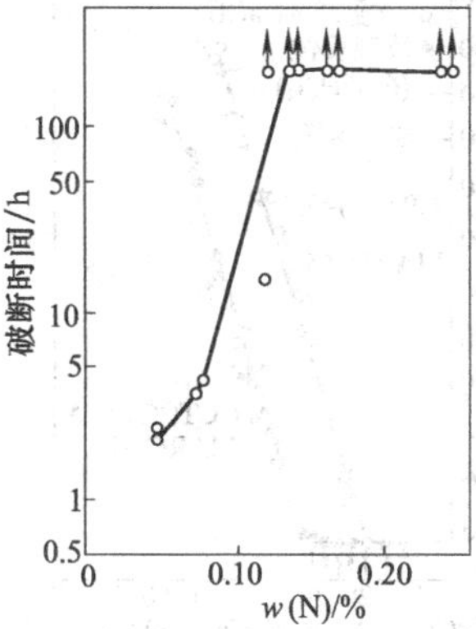

图 15-125　氮对 Cr22 型双相钢耐应力腐蚀性能的影响
（20%NaCl，0.1MPa H_2S，外加载荷 450MPa）

元素的含量）。钢的临界点蚀温度（CPT）和临界缝隙腐蚀温度（CCT）与公式 MARC 之间的关系见图 15-126，可以看出氮起到良好的作用，图中给出了两个临界温度与 MARC 之间的定量关系，即 CPT(℃)＝3.5MARC－65，CCT(℃)＝3.5MARC－122。

在通用的 Cr-Ni 奥氏体不锈钢中，氮改善了钢的耐晶间腐蚀性能，氮对 18Cr-8Ni 奥氏体不锈钢耐晶间腐蚀性能的影响示于图 15-127。就耐晶间腐蚀而言，18Cr-8Ni 型不锈钢的最佳含氮量是 0.16%，过高的含氮量由于 Cr_2N 的析出，抵消了部分作用，但仍高于不含氮的不锈钢。

5. 铜对不锈钢及其焊缝性能的影响

铜是一种较弱的奥氏体形成元素，其形成奥氏体的能力仅为镍的 30%。铜在钢中的溶解度受到钢中铬镍含量的制约，铬限制铜在钢中的溶解度，但镍增加铜在钢中的溶解度。铜镍可以完全互溶，而铜几乎不溶于铬。铜对氧的亲和力比铁小，在生成铁鳞的过程中，铜会在形成的铁鳞层下富集。这种富集会导致铁-铜低熔点共晶的形成，并导致表面裂纹的产生。

在 Fe-Ni-Cu 相图中，存在 α、γ、ε 相，这些相的存在与钢的成

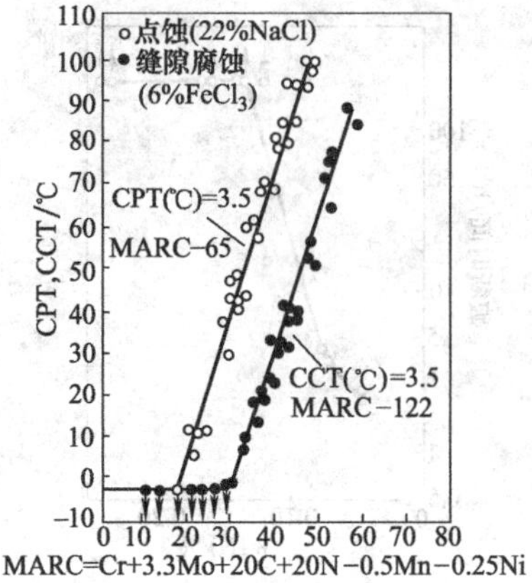

图 15-126 Fe-Cr-Ni-Mo-Mn-N 高氮奥氏体钢的 CPT 和 CCT 与 MARC 之间的关系

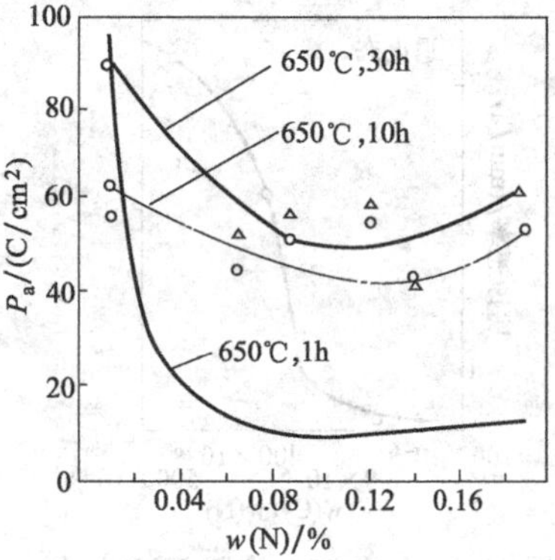

图 15-127 氮对经 650℃不同时间敏化处理后的 00Cr18Ni8 钢 P_a 值的影响（$P_a=Q/GBA$，Q—总电荷量，GBA—晶界面积）

分和温度相关。富铜 ε 相的存在，对不锈钢的热加工性能产生不利影响，甚至出现灾难性的恶化。为控制这种不利影响，应限制不锈钢中铜的加入量，通常，在 Fe-Cr 合金中铜的含量不超过 2%～3%，在 Cr-Ni 奥氏体不锈钢中铜的含量不超过 4%。在马氏体不锈钢和马氏体时效硬化不锈钢中，在一定的热处理条件下，铜可使这两类不锈钢获得二次硬化和时效强化。铜对奥氏体不锈钢的冷加工硬化速度也会产生显著影响。铜还能提高奥氏体不锈钢的热裂纹敏感性。

（1）铜对不锈钢力学性能的影响

① 马氏体和马氏体沉淀硬化不锈钢　铜能显著提高退火状态下 Cr13 型马氏体不锈钢的抗拉强度和屈服强度，但伸长率有所下降，如表 15-50 所列。在淬火和回火条件下，铜的加入稍许提高了钢的硬度，但未见二次硬化效应。

表 15-50　铜对退火状态下 Cr13 型马氏体不锈钢力学性能的影响

合金成分/%			状态	R_m /MPa	$R_{p0.2}$ /MPa	A/%	Z/%	艾氏冲击吸收功 /J
C	Cr	Cu						
0.11	14.2	0.05	退火	492	289	40.0	78	127～130
0.12	13.3	1.30	退火	672	513	26.5	67.6	119～123

铜对含镍2%的Cr-Ni型马氏体不锈钢回火特性的影响见图15-128。可以看出，铜的加入使不锈钢出现了明显的二次硬化效应，且随含铜量的增加而愈加明显。在含镍4%的Cr17型沉淀硬化不锈钢中，铜亦显著提高钢的时效硬化反应。

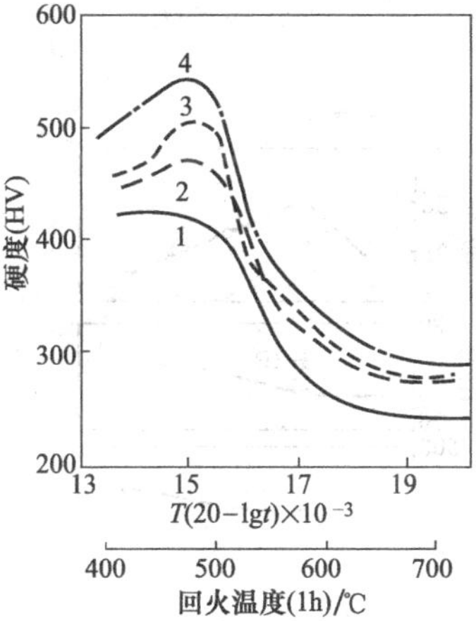

图15-128 铜对0.1C-12Cr-2Ni钢回火特性的影响

（T的单位为K；t的单位为h）

1—不含Cu；2—1.21%Cu；3—2.1%Cu；4—4.0%Cu

② 铁素体不锈钢 对于00Cr17Nb铁素体不锈钢，少量的铜（含量不超过0.4%）可使钢的伸长率明显上升、屈服强度下降、抗拉强度和硬度基本不变，如图15-129所示；再增加铜的含量时，强度、硬度和屈服强度提高，伸长率下降。另外，铜能改善铁素体不锈钢的冷成形性能，但含量要适当，超过一定限度反而明显恶化加工性能。铜对高铬铁素体不锈钢（0.25%C、24%Cr）的强度、塑性和韧性未带来明显影响。

③ 奥氏体不锈钢 在一定的含铜量范围内，随着含铜量的增加，铬镍奥氏体不锈钢的强度随之下降、塑性随之提高，应变硬化指数（η值）随之下降；含铜量为3%～4%时，η值达到一个最低的稳定值，如图15-130所示。铜对铬镍奥氏体不锈钢应变硬化指数的影响与钢的奥氏体稳定程度有关，含镍量越高，即奥氏体越稳定，铜的影响越小，甚至没有影响。由于铜的加入降低了奥氏体不锈钢的冷加工硬化倾向和冷加工开裂敏感性，对不锈钢的冷成形性能带来了显著的有益作用。在奥氏体不锈钢中，铜的另一个有益作用是改变钢的切削加工性能，含铜钢的切削加工性能相当于含硫的易切削不锈钢，但避开了含硫钢的硫化物夹杂使钢变脏而引起耐蚀性下降的缺点，相应地也降低了零件的制造成本。

(2) 铜对不锈钢耐蚀性的影响

① 均匀腐蚀 铜对不锈钢的电化学行为产生有利影响，它能稳

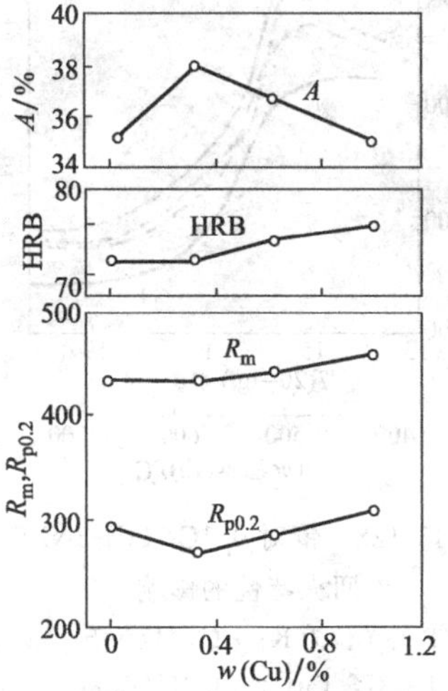

图 15-129 铜对 00Cr17Nb 铁素体不锈钢室温力学性能的影响

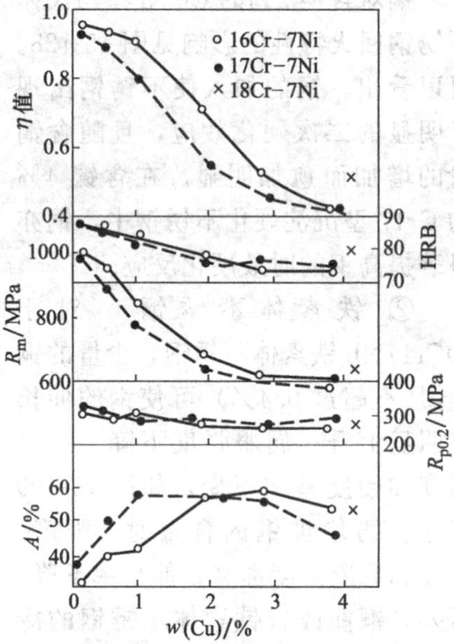

图 15-130 铜对 0Cr16Ni7、0Cr17Ni7 和 0Cr18Ni7 钢力学性能和应变硬化指数的影响

定地降低致钝电流和钝化电流，使钢易于钝化和处于较低的腐蚀速度，使钢的耐蚀性得到改善；通常含有 3%～4%Cu 的不锈钢具有最佳的耐均匀腐蚀性能。铜、钼复合合金化，将显著改善钢的耐还原性介质的均匀腐蚀性能，这在不同类型的 Cr-Ni-Mo 奥氏体不锈钢中，无论是在硫酸中还是在工业磷酸中都已得到了良好的试验结果。在双相不锈钢中，铜亦能提高其在还原性介质中的耐均匀腐蚀性能，如图 15-131 所示。研究结果表明，在铜钼复合合金化的钢中，铜加速了不锈钢中钼的溶解，钼与腐蚀介质相互作用形成 MoO_4，强烈促进钢的钝化及铬向表面富集，因而提高了钢的耐蚀性能。在氧化性介质中，铜的加入并不降低钢的耐蚀性能，由于铜能促使钢的钝化，因此对耐蚀性是有益的，如图 15-132 所示。关于铜的加入量，除考虑耐蚀性外，必须以不使钢的热加工性能出现严重恶化为原则。

② 点蚀 由于铜的加入对不锈钢的化学行为产生有益影响，因此提高了铁素体不锈钢和双相不锈钢的耐点蚀性能，这是因为铜抑制

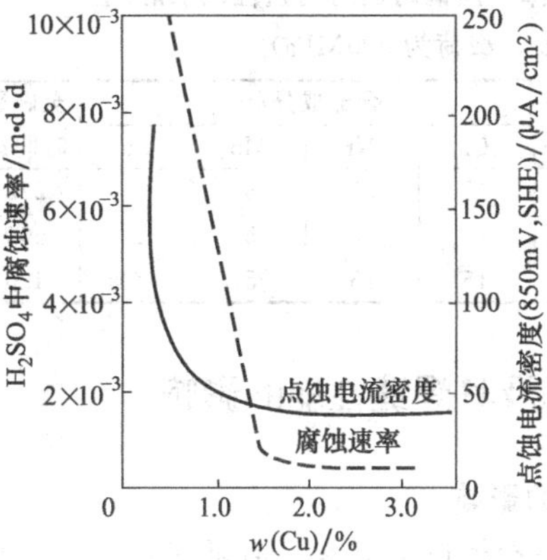

图 15-131 Cu 对 25Cr-5Ni-2.5Mo-0.15N 钢耐 H_2SO_4 腐蚀和耐点蚀性能的影响
（H_2SO_4 70%，60℃；
点蚀 3% NaCl，30℃，850mV，SHE）

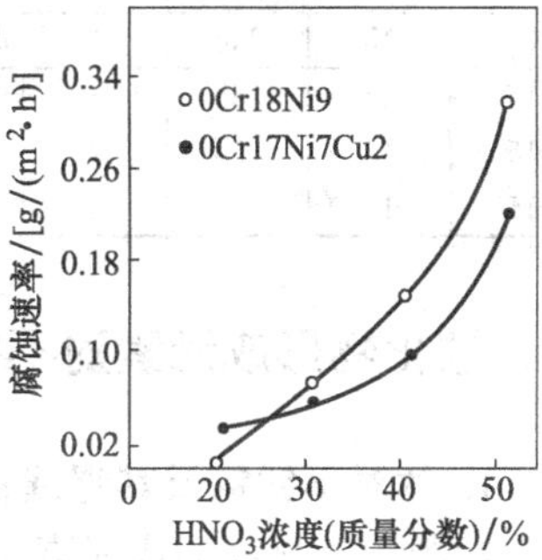

图 15-132 铜对铬镍不锈钢在沸腾硝酸中的耐蚀性的影响

了钢的阳极溶解并减缓了点蚀成核和扩展过程。对于奥氏体不锈钢，铜对耐点蚀性能的影响因数据较少尚未取得统一认识，但一般认为加入铜是有害的。

③ 应力腐蚀 铜能提高铁素体不锈钢的应力腐蚀敏感性，其有害作用甚至大于镍。试验结果表明，为了降低铁素体不锈钢的应力腐蚀敏感性或防止氯化物应力腐蚀，随介质的不同，钢中铜的含量应小于或等于 0.2%～0.7%，Ni+Cu 的含量应小于或等于 1.3%。含钼的 Cr-Ni 奥氏体不锈钢，由于含钼量较高，加入适量的铜提高了耐高浓度氯化物应力腐蚀的性能。含铜 2%～4%的 Cr-Ni-Mo 奥氏体不锈钢在沸腾 $MgCl_2$ 溶液中的试验结果表明，铜对应力腐蚀行为几乎没有影响或有稍好的影响。由于含钼量较高，为使钢保持奥氏体组织，势必要增加镍含量，在这种情况下，加入适量的铜能提高钢的耐氯化物应力腐蚀性能。这种有利影响是因为改善了钝化行为和提高了堆垛层错能的综合作用结果，同时也使钢的强度得以提高。铜对 Ni-Cr-Mo 奥氏体不锈钢耐应力腐蚀性能的影响列于表 15-51，可以看出，在奥氏体不锈钢中，铜的适宜含量与钢中镍含量有关，含镍量为 15%时，含铜量不能超过 2%；在含镍量为 25%时，含铜量可达 4%。

表 15-51　铜对 Ni-Cr-Mo 奥氏体不锈钢耐应力腐蚀性能的影响

（沸腾，42%$MgCl_2$，载荷为 309MPa）

合金成分/%				至破裂	合金成分/%				至破裂
Cr	Ni	Mo	Cu	时间/h	Cr	Ni	Mo	Cu	时间/h
15	15	5	—	114	15	25	5	—	272
15	15	5	2	168	15	25	5	2	500
15	15	5	4	28	15	25	5	4	420

三、碳化物形成元素对不锈钢及其焊缝性能的影响

1. 钛对不锈钢及其焊缝性能的影响

钛既是碳化物形成元素又是铁素体形成元素，有助于形成单一的铁素体组织。在工业生产条件下，完全去除不锈钢中的碳和氮是不可能的。但是，极少量的碳和氮在一定条件下也将显示出不利的影响，在铁素体不锈钢中尤为显著。在钢中加入钛，可优先形成碳化物或氮化物，如 TiC、TiN、Ti（CN）等，从而减少碳、氮引起的危害。钛与碳有很强的亲和力，可以用来与碳形成稳定的钛的碳化物，这样的钢种被称为“钛稳定化钢”。可是在不锈钢的焊缝金属中，钛不像铌，不能通过稳定剂加入，因为电弧焊时钛在高温熔滴阶段会被很大程度地氧化。钛与氮也有很强的亲和力。随着 TiN 的形成，再加入碳就可形成钛的碳氮化物 Ti（CN），这些氮化物的形成与钛的碳化物相似。有 Ni 存在时，钛可形成 Ni_3Ti 化合物，其中含钛量为 25%，在镍基合金或高镍合金中可导致沉淀硬化，因为参与形成 Ni_3Ti，所以钛对 σ 相析出的影响消失。另外，由于钛的存在，在 18Cr-8Ni 钢中可能形成低熔点相，主要是钛的碳氮化物，约在 1340℃时开始熔化。当钛的加入量过高时，将恶化钢的生产工艺，造成大量表面缺陷，成材率下降，故要限制其加入量。

① 钛对不锈钢力学性能的影响　在马氏体时效钢中，适量的钛能显著提高钢的强度，但含钛量过高将引起塑性和冲击韧性下降，也使钢的裂纹敏感性提高。含钛量为 0.7%～1.1%时，在时效状态下钢的强度可达 1470～1615MPa，同时也表现出了良好的韧性，如图 15-133 所示。

在低碳 15Cr-6Ni 马氏体沉淀硬化不锈钢中，钛具有较强的沉淀

硬化作用，在时效后钢的抗拉强度和缺口抗拉强度均随含钛量的增加而提高，钛的极限含量分别为 0.75%和 0.60%，再增加含钛量两者均急剧下降。钛的时效强化源自 Ni_3Ti 相在晶界的析出，但过量的 Ni_3Ti 在晶界聚集会引起晶间断裂而使韧性下降。

在铁素体不锈钢中，由于钛能细化晶粒和形成钛的碳化物，使钢的强度提高，但也提高了钛素体不锈钢的脆性转变温度，如图 15-134 所示。因此，钛的加入量应限制在合适的范围之内。

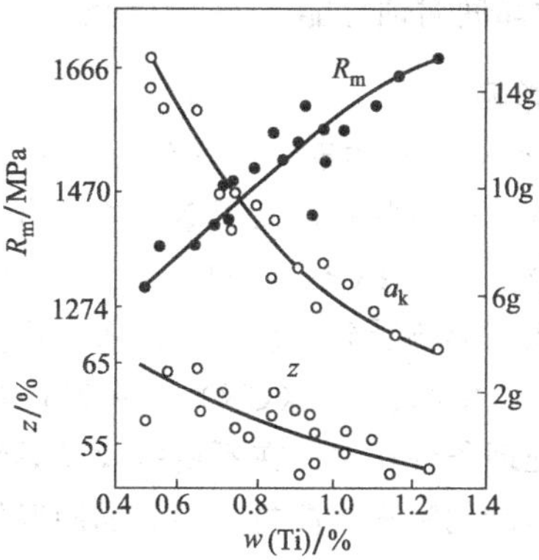

图 15-133　钛对 0.03C-11Cr-10Ni-2Mo 钢时效后力学性能的影响

(500℃×2h 时效处理)

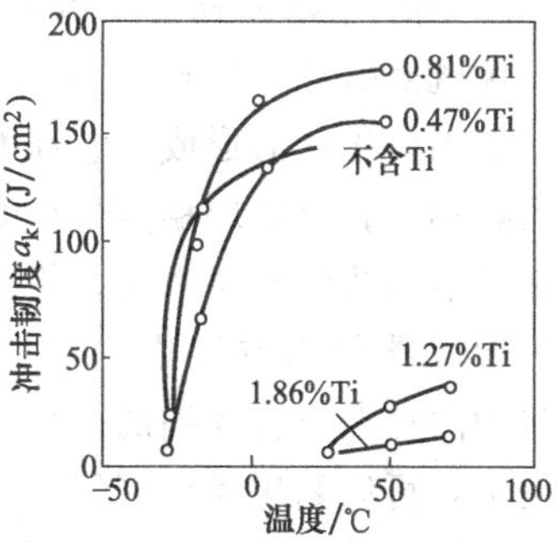

图 15-134　钛对 Cr18Mo2 铁素体不锈钢冲击韧度的影响

在奥氏体不锈钢中，钛能提高钢的强度，同时保留其原有的塑性、韧性。在控轧状态下，由于钛抑制再结晶并保持细晶或亚晶，可使钢的强度进一步增加，应变导致的 TiC 的弥散强化对其强度也作了贡献。在 (15～20)Cr-25Ni 钢中，为防止铁素体的形成和避免魏氏体组织及 Ni_3Ti 的出现，通常在含足够钛的钢中加入约 1%的铝，使$4w(Al)+3w(Ti)<20\%$，可避免钢中出现不希望的铁素体组织。在实际应用中，铝的含量为 1%～1.5%，钛的含量为 3%～3.5%，可以使此类钢具有良好的强度和塑性、韧性配合。

② 钛对不锈钢耐蚀性的影响　钛在钢中优先形成碳化物而减少了有害的 $Cr_{23}C_6$ 析出引起的铬的贫化程度，因此极大地改善了不锈钢的耐蚀性，尤其是改善了钢的耐晶间腐蚀性能，适量的钛可显著改善钢的抗敏化性能，从而提高钢的耐敏化态晶间腐蚀性能。就耐晶间

腐蚀而言，通常以 Ti/(C+N) 之比值来控制其耐敏化态晶间腐蚀性能，过低的钛含量达不到提高耐晶间腐蚀性能的目的；但过高的钛含量将导致降低塑性等不利影响。对铁素体不锈钢而言，适宜的 Ti/(C+N) 比值与钢中铬含量和 C+N 的总含量有关。在奥氏体不锈钢中，碳的含量大于 0.08%时，含钛量大于或等于 $5\times[w(C)-0.02]$～0.8%；当碳的含量小于或等于 0.08%时，含钛量大于或等于 $5w(C)$～0.7%。这样稳定化处理时可充分发挥钛的稳定化效果（稳定化温度一般为 850～900℃），可保证钢的耐晶间腐蚀性能。

2. 铌对不锈钢及其焊缝性能的影响

铌既是碳化物形成元素又是铁素体形成元素，它能使 γ 相区缩小，抑制奥氏体的形成。它和 Cr、Mo 的主要差别在于 Nb 对 C 有很高的亲和力，可形成稳定的铌碳化物。在 Fe-Cr-Ni 系中，当 C、Nb 含量不能形成铌碳化物时，铌对 γ 相的影响受到限制。铌加入钢中可优先形成碳化物或氮化物，如 NbC、NbN、Nb (CN)、Fe_2Nb 等，这些相的存在与否和钢的成分及热处理条件相关。在不锈钢及其焊缝金属中，可以利用铌和碳形成稳定的碳化物来提高材料的耐晶间腐蚀能力。铌与碳形成的稳定碳化物是 NbC，根据这一表达式，为了使碳原子和铌完全结合，铌的含量至少是碳含量的 8 倍。在焊接过程中快速冷却条件下，熔池中的铌与碳没有足够的时间像平衡条件下那样形成完全的化合，所以碳原子不能被完全消耗掉。焊接中的另一个重要现象是，在基体上或在多层焊的焊缝上热影响区的高温区处，已经稳定析出的铌碳化合物又有可能重新溶解到母材或前一道焊缝中去。在焊接后快速冷却时，通过再加热溶解的碳又能部分地以铌碳化物的形式再次析出，焊接时在高温下停留时间很短，所以只有当温度高于 1300℃时才会发生铌碳化合物的溶解；当温度接近固相线时（约 1430℃），在后一层新熔敷的焊道熔合线下部或近旁，铌碳化合物的大量溶解会立即发生。

铌的另一个重要特征是影响金属间相的析出。除了铌的碳化物和混合碳化物 Fe_3Nb_3C 外，铌的碳氮化物 Nb (CN) 和铬铌混合的氮化物 (CrNb) N 均会形成。加入过量的铌，即铌的量多于与 C、N 完全结合时的量，就会析出 Laves、Fe_2Nb 和混合的碳氮化物

$(FeCr)_3Nb_3$（CN）。由于C、Nb可形成稳定的铌碳化物。因此金属间相的析出特性受到C、Nb含量的影响显著，有可能减少甚至完全阻止金属间相的形成。在Fe-Cr-Ni三元系中，铌对σ相的析出有重要影响，它的影响与Mo相似，例如Nb含量少时可促进σ相的析出。但是过多的Nb会形成其他相，如Laves相、Fe_2Nb和NbC，此时，铌对σ相析出的影响会减少甚至完全丧失。

在焊接过程中，铌对低熔点相形成的影响也很重要，它会在焊缝金属和热影响区中引起热裂纹。Nb与P、Cr和Mn形成低熔点的磷化物；Nb与Si、Mn和Cr形成低熔点的氧化硫夹杂物。在焊接P、S含量很低的含Nb纯奥氏体Cr-Ni铸钢时，热影响区的热裂纹现象与晶粒粗大的铸态组织中铌的含量有关系，它会导致低熔点的Nb、Ni相在1160℃以下形成。大量经验表明，当奥氏体焊缝金属凝固时先析出γ相，或在纯奥氏体焊缝中，铌对热裂纹有不利的影响。如果焊缝先析出一次δ铁素体，且在室温下仍含有铁素体，则铌对热裂纹的不利影响将大大减少。

① 铌对不锈钢力学性能的影响　铌对0.025C-12Cr-5.5Ni-2Mo马氏体时效硬化不锈钢的影响类似于钛，它能使钢的强度和硬度提高，同时增加钢的抗回火性能。

在铁素体不锈钢中，由于铌能细化晶粒和形成铌的碳化物，使铁素体不锈钢的强度得到提高，且铌的作用比钛更为有效。铌也使铁素体不锈钢的脆性转变温度提高，故使用量受到限制。在铁素体不锈钢中，铌的重要作用是改善其冷成形性能。近年来多采用Nb、Ti双稳定化技术路线，且$w(Nb):w(Ti)=3:1$，即通常是含Nb 0.3%和含Ti 0.1%，这既能保证稳定化，又不至于造成表面缺陷。

在奥氏体不锈钢中，铌可以提高钢的强度而同时保留其原有的塑性、韧性。在含氮Cr-Ni奥氏体钢中，铌的强化效果较钛更为明显。在控轧状态下，由于铌抑制再结晶并保持细晶和亚晶，可使钢的强度进一步增加，应变诱发的NbC的弥散强化对其强度也作了贡献。

② 铌对不锈钢耐蚀性的影响　铌是强烈的碳化物形成元素，由于优先形成铌的碳化物而减少了有害的$Cr_{23}C_6$碳化物的形成，提高了钢中的有效铬含量和减轻了因$Cr_{23}C_6$析出而引起的铬的贫化程度，因此极大地改善了钢的耐晶间腐蚀性能。图15-135和图15-136所示

的结果表明，铌在改善马氏体沉淀硬化不锈钢和铁素体不锈钢的耐点蚀性能上也是有效的。另外，铌对提高铁素体不锈钢和奥氏体不锈钢的耐晶间腐蚀性也有实际效果。显然，适量的铌可显著改善钢的抗敏化性能，从而提高了钢的耐敏化态晶间腐蚀性能，在含氮的奥氏体不锈钢中铌的效果最佳。但是铌的含量既不能过低也不能过高，铌和碳之间有一适当比值，通常以钢中含铌量是含碳量的 10 倍以上为限，这足以保证钢的耐晶间腐蚀性能。

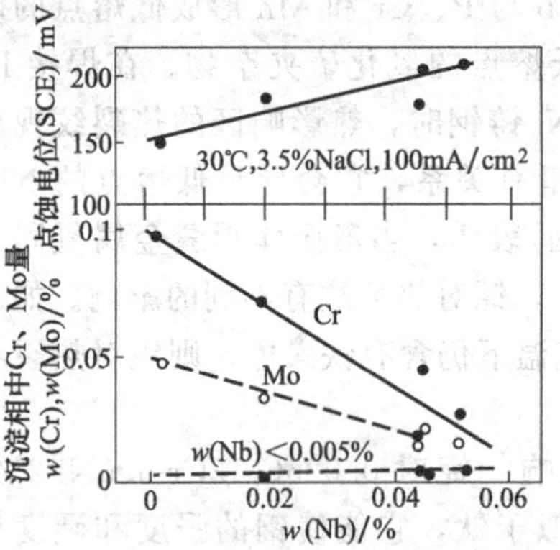

图 15-135 铌对 0.025C-12Cr-5.5Ni-2Mo 钢点蚀电位和合金元素在沉淀相中含量的影响

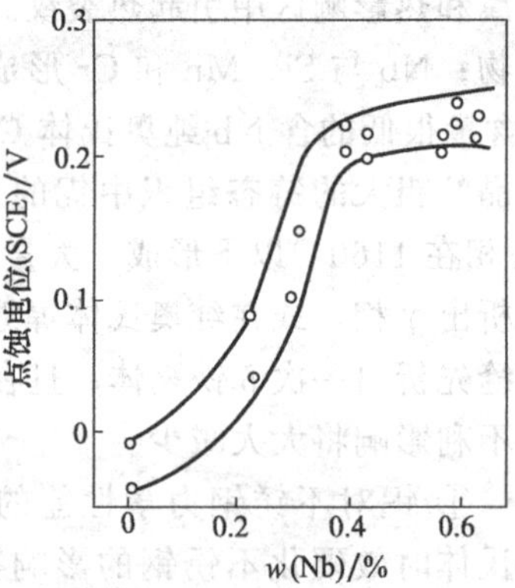

图 15-136 铌对 19Cr-0.4Cu 钢点蚀电位的影响

（3.5%NaCl，30℃，100mA/cm²）

3. 钒对不锈钢及其焊缝性能的影响

钒和钛、铌一样，既是碳化物形成元素又是铁素体形成元素，在含 12%Cr 马氏体不锈热强钢中，钒促进了析出相 M_2X 的形成，从而使二次硬化效果得到强化，如图 15-137 所示。在奥氏体不锈钢中，钒显著提高 00Cr17Ni14Mo2N 钢的低温强度，并使钢的冲击吸收功保持在 100J 以上。在时效状态下，含钒的这种钢在 4K 温度下的屈服强度和冲击吸收功均高于不含钒的钢。另外，含钒钢并未引起钢的磁导率发生明显改变，为其在核聚变反应装置的超导体中应用提供了基本保证。

4. 钨对不锈钢及其焊缝性能的影响

钨也是铁素体形成元素，其作用类似于钼。钨有效地改善了

25%Cr 型双相不锈钢的耐点蚀和耐缝隙腐蚀性能，如图 15-138 所示。钨的良好作用与溶解出来的钨离子有关，这种钨离子在腐蚀介质中也类似于钼而形成 WO_4^{2-}，吸附于活性金属表面，抑制了金属的再溶解，起到缓蚀作用。

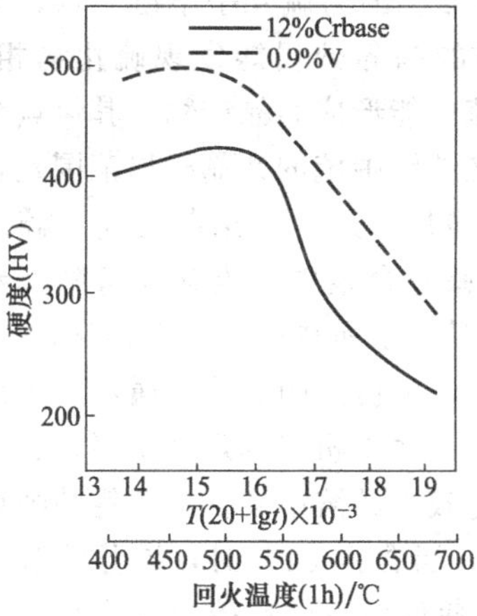

图 15-137　钒对 0.1C-12Cr 马氏体不锈钢回火特性的影响

（T 的单位为 K；t 的单位为 h）

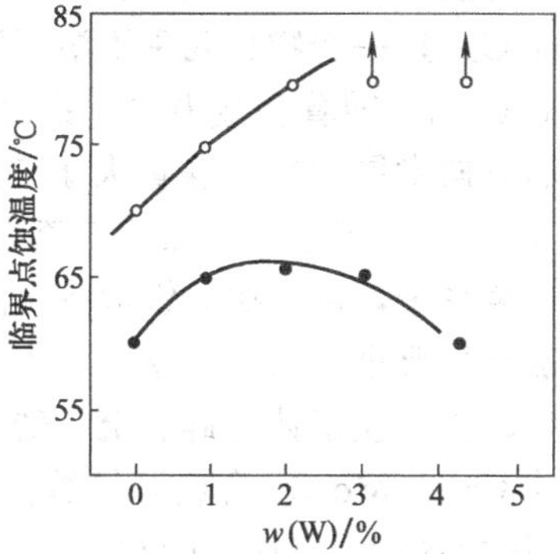

图 15-138　在 $FeCl_3$ 溶液中钨对 00Cr25Ni7Mo3N 钢临界点蚀温度的影响

○—母材；●—焊接热影响区

四、杂质和气体元素对不锈钢及其焊缝性能的影响

1. 硫的影响

在不锈钢中，硫通常是有害杂质，它对钢的热塑性、耐蚀性产生不利影响。因此，在标准中将硫限制在 0.03%以下；对于高强、高韧可控相变的钢，将硫限制在极低范围，它是高纯化的重点控制元素。硫作为合金元素使用仅限于易切削不锈钢中，其含量控制在 0.15%～0.35%之间。

在焊接过程中硫会引起热裂纹，所以它是焊缝金属中不希望存在的杂质。硫能引起热裂纹是因为它形成了低熔点的硫化物，凝固时硫化物以液态薄膜的形式在新形成的晶粒之间分布，它削弱了晶粒间的结合，造成了凝固收缩时热裂纹的出现。在铁硫合金相图中，当含硫量为32%时，硫和铁形成了熔点为988℃的低熔点共晶，共晶在γ铁中的溶解度很小，在988℃时只能溶解0.01%，这就意味着当超过这一硫的溶解度极限时，这种共晶产物在冷却到其熔点之前将一直保持为液态，在镍硫合金相图中，当含硫量约为22%时，会形成一个熔点非常低的共晶产物，其熔点只有637℃。因为硫几乎不溶于镍，有数据表明，在含硫0.0009%的高纯镍的晶界处仍能发现硫化物相，所以对热裂纹的影响更加明显。铬和硫也能形成共晶产物，其熔点为1350℃，这一产物也几乎不溶于铬。在纯铁中硫的共晶析出范围是含硫0.01%，随着合金中镍、铬含量的增加，这一析出范围向含硫更低的方向发展，在含镍量大于50%的镍基合金中，当含硫量降低到0.005%时，仍会出现低熔点硫化物共晶。众所周知，在Fe-Cr-Ni三元合金系中，以一次δ铁素体从液体金属中析出的焊缝金属对热裂纹的敏感性要小于以一次γ奥氏体从液态金属中析出的焊缝金属，这主要是因为δ铁素体对硅、硫、磷、铌有较高的溶解度。在含铌的纯奥氏体Cr-Ni-Mo-Cu合金系焊缝金属中，当含镍34%时，推荐的避免热裂纹的最大含量是0.005%。锰可以使低熔点的铁硫化合物转变为高熔点的锰硫化合物，这种化合物的熔点为1620℃。最近20多年中，锰已被成功地添加到纯奥氏体Ni-Cr-Mo焊缝金属中，用以减轻因硫引起的热裂纹问题。然而，随着镍含量上升，低熔点镍硫共晶的影响越来越突出，因而锰的作用会减弱。当焊接含镍量为7%～25%的纯奥氏体不锈钢时，尤其是在纯奥氏体焊缝金属中，在改善硫产生的热裂纹现象方面，锰仍是一个非常好的合金元素，经验表明，当锰的含量大于4%时效果最好。添加稀土元素，尤其是镧元素，可以增强锰在纯奥氏体25Cr-20Ni焊缝金属中的影响。镧的积极作用一方面是它可以提高锰硫化合物的熔点，另一方面是形成了高熔点的镧氧硫化合物（La_2O_2S）。此外，镧也可以对磷的影响产生好的效果。镧的最佳含量可按如下公式计算出来：$w(La)=4.5w(P)+8.7w(S)$。过高的镧含量可形成低熔点共晶组织，对热裂纹有不利影响。

2. 磷的影响

在不锈钢中磷是有害杂质，标准中规定磷的含量大于0.045%（有的为0.040%），在Cr-Mn-N和Cr-Mn-Ni-N奥氏体不锈钢中可以放宽到0.06%。由于磷对热加工性能和耐非敏态晶间腐蚀性能有负面影响，对一些特殊应用条件（浓硫酸、尿素等）下的不锈钢，磷的含量应限制在0.01%以下，甚至0.005%以下。对于高强、高韧可控相变的不锈钢，为提高钢的塑性、韧性也对含磷量予以严格限制。磷作为合金元素使用仅限于含磷的沉淀硬化不锈钢，它显著地促进了钢的时效硬化反应，其沉淀相为 M_{23}（C，P）$_6$ 或（Cr，Fe，P）$_{23}C_6$，也存在着 Cr_3P 相。

在焊接条件下磷也能与不锈钢中的基本元素（C、Cr、Ni）形成低熔点共晶，在铁-磷合金系中，共晶点是1050℃；在镍-磷合金系中，共晶点是880℃。与硫不同的是，铁和镍在共晶点能溶解较多的磷。这在理论上意味着低熔点的磷共晶只能在磷的含量超过其溶解度时才能形成，如果磷含量低于其溶解度，它就溶解在δ铁素体或γ奥氏体中，不单独以液相形式出现，这对不锈钢及其焊缝是有益的。但是，磷与其他低熔点相（如硫化物、硅化物、硼化物）一起，则对热裂纹有不利影响。磷在形成一次γ相的纯奥氏体焊缝金属中的溶解度低（在1150℃时为0.25%），而在形成一次δ铁素体的焊缝金属中的溶解度高（在1050℃时为2.8%）。基于此，如果焊缝金属以一次δ铁素体结晶，则在含磷量达0.025%时对热裂纹没有不利影响；而在铁素体含量低的不锈钢焊缝中，磷和硫的含量应分别被限制在0.015%以下；当焊缝金属中含极少量甚至没有铁素体时，磷和硫的总含量应控制在0.01%以下。向纯奥氏体焊缝中加入稀土元素特别是La，对减少磷的有害影响有积极的作用。因为稀土可以减小磷引起的裂纹扩展。这种作用与镧磷化物以及一种复杂的 M_3P 型 Cr-La-P 的形成有关系。镧的最佳加入量可按下式算出：$w(La)=4.5w(P)+8.7w(S)$。一般不要超过这一范围，否则会引起沉淀硬化。

3. 氧的影响

对于不锈钢及其焊缝金属来说，当氧含量超过一定值时，它是一种杂质元素。液态时随着温度升高，铁、镍、铬对氧的溶解能力大幅度提高，这时氧的含量可达到0.24%～0.60%。但在凝固时对氧的溶解度下降到0.001%以下。氧以氧化物的形式存在，即氧由溶解于铁中转变为不溶的非金属氧化物。在焊接过程中加入脱氧元素（如C、Mn、Si、Al和Ti）是为了降低焊缝金属中的含氧量，当铁还是液态时这些脱氧元素对含氧量起决定性的影响。1600℃时脱氧元素和铬对含氧量的影响示于图 15-139，可以得知，铝对含氧量的影响最大，铬的影响最小。通过降低脱氧时产生的一氧化碳的压力，可使碳的脱氧作用增强，这是真空下加工液态钢的主要作用之一，图中也示出了 CO 分压 p_{CO}对含氧量的影响。

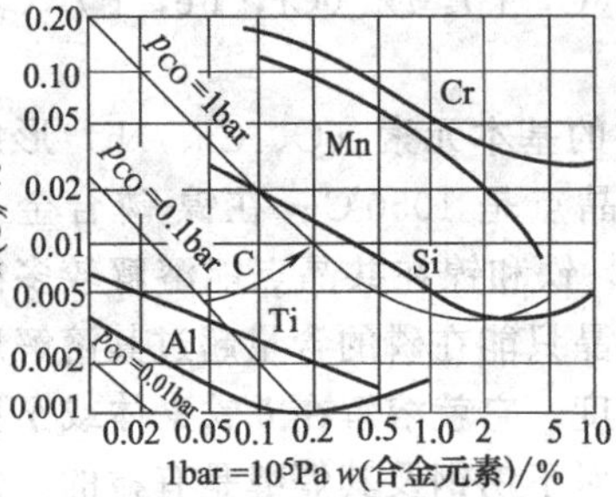

(a) 1600℃时铁中脱氧元素对含氧量的影响

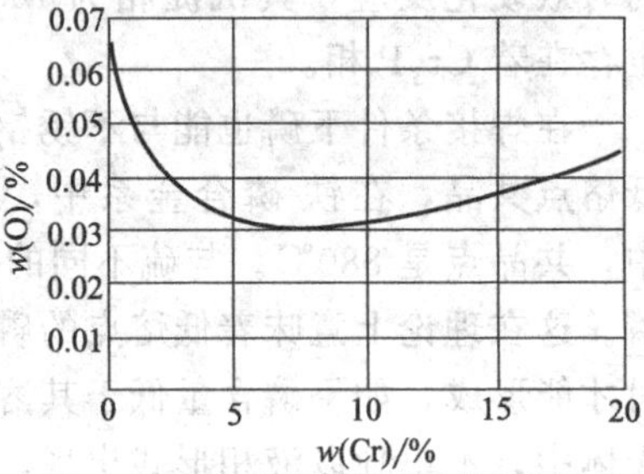

(b) 1600℃时铁中铬对含氧量的影响

图 15-139　1600℃时铁中脱氧元素和铬对含氧量的影响

铬是不锈钢的主要元素，它的脱氧作用很小。含铬量少时可以起到脱氧作用，含铬 8%时氧含量达到最低点，之后，随着含铬量增加含氧量也上升。对于焊缝金属，在 1600℃以上的反应是有益的。焊接熔滴的温度更高，在 2000～2700℃之间，这时氧化和还原反应同时进行，而在熔炉中这些反应是顺序发生的，焊接时，由于时间很短，以至于不可能分离氧化还原产物，所以这些氧化还原产物主要以非金属夹杂物的形式残留在焊缝金属中。因此焊缝金属中氧含量比钢中高，事实上尽管焊缝中含有较多的非金属夹杂物，但焊缝性能与同级钢的性能一样优良。因为焊缝中的非金属夹杂物非常细小，而这些细小的夹杂物大大促进了结晶和相变过程中的形核，在焊缝的显微组织中发挥了一个额外的晶粒细化作用。

关于脱氧剂的选择，在电弧焊中有一些限制。如为了避免 σ 相的析出和增大热裂纹倾向，硅的加入量要有所限制，因此硅酸盐的用量也要有所限制。碳是强脱氧剂，但是，含碳量高时材料的耐蚀性能受到损害。铝也是有效的脱氧剂，但对焊接工艺有不良的影响。为控制不锈钢焊缝中的含氧量，最常用的脱氧元素是锰和钛。单独用锰脱氧可以使低碳不锈钢焊缝中的含氧量降低到 0.06%。因为氧的含量主要由焊缝中含量较高的铬元素控制，因此药芯类型（酸性或碱性）在不锈钢焊条中不是很重要。加钛脱氧可以将焊缝中的氧含量降低到0.03%～0.05%。考虑到非金属夹杂物的超细化作用，这个范围的含氧量对几乎所有的不锈钢焊接都是足够的。不锈钢焊缝中的氧对其抗热裂性能一般没有负面影响，主要脱氧剂（锰和钛）以及主要的合金元素（铬）形成的细小的氧化物夹杂，通常对低熔点相没有明显影响。

4. **氢的影响**

在钢中的氢是一种有害元素，在焊缝金属中氢可引起裂纹，即氢致冷裂纹。氢在大部分液态金属中多有较高的溶解度，在焊接过程中氢很容易被高温熔滴吸收。在凝固过程中氢的溶解度急剧下降，并在随后的冷却过程中降到很低。图 15-140 所示是氢在铁、铬、镍及三种铁合金中的溶解度曲线。凝固过程中，纯铁中氢的溶解度从28mL/100g 降低到 8mL/100g；纯镍中氢的溶解度从 38mL/100g 降到 18mL/100g。在 911℃时，氢在 γ 铁中的溶解度比在 α 铁中约高2mL/(100g)，当温度降低时这种溶解度的差异就更明显。在室温下，目前只有氢在铁中的溶解度，这个数值小于 0.005mL/(100g)，即比1000℃时氢在铁中溶解度的千分之一还要小。图 15-140 中所示 20%Cr-10%Ni 钢和 12%Cr 钢的含碳量都是 0.03%，氢在这两种钢中的溶解度变化与在纯铁中的变化很相似。有些学者研究了其他元素对氢

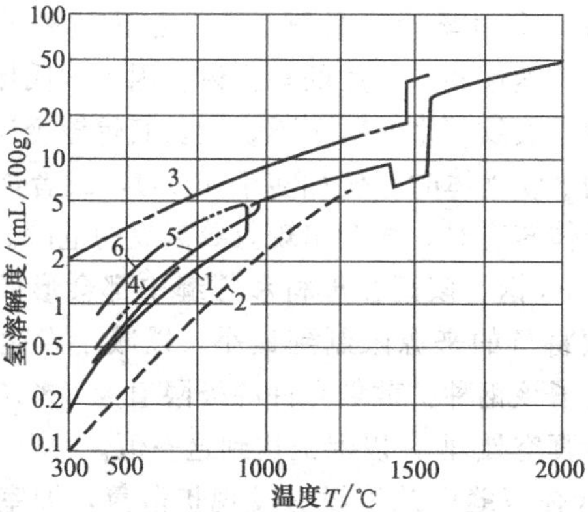

图 15-140　不同温度下不同合金中氢的溶解度（1atm）

1—铁；2—铬；3—镍；4—20%Cr-10%Ni 钢；5—12%Cr 钢；6—4%Mn 钢

在铁中溶解度的影响，结果发现锰的影响最大，在 400～800℃范围内加入 2%的锰可使氢的溶解度增加 1.5 倍；而加入 4%的锰则使氢的溶解度几乎变为原来的 2 倍（见图 15-140 中曲线 6）。而 C、Si、Cr、Ni 等元素，仅使氢在铁中的溶解度略微增加。

氢是原子直径最小的元素，因而拥有很强的扩散潜力，这使得氢在室温下可以在钢中很好地扩散，即在晶体点阵中有着非常好的流动性。在铁的 $\alpha\rightarrow\gamma$ 转变的高温阶段，氢的扩散系数差异主要是由微观结构的变化引起的。因为，氢在体心立方的铁素体晶格中扩散要比面心立方的奥氏体晶格中扩散迅速得多。在室温下，氢在铁中的扩散系数随着 Cr、Ni、Mn 等合金元素含量的增加而减小。研究表明，在铁铬合金（含 27.5%Cr 的 Fe-Cr 合金）中，氢的扩散系数虽然比在纯 α 铁中小，但仍与纯 γ 铁中的扩散系数相当；而对于 Cr-Ni 奥氏体合金而言，氢的扩散系数却急剧减小，已有试验表明，在 400℃时与纯 α 铁相比较，氢的扩散系数大约为纯 α 铁相中的 $1/2^{10}$。

利用氢在铁中高的扩散性对焊缝金属进行扩散氢含量测定，是评价氢对焊接产生不利影响的主要指标。焊缝中过饱和的氢不仅在焊道表面扩散。还在焊道之间以及在焊缝和热影响区之间扩散。焊道的冷却越快，焊缝中过饱和氢的数量越多。在微观结构中聚集过饱和氢的微观区域，会产生 100MPa 甚至更高的内部压力。

由于微观结构的原因，氢在奥氏体中的溶解度比铁素体中高。在 $\gamma\rightarrow\alpha$ 转变过程中，氢的溶解度急剧下降。如果这种转变发生的温度较低，就会形成低塑性和高硬度的马氏体。因为马氏体只能溶解微量的氢，所以会导致裂纹产生。对于不锈钢及其焊缝金属，只有当奥氏体中含有较多的 δ 铁素体时（例如多于 40%），或者焊缝金属或热影响区中产生马氏体转变时，才会出现氢致裂纹的危险。这一结论也适用于 13%Cr-4%Ni 钢，该钢在母材和焊缝中都会形成马氏体，故焊接这种钢时必须将氢的来源限制到最小，以减小发生氢致裂纹的危险。有学者给出了该钢种扩散氢允许的极限值为 3×10^{-6}，并建议对熔化的钢液进行真空处理，以保证达到这一值。

在铬-镍奥氏体焊缝中几乎没有发现扩散氢，即室温下几乎没有氢扩散出来。这是由于氢在奥氏体中扩散能力低且溶解度高，氢能存在于面心立方晶格的间隙中，采用奥氏体填充材料来焊接奥氏体钢时，焊缝中极少产生氢致裂纹，即使有氢的危害也是以气孔的形式出现而不是氢致裂纹的形式出现。表面气孔的形成常常伴随着焊道表面的凹凸不平，这种表面气孔的形成原因不是因为氢在金属中的溶解，而是因为焊条电弧焊或埋弧焊时气体在渣中的逸出受阻。

第五节　焊接材料的形状、成分对焊缝组织和性能的影响

一、焊条直径对低合金钢焊缝组织和性能的影响

焊条为碱性铁粉焊条，焊芯直径分别为 3.25mm、4.0mm、5.0mm 和 6.0mm，药皮外径与焊芯直径之比均保持 1.69。调整药皮中锰铁的含量，使各直径焊条的焊缝 Mn 含量分别为 0.6%、1.0%、1.4%和 1.8%，其编号分别定为 A、B、C 和 D。

在平焊位置施焊，采用直流电源反极性焊接。直径为 3.35mm 的焊条每层焊 4 道，其他直径的焊条每层焊 3 道，道间温度约为 200℃。具体焊接参数见表 15-52。经测定，对应于 3.25mm、4.0mm、5.0mm 和 6.0mm 焊条的 800～500℃冷却时间分别为 5s、7s、9s 和 10s。

表 15-52　施焊规范参数

焊条直径/mm	层数	每层道数	焊接电流/A	电弧电压/V	焊接速度/(mm/s)	线能量/(kJ/cm)
3.25	10	4	125	21	3.9	7.0
4.0	9	3	170	22	3.5	11.0
5.0	7	3	225	24	3.8	15.0
6.0	6	3	280	26	4.0	18.0

对应于每一成分和每一直径的焊条，均进行焊缝金属化学成分和力学性能检验。化学成分和拉伸力学性能检验结果见表 15-53。

1. 焊条直径对焊缝组织的影响

① 焊条直径对焊缝各晶区比例的影响　将冲击试样的断口部位磨成金相试样，在显微镜下观察整个断面中柱状晶区、重结晶的粗晶

表 15-53 焊缝金属化学成分和拉伸力学性能

直径/mm	焊条	化学成分/% C	Si	Mn	S	P	R_{eL}/MPa	R_m/MPa	A/%	Z/%
3.25	A	0.041	0.25	0.56	0.008	0.011	411	480	31.8	77.0
	B	0.047	0.26	0.88	0.009	0.014	449	507	31.2	79.7
	C	0.047	0.27	1.29	0.007	0.013	481	554	29.6	79.7
	D	0.050	0.26	1.73	0.007	0.014	539	599	29.0	77.0
4.0	A	0.043	0.26	0.59	0.009	0.012	410	467	31.6	80.6
	B	0.056	0.27	0.94	0.009	0.014	427	505	33.0	78.8
	C	0.053	0.31	1.39	0.007	0.014	480	551	31.2	77.9
	D	0.059	0.32	1.80	0.008	0.015	517	598	27.6	76.0
5.0	A	0.033	0.25	0.55	0.007	0.010	384	461	35.0	78.0
	B	0.043	0.28	0.94	0.006	0.013	420	496	35.6	78.8
	C	0.048	0.28	1.34	0.007	0.013	452	532	27.8	77.0
	D	0.052	0.29	1.73	0.006	0.015	495	582	29.4	75.0
6.0	A	0.043	0.27	0.60	0.007	0.008	386	456	34.4	79.7
	B	0.044	0.26	0.86	0.008	0.010	408	483	32.8	78.8
	C	0.054	0.28	1.28	0.007	0.009	441	527	29.0	77.9
	D	0.054	0.27	1.62	0.007	0.009	487	560	28.6	77.0

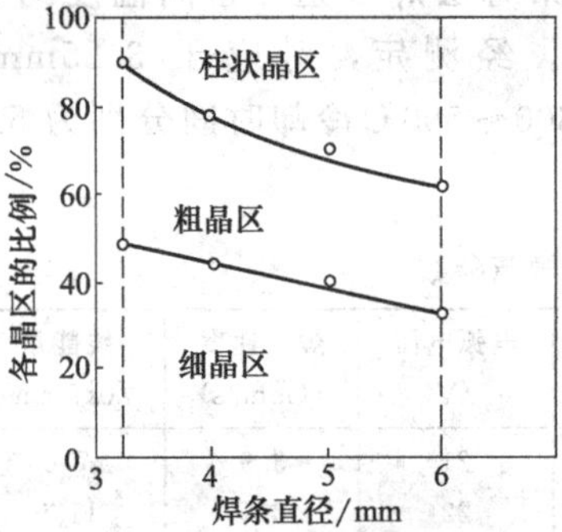

图 15-141 焊条直径对焊缝各晶区比例的影响

区和细晶区所占的比例。以焊条 C 为例，其观察结果见图 15-141。可以看出，随着焊条直径的增加，焊缝中柱状晶所占的比例增加，重结晶区特别是其中的细晶区所占的比例逐渐减少。

② 焊条直径对盖面焊缝组织的影响 由金相观察得知，盖面焊缝的组织主要有先共析铁素体、侧板条铁素体和针状铁素体。随着焊条直径的增大，含 Mn 量低的焊条 A 焊缝中先共析铁素体的数量增多，针状铁素体的数量减少。其他焊条的盖面焊缝中，各组织所占的比例则不随焊条直径的增加而发生变化。但是，随着焊条直径的增大，晶界先共析铁素体带有变宽的趋势，柱状晶的宽度增加，晶内针状铁素体也粗化，板条尺寸增大。

③ 焊条直径对重结晶区焊缝的组织的影响 重结晶区包括两部

分，即粗晶部分和细晶部分。随着焊条直径的增大，粗晶部分的原奥氏体晶粒更加粗大，晶界先共析铁素体尺寸增大，晶内针状铁素体的板条尺寸也增大。另外，随着焊条直径的增加，粗晶部分所占的区域也逐渐增大。

随着焊条直径的增大，细晶部分的晶粒尺寸也粗化。焊条直径为3.25mm时，结晶部分的晶粒具有等轴特征。当焊条直径增大时，由于冷却速度减慢而开始出现珠光体。在放大630倍条件下对细晶部分的晶粒尺寸（称线截距）进行了测定，并建立了晶粒线截距平方根倒数与焊条直径的关系曲线，如图15-142所示。可以看出，随着焊条直径的增大，晶粒尺寸呈直线增大，焊缝含锰量越低，晶粒尺寸越大。本试验还建立了晶粒尺寸和屈服强度之间的关系曲线，如图15-143所示。随着晶粒尺寸的减小，屈服强度呈直线上升。含锰量高时，晶粒尺寸更细小，其屈服强度也更高。

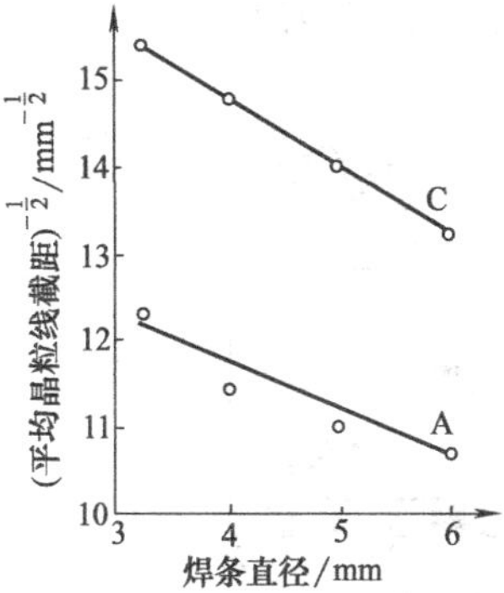

图 15-142 焊条直径与晶粒尺寸的关系（焊条A和C）

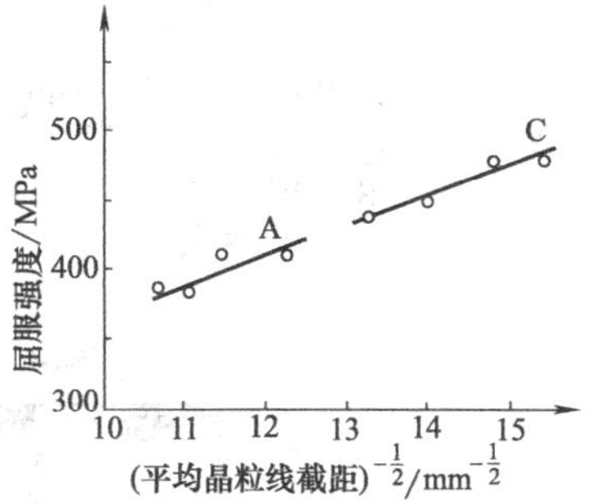

图 15-143 屈服强度与晶粒尺寸的关系（焊条A和C）

上述试验结果表明：随着焊条直径的增大，焊缝中心区域柱状晶区占的比例增多，柱状晶的尺寸增大；尽管各种组织的百分比变化不大，但针状铁素体的板条尺寸增大；重结晶区的组织粗化，先共析铁素体的尺寸长大，等轴细晶区的颗粒尺寸也长大。当焊条直径大时，等轴细晶区有珠光体生成。

2. 焊条直径对焊缝性能的影响

① 焊条直径对焊缝硬度的影响　不同直径焊条的盖面焊缝硬度

(HV_5) 见表 15-54。由于道间温度较高 (200℃)，各焊条的焊缝硬度均较低。总的来说，焊条直径的变化对焊缝硬度影响不明显。

表 15-54 盖面焊缝的硬度 (HV_5)

焊 条	焊条直径/mm			
	3.25	4.0	5.0	6.0
A	178	193	170	170
B	189	181	181	184
C	215	222	205	205
D	233	229	224	222

在整个焊缝截面上硬度分布是不均匀的，焊条 C 的直径为 3.25mm 和 6.0mm 时，其硬度分布情况见图 15-144。可以看出，硬度呈波状分布，柱状晶区的硬度位于波峰，重结晶区的细晶区的硬度位于波谷，盖面焊道下的细晶区的硬度达到了最低值。

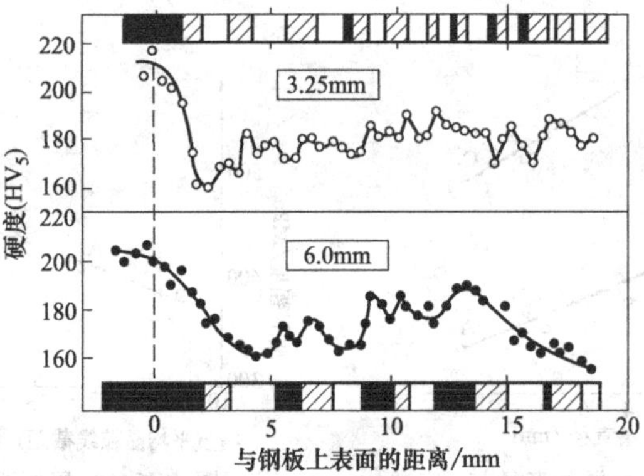

图 15-144 焊缝厚度方向的硬度分布

(焊条 C，直径为 3.25mm 和 6.0mm)

■—柱晶区；▨—粗晶区；□—细晶区

② 焊条直径对焊缝拉伸力学性能的影响 焊条直径对屈服强度和抗拉强度的影响见图 15-145。可以看出，随着焊条直径的增大，焊缝的屈服强度和抗拉强度均有所下降，但不明显。ϕ6.0mm 焊条的焊缝抗拉强度比 ϕ3.25mm 焊条约降低 30MPa。对各个直径的焊条，焊缝含 Mn 量对其强度均有一个恒定的影响，即每增加 0.1% Mn，焊缝强度就会提高 10MPa。

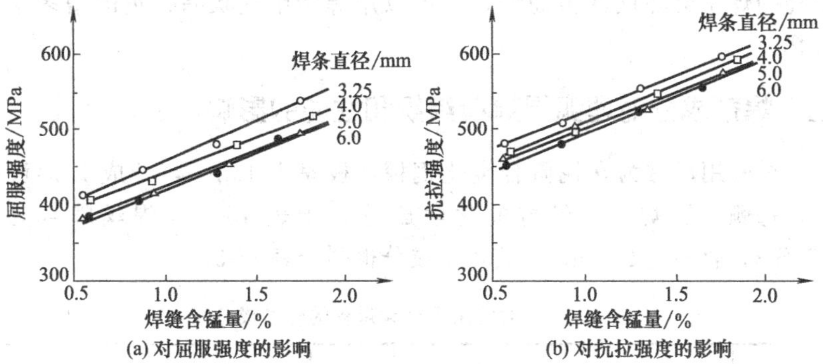

图 15-145　焊条直径对屈服强度和抗拉强度的影响

增大焊条直径时焊缝强度下降不那么明显，这与提高道间温度的影响不一致，其原因可能是对重结晶区的尺寸有不同的影响。提高道间温度时，柱状晶区的尺寸减小，重结晶区的尺寸增大；而增大焊条直径时，柱状晶区的面积在增加。这些柱状晶区具有较高的硬度，见图 15-144，因而避免了焊缝强度的急剧下降。

③ 焊条直径对焊缝冲击性能的影响　以冲击吸收功为 100J 和 28J 时的温度作为脆性转变温度，现将焊条直径对这两个脆性转变温度的影响见图 15-146。由图可以看出，随着焊条直径的增加，脆性转变温度逐渐提高，即焊缝的冲击韧性在下降。但焊条 D 的脆性转变温度不受直径变化的影响。特别是对于阻止解理断裂的下平台功（28J），随着焊缝含锰量的增加，焊条直径的影响依次减弱。使用大

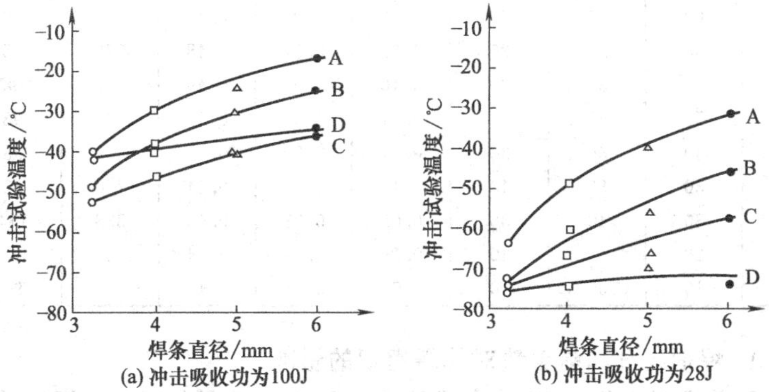

图 15-146　焊条直径对冲击试验温度的影响

直径的焊条会降低冲击韧性，仍可以用焊缝中柱状晶数量的增多来解释。

二、焊剂成分对埋弧焊焊缝组织和性能的影响

试验用母材为含铌微合金化钢板，板厚为16mm，开成X形坡口，每侧一道焊满。母材的化学成分列于表15-55。焊丝牌号为E70S-3，直径为2.4mm，其化学成分也列于表15-55。

表15-55 试验用母材和焊丝的化学成分 %

项目	C	Mn	Si	Nb	S	P	$O/10^{-6}$	$N/10^{-6}$
母材	0.09	1.40	0.24	0.033	0.004	0.013	—	—
焊丝	0.10	1.15	0.53	—	0.025	0.025	135	105

试验用焊剂为熔炼焊剂，属CaF_2-CaO-SiO_2系。为了确定焊剂成分与焊缝含氧量的关系，进而研究含氧量对焊缝组织和韧性的影响，本试验所用焊剂成分及相应的焊缝化学成分汇总于表15-56，焊接规范列于表15-57。

表15-56 试验用焊剂及焊缝的化学成分

编号	焊剂成分/%			焊缝成分				
	C_aF_2	CaO	SiO_2	C/%	Mn/%	Si/%	$O/10^{-6}$	$N/10^{-6}$
1	80	10	10	0.10	0.87	0.47	205	104
2	70	10	20	0.10	0.96	0.47	240	102
3	70	20	10	0.10	1.04	0.43	195	100
4	60	20	20	0.10	1.01	0.46	391	86
5	50	20	30	0.09	0.87	0.48	373	95
6	50	30	20	0.10	1.00	0.49	264	195
7	50	40	10	0.11	1.03	0.39	107	93
8	40	30	30	0.11	0.90	0.49	350	98
9	30	30	40	0.10	1.00	0.34	250	82
10	30	40	30	0.09	0.98	0.43	338	114
11	20	40	40	0.09	0.89	0.44	432	97
12	10	50	40	0.09	0.98	0.46	459	98

1. 焊剂成分和氧含量对焊缝组织的影响

随着焊剂成分中SiO_2含量的增加和CaO含量的减少，即随着焊

剂碱度的降低，焊缝中氧的含量逐渐增加。焊缝中含氧量的多少对焊缝组织有明显影响，故焊剂成分对焊缝组织也有重要影响。

表 15-57　焊接规范

焊　道	焊接电流/A	电弧电压/V	焊接速度/(cm/min)	线能量/(kJ/cm)
第一道	500	30	48.0	18.7
第二道	520	28	26.5	32.9

焊缝含氧量为 350×10^{-6} 时，其组织为先共析铁素体和针状铁素体。先共析铁素体沿原奥氏体晶界呈连续或断续分布，并占整个组织的 20%～30%。

当焊缝中氧的含量降低到 250×10^{-6} 时，其组织变得很细小，先共析铁素体已明显减少，针状铁素体占整个组织的 90%以上。

当焊缝中氧的含量降到 107×10^{-6} 时，细小的针状铁素体不见了，取而代之的是细长且呈线状分布的板条铁素体，板条的长宽比接近于 10∶1～12∶1，在铁素体板条之间有碳化物析出，这类组织应归类为上贝氏体。

上述结果表明：为尽可能多地得到针状铁素体组织，要使焊缝中氧的含量控制在一个合适的范围内。对给定的 CaF_2-CaO-SiO_2 系焊剂而言，焊缝最佳含氧量为 $(200\sim250)\times10^{-6}$，这时可得到约 90%的针状铁素体组织。

2. 焊剂成分对焊缝韧性的影响

在测定焊剂成分对焊缝韧性的影响时，首先要使各焊缝中硅的含量尽可能相接近，故表 15-56 中的编号 7 和 9 的焊缝因含硅量低于 0.4%而不予采用；12 号焊缝因含氧量太高也未采用。做冲击试验的试样取自大线能量的第二道焊缝，以便冲击试样完全取于同一道焊缝，由于焊缝的冷却速度较慢，组织变化不如小线能量那么明显，但当含氧量小于 200×10^{-6} 时，针状铁素体减少、贝氏体增多是明显的趋势。不同焊剂焊出的焊缝的冲击吸收功上平台值及相当于 100J 的脆性转变温度见表 15-58。

冲击吸收功上平台值与焊缝含氧量有线性关系，如图 15-147 所示。随着焊缝含氧量的增加，上平台冲击吸收功逐渐减小。由于氧在体心立方晶格的铁中溶解度极小，所以室温下氧是以化合物夹杂的形式存在的，如氧化物、硅酸盐、铝酸盐、硫氧化物等。因此，可将焊缝含氧量作为一个相关参数来对焊缝中的夹杂物数量进行估计。当然，从根本上讲，还是按夹杂物的含量、尺寸和分布等进行比较更合适。

表 15-58　冲击吸收功上平台值和相当 100J 的脆性转变温度

焊剂编号	冲击吸收功上平台值/J	脆性转变温度/℃
1	215	−3
2	220	−3
3	195	+15
4	190	+18
5	200	−3
6	195	−10
8	190	+20
10	185	+6
11	165	+18

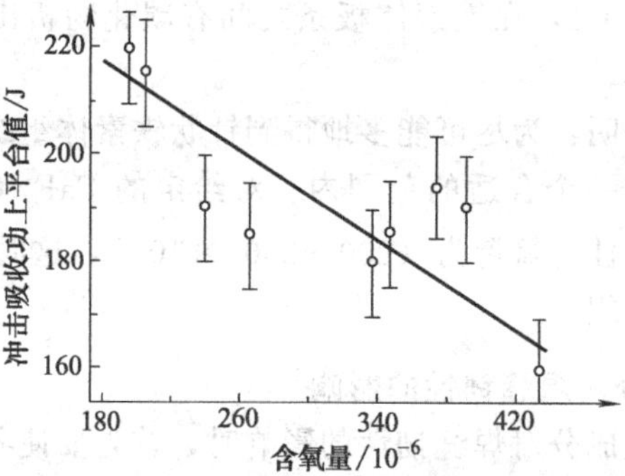

图 15-147　冲击吸收功上平台值与焊缝含氧量的关系

由萃取复型试样的电镜观察结果表明，焊缝中含氧量高时其夹杂物更多，且尺寸差异更大，颗粒尺寸范围为 0.05～1.0μm。夹杂物的几何形状也多姿多态，这些都对冲击吸收功有影响。

为了进一步分析夹杂物对焊缝韧性的影响，将含氧量为 432×10^{-6} 和 205×10^{-6} 的焊缝上平台区和下平台区的试样断口进行扫描电子显微镜观察，在上平台区，不论含氧量高与低，其断口表面都呈韧窝状，这说明都是以微孔断裂为机制的塑性断裂。两者的区别不是韧窝的数量，而是变形量的大小。微孔断裂大体分三个阶段：第一阶段是微孔的产生，当有变形量时特别容易产生断裂而造成微孔；第二阶段是微孔的长大，它与夹杂物颗粒尺寸有关；第三阶段是各个独立微孔的聚合。当微孔间的金属发生缩颈时，由于含氧量高的焊缝中存在很多细小颗粒，使大量夹杂物之间的金属应力-应变行为得到了改善，均匀变形直到断裂为止。由于颗粒较多，断裂时的变形量较小，相应的韧窝变形量也就不大，当焊缝含氧量低时，夹杂物数量也少，微孔形核的位置减少，微孔聚合至断裂所需要的能量增加，结果导致在韧窝处发生更大的塑性变形。

在下平台区均发生脆性断裂，主要受到晶粒尺寸和沉淀硬化的影响。对断裂表面的观察发现，断口上有很平坦的断裂平面，这些平面的尺寸范围为 20～30μm。假设无定形铁素体为裂纹扩展提供了最长的连续通路，则上述尺寸范围正好与该铁素体的晶粒尺寸相当，这一现象也被其他学者所观察到。

在含氧量不同的焊缝中冲击吸收功的差别，可以用平坦断裂面之间存在小的塑性区域来解释。在含氧量低的焊缝中这种塑性区较多，当裂纹扩展到塑性区时，不得不改变方向。由于裂纹扩展过程中多次改变方向，因此将导致冲击吸收功的进一步提高。

上述试验结果表明，当焊缝中氧的含量为 $(200\sim300)\times10^{-6}$ 时，可以得到最低的脆性转变温度和最高的上平台冲击吸收功。故对于给定渣系的焊剂，应控制其碱度，使焊缝中氧的含量处在上述最佳范围之中。含氧量太低（$<200\times10^{-6}$）时，焊缝组织主要是板条状铁素体，板条间有平行排列的碳化物分布，与这种组织对应的焊缝韧性是不高的。含氧量超过 300×10^{-6} 之后，焊缝组织中针状铁素体减少、先共析铁素体增多，这种组织也不利于提高韧性，含氧量为 $(200\sim250)\times10^{-6}$ 时，焊缝中铁素体占 90%以上，这种组织对应着最好的韧性。

三、保护气体对气体保护焊焊缝组织和性能的影响

试验用焊丝为市售药芯焊丝，分别符合美国焊接学会标准的 AWSE70T-1、E70T-5 和 E91T1-K2。E70T-1 焊丝直径有 ϕ1.6mm 和 ϕ2.4mm 两种，大直径焊丝用于大线能量焊接；E70T-5 和 E91T1-K2 焊丝的直径均为 1.6mm。保护气体有如下四种成分，即

100%CO_2、50%CO_2+50%Ar、25%CO_2+75%Ar 和 8%CO_2+92%Ar。母材为低碳钢板，60°坡口，施焊时背面垫有 6mm 板。焊接线能量分三档，即 16kJ/cm、31.5kJ/cm 和 45kJ/cm。采用自动焊机在平焊位置施焊，道间温度均匀且为 52℃，具体焊接参数见表 15-59。

表 15-59 焊接规范参数①

焊接线能量/(kJ/cm)	电流/A	电压/V	焊速/(cm/min)	焊接线能量/(kJ/cm)	电流/A	电压/V	焊速/(cm/min)
16.0	300	28	30.5	45.0	450	30	17.8
31.5	350	30	20.3				

① 焊丝干伸长度均为 25.4mm；保护气体流量均为 23.6L/min。

焊接过程中，随着保护气体的改变，某些工艺特点也发生变化。当 CO_2 的比例增加时，电弧挺度增大，飞溅增加，焊道凸起，熔深加大。在保护气体不变的条件下，酸性的 E70T-1 型焊丝比碱性的 E70T-5 型焊丝的工艺性能好，包括飞溅小和脱渣容易等。

当填充焊丝和线能量不变时，随着保护气体中 CO_2 含量的增加，焊缝中氧的含量将增多，而硅和锰的含量会减少。当焊丝和保护气体配合不变时，随着线能量的增加，焊缝中锰的含量将明显降低，而硅的含量却变化不大。

上述几种焊丝、几种保护气体和几种线能量组合焊接后的焊缝化学成分列于表 15-60。

1. 焊缝组织和夹杂物分析

不同焊丝、不同保护气体和不同线能量条件下的焊缝组织定量检验结果也汇于表 15-60。

碱性焊丝 E70T-5 的焊缝金属，不论采用哪一种保护气体和哪一种线能量，其焊缝组织变化均不明显，基本上都以针状铁素体为主，并含有少量先共析铁素体。酸性焊丝 E70T-1 在直径为 1.6mm 和小线能量的条件下，其焊缝组织仍然以针状铁素体为主，但是随着线能量的增大，针状铁素体的比例有所减少。大直径的 E70T-1 焊丝，在小线能量下焊接时，其主要组织仍然是针状铁素体，但在大线能量(45kJ/cm) 条件下焊接时，显微组织发生了明显变化，随着保护气体中 CO_2 的增多，焊缝中的针状铁素体在减少。当使用 100%CO_2 保

表 15-60　焊缝化学成分和定量金相检验结果

焊丝	线能量/(kJ/cm)	保护气体	焊缝成分/%					针状铁素体/%	先共析铁素体/%	贝氏体/%
			C	Si	Mn	O/10^{-6}	其他			
E70T-5，ϕ1.6mm	16	92%Ar+8%CO_2	0.06	0.54	1.81	370	Mo 0.17	89	9	2
		75%Ar+25%CO_2	0.05	0.51	1.76	360	Mo 0.17	83	12	5
		50%Ar+50%CO_2	0.07	0.48	1.78	450	Mo 0.17	87	12	2
		CO_2	0.07	0.43	1.64	490	Mo 0.17	82	10	8
	31.5	92%Ar+8%CO_2	0.07	0.56	1.72	400	Mo 0.18	80	16	5
		75%Ar+25%CO_2	0.07	0.53	1.68	440	Mo 0.16	90	9	1
		50%Ar+50%CO_2	0.07	0.46	1.55	440	Mo 0.17	83	15	2
		CO_2	0.06	0.47	1.58	490	Mo 0.17	84	14	2
E70T-1，ϕ1.6mm	16	92%Ar+8%CO_2	0.07	0.79	1.78	650	—	84	10	6
		75%Ar+25%CO_2	0.07	0.72	1.59	680		92	7	1
		50%Ar+50%CO_2	0.06	0.66	1.64	760		89	14	9
		CO_2	0.07	0.64	1.56	700		80	15	5
	31.5	92%Ar+8%CO_2	0.07	0.77	1.66	650	—	67	22	9
		75%Ar+25%CO_2	0.07	0.69	1.53	640		71	26	3
		50%Ar+50%CO_2	0.07	0.60	1.40	670		78	16	6
		CO_2	0.08	0.48	1.20	670		69	21	10
E70T-1 ϕ2.4mm	16	92%Ar+8%CO_2	0.11	0.59	1.70	740	—	88	11	1
		75%Ar+25%CO_2	0.11	0.59	1.67	710		83	16	2
		50%Ar+50%CO_2	0.11	0.56	1.63	870		87	11	2
		CO_2	0.13	0.40	1.41	860		75	20	5
	45	92%Ar+8%CO_2	0.10	0.56	1.51	610	—	78	21	1
		75%Ar+25%CO_2	0.09	0.57	1.56	740		69	24	7
		50%Ar+50%CO_2	0.09	0.50	1.44	770		62	25	13
		CO_2	0.09	0.39	1.19	820		48	39	13

续表

焊丝	线能量/(kJ/cm)	保护气体	焊缝成分/%					针状铁素体/%	先共析铁素体/%	贝氏体/%
			C	Si	Mn	$O/10^{-6}$	其他			
E91T1-K2，ϕ1.6mm	16	92%Ar+8%CO_2	0.06	0.49	1.55	520	Ni 1.47 B 0.012	—	—	100
		75%Ar+25%CO_2	0.06	0.44	1.46	650	Ni 1.37 B 0.009	—	—	100
		50%Ar+50%CO_2	0.05	0.42	1.44	670	Ni 1.35 B 0.010	—	—	100
		CO_2	0.06	0.34	1.29	710	Ni 1.24 B 0.006	93	5	2
	31.5	75%Ar+25%CO_2	0.07	0.48	1.41	540	Ni 1.47 B 0.011	100	—	—
		50%Ar+50%CO_2	0.07	0.42	1.30	580	Ni 1.38 B 0.010	78	19	4
		CO_2	0.07	0.35	1.15	560	Ni 1.22 B 0.008	74	23	3

护气体时，组织中的针状铁素体已占不到50%。

采用E91T1-K2焊丝时，由于焊缝中含有合金元素Ni和B，因此具有很高的淬硬性。在小线能量条件下使用Ar+CO_2混合气体保护焊时，其焊缝组织为100%的贝氏体；而采用CO_2气体保护焊时，其焊缝组织则主要是针状铁素体。在大线能量焊接时，除了因92%Ar+8%CO_2混合气体保护焊出现密集气孔未作金相检验外，其他保护气体焊出的焊缝组织仍以针状铁素体为主。电子显微镜下观察到的针状铁素体，其板条界成大角度相交，板条内有很高的位错密度。试验表明，碱性焊丝焊出的焊缝高倍组织，在针状铁素体板条之间存在着孪晶马氏体。

根据表15-60中所示的焊缝含氧量和定量金相结果可知，对于药芯焊丝E70T-5和E70T-1而言，其焊缝中氧的含量由360×10^{-6}变化到约870×10^{-6}时，焊缝组织都是以针状铁素体为主，而不像前面所介绍的那样，焊缝含氧量为$(200\sim300)\times10^{-6}$时，是对于韧性和形成针状铁素体的最佳值。对容易淬硬的E91T1-K2焊丝而言，焊缝中氧的含量即使达到了$(600\sim700)\times10^{-6}$，也能得到100%的贝氏体，而不像上节介绍的那样，焊缝含氧量小于200×10^{-6}时才能得到大量的贝氏体，对ϕ2.4mm的E70T-1焊丝而言，当线能量为45kJ/cm时，随着含氧量从620×10^{-6}增加到860×10^{-6}，针状铁素体的量会明显减少；当线能量为16kJ/cm时，同样的焊缝含氧量变化，却没有引起针状铁素体含量的明显变化。

关于焊缝中的非金属夹杂物，本研究观察到的夹杂物多呈球状。根据试验结果，可以确认，针状铁素体以夹杂物为中心呈放射状成长，故夹杂物起到了针状铁素体形核的作用。为了确定夹杂物的性能，对夹杂物的组成进行了分析。酸性焊丝E70T-1焊出的焊缝中，能谱分析结果为Mn、Si、Ti和S，这类夹杂物可能是复合的Mn、Si、Ti的硫氧化物。碱性焊丝E70T-5焊出的焊缝中，能谱分析结果为Mn、Si、Ti、Cu、Al和S，这类夹杂物中可能有Mn和Cu的硫化物。在各焊缝中均发现了类似的硫化物，这些硫化物可能也是球形的。但检测发现，那些生成放射状铁素体的夹杂物没有任何稳定的化学性质。实际上，在本研究的焊缝中，许多夹杂物是富钛的，因为所使用的药芯中均含钛的氧化物，有的学者认为TiO是主要的形核物质。但是，夹杂物并不是简单的钛氧化物而是钛、锰、硅、铝等的复合氧化物，此外，这些夹杂物中都含有硫化物，可能对针状铁素体的形核起了作用。夹杂物的尺寸大小似乎不起主要作用，当改变渣系或保护气体的氧化性，使夹杂物颗粒发生变化时，组织仍然没有改变。看来，单就“氧影响”或夹杂物的存在还不能解释组织的变化。

2. **焊缝的力学性能变化**

渣系、保护气体成分和线能量对 35J 的冲击脆性转变温度的影响见图 15-148。可以看出，碱性焊丝（E70T-5）焊出的焊缝比酸性焊丝（E70T-1）焊出的焊缝有更低的脆性转变温度，不论线能量大与小或采用何种保护气体都是如此。ϕ2.4mm 的 E70T-1 焊丝焊出的焊缝，在线能量为 16kJ/cm 时，随着保护气体中 CO_2 量的增加（相当于焊缝中含氧量增加），脆性转变温度有降低的趋势；当线能量为 45kJ/cm 时，则呈现相反的趋势，即随着保护气体中 CO_2 量的增加，脆性转变温度有上升的趋势。对于 E91T1-K2 焊丝焊出的焊缝，在线能量为 16kJ/cm 时，气体成分对脆性转变温度无明显影响；当线能量达 31.5kJ/cm 时，随着 CO_2 含量的增加，脆性转变温度明显升高。

保护气体和线能量对上平台冲击吸收功的影响见图 15-149，可以看出随着 CO_2 含量的增加，上平台冲击吸收功变化不明显。但是，

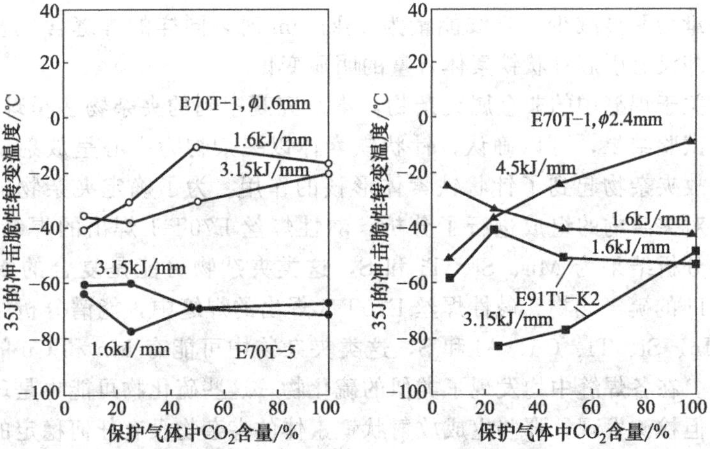

(a) 焊丝E70T-1和E70T-5　　(b) 焊丝E70T-1和E91T1-K2

图 15-148　CO_2 含量对 35J 的冲击脆性转变温度的影响

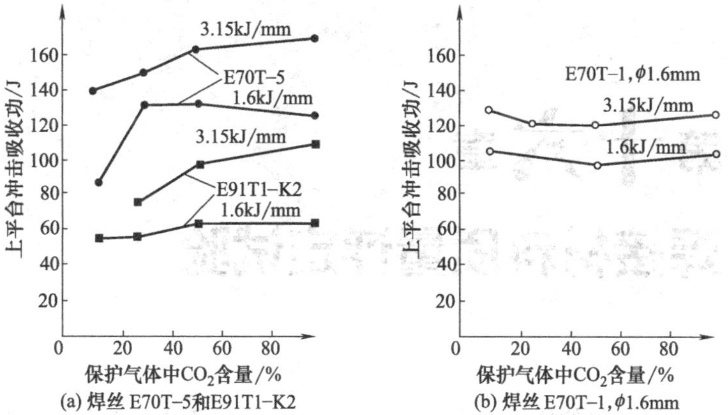

图 15-149　CO_2 含量对上平台冲击吸收功的影响

随着线能量的增加，在所有 CO_2 含量条件下，都有利于提高上平台冲击吸收功。

有关焊缝硬度的变化，对于 ϕ2.4mm 的 E70T-1 焊丝而言，其硬度值取决于线能量大小和焊缝的碳当量值，如图 15-150 所示。线能量小时，焊缝冷却速度大，硬度提高。保护气体中 CO_2 量少时，合金元素烧损减少，焊缝碳当量提高；另外，焊接线能量小时，合金元素烧损也减少，碳当量也提高。随着碳当量的提高，焊缝的淬硬性提高，硬度增加。故图 15-150 除了反映线能量对焊缝硬度的影响外，也反映了保护气体成分对焊缝硬度的影响。

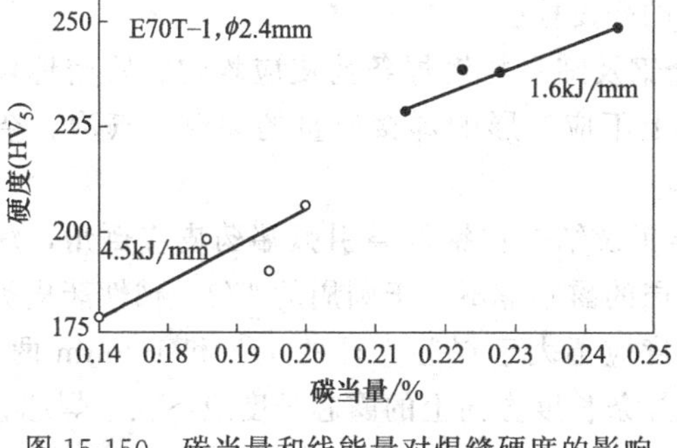

图 15-150　碳当量和线能量对焊缝硬度的影响

第十六章

焊接材料质量评定试验

对焊接材料的质量进行评定试验，保证符合有关标准的焊接材料投入生产中使用，是保证焊缝质量的关键。

第一节　焊条质量评定试验

一、非合金钢及细晶粒钢焊条质量评定试验

1. 外观质量检验

（1）焊条的尺寸检验

非合金钢及细晶粒钢焊条尺寸应符合 GB/T 25775—2010《焊接材料供货技术条件　产品类型、尺寸、公差和标志》的规定。

（2）焊条的药皮检验

① 非合金钢及细晶粒钢焊条药皮应均匀、紧密地包覆在焊芯周围，焊条药皮上不应有影响焊接质量的裂纹、气泡、杂质及脱落等缺陷。

② 非合金钢及细晶粒钢焊条引弧端药皮应倒角，焊芯端面应露出。焊条沿圆周的露芯应不大于圆周的 1/2。碱性药皮类型焊条长度方向上露芯长度应不大于焊芯直径的 1/2 和 1.6mm 两者的较小值。其他药皮类型焊条长度方向上的露芯长度应不大于焊芯直径的 2/3 和 2.4mm 两者的较小值。

③ 非合金钢及细晶粒钢焊条偏心度应符合如下规定：直径不大

于2.5mm的焊条，偏心度应不大于7%；直径为3.2mm和4.0mm的焊条，偏心度应不大于5%；直径不小于5.0mm的焊条，偏心度应不大于4%。

偏心度计算方法如下式：

$$P=\frac{T_1-T_2}{(T_1+T_2)/2}\times 100\% \tag{16-1}$$

式中　P——焊条偏心度，%；

T_1——焊条断面药皮最大厚度与焊芯直径的和，mm，如图16-1所示；

T_2——焊条同一断面药皮最小厚度与焊芯直径的和，mm，如图16-1所示。

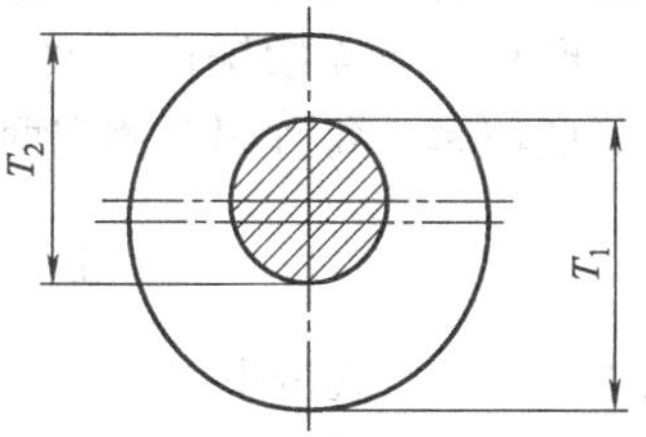

图16-1　焊条偏心度测量示意图

2. 焊接工艺性能评定试验

焊接材料焊接工艺性能评定按GB/T 25776—2010的规定进行。

在评定中如无特殊要求，焊接电流采用制造厂推荐的最大电流的90%，交、直流两用的焊接材料采用交流施焊，焊接电压和烘干等规范采用制造厂推荐规范。除镍、铜、铝采用相应的试板外，其他焊接材料采用与其熔敷金属化学成分相当的试板或碳的质量分数不超过0.2%的碳锰焊接结构钢，试板的表面应经打磨或机械加工，以去除油污、氧化皮等。

电弧稳定性、熔化系数、熔敷效率等项目也可采用相应仪器进行评定。

(1) 交流电弧稳定性试验

试验应采用交流焊接电源，在尺寸为400mm×100mm×(12～20) mm的试板上施焊一条焊道，焊条的剩余长度约为50mm。在施焊过程中，观察灭弧、喘息次数。每种焊条测定3根，取其算术平均值。

(2) 脱渣性试验

试验在单块尺寸为400mm×100mm×(14～16) mm的两块试板对接坡口内焊接，焊前点焊固定试板，直径不大于5.0mm的焊条坡口角度为 70°±10°，直径大于 5.0mm 的焊条坡口角度为 90°±10°，钝边为 1～3mm，不留根部间隙。

焊接时采用单道焊，焊条不摆动，焊道长度和熔化焊条长度比值约为 1：1.3，焊条的剩余长度约为 50mm。试板焊接后，立即将焊道朝下水平置于锤击平台上，保证落球锤击在试板中心位置。将质量为 2kg 的铁球置于 1.3m 高的支架上。焊后 1min，使铁球从固定的落点，以初速度为零的自由落体状态锤击试板中心。

酸性焊条连续锤击 3 次，碱性焊条连续锤击 5 次，按式（16-2）计算脱渣率。每种焊条测定两次，取其算术平均值。

$$D=\frac{l_0-l}{l_0}\times 100\% \tag{16-2}$$

式中 D——脱渣率，%；

l_0——焊道总长度，mm；

l——未脱渣总长度，mm。

未脱渣总长度 l 按式（16-3）计算：

$$l=l_1+l_2+0.2l_3 \tag{16-3}$$

式中 l——未脱渣总长度，mm；

l_1——未脱渣长度，mm；

l_2——严重粘渣长度，mm；

l_3——轻微粘渣长度，mm。

注意：① 未脱渣：渣完全未脱，呈焊后原始状态。

② 严重粘渣：渣表面脱落，仍有薄渣层，不露焊道金属表面。

③ 轻微粘渣：焊道侧面有粘渣，焊道部分露出焊道金属或渣表面脱落，断续地露出焊道金属。

（3）再引弧性能试验

试验前，准备尺寸为 400mm×100mm×（12～20）mm 的施焊试板和尺寸为 200mm×100mm×（12～20）mm 的再引弧试板，再引弧试板必须无氧化皮和锈蚀，平整光洁，与导线接触良好。

焊条在施焊板上焊接 15s 停弧，停弧至规定的“间隔”时间后，在再引弧板上进行再引弧。再引弧时以焊条熔化端与钢板垂直接触，不做敲击动作，不得破坏焊条套筒。

同一“间隔”时间用 3 根焊条分别进行，每次再引弧前均须焊接

15s。3根焊条中有两根以上出现电弧闪光或短路状态即判定为通过，另换一组焊条进行下一“间隔”时间的判定。

酸性焊条“间隔”时间从5s起，碱性焊条从1s起。

(4) 飞溅率试验

将尺寸为300mm×50mm×20mm的试板立放在厚度大于3mm的纯铜板上，在纯铜板上放置一个用约1mm厚的纯铜薄板围成的高400mm的圆筒，其周长为1500～2000mm，以防止飞溅物散失。

试验在圆筒内进行，焊条熔化至剩余长度约为50mm处灭弧。每组试验取3根焊条，分别在3块试板上施焊。焊前称量焊条质量，焊后称量焊条头和飞溅物的质量，称量精确至0.01g，按式(16-4)计算飞溅率：

$$S=\frac{m}{m_1-m_2}\times 100\% \tag{16-4}$$

式中 S——飞溅率,%；

m——飞溅物总质量，g；

m_1——焊条总质量，g；

m_2——焊条头总质量，g。

(5) 熔化系数试验

试板尺寸为300mm×50mm×20mm。每组试验取3根焊条，分别在3块试板上施焊，焊条剩余长度约为50mm。焊前测量焊条长度，焊接时准确记录焊接电流和焊接时间。焊后将剩余焊条去掉药皮，用细砂纸磨光，测量焊后焊芯长度，称量焊后焊芯质量，称量精确至0.1g，按式(16-5)计算熔化系数：

$$M=\frac{m_1-m_2}{It} \tag{16-5}$$

式中 M——熔化系数，g/(A·h)；

m_1——焊前焊芯的总质量，g；

m_2——焊后焊芯的总质量，g；

I——焊接电流，A；

t——焊接时间，h。

焊前焊芯的总质量m，按式(16-6)计算：

$$m_1=\frac{l_0 m_2}{l} \tag{16-6}$$

式中 m_1——焊前焊芯的总质量，g；

l_0——焊条总长度，mm；

m_2——焊后焊芯的总质量，g；

l——焊后焊芯总长度，mm。

(6) 熔敷效率试验

每组试验取3根焊条，分别在尺寸为300mm×50mm×20mm的3块试板上施焊，焊条剩余长度约为50mm。焊前测量焊条长度和称量试板质量，焊后再称量试板质量，称量精确至0.1g。焊后将剩余焊条去掉药皮，用细砂纸磨光，测量焊后焊芯长度和称量质量，称量精确至0.1g。按式（16-7）计算熔敷效率：

$$E=\frac{m_1}{m_2}\times 100\% \tag{16-7}$$

式中 E——熔敷效率,%；

m_1——焊条熔敷金属总质量，g；

m_2——熔化焊芯的总质量，g。

焊条熔敷金属总质量 m_2，按式（16-8）计算：

$$m_1=m_4-m_3 \tag{16-8}$$

式中 m_1——焊条熔敷金属总质量，g；

m_4——焊后试板总质量，g；

m_3——焊前试板总质量，g。

熔化焊芯的总质量 m_2，按式（16-9）计算：

$$m_2=\frac{m_5(l_0-l)}{l} \tag{16-9}$$

式中 m_2——熔化焊芯的总质量，g；

l_0——焊条总长度，mm；

l——焊后焊芯总长度，mm；

m_5——焊后焊芯的总质量，g。

(7) 焊接发尘量试验

① 焊条焊接发尘量采用抽气捕集法进行测定。试验装置为一个

直径约为 500mm、高约为 600mm、体积约为 $0.12m^3$ 的半封闭容器，如图 16-2 所示。

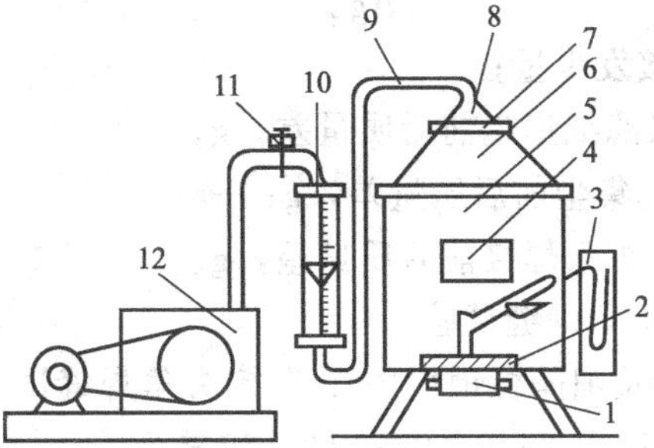

图 16-2　焊接发尘量试验装置

1—冷却水；2—试板；3—U 形水压计；4—观察孔；5—筒体；
6—大锥体；7—滤纸和铜网；8—小锥体；9—胶管；
10—流量计；11—二通活塞；12—真空泵

② 试板尺寸为 300mm×200mm×(12～20) mm。每组试验采用 3 根焊条，试验前称量 3 根焊条的质量，精确至 0.1g。将 3 张慢速定量滤纸及装有约 5g 脱脂棉的纸袋同时放入干燥皿中干燥 2h 以上，然后分别迅速用 1/100 分析天平称量质量。试验前擦净测尘装置的筒体和大小锥体的内壁，然后用吹风机吹干。

③ 将试板及焊条放在筒体内，然后将一张滤纸放在小锥体开口处的铜网下面并紧固大小锥体。接通冷却水，开动真空泵，打开二通活塞，抽气量调节到 $5m^3/h$，观察 U 形水压计的水压差是否正常，筒体内应为负压，然后进行施焊。焊接时，焊条应尽量垂直不摆动，两个焊道相距 10mm 以上，焊条剩余长度约 50mm。停焊后继续抽气 5min，关闭二通活塞，打开小锥体取下集尘滤纸折叠后单独放在小纸袋中保存。用称过质量的少量脱脂棉擦净小锥体内壁的灰尘，将带尘的棉花放回原处。

④ 重复上述操作，焊完 3 根焊条后打开大小锥体帽，用剩余的脱脂棉擦净大筒体和大小锥体内壁上的灰尘，将带尘的棉花放回原处。为了避免混入飞溅颗粒，大筒体下部 180mm 处以下不擦。

⑤ 将带尘脱脂棉及滤纸一同放入干燥皿中，干燥时间与称量原始质量前的干燥时间相同，然后进行第二次称重，并称量 3 根焊条头

的总质量。按式（16-10）计算焊接发尘量：

$$F=\frac{\Delta g_1+\Delta g_2}{\Delta g_3}\times 1000 \qquad (16\text{-}10)$$

式中　F——焊接发尘量；

Δg_1——3 张滤纸集尘前后质量差，g；

Δg_2——棉花集尘前后质量差，g；

Δg_3——3 根焊条焊接前后质量差，g。

（8）T 形接头角焊缝试验

① 非合金钢及细晶粒钢焊条 T 形接头角焊缝试验的试件制备与试件检查按 GB/T 25774.3—2010 的规定进行。

② 试板采用碳含量不大于 0.30%（质量分数）的非合金钢。每种药皮类型焊条要求的电流类型、焊条尺寸、焊接位置及试板尺寸见表 16-1。

③ 非合金钢及细晶粒钢焊条 T 形接头角焊缝的试验要求见表 16-1，两焊脚长度差及凸度要求见表 16-2。

表 16-1　非合金钢及细晶粒钢焊条角焊缝的试验要求（GB/T 5117—2012）

mm

药皮类型	电流类型	焊条尺寸①	焊接位置②	试板厚度 t	试板宽度 w	试板长度 l	焊脚尺寸
03	交流和直流反接	5.0	PF、PD	10 或 12	≥75	≥300	≤10.0
		6.0	PB			≥400	≥8.0
10	直流反接	5.0	PF、PD	10 或 12	≥75	≥300	≤8.0
		6.0	PB			≥400	≥6.0
11	交流和直流反接	5.0	PF、PD	10 或 12	≥75	≥300	≤8.0
		6.0	PB			≥400	≥6.0
12	交流和直流正接	5.0	PF、PD	10 或 12	≥75	≥300	≤10.0
		6.0	PB			≥400	≥8.0
13	交流和直流正、反接	5.0	PF、PD	10 或 12	≥75	≥300	≤10.0
		6.0	PB			≥400	≥8.0
14	交流和直流正、反接	4.0	PF、PD	10 或 12	≥75	≥300	≤8.0
		6.0	PB			≥400	≥8.0
15	直流反接	4.0	PF、PD	10 或 12	≥75	≥300	≤8.0
		6.0	PB			≥400	≥8.0
16	交流和直流反接	4.0	PF、PD	10 或 12	≥75	≥300	≤8.0
		6.0	PB			≥400	≥8.0

续表

药皮类型	电流类型	焊条尺寸①	焊接位置②	试板厚度 t	试板宽度 w	试板长度 l	焊脚尺寸
18	交流和直流反接	4.0	PF、PD	10 或 12	≥75	≥300	≤8.0
		6.0	PB			≥400	≥8.0
19	交流和直流反接	5.0	PF、PD	10 或 12	≥75	≥300	≤10.0
		6.0	PB			≥400	≥8.0
20	交流和直流正接	6.0	PB	10 或 12	≥75	≥400	≥8.0
24	交流和直流正、反接	6.0	PB	10 或 12	≥75	≥400 或≥650③	≥8.0
27	交流和直流正接	6.0	PB	10 或 12	≥75	≥400 或≥650③	≥8.0
28	交流和直流反接	6.0	PB	10 或 12	≥75	≥400 或≥650③	≥8.0
40	供需双方协商			10 或 12	≥75	供需双方协商	
45	直流反接	4.0	PE、PG	10 或 12	≥75	≥300	≤8.0
		4.5	PE、PG				≥6.0
48	交流和直流反接	4.0	PD、PG	10 或 12	≥75	≥300	≤8.0
		5.0	PB、PG			≥300 或≥400④	≥6.5

① 当焊条尺寸小于规定尺寸时，应采用最大尺寸的焊条，并按比例调整要求。除非该焊条尺寸不要求试验。

② 焊接位置见 GB/T 16672—1996，其中 PB 为平角焊、PD 为仰角焊、PE 为仰焊、PF 为向上立焊、PG 为向下立焊。

③ 对于 450mm 长的焊条，试板长度 l 不小于 400mm；对于 700mm 长的焊条，试板长度 l 不小于 650mm。

④ 对于 350mm 长的焊条，试板长度 l 不小于 300mm；对于 450mm 或 460mm 长的焊条，试板长度 l 不小于 400mm。

表 16-2 非合金钢及细晶粒钢焊条两焊脚长度差及凸度要求

(GB/T 5117—2012) mm

实测焊脚尺寸	两焊脚长度差	凸度	实测焊脚尺寸	两焊脚长度差	凸度
≤4.0	≤1.0	≤2.0	7.0、7.5、8.0	≤3.0	≤2.5
4.5	≤1.5	≤2.0	8.5	≤3.5	≤2.5
5.0、5.5	≤2.0	≤2.0	≥9.0	≤4.0	≤2.5
6.0、6.5	≤2.5	≤2.0			

3. 焊接冶金性能试验

(1) 力学性能试验

非合金钢及细晶粒钢焊条的焊接力学性能试验包括以下内容：

① 试验用母材：力学性能试验用母材采用表 16-3 规定的试板。若采用其他母材，应采用试验焊条在坡口面和垫板面至少焊接三层隔

离层，隔离层的厚度加工后应不小于 3mm。

表 16-3　试验用母材（GB/T 5117—2012）

熔敷金属化学成分代号	试验用母材
无标记、-1、-P1、-P2	符合 GB/T 700—2006 或 GB/T 1591—2018 中强度级别相当的 Q235A 级/B 级、Q345A 级/B 级碳钢或低合金钢钢板
-G	由供需双方协商
其他	与熔敷金属成分相当的钢板

② 试件制备：a. 力学性能试验采用 ϕ4.0mm 的焊条，电流采用制造商推荐的最大电流值的 70%～90%进行焊接，对于交、直流两用的焊条，试验时应采用交流；b. 力学性能试件按 GB/T 25774.1—2010 的规定进行制备，采用试件类型 1.3；c. 长度大于 450mm 的焊条，试板长度不小于 500mm；d. 对于碱性药皮类型焊条，试验前应进行 260～430℃烘焙 1h 以上或按制造商推荐的烘焙规范烘干，其他药皮类型焊条可在供货状态下试验或按制造商推荐的烘焙规范烘干；e. 试板定位焊后，起焊时试板温度应加热到表 16-4 规定的预热温度，并在焊接过程中保持道间温度，试板温度超过规定值时，应在静止空气中冷却，用表面温度计、测温笔或热电偶测量道间温度；f. 试件制备由 7～9 层完成，每层由两道焊道完成，最后两层允许分别由三道焊道完成，同一焊道的焊接方向不允许改变，对于 ϕ4.0mm 以外的其他尺寸焊条，焊层及焊道数依照制造商的推荐；g. 每一焊道除两端的起弧点和熄弧点外，在射线无损检测区域内至少有一个起弧点和熄弧点。

表 16-4　预热温度和道间温度（GB/T 5117—2012）

熔敷金属化学成分代号	预热温度和道间温度/℃
无标记、-1	100～150
其他	90～110

③ 焊后热处理：a. 试件要求焊后热处理时，应在加工拉伸试样和冲击试样之前进行，热处理条件见表 16-5；b. 试件放入炉内时，炉温不得高于 300℃，以 85～275℃/h 的速率加热到规定温度；c. 达到保温时间后，以不大于 20℃/h 的速率随炉冷却至 300℃以下，试件冷却至 300℃以下的任意温度时允许从炉中取出，在静止空气中冷却至室温。

表 16-5　热处理条件（GB/T 5117—2012）

熔敷金属化学成分代号	热处理温度/℃	保温时间/min
-N5、-N7	605±15	60^{+15}_{0}
-N13	600±15	60^{+15}_{0}
其他	620±15	60^{+15}_{0}

④ 熔敷金属拉伸试验：a. 熔敷金属拉伸试样尺寸及取样位置按 GB/T 25774.1—2010 的规定；b. 碱性药皮类型焊条的熔敷金属拉伸试样不允许去氢处理，其他药皮类型焊条的熔敷金属拉伸试样允许进行（100±5）℃保温 46～48h 或者 250℃保温 6～8h 的去氢处理；c. 熔敷金属拉伸试验应按 GB/T 2652—2008 的规定进行。

⑤ 焊缝金属 V 形缺口冲击试验：a. 焊缝金属冲击试样尺寸及取样位置按 GB/T 25774.1—2010 的规定，每组冲击试样中至少应有一个试样测量 V 形缺口的形状尺寸，测量应在至少放大 50 倍的投影仪或金相显微镜上进行；b. 焊缝金属 V 形缺口冲击试验应按 GB/T 2650—2008 的规定进行；c. 焊缝金属夏比 V 形缺口冲击试验温度应按 GB/T 5117—2012 的规定进行。

非合金钢及细晶粒钢焊条的冲击性能如下：

a. 测定五个冲击试样的冲击吸收能量。在计算五个冲击吸收能量的平均值时，应去掉一个最大值和一个最小值，余下的三个值中有两个应不小于 27J，另一个允许小于 27J，但应不小于 20J，三个值的平均值应不小于 27J。

b. 如果焊条型号中附加了可选择的代号“U”，则焊缝金属夏比 V 形缺口冲击试验要求也按 GB/T 5117—2012 规定的温度，测定三个冲击试样的冲击吸收能量。三个值中仅有一个值允许小于 47J，但应不小于 32J，三个值的平均值应不小于 47J。

（2）射线无损检测试验

非合金钢及细晶粒钢焊条焊缝无损检测试验包括以下内容：

① 焊缝射线无损检测试验应在截取拉伸试样和冲击试样之前的试件上进行，射线无损检测前应去掉垫板。

② 焊缝射线无损检测试验按 GB/T 3323—2005 的规定进行。

③ 在评定焊缝射线无损检测底片时，试件两端 25mm 应不予

考虑。

药皮类型 12 的非合金钢及细晶粒钢焊条不要求焊缝射线无损检测试验，药皮类型 15、16、18、19、20、45 和 48 的非合金钢及细晶粒钢焊条的焊缝射线无损检测应符合 GB/T 3323—2005 中的Ⅰ级规定，其他药皮类型的非合金钢及细晶粒钢焊条的焊缝射线无损检测应符合 GB/T 3323—2005 中的Ⅱ级规定。

(3) 熔敷金属化学分析试验

非合金钢及细晶粒钢焊条熔敷金属化学分析试验包括以下内容：

① 熔敷金属化学分析试样允许在力学性能试件上或拉断后的试棒上制取，仲裁试验时，按 GB/T 25777—2010 的规定进行。

② 试样的化学分析可采用任何适宜的化学分析方法，仲裁试验时，按供需双方确认的化学分析方法进行。

(4) 熔敷金属扩散氢试验

非合金钢及细晶粒钢焊条熔敷金属扩散氢含量的测定按 GB/T 3965—2012 的规定进行。

① 不同的扩散氢收集和测量的方法都可以用于批量试验，这些方法应按照 GB/T 3965—2012 的规定进行校准，使其具备同样的再现性。扩散氢含量受电流类型的影响。

② 焊接接头的裂纹很大程度上受扩散氢的影响，合金含量和强度级别的增加可能导致氢致裂纹，这种裂纹通常在接头冷却后产生，所以又叫作冷裂纹。对于 C-Mn 钢，裂纹最容易产生在热影响区，裂纹一般近似平行于熔合线。合金含量和强度级别的增加会增加氢致裂纹的风险，增加合金含量，裂纹将扩展至焊缝金属，裂纹通常垂直于焊接方向和母材的表面。

③ 假设外部条件是满意的（焊接区域清洁和干燥），焊缝金属的扩散氢主要来源于材料中的氢化物和环境大气条件。碱性焊条药皮中的水分是焊缝金属中氢的主要来源，药皮中的水分在电弧中被电离并产生能被焊缝金属吸收的氢原子。在给定的材料和强度条件下，降低焊缝金属的氢含量可以减少冷裂纹的产生。

④ 假设采取适当的预防措施使得进入焊缝金属的扩散氢保持在一个合理的最低限度，可以预热焊接接头到一个适当的温度，并在整

个焊接过程中保持在这个温度以上，通常能避免裂纹的产生。实际上扩散氢含量很大程度上取决于应用过程，为了满足要求，应该遵循焊条制造商所推荐的相应操作、储藏和烘干条件。

⑤ 焊接冶金性能试验结果应符合 GB/T 5117—2012 的规定。

二、热强钢焊条质量评定试验

1. 外观质量检验

(1) 焊条的尺寸检验

热强钢焊条尺寸应符合 GB/T 25775—2010《焊接材料供货技术条件　产品类型、尺寸、公差和标志》的规定。

(2) 焊条的药皮检验

① 热强钢焊条药皮应均匀、紧密地包覆在焊芯周围，焊条药皮上不应有影响焊接质量的裂纹、气泡、杂质及脱落等缺陷。

② 热强钢焊条引弧端药皮应倒角，焊芯端面应露出。焊条沿圆周的露芯应不大于圆周的 1/2。碱性药皮类型焊条在长度方向上的露芯长度应不大于焊芯直径的 1/2 或 1.6mm 两者的较小值。其他药皮类型焊条在长度方向上的露芯长度应不大于焊芯直径的 2/3 或 2.4mm 两者的较小值。

③ 热强钢焊条偏心度应符合如下规定：a. 直径不大于 2.5mm 的焊条，偏心度应不大于 7%；b. 直径为 3.2mm 和 4.0mm 的焊条，偏心度应不大于 5%；c. 直径不小于 5.0mm 的焊条，偏心度应不大于 4%。

2. 焊接工艺性能评定试验

(1) T 形接头角焊缝试验

① 热强钢焊条角焊缝的试件检查按 GB/T 25774.3—2010 的规定。

② 热强钢焊条角焊缝的试验要求、焊脚尺寸、两焊脚长度差及凸度见表 16-6。

③ 热强钢焊条 T 形接头角焊缝试验与非合金钢及细晶粒钢焊条相同。

表 16-6 角焊缝要求（GB/T 5118—2012） mm

药皮类型	电流类型	焊条尺寸①	焊接位置②	试板厚度 t	试板宽度 w	试板长度 l③	焊脚尺寸	两焊脚长度差	凸度
03	交流	5.0	PF、PD	10	≥75	≥300	≤10.0	≤2.0	≤1.5
		6.0	PB	12		≥400	≥8.0	≤3.5	≤2.0
10	直流反接	5.0	PF、PD	10	≥75	≥300	≤8.0	≤3.5	≤1.5
		6.0	PB	12		≥400	≥6.5	≤2.5	≤2.0
11	交流	5.0	PF、PD	10	≥75	≥300	≤8.0	≤3.5	≤1.5
		6.0	PB	12		≥400	≥6.5	≤2.5	≤2.0
13	交流	5.0	PF、PD	12	≥75	≥300	≤10.0	≤2.0	≤1.5
		6.0	PB	12		≥400	≥8.0	≤3.5	≤2.0
15	直流反接	4.0	PF、PD	10	≥75	≥300	≤8.0	≤3.5	≤2.0
		6.0	PB	12		≥400	≥8.0	≤3.5	≤2.0
16	交流	4.0	PF、PD	10	≥75	≥300	≤8.0	≤3.5	≤2.0
		6.0	PB	12		≥400	≥8.0	≤3.5	≤2.0
18	交流	4.0	PF、PD	10	≥75	≥300	≤8.0	≤3.5	≤2.0
		6.0	PB	12		≥400	≥8.0	≤3.5	≤2.0
19	交流	5.0	PF、PD	12	≥75	≥300	≤10.0	≤2.0	≤1.5
		6.0	PB	12		≥400	≥8.0	≤3.5	≤2.0
20	交流	6.0	PB	12	≥75	≥400	≥8.0	≤3.5	≤2.0
27	交流	6.0	PB	12	≥75	≥400 或 ≥650④	≥8.0	≤3.5	≤2.0
40	供需双方协商			10～12	≥75	供需双方协商			

① 当焊条尺寸小于规定尺寸时，应采用最大尺寸的焊条，并按比例调整要求。除非该焊条尺寸不要求试验。

② 焊接位置见 GB/T 16672—1996，其中 PB 为平角焊、PD 为仰角焊、PF 为向上立焊。

③ 对于 300mm 长的焊条，试板长度 l 不小于 250mm；对于 350mm 长的焊条，试板长度 l 不小于 300mm。

④ 对于 450mm 长的焊条，试板长度 l 不小于 400mm；对于 700mm 长的焊条，试板长度 l 不小于 650mm。

（2）其他焊接工艺性能评定试验

其他项目的焊接工艺性能评定试验与非合金钢及结晶粒钢焊条相同。

3. 焊接冶金性能试验

① 力学性能试验用母材应采用与焊条熔敷金属化学成分相当的试板。若采用其他母材，则应采用试验焊条在坡口面和垫板面至少焊

接三层隔离层，隔离层的厚度加工后不小于 3mm。

② 试件制备与非合金钢及细晶粒钢焊条试验的试件制备相同，预热和道间温度、焊后热处理见表 16-7。

表 16-7　热强钢焊条的力学性能（GB/T 5118—2012）

焊条型号[①]	抗拉强度 R_m/MPa	下屈服强度[②] R_{eL}/MPa	断后伸长率 A/%	预热和道间温度/℃	焊后热处理[③]	
					热处理温度/℃	保温时间[④]/min
E50××-1M3	≥490	≥390	≥22	90～110	605～645	60
E50YY-1M3	≥490	≥390	≥20	90～110	605～645	60
E50××-CM	≥550	≥460	≥17	160～190	675～705	60
E5540-CM	≥550	≥460	≥14	160～190	675～705	60
E5503-CM	≥550	≥460	≥14	160～190	675～705	60
E55××-C1M	≥550	≥460	≥17	160～190	675～705	60
E55××-1CM	≥550	≥460	≥17	160～190	675～705	60
E5513-1CM	≥550	≥460	≥14	160～190	675～705	60
E52××-1CML	≥520	≥390	≥17	160～190	675～705	60
E5540-1CMV	≥550	≥460	≥14	250～300	715～745	120
E5515-1CMV	≥550	≥460	≥15	250～300	715～745	120
E5515-1CMVNb	≥550	≥460	≥15	250～300	715～745	300
E5515-1CMWV	≥550	≥460	≥15	250～300	715～745	300
E62××-2C1M	≥620	≥530	≥15	160～190	675～705	60
E6240-2C1M	≥620	≥530	≥12	160～190	675～705	60
E6213-2C1M	≥620	≥530	≥12	160～190	675～705	60
E55××-2C1ML	≥550	≥460	≥15	160～190	675～705	60
E55××-2CML	≥550	≥460	≥15	160～190	675～705	60
E5540-2CMWVB	≥550	≥460	≥14	250～300	745～775	120
E5515-2CMWVB	≥550	≥460	≥15	320～360	745～775	120
E5515-2CMVNb	≥550	≥460	≥15	250～300	715～745	240
E62××-2C1MV	≥620	≥530	≥15	160～190	725～755	60
E62××-3C1MV	≥620	≥530	≥15	160～190	725～755	60
E55××-5CM	≥550	≥460	≥17	175～230	725～755	60
E55××-5CML	≥550	≥460	≥17	175～230	725～755	60
E55××-5CMV	≥550	≥460	≥14	175～230	740～760	240
E55××-7CM	≥550	≥460	≥17	175～230	725～755	60
E55××-7CML	≥550	≥460	≥17	175～230	725～755	60
E62××-9C1M	≥620	≥530	≥15	205～260	725～755	60

续表

焊条型号①	抗拉强度 R_m/MPa	下屈服强度② R_{eL}/MPa	断后伸长率 A/%	预热和道间温度/℃	焊后热处理③	
					热处理温度/℃	保温时间④/min
E62××-9C1ML	≥620	≥530	≥15	205～260	725～755	60
E62××-9C1MV	≥620	≥530	≥15	200～315	745～775	120
E62××-9C1MV1	≥620	≥530	≥15	205～260	725～755	60
E××××-G⑤	供需双方协商确认					

① 焊条型号中××代表药皮类型 15、16 或 18，YY 代表药皮类型 10、11、19、20 或 27。

② 当屈服发生不明显时，应测定规定塑性延伸强度 $R_{p0.2}$。

③ 试件放入炉内时，以 85～275℃/h 的速率加热到规定温度。达到保温时间后，以不大于 200℃/h 的速率随炉冷却至 300℃以下。试件冷却至 300℃以下的任意温度时，允许从炉中取出，在静止空气中冷却至室温。

④ 保温时间公差为 0～10min。

⑤ 熔敷金属抗拉强度代号见表 2-19，药皮类型代号见表 2-20。

③ 熔敷金属拉伸试验、焊缝金属 V 形缺口冲击试验、射线无损检测试验、熔敷金属化学分析试验、熔敷金属扩散氢试验均与非合金钢及细晶粒钢焊条试验相同。

④ 焊接冶金性能试验结果应符合 GB/T 5118—2012 的规定。

三、不锈钢焊条质量评定试验

1. 外观质量检验

（1）焊条的尺寸检验

不锈钢焊条尺寸应符合 GB/T 25775—2010《焊接材料供货技术条件　产品类型、尺寸、公差和标志》的规定。

（2）焊条的药皮检验

① 不锈钢焊条药皮应均匀、紧密地包覆在焊芯周围，焊条药皮上不应有影响焊接质量的裂纹、气泡、杂质及脱落等缺陷。

② 不锈钢焊条引弧端药皮应倒角，焊芯端面应露出。焊条沿圆周的露芯应不大于圆周的 1/2。焊条长度方向上露芯长度应不大于焊芯直径的 2/3 和 2.4mm 两者的较小值。

③ 不锈钢焊条偏心度应符合如下规定：直径不大于 2.5mm 的焊条，偏心度应不大于 7%；直径为 3.2mm 和 4.0mm 的焊条，偏

心度应不大于 5%；直径不小于 5.0mm 的焊条，偏心度应不大于 4%。

2. 焊接工艺性能评定试验

(1) T 形接头角焊缝试验

① 不锈钢焊条角焊缝的试件检查按 GB/T 25774.3—2010 的规定。

② 不锈钢焊条角焊缝的试验要求见表 16-8。

③ 不锈钢焊条角焊缝试验按下述方法进行：

a. 奥氏体型及 E630 型焊条应采用与熔敷金属化学成分相当的不锈钢板，或者采用 GB/T 20878—2007 中 06Cr19Ni10 型、12Cr18Ni9 型、022Cr19Ni10 型等不锈钢板；b. E409Nb、E410、E410NiMo、E430 及 E430Nb 型焊条应采用 GB/T 20878—2007 中 06Cr13 或 12C13 型不锈钢板；c. 其他类型焊条应采用与熔敷金属化学成分相当的不锈钢板或碳钢、低合金钢板；d. T 形接头角焊缝试验的试件制备按 GB/T 25774.3—2010 的规定进行；e. 每种药皮类型焊条要求的电流类型、焊条尺寸、焊接位置及试板尺寸按表 16-8 的规定进行。

表 16-8　不锈钢焊条角焊缝的试验要求（GB/T 983—2012）　mm

焊接位置及药皮类型	电流类型	焊条尺寸	焊接位置	试板厚度 t	试板宽度 w	试板长度 l	焊脚尺寸	两焊脚长度差	凸度
-15	直流反接	4.0	PF	6～10	≥50	≥250	≤8.0	—	≤2.0
		4.0	PB 和 PD	6～10			≥6.0	≤1.5	≤1.5
		5.0(4.8)	PB	10			≥8.0	≤1.5	≤2.0
		6.0(5.6 或 6.4)	PB	10			≥10.0	≤2.0	≤2.0
-16	交流	4.0	PF	6～10	≥50	≥250	≤8.0	—	≤2.0
		4.0	PB 和 PD	6～10			≥6.0	≤1.5	≤1.5
		5.0(4.8)	PB	10			≥8.0	≤1.5	≤2.0
		6.0(5.6 或 6.4)	PB	10			≥10.0	≤2.0	≤2.0
-17	交流	4.0	PF	6～10	≥50	≥250	≤12.0	—	≤2.0
		4.0	PB 和 PD	6～10			≥8.0	≤1.5	≤1.5
		5.0(4.8)	PB	10			≥8.0	≤1.5	≤2.0
		6.0(5.6 或 6.4)	PB	10			≥10.0	≤2.0	≤2.0
-25	直流反接	4.0	PB	10～12	≥50	≥250	≥8.0	≤1.5	≤1.5
		5.0(4.8)					≥8.0	≤1.5	≤2.0
		6.0(5.6 或 6.4)					≥10.0	≤2.0	≤2.0

续表

焊接位置及药皮类型	电流类型	焊条尺寸	焊接位置	试板厚度 t	试板宽度 w	试板长度 l	焊脚尺寸	两焊脚长度差	凸度
-26、-27	交流	4.0	PB	10～12	≥50	≥250	≥8.0	≤1.5	≤1.5
		5.0(4.8)					≥8.0	≤1.5	≤2.0
		6.0(5.6 或 6.4)					≥10.0	≤2.0	≤2.0
-45、-46、-47	直流反接	2.5(2.4)	PG	6～10	≥50	≥250	≥5.0	—	≤2.0①
		3.2(3.0)	PG				≥6.0		≤3.0①
		4.0	PG				≥8.0		≤4.0①
		5.0(4.8)	PG				≥10.0		≤5.0①

① 最大凹度值。

注：尽量不采用括号内尺寸。

(2) 其他焊接工艺性能评定试验

其他项目的焊接工艺性能评定试验与非合金钢及细晶粒钢焊条相同。

3. 焊接冶金性能试验

① 力学性能试验用母材应采用与焊条熔敷金属化学成分相当的试板。若采用其他母材，应采用试验焊条在坡口面和垫板面至少焊接三层隔离层，隔离层的厚度加工后不小于 3mm。

② 试件制备与非合金钢及细晶粒钢焊条试验的试件制备相同，预热和道间温度见表 16-9，焊后热处理见表 16-10。

表 16-9 预热和道间温度（GB/T 983—2012）

焊条型号	合金类型	预热温度和道间温度/℃
E410-××	马氏体和铁素体铬不锈钢	200～300
E409Nb-××		150～260
E430-××		
E430Nb-××		
E410NiMo-××	软马氏体不锈钢	100～260
E630-××		
其他	奥氏体和铁素体-奥氏体双相不锈钢	≤150

③ 熔敷金属拉伸试验、焊缝金属 V 形缺口冲击试验、射线无损检测试验、熔敷金属化学分析试验、熔敷金属扩散氢试验均与非合金钢及细晶粒钢焊条试验相同。

表 16-10 不锈钢焊条熔敷金属的力学性能（GB/T 983—2012）

焊条型号	抗拉强度 R_m/MPa	断后伸长率 A/%	焊后热处理
E409Nb-××	450	13	①
E410-××	450	15	②
E410NiMo-××	760	10	③
E430-××	450	15	①
E430Nb-××	450	13	①
E630-××	930	6	④

① 加热到 760～790℃，保温 2h，以不高于 55℃/h 的速度炉冷至 595℃以下，然后空冷至室温。

② 加热到 730～760℃，保温 1h，以不高于 110℃/h 的速度炉冷至 315℃以下，然后空冷至室温。

③ 加热到 595～620℃，保温 1h，然后空冷至室温。

④ 加热到 1025～1050℃，保温 1h，空冷至室温，然后在 610～630℃条件下，保温 4h 沉淀硬化处理，空冷至室温。

注：表中单值均为最小值。

④ 熔敷金属耐腐蚀性能试验按 GB/T 4334—2008 的规定进行。

⑤ 铁素体含量的测定 不锈钢焊件焊缝金属铁素体含量的测定方法如下：

a. 关注不锈钢焊件铁素体含量的各方（如焊接材料的制造商、焊接材料用户、标准或者规程制定机构等）应该相互协商。因此，测定铁素体含量最基本的方法应具有再现性。最早不锈钢焊缝金属中对铁素体的研究是通过金相学进行的，但由于铁素体非常细小，形状也不规则，并且在基体中分布不均匀，给测定带来难度。此外，金相检验是破坏性试验，不适用于在线质量监控。

b. 因为铁素体具有磁性，所以很容易从奥氏体中区分出来。奥氏体焊缝金属的磁性反应与铁素体含量大约成正比。可以根据这种特性确定铁素体仪器的校准规程，用于测定铁素体的含量。磁性反应也受铁素体成分的影响（高合金铁素体的磁性反应将比同等数量的低合金铁素体的磁性反应小）。国际上多家机构和组织已经证实或达成共识，目前还不能真正准确地测出焊缝的“铁素体百分比”。因此，引入了“铁素体数 FN”。采用铁素体数这种检测方式最重要的原因是众多检测机构和组织对相同的焊件都能给出波动很小的铁素体测量值，以此形成铁素体数的测量体系。

c. 在铁素体数测量体系中，使用一级标样标定一级测量仪器，一级测量仪器用来测量均匀焊缝金属试样（二级标样）中的铁素体数，其数值可以作为二级标样标定现场环境中使用的其他铁素体测量仪器。

d. 关于二级标样的制备在 ISO 8249：2000 中有相关规定，其 FN 值的范围为 0～28 以及 0～100，误差不大于±1。

⑥ 焊接冶金性能试验结果应符合 GB/T 983—2012 的规定。

四、堆焊焊条质量评定试验（GB/T 984—2001）

1. 外观质量检验

外观质量检验方法与非合金钢及细晶粒钢焊条基本相同，不同之处有如下标准规定。

（1）尺寸

① 焊条尺寸应符合表 16-11 的规定。

表 16-11 焊条尺寸 mm

类别	冷拔焊芯		铸造焊芯		复合焊芯		碳化钨管状	
	直径	长度	直径	长度	直径	长度	直径	长度
基本尺寸	2.0 2.5	230～300	3.2 4.0 5.0	230～350	3.2 4.0 5.0	230～350	2.5 3.2 4.0 5.0	230～350
	3.2 4.0	300～450						
	5.0 6.0 8.0	350～450	6.0 8.0	300～350	6.0 8.0	350～450	6.0 8.0	350～450
极限偏差	±0.08	±3.0	±0.5	±10	±0.5	±10	±1.0	±10

注：根据供需双方协议，也可生产其他尺寸的焊条。

② 焊条夹持端长度为 15～30mm。

（2）药皮

① 焊芯和药皮不应有影响焊缝质量均匀性的缺陷。

② 焊条引弧端药皮应倒角，焊芯端面应露出，但露芯长度应不大于 2mm。

③ 焊条偏心度应符合如下规定：

a. 对于冷拔焊芯的焊条，直径小于等于 4.0mm 的，偏心度应不大于 7%；直径大于 4.0mm 的，偏心度应不大于 5%。

b. 对于铸造焊芯的焊条，偏心度应不大于 10%。

c. 对于其他焊芯的焊条，偏心度由供需双方商定。

偏心度的计算按式（16-1）进行。

④ 药皮应具有足够的强度，不应在正常搬运和使用过程中损坏。

⑤ 药皮应具有一定的耐吸潮性，不应在开启包装后很快吸潮而影响使用。

2. 焊条工艺性能评定试验

焊条的工艺性能试验，可在堆焊硬度试样的过程中进行。观察焊条熔化及堆焊层形成情况，冷却后除去熔渣，检查堆焊表面质量，然后除去表层约 1～2mm，检查金属内部缺陷。

工艺性能的技术要求是：

① 电弧应容易引燃，在焊接过程中燃烧平稳。药皮应均匀熔化，无成块脱落现象。焊接过程中，不应有过大、过多的飞溅。焊缝成形正常，熔渣容易清除。

② 熔敷金属不允许存在影响使用性能的缺陷。

3. 焊接冶金性能及其他试验

（1）试验用母材

试验用母材采用 GB/T 700—2006《普通碳素钢》规定的 B3、B4 或化学成分相当的其他牌号低碳钢。试板尺寸见图 16-3。根据需方要求或协议，也可采用其他试板尺寸。

（2）试验规范

焊条烘焙和焊接参数以及是否进行预热焊接和焊后热处理，应按制造厂的规定和推荐的规范确定。对交、直流两用的焊条，试验时应采用交流焊接。

试验用的焊接电流种类应符合表 16-12 的规定。

其他有关要求参见非合金钢及细晶粒钢焊条冶金性能试验。

（3）熔敷金属化学分析

① 化学分析试件应以平焊位置施焊，堆焊试件尺寸及取样位置

表 16-12 焊接电流种类

型号	药皮类型	焊接电源
ED××-00	特殊型	交流或直流
ED××-03	钛钙型	
ED××-15	低氢钠型	直流
ED××-16	低氢钾型	交流或直流
ED××-08	石墨型	交流或直流

应符合图 16-3 的规定。取样前应清理堆焊金属表面。可采用热处理软化堆焊试件以利取样。

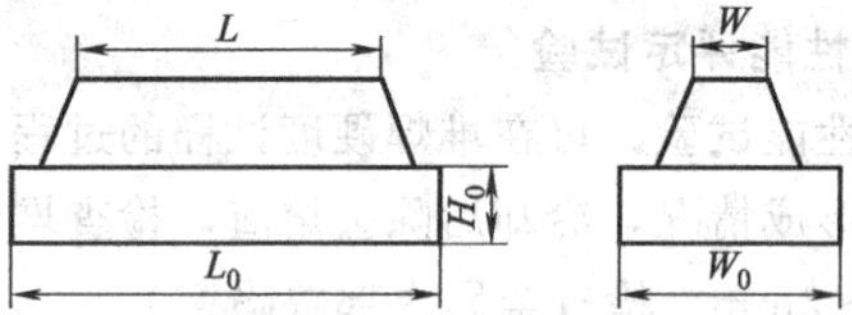

mm

焊条直径	化学分析堆焊试件最小尺寸		取样位置距试板上表面最小距离
	L	W	
2.0,2.5	40	13	13
3.2,4.0,5.0	50	13	16
6.0,8.0	65	1	19

硬度试验试板尺寸			堆焊试件最小尺寸	
L_0	W_0	H_0	L	W
约 100	约 50	≥16	70	15

注：测定布氏硬度时，尺寸 W 应为 25mm。

图 16-3 化学分析和硬度试验的试件制备

② 化学分析试样也可从硬度试件或其他熔敷金属上制取，但分析结果应与从上述①规定的堆焊试件上取样所得到的结果一致。仲裁试验的试样仅允许从上述①规定的堆焊试件上抽取。

③ 化学分析试验方法可采用供需双方同意的任何适宜方法。仲裁试验应按 GB/T 223.3—1988～GB/T 223.78—2000 进行。

常用堆焊焊条熔敷金属化学成分应符合表 16-13 的规定。

(4) 熔敷金属硬度试验

① 熔敷金属硬度试件应以平焊位置施焊，试板尺寸及堆焊试件尺寸应符合图 16-3 的规定。试件至少堆焊 4 层，每道焊缝宽度不应大于焊条直径的 4 倍。堆焊时每焊完一道，应冷却至 100℃±10℃再开始焊下道焊缝。

表 16-13 熔敷金属化学成分及硬度（GB/T 984—2001）

序号	焊条型号	熔敷金属化学成分/%															熔敷金属硬度HRC（HB）
		C	Mn	Si	Cr	Ni	Mo	W	V	Nb	Co	Fe	B	S	P	其他元素总量	
1	EDPMn2-XX	0.20	3.50	—	—	—	—	—	—	—	—	余量	—	—	—	—	（220）
2	EDPMn4-XX		4.50													2.00	30
3	EDPMn5-XX		5.20													—	40
4	EDPMn6-XX	0.45	6.50	1.00													50
5	EDPCrMo-A0-XX	0.04～0.20	0.50～2.00		0.50～3.50		1.50							0.035	0.035	1.00	—
6	EDPCrMo-A1-XX	0.25	—	—	2.00									—	—	2.00	（220）
7	EDPCrMo-A2-XX	0.50			3.00											—	30
8	EDPCrMo-A3-XX				2.50		2.50										40
9	EDPCrMo-A4-XX	0.30～0.60			5.00		4.00										50
10	EDPCrMo-A5-XX	0.50～0.80	0.50～1.50	1.00	4.00～8.00		1.00							0.035	0.035	1.00	—

续表

序号	焊条型号	熔敷金属化学成分/%															熔敷金属硬度 HRC (HB)
		C	Mn	Si	Cr	Ni	Mo	W	V	Nb	Co	Fe	B	S	P	其他元素总量	
11	EDPCrMnSi-A1-XX	0.30～1.00	2.50	1.00	3.50	—	—	—	—	—	—	余量	—	0.035	0.035	1.00	50
12	EDPCrMnSi-A2-XX	1.00～2.00	0.50～2.00		3.00～5.00												—
13	EDPCrMoV-A0-XX	0.10～0.30			1.80～3.80	1.00	1.00		0.35								
14	EDPCrMoV-A1-XX	0.30～0.60	—	—	8.00～10.00	—	3.00		0.50～1.00	—	—	余量	—	—	—	4.00	50
15	EDPCrMoV-A2-XX	0.45～0.65			4.00～5.00		2.00～3.00		4.00～5.00							—	55
16	EDPCrSi-A-XX	0.35	0.80	1.80	6.50～8.50		—		—				0.20～0.40	0.03	0.03		45
17	EDPCrSi-B-XX	1.00		1.50～3.00									0.50～0.90				60
18	EDRCrMnMo-XX	0.60	2.50	1.00	2.00		1.00						—	0.035	0.04		40、45①
19	EDRCrW-XX	0.25～0.55	—	—	2.00～3.50		—	7.00～10.00								1.00	48
20	EDRCrMoWV-A1-XX	0.50			5.00		2.50		1.00							—	55

续表

序号	焊条型号	熔敷金属化学成分/%															熔敷金属硬度HRC(HB)
		C	Mn	Si	Cr	Ni	Mo	W	V	Nb	Co	Fe	B	S	P	其他元素总量	
21	EDRCrMoWV-A2-XX	0.30～0.50	—	—	5.00～6.50	—	2.00～3.00	2.00～3.50	1.00～3.00	—	—	余量	—	0.035	0.04	—	50
22	EDRCrMoWV-A3-XX	0.70～1.00			3.00～4.00		3.00～5.00	4.50～6.00	1.50～3.00							1.50	
23	EDRCrMoWCo-A-XX	0.08～0.12	0.30～0.70	0.80～1.60	2.00～4.20		3.80～6.20	5.00～8.00	0.50～1.10		12.70～16.30			—	—	—	52～58①
24	EDRCrMoWCo-B-XX				1.80～3.20		7.80～11.20	8.80～12.20	0.40～0.80		15.70～19.30						62～66①
25	EDCr-A1-XX	0.15	—	—	10.00～16.00		—	—	—		—			0.03	0.04	2.50	40
26	EDCr-A2-XX	0.20				6.00	2.50	2.00						—	—		37
27	EDCr-B-XX	0.25				—	—	—								5.00	45
28	EDMn-A-XX	1.10	11.00～16.00	1.30	—												(170)
29	EDMn-B-XX		11.00～18.00				2.50									1.00	
30	EDMn-C-XX	0.50～1.00	12.00～16.00		2.50～5.00	2.50～5.00	—							0.035	0.035		—

续表

序号	焊条型号	熔敷金属化学成分/%															熔敷金属硬度HRC(HB)
		C	Mn	Si	Cr	Ni	Mo	W	V	Nb	Co	Fe	B	S	P	其他元素总量	
31	EDMn-D-XX	0.50~1.00	15.00~20.00	1.30	4.50~7.50	—	—	—	0.40~1.20	—	—	余量	—	0.035	0.035	1.00	—
32	EDMn-E-XX				3.00~6.00	1.00			—								
33	EDMn-F-XX	0.80~1.20	17.00~21.00														
34	EDCrMn-A-XX	0.25	6.00~8.00	1.00	12.00~14.00	—	—	—	—	—	—	余量	—	—	—	—	30
35	EDCrMn-B-XX	0.80	11.00~18.00	1.30	13.00~17.00	2.00	2.00									4.00	(210)
36	EDCrMn-C-XX	1.00	12.00~18.00	2.00	12.00~18.00	6.00	4.00									3.00	28
37	EDCrMn-D-XX	0.50~0.80	24.00~27.00	1.30	9.50~12.50	—	—									—	(210)
38	EDCrNi-A-XX	0.18	0.60~2.00	4.80~6.40	15.00~18.00	7.00~9.00								0.03	0.04		(270~320)
39	EDCrNi-B-XX		0.60~5.00	3.80~6.50	14.00~21.00	6.50~12.00	3.50~7.00			0.50~1.20						2.50	37
40	EDCrNi-C-XX	0.20	2.00~3.00	5.00~7.00	18.00~20.00	7.00~10.00	—			—						—	

续表

序号	焊条型号	熔敷金属化学成分/%															熔敷金属硬度HRC (HB)
		C	Mn	Si	Cr	Ni	Mo	W	V	Nb	Co	Fe	B	S	P	其他元素总量	
41	EDD-A-XX	0.70~1.00	0.60	0.80	3.00~5.00	—	4.00~6.00	5.00~7.00	1.00~2.50	—	—	余量	—	0.03	0.04	1.00	55
42	EDD-B1-XX	0.50~0.90					5.00~9.50	1.00~2.50	0.80~1.30								
43	EDD-B2-XX	0.60~1.00	0.40~1.00	1.00			7.00~9.50	0.50~1.50	0.50~1.50					0.035	0.035		—
44	EDD-C-XX	0.30~0.50	0.60	0.80			5.00~9.00	1.00~2.50	0.80~1.20					0.03	0.04		55
45	EDD-D-XX	0.70~1.00	—	—	3.80~4.50		—	17.00~19.50	1.00~1.50					0.035		1.50	
46	EDZ-A0-XX	1.50~3.00	0.50~2.00	1.50	4.00~8.00		1.00	—	—						0.035	1.00	—
47	EDZ-A1-XX	2.50~4.50	—	—	3.00~5.00		3.00~5.00							—	—	—	55
48	EDZ-A2-XX	3.00~4.50	1.50	2.50	26.00~34.00		2.00~3.00									3.00	60
49	EDZ-A3-XX	4.80~6.00	—	—	35.00~40.00		4.20~5.80									—	
50	EDZ-B1-XX	1.50~2.20			—		—	8.00~10.00								1.00	50

续表

序号	焊条型号	熔敷金属化学成分/%														熔敷金属硬度HRC(HB)
		C	Mn	Si	Cr	Ni	Mo	W	V	Nb	Co	Fe	B	S	P	其他元素总量	
51	EDZ-B2-XX	3.00	—	—	4.00～6.00	—	—	8.50～14.00	—	—	—	余量	—	—	—	3.00	60
52	EDZ-E1-XX	5.00～6.50	2.00～3.00	0.80～1.50	12.00～16.00		—	—	—	Ti:4.00～7.00							
53	EDZ-E2-XX	4.00～6.00	0.50～1.50	1.50	14.00～20.00				1.50	—							
54	EDZ-E3-XX	5.00～7.00	0.50～2.00	0.50～2.00	18.00～28.00	—	5.00～7.00	3.00～5.00	—					0.035	0.035	1.00	—
55	EDZ-E4-XX	4.00～6.00	0.50～1.50	1.00	20.00～30.00			2.00	0.50～1.50	4.00～7.00			—				
56	EDZCr-A-XX	1.50～3.60	1.50～3.00	1.50	28.00～32.00	5.00～8.00	—	—	—	—	—	余量		—	—	—	40
57	EDZCr-B-XX		1.00	—	22.00～32.00	—										7.00	45
58	EDZCr-C-XX	2.50～5.00	8.00	1.00～4.80	25.00～32.00	3.00～5.00										2.00	48
59	EDZCr-D-XX	3.00～4.00	1.50～3.50	3.00	22.00～32.00	—							0.50～2.50			6.0	58
60	EDZCr-A1A-XX	3.50～4.50	4.00～6.00	0.50～2.00	20.00～25.00		0.5						—	0.035	0.035	1.00	—

续表

序号	焊条型号	熔敷金属化学成分/%															熔敷金属硬度HRC(HB)
		C	Mn	Si	Cr	Ni	Mo	W	V	Nb	Co	Fe	B	S	P	其他元素总量	
61	EDZCr-A2-XX	2.50～3.50	0.50～1.50	0.50～1.50	7.50～9.00		—			Ti:1.20～1.80							
62	EDZCr-A3-XX	2.50～4.50	0.50～2.00	1.00～2.50	14.00～20.00	—	1.5										
63	EDZCr-A4-XX	3.50～4.50	1.50～3.50	1.50	23.00～29.00		1.00～3.00										
64	EDZCr-A5-XX	1.50～2.50		2.0	24.00～32.00	4.00	4.00	—	—	—	—	余量	—	0.035	0.035	1.00	—
65	EDZCr-A6-XX	2.50～3.50	0.50～1.50	1.00～2.50	24.00～30.00		0.50～2.00										
66	EDZCr-A7-XX	3.50～5.00		0.50～2.50	23.00～30.00	—	2.00～4.50										
67	EDZCr-A8-XX	2.50～4.50		1.50	30.00～40.00		2.0										
68	EDCoCr-A-XX	0.70～1.40			25.00～32.00			3.00～6.00									40
69	EDCoCr-B-XX	1.00～1.70	2.00	2.00		—	—	7.00～10.00	—	—	余量	5.00	—	—	—	4.00	44
70	EDCoCr-C-XX	1.70～3.00			25.00～33.00			11.00～19.00									53

续表

序号	焊条型号	熔敷金属化学成分/%															熔敷金属硬度 HRC (HB)
		C	Mn	Si	Cr	Ni	Mo	W	V	Nb	Co	Fe	B	S	P	其他元素总量	
71	EDCoCr-D-XX	0.20~0.50	2.00	2.00	23.00~32.00	—	—	9.50	—	—	余量	5.00	—	—	—	7.00	28~35
72	EDCoCr-E-XX	0.15~0.40	1.50		24.00~29.00	2.00~4.00	4.50~6.50	0.50						0.03	0.03	1.00	—
73	EDW-A-XX	1.50~3.00	2.00	4.00	—	—	—	40.00~50.00			—			—	—	—	60
74	EDW-B-XX	1.50~4.00	3.00		3.00	3.00	7.00	50.00~70.00				余量				3.00	
75	EDTV-XX	0.25	2.00~3.00	1.00	—	—	2.00~3.00	—	5.00~8.00				0.15	0.03	0.03	—	(180)
76	EDNiCr-C	0.50~1.00	—	3.50~5.50	12.00~18.00	余量	—	—	—	—	1.00	3.50~5.50	2.50~4.50	0.03	0.03	1.00	—
77	EDNiCrFeCo	2.20~3.00	1.00	0.60~1.50	25.00~30.00	10.00~33.00	7.00~10.00	2.00~4.00			10.00~15.00	20.00~25.00	—				

① 为经热处理的硬度值，热处理规范在说明书中规定。

注：1. 若存在其他元素，也应进行分析，以确定是否符合“其他元素总量”一栏的规定。

2. 化学成分的单值均为最大值。硬度的单值均为最小平均值。

② 熔敷金属硬度试验按 GB/T 230.1—2018 的规定测定 HRC 硬度 5 至 10 点或按 GB/T 231.1—2018 的规定测定 HB 硬度 5 点。

③ 试样硬度试验方法按 GB/T 2654—2008《焊接接头硬度试验方法》的规定进行。

④ 合格标准：熔敷金属硬度应符合表 16-13 的规定。

(5) 碳化钨管状焊条的碳化钨粉的化学分析

① 从管中取出碳化钨粉，用水清洗。可用 1∶1 的盐酸（或加热）清除其中的焊药、铁粉及石墨等，清洗时间不应超过 1h。清洗后应进行 120℃±15℃干燥处理。

② 化学分析试验可采用供需双方同意的任何适宜方法。仲裁试验应按 GB/T 223.3—1988～GB/T 223.78—2000 进行。

焊条芯部碳化钨粉的化学成分应符合表 16-14 的规定。

表 16-14　碳化钨粉的化学成分　%

型号	C	Si	Ni	Mo	Co	W	Fe	Th
EDGWC1-××	3.6～4.2	≤0.3	≤0.3	≤0.6	≤0.3	≥94.0	≤1.0	≤0.01
EDGWC2-××	6.0～6.2					≥91.5	≤0.5	
EDGWC3-××	由供需双方商定							

焊条芯部碳化钨粉 WC1 和 WC2 的质量分数应为 $(60^{+4}_{-2})\%$，WC3 的质量分数由供需双方商定。

(6) 碳化钨管状焊条的碳化钨粉的粒度检验

碳化钨粉应按上述 (5) ①的规定进行处理。粒度检验方法应按 GB/T 1480—2012 进行。

焊条芯部碳化钨粉的粒度应符合表 16-15 的规定。

表 16-15　碳化钨粉的粒度

型　号	粒度分部
EDGWC×-12/30	1.70～0.6mm(－12～＋30 目)
EDGWC×-20/30	850μm～0.6mm(－20～＋30 目)
EDGWC×-30/40	600～425μm(－30～＋40 目)
EDGWC×-40	＜425μm(－40 目)
EDGWC×-40/120	425～125μm(－40～＋120 目)

注：1. 焊条型号中的“×”代表“1”或“2”或“3”。

2. 允许通过（“－”）筛网的筛上物≤5%，不通过（“＋”）筛网的筛下物≤20%。

(7) 碳化钨管状焊条的碳化钨粉的质量分数检验

除净碳化钨管状焊条表面涂层，称量管状焊芯的总质量，再从管中取出碳化钨粉，按上述 (5) ①的规定进行处理后称量。称量精确到 0.1g。

$$碳化钨粉的质量分数(\%)=\frac{碳化钨粉的质量}{管状焊芯总质量}\times 100\% \qquad (16\text{-}11)$$

五、铝及铝合金焊条质量评定试验（GB/T 3669—2001）

本标准适用于直径为 3.2～6mm、具有药皮的焊条电弧焊接用铝及铝合金焊条（焊条直径系指不包括药皮的焊芯直径）。

1. 外观质量检验

外观质量检验与非合金钢及细晶粒钢焊条基本相同，不同之处有如下规定：

(1) 尺寸

① 焊条尺寸应符合表 16-16 的规定。

表 16-16 焊条尺寸 mm

焊条直径		焊条长度	
基本尺寸	极限偏差	基本尺寸	极限偏差
2.5	±0.05	340～360	±2.0
3.2			
4.0			
5.0	±0.07		
6.0			

注：根据需方要求，允许通过协议供应其他尺寸的焊条。

② 焊条夹持端长度应符合表 16-17 的规定。

表 16-17 夹持端长度 mm

焊条直径	夹持端长度
≤4.0	10～30
≥5.0	15～35

(2) 药皮

① 焊芯和药皮不应有任何影响焊条质量的缺陷。

② 焊条引弧端药皮应倒角，焊芯端面露出，以保证易于引弧。沿焊条长度方向露芯长度不应大于 2.5mm 或焊芯直径的三分之二两者的较小值。

③ 焊条沿圆周方向的露芯不应大于圆周的一半。

④ 焊条偏心度应符合如下规定：

a. 直径不大于 2.5mm 的焊条，偏心度不应大于 7%；

b. 直径为 3.2mm 和 4.0mm 的焊条，偏心度不应大于 5%；

c. 直径不小于 5.0mm 的焊条，偏心度不应大于 4%。

偏心度的计算按式（16-1）进行。

⑤ 焊条药皮应具有足够的强度，不致在正常的搬运过程中损坏。药皮加热到 200℃时，不应起泡，焊接过程中，药皮应能均匀熔化，不应起泡和从焊芯上回烧。焊接熔渣应易于除渣。

2. 焊条工艺性能评定试验

焊条工艺性能评定试验与非合金钢及细晶粒钢焊条相同，在此不再赘述。

3. 焊接冶金性能试验

（1）化学分析

化学分析的试样取自焊芯，化学分析试验可采用供需双方同意的任何适宜的方法，仲裁试验应按 GB/T 20975.14～20975.24—2008 进行。

焊芯的化学成分应符合表 16-18 的规定。

表 16-18　焊芯化学成分　　%

<table>
<tr><th rowspan="2">焊条型号</th><th rowspan="2">Si</th><th rowspan="2">Fe</th><th rowspan="2">Cu</th><th rowspan="2">Mn</th><th rowspan="2">Mg</th><th rowspan="2">Zn</th><th rowspan="2">Ti</th><th rowspan="2">Be</th><th colspan="2">其他</th><th rowspan="2">Al</th></tr>
<tr><th>单个</th><th>合计</th></tr>
<tr><td>E1100</td><td colspan="2">Si+Fe
0.95</td><td rowspan="2">0.05～0.20</td><td>0.05</td><td rowspan="2">—</td><td rowspan="3">0.10</td><td rowspan="2">—</td><td rowspan="3">0.0008</td><td rowspan="3">0.05</td><td rowspan="3">0.15</td><td>≥99.00</td></tr>
<tr><td>E3003</td><td>0.6</td><td>0.7</td><td>1.0～1.5</td><td rowspan="2">余量</td></tr>
<tr><td>E4043</td><td>4.5～6.0</td><td>0.8</td><td>0.30</td><td>0.05</td><td>0.05</td><td>0.20</td></tr>
</table>

注：表中单值除规定外，其他均为最大值。

（2）力学性能试验

① 试验用母材。

a. E1100 型焊条，试验用母材化学成分应符合 GB/T 3190 中

1100 铝合金的要求；

b. E3003、E4003 型焊条，试验用母材化学成分应符合 GB/T 3190 中 3003 铝合金的要求。

② 试件的制备、尺寸及试样的取样位置按图 16-4 的规定进行。

③ 垫板材料应与试验用母材相同。

④ 焊前试件应预热到 170～200℃，从一边开始在平焊位置焊接。焊后试件的角变形不应大于 5℃，可用适当的方法防止角变形。如果试件角变形大于 5℃，应在室温下矫正。

⑤ 按图 16-4 所示取样位置，加工两个横向拉伸试样，一个正弯试样，一个背弯试样，试样尺寸见图 16-5。

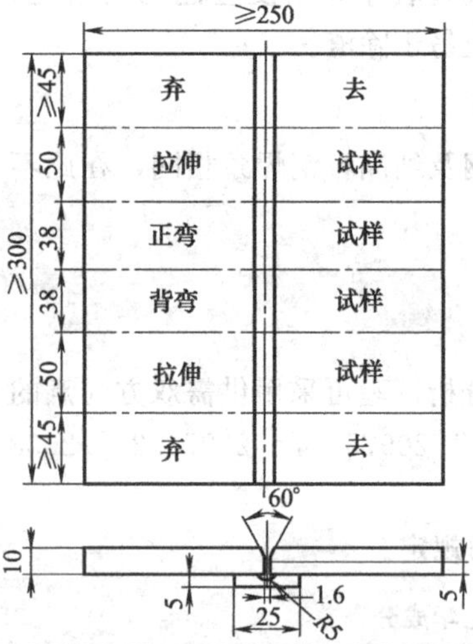

图 16-4 力学性能试验试件的制备

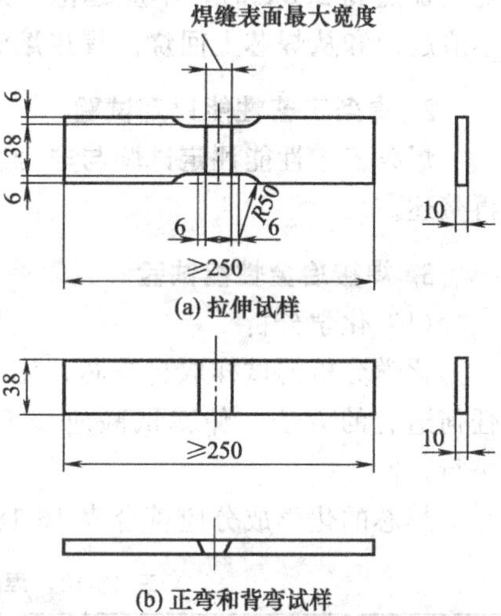

图 16-5 拉伸、弯曲试样尺寸

注：焊缝余高应加工到与母材表面齐平，机械加工方向应垂直焊缝方向；弯曲试样拉伸面上的棱角应当用机械方法加工成半径不超过 2mm 的圆角。

⑥ 横向拉伸试验按 GB/T 2651—2008 的规定进行。

⑦ 弯曲试验按 GB/T 2653—2008 的规定进行，压头直径为 70mm，弯曲角度为 180℃，弯曲后允许试样有回弹。

⑧ 力学性能试验合格标准。

a. 焊接接头的抗拉强度应符合表 16-19 的规定。

表 16-19　焊接接头抗拉强度

焊条型号	抗拉强度 σ_b/MPa
E1100	≥80
E3003	≥95
E4043	

b. 弯曲试验后，焊缝金属被拉伸表面的任何方向不允许有大于 3.0mm 的裂纹或其他缺陷。试样棱角处的裂纹除外。

六、铜及铜合金焊条质量评定试验（GB/T 3670—1995）

本标准适用于直径为 2.5～6.0mm 的焊条电弧焊接用铜及铜合金药皮焊条。

1. 外观质量检验

外观质量检验与非合金钢及细晶粒钢焊条基本相同，不同之处有如下规定。

(1) 焊条尺寸

焊条尺寸应符合表 16-20 的规定。

表 16-20　焊条尺寸　mm

焊条直径		焊条长度	
基本尺寸	极限偏差	基本尺寸	极限偏差
2.5	±0.05	300	±2.0
3.2		350	
4.0			
5.0			
6.0			

(2) 焊条夹持端长度

焊条夹持端长度应符合表 16-21 的规定。

2. 焊条工艺性能评定试验

铜及铜合金焊条的工艺性能试验与非合金钢及细晶粒钢焊条相同，在此不再赘述。

表 16-21 焊条夹持端长度 mm

焊条直径	焊条夹持端长度
≤4.0	15～25
≥5.0	20～30

3. 焊接冶金性能试验

（1）试验用母材

① 熔敷金属的化学分析和拉伸试验用母材应符合 GB/T 700—2006 中 Q235A 级、Q255A 级的规定。

② 弯曲试验用母材应符合表 16-22 的规定。

表 16-22 弯曲试验用母材

型 号	板材牌号	代 号
ECu	二号脱氧铜	TP2
ECuSi-A(B)	3-1 硅青铜	QSi3-1
ECuSn-A	6.5-0.1 锡青铜	QSn6.5-0.1
ECuSn-B	7-0.2 锡青铜	QSn7-0.2
ECuAl-A2	7 铝青铜	QAl7
ECuAl-B(C)	9-5-1-1 铝青铜	QAl9-5-1-1
ECuNi-A	10-1-1 铁白铜	BFe10-1-1
ECuNi-B	30-1-1 铁白铜	BFe30-1-1
ECuAlNi	9-4-4-2 铝青铜	ZCuAl9Fe4Ni4Mn2
ECuMnAlNi	8-13-3-2 铝青铜	ZCuAl8Mn13Fe3Ni2

（2）焊接位置

熔敷金属的化学分析、拉伸和弯曲试验的试件制备均应在平焊位置焊接。

（3）熔敷金属的化学分析

① 试板尺寸为：长约 80mm，宽约 70mm，高约 12mm。

② 熔敷金属各焊道堆敷宽度为焊条直径的 1.5～2.5 倍，第 1～3 层用小电流进行焊接，从第 4 层起按表 16-23 的规定控制道间温度。

③ 熔敷金属化学分析用堆焊层尺寸应符合图 16-6 的规定，化学分析试样采用钻削或车削方法取得，也可从力学性能拉伸试验取样位置的平行部位取样。

④ 熔敷金属化学分析按 GB/T 5121—2008 规定的方法进行。

表 16-23　预热及道间温度　℃

型　　号	预热及道间温度	型　　号	预热及道间温度
ECu	400～600	ECuNi-A(B)(C)	16～150
ECuSi-A(B)	16～70	ECuAlNi	95～200
ECuSn-A(B)	200～300	ECuMnAlNi	16～150
ECuAl-A2(B)	95～200		

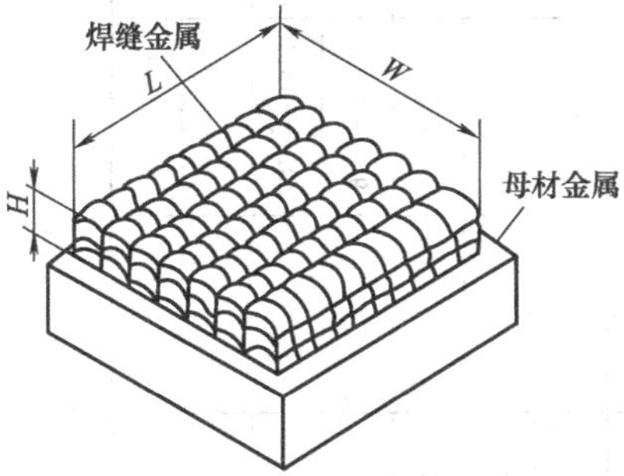

mm

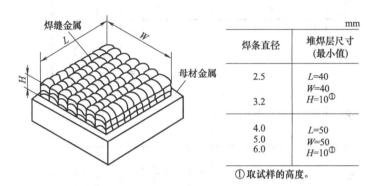

焊条直径	堆焊层尺寸(最小值)
2.5 3.2	L=40 W=40 H=10①
4.0 5.0 6.0	L=50 W=50 H=10①

①取试样的高度。

图 16-6　化学分析试验用堆焊层尺寸

⑤ 合格标准：熔敷金属的化学成分应符合表 16-24 的规定。

(4) 力学性能试验

① 熔敷金属的拉伸试验

a. 熔敷金属堆焊时，第 1～3 层用小电流，第 4 层以后按表 16-23 的规定控制道间温度。

b. 焊接时，为防止变形，试板应置于适当夹具中夹紧。

c. 从熔敷金属 4 层以上部位截取一个拉伸试样，截取位置见图 16-7。试样尺寸见图 16-8。

d. 拉伸试验按 GB/T 2652—2008 规定的方法进行。

e. 合格标准：熔敷金属的抗拉强度和伸长率应符合表 16-25 的规定。

② 弯曲试验

a. 试板尺寸如图 16-9 所示，试板焊后角变形不能大于 5°，试板焊前应留反变形或焊接时将试板置于适当的夹具中夹紧。

b. 焊接层数应在 2 层以上，道间温度按表 16-23 的规定控制。

表 16-24 熔敷金属的化学成分

%

型号	Cu	Si	Mn	Fe	Al	Sn	Ni	P	Pb	Zn	f 成分合计
ECu	>95.0	0.5	3.0	f	f	—	f	0.30	0.02	f	0.50
ECuSi-A	>93.0	1.0～2.0	3.0	—	f	—	f	0.30	0.02	f	0.50
ECuSi-B	>92.0	2.5～4.0	3.0	—	f	—	f	0.30	0.02	f	0.50
ECuSn-A	余量	f	f	f	f	5.0～7.0	f	0.30	0.02	f	0.50
ECuSn-B	余量	f	f	f	f	7.0～9.0	f	0.30	0.02	f	0.50
ECuAl-A2	余量	1.5	f	0.5～5.0	6.5～9.0	f	f	—	0.02	f	0.50
ECuAl-B	余量	1.5	f	2.5～5.0	7.5～10.0	f	f	—	0.02	f	0.50
ECuAl-C	余量	1.0	2.0	1.5	6.5～10.0	—	0.5	—	0.02 f	f	0.50
ECuNi-A	余量	0.5	2.5	2.5	Ti0.5	—	9.0～11.0	0.020	0.02 f	f	0.50
ECuNi-B	余量	0.5	2.5	2.5	Ti0.5	—	29.0～33.0	0.020	0.02 f	f	0.50
ECuAlNi	余量	1.0	2.0	2.0～6.0	7.0～10.0	—	2.0	—	0.02 f	f	0.50
ECuMnAlNi	余量	1.0	11.0～13.0	2.0～6.0	5.0～7.5	f	1.0～2.5	—	0.02	f	0.50

注：1. 表示所示单个值均为最大值。

2. ECuNi-A 和 ECuNi-B 类 S 含量应控制在 0.015%以下。

3. 字母 f 表示微量元素。

4. Cu 元素中允许含 Ag。

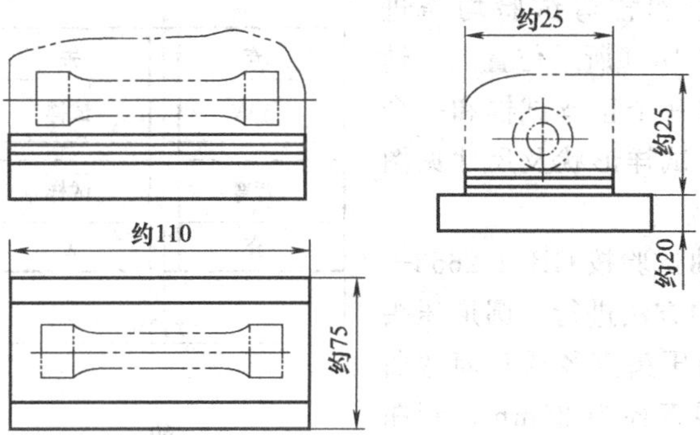

图 16-7　试样位置、试板及试件尺寸

表 16-25　熔敷金属的力学性能

型　　号	抗拉强度 σ_b/MPa	伸长率 δ_5/%
ECu	170	20
ECuSi-A	250	22
ECuSi-B	270	20
ECuSn-A	250	15
ECuSn-B	270	12
ECuAl-A2	410	20
ECuAl-B	450	10
ECuAl-C	390	15
ECuNi-A	270	20
ECuNi-B	350	20
ECuAlNi	490	13
ECuMnAlNi	520	13

注：表中单个值均为最小值。

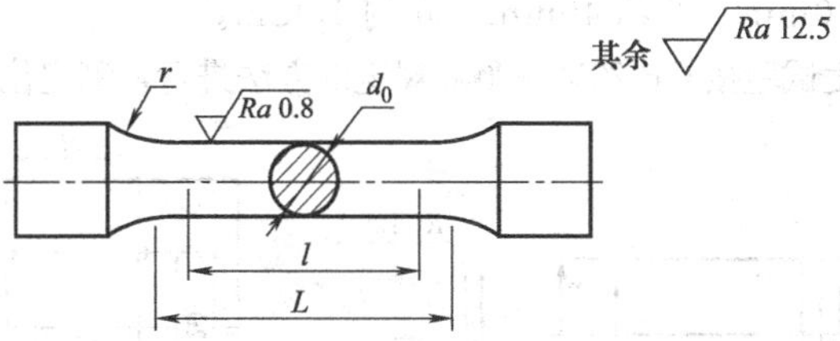

mm

焊条直径	d_0	r(最小)	l	L
≤3.2	6±0.1	3	30	36
≥4.0	10±0.2	4	50	60

图 16-8　熔敷金属拉伸试样

c. 正弯和背弯试验均需进行。在如图 16-9 所示位置上，焊后分别截取一个正弯试样和一个背弯试样，试样形状及尺寸见图 16-10。

d. 弯曲试验按 GB/T 2653—2008 规定的方法进行。圆形压头弯曲试验的压头直径或辊筒弯曲试验的内辊直径为 24mm，弯曲角为 180°。

e. 合格标准：弯曲后的试样外表面在任何方向上不应出现大于 3mm 的裂纹等缺陷，出现在试样边角上的裂纹不必考虑。

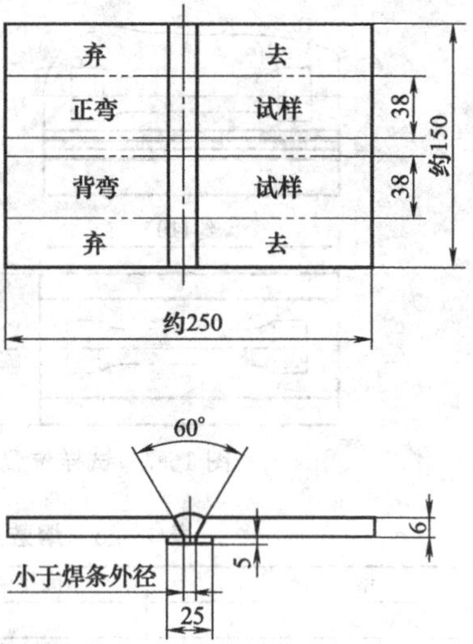

图 16-9　试板尺寸及试样位置

③ 硬度试验

a. 试板及尺寸。硬度试验用母材应符合 GB/T 700—2006 中 Q235A 级、Q255A 级的规定。

试板尺寸为：长约 80mm，宽约 50mm，高约 12mm。

b. 试样制备。

• 熔敷金属各焊道堆敷宽度为焊条直径的 1.5～2.5 倍，第 1～3 层用小电流进行焊接，从第 4 层起道间温度按表 16-23 的规定控制。

• 熔敷金属表面加工后，焊接层数应为 6 层以上，堆焊层尺寸为：长约 70mm，宽约 40mm，高约 15mm。

c. 硬度试验按 GB 2654—2008 规定的方法进行，测定位置见图 16-11。

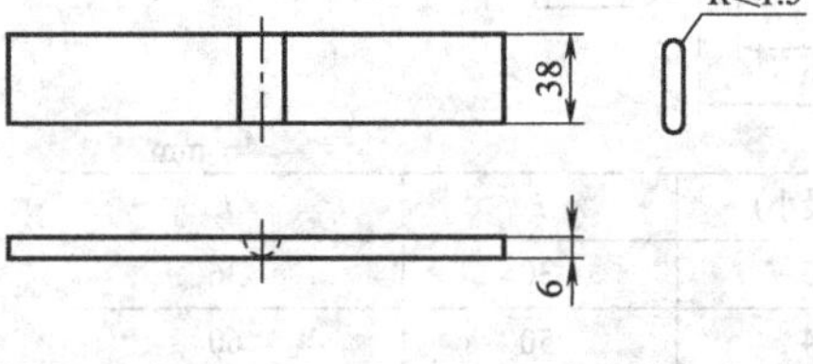

图 16-10　试样形状及尺寸

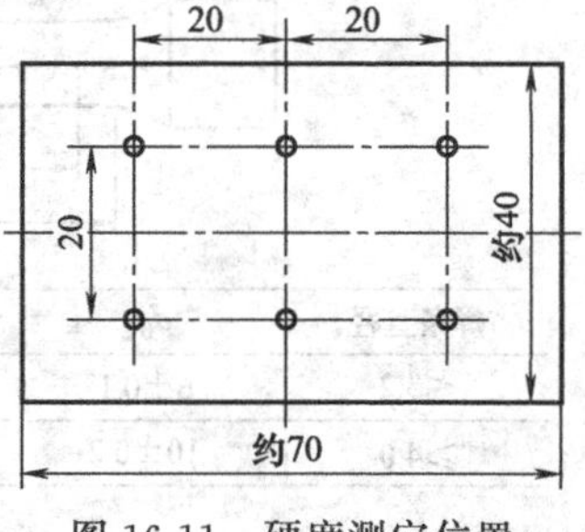

图 16-11　硬度测定位置

注意：当焊条的应用涉及本标准未考虑的性能时，则必须考虑进行补充试验以确定其适用性；确定特定性能的附加试验，如耐腐蚀、高温和低温的力学性能及异种金属的焊接结合性等可在供求双方同意的基础上进行。

七、镍及镍合金焊条质量评定试验（GB/T 13814—2008）

本试验适用于焊条电弧焊用镍及镍合金焊条。

1. 外观质量检验

外观质量检验与非合金钢及细晶粒钢焊条基本相同，不同之处有如下规定。

（1）焊条尺寸

① 焊条直径和长度应符合表 16-26 的规定。

表 16-26 焊条直径和长度 mm

<table>
<tr><th colspan="2">焊条直径</th><th colspan="2">焊条长度</th></tr>
<tr><th>基本尺寸</th><th>极限偏差</th><th>基本尺寸</th><th>极限偏差</th></tr>
<tr><td>2.0</td><td rowspan="5">±0.05</td><td rowspan="2">230～300</td><td rowspan="5">±2</td></tr>
<tr><td>2.5</td></tr>
<tr><td>3.2</td><td rowspan="3">250～350</td></tr>
<tr><td>4.0</td></tr>
<tr><td>5.0</td></tr>
</table>

注：根据需方要求，允许通过协议制造和使用其他尺寸的焊条。

② 焊条夹持端长度应符合表 16-27 的规定。

表 16-27 焊条夹持端长度 mm

焊条直径	夹持端长度	焊条直径	夹持端长度
≤3.2	10～20	≥4.0	15～25

（2）焊条药皮

① 焊条药皮应均匀、紧密地包覆在焊芯周围，焊条药皮上不应有影响焊接质量的裂纹、气泡、杂质及脱落等缺陷。

② 焊条引弧端药皮应倒角，焊芯端面应露出。焊条长度方向上露芯长度不应大于焊芯直径的 2/3 或 2.0mm 两者的较小值。焊条沿圆周的露芯不应大于圆周的 1/2。

③ 焊条药皮应具有足够的强度，不应在正常搬运或使用过程中损坏。

④ 焊条药皮应具有一定的耐吸潮性，不应在开启包装后很快吸潮而影响使用。

⑤ 焊条偏心度应符合如下规定：

a. 直径为 2.0mm 和 2.5mm 的焊条，偏心度不应大于 7%；

b. 直径为 3.2mm 和 4.0mm 的焊条，偏心度不应大于 5%；

c. 直径为 5.0mm 的焊条，偏心度不应大于 4%。

偏心度计算方法与非合金钢及细晶粒钢焊条相同。

2. 焊接工艺性能评定试验

焊接工艺性能评定试验与非合金钢及细晶粒钢焊条相同，在此不再赘述。

3. 焊接冶金性能试验

(1) 试验用母材

① 化学分析和熔敷金属力学性能试验用母材采用与试验焊条熔敷金属化学成分相当的镍及镍合金，也可采用其他材料，但坡口面和垫板应焊接隔离层，隔离层至少应焊接 3 层，加工后的厚度不小于 3mm。在确保熔敷金属不受母材影响的情况下，可采用其他方法。

② 仲裁试验时，应采用母材化学成分与试验焊条熔敷金属化学成分相当的镍及镍合金或坡口面及垫板面有隔离层的其他材料试板。

(2) 力学性能试件制备

① 低氢型药皮焊条试验前应在 (250～300℃)×(1～2h) 条件下或按制造厂推荐的规范进行烘干。其他药皮类型焊条可在供货状态下或按制造厂推荐的规范进行烘干。

② 试件应按图 16-12 的要求在平焊位置制备。试板长度应能满足截取拉伸试样的需要。

③ 试件焊前予以反变形或拘束，以防止角变形。试件焊后不允许矫正，角变形超过 5°的试件应予报废。

④ 起焊时试件温度应高于 15℃。道间温度超过 150℃时，应在静态大气中冷却。以试件纵向中部距焊缝中心 25mm 处的表面为测温点，用测温笔或表面温度计测量温度。

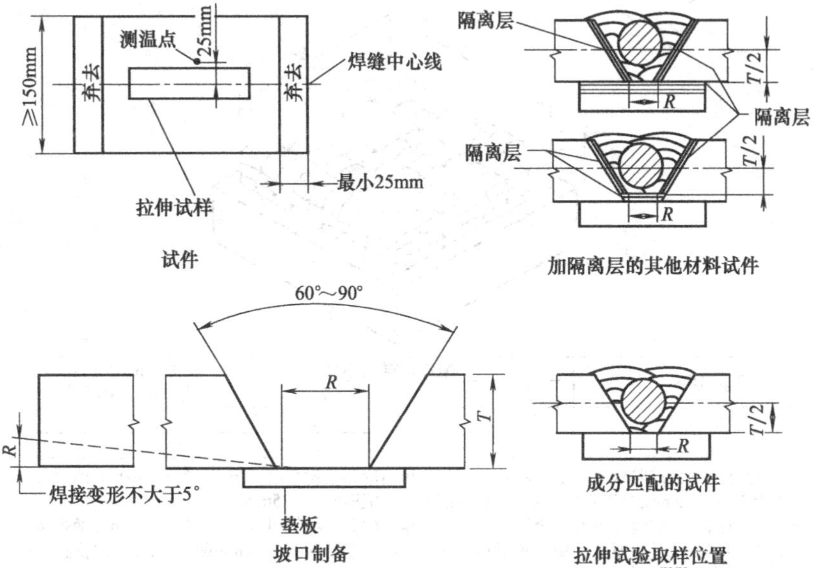

mm

焊条直径	试件最小厚度T	最小根部间隙R	最少焊接层数
2.0	14	5	不规定①
2.5		7	
3.2			
4.0	20	13	6
5.0			

①不规定焊接层数，但应记录焊接层数。

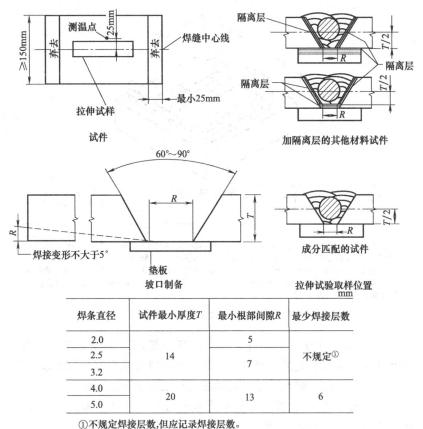

图 16-12　力学性能和射线探伤试验的试件制备

⑤ 每一焊道在射线探伤区内至少有一个熄弧点和引弧点。同一焊道的焊接方向不应改变，不同焊道的焊接方向可以交替进行。焊接时应采用窄焊道或摆动焊，但焊道宽度不得大于焊芯直径的 4 倍。

⑥ 表面焊层至少应与母材表面平齐。试样应在焊后状态下截取和检验。

(3) 熔敷金属化学成分分析

① 熔敷金属化学成分分析试样应以平焊位置施焊。堆焊试样尺寸及取样位置应符合图 16-13 的规定。

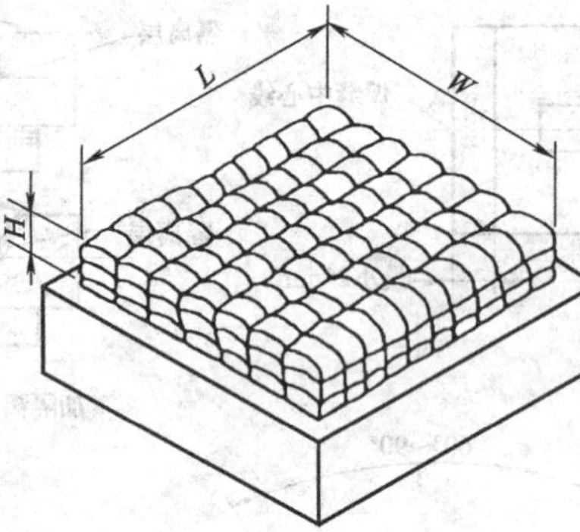

mm

焊条直径	堆焊试样最小尺寸			取样部位距试板表面最小距离②
	L	W	H①	
<4.0	38	38	13	9.5
⩾4.0	50	50	22	19

①当母材采用与试验焊条熔敷金属化学成分不相当的其他材料时，对于直径小于4.0mm的焊条，H应不小于19mm；对于直径不小于4.0mm的焊条，H应不小于25mm。

②当母材采用与试验焊条熔敷金属化学成分不相当的其他材料时，对于直径小于4.0mm的焊条，取样部位距试板表面最小距离应不小于16mm；对于直径不小于4.0mm的焊条，取样部位距试板表面最小距离应不小于22mm。

图 16-13　化学分析试件制备

② 化学成分分析试样可以从上一条中规定的堆焊金属上制取，也可以从其他熔敷金属上制取，但分析结果应与从堆焊金属上取样所得到的结果一致。仲裁试验的试样必须从堆焊金属上制取。

③ 化学分析试验可采用任何适宜的方法。仲裁试验应按 GB/T 8647.1～8647.9—2006 进行。

④ 合格标准：熔敷金属化学成分应符合表 16-28 的规定。

（4）熔敷金属拉伸试验

① 按图 16-14 的要求从射线探伤后的试件（图 16-12）上加工一个熔敷金属拉伸试样。

② 熔敷金属拉伸试验应按 GB/T 2652—2008 的规定进行。

③ 熔敷金属力学性能应符合表 16-29 的规定。

（5）焊缝射线探伤试验

① 焊缝射线探伤试验在试件截取拉伸试样之前进行。焊缝射线探伤前应去掉垫板。若试件需做焊后热处理时，射线探伤在热处理前后均可进行。

表 16-28　熔敷金属化学成分（质量分数）　　%

焊条型号	化学成分代号	C	Mn	Fe	Si	Cu	Ni①	Co	Al	Ti	Cr	Nb②	Mo	V	W	S	P	其他③
镍																		
ENi2061	NiTi3	0.10	0.7	0.7	1.2	0.2	≥92.0	—	1.0	1.0～4.0	—	—	—	—	—	0.015	0.020	
ENi2061A	NiNbTi	0.06	2.5	4.5	1.5	—	≥92.0	—	0.5	1.5	—	2.5	—	—	—	0.015	0.015	
镍铜																		
ENi4060	NiCu30-Mn3Ti	0.15	4.0	2.5	1.5	27.0～34.0	≥62.0	—	1.0	1.0	—	—	—	—	—	0.015	0.020	—
ENi4061	NiCu27-Mn3NbTi	0.15	4.0	2.5	1.3	24.0～31.0	≥62.0	—	1.0	1.5	—	3.0	—	—	—	0.015	0.020	—
镍铬																		
ENi6082	NiCr20-Mn3Nb	0.10	2.0～6.0	4.0	0.8	0.5	≥63.0	—	—	0.5	18.0～22.0	1.5～3.0	2.0	—	—	0.015	0.020	—
ENi6231	NiCr22-W14Mo	0.05～0.10	0.3～1.0	3.0	0.3～0.7	0.5	≥45.0	5.0	0.5	0.1	20.0～24.0	—	1.0～3.0	—	13.0～15.0	0.015	0.020	—
镍铬铁																		
ENi6025	NiCr25Fe-10A1Y	0.10～0.25	0.5	8.0～11.0	0.8	—	≥55.0	—	1.5～2.2	0.3	24.0～26.0	—	—	—	—	0.015	0.020	Y：0.15
ENi6062	NiCr15-Fe8Nb	0.08	3.5	11.0	0.8	0.5	≥62.0	—	—	—	13.0～17.0	0.5～4.0	—	—	—	0.015	0.020	—
ENi6093	NiCr15-Fe8NbMo	0.20	1.0～5.0	12.0	1.0	0.5	≥60.0	—	—	—	13.0～17.0	1.0～3.5	1.0～3.5	—	—	0.015	0.020	—
ENi6094	NiCr14-Fe4NbMo	0.15	1.0～4.5	12.0	0.8	0.5	≥55.0	—	—	—	12.0～17.0	0.5～3.0	2.5～5.5	—	1.5	0.015	0.020	—

续表

焊条型号	化学成分代号	C	Mn	Fe	Si	Cu	Ni[1]	Co	Al	Ti	Cr	Nb[2]	Mo	V	W	S	P	其他[3]
ENi6095	NiCr15Fe8-NbMoW	0.20	1.0～3.5	12.0	0.8	0.5	≥55.0	—	—	—	13.0～17.0	1.0～3.5	1.0～3.5	—	1.5～3.5	0.015	0.020	
ENi6133	NiCr16-Fe12NbMo	0.10	1.0～3.5				≥62.0				13.0～17.0	0.5～3.0	0.5～2.5		—			
ENi6152	NiCr30-Fe9Nb	0.05	5.0	7.0～12.0			≥50.0		0.5	0.5	28.0～31.5	1.0～2.5	0.5					
ENi6182	NiCr15-Fe6Mn	0.10	5.0～10.0	10.0	1.0		≥60.0		—	1.0	13.0～17.0	1.0～3.5	—					Ta：0.3
ENi6333	NiCr25Fe-16CoNbW		1.2～2.0	≥16.0	0.8～1.2		44.0～47.0	2.5～3.5		—	24.0～26.0	—	2.5～3.5		2.5～3.5			
ENi6701	NiCr36-Fe7Nb	0.35～0.50	0.5～2.0	7.0	0.5～2.0	—	42.0～48.0	—			33.0～39.0	0.8～1.8	—		—			—
ENi6702	NiCr28-Fe6W		0.5～1.5	6.0			47.0～50.0				27.0～30.0	—			4.0～5.5			—
ENi6704	NiCr25Fe-10Al3YC	0.15～0.30	0.5	8.0～11.0	0.8		≥55.0		1.8～2.8	0.3	24.0～26.0				—			Y：0.15
ENi8025	NiCr29-Fe30Mo	0.06	1.0～3.0	30.0	0.7	1.5～3.0	35.0～40.0		0.1	1.0	27.0～31.0	1.0	2.5～4.5					
ENi8165	NiCr25-Fe30Mo	0.03					37.0～42.0			1.0	23.0～27.0	—	3.5～7.5					—
镍钼																		
ENi1001	NiMo28-Fe5	0.07	1.0	4.0～7.0	1.0	0.5	≥55.0	2.5	—	—	1.0	—	26.0～30.0	0.6	1.0	0.015	0.020	

续表

焊条型号	化学成分代号	C	Mn	Fe	Si	Cu	Ni①	Co	Al	Ti	Cr	Nb②	Mo	V	W	S	P	其他③
ENi1004	NiMo25-Cr5Fe5	0.12	1.0	4.0～7.0	1.0	0.5	≥60.0	—	—	—	2.5～5.5	—	23.0～27.0	0.6	1.0	0.015	0.020	
ENi1008	NiMo19-WCr	0.10	1.5	10.0	0.8						0.5～3.5		17.0～20.0	—	2.0～4.0			
ENi1009	NiMo20-WCu			7.0		0.3～1.3	≥62.0				—		18.0～22.0					
ENi1062	NiMo24-Cr8Fe6	0.02	1.0	4.0～7.0	0.7	—	≥60.0				6.0～9.0		22.0～26.0		—			
ENi1066	NiMo28		2.0	2.2	0.2	0.5	≥64.5				1.0		26.0～30.0		1.0			
ENi1067	NiMo30Cr			1.0～3.0			≥62.0	3.0			1.0～3.0		27.0～32.0		3.0			
ENi1069	NiMo28-Fe4Cr		1.0	2.0～5.0	0.7	—	≥65.0	1.0	0.5		0.5～1.5		26.0～30.0		—			
								镍铬钼										
ENi6002	NiCr22-Fe18Mo	0.05～0.15	1.0	17.0～20.0	1.0	0.5	≥45.0	0.5～2.5	—	—	20.0～23.0	—	8.0～10.0	—	0.2～1.0			
ENi6012	NiCr22-Mo9	0.03		3.5	0.7		≥58.0	—	0.4	0.4		1.5	8.5～10.5		—			
ENi6022	NiCr21-Mo13W3	0.02		2.0～6.0	0.2		≥49.0	2.5	—	—	20.0～22.5	—	12.5～14.5	0.4	2.5～3.5			
ENi6024	NiCr26-Mo14		0.5	1.5			≥55.0	—			25.0～27.0		13.5～15.0	—	—			

续表

焊条型号	化学成分代号	C	Mn	Fe	Si	Cu	Ni①	Co	Al	Ti	Cr	Nb②	Mo	V	W	S	P	其他③
ENi6030	NiCr29Mo-5Fe15W2	0.03	1.5	13.0～17.0	1.0	1.0～2.4	≥36.0	5.0			28.0～31.5	0.3～1.5	4.0～6.0		1.5～4.0			
ENi6059	NiCr23-Mo16		1.0	1.5		—	≥56.0	—	—		22.0～24.0		15.0～16.5	—				
ENi6200	NiCr23-Mo16Cu2	0.02		3.0	0.2	1.3～1.9	≥45.5	2.0			20.0～24.0		15.0～17.0		—			
ENi6205	NiCr25-Mo16		0.5	5.0		2.0		—	0.4	—	22.0～27.0	—	13.5～16.5					
ENi6275	NiCr15Mo-16Fe5W3	0.10	1.0	4.0～7.0	1.0		≥50.0	2.5			14.5～16.5		15.0～18.0		3.0～4.5			
ENi6276	NiCr15Mo-15Fe6W4	0.02			0.2								15.0～17.0	0.4	3.0～4.5			
ENi6452	NiCr19-Mo15	0.025	2.0	1.5	0.4	0.5	≥56.0	—	—		18.0～20.0	0.4	14.0～16.0		—			
ENi6455	NiCr16-Mo15Ti	0.02	1.5	3.0	0.2			2.0		0.7	14.0～18.0	—	14.0～17.0	—	0.5			
ENi6620	NiCr14-Mo7Fe	0.10	2.0～4.0	10.0	1.0		≥55.0	—		—	12.0～17.0	0.5～2.0	5.0～9.0		1.0～2.0			

续表

焊条型号	化学成分代号	C	Mn	Fe	Si	Cu	Ni①	Co	Al	Ti	Cr	Nb②	Mo	V	W	S	P	其他③
ENi6625	NiCr22-Mo9Nb	0.10	2.0	7.0	0.8	0.5	≥55.0	—	—	—	20.0～23.0	3.0～4.2	8.0～10.0	—	—	0.015	0.020	
ENi6627	NiCr21-MoFeNb	0.03	2.0	5.0	0.7	0.5	≥57.0	—	—	—	20.5～22.5	1.0～2.8	8.8～10.0	—	0.5	0.015	0.020	
ENi6650	NiCr20-Fe14Mo-11WN	0.03	0.7	12.0～15.0	0.6	0.5	≥44.0	1.0	0.5	—	19.0～22.0	0.3	10.0～13.0	—	1.0～2.0	0.02	0.020	N：0.15
ENi6686	NiCr21-Mo16W4	0.02	1.0	5.0	0.3	0.5	≥49.0	—	—	0.3	19.0～23.0	—	15.0～17.0	—	3.0～4.4	0.015	0.020	
ENi6985	NiCr22-Mo7Fe19	0.02	1.0	18.0～21.0	1.0	1.5～2.5	≥45.0	5.0	—	—	21.0～23.5	1.0	6.0～8.0	—	1.5	0.015	0.020	
镍铬钴钼																		
ENi6117	NiCr22-Co12Mo	0.05～0.15	3.0	5.0	1.0	0.5	≥45.0	9.0～15.0	1.5	0.6	20.0～26.0	1.0	8.0～10.0	—	—	0.015	0.020	

① 除非另有规定，Co 含量应低于该含量的 1%。也可由供需双方协商，要求较低的 Co 含量。

② Ta 含量应低于该含量的 20%。

③ 未规定数值的元素总量不应超过 0.5%。

注：除 Ni 外所有单值元素均为最大值。

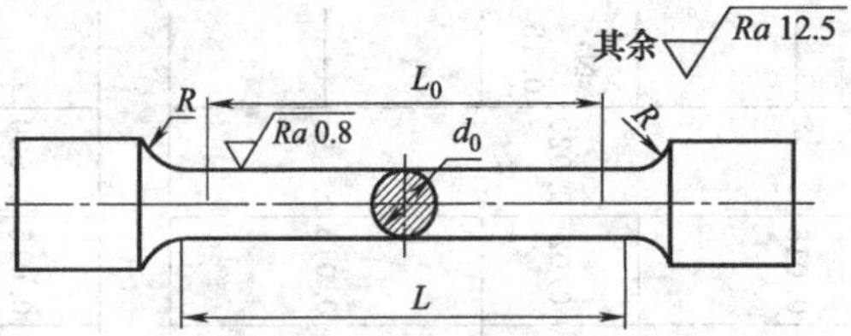

mm

试板厚度	d_0	R	L_0	L
14	6±0.1	≥2.5	$5d_0$	L_0+d_0
20	10±0.2	≥3		

注：试样夹持端尺寸根据试验机夹具结构确定。

图 16-14　熔敷金属拉伸试样

表 16-29　熔敷金属力学性能

焊条型号	化学成分代号	屈服强度① R_{eL}/MPa	抗拉强度 R_m/MPa	伸长率 A /%
		不小于		
镍				
ENi2061	NiTi3	200	410	18
ENi2061A	NiNbTi			
镍铜				
ENi4060 ENi4061	NiCu30Mn3Ti NiCu27Mn3NbTi	200	480	27
镍铬				
ENi6082	NiCr20Mn3Nb	360	600	22
ENi6231	NiCr22W14Mo	350	620	18
镍铬铁				
ENi6025	NiCr25Fe10AlY	400	690	12
ENi6062	NiCr15Fe8Nb	360	550	27
ENi6093 ENi6094 ENi6095	NiCr15Fe8NbMo NiCr14Fe4NbMo NiCr15Fe8NbMoW	360	650	18
ENi6133 ENi6152 ENi6182	NiCr16Fe12NbMo NiCr30Fe9Nb NiCr15Fe6Mn	360	550	27
ENi6333	NiCr25Fe16CoNbW	360	550	18
ENi6701 ENi6702	NiCr36Fe7Nb NiCr28Fe6W	450	650	8
ENi6704	NiCr25Fe10Al3YC	400	690	12

续表

焊条型号	化学成分代号	屈服强度① R_{eL}/MPa	抗拉强度 R_m/MPa	伸长率 A /%
		不小于		
ENi8025 ENi8165	NiCr29Fe30Mo NiCr25Fe30Mo	240	550	22
镍钼				
ENi1001 ENi1004	NiMo28Fe5 NiMo25Cr5Fe5	400	690	22
ENi1008 ENi1009	NiMo19WCr NiMo20WCu	360	650	22
ENi1062	NiMo24Cr8Fe6	360	550	18
ENi1066	NiMo28	400	690	22
ENi1067	NiMo30Cr	350	690	22
ENi1069	NiMo28Fe4Cr	360	550	20
镍铬钼				
ENi6002	NiCr22Fe18Mo	380	650	18
ENi6012	NiCr22Mo9	410	650	22
ENi6022 ENi6024	NiCr21Mo13W3 NiCr26Mo14	350	690	22
ENi6030	NiCr29Mo5Fe15W2	350	585	22
ENi6059	NiCr23Mo16	350	690	22
ENi6200 ENi6275 ENi6276	NiCr23Mo16Cu2 NiCr15Mo16Fe5W3 NiCr15Mo15Fe6W4	400	690	22
ENi6205 ENi6452	NiCr25Mo16 NiCr19Mo15	350	690	22
ENi6455	NiCr16Mo15Ti	300	690	22
ENi6620	NiCr14Mo7Fe	350	620	32
ENi6625	NiCr22Mo9Nb	420	760	27
ENi6627	NiCr21MoFeNb	400	650	32
ENi6650	NiCr20Fe14Mo11WN	420	660	30
ENi6686	NiCr21Mo16W4	350	690	27
ENi6985	NiCr22Mo7Fe19	350	620	22
镍铬钴钼				
ENi6117	NiCr22Co12Mo	400	620	22

① 屈服发生不明显时，应采用0.2%的屈服强度（$R_{p0.2}$）。

② 焊缝射线探伤试验按 GB/T 3323—2005 进行。

③ 评定焊缝射线探伤底片时，试件两端 25mm 范围应不予考虑。

④ 焊缝金属射线探伤应符合 GB/T 3323—2005 中Ⅱ级的规定。

八、铸铁焊条及药芯焊丝质量评定试验（GB/T 10044—2006）

本试验适用于灰口铸铁、可锻铸铁、球墨铸铁及某些合金铸铁补焊用焊条。

1. 外观质量检验

外观质量检验与非合金钢及细晶粒钢焊条相同，不同之处有如下规定。

（1）焊条尺寸

① 焊条直径和长度应符合表 16-30 的规定。允许以直径为 3.0mm 的焊条代替直径为 3.2mm 的焊条，以直径为 5.8mm 的焊条代替直径为 6.0mm 的焊条。

表 16-30　焊条的直径和长度　　mm

焊芯类型	焊条直径		焊条长度	
	基本尺寸	极限偏差	基本尺寸	极限偏差
铸造焊芯	4	±0.3	350～400	±4
	5			
	6			
	8			
	10			
冷拔焊芯	2.5	±0.05	200～300	±2
	3.2		300～450	
	4			
	5			
	6		400～500	

② 焊条夹持端长度应符合表 16-31 的规定。

表 16-31　铸铁焊条夹持端长度　　mm

焊条直径	夹持端长度		
	基本尺寸	极限偏差	
		冷拔焊芯	铸造焊芯
2.5	15	±5	±8
3.2～6	20		
>6	25		

(2) 焊条药皮

① 焊条药皮应均匀、紧密地包覆在焊芯周围，整根焊条药皮上不应有影响焊条质量的裂纹、气泡、杂质及剥落等缺陷。

② 焊条引弧端药皮应倒角，焊芯端面应露出。焊条长度方向上露芯长度应不大于焊芯直径的三分之二。各种直径的焊条沿圆周的露芯不应大于圆周的一半。

③ 焊条药皮应具有足够的强度，不应在正常搬运或使用过程中损坏。

④ 焊条药皮应具有一定的耐吸潮性，开启包装后不应因吸潮而影响使用。

⑤ 焊条偏心度应符合表 16-32 的规定。偏心度计算方法与非合金钢及细晶粒钢焊条相同。

表 16-32　焊条偏心度

焊芯类别	焊条直径/mm	偏心度/%
冷拔焊芯	2.5	≤7
	3.2,4.0	≤5
	≥5.0	≤4
铸造焊芯	≤4.0	≤15
	5.0,6.0	≤10
	≥8	≤7

⑥ 气体保护焊焊丝和药芯焊丝的直径应符表 16-33 的规定。

表 16-33　气体保护焊焊丝和药芯焊丝的直径　　mm

基本尺寸	极限偏差	基本尺寸	极限偏差
1.0,1.2,1.4,1.6	±0.05	3.2,4.0	±0.40
2.0,2.4,2.8,3.0	±0.08		

(3) 气体保护焊焊丝和药芯焊丝的光洁度和均匀度

① 焊丝表面应平滑光洁，应无毛刺、凹坑、划痕、锈皮、裂痕、折叠（除药芯焊上的纵缝之外）和对焊接工艺、焊接设备的操作或焊缝金属性能有不良影响的杂质。

② 任何连续长度的焊丝应由同一批材料制造，焊接接头（若存在）应不影响焊丝在自动和半自动焊接设备上均匀、连续的送进。

③ 药芯焊丝的芯部成分应在焊丝长度方向上均匀分布，以防止对焊丝或焊缝金属性能产生不良影响。

2. 焊接工艺性能试验

① 焊条和药芯焊丝的工艺性能试验，可在堆焊化学分析试样的过程中进行。观察焊条和药芯焊丝的熔化及焊层成形情况，冷却后除去熔渣，检查焊缝表面质量。

② 焊接工艺性能试验方法与非合金钢及细晶粒钢焊条相同，此处不再赘述。

③ 焊条及药芯焊丝工艺性能的技术要求：

a. 焊条应引弧容易，在焊接过程中电弧燃烧稳定，不应有过大的飞溅。药皮熔化应均匀，无成块脱落现象，容易清渣。

b. 气体保护焊焊丝和药芯焊丝应电弧稳定，焊缝成形较好。

3. 熔敷金属化学分析试验

① 焊条和药芯焊丝熔敷金属化学分析用堆焊试块如图 16-15 所示，在铸铁或碳钢上多层、多道堆焊，试块和堆焊层尺寸见表 16-34 和表 16-35。道间温度不应大于 150℃。每道焊后应除渣，堆焊过程中可以将试块浸入水中冷却。试块允许退火处理后取样。

表 16-34 焊条熔敷金属化学分析用焊接试块尺寸 mm

焊芯类别	焊条直径	熔敷金属最小尺寸 ($L\times S\times h$)	试块最小尺寸 ($L_o\times S_o\times h_o$)
铸造焊芯	4.0,5.0	50×25×25	80×50×16
	6.0,8.0,10.0	60×30×25	
冷拔焊芯	25,3.2,4.0	40×15×25	60×40×10
	5.0,6.0	50×20×25	

表 16-35 药芯焊丝熔敷金属化学分析用焊接试块尺寸 mm

药芯焊丝直径	熔敷金属最小尺寸 ($L\times S\times h$)	试块最小尺寸 ($L_o\times S_o\times h_o$)	最小层数
≤1.4	80×20×15	120×50×16	4
>1.4	100×20×25	150×50×16	4

② 取样前应清除试样表面脏物，对直径不大于 3.2mm 的焊条，取样部位距母材表面的最小距离应大于 8mm；对直径大于 3.2mm 而不大于 5.0mm 的焊条和直径不大于 1.4mm 的药芯焊丝，取样部位

表 16-36　焊条和药芯焊丝熔敷金属的化学成分　　%

<table>
<tr><th>型号</th><th>C</th><th>Si</th><th>Mn</th><th>S</th><th>P</th><th>Fe</th><th>Ni</th><th>Cu</th><th>Al</th><th>V</th><th>球化剂</th><th>其他元素总量</th></tr>
<tr><td colspan="13">焊条</td></tr>
<tr><td>EZC</td><td>2.0～4.0</td><td>2.5～6.5</td><td>≤0.75</td><td rowspan="2">≤0.10</td><td rowspan="2">≤0.15</td><td rowspan="2">余量</td><td rowspan="2">—</td><td rowspan="2">—</td><td rowspan="2">—</td><td rowspan="2">—</td><td>—</td><td>—</td></tr>
<tr><td>EZCQ</td><td>3.2～4.2</td><td>3.2～4.0</td><td>≤0.80</td><td>0.04～0.15</td><td rowspan="10">≤1.0</td></tr>
<tr><td>EZNi-1</td><td rowspan="6">≤2.0</td><td>≤2.5</td><td>≤1.0</td><td rowspan="6">≤0.03</td><td rowspan="6">—</td><td rowspan="3">≤8.0</td><td>≥90</td><td>—</td><td>—</td><td rowspan="6">—</td><td rowspan="6">—</td></tr>
<tr><td>EZNi-2</td><td rowspan="5">≤4.0</td><td rowspan="5">≤2.2</td><td rowspan="2">≥85</td><td rowspan="5">≤2.5</td><td>≤1.0</td></tr>
<tr><td>EZNi-3</td><td>1.0～3.0</td></tr>
<tr><td>EZNiFe-1</td><td rowspan="3">余量</td><td rowspan="2">45～60</td><td>≤1.0</td></tr>
<tr><td>EZNiFe-2</td><td>1.0～3.0</td></tr>
<tr><td>EZNiFeMn</td><td>≤1.0</td><td>10～14</td><td>35～45</td><td>≤1.0</td></tr>
<tr><td>EZNiCu-1</td><td rowspan="2">0.35～0.55</td><td rowspan="2">≤0.75</td><td rowspan="2">≤2.3</td><td rowspan="2">≤0.025</td><td rowspan="3">—</td><td rowspan="2">3.0～6.0</td><td>60～70</td><td>25～35</td><td rowspan="4">—</td><td rowspan="3">—</td><td rowspan="4">—</td></tr>
<tr><td>EZNiCu-2</td><td>50～60</td><td>35～45</td></tr>
<tr><td>EZNiFeCu</td><td>≤2.0</td><td>≤2.0</td><td>≤1.5</td><td>≤0.03</td><td rowspan="2">余量</td><td>45～60</td><td>4～10</td></tr>
<tr><td>EZV</td><td>≤0.25</td><td>≤0.70</td><td>≤1.50</td><td>≤0.04</td><td>≤0.04</td><td>—</td><td>—</td><td>8～13</td><td>—</td></tr>
<tr><td colspan="13">药芯焊丝</td></tr>
<tr><td>ET3ZNiFe</td><td>≤2.0</td><td>≤1.0</td><td>3.0～5.0</td><td>≤0.03</td><td>—</td><td>余量</td><td>45～60</td><td>≤2.5</td><td>≤1.0</td><td>—</td><td>—</td><td>≤1.0</td></tr>
</table>

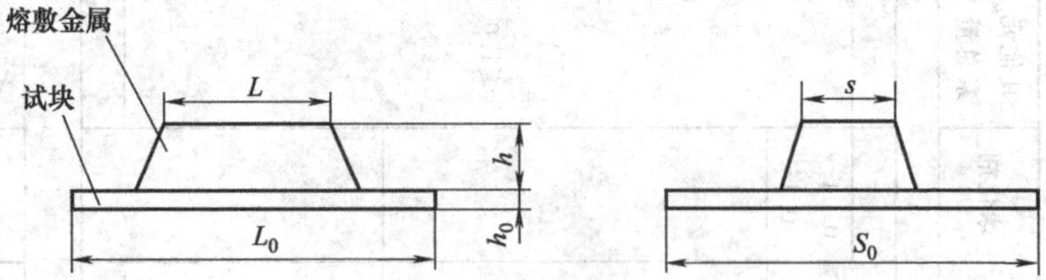

图 16-15 熔敷金属焊接试块

距母材最小距离应大于 10mm；对直径大于 5.0mm 的焊条和直径大于 1.4mm 的药芯焊丝，取样部位距母材表面最小距离应大于 15mm。

③ 化学分析试验方法按 GB/T 223.3—1988～GB/T 223.86—2009 的规定或由供需双方同意的任何方法进行。仲裁检验应按 GB/T 223.3—1988～GB/T 223.86—2009 的规定进行。

④ 化学成分合格标准：焊条和药芯焊丝熔敷金属及焊条焊芯的化学成分应符合表 16-36 及表 16-37 的规定。

表 16-37 纯铁及碳钢焊条焊芯的化学成分 %

型号	C	Si	Mn	S	P	Fe
EZFe-1	≤0.04	≤0.10	≤0.60	≤0.010	≤0.015	余量
EZFe-2	≤0.10	≤0.03		≤0.030	≤0.030	

4. 焊条偏心度试验

焊条偏心度试验与非合金钢及细晶粒钢焊条相同，或采用任何适宜的方法。

第二节 焊剂质量评定试验

本标准适用于碳钢、低合金钢、不锈钢埋弧焊焊剂。

一、焊剂质量检验

1. 焊剂取样

若焊剂散放时，每批焊剂抽样不少于 6 处。若从包装的焊剂中取样，每批焊剂至少抽取 6 袋，每袋中抽取一定量的焊剂，总量不少于 10kg。把抽取的焊剂混合均匀，用四分法取出 5kg 焊剂，供焊接试件用，余下的 5kg 用于其他项目检验。

2. 焊剂颗粒度的检验

试验时取焊剂不少于 100g，当检验普通颗粒度焊剂时，分别用孔径为 0.45mm 的筛子和孔径为 2.5mm 的筛子筛分，对通过孔径为 0.45mm 的筛子的焊剂和不能通过孔径为 2.5mm 的筛子的焊剂分别用天平称量。当检验细颗粒焊剂时，分别用孔径为 0.28mm 的筛子和孔径为 1.6mm 的筛子筛分，对通过孔径为 0.28mm 的筛子的焊剂和不能通过 1.6mm 的筛子的焊剂分别用天平称量，所用称样天平感量不大于 1mg，可按下式计算颗粒度超标焊剂的质量分数（%）：

$$\text{颗粒度超标焊剂的质量分数}=\frac{m}{m_0}\times 100\%$$

式中 m——颗粒度超标焊剂质量，g；

m_0——焊剂总质量，g。

焊剂有普通颗粒度和细颗粒度两种，其颗粒度应符合表 16-38 的规定。

表 16-38 焊剂颗粒度要求

普通颗粒度		细颗粒度	
<0.450mm(40 目)	≤5%	<0.280mm(60 目)	≤5%
>2.50mm(8 目)	≤2%	>2.00mm(10 目)	≤2%

如果第一次检验不合格，应按上述方法重新筛分，重复检验两次，只有这两次全部合格时才认为此批焊剂的颗粒度检验合格。

3. 焊剂抗潮性的检验

检验时取焊剂不少于 100g。把焊剂放在 350℃±15℃的炉中烘干 1h，从炉中取出后放入干燥器中冷却至室温，准确称重（m_0），然后装入壁高≤20mm、直径≥85mm 的玻璃质培养皿中，放入恒温箱中，在 25℃、相对湿度为 70%的条件下放置 24h 后，立即取出称重（m），从取样到称完应在 10s 内完成，所用称样天平感量不大于 1mg。按下式计算焊剂的吸潮率（%）：

$$\text{焊剂吸潮率}=\frac{m-m_0}{m_0}\times 100\% \qquad (16\text{-}12)$$

式中 m_0——吸潮前焊剂质量，g；

m——吸潮后焊剂质量，g。

对低合金钢焊剂提出抗潮性要求。要求在25℃、相对湿度70%的条件下放置24h，吸潮率不得大于0.15%。

如果第一次检验不合格，则按上述方法重复取样，重复检验两次，只有这两次检验全部合格时才认为这批焊剂合格。

4. 焊剂含水量的检验

① 检验时取焊剂不少于100g，把焊剂放在温度为150℃±10℃的炉中烘干2h，从炉中取出后立即放入干燥器中冷却至室温，称其质量。

② 按式（16-13）计算焊剂的含水量：

$$焊剂含水量=\frac{m_0-m}{m_0}\times100\% \tag{16-13}$$

式中 m_0——烘干后焊剂质量，g；

m——烘干前焊剂质量，g。

对于碳钢焊剂含水量不大于0.10%，对于低合金钢焊剂含水量不大于0.20%。

如果第一次测定结果不合格，应按相同方法复试两次，只有这两次检验全部合格时才认为这批焊剂合格。

5. 焊剂机械夹杂物的检验

机械夹杂物是指炭粒、铁屑、原材料颗粒（熔炼焊剂）、铁合金凝珠及其他杂物。检验时取焊剂不少于100g，用目测法挑选出各种机械夹杂物，并用感量不大于1mg的称样天平称量。然后按下式计算机械夹杂物的质量分数（%）：

$$机械夹杂物=\frac{m}{m_0}\times100\% \tag{16-14}$$

式中 m——颗粒度超标焊剂质量，g；

m_0——焊剂总质量，g。

焊剂中的机械夹杂物其总的质量分数不大于0.30%，此外还要求低合金钢焊剂中炭粒和铁合金凝珠的质量分数不得大于0.20%，

如果第一次检验不合格，则按上述方重复取样，重复检验两次，只有这两次检验全部合格时才认为此批焊剂合格。

二、焊接工艺性能试验

1. 电弧稳定性试验

试验装置见图 16-16，在水平放置的金属试板上方垂直放置一根焊丝，焊丝用铜夹持器固定。为便于引燃电弧，在焊丝与金属试板之间放置几颗细小的钢屑，在焊丝周围堆放待试的焊剂。为防止焊剂流散，可在焊丝外围放置一圆形挡板。待准备工作就绪后，接通电流产生电弧，当电弧燃到一定长度时自然熄灭，此时可测量从焊丝端部到焊缝上表面的距离 s，即为电弧燃烧最大长度，每种焊剂要测 5 次以上，取其平均值。

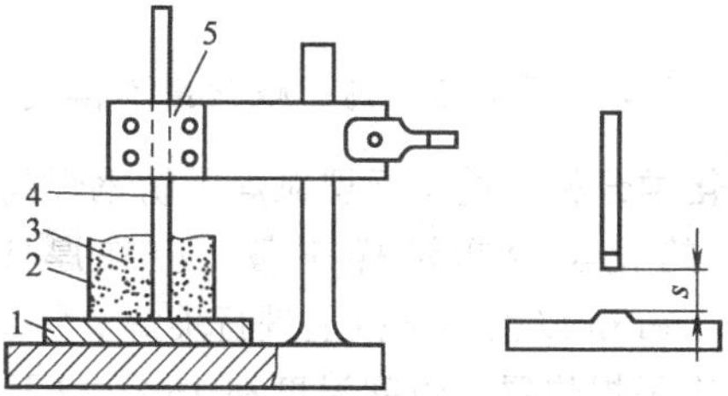

图 16-16 电弧稳定性测定装置

1—金属试板；2—焊剂挡圈；3—待试焊剂；4—焊丝（电极）；5—铜夹持器

电弧燃烧最大长度 s 即用来评定焊剂的电弧稳定性。

2. 脱渣性试验

试板尺寸为 400mm×200mm×20mm，材质为 Q235-A 钢。在试板中部刨出一道 80°的 V 形坡口，焊接参数见表 16-39，然后在坡口内进行焊接。试板焊完后，观察 1min，看其自动脱渣情况，记录自动脱渣长度。再将试板坡口朝下放置，用 2.5kg 重的钢球在距试板 1.3m 处自由落下，连续锤击 3 次，要求每次锤击点基本在试板长度和宽度的中点处，测量已脱渣的长度和焊道全长，然后按下式计算脱渣率

$$D=\frac{L_s}{L}\times 100\% \qquad (16\text{-}15)$$

式中 D——焊剂脱渣率，%；

L_s——渣壳脱落长度，mm；

L——焊道全长，mm。

表 16-39 脱渣性试验焊接参数

试板材质	焊丝牌号	焊丝直径/mm	焊丝伸出长度/mm	电流种类和极性	焊接电流/A	电弧电压/V	焊接速度/(m/h)
Q235-A	H08A	4	35	直流反极性	550±10	30±1	30

三、焊接冶金性能试验

1. 焊剂成分测定

取 250g 焊剂进行化学分析，试验方法按 JB/T 7948.1～7948.9—2017《焊剂化学分析方法》进行，测定焊剂的主要组分和 S、P 的含量。

焊剂的硫含量不得大于 0.060%；磷含量不得大于 0.080%。

2. 熔敷金属化学分析（适用于埋弧焊不锈钢焊丝和焊剂）

① 熔敷金属的化学分析试样制备，应在厚 18mm 以上、长 150mm 以上，宽 75mm 以上的试板上进行堆焊。

② 焊接应采用平焊位置，道间温度在 150℃以下。

③ 当母材采用与熔敷金属化学成分相当的不锈钢板时，熔敷金属化学分析试样应取自 4 层以上；当母材采用与熔敷金属化学成分不相当的不锈钢、碳钢、低合金钢板时，熔敷金属化学分析试样应取自 5 层以上。

④ 熔敷金属化学分析试样也可以从熔敷金属拉伸试样断口处或其他熔敷金属处制取。仲裁试验时，应从堆焊金属上取样。

⑤ 化学分析可采用供需双方同意的任何适宜的方法。仲裁试验应按 GB/T 223.3—1988～GB/T 223.77—1994 进行。

⑥ 合格标准：焊剂和焊丝组合的熔敷金属化学成分应符合表 16-40 的规定。

3. 熔敷金属的力学性能试验

焊接试件及样坯取样位置见图 16-17。

碳素钢焊剂试板材料为 Q235-A、15 或 20 钢板；低合金钢焊剂应采用与焊缝强度级别相当的钢板作试板。不锈钢应为熔敷金属化学成分相当的不锈钢板。试板形状和尺寸见图 16-18；但仲裁试验时，

表 16-40　熔敷金属化学成分　　%

<table>
<tr><th rowspan="2">焊剂型号</th><th colspan="9">化学成分</th></tr>
<tr><th>C</th><th>Si</th><th>Mn</th><th>P</th><th>S</th><th>Cr</th><th>Ni</th><th>Mo</th><th>其他</th></tr>
<tr><td>F308-H×××</td><td>0.08</td><td rowspan="12">1.00</td><td rowspan="10">0.50～2.50</td><td rowspan="4">0.040</td><td rowspan="12">0.030</td><td rowspan="2">18.0～21.0</td><td rowspan="2">9.0～11.0</td><td rowspan="3">—</td><td rowspan="8">—</td></tr>
<tr><td>F308L-H×××</td><td>0.04</td></tr>
<tr><td>F309-H×××</td><td>0.15</td><td rowspan="2">22.0～25.0</td><td rowspan="2">12.0～14.0</td></tr>
<tr><td>F309Mo-H×××</td><td>0.12</td><td>2.00～3.00</td></tr>
<tr><td>F310-H×××</td><td>0.20</td><td>0.030</td><td>25.0～28.0</td><td>20.0～22.0</td><td>—</td></tr>
<tr><td>F316-H×××</td><td>0.08</td><td rowspan="7">0.030</td><td rowspan="3">17.0～20.0</td><td rowspan="3">11.0～14.0</td><td rowspan="2">2.00～3.00</td></tr>
<tr><td>F316L-H</td><td rowspan="2">0.04</td></tr>
<tr><td>F316CuL-H×××</td><td>1.20～2.75</td></tr>
<tr><td>F317-H×××</td><td rowspan="2">0.08</td><td rowspan="2">18.0～21.0</td><td>12.0～14.0</td><td>3.00～4.00</td><td>Cu:1.00～2.5</td></tr>
<tr><td>F347-H×××</td><td>9.0～11.0</td><td rowspan="3">—</td><td>—</td></tr>
<tr><td>F410-H×××</td><td>0.12</td><td rowspan="2">1.20</td><td>11.0～13.5</td><td rowspan="2">0.60</td><td>Nb:8×C～1.00</td></tr>
<tr><td>F430-H×××</td><td>0.10</td><td>15.0～18.0</td><td>—</td></tr>
</table>

注：1. 表中单值均为最大值。
2. 焊剂型号中的字母 L 表示碳含量较低。

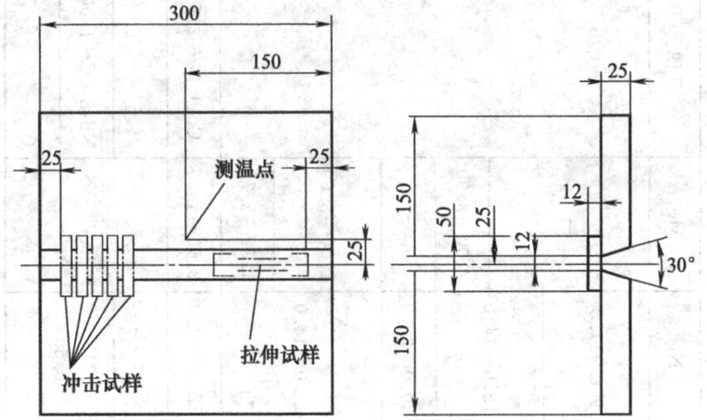

图 16-17 焊接试件及样坯取样位置

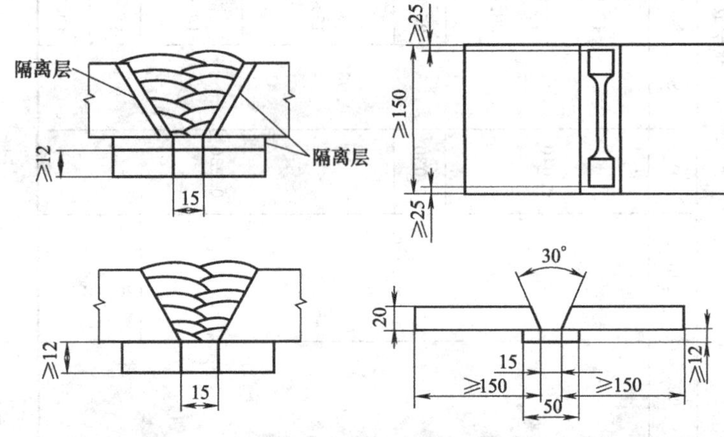

图 16-18 试板形状和尺寸

必须采用与熔敷金属化学成分相当的不锈钢板或坡口面和垫板面有隔离层的试板。

组装试板和定位焊时应留有适当的反变形量，或者在焊接过程中加以拘束，以保证试板焊后产生的角变形不大于 5°。如果大于 5°，则试板作废，不允许矫平后再使用。

当需方无特殊要求时，均采用直径为 4mm 的焊丝，焊接参数分别见表 16-41～表 16-43。

表 16-41 碳素钢焊剂的焊接参数

焊丝直径/mm	焊丝伸出长度/mm	电流种类及极性	焊接电流/A	电弧电压/V	焊接速度/(m/h)	起焊温度/℃	层间温度/℃
2.0	13～19	交流、直流正极性或直流反极性	400	30	20	5～150	100～150
2.5	19～32		450	32	21		
3.2	25～38		500	32	23		
4.0	25～38		550	34	25		
5.0	25～38		600	34	26		
6.0	25～38		650	35	27		

注：1. 电流值可为规定值±20A。

2. 电压值可为规定值±1V。

3. 焊接速度值可为规定值±1.5m/h。

表 16-42 低合金钢焊剂的焊接参数

焊丝直径/mm	焊丝伸出长度/mm	电流种类及极性	焊接电流/A	电弧电压/V	焊接速度/(m/h)	起焊温度/℃	层间温度/℃
2.0	13～19	交流、直流正极性或直流反极性	350	30	20	150±15	620±15
2.5	19～32		400		21		
3.2	25～38		450	32	23		
4.0			550		25		
5.0			600	34	26		
6.0			650		27		
>6.0	不作规定						

注：1. 电流值可为规定值±20A。

2. 电压值可为规定值±1V。

3. 焊接速度值可为规定值±1.5m/h。

4. 预热温度及层间温度仅是焊剂交货的试验温度。制造者应自己确定所需的温度。

5. 熔敷金属的质量分数为 Cr1.75%～2.25%、Mo0.40%～0.65%；Cr2.00%～2.50%；Mo0.90%～1.20%时，预热及层间温度为 200℃±15℃，焊后热处理温度为 690℃±15℃，保温 1h。

6. 熔敷金属的质量分数为 Cr4.50%～6.00%、Mo0.40%～0.65%时，预热及层间温度为 300℃±15℃，焊后热处理温度为 730℃±15℃，保温 1h。

表 16-43 不锈钢焊剂的焊接参数（供参考）

焊丝直径/mm	焊接电流/A		焊接电压/V	电流种类	焊接速度/(m/h)		焊丝干伸长/mm
3.2	500	±20	30±2	交流或直流	23	±1.5	22～35
4.0	550				25		25～38

将试板预热到规定的温度后即开始焊接。每道焊完后，要按图所

示的测温点位置，用表面温度计测温，要等到温度降至所规定的层间温度范围内时才能焊下一道焊缝，直至焊满坡口。

① 熔敷金属的拉伸试验　取样位置见图 16-17 和图 16-18。其尺寸应符合图 16-19 和表 16-44 中的规定。

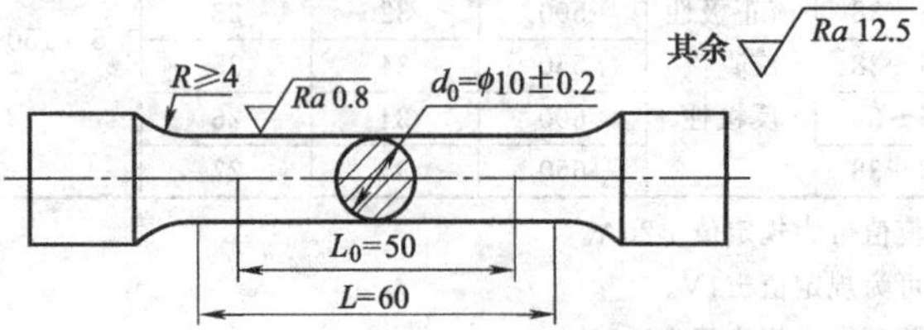

图 16-19　熔敷金属拉伸试样及尺寸

表 16-44　熔敷金属拉伸试样尺寸　　mm

符号	d_0	R_{min}	L_0	L
尺寸	10±0.2	3	50	60

熔敷金属拉伸试验按 GB/T 2652—2008 的规定进行。

合格标准：埋弧焊用碳钢焊剂、低合金钢焊剂与不锈钢焊剂熔敷金属拉伸试验结果应符合表 16-45～表 16-47 的规定。

表 16-45　碳钢拉伸试验

焊剂型号	抗拉强度 σ_b/MPa	屈服强度 σ_s/MPa	伸长率 δ_5/%
F4××-H×××	415～550	≥330	≥22
F5××-H×××	480～650	≥400	≥22

表 16-46　低合金钢拉伸试验

拉伸性能代号(X_1)	抗拉强度 σ_b/MPa	屈服强度 $\sigma_{0.2}$/MPa	伸长率 δ_5/%
5	180～650	380	22.0
6	550～690	460	20.0
7	620～760	540	17.0
8	690～820	610	16.0
9	760～900	680	15.0
10	820～970	750	14.0

如果第一次拉伸性能试验不合格，则要重新制备两个拉伸试样进行复试，只有这两个试样的拉伸试验结果全部合格时，才认为合格。

表 16-47 不锈钢拉伸试验

焊剂型号	拉伸试验	
	抗拉强度 σ_b/MPa	伸长率 δ_5/%
F308-H×××	520	30
F308L-H×××	480	25
F309-H×××	520	
F309Mo-H×××	550	
F310-H×××	520	
F316-H×××		
F316L-H×××	480	30
F316CuL-H×××		

② 熔敷金属的冲击试验　取样位置见图 16-17，冲击试样的形状尺寸见图 16-20。缺口开在焊缝中央。

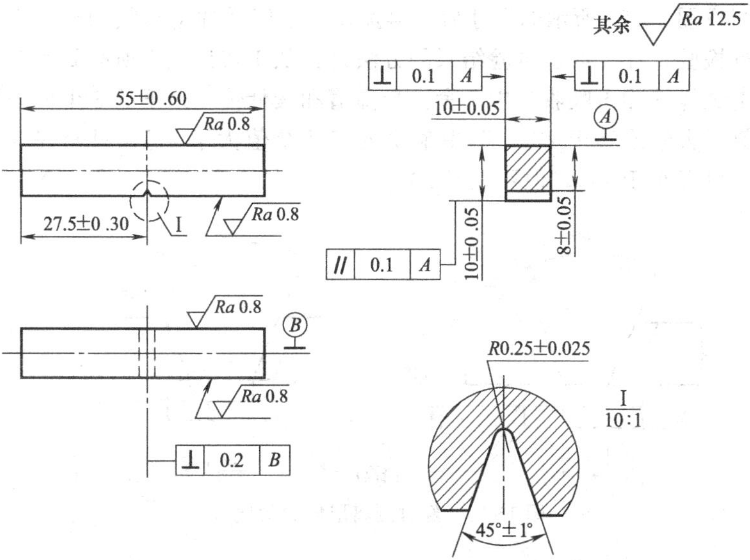

图 16-20　夏比 V 形缺口冲击试样

冲击试验按 GB/T 2650—2008 中的有关规定进行。冲击试验时的试验温度和冲击试验结果应符合表 16-48 的规定。

对焊剂进行熔敷金属拉伸性能和冲击吸收功的检验，因母材问题发生争议时，应按下述步骤进行检验：

取厚度为 20～25mm 的 16Mn 钢板，用被检验的焊剂、焊丝组合，

表 16-48 熔敷金属 V 形缺口冲击吸收功的分级代号及要求

冲击吸收功代号(X_3)	试验温度/℃	冲击吸收功/J
0	—	无要求
1	0	≥27
2	−20	
3	−30	
4	−40	
5	−50	
6	−60	
8	−80	
10	−100	

进行隔离层堆焊，堆焊三层；垫板选用厚度为 6～10mm 的 16Mn 钢板，用被检验的焊剂、焊丝组合进行隔离层堆焊，堆焊三层。加工并装配成图 16-21 所示的尺寸后，再按拉伸性能及冲击吸收功检验方法进行检验，评定冲击试验结果的方法是：从 1 块试板上所得到的 5 个冲击试样的冲击吸收功中，舍去最高值和最低值，余下的 3 个值的平均值须大于或等于 27J，其中最少要有两个值大于 27J，只允许有一个值可以小于 27J，但要大于 20J。

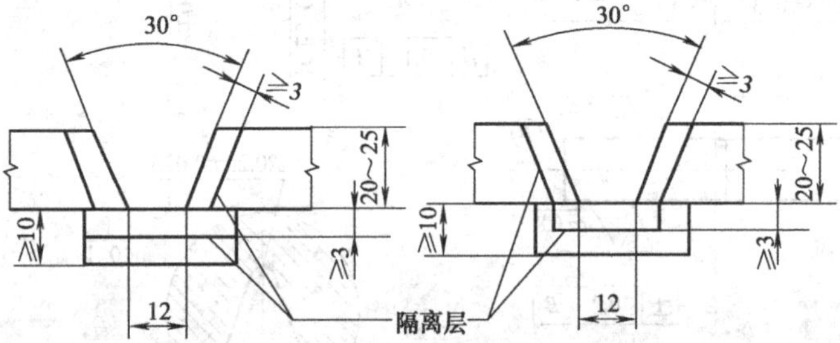

图 16-21 经过隔离层堆焊的坡口

如果第一次冲击试验结果不合格时，要重新制备两组试样（各 5 个）做复试，只有这两组重复试验结果全部合格时，才认为合格。

4. 焊接试板射线检测

检测试板见图 16-17。射线检测试验应在从试板上截取拉伸和冲击试样之前进行，检测之前还应采用机械加工方法去掉垫板。

试验应按 GB/T 3323—2005《金属熔化焊对接接头射线照相》

中规定的质量分级方法进行。评定试板底片时，试板两端各 25mm 范围内的焊缝不予考虑。合格标准为Ⅰ级片。

5. 熔敷金属中扩散氢含量的测定

当熔敷金属中扩散氢含量小于或等于于 2mL/100g 时，采用水银置换法或气相色谱法测定：当熔敷金属中扩散氢含量 大于 2mL/100g 时，可以采用甘油置换法或其他方法测定。目前尚无测定焊剂熔敷金属扩散氢含量的国家标准。

试验按 GB/T 3965—2012 规定的熔敷金属中扩散氢含量测定方法进行。

第三节　焊丝质量评定试验

一、实心焊丝质量评定试验

实心焊丝质量评定试验主要有外观质量检查、化学成分测定和熔敷金属力学性能试验，具体试验项目见表 16-49。

表 16-49　试验项目

<table>
<tr><th rowspan="2">焊丝型号</th><th rowspan="2">焊丝化学分析</th><th rowspan="2">射线探伤</th><th colspan="2">熔敷金属力学试验</th><th rowspan="2">扩散氢试验</th><th rowspan="2">试样状态</th></tr>
<tr><th>拉伸试验</th><th>冲击试验</th></tr>
<tr><td colspan="7">碳钢</td></tr>
<tr><td>ER50-2</td><td rowspan="6">要求</td><td rowspan="6">要求</td><td rowspan="6">要求</td><td rowspan="2">要求</td><td rowspan="6">①</td><td rowspan="6">焊态</td></tr>
<tr><td>ER50-3</td></tr>
<tr><td>ER50-4</td><td>不要求</td></tr>
<tr><td>ER50-6</td><td rowspan="3">要求</td></tr>
<tr><td>ER50-7</td></tr>
<tr><td>ER49-1</td></tr>
<tr><td colspan="7">碳钼钢</td></tr>
<tr><td>ER49-A1</td><td>要求</td><td>要求</td><td>要求</td><td>不要求</td><td>①</td><td>焊后热处理</td></tr>
<tr><td colspan="7">铬钼钢</td></tr>
<tr><td>ER55-B2</td><td rowspan="6">要求</td><td rowspan="6">要求</td><td rowspan="6">要求</td><td rowspan="2">不要求</td><td rowspan="6">①</td><td rowspan="6">焊后热处理</td></tr>
<tr><td>ER49-B2L</td></tr>
<tr><td>ER55-B2-MnV</td><td rowspan="2">要求</td></tr>
<tr><td>ER55-B2-Mn</td></tr>
<tr><td>ER62-B3</td><td rowspan="2">不要求</td></tr>
<tr><td>ER55-B3L</td></tr>
</table>

续表

<table>
<tr><th rowspan="2">焊丝型号</th><th rowspan="2">焊丝化学分析</th><th rowspan="2">射线探伤</th><th colspan="2">熔敷金属力学试验</th><th rowspan="2">扩散氢试验</th><th rowspan="2">试样状态</th></tr>
<tr><th>拉伸试验</th><th>冲击试验</th></tr>
<tr><td>ER55-B6</td><td rowspan="3">要求</td><td rowspan="3">要求</td><td rowspan="3">要求</td><td rowspan="3">不要求</td><td rowspan="3">①</td><td rowspan="3">焊后热处理</td></tr>
<tr><td>ER55-B8</td></tr>
<tr><td>ER62-B9</td></tr>
<tr><td colspan="7">镍钢</td></tr>
<tr><td>ER55-Ni1</td><td rowspan="3">要求</td><td rowspan="3">要求</td><td rowspan="3">要求</td><td rowspan="3">要求</td><td rowspan="3">①</td><td>焊态</td></tr>
<tr><td>ER55-Ni2</td><td rowspan="2">焊后热处理</td></tr>
<tr><td>ER55-Ni3</td></tr>
<tr><td colspan="7">锰钼钢</td></tr>
<tr><td>ER55-D2</td><td rowspan="3">要求</td><td rowspan="3">要求</td><td rowspan="3">要求</td><td rowspan="3">要求</td><td rowspan="3">①</td><td rowspan="3">焊态</td></tr>
<tr><td>ER62-D2</td></tr>
<tr><td>ER55-D2-Ti</td></tr>
<tr><td colspan="7">其他低合金钢</td></tr>
<tr><td>ER55-1</td><td rowspan="5">要求</td><td>不要求</td><td rowspan="5">要求</td><td rowspan="4">要求</td><td rowspan="5">①</td><td rowspan="4">焊态</td></tr>
<tr><td>ER69-1</td><td rowspan="4">要求</td></tr>
<tr><td>ER76-1</td></tr>
<tr><td>ER83-1</td></tr>
<tr><td>ERXX-G</td><td>①</td><td>①</td></tr>
</table>

① 供需双方协商确定。

1. 外观质量检查

(1) 焊丝的表面质量

① 焊丝表面必须光滑平整，不应有毛刺、划痕、锈蚀裂纹、气孔等缺陷和氧化皮、油污等污物，也不应有其他不利于焊接操作或对焊缝金属有不良影响的杂质。

② 镀铜焊丝的镀层要均匀牢固，用缠绕法检查镀铜层的结合力时，应不出现起鳞与剥离现象。

③ 焊丝的挺度应能使焊丝均匀连续送进。

(2) 焊丝的尺寸及允许偏差

① 焊丝的直径及允许偏差应符合表 16-50～表 16-56 的规定。

② 填充焊丝的长度为（1000±10）mm。

2. 化学成分分析

(1) 碳钢焊丝、低合金钢焊丝及不锈钢焊丝、铸铁焊丝

焊丝的化学成分分析应在成品焊丝上取样，通常是在盘（卷、桶）

表 16-50 气体保护焊用碳钢、低合金焊丝的直径及允许偏差

mm

包装形式	焊丝直径	允许偏差
直条	1.2、1.6、2.0、2.4、2.5	+0.01 −0.04
	3.0、3.2、4.0、4.8	+0.01 −0.07
焊丝卷	0.8、0.9、1.0、1.2、1.4、1.6、2.0、2.4、2.5	+0.01 −0.04
	2.8、3.0、3.2	+0.01 −0.07
焊丝桶	0.9、1.0、1.2、1.4、1.6、2.0、2.4、2.5	+0.01 −0.04
	2.8、3.0、3.2	+0.01 −0.07
焊丝盘	0.5、0.6	+0.01 −0.03
	0.8、0.9、1.0、1.2、1.4、1.6、2.0、2.4、2.5	+0.01 −0.04
	2.8、3.0、3.2	+0.01 −0.07

注：1. 根据供需双方协议，可生产其他尺寸及偏差的焊丝。
2. 直条焊丝长度为 500～1000mm，允许偏差为±5mm。

表 16-51 埋弧焊用碳钢、不锈钢焊丝的公称直径及极限偏差

mm

公称直径	极限偏差	公称直径	极限偏差
1.6、2.0、2.5	0 −0.10	3.2、4.0、5.0、6.0	0 −0.12

注：根据供需双方协议，也可生产其他尺寸的焊丝。

焊丝的每批中任选一盘（卷、桶），直条焊丝任选一最小包装单位，进行焊丝取样。焊丝的化学成分分析可采用任何适宜的方法，仲裁试验应按 GB/T 223.3—1988～GB/T 223.70—1994 进行。

合格标准：焊丝化学成分应符合表 16-57～表 16-61 的规定。

(2) 铜及铜合金焊丝

① 每批焊丝在不同部位取三个代表性试样进行化学成分分析。

表 16-52 铸铁填充焊丝及极限偏差 mm

项目	焊丝直径		焊丝长度	
	基本尺寸	极限偏差	基本尺寸	极限偏差
铸铁焊丝	3.2	±0.8	400～500	±5
	4		450～550	
	5			
	6			
	8			
	10			
	12		550～650	

表 16-53 铜及铜合金焊丝的尺寸及允许偏差 mm

包装形式	焊丝直径	允许偏差
直条	1.6、1.8、2.0、2.4、2.5、2.8、3.0、3.2、4.0、4.8、5.0、6.0、6.4	±0.1
焊丝卷[①]		+0.01 −0.04
直径为 100mm 和 200mm 的焊丝盘	0.8、0.9、1.0、1.2、1.4、1.6	
直径为 270mm 和 300mm 的焊丝盘	0.5、0.8、0.9、1.0、1.2、1.4、1.6、2.0、2.4、2.5、2.8、3.0、3.2	

① 当用于手工填充丝时，其直径允许偏差为±0.1mm。

注：根据供需双方协议，可生产其他尺寸、偏差的焊丝。

表 16-54 铝及铝合金圆形焊丝的尺寸及允许偏差 mm

包装形式	焊丝直径	允许偏差
直条[①]	1.6、1.8、2.0、2.4、2.5、2.8、3.0、3.2、4.0、4.8、5.0、6.0、6.4	±0.1
焊丝卷[②]		+0.01 −0.04
直径为 100mm 和 200mm 的焊丝盘	0.8、0.9、1.0、1.2、1.4、1.6	
直径为 270mm 和 300mm 的焊丝盘	0.8、0.9、1.0、1.2、1.4、1.6、2.0、2.4、2.5、2.8、3.0、3.2	

① 铸造直条填充丝不规定直径偏差。

② 当用于手工填充丝时，其直径允许偏差为±0.1mm。

注：根据供需双方协议，可生产其他尺寸、偏差的焊丝。

表 16-55 铝及铝合金扁平焊丝的尺寸 mm

当量直径	厚度	宽度	当量直径	厚度	宽度
1.6	1.2	1.8	4.0	2.9	4.4
2.0	1.5	2.1	4.8	3.6	5.3
2.4	1.8	2.7	5.0	3.8	5.2
2.5	1.9	2.6	6.4	4.8	7.1
3.2	2.4	3.6			

表 16-56 镍及镍合金焊丝的直径及允许偏差 mm

包装形式	焊丝直径	允许偏差
直条	1.6、1.8、2.0、2.4、2.5、2.8、3.0、3.2、4.0、4.8、5.0、6.0、6.4	±0.1
焊丝卷①		+0.01 -0.04
直径为 100mm 和 200mm 的焊丝盘	0.8、0.9、1.0、1.2、1.4、1.6	
直径为 270mm 和 300mm 的焊丝盘	0.5、0.8、0.9、1.0、1.2、1.4、1.6、2.0、2.4、2.5、2.8、3.0、3.2	

① 当用于手工填充丝时，其直径允许偏差为±0.1mm。

注：根据供需双方协议，可生产其他尺寸、偏差和包装形式的焊丝。

② 焊丝的化学分析方法应分别按 GB/T 5121.1～5121.12—2008《铜及铜合金化学分析方法》的规定进行。微量元素的分析方法由供需双方协商确定。

③ 焊丝的化学分析结果应符合表 16-62 的规定。如在常规分析中发现其他元素时须作进一步分析，以便确定杂质元素总和是否超过表 16-62 中所规定的范围。化学成分分析结果不合格时要加倍取样，对不合格元素进行复验。如仍不合格，则这批焊丝为不合格品。

(3) 铝及铝合金焊丝

① 每批焊丝在不同部位取 3 个代表试样进行化学分析。

② 铝及铝合金焊丝的化学分析方法应符合 GB/T 20975.1～20975.21—2008 的规定。

③ 焊丝的化学成分应符合表 16-63 的规定。如在常规分析中发现有其他元素时，则应作进一步分析，以便确定其他元素总量是否超过表 16-63 所规定的数值。

(4) 镍及镍合金焊丝

① 焊丝的化学分析试样应取自成品焊丝，并备有足够重复分析用的试样。

② 焊丝的化学分析方法可按供需双方协商的任何方法进行，仲裁试验应按 GB/T 8647.1～8647.10—2006、GB/T 223.3—1988～GB/T 223.70—1994 的规定进行。

③ 焊丝化学分析结果应符合表 16-64 的规定。

表 16-57　气体保护焊用碳钢、低合金钢焊丝的化学成分（质量分数）　　%

焊丝型号	C	Mn	Si	P	S	Ni	Cr	Mo	V	Ti	Zr	Al	Cu①	其他元素(除铁外)总量
碳钢														
ER50-2	0.07	0.90～1.40	0.40～0.70	0.025	0.025	0.15	0.15	0.15	0.03	0.05～0.15	0.02～0.12	0.05～0.15	0.50	—
ER50-3	0.06～0.15		0.45～0.75							—	—	—		
ER50-4		1.00～1.50	0.65～0.85											
ER50-6		1.40～1.85	0.80～1.15											
ER50-7	0.07～0.15	1.50～2.00②	0.50～0.80											
ER49-1	0.11	1.80～2.10	0.65～0.95	0.030	0.030	0.30	0.20	—	—					
碳钼钢														
ER49-A1	0.12	1.30	0.30～0.70	0.025	0.025	0.20	—	0.40～0.65	—	—	—	—	0.35	0.50
铬钼钢														
ER55-B2	0.07～0.12	0.40～0.70	0.40～0.70	0.025	0.025	0.20	1.20～1.50	0.40～0.65	—	—	—	—	0.35	0.50
ER49-B2L	0.05													
ER55-B2-MnV	0.06～0.10	1.20～1.60	0.60～0.90	0.030		0.25	1.00～1.30	0.50～0.70	0.20～0.40					
ER55-B2-Mn		1.20～1.70					0.90～1.20	0.45～0.65	—					

续表

焊丝型号	C	Mn	Si	P	S	Ni	Cr	Mo	V	Ti	Zr	Al	Cu①	其他元素(除铁外)总量
ER62-B3	0.07～0.12	0.40～0.70	0.40～0.70	0.025	0.025	0.20	2.30～2.70	0.90～1.20	—	—	—	—	0.35	0.50
ER55-B3L	0.05													
ER55-B6	0.10		0.50			0.60	4.50～6.00	0.45～0.65						
ER55-B8	0.10					0.50		0.80～1.20						
ER62-B9③	0.07～0.13	1.20	0.15～0.50	0.010	0.010	0.80	8.00～10.50	0.85～1.20	0.15～0.30			0.04	0.20	
镍钢														
ER55-Ni1	0.12	1.25	0.40～0.80	0.025	0.025	0.80～1.10	0.15	0.35	0.05	—	—	—	0.35	0.50
ER55-Ni2						2.00～2.75	—	—	—					
ER55-Ni3						3.00～3.75	—	—	—					
锰钼钢														
ER55-D2	0.07～0.12	1.60～2.10	0.50～0.80	0.025	0.025	0.15	—	0.40～0.60	—	—	—	—	0.50	0.50
ER62-D2														
ER55-D2-Ti	0.12	1.20～1.90	0.40～0.80			—		0.20～0.50		0.20				

续表

焊丝型号	C	Mn	Si	P	S	Ni	Cr	Mo	V	Ti	Zr	Al	Cu①	其他元素(除铁外)总量
其他低合金钢														
ER55-1	0.10	1.20～1.60	0.60	0.025	0.020	0.20～0.60	0.30～0.90	—	—	—	—	—	0.20～0.50	0.50
ER69-1	0.08	1.25～1.80	0.20～0.55	0.010	0.010	1.40～2.10	0.30	0.25～0.55	0.05	0.10	0.10	0.10	0.25	0.50
ER76-1	0.09	1.40～1.80	0.20～0.55	0.010	0.010	1.90～2.60	0.50	0.25～0.55	0.04	0.10	0.10	0.10	0.25	0.50
ER83-1	0.10	1.40～1.80	0.25～0.60	0.010	0.010	2.00～2.80	0.60	0.30～0.65	0.03	0.10	0.10	0.10	0.25	0.50
ERXX-G	供需双方协商确定													

① 如果焊丝镀铜，则焊丝中 Cu 含量和镀铜层中 Cu 含量之和不应大于 0.50%。

② Mn 的最大含量可以超过 2.00%，但每增加 0.05%的 Mn，最大 C 含量应降低 0.01%。

③ Nb(Cb)=0.02%～0.10%；N=0.03%～0.07%；Mn+Ni≤1.50%。

注：表中单值均为最大值。

表 16-58 埋弧焊用碳钢焊丝的化学成分 %

焊丝牌号	C	Mn	Si	Cr	Ni	Cu	S	P
低锰焊丝								
H08A	≤0.10	0.30～0.60	≤0.03	≤0.20	≤0.30	≤0.20	≤0.030	≤0.030
H08E	≤0.10	0.30～0.60	≤0.03	≤0.20	≤0.30	≤0.20	≤0.020	≤0.020
H08C	≤0.10	0.30～0.60	≤0.03	≤0.10	≤0.10	≤0.20	≤0.015	≤0.015
H15A	0.11～0.18	0.35～0.65	≤0.03	≤0.20	≤0.30	≤0.20	≤0.030	≤0.030

续表

焊丝牌号	C	Mn	Si	Cr	Ni	Cu	S	P
中锰焊丝								
H08MnA	≤0.10	0.80～1.10	≤0.07	≤0.20	≤0.30	≤0.20	≤0.030	≤0.030
H15Mn	0.11～0.18		≤0.03				≤0.035	≤0.035
高锰焊丝								
H10Mn2	≤0.12	1.50～1.90	≤0.07	≤0.20	≤0.30	≤0.20	≤0.035	≤0.035
H08Mn2Si	≤0.11	1.70～2.10	0.65～0.95					
H08Mn2SiA		1.80～2.10					≤0.030	≤0.030

注：1. 如存在其他元素（除铁外），则这些元素的总量不得超过 0.5%。

2. 当焊丝表面镀铜时，铜含量应不大于 0.35%。

3. 根据供需双方协议，也可生产其他牌号的焊丝。

4. 根据供需双方协议，H08A、H08E、H08C 非沸腾钢允许硅含量不大于 0.10%。

5. H08A、H08E、H08C 焊丝中锰含量应符合 GB/T 3429 的规定。

表 16-59　埋弧焊用不锈钢焊丝的化学成分　　%

牌号	C	Si	Mn	P	S	Cr	Ni	Mo	其他
H0Cr21Ni10	0.08	0.60	1.00～2.50	0.030	0.030	19.50～22.00	9.00～11.00	—	
H00Cr21Ni10	0.03				0.020				
H1Cr24Ni13	0.12				0.030	23.00～25.00	12.00～14.00		
H1Cr24Ni13Mo2								2.00～3.00	
H1Cr26Ni21	0.15					25.00～28.00	20.00～22.00	—	
H0Cr19Ni12Mo2	0.08					18.00～20.0	11.00～14.00	2.00～3.00	
H00Cr19Ni12Mo2	0.03				0.020				

续表

牌号	C	Si	Mn	P	S	Cr	Ni	Mo	其他
H00Cr19Ni12Mo2Cu2	0.03	0.60	1.00～25.0	0.030	0.020	18.00～20.0	11.00～14.00	2.00～3.00	Cu:1.00～2.50
H0Cr20Ni14Mo3	0.08				0.030	18.50～20.50	13.00～15.00	3.00～4.00	—
H0Cr19Ni10Nb						19.00～21.50	9.00～11.00	—	Nb:10×C～1.00
H1Cr13	0.12	0.50	0.60			11.50～13.50	0.60		
H1Cr17	0.10					15.50～17.00			

注：1. 表中单值均为最大值。

2. 根据供需双方协议，也可产生表中牌号以外的焊丝。

表 16-60 铸铁填充焊丝的化学成分 %

型号	C	Si	Mn	S	P	Fe	Ni	Ce	Mo	球化剂
RZC-1	3.2～3.5	2.7～3.0	0.60～0.75	≤0.10	0.50～0.75	余量	—	—	—	—
RZC-2	3.2～4.5	3.0～3.8	0.30～0.80		≤0.50					
RZCH	3.2～3.5	2.0～2.5	0.50～0.70		0.20～0.40		1.2～1.6		0.25～0.45	
RZCQ-1	3.2～4.0	3.2～3.8	0.10～0.40	≤0.015	≤0.05		≤0.50	≤0.20	—	0.04～0.10
RZCQ-2	3.5～4.2	3.5～4.2	0.50～0.80	≤0.03	≤0.10		—	—	—	

表 16-61 气体保护焊用铸铁焊丝的化学成分 %

型号	C	Si	Mn	S	P	Fe	Ni	Cu	Al	其他元素总量
ERZNi	≤1.0	≤0.75	≤2.5	≤0.03	—	≤4.0	≥90	≤4.0	—	≤1.0
ERZNiFeMn	≤0.50	≤1.0	10～14	≤0.03		余量	35～45	≤2.5	≤1.0	

表 16-62 铜及铜合金焊丝的化学成分（质量分数） %

焊丝型号	化学成分代号	Cu	Zn	Sn	Mn	Fe	Si	Ni+Co	Al	Pb	Ti	S	P	其他
铜														
SCu1897[①]	CuAg1	≥99.5（含 Ag）	—	—	≤0.2	≤0.05	≤0.1	≤0.3	≤0.01	≤0.01	—	—	0.01～0.05	≤0.2
SCu1898	CuSn1	≥98.0		≤1.0	≤0.50	—	≤0.5	—		≤0.02			≤0.15	≤0.5
SCu1898A	CuSn1MnSi	余量		0.5～1.0	0.1～0.4	≤0.03	0.1～0.4	≤0.1		≤0.01			≤0.015	≤0.2
黄铜														
SCu4700	CuZn40Sn	57.0～61.0	余量	0.25～1.0	—	—	—	—	≤0.01	≤0.05	—	—	—	≤0.5
SCu4701	CuZn40SnSiMn	58.5～61.5		0.2～0.5	0.05～0.25	≤0.25	0.15～0.4			≤0.02				≤0.2
SCu6800	CuZn40Ni	56.0～60.0		0.08～1.1	0.01～0.50	0.25～1.20	0.04～0.15	0.2～0.8		≤0.05				≤0.5
SCu6810	CuZn40Fe1Sn1						0.04～0.25							
SCu6810A	CuZn40SnSi	58.0～62.0		≤1.0	≤0.3	≤0.2	0.1～0.5			≤0.03				≤0.2
SCu7730	CuZn40Ni10	46.0～50.0		—	—	—	0.04～0.25	9.0～11.0		≤0.05			≤0.25	≤0.5
青铜														
SCu6511	CuSi2Mn1	余量	≤0.2	0.1～0.3	0.5～1.5	≤0.1	1.5～2.0	—	≤0.01	≤0.02	—	—	≤0.02	≤0.5
SCu6560	CuSi3Mn		≤1.0	≤1.0	≤1.5	≤0.5	2.8～4.0						—	

续表

焊丝型号	化学成分代号	Cu	Zn	Sn	Mn	Fe	Si	Ni+Co	Al	Pb	Ti	S	P	其他
SCu6560A	CuSi3Mn1		≤0.4	—	0.7～1.3	≤0.2	2.7～3.2		≤0.05	≤0.05			≤0.05	
SCu6561	CuSi2Mn1Sn1Zn1		≤1.5	≤1.5	≤1.5	≤0.5	2.0～2.8	—	—				—	≤0.5
SCu5180	CuSn5P		—	4.0～6.0		—			≤0.01				0.1～0.4	
SCu5180A	CuSn6P		≤0.1	4.0～7.0	—		—						0.01～0.4	≤0.2
SCu5210	CuSn8P		≤0.2	7.5～8.5		≤0.1		≤0.2	—	≤0.02				
SCu5211	CuSn10MnSi	余量	≤0.1	9.0～10.0	0.1～0.5		0.1～0.5	—	≤0.01		—	—	≤0.1	≤0.5
SCu5410	CuSn12P		≤0.05	11.0～13.0	—	—	—		≤0.005				0.01～0.4	≤0.4
SCu6061	CuAl5Ni2Mn			—	0.1～1.0	≤0.5	≤0.1	1.0～1.5	4.5～5.5					≤0.5
SCu6100	CuAl7		≤0.2		≤0.5	—		—	6.0～8.5	—				
SCu6100A	CuAl8			≤0.1		≤0.5	≤0.2	≤0.5	7.0～9.0				—	≤0.2
SCu6180	CuAl10Fe			—	—	≤1.5	≤0.1	—	8.5～11.0	≤0.02				≤0.5
SCu6240	CuAl11Fe3		≤0.1			2.0～4.5			10.0～11.5					

续表

焊丝型号	化学成分代号	Cu	Zn	Sn	Mn	Fe	Si	Ni+Co	Al	Pb	Ti	S	P	其他
SCu6325	CuAl8Fe4Mn2Ni2	余量	≤0.1	—	0.5～3.0	1.8～5.0	≤0.1	0.5～3.0	7.0～9.0	≤0.02	—	—	—	≤0.4
SCu6327	CuAl8Ni2Fe2Mn2		≤0.2	—	0.5～2.5	0.5～2.5	≤0.2	0.5～3.0	7.0～9.5					≤0.4
SCu6328	CuAl9Ni5Fe3Mn2		≤0.1		0.6～3.5	3.0～5.0	≤0.1	4.0～5.5	8.5～9.5					≤0.5
SCu6338	CuMn13Al8Fe3Ni2		≤0.15		11.0～14.0	2.0～4.0		1.5～3.0	7.0～8.5					
白铜														
SCu7158②	CuNi30Mn1FeTi	余量	—	—	0.5～1.5	0.4～0.7	≤0.25	29.0～32.0	—	≤0.02	0.2～0.5	≤0.01	≤0.02	≤0.5
SCu7061③	CuTi10					0.5～2.0	≤0.2	9.0～11.0			0.1～0.5	≤0.02		≤0.4

① As 的质量分数不大于 0.05%，Ag 的质量分数为 0.8%～1.2%。

② 碳的质量分数不大于 0.04%。

③ 碳的质量分数不大于 0.05%。

注：1. 应对表中所列规定值的元素进行化学分析，但当常规分析发现存在其他元素时，应进一步分析，以确定这些元素是否超出“其他”规定的极限值。

2. “其他”包含未规定数值的元素总和。

3. 根据供需双方协议，可生产使用其他型号的焊丝，用 SCuZ 表示，化学成分代号由制造商确定。

表 16-63　铝及铝合金焊丝的化学成分（质量分数）　　%

焊丝型号	化学成分代号	Si	Fe	Cu	Mn	Mg	Cr	Zn	Ga、V	Ti	Zr	Al	Be	其他元素	
														单个	合计
铝															
SAl1070	Al99.7	0.20	0.25	0.04	0.03	0.03		0.04	V0.05	0.03		99.70		0.03	
SAl1080A	Al99.8(A)	0.15	0.15	0.03	0.02	0.02		0.06	Ga0.03	0.02		99.80		0.02	—
SAl1188	Al99.88	0.06	0.06	0.005	0.01	0.01		0.03	Ga0.03 V0.05	0.01		99.88		0.01	
SAl1100	Al99.0Cu	Si+Fe:0.95		0.05～0.20		—	—	0.10		—	—	99.00	0.0003	0.05	0.15
SAl1200	Al99.0	Si+Fe:1.00			0.05				—	0.05					
SAl1450	Al99.5Ti	0.25	0.40	0.05		0.05		0.07		0.10～0.20		99.50		0.03	—
铝铜															
SAl2319	AlCu6MnZrTi	0.20	0.30	5.8～6.8	0.20～0.40	0.02	—	0.10	V0.05～0.15	0.10～0.20	0.10～0.25	余量	0.0003	0.05	0.15
铝锰															
SAl3103	AlMn1	0.50	0.7	0.10	0.9～1.5	0.30	0.10	0.20	—	Ti+Zr0.10		余量	0.0003	0.05	0.15
铝硅															
SAl4009	AlSi5Cu1Mg	4.5～5.5		1.0～1.5		0.45～0.6									
SAl4010	AlSi7Mg	6.5～7.5	0.20	0.20	0.10	0.30～0.45	—	0.10	—	0.20	—	余量	0.0003	0.05	0.15
SAl4011	AlSi7Mg0.5Ti					0.45～0.7				0.04～0.20			0.04～0.07		

续表

焊丝型号	化学成分代号	Si	Fe	Cu	Mn	Mg	Cr	Zn	Ga、V	Ti	Zr	Al	Be	其他元素	
														单个	合计
SAl4018	AlSi7Mg	6.5～7.5	0.20	0.05	0.10	0.50～0.8	—	0.10	—	0.20	—	余量	0.0003	0.05	0.15
SAl4043	AlSi5	4.5～6.0	0.8	0.30	0.05	0.05									
SAl4043A	AlSi5(A)		0.6		0.15	0.20				0.15					
SAl4046	AlSi10Mg	9.0～11.0	0.50		0.40	0.20～0.50									
SAl4047	AlSi12	11.0～13.0	0.8		0.15	0.10		0.20		—					
SAl4047A	AlSi12(A)		0.6							0.15					
SAl4145	AlSi10Cu4	9.3～10.7	0.8	3.3～4.7		0.15	0.15			—					
SAl4643	AlSi4Mg	3.6～4.6	0.8	0.10	0.05	0.10～0.30	—	0.10		0.15					
铝镁															
SAl5249	AlMg2Mn0.8Zr	0.25	0.40	0.05	0.50～1.1	1.6～2.5	0.30	0.20	—	0.15	0.10～0.20	余量	0.003	0.05	0.15
SAl5554	AlMg2.7Mn			0.10	0.50～1.0	2.4～3.0	0.05～0.20	0.25		0.05～0.20	—				
SAl5654	AlMg3.5Ti	Si+Fe:0.45		0.05	0.01	3.1～3.9	0.15～0.35	0.20		0.05～0.15					
SAl5654A	AlMg3.5Ti												0.0005		
SAl5754①	AlMg3	0.40	0.40	0.10	0.50	2.6～3.6	0.30			0.15			0.0003		
SAl5356	AlMg5Cr(A)				0.05～0.20	4.5～5.5	0.05～0.20	0.10		0.06～0.20					

续表

焊丝型号	化学成分代号	Si	Fe	Cu	Mn	Mg	Cr	Zn	Ga、V	Ti	Zr	Al	Be	其他元素	
														单个	合计
SAl5356A	AlMg5Cr(A)	0.25	0.40	0.10	0.05～0.20	4.5～5.5	0.05～0.20	0.10	—	0.06～0.20	—	余量	0.0005	0.05	0.15
SAl5556	AlMg5Mn1Ti				0.50～1.0	4.7～5.5		0.25		0.05～0.20			0.0003		
SAl5556C	AlMg5Mn1Ti												0.0005		
SAl5556A	AlMg5Mn				0.6～1.0	5.0～5.5		0.20					0.0003		
SAl5556B	AlMg5Mn												0.0005		
SAl5183	AlMg4.5Mn0.7(A)	0.40			0.50～1.0	4.3～5.2	0.05～0.25	0.25		0.15			0.0003		
SAl5183A	AlMg4.5Mn0.7(A)												0.0005		
SAl5087	AlMg4.5MnZr	0.25		0.05	0.7～1.1	4.5～5.2					0.10～0.20		0.0003		
SAl5187	AlMg4.5MnZr												0.0005		

① SAl5754 中 Mn+Cr：0.10～0.60。

注：1. Al 的单值为最小值，其他元素单值均为最大值。

2. 根据供需双方协议，可生产使用其他型号的焊丝，用 SAlZ 表示，化学成分代号由制造商确定。

表 16-64 镍及镍合金焊丝的化学成分（质量分数） %

焊丝型号	化学成分代号	C	Mn	Fe	Si	Cu	Ni①	Co①	Al	Ti	Cr	Nb②	Mo	W	其他③
镍															
SNi2061	NiTi3	≤0.15	≤1.0	≤1.0	≤0.7	≤0.2	≥92.0	—	≤1.5	2.0～3.5	—	—	—	—	—
镍铜															
SNi4060	NiCu30Mn3Ti	≤0.15	2.0～4.0	≤2.5	≤1.2	28.0～32.0	≥62.0	—	≤1.2	1.5～3.0	—	—	—	—	—

续表

焊丝型号	化学成分代号	C	Mn	Fe	Si	Cu	Ni①	Co①	Al	Ti	Cr	Nb②	Mo	W	其他③
SNi4061	NiCu30Mn3Nb	≤0.15	≤4.0	≤2.5	≤1.25	28.0～32.0	≥60.0	—	≤1.0	≤1.0	—	≤3.0	—	—	—
SNi5504	NiCu25Al3Ti	≤0.25	≤1.5	≤2.0	≤1.0	≥20.0	63.0～70.0	—	2.0～4.0	0.3～1.0	—	—	—	—	—
镍铬															
SNi6072	NiCr44Ti	0.01～0.10	≤0.20	≤0.50	≤0.20	≤0.50	≥52.0	—	—	0.3～1.0	42.0～46.0	—	—	—	—
SNi6076	NiCr20	0.08～0.25	≤1.0	≤2.00	≤0.30	≤0.50	≥75.0	—	≤0.4	≤0.5	19.0～21.0	—	—	—	—
SNi6082	NiCr20Mn3Nb	≤0.10	2.5～3.5	≤3.0	≤0.5	≤0.5	≥67.0	—	—	≤0.7	18.0～22.0	2.0～3.0	—	—	—
镍铬铁															
SNi6002	NiCr21Fe18Mo9	0.05～0.15	≤2.0	17.0～20.0	≤1.0	≤0.5	≥44.0	0.5～2.5	—	—	20.5～23.0	—	8.0～10.0	0.2～1.0	—
SNi6025	NiCr25Fe10AlY	0.15～0.25	≤0.5	8.0～11.0	≤0.5	≤0.1	≥59.0	—	1.8～2.4	0.1～0.2	24.0～26.0	—	—	—	Y：0.05～0.12 Zr：0.01～0.10
SNi6030	NiCr30Fe15Mo5W	≤0.03	≤1.5	13.0～17.0	≤0.8	1.0～2.4	≥36.0	≤5.0	—	—	28.0～31.5	0.3～1.5	4.0～6.0	1.5～4.0	—
SNi6052	NiCr30Fe9	≤0.04	≤1.0	7.0～11.0	≤0.5	≤0.3	≥54.0	—	≤1.1	1.0	28.0～31.5	0.10	0.5	—	Al+Ti≤1.5
SNi6062	NiCr15Fe8Nb	≤0.08	≤1.0	6.0～10.0	≤0.3	≤0.5	≥70.0	—	—	—	14.0～17.0	1.5～3.0	—	—	—
SNi6176	NiCr16Fe6	≤0.05	≤0.5	5.5～7.5	≤0.5	≤0.1	≥76.0	≤0.05	—	—	15.0～17.0	—	—	—	—

续表

焊丝型号	化学成分代号	C	Mn	Fe	Si	Cu	Ni①	Co①	Al	Ti	Cr	Nb②	Mo	W	其他③
SNi6601	NiCr23Fe15Al	≤0.10	≤1.0	≤20.0	≤0.5	≤1.0	58.0~63.0	—	1.0~1.7	—	21.0~25.0	—	—	—	—
SNi6701	NiCr36Fe7Nb	0.35~0.50	0.5~2.0	≤7.0	0.5~2.0	—	42.0~48.0	—	—	—	33.0~39.0	0.8~1.8	—	—	—
SNi6704	NiCr25FeAl3YC	0.15~0.25	≤0.5	8.0~11.0	≤0.5	≤0.1	≥55.0	—	1.8~2.8	0.1~0.2	24.0~26.0	—	—	—	Y:0.05~0.12 Zr:0.01~0.10
SNi6975	NiCr25Fe13Mo6	≤0.03	≤1.0	10.0~17.0	≤1.0	0.7~1.2	≥47.0	—	—	0.70~1.50	23.0~26.0	—	5.0~7.0	—	—
SNi6985	NiCr22Fe20Mo7Cu2	≤0.01	≤1.0	18.0~21.0	≤1.0	1.5~2.5	≥40.0	≤5.0	—	—	21.0~23.5	≤0.50	6.0~8.0	≤1.5	—
SNi7069	NiCr15Fe7Nb	≤0.08	≤1.0	5.0~9.0	≤0.50	≤0.50	≥70.0	—	0.4~1.0	2.0~2.7	14.0~17.0	0.70~1.20	—	—	—
SNi7092	NiCr15Ti3Mn	≤0.08	2.0~2.7	≤8.0	≤0.3	≤0.5	≥67.0	—	—	2.5~3.5	14.0~17.0	—	—	—	—
SNi7718	NiFe19Cr19Nb5Mo3	≤0.08	≤0.3	≤24.0	≤0.3	≤0.3	50.0~55.0	—	0.2~0.8	0.7~1.1	17.0~21.0	4.8~5.5	2.8~3.3	—	B:0.006 P:0.015
SNi8025	NiFe30Cr29Mo	≤0.02	1.0~3.0	≤30.0	≤0.5	1.5~3.0	35.0~40.0	—	≤0.2	≤1.0	27.0~31.0	—	2.5~4.5	—	—
SNi8065	NiFe30Cr21Mo3	≤0.05	1.0	≥22.0	≤0.5	1.5~3.0	38.0~46.0	—	≤0.2	0.6~1.2	19.5~23.5	—	2.5~3.5	—	—
SNi8125	NiFe26Cr25Mo	≤0.02	1.0~3.0	≤30.0	≤0.5	1.5~3.0	37.0~42.0	—	≤0.2	≤1.0	23.0~27.0	—	3.5~7.5	—	—

续表

焊丝型号	化学成分代号	C	Mn	Fe	Si	Cu	Ni①	Co①	Al	Ti	Cr	Nb②	Mo	W	其他③
镍钼															
SNi1001	NiMo28Fe	≤0.08	≤1.0	4.0～7.0	≤1.0	≤0.5	≥55.0	≤2.5	—	—	≤1.0	—	26.0～30.0	≤1.0	V:0.20～0.40
SNi1003	NiMo17Cr7	0.04～0.08	≤1.0	≤5.0	≤1.0	≤0.50	≥65.0	≤0.20	—	—	6.0～8.0	—	15.0～18.0	≤0.50	V≤0.50
SNi1004	NiMo25Cr5Fe5	≤0.12	≤1.0	4.0～7.0	≤1.0	≤0.5	≥62.0	≤2.5	—	—	4.0～6.0	—	23.0～26.0	≤1.0	V≤0.60
SNi1008	NiMo19WCr	≤0.1	≤1.0	≤10.0	≤0.50	≤0.50	≥60.0	—	—	—	0.5～3.5	—	18.0～21.0	2.0～4.0	—
SNi1009	NiMo20WCu	≤0.1	≤1.0	≤5.0	≤0.5	0.3～1.3	≥65.0	—	1.0	—	—	—	19.0～22.0	2.0～4.0	—
SNi1062	NiMo24Cr8Fe6	≤0.01	≤0.05	5.0～7.0	≤0.1	≤0.4	≥62.0	—	0.1～0.4	—	7.0～8.0	—	23.0～25.0	—	—
SNi1066	NiMo28	≤0.02	≤1.0	2.0	≤0.1	≤0.5	≥64.0	≤1.0	—	—	≤1.0	—	26.0～30.0	≤1.0	—
SNi1067	NiMo30Cr	≤0.01	≤3.0	1.0～3.0	≤0.1	≤0.2	≥52.0	≤3.0	≤0.5	≤0.2	1.0～3.0	≤0.2	27.0～32.0	≤3.0	V≤0.20
SNi1069	NiMo28Fe4Cr	≤0.01	≤1.0	2.0～5.0	0.05	≤0.01	≥65.0	≤1.0	≤0.5	—	0.5～1.5	—	26.0～30.0	—	—
镍铬钼															
SNi6012	NiCr22Mo9	≤0.05	≤1.0	≤3.0	≤0.5	≤0.5	≥58.0	—	≤0.4	≤0.4	22.0～23.0	≤1.5	8.0～10.0	—	—
SNi6022	NiCr21Mo13Fe4W3	≤0.01	≤0.5	2.0～6.0	≤0.1	≤0.5	≥49.0	≤2.5	—	—	20.0～22.5	—	12.5～14.5	2.5～3.5	V≤0.3

续表

焊丝型号	化学成分代号	C	Mn	Fe	Si	Cu	Ni①	Co①	Al	Ti	Cr	Nb②	Mo	W	其他③
SNi6057	NiCr30Mo11	≤0.02	≤1.0	≤2.0	≤1.0	—	≥53.0	—	—	—	29.0~31.0	—	10.0~12.0	—	V≤0.4
SNi6058	NiCr25Mo16	≤0.02	≤0.5	≤2.0	≤0.2	≤2.0	≥50.0	—	≤0.4	—	22.0~27.0	—	13.5~16.5	—	—
SNi6059	NiCr23Mo16	≤0.01	≤0.5	≤1.5	≤0.1	—	≥56.0	≤0.3	0.1~0.4	—	22.0~24.0	—	15.0~16.5	—	—
SNi6200	NiCr23Mo16Cu2	≤0.01	≤0.5	≤3.0	≤0.08	1.3~1.9	≥52.0	≤2.0	—	—	22.0~24.0	—	15.0~17.0	—	—
SNi6276	NiCr15Mo16Fe6W4	≤0.02	≤1.0	4.0~7.0	≤0.08	≤0.5	≥50.0	≤2.5	—	—	14.5~16.5	—	15.0~17.0	3.0~4.5	V≤0.3
SNi6452	NiCr20Mo15	≤0.01	≤1.0	≤1.5	≤0.1	≤0.5	≥56.0	—	—	—	19.0~21.0	≤0.4	14.0~16.0	—	V≤0.4
SNi6455	NiCr16Mo16Ti	≤0.01	≤1.0	≤3.0	≤0.08	≤0.5	≥56.0	≤2.0	—	≤0.7	14.0~18.0	—	14.0~18.0	≤0.5	—
SNi6625	NiCr22Mo9Nb	≤0.1	≤0.5	≤5.0	≤0.5	≤0.5	≥58.0	—	≤0.4	≤0.4	20.0~23.0	3.0~4.2	8.0~10.0	—	—
SNi6650	NiCr20Fe14Mo11WN	≤0.03	≤0.5	12.0~16.0	≤0.5	≤0.3	≥45.0	—	≤0.5	—	18.0~21.0	≤0.5	9.0~13.0	0.5~2.5	N:0.05~0.25 S≤0.010
SNi6660	NiCr22Mo10W3	≤0.03	≤0.5	≤2.0	≤0.5	≤0.3	≥58.0	≤0.2	≤0.4	≤0.4	21.0~23.0	≤0.2	9.0~11.0	2.0~4.0	—
SNi6686	NiCr21Mo16W4	≤0.01	≤1.0	≤5.0	≤0.08	≤0.5	≥49.0	—	≤0.5	≤0.25	19.0~23.0	—	15.0~17.0	3.0~4.4	—

续表

焊丝型号	化学成分代号	C	Mn	Fe	Si	Cu	Ni①	Co①	Al	Ti	Cr	Nb②	Mo	W	其他③
SNi7725	NiCr21Mo8Nb3Ti	≤0.03	≤0.4	≥8.0	≤0.20	—	55.0～59.0	—	≤0.35	1.0～1.7	19.0～22.5	2.75～4.00	7.0～9.5	—	—
镍铬钴															
SNi6160	NiCr28Co30Si3	≤0.15	≤1.5	≤3.5	2.4～3.0	—	≥30.0	27.0～33.0	—	0.2～0.8	26.0～30.0	≤1.0	≤1.0	≤1.0	—
SNi6617	NiCr22Co12Mo9	0.05～0.15	≤1.0	≤3.0	≤1.0	≤0.5	≥44.0	10.0～15.0	0.8～1.5	≤0.6	20.0～24.0	—	8.0～10.0	—	—
SNi7090	NiCr20Co18Ti3	≤0.13	≤1.0	≤1.5	≤1.0	≤0.2	≥50.0	15.0～21.0	1.0～2.0	2.0～3.0	18.0～21.0	—	—	—	④
SNi7263	NiCr20Co20Mo6Ti2	0.04～0.08	≤0.6	≤0.7	≤0.4	≤0.2	≥47.0	19.0～21.0	0.3～0.6	1.9～2.4	19.0～21.0	—	5.6～6.1	—	Al+Ti：2.4～2.8⑤
镍铬钨															
SNi6231	NiCr22W14Mo2	0.05～0.15	0.3～1.0	≤3.0	0.25～0.75	≤0.50	≥48.0	≤5.0	0.2～0.5	—	20.0～24.0	—	1.0～3.0	13.0～15.0	—

① 除非另有规定，Co 含量应低于 Ni 含量的 1%。也可供需双方协商，要求较低的 Co 含量。

② Ta 含量应低于该含量的 20%。

③ 除非具体说明，P 最高含量为 0.020%，S 为最高含量 0.015%。

④ Ag≤0.0005%；B≤0.020%；Bi≤0.0001%，Pb≤0.0020%，Zr≤0.15%。

⑤ S≤0.007%，Ag≤0.0005%，B≤0.005%，Bi≤0.0001%。

注：1. “其他”包括未规定数值的元素总和，总量应不超过 0.5%。

2. 根据供需双方协议，可生产使用其他型号的焊丝，用 SNiZ 表示，化学成分代号由制造商确定。

3. 熔敷金属力学性能试验

(1) 取样方法

与化学成分分析相同。

(2) 试验用母材

① 熔敷金属力学性能试验用母材应符合表 16-65 的规定。若采用其他母材，应采用试验焊丝在坡口面和垫板面焊接隔离层，隔离层的厚度加工后不小于 3mm。在确保熔敷金属不受母材影响的情况下，也可采用其他方法。

② 仲裁试验时，应采用表 16-65 规定的母材或坡口及垫板面有隔离层的其他材料母材。

表 16-65　熔敷金属力学性能试验用母材

焊丝型号	试验用母材
ER50-2	符合 GB/T 700 中 Q235A 级、B 级 GB/T 1591 中 Q345 A 级、B 级或其他相当的材料
ER50-3	
ER50-4	
ER50-6	
ER50-7	
ER49-1	
ER49-A1	与熔敷金属抗拉强度相当的碳钼钢或铬钼钢
ER55-B2	
ER49-B2L	
ER55-B2-MnV	
ER55-B2-Mn	
ER62-B3	
ER55-B3L	
ER55-B6	
ER55-B8	
ER62-B9	
ER55-Ni1	与熔敷金属抗拉强度相当的镍钢、 锰钼钢或其他低合金钢
ER55-Ni2	
ER55-Ni3	
ER55-D2	
ER62-D2	
ER55-D2-Ti	
ER55-1	

续表

焊丝型号	试验用母材
ER69-1	与熔敷金属抗拉强度相当的镍钢、锰钼钢或其他低合金钢
ER76-1	
ER83-1	
ER××-G	供需双方协商

（3）试件制备

① 熔敷金属力学性能试验采用相应直径的焊丝，直径为 1.2mm 和 1.6mm 的焊丝其焊接规范应符合表 16-66 的规定。

表 16-66　焊接规范

焊丝类别	焊丝直径/mm	送丝速度/(mm/s)	电弧电压/V	焊接电流①/A	极性	电极端与工件距离/mm	焊接速度/(mm/s)	预热和道间温度/℃
碳钢	1.2	190±10	27～32	260～290	直流反接	19±3	5.5±1.0	见表16-67
	1.6	100±5	25～30	330～360				
其他	1.2	190±10	27～32	300～360		22±3		
	1.6	100±5	25～30	340～420				

① 对于 ER55-D2 型号焊丝，直径为 1.2mm 的焊丝的焊接电流为 260～320A，直径为 1.6mm 的焊丝的焊接电流为 330～410A。

注：如果不采用直径为 1.2mm 或 1.6mm 的焊丝进行试验，焊接规范应根据需要适当改变。

② 试板尺寸和取样位置应符合图 16-22 的规定，对于直径小于 0.9mm 的焊丝，不推荐采用这种接头方式。

③ 试件应按图 16-22 的要求在平焊位置制备。试板焊前予以反变形或拘束，以防止角变形。试件焊后不允许矫正，角变形超过 5°的试件应予报废。

④ 试板定位焊后，起焊时试板温度应加热到表 16-67 规定的预热温度，并在焊接过程中保持道间温度，试板温度超过时，应在静态大气中冷却。用表面温度计或测温笔按图 16-22 所示的测温点测量道间温度。

⑤ 如果必须中断焊接，应将试板在静态大气中冷却至室温。重新焊接时，试板应加热到表 16-67 规定的道间温度。

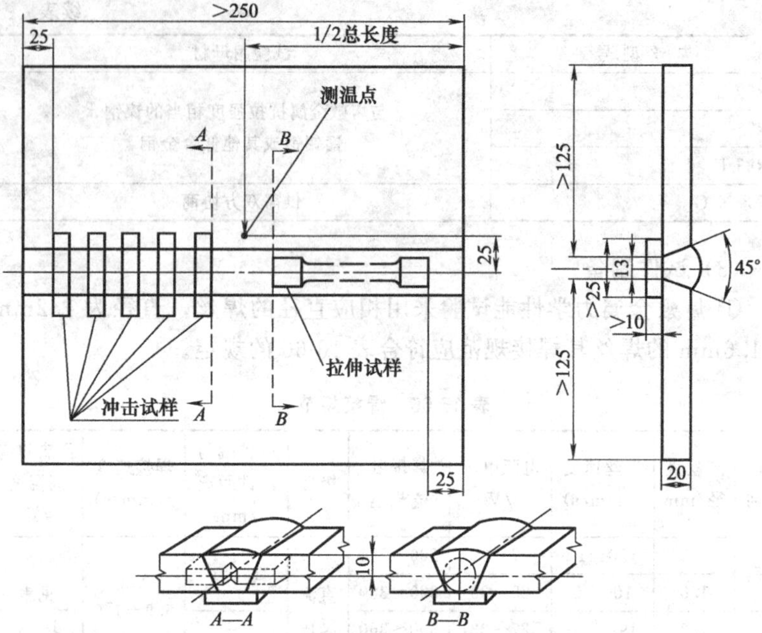

图 16-22　力学性能试验的试件制备

表 16-67　预热温度、道间温度和焊后热处理温度　　℃

焊丝型号	预热温度	道间温度	焊后热处理温度
ER50-2	室温	135～165	不需要
ER50-3			
ER50-4			
ER50-6			
ER50-7			
ER49-1			
ER49-A1	135～165	135～165	620±15
ER55-B2			
ER49-B2L			
ER55-B2-MnV			730±15
ER55-B2-Mn			700±15
ER62-B3	185～215	185～215	690±15
ER55-B3L			
ER55-B6	177～232	177～232	745±15
ER55-B8	205～260	205～260	
ER62-B9	205～320	205～320	760±15①

续表

焊丝型号	预热温度	道间温度	焊后热处理温度
ER55-Ni1	135～165	135～165	不需要
ER55-Ni2			620±15
ER55-Ni3			
ER55-D2			不需要
ER62-D2			
ER55-D2-Ti			
ER55-1			
ER69-1			
ER76-1			
ER83-1			
ER××-G	供需双方协商		

① 热处理前，允许试件在静态大气中冷却至100℃以下。热处理时允许保温2h。

(4) 焊后热处理

① 按表16-67的规定，试件要求焊后热处理时，应在拉伸试样和冲击试样加工之前进行。

② 试件放入炉内时，炉温不得高于320℃，以不大于220℃/h的速率加热到规定的温度。保温1h后，以不大于200℃/h的速率冷却到320℃以下的任意温度，从炉中取出，在静态大气中冷却至室温。

(5) 熔敷金属拉伸试验

① 按图16-23的要求在射线探伤后的试件（见图16-22）上加工出一个熔敷金属拉伸试样。除碳钢焊丝外，其他类别焊丝的试样允许在拉伸试验前进行100℃±5℃、不超过48h的去氢处理。

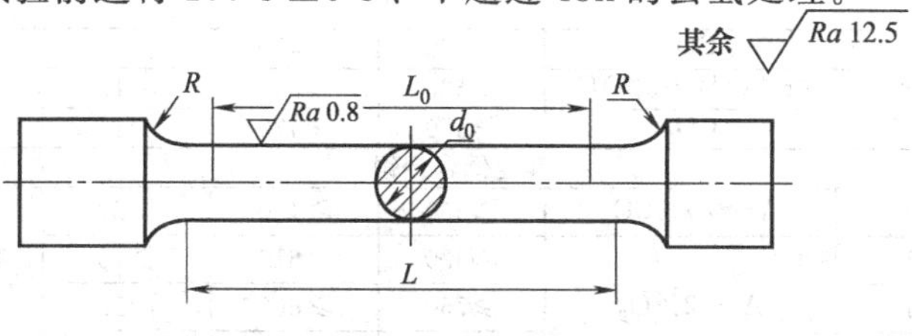

mm

试板厚度	d_0	R	L_0	L
20	10±0.2	≥3	$5d_0$	L_0+d_0

注：试样夹持端尺寸根据试验机夹具结构确定。

图16-23 熔敷金属拉伸试样

② 熔敷金属拉伸试验应按 GB/T 2652—2008 的规定进行。

③ 合格标准：熔敷金属拉伸试验结果应符合表 16-68 的规定。

表 16-68 熔敷金属拉伸试验要求

焊丝型号	保护气体①	抗拉强度② R_m/MPa	屈服强度② $R_{p0.2}$/MPa	伸长率 A/%	试样状态
碳钢					
ER50-2	CO_2	≥500	≥420	≥22	焊态
ER506-3					
ER50-4					
ER50-6					
ER50-7					
ER49-1		≥490	≥372	≥20	
碳钼钢					
ER49-A1	Ar+(1%～5%)O_2	≥515	≥400	≥19	焊后热处理
铬钼钢					
ER55-B2	Ar+(1%～5%)O_2	≥550	≥470	≥19	焊后热处理
ER49-B2L		≥515	≥400		
ER55-B2-MnV	Ar+20%CO_2	≥550	≥440		
ER55-B2-Mn				≥20	
ER62-B3	Ar+(1%～5%)O_2	≥620	≥540	≥17	
ER55-B3L		≥550	≥470		
ER55-B6					
ER55-B8					
ER62-B9	Ar+5%O_2	≥620	≥410	≥16	
镍钢					
ER55-Ni1	Ar+(1%～5%)O_2	≥550	≥470	≥24	焊态
ER55-Ni2					焊后热处理
ER55-Ni3					
锰钼钢					
ER55-D2	CO_2	≥550	≥470	≥17	焊态
ER62-D2	Ar+(1%～5%)O_2	≥620	≥540	≥17	
ER55-D2-Ti	CO_2	≥550	≥470	≥17	
其他低合金钢					
ER55-1	Ar+20%CO_2	≥550	≥450	≥22	焊态
ER69-1	Ar+2%O_2	≥690	≥610	≥16	
ER76-1		≥760	≥660	≥15	
ER83-1		≥830	≥730	≥14	
ER××-G	供需双方协商				

① 本标准分类时限定的保护气体类型，在实际应用中并不限制采用其他保护气体类型，但力学性能可能会产生变化。

② 对于 ER50-2、ER50-3、ER50-4、ER50-6、ER50-7 型焊丝，当伸长率超过最低值时，每增加 1%，抗拉强度和屈服强度可减小 10MPa，但抗拉强度最低值不得小于 480MPa，屈服强度最低值不得小于 400MPa。

(6) 熔敷金属 V 形缺口冲击试验

① 按图 16-24 的要求在截取熔敷金属拉伸试样的同一试件（见图 16-22）上加工出 5 个熔敷金属 V 形缺口冲击试样。

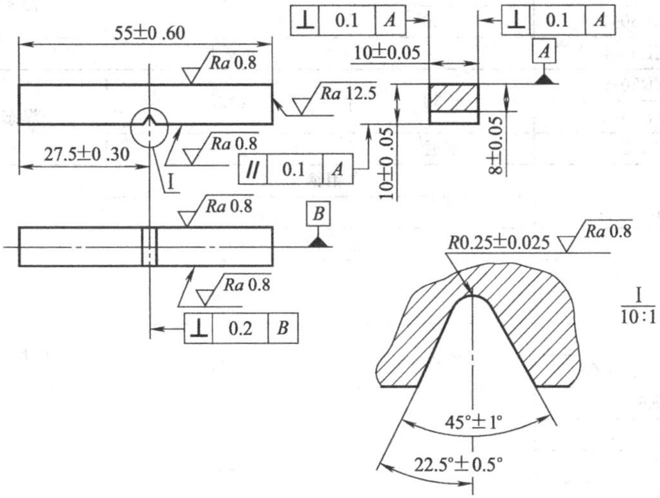

图 16-24　V 形缺口冲击试样

② 熔敷金属 V 形缺口冲击试验应按 GB/T 2650—2008 的规定进行。

③ 按表 16-69 规定的温度，测定 5 个冲击试样的冲击吸收功。

④ 在计算 5 个冲击吸收功的平均值时，应去掉一个最大值和一个最小值。余下的 3 个值中要有两个大于 27J，另一个不得小于 20J，3 个值的平均值应不小于 27J。

对于 ER49-1 型焊丝，余下的 3 个值中要有两个大于 47J，另一个不得小于 35J，3 个值的平均值应不小于 47J。

对于 ER55-1 型焊丝，余下的 3 个值中要有两个大于 60J，另一个不得小于 47J，3 个值的平均值应不小于 60J。

对于 ER69-1、ER76-1 及 ER83-1 型焊丝，余下的 3 个值中要有两个大于 68J，另一个不得小于 54J，3 个值的平均值应不小于 68J。

⑤ 合格标准：熔敷金属 V 形缺口冲击试验结果应符合表 16-69 的规定。

表 16-69　冲击试验要求

焊丝型号	试验温度/℃	V形缺口冲击吸收功/J	试样状态
碳钢			
ER50-2	−30	≥27	焊态
ER50-3	−20		
ER50-4	不要求		
ER50-6	−30	≥27	焊态
ER50-7			
ER49-1	室温	≥47	
碳钼钢			
ER49-A1	不要求		
铬钼钢			
ER55-B2	不要求		
ER49-B2L			
ER55-B2-MnV	室温	≥27	焊后热处理
ER55-B2-Mn			
ER62-B3	不要求		
ER55-B3L			
ER55-B6			
ER55-B8			
ER62-B9			
镍钢			
ER55-Ni1	−45	≥27	焊态
ER55-Ni2	−60		焊后热处理
ER55-Ni3	−75		
锰钼钢			
ER55-D2	−30	≥27	焊态
ER62-D2			
ER55-D2-Ti			
其他低合金钢			
ER55-1	−40	≥60	焊态
ER69-1	−50	≥68	
ER76-1			
ER83-1			
ER××-G	供需双方协商确定		

4. 射线探伤试验

① 焊缝射线探伤试验应在试件上截取拉伸试样和冲击试样之前进行，射线探伤前应去掉垫板。

② 焊缝射线探伤试验按 GB/T 3323—2005 的规定进行。

③ 在评定焊缝射线探伤底片时，试件两端 25mm 范围应不予考虑。

④ 焊缝射线探伤应符合 GB/T 3323—2005 附录 C 中表 C.4 的Ⅱ级规定。

5. 熔敷金属扩散氢试验

根据供需双方协商，如要求熔敷金属扩散氢含量测定，则按 GB/T 3965—2012 的规定进行。

6. 镀铜层结合力

将焊丝在一根金属圆棒上紧密缠绕 10～15 圈，放大 30～50 倍检查镀铜层。金属圆棒直径应符合表 16-70 的规定。

表 16-70　金属圆棒直径　　mm

焊丝直径	被缠绕金属棒直径
0.5～0.8	4
1.0～1.6	6
＞1.6	8

7. 焊丝的拉伸试验

① 焊丝拉伸试验的试样取自成品焊丝，试样长度为 200～250mm。

② 焊丝的拉伸试验按相关质量标准进行。

③ 合格标准：焊丝的抗拉强度应符合表 16-71 的规定。

表 16-71　焊丝的抗拉强度标准

焊丝直径/mm	焊丝抗拉强度/MPa	焊丝直径/mm	焊丝抗拉强度/MPa
0.8、1.0、1.2	≥930	2.5、3.0、3.2	≥550
1.4、1.6、2.0	≥860		

注：焊丝抗拉强度只适用于绕成直径＞200mm 的焊丝盘、焊丝卷和焊丝桶的焊丝。

二、药芯焊丝质量评定试验

1. 碳钢药芯焊丝（GB/T 10045—2018）

（1）试验项目

不同型号焊丝要求的试验项目应符合表 16-72 的规定。

表 16-72 要求的试验项目①

型号②	化学分析	射线探伤试验	拉伸试验	弯曲试验	冲击试验	角焊缝试验
E×××T-1,E×××T-1M	要求	要求	要求	—	要求	要求
E×××T-4	要求	要求	要求	—	—	要求
E×××T-5,E×××T-5M	要求	要求	要求	—	要求	要求
E×××T-6	要求	要求	要求	—	要求	要求
E×××T-7	要求	要求	要求	—	—	要求
E×××T-8	要求	要求	要求	—	要求	要求
E×××T-9,E×××T-9M	要求	要求	要求	—	要求	要求
E×××T-11	要求	要求	要求	—	—	要求
E×××T-12,E×××T-12M	要求	要求	要求	—	要求	要求
E×××T-G	要求	要求	要求	—	—	要求
E×××T-2,E×××T-2M③	—	—	要求④	要求	—	要求
E××0T-3③	—	—	要求④	要求	—	—
E××0T-10③	—	—	要求④	要求	—	要求
E××1T-13③	—	—	要求④	要求	—	要求
E××1T-14③	—	—	要求④	要求	—	要求
E×××T-GS③	—	—	要求④	要求	—	要求

① 对角焊缝试验，E××0T-×类焊丝应在平角焊位置进行试验，E××1T-×类焊丝应在立焊位置和仰焊位置进行试验。

② 对于型号带有 L 和/或 H 标记的焊丝应按 GB/T 10045—2018 对其进行进一步的验证试验。

③ 用于单道焊接。

④ 做横向拉伸试验，其他所有的型号要求进行熔敷金属拉伸试验。

（2）焊丝表面及药芯质量检验

① 焊丝表面应光洁，不应有毛刺、凹坑、划痕、锈皮和油污，也不应有其他对焊接性能或焊接设备操作性能具有不良影响的杂质。

② 焊丝直径及极限偏差应符合表 16-73 的规定。

表 16-73 焊丝直径与极限偏差 mm

焊丝直径	0.8、1.0、1.2、1.4、1.6	2.0、2.4、2.8、3.2、4.0
极限偏差	±0.05	±0.08

③ 焊丝表面适合在自动或半自动焊设备上均匀、连续地送进。

④ 焊丝的药芯应填充均匀，以使焊丝工艺性能和熔敷金属性能不受到有害的影响。

(3) 射线探伤与熔敷金属力学性能试验条件

① 试验用材料:

a. 使用生产厂推荐或委托方要求的焊丝进行化学分析、射线探伤、力学性能、角焊缝试验及附加试验。

b. 试板材料应选择 GB/T 700—2006 中规定的 Q235A 级、Q235B 级、Q255A 级、Q255B 级或 GB 712—2011、GB 713—2014 中强度或化学成分与试验焊丝熔敷金属相当的板材。

② 焊接参数:焊接电流、电弧电压、焊接速度、保护气体流量等焊接参数,按制造厂推荐的规范选用。试验时要求记录焊接工艺参数,以便用户在需要时利用这些参数。

③ 焊接位置及其适用性要求见表 16-74。

表 16-74 焊接位置、保护类型、极性和适用性要求

型号	焊接位置①	外加保护气②	极性③	适用性④
E500T-1	H,F	CO_2	DCEP	M
E500T-1M	H,F	75%~80%Ar+CO_2	DCEP	M
E501T-1	H,F,VU,OH	CO_2	DCEP	M
E501T-1M	H,F,VU,OH	75%~80%Ar+CO_2	DCEP	M
E500T-2	H,F	CO_2	DCEP	S
E500T-2M	H,F	75%~80%Ar+CO_2	DCEP	S
E501T-2	H,F,VU,OH	CO_2	DCEP	S
E501T-2M	H,F,VU,OH	75%~80%Ar+CO_2	DCEP	S
E500T-3	H,F	无	DCEP	S
E500T-4	H,F	无	DCEP	M
E500T-5	H,F	CO_2	DCEP	M
E500T-5M	H,F	75%~80%Ar+CO_2	DCEP	M
E501T-5	H,F,VU,OH	CO_2	DCEP 或 DCEN⑤	M
E501T-5M	H,F,VU,OH	75%~80%Ar+CO_2	DCEP 或 DCEN⑤	M
E500T-6	H,F	无	DCEP	M
E500T-7	H,F	无	DCEN	M
E501T-7	H,F,VU,OH	无	DCEN	M
E500T-8	H,F	无	DCEN	M
E501T-8	H,F,VU,OH	无	DCEN	M
E500T-9	H,F	CO_2	DCEP	M
E500T-9M	H,F	75%~80%Ar+CO_2	DCEP	M
E501T-9	H,F,VU,OH	CO_2	DCEP	M
E501T-9M	H,F,VU,OH	75%~80%Ar+CO_2	DCEP	M

续表

型号	焊接位置①	外加保护气②	极性③	适用性④
E500T-10	H,F	无	DCEN	S
E500T-11	H,F	无	DCEN	M
E501T-11	H,F,VU,OH	无	DCEN	M
E500T-12	H,F	CO_2	DCEP	M
E500T-12M	H,F	75%～80%Ar+CO_2	DCEP	M
E501T-12	H,F,VU,OH	CO_2	DCEP	M
E501T-12M	H,F,VU,OH	75%～80%Ar+CO_2	DCEP	M
E431T-13	H,F,VD,OH	无	DCEN	S
E501T-13	H,F,VD,OH	无	DCEN	S
E501T-14	H,F,VD,OH	无	DCEN	S
E××0T-G	H,F	—	—	M
E××1T-G	H,F,VD或VU,OH	—	—	M
E××0T-GS	H,F	—	—	S
E××1T-GS	H,F,VD或VU,OH	—	—	S

① H为横焊，F为平焊，OH为仰焊，VD为立向下焊，VU为立向上焊。

② 对于使用外加保护气的焊丝（E×××T-1、E×××T-1M、E×××T-2、E×××T-2M、E×××T-5、E×××T-5M、E×××T-9、E×××T-9M和E×××T-12、E×××T-12M），其金属的性能随保护气类型不同而变化。用户在未向焊丝制造商咨询前不应使用其他保护气。

③ DCEP为直流电源，焊丝接正极；DCEN为直流电源，焊丝接负极。

④ M为单道和多道焊，S为单道焊。

⑤ E501T-5和E501T-5M型焊丝可在DCEN极性下使用以改善不适当位置的焊接性，推荐的极性请咨询制造商。

（4）熔敷金属化学成分分析

① 熔敷金属化学成分分析试件应在平焊位置多层堆焊制成，堆焊的熔敷金属最小尺寸为40mm×13mm×13mm。试件堆焊的道间温度不应超过165℃，每道焊完后可将试块浸入水中冷却。

② 用于堆焊化学分析试件的母材金属表面应干净，试件的焊前温度应不低于16℃。

③ 从试件上制取化学分析试样时，取样处至堆焊金属母材表面的距离应不少于10mm，制取方法可采用任何适合的机械方法。

④ 化学分析试样除可按上述①规定的堆焊金属试件上制取外，也可以从力学性能试验用试件的熔敷金属上制取，仲裁试验用化学分析试样应按上述①的规定制取。

⑤ 熔敷金属化学分析方法可按供需双方协商的任何适当方法进行，仲裁试验应按 GB/T 223.3—1988～GB/T 223.78—2000 进和。

⑥ 合格标准：焊丝熔敷金属化学成分应符合表 16-75 的规定。

(5) 射线探伤、熔敷金属拉伸和冲击试验用试件的制备

① 试板应按图 16-25 所示进行组装，按表 16-74、表 16-76 的规定和下述②～④的要求进行焊接。

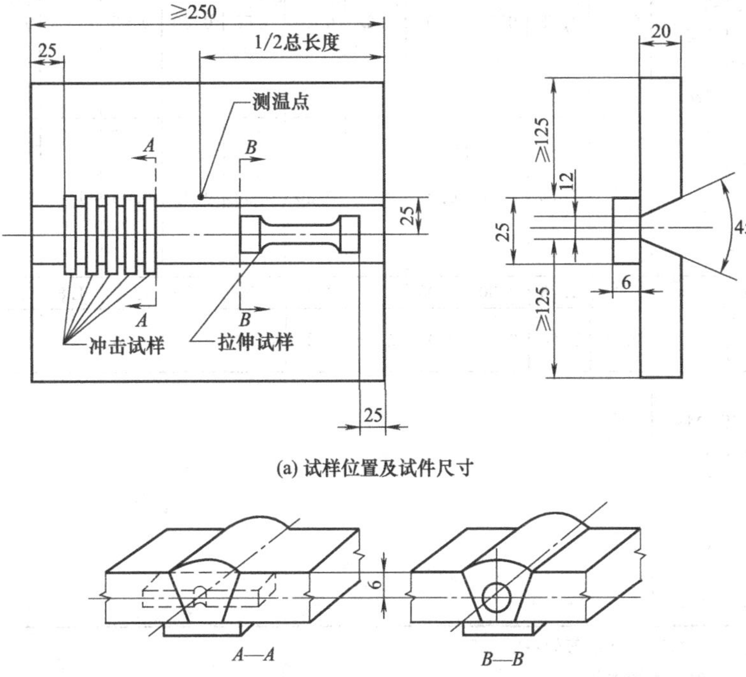

(a) 试样位置及试件尺寸

(b) 冲击试样位置　　(c) 拉伸试样位置

图 16-25　用于力学性能和射线探伤试验的多道焊焊丝熔敷金属试件

注：对于直径不大于 1.0mm 的 E×××T-11 类焊丝，
试板厚度应为 12mm，根部间隙应为 6.5mm。

② 试件的焊接应在平焊位置进行，焊接后角变形大于 5°的试件应予以报废，焊后试件不允许矫正。为防止角变形超过 5°，应预做反变形或在焊接过程中使试件受到拘束。

③ 试板应先定位焊，然后在试板温度不低于 16℃时开始焊接，

道间温度应控制在150℃±15℃（用表面温度计或测温笔按图16-25所示位置测量温度）。

表 16-75　熔敷金属化学成分的要求①②　　%

型号	C	Mn	Si	S	P	Cr③	Ni③	Mo③	V③	Al③④	Cu③
E50×T-1 E50×T-1M E50×T-5 E50×T-5M E50×T-9 E50×T-9M	0.18	1.75	0.90	0.03	0.03	0.20	0.50	0.30	0.08	—	0.35
E50×T-4 E50×T-6 E50×T-7 E50×T-8 E50×T-11	—⑤	1.75	0.60	0.03	0.03	0.20	0.50	0.30	0.08	1.8	0.35
E×××T-G⑥	—⑤	1.75	0.90	0.03	0.03	0.20	0.50	0.30	0.08	1.8	0.35
E50×T-12 E50×T-12M	0.15	1.60	0.90	0.03	0.03	0.20	0.50	0.30	0.08	—	0.35
E50×T-2 E50×T-2M E50×T-3 E50×T-10 E43×T-13 E50×T-13 E50×T-14 E×××T-GS	无规定										

① 应分析表中列出值的特定元素。

② 单值均为最大值。

③ 这些元素如果是有意添加的，应进行分析并报出数值。

④ 只适用于自保护焊丝。

⑤ 该值不作规定，但应分析其数值并出示报告。

⑥ 该类焊丝添加的所有元素总和不应超过5%。

④ 如果中断焊接，则允许试件在室温下的静止空气中冷却。重新施焊时试件应预热至150℃±15℃。

（6）焊缝射线探伤试验

① 焊缝射线探伤试验应在丢掉垫板后、截取拉伸和冲击试样之前进行。

表 16-76　焊接道数和层数的规定①

型号	焊丝直径/mm	要求的总道数	每层推荐道数		推荐的层数
			第一层	第二层以上	
E50×T-1,E50×T-1M E50×T-5,E50×T-5M E50×T-9,E50×T-9M E50×T-12,E50×T-12M	0.8 1.0 1.2	12～19	1 或 2	2 或 3②	6～9
	1.4 1.6 2.0	10～17	1 或 2	2 或 3②	5～8
	2.4 2.8 3.2	7～14	1 或 2	2 或 3②	4～7
E50×T-4 E50×T-6 E50×T-7	2.4③	7～11	1	2	4～6
E50×T-8	2.4③	12～17	1	2 或 3	6～9
E50×T-11	2.4③	7～11	1	2	4～6
	≤1.2	18～27	2	3	6～9
E43×T-G E50×T-G	无规定，要求记录				

① 实际焊接道数、焊丝直径、送丝速度、焊接电流、电弧电压、焊接速度、焊丝伸出长度应作记录。

② 最后一层可以是 4 道。

③ 焊丝规格应是 2.4mm 或是制造厂生产的最接近 2.4mm 的规格。

② 焊缝射线探伤试验按 GB/T 3323—2005 的规定进行。

③ 评定焊缝射线照片底片时，试件两端 25mm 范围应不予考虑。

④ 合格标准：焊缝金属射线探伤应符合 GB/T 3323—2005 中Ⅱ级规定。

(7) 熔敷金属拉伸试验

① 按图 16-25 所示位置截取并加工成一个符合图 16-26 要求的熔敷金属拉伸试样。

② 拉伸试样在拉伸试验前应经 100℃±5℃保温 48h±2h 或经 250℃±10℃保温 7h±1h 的去氢处理。

③ 熔敷金属拉伸试验应按 GB/T 2652—2008 的规定进行。

④ 合格标准：

a. 焊丝熔敷金属拉伸试验和 V 形缺口冲击试验结果应符合表

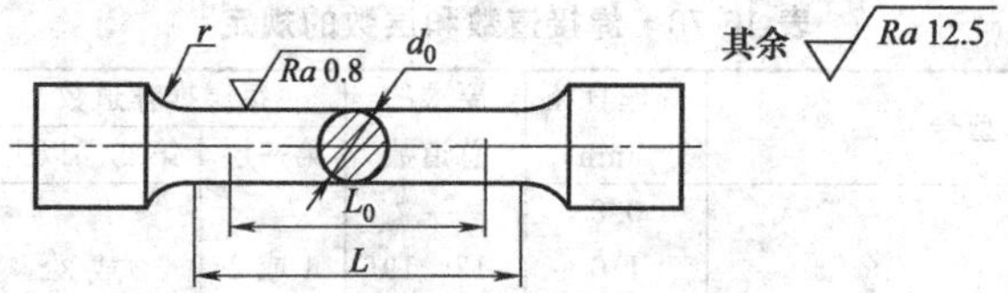

试样尺寸

mm

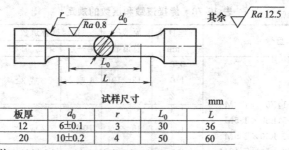

板厚	d_0	r	L_0	L
12	6±0.1	3	30	36
20	10±0.2	4	50	60

注：1.试样头部尺寸根据试验机夹具结构而定。
2.用引伸计测量屈服强度时，可以增加试样长度，但测量伸长率的标距长度不能改变。

图 16-26 熔敷金属拉伸试样

16-77 的规定。

b. 单道焊丝对接接头横向拉伸试验结果应符合表 16-77 的规定。

(8) 熔敷金属 V 形缺口冲击试验

① 按图 16-25 所示位置从截取熔敷金属拉伸试样的同一块试件上加工 5 个符合图 16-27 要求的冲击试样。

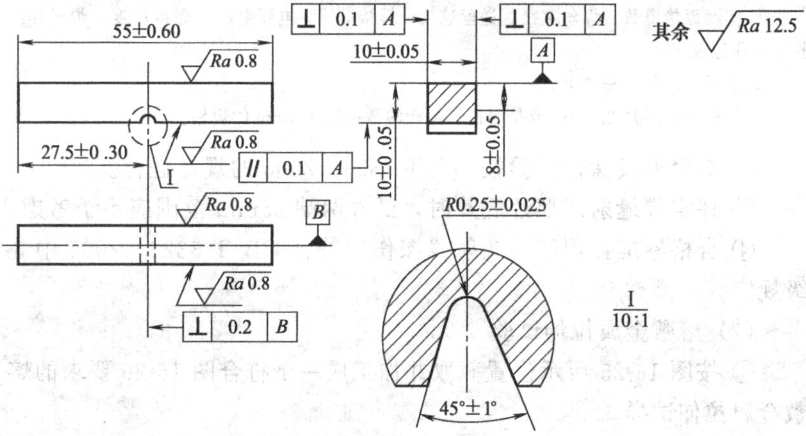

图 16-27 V 形缺口冲击试样尺寸

② 试验温度按表 16-77 的规定，型号上带有“L”的焊丝，试验温度按表 16-77 中的注②的规定。

③ 熔敷金属冲击试验应按 GB/T 2650—2008 的规定进行。

④ 在计算冲击吸收功的平均值时，应舍去五个值中的最大值和最小值，余下的三个值中应有两个值不小于 27J，另一个值应不小于 20J，三个值的平均值应符合表 16-77 的规定。

(9) 对接接头横向拉伸和纵向辊筒弯曲（缠绕式导向弯曲）试验用试件的制备和试验

① 对于单道焊焊丝（见表 16-77），其试件应按图 16-28 所示进行制备，按表 16-77 和下述②的要求进行焊接。

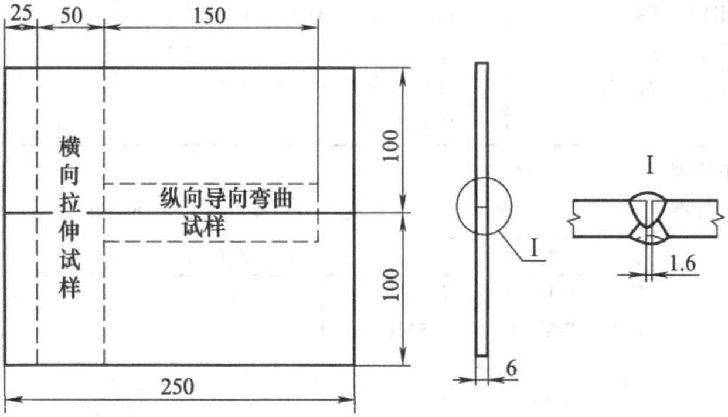

图 16-28 用于横向拉伸和纵向辊筒弯曲（缠绕式导向弯曲）试验的单道焊焊丝焊缝金属试件

注：对于直径不大于 1.6mm 的焊丝，板厚可减少至 5mm。

表 16-77 熔敷金属力学性能要求①

型号	抗拉强度 σ_b/MPa	屈服强度 σ_s 或 $\sigma_{0.2}$ /MPa	伸长率 δ_5/%	V 形缺口冲击功	
				试验温度/℃	冲击功/J
E50×T-1，E50×T-1M②	480	400	22	−20	27
E50×T-2，E50×T-2M③	480	—	—	—	—
E50×T-3③	480	—	—	—	—
E50×T-4	480	400	22	—	—
E50×T-5，E50×T-5M②	480	400	22	−30	27
E50×T-6②	480	400	22	−30	27
E50×T-7	480	400	22	—	—
E50×T-8②	480	400	22	−30	27
E50×T-9，E50×T-9M②	480	400	22	−30	27
E50×T-10③	480	—	—	—	—

续表

型号	抗拉强度 σ_b/MPa	屈服强度 σ_s 或 $\sigma_{0.2}$ /MPa	伸长率 δ_5/%	V形缺口冲击功	
				试验温度/℃	冲击功/J
E50×T-11	480	400	20	—	—
E50×T-12,E50×T-12M②	480～620	400	22	−30	27
E43×T-13③	415	—	—	—	—
E50×T-13③	480	—	—	—	—
E50×T-14③	480	—	—	—	—
E43×T-G	415	330	22	—	—
E50×T-G	480	400	22	—	—
E43×T-GS③	415	—	—	—	—
E50×T-GS③	480	—	—	—	—

① 表中所列单值均为最小值。

② 型号带有字母"L"的焊丝，其熔敷金属冲击性能应满足以下要求：

型号	V形缺口冲击性能要求
E50×T-1L,E50×T-1ML	−40℃,≥27J
E50×T-5L,E50×T-5ML	
E50×T-6L	
E50×T-8L	
E50×T-9L,E50×T-9ML	
E50×T-12L,E50×T-12ML	

③ 这些型号主要用于单道焊接而不用于多道焊接。因为只规定了抗拉强度，所以只要求做横向拉伸和纵向辊筒弯曲（缠绕式导向弯曲）试验。

② 试板应先定位焊，然后在平焊位置，在试板温度不低于 16℃ 时以单道焊焊接试板一面，然后焊接另一面，焊接过程不允许中断。

③ 在图 16-28 所示位置，截取并加工一个符合图 16-29 要求的横

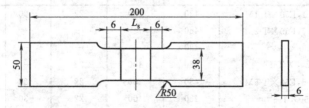

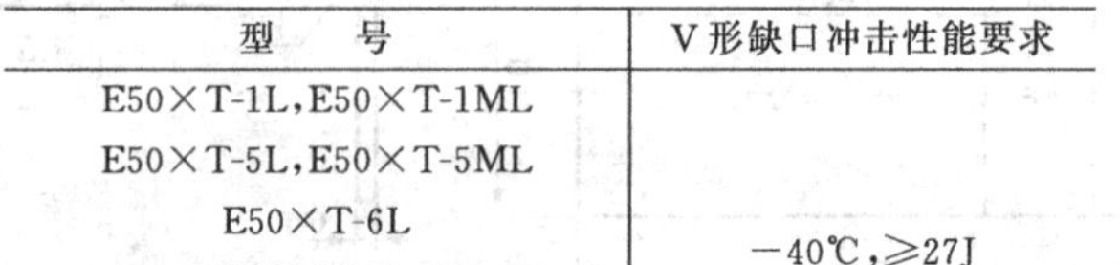

图 16-29 横向拉伸试样

注：① 焊缝余高应加工成与试样表面相平，表面机械加工的方向应平行于试件的长度方向。

② 若使用 5mm 厚试板制备图 16-28 所示试件，试样厚度应为 5mm。

向拉伸试样。

④ 横向拉伸试验按 GB/T 2651—2008 的规定进行。断在母材上的试样应认为满足要求。

⑤ 在图 16-28 所示位置从截取横向拉伸试样的同一块试件上截取并加工一个符合图 16-30 要求的焊缝纵向辊筒弯曲试样。

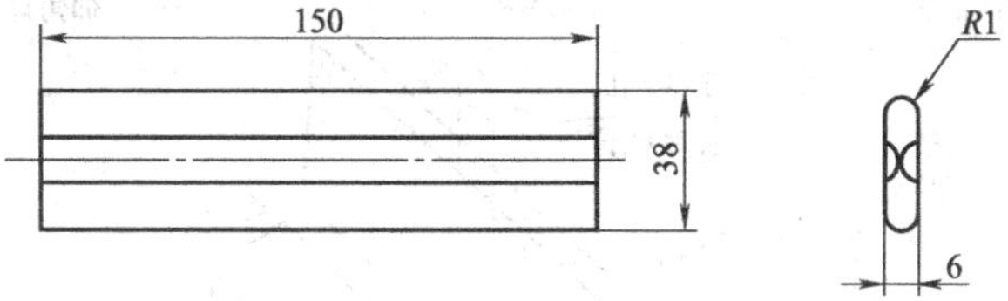

图 16-30　纵向辊筒弯曲（缠绕式导向弯曲）试样

注：若使用 5mm 厚试板制备图 16-28 所示试件，试样厚度应为 5mm。

⑥ 纵向辊筒弯曲试样在弯曲试验前应经 100℃±5℃保温 48h±2h 或 250℃±10℃保温 7h±1h 去氢处理，然后冷却至室温。

⑦ 纵向辊筒弯曲试验应按 GB/T2653——2008 的规定进行，可以采用其中任何适宜的标准夹具，以 19mm 的弯曲半径均匀弯曲 180°，试样的放置应使最后焊接的一面作为受拉伸面。

⑧ 弯曲后的试样允许适度的回弹，在试样母材上出现的裂纹只要没有进入焊缝金属就可忽略，若母材上的裂纹进入焊缝金属，则该试验即无效，应重新进行试验，但不需加倍复验。

⑨ 合格标准：单道焊丝对接接头纵向辊筒弯曲（缠绕式导向弯曲）试验，试样弯曲后，在焊缝上不应有长度超过 3.2mm 的裂纹或其他表面缺陷。

（10）角焊缝试验

① 试件（见图 16-31）的立板应有一侧经过加工。底板应平直、光洁，使立板放到底板上时两板结合处无明显缝隙。

② 试件按图 16-31 所示进行制备，板的两端先定位焊，应使用制造厂推荐的焊丝和焊接工艺，采用半自动或机械化方式，在接头的一侧焊接一条接近试板全长的单道角焊缝。

③ 对 E××OT-×型焊丝，应在平角焊位置焊接一块角焊缝试件；对 E××OT-×型焊丝，应焊接两块角焊缝试件，一块应在立焊

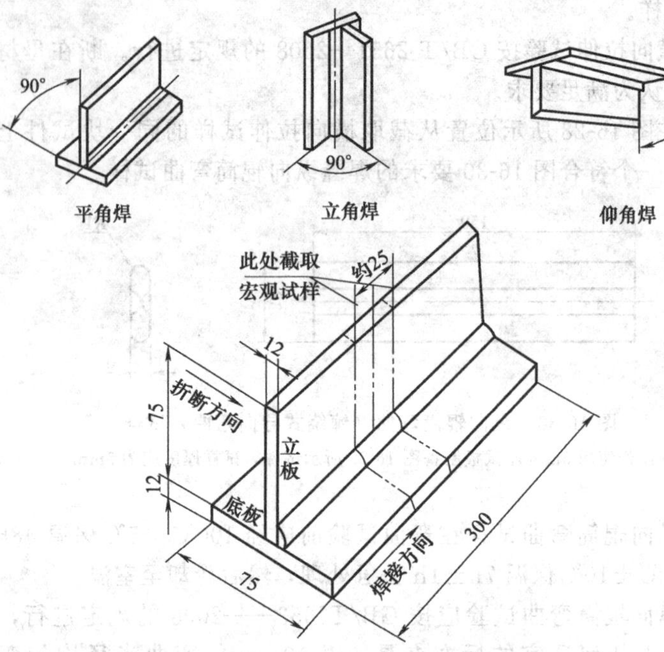

图 16-31　角焊缝试件

注：① 如果立板和底板厚度不大于 6.5mm，立板和底板宽度最小应为 50mm。
② 对 E500T-3 型焊丝，试板厚度应为 5.0mm。

位置焊接，一块应在仰焊位置焊接。立焊位置的焊接方向应符合表 16-74 的规定。

④ 对焊后的焊缝应目测检查，然后按图 16-31 所示从试件中部截取一个宽度大约为 25mm 的试样，试样的一面应抛光和腐蚀，按图 16-32 所示划线，测量焊脚尺寸和凸形角焊缝的凸度，测量误差精确至 0.1mm。

⑤ 剩余的两块接头，按图 16-31 或图 16-33 所示的折断方向沿整个角焊缝纵向折断，检查断裂表面，如果断在母材上不能认为焊缝金属不合格，若断在母材上的总长度小于焊缝总长的 1/2，可认为试验通过，否则应重新试验但不必加倍复验。

⑥ 为了保证断于焊缝，可采用下述的一种或几种方法：

a. 在焊缝的每个焊脚处焊一个加强焊缝，如图 16-33（a）所示；

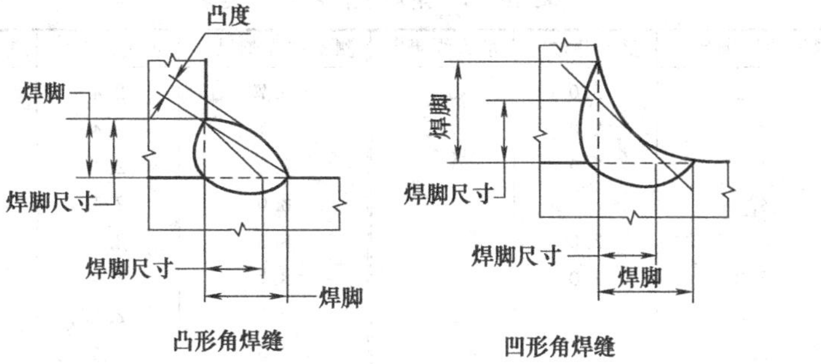

图 16-32　角焊缝尺寸

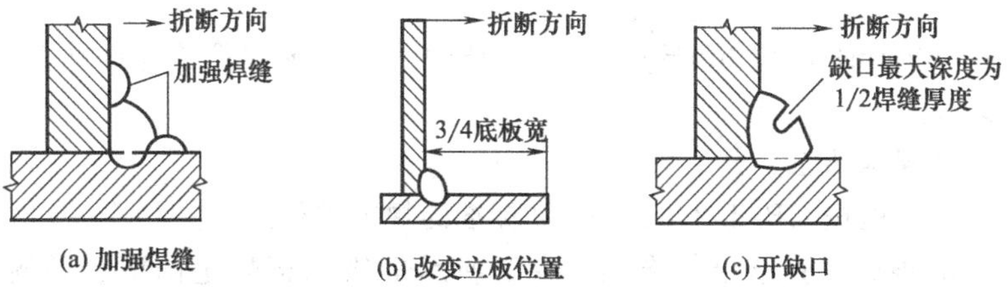

图 16-33　角焊缝折断方法

b. 改变主板在底板上的位置，如图 16-33（b）所示；

c. 在焊缝表面中心开一条缺口，如图 16-33（c）所示。

⑦ 合格标准：

a. 角焊缝经目测检查应无咬边、焊瘤、夹渣、裂纹和表面气孔。

b. 角焊缝两纵向断裂表面经目测检查应无裂纹、气孔、夹渣，焊缝根部未熔合不能超过焊缝全长的 20%。

c. 角焊缝的焊脚尺寸应不超过 9.5mm，不同焊脚尺寸所对应的凸度和焊脚差应符合表 16-78 的规定。

（11）焊丝熔敷金属扩散氢试验

① 试验焊丝：试验焊丝应是接收状态的焊丝，在试验前焊丝不允许做烘烤等任何处理。

② 试验条件：当试验时空气的绝对湿度不小于 1.43g/kg（1kg 干燥空气含 1.43g 湿气）或相对湿度不小于 10%［温度为 20℃，大气

表 16-78　角焊缝试样尺寸要求　mm

测量的焊脚尺寸	最大凸度[①]	最大焊脚差	测量的焊脚尺寸	最大凸度[①]	最大焊脚差
3.2	2.0	0.8	6.7	2.4	2.8
3.6	2.0	1.2	7.1	2.4	2.8
4.0	2.0	1.2	7.5	2.4	3.2
4.4	2.0	1.6	8.0	2.4	3.2
4.8	2.0	1.6	8.3	2.4	3.6
5.2	2.0	2.0	8.7	2.4	3.6
5.6	2.0	2.0	9.1	2.4	4.0
6.0	2.0	2.4	9.5	2.4	4.0
6.4	2.0	2.4			

① 使用E×××T-5和E×××T-5M型焊丝焊制的角焊缝的最大凸度可比表中列出的要求大0.8mm。

压为760mmHg（1mmHg＝133.322Pa）］时，该试验条件即认为满足要求。

③ 试验方法：

a. 试验按GB/T 3965—2012标准的规定进行。

b. 根据试验结果符合表16-79所示等级标记规定的数值情况，确定其型号后不同的扩散氢标记（扩散氢标记：焊丝型号后可加H5、H10或H15，分别表示该焊丝熔敷金属扩散氢含量平均值不超过5mL/100g、10mL/100g或15mL/100g）。

c. 如果实际试验结果满足表16-79中较低的扩散氢等级标记要求，则认为该焊丝满足所有较高的扩散氢等级标记而不必进行重复试验。

表 16-79　扩散氢含量等级规定

型号	扩散氢等级标记	扩散氢含量/(mL/100g)	
		色谱法或水银法	甘油法
所有	H15	≤15.0	≤10.0
	H10	≤10.0	≤6.0
	H5	≤5.0	—

2. 低合金钢药芯焊丝（GB/T 17493—2018）

(1) 试验项目

对不同型号焊丝要求的试验项目应符合表16-80的规定。

表 16-80 试验项目

<table>
<tr><th>类型</th><th>型号</th><th>化学分析</th><th>射线探伤试验</th><th>拉伸试验</th><th>冲击试验</th><th>角焊缝试验</th><th>扩散氢试验</th></tr>
<tr><td rowspan="5">非金属粉型</td><td>E×××T1-×C,-×M
E××0T4-×
E×××T5-×C,-×XM
E××0T6-×
E×××T7-×
E×××T8-×
E×××T11-×</td><td rowspan="2">要求</td><td rowspan="8">要求</td><td rowspan="8">要求</td><td rowspan="2">①</td><td rowspan="5">要求②</td><td rowspan="8">③</td></tr>
<tr><td>E69×T×-K9×</td></tr>
<tr><td>E×××T×-G,-GC,-GM</td><td>③</td><td rowspan="3">③</td></tr>
<tr><td>E×××TG-×</td><td>要求</td></tr>
<tr><td>E×××TG-G</td><td>③</td></tr>
<tr><td rowspan="3">金属粉型</td><td>E55C-B2
E49C-B2L
E62C-B3
E55C-B3L
E55C-B6
E55C-B8
E62C-B9</td><td rowspan="3">要求</td><td>不要求</td><td rowspan="3">不要求</td></tr>
<tr><td>E55C-Ni1
E49C-Ni2
E55C-Ni2
E55C-Ni3
E62C-D2
E62C-K3
E69C-K3
E76C-K3
E76C-K4
E83C-K4
E55C-W2</td><td>要求</td></tr>
<tr><td>E××C-G</td><td>不要求</td></tr>
</table>

① 根据 GB/T 17493—2018 表 4 对该型号冲击性能的要求确定是否进行冲击试验。

② 对于角焊缝试验，E××0T×-××焊丝应在平角焊位置试验，E××1T×-××焊丝应在立焊和仰焊位置试验。

③ 由供需双方商定。

（2）焊丝表面及药芯质量检验

① 对焊丝任意部位进行目测检验。焊丝表面应光滑，无毛刺、凹坑、划痕、锈蚀、氧化皮和油污等缺陷，也不应有其他不利于焊接操作或对焊缝金属有不良影响的杂质。

② 焊丝尺寸检验用精度为 0.01mm 的量具，按表 16-81 的要求，在同一位置互相垂直方向测量，测量部位不少于两处。

表 16-81 焊丝尺寸

焊丝直径	极限偏差
0.8、0.9、10、1.2、1.4	+0.02 −0.05
1.6、1.8、2.0、2.4、2.8	+0.02 −0.06
3.0、3.2、4.0	+0.02 −0.07

注：根据供需双方协商，可生产其他尺寸的焊丝。

③ 焊丝的填充粉应分布均匀，以使焊接工艺性能和熔敷金属力学性能不受影响。

④ 缠绕的焊丝应适于在自动和半自动焊机上连续送丝。焊丝接头处应适当加工，以保证均匀连续送丝。

(3) 射线探伤与熔敷金属力学性能试验条件

① 试验用母材：

a. 化学成分分析试样用母材应符合表 16-82 的规定。在满足下述(4) ②的规定时也可采用 GB/T 700—2006 中的 Q235A 级、B 级。

b. 射线探伤和力学性能试验用母材应符合表 16-82 的规定。

• 对于抗拉强度不大于 490MPa 的 E×××T4-×、E×××T6-×、E×××T7-×、E×××T8-×和 E×××T11-×焊丝也可采用 GB/T 700—2006 中的 Q235A 级、B 级，但应使用试验焊丝在隔离层。

• 对于 E×××T×-K9×焊丝不应采用堆焊隔离层的其他母材。

• 对于其他型号的焊丝也可采用 GB/T 700—2006 中的 Q235A 级、B 级，但应使用试验焊丝在坡口面和垫板面堆焊隔离层，加工后隔离层的厚度应不小于 3mm。

c. 角焊缝试验用母材应符合表 16-82 的规定，也可采用 GB/T 700 中的 Q235A 级、B 级。

② 焊接参数与碳钢药芯焊丝相同。

③ 药芯类型、焊接位置、保护气体及电流种类见表 16-83。

表 16-82　试验用母材

焊丝	型号	试验用母材
非金属粉型	E×××T×-A1×,-B1×,-B1L×,-B2×,-B2L×,-B2H×,-B3×,-B3L×,-B3H× E×××T×-Ni1× E×××T×-D1×,-D2×,-D3× E×××T×-K1×,-K2×,-K6×,-K8×	符合 GB 713 或其他与熔敷金属成分相当的铬钼钢、锰钼钢等低合金钢
非金属粉型	E×××T×-B6×,-B6LX,-B8×,-B8L×,-B9× E×××T×-Ni2×,-Ni3× E×××T×-K3×,-K4×,-K5×,-K7×,-K9×,-W2×	符合 GB/T 1591、GB/T 3077 或其他与熔敷金属成分相当的铬钼钢、镍钢等低合金钢
非金属粉型	E×××T×-G,-GC,-GM E×××TG-G	由供需双方协商
金属粉型	E××C-B2,-B2L,-B3,-B3L E××C-Ni1 E××C-D2	符合 GB 713 或其他与熔敷金属成分相当的铬钼钢、锰钼钢等低合金钢
金属粉型	E××C-B6,-B8,-B9 E××C-Ni2,-Ni3 E××C-K3,-K4,-W2	符合 GB/T 1591、GB/T 3077 或其他与熔敷金属成分相当的铬钼钢、镍钢等低合金钢
金属粉型	E××C-G	由供需双方协商

(4) 熔敷金属化学成分分析

① 熔敷金属化学成分分析试块应在平焊位置堆焊制成。试板表面应清洁，焊前试件温度应不低于室温。每道焊后应清渣，可将试块浸入水中冷却（水温不重要）后干燥。

非金属粉型焊丝热输入应符合表 16-84 的规定。焊丝摆动宽度不应超过焊丝直径的 6 倍，道间温度应不大于 165℃。

金属粉型焊丝道间温度应符合表 16-85 的规定，至少堆焊四层。

② 堆焊金属的最小尺寸为 38mm×12mm×12mm（长×宽×高）。化学成分分析试样应无外来杂质，取样处至试板上表面的距离应不小于 10mm。

当采用 Q235A 级、B 级母材时，堆焊金属的最小尺寸为 38mm×12mm×12mm（长×宽×高），取样处至试板上表面的距离应不小于 12mm。

表 16-83 药芯类型、焊接位置、保护气体及电流种类

焊丝	药芯类型	药芯特点	型号	焊接位置	保护气体[①]	电流种类
非金属粉型	1	金红石型，熔滴呈喷射过渡	E××0T1-×C	平、横	CO_2	直流反接
			E××0T1-×M		Ar+(20%～25%)CO_2	
			E××1T1-×C	平、横、仰、立向上	CO_2	
			E××1T1-×M		Ar+(20%～25%)CO_2	
	4	强脱硫、自保护型，熔滴呈粗滴过渡	E××0T4-×	平、横	—	
	5	氧化钙-氯化物型，熔滴呈粗滴过渡	E××0T5-×C		CO_2	
			E××0T5-×M		Ar+(20%～25%)CO_2	
			E××1T5-×C	平、横、仰、立向上	CO_2	直流反接或正接[②]
			E××1T5-×M		Ar+(20%～25%)CO_2	
	6	自保护型，熔滴呈喷射过渡	E××0T6-×	平、横	—	直流反接
	7	强脱硫、自保护型，熔滴呈喷射过渡	E××0T7-×			直流正接
			E××1T7-×	平、横、仰、立向上		
	8	自保护型，熔滴呈喷射过渡	E××0T8-×	平、横		
			E××1T8-×	平、横、仰、立向上		
	11	自保护型，熔滴呈喷射过渡	E××0T11-×	平、横		
			E××1T11-×	平、横、仰、立向上		
	×[③]	③	E××0T×-G	平、横		③
			E××1T×-G	平、横、仰、立向上或向下		
			E××0T×-GC	平、横	CO_2	
			E××1T×-GC	平、横、仰、立向上或向下		
			E××0T×-GM	平、横	Ar+(20%～25%)CO_2	

续表

焊丝	药芯类型	药芯特点	型　号	焊接位置	保护气体[①]	电流种类
非金属粉型	×[③]	③	E××1T×-GM	平、横、仰、立向上或向下	Ar+(20%～25%)CO_2	③
	G	不规定	E××0TG-×	平、横	不规定	不规定
			E××1TG-×	平、横、仰、立向上或向下		
			E××0TG-G	平、横		
			E××1TG-G	平、横、仰、立向上或向下		
金属粉型		主要为纯金属和合金，熔渣极少，熔滴呈喷射过渡	E××C-B2，-B2L E××C-B3，-B3L E××C-B6，-B8 E××C-Ni1，-Ni2，-Ni3 E××C-D2	不规定	Ar+(1%～5%)O_2	不规定
			E××C-B9 E××C-K3，-K4 E××C-W2		Ar+(5%～25%)CO_2	
		不规定	E××C-C	不规定		

① 为保证焊缝金属性能，应采用表中规定的保护气体。如供需双方协商也可采用其他保护气体。

② 某些 E××1T5-×C、-×M 焊丝，为改善立焊和仰焊的焊接性能，焊丝制造厂也可能推荐采用直流正接。

③ 可以是上述任一种药芯类型，其药芯特点及电流种类应符合该类药芯焊丝相对应的规定。

表 16-84　非金属粉型焊丝热输入和焊道、焊层的控制要求

<table>
<tr><th rowspan="2">焊丝直径/mm</th><th rowspan="2">平均热输入①②③
/(kJ/cm)</th><th colspan="2">每层推荐的道数</th><th rowspan="2">推荐的层数</th></tr>
<tr><th>第1层</th><th>第2层至顶层</th></tr>
<tr><td>0.8、0.9</td><td>8～14</td><td rowspan="7">1或2</td><td rowspan="6">2或3</td><td rowspan="2">6～9</td></tr>
<tr><td>1.0、1.2</td><td>10～20</td></tr>
<tr><td>1.4、1.6</td><td>10～22</td><td rowspan="2">5～8</td></tr>
<tr><td>1.8、2.0</td><td>14～26</td></tr>
<tr><td>2.4</td><td>16～26</td><td>4～8</td></tr>
<tr><td>2.8</td><td>20～28</td><td rowspan="3">4～7</td></tr>
<tr><td>3.0、3.2</td><td>22～30</td><td rowspan="2">2</td></tr>
<tr><td>4.0</td><td>26～33</td><td>1</td></tr>
</table>

① 热输入计算公式为：

$$\text{热输入}(\text{kJ/cm})=\frac{\text{电压(V)}\times\text{电流(A)}\times 60}{\text{焊接速度(cm/min)}\times 100}\text{或}\frac{\text{电压(V)}\times\text{电流(A)}\times 60\times\text{燃弧时间(min)}}{\text{焊缝长度(cm)}\times 100}$$

② 平均热输入值是除第一层焊道外的其他焊道的热输入计算平均值，第一层不控制热输入。

③ 应采用无脉冲恒压电源。

注：实际的平均热输入、层数、道数、焊线送丝速度或电流、电弧电压、焊接速度及焊丝干伸长应用记录。

③ 化学成分分析试样也可取自下述（5）规定的试件中熔敷金属，仲裁试验用化学成分分析试样应按上述①、②的规定制取。

④ 熔敷金属化学成分分析可采用任何适宜的方法。仲裁试验应按 GB/T 223 的规定进行。

⑤ 合格标准：熔敷金属化学成分应符合表 16-85 的规定。

（5）射线探伤、熔敷金属拉伸和冲击试验用试件的制备

① 试件应按图 16-34 所示要求在平焊位置制备。对于 E×××T×-K9×焊丝，其试件的焊接应在立向上位置进行。

② 试件焊前予以反变形或拘束，以防止角变形。试件焊后不允许矫正，角变形超过 5°的试件应予报废。

③ 试板应先定位焊，按表 16-86 所规定的预热和道间温度进行预热和焊接。在图 16-34 规定的位置上用测量笔或表面温度计测量温度。非金属粉型焊丝的热输入和焊道、焊层的控制要求按表 16-84 的规定。

④ 如果必须中断焊接，应将试板在静态大气中冷却至室温，重新焊接时，试板应加热到表 16-86 规定的预热和道间温度。

表 16-85 熔敷金属化学成分（质量分数） %

<table>
<tr><th>型号</th><th>C</th><th>Mn</th><th>Si</th><th>S</th><th>P</th><th>Ni</th><th>Cr</th><th>Mo</th><th>V</th><th>Al</th><th>Cu</th><th>其他元素（除铁外）总量</th></tr>
<tr><td colspan="13">非金属粉型钼钢焊丝</td></tr>
<tr><td>E49×T5-A1C,-A1M
E55×T1-A1C,-A1M</td><td>0.12</td><td>1.25</td><td>0.80</td><td>0.030</td><td>0.030</td><td>—</td><td>—</td><td>0.40～0.65</td><td>—</td><td>—</td><td>—</td><td>—</td></tr>
<tr><td colspan="13">非金属粉型铬钼钢焊丝</td></tr>
<tr><td>E55×T1-B1C,-B1M</td><td>0.05～0.12</td><td rowspan="9">1.25</td><td rowspan="8">0.80</td><td rowspan="9">0.030</td><td rowspan="8">0.030</td><td rowspan="8">—</td><td rowspan="2">0.40～0.65</td><td rowspan="5">0.40～0.65</td><td rowspan="9">—</td><td rowspan="9">—</td><td rowspan="8">—</td><td rowspan="9">—</td></tr>
<tr><td>E55×T1-B1LC,-B1LM</td><td>0.05</td></tr>
<tr><td>E55×T1-B2C,-B2M,
E55×T5-B2C,-B2M</td><td>0.05～0.12</td><td rowspan="3">1.00～1.50</td></tr>
<tr><td>E55×T1-B2LC,-B2LM
E55×T5-B2LC,-B2LM</td><td>0.05</td></tr>
<tr><td>E55×T1-B2HC,-B2HM</td><td>0.10～0.15</td></tr>
<tr><td>E62×T1-B3C,-B3M,
E62×T5-B3C,-B3M,
E69×T1-B3C,-B3M</td><td>0.05～0.12</td><td rowspan="3">2.00～2.50</td><td rowspan="3">0.90～1.20</td></tr>
<tr><td>E62×T1-B3LC,-B3LM</td><td>0.05</td></tr>
<tr><td>E62×T1-B3HC,-B3HM</td><td>0.10～0.15</td></tr>
<tr><td>E55×T1-B6C,-B6M
E55×T5-B6C,-B6M</td><td>0.05～0.12</td><td>1.00</td><td>0.040</td><td>0.40</td><td>4.0～6.0</td><td>0.45～0.65</td><td>0.50</td></tr>
</table>

续表

型号	C	Mn	Si	S	P	Ni	Cr	Mo	V	Al	Cu	其他元素(除铁外)总量
E55×T1-B6LC,-B6LM E55×T5-B6LC,-B6LM	0.05	1.25	1.00	0.030	0.040	0.40	4.0～6.0	0.45～0.65	—	—	0.50	—
E55×T1-B8C,-B8M E55×T5-B8C,-B8M	0.05～0.12											
E55×T1-B8LC,-B8LM E55×T5-B8LC,-B8LM	0.05				0.030		8.0～10.5	0.85～1.20				
E62×T1-B9C[①],-B9M[①]	0.08～0.13	1.20	0.50	0.015	0.020	0.80			0.15～0.30	0.04	0.25	
非金属粉型镍钢焊丝												
E43×T1-Ni1C,-Ni1M E49×T1-Ni1C,-Ni1M E49×T6-Ni1 E49×T8-Ni1 E55×T1-Ni1C,-Ni1M E55×T5-Ni1C,-Ni1M	0.12	1.50	0.80	0.030	0.030	0.80～1.10	0.15	0.35	0.05	1.8[②]	—	—
E49×T8-Ni2 E55×T8-Ni2 E55×T1-Ni2C,-Ni2M E55×T5-Ni2C,-Ni2M E62×T1-Ni2C,-Ni2M						1.75～2.75	—	—	—			
E55×T5-Ni3C,-Ni3M[③] E62×T5-Ni3C,-Ni3M E55×T11-Ni3						2.75～3.75						

续表

型号	C	Mn	Si	S	P	Ni	Cr	Mo	V	Al	Cu	其他元素(除铁外)总量
非金属粉型锰钼钢焊丝												
E62×T1-D1C,-D1M	0.12	1.25～2.00	0.80	0.030	0.030	—	—	0.25～0.55	—	—	—	—
E62×T5-D2C,-D2M E69×T5-D2C,-D2M	0.15	1.65～2.25										
E62×T1-D3C,-D3M	0.12	1.00～1.75						0.40～0.65				
其他非金属粉型低合金钢焊丝												
E55×T5-K1C,-K1M	0.15	0.80～1.40	0.80	0.030	0.030	0.80～1.10	0.15	0.20～0.65	0.05	—	—	—
E49×T4-K2 E49×T7-K2 E49×T8-K2 E49×T11-K2 E55×T8-K2 E55×T1-K2C,-K2M E55×T5-K2C,-K2M E62×T1-K2C,-K2M E62×T5-K2C,-K2M		0.50～1.75				1.00～2.00		0.35		1.8②		
E69×T1-K3C,-K3M E69×T5-K3C,-K3M E76×T1-K3C,-K3M E76×T5-K3C,-K3M		0.75～2.25				1.25～2.60		0.25～0.65		—		

续表

型　号	C	Mn	Si	S	P	Ni	Cr	Mo	V	Al	Cu	其他元素(除铁外)总量
E76×T1-K4C,-K4M E76×T5-K4C,-K4M E83×T5-K4C,-K4M	0.15	1.20～2.25				1.75～2.60	0.20～0.60	0.20～0.65	0.03			
E83×T1-K5C,-K5M	0.10～0.25	0.60～1.60	0.80			0.75～2.00	0.20～0.70	0.15～0.55		—		
E49×T5-K6C,K6M E43×T8-K6 E49×T8-K6		0.50～1.50		0.030	0.030	0.40～1.00	0.20	0.15	0.05	1.8②	—	
E69×T1-K7C,-K7M	0.15	1.00～1.75				2.00～2.75	—	—	—	—		—
E62×T8-K8		1.00～2.00	0.40			0.50～1.50		0.20		1.8②		
E69×T1-K9C,-K9M	0.07	0.50～1.50	0.60	0.015	0.015	1.30～3.75	0.20	0.50	0.05		0.06	
E55×T1-W2C,-W2M	0.12	0.50～1.30	0.35～0.80			0.40～0.80	0.45～0.70	—	—	—	0.30～0.75	
E×××T×-G③, -GC③,-GM③ E×××TG-G③	—	≥0.50	1.00	0.030	0.030	≥0.50	≥0.30	≥0.20	≥0.10	1.8②	—	

续表

<table>
<tr><th>型　号</th><th>C</th><th>Mn</th><th>Si</th><th>S</th><th>P</th><th>Ni</th><th>Cr</th><th>Mo</th><th>V</th><th>Al</th><th>Cu</th><th>其他元素(除铁外)总量</th></tr>
<tr><td colspan="13">金属粉型铬钼钢焊丝</td></tr>
<tr><td>E55C-B2</td><td>0.05～0.12</td><td rowspan="6">0.40～1.00</td><td rowspan="6">0.25～0.60</td><td rowspan="4">0.030</td><td rowspan="6">0.025</td><td rowspan="4">0.20</td><td rowspan="2">1.00～1.50</td><td rowspan="2">0.40～0.65</td><td rowspan="6">0.03</td><td rowspan="6">—</td><td>—</td><td rowspan="7">0.50</td></tr>
<tr><td>E49C-B2L</td><td>0.05</td><td rowspan="5">0.35</td></tr>
<tr><td>E62C-B3</td><td>0.05～0.12</td><td rowspan="2">2.00～2.50</td><td rowspan="2">0.90～1.20</td></tr>
<tr><td>E55C-B3L</td><td>0.05</td></tr>
<tr><td>E55C-B6</td><td rowspan="2">0.10</td><td rowspan="2">0.025</td><td>0.60</td><td>4.50～6.00</td><td>0.45～0.65</td></tr>
<tr><td>E55C-B8</td><td>0.20</td><td rowspan="2">8.00～10.50</td><td>0.80～1.20</td></tr>
<tr><td>E62C-B9[4]</td><td>0.08～0.13</td><td>1.20</td><td>0.50</td><td>0.015</td><td>0.020</td><td>0.80</td><td>0.85～1.20</td><td>0.15～0.30</td><td>0.04</td><td>0.20</td></tr>
<tr><td colspan="13">金属粉型镍钢焊丝</td></tr>
<tr><td>E55C-Ni1</td><td>0.12</td><td>1.50</td><td rowspan="4">0.90</td><td rowspan="4">0.030</td><td rowspan="4">0.025</td><td>0.80～1.10</td><td rowspan="4">—</td><td>0.30</td><td rowspan="4">0.03</td><td rowspan="4">—</td><td rowspan="4">0.35</td><td rowspan="4">0.50</td></tr>
<tr><td>E49C-Ni2</td><td>0.08</td><td>1.25</td><td rowspan="2">1.75～2.75</td><td rowspan="3">—</td></tr>
<tr><td>E55C-Ni2</td><td rowspan="2">0.12</td><td rowspan="2">1.50</td></tr>
<tr><td>E55C-Ni3</td><td>2.75～3.75</td></tr>
</table>

续表

<table>
<tr><th>型　号</th><th>C</th><th>Mn</th><th>Si</th><th>S</th><th>P</th><th>Ni</th><th>Cr</th><th>Mo</th><th>V</th><th>Al</th><th>Cu</th><th>其他元素(除铁外)总量</th></tr>
<tr><td colspan="13">金属粉型锰钼钢焊丝</td></tr>
<tr><td>E62C-D2</td><td>0.12</td><td>1.00～1.90</td><td>0.90</td><td>0.030</td><td>0.025</td><td>—</td><td>—</td><td>0.40～0.60</td><td>0.03</td><td>—</td><td>0.35</td><td>0.50</td></tr>
<tr><td colspan="13">其他金属粉型低合金钢焊丝</td></tr>
<tr><td>E62C-K3</td><td rowspan="5">0.15</td><td rowspan="5">0.75～2.25</td><td rowspan="5">0.80</td><td rowspan="5">0.025</td><td rowspan="6">0.025</td><td rowspan="5">0.50～2.50</td><td rowspan="3">0.15</td><td rowspan="5">0.25～0.65</td><td rowspan="6">0.03</td><td rowspan="6">—</td><td rowspan="5">0.35</td><td rowspan="6">0.50</td></tr>
<tr><td>E69C-K3</td></tr>
<tr><td>E76C-K3</td></tr>
<tr><td>E76C-K4</td><td rowspan="2">0.15～0.65</td></tr>
<tr><td>E83C-K4</td></tr>
<tr><td>E55C-W2</td><td>0.12</td><td>0.50～1.30</td><td>0.35～0.80</td><td>0.030</td><td>0.40～0.80</td><td>0.45～0.70</td><td></td><td>0.30～0.75</td></tr>
<tr><td>E××C-G⑤</td><td>—</td><td>—</td><td>—</td><td>—</td><td>—</td><td>≥0.50</td><td>≥0.30</td><td>≥0.20</td><td>—</td><td>—</td><td>—</td><td>—</td></tr>
</table>

① Nb=0.02%～0.10%；N=0.02%～0.07%；(Mn+Ni)≤1.50%。

② 仅适用于自保护焊丝。

③ 对于 E×××T×-G 和 E×××TG-G 型号，元素 Mn、Ni、Cr、Mo 或 V 至少有一种应符合要求。

④ Nb=0.02%～0.10%；N=0.03%～0.07%；(Mn+Ni)≤1.50%。

⑤ 对于 E××C-G 型号，元素 Ni、Cr 或 Mo 至少有一种应符合要求。

注：除另有注明外，所列单值均为最大值。

表 16-86　预热、道间和焊后热处理温度　　℃

<table>
<tr><th>焊丝</th><th>型　号</th><th>预热和道间温度</th><th>焊后热处理温度</th></tr>
<tr><td rowspan="7">非金属粉型</td><td>E43×T1-Ni1C,-Ni1M
E49×T1-Ni1C,Ni1M
E49×T6-Ni1
E49×T8-Ni1
E55×T1-Ni1C,-Ni1M
E49×T8-Ni2
E55×T1-Ni2C,-Ni2M
E55×T8-Ni2
E55×T11-Ni3
E62×T1-Ni2C,-Ni2M</td><td rowspan="2">135～165</td><td>—</td></tr>
<tr><td>E49×T5-A1C,A1M
E55×T1-A1C,A1M
E55×T5-Ni1C,Ni1M
E55×T5-Ni2C[①],-Ni2M[①]
E55×T5-Ni3C[①],-Ni3M[①]
E62×T5-Ni3C[①],-Ni3M[①]
E62×T5-D2C,-D2M
E69×T5-D2C,-D2M</td><td>620±15</td></tr>
<tr><td>E×××T×-B1×,-B1L×,-B2×,-B2L×,-B2H×,-B3×,-B3L×,-B3H×</td><td>160～190</td><td>620±15</td></tr>
<tr><td>E×××T×-B6×,-B6L×,-B8×,-B8L×</td><td>150～250</td><td>745±15[②]</td></tr>
<tr><td>E62×T1-B9C,-B9M[③]</td><td>210～310</td><td>760±15[②]</td></tr>
<tr><td>E×××T×-D1×,-D3×
E×××T×-K1×,-K2×,-K3×,-K4×,-K5×,-K6×,-K7×,-K8×,-K9×
E×××T×-W2×</td><td>135～165</td><td>—</td></tr>
<tr><td>E×××T×-G,-GC,-GM
E×××TG-×
E×××TG-G</td><td colspan="2">由供需双方商定</td></tr>
<tr><td rowspan="5">金属粉型</td><td>E55C-B2,E49C-B2L</td><td>132～165</td><td>620±15</td></tr>
<tr><td>E62C-B3,E55C-B3L</td><td>185～215</td><td>690±15</td></tr>
<tr><td>E55C-B6</td><td>177～232</td><td rowspan="2">745±15</td></tr>
<tr><td>E55C-B8</td><td>205～260</td></tr>
<tr><td>E62C-B9[③]</td><td>205～320</td><td>760±15[②]</td></tr>
</table>

续表

焊丝	型号	预热和道间温度	焊后热处理温度
金属粉型	E49C-Ni2，E55C-Ni2，E55C-Ni3	135～165	620±15
	E55C-Ni1 E62C-D2 E62C-K3，E69C-K3，E76C-K3 E76C-K4，E83C-K4 E55C-W2		—
	E××C-G	由供需双方商定	

① 焊后热处理温度超过 620℃时会降低冲击值。

② 保温 2～2.25h。

③ 进行焊后热处理之前，建议使试件冷却到 100℃以下，有助于更多形成马氏体微观组织。

注：规定的温度只用于本标准的试验，焊接生产中的温度要求应由用户确定。

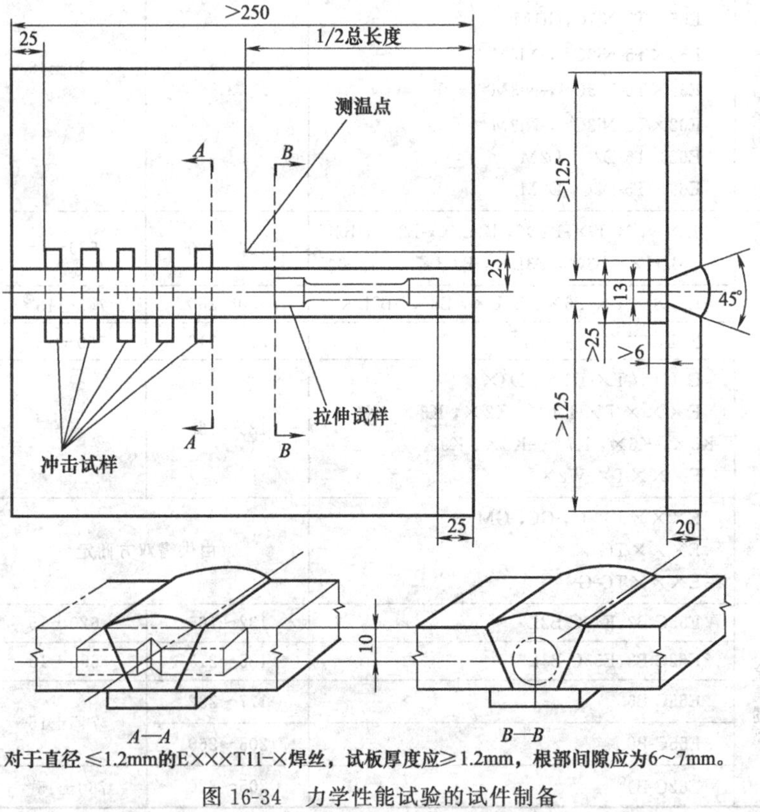

对于直径≤1.2mm的E×××T11-×焊丝，试板厚度应≥1.2mm，根部间隙应为6～7mm。

图 16-34　力学性能试验的试件制备

⑤ 按表 16-87 的规定，试样状态为焊后热处理时，应在力学性能试样加工之前（射线探伤之前或之后）进行焊后热处理。试件放入炉内时，炉温不得高于 320℃，以不大于 220℃/h 的速度升温，加热至表 16-86 规定的热处理温度后，保温 1～1.25h（另有特殊要求见表 16-86 注②），然后以不大于 200℃/h 的速度冷却至 320℃以下的任意温度时，可从炉中取出，在静态大气中冷却至室温。

表 16-87 熔敷金属的力学性能

型号[1]	试样状态	抗拉强度 R_m/MPa	规定非比例延伸强度 $R_{p0.2}$/MPa	伸长率 A/%	冲击性能[2]	
					吸收功 A_{kV}/J	试验温度/℃
非金属粉型						
E49×T5-A1C,-A1M		490～620	≥400	≥20	≥27	−30
E55×T1-A1C,-A1M		550～690	≥470	≥19		
E55×T1-B1C,-B1M,-B1LC,-B1LM						
E55×T1-B2C,-B2M,-B2LC,-B2LM,-B2HC,-B2HM E55×T5-B2C,-B2M,-B2LC,-B21M						
E62×T1-B3C,-B3M,-B3LC,-B3LM,-B3HC,-B3HM E62×T5-B3C,-B3M	焊后热处理	620～760	≥540	≥17	—	
E69×T1-B3C,-B3M		690～830	≥610	≥16		
E55×T1-B6C,-B6M,-B6LC,-B6LM E55×T5-B6C,-B6M,-B6LC,-B6LM		550～690	≥470	≥19		
E55×T1-B8C,-B8M,-B8LC,-B8LM E55×T5-B8C,-B8M,-B8LC,-B8LM						
E62×T1-B9C,-B9M		620～830	≥540	≥16		
E43×T1-Ni1C,-Ni1M		430～550	≥340	≥22		
E49×T1-Ni1C,Ni1M		490～620	≥400	≥20		
E49×T6-Ni1	焊态					−30
E49×T8-Ni1					≥27	
E55×T1-Ni1C,-Ni1M		550～690	≥470	≥19		
E55×T5-Ni1C,-Ni1M	焊后热处理					−50

续表

<table>
<tr><th rowspan="2">型　号①</th><th rowspan="2">试样状态</th><th rowspan="2">抗拉强度 R_m/MPa</th><th rowspan="2">规定非比例延伸强度 $R_{p0.2}$/MPa</th><th rowspan="2">伸长率 A/%</th><th colspan="2">冲击性能②</th></tr>
<tr><th>吸收功 A_{kV}/J</th><th>试验温度/℃</th></tr>
<tr><td>E49×T8-Ni2</td><td rowspan="3">焊态</td><td>490～620</td><td>≥400</td><td>≥20</td><td rowspan="27">≥27</td><td rowspan="2">－30</td></tr>
<tr><td>E55×T8-Ni2</td><td rowspan="3">500～690</td><td rowspan="3">≥470</td><td rowspan="3">≥19</td></tr>
<tr><td>E55×T1-Ni2C,-Ni2M</td><td>－40</td></tr>
<tr><td>E55×T5-Ni2C,-Ni2M</td><td>焊后热处理</td><td>－60</td></tr>
<tr><td>E62×T1-Ni2C,-Ni2M</td><td>焊态</td><td>620～760</td><td>≥540</td><td>≥17</td><td>－40</td></tr>
<tr><td>E55×T5-Ni3C,-Ni3M</td><td rowspan="2">焊后热处理</td><td>550～690</td><td>≥470</td><td>≥19</td><td rowspan="2">－70</td></tr>
<tr><td>E62×T5-Ni3C,-Ni3M</td><td>620～760</td><td>≥540</td><td>≥17</td></tr>
<tr><td>E55×T11-Ni3</td><td>焊态</td><td>550～690</td><td>≥470</td><td>≥19</td><td>－20</td></tr>
<tr><td>E62×T1-D1C,-D1M</td><td>焊态</td><td rowspan="2">620～760</td><td rowspan="2">≥540</td><td rowspan="2">≥17</td><td>－40</td></tr>
<tr><td>E62×T5-D2C,-D2M</td><td rowspan="2">焊后热处理</td><td>－50</td></tr>
<tr><td>E69×T5-D2C,-D2M</td><td>690～830</td><td>≥610</td><td>≥16</td><td>－40</td></tr>
<tr><td>E62×T1-D3C,-D3M</td><td rowspan="24">焊态</td><td>620～760</td><td>≥540</td><td>≥17</td><td>－30</td></tr>
<tr><td>E55×T5-K1C,-K1M</td><td>550～690</td><td>≥470</td><td>≥19</td><td>－40</td></tr>
<tr><td>E49×T4-K2</td><td rowspan="4">490～620</td><td rowspan="4">≥400</td><td rowspan="4">≥20</td><td>－20</td></tr>
<tr><td>E49×T7-K2</td><td rowspan="2">－30</td></tr>
<tr><td>E49×T8-K2</td></tr>
<tr><td>E49×T11-K2</td><td>0</td></tr>
<tr><td>E55×T8-K2
E55×T1-K2C,-K2M
E55×T5-K2C,-K2M</td><td>550～690</td><td>≥470</td><td>≥19</td><td>－30</td></tr>
<tr><td>E62×T1-K2C,-K2M</td><td rowspan="2">620～760</td><td rowspan="2">≥540</td><td rowspan="2">≥17</td><td>－20</td></tr>
<tr><td>E62×T5-K2C,-K2M</td><td>－50</td></tr>
<tr><td>E69×T1-K3C,-K3M</td><td rowspan="2">690～830</td><td rowspan="2">≥610</td><td rowspan="2">≥16</td><td>－20</td></tr>
<tr><td>E69×T5-K3C,-K3M</td><td>－50</td></tr>
<tr><td>E76×T1-K3C,-K3M</td><td rowspan="4">760～900</td><td rowspan="4">≥680</td><td rowspan="4">≥15</td><td>－20</td></tr>
<tr><td>E76×T5-K3C,-K3M</td><td>－50</td></tr>
<tr><td>E76×T1-K4C,-K4M</td><td>－20</td></tr>
<tr><td>E76×T5-K4C,-K4M</td><td rowspan="2">－50</td></tr>
<tr><td>E83×T5-K4C,-K4M</td><td rowspan="2">830～970</td><td rowspan="2">≥745</td><td rowspan="2">≥14</td></tr>
<tr><td>E83×T1-K5C,-K5M</td><td colspan="2">—</td></tr>
<tr><td>E49×T5-K6C,K6M</td><td>490～620</td><td>≥400</td><td>≥20</td><td rowspan="5">≥27</td><td>－60</td></tr>
<tr><td>E43×T8-K6</td><td>430～550</td><td>≥340</td><td>≥22</td><td rowspan="2">－30</td></tr>
<tr><td>E49×T8-K6</td><td>490～620</td><td>≥400</td><td>≥20</td></tr>
<tr><td>E69×T1-K7C,-K7M</td><td>690～830</td><td>≥610</td><td>≥16</td><td>－50</td></tr>
<tr><td>E62×T8-K8</td><td>620～760</td><td>≥540</td><td>≥17</td><td>－30</td></tr>
<tr><td>E69×T1-K9C,-K9M</td><td>690～830③</td><td>560～670</td><td>≥18</td><td>≥47</td><td>－50</td></tr>
<tr><td>E55×T1-W2C,-W2M</td><td>550～690</td><td>≥470</td><td>≥19</td><td>≥27</td><td>－30</td></tr>
</table>

续表

<table>
<tr><th rowspan="2">型　号①</th><th rowspan="2">试样状态</th><th rowspan="2">抗拉强度 R_m/MPa</th><th rowspan="2">规定非比例延伸强度 $R_{p0.2}$/MPa</th><th rowspan="2">伸长率 A/%</th><th colspan="2">冲击性能②</th></tr>
<tr><th>吸收功 A_{kV}/J</th><th>试验温度/℃</th></tr>
<tr><td colspan="7">金属粉型</td></tr>
<tr><td>E49C-B2L</td><td rowspan="7">焊后热处理</td><td>≥515</td><td>≥400</td><td rowspan="2">≥19</td><td rowspan="7" colspan="2">—</td></tr>
<tr><td>E55C-B2</td><td rowspan="2">≥550</td><td rowspan="2">≥470</td></tr>
<tr><td>E55C-B3L</td><td rowspan="4">≥17</td></tr>
<tr><td>E62C-B3</td><td>≥620</td><td>≥540</td></tr>
<tr><td>E55C-B6</td><td rowspan="2">≥550</td><td rowspan="2">≥470</td></tr>
<tr><td>E55C-B8</td></tr>
<tr><td>E62C-B9</td><td>≥620</td><td>≥410</td><td>≥16</td></tr>
<tr><td>E49C-Ni2</td><td rowspan="2">焊态</td><td>≥490</td><td>≥400</td><td rowspan="2">≥24</td><td rowspan="11">≥27</td><td>−60</td></tr>
<tr><td>E55C-Ni1</td><td>≥550</td><td>≥470</td><td>−45</td></tr>
<tr><td>E55C-Ni2</td><td rowspan="2">焊后热处理</td><td rowspan="2">≥550</td><td rowspan="2">≥470</td><td rowspan="2">≥24</td><td>−60</td></tr>
<tr><td>E55C-Ni3</td><td>−75</td></tr>
<tr><td>E62C-D2</td><td rowspan="7">焊态</td><td rowspan="2">≥620</td><td rowspan="2">≥540</td><td>≥17</td><td>−30</td></tr>
<tr><td>E62C-K3</td><td>≥18</td><td rowspan="5">−50</td></tr>
<tr><td>E69C-K3</td><td>≥690</td><td>≥610</td><td>≥16</td></tr>
<tr><td>E76C-K3</td><td rowspan="2">≥760</td><td rowspan="2">≥680</td><td rowspan="2">≥15</td></tr>
<tr><td>E76C-K4</td></tr>
<tr><td>E83C-K4</td><td>≥830</td><td>≥750</td><td>≥15</td></tr>
<tr><td>E55C-W2</td><td>≥550</td><td>≥470</td><td>≥22</td><td>−30</td></tr>
</table>

① 在实际型号中“×”用相应的符号替代。

② 非金属粉型焊丝型号中带有附加代号“J”时，对于规定的冲击吸收功，试验温度应降低10℃。

③ 对于E69×T1-K9C、-K9M所示的抗拉强度范围不是要求值，而是近似值。

注：1. 对于E×××T×-G、-GC、-GM，E×××TG-×和E×××TG-G型焊丝，熔敷金属冲击性能由供需双方商定。

2. 对于E××C-G型焊丝，除熔敷金属抗拉强度外，其他力学性能由供需双方商定。

(6) 射线探伤试验

① 焊缝射线探伤试验应在冲击试样和拉伸试样加工之前进行，射线探伤前应采用机械加工方法去掉垫板。

② 焊缝射线探伤试验应按GB/T 3323—2005的要求进行。

③ 评定焊缝射线探伤底片时，试件两端25mm范围应不予考虑。

④ 合格标准：焊缝射线探伤应符合GB/T 3323—2005的附录C中表C.4的Ⅱ级规定。

(7) 熔敷金属拉伸试验

① 按图 16-34 所示位置加工出一个符合图 16-35 要求的熔敷金属拉伸试样。

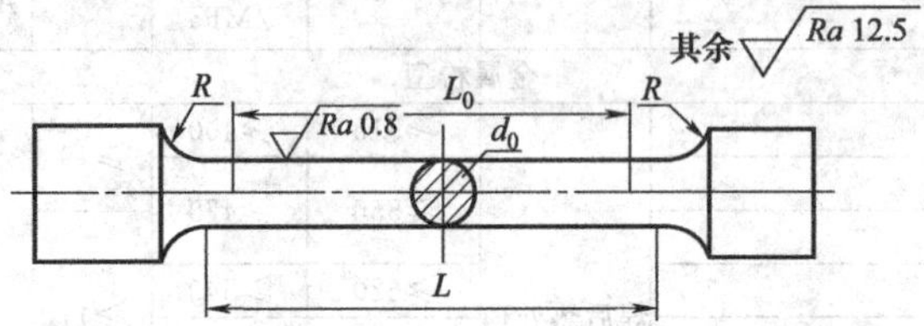

mm

焊丝	d_0	R	L_0	L
E××T11-×,≤1.2mm	6±0.1	≥3	$5d_0$	l_0+d_0
其他型号	10±0.2	≥4		

注：1.试样夹持端尺寸根据试验机夹具结构确定。
2.用引伸计测量规定非比例延伸强度时，可以增加试样长度，但测量伸长率的标距长度不能改变。

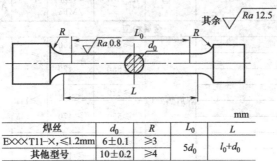

图 16-35　熔敷金属拉伸试样

② 若表 16-87 对试验焊丝的试样状态规定为焊态，则拉伸试样试验前允许进行 100℃±5℃不超过 48h 的去氢处理。

③ 熔敷金属拉伸试验应按 GB/T 2652—2008 的要求进行。

④ 合格标准：熔敷金属拉伸试验结果应符合表 16-87 的规定。

(8) 熔敷金属 V 形缺口冲击试验

① 按图 16-34 所示位置从截取熔敷金属拉伸试样的同一试件上加工 5 个符合图 16-36 要求的冲击试样。

② 按表 16-87 规定的试验温度，测定 5 个试样的冲击吸收功。对于需标注附加代号“J”的焊丝，试验温度应比表 16-87 规定的值低 10℃。

③ 熔敷金属 V 形缺口冲击试验应按 GB/T 2650—2008 的要求进行。

④ 在计算 5 个试样冲击吸收功的平均值时：

a. 对于 E×××T×-K9×焊丝，所有 5 个值的平均值应符合表 16-87 的规定，这 5 个值中可以有 1 个值小于规定值，但应不大于 33J。

b. 对于其他型号的焊丝，这 5 个值应去掉最大值和最小值，余

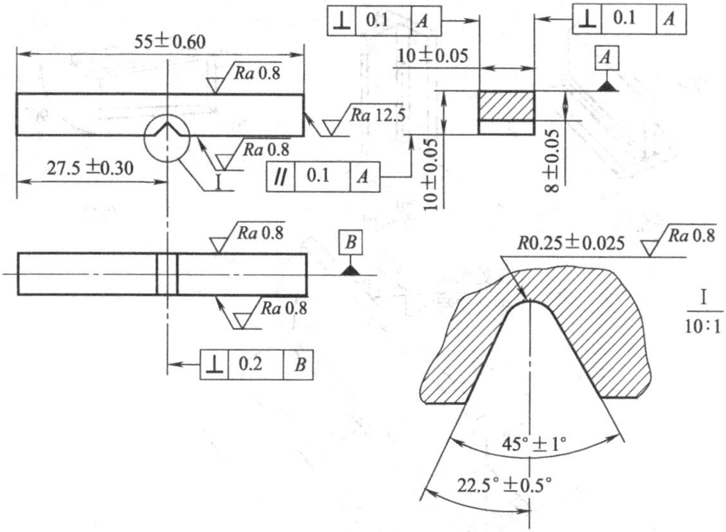

图 16-36　夏比 V 形缺口冲击试样

下 3 个值的平均值应符合表 16-87 的规定，这 3 个值中可以有 1 个值小于规定值，但应不小于 20J。

⑤ 合格标准：熔敷金属 V 形缺口冲击试验结果应符合表 16-87 的规定。

(9) 角焊缝试验

① 对于 E××OT×-××焊丝应制备一套试板，用于平角焊位置的角焊缝试验，对于 E××1T×-××焊丝应制备两套试板，分别用于立焊和仰焊位置的角焊缝试验，见图 16-37。

② 角焊缝试验采用的焊丝尺寸和焊接参数由制造厂推荐。

③ 试件的立板应有一纵向端面经过加工，底板应平直光洁，使立板与底板结合处无明显缝隙。

④ 试件按图 16-37 所示进行组装，两端先进行定位焊，然后在接头的一侧焊接一条接近试板全长的单道角焊缝。

⑤ 对焊后的焊缝应做目测检查，然后按图 16-37 所示从试件中部截取一个宽度约为 25mm 的试样。试样一面应抛光和腐蚀，按图 16-38 所示划线，测量焊脚尺寸、焊脚和凸形角焊缝的凸度，精确至

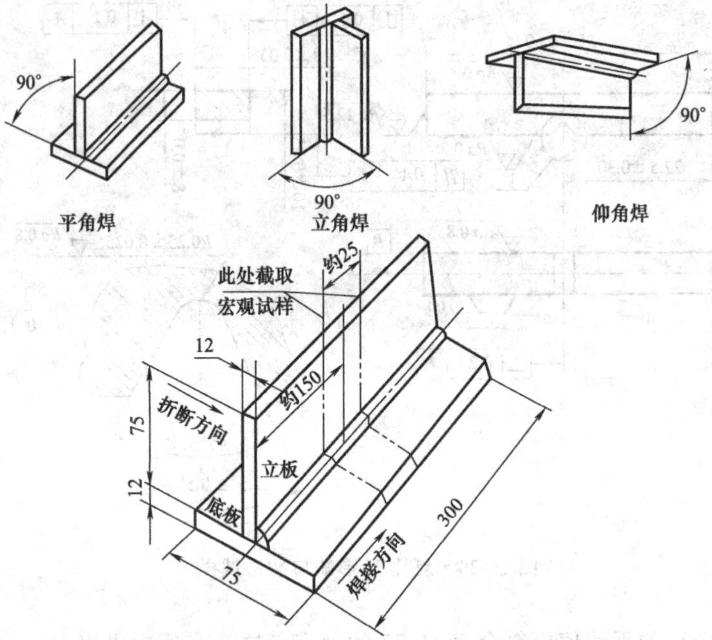

图 16-37　角焊缝试验试件的制备

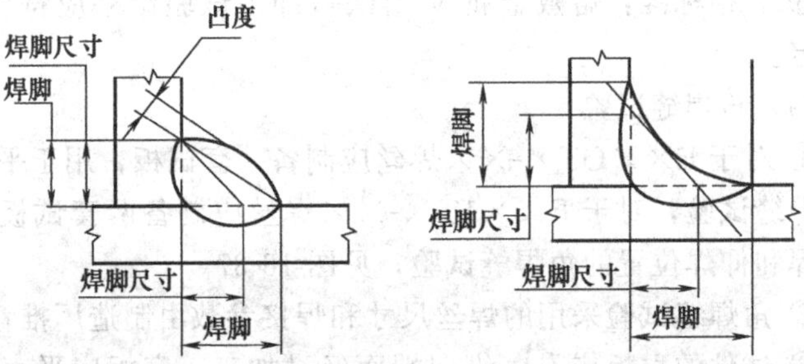

焊脚尺寸为在角焊缝横截面中画出的最大等腰直角三角形中的直角边的长度。

图 16-38　角焊缝的尺寸测量

0.1mm。所有测量值应被圆整到最接近的 0.5mm。

⑥ 剩余的两块接头，按图 16-39 所示的折断方向沿整个角焊缝纵向弯断，检查断裂表面。如果断在母材上，不能认为焊缝金属不合格，应重新试验。

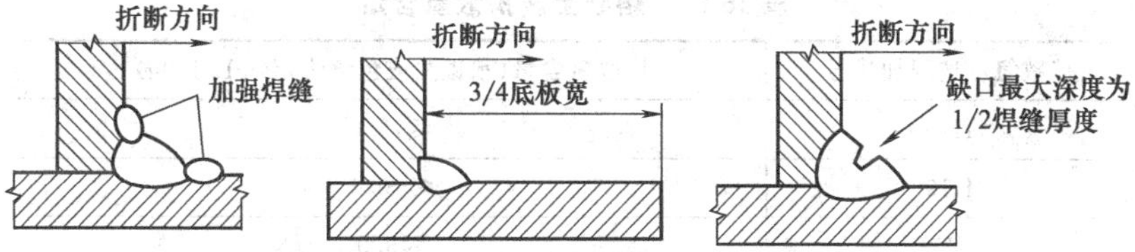

图 16-39　促使角焊缝断裂的补充方法

⑦ 为了保证断于焊缝，可采用下述的一种或几种方法：

a. 在焊缝的每个焊脚处加强焊缝，如图 16-39（a）所示；

b. 改变立板在底板上的位置，如图 16-39（b）所示；

c. 在焊缝表面中心开一条缺口，如图 16-39（c）所示。

⑧ 合格标准：

a. 角焊缝经目测检查应无咬边、焊瘤、夹渣、裂纹和表面气孔等。

b. 角焊缝的两纵向断裂表面经目测检查应无裂纹、气孔和夹渣。焊缝根部未熔合的总长度应不大于焊缝总长度的 20%。

c. 焊脚尺寸应不大于 10mm，对应的焊缝凸度和两焊脚长度差应符合表 16-88 的规定。

表 16-88　角焊缝试样的凸度与焊脚长度差

焊脚尺寸(测量值)	凸度①	两焊脚长度差
3.0、3.5、4.0	≤2.0	≤1.0
4.5		≤1.5
5.0、5.5		≤2.0
6.0、6.5		≤2.5
7.0、7.5、8.0	≤2.5	≤3.0
8.5、9.0		≤3.5
9.5		≤4.0

① 对于 E×××T5-×C、-×M 焊丝，最大凸度可比规定值大 0.8mm。

(10) 熔敷金属扩散氢试验

① 熔敷金属扩散氢试验应按 GB/T 3965—2012 的要求进行。

② 熔敷金属扩散氢含量：根据供需双方协商，如在焊丝型号后附加扩散氢代号，熔敷金属扩散氢含量应符合表 16-89 的规定。

表 16-89 熔敷金属扩散氢含量

扩散氢可选附加代号	扩散氢含量(水银法或色谱法)/(mL/100g)
H15	≤15.0
H10	≤10.0
H5	≤5.0

3. 不锈钢药芯焊丝（GB/T 17853—2018）

（1）试验项目

不同型号焊丝要求的试验项目应符合表 16-90 的规定。

表 16-90 要求的试验项目

<table>
<tr><th>型号</th><th>熔敷金属化学分析</th><th>焊缝射线探伤试验</th><th>熔敷金属拉伸试验</th><th>焊接接头纵向正弯</th><th>焊接接头纵向背弯</th></tr>
<tr><td>E2×××T×-×</td><td rowspan="5">要求</td><td rowspan="5">要求</td><td rowspan="5">要求</td><td>—</td><td rowspan="4">—</td></tr>
<tr><td>E3××T×-×</td><td>要求</td></tr>
<tr><td>E4××T×-×</td><td rowspan="2">—</td></tr>
<tr><td>E5××T×-×</td></tr>
<tr><td>R××T1-5</td><td>—</td><td>要求</td></tr>
</table>

注：E316LKTO-3 型焊丝的熔敷金属冲击试验由供需双方协商。

（2）焊丝表面及药芯质量

与碳钢药芯焊丝相同，此处不再赘述。

（3）熔敷金属力学性能试验

① 试验用母材　所有试验用碳钢、低合金钢或不锈钢应符合 GB/T 700、GB/T 1591—2018、GB/T 4234—2003 的规定。

a. 化学分析用母材可为碳钢、低合金钢或不锈钢。熔敷金属碳含量大于 0.04%的焊丝，采用碳含量不大于 0.25%的母材；熔敷金属碳含量不大于 0.04%的焊丝，采用碳含量不大于 0.03%的母材；在符合下述③c 的规定时，也可采用碳含量不大于 0.25%的母材。

b. 拉伸试验用母材应为与熔敷金属化学成分相当的不锈钢板。其中 0Cr19Ni9 型不锈钢板可用于任何一种 E3××T×-×焊丝。当母材化学成分与熔敷金属化学成分不相当时，应在坡口面和垫板面预堆隔离层。在确保试样不受母材影响的情况下，也可采用其他方法。

仲裁试验应采用与熔敷金属化学成分相当的不锈钢板或预堆隔离层的试板。

c. 纵向正弯试验应采用与熔敷金属化学成分相当的不锈钢板或0Cr19Ni9型不锈钢板。

② 焊接参数　焊接电流、电弧电压等焊参数按制造厂推荐的规范选用。

③ 熔敷金属化学分析

a. 化学分析试块应按表16-91和下述b的规定制备。

b. 试块应在平焊位置多层堆焊。预热温度不得低于16℃。每层焊道数自定。每道焊后可将试块浸入水中冷却。

c. 化学分析试样取样前应清理焊缝表面，以保证试样无杂质。试样取自第三层以上的堆焊金属，取样位置见表16-91。对于碳含量不大于0.04%的焊丝，当采用碳含量大于0.03%且不大于0.25%的母材时，试样应取自第四层以上的堆焊金属。

表16-91　堆焊金属尺寸及取样位置　mm

型号	焊丝直径	堆焊金属最小尺寸 长×宽×高	取样部位距母材 上表面最小距离
E×××T×-×	1.0、1.2、1.4、1.6、2.0	75×25×15	10
	2.4、2.8、3.2、4.0	75×25×20	15
E×××T1-5	2.0、2.2、2.4	75×25×10	7

d. 化学分析试样也可从熔敷金属拉伸试件上适宜位置处或拉伸试样断口处制取。仲裁试验的试样应从堆焊金属上制取。

e. 化学分析试验可采用任何适宜的方法。仲裁试验应按GB/T 223.3—1988～GB/T 223.77—1994的规定进行。

f. 合格标准：熔敷金属化学成分应符合表16-92的规定。

④ 力学性能试验试件制备

a. 熔敷金属拉伸试件应按图16-40和下述d～f的规定制备。隔离层应使用试验焊丝以窄焊道焊接，按下述e的要求控制预热温度和道间温度。加工后隔离层厚度不小于3mm。

焊后热处理可在试件射线探伤之前或之后进行，也可对拉伸试样的样坯进行热处理。热处理规范见表16-93。

b. 焊接接头纵向正弯试件应按图16-41和下述d～f的规定制备。

表 16-92　熔敷金属化学成分

%

型　号	C	Cr	Ni	Mo	Mn	Si	P	S	Cu	Nb＋Ta	N
E307T×-×	0.13	18.0～20.5	9.0～10.5	0.5～1.5	3.30～4.75	1.0	0.04	0.03	0.5	—	—
E308T×-×	0.08	18.0～21.0	9.0～11.0	0.5	0.5～2.5						
E308LT×-×	0.04										
E308HT×-×	0.04～0.08										
E308MoT×-×	0.08			2.0～3.0							
E308LMoT×-×	0.04		9.0～12.0								
E309T×-×	0.10	22.0～25.0	12.0～14.0	0.5							
E309LNbT×-×	0.04									0.70～1.00	
E309LT×-×										—	
E309MoT×-×	0.12	21.0～25.0	12.0～16.0	2.0～3.0							
E309LMoT×-×	0.04										
E309LNiMoT×-×		20.5～23.5	15.0～17.0	2.5～3.5							
E310T×-×	0.20	25.0～28.0	20.0～22.5	0.5	1.0～2.5		0.03				
E312T×-×	0.15	28.0～32.0	8.0～10.5		0.5～2.5		0.04				
E316T×-×	0.08	17.0～20.0	11.0～14.0	2.0～3.0							
E316LT×-×	0.04										
E317LT×-×		18.0～21.0	12.0～14.0	3.0～4.0							
E347T×-×	0.08		9.0～11.0	0.5						8×C～1.0	
E409T×-×	0.10	10.5～13.5	0.60	0.5	0.80					Ti:10×C～1.5	
E410T×-×	0.12	11.0～13.5			1.2					—	

续表

型　号	C	Cr	Ni	Mo	Mn	Si	P	S	Cu	Nb+Ta	N
E410NiMoT×-×	0.06	11.0～12.5	4.0～5.0	0.40～0.70	1.0	1.0	0.04	0.03	0.5	—	—
E410NiTiT×-×	0.04	11.0～12.0	3.6～4.5	0.5	0.70	0.50	0.03			Ti:10×C～1.5	
E430T×-×	0.10	15.0～18.0	0.60		1.2	1.0	0.04			—	
E502T×-×		4.0～6.0	0.40	0.45～0.65							
E505T×-×		8.0～10.5		0.85～1.20							
E307T0-3	0.13	19.5～22.0	9.0～10.5	0.5～1.5	3.30～4.75						
E308T0-3	0.08		9.0～11.0	0.5	0.5～2.5						
E308LT0-3	0.03										
E308HT0-3	0.04～0.08										
E308MoT0-3	0.08	18.0～21.0		2.0～3.0							
E308LMoT0-3	0.03		9.0～12.0								
E308HMoT0-3	0.07～0.12	19.0～21.5	9.0～10.7	1.8～2.4	1.25～2.25	0.25～0.80					
E309T0-3	0.10	23.0～25.5	12.0～14.0	0.5	0.5～2.5	1.0					
E309LT0-3	0.03										
E309LNbT0-3										0.70～1.00	
E309MoT0-3	0.12	21.0～25.0	12.0～16.0	2.0～3.0						—	
E309LMoT0-3	0.04										
E310T0-3	0.20	25.0～28.0	20.0～22.5	0.5	1.0～2.5		0.03				
E312T0-3	0.15	28.0～32.0	8.0～10.5		0.5～2.5		0.04				
E316T0-3	0.08	18.0～20.5	11.0～14.0	2.0～3.0							

续表

型　号	C	Cr	Ni	Mo	Mn	Si	P	S	Cu	Nb+Ta	N
E316LT0-3	0.03	18.0～20.5	11.0～14.0	2.0～3.0	0.5～2.5	1.0	0.04	0.03	0.5	—	—
E316LKT0-3	0.04	17.0～20.0									
E317LT0-3	0.03	18.5～21.0	13.0～15.0	3.0～4.0							
E347T0-3	0.08	19.0～21.5	9.0～11.0	0.5						8×C～1.0	
E409T0-3	0.10	10.5～13.5	0.60		0.80					Ti:10×C～1.5	
E410T0-3	0.12	11.0～13.5			1.0					—	
E410NiMoT0-3	0.06	11.0～12.5	4.0～5.0	0.40～0.70							
E410NiTiT0-3	0.04	11.0～12.0	3.6～4.5	0.5	0.70	0.50	0.03			Ti:10×C～1.5	
E430T0-3	0.10	15.0～18.0	0.60		1.0	1.0	0.04			—	
E2209T0-×	0.04	21.0～24.0	7.5～10.0	2.5～4.0	0.5～2.0						0.08～2.0
E2553T0-×		24.0～27.0	8.5～10.5	2.9～3.9	0.5～1.5	0.75			1.5～2.5		0.10～0.20
E×××T×-G	不规定										
R308LT1-5	0.03	18.0～21.0	9.0～11.0	0.5	0.5～2.5	1.2	0.04	0.03	0.5	—	—
R309LT1-5		22.0～25.0	12.0～14.0								
R316LT1-5		17.0～20.0	11.0～14.0	2.0～3.0							
R347T1-5	0.08	18.0～21.0	9.0～11.0	0.5						8×C～1.0	

注：1. 表中单值均为最大值。

2. 除表中所列元素外，其他元素（Fe 除外）总量不得超过 0.50%。

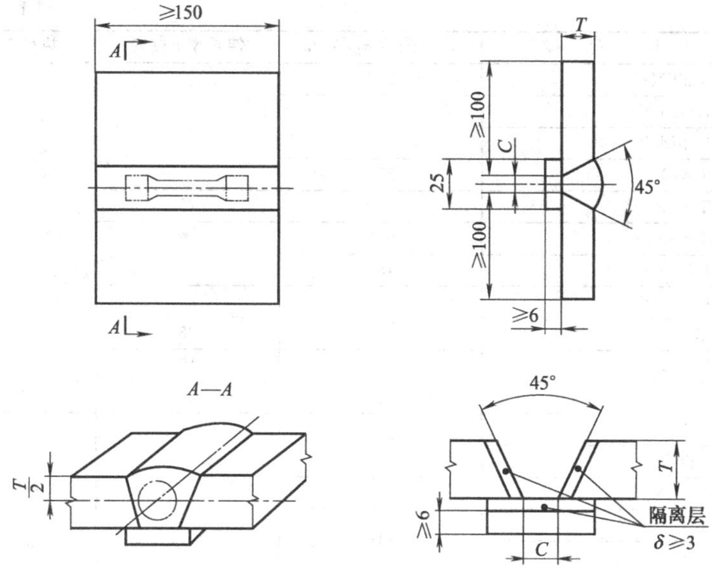

型号	焊丝直径/mm	最小板厚T/mm	根部间隙C/mm	每层焊道数		焊层数
				第1、2层	第3层～顶层	
E×××T×-×	1.0	12	10	1～2	2～4	6～9
	1.2,1.4,1.6,2.0,2.4	20			2～3①	5～8
	2.8,3.2,4.0					4～8
R×××T1-5	2.0,2.2,2.4	12	6			5～8

① 顶层可以是4道。

图 16-40　拉伸试件的制备

表 16-93　熔敷金属拉伸性能

型　　号	抗拉强度 σ_b/MPa	伸长率 δ_5/%	热处理
E307T×-×	590	30	—
E308T×-×	550	35	
E308LT×-×	520		
E308HT×-×	550		
E308MoT×-×			
E308LMoT×-×	520		
E309T×-×	550	25	
E309LNbT×-×	520		
E309LT×-×			

续表

型　号	抗拉强度 σ_b/MPa	伸长率 δ_5/%	热处理
E309MoT×-×	550	25	—
E309LMoT×-×	520		
E309LNiMoT×-×			
E310T×-×	550		
E312T×-×	660	22	
E316T×-×	520	30	
E316LT×-×	485		
E317LT×-×	520	20	
E347T×-×		25	
E409T×-×	450	15	
E410T×-×	520	20	①
E410NiMoT×-×	760	15	②
E410NiTiT×-×			
E430T×-×	450	20	③
E502T×-×	415		④
E505T×-×			
E308HMoT0-3	550	30	—
E316LKT0-3	485		
E2209T0-×	690	20	
E2553T0-×	760	15	
E×××T×-G	不规定		
R308LT1-5	520	35	—
R309LT1-5		30	
R316LT1-5	485		
R347T1-5	520		

① 加热到 730～760℃保温 1h 后，以不超过 55℃/h 的速度随炉冷至 315℃，出炉空冷至室温。

② 加热到 595～620℃保温 1h 后，出炉空冷至室温。

③ 加热到 760～790℃保温 4h 后，以不超过 55℃/h 的速度随炉冷至 590℃，出炉空冷至室温。

④ 加热到 840～870℃保温 2h 后，以不超过 55℃/h 的速度随炉冷至 590℃，出炉空冷至室温。

c. 焊接接头纵向背弯试件应按图 16-42 和下述 d～f 的规定制备。试件从第二层开始，可采用相似型号的焊条电弧焊焊条、实心焊丝等进行焊接，焊层数和每层焊道数自定。

d. 试件的焊接应在平焊位置进行。焊前试件予以反变形或拘束，

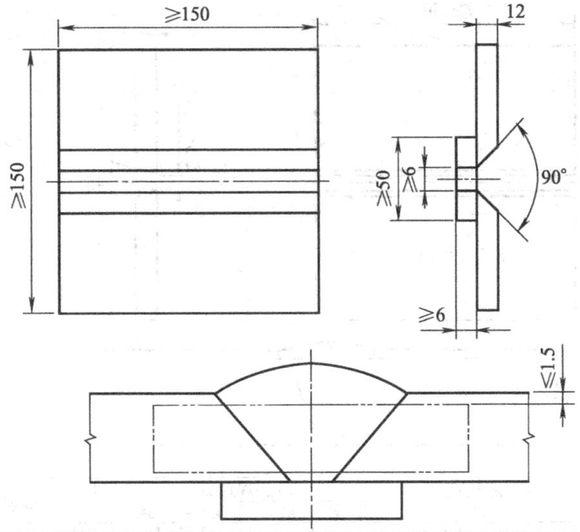

型号	焊丝直径/mm	每层焊道数		焊层数
		第1层	第2层～顶层	
E3××T×-×	1.0，1.2，1.4，1.6，2.0，2.4	1	2～3	3～5
	2.8，3.2，4.0		1～2①	2～4

① 顶层必须是2道。

图 16-41　纵向正弯试件的制备

以防止角变形。角变形大于 5°的试件应予以报废。焊接后的试件不允许矫正。

e. 试件预热温度和道间温度按表 16-94 的规定，在试件中部距离焊缝中心线 25mm 处，用测温笔或表面温度计测量。

表 16-94　预热温度及道间温度

型　　号	预热温度及道间温度/℃
E2×××T×-×	16～150
E3××T×-×	
R3××T1-5	
E4××T×-×(E410T×-×除外)	150～260
E5××T1-×	
E410T×-×	200～320

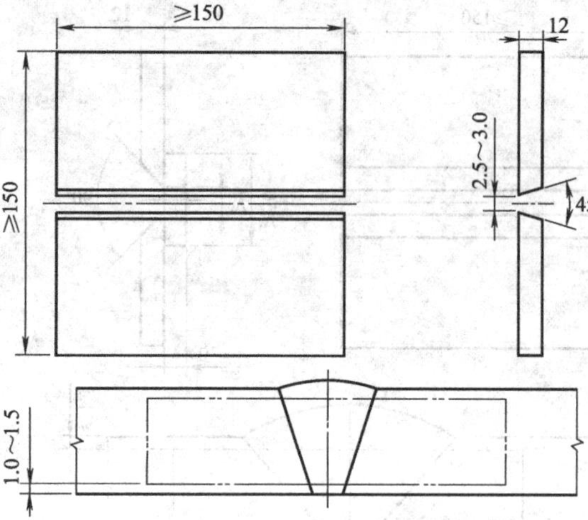

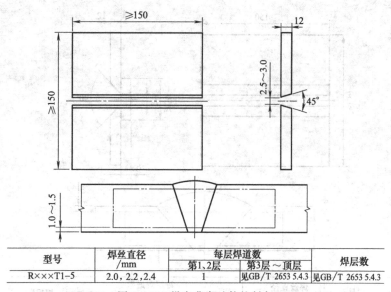

型号	焊丝直径/mm	每层焊道数		焊层数
		第1、2层	第3层～顶层	
R×××T1-5	2.0，2.2，2.4	1	见GB/T 2653 5.4.3	见GB/T 2653 5.4.3

图 16-42　纵向背弯试件的制备

f. 焊后试件应在空气中冷却到规定的温度范围内，不允许在水中冷却。若焊接过程中断，重新施焊前试件温度低于表 16-93 规定的温度时，应将试件加热所规定的温度。

⑤ 焊缝射线探伤试验

a. 焊缝射线探伤试验应在截取拉伸试样之前的试件（见图 16-40）上进行，探伤前应去掉垫板。

b. 焊缝射线探伤试验应按 GB/T 3323—2005 的规定进行。

c. 合格标准：焊缝射线探伤质量应符合 GB/T 3323—2005 中Ⅱ级规定。

d. 评定焊缝射线探伤底片时，试件两端 25mm 长度范围内的焊缝应不予考虑。

⑥ 熔敷金属拉伸试验

a. 按图 16-43 所示从射线探伤后的试件（见图 16-40）上加工一个熔敷金属拉伸试样。

b. 熔敷金属拉伸试验按 GB/T 2652—2008 的规定进行。

c. 合格标准：熔敷金属拉伸性能应符合表 16-93 的规定。

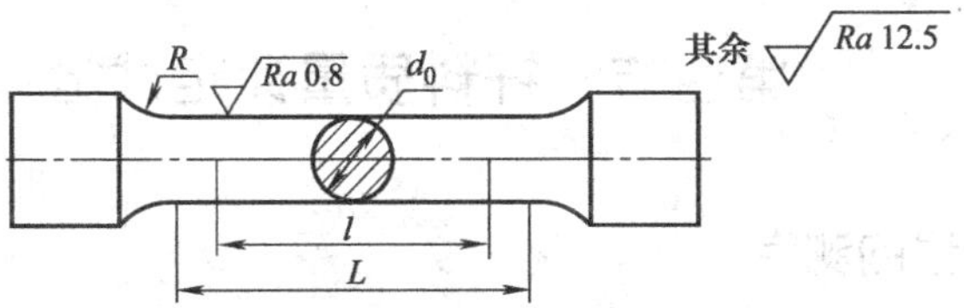

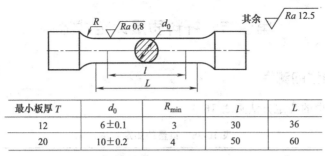

最小板厚 T	d_0	R_{min}	l	L
12	6±0.1	3	30	36
20	10±0.2	4	50	60

图 16-43　熔敷金属拉伸试样

⑦ 焊接接头纵向正弯试验

a. 按图 16-44 所示从试件（见图 16-41）上加工一个纵向正弯试样。

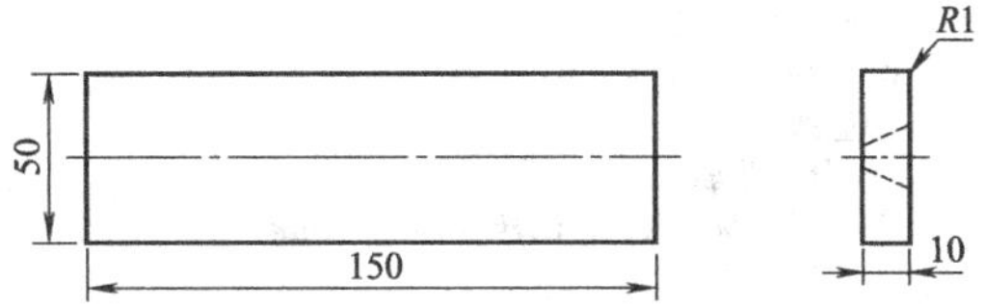

图 16-44　纵向正弯和背弯试样

注：试样上、下表面加工方向应平行于试样的长度方向。

b. 纵向正弯试验应按 GB/T 2653—2008 的规定进行。压头直径为 40mm，弯曲角度为 180°。

c. 合格标准：焊接接头纵向正弯或背弯试样经弯曲后，在焊缝上不应有大于 36mm 的裂纹等缺陷。

⑧ 焊接接头纵向背弯试验

a. 按图 16-44 所示从试件（见图 16-42）上加工一个纵向背弯试样。

b. 纵向背弯试验应按 GB/T 2653—2008 进行，压头直径为 40mm，弯曲角度为 180°。

⑨ 熔敷金属耐腐蚀性能试验　熔敷金属耐腐蚀性能试验按 GB/T 4334—2008 的规定或供需双方协商的方法进行。

⑩ 熔敷金属铁素体含量试验　熔敷金属铁素体含量试验按 GB/T 1954—2008 的规定或供需双方协商的方法进行。

第四节　钎料质量评定试验

一、银量的测定

银量的测定方法见表 16-95。

表 16-95　银量的测定方法

序号	项目	测定内容
1	氯化银重量法	(1)范围。此方法适用于银钎料中银含量的测定。测定范围(质量分数):25.0%～80.0% (2)方法提要。试料用硝酸分解,如有沉淀,过滤后加入盐酸使生成氯化银沉淀,用玻璃坩埚分离,干燥后称其质量(过滤液可用于铜量的测定) (3)试剂 ①硝酸(1+1) ②硝酸(1+100) ③盐酸(1+9) (4)分析步骤 ①试料。称取 1.0g 试样,精确到 1mg ②测定 a. 将称取的试料置于 300mL 高型烧杯中,加入 10mL 硝酸,盖上表面皿,慢慢地加热分解,煮沸使氮氧化物逸出。用水冲洗烧杯内壁,加温水至 50mL。此时,如有沉淀,应先在温度稍高的地方静置 1h,然后用慢速滤纸过滤,沉淀用热硝酸洗净 b. 加水至 150mL,边搅拌边滴加盐酸至不再产生氯化银的白色沉淀后,再过量加入 1mL 盐酸使其饱和,充分搅拌后加热煮沸 5min,于暗处放置过夜(12h) c. 用已恒重的玻璃坩埚(G4)抽滤分离,先用硝酸洗涤沉淀数次,再用水充分洗净(过滤液和清洗液合并可用于铜量的测定) d. 将沉淀及玻璃坩埚置于 130℃±1℃烘箱中烧干 1h,放入干燥器中冷却至室温,然后称其质量,反复进行该操作直至恒重 (5)分析结果的表述。按式(16-16)计算银的质量分数: $$w(Ag)=\frac{(m_1-m_2)\times 0.7526}{m_0}\times 100\% \quad (16\text{-}16)$$ 式中 m_1——玻璃坩埚及沉淀的质量的数值,g m_2——玻璃坩埚的质量的数值,g m_0——试料的质量的数值,g 0.7526——氯化银的换算系数 计算结果表示到小数点后两位,数值修约规则按《数值修约规则与极限数值的表示和判定》(GB/T 8170—2008)中的规定进行。 (6)允许差。实验室间分析结果的差值应不大于表 16-96 所列允许差

续表

序号	项目	测定内容
2	硫氰酸铵滴定法	(1)范围。此方法适用于银钎料中银含量的测定。测定范围(质量分数):4.0%～50.0% (2)方法提要。试样用硝酸分解,除去氮氧化物后,以硫酸铁铵为指示剂,用硫氰酸铵标准滴定溶液进行滴定,溶液呈现微红褐色时即为终点 (3)试剂 ①硝酸(1+1) ②硫酸铁铵溶液:把硫酸铁铵溶解于水中使其饱和,添加硝酸至溶液呈黄色 ③硫氰酸铵标准滴定溶液 a. 配制:称取 4.0g 硫氰酸铵溶于水中,移入 1000mL 容量瓶中,用水稀释至刻度,混匀 b. 标定。称取 0.10g(精确至 0.0001g)纯银(纯度在 99.99%以上),置于锥形烧杯中,按标准操作标定其对银的滴定度,按式(16-17)计算: $$T=\frac{0.1000}{V_0} \quad (16\text{-}17)$$ 式中　T——硫氰酸铵标准滴定溶液对银的滴定度的数值,g/mL V_0——标定消耗硫氰酸铵标准滴定溶液的体积的数值,mL 0.1000——标定所用纯银量的质量的数值,g (4)分析步骤 ①试料。称取 0.50g 试样,精确到 1mg ②测定 a. 将称取的试料置于 300mL 锥形烧杯中,加入 15mL 硝酸,盖上表面皿,缓慢加热使其分解,煮沸使氮氧化物逸出。冷却后用水冲洗烧杯内壁,再加水稀释至 150mL b. 加入 3mL 硫酸铁铵溶液作指示剂,边摇边用硫氰酸铵标准滴定溶液滴定至溶液恰好呈现微红褐色即为终点 (5)分析结果的表述。按式(16-18)计算银的质量分数: $$w(\mathrm{Ag})=\frac{TV}{m_0}\times 100\% \quad (16\text{-}18)$$ 式中　T——硫氰酸铵标准滴定溶液对银的滴定度的数值,g/mL V——滴定消耗硫氰酸铵标准滴定溶液的体积的数值,mL m_0——试料的质量的数值,g 计算结果表示到小数点后两位,数值修约规则按规定进行 (6)允许差。实验室间分析结果的差值应不大于表 16-97 所列允许差

表 16-96　氯化银重量法测银含量允许差　%

银含量(质量分数)	允许差(质量分数)
20.00～30.00	0.15
30.00～40.00	0.20
>40.00	0.25

表 16-97　硫氰酸铵滴定法测银含量允许差　%

银含量(质量分数)	允许差(质量分数)
>4.0～20.00	0.10
>20.00～30.00	0.15
>30.00～40.00	0.20
>40.00	0.25

二、铜量的测定

铜量的测定主要用电解-分光光度法见表 16-98。

表 16-98　电解-分光光度法

序号	项目	测定内容
1	范围	适用于银钎料中铜含量的测定。测定范围(质量分数)：14.00%～60.00%
2	方法提要	试料用硝酸分解，加盐酸沉淀分离银，用硫酸冒烟赶净盐酸，冷却后加水及硝酸进行小电流电解。电解终止后，铂阴极用水和无水乙醇洗涤、干燥、冷却后称其质量。电解后的溶液用分光光度法测定残留的铜量给予补正后，求得铜含量
3	试剂	①无水乙醇 ②硝酸(1+1) ③硝酸(1+100) ④盐酸(1+9) ⑤硫酸(1+1) ⑥氨水(1+1) ⑦柠檬酸铵溶液(500g/L) ⑧双环己酮草酰二腙(BCO)溶液(1g/L)：称取 0.5gBCO 置于 300mL 烧杯中，加入 50mL 乙醇、200mL 温水溶解后，移入 500mL 容量瓶中，用水稀释至刻度，混匀 ⑨铜标准储存液：称取 0.1000g 纯铜置于 150mL 烧杯中，加入 10mL 硝酸，盖上表面皿，低温使其完全分解，煮沸除去氮的氧化物，以水洗涤表面皿及杯壁，冷却。移入 1000mL 容量瓶中，用水稀释至刻度，混匀。此溶液 1mL 含 100μg 铜 ⑩铜标准溶液：移取 10.00mL 铜标准储存液置于 100mL 容量瓶中，用水稀释至刻度，混匀。此溶液 1mL 含 10μg 铜 ⑪中性红乙醇溶液(1g/L)

续表

序号	项目	测定内容
4	装置	①备有自动搅拌装置和精密电流表、电压表的电解装置 ②电热恒温干燥箱 ③铂阴极:用直径为0.2mm的铂丝编织成每平方厘米约36μm筛孔的网,制成网状圆筒形如图16-45所示 ④铂阳极:螺旋形,如图16-46所示 ⑤分光光度计
5	分析步骤	(1)试料。称取1.0g试样,精确到1mg (2)测定 ①将试料置于300mL烧杯中,加入10mL硝酸,盖上表面皿,缓慢地加热使试料分解,然后煮沸使氮氧化物逸出。用水冲洗烧杯内壁,加温水使溶液稀释至50mL(此时如有沉淀,先在温度较高的地方静止1~2h,然后用慢速滤纸过滤,再用温硝酸和水洗净),加水至150mL,边搅拌边滴加盐酸,使生成氯化银沉淀,滴加盐酸至不再生成沉淀再过量加入1mL盐酸使其饱和,充分搅拌后加热煮沸5min,冷却静止2h,过滤,用硝酸洗涤数次,再用水充分洗净。滤液和洗涤液合并于500mL锥形杯中 ②再加入10mL硫酸于滤液中,加热蒸发使硫酸冒烟,放置并冷却后,加50mL水及5mL硝酸,加热使可溶性盐类溶解,煮沸1~2min使氮氧化物逸出。取下稍冷,转换到300mL高型烧杯中,以水洗涤杯壁,并稀释溶液体积约150mL,放入磁力搅拌棒,将高型烧杯置于电解装置托盘上,开动搅拌装置,将溶液搅拌均匀 ③将铂阴极(预先烘干称其质量,精确到0.0001g)和铂阳极在电解装置中安装妥当,加入溶液中,使铂电极靠近烧杯底部,以两块半片表面皿盖好高型烧杯 ④室温下在铂阴极表面约0.6A/dm^3的电流密度下进行电解至溶液呈无色,用水洗涤两块表面皿、杯壁及电极杆,降低电流密度至0.3A/dm^3,继续电解至新溶液浸没的电极不再沉积出铜为止 ⑤不切断电源,迅速取下高型烧杯,并换以盛有180mL水的另一高型烧杯,继续电解15min ⑥立即取出铂电极并浸入另一盛满水的250mL的烧杯中,上下移动3次,关闭电源,取下电极,放入盛有无水乙醇的烧杯中,取出后放入105℃电热恒温干燥箱中干燥3~5min,然后取出并置于干燥器中冷却至室温 ⑦称量电解沉积铜后的铂电极,精确到0.0001g ⑧按下述方法测定电解后溶液中残留铜量 a. 空白试验:取10mL硫酸、5mL硝酸于500mL容量瓶中,随同试料做空白试验

续表

序号	项目	测定内容
5	分析步骤	b. 将电解后的电解液和电解15min得到的一杯水，合并于500mL容量瓶中，以水稀释至刻度，混匀 c. 移取10.00～20.00mL溶液于50mL容量瓶中，加入2mL柠檬酸铵溶液，以水稀释至约25mL，加入2～3滴中性红乙醇溶液，用氨水溶液中和至红色褪去并过量1.0mL，加入8.0mL BCO溶液，以水稀释至刻度，混匀，静止20min d. 用2cm比色皿，以空白试验为参比，于600nm波长处测量吸光度，从工作曲线上查出相应的铜量 e. 工作曲线的绘制。移取20.00mL空白溶液6份，置于一组50mL容量瓶中，分别加入0mL、1.00mL、2.00mL、3.00mL、4.00mL、5.00mL铜标准溶液，以下按标准规定进行，以铜量为横坐标、吸光度为纵坐标，绘制工作曲线
6	分析结果的表述	按式(16-19)计算铜的质量分数： $w(\mathrm{Cu})=\left(\frac{m_2-m_1}{m_0}+\frac{m_3V_0\times10^{-6}}{m_0V_1}\right)\times100\%$　　(16-19) 式中　m_0——试料的质量的数值，g m_1——铂阴极的质量的数值，g m_2——电解后铂阴极与沉积铜的总质量的数值，g m_3——工作曲线上查得的铜量的数值，μg V_0——电解后残余铜溶液稀释的总体积的数值，mL V_1——分取残余铜溶液的体积的数值，mL 计算结果表示到小数点后两位，数值修约规则按《数值修约规则与极限数值的表示和判定》(GB/T 8170)中的规定进行
7	允许差	实验室间分析结果的差值不大于0.10%

三、锌、镉量的测定

锌、镉量测量主要采用EDTA滴定法，其测定内容见表16-99。

四、镍量的测定

镍量的测定方法见表16-102。

五、铝量的测定

铝量的测定主要是用氟化钠置换-EDTA滴定法，其测定内容见表16-107。

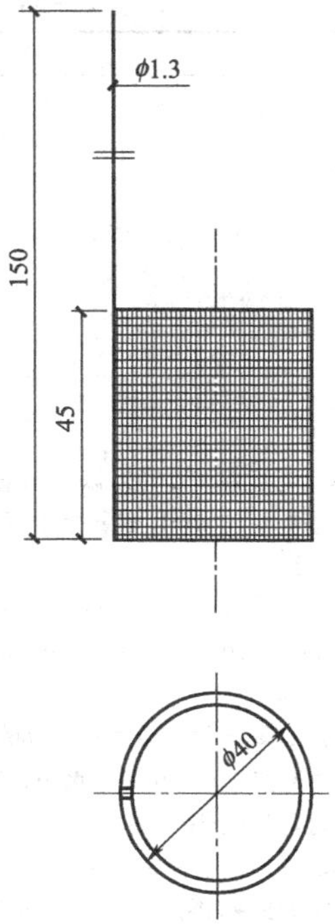

图 16-45　铂阴极

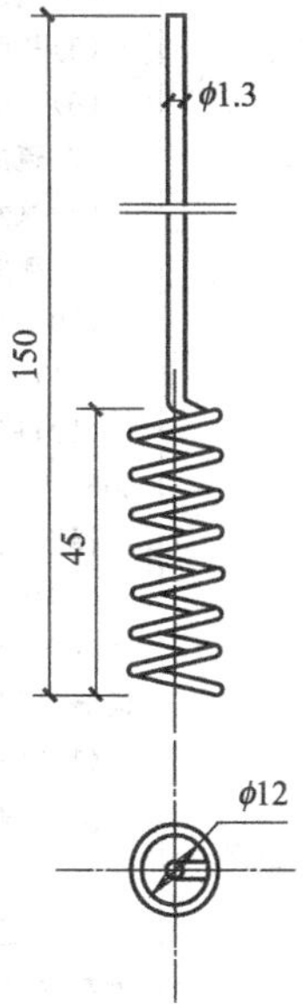

图 16-46　铂阳极

表 16-99　EDTA 滴定法测定内容

序号	项目	测定内容
1	范围	(1)适用于银钎料中锌含量的测定。测定范围(质量分数):4.00%～45.00%。 (2)适用于银钎料中镉含量的测定。测量范围(质量分数):10.00%～30.00%
2	方法提要	试料用硝酸分解,锡以偏锡酸沉淀过滤除去。采用氯化银沉淀法分离银,电解法分离铜,将分离完银、铜后的溶液调节至氨性,铟、镍分别以氢氧化物沉淀和丁二酮肟镍沉淀形式过滤分离。调节 pH 值在 5.5～6.5 范围内,以硫脲掩蔽残留的铜、银,以 EDTA 标准滴定溶液滴定锌、镉含量。再往试液中加入过量的碘化钾释放 Cd EDTA 中的 EDTA,再以锌标准溶液返滴定释放出的 EDTA,间接测得镉的含量。锌以差减法算得
3	试剂	(1)碘化钾,分析纯 (2)过硫酸铵,分析纯

续表

序号	项目	测定内容
3	试剂	(3)硝酸(1+1) (4)硝酸(3+100) (5)盐酸(1+1) (6)盐酸(1+99) (7)硫酸(1+1) (8)氨水(1+1) (9)硫脲溶液(100g/L) (10)六次甲基四胺溶液(300g/L) (11)丁二酮肟乙醇溶液(10g/L) (12)锌标准溶液:称取 1.0000g 纯锌(纯度在 99.99%以上),置于300mL 烧杯中,以尽量少的硝酸溶解后,移入 1000mL 容量瓶中,用水稀释至刻度,混匀。此溶液 1mL 含 1mg 锌 (13)镉标准溶液:称取 1.0000g 纯镉(纯度在 99.99%以上),置于300mL 烧杯中,以尽量少的硝酸溶解后,移入 1000mL 容量瓶中,用水稀释至刻度,混匀。此溶液 1mL 含 1mg 镉 (14)EDTA 标准滴定溶液[$c(C_{10}H_{14}N_2O_8Na_2 \cdot 2H_2O)=0.02mol/L$] ①配制:将 7.445g 乙二胺四乙酸二钠溶解于约 300mL 水中,移入1000mL 容量瓶中,用水稀释至刻度,混匀,储存于聚乙烯容器中 ②标定:移取 25.00mL 锌标准溶液和 25.00mL 镉标准溶液分别置于两组锥形瓶中,加入 40mL 六次甲基四胺溶液,再加 5 滴二甲酚橙指示剂,以 EDTA 标准滴定溶液,滴定至溶液由紫红色变为黄色即为终点 按式(16-20)计算 EDTA 标准滴定溶液对锌的滴定度: $$T_{Zn}=\frac{0.025}{V_{Zn}} \quad (16\text{-}20)$$ 式中 T_{Zn}——EDTA 标准滴定溶液对锌的滴定度的数值,g/mL V_{Zn}——滴定锌时所消耗 EDTA 标准滴定溶液的体积的数值,mL 按式(16-21)计算 EDTA 标准滴定溶液对镉的滴定度: $$T_{Cd}=\frac{0.025}{V_{Cd}} \quad (16\text{-}21)$$ 式中 T_{Cd}——EDTA 标准滴定溶液对镉的滴定度的数值,g/mL V_{Cd}——滴定镉时所消耗 EDTA 标准滴定溶液的数值,mL 取 3 份进行标定,消耗 EDTA 标准滴定溶液的体积的极差不超过0.10mL,取其平均值。否则,重新标定 (15)二甲酚橙溶液(2.5g/L)
4	仪器	(1)备有自动搅拌装置和精密电流表、电压表的电解装置 (2)铂阴极:用直径为 0.2mm 的铂丝编织成每平方厘米约 36μm 筛孔的网,制成网状圆筒形 (3)铂阳极:螺旋形,如图 16-46 所示

续表

序号	项目	测定内容
5	分析步骤	(1)试料。称取0.40g试样，精确到1mg (2)测定 ①将试料置于250mL烧杯中 ②加入5mL硝酸，盖上表面皿，缓慢加热使试料分解，排除氮氧化物，取下，冷却 ③用水冲洗表面皿及杯壁，于低温处加热蒸发使溶液体积约为5mL。取下，洗表面皿及杯壁。调整体积约为50mL，于低温处加热10～20min，取下冷却 ④用中速双层定量滤纸以倾泻法过滤。用热硝酸洗涤杯内沉淀3次，然后将沉淀移入漏斗中，继续用硝酸洗烧杯及漏斗中的沉淀8～10次。弃去沉淀，调整滤液体积约为120mL ⑤边搅拌边加入2mL盐酸，盖上表面皿，低温加热使溶液澄清，取下 ⑥用定量滤纸以倾泻法过滤。用热盐酸洗涤杯内沉淀3次，然后将沉淀移入漏斗中，继续用热盐酸洗烧杯及漏斗中的沉淀8～10次。弃去沉淀 ⑦加入2mL硫酸于滤液中，蒸发至冒烟，冷却，加水及5mL硝酸溶解盐类，调整溶液体积约为150mL。将预先安装在电解仪上的铂电极插入溶液中，用两块半圆表面皿盖上烧杯，在搅拌下以2～2.5A电流电解至蓝色消失，冲洗表皿及杯壁，继续电解2～3h。在不断电流的情况下，将电极向上移动，离开液面。用水冲洗电极，然后断开电源。加热蒸发调整电解液的体积约为120mL ⑧于电解液中加氨水至试液有浓烈氨气味出现，再过量5mL。再加入1g过硫酸铵，煮沸1min。冷却至室温，将溶液移入200mL容量瓶中 ⑨边摇边加入丁二酮肟乙醇溶液(按每10mg镍加7mL丁二酮肟乙醇溶液的比例加入)冷却至室温，以水稀释至刻度，摇匀，干过滤 ⑩准确吸取50.00mL滤液于300mL锥形瓶中，加硝酸至溶液呈酸性(可用pH试纸检测)，再过量5mL，加2mL硫脲溶液、40mL六次甲基四胺溶液，再加5滴二甲酚橙指示剂，以EDTA标准滴定溶液滴定至溶液由紫红色变为黄色为止。记下EDTA标准滴定溶液的体积V_1。此即锌和镉共同消耗的EDAT标准滴定溶液的体积 ⑪于试液中再加入约30g碘化钾，充分摇匀，加热煮沸3min至试液澄清，取下，冷却。以锌标准溶液滴定至溶液变为稳定玫瑰红色为止。记下消耗的锌标准溶液的体积V_2。此即为由Cd-EDTA中释放出的EDTA消耗的锌标准溶液的体积
6	分析结果的表述	按式(16-22)计算锌的质量分数： $$w(\mathrm{Zn})=\frac{T_{\mathrm{Zn}}(V_1-\rho_{\mathrm{Zn}}V_2/T_{\mathrm{Zn}})}{m_0/4}\times 100\% \qquad (16\text{-}22)$$

续表

序号	项目	测定内容
6	分析结果的表述	式中　T_{Zn}——EDTA 标准滴定溶液对锌的滴定度的数值,g/mL ρ_{Zn}——锌标准溶液的浓度的数值,g/mL V_1——滴定锌镉合量时消耗 EDTA 标准滴定溶液的体积的数值,mL V_2——滴定 Cd-EDTA 中释放出的 EDTA 消耗的锌标准溶液的体积的数值,mL m_0——试料的质量的数值,g 如果试料中含镉,则按式(16-23)计算镉的质量分数: $$w(\mathrm{Cd})=\frac{V_2\rho_{Zn}\times 1.7189}{m_0/4}\times 100\% \quad (16\text{-}23)$$ 式中　V_2——滴定 Cd-EDTA 中释放出的 EDTA 消耗的锌标准溶液的体积的数值,mL ρ_{Zn}——锌标准溶液的浓度的数值,g/mL m_0——试料的质量的数值,g 1.7189——镉摩尔质量与锌摩尔质量的比值 如果试料中不含镉,则按式(16-24)计算锌的质量分数: $$w(\mathrm{Zn})=\frac{T_{Zn}V_1}{m_0/4}\times 100\% \quad (16\text{-}24)$$ 式中　T_{Zn}——EDTA 标准滴定溶液对锌的滴定度的数值,g/mL V_1——滴定锌消耗的 EDTA 标准滴定溶液的体积的数值,mL m_0——试料的质量的数值,g 计算结果表示到小数点后两位,数值修约规则按《数值修约规则与极限数值的表示和判定》(GB/T 8170)中的规定进行
7	允许差	实验室间分析结果的差值不大于表 16-100、表 16-101 所列允许差

表 16-100　锌含量允许差　　%

锌含量(质量分数)	允许差(质量分数)
>4.00~10.00	0.05
>10.00~20.00	0.10
>20.00~30.00	0.15
>30.00~45.00	0.20

表 16-101　镉含量允许差　　%

镉含量(质量分数)	允许差(质量分数)
>10.00~20.00	0.10
>20.00~30.00	0.20

表 16-102　镍量的测定方法

序号	项目	测定内容
1	原子吸收光谱法	(1)范围。此方法适用于银钎料中镍含量的测定。测定范围(质量分数):0.05%～2.00% (2)方法提要。试料用硝酸、氢氟酸混合液分解后,使用空气-乙炔火焰,于原子吸收光谱仪波长 232.0nm 处测量镍的吸光度 (3)试剂 ①纯银 ②纯铜 ③纯锡 ④硝酸(1+1) ⑤硝酸(2+1) ⑥混合酸:硝酸 1000mL 与 25mL 氢氟酸混合,储存于塑料器皿中 ⑦硼酸溶液(50g/L) ⑧镍标准储存溶液:取 1.0000g 镍(纯度在 99.95%以上)溶于 40mL 硝酸中,加热溶解,煮沸除去氮氧化物,冷却移入 1000mL 容量瓶中,以水稀释至刻度,混匀。此溶液 1mL 含 1mg 镍 ⑨镍标准溶液:移取 5.00mL 镍标准储存溶液于 100mL 容量瓶中,加 5mL 硝酸,以水稀释至刻度,混匀。此溶液 1mL 含 50μg 镍 (4)仪器。原子吸收光谱仪,附镍空心阴极灯 在仪器最佳条件下,凡能达到下列指标者均可使用: ①灵敏度:在与测量试液基本相一致的溶液中,镍的特征浓度应不大于 0.095μg/mL ②精密度:用最高浓度的标准溶液测量 10 次吸光度,其标准偏差应不超过平均吸光度的 1.0%;用最低浓度的标准溶液(不是"零"标准溶液)测量 10 次吸光度,其标准偏差应不超过最高浓度标准溶液平均吸光度的 0.5% ③工作曲线线性:将工作曲线按浓度等分成 5 段,最高段的吸光度差值与最低段的吸光度差值之比应不小于 0.9 原子吸收光谱仪测定镍量的工作条件见表 16-103 (5)分析步骤 ①试料。按表 16-104 的规定称取试样,精确到 1mg ②空白试验。随同试料做空白试验 ③测定 a. 将试料置于 100mL 聚四氟乙烯烧杯中,加入 10mL 混合酸,温热使试样全部分解,加入 10mL 硼酸溶液,移入 100mL 容量瓶中,以水稀释至刻度,摇匀不含锡的试样,可直接用 10mL 硝酸溶解,煮沸驱除氮氧化物,冷却,移入 100mL 容量瓶中,以水稀释至刻度,摇匀。不需分取的试液,直接按下述 b 进行 b. 吸取 10.00mL 试液于 100mL 容量瓶中,以水稀释至刻度,摇匀

续表

序号	项目	测定内容
1	原子吸收光谱法	c. 使用空气-乙炔火焰，于原子吸收光谱仪波长 232.0nm 处，以水调零，与镍标准溶液系列同时测量试液的吸光度；所测吸光度减去随同试料的空白溶液的吸光度，从工作曲线上查出相应的镍量 (6)工作曲线的绘制 ①称取一组或一个与表试料相当量的银、铜、锡放入 100mL 聚四氟乙烯烧杯中，加入 10mL 混合酸，温热至试样全部分解，加入 10mL 硼酸溶液，移入 100mL 容量瓶中（对于不需分取的试样可直接分别加入 0.00mL、2.00mL、4.00mL、6.00mL、8.00mL、10.00mL 镍标准溶液以水稀释至刻度，按下述③进行），以水稀释至刻度 ②吸取 10mL 试液 6 份于一系列 100mL 容量瓶中，分别加入 0.00mL、2.00mL、4.00mL、6.00mL、8.00mL、10.00mL 镍标准溶液以水稀释至刻度 ③在与试料溶液测定相同的条件下，以水调零，测量标准溶液系列的吸光度，减去标准溶液系列中"零"镍量溶液的吸光度，以镍量为横坐标、吸光度为纵坐标，绘制工作曲线 (7)分析结果的表述。按式(16-25)计算镍的质量分数： $$w(\mathrm{Ni})=\frac{mV_0\times10^5}{m_0V_1}\times100\% \qquad (16\text{-}25)$$ 式中 m——从工作曲线上查得的镍量的数值，μg m_0——试料的质量的数值，g V_0——试液总体积的数值，mL V_1——分取试液体积的数值，mL 计算结果表示到小数点后两位，数值修约规则按《数值修约规则与极限数值的表示和判定》(GB/T 8170)中的规定进行 (8)允许差。实验室间分析结果的差值应不大于表 16-105 所列允许差
2	丁二酮肟沉淀分离-EDTA滴定法	(1)范围。此方法适用于银钎料中镍含量的测定。测定范围（质量分数）：2.00%～7.00% (2)方法提要。将沉淀分离银电解分离铜后得到的溶液，用丁二酮肟沉淀分离镍，用盐酸溶解沉淀物，加入过量的 EDTA 标准滴定溶液，在氨性溶液中用铬黑 T 作指示剂，以锌标准溶液返滴定 (3)试剂 ①氨水(ρ=0.90g/mL) ②硝酸(1+1) ③硝酸(1+100) ④盐酸(2+1) ⑤盐酸(1+1)

续表

序号	项目	测定内容
2	丁二酮肟沉淀分离-EDTA滴定法	⑥盐酸(1+9) ⑦盐酸(1+50) ⑧硫酸(1+1) ⑨氯化铵溶液(250g/L) ⑩酒石酸溶液(250g/L) ⑪丁二酮肟乙醇溶液(10g/L) ⑫锌标准溶液[$c(Zn)=0.02mol/L$]：称取 1.3076 纯锌(纯度在 99.99%以上)置于 250mL 烧杯中，加 35mL 盐酸，加热使其分解，除去氮氧化物，冷却，移入 1000mL 容量瓶中，以水稀释至刻度，摇匀 ⑬EDTA 标准滴定溶液[$c(C_{10}H_{14}N_2O_8Na_2 \cdot 2H_2O)=0.02mol/L$] a. 配制：称取 7.45g 乙二胺四乙酸二钠置于 300mL 烧杯中，加水溶解，移入 1000mL 容量瓶中，以水稀释至刻度，混匀 b. 标定：移取 25.00mL EDTA 标准滴定溶液，加入 10mL 氯化铵溶液及 2～3 滴铬黑 T 指示剂，用水稀释至 100mL，滴加氨水至溶液呈蓝色，用锌标准溶液滴定至溶液变成紫红色即为终点 按式(16-26)、式(16-27)计算 EDTA 标准滴定溶液的实际浓度： $$K=\frac{V_1}{V_0} \qquad (16\text{-}26)$$ $$C=\frac{V_0\times 0.02}{V_1} \qquad (16\text{-}27)$$ 式中　K——1mL 锌标准溶液相当于 EDTA 标准滴定溶液的毫升数的数值 V_1——移取 EDTA 标准滴定溶液的体积的数值，mL V_0——滴定时，消耗锌标准溶液的体积的数值，mL C——EDTA 标准滴定溶液的实际浓度的数值，mol/L 取 3 份进行标定，所消耗锌标准溶液体积的极差不超过 0.10mL，取其平均值。否则，重新标定 c. 铬黑 T 指示剂：称取 0.3g 铬黑 T 溶于 15mL 乙醇及 15mL 三乙醇胺中 d. 甲基红溶液(2g/L) (4)仪器。备有自动搅拌装置和精密电流表、电压表的电解装置 ①铂阴极：用直径为 0.2mm 的铂丝编织成每平方厘米约 36μm 筛孔的网，制成网状圆筒形如图 16-45 所示 ②铂阳极：螺旋形如图 16-46 所示 (5)分析步骤 ①试料。称取 0.50～1.0g 试样，精确到 1mg ②测定

续表

序号	项目	测 定 内 容
2	丁二酮肟沉淀分离-EDTA滴定法	a. 将试料置于300mL烧杯中，加10mL硝酸，盖上表面皿，缓慢加热至试料溶解，煮沸，除去氮氧化物。用水冲洗表面皿及烧杯内壁（此时若有沉淀，应加温水至50mL体积后，在温度较高的地方静止1～2h，然后用慢速滤纸过滤，洗净烧杯及沉淀，弃去沉淀），调整溶液体积至150mL，边搅拌边滴加盐酸使生成氯化银沉淀，滴加盐酸至不再生成沉淀再过量加入1mL盐酸使其饱和，充分搅拌后加热煮沸5min，冷却静止2h，过滤，用硝酸洗涤数将，再用水充分洗净。滤液和洗涤液合并于500mL锥形杯中 b. 再加入10mL硫酸于滤液中，加热蒸发使硫酸冒烟，放置并冷却后，加50mL水及5mL硝酸，加热使可溶性盐类溶解，煮沸1～2min使氮氧化物逸出。取下稍冷，转移到300mL高型烧杯中，以水洗涤杯壁，并稀释溶液体积约150mL c. 将预先安装在电解仪上的铂电极插入溶液中，用两块半圆表面皿盖上烧杯，在搅拌下以2～2.5A电流电解至蓝色消失，冲洗表面皿及杯壁，继续电解2～3h。在不断电流的情况下，将电极向上移动，离开液面。用水冲洗电极，然后断开电源 d. 将电解液移入500mL的烧杯中，加入20mL酒石酸溶液和20mL氯化铵溶液，以甲基红溶液作指示剂，用氨水中和至溶液由红色变为黄色，过量3mL，调整溶液体积至300mL e. 将溶液加热至90℃，边搅拌边加入丁二酮肟乙醇溶液（按每10mg镍加7mL丁二酮肟乙醇溶液的比例加入），充分搅拌后冷却至室温，放置30min。用快速定量滤纸过滤，用水洗涤烧杯及沉淀。然后用10mL热盐酸分次溶解沉淀于原烧杯中，用温水和温盐酸洗净滤纸，洗液并入原烧杯中 f. 用滴定管准确加入EDTA标准滴定溶液（按每10mg镍加10mL EDTA标准滴定溶液的比例加入），并过量5mL，摇匀，加2～3滴铬黑T指示剂，加氨水至溶液呈蓝色，用锌标准溶液滴定，溶液变成紫红色即为终点 (6)分析结果的表述。按式(16-28)计算镍的质量分数： $w(\mathrm{Ni})=\dfrac{C(V_2-V_3K)\times 0.05869}{m_0}\times 100\%$　　(16-28) 式中　C——EDTA标准滴定溶液的实际浓度的数值，mol/L V_2——加入EDTA标准滴定溶液的体积的数值，mL V_3——滴定过量EDTA所消耗的锌标准溶液的体积的数值，mL m_0——试料的质量的数值，g 0.05869——与1.00mL EDTA标准滴定溶液[$c(C_{10}H_{14}N_2O_8Na_2\cdot 2H_2O)=1.000$mol/L]相当的镍的质量的数值(g/mol) K——与式(16-26)相同 计算结果表示到小数点后两位，数值修约规则按《数值修约规则与极限数值的表示和判定》(GB/T 8170—2008)中的规定进行 (7)允许差。实验室间分析结果的差值不大于表16-106所列允许差

表 16-103 原子吸收光谱仪测定镍量的工作条件

波长 /nm	灯电流 /mA	光谱通带 /nm	观察高度 /mm	空气流量 /(L/min)	乙炔流量 /(L/min)
303.9	5	0.5	12	4.3	1.1

表 16-104 试样参数

镍含量(质量分数)/%	试料质量/g	定容体积/mL	分取试液体积/mL
>0.05～0.40	0.1	100.00	全部
>0.40～1.00	0.4	100.00	10.00
>1.005～2.00	0.2	100.00	10.00

表 16-105 分析结果允许差 %

镍含量(质量分数)	允许差(质量分数)	镍含量(质量分数)	允许差(质量分数)
>0.05～0.10	0.01	>0.50～1.00	0.05
>0.10～0.25	0.02	>1.00～2.00	0.06
>0.25～0.50	0.03		

表 16-106 允许差 %

镍含量(质量分数)	允许差(质量分数)
2.00～7.00	0.10

表 16-107 氟化钠置换-EDTA 滴定法测定内容

序号	项目	测定内容
1	范围	此方法适用于银钎料中铝含量的测定。测定范围(质量分数)：1.00%～7.00%
2	方法提要	试样以硝酸溶解后，银以盐酸沉淀过滤除去，滤液中加入过量的 EDTA 并加热使铝和各金属离子与 EDTA 完全络合，用锌标准溶液滴定过量的 EDTA。然后加入氟化钠置换铝-EDTA 络合物中的 EDTA，再以锌标准溶液滴定释放出来的 EDTA
3	试剂	(1)抗坏血酸 (2)氟化钠 (3)硝酸(1+1) (4)盐酸(1+1) (5)盐酸(1+2) (6)盐酸(2+98) (7)氨水(1+1) (8)氢氧化钠溶液(300g/L) (9)六次甲基四胺溶液(300g/L)

续表

序号	项目	测定内容
3	试剂	(10)EDTA标准溶液[$c(C_{10}H_{14}N_2O_8Na_2 \cdot 2H_2O)=0.03mol/L$]：将11.168g乙二胺四乙酸二钠溶解于约300mL水中，移入1000mL容量瓶中，用水稀释至刻度，混匀，储存于聚乙烯容器中 (11)铝标准溶液：称取1.0000g纯铝（纯度99.95%以上），置于300mL烧杯中，加入20mL氢氧化钠溶液，缓慢加热溶解，用盐酸调至微酸性，冷却，移入1000mL容量瓶中，用水稀释至刻度，混匀。此溶液1mL含铝1mg (12)锌标准滴定溶液[$c(Zn)=0.02mol/L$] ①配制：称取1.3078g纯锌（纯度在99.99%以上），置于300mL烧杯中，以尽量少的盐酸溶解后，调节pH值为2～3，移入1000mL容量瓶中，用水稀释至刻度，混匀 ②标定：移取10.00mL铝标准溶液于300mL烧杯中，以下按规范规定进行 按式(16-29)计算锌标准滴定溶液的实际浓度： $C=\frac{0.0100}{V_1\times 0.02698}$ (16-29) 式中 C——锌标准滴定溶液的实际浓度的数值，mol/L V_1——滴定时消耗锌标准溶液的体积的数值，mL 0.02698——与1.00mL锌标准滴定溶液[$c(Zn)=1.000mol/L$]相当的铝的质量的数值，g/mol 取3份进行标定，所消耗锌标准滴定溶液体积的极差不超过0.10mL，取其平均值。否则，重新标定 (13)2,5-二硝基酚溶液(2g/L)；0.2g2,5-二硝基酚溶液溶解于50mL乙醇中，加入50mL水，混匀 (14)二甲酚橙溶液(2g/L)
4	分析步骤	①试料。按表16-108的规定称取试样，精确到1mg ②测定 a. 将试料置于300mL烧杯中，加入10mL硝酸，盖上表面皿，缓慢加热使试料完全分解，煮沸驱除氮氧化物，继续蒸发至溶液体积1mL左右 b. 加水至体积约为50mL，在不断搅拌下，加入盐酸3～4mL，煮沸至透明，静置30min c. 用定量滤纸过滤，用热盐酸洗涤杯壁及沉淀6～7次，滤液收集于300mL锥形瓶中 d. 向滤液中加入1.0g抗坏血酸，混匀，加入30.00mL EDTA标准溶液（视铝的含量而定）

续表

序号	项目	测定内容
4	分析步骤	e. 加4滴2,5-二硝基酚溶液，用氨水中和至溶液呈黄色，然后滴加盐酸至溶液变无色后，再过量1.5mL，加入10mL六次甲基四胺溶液，加热，煮沸约2min，立即加入5滴二甲酚橙溶液 f. 趁热用锌标准滴定溶液滴定至溶液由黄色变为紫红色(不记录毫升数) g. 加入1～2g氟化钠，再煮沸1min，如果指示剂褪色，可补加2～3滴指示剂，以锌标准滴定溶液滴定至溶液由黄色变为紫红色即为终点(记录毫升数)
5	分析结果的表述	按式(16-30)计算铝的质量分数： $w(\mathrm{Al})=\dfrac{CV_2\times 0.02698}{m_0}\times 100\%$　(16-30) 式中　C——锌标准滴定溶液的实际浓度的数值，mol/L V_2——滴定铝-EDTA中释放出的EDTA消耗锌标准溶液的体积的数值，mL m_0——试料的质量的数值，g 0.02698——与1.00mL锌标准滴定溶液[$c(\mathrm{Zn})=1.000$mol/L]相当的铝的质量的数值(g/mol) 计算结果表示到小数点后两位，数值修约规则按《数值修约规则与极限数值的表示和判定》(GB/T 8170)中的规定进行 实验室间分析结果的差值应不大于表16-109所列允许差

表 16-108　试样参数

铝含量(质量分数)/%	试样量/g
1.00～4.00	0.50
>4.00～5.00	0.40
>5.00～7.00	0.30

表 16-109　分析结果允许差　　%

铝含量(质量分数)	允许差(质量分数)
>1.00～3.00	0.10
>3.00～5.00	0.15
>5.00～7.00	0.20

六、锰量的测定

锰量的测定方法见表16-110。

表 16-110 锰量的测定方法

序号	项目	测定方法
1	高碘酸钾分光光度法	(1)范围。此方法适用于银钎料中锰含量的测定。测定范围(质量分数):0.50%～2.00% (2)方法提要。试料用氢氟酸、硼酸、硝酸的混合酸分解,加入高碘酸钾将锰氧化为高锰酸,以亚硝酸钠选择性还原高锰酸而得到的底色液为参比,于分光光度计波长530nm处测定其吸光度 (3)试剂 ①氢氟酸(ρ=1.13g/mL) ②硝酸(ρ=1.42g/mL) ③硝酸(1+3) ④硫酸(ρ=1.84g/mL) ⑤硫酸(1+3) ⑥硼酸溶液(40g/L) ⑦溶解剂:将300mL硼酸溶液、30mL氢氟酸、500mL硝酸和150mL水混匀,储存于塑料瓶中 ⑧稀释液:在100mL硼酸溶液中加入1mL硫酸,煮沸时加几粒高碘酸钾将可能还原高锰酸的有机物氧化 ⑨高碘酸钾溶液(50g/L):用硝酸配制 ⑩亚硝酸钠溶液(20g/L):用时现配 ⑪锰标准储存溶液 a. 取几克纯锰放在盛有100mL水和60～80mL硫酸的250mL烧杯中,搅动几分钟后,倾出酸液,用水冲洗,然后放在丙酮里,搅动,倾出丙酮。在100℃恒温箱里烘干约2min,取出,放在干燥器中冷却 b. 称取1.000g纯锰置于300mL烧杯中,加入80mL水,缓慢加入40mL硫酸溶解,煮沸数分钟,冷却。移入1000mL容量瓶中,用水稀释至刻度,混匀。此溶液1mL含1mg锰 c. 锰标准溶液:移取10.00mL锰标准储存溶液,置于100mL容量瓶中,用水稀释刻度,混匀。此溶液1mL含0.1mg锰 (4)分析步骤 ①试料。称取0.10g试样,精确到1mg ②测定 a. 将试料置于300mL锥形瓶中,加入50mL溶解剂,加热溶解,加入20mL水,煮沸5min,除去氮氧化物 b. 加入5mL高碘酸钾溶液,并继续煮沸5min,冷却。移入100mL容量瓶中,用稀释洗涤并稀释至刻度,摇匀 c. 将部分溶液移入1cm比色皿中,剩余溶液加入数滴亚硝酸钠溶液并以此为参比,于分光光度计波长530nm处测量其吸光度 (5)工作曲线的绘制。移取0.00mL、3.00mL、6.00mL、9.00mL、12.00mL、15.00mL锰标准溶液分别置于一组30mL锥形瓶中,补加水

续表

序号	项目	测定方法
1	高碘酸钾分光光度法	至20mL，加入50mL溶解剂，煮沸5min。此水为参比，于分光光度计波长530mm处测量其吸光度。以锰量为横坐标，吸光度为纵坐标绘制工作曲线 (6)分析结果的表述。按式(16-31)计算锰的质量分数： $$w(Mn)=\frac{m\times10^{-3}}{m_0}\times100\% \quad (16\text{-}31)$$ 式中 m——从工作曲线上查得的锰量的数值，mg m_0——试料的质量的数值，g 计算结果表示到小数点后两位，数值修约规则按《数值修约规则与极限数值的表示和判定》(GB/T 8170)中的规定进行 (7)允许差。实验室间分析结果的差值应不大于表16-111所列允许差
2	硫酸亚铁铵滴定法	(1)范围。此方法适用于银钎料中锰含量的测定。测定范围(质量分数)：2.00%～20.00% (2)方法提要。试料用硝酸分解，在磷酸介质中用硝酸铵将锰氧化为三阶，以苯代邻氨基苯甲酸为指示剂，用硫酸亚铁铵标准溶液滴定 (3)试剂 ①硝酸铵 ②硝酸(1+1) ③磷酸(ρ=1.69g/mL) ④磷酸(1+4) ⑤硫酸(1+9) ⑥碳酸钠溶液(2g/L) ⑦混合酸：1单位体积硫酸(ρ=1.84g/mL)、1单位体积磷酸(ρ=1.69g/mL)和1单位体积水混匀 ⑧重铬酸钾标准溶液[$c(1/6K_2Cr_2O_7)=0.01500mol/L$]：称取0.7355g预先经140～150℃烘干恒重并置于干燥器中冷却至室温的基准重铬酸钾，置于300mL烧杯中，以水溶解。移入1000mL容量瓶中，以水稀释至刻度，混匀 ⑨硫酸亚铁铵标准滴定溶液{$c[(NH_4)_2Fe(SO_4)_2\cdot6H_2O]=0.015mol/L$} a. 配制：称取5.88g硫酸亚铁铵置于400mL烧杯中，加入250mL硫酸溶解，移入1000mL容量瓶中，用水稀释至刻度，混匀 b. 标定：移取25.00mL重铬酸钾标准溶液，加入20mL水、10mL混合酸、2～4滴苯代邻氨基苯甲酸溶液，用硫酸亚铁铵标准滴定溶液滴定溶液至呈亮黄绿色为止 按式(16-32)计算硫酸亚铁铵标准滴定溶液的实际浓度：

续表

<table>
<tr><th>序号</th><th>项目</th><th>测定方法</th></tr>
<tr><td>2</td><td>硫酸亚铁铵滴定法</td><td>
$$C=\frac{V_1\times 0.0150}{V_0} \tag{16-32}$$
式中 C——硫酸亚铁铵标准滴定溶液的实际浓度的数值,mol/L
V_1——移取重铬酸钾标准溶液的体积的数值,mL
V_0——标定时消耗硫酸亚铁铵标准滴定溶液的体积的数值,mL
取3份进行标定,消耗硫酸亚铁铵标准滴定溶液体积的极差不超过0.10mL,取其平均值。否则,重新标定
⑩苯代邻氨基苯甲酸溶液(2g/L):称取0.2g苯代邻氨基苯甲酸置于150mL烧杯中,加入100mL碳酸钠溶液,加热溶解完全
(4)分析步骤
①试料。称取0.10～0.5g试样,精确到1mg
②测定
a. 将试料置于300mL锥形瓶中,加入5mL硝酸,加入15mL磷酸,加热至试料完全分解,继续加热至冒磷酸烟,取下
b. 放置20～30s,加入1～2g硝酸铵,立即摇动并吹气驱除氮氧化物,放置1～2min,加入30mL硫酸,用流水冷却至室温
c. 用硫酸亚铁铵标准滴定溶液滴定溶液至微红色,加入2～4滴苯代邻氨基苯甲酸溶液,继续滴定至亮黄色为止
(5)分析结果的表述。按式(16-33)计算锰的质量分数:
$$w(\mathrm{Mn})=\frac{CV_2\times 0.05494}{m_0}\times 100\% \tag{16-33}$$
式中 C——硫酸亚铁铵标准滴定溶液的实际浓度的数值,mol/L
V_2——滴定时消耗硫酸亚铁铵标准滴定溶液的体积的数值,mL
m_0——试料的质量的数值,g
0.05494——与1.00mL硫酸亚铁铵标准滴定溶液{$c[(NH_4)_2Fe(SO_4)_2\cdot 6H_2O]=1.000mol/L$}相当的锰的质量的数值,g/mol
计算结果表示到小数点后两位,数值修约规则按《数值修约规则与极限数值的表示和判定》(GB/T 8170)中的规定进行
(6)允许差。实验室间分析结果的差值应不大于表16-112所列允许差
</td></tr>
</table>

表 16-111 高碘酸钾分光光度法锰量测定允许差 %

锰含量(质量分数)	允许差(质量分数)
>0.50～1.00	0.03
>1.00～2.00	0.04

表 16-112 硫酸亚铁铵滴定法锰量测定允许差 %

锰含量(质量分数)	允许差(质量分数)
>2.00～5.00	0.15
>5.00～10.00	0.20
>10.00～20.00	0.25

七、锡量的测定

锡量测定主要运用碘酸钾滴定法，其测定内容见表16-113。

表16-113 测定内容

序号	项目	测定内容
1	范围	此方法适用于银钎料中锡含量的测定。测定范围(质量分数):2.00%～12.00%
2	方法提要	试料用硝酸分解,使锡生成偏锡酸沉淀,分离后用硝酸和硫酸溶解沉淀,在盐酸介质中用三氯化锑及铅或镍使锡(Ⅳ)还原为锡(Ⅱ),以淀粉溶液作指示剂,用碘酸钾标准滴定溶液滴定
3	试剂	(1)铅(颗粒状) (2)镍丝,可反复使用 (3)碘化钾,固体 (4)盐酸(ρ=1.19g/mL) (5)盐酸(1+1) (6)硝酸(ρ=1.40g/mL) (7)硝酸(1+1) (8)硝酸(1+50) (9)硫酸(ρ=1.84g/mL) (10)氢氧化钠溶液(5g/L) (11)碳酸氢钠饱和溶液 (12)三氯化锑溶液(10g/L):取三氯化锑5g放入500mL盐酸中加热溶解 (13)锡标准溶液(4g/L):称取1.0000g纯锡(纯度在99.99%以上)置于300mL高型烧杯中,加入20mL硫酸,盖上表面皿,加热分解,并继续加热至冒硫酸白烟。冷却后,用水及盐酸清洗表面皿和烧杯内壁,加50mL盐酸溶解可溶性盐类,移入250mL容量瓶中加盐酸至刻度 (14)碘酸钾标准滴定溶液: ①配制:将1.784g碘酸钾溶于40mL氢氧化钠溶液中,加入5g碘化钾,用水稀释至1000mL ②标定:移取25.00mL锡标准溶液于500mL锥形瓶中,按标准规定进行操作 按式(16-34)计算碘酸钾标准滴定溶液的实际浓度: $$C=\frac{m}{V\times 0.05934} \tag{16-34}$$ 式中 C——碘酸钾标准滴定溶液的实际浓度的数值,mol/L V——标定含锡溶液所消耗碘酸钾标准滴定溶液的体积的数值,mL m——锡的质量的数值,g 0.05934——与1.00mL碘酸钾标准滴定溶液[$c(1/6KIO_3)$=1.000mol/L]相当的锡的质量,g/mol

续表

序号	项目	测定内容
3	试剂	取3份进行标定，消耗碘酸钾标准滴定溶液体积的极差不超过0.10mL，取其平均值。否则，重新标定
4	分析步骤	(1)试料。称取1.0g试样，精确到1mg (2)测定 ①将试料置于300mL烧杯中，加入15mL硝酸，盖上表面皿，加热分解，用水冲洗表面皿及杯壁，进一步加热使液体全部蒸发至近干 ②加入5mL硝酸及50mL温水，煮沸使可溶性盐类溶解，静止1～2h后用慢速滤纸过滤，将沉淀物滤出，用温硝酸充分洗净沉淀 ③将沉淀物及滤纸放入原烧杯中，加15mL硝酸及10mL硫酸，盖上表面皿，小心加热分解，并继续加热至冒硫酸白烟。如果此时某些有机物分解不充分，冷却后再加入10mL硝酸反复加热分解，最后用水冲洗表面皿及烧杯内壁水洗后，拿掉表面皿，进一步加热蒸发冒硫酸白烟 ④冷却，加水200mL、盐酸50mL，使盐类溶解。将溶液移入500mL锥形瓶中，加10mL三氯化锑溶液和10g铅或镍丝，盖上装有碳酸氢钠饱和溶液的盖子、漏斗、塞子，煮沸30min使锡还原 ⑤取下稍冷，然后放入冰水中冷却至10℃以下。取下还原装置的塞子并用水冲洗塞子下端和烧瓶内壁。然后加5mL淀粉溶液，用碘酸钾标准滴定溶液滴定至试液呈蓝色即为终点
5	分析结果的表述	按式(16-35)计算锡的质量分数： $w(\mathrm{Sn})=\frac{CV_1\times 0.05934}{m_0}\times 100\%$ (16-35) 式中 C——碘酸钾标准滴定溶液的实际浓度的数值，mol/L V_1——滴定时所消耗碘酸钾标准滴定溶液的体积的数值，mL m_0——试料的质量的数值，g 0.05934——与式(16-34)同 计算结果表示到小数点后两位，数值修约规则按《数值修约规则与极限数值的表示和判定》(GB/T 8170)中的规定进行
6	允许差	实验室间分析结果的差值应不大于表16-114所列允许差

表 16-114 锡量测定允许差 %

锡含量(质量分数)	允许差(质量分数)
>2.00～4.00	0.15
>4.00～8.00	0.20
>8.00～12.00	0.25

第五节 钎剂质量评定试验(JB/T 6045—2017)

成品钎剂由钎剂制造厂技术检验部门逐批检验，检验方法见表16-115。

表 16-115　检验方法

序号	项目	检验方法
1	检验规则	①每批钎剂由同一批原材料、按同一配方、以相同的生产工艺制成，每批钎剂的重量不超过1t ②每批钎剂检验时，至少在3个部位抽取有代表性的样品1kg，混合均匀后，用四分法取出0.25kg，供检验用 ③任何一项检验不合格时，该项检验应加倍复验。加倍复验结果应符合对该项检验的规定，否则判为不合格品
2	钎剂颗粒度检验	粉末钎剂应能全部通过孔径为150μm的标准试验筛网；粒状钎剂应能全部通过孔径为2.36mm的标准试验筛网；膏状钎剂、液态钎剂用肉眼观察时应混合均匀，无分层现象
3	夹杂物检验	用目测法观察钎剂中是否有肉眼可见的夹杂物存在
4	钎剂的钎焊工艺性能检验	①取2～5g钎剂置于100mm×100mm的试片上(试片根据钎剂适用的钎焊材料确定)，根据钎剂的用途确定加热方式。如果钎剂可用于几种加热方式的钎焊，则可选择其中任何一种加热方式加热，加热温度按表16-116规定。加热时，观察加热过程中烟雾、火焰及烟气的产生、变化情况，加热时间由试验需要确定 加热试验结束后，用热水(≥85℃)或其他方法清洗，钎剂应易除去 ②各类钎剂配合它适用的钎料，按相关标准的规定进行试验。所用试件的材质应适合该类钎剂和钎料相关标准规定的试验条件，钎剂应能保证钎料熔化后完全填满钎缝间隙

表 16-116　各类钎剂的加热温度　　℃

钎剂型号	加热温度	钎剂型号	加热温度
$FB1X_2X_3$	600±50	$FB3X_2X_3$	850±50
$FB2X_2X_3$	500±50	$FB4X_2X_3$	500±50

附　录

附录一　焊接材料相关名词术语（GB/T 3375—1994）

附表 1-1　焊接材料相关名词术语

术语名称	术语含义
焊接材料	焊接时所消耗材料（包括焊条、焊丝、焊剂、气体等）的通称
焊条	涂有药皮的供手弧焊用的熔化电极，它由药皮和焊芯两部分组成
钛铁矿型焊条	药皮中含有30%以上钛铁矿的焊条
钛钙型焊条	药皮中以氧化钛和碳酸钙（或镁）为主的焊条。再加入一定数量的铁粉后称铁粉钛钙型焊条
高纤维钠型焊条	药皮中含有15%以上有机物并以钠水玻璃为黏结剂的焊条
高纤维钾型焊条	药皮中含有15%以上有机物并以钾水玻璃为黏结剂的焊条
高钛钠型焊条	以氧化钛为主要组分并以钠水玻璃为黏结剂的焊条，加入一定数量的铁粉后称铁粉钛型焊条
高钛钾型焊条	以氧化钛为主要组分并以钾水玻璃为黏结剂的焊条
低氢钠型焊条	主要以碳酸盐和氟化物等碱性物质组成并以钠水玻璃为黏结剂的焊条，加入一定数量的铁粉后称铁粉低氢型焊条
低氢钾型焊条	主要以碳酸盐和氟化物等碱性物质组成并以钾水玻璃为黏结剂的焊条
氧化铁型焊条	药皮中含有多量氧化铁的焊条，加入一定数量的铁粉后称铁粉氧化铁型焊条
重力焊条	重力焊用的高效率焊条。这种焊条较长（通常为500～1000mm），焊条引弧端涂有引弧剂，以便自动引弧
底层焊条	开坡口焊接时，焊接第一条焊道的单面焊双面成形的专用焊条
立向下焊条	立焊时，由上向下操作的专用焊条。这种焊条较通用焊条有焊缝成形好、生产效率高的特点
低尘低毒焊条	焊接时发尘量低，对人体有害的可溶性氟化物及锰的化合物含量少的一种焊条
焊丝	焊接时作为填充金属或同时作为导电的金属丝
药芯焊丝	由薄钢带卷成圆形钢管或异形钢管的同时，填进一定成分的药粉料或金属粉料，经拉制而成的一种焊丝
保护气体	焊接过程中用于保护金属熔滴、熔池及焊缝区的气体，它使高温金属免受外界气体的侵害

续表

术语名称	术 语 含 义
焊剂	焊接时能够熔化形成熔渣(有的也有气体),对熔化金属起保护和冶金作用的一种颗粒状物质
熔炼焊剂	将一定比例的各种配料放在炉内熔炼,然后经过水冷粒化、烘干、筛选而制成的一种焊剂
烧结焊剂	将一定比例的粉料加入适量黏结剂,混合搅拌并形成颗粒,然后经高温(400～1000℃)烧结而成
黏结焊剂	将一定比例的各种粉料加入适量黏结剂,经混合搅拌,粒化和低温(一般在400℃以下)烘干而制成的一种焊剂。旧称陶质焊剂
焊条压涂机	用压涂法制造焊条时,在焊芯上压涂药皮的专用设备
焊条保温筒	在施工现场,供焊工携带的可储存少量焊条的一种保温容量。它与电焊机的二次电压相连,使其保持一定的温度
熔渣	焊接过程中,焊条药皮或焊剂或药芯中的粉料熔化后,经过一系列化学变化而形成的覆盖于焊缝表面的非金属物质
碱性渣	化学性质呈碱性的熔渣
酸性渣	化学性质呈酸性的熔渣
碱度	表征熔渣碱性强弱程度的一个量,计算方法有多种,粗略计算可用下式: $$碱度=\frac{\sum 碱性化合物(\%)}{\sum 酸性化合物(\%)}$$
酸度	表征熔渣酸性强弱程度的一个量,通常用碱度的倒数表示
熔渣流动性	液态熔渣流动难易的程度
焊渣	焊后覆盖在焊缝表面上的固态熔渣
脱渣性	渣壳从焊缝表面脱落的难易程度
焊条工艺性	焊条操作时的性能,主要包括电弧稳定性、焊缝成形、脱渣性和飞溅大小等
药皮质量系数	焊条药皮与焊芯(不包括夹持端)的质量比
焊条偏心度	焊条药皮沿焊芯直径方向偏心的程度

附录二　焊接材料标准号一览表

附表 2-1　焊接材料标准号一览表

标准号	标 准 名 称
	1.焊条
GB/T 5117—2012	非合金钢及细晶粒钢焊条
GB/T 5118—2012	热强钢焊条
GB/T 983—2012	不锈钢焊条

续表

标准号	标 准 名 称
GB/T 984—2001	堆焊焊条
GB/T 3669—2001	铝及铝合金焊条
GB/T 13814—2008	镍及镍合金焊条
GB/T 10044—2006	铸铁焊条及焊丝
JB/T 3223—2017	焊接材料质量管理规程
CB/T 1124—2008	舰船用高强度船体结构钢焊接材料的鉴定、出厂和进货检验规则
2. 焊丝、焊剂	
GB/T 3429—2015	焊接用钢盘条
GB/T 4241—2017	焊接用不锈钢盘条
GB/T 5293—2018	埋弧焊用非合金钢及细晶粒钢实心焊丝、药芯焊丝和焊丝-焊剂组合分类要求
GB/T 12470—2018	埋弧焊用热强钢实心焊丝、药芯焊丝和焊丝-焊剂组合分类要求
GB/T 17854—2018	埋弧焊用不锈钢焊丝-焊剂组合分类要求
GB/T 8110—2008	气体保护焊用碳钢、低合金钢焊丝
GB/T 10045—2018	非合金钢及细晶粒钢药芯焊丝
GB/T 17493—2018	热强钢药芯焊丝
GB/T 17853—1999	不锈钢药芯焊丝
GB/T 15620—2008	镍及镍合金焊丝
GB/T 10858—2008	铝及铝合金焊丝
GB/T 9460—2008	铜及铜合金焊丝
GB/T 3195—2016	铝及铝合金拉制线材
GB/T 14957—1994	熔化焊用钢丝
YB/T 5092—2016	焊接用不锈钢丝
3. 钎料和钎剂	
GB/T 6418—2008	铜基钎料
GB/T 10046—2008	银钎料
GB/T 10859—2008	镍基钎料
GB/T 13679—2016	锰基钎料
GB/T 13815—2008	铝基钎料
GB/T 3131—2001	锡铅焊料
GB/T 8012—2013	铸造锡铅焊料
GB/T 15829—2008	软钎剂　分类与性能要求
JB/T 6045—2017	硬钎焊用钎剂
4. 焊接用气体	
GB/T 6052—2011	工业液体二氧化碳
GB/T 3863—2008	工业氧
GB/T 3864—2008	工业氮

续表

标准号	标准名称
GB/T 3634.1—2006	氢气　第1部分　工业氢
GB/T 4842—2017	氩
GB/T 4844—2011	纯氦、高纯氦和超纯氦
GB/T 3634.2—2011	氢气　第2部分　纯氢、高纯氢和超纯氢
GB 6819—2004	溶解乙炔
GB 11174—2011	液体石油气
GB 10665—2004	碳化钙(电石)
5. 喷涂及其材料	
GB/T 18719—2002	热喷涂　术语、分类
JB/T 10580—2006	热喷涂涂层命名方法
GB/T 16744—2002	热喷涂　自熔合金喷涂与重熔
GB/T 18681—2002	热喷涂　低压等离子喷涂　镍-钴-铬-铝-钇-钽合金涂层
GB/T 19352.1—2003	热喷涂　热喷涂结构的质量要求　第1部分:选择和使用指南
GB/T 19352.2—2003	热喷涂　热喷涂结构的质量要求　第2部分:全面的质量要求
GB/T 19352.3—2003	热喷涂　热喷涂结构的质量要求　第3部分:标准的质量要求
GB/T 19352.4—2003	热喷涂　热喷涂结构的质量要求　第4部分:基本的质量要求
GB/T 19355—2016	锌覆盖层　钢铁结构防腐蚀的指南和建议
GB/T 19356—2003	热喷涂　粉末　成分和供货技术条件
GB/T 19824—2005	热喷涂　热喷涂操作人员考核要求
GB/T 20019—2005	热喷涂　热喷涂设备的验收检查
GB/T 19823—2005	热喷涂　工程零件热喷涂涂层的应用步骤
GB/T 12608—2003	热喷涂　火焰和电弧喷涂用线材、棒材和芯材　分类和供货技术条件

附录三　焊接材料试验检验标准号一览表

附表 3-1　焊接材料试验检验标准号一览表

标准编号	焊接材料试验检验用国家标准名称
GB/T 223	钢铁及合金化学分析方法
GB/T 228—2010	金属材料拉伸试验
GB/T 229—2007	金属材料 夏比摆锤冲击试验方法
GB/T 230	金属材料 洛氏硬度试验
GB/T 231	金属材料 布氏硬度试验
GB/T 232—2010	金属材料 弯曲试验方法
GB/T 238—2013	金属材料 线材 反复弯曲试验方法
GB/T 1172—1999	黑色金属硬度及强度换算值

续表

标准编号	焊接材料试验检验用国家标准名称
GB/T 1479.3—2017	金属粉末 松装密度的测定 第3部分:振动漏斗法
GB/T 1480—2012	金属粉末 干筛分法测定粒度
GB/T 1482—2010	金属粉末 流动性的测定 标准漏斗法(霍尔流速计)
GB/T 1954—2008	铬镍奥氏体不锈钢焊缝铁素体含量测量方法
GB/T 2649—1989①	焊接接头机械性能试验取样方法
GB/T 2650—2008	焊接接头冲击试验方法
GB/T 2651—2008	焊接接头拉伸试验方法
GB/T 2652—2008	焊缝及熔敷金属拉伸试验方法
GB/T 2653—2008	焊接接头弯曲试验方法
GB/T 2654—2008	焊接接头硬度试验方法
GB/T 2655—1989①	焊接接头应变时效敏感性试验方法
GB/T 2656—1981①	焊缝金属和焊接接头的疲劳试验法
GB/T 3323—2005	金属熔化焊焊接接头射线照相
GB/T 3731—1983①	涂料焊条效率、金属回收率和熔敷系数的测定
GB/T 3965—2012	熔敷金属中扩散氢测定方法
GB/T 4108—2004①	镁粉和铝镁合金粉粒度组成的测定 干筛分法
GB/T 4160—2004①	钢的应变时效敏感性试验方法(夏比冲击法)
GB/T 4334—2008	金属和合金的腐蚀 不锈钢晶间腐蚀试验方法
GB/T 4338—2006①	金属材料高温拉伸试验方法
GB/T 4675.1—1984①	焊接性试验 斜Y型坡口焊接裂纹试验方法
GB/T 4675.2—1984①	焊接性试验 搭接接头(CTS)焊接裂纹试验方法
GB/T 4675.3—1984①	焊接性试验 T型接头焊接裂纹试验方法
GB/T 4675.4—1984①	焊接性试验 压板对接(FISCO)焊接裂纹试验方法
GB/T 4675.5—1984①	焊接性试验 焊接热影响区最高硬度试验方法
GB/T 5121—2008	铜及铜合金化学分析方法
GB/T 6003.1—2012	试验筛 技术要求和检验 第1部分:金属丝编织网试验筛
GB/T 6417.1—2005	金属熔化焊接头缺欠分类及说明
GB/T 6526—1986①	自熔合金粉末固-液相线温度区间的测定方法
GB/T 6987—2001①	铝及铝合金化学分析方法
GB/T 7032—1986①	T型角焊接头弯曲试验方法
GB/T 8454—1987	焊条用还原钛铁矿粉中亚铁量的测定
GB/T 8619—1988①	钎缝强度试验方法
GB/T 8638—1988①	镍基合金粉化学分析方法
GB/T 9446—1988①	焊接用插销冷裂纹试验方法
GB/T 9447—1988①	焊接接头疲劳裂纹扩展速率试验方法
GB/T 10574—2003	锡铅焊料化学分析方法
GB/T 11345—2013	焊缝无损检测 超声检测 技术、检测等级和评定
GB/T 11363—2008	钎焊接头强度试验方法

续表

标准编号	焊接材料试验检验用国家标准名称
GB/T 11364—2008	钎料润湿性试验方法
GB/T 12605—2008	无损检测 金属管道熔化焊环向对接接头射线照相检测方法
GB/T 12778—2008	金属夏比冲击断口测定方法
GB/T 13239—2006	金属材料低温拉伸试验方法
GB/T 13247—1991	铁合金产品粒度的取样和检测方法
GB/T 13450—1992①	对接焊接头宽板拉伸试验方法
GB/T 13732—2009	粒度均匀散料抽样检验通则
GB/T 13816—1992①	焊接接头脉动拉伸疲劳试验方法
GB/T 13817—1992①	对接接头刚性拘束焊接裂纹试验方法
GB/T 15111—1994①	点焊接头剪切拉伸疲劳试验方法
GB/T 15747—1995①	正面角焊缝接头拉伸试验方法
GB/T 15830—2008	无损检测 钢制管道环向焊缝对接接头超声检测方法
GB/T 16957—2012	复合钢板 焊接接头力学性能试验方法
GB/T 18591—2001	焊接 预热温度、道间温度及预热维持温度的测量指南

① 现已作废或过期停止使用。

附录四 国内外焊接材料型（牌）号对照

一、国内外焊条标准对照表❶

附表 4-1 国内外焊条标准对照表

中国标准		国外标准	
标准号	标准名称	标准号	标准名称
GB/T 5117—2012	非合金钢及细晶粒钢焊条	AWSA5.1	碳钢焊条
		JISZ3211	低碳钢焊条
		BS639	低碳钢及中、高强度钢焊条
		DIN1913—1	碳钢及低合金钢焊条
		ГОСТ 9467	结构钢及耐热钢焊条
		ISO 2560	低碳钢及低合金钢焊条
		NF A81	低碳钢及低合金钢焊条
		UNI 5132	低碳钢及高屈服点锰钢焊条
GB/T 5118—2012	热强钢焊条	AWS A5.5	低合金钢焊条
		JIS Z3212	高强度钢用涂药焊条

❶ 这里提供的是国内外相似的标准，它们之间没有等同关系——编者注。

续表

中国标准		国外标准	
标准号	标准名称	标准号	标准名称
GB/T 5118—2012	热强钢焊条	JIS Z3213	低合金高强度钢焊条
		JIS Z3214	耐候钢焊条
		JIS Z3223	钼和铬钼耐热钢焊条
		JIS Z3241	低温用钢焊条
		BS 639	低碳钢及中、高强度钢焊条
		BS 2493	钼和铬钼低合金钢焊条
		DIN 8529	高强度结构钢焊条
		DIN 8575	热强钢电弧焊用填充材料
		ГОСТ 9467	结构钢及耐热钢焊条
		ISO 2560	低碳钢及低合金钢焊条
		NF A81—340	低合金高强度钢焊条
		UNI 5132	低碳钢及高屈服点锰钢焊条
GB/T 3669—2001	铝及铝合金焊条	AWS A5.3	铝及铝合金焊条
		DIN 1732	铝焊接填充材料
GB/T 983—2012	不锈钢焊条	ISO 3581	不锈钢及其他类似高合金钢焊条
		AWS A5.4	铬及铬镍耐蚀钢焊条
		JIS Z3221	不锈钢焊条
		BS 2926	手工金属电弧用铬钢焊条与铬镍钢焊条
		DIN 8556T1	不锈钢和耐热钢用焊接填充料
		ГОСТ 10058	高合金钢焊条
GB/T 984—2001	堆焊焊条	AWS A5.13	堆焊用焊丝及焊条
		JIS Z3251	硬质堆焊焊条
		ГОСТ 10051	具有特殊性能表面堆焊焊条
		DIN 8555T1	堆焊填充材料
GB/T 3670—1995	铜及铜合金焊条	AWS A5.6	铜及铜合金焊条规程
		JIS Z3231	铜及铜合金用涂药焊条
		DIN 1733T1	铜及铜合金用焊接填充材料
GB/T 10044—2006	铸铁焊条及焊丝	ISO 1071—1983	焊条电弧焊铸铁焊条
		AWS A5.15	铸铁焊接用填充丝及药皮焊条规程
		JIS Z3252	铸铁用涂药焊条
		DIN 8573T1	非合金和低合金铸铁焊接用焊接填充材料
GB/T 13814—2008	镍及镍合金焊条	AWS A5.11	镍及镍合金焊条
		JIS Z3224	镍及镍合金焊条
		DIN 1736	镍及镍合金焊接填充材料

表：表中列出的国外标准符号说明如下。

AWS—美国焊接学会　JIS—日本工业标准　BS—英国国家标准　DIN—原德意志标准　ГОСТ—苏联国家标准　ISO—国际标准化组织　NF—法国国家标准　UNI—意大利国家标准

二、国内外焊条型（牌）号对照表

附表 4-2 国内外焊条型（牌）号对照表

中国		日本		美国	英国
牌号	GB	神钢	JIS	AWS	BS
J421 J421X J421Fe J421Fe13	E4313 E4324	B-33 RB-26 TB-35 ZERODE-33LS TB-24SP	D4313	E6012 E6013	E433R23 E4311R21 E4322RR32
J422 J422GM J422Fe J422Fe13 J422Fe16 J422Z13	E4303 E4323	TB-24 TM-32 TB-25 TB-43 TB-44 ZERODE-44	D4303		
J423	E4301	B-14 B-15 B-17 B-10	D4301	E6019	
J424 J424Fe14	E4320 E4327	B-27 IB-20 IB-25 IB-25D ZERODE-27	D4320 D4327	E6020 E6027	E4354A15035
J425	E4311	HC-24 KOBE-6011 KOBE-6010	D4311	E6010	—

续表

中国		日本		美国	英国
牌号	GB	神钢	JIS	AWS	BS
J426	E4316	LB-26 LB-26V LB-26VU LBM-26 ZERODE-6V	D4316	E7016	E4343B10(H)
J427 J427Ni	E4315	LB-52U LB-47	—	—	—
J501Fe15 J501Fe18 J501Z18	E5024	FB-24 RB-24 FB-43 ZERODE-43F ZERODE-50F	D5003	E7024	E5142RR16035 E5154AR19035
J502 J502Fe J502Fe15	E5003 E5014 E5023	—	D5003	—	—
J503 J503Z	E5001	BW-52 BA-47	D5001	E7019	—
J504Fe J504Fe14	E5027	—	—	E7027	—
J505 J505MD	E5011	—	—	E7011	—
J507 J507X J507H	E5015	LB-24 LB-50A LB-52 JB-52A LB-52AS LBO-52	D5016 D5316	E7015	E5154B20(H)

续表

中国		日本		美国	英国
牌号	GB	神钢	JIS	AWS	BS
J506 1506H J506X J506DF J506GM	E5016 E5016-1 E5016	LB-24 LB-50A LB-52 LB-52 LB-52A LB-52V	D5016 D5316	E7016 E7016-1 E7016	E514B24(H) E5154B24(H)
J506Fe J507Fe J506LMA	E5018	LTB-52A LB-52-18 LTB-52N	D5026	E7018	E5154B12016(H)
J506Fe16 J507Fe16	E5028	LB-32 LBF-52A LB-52-28 LBF-52A LBI-52H	D5026	E7028 E7028	E5154B16036(H) E5154B20046(H)
—	E5048	—	D5026	E7408	E5154B94(H)
J557 J557MO J556 J556RH	E5515-G E5516-G	LB-57 LB-76 LB-86VS LB-62	D5316 D5818	E8015-G E8016-G E8018-G	—
J607 J606 J607Ni	E6015-D_1 E6016-D_1 E6015-D_1	LBM-62 LB-62V LB-62N LB-62A	D5816 D6216	E9015-D_1 E9016-D_1	E619H

续表

中国		日本		美国	英国
牌号	GB	神钢	JIS	AWS	BS
J707	$E7015-D_2$	LB-106	D7016 D7018	E10015-G E10016-G E10018-G	—
J757	E7515-G	—	D7016 D7618	E11015-G E11016-G E11018-G	—
J807 J857	E8015-G E9015G	LB-116 LB-80UL LB-88LT	—	E12015-G E12016-G E12018-G	—
R107	$E5015-A_1$	CMA-76 CMB-76	DT1216	$E7016-A_1$	EMoB
R207 R202	E5515-B1 E5503-B1	CMB-83 CMB-86	—	E8016-B1	—
R307 R317	$E5515-B_2$ $E5503-B_2-V$	CMB-95 CMA-96 CMB-96 CMB-93 CMA-96MB	DT2315 DT2316	$E8018-B_2$ $E8015-B_2$ $E8016-B_2$	E1CrMoB
R407	E6015-B3	CMB-105 CMA-106 CMA-106N CMB-106 CMB-106N CMB-108	DT2415 DT2416	E9015-B3L E9016-B3L E9018-B3L	E2CrMoB

续表

中国		日本		美国	英国
牌号	GB	神钢	JIS	AWS	BS
R507 R310	E5MoV-15 E5500-B_2-V	CM-5 CMB-93	DT2516 DT2313	E502-15 E502-16 E8018-B2	E5CrMoB
R707	E9Mo-15	CM-9	—	E505-15 E505-16	E9CrMoB
W707 W707Ni	E5515-C1	NB-2 NB-2N	—	E8015-C1	—
W907Ni	E5515-C2	NB-3S NB-3T	—	E8015-C2	—
G202 G207 G307	E410-16 E410-15 E430-15	CR-40 CR-40Cb	D410-16	E410-16 E410-15 E430-15	—
G302	E430-16	CR-43 CR-43Cb	D430-16	E430-16	—
A002	E308L-16	NCS-38L NC-38L NCA-308L NCA-308UL NC-38LT H1MELT-308L	D308L-16	E308L-16 E308LC-16	E19. 9L. R
A102	E308-16	H1MELT-308 NC-38 NCA-38	D308-16	E308-16	E199R

续表

中国		日本		美国	英国
牌号	GB	神钢	JIS	AWS	BS
A107	E308-15	—	—	E308-15	E199B
A132	E347-16	HIMELT-347 NC-37 NC-37L	D347	E347-16	E199NbR
A137	E347-15	—	—	E347-15	E199NbB
A022	E316L-16	HIMELT-316L NC-36L NCA-316L NCA-316UL NC-36EL	D316L	E316L-16 E316LC-16	E19123L. R E19123L. B
A202 A207	A316-16 A316-15	HIMELT-316 NC-36 NCA-316	D316	E316-16 E316-15	E19123R E19123B
A242	A317-16	NC-317 NC-317L	D317	E317-16	E19134R
A062	E309L-16	HIMELT-309L NC-39 NCS-39UL	D309L	E309L-16	E2312R
A302	E309-16	HIMELT-309 NC-39 NCA-309	D309	E309-16	E2312R
A312	E309Mo-16	NC-39Mo NC-39MoL NCS-39MoL	D309Mo	E309Mo-16	E23122R

续表

中国		日本		美国	英国
牌号	GB	神钢	JIS	AWS	BS
A402	E310-16	NC-30	D310	E310-16	E2520R
A407	E310-15		D310	E310-15	E2520B
A412	E310Mo-16	NC-310MF	D310Mo	E310Mo-16	—
A607	E330MoMnWNb-15	—	D330	E330-15	—
D256 D266	EDMn-A-16 EDMn-B-16	HF-11	DF-MnA	EFeMn-A EFeMn-B	—
D802 D812 D822	EDCoCr-A-03 EDCoCr-B-03 EDCoCr-C-03	HF-6 HF-3 HF-1	DF-CoCr-A DF-CoCr-B DF-CoCr-C	ECoCr-A ECoCr-B ECoCr-C	—
Z308	EZNi-1	CIA-1	DFCNi	ENi-C1	—
Z408	EZNiFe-1	CIA-2	DFCNiFe	DNiFe-C1	—
Z508	EZNiCu-1	—	DFNiCu	ENiCu-B	—
T107 T207 T227 T237	ECu ECuSi-B ECuSn-B ECuAl-C	CS-30 CP-33 CAN-69	DCuSiB DCuSnA DCuAlNi	ECuSnA ECuSnB ECuA1A2	—
Ni112 Ni307	ENi-O ENiCrFe-1	NIC-70A	DniCrFe-1	ENi-1 EniCrFe-1	—
L109 L209 L309	TA1 TA1Si TA1Mn	—	—	E1100 E4043 E3003	—

续表

德国	瑞典	荷兰	俄罗斯	国际标准
DIN	ESAB	Philips	ГОСТ	ISO
E4332R3 E4333RR8 R4354AR7	OK43.32 OK46.00 OK46.16 OK50.10 OK50.40 OK46.44	C17 16 46S 54 28 48 68 78 45P	Э42	E433R15 E433RR15 E433AR25
	OK50.00	Э42		
			Э42	
E4354AR11140	OK39.50	C10	Э42 Э46	E435A15035
(4332C4)	OK22.45 OK22.65	31	Э42	E432C52
E4343B10	—	36 36S 36D 27	Э42A Э46A	E434B24(H)
—	—	75	Э42A Э46A	E434B20(H)

续表

德国	瑞典	荷兰	俄罗斯	国际标准
DIN	ESAB	Philips	ГОСТ	ISO
E5142RR11160	OK33.65 OK33.80	C23S C23 C23H C23G C14	Э50	E514RR16035 E515AR19035
—	—	—	Э50	—
—	—	—	Э50	—
—	—	—	Э50	—
—	—	—		—
E5155B10	—	27 360 56S 55 56 56R	Э50A	E515B20(H)
E5143B10 E5155B10	—	27 360 565 55 56 56R	Э50A	E514B24(H) B515B42(H)
E5155B10	OK48.00 OK48.04 OK48.15 OK48.30	35Z	Э50A	E515B12016(H)

续表

德国	瑞典	荷兰	俄罗斯	国际标准
DIN	ESAB	Philips	ГОСТ	ISO
E5155B(R)12160 E5155B(R)12200	OK38.48 OK38.65 OK38.85 OK38.95	C6 C6H C6U C57 C57A	Э50A	E515B16036(H) E515B20046(H)
E5154B9	—	—	Э50A	E515B12054(H)
EY50661NiMOBH5	OK73.08	88SC	Э55A	—
EY5554B××H5	OK78.16	88 88S C88S 98	Э60A	—
EY6242B××H5	OK75.65	—	Э70A	—
EY6942B××H5	OK7575	—	—	—
EY7953B××H5	—	—	Э85A	—
EmoB10+	—	KV_2(HP) KV_2H	Э-M	EmoB20
—	—	KV_1M(HP)	Э-MX	—
EcrMo1B10+	OK76.18 OK78.16	KV_5L(HP)	Э-XM ЭXMΦ	E1CrMoLB20
ECrMo2B10+	—	KV3L(HP)	—	E2CrMoLB20
ECrMo5B10+	OK76.12	KV4(HP)	Э-X5MΦ	E5CrMoLB29

续表

德国	瑞典	荷兰	俄罗斯	国际标准
DIN	ESAB	Philips	ГОСТ	ISO
ECrMo9B10＋	—	KV_7(HP)	—	E9CrMoB20
—	OK73.63	75 C75 75S	—	—
—	—	87	—	—
E13B20＋	OK84.42 OK68.25	—	∋12X13	—
E17B20＋	—	—	—	—
E199nCr23 E199nCB16	OK61.30 OK61.41 OK61.33	RS-304 RS-304B RS-304H RS-304V	∋-04X20H9	E199LR26 E199LB26
E199R26	OK61.53	InoxIs	∋-07X20H9	E199R26
E199B26	—	—	∋07X20H_9	—
E199NbR26	OK61.81	KS347LC	∋-08X20H9Г2Б ∋-08X19H10Г2Б	E199NbR26
E199NbB26	OK61.85 OK61.91	—	∋-08X20H9Г2Б ∋-08X19H10Г2Б	E199NbR26
E19123NCr26	OK63.30 OK62.33 OK63.41	—	∋-02X20H14Г2M2	E19123B26

续表

德国	瑞典	荷兰	俄罗斯	国际标准
DIN	ESAB	Philips	ГОСТ	ISO
E19123R26	OK63.32 OK63.35 OK63.35	—	∋09X20H14Г2M2	E19123B26
E19134R26	OK64.30	RS317 RS318LC RM318LC	—	E19134R26
E2312nCr26	OK67.74	RS309LC	—	E2312R26
E2312R26	OK67.62	RS309	∋-10X25HI3Г2	E2312R26
R23122R26	OK67.70	—	—	E23122R26
E2520R26	OK67.13	—	—	E2520R26
E2520B26	OK67.15	BM310	—	E2520B26
—	—	BM310Mo-L	—	—
E1836B26	—	—	—	—
—	OK86.08	MN	—	—
—	OK93.06	—	—	—
ENiG3	OK92.18	801	—	ENi/G25
ENiFeG3	OK92.58	802	—	ENiFe/G25
ENiCuG3	OK92.78	GM	—	ENiCu-2/G36
—	OK9455 OK94.25	—	—	—
—	OK92.26	—	—	—
—	OK96.20	—	—	—

三、国内外实心焊丝型（牌）号对照表

附表 4-3 国内外实心焊丝型（牌）号对照表

类别	中国 GB	美国 AWS	俄罗斯 ГОСТ	日本 JIS	日本 日铁	日本 神钢	瑞典 ESAB	瑞士 OERLIKON	备注
碳素钢及低合金钢	H08A	EL-8	CB-08A	W11	Y-A	US-43		OE-S1	—
	H08MnA	EM12	CB-08ГA	W21	Y-B	US-47	OK12.10	OE-S2	
	H10Mn2	EH14	CB-08Г2	W41	Y-O	US-36L	OK12.40	OE-S3	
	H08MnMoA	EA-4	CB-08ГMA	YS-M3	Y-CM	US-49	OK12.34	OE-S2Mo	
	H10Mn2MoA	—	CB-10Г2MA	—	YM-18	US-40	OK13.09	—	
	H08CrNi2MoA	—	CB-08XH2M	YS-NCM3	—	—	OK13.43	—	
	ER49-1 H08Mn2SiA	—	CB-08Г2C	—	Y-CS	—	—	—	碳钢及低合金钢气体保护焊焊丝
	ER50-2	ER70S-2	—	—		MG-50	—	—	
	ER50-3	ER70S-3	—	—	YM-25	MIX-50	—	—	
	ER50-4	ER70S-4	CB-12ГC	—	MT	MG-50T	—	—	
	ER50-5	ER70S-5	—	—	—	—	—	—	
	ER50-6	ER70S-6	—	YGW-13	YM-28	MG-51T	OK12.64	—	
					YM-28P		OK12.51	—	
	ER50-G	ER70S-G	CB-08Г2C	YGW-16	—	—	—	—	
	ER55-D2	ER80S-D2	—	—	YM-18	—	OK13.09	—	
	ER55-B2	ER80S-B2	—	—	—	—	OK13.12	—	
	ER55-B2L	ER80S-B2L	—	—	—	—	—	—	
	ER55-C1	ER80S-Ni1	—	—	—	—	—	—	
	ER55-C2	ER80S-Ni2	—	—	—	—	—	—	
	ER55-C3	ER80S-Ni3	—	—	—	—	—	—	
	ER62-B3	ER90S-B3	—	—	Y-521H	US-521S		OE-S1CrMo2	

续表

类别	中国 GB	美国 AWS	俄罗斯 ГОСТ	日本 JIS	日本 日铁	日本 神钢	瑞典 ESAB	瑞士 OERLIKON	备注
碳素钢及低合金钢	ER62-B3L	ER90S-B3L	CB-04X2M4	—	—	—	—	—	—
	ER69-1	ER100S-1	—	—	—	—	—	—	
	ER69-2	ER100S-2	—	—	—	—	—	—	
	ER76-1	ER110S-1	—	—	—	—	—	—	
	ER83-1	ER120S-1	—	—	—	—	—	—	
	H13Cr2MoA	—	—	—	Y-521H	US-521S	—	OE-S1CrMo2	
	H08CrMoA	—	CB-08XMA	—	—	—	—	—	
	H08CrMoVA	—	CB-08XMΦA	—	—	—	—	—	
	H08Cr2MoA	—	—	—	—	—	—	—	
	H1Cr5Mo	ER502	CB-10X5M1	—	YT-502 YM-502A	MGS-5CM	—	OE-S1CrMo5	
不锈钢	H1Cr13	ER410	CB-12X13	Y410	YM-410Nb	MGS-410	—	—	—
	H1Cr17	ER430	CB-10X17	Y430	YM-430Nb	MGS-430	—	—	
	H0Cr14	ER420	CB-04X14	—	—	—	—	—	
	H0Cr21Ni10	ER308	CB-06X19H9	Y308	YM-308	MGS-308	OK16. 15	OE-19-9	
	H00Cr21Ni10	ER308L	CB-04X19H9	Y308L	YM-308L YM-308UL	MGS-308L	OK16. 10	OE-19-9nC	
	H1Cr24Ni13	ER309	CB-07X25H13	Y309	YM-309	MGS-309	OK16. 52 OK16. 53	—	
	H1Cr24Ni13Mo2	ER309Mo	—	Y309Mo	—	—	—	—	
	H1Cr26Ni21	ER310	CB-13X25H18	Y310	YM-310	MGS-310	OK16. 70	—	
	H0Cr19Ni12Mo2	ER316	CB-08X19H10M3	Y316	YM-316	MGS-316	OK16. 35	OE-19-13-3	
	H0Cr20Ni10Ti	ER321	CB-06X19H9T	Y321	—	—	—	—	

续表

类别	中国 GB	美国 AWS	俄罗斯 ГОСТ	日本 JIS	日本 日铁	日本 神钢	瑞典 ESAB	瑞士 OERLIKON	备注
不锈钢	H0Cr20Ni10Nb	ER347	CB-07X19H9Б	Y347	YM-347	MGS-347	OK16. 11	OE-19-9Nb	—
	H1Cr21Ni10Mn6	ER307	CB-08X21H10Г6	—	—	—	OK16. 95	—	
	H00Cr18Ni14Mo2	ER316L	—	Y316L	YM-316L	MGS-316L	OK16. 30	OE-19-12-3nC	
铜及铜合金	HSCu	ERCu	—	YCu	—	—	—	—	—
	HSCuZn-1	ERCuZn	—	YCuZnSn	—	—	—	—	

四、国内外药芯焊丝型（牌）号对照表

附表 4-4 国内外药芯焊丝型（牌）号对照表

类别	中国 牌号	中国 GB	美国 AWS	美国 LINCOLN	日本 JIS	日本 日铁	日本 神钢	瑞典 ESAB	瑞士 OERLIKON	备注
碳钢及低合金钢	YJ501	—	E71T-1	Outershield 70	YFW24	FC-1	DW-100F	OK15. 12	Fluxofil30. 31	中国药芯焊丝牌号：①Y——药芯焊丝 ②J、G、A、R、D等与焊条牌号代号相同，分别代表结构钢、不锈钢、耐热钢、堆焊等
	YJ501Ni	—	E71T-5	Outershield 71	YFW24		—	—		
	YJ502-1	EF01-5020	E70T-1		—		DW-100	OK15. 15		
	YJ502R-1	EF01-5005	—		—					
	YJ502R-2	EF01-5005	—		—					
	YJ507-1	EF03-5040	E70T-5		—	5F-3	DW-100W	OK14. 18		
	YJ507Ni-1	EF03-5004	—		—					
	YJ507TiB-1	EF03-5005	E70T-5	Outershield 75-H	—					
	TJ507-2	EF04-5020	E70T-4	NS-3M	YFW13					

续表

类别	中国		美国		日本			瑞典	瑞士	备注
	牌号	GB	AWS	LINCOLN	JIS	日铁	神钢	ESAB	OERLIKON	
碳钢及低合金钢	YJ507G-2	EF04-5024	E70T-8		—					③Y××××-1、2 1——气体保护焊 2——自保护焊 型号：EF——表示药芯焊丝
	YJ507R-2	—	E71T-8	NR-232	YFW14					
	YJ507D-2	EF0GS-5000	E70T-GS							
	YJ707-1	E55075-Ni1	E80T5-Ni1	Outershield81Ni-H		SF-70	DW-70	OK15. 24	Fluxofil35、37、40、48	
	YJR307-1	$E550T5\text{-}B_2$	$E80T5\text{-}B_2$	LAC-B2						
	$TWE\text{-}811\text{-}B_2$	$E551T_1\text{-}B_2$	$E81T_1\text{-}B_2$				DW-1CMA			
	TWE-811-Ni1	$E551T_1$-Ni1	$E81T_1$-Ni1	Outershield81Ni-H		FS-36E	DW-60	OK15. 17		
	$TWE\text{-}911\text{-}B_3$	$E601T_1\text{-}B_3$	$E91T_1\text{-}B_3$				DW-2CMA			
不锈钢	YG207-2		—							
	YG317-1		—							
	YA002-2	E308LT-3	E308LT-3	—	YF308L	FC-308L	DW-308L		—	—
	YA102-1	E308T-1	E308T-1		YF308	FC-308	DW-308	OK14. 17		
	YA107-1	E308T-1	E308T-1		YF308	—	—			
	YA132-1	E347T-1	E347T-1		YF347	FC-347	DW-347			

五、国内外焊剂型（牌）号对照表

附表 4-5 国内外焊剂型（牌）号对照表

类别	中国		日本			美国	瑞典	瑞士	俄罗斯
	牌号	GB	JIS	日铁	神钢	AWS	ESAB	OERLIKON	
烧结焊剂	SJ101	HJ404-H08MnA	YSF43-W21	YB-100	PFH-42	F6A4-EM12 F7A0-EA2-A2	OK10. 70	OP122	AHK-35
	SJ103	—	—	YB-150	PFH60A	—	OK10. 61	OP41TT OP42TT	—

续表

类别	中国		日本			美国	瑞典	瑞士	俄罗斯
	牌号	GB	JIS	日铁	神钢	AWS	ESAB	OERLIKON	
烧结焊剂	SJ104	—	—	—	—	—	OK10.62	OP40TT	AHK-30
	SJ107	HJ504-H10Mn2	YSF53-W41	—	—	F7A4-EH14 F8A4-EA2-H2	—	—	—
	SJ201	HJ504-H10Mn2	YSF53-W41	—	—	F6A4-EH14	—	—	—
	SJ301	HJ402-H08MnA	YSF43-W21	—	—	F6A0-EL-12 F7A0-EM12K	OK10.81	OP144FB	—
	SJ302	HJ402-H08A HJ402-H08MnA	YSF43-W11	—	—	F6A0-EL8 F6A0-EM12	OK10.80	OP123 OP100	—
	SJ303	—	YSF43-W21	—	—	—	—	—	—
	SJ401	HJ401-H08A	YSF42-W11	—	—	—	—	OP163 OP155	—
	SJ403	HJ401-H08A	YSF42-W11	—	—	—	—	—	AHK-18、40
	SJ501	HJ401-H08A	YSF42-W11	—	—	F7A2-EL12 F7A0-EM12	—	OP185	AHK-44
	SJ502	HJ501-H08A	YSF52-W11	—	—	—	—	—	—
	SJ503	HJ503-H08MnA	YSF53-W21	—	—	F7A2-EM12K	—	—	—
	SJ605	F6126-H10Mn F6126-NiMoA	—	—	—	—	—	—	—
	SJ601	—	—	BF-300M	—	—	OK10.91 OK10.92	—	ΦHK
熔炼焊剂	HJ130	HJ300-H10Mn2	—	YF-12	—	F6AZ-EH14	—	—	—
	HJ211	HJ504-H10Mn2 HJ5042-H10Mn2	YSF53-W41	—	—	F7A4-EH14	—	—	—

续表

类别	中国		日本			美国	瑞典	瑞士	俄罗斯
	牌号	GB	JIS	日铁	神钢	AWS	ESAB	OERLIKON	
熔炼焊剂	HJ230	HJ300-H08MnA	—	YF-15	MF-38A	F6AZ-EM12	—	—	ΦH-3
	HJ250	—	—	YJ-200	—	—	—	—	ΦH-21
	HJ330	HJ301-H10Mn2	YSF42-W41	—	—	—	—	—	ΦH-7
	HJ331	HJ502-H10Mn2G F5024-H10Mn2G	YSF53-W41	—	—	F7A2-EH14	—	—	—
	HJ350	HJ402-H10Mn2	YSF43-W41	—	—	F6A0-EH14	—	—	ΦH-42
	HJ351	HJ402-H10Mn2	YSF43-W41	—	—	F6A0-EH14	—	—	—
	HJ380	F5121-H10MnNiA	—	—	—	—	—	—	—
	HJ430	HJ401-H08A	YSF42-W11	—	—	F6A2-EM12	—	—	ΦH-9
	HJ431	HJ401-H08A	YSF42-W11	—	—	F6A2-EL12	—	—	AH-348A
	HJ433	HJ401-H08A	YSF42-W11	—	MF-33H	F6A2-EL12	—	QS150	ΦH-6
	HJ434	HJ401-H08A	YSF42-W11	—	—	F6A2-EL12	—	—	AH-60

六、国内外钎料型（牌）号对照表

附表 4-6　国内外钎料型（牌）号对照表

类别	中国		美国 AWS	日本 JIS	俄罗斯 ГОСТ	德国 DIN	英国 BS
	GB(型号)	牌号					
铜基钎料（GB/T 6418—2008）	BCu	—	BCu-1	—	—	—	—
	BCu54Zn	HL103	—	—	ПМЦ54	L-Ms54	CZ2
	BCu58ZnMn	HL105	—	—	—	—	—
	BCu60ZnSn	丝 221	RBCuZn-A	BCuZn-2	—	L-SoMs	CZ5

续表

类别	中国		美国 AWS	日本 JIS	俄罗斯 ГОСТ	德国 DIN	英国 BS
	GB(型号)	牌号					
铜基钎料（GB/T 6418—2008）	BCu58ZnFe	丝 222	RBCuZn-C	BCuZn-3	—	—	CZ7
	BCu48ZnNi	—	RBCnZn-D	BCuZn-6	—	—	CZ8
	BCu93P	HL201	BCuP-2	BCuP-2	—	—	CP3
	BCu94P	HL202	—	—	—	—	—
	BCu92PSb	HL203	—	—	—	—	—
	BCu80PAg	HL204	BCuP-5	BCuP-5	—	L-Ag15P	CPI
	BCu80PSnAg	HL207	—	—	—	—	—
	BCu89PAg	HL205	BCuP-4	BCuP-4	—	L-Ag5P	—
	—	HL209	BCuP-6	—	—	—	—
	—	HL101	—	—	ПМЦ36	—	—
	—	HL102	—	—	ПМЦ48	—	CZ1
镍基钎料（GB/T 10859—2008）	BNi74CrSiB	HL701	BNi-1	BNi-1	—	—	Ni6
	BNi75CrSiB	—	BNi-1a	BNi-1A	—	—	Ni7
	BNi82CrSiB	HL702	BNi-2	BNi-2	—	—	Ni3
	BNi68CrWB	—	—	—	—	—	—
	BNi92SiB	—	BNi-3	BNi-3	—	—	Ni4
	BNi93SiB	—	BNi-4	BNi-4	—	—	Ni5
	BNi71CrSi	—	BNi-5	BNi-5	—	—	Ni8
	BNi89P	—	BNi-6	BNi-6	—	—	Ni1
	BNi76CrP	—	BNi-7	BNi-7	—	—	Ni2
	BNi66Mn-SiCu	—	BNi-8	—	—	—	—
铝基钎料（GB/T 13815—2008）	BAl88Si	HL400	BAlSi-4	BAl-4	—	—	Al2
	BAl67CuSi	HL401	—	—	—	—	—

续表

类别	中国		美国 AWS	日本 JIS	俄罗斯 ГОСТ	德国 DIN	英国 BS
	GB(型号)	牌号					
铝基钎料（GB/T 13815—2008）	BAl86SiCu	HL402	BAlSi-3	BAl-3	—	—	AL1
	—	HL403	—	BAl-0	—	—	—
金铜钎料	—	HLAuCu20	—	BAu-2	—	—	Au1
	—	HLAuCu28	—	—	—	—	—
	—	HLAuCu50	—	BAu-11	—	—	—
	—	HLAuCu60	—	BAu-1	—	—	—
	—	HLAuNi17.5	—	BAu-4	—	—	Au5
金铜镍钎料	—	HLAuCu62-3	—	BAu-3	—	—	—
金铜银钎料	—	HLAuCu20-5	—	—	—	—	—
钯基钎料	—	Ag-27Cu-5Pd	—	BPd-1	—	—	Pd1
	—	Ag-20Cu-15Pd	—	BPd-4	—	—	Pd4
	—	Ag-28Cu-20Pd	—	BPd-5	—	—	Pd5
	—	Ag-21Cu-25Pd	—	BPd-6	—	—	Pd6
	—	Ag-20Pd-5Mn	—	BPd-9	—	—	Pd9
	—	Ag-33Pd-3Mn	—	BPd-10	—	—	Pd10
	—	Ag-31.5Cu-10Pd	—	BPd-2	—	—	Pd2
	—	Ni-31Mn-21Pd	—	BPd-11	—	—	Pd11
钎焊铝用软钎料	—	HL607	—	—	—	—	—
	（锌基）	HL501 HL502 HL505	—	—	—	—	—
锡铅钎料（GB/T 3131—2001）	S-Sn95PbA	—	—	H95A	—	—	—
	S-Sn90PbA	HL604	—	—	ПОС90	—	—

续表

类别	中国		美国 AWS	日本 JIS	俄罗斯 ГОСТ	德国 DIN	英国 BS
	GB(型号)	牌号					
锡铅钎料 (GB/T 3131—2001)	S-Sn65PbA	—	—	H65S	—	—	A
	S-Sn63PbA	—	—	H63A	—	L-Sn63Pb	—
	S-Sn60PbA	HL600	—	H60A	ПОС61	L-Sn60Pb	K
	S-Sn60PbSb-A	HL610	—	H60B	ПОС61	L-Pb-Sn60(Sb)	—
	S-Sn55PbA	—	—	H55A	—	—	—
	S-Sn50PbA	HL613	—	H50A	ПОС50	L-Sn50Pb	F
	S-Sn50Pb-SbA	—	—	H50B	—	L-PbSn-50(Sb)	B
	S-Sn45PbA	—	—	H45A	—	—	R
	S-Sn40PbA	—	—	H40A	—	—	G
	S-Sn40PbSb-A	HL603	—	—	ПОС40	L-PbSn-40Sb	C
	S-Sn35PbA	—	—	H35A	—	—	H
	S-Sn30PbA	—	—	H30A	—	—	J
	S-Sn30Pb-SbA	HL602	—	—	ПОС30	L-PbSn-30Sb	L、D
	S-Sn25Pb-SbA	—	—	—	—	L-PbSn-25Sb	
	S-Sn20PbA	—	—	H20A	—	—	V
	S-Sn18Pb-SbA	HL601	—	—	ПОС18	L-PbSn-20Sb3	N
	S-Sn10PbA	—	—	H10A	—	—	—
	S-Sn5PbA	—	—	H5A	—	—	—
	S-Sn4PbSbA	—	—	—	ПОС4-6	—	—
	S-Sn2PbA	—	—	H2A	—	L-PbSn2	—
	S-Sn50Pb-CdA	—	—	—	—	L-Sn-PbCd18	—
	S-Sn5Pb-AgA	HL608	—	—	—	—	5S
	S-Sn63Pb-AgA	—	—	—	—	L-Sn-63PbAg	—

续表

类别	中国		美国 AWS	日本 JIS	俄罗斯 ГОСТ	德国 DIN	英国 BS
	GB(型号)	牌号					
锡铅钎料（GB/T 3131—2001）	S-Sn38Pb-ZnSbA	—	—	—	—	—	—
	S-KSn40Pb-SbA	—	—	—	—	—	—
	S-KSn60Pb-SbA	—	—	—	—	—	—
	—	HL606	—	—	—	—	—
	—	HL605	—	—	—	L-SnAg5	—

主要参考文献

[1] 张应立. 新编焊工实用手册. 北京：金盾出版社，2004.
[2] 张应立，周玉华. 焊接试验与检验实用手册. 北京：中国石化出版社，2012.
[3] 张应立. 特种焊接技术. 北京：金盾出版社，2012.
[4] 陈祝年. 焊接工程师手册. 第2版. 北京：机械工业出版社，2010.
[5] 李亚江. 焊接材料的选用. 北京：化学工业出版社，2004.
[6] 吴树雄，尹士科，李春范. 金属焊接材料手册. 北京：化学工业出版社，2008.
[7] 聂正斌，雷振国，李贞权. 焊接材料手册. 北京：中国电力出版社，2008.
[8] 徐越兰，尹士科，何长红，等. 常用焊接材料手册. 北京：化学工业出版社，2009.
[9] 刘云龙. 焊工技师手册. 北京：机械工业出版社，2000.
[10] 孙景荣等. 实用焊工手册. 北京：化学工业出版社，2002.
[11] 尹士科. 焊接材料实用基础知识. 北京：化学工业出版社，2004.
[12] 卢晓雪. 焊接材料标准速查与选用指南. 北京：中国建材工业出版社，2011.
[13] 孙景荣，王丽华. 电焊工（高级工）. 北京：化学工业出版社，2005.
[14] 机械工业职业技能鉴定指导中心. 电焊工技术（高级）. 北京：机械工业出版社，2004.
[15] 朱玉义. 焊工实用技术手册. 南京：江苏科学技术出版社，1999.

表 12-40　镍基合金焊条的选择

镍 200	ENi-1													
蒙乃尔 400	ENiCu-7 ENi-1	ENiCrMo-3 ENiCu-7												
因康镍 600	ENiCrFe-2 ENiCrMo-3 ENiCrFe-3 ENi-1	ENiCrFe-2 ENiCrMo-3 ENiCrFe-3	ENiCrFe-2 ENiCrMo-3 ENiCrFe-3											
因康镍 625	ENiCrFe-2 ENiCrMo-3 ENiCrFe-3 ENi-1	ENiCrFe-2 ENiCrMo-3 ENi-1	ENiCrFe-2 ENiCrMo-3 ENiCrFe-3	ENiCrMo-3										
因康镍 686	ENiCrFe-2 ENiCrMo-14 ENi-1	ENiCrMo-14 ENiCrFe-2 ENiCrMo-3	ENiCrFe-2 ENiCrFe-3 ENiCrMo-14	ENiCrMo-14 ENiCrMo-3	ENiCrMo-14									
因康洛依 800、803 及 800H/HT	ENiCrFe-2 ENiCrMo-3 ENiCrFe-3 ENi-1	ENiCrFe-2 ENiCrMo-3 ENiCrFe-3	ENiCrFe-2 ENiCrMo-3 ENiCrCoMo-1	ENiCrFe-2 ENiCrMo-3 ENiCrCoMo-1 ENiCrFe-3	ENiCrFe-2 ENiCrMo-14	ENiCrFe-2 ENiCrCoMo-1								
因康洛依 825	ENiCrFe-2 ENi-1	ENiCrFe-2 ENiCrMo-3 ENiCrFe-3	ENiCrFe-2 ENiCrMo-3 ENiCrFe-3	ENiCrMo-3 ENiCrMo-10 ENiCrMo-14	ENiCrMo-14 ENiCrMo-3 ENiCrMo-10	ENiCrFe-2 ENiCrMo-3	ENiCrMo-3 ENiCrMo-14							
碳钢、低合金钢及镍钢	ENiCrFe-2 ENiCrMo-3 ENiCrFe-3 ENi-1	ENiCrFe-2 ENiCrMo-3 ENiCrFe-3 ENiCu-7	ENiCrFe-2 ENiCrMo-3 ENiCrFe-3	ENiCrMo-3 ENiCrFe-2	ENiCrFe-2 ENiCrMo-14 ENiCrMo-3 ENiCrFe-3	ENiCrFe-2 ENiCrCoMo-1	ENiCrFe-2 ENiCrMo-3 ENiCrFe-3	ENiCrFe-2 ENiCrMo-3						
3%～30%铬钢	ENiCrFe-2 ENiCrMo-3 ENiCrFe-3 ENi-1	ENiCrFe-2 ENiCrMo-3 ENiCrFe-3	ENiCrFe-2 ENiCrMo-3 ENiCrCoMo-1	ENiCrMo-3 ENiCrFe-2	ENiCrFe-2 ENiCrMo-14 ENiCrMo-3 ENiCrFe-3	ENiCrFe-2 ENiCrCoMo-1	ENiCrFe-2 ENiCrMo-3 ENiCrFe-3	ENiCrFe-2 ENiCrMo-3	ENiCrFe-2 ENiCrMo-3 ENiCrFe-7					
奥氏体不锈钢	ENiCrFe-2 ENiCrMo-3 ENiCrFe-3 ENi-1	ENiCrFe-2 ENiCrMo-3 ENiCrFe-3 ENiCu-7	ENiCrFe-2 ENiCrMo-3 ENiCrCoMo-1 ENiCrFe-3	I-W 686 CPT Inconel 112	ENiCrFe-2 ENiCrMo-14 ENiCrMo-3 ENiCrFe-3	ENiCrFe-2 ENiCrMo-3 ENiCrCoMo-1	ENiCrFe-2 ENiCrMo-3 ENiCrFe-3	ENiCrFe-2 ENiCrMo-3 ENiCrFe-3	ENiCrFe-2 ENiCrMo-3 ENiCrFe-3	ENiCrMo-14 ENiCrMo-3				
双相及超级双相不锈钢	ENiCrMo-14 ENiCrFe-2 ENi-1	ENiCrMo-14 ENiCrFe-2	ENiCrMo-14 ENiCrFe-2	ENiCrMo-14 ENiCrMo-3	ENiCrMo-14	ENiCrMo-14 ENiCrFe-2	ENiCrMo-14 ENiCrMo-3	ENiCrMo-14 ENiCrFe-2	ENiCrMo-14 ENiCrFe-2	ENiCrMo-14 ENiCrFe-2	ENiCrMo-14			
铸造高温合金	ENiCrFe-2 ENiCrMo-3 ENiCrFe-3 ENi-1	ENiCrFe-2 ENiCrMo-3 ENiCrFe-3 ENiCu-7	ENiCrFe-2 ENiCrCoMo-1	ENiCrFe-2 ENiCrCoMo-1	ENiCrMo-14 ENiCrCoMo-1	ENiCrFe-2 ENiCrCoMo-1	ENiCrFe-2 ENiCrMo-3	ENiCrFe-2 ENiCrMo-3 ENiCrFe-3	ENiCrFe-2 ENiCrMo-3 ENiCrCoMo-1	ENiCrFe-2 ENiCrMo-3 ENiCrCoMo-1	ENiCrMo-14 ENiCrFe-2	ENiCrFe-2 ENiCrCoMo-1		
铜镍合金	ECuNi ENiCu-7 ENi-1	ECuNi ENiCu-7 ENi-1	ENiCrFe-2 ENiCrFe-3 ENi-1	ENiCrFe-2 ENiCrMo-3 ENi-1	ENiCrMo-14 ENi-1	ENiCrFe-2 ENiCrFe-3 ENi-1	ENiCrFe-2 ENiCrFe-3 ENi-1	ENiCrFe-2 ENiCrFe-3 ENiCu-7 ENi-1	ENiCrFe-2 ENiCrFe-3 ENi-1	ENiCrFe-2 ENiCrFe-3 ENi-1	ENiCrMo-14 ENiCrFe-2	ENiCrFe-2 ENiCrMo-3 ENi-1	ECuNi	
	镍 200	蒙乃尔 400	因康镍 600	因康镍 625	因康镍 686	因康洛依 800、803 及 800H/HT	因康洛依 825	碳钢、低合金钢及镍钢	3%～30%铬钢	奥氏体不锈钢	双相及超级双相不锈钢	铸造高温合金	铜镍合金	

表 12-41 镍基合金焊丝的选择

	铜镍合金	铸造高温合金	双相及超级双相不锈钢	奥氏体不锈钢	3%～30%铬钢	碳钢、低合金钢及镍钢	因康洛依825	因康洛依800、803及800H/HT	因康镍686	因康镍625	因康镍600	蒙乃尔400	镍200
镍200	ERNiCu-7 ERCuNi ERNi-1	ERNiCr-3 ERNi-1	ERNiCrMo-14 ERNiCr-3	ERNiCr-3 ERNi-1	ERNiCr-3 ERNi-1	ERNiCr-3 ERNi-1	ERNiCrMo-3 ERNiCr-3 ERNi-1	ERNiCr-3 ERNi-1	ERNiCrMo-14 ERNiCrMo-3 ERNiCr-3 ERNi-1	ERNiCrMo-3 ERNiCr-3 ERNi-1	ERNiCr-3 ERNi-1	ERNiCu-7 ERNi-1	ERNi-1
蒙乃尔400	ERNiCu-7 ERCuNi ERNi-1	ERNiCrMo-3 ERNiCr-3	ERNiCrMo-14 ERNiCrMo-3 ERNiCr-3	ERNiCrMo-3 ERNiCr-3	ERNiCrMo-3 ERNiCr-3 ERNiCu-7	ERNiCrMo-3 ERNiCr-3 ERNiCu-7	ERNiCrMo-3 ERNiCr-3	ERNiCrMo-3 ERNiCr-3	ERNiCrMo-14 ERNiCrMo-3 ERNiCr-3	ERNiCrMo-3 ERNiCr-3 ERNi-1	ERNiCrMo-3 ERNiCr-3	ERNiCu-7 ERNiCrMo-3	
因康镍600	ERNiCr-3 ERNi-1	ERNiCrCoMo-1 ERNiCrMo-3 ERNiCr-3	ERNiCrMo-14 ERNiCr-3	ERNiCrCoMo-1 ERNiCrMo-3 ERNiCr-3	ERNiCrMo-3 ERNiCr-3	ERNiCrMo-3 ERNiCr-3	ERNiCrMo-3 ERNiCr-3	ERNiCrCoMo-1 ERNiCrMo-3 ERNiCr-3	ERNiCrMo-14 ERNiCrMo-3 ERNiCr-3	ERNiCrMo-3 ERNiCr-3	ERNiCr-3		
因康镍625	ERNiCrMo-3 ERNiCr-3 ERNi-1	ERNiCrCoMo-1 ERNiCrMo-3 ERNiCr-3	ERNiCrMo-14 ERNiCrMo-3	ERNiCrMo-14 ERNiCrMo-13 ERNiCr-3	ERNiCrMo-14 ERNiCrMo-3 ERNiCr-3	ERNiCrMo-3 ERNiCr-3	ERNiCrMo-3	ERNiCrCoMo-1 ERNiCrMo-3 ERNiCr-3	ERNiCrMo-14 ERNiCrMo-3	ERNiCrMo-3			
因康镍686	ERNiCrMo-14 ERNiCrMo-3 ERNi-1	ERNiCrMo-14 ERNiCrCoMo-1 ERNiCr-3	ERNiCrMo-14	ERNiCrMo-14 ERNiCrMo-13 ERNiCr-3	ERNiCrMo-14 ERNiCrMo-3 ERNiCr-3	ERNiCrMo-14 ERNiCrMo-3 ERNiCr-3	ERNiCrMo-14 ERNiCrMo-3	ERNiCrMo-14 ERNiCrCoMo-1 ERNiCrMo-3 ERNiCr-3	ERNiCrMo-14				
因康洛依800、803及800H/HT	ERNiCr-3 ERNi-1	ERNiCrCoMo-1 ERNiCrMo-3 ERNiCr-3	ERNiCrMo-14 ERNiCr-3	ERNiCrMo-14 ERNiCrMo-3 ERNiCr-3	ERNiCrMo-3 ERNiCr-3	ERNiCrMo-3 ERNiCr-3	ERNiCrMo-3 ERNiCr-3	ERNiCrCoMo-1 ERNiCr-3					
因康洛依825	ERNiCr-3 ERNi-1	ERNiCrMo-3 ERNiCr-3	ERNiCrMo-14 ERNiCrMo-3 ERNiCrMo-10	ERNiCrMo-3 ERNiCr-3	ERNiCrMo-3 ERNiCr-3	ERNiCrMo-3 ERNiCr-3	ERNiCrMo-3 ERNiCrMo-14						
碳钢、低合金及镍钢	ERNiCr-3 ERNi-1	ERNiCrMo-3 ERNiCr-3	ERNiCrMo-14 ERNiCr-3	ERNiCrMo-3 ERNiCr-3	ERNiCrMo-3 ERNiCr-3	ERNiCrMo-3 ERNiCr-3							
3%～30%铬钢	ERNiCr-3 ERNi-1	ERNiCrMo-3 ERNiCr-3 ERNiCrCoMo-1	ERNiCrMo-14 ERNiCrMo-3 ERNiCr-3	ERNiCrMo-3 ERNiCr-3	ERNiCrMo-3 ERNiCr-7 ERNiCr-3								
奥氏体不锈钢	ERNiCr-3 ERNi-1	ERNiCr-3	ERNiCrMo-14 ERNiCr-3	ERNiCrMo-14 ERNiCrMo-3 ERNiCr-3									
双相及超级双相不锈钢	ERNiCrMo-14 ERNiCr-3	ERNiCrMo-14 ERNiCr-3	ERNiCrMo-14										
铸造高温合金	ERNiCr-3 ERNi-1	ERNiCrCoMo-1 ERNiCr-3											
铜镍合金	ERCuNi												